2016年2月29日，根据中共中央统一部署，中央第八巡视组专项巡视中国农业科学院党组工作动员会召开。中央第八巡视组组长宁延令就即将开展的专项巡视工作讲话

2016年11月11日，农业部党组书记、部长韩长赋到中国农业科学院调研基础研究工作

2016年5月9日，科技部副部长徐南平到中国农业科学院调研科技创新工作

2016年8月1日，原全国人大常委会委员、全国人大农业与农村委员会副主任委员尹成杰和国务院参事刘燕华到中国农业科学院调研农产品加工业转型升级与营养健康研究工作

2016年11月26日，全国农业科技创新联盟座谈会在山东召开，农业部部长韩长赋出席会议并讲话，中国农业科学院党组书记陈萌山汇报了国家农业科技创新联盟工作进展，农业部副部长张桃林主持会议

2016年12月，农业部党组成员、人事劳动司司长毕美家一行到中国农业科学院烟草研究所考察科技创新、人事人才工作

2016年1月14—15日，中国农业科学院2016年工作会议在京召开。农业部副部长、中国农业科学院院长李家洋作工作报告

中国农业科学院油料作物研究所李培武研究员主持完成的“农产品黄曲霉毒素靶向抗体创制与高灵敏检测技术”荣获2015年度国家技术发明奖二等奖

农业部南京农业机械化研究所胡志超研究员主持完成的“花生收获机械化关键技术与装备”荣获2015年度国家技术发明奖二等奖

中国农业科学院作物科学研究所何中虎研究员主持完成的“CIMMYT小麦引进、研究与创新利用”荣获2015年度国家科技进步奖二等奖

中国农业科学院作物科学研究所赵明研究员主持完成的“玉米冠层耕层优化高产技术体系研究与应用”荣获2015年度国家科技进步奖二等奖

中国农业科学院作物科学研究所李少昆研究员主持完成的“玉米田间种植手册与挂图”（科普类项目）荣获2015年度国家科技进步奖二等奖

中国农业科学院农业资源与农业区划研究所徐明岗研究员主持完成的“主要粮食产区农田土壤有机质演变与提升综合技术及应用” 荣获2015年度国家科技进步奖二等奖

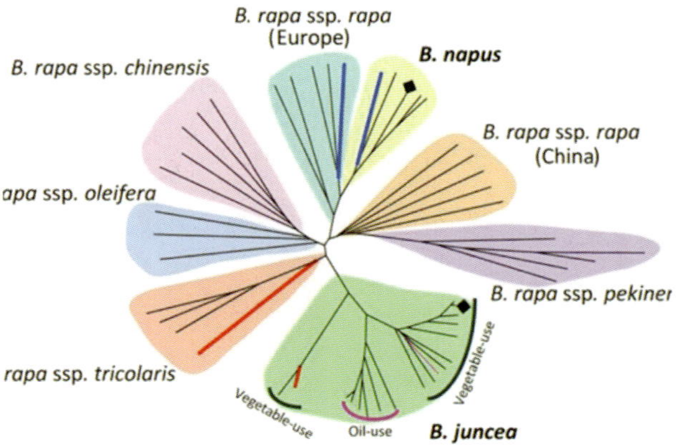

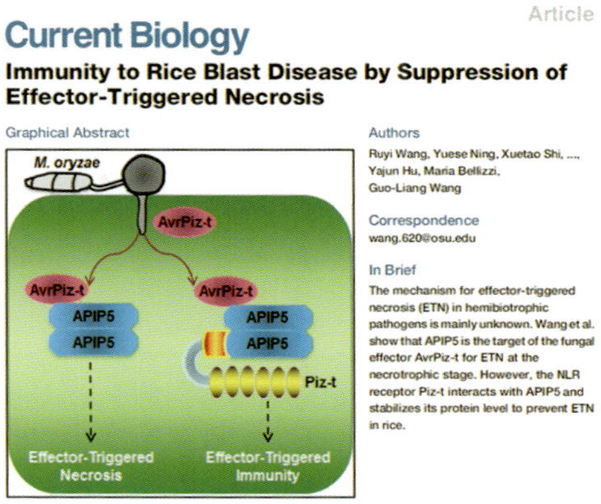
Article

Current Biology

Immunity to Rice Blast Disease by Suppression of Effector-Triggered Necrosis

Graphical Abstract

Authors

Ruyi Wang, Yuese Ning, Xuetao Shi, ...,
Yajun Hu, Maria Bellizzi,
Guo-Liang Wang

Correspondence

wang.620@osu.edu

In Brief

The mechanism for effector-triggered necrosis (ETN) in hemibiotrophic pathogens is mainly unknown. Wang et al. show that APIP5 is the target of the fungal effector AvrPiz-t for ETN at the necrotrophic stage. However, the NLR receptor Piz-t interacts with APIP5 and stabilizes its protein level to prevent ETN in rice.

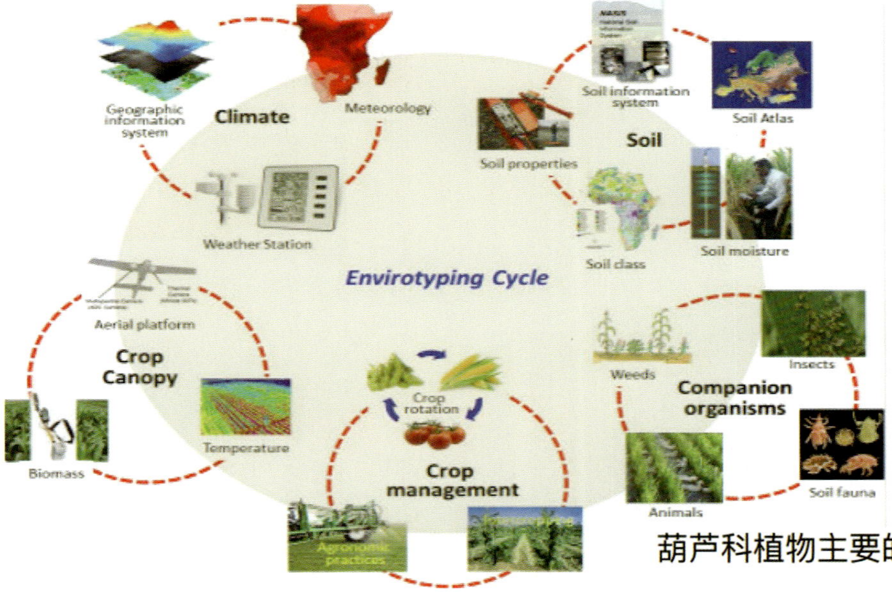

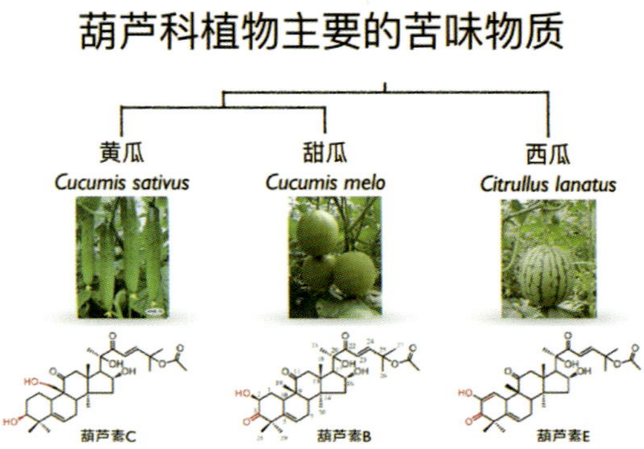

2016年，中国农业科学院在芥菜基因组结构和起源解析，白菜、甘蓝和油菜的重要性状调控基因挖掘，水稻—稻瘟菌互作过程新机制研究等方面取得重要进展。全年共发表科技论文4 722篇，其中在《自然·遗传》等顶尖学术期刊上发表论文13篇，授权专利1 408项，审定新品种130个

2016年，以农业部副部长、中国农业科学院院长李家洋为主编著，向中国农业科学院建院60周年献礼的重要学术著作——《“跨越2030”农业科技发展战略》由中国农业科学技术出版社正式出版发行

2016年，中国农业科学院牵头成立了马铃薯、棉花、奶业等产业和科技创新联盟，以产业发展技术瓶颈为抓手，创建了覆盖上中下游“一条龙”农业科研组织模式

2016年，中国农业科学院主持了“北方草甸退化草地治理技术与示范”等国家重点研发计划10个专项的32个项目，在农业领域专项中立项数占25%，经费占31%，充分体现了“国家队”的优势

2016年，中国农业科学院在“东北黑土地保护”“华北地区节水保粮”“南方稻田重金属防治”等方面，促进形成了一系列区域重大问题“一体化”综合技术解决方案

2016年，中国农业科学院加强规划引领，全面推进科技创新工程实施，完成了科技创新工程试点期绩效考评等工作

2016年10月28日，由农业部人事劳动司主办、中国农业科学院承办的部属"三院"处级干部能力建设培训班圆满完成各项培训任务

2016年10月25—28日，由中国农业科学院承办的人力资源与社会保障部2016年农业科研机构知识产权保护高级研修班在北京市举行

2016年，中国农业科学院“棉花种质创新和高产分子育种”团队获得国家自然科学基金创新研究群体资助

2016年，农业部2015年度“西部之光”访问学者、少数民族特培学员培养工作总结座谈会在中国农业科学院召开

2016年6月2日，中国农业科学院植物保护研究所陆宴辉研究员获得首届中国优秀青年科技人才奖

2016年，中国农业科学院哈尔滨兽医研究所陈化兰、邓国华、田国彬3人入选“全球2016高被引科学家”名单

2016年，中国农业科学院哈尔滨兽医研究所陈化兰研究员获得世界杰出女科学家奖

2016年，中国农业科学院共举办“农科讲坛”（中国农业科技报告会）7期，邀请多名行业专家开展了精彩纷呈的学术报告

2016年7月6日，中国农业科学院2016届研究生毕业典礼暨学位授予仪式在北京市举行

2016年，中国农业科学院推广新品种210个、新产品326个、新技术281项，推广科技成果总面积3.2亿亩,推广畜禽2.7亿头（羽）

2016年，中国农业科学院统筹推进水稻、玉米和奶牛等9个产业的绿色增产增效技术集成模式研究与示范工作，共集成140项先进适用技术，构建了29套可复制可推广的综合技术生产模式，取得了良好的增产增效和绿色生态效果，被联合国粮农组织（FAO）作为范例在发展中国家推广

2016年，中国农业科学院积极深入推进科技扶贫和援疆援藏工作，为实现边疆和贫困地区的可持续发展贡献力量

2016年，中国农业科学院继续深化国际合作伙伴关系，新签、续签各类多双边协议82份；新建联合实验室18个，获批引智基地2个；新增多双边国际合作项目66项

2016年，中国农业科学院组织举办了第五届国际农科院院长高层研讨会、第七届国际作物科学大会、第三届全球土地科学大会等一系列高规格国际学术会议43个、国际培训班12个，中国农业科学院的国际影响力持续提升

2016年，中国农业科学院推进科技成果“走出去”，向近20个国家推广水稻、棉花等品种，为促进我国农产品国际产能合作和农业供给侧结构改革发挥了重要作用

2016年，中国农业科学院海外农业研究中心正式揭牌成立，将更好地发挥中国农业科学院科技优势和国家农业智囊团作用，推动农业“走出去”

2016年4月29日，由农业部和科技部联合组织的农业领域国家实验室发展战略研讨会在中国农业科学院召开

2016年10月27—28日，中国农业科学院在兰州市召开2016年综合政务会议

2016年7月1日，中国农业科学院党组书记陈萌山主持召开院信息化工作领导小组会议

2017年11月15—16日，中国农业科学院在上海市召开科研经费信息公开平台和物资采购平台（“两个平台”）建设推进会暨采购平台培训班

2016年6月12日，中国农业科学院召开专项巡视整改工作部署会，深入学习贯彻习近平总书记系列重要讲话精神和关于巡视工作的重要讲话精神，认真落实中央第八巡视组反馈意见和要求，全面部署专项巡视整改工作

2016年4月28日，中国农业科学院召开“两学一做”学习教育动员部署会，传达学习贯彻习近平总书记关于“两学一做”学习教育重要指示精神，全面部署、正式启动中国农业科学院学习教育工作

2016年，中国农业科学院院长李家洋、院党组书记陈萌山等院领导多次赴院属各研究所督导“两学一做”学习教育和巡视整改工作

2016年6月29日，中国农业科学院隆重召开纪念中国共产党成立95周年大会，表彰了年度先进基层党组织、优秀共产党员、优秀党务工作者及院“十佳青年”“青年文明号”

2016年1月15日，中国农业科学院召开2016年党风廉政建设工作会议，深入贯彻落实十八届中央纪委六次全会精神，总结2015年反腐倡廉工作，部署2016年重要任务

2016年7月1日，中国农业科学院作物科学研究所作物遗传育种系荣获中央国家机关工委授予的“全国工人先锋号”称号

2016年2月29日，中国农业科学院农业环境与可持续发展研究所李玉娥（上图左2）荣获2015年度“全国三八红旗手”称号

2016年，中国农业科学院大力营造良好的科研氛围，切实加强精神文明建设，组织开展“一带一路”主题健走、寻找中国农业科学院“美丽家庭”等富有中国农业科学院特色和时代特征的主题实践活动

中国农业科学院年鉴

2016

中国农业科学院办公室　编

中国农业科学技术出版社

图书在版编目（CIP）数据

中国农业科学院年鉴.2016 / 中国农业科学院办公室编.—北京：中国农业科学技术出版社，2017. 12

ISBN 978-7-5116-3341-5

Ⅰ.①中… Ⅱ.①中… Ⅲ.①中国农业科学院-2016-年鉴 Ⅳ.①S-242

中国版本图书馆 CIP 数据核字（2017）第 267713 号

责任编辑 史咏竹 李 雪
责任校对 贾海霞

出 版 者 中国农业科学技术出版社
北京市中关村南大街 12 号 邮编：100081
电　　话 (010)82105169(编辑室)
(010)82109702(发行部)
(010)82109709(读者服务部)
传　　真 (010)82109707
网　　址 http://www.castp.cn
经 销 者 各地新华书店
印 刷 者 北京富泰印刷有限责任公司
开　　本 787mm×1 092mm 1/16
印　　张 68. 75 插页 24 面
字　　数 1 575 千字
版　　次 2017 年 12 月第 1 版 2017 年 12 月第 1 次印刷
定　　价 268. 00 元

《中国农业科学院年鉴2016》

编 辑 委 员 会

目　录

一、总　类

二、科研创新与创新工程

三、科技兴农

四、国际合作与海峡两岸交流

五、人事管理与人才建设

六、计划财务管理与条件建设

七、研究生教育与管理

八、综合政务管理

九、党的建设、思想政治和党风廉政工作

十、人物介绍

十一、大事记

十二、附　录

一、总　　类

中国农业科学院召开干部大会
宣布中共中央关于院主要领导同志调整决定

2016年12月12日，中国农业科学院召开干部大会。中组部①干部四局局长李春良宣布了中共中央关于唐华俊任农业部党组成员、中国农业科学院院长（副部长级），免去李家洋农业部副部长、党组成员、中国农业科学院院长职务的决定。农业部②党组书记、部长韩长赋出席会议并讲话。农业部党组成员、人事劳动司司长毕美家，科技教育司司长廖西元出席会议。中国农业科学院党组书记陈萌山主持会议。

韩长赋代表农业部党组坚决拥护党中央的决定。他指出，中央决定唐华俊同志担任中国农业科学院院长，是对中国农业科学院领导班子建设的高度重视，也是对农业部工作力量的加强。大家一定要把思想和行动统一到中央的决定精神上来，团结一致，一如既往努力工作，继往开来创造新的业绩。韩长赋指出，5年多来，以李家洋同志为班长的中国农业科学院领导班子以高度的政治责任感和对“三农”事业强烈的使命感，团结带领全院干部职工积极进取，抢抓机遇，提出“建设世界一流农业科研院所”的战略目标，启动实施农业科技创新工程，积极推动农业科技创新联盟建设，调整优化科研力量布局，科技创新能力得到全面提升。与此同时，家洋同志和萌山同志紧密配合，注重解决涉及广大干部和科研工作者切身利益的重大问题，使全院党的建设、科研条件建设、人才队伍建设等各方面工作取得较大进展。

针对中国农业科学院今后的工作和发展，韩长赋提出3点希望。一是要不断把学习贯彻党的十八届六中全会精神引向深入，牢固树立“四个意识”，特别是核心意识、看齐意识，建设过硬领导班子；要深入学习习近平总书记系列重要讲话精神，以高标准、严要求抓好全面从严治党。二是要进一步明确思路和方向，加快农业科技创新步伐，为实现农业现代化作出新的更大贡献；要进一步聚焦市场需求，推动农业科技成果转化应用迈出新步伐；要进一步创新体制机制，推动农业科技创新效率提升取得新突破。三是要充分调动科技人员研发和推广两个积极性，激发干事创业的内生动力，打造一支高素质农业科技人才队伍；要创新人才培养方式，完善人才评价激励机制，营造人才建功立业的良好环境。

李家洋表示坚决拥护中央的决定。他说，到中国农业科学院工作5年，能够为中国

---

① 中国共产党中央委员会组织部，全书简称中组部

② 中华人民共和国农业部，全书简称农业部

农业科学院的发展贡献自己的微薄力量，感到非常骄傲和自豪。5年来，中国农业科学院取得的可喜的进步，得益于党中央、国务院的正确领导，得益于农业部党组和中组部、财政部、科技部等上级部门的大力支持，得益于历届院领导班子打下的坚实基础，得益于院所各级干部的创造性工作，更得益于全院职工的顽强拼搏和不懈努力。李家洋表示，将会永远铭记与同志们朝夕相处、共同奋斗的珍贵经历。今后还将继续从事科研工作，将一如既往地关心、关注、支持中国农业科学院的发展，衷心祝愿中国农业科学院的明天更加美好。

唐华俊在讲话中衷心感谢中共中央及农业部党组的信任、肯定和重托。他说，过去的5年是中国农业科学院发展历史上的一段黄金时期，在家洋院长和萌山书记的领导下，中国农业科学院抓住了国家创新发展的机遇，大胆改革、开拓进取，提出并成功启动实施了中国农业科学院农业科技创新工程，吹响了建设世界一流科研院所的号角，在科技创新、人才队伍、平台建设等方面都取得了长足进步和发展。他对家洋院长为中国农业科学院发展作出的贡献表示敬意和感谢。唐华俊说，中共中央决定我担任中国农业科学院院长，深感任务艰巨、责任重大。将充分珍惜这一机会，在农业部党组的领导和支持下，与萌山书记和中国农业科学院广大干部职工一道，全面贯彻中央的各项方针、政策和部署，解放思想、锐意进取，不负重托。他表示，在新的岗位上，将严守政治纪律和政治规矩，做政治上的“明白”人；尽快适应新岗位新角色，推动农业科技创新再上新台阶。

陈萌山在讲话中要求全院广大科技人员和干部职工要切实把思想和行动统一到中共中央决定精神上来，坚决落实韩长赋部长的讲话要求，在以唐华俊同志为班长的院班子领导下，继续团结一致、焕发精神、不懈努力、再创佳绩，为农业农村经济发展提供更加有力的科技支撑、作出更大的贡献，努力完成党中央、国务院及农业部党组赋予的重大使命。

中国农业科学院领导班子成员，院士、部分离退休院领导，院属京内单位领导班子成员，京外单位党政主要负责同志，以及院机关各部门正处级以上领导干部150余人参加会议。

唐华俊同志简介：唐华俊，1960年出生，四川省阆中市人，中共党员，1982年8月参加工作，比利时根特大学资源管理专业博士毕业，研究员，中国工程院院士、比利时皇家科学院通讯院士。1996年7月任中国农业科学院原农业区划研究所所长，2003年4月任中国农业科学院农业资源与农业区划研究所所长，2007年12月任中国农业科学院副院长、党组成员，2012年10月任中国农业科学院党组副书记、副院长，2016年12月任农业部党组成员、中国农业科学院院长。

抢抓机遇　创新发展
加快建设世界一流院所步伐

——中国农业科学院2016年工作报告

农业部副部长、中国农业科学院院长　李家洋

2016年1月14日

同志们：

这次会议的主要任务是，全面贯彻落实党的十八届三中、四中、五中全会，中共中央农村工作会议和全国农业工作会议精神，总结“十二五”及2015年工作，研究“十三五”发展规划，部署2016年重点工作。下面我讲3点意见。

一、“十二五”及2015年各项工作取得重要进展

“十二五”时期，我院提出建设世界一流农业科研院所的战略目标，启动实施科技创新工程，突出体制机制创新，调整优化科研力量，全面提升农业科技创新能力和效率，重大科研成果不断涌现，各项工作取得重要进展。

（一）体制机制创新取得新突破

科技创新工程的实施，带来了我院体制再造、机制创新。我们聚焦国际科学前沿和产业重大需求，围绕三级学科体系，建立以创新团队为主体的科研组织模式，研究方向和目标更加聚焦；建立以长期稳定支持为特征的科研投入机制，解决了农业科研长周期与科研项目短时限的矛盾；建立了分级分类绩效考评和研究所综合评价制度，发挥了很好的导向作用。调整优化研究所布局，食物与营养发展所正式成立，农业深圳基因组所、都市农业所获得中编办批复。成立国家农业科技创新联盟，组织全国农业科研力量开展基础性、长期性和区域性农业重大问题研究。开展种业科研单位与科研人员权益改革试点工作，探索建立成果转化新机制。

（二）科研立项与产出实现双跨越

“十二五”期间，我院主持各类国家项目2 026项，其中，国家重大专项课题49项、“973”项目15项、科技支撑计划重点项目60项、公益性行业专项55项、国家自然基金1 400项、创新研究群体3项，体现了国家队的主体地位和引领作用。5年共获国家科技奖励成果31项，其中科技进步奖23项，发明奖7项，自然科学奖1项，实现了国家三大奖全覆盖。发表学术论文24 000余篇，其中SCI论文超过7 900篇，是“十一五”时期的3倍多，在《自然》《科学》系列刊物上发表论文30篇，是“十一五”的3倍多；授权专利3 700余项，是“十一五”的5.4倍；审定农作物品种470余个，比“十一五”增加了31%。

原始创新能力加快提升。揭示了禽流感等重大动物疫病感染传播机制，奶牛衣原体病灭活疫苗获国家一类新兽药。牵头完成棉花、黄瓜、油菜等6种重要农作物全基因组测序与遗传图谱构建，解析了水稻产量与抗病性、小麦多倍化形成、猪产肉性状、转基因抗虫棉环境生态效应等相关机理，取得了多项领跑国际的原创性科学发现，产生了重大国际学术影响。

支撑产业升级成果丰硕。育成中嘉早17水稻、中黄13大豆、中双9号油菜、中棉所49棉花、中甘21甘蓝、中油桃4号油桃等新品种，推广面积多年稳居全国前5位。培育出具有国际领先水平的高山美利奴细毛羊新品种、北京鸭配套系、中蜜1号蜜蜂配套系和试验用小型猪近交系种群，打破国外畜禽品种垄断格局。查清中国小麦条锈病菌源基地的精确范围，创建了多源多尺度农作物遥感监测技术体系。建立旱作节水农业共性关键技术，发明低成本、易降解系列缓释肥料，推动建立资源节约、环境友好的生产技术体系。研制出马铃薯系列主食产品，有力推动了马铃薯主食产业化进程。创新农产品质量安全检测技术与设备，在黄曲霉毒素、“瘦肉精”和三聚氰胺等突发事件应对中发挥了重要作用。

有力服务国家宏观决策。组织专家参与中共中央一号文件、“农业可持续发展规划”等重要文件起草。农业经济与政策顾问团紧紧围绕中央、国务院关心的重大问题开展调研，研究提出“发展旱作节水农业促进粮食增产”“开拓我国与中亚国家棉花产业合作”等30多项重大政策建议，多次得到国家领导人重要批示，为国家宏观决策提供了有效支撑。

（三）成果转化与科技兴农取得新成效

先后启动水稻、玉米、小麦、奶牛、羊等9个农产品绿色增产增效模式研究示范，构建综合技术模式25套，建立试验示范基地54个，覆盖各类农业主产区和典型生态区17个省。“十二五”共组织科技下乡35万人·天，培训基层技术人员和农民530

万人·次，示范推广新品种 1 090个、新产品 650 个、新技术 1 450项，示范总面积 27.5 亿亩[①]，推广畜禽 10.5 亿头（羽）。全院开发收入总计 55.67 亿元，比“十一五”增长 37.62%。形成兽用生物制品及兽药、农药、种业、特色农产品等支柱产业，中棉种业在新三板成功上市。

（四）国际合作取得新进展

我院国际合作实质融入国家整体外交，“中—巴棉花生物技术联合实验室”被列入习近平总书记访问巴基斯坦的重要成果，我院牵头建设的“中—古蚕桑科技合作中心示范园”成为中国与古巴合作的名片。我院被推举为 APEC 农业技术合作工作组牵头人，标志着我国从参与者转为主导者。制订农业科技全球战略布局方案，积极搭建国际合作平台，分别在巴西、澳大利亚、比利时、哈萨克斯坦建立了联合实验室，新建“中—德农业科技合作平台”等 7 个。引进种质资源 2.8 万余份，丰富我国动植物种质储备。农业科技“走出去”步伐明显加快，杂交水稻、动物疫苗、农业机械和沼气等 10 多项技术已经走出国门。我院主持的绿色超级稻项目在亚非 15 个目标国家进行了 70 个品种的示范和推广工作，取得良好效果。

（五）科技投入水平跃上新台阶

“十二五”期间，我院财政收入 133 亿元，较“十一五”增长近 35%。科技创新工程、改革启动费、基本科研业务费等稳定性支持经费逐年增加，累计达 38.32 亿元，占同期财政专项经费总量的 50%以上，是“十一五”末的 3.21 倍，稳定支持科研的环境初步形成。“十二五”我院主持和参加各类科研项目的留院经费 32.9 亿元，是“十一五”的 2 倍以上。新争取中央预算内基本建设投资 19.1 亿元，较“十一五”增长了 22%。修购专项 14.2 亿元，全院单价 20 万元以上的科研仪器设备共计 3 795台（套），价值 19.67 亿元，较“十一五”期末分别增长 114.28%和 121.67%，有力支撑了科研工作开展。

（六）人事人才工作成效显著

启动实施“青年英才计划”，共引进优秀青年人才 154 名，其中国家杰青、优青、青年千人 18 人，20 人担任创新团队首席。深化职称评审制度改革，开辟优秀青年人才职称晋升“绿色通道”，下放副高级职称评审权。统筹推进科研、管理、转化、支撑 4 支队伍建设，探索实施分类评价机制。加大人才举荐力度，新增选工程院院士 4 名，入

---

① 1 亩≈667 平方米，全书同

选国家特支计划、农业科研杰出人才等140余人次。深化干部人事制度改革，建立健全符合科研院所特点的干部选拔任用机制，不断优化领导班子和领导干部结构。完成植保所所长全球公开招聘、院机关干部全员竞聘，实现选人用人方式新突破。加大干部教育培训力度，强化实践锻炼特别是到新疆①和西藏②等艰苦地区和基层一线挂职锻炼，加强所级后备干部培养。从严管理干部，严把干部选用关口，切实防止带病提拔，选人用人满意度逐年提高。

（七）研究生教育工作稳步推进

研究生教育实现规模、质量双提升。全日制研究生教育招生4 683人，较“十一五”增长25%；非全日制专业学位教育招生1 590人；留学生招生311人，较“十一五”增长3倍。首次开展国际合作办学，培养博士生60人。积极推进教育改革，通过扩大论文盲评比例、实施优博培育计划、加强学术道德建设，提高研究生培养质量。完善奖助体系，实行学业奖学金制度，现有各类奖学金23项，奖金总额2 700多万元。建设数字校园平台，实现远程实时互动教学和教育管理信息化。研究生教育学科建设成效显著，在全国最新一轮学科评估中，作物学、兽医学排名第一，植物保护等6个学科名列前茅。研究生年均就业率达95%以上，居京区科研单位前列。

（八）科技平台和基础设施建设力度加大

建成了国家畜禽改良中心、生物安全科学中心、农业图书馆等一批重大科技基础设施。国家动物疫病防控生物安全高级别实验室整体进入调试阶段，国家作物种质库立项成功，批复投资2.6亿元。棉花生物学国家重点实验室、特种经济动物生物学省部共建实验室和2个国家工程实验室获准立项建设，部重点实验室、风险评估实验室、质检中心等平台装备条件得到大幅提升。棉花所、农机化所等12个综合科研大楼投入使用，建成各类科研及辅助用房24.3万平方米，改造各类科研用房4.5万平方米，购置科研仪器设备5 740台（套），研究所试验空间和条件大幅改善。全院试验基地快速发展，规划布局进一步优化，试验基地总数103个、总规模9.46万亩，覆盖27个省（市、区），涵盖29个院属研究所，6个研究所基地进入国家农业科技创新与集成示范基地建设序列。新疆、海南、新乡、张掖等一批综合基地的设施条件得到大幅提升。

---

① 新疆维吾尔自治区，全书简称新疆

② 西藏自治区，全书简称西藏

（九）党建和党风廉政建设进一步强化

全院各级党组织紧紧围绕我院中心工作，以贯彻全面从严治党为主线，加强党的思想、组织、作风、制度以及精神文明建设，党的组织更加充满生机、更加坚强有力。深入学习贯彻党的十八大以来重要会议和习近平总书记系列重要讲话精神，不断强化理论武装和党性修养。通过开展党的群众路线教育实践活动、“三严三实”专题教育，切实解决了一批制约我院发展的关键问题和职工群众关心的突出问题。全面推进党风廉政建设“两个责任”落实，签订党风廉政建设责任书，构建起层层传递压力、层层抓落实的责任体系。深入开展科研经费专项整治“防火墙工程”和科研经费信息公开“阳光工程”，不断加大科研经费监管力度。按照“巡视牵头、审计先行、监察跟进”的联合监管模式，完成对5个单位的专项巡视，推进“查、处、改”工作。在全院范围内排查出3 032个廉政风险点，制定4 227条防控措施，形成了“院、所、处”三级廉政风险防控网。大力开展警示教育，提高党员干部的党风廉政意识，确保不出系统性风险、不出重大案件和减少违规问题发生。

（十）和谐院所建设营造良好发展环境

精神文明建设蓬勃开展。7个研究所被授予“中央国家机关文明单位”和“农业部文明单位”。资划所、兰州牧药所获“全国文明单位”称号。院妇工委被授予“全国妇女创先争优先进集体”，2个集体获“全国巾帼文明岗”，9人获“全国五一劳动奖章”“全国三八红旗手”“全国巾帼建功标兵”。加强创新文化建设，举办了17期农科讲坛，带动全院营造学习氛围和创新环境。树立了“祁阳站”和“棉花所”精神，成为全国农业科技战线的旗帜和先进典型。加强离退休党组织建设，认真落实老同志政治待遇、生活待遇和特困老同志医疗及居家养老服务，坚持为离退休干部办实事，丰富老同志业余文化生活，推进院属单位建立离退休职工特困救助机制。

后勤服务保障与院区建设显著增强。完成中关村院区主干道拓宽和电力系统设备智能化升级改造，完善院区导向系统，新建休闲广场、职工健身中心、一站式服务网点、篮球场等服务设施，增植绿化面积超过5万平方米，做到三季有花、四季常绿。建立院所联动协调机制，狠抓院区环境治理，拆除违建临建约3万平方米，院区面貌焕然一新。提升物业管理专业化水平，改善房产经营结构，调剂房屋满足科研需求。和谐、优美、文明、平安的新院区初步建成，2015年被农业部评为“平安建设先进单位”。马连洼院区及各京外研究所围绕科研中心工作，所区面貌和管理秩序得到较大改善。

刚刚过去的2015年，我们以“三严三实”为标尺，认真谋划“十三五”规划，加强人才队伍建设，推进创新联盟建设，推进绿色增产增效技术集成研究示范，不断拓展国际合作空间，提升重大基础设施支撑水平，强化财政资金保障与监管，强化党建和党风廉政建设，全院科技创新能力、成果转化能力和科研保障能力持续提升，标志着“十二五”胜利收官。2015 年，我院唐华俊研究员、万建民研究员和长春兽医研究所金宁一研究员当选中国工程院院士，陈化兰研究员荣获“世界杰出女科学家成就奖”，这既是对 4 位研究员突出业绩和主要贡献的肯定，也是我院人才培养的硕果，必将带动我院高层次人才队伍建设迈上新的台阶。在此，让我们以热烈的掌声向他们表示衷心祝贺！

同志们，“十二五”及 2015 年我院发展势头良好，关键在于努力坚持以下 4 点：一是坚持“顶天立地”，勇于担当国家队使命。既面向世界农业科技前沿追求学术卓越，发挥引领作用，又面向国家农业科技重大需求作出创新贡献，支撑产业发展，努力突破制约当前农业发展的瓶颈问题，在未来战略必争领域积极培育增长点，成为中国农业科技事业靠得住、顶得上的骨干力量，赢得了社会各界的广泛认同。二是以创新工程为统领，推动体制机制创新。科技创新工程承担着科技体制改革先行先试的历史使命，我们紧紧抓住这一难得的发展机遇，以自我革新的勇气破除体制机制障碍，努力探索体现社会公益属性和农业科技特点的新型管理体制和运行机制，破解发展中的难题，有效发挥引领带动作用。三是抢抓机遇，积极争取有利外部环境。紧抓事业单位分类改革、科研体制改革等有利时机，积极向上级部门沟通汇报，超前提出建议和工作方案，争取理解支持。加强与地方政府及全国农业科研单位的合作，探索构建协同创新机制，就农业和农业科技发展重大问题统一思想，形成共识。加强宣传和舆论引导，形成支持农业科技创新的良好氛围。四是始终保持团结一致、锐意进取、奋发图强、攻坚克难的创新精神。打造和完善中国农业科学院特色创新文化，倡导严谨求实、追求真理的科学精神和科研道德，培育积极向上、团结奋进的合作理念和团队精神，形成有利于培育创新思维、造就创新人才、营造创新突破的科研环境。这些做法和经验，来之不易、弥足珍贵，必须长期坚持并不断完善。

同志们，“十二五”及 2015 年取得的成绩，是农业部党组关心重视和中编办①、国家发改委②、财政部③、科技部④、国家自然科学基金委员会等部委（办）大力支持的结果，是全院广大科技人员和干部职工齐心协力工作、攻坚克难拼搏的结果。借此机会，我代表院领导班子，向大家表示衷心感谢，并通过你们向全院干部职工致以崇高敬意！

二、“十三五”发展思路和主要任务

“十三五”是我国全面建设小康社会的决胜阶段，也是我院建成世界一流农业科研

① 中央机构编制委员会办公室，全书简称中编办

② 中华人民共和国国家发展和改革委员会，全书简称国家发改委

③ 中华人民共和国财政部，全书简称财政部

④ 中华人民共和国科学技术部，全书简称科技部

院所的关键时期。我们要全面贯彻落实创新、协调、绿色、开放、共享的发展理念，以全面推进科技创新工程为抓手，进一步深化改革，创新体制机制，激活创新能力，为加快转变农业发展方式、推进农业供给侧结构性改革、实现农业现代化提供有力的科技支撑与引领。

（一）“十三五”发展面临的形势和任务

当前，我国农业农村经济发展的基础条件、外部形势和内部动因都发生了深刻变化，对农业科技创新提出了新的要求。

从国际上看，全球粮食安全形势依然严峻，自然资源消耗加剧，农业可持续发展压力加大，第一、第二、第三产业融合不断加强，农业产业转型升级不断提速，产业链条不断延伸拓展。为此，世界主要国家纷纷大幅增加投入，强化核心关键技术研发，抢占战略性新兴产业发展先机。现代生物技术发展势头迅猛，出现了设计育种、功能性食品等新手段、新概念，农作物品种培育速度加快。农业信息化技术日新月异，空间技术、遥感技术、传感技术、智能化技术在农业生产中广泛应用。农产品质量安全备受关注，寻找农业化学投入品的绿色替代正成为热点方向。农业可持续发展越来越受到重视，资源节约、环境友好型农业生产新技术、新产品以及节肥、节药、节水、节地、节能等节约型农业技术研发成为农业科技创新的重点领域。

从国内看，“十二五”以来，我国粮食生产连跨两个千亿斤[①]台阶，连续 3 年稳定在 12 000亿斤以上，农民收入增幅连续 6 年高于 GDP 和城镇居民收入增幅，农业科技进步贡献率、主要农作物耕种收综合机械化率分别达到 56%和 61%。但农业发展不平衡、不协调、不可持续的矛盾依然突出。保障粮食持续增产难度加大，农村脱贫任务艰巨繁重，农业资源环境硬约束趋紧，国际农产品市场竞争加剧，城乡一体化进入深化期带来新挑战。为此，中央农村工作会议提出要加快转变农业发展方式，推动农业发展由数量增长为主转到数量质量效益并重上来、由主要依靠物质要素投入转到依靠科技创新和提高劳动者素质上来，由依靠拼资源拼消耗转到可持续发展上来。要实现这些目标，必须把科技创新作为内在动力，全面提升粮食等重要农产品供给保障水平、农业技术装备水平、农业生产经营效益水平、农产品质量安全水平和农业可持续发展水平。

从我院发展来看，仍存在一些突出问题：一是科技创新能力整体性不强，缺乏引领产业升级的重大突破性成果，支撑引领作用亟待进一步加强。二是创新人才结构性矛盾突出，具有重大国际影响的科学家和创新团队偏少，青年领军人才不足，有利于优秀人才脱颖而出的政策体系亟待进一步完善。三是科技资源配置不尽合理，部分学科和研究所设置滞后于生态区域分布和产业发展需要，学科布局和资源配置亟待进一步优化。四是思想解放和思维创新还没有竞相迸发，传统观念、衙门习气仍在束缚我们事业的发展

---

① 1 斤=500 克，全书同

和创新能力的提高，改革创新意识亟待进一步激活。我们必须进一步增强责任感、使命感和紧迫感，补短板，强实力，推动各项工作不断取得新成效。

（二）“十三五”发展的指导思想和主要目标

“十三五”时期，我院发展的指导思想是：深入贯彻党的十八大及十八届三中、四中、五中全会精神，以创新、协调、绿色、开放、共享发展理念为统领，面向世界农业科技前沿，面向国家农业产业发展，面向“三农”建设主战场，坚持“建设世界一流农业科研院所”的发展目标，坚持“顶天立地”的发展方向，全面贯彻落实创新驱动发展战略，突出国家需求导向，聚焦提升自主创新能力，聚焦支撑农业经济发展，聚焦促进农业产业升级，着力加快关键核心技术突破和成果转化应用，着力推进体制机制创新和现代院所发展，着力抓好人才团队和作风建设，提高科技创新供给的质量和效率，突出科技创新在供给侧改革中的引领作用，不断催生农业发展新的增长点，显著提高农业的科技含量和核心竞争力，彰显国家队的实力和影响力，全面带动我国农业科技整体实力率先进入世界先进行列。

发展目标：到 2020 年，初步建成世界一流农业科研院所，成为强力支撑我国世界农业大国地位的农业科研国家队。农业科技前沿领域和产业发展核心技术取得重大突破，产生一批世界级水平、具有革命性影响的重大科技成果；体制机制创新取得重大突破，形成定位准确、布局合理、协同创新、运行高效的现代农业科研院所体系；高层次人才队伍建设取得重大突破，聚集和打造一批国际知名科学家和青年英才，1/3 研究所、学科领域和创新团队进入世界一流，1/3 达到国内一流。通过“十三五”的发展，进一步彰显中国农业科学院在我国农业科技发展中的主导作用，在解决我国农业产业发展中全局性、战略性、关键性科技问题的核心作用和国际农业学术界的引领作用。

（三）“十三五”的重点任务

围绕“十三五”发展思路和发展目标，突出以下主要任务。

一是着力推进体制机制创新。充分发挥改革排头兵的作用，以科技创新工程为抓手，继续在科研组织、管理等领域先试先行，破解发展中的体制机制难题。大力优化资源配置，在重要领域和关键环节取得新的进展。构建符合农业科研规律、职能定位清晰的院所治理结构，加快建立“定位明确、法人治理、管理高效、开放包容、评价科学”的现代院所制度。

二是着力突破重大关键核心技术。力争在重大基础和前沿技术探索、重大农业生物品种创制、绿色增产增效技术体系构建、智能化农业设施装备研制、农业资源高效循环利用与环境保护、重大病虫害防控技术体系构建和农业大数据关键技术研究等方面取得突破。建立具有我院特色的重大成果培育体系，加强高水平论文、重大品种、重大专利、重大产品、重大奖励的培育力度，显著提升创新能力和影响力。

三是强力支撑产业发展。持续开展绿色增产增效技术集成模式研究与示范，创新农业科技成果转移服务体系和模式，建设完善高水平的农业成果转化与展示示范基地体系。创新资产管理模式，建设院农业科技产业孵化中心，打造一批具有核心竞争力的兽用生物制品、种业农化、特色农产品等高科技支柱产业群。建设国家农业智库，开展国家农业和科技发展重大战略与热点问题研究，提高我院在重大政策建议、重大战略咨询上的话语权、影响力和权威性。

四是着力打造人才建设高地。创新科技人才定向引进机制，形成更加有利于人才集聚和成长的政策环境，激发创新活力和创新潜能。完善科技人才培养开发机制，在“青年英才计划”内设置科研、管理、支撑和转化英才培育工程，全面推进四支队伍协调发展。坚持以全日制研究生教育为主，专业学位教育、留学生教育和国际联合培养为辅的多元化发展战略，不断扩大招生规模，提升培养质量，努力把研究生院建设成为高层次、研究型、国际化、有特色的人才培养基地。

五是着力优化科研布局和平台建设。逐步实现我院在全国农业生态区域、农业学科领域的机构与力量覆盖，形成区域布局合理、主攻方向清晰、优势特色鲜明的研究所战略格局。筹建一批国家重大科技基础设施，加强重点实验室建设，完善试验示范基地布局，构建装备先进、运转高效、国际一流的重大科技平台体系，显著提升科研平台的信息化、智能化水平。加强与区域内涉农科研机构和高校的合作，谋划区域性综合研究中心建设，实现与区域经济发展的有效对接和深度融合，提升我院对区域农业发展的引领与支撑作用。

六是着力推进全球农业科技战略。优化国际合作重点区域和领域，通过在全球代表性国家或国际组织建立联合实验室、试验示范中心等方式，形成多双边及区域合作的新格局。服务国家整体外交战略，积极参与“一带一路”、农业“走出去”战略框架下农业科技合作发展规划、行动计划的研究与编制。建设“海外农业研究中心”，构建我院农业科技“走出去”战略组织协调体系。积极谋划“以我为主”的重大国际农业科技合作计划，强化前沿技术旗舰项目合作，占领国际学术新高地。

三、2016 年重点工作

2016 年是“十三五”的开局年，也是科技创新工程全面推进期的启动年，一定要起好步、开好局，重点做好以下工作。

（一）全面推进科技创新工程

推进落实科技创新工程“十三五”发展规划，根据试点期探索实际，进一步修改完善并全面实施创新工程各项新型管理制度。研究完善科技创新工程绩效考评办法和指标体系，开展试点期绩效评估与总结工作。进一步调整优化创新工程任务，形成“开放、流动、竞争、协作”的运行机制。启动实施科研创新团队竞争力评价工作。

（二）认真落实科技体制改革各项任务

根据国家有关部门安排，力争完成非营利性研究所及农业事业单位的分类工作，争取尽早解决拟转企研究所发展定位问题，加快推进农业基因组研究所、都市农业研究所组建工作。探索协同创新机制。健全岗位管理和绩效评价制度，逐步完善以创新业绩为导向的分配激励机制和管理规范的运行体系。做好院属单位养老保险改革衔接工作。各研究所也要进一步完善和优化管理体制机制，建立现代院所制度。

（三）加强科研立项与成果培育

落实院“十三五”科技发展规划，做好项目、成果储备和培育，在重大项目选题建议、立项中取得新突破。进一步完善科技管理机制，加强科研项目的过程管理和服务。做好“十二五”在研项目的执行与结题验收，凝练和培育重大科技成果，力争在国家奖等各类科技奖励中取得更大突破。

（四）推进国家农业科技创新联盟建设

争取启动“东北粮仓绿色增效技术系统”“长江中下游稻田绿色增效技术系统”“华北（黄淮海）农业控水提效与生态系统修复”等重点专项。整合农业部学科群实验室体系等科研平台，开展农业基础性长期性科技工作。启动农产品质量安全检验检测一致行动，组织开展标准制定、检测分析、产品研制和全过程检验检测等协同工作。建设完善联盟科技资源数据库和资源共享信息管理平台。组织开展科技战略研究，提出一批重大项目清单和政策建议。完善联盟运行机制和定期磋商机制，探索任务协同和激励约束机制。

（五）加强人事人才工作

继续实施“青年英才计划”，加大宣传力度，拓宽引进渠道，提高引进人才质量，确保各项扶持政策得到落实。全面启动青年英才培育工程，2016 年首批遴选产生 20 名左右院级入选者和 60 名左右所级入选者。继续推进博士后培养计划，大力实施继续教育工程，做好“千人计划”“青年千人计划”等高层次人才推荐工作。加强领导班子建设，抓好干部教育培训，做好援藏、援疆、博士服务团、扶贫等挂职锻炼工作，实施院机关处级干部和年轻干部到基层锻炼。

研究制定研究生教育“十三五”规划，推进研究生教育进入创新工程。千方百计扩大研究生招生规模，构建研究生教育质量保障体系。积极谋划和推动建设京内外相关学院和校区，扩大办学空间。办好“兽医学院”，做好首批研究生招生及培养管理工作。加强内部管理，引进科教英才，完善奖助体系。发挥继续教育平台作用，打造专业强、层次高、效果实的品牌培训项目，服务全院科技成果“立地”。

（六）促进成果转化和科技兴农

推进九大农产品绿色增产增效技术集成生产模式研究，启动区域农业可持续发展技术集成创新与示范。强化与地方政府的实质性合作，进一步加大援疆援藏工作力度，做好科技扶贫工作，服务地方产业发展。搭建知识产权和成果转移平台，建好“全国农业科技成果转移服务中心”和“国家种业科技成果产权交易中心”。加强体制机制创新，提升知识产权管理水平。

（七）做大做强科技产业

推动全院种业领域科研成果权益改革，完成种子企业脱钩改制。组建经营性国有资产管理公司，出台鼓励科研人员创新、促进科技成果转化和规范院所办企业管理的各项制度。支持鼓励研究所大力发展支柱产业，形成“一所一产业”的发展格局。推进哈尔滨兽医所、蔬菜所、特产所、植保所等单位引进社会优质资本，推进全民所有制企业改制，择优上市，打造一批国内外知名的农业高科技企业。

（八）深入推进全球战略布局和农业科技“走出去”

推进“海外农业研究中心”建设，制定农业“走出去”规划。进一步完善全球布局，加大在生物防控、农业生物技术、畜牧兽医、农业资源环境等领域设立海外农业科学联合实验室的力度，积极探索在非洲、拉美国家建立农业技术示范中心；在“一带一路”框架下，推进我院成熟技术和产品“走出去”，推动实质性项目合作；积极配合商务部、农业部开展中非农业科研机构“10+10”合作机制调研工作，牵头制订实施方案，并有序推进相关工作开展。

（九）提升条件平台支撑能力

推动国家（重点）实验室的选题建议，积极争取立项。加紧推进通州创新中心、深圳基因组学研究所、大连都市农业研究所等重大项目建设进度。抓好农业生物技术研究中心、国家农业重大气象灾害模拟舱、国家作物表型鉴定设施等重大科技基础设施立项。加速新疆、海南、黑龙江等试验基地的布局与建设。加强组织协调，确保我院6个国家重点实验室顺利通过评估考核。建设重大科研设施和科研仪器设备在线服务平台，实现开放共享。开展全院试验基地绩效考评工作，强化监管。继续强化美丽院区、智慧院区的基础保障能力建设。

（十）持续加强党的建设和党风廉政工作

坚持落实全面从严治党要求，发挥各级党组织的政治核心、监督保障和决策咨询作用。深入推进基层服务型党组织建设，发挥党支部的战斗堡垒和党员的先锋模范作用。加强理论学习，充分发挥中心组学习的带头作用和院“两研会”理论研究作用。贯彻党的群众路线，创新群众工作体制机制和方式方法，深入开展精神文明、创新文化创建活动，注重做好职工思想政治工作，加强群团工作和民主党派工作。

认真学习贯彻《中国共产党廉政准则》和《中国共产党纪律处分条例》，进一步落实党风廉政建设“两个责任”；继续深入开展科研经费监管“两项工程”，全面推行试剂耗材采购平台、科研经费信息公开平台和财务助理制度；充分发挥巡视的利剑作用，运用好巡视成果；强化一岗双责、一案双查和责任追究意识；严格监督，执纪问责，以强有力的措施落实八项规定、防止“四风”反弹，为农业科技创新营造良好氛围。

同志们，展望“十三五”，中国农业科学院已经进入全面推进科技创新工程、建设世界一流科研院所的决胜阶段，我们身上的担子更重，任务更艰巨。每个研究所、科研团队和科研人员都是“十三五”规划实施的直接参与者、实践者和推动者，需要大家齐心协力。各研究所要承担起改革发展的主体责任，研究所的所长和党委书记是第一责任人，要以“三严三实”的标准做好各项工作，敢于负责、勇于担当，做到关键时刻能冲得出、顶得住、拿得下；要主动入位、超前谋划、找准方向、狠抓落实，把“十三五”规划落实好、实施好，把国家的期望和要求变成我们的工作动力。

同志们，让我们紧密团结在以习近平同志为总书记的党中央周围，在农业部党组的坚强领导下，努力拼搏，奋发有为，早日实现建设世界一流农业科研院所的战略目标，为我国现代农业发展作出新的更大的贡献。

谢谢大家！

中国农业科学院党组书记陈萌山在中国农业科学院2016年工作会议上的总结讲话

2016年1月15日

同志们：

这次院工作会是一次必将载入我院发展史册的重要会议。大家深切地感到，韩长赋部长及余欣荣副部长对我院作出重要批示，张桃林副部长出席会议并作重要讲话，是对我们工作的充分肯定，是对中国农业科学院发展的更高期待。农业部党组高度重视中国农业科学院发展，2015年年底还专门听取了中国农业科学院工作汇报，研究支持中国农业科学院发展的具体安排。国家自然基金委员会杨卫主任和财政部赵路司长到会讲话，给我们以极大的鞭策鼓舞。所有这些，充分显示了我院在国家"三农"全局中的重要地位，在国家创新驱动发展战略中的重要位置。

大家一致认为，家洋院长的工作报告，全面总结了"十二五"和2015年我院各项工作，深刻分析了面临的形势和任务，明确了"十三五"基本建成世界一流农业科研院所的发展目标和重点举措，部署了2016年的重点工作。这个报告全面体现了党的十八届五中全会精神的要求，全面体现了中央经济工作会议、中央农村工作会议和全国农业工作会议精神的要求，讲的理论性和针对性都很强，是一个指导我院今后5年发展的十分重要的报告。

这次会议，公布了研究所综合评价结果，表彰了获得国家科技奖励、发表重要学术论文、育成重大品种的科研团队，颁发了院2015年度科学技术成果奖。昨天晚上，全体代表出席了2016年迎新春团拜会，观看了自编自演的文艺节目，反映了我院职工积极向上的良好精神风貌。

昨天下午的分组讨论，大家发言积极，气氛活跃。大家充分肯定这次院工作会议安排紧凑、内容丰富，与会同志精神饱满、精力集中，会议开得非常成功。达到了认清形势、提高认识，统一思想、明确任务，增强信心的目的。同时，大家提出了许多很有见地、很有价值的意见和建议。比较集中的是4个：一是关于人才队伍建设问题；二是关于战略规划研究问题；三是关于研究所评价问题；四是关于事业单位分类改革问题。还有不少个性化问题，主要是各个研究所提出需要院里帮助解决的问题。会后，请办公室牵头汇总分类，分别由主管院领导牵头，明确职能部门负责，研究落实。有的是能够迅速改进的要见之于行动，有的是要通过深入调查研究形成方案的要作出具体安排。

刚才，在大会上交流经验的6个研究所，充分反映了创新工程试点以来我院发生的全方位的巨大变化，他们的经验各有特色，值得借鉴。

同志们，韩长赋部长及余欣荣副部长的批示、张桃林副部长的讲话和家洋院长的报告，指明了今年我院目标任务和重点工作，描绘了“十三五”我院发展的宏伟蓝图，我们将开启今年及“十三五”新的征程。可以讲，今后的5年是我院创新工程进入全面推进期的“黄金五年”，是我院全面建设世界一流农业科研院所决胜的5年。创新是国家经济转型升级的第一大理念，作为科研单位，创新在科技事业中既是主体，又是动力，我们所有的力量要聚焦科技创新，共同的目的就是产出重大科技成果。要唱响创新主题，做好创新篇章，切实增强创新的主动性、能动性，用创新打开思维、开辟思路。为此，我再强调5点。

第一，要牢固树立“顶天立地”的指导思想，紧贴科技发展的趋势和产业的变化，做好创新重点领域布局。科研布局是科研的基础工程，事关研究所在未来国家产业发展中的影响和地位，事关研究所未来的实力和规模，是一个战略层面的工作。要按家洋院长反复强调的，用顶天立地的指导思想布局创新学科。我们现有的科研布局并没有充分体现农业的特点，区域显示度不够高，主产区影响力不够大，与国家队的地位不够相称，必须加快调整完善。特别是有的产业需求出现萎缩的研究所和团队，调整科研布局要更加坚定、果断和迅速，否则未来就没有生存立身之地。

各部门、各研究所要加强顶层设计，抓住制定“十三五”规划和实施创新工程的关键时机，坚持国家需求和产业发展导向，充分发挥各方面的积极性，利用学术委员会或组成专门的专家团队，进一步开展科技发展战略研究。要分析新常态下农业产业的发展变化和科技前沿的演变，扣住未来产业转移的重点，在学科和时空上提前布局，逐步实现我院在全国农业生态区域、农业学科领域的机构与力量全覆盖，逐步建立起与国家重大需求吻合、与国际科技前沿同步、与创新国家队地位相称的，能够支撑农业发展方式转变，能够引领农业现代化发展的重点学科和任务布局。

关于这个问题，我再多说几句。

关于学科布局调整问题，已经到了必须更加自觉、更加主动地面对，更加主动、更加自觉地作为的时候，否则，我们将面临更大的困难，我们的一些研究所、一些学科团队也有可能变成类似今天的“僵尸”企业。创新工程给了我们一个手段，我们要抓住这样一个有利机遇，加快调整，否则5年以后压力会更大。

我思考了一下，从改革开放的1978年到入世前的2001年，我国经济发展、农业的发展处在量的扩张时期，发展的动力主要是通过刺激总需求，依靠投资、出口、消费从需求侧拉动经济的发展，通过传统农业生产方式扩量增效提质来满足社会和国家的需求，所有能增产的技术成果都有用武之地，我们各个研究所传统的地盘没有冲击、没有影响。

从入世后2001年到2015年这15年，是我国经济、农业在国际国内两种资源、两个市场作用下，加快分化、加快调整的15年，我们多数研究所都感受到了冲击，感受到了压力，这种冲击和压力有的是顶着脑袋、有的是顶着胸膛，不少研究所发展遇到了巨大的困难，甚至生存遇到了危机。特别是农作物方面的专业研究所，比如棉花、麻类、烟草，甚至玉米、小麦等大田作物，反映在农业生产上的问题是价格天花板和成本地板挤压，反映在科学技术上问题的是传统的技术路线和模式严重不适应，产业需求严重萎缩、空间布局迅速转移。

从今年开始，我国经济和农业将进入一个更加开放的新阶段，产业的竞争更加激烈，国际影响的深度进一步加剧，农业在供给侧结构性改革过程中，劳动力、土地、资本、创新四大要素将向着优势产业、优势产品转移，竞争力低、劳动生产率低、资源产出率低的产业和产品还将加速萎缩。在这种情况下，我们如果手抱琵琶、安于现状，发展和生存都将面临更大的危机、更大的风险。按照研究所现有的科研布局方向去发展，不仅是成果难以落地，而且项目资金支持源头也难以为继。因此，要紧紧抓住创新工程给我们的有利机遇、有利条件，在学科布局上要主动调整、主动作为。

中国科学院2014年11月发布了科研机构分类改革方案，计划将现有研究所划为四大类，即创新研究院、卓越创新中心、大科学研究中心、特色研究所。正在召开的中科院工作会议又提出，要研究按照国家实验室的格局，建设若干国家实验室。中国科学院的改革是全面的、是自上而下的，我们要学习中国科学院的精神。我们是采取自下而上的方法，要求和鼓励各个研究所调整，但这不是说院里就没有任何约束力。如果创新工程全面推进实施几年下来，我们通过评估，出现一些研究所没有国家和省部级奖，没有影响的技术、品种，没有高水平论文，其存在的价值就要打问号了。

第二，要遵循农业科研规律，瞄准重点领域，寻求重点突破，做好创新项目规划。农业科研的基础性、公益性和长期性的特征，要求我们有战略的视野，建立动态稳定的团队，找准学科选题，纳入预算规划，坚持长期连续的支持，不断寻求突破。从“十二五”情况看，我院基础研究积累不够多，原始创新能力不够强，科技创新源头供给不够足，重大科技成果匮乏，与国家的需求有一定的差距。我们的科研组织开放不够、共享不够，过于封闭，难以创造科研奇迹、创新大成果。有的研究所科研选题的针对性和前沿性不足，与国家重大需求不相适应，学科的特色和优势不明显，同质化发展的倾向明显，这种情况必须改变。

在编制2017年科研项目和“十三五”科技规划时，我们要以问题为导向，主动在可能产生重大进展的重点方向和热点领域下手，聚焦优势力量，谋求率先突破；要立足农业供给侧结构性改革需求，立足现代农业发展和产业转型升级需求，凝练重大科学技术问题，组织创新活动，破解发展难题，引领中国农业科技发展方向。每个研究所都要明确“十三五”期间重点突破的1~2项重大命题，在创新工程计划实施中予以重点支持，力争产生革命性和世界一流的科技成果。

第三，要深化科研体制改革，充分运用创新工程先行先试有利条件，激发科研创新活力。体制改革的目标是释放正能量，让创新的活力竞相迸发，让创新的智慧充分涌流。当今的科学探索不断向宏观拓展、向微观深入，交叉融合汇聚不断加速，科学研究到技术创新界限日趋模糊，周期越来越短，创新链与产业链的衔接越来越紧密。顶天立地贯通一体，难以分割。我们要想引领国家农业科技创新，提高国际竞争优势，就必须组建大团队，大力推进协同创新，加快从基础研究到产业化的系统攻关。各研究所要破除“行政”观念，打破课题组的藩篱，建立起研究所的共享开放，上中下游结合，技术工艺设备配套的创新网络。还要加强全院所与所之间，我院与大学、企业和农业生产组织之间的合作，建立起更大范围协同创新的科研机制，促进创新要素有序流动、高效配置。

创新工程不是一般科研项目工程，更不是一个脱困工程，是国家专门针对中国农业科学院的一项重要改革性举措，期待我们建设世界一流院所，解决国家重大农业科技问题，当好创新国家队、改革排头兵和决策智囊团。我们要进一步解放思想，研究所是一级法人实体，完全有能力、有条件用创新的思维，在科技体制机制和一些管理办法上进行改革、进行探索。院里职能部门要加大这方面的研究，指导支持改革，对一些研究所大胆改革的实践要及时总结，加以肯定、加以推广。我觉得有 3 个方面的具体要求，今年就可以重点去落实：一是国务院 2014 年下发的 11 号文件《关于改进加强中央财政科研项目和资金管理的若干意见》，包括财政部刚刚下发的 24 号文《关于全面推进事业单位内部控制建设的指导意见》等，涉及科技计划改革的政策措施，院里和研究所两个层面都要系统研究，吃透精神，用足政策，要全面落地。二是国家对科技创新工程制定了专门的管理办法，这个办法还有不少没有用到位的地方，需要进一步挖掘创新落实。三是农业科研本身有哪些特殊性，必须要另眼看待，制定有别于别的行业的一些政策办法，要有礼有节地提出来。

第四，要加强支撑体系建设，科学谋划、系统推进，精心组织落实，打牢科技创新的基础。我院科研基地 100 多个近 10 万亩，遍布 27 个省区市。一是过于分散，二是共享不够，三是管理水平不高，服务支撑科研效率低。我们要全面改善科研基地管理，加大建设力度，出台管理、考评办法，提高集约程度、共享水平和管理能力，打造一批院级一大批所级现代化的科研试验基地。

我院科研平台建设面临新机遇，“十三五”要力争在国家实验室、大科学计划、大科学工程方面有新的突破。院里将重点抓好通州科技创新中心建设，通过总体规划和重大工程的整体申报，分期有序推进建设，逐步建成具有世界级水平的综合科研平台。目前已经初步明确了农业生物技术研究中心、国家农业重大气象灾害模拟舱、国家作物表型鉴定设施等重大科学工程项目。各个所也要明确“十三五”科研平台的建设重点。这里我强调一下，在平台建设方面要学习哈尔滨兽医所的经验，在基地建设方面要学习植保所、油料所的经验。

人才团队建设是科技创新的生命线。我们要以“青年英才计划”为抓手，大力实施“引进”和“培育”两大工程，统筹推进科研、转化、管理、支撑 4 支队伍建设和研究生教育，力争到 2020 年基本解决高端人才不足、年龄结构不合理的问题。这里需要指出的是，支持人才建设的政策措施，院里调动一切资源正全力落实，各所也要想尽办法，千方百计兑现。

成果转化和科技产业开发非常重要，这既是科技创新活动的延伸，是创新成果的重要标志，又是研究所自身发展的迫切要求。我们一方面要争取通过分类改革，提高财政供给水平，解决研究所生存发展面临的财政压力；另一方面要争取通过科技计划改革，提高项目绩效分配比例，吸引人才，解决科研人员收入低的问题。但这两个方面，都不能有过高的期望、过大的依赖。要充分运用国家大众创业、万众创新各项有利政策，千方百计加强知识产权管理和转化，全面推广作科所、水稻所和蔬菜所种业权益改革试点成果做法，加速科技成果转化，提高研究所的科技成果转化收入水平，让国家支持科技创新的相关政策在农科院落地生根见到实效。要着力推进所办企业改制，引进战略合作伙伴，建立现代企业制度，提高企业盈利水平和市场竞争能力。

第五，要加强院所文化建设。按照方向明确、内容丰富、形式生动、立体覆盖要求，打造创新的软环境。现在我们有的研究所看不出是科研机构，看不到创新的标识，更难以体会创新文化氛围。有的实验楼像仓库、像试剂生产车间。这不是农业朴素的体现，更不是科研接地气的要求。我们要把院所打造成宜于创新、富于创新的天地，必要的环境整治、环境建设是不能少的。要积极引导科研人员树立献身农业、献身科技，服务国家、服务人民的科技价值观，增强创新自信；要大力弘扬敢于拔尖、勇于探索、理性质疑、追求卓越的科学精神，培育创新能力；要积极营造宽松包容、奋发向上的学术氛围，形成创新导向；要加强科研道德建设，对学术不端行为“零容忍”，净化创新土壤；要加强院区物业统一管理、统一经营，打造美丽“农科大院”；要充分利用传统媒体和新媒体，营造院所创新文化，宣传创新成果，提升创新影响。这方面，兰州牧药所的经验值得借鉴。他们抓环境美化，所区被居民亲切地称为“牧药所公园”，确立了所训，创作了所歌、所徽和所旗，建立所史陈列室铭苑、中兽医药陈列馆、牧草标本馆，塑立了盛彤笙先生铜像，开展“读一本好书”“党在我心中”等系列活动，开设道德讲堂，组建文明传播队伍，等等，营造了浓厚的科研文化氛围。

同志们，这次会议内容十分重要，会后要扎实做好贯彻落实工作。院属各单位各部门要迅速组织会议精神的学习传达，准确领会精神，切实把思想认识统一到会议的要求上来，切实把工作行动统一到会议的部署上来。要密切结合自身的实际，提出贯彻落实意见，完善“十三五”规划，制订2016年重点工作计划。要把院工作会议和本单位、本部门确定的重点工作，分解细化到各职能部门、各科研团队和每一个岗位，明确牵头部门、具体目标任务和时间要求。要转变工作作风，加强督查督办，全面推进绩效管理，强化过程管控和结果运用，提高工作执行效率，提升院所机关服务水平。

同志们，“十三五”和2016年重点工作已经明确，建设世界一流院所的目标催人奋进，让我们以更加饱满的热情、更加昂扬的斗志，按照中共中央的部署和农业部的要求，团结带领全院广大干部职工，深入实施创新工程，全面推进现代院所建设，为推动农业科技进步，引领农业发展方式转变和推进农业现代化建设作出新的更大贡献。

谢谢大家！

2016 年度研究所评价结果通报

2016 年中国农业科学院研究所评价结果已经 2017 年第一次院常务会议审议通过，发展实力、发展速度和人均实力排名前五名的研究所如下。

一、发展实力排名前五名的研究所为作物科学研究所、植物保护研究所、农业资源与农业区划研究所、北京畜牧兽医研究所、哈尔滨兽医研究所。

二、发展速度（与前三年发展实力平均值相比）排名前五名的研究所依次为：蜜蜂研究所、环境保护科研监测所、农业质量标准与检测技术研究所、南京农业机械化研究所、棉花研究所。

三、人均实力排名前五名的研究所为植物保护研究所、北京畜牧兽医研究所、作物科学研究所、农业资源与农业区划研究所、蔬菜花卉研究所。

研究所评价自 2012 年实施以来，在明确导向、激励创新、衡量绩效、支撑决策等方面发挥了重要作用，带动了各项工作的创新发展，促进全院创新实力大幅提升。2016 年全院发展实力总分同比增长 15.4%，比 2012 年翻了一番。

研究所评价是一项综合、复杂、长期的工作，结合实施科技创新工程，院机关各部门和院属各单位要继续努力，进一步完善评价指标，改进评价方法，更加科学、更加合理地反映农业科研规律，体现中国农业科学院的特点和特色。今后，研究所评价结果还要与科技资源配置和领导班子建设挂钩，体现绩效管理理念，不断提高管理水平。

二、科研创新与创新工程

农业部办公厅　财政部办公厅
关于开展中国农业科学院科技创新工程
试点期部级绩效考评工作的通知

农办财〔2016〕70号

中国农业科学院：

为客观评价你院科技创新工程试点期（2013年7月至2015年12月）的组织实施情况，进一步加强和改进科研项目经费管理，根据《中国农业科学院科技创新工程实施方案》《中国农业科学院科技创新工程经费管理办法（试行）》《中国农业科学院科技创新工程部级绩效考评规范》等有关规定，农业部、财政部委托农业部财会服务中心，自2016年10月起对你院科技创新工程试点期实施情况进行绩效考评。请按照《中国农业科学院科技创新工程试点期部级绩效考评工作方案》（附后）要求，积极配合做好相关工作。

附件：中国农业科学院科技创新工程试点期部级绩效考评工作方案

农业部办公厅　财政部办公厅

2016年10月13日

附件

中国农业科学院科技创新工程试点期部级绩效评价工作方案

根据《中国农业科学院科技创新工程部级绩效考评规范》，为有效开展对中国农业科学院科技创新工程试点期（2013 年 7 月—2015 年 12 月）部级绩效评价工作，制订本方案。

一、评价目的

通过对中国农业科学院科技创新工程试点期部级绩效评价，客观反映科技创新工程试点期的组织实施情况，公正评价科技创新工程试点期的实施效果，发现科技创新工程试点期管理过程中存在的问题，为加强和改进科研单位和项目管理提供意见建议，发挥绩效评价对财政资金的跟踪问效作用和决策信息反馈作用。

二、评价依据

本次绩效评价主要以《中国农业科学院科技创新工程实施方案》《中国农业科学院科技创新工程经费管理办法（试行）》《中国农业科学院科技创新工程部级绩效考评规范》等有关规定为依据。

三、评价内容

根据部级绩效考评规范要求，重点评价中国农业科学院科技创新工程组织实施、制度建设、工作开展、绩效管理以及经费使用等相关工作的开展情况及完成情况。

（一）科研体制机制创新方面

重点评价创新工程用人机制是否灵活有效，包括考核组建团队、首席专家作用发挥等情况；组建的科研团队在本行业的影响力与竞争力；绩效考核制度和分配机制实施情况；对科研工作的组织管理形式、运行方式和制度建设及运作效能等情况。

（二）科技布局与创新能力方面

重点评价创新工程确定的重点学科在本行业内的影响力，创新工程科研项目布局和重点项目立项，对出现的或可预见的重大创新成果所起到的作用；试点期间各项基础研究进展以及成果产出情况。

（三）科技支撑与贡献方面

重点评价科技经济一体化的政策安排与机制建设，国内外相关的学术交流与产业对接情况，成果转化政策创设与平台建设方面的工作进展；评价科技创新工程对产业发展的支撑和贡献作用，对国家农业和农业政策方面提供了有重大影响的咨询建议，以及产生的科研成果转化情况。

（四）科研条件建设方面

重点评价试验基地、实验室等科研平台建设情况，如实验地占有量、大型仪器设施设备的盈缺、共享率，条件建设规划及相关制度建设；评价在国际同行业领域开展合作交流情况，包括技术、品种资源的引进、共享、联合开发研究、联合共建实验室等。

（五）预算资金管理方面

重点评价预算资金管理相关的制度执行情况，特别资金使用过程中的合规性、合理性及有效性。

四、组织与实施

（一）考评机构

财政部、农业部委托农业部财会服务中心（以下简称中心）具体承担中国农业科学院科技创新工程试点期部级绩效考评工作。

由科技评估专家、行业专家和财务管理专家组成的专家组开展评价工作，专家组成员如下。

组长：潘学峰　农业部财会服务中心　主任

成员：安晓宁　农业部财会服务中心　副主任

吴山民　农业部财会服务中心　副主任

翟　勇　农业部科技发展中心　研究员

张　绘　中国财政科学研究院　副研究员

中国财政学会绩效管理专业委员会　秘书长

关忠诚　中国科学院创新与评估中心　研究员

严海军　中国农业大学水利与土木工程学院　教授
曾昭海　中国农业大学农学院　教授
郭冬泉　农业部财会服务中心　处长
张　朋　农业部财会服务中心　副处长
鞠　薇　农业部财会服务中心　副处长

（二）评价方式

在中国农业科学院科技创新工程试点期绩效自评估基础上，由评价专家组对中国农业科学院科技创新工程试点期整体实施情况进行绩效评价，出具评价结论和评价报告。评价拟采用座谈、答辩、质询等现场评价与资料评价相结合的方式进行。

（三）工作程序

（1）按照部级绩效考评规范要求，项目主管部门向中国农业科学院下达评价通知书，明确绩效评价的目的、范围、任务、指标、时间以及承担评价工作的单位等。

（2）中国农业科学院组织开展完成科技创新工程试点期部级绩效评价的自评估工作，并提交自评报告及相关工作资料等，具体包括：①中国农业科学院科技创新工程试点期绩效评价自评估报告，以及各研究所试点期绩效自评报告；②中国农业科学院制定的科技创新工程的相关制度；③各研究所科技创新工程申报书、立项评估报告和项目预算批复等文件，与创新工程财务收支和经济活动相关的重大事项决策、相关会议纪要等；④被评价相关研究所与中国农业科学院签订的绩效任务书，评价期间项目预算执行情况，以及其他财务会计资料；⑤中国农业科学院对相关研究所创新工程完成情况的检查报告；⑥各研究所科技创新工程突出业绩及相关证明，以及其他与绩效评价工作相关的资料。

（3）专家组对中国农业科学院自评报告进行审查。赴农科院召开座谈会并查阅文件资料，重点了解科技创新工程试点期组织落实情况、绩效管理以及资金使用情况，以及农科院对各研究所的绩效评价情况。抽取中国农业科学院蔬菜花卉研究所、农业资源与农业区划研究所、农业环境与可持续发展研究所、水稻研究所、茶叶研究所、油料作物研究所、棉花研究所、农业部南京农业机械化研究所和上海兽医研究所等单位实地核查，听取研究所创新工程进展情况，重点是工作绩效及存在问题；了解所对科研团队（首席专家）、首席专家对团队成员考评情况介绍，重点是科技创新工程试点期绩效任务书目标完成情况、科研项目预算执行情况和财务制度落实情况。

（4）在上述工作基础上，完成对各研究所开展试点工作绩效的验证性评价，以及抽取的研究所年度考评结果的绩效再评价，结合农科院整体实施情况考评，形成农科院科技创新工程试点期部级绩效评价报告。

五、进度安排

（1）2016 年 8 月：项目主管司局向中国农业科学院下达科技创新工程试点期部级绩效评价通知书；中国农业科学院提交科技创新工程试点期的院、所两级相关工作资料和总结报告等。

（2）2016 年 9—10 月：评价专家组赴中国农业科学院开展现场评价工作；专家组赴抽取的研究所就试点期考评结果开展绩效再评价工作。

（3）2016 年 11 月：评价专家组提交中国农业科学院科技创新工程试点期部级绩效评价报告。

中国农业科学院科技创新工程部级绩效考评指标体系（试点期）

评价指标	评分标准	分值	得分
科研体制机制创新（30 分）	重点评价创新工程用人机制是否灵活有效，包括考核组建团队、首席专家作用发挥等情况；组建的科研团队在本行业的影响力与竞争力；绩效考核制度和分配机制实施情况；对科研工作的组织管理形式、运行方式和制度建设及运作效能等情况	30	
科技布局及创新能力（20 分）	重点评价创新工程确定的重点学科在本行业内的影响力，创新工程科研项目布局和重点项目立项，对出现的或可预见的重大创新成果所起到的作用；试点期间各项基础研究进展以及成果产出情况	20	
科技支撑与贡献（30 分）	重点评价科技经济一体化的政策安排与机制建设，国内外相关的学术交流与产业对接情况，成果转化政策创设与平台建设方面的工作进展；评价科技创新工程对产业发展的支撑和贡献作用，对国家农业和农业政策方面提供了有重大影响的咨询建议，以及产生的科研成果转化情况	30	
科研条件建设（10 分）	重点评价试验基地、实验室等科研平台建设情况，如实验地占有量、大型仪器设施设备的盈缺、共享率，条件建设规划及相关制度建设；评价在国际同行业领域开展合作交流情况，包括技术、品种资源的引进、共享、联合开发研究、联合共建实验室等	10	
预算资金管理（10 分）	主要考核是否建立了与创新工程配套的资金管理相关的制度办法，并对其资金使用过程中的合规性、合理性进行评价，考核资金使用是否遵循了创新工程经费管理以及相关财务管理办法，资金使用的有效监管是否到位，预算执行过程中是否有重大违规问题	10	
合计		100	

中国农业科学院科技创新工程试点期部对院考评自评估报告

2016年10月17日

为贯彻落实党的十八大提出的创新驱动战略，深化科技体制改革，提升国家级农业科研机构在创新体系中的骨干作用和引领能力，2013年农业部、财政部批准中国农业科学院启动实施科技创新工程。科技创新工程的主要任务是围绕“服务产业重大科技需求、跃居世界农业科技高端”两大使命，瞄准“建设世界一流农业科研院所”的目标，积极开展体制机制创新，调整优化学科布局，遴选试点研究所和科研团队，组织科研攻关，完善科研支撑条件，全面提升创新能力。

根据《中国农业科学院科技创新工程实施方案》《中国农业科学院科技创新工程经费管理办法（试行）》和《中国农业科学院科技创新工程绩效管理办法（试行）》的要求，科技创新工程实行“1+3+5+5”的阶段性绩效考评和分级考评。“1”就是启动年考评，“3”就是试点期考评，“5”就是之后每5年考评一次。分级考评包括财政部、农业部对中国农业科学院考评和中国农业科学院内部考评。这次试点期满自评估是在完成中国农业科学院内部考评的基础上开展科技创新工程自评估，是财政部、农业部对中国农业科学院考评的基础参考，也是财政部、农业部对中国农业科学院考评的重要环节。本次评估以研究所考评为基础，通过实地调研和综合分析，对试点期绩效目标任务完成情况进行客观评价，形成评估结论。

一、自评估的目标、内容、方法和院对所考评结果

（一）评估目标

本次试点期自评估的主要目标如下。

第一，对试点期科技创新工程实施的任务与目标、资金使用效率和效果进行自我评估。

第二，发现试点期科技创新工程实施过程中的经验教训、存在的问题，提出改进的措施和建议。

第三，为财政部、农业部委托的第三方评估机构开展试点期考评提供依据和参考。

（二）评估内容和重点

本次自评估内容主要包括 5 个方面，即科研体制机制创新、科技布局与创新能力、科技支撑与贡献、科研条件建设以及预算资金管理。

1. 科研体制机制创新

这是试点期科技创新工程实施的重点和基础，关系到科技创新工程的运行和发展。重点评价科技创新工程用人机制是否灵活有效，包括考评组建团队、首席专家作用发挥等情况；组建的科研团队在本行业的影响力与竞争力；绩效考评制度和分配机制实施情况；对科研工作的组织管理形式、运行方式和制度建设及运作效能等情况。

2. 科技布局与创新能力

这是试点期科技创新工程实施的核心内容。重点评价科技创新工程确定的重点学科在本行业内的影响力，科研团队任务和研究方向布局，对出现的或可预见的重大创新成果所起到的作用；试点期间各项基础研究进展以及成果产出情况。

3. 科技支撑与贡献

重点评价科技经济一体化的政策安排与机制建设，国内外相关的学术交流与产业对接情况，成果转化政策创设与平台建设方面的工作进展；评价科技创新工程对产业发展的支撑和贡献作用，对国家农业和农业政策方面提供的有重大影响的咨询建议，以及产生的科研成果转化情况。

4. 科研条件建设

重点评价试验基地、实验室等科研平台建设情况，如实验地占有量、大型仪器设施设备的盈缺、共享率，条件建设规划及相关制度建设；评价在国际同行业领域开展合作交流情况，包括技术、品种资源的引进、共享、联合开发研究、联合共建实验室等。

5. 预算资金管理

重点评价预算资金管理相关的制度执行情况，特别资金使用过程中的合规性、合理性及有效性。

（三）评估组织实施

1. 自评估依据

试点期自评估主要依据是《中国农业科学院科技创新工程实施方案》《中国农业科学院科技创新工程经费管理办法（试行）》《中国农业科学院科技创新工程绩效管理办法（试行）》及其实施细则，以及《中国农业科学院科技创新工程部级绩效考评规范》。

2. 自评估范围

评估中使用的相关信息和数据从 2013 年 7 月开始，截至 2015 年 12 月。评估涉及第一批启动试点的作科所、植保所、蔬菜所、牧医所、加工所、资划所、水稻所、棉花所、油料所、哈尔滨兽医所、农机化所 11 个研究所，第二批启动试点的环发所、饲料所、生物所、质标所、茶叶所、兰州兽医所、兰州牧药所、上海兽医所、特产所、环保所、烟草所 11 个研究所，第三批启动试点的蜜蜂所、农经所、信息所、营养所、灌溉所、麻类所、果树所、郑州果树所、草原所、沼科所 10 个研究所。

3. 自评估组织

自评估工作由中国农业科学院科技创新工程领导小组及办公室、科技创新工程工作组组织实施。中国农业科学院科技创新工程领导小组负责组织协调试点期自评估和自评估报告审定工作；中国农业科学院科技创新工程领导小组办公室负责组织试点期自评估的具体工作；中国农业科学院科技创新工程领导小组成员单位参与试点期自评估工作，负责审核分管领域材料。

4. 院对所考评

本次评估以研究所考评为基础，通过实地调研和综合分析，对试点期绩效目标任务完成情况进行客观评价，形成评估结论，并提出下阶段改进建议。

实地调研：院领导牵头，组成 8 个调研组到 32 个试点研究所进行调研，分别与所领导、首席专家、一线科研人员、职能部门负责人进行座谈，了解实际情况，发现问题，帮助解决问题。

研究所考评：研究所考评是自评估的基础。2015 年 11 月，中国农业科学院启动了内部考评。按照分级考评的要求，首席专家开展了对团队成员的考评；研究所开展了对科研团队的考评，315 个科研团队中 109 个科研团队优秀、116 个科研团队良好。

院对研究所的考评采取“研究所自评估+院级审核+高层专家综合评估”的方式。研究所自评估主要按照与院里签订的《科技创新工程试点期绩效任务书》，依据绩效任务书确定的考评指标，评估是否完成了绩效任务，并向院提交自评估报告。院科技创新工程办公室组织院机关相关部门对研究所自评估报告及相关材料进行审核。在研究所自评估的基础上，院里组织了对 32 个试点研究所的综合评估，评估绩效任务完成的质量。按照《中国农业科学院科技创新工程绩效管理办法》及实施细则，研究所绩效考评结果满分 100 分，其中绩效指标分值占 70%，综合评估分值占 30%，加权计算得出最终评估得分；根据研究所最终评估得分排序，按照 30%、50%和 20%的比例，分为 A（优秀）、B（良好）、C（一般）3 个等级。试点期考评等级为 A（优秀）的 10 个研究所是：植物保护研究所、哈尔滨兽医研究所、农业资源与农业区划研究所、油料作物研究所、蔬菜花卉研究所、北京畜牧兽医研究所、作物科学研究所、农业环境与可持续发展研究所、农产品加工研究所、生物技术研究所；考评等级为 B（良好）的 16 个研究所是：饲料研究所、环境保护科研监测所、麻类研究所、南京农业机械化研究所、中国水稻研究所、兰州畜牧与兽药研究所、烟草研究所、棉花研究所、蜜蜂研究所、上海兽医研究所、茶叶研究所、农业质量标准与检测技术研究所、农业信息研究所、郑州果树研究所、特产研究所、兰州兽医研究所；考评等级为 C（一般）的 6 个研究所是农业经济与发展研究所、沼气科学研究所、果树研究所、农田灌溉研究所、草原研究所、食物与营养发展研究所。

二、绩效目标任务完成情况

根据《中国农业科学院科技创新工程实施方案》，试点期的主要任务是机制创新，逐步建立以绩效管理为核心的人才团队建设、科研管理等考评、评价、激励新型管理制度，优化资源配置。选择试点研究所及其科研团队，由点到面、点面结合，注重探索、积累经验，落实创新岗位人选，分期分批启动实施创新工程各项建设任务。

根据《中国农业科学院科技创新工程实施方案》确定的试点期目标任务，分别从科研体制机制创新、科技布局与创新能力、科技支撑与贡献、科研条件建设以及资金预算管理 5 个方面开展自评估，判断目标任务完成情况和实现程度。

（一）科研体制机制创新

2013 年科技创新工程启动实施以来，中国农业科学院专门成立科技创新工程组织管理机构，打破原有的以课题组为主的科研组织方式，探索建立了新型的引人用人制度、绩效考评制度和以重大问题为导向的协同创新机制，不断完善了农业科技创新的体制机制。

1. 科技创新工程组织管理

根据科技创新工程实施管理要求，中国农业科学院建立了以院为统领、所为主体、团队为基础、共建共管、分级负责的管理体系和管理机制，包括决策机构和日常管理机构。“中国农业科学院科技创新工程领导小组”是科技创新工程的决策机构，由院领导和机关各局主要负责同志组成，李家洋院长担任领导小组组长，主要职责是全面领导院科技创新工程的组织实施工作；“中国农业科学院科技创新工程领导小组办公室”是院机关的一个职能处室，主任由院办公室副主任兼任，作为科技创新工程的日常管理机构，主要职责是院科技创新工程的日常组织协调工作；“中国农业科学院科技创新工程工作组”是由院办公室、科技局、人事局、财务局、基建局、国际合作局、成果转化局等相关业务局有关人员参加的议事、协调和办事组织，组长由分管科技创新工程的院领导担任，主要职责是落实院科技创新工程具体工作任务。

32 个试点研究所参照院科技创新工程组织管理模式，分别成立了科技创新工程组织管理机构。

2. 科研运行管理模式

科技创新工程实施以来，中国农业科学院加强顶层设计、构建以“学科集群—学科领域—研究方向”为基本构架的学科布局，指导研究所围绕学科开展团队、平台等建设，推动任务、经费、团队、平台、机制等向学科集聚，培强优势学科，培优重点学科，培植新兴学科。一是统筹考虑产业需求、国际前沿和研究基础，梳理形成八大学科集群、134 个学科领域、315 个研究方向，确立了中国农业科学院三级学科体系，每个研究方向组建 1 个科研团队。科技创新工程对每个科研团队给予稳定经费支持，持续开展科技攻关，致力于解决农业科研长周期与科研项目短时限的矛盾。二是经过初审、学科审核、专业评审和综合评审 4 个环节，分 3 批择优启动了 32 个试点研究所、315 个科研团队。通过试点遴选，将 32 个试点研究所原来的 1 026个课题组，整合为 315 个科研团队，研究方向和目标更加聚焦。三是按照科技创新工程岗位设置的要求，采取公开竞聘的方式确定各岗位人选。截至 2015 年年底，32 个研究所 315 位首席专家、1 515个骨干专家和 1 578个科研助理共 3 408位科研人员全部到岗。四是建立学科研究长期积累制度，集科技创新、学科团队建设和创新平台建设于一体，强化对全院科技创新工作的统筹，构建全院新型科研组织管理体系。

3. 科研评价激励方式

根据中央财政支出“改革先行、突出特色、绩效导向”的要求，中国农业科学院制定出台了《中国农业科学院科技创新工程绩效管理办法（试行）》和《中国农业科学院科技创新工程绩效管理实施细则》。32 个试点研究所根据院里的要求也分别制定了相应的配套管理办法。中国农业科学院与 32 个试点研究所签订了绩效任务书，建立了绩效考评指标体系，明确了目标任务，为绩效考评提供了依据。通过以上措施，建立以提升科技创新能力和提高财政资金使用绩效为目标、以促进科研产出和科技贡献为导向的绩效管理机制。对创新任务与目标、效果与效率等进行分类、分档考评，考评结果更加客观、科学、公正。通过动态调整、末位淘汰和终止机制，强化过程监测和结果应用，将考评结果与绩效奖励、薪酬挂钩，发挥了很好的导向作用，极大地调动了研究所和科技人员的创新积极性。

4. 用人机制

按照“按需设岗、按岗聘人、岗位固定、人员流动”原则，出台《中国农业科学院科技创新工程岗位管理办法》，建立以优化人才队伍结构、凝聚优秀人才为目标的岗位总量控制、聘用管理和动态调整机制。试点研究所在凝练创新目标、调整学科结构的基础上，按在编在岗人数 60%的比例设置创新岗位，其中，从院外引才岗位不低于 20%，实现“不求为我所有、但求为我所用”的灵活用人机制，打破了部分研究所专业技术人才匮乏的瓶颈。制定了各序列、各层级创新岗位聘用条件，坚持高标准、高起点、高要求的原则择优竞聘上岗，对未进入创新岗位的人员实行分类安置和管理。专门出台青年首席专家的任职条件，为青年科研人员创造了脱颖而出的机会。进一步落实法人治所自主权，下放 32 个创新工程试点研究所的副高级职称评审权限，进一步明晰职称评审与聘用权责关系，简化评审程序。根据不同岗位工作任务特点，分类制订科学研究等 7 个系列高级职称评审条件并组织实施，取得了积极效果。制定引进高层次人才和优秀青年科技人才晋升高级职称单独评审制度，评审通过 85 名优秀人才，树立有利于优秀人才脱颖而出的用人导向。

启动实施“青年英才计划”引进工程，重点引进一批具有国际视野和高水平的青年学科带头人和创新人才，初步构建起与国际接轨、符合院情的引才用才新机制。“青年英才计划”围绕学科发展和团队建设需要，坚持注重业绩贡献和发展潜力的选才标准，采取院所“两级资格审查、两级学术评审”评选机制，实行“所先行引进，院再择优支持”模式。实施3年来，共引进优秀青年人才154名，其中，万人计划、国家杰青、国家优青、青年千人、农业科研杰出人才等21人次，19人担任科技创新工程团队首席。“青年英才计划”于2014年入选首批全国重点海外高层次人才引进计划，在社会上引起了广泛关注。出台《关于加强优秀青年科技人才培养工作的意见》，在“青年英才计划”内专门设置“科研英才培育工程”，探索建立自主培养与人才引进相结合，实践锻炼、继续教育、培训交流等多种方式并举的人才培养开发机制。

5. 协同创新机制

实施协同创新任务是科技创新工程体制机制创新的一项重要举措。该措施遵循农业科技发展自身规律，在现有体制下通过机制创新，调动各方创新资源，突破多元创新主体原有的孤立体系，强化各主体之间的协同互动，促进“人才、技术、信息”等要素相互流通，构建整体性强、流动性强的全新科技创新组织模式。中国农业科学院科技创新工程旨在构建适合我国国情的、由4个层次组成的农业科技协同创新体系：一是由团队首席科学家主导的科研团队内科学家之间的协同创新；二是由研究所组织的所内科研团队之间的协同创新；三是由院组织实施的研究所之间协同创新；四是在农业部、科技部等指导下，由国家农业科技创新联盟组织的中国农业科学院、中国科学院、各农业大学及省市农业科研机构的协同创新。科研管理体制机制创新是构建协同创新管理体系的核心工作。为了确保协同创新任务的顺利实施，中国农业科学院借鉴“两弹一星”管理模式，实行行政总指挥和技术总师双重领导管理制度，由院领导担任行政总指挥，负责项目实施的行政资源调配工作，解决跨所管理问题；技术总师具体负责科学和技术问题的联合攻关；充分发挥行政纽带、技术纽带和经济纽带的协同调控作用，大力推动研究所之间的协同创新工作。试点期间，论证并启动实施了东北黑土地保护、华北集约化农业高效用水与地下水保护技术、南方地区稻米重金属污染源综合防控、作物高光效育种生物学基础及核心材料创制、作物营养素代谢机理与营养强化关键技术、柑橘黄龙病综合防控、种植业绿色增产增效技术集成创新和畜牧业绿色养殖技术集成创新8项协同创新任务。此外，在国家农业科技创新联盟框架下，中国农业科学院搭建了包括农作物种质资源共享、文献信息共享和农产品质量安全一致行动等分工协作的“一盘棋”农业科技工作的新格局，创建了覆盖上中下游产业和企业的“一条龙”农业科研组织模式，构建了多学科集成的区域性农业“一体化”科技综合解决方案，力争通过建设全国性的农业科研协作平台和农业科技创新骨干网络，引领现代农业产业发展，为推进农业供给侧结构性改革和转方式、调结构提供科技支撑。

（二）科技创新与成果产出

科技创新工程试点以来，共获得国家奖 19 项（表 1），其中自然科学二等奖 1 项，技术发明二等奖 5 项，科技进步二等奖 13 项。省部级奖 154 项，其中一等奖 52 项，二等奖 67 项，三等奖 35 项。共评审出院科学技术成果奖 53 项，其中特等奖 1 项，一等奖 25 项（含杰出科技创新奖 10 项，青年科技创新奖 3 项），二等奖 27 项。共发表科技论文 14 000余篇，在 SCI、EI 收录期刊上发表论文 5 463篇，其中在 *Nature*、*Science* 系列刊物上发表论文 21 篇（表 2），对学科发展产生了重大影响。

表 1　获奖成果清单

序号	成果名称	第一完成单位	第一完成人	获奖年份	获奖等级	奖励类别
1	禽流感病毒进化、跨种感染及致病力分子机制	哈尔滨兽医所	陈化兰	2013	二等奖	自然科学奖
2	低成本易降解肥料用缓释材料创制与应用	资划所	张夫道	2013	二等奖	技术发明奖
3	主要农业入侵生物的预警与监控技术	植保所	万方浩	2013	二等奖	科技进步奖
4	旱作农业关键技术与集成应用	环发所	梅旭荣	2013	二等奖	科技进步奖
5	桃优异种质发掘、优质广适新品种培育与利用	郑果所	王力荣	2013	二等奖	科技进步奖
6	北京鸭新品种培育与养殖技术研究应用	牧医所	侯水生	2013	二等奖	科技进步奖
7	花生低温压榨制油与饼粕蛋白高值化利用关键技术及装备创制	加工所	王　强	2014	二等奖	技术发明奖
8	油菜高含油量聚合育种技术及应用	油料所	王汉中	2014	二等奖	技术发明奖
9	甘蓝雄性不育系育种技术体系的建立与新品种选育	蔬菜所	方智远	2014	二等奖	科技进步奖
10	小麦种质资源重要育种性状评价与创新利用	作科所	李立会	2014	二等奖	科技进步奖
11	农业旱涝灾害遥感监测技术	资划所	唐华俊	2014	二等奖	科技进步奖
12	超级稻高产栽培关键技术及区域化集成应用	水稻所	朱德峰	2014	二等奖	科技进步奖

（续表）

序号	成果名称	第一完成单位	第一完成人	获奖年份	获奖等级	奖励类别
13	饲料用酶技术体系创新及产品创制	饲料所	姚　斌	2014	二等奖	科技进步奖
14	农产品黄曲霉毒素靶向抗体创制与高灵敏检测技术	油料所	李培武	2015	二等奖	技术发明奖
15	花生收获机械化关键技术与装备	农机化所	胡志超	2015	二等奖	技术发明奖
16	玉米冠层耕层优化高产技术体系研究与应用	作科所	赵　明	2015	二等奖	科技进步奖
17	CIMMYT 小麦引进、研究与创新利用	作科所	何中虎	2015	二等奖	科技进步奖
18	玉米田间种植手册与挂图（科普类）	作科所	李少昆	2015	二等奖	科技进步奖
19	主要粮食产区农田土壤有机质演变与提升综合技术及应用	资划所	徐明岗	2015	二等奖	科技进步奖

表 2　重要论文清单

序号	文章题目	完成单位	第一作者	发文期刊	发表年份
1	Aegilops tauschii draft genome sequence reveals a gene repertoire for wheat adaptation	作科所	贾继增	*Nature*	2013
2	H7N9 influenza viruses are transmissible in ferrets by respiratory droplet	哈尔滨兽医所	陈化兰	*Science*	2013
3	H5N1 hybrid viruses bearing 2009/H1N1 virus genes transmit in guinea pigs by respiratory droplet	哈尔滨兽医所	陈化兰	*Science*	2013
4	A haplotype map of genomic variations and genome-wide association studies of agronomic traits in foxtail millet	作科所	刁现民	*Nature Genetics*	2013
5	A genomic variation map provides insights into the genetic absis of cucumber domestication and diversity	蔬菜所	黄三文	*Nature Genetics*	2013

（续表）

序号	文章题目	完成单位	第一作者	发文期刊	发表年份
6	Biosynthesis, regulation and domestication of bitterness in cucumber	蔬菜所	尚　铁　马永硕 周　渊　张慧敏	*Science*	2014
7	Early allopolyploid evolution in the post-Neolithic Brassica napus oilseed genome	油料所	刘胜毅 （并列第一作者）	*Science*	2014
8	Genomic analyses provide insights into the history of tomato breeding	蔬菜所	林　涛　祝光涛 郑　峥	*Nature Genetics*	2014
9	Genome sequence of the cultivated cotton Gossypium arboreum	棉花所	李付广　王坤波 袁有禄　宋国立	*Nature Genetics*	2014
10	Heterotrimeric G proteins regulate nitrogen-use efficiency in rice	水稻所	钱　前	*Nature Genetics*	2014
11	A gene cluster encoding lectin receptor kinases confers broad-spectrum and durable insect resistance in rice	作科所	万建民	*Nature Biotechnology*	2014
12	De novo assembly of soybean wild relatives for pan-genome analysis of diversity and agronomic traits	作科所	李英慧	*Nature Biotechnology*	2014
13	STV11 encodes a sulphotransferase and confersdurable resistance to rice stripe virus.	作科所	万建民	*Nature Communications*	2014
14	The Brassica oleracea genome reveals the asymmetrical evolution of polyploid genomes	油料所	刘胜毅	*Nature Communications*	2014
15	The Brassica oleracea genome reveals the asymmetrical evolution of polyploid genomes	蔬菜所	刘玉梅 （并列第一作者）	*Nature Communications*	2014
16	A gene cluster encoding lectin receptor kinases confers broad-spectrum and durable insect resistance in rice	作物所	万建民	*Nature Biotechnology*	2015
17	The SnRK2-APC/C（TE）regulatory module mediates the antagonistic action of gibberellic acid and abscisic acid pathways SnRK2-APC/C（TE）	作物所	林启冰	*Nature Communications*	2015

（续表）

序号	文章题目	完成单位	第一作者	发文期刊	发表年份
18	Copy number variation at the GL7 locus contributes to grain size diversity in rice	水稻所	王跃星　胡　江	*Nature Genetics*	2015
19	Genome sequence of cultivated Upland cotton (Gossypium hirsutum tM-1) provides insights into genome evolution	棉花所	喻树迅	*Nature Biotechnology*	2015
20	Genetic discovery for oil production and quality in sesame	油料所	张秀荣	*Nature Communications*	2015
21	Genetic blueprint of the zoonotic pathogen Toxocara canis	兰州兽医所	朱兴全	*Nature Communications*	2015

1. 基础研究

持续开展原创性科学研究活动，取得了一系列重大发现，引领和推动了本领域学科发展和科技进步。揭示了禽流感等重要动物疫病病原感染、致病和跨种传播机制，奶牛衣原体病灭活疫苗获国家一类新兽药，完成了棉花、谷子、黄瓜、大白菜、马铃薯、油菜等重要农作物全基因组测序与遗传图谱构建，从基因组水平阐明了进化过程，解析了水稻产量与抗病性、小麦多倍化杂种优势、玉米籽粒油分合成、黄瓜苦味、番茄果实发育、猪产肉性状、转基因抗虫棉环境生态效应、蜂王浆糖蛋白功能等相关机理。完成了小麦 D 基因组草图的绘制，结束了小麦没有组装基因组序列的历史，为粗山羊草的开发利用及进一步的品种改良奠定了基础。完成的番茄育种历史基因组分析揭示了番茄的进化历史，并为番茄的基因挖掘和分子育种奠定了基础。首次从病原学角度揭示了新型 H7N9 流感病毒的来源，为我国科学防控 H7N9 禽流感提供了重要依据。

2. 关键技术和重大产品研发

审定品种 294 个，获得植物新品种权 78 项，新农药、兽药证书 45 个，软件著作权 874 项，授权专利 2 993项，其中发明专利 1 540项。育成中嘉早 17 水稻、中黄 13 大豆、中双 9 号油菜、中棉所 49 棉花、中甘 21 甘蓝、中油桃 4 号油桃等新品种，推广面积多年稳居全国前 5 位。中麦 175 小麦、中单 909 玉米、中薯 5 号马铃薯等连年入选农业部主推品种，油菜含油量创造 64. 8%的世界纪录。培育出具有国际领先水平的“高山美利奴细毛羊”新品种、北京鸭配套系、“中蜜 1 号”配套系和试验用小型猪近交系种群，打破国外畜禽品种垄断格局。查清中国小麦条锈病菌源基地的精确范围，创建了多源多尺度农作物遥感监测技术体系。建立旱作节水农业共性关键技术，发明低成本、易降解系列缓释肥料，推动建立资源节约、环境友好的生产技术体系。研制出马铃薯系列主食产品，有力推动了马铃薯主食产业化进程。创新农产品质量安全检测技术与设备，在黄曲霉毒素、“瘦肉精”和三聚氰胺等监督检查工作中提供了重要科技支撑。

3. 宏观战略研究和农业智库建设

组织专家参与中央一号文件、“农业可持续发展规划”等重要文件起草。紧紧围绕中共中央、国务院关心的农业重大问题开展调研，研究提出30多项重大政策建议，多次得到国家领导人重要批示，为国家宏观决策提供了有效支撑。“中国农业科学院农业经济与政策顾问团”研究提出发展旱作节水农业作为粮食增产的重要措施、开拓我国与中亚国家棉花产业合作、在低产田上发展“菜篮子”生产、加强我国土壤污染治理等建议，得到习近平总书记、李克强总理和汪洋副总理等党和国家领导人重要批示，对宏观决策产生一定影响。此外，启动中国农业科学院农业智库建设计划，对如何创新农业科研体制机制、如何在贫困地区建设现代农业、如何加快构建新型农业经营体系、如何应对农业高成本时代的到来、如何调整我国粮食安全指标的内涵和如何治理修复我国土壤污染等方面问题进行了深入调研，提出了许多带有前瞻性、创新性、实践性的意见和建议，供国务院领导同志决策参考。

（三）产业支撑

1. 开展了绿色增产增效技术集成模式研究与示范工作

按照“构建新形势下的国家粮食安全战略，把饭碗牢牢端在自己手上”和“藏粮于地、藏粮于技”发展战略，自2013年开始，中国农业科学院组织开展了水稻、玉米、小麦、大豆、油菜、棉花、马铃薯7种作物，奶牛、羊2种动物绿色增产增效技术集成模式研究与示范。集成先进适用生产技术136项，构建适合不同区域的可复制可推广的综合生产模式25套，形成“增产增效并重、良种良法配套、农机农艺融合、生产生态协调”的新型农业生产技术体系。建立了由国家、省、市三级创新主体联合形成的全国协同攻关的技术集成创新研究与示范网络，中国农业科学院17个所、42个团队、254名科技人员参加攻关，地方政府及208个有关单位、1 700多技术人员加盟协作。经过3年协作攻关，几种作物增产均超过10%，最高达44.7%，每亩最高增效500元；平均减施农药和化肥10%以上，为生态环境保护提供了有力支撑。推动了油菜、棉花等作物生产全程机械化，在增产的同时降低成本、提高生产效率。该项工作得到了国家和部院等领导的高度重视和大力支持。“粮食绿色高产高效创建”被纳入2016年李克强总理的政府工作报告。农业部韩长赋部长、余欣荣、张桃林、李家洋副部长等领导分别作出重要批示。

2. 强化院地科技合作、精准扶贫、援疆援藏等科技服务“三农”工作

中国农业科学院积极响应中央号召，按照中共中央、国务院关于援疆援藏、深入推进扶贫开发的战略部署，组织开展了一系列以提高支撑“三农”发展能力为目标的科技兴农和科技服务活动。一是组织开展一系列科技兴农活动。2013年以来，年均组织科技下乡64 000人·天，举办现场技术培训咨询等活动3 100次。重点开展主要粮食作物“高产创建”、园艺作物标准园创建、水稻“双增一百”和玉米“双增二百”、测土

配方施肥技术推广、农业科技信息进农家等科技兴农活动。二是与地方政府开展一系列务实合作，先后与20多个省（市、区）、近50个地区以及一批院校建立了战略合作关系，开展战略咨询、合作实施科技项目、联合培养人才等工作。三是扎实开展科技扶贫和援疆援藏工作。重点在太行山区的河北省阜平县、武陵山区的湖南省湘西土家族苗族自治州与恩施土家族苗族自治州、秦巴山区的陕西省安康市、大兴安岭南麓片区等贫困地区和新疆、西藏开展科技扶贫和服务工作，先后派出第八批援疆、第七批援藏干部，开展科技项目合作和成果示范应用，年均开展科技服务40多次，组织科技下乡1 600多人次，举办培训班100多期。

3. 加强知识产权管理、搭建成果转移转化平台

按照新修订的《促进科技成果转化法》及其实施若干规定等法律法规，针对中国农业科学院知识产权工作中存在的“三重三轻”问题，采取一系列措施，提高了知识产权管理水平，促进了科技成果转化。

加强知识产权管理。在院成果转化局设立知识产权管理处，确定了院“三位一体”管理机制，印发了《中国农业科学院知识产权管理办法》《中国农业科学院知识产权全程管理实务参考手册》，推进知识产权创造、保护、管理和运用工作规范化。打造国家级农业科技成果转移转化平台。受农业部委托，建设了全国农业科技成果转移服务和国家种业科技成果产权交易两个国家级平台。

2013—2015年，全院有20项发明专利获中国专利奖，占全院历年来全部获奖专利的65%。全院科技成果转让经费自2013年以来分别是3.0亿元、3.6亿元、4.7亿元，年增幅分别是10%、15%和29%。

4. 加速科技企业改制步伐

按照党的十八大提出的“深化科技体制改革，加快建设国家创新体系，着力构建以企业为主体、市场为导向、产学研相结合的技术创新体系”的决策部署，我院积极推进院所办企业改制工作。一是加强顶层设计，出台了《关于推进科技产业发展的若干意见（试行）》，对科技产业重组与整合等做出部署。二是加快企业改制步伐，引进外部优质资本，做大做强科技型企业。茶叶所与联想集团、蜜蜂所与中农发集团开展合作，所办企业龙冠公司、中蜜公司成功改制，提高了企业竞争力。三是稳步推进全民所有制企业公司化改革，完成了中蔬种业公司等企业改制，中棉种业在新三板成功上市，降低了经营风险。据统计，2015年全院有23项科技成果转让给所办企业，转让金额达20 236万元，占全院转让金额的42.70%。2015年全院62家全资、控股的科技企业，实现营业总收入18.49亿元，同比增长17.80%，净利润3.94亿元，同比增长53.18%，资产总额32.14亿元，同比增长9.8%。

（四）科技支撑条件建设及共享

以保障科技创新工程顺利实施为主线，全力推进重大科研平台、重点实验室和科学

试验基地三大条件支撑体系建设，努力打造与“世界一流农业科研院所”相匹配的布局合理、技术先进、协作紧密、运行高效、支撑有力的科技创新能力条件体系。

1. 重大科研设施和基础条件建设

按照“立项一批、建设一批、运行一批”的梯次推进模式，着力推进国家重大科技基础设施建设，不断强化重大科研平台的引领作用。其中，国家畜禽改良研究中心、国家农业生物安全科学中心和国家农业图书馆 3 个重大科研与服务平台相继建成并投入使用，为支撑中国农业科学院科技创新、提升行业地位与增强国际影响力等作出了重要贡献。国家动物疫病防控生物安全实验室、国家口蹄疫参考实验室等重大科研装置建设克服重重困难，建设步伐明显加快；国家作物种质库项目获得立项，为后续建设奠定基础。在聚焦事关全局和长远的重要创新领域，“以重大科技任务攻关和国家大型科技基础设施为主线”的创新格局基本形成。相继建成 6 个公共配套设施，包括农业科技展示园、中关村院区排水系统及环境改造、院所信息化建设等，现代院所和智慧院区建设上了一个新台阶。

2. 重点实验室

各研究所按照试点期科技创新工程实施方案确定的工作任务，增强科技平台建设与学科发展的系统性、配套性、协同性。通过争取中央财政专项资金 3.4 亿元，加强 6 个国家重点实验室和 1 个省部共建培育基地建设；推进中国农业科学院牵头的 19 个农业部重点实验室学科群建设，为稳固中国农业科学院相关学科在国内的引领地位提供了条件支撑。2013 年以来，依托中国农业科学院的 24 个农业部重点实验室获得建设资金 2.3 亿元，进一步提升了实验室装备水平。17 个质量监督检测中心获得 1.7 亿元专项资金支持，农产品风险监测与预警能力明显提升。命名建设 32 个院级工程技术研究中心，推进中下游学科平台建设，加强关键技术集成和科研成果转化能力。

国家农作物种质资源、微生物资源、家养动物种质资源和农业科学数据等设施平台，建立了开放共享服务考评评价机制，实现了全天候对外服务，年均共享水稻、玉米、小麦等作物种质资源 10 万份次，精液、胚胎、基因等家养动物资源 17 万份次。围绕科研基础设施和大型仪器开放共享，全院初步构建了一体化的科研设施与仪器在线服务平台网络，开放共享程度逐年提高。2015 年，被科技部遴选成为首批国家重大科研基础设施和大型科研仪器向社会开放的试点单位，各研究所强化了与所在区域的国家自主创新示范区、国家高新区和农业园区等的对接服务，开放共享机制日益完善。如哈尔滨兽医所建立了智能化管理系统，并主动纳入黑龙江地区共享网络，大型仪器设备机时率超过 120%，平均年机时超过 2 500小时/台，共享次数达 754 次，共享机时长达 1 534 小时，2013—2015 年度连续 3 年获得黑龙江省优秀共享平台称号。加工所对 20 万元以上大型仪器设备 100%实现开放共享，为高校、科研院所及企业测试样品约 2.7 万个，使用机时达 1 万小时以上。作科所完善了高通量基因组分析等 5 个技术平台，共享率超过 90%，完成测序服务 20 余万份次，其中对外提供服务 10 万余份次。

3. 试验基地

面向农产品主产区和重点生态功能区，加快试验基地的布局和建设，建立了基本完善的试验示范、观测监测、中试转化、南繁北繁、集成展示基地体系。截至2015年年底，全院共有试验展示示范基地106个，总面积9.79万亩，分布于27个省份，覆盖了重要农产品主产区、典型农业生态生产区、特殊生态功能区和老少边穷片区，开展了科学试验、中试转化、集成展示、技术服务和培训工作，基本满足了科技创新与成果转化推广的需要，推动了全院“顶天立地”战略的全面实施。试验基地建设的成果初步显现，如国家土壤肥力与肥料效益监测站网建立了作物产量、土壤养分含量、植株养分含量三大数据库，积累了15年的完整数据，获得各类科技奖励22项，其中国家级二等奖1项。

（五）国际合作与交流

科技创新工程实施以来，中国农业科学院积极服务国家总体外交战略，不断创新国际合作机制，推动粮食等领域的国际合作，稳定和拓展双边、多边关系，使中国农业科学院农业科技国际合作真正成为国家农业外交的有力抓手，为促进我国农业发展统筹利用国际国内两个市场、两种资源，发展现代农业转型提供了科技和智力支撑。

1. 构建海外农业研究中心，服务“一带一路”倡议

围绕农业“走出去”国家战略，聚焦“一带一路”，依托中国农业科学院相关研究所和优势科研团队，构建集信息、技术、人才为核心，国家、地方、企业共同参与，科学研究与企业发展密切联系的集成服务平台“海外农业研究中心”，切实承担国家队在国家外交战略方面的责任和义务，为服务国家战略贡献力量。海外中心以“小核心、大网络”的组织方式，积极与部际联席会议成员单位、省级科研院所以及国内外农业企业建立联系并开展合作。目前，海外农业研究中心已在农业“走出去”发展战略研究、“走出去”公共信息平台与服务、技术集成创新和人才培养等方面取得了丰硕成果。

2. 大力拓展战略伙伴关系，搭建实质性国际合作网

中国农业科学院聚焦国家农业科技重大需求和外交战略重点领域，找准农业科技合作重点方向与重点领域，创新形式，强化实质性合作。试点期，中国农业科学院共与国际合作伙伴新签备忘录、协议等74个，初步搭建起国际合作网络体系。

一是强化与世界一流农业科研机构的战略合作。与荷兰瓦赫宁根大学等一批一流农业大学和科研机构签订合作备忘录，开展实质性的合作。二是提升中国农业科学院在重点发展中国家和地区的科技影响力。与非洲、东亚、北美洲等地区的11个发展中国家的农业大学和科研机构签署了合作谅解备忘录或合作协议11个。作为骨干力量，实质参与中非“10+10”农业科研机构合作机制，全面推进“中非农业现代化合作计划”。三是推动与国际组织的实质性合作。与国际水稻研究所（IRRI）签署了“水稻基因组

学和种质提升领域合作”协议书，签署了在基因组学辅助种质资源创新研究领域的合作谅解备忘录等，开展实质性合作研究。四是推进科技创新国际化进程。试点期，中国农业科学院新建或筹建国际联合实验室 19 个，新增国际合作基地、引智基地 5 个。其中，“中—巴（巴西）农业科学联合实验室”是我国在海外建立的第一个农业科学联合实验室，标志着我国农业科技全球布局迈出了重要一步。

3. 强化技术和产品“走出去”，海外市场不断拓展

科技创新工程自实施以来，特别是在“一带一路”和农业科技“走出去”战略框架下，中国农业科学院不断加大重点技术和产品“走出去”力度。禽流感疫苗等在亚洲和非洲市场稳步拓展，绿色超级稻在亚非 15 个目标国家进行了 70 个绿色超级稻品种的示范和推广工作，抗旱高产双低杂交甘蓝型油菜在巴基斯坦实现产业化，植保所和美国爱利思达生命科学公司于 2016 年 2 月底签署了植物免疫蛋白质生物农药——“阿泰灵”的海外代理战略合作协议。棉花、生物防治技术、畜牧、沼气等方面的一批先进适用技术也在非洲、亚洲等国家和地区得以广泛推广。同时，国外优异种质资源引进也取得很好进展，有针对性地引进了水稻、小麦、玉米及动物等各类遗传资源共计 24 251 份，为我国科技创新提供了坚实的物质基础。

4. 积极提升国际影响力，发挥科技创新国际引领作用

为了洞察重要领域国际科技前沿动态，充分利用国际信息和智力资源，提升中国农业科学院及各研究所国际影响，3 年来共举办/承办了全球农业科技大会、中国—欧盟作物分子育种产业技术新方法研讨会、FAO 粮食安全高级别专家组会、欧盟框架计划项目合作研讨会、APEC 农业技术工作组年会等 170 多个高级别的重要国际学术会议，为我国农业科技人员了解国际前沿趋势，拓展合作，搭建了广泛的平台和窗口，也提升了中国农业科学院的国际影响力。

（六）经费管理使用

1. 多措并举，保障专项经费安全规范使用

为加强科技创新工程经费管理和监督，经农业部和财政部备案同意，中国农业科学院制定出台了《中国农业科学院科技创新工程经费管理办法（试行）》（简称《办法》）和《中国农业科学院科技创新工程经费管理实施细则（试行）》（简称《细则》），健全和完善了专项管理制度，为经费规范使用提供了制度保障。为保证《办法》和《细则》落地，同时组织各创新工程试点研究所结合自身实际制定相应的《科技创新工程专项经费管理实施细则》和《科技创新工程内部控制规范》。

为了加强科技创新工程经费制度的宣贯和经费管理督导，2014 年 7 月院组建科研经费管理巡回宣讲团，围绕国务院关于改进加强中央财政科研项目和资金管理以及科技创新工程专项经费管理要求，开展全院巡回宣讲，帮助全院科研人员和管理人员全面、准确地理解和落实《办法》和《细则》。针对院属单位专项经费使用中遇到的共性问

题，对专用材料费、外拨经费、会议费、劳务费、专家咨询费、科研副产品等重点业务和薄弱环节提出了管理建议和创新工程经费使用指导性意见。2015 年，由党组书记、分管副院长和纪检组组长带队，历时 2 个月，在全院开展综合督导调研，做到研究所领导班子、团队首席、课题组长和科研人员的全覆盖，增强科研经费尤其是科技创新工程专项经费使用的问题意识、责纪意识，提高依法依纪规范使用经费的能力和管理水平。2015 年，中国农业科学院开始在全院推行科研团队财务助理制度，探索推进科研团队财务助理队伍建设工作，搭建财务管理与科研工作的桥梁。培养一批懂科研、会财务、守纪律的财务助理队伍，将财务政策和科研需求有效对接，使经费监管延伸到科研最末端，确保专项经费使用的安全和规范。

2. 构筑经费监管“阳光工程”和“防火墙工程”

围绕科技创新工程经费等各类科研经费管理，中国农业科学院实施科研经费信息公开“阳光工程”和民主决策机制“防火墙工程”。研究制定了《科研经费信息公开管理办法》，要求做到科研经费“三个全公开”，即所有课题立项和结题信息面向本所全公开，课题经费每一笔支出对课题组成员全公开，面向主管领导和管理部门全公开，确保科研经费在阳光下运行。加强经济活动内控机制建设，落实民主集中制，严格要求“三重一大”事项必须集体研究决定。探索“互联网+”科研经费监管新模式，建立科研经费信息公开和试剂耗材采购两个平台，探索从“禁止科研人员做什么”到“告诉科研人员怎么做”的有效途径。

3. 强化经费监管专项检查

科技创新工程实施以来，我院组织开展的农业科研项目经费使用管理情况专项检查、科研经费使用专项整治活动、经济责任审计等工作，都将科技创新工程经费纳入专项检查重点内容。强化“四个责任”，发挥“六个作用”，不断加大科研经费监管力度，促进科研经费管理使用的主要内容、重点环节和重要事项应公开尽公开。按照“巡视牵头、审计先行、监察跟进”的联合监管模式，充分利用巡视这把利剑，发挥审计人员专业优势和纪检监察的震慑力，统筹推进“查、处、改”工作，完成了对水稻所、特产所、棉花所、兰州兽医所、灌溉所 5 个单位的专项巡视。所有试点研究所采取有力措施，开展了认真全面的自查，提高了对科研经费使用监管的认识，减少了廉政风险，科研行为不断规范，科研秩序得到有效维护。2013—2015 年，在中国农业科学院接受的各类审计检查中，科技创新工程试点研究所都能做到严格按照《中国农业科学院科技创新工程专项经费管理办法》要求使用经费，未发现重大违规问题。

4. 增量撬动存量，经费集聚效应显现

科技创新工程实施以来，各试点研究所在准确定位、优化学科布局和凝练研究方向的基础上，将科技创新工程专项经费与现有科技资源衔接整合。一是科技创新工程专项经费与现有的中央级公益性科研院所基本科研业务费、非营利性科研机构改革专项启动费、中央级科学事业单位修缮购置专项等中央财政科技经费统筹联动使用。基本科研业务费中核定到研究所的经费优先用于支持科研团队开展研究工作，增量部分用于配合科技创新工程开展跨所跨学科重大命题。非营利性科研机构改革专项启动费在所内优先用于科研团队及相应的研究所公共服务与支撑。修缮购置专项围绕科技创新工程目标和任务要求进行规划和项目资金安排，优先支持科技创新工程任务相关的科研条件建设。二是科技创新工程经费与竞争性财政科技经费的统筹使用。如信息所将科技创新工程经费与现有财政科技项目经费有机融合，通过明确研究方向与目标，利用定题和自主选题的方法将任务分解，实现了与现有财政科技项目的融合互补，提高了科研经费的使用效益。作科所用科技创新工程经费优先支持尚未通过审定且无后续经费支持的作物新材料、新品系（种）的研究工作，保证研究的系统性和连续性。

借力科技创新工程经费的稳定支持，研究所立足国家重大需求，围绕农业科技创新发展战略，统筹国家科技计划（专项、基金）等科技经费资源，根据学科布局和各种经费的既定任务和目标，将科技创新工程经费用于支持基础性、前沿性和创新性研究任务，各种科技经费融合互补，充分发挥增量带动存量的“撬动作用”，经费集聚效应显现。

三、主要成效、经验和存在的问题

（一）主要成效

科技创新工程启动后，中国农业科学院国家公益性科研定位更加明确，发展方向更加清晰，束缚创新的体制机制逐步破除，改革创新的思想观念有了较大改变，形成了想发展、谋创新的良好局面，全院干部职工改革创新的热情极大提高，科技创新工程对科研的引领作用，对改革的撬动作用已经初步显现，农业科研工作发生可喜的变化。

1. 适合农业科研的体制机制基本形成

科技创新工程的实施，促进了中国农业科学院体制再造、机制创新。中国农业科学院聚焦国际科学前沿和产业重大需求，围绕三级学科体系，建立以科研团队为主体的科研组织模式，研究方向和目标更加聚焦；建立以长期稳定支持为特征的科研投入机制，解决了农业科研长周期与科研项目短时限的矛盾；建立了分级分类绩效考评和研究所综合评价制度，发挥了很好的导向作用。调整优化研究所布局，食物与营养所正式成立，农业基因组所、都市农业所获得中编办批复。成立国家农业科技创新联盟，组织全国农业科研力量开展基础性、长期性和区域性农业重大问题研究。开展种业科研单位与科研人员权益改革试点工作，探索建立了成果转化新机制。

2. 科技投入与科研产出大幅度增加

在科技创新工程引领带动下，全院科研攻关热情空前高涨，科技投入和科研产出成倍增长。据统计，“十二五”期间，中国农业科学院财政收入133亿元，较“十一五”增长近35%。科技创新工程、改革启动费、基本科研业务费等经费逐年增加，累计达

38.32 亿元，是“十一五”末的 3.21 倍，稳定支持科研的环境初步形成。中国农业科学院主持各类国家项目 2 026项，留院经费 32.9 亿元，是“十一五”的 2 倍以上。其中，国家重大专项课题 49 项、“973”项目 14 项、科技支撑计划重点项目 91 项、公益性行业专项 55 项、国家自然基金 1 400余项、创新研究群体 3 项，体现了国家队的主体地位和引领作用。5 年共获国家科技奖励成果 31 项，其中科技进步奖 23 项，发明奖 7 项，自然科学奖 1 项，实现了国家三大奖全覆盖。发表学术论文 24 000余篇，其中 SCI 论文超过 8 000篇，是“十一五”时期的 3 倍多，在《自然》《科学》系列刊物上发表论文 26 篇，是“十一五”的 3 倍多；授权专利 3 700余项，是“十一五”的 5.4 倍；审定农作物品种 470 余个，比“十一五”增加了 31%。

3. 科技对农业产业支撑能力进一步增强

在科技创新工程支持下，中国农业科学院先后启动水稻、玉米、小麦、奶牛、羊等 9 个农产品绿色增产增效模式研究示范，加强实用技术研发，加快科技成果转化，落实农业部提出的绿色增产增效的战略目标。项目坚持“稳粮增收调结构、提质增效转方式”为主线，努力构建“集团军”式大联合、大协作的高效协同创新与成果转化机制。通过整合分散在全院各研究所的成果、技术、学科、人才、平台等资源条件，结束各单位“单打独斗”的局面，建立了一支高水平的专家队伍，建成了一批固定的示范基地，增强支撑现代农业发展的综合实力，提高全院科技创新与成果转化能力。通过与地方政府及兄弟院校等单位的合作，形成服务政府决策、服务协同创新、服务示范推广的全国大联合、大协作的协同攻关网络体系。建立了一批科学、规范、可复制的综合技术生产模式，为农业稳定绿色增产和持续增效提供技术保障。2013 年以来，共组织科技下乡 35 万人·天，培训基层技术人员和农民 530 万人·次，示范推广新品种 1 090个、新产品 650 个、新技术 1 450项，示范总面积 27.5 亿亩，推广畜禽 10.5 亿头（羽），比“十一五”年平均值增长 10% 以上。全院开发收入总计 55.67 亿元，比“十一五”增长 37.62%。形成兽用生物制品及兽药、农药、种业、特色农产品等支柱产业，中棉种业在新三板成功上市，成为中国农业科学院第一个上市公司。

4. 农业科技走出去步伐不断加快

中国农业科学院国际合作实质融入国家整体外交，“中—巴棉花生物技术联合实验室”被列入习近平总书记访问巴基斯坦的重要成果，中国农业科学院牵头建设的“中—古蚕桑科技合作中心示范园”成为中国与古巴合作的名片。中国农业科学院被推举为 APEC 农业技术合作工作组牵头人，标志着我国从参与者转为主导者。制订农业科技全球战略布局方案，积极搭建国际合作平台，分别在巴西、澳大利亚、比利时、哈萨克斯坦建立了联合实验室，新建“中—德农业科技合作平台”等 7 个。引进种质资源 2.8 万余份，丰富我国动植物种质储备。筹建“海外农业研究中心”，积极与部级联席会议成员单位、省级科研院所及国内外农业企业建立联系并开展合作，在农业“走出去”发展战略研究、“走出去”公共信息平台建设、技术集成创新和人才培养等方面取得了可喜进展。在“一带一路”和农业科技“走出去”战略框架下，加大中国农业科学院重点科研技术向海外的辐射力度，推进成熟农业技术和产品“走出去”，杂交水稻、动物疫苗、农业机械和沼气等 10 多项技术已经走出国门。中国农业科学院主持的绿色超级稻项目在亚非 15 个目标国家进行了 70 个品种的示范和推广工作，取得良好效果。

5. 科技平台和基础设施建设力度加大

“十二五”期间，全院新争取中央预算内基本建设投资 19.1 亿元，较“十一五”增长了 22%。修购专项 14.2 亿元，全院单价 20 万元以上的科研仪器设备共计 3 795台(套)、价值 19.67 亿元，较“十一五”期末分别增长 114.28%和 121.67%。建成了国家畜禽改良中心、生物安全科学中心、农业图书馆等一批重大科技基础设施。国家动物疫病防控生物安全高级别实验室整体进入调试阶段，国家作物种质库立项成功，批复投资 2.6 亿元。棉花生物学国家重点实验室、特种经济动物生物学省部共建实验室和 2 个国家工程实验室获准立项建设，部重点实验室、风险评估实验室、质检中心等平台装备条件得到大幅提升。棉花所、农机化所等 12 个综合科研大楼投入使用，建成各类科研及辅助用房 27.7 万平方米，改造各类科研用房 6.5 万平方米，购置科研仪器设备 6433 台（套），研究所试验空间和条件大幅改善。全院试验基地快速发展，规划布局进一步优化，试验基地总数 103 个、总规模 9.46 万亩，覆盖 27 个省（市、区），涵盖 29 个院属研究所，6 个研究所基地进入国家农业科技创新与集成示范基地建设序列。新疆、海南、新乡、张掖等一批综合基地的设施条件得到大幅提升，有力支撑了科研工作开展。

（二）经验与体会

1. 强化组织领导，搞好宣传发动是关键

科技创新工程能够顺利实施，取得显著成效，关键在于领导高度重视。财政部、农业部对中国农业科学院科技创新工程高度重视，多次深入调研，研讨方案，指导把关。院党组直接部署，院领导亲自安排，迅速统一了认识，做好宣传动员工作。2013 年年初，成立科技创新工程领导小组，由李家洋院长和陈萌山书记任组长，院办公室等 6 个相关局办为成员单位，明确了任务分工与内部工作机制。各研究所也成立了领导小组，实行法人负责制。院领导小组成员单位、研究所各司其职，密切配合，形成了推动科技创新工程的强大合力，为科技创新工程工作顺利开展提供了组织保障。为加深广大干部职工与科研人员对科技创新工程的理解和认识，调动各方参与工作的积极性，院里组织各研究所召开启动会，通过培训、座谈、宣讲等多种方式，全面解读科技创新工程的重要意义、创新思路、实施方案和配套办法，确保全院上下沟通到位、理解到位、重视到位，形成共识。同时积极开展新闻宣传，营造出尊重学术自由、追求科学真理、鼓励原始创新、坚持严谨治学、倡导团队协同、崇尚爱国奉献的良好文化氛围，保障科技创新工程作为统领全院发展的“1 号工程”落到实处，顺利推进。

2. 出台制度办法，做好战略规划是根本

制度建设带有根本性、全局性、稳定性、长期性的特点，建章立制，从战略高度为科技创新工程做好规划是一项重要的前期工作。科技创新工程实施之初，中国农业科学院就组织人员抓紧研究制定各项制度办法。紧紧围绕国家和产业需求，密切结合农业部中心工作和中国农业科学院实际，以综合管理、经费管理、绩效管理和岗位管理为主要内容，出台了8个配套管理办法及实施细则，构建了科技创新工程管理的制度框架，明确了科技创新工程的总体思路、基本原则、主要任务、组织管理、进度安排等各项内容，既从宏观角度画好了蓝图，明确了目标和定位，拟定了时间表，又从微观角度对管理方式、经费使用、人才团队建设等作出了清晰的规定，确保了科技创新工程有章可循、规范实施。院级办法颁布出台之后，各试点研究所认真学习传达，并制定细化了本研究所有关人才团队、岗位聘任、绩效考评及薪酬分配等具体管理办法。

3. 加强顶层设计，明确研究方向是基础

学科建设是农业科研院所科技事业发展的核心，是世界一流科研院所建设的重要基础工程，是科研院所科技创新能力和核心竞争力的重要标志。梳理凝练学科体系，明确主攻方向是实现科技创新工程战略目标的一项基础前提工作。只有建立起优势明显、特色突出、相对完整的现代农业学科体系，研究所才能围绕学科开展团队、平台、制度等建设，推动任务、经费、团队、平台、机制等向学科集聚，从而提高农业科技自主创新能力，有力支撑现代农业发展。农业科学院在科技创新工程启动之前，就已着手学科调整工作，围绕国家重大需求和科技发展前沿，遵循农业科技发展规律，以建设优势学科为目标，立足农业科学院战略定位、发展基础和优势特色资源，结合世界学科发展趋势，构建了三级学科体系，确立了“优”“特”“精”学科领域，梳理出全院的优势学科、新兴学科和传统学科，避免小而全、重复，着力解决研究所发展目标模糊、学科领域及研究方向散乱、研究力量分散等突出问题。对优势学科，积极与国际前沿接轨，支持其优先发展，促进其做深做精，发挥引领带动作用；对新兴学科，进一步加大培育力度，做大做强，抢占国际前沿；对传统学科，要加大扶持力度，发挥特色优势，做专做优，促进其快速发展。

4. 创新管理方式，建立高效机制是动力

改革是发展的动力，建立健全符合农业产业特点和农业科技自身规律的管理体制和运行机制，以管理创新促进科技创新，是科技创新工程保持长久生命力的动力之源。实施好科技创新工程必须推进院所组织结构、决策体制、管理机制、评价体系等制度创新，全面提升院所决策执行和统筹调控能力。中国农业科学院科技体制创新以绩效管理为核心，建立起配套的人才团队建设、科研管理等考评、评价、激励新型管理制度。将绩效管理这一先进的管理考评工具作为总抓手，通过分解战略任务，加强过程监控，分类分级考评，有效运用考评结果，引导学科布局和研究方向调整，优化全院资源配置。构建以持续稳定支持为导向，以科研团队为主体的新型科研组织和运行模式。按照“按需设岗、按岗聘人、岗位固定、人员流动”的原则，建立起能上能下、能进能出、竞争流动的选人用人机制。实行“三元结构”工资制，坚持优绩优酬、公平公正，建立与岗位职责、工作业绩、实际贡献紧密联系和鼓励创新创造的分配激励机制。通过探索完善符合科技创新要求、责权明确、层次分明、协作高效的管理方式，使创新资源不断向创新能力强、创新效率高的创新单元富集，形成竞争向上、协同发展的良好局面。

5. 统筹资源配置，促进共建共享是保障

科技创新工程实施以来，加强了科研资源配置的整体设计。以学科体系建设为核心，构建人、财、物院所统筹配置的发展模式。以“创新需求引领条件建设，条件建设推动科技创新”为基本思路，按照填平补齐、突出重点、高起点、高标准，整合、改造和新建并重的指导方针，完善提升或建设与科技创新工程相适应的结构合理、功能完善的科技创新平台、支撑平台和服务平台体系，在农业主产区和典型农业生产生态区域，重点建设一批综合性试验基地，大力提升专业性基地科研服务保障能力，形成完善的试验基地网络。按照科技创新工程实施的实际需求，注重专业性和地域性，对仪器设备购置使用、试验基地配置等进行宏观调控和优化整合，避免重复建设、闲置浪费，做到科技资源的合理配置。强化平台基地使用管理，加强科研团队和实验室、试验基地等科研条件平台有效对接、无缝衔接，构建开放、协作、健全的共享机制和服务模式，提高管理能力和服务水平。建立院级科技条件平台协作网，制定共建标准、共享规范、管理办法，健全仪器设备购置预算支出控制与监督措施，依托中国农业科学院大型仪器装备信息共享管理系统跟踪仪器设备的使用效率，促进已有各类科技资源条件平台的内部合作、联合研究、横向交流和对外开放，更好地促进科研成果产出。

（三）存在的问题

科技创新工程实施取得了一定进展，但也存在一些问题和不足。

一是学科体系需要进一步完善。通过试点期的努力，中国农业科学院已初步建立了三级学科体系，但对照国际农业科技发展最新态势，特别是农业供给侧结构性改革的要求来看，部分学科对国家重大需求和世界科技前沿聚焦不够，优势不明显，核心竞争力不强，需要集成提升；迫切需要加强农业基因组学、都市农业、食物营养等前沿交叉学科建设；棉花、果树等相关学科力量要根据产业结构调整和农业“走出去”战略进行战略布局，麻类、烟草等与产业发展需求脱节的学科要进行深层次调整优化。

二是人才团队建设需要进一步加强。由于青年英才引进配套支持经费不足，京内研究所引进顶尖、世界级水平的科学家比较困难；京外研究所受地域条件限制，人才引进成效不显著，人才流失现象依然存在，领军人才总量偏少、年龄偏大。研究所、学科领域之间人才分布不平衡，新兴学科和交叉学科人才匮乏，科研、管理、支撑和转化 4 支队伍发展不协调，管理、支撑和转化队伍建设滞后。研究生招生规模整体不足，作为重要科研力量的博士后队伍仅 400 人，规模小、力量弱。人员流动不畅，机制不健全。

三是协同创新需要进一步强化。试点期通过科研团队建设，初步解决了研究所内部、课题组之间的协同创新问题。但跨所、跨院协同创新机制不健全，一定程度上还存在科技资源分散、封闭、重复等现象。院内试验基地等大型条件平台分布碎片化，共享机制不健全，评估考评不到位。由于缺乏必要手段，院里把握国际科技合作能力有待进一步提高，国际科技合作的参与度和话语权不多。

四是引领带动作用需进一步增强。组织协调全国农业科技联合攻关的手段不足、能力不强，“领头羊”作用尚未充分发挥。科研与生产结合不紧密，先进适用技术集成示范滞后，对当前农业“转方式、调结构”的引领支撑不够。

五是绩效管理的激励作用发挥不充分。不同研究所的科研团队研究内容和特点差异大，现有的考评指标体系部分反映了研究所的差异，但分类考评还不到位，需要进一步完善。研究所之间发展不平衡，创收能力强的研究所自筹资金开展绩效奖励，但创收能力弱的研究所很难自筹资金用于绩效奖励，科研贡献与薪酬不匹配，绩效奖励不到位，绩效管理的引导激励作用没有得到充分发挥。

四、评估结论、措施和建议

（一）评估结论

科技创新工程是中国农业科学院科技创新体系的重要组成部分，被列为全院 1 号工程。在科技创新工程的引领和带动下，中国农业科学院在探索创新农业科研体制机制、调整优化学科布局、人才培养、解决农业重大科学和技术问题等方面发生了实实在在的变化，圆满完成了试点期的目标任务。

一是独具特色的三级学科体系已经形成。中国农业科学院梳理完善了瞄准国际科学前沿和服务产业需求的重点研究方向，较好地解决了研究方向的交叉、重复、小而散等问题，定位和功能更加准确，发展重点和方向更加突出。

二是科研运行管理模式发生改变。科技创新工程的稳定支持让科研人员不再为了经费争项目，用在科研上的时间和精力多了，能够静下心来，围绕国际科学前沿和产业技术需求搞科研，更加符合农业科研的规律和要求，科研活动的目标更加明确，科研的劲头和信心更足，广大科研人员精神面貌发生了明显变化。

三是竞争流动的用人机制初步建立。科技创新工程不仅为人才培养提供了平台，让优秀青年科研人员有了脱颖而出的机会，而且为人才引进创造了条件，引进了一批优秀科研人员。通过实行按需设岗、按岗聘人、岗位固定、人员流动，让研究所内科研人员在研究室之间进行流动。同时，流动岗位的设置强化了与其他科研机构、大学的交流协作。

四是绩效管理机制开始运行。以促进科研产出和科技贡献为导向，把薪酬和绩效考评结果挂钩，改变了过去“干多干少一个样”“干好干坏一个样”的不良风气，促进了创新能力提升、创新活力增强、创新效率提高，调动了科研人员的积极性、主动性和创造性。

五是科研与生产“两张皮”问题得到初步解决。科技创新工程从产业需求入手，聚焦产业发展热点、难点问题，凝练科研团队任务，让科研真正为产业服务，有利于加快科研成果的转化应用，很好地发挥了对产业的支撑作用。特别是协同创新行动，整合院内外科研力量，开展大联合大协作，集中解决生产实际问题，体现了创新工程面向产业重大需求、解决实际问题的目标导向，让科研和产业结合更加紧密。

六是协作意识和资源共享水平显著提高。通过科技创新工程的实施，使研究所从事相同领域研究人员整合成一个科研团队，相互之间不再为了争经费而设防，进一步强化了科研人员的协作意识。同时，也避免了不同课题组重复购置设备，科技资源配置得到优化，提升了共享水平，强化了支撑能力。

七是资金管理制度规范日趋完善。制定完善了一系列经费管理制度，不断加强监督审计管理，确保经费专款专用、独立核算，资金使用合理合规，没有出现违规使用经费现象。

从长远看，随着科技体制改革不断深化，为适应农业发展的新形势、新任务和新变化，真正把科技创新工程做出影响、做出特色，学科体系需要进一步凝练完善，绩效奖励还需要加大力度，人才结构还需要不断优化。

（二）措施和建议

针对科技创新工程实施存在的问题和不足，拟采取以下改进措施。

一是进一步完善学科体系。学科建设要适应现代农业供给侧结构性改革要求和农业科技发展新形势、新特点和新需求，立足中国农业科学院三级学科体系，进一步优化学科布局，强化、拓展、培育、调整学科方向，整合科研力量，建立更加符合农业科研发展规律和产业发展需求的科研团队。对于符合现代农业科技发展趋势、适应现代农业转型发展需求、体现我院优势特色的学科领域与研究方向，科技创新工程按照科研任务需求进行稳定支持，进一步强化学科优势和特色，推动各类科技资源集聚，提升学科核心竞争力。瞄准具有良好发展势头和前景的新兴交叉学科方向，拓展培育一批学科团队，重点扶持，促进发展壮大。构建西部农业研究中心、海外农业研究中心等区域性研究平台，推动麻类、烟草等相关研究所重点学科方向的科研力量调整和转移。

二是加大人才团队建设力度。完善开放、竞争、流动的用人机制，按照岗位固定、人员流动、能上能下、能进能出的原则，依据绩效考评结果进行动态调整。创新科技人才定向引进机制，形成更加有利于人才集聚和成长的政策环境，激发创新活力和创新潜能。完善科技人才培养开发机制，在“青年英才计划”内设置科研、管理、支撑和转化英才培育工程，全面推进 4 支队伍协调发展。坚持以全日制研究生教育为主，专业学位教育、留学生教育和国际联合培养为辅的多元化发展战略，不断扩大招生规模，提升培养质量，努力把研究生院建设成为高层次、研究型、国际化、有特色的人才培养基地。

三是扎实推进协同创新行动。按照国际科学前沿和产业发展需求，从院层面梳理凝练出科技创新工程重点科技任务，以任务为基础，稳定支持科研团队开展持续科技攻关，对跨学科、跨领域的重大问题，组织多个研究所和科研团队开展协同创新。同时通过农业科技创新联盟，打破单位和学科界限，整合院内外优势力量，加强协作与交流，优化资源配置，构建“上下贯通、左右联合、前后衔接”的协同创新机制。力争在农作物定向设计育种、动物新品种国产化选育、农作物病虫草害绿色精准防控、重大动物疫病快速诊断与防控、农业资源高效循环利用、农产品质量安全监测预警与全程控制、农业智能化设施装备研制、农业大数据挖掘应用、转型期农业发展政策研究、都市现代农业技术集成创新重点领域取得突破性进展，获得革命性成果。

四是充分发挥国家队的支撑和引领作用。在农业重大基础科学和科技竞争前沿、农业核心关键技术方面取得重大突破，产生一批世界级水平、具有革命性意义的重大科技成果，使中国农业科学院真正成为参与国际农业科技竞争的国家队，建设创新型国家的主力军。通过对农作物优良品种选育、轻简化栽培、农药化肥高效施用、配套机械化装备、病虫害绿色防控等技术的集成创新，建立以全程机械化为核心的农作物绿色增产增效生产技术体系。通过提高饲料饲草转化率、研发专用新型环保饲料和添加剂、攻克重大动物疫病快速诊断与防控等关键技术，建立并示范推广畜禽绿色养殖技术模式。实施区域农业可持续发展技术集成与示范行动，构建“藏粮于地、藏粮于技”的周年全产业链可持续综合解决方案，强力支撑现代农业发展。

五是不断完善绩效分类管理考评机制。遵循农业科技创新规律，体现研究所和学科的特点与差异，优化评价程序，改进评价方法，注重评价实效，建立以创新任务、创新能力和发展潜力等为核心内容的评价考评体系。针对不同研究所的科研团队研究内容和特点，研究调整不同类型、不同层次的绩效考评指标和考评方法，真正发挥绩效管理的“指挥棒”作用，确保研究方向和研究目标不偏离，实现考评公平公正。全面实行绩效预算管理机制，经费保障水平与绩效考评结果、预算执行进度等因素直接挂钩，真正发挥绩效考评的激励引导作用。

在科技创新工程实施过程中，还存在一些体制性和政策性障碍，影响创新工程的实施效果，现提出以下建议。

一是在科技创新工程经费中适当安排间接费用。按照《国务院关于改进加强中央财政科研项目和资金管理的若干意见》（国发〔2014〕11号）和《关于进一步完善中央财政科研项目资金管理等政策的若干意见》（中办发〔2016〕50号）精神和要求，建议在我院科技创新工程专项经费中留出一定比例的经费作为科研人员绩效奖励支出，探索建立与绩效管理相配套的绩效激励制度，把薪酬与贡献挂钩，充分体现科研人员的智力劳动和创新价值，进一步提高专项经费使用效益。

二是加大对人才团队建设的支持力度。建议在调整推进期，紧密围绕科技创新工程科研、管理和支撑队伍建设的主要任务，增设人才引进和培育工作经费，进一步加大资金支持力度，推动人才队伍的稳步发展。继续实施好“青年英才计划”，重点引进高层次青年科技人才，优化人才结构，解决人才断层的问题。启动实施“科研英才培育工程”，加强青年科技人才培养，在实践中锻炼人才、选拔人才、造就人才。同时，争取有关部门支持，扩大研究生招生规模。

三是出台支持农业科技“走出去”的相关政策措施。国家对疫苗、良种等科技成果出口限制较严，不利于农业科技“走出去”；另外，按照国家现行科研经费管理办法，科技创新工程等经费不能直接划拨到境外合作单位，致使“以我为主”的国际科技行动以及海外联合实验室运行缺乏经费支撑，影响了农业科技“走出去”工作的开展。望有关部门出台相关政策，允许科技创新工程经费“走出去”，出台种子、疫苗等技术和产品走出去的支持措施，放宽农业科技成果出口限制，进一步推进实施全球农业科技战略布局，加大国际合作科技平台建设、海外资源技术引进、国际化人才培养等工作力度，进一步拓展发展空间，全面提升我院国际合作工作的水平和能力。

中国农业科学院科技创新工程试点期部级绩效评价报告

受农业部、财政部委托，农业部财会服务中心（以下简称财会中心）承担中国农业科学院科技创新工程试点期（2013—2015）部级绩效评价工作。财会中心组织绩效管理、科技评估、行业管理和财务管理等相关专家成立评价专家组，依据《中国农业科学院科技创新工程部级绩效考评规范》《中国农业科学院科技创新工程实施方案》和《中国农业科学院科技创新工程经费管理办法（试行）》等相关规定，在中国农业科学院自评估的基础上，通过实地调研、座谈交流、资料审核、质询答疑和综合评价等环节，对科技创新工程试点期目标任务完成情况开展绩效评价。

一、科技创新工程基本情况

（一）项目背景

为贯彻落实党的十八大提出的创新驱动战略，深化科技体制改革，提升国家级农业科研机构在创新体系中的骨干作用和引领能力，农业部、财政部于2013年批准中国农业科学院启动实施科技创新工程，这是加强农业科技创新、探索国家创新体系建设的一项重大举措。科技创新工程划分为3个阶段：2013—2015年为试点探索期，重点推行机制改革创新，逐步建立以绩效管理为核心的人才团队建设、科研管理等考核、评价、激励新型管理制度，优化资源配置，提升创新能力。2016—2020年为全面推进期，重点开展试点期绩效评估总结，进一步调整优化创新工程任务，全面实施创新工程各项新型管理制度，形成“开放、流动、竞争、协作”的运行机制，创新能力大幅提升，基本建成“世界一流农业科研院所”。2021—2025年为跨越发展期，重点健全完善国际领先的农业科研组织方式，凝聚一批世界知名的农业科学家，建立完善一批世界领先的创新平台，建立完善遍布全球的科技合作网络，创新能力全面提升，全院整体进入世界一流农业科研院所行列。

（二）项目绩效目标

1. 总体绩效目标

中国农业科学院科技创新工程以“服务产业重大科技需求、跃居世界农业科技高端”为使命，以“建设世界一流农业科研院所”为目标，构建“学科集群—学科领域—研究方向”三级学科体系的创新构架，提高全院的创新能力和创新效率；建立以持续稳定支持为特征的科研创新模式，按照学科发展方向和国家重大科技创新需求，长期稳定开展研究活动；建立以协同攻关为特征的开放办院模式，健全完善以中国农业科学院为主导，院外科研机构、大学共同参与的协同创新机制；建立以绩效管理为核心的考核评价机制，提高院所自主创新活力、整体运行效率和资金投入产出率；建立以“开放、竞争、流动”为特征的选人用人机制，建立以人为本、以研为先的新型人才培养任用机制。

2. 试点期绩效目标

主要是机制创新，逐步建立以绩效管理为核心的人才团队建设、科研管理等考核、评价、激励新型管理制度，优化资源配置。选择试点研究所及其科研团队，由点到面、点面结合，注重探索、积累经验，落实创新岗位人选，分期分批启动实施创新工程各项建设任务。

（三）项目管理概况

中国农业科学院强化组织领导，院所两级成立了科技创新工程领导小组，为科技创新工程顺利实施提供制度保障。试点期，中国农业科学院出台了以综合管理、经费管理、绩效管理和岗位管理为主要内容的 8 个配套管理办法及实施细则，各试点研究所制定有关人才团队、岗位聘任、绩效考评及薪酬分配等具体管理办法。同时加强顶层设计，梳理凝练学科体系，构建了三级学科体系，确立了“优”“特”“精”学科领域。不断创新管理方式，推进院所组织结构、决策体制、管理机制、评价体系等制度创新，以绩效管理为核心，建立起配套的人才团队建设、科研管理等考核、评价、激励新型管理制度。通过统筹资源配置，构建以持续稳定支持为导向，以科研团队为主体的新型科研组织和运行模式。

二、绩效评价工作情况

（一）评价目的

通过对中国农业科学院科技创新工程试点期部级绩效评价，客观反映科技创新工程试点期的组织实施情况，公正评价科技创新工程试点期的实施效果，发现科技创新工程试点期管理过程中存在的问题，为加强和改进科研单位和项目管理提供意见建议，发挥绩效评价对财政资金的跟踪问效作用和决策信息反馈作用。

（二）评价依据及范围

1. 评价依据

根据《中央部门预算绩效目标管理办法》（财预〔2015〕88 号）、《财政部关于印发〈预算绩效评价共性指标体系框架〉的通知》（财预〔2013〕53 号）和《财政部关于印发〈财政支出绩效评价管理暂行办法〉的通知》（财预〔2011〕285 号）等相关规定，以及《中国农业科学院科技创新工程实施方案》《中国农业科学院科技创新工程经费管理办法（试行）》《中国农业科学院科技创新工程部级绩效考评规范》《中国农业科学院科技创新工程试点期部级绩效评价方案》等制度办法。

2. 评价范围

依据对中国农业科学院提交的自评估报告和其他相关资料的分析，按照科学规范、公正公开、绩效相关、独立评价等原则，主要对中国农业科学院科技创新工程试点期情况做总体绩效评价。涉及分 3 批启动试点的 32 个研究所。试点期绩效评价使用的相关信息和数据从 2013 年 7 月开始，截至 2015 年 12 月。

（三）评价指标体系

根据《中国农业科学院科技创新工程部级绩效考评规范》的要求，结合科技创新工程试点期的特点，设定了包含科研体制机制创新、科技布局与创新能力、科技支撑与贡献、科研条件建设和预算资金管理 5 个方面的评价指标体系。综合绩效评价总分值为 100 分，其中科研体制机制创新 30 分、科技布局与创新能力 20 分、科技支撑与贡献 30 分、科研条件建设 10 分、预算资金管理 10 分。

1. 科研体制机制创新

重点评价创新工程用人机制是否灵活有效，包括考核组建团队、首席专家作用发挥等情况；组建的科研团队在本行业的影响力与竞争力；绩效考核制度和分配机制实施情况；对科研工作的组织管理形式、运行方式和制度建设及运作效能等情况。

2. 科技布局与创新能力

重点评价创新工程确定的重点学科在本行业内的影响力，创新工程科研项目布局和重点项目立项，对出现的或可预见的重大创新成果所起到的作用；试点期间各项基础研究进展以及成果产出情况。

3. 科技支撑与贡献

重点评价科技经济一体化的政策安排与机制建设，国内外相关的学术交流与产业对接情况，成果转化政策创设与平台建设方面的工作进展；评价科技创新工程对产业发展的支撑和贡献作用，对国家农业和农业政策方面提供了有重大影响的咨询建议，以及产生的科研成果转化情况。

4. 科研条件建设

重点评价试验基地、实验室等科研平台建设情况，如实验地占有量、大型仪器设施设备的盈缺、共享率，条件建设规划及相关制度建设；评价在国际同行业领域开展合作交流情况，包括技术、品种资源的引进、共享、联合开发研究、联合共建实验室等。

5. 预算资金管理

重点评价是否建立了与科技创新工程配套的资金管理相关的制度办法，并对其资金使用过程中的合规性、合理性进行评价，考核资金使用是否遵循了创新工程经费管理以及相关财务管理办法，资金使用的有效监管是否到位，预算执行过程中是否有重大违规问题。

（四）评价方式

评价专家组在中国农业科学院自评估的基础上，通过实地调研、座谈交流、资料审核、质询答疑和综合评价等环节，对科技创新工程试点期整体实施情况进行绩效评价。抽取中国农业科学院蔬菜花卉研究所、农业资源与农业区划研究所、农业环境与可持续发展研究所、中国水稻研究所、茶叶研究所、油料作物研究所、棉花研究所、农业部南京农业机械化研究所和上海兽医研究所 9 个研究所进行实地调研，重点了解科技创新工程试点期绩效任务目标完成情况、科研项目预算执行和绩效管理以及财务制度落实情况。在上述工作基础上，评价专家组采用集中评价和独立评分相结合的方法，对科研体制机制创新、科技布局与创新能力、科技支撑与贡献、科研条件建设和预算资金管理 5 个方面进行评价。最后，通过深入研讨和综合评价，形成农科院科技创新工程试点期部级绩效评价报告。

三、绩效指标评价结果及评分情况

（一）科研体制机制创新

1. 用人机制规范有效，人才团队建设绩效显著

建立以优化人才队伍结构、凝聚优秀人才为目标的岗位总量控制、聘用管理和动态调整机制，启动实施“青年英才计划”引进工程，围绕学科发展和团队建设需要，坚持注重业绩贡献和发展潜力的选才标准，3 年来共引进优秀青年人才 154 名，其中万人计划、国家杰青、国家优青、青年千人、农业科研杰出人才等 21 人，19 人担任科技创新工程团队首席。“青年英才计划”于 2014 年入选首批全国重点海外高层次人才引进计划。32 个试点研究所按在编在岗人数 60% 的比例设置创新岗位，其中从院外引进人才占创新岗位 20% 以上，建立了适应科技创新工程的灵活用人机制。截至 2015 年年底，

32 个研究所 315 位首席专家、1 501个骨干专家和 1 571个科研助理共 3 387位科研人员全部到岗（表 1）。但有个别研究所高层次人才引进没有达到计划要求。

表 1 中国农业科学院科技创新工程人才一览表

研究所名称	首席专家人数（人）	骨干专家人数（人）	科研助理人数（人）	“青年英才计划”引进人才数（人）	备注
作科所	20	90	114	10	
植保所	16	64	64	16	
蔬菜所	14	55	68	6	含基因组所团队 1 个、引进人才 2 人
环发所	10	30	49	9	
牧医所	17	66	42	9	含基因组所团队 2 个、引进人才 1 人
蜜蜂所	6	28	23	8	
饲料所	8	28	31	3	
加工所	8	49	56	12	
生物所	12	38	47	31	含基因组所团队 5 个、引进人才 11 人
农经所	7	23	20	1	
资划所	14	63	74	6	
信息所	8	54	57	1	
质标所	4	13	12	0	
食物与营养所	2	9	12	0	
灌溉所	7	36	26	0	
水稻所	16	82	77	5	含基因组所团队 2 个、引进人才 1 人
棉花所	12	83	73	0	
油料所	12	65	76	11	
麻类所	9	52	52	4	
果树所	7	41	51	0	
郑果所	10	51	52	1	
茶叶所	8	27	41	0	
哈尔滨兽医所	14	83	75	2	
兰州兽医所	10	55	82	4	

（续表）

研究所名称	首席专家人数（人）	骨干专家人数（人）	科研助理人数（人）	“青年英才计划”引进人才数（人）	备注
兰州牧药医所	8	33	37	0	
上海兽医所	8	44	26	7	
草原所	5	32	34	0	
特产所	11	58	64	2	
环保所	9	32	25	3	
沼科所	6	23	26	0	
农机化所	11	60	47	0	
烟草所	6	34	38	3	
合计	315	1 501	1 571	154	

2. 以绩效管理为核心，建立起考核、评价、激励新型科研管理制度

根据中央财政支出“改革先行、突出特色、绩效导向”的要求，制定出台了科技创新工程绩效管理办法和实施细则，32 个试点研究所分别制定了配套管理办法。中国农业科学院与 32 个试点研究所签订了绩效任务书，建立了以提升科技创新能力和提高财政资金使用绩效为目标、以促进科研产出和科技贡献为导向的绩效管理机制。对创新任务与目标、效果与效率等进行分类、分档考评，考核结果更加客观、科学、公正。通过动态调整、末位淘汰和终止机制，强化过程监测和结果应用，将考评结果与绩效奖励、薪酬挂钩，发挥了很好的导向作用，极大地调动了研究所和科技人员的创新积极性。

3. 建立协同创新机制，构建了全国农业科技协同创新体系

一是成立国家农业科技创新联盟，组织全国农业科研力量开展基础性、长期性和区域性农业重大问题研究；二是由院组织实施的研究所之间协同创新；三是由研究所组织的所内科研团队之间的协同创新；四是由团队首席科学家主导的科研团队内科学家之间的协同创新。试点期间协同创新绩效显著：论证并启动实施了东北黑土地保护、华北集约化农业高效用水与地下水保护技术、南方地区稻米重金属污染源综合防控、作物高光效育种生物学基础及核心材料创制、作物营养素代谢机理与营养强化关键技术、柑橘黄龙病综合防控、种植业绿色增产增效技术集成创新和畜牧业绿色养殖技术集成创新 8 项重大协同创新任务。

（二）科技布局及创新能力

1. 科研布局和团队建设更加科学合理，形成独具特色的三级学科体系

中国农业科学院构建了“学科集群—学科领域—研究方向”基本构架的学科布局，

梳理形成了八大学科集群、134 个学科领域、315 个研究方向，确立了中国农业科学院三级学科建设体系，每个研究方向组建 1 个科研团队。分三批择优启动了 32 个试点研究所，将试点研究所 1 026个课题组整合为 315 个科研团队，研究方向和目标更加聚焦，解决了农业科研长周期与科研项目短时限的矛盾。

2. 基础研究取得重大发现

揭示了禽流感等重要动物疫病病原感染、致病和跨种传播机制，奶牛衣原体病灭活疫苗获国家一类新兽药；完成了棉花、谷子、黄瓜、大白菜、马铃薯、油菜等重要农作物全基因组测序与遗传图谱构建；解析了水稻产量与抗病性、小麦多倍化杂种优势、玉米籽粒油分合成、黄瓜苦味、番茄果实发育、猪产肉性状、转基因抗虫棉环境生态效应、蜂王浆糖蛋白功能等相关机理；完成了小麦 D 基因组草图的绘制，结束了小麦没有组装基因组序列的历史；完成番茄育种历史基因组分析，揭示了番茄进化历史，并为番茄的基因挖掘和分子育种奠定了基础；首次从病原学角度揭示了新型 H7N9 流感病毒的来源，为我国科学防控 H7N9 禽流感提供了重要依据。

3. 学术科研成果突出

试点期以来，共获得国家奖 19 项（表 2），其中自然科学二等奖 1 项，技术发明二等奖 5 项，科技进步二等奖 13 项，实现了国家三大奖全覆盖。省部级奖 154 项，其中一等奖 52 项，二等奖 67 项，三等奖 35 项。共评审出院科学技术成果奖 53 项，其中特等奖 1 项，一等奖 25 项，二等奖 27 项。共发表科技论文 14 000余篇，在 SCI、EI 收录期刊上发表论文 5 463篇，是前 3 年的 1.6 倍，其中在《自然》《科学》系列刊物上发表论文 21 篇（表 3），是“十一五” 的 3 倍多，对学科发展产生了重大影响。

表 2 获国家奖成果一览表

序号	成果名称	第一完成单位	第一完成人	获奖年份	获奖等级	奖励类别
1	禽流感病毒进化、跨种感染及致病力分子机制	哈尔滨兽医所	陈化兰	2013	二等奖	自然科学奖
2	低成本易降解肥料用缓释材料创制与应用	资划所	张夫道	2013	二等奖	技术发明奖
3	主要农业入侵生物的预警与监控技术	植保所	万方浩	2013	二等奖	科技进步奖
4	旱作农业关键技术与集成应用	环发所	梅旭荣	2013	二等奖	科技进步奖
5	桃优异种质发掘、优质广适新品种培育与利用	郑果所	王力荣	2013	二等奖	科技进步奖

（续表）

序号	成果名称	第一完成单位	第一完成人	获奖年份	获奖等级	奖励类别
6	北京鸭新品种培育与养殖技术研究应用	牧医所	侯水生	2013	二等奖	科技进步奖
7	花生低温压榨制油与饼粕蛋白高值化利用关键技术及装备创制	加工所	王　强	2014	二等奖	技术发明奖
8	油菜高含油量聚合育种技术及应用	油料所	王汉中	2014	二等奖	技术发明奖
9	甘蓝雄性不育系育种技术体系的建立与新品种选育	蔬菜所	方智远	2014	二等奖	科技进步奖
10	小麦种质资源重要育种性状评价与创新利用	作科所	李立会	2014	二等奖	科技进步奖
11	农业旱涝灾害遥感监测技术	资划所	唐华俊	2014	二等奖	科技进步奖
12	超级稻高产栽培关键技术及区域化集成应用	水稻所	朱德峰	2014	二等奖	科技进步奖
13	饲料用酶技术体系创新及产品创制	饲料所	姚　斌	2014	二等奖	科技进步奖
14	农产品黄曲霉毒素靶向抗体创制与高灵敏检测技术	油料所	李培武	2015	二等奖	技术发明奖
15	花生收获机械化关键技术与装备	农机化所	胡志超	2015	二等奖	技术发明奖
16	玉米冠层耕层优化高产技术体系研究与应用	作科所	赵　明	2015	二等奖	科技进步奖
17	CIMMYT 小麦引进、研究与创新利用	作科所	何中虎	2015	二等奖	科技进步奖
18	玉米田间种植手册与挂图（科普类）	作科所	李少昆	2015	二等奖	科技进步奖
19	主要粮食产区农田土壤有机质演变与提升综合技术及应用	资划所	徐明岗	2015	二等奖	科技进步奖

表 3 重要论文一览表

序号	文章题目	完成单位	第一作者	发文期刊	发表年份
1	Aegilopstauschii draft genome sequence reveals a gene repertoire for wheat adaptation	作科所	贾继增	*Nature*	2013
2	H7N9 influenza viruses are transmissible in ferrets by respiratory droplet	哈尔滨兽医所	陈化兰	*Science*	2013
3	H5N1 hybrid viruses bearing 2009/H1N1 virus genes transmit in guinea pigs by respiratory droplet	哈尔滨兽医所	陈化兰	*Science*	2013
4	A haplotype map of genomic variations and genome-wide association studies of agronomic traits in foxtail millet	作科所	刁现民	*Nature Genetics*	2013
5	A genomic variation map provides insights into the genetic absis of cucumber domestication and diversity	蔬菜所	黄三文	*Nature Genetics*	2013
6	Biosynthesis, regulation and domestication of bitterness in cucumber	蔬菜所	尚 铁 马永硕 周 渊 张慧敏	*Science*	2014
7	Early allopolyploid evolution in the post-Neolithic Brassica napus oilseed genome	油料所	刘胜毅（并列第一作者）	*Science*	2014
8	Genomic analyses provide insights into the history of tomato breeding	蔬菜所	林 涛 祝光涛 郑 峥	*Nature Genetics*	2014
9	Genome sequence of the cultivated cotton Gossypiumarboreum	棉花所	李付广 王坤波 袁有禄 宋国立	*Nature Genetics*	2014
10	Heterotrimeric G proteins regulate nitrogen-use efficiency in rice	水稻所	钱 前	*Nature Genetics*	2014
11	A gene cluster encoding lectin receptor kinases confers broad-spectrum and durable insect resistance in rice	作科所	万建民	*Nature Biotechnology*	2014
12	De novo assembly of soybean wild relatives for pan-genome analysis of diversity and agronomic traits	作科所	李英慧	*Nature Biotechnology*	2014
13	STV11 encodes a sulphotransferase and confersdurable resistance to rice stripe virus.	作科所	万建民	*Nature Communications*	2014
14	The Brassica oleracea genome reveals the asymmetrical evolution of polyploid genomes	油料所	刘胜毅	*Nature Communications*	2014

（续表）

序号	文章题目	完成单位	第一作者	发文期刊	发表年份
15	The Brassica oleracea genome reveals the asymmetrical evolution of polyploid genomes	蔬菜所	刘玉梅（并列第一作者）	*Nature Communications*	2014
16	A gene cluster encoding lectin receptor kinases confers broad-spectrum and durable insect resistance in rice	作科所	万建民	*Nature Biotechnology*	2015
17	The SnRK2-APC/C （TE） regulatory module mediates the antagonistic action of gibberellic acid and abscisic acid pathways SnRK2-APC/C（TE）	作科所	林启冰	*Nature Communications*	2015
18	Copy number variation at the GL7 locus contributes to grain size diversity in rice	水稻所	王跃星 胡　江	*Nature Genetics*	2015
19	Genome sequence of cultivated Upland cotton（Gossypiumhirsutum tM-1） provides insights into genome evolution	棉花所	喻树迅	*Nature Biotechnology*	2015
20	Genetic discovery for oil production and quality in sesame	油料所	张秀荣	*Nature Communications*	2015
21	Genetic blueprint of the zoonotic pathogen Toxocaracanis	兰州兽医所	朱兴全	*Nature Communications*	2015

（三）科技支撑与贡献

1. 科技对农业产业支撑能力进一步增强

组织开展水稻、玉米、小麦、大豆、油菜、棉花、马铃薯7种作物，奶牛、羊2种动物绿色增产增效技术集成模式研究与示范，集成先进适用生产技术136项，构建适合不同区域的可复制可推广的综合生产模式25套。经过3年协作攻关，几种作物增产均超过10%，最高达44.7%；平均减施农药和化肥10%以上，保护了生态环境。“构建粮食绿色高产高效创建”被纳入2016年政府工作报告。

2. 搭建知识产权成果转移转化平台，加强成果转化管理

建设了全国农业科技成果转移服务和国家种业科技成果产权交易两个中心。2013年以来，中国农业科学院全院发明专利授权1 626件，植物新品种权为105件；有20项发明专利获奖，占全院历年来全部获奖专利的65%。中国农业科学院科技成果转让经费由2013年的3亿元增加到2015年的4.7亿元，增幅超过56%。

3. 进一步强化宏观战略研究和农业智库建设

研究提出30多项重大政策建议，多次得到国家领导人重要批示，为国家宏观决策提供了有效支撑。中国农业科学院农业经济与政策顾问团研究提出发展旱作节水农业作

为粮食增产的重要措施、开拓我国与中亚国家棉花产业合作、在低产田上发展“菜篮子”生产、加强我国土壤污染治理等建议，得到习近平总书记、李克强总理和汪洋副总理等党和国家领导人重要批示。

（四）科研条件建设

1. 科研条件建设明显强化优化

国家畜禽改良研究中心、国家农业生物安全科学中心和国家农业图书馆3个重大科研与服务平台相继建成并投入使用，国家动物疫病防控生物安全实验室、国家口蹄疫参考实验室正加快建设；加强6个国家重点实验室和1个省部共建培育基地建设，推进中国农业科学院牵头的19个农业部重点实验室学科群建设，命名建设32个院级工程技术研究中心；共有试验展示示范基地106个，总面积9.79万亩，分布于27个省份，覆盖了重要农产品主产区、典型农业生态生产区、特殊生态功能区和老少边穷片区。

2. 科技平台共享水平持续提高

初步构建了一体化的科研设施与仪器在线服务平台网络，国家农作物种质资源、微生物资源、家养动物种质资源和农业科学数据等设施平台，建立了开放共享服务考核评价机制，实现了全天候对外服务。2015年，中国农业科学院被科技部遴选成为首批国家重大科研基础设施和大型科研仪器向社会开放的试点单位，各研究所强化了与所在区域的国家自主创新示范区、国家高新区和农业园区等的对接服务，开放共享机制日益完善。哈尔滨兽医所2013—2015年度连续3年获得黑龙江省优秀共享平台称号。

3. 国内外学术交流与产业对接步伐不断加快

试点期，围绕“农业走出去”国家战略，聚焦“一带一路”，组建了海外农业研究中心。与国际合作伙伴新签备忘录、协议等74个，初步搭建起中国农业科学院国际合作网络体系。禽流感疫苗等在亚洲和非洲市场稳步拓展，绿色超级稻在亚非15个目标国家进行了70个绿色超级稻品种的示范和推广工作，抗旱高产双低杂交甘蓝型油菜在巴基斯坦实现产业化，棉花、生物防治技术、畜牧、沼气等方面的一批先进适用技术也在非洲、亚洲等国家和地区得以广泛推广。有针对性地引进了水稻、小麦、玉米以及动物等各类遗传资源共计24 251份，为我国科技创新提供了坚实的物质基础。3年来举办或承办了全球农业科技大会、中国—欧盟作物分子育种产业技术新方法研讨会、FAO粮食安全高级别专家组会、欧盟框架计划项目合作研讨会、APEC农业技术工作组年会等170多个高级别的重要国际学术会议，提升了国际影响力。

（五）预算资金管理

1. 强化制度建设和管理探索

出台了《中国农业科学院科技创新工程经费管理办法（试行）》《中国农业科学院

科技创新工程经费管理实施细则（试行）》《中国农业科学院科技创新工程绩效管理办法》《中国农业科学院科技创新工程经费绩效管理实施细则》和《科研经费信息公开管理办法》，同时组织各试点研究所制定相应的资金管理细则。2015 年，中国农业科学院开始在全院推行懂科研、会财务、守纪律的创新团队财务助理制度，搭建财务管理与科研工作的桥梁。创新工程经费等科研经费管理采取“阳光工程”和“防火墙工程”，做到科研经费“三个全公开”。探索“互联网+”科研经费监管新模式，建立科研经费信息公开和试剂耗材采购两个平台。

2. 加强政策宣讲和使用监管

2014 年，中国农业科学院组建科研经费管理巡回宣讲团，围绕科技创新工程专项经费管理要求在全院巡回宣讲。2015 年，中国农业科学院组织了历时 2 个月的综合督导调研，强化规范使用经费的能力和管理水平。专项检查、专项整治和经济责任审计等工作，都将创新工程经费作为检查的重点内容。2013—2015 年，累计取得经费 11.2 亿元，全部用于科研支出，创新工程试点研究所都能做到严格按照《中国农业科学院科技创新工程专项经费管理办法》要求使用经费，未发现重大违规问题。专家组抽取了 9 个研究所实地调研发现，试点期科技创新工程经费做到了单独核算、专款专用，未发现挤占挪用、虚列支出等重大违规问题。

经评价专家组打分汇总，中国农业科学院科技创新工程试点期部级绩效评价总得分为 97 分（表 4）。

表 4　中国农业科学院科技创新工程试点期部级绩效评价指标评分

评价指标	评分标准	分值（分）	得分（分）	扣分原因
科研体制机制创新（30 分）	重点评价创新工程用人机制是否灵活有效，包括考核组建团队、首席专家作用发挥等情况；组建的科研团队在本行业的影响力与竞争力；绩效考核制度和分配机制实施情况；对科研工作的组织管理形式、运行方式和制度建设及运作效能等情况	30	29	个别研究所高层次人才引进没有达到计划
科技布局及创新能力（20 分）	重点评价创新工程确定的重点学科在本行业内的影响力，创新工程科研项目布局和重点项目立项，对出现的或可预见的重大创新成果所起到的作用；试点期间各项基础研究进展以及成果产出情况	20	20	
科技支撑与贡献（30 分）	重点评价科技经济一体化的政策安排与机制建设，国内外相关的学术交流与产业对接情况，成果转化政策创设与平台建设方面的工作进展；评价科技创新工程对产业发展的支撑和贡献作用，对国家农业和农业政策方面提供了有重大影响的咨询建议，以及产生的科研成果转化情况	30	29	科技创新工程对产业发展的支撑和贡献，还需进一步提升

（续表）

评价指标	评分标准	分值（分）	得分（分）	扣分原因
科研条件建设（10分）	重点评价试验基地、实验室等科研平台建设情况，如实验地占有量、大型仪器设施设备的盈缺、共享率，条件建设规划及相关制度建设；评价在国际同行业领域开展合作交流情况，包括技术、品种资源的引进、共享、联合开发研究、联合共建实验室等	10	9	院内试验基地等大型条件平台分布比较分散，共享机制尚不够健全
预算资金管理（10分）	主要考核是否建立了与创新工程配套的资金管理相关的制度办法，并对其资金使用过程中的合规性、合理性进行评价，考核资金使用是否遵循了创新工程经费管理以及相关财务管理办法，资金使用的有效监管是否到位，预算执行过程中是否有重大违规问题	10	10	
合计		100	97	

四、综合绩效评价结论

评价专家组一致认为，中国农业科学院在科技创新工程试点期，按照《中国农业科学院科技创新工程实施方案》要求，在探索创新农业科研体制机制方面取得重大突破，在调整优化学科布局、人才团队建设、解决农业重大科学和技术问题等方面取得重大进展，同时严格规范创新工程绩效管理和资金使用，圆满完成了试点期的目标任务。

试点期实践表明，科技创新工程实施3年来，充分体现了科研体制改革“试验田”、创新驱动“推进器”、创新要素“集聚场”和创新成果“策源地”的重要作用。

（一）试点期的实践，开辟了一块科研体制机制创新的成功“试验田”

基本形成了适合现代农业科研规律的体制机制。科技创新工程的实施，促进了中国农业科学院体制再造、机制创新。聚焦国际科学前沿和产业重大需求，围绕三级学科体系，建立以创新团队为主体的科研组织模式，研究方向和目标更加聚焦；建立以长期稳定支持为特征的科研投入机制，解决了农业科研长周期与科研项目短时限的矛盾；建立分级分类绩效考评和研究所综合评价制度，发挥了很好的绩效导向作用；开展种业科研单位与科研人员权益改革试点工作，探索建立了成果转化新机制。初步建立了“开放、竞争、流动”的用人机制。科技创新工程为人才培养提供了平台，让优秀青年科研人员有了脱颖而出的机会，引进了一批优秀科研人员。实行按需设岗、按岗聘人、岗位固定、人员流动，让研究所内科研人员在研究室之间进行流动，流动岗位的设置强化了与其他科研机构、大学的交流协作。逐步完善了以科研能力和创新成果目标为导向的绩效管理机制。实行“三元结构”工资制，坚持优绩优酬、公平公正，建立与岗位职责、工作业绩、实际贡献紧密联系和鼓励创新创造的分配激励机制。以促进科研产出和科技贡献为导向，把薪酬和绩效考核结果挂钩，促进了创新能力提升、创新活力增强、创新效率提高，调动了科研人员的积极性、主动性和创造性。基本构建了紧密型科研组织和管理模式。构建以持续稳定支持为导向，以科研团队为主体的新型科研组织和运行模式。按照“按需设岗、按岗聘人、岗位固定、人员流动”的原则，建立起能上能下、能进能出、竞争流动的选人用人机制。通过探索完善符合科技创新要求、责权明确、层次分明、协作高效的管理方式，使创新资源不断向创新能力强、创新效率高的创新单元聚集，形成竞争向上、协同发展的良好局面。

（二）显著提升的科研产出与影响力，体现了创新驱动“推进器”作用

科技创新工程引领激励作用突出，国家公益性科研定位更加明确，发展方向更加清晰，束缚创新的体制机制逐步破除，改革创新的思想观念有了较大改变。创新工程对科研的引领作用，对改革的撬动作用已经初步显现，农业科研工作发生可喜的变化。在科技创新工程引领带动下，科研攻关热情空前高涨，科技投入和科研产出成倍增长。试点期间，中国农业科学院财政收入 88.71 亿元，较 2010—2012 年的 66.03 亿元增长 34%。科技创新工程、改革启动费、基本科研业务费等稳定性支持经费逐年增加，累计达 38.32 亿元，占同期财政专项经费总量的 50%以上，是“十一五”末的 3.21 倍，稳定支持科研的环境初步形成。试点期间，中国农业科学院主持各类国家项目 2 026项，留院经费 32.9 亿元，是“十一五”的 2 倍以上。其中，国家重大专项课题 49 项、“973”项目 14 项、科技支撑计划重点项目 91 项、公益性行业专项 55 项、国家自然基金 1 400 余项、创新研究群体 3 项，体现了国家队的主体地位和引领作用。

（三）增量撬动存量的经费积聚效应，彰显出创新要素“集聚场”作用

借力创新工程经费的稳定支持，研究所立足国家重大需求，围绕农业科技创新发展战略，统筹国家科技计划（专项、基金）等科技经费资源，根据学科布局和各种经费的既定任务和目标，将创新工程经费用于支持基础性、前沿性和创新性研究任务，各种科技经费融合互补，充分发挥增量带动存量的“撬动作用”，经费集聚效应显现。一是创新工程专项经费与现有的中央级公益性科研院所基本科研业务费、非营利性科研机构改革专项启动费、中央级科学事业单位修缮购置专项等中央财政科技经费统筹联动使用。基本科研业务费中核定到研究所的经费优先用于支持科研团队开展研究工作，增量部分用于配合创新工程开展跨所跨学科重大命题。非营利性科研机构改革专项启动费在所内优先用于科研团队及相应的研究所公共服务与支撑。修缮购置专项围绕创新工程目

标和任务要求进行规划和项目资金安排，优先支持创新工程任务相关的科研条件建设。二是创新工程经费与竞争性财政科技经费的统筹使用。将创新工程经费与现有财政科技项目经费有机融合，通过明确研究方向与目标，利用定题和自主选题的方法将任务分解，实现了与现有财政科技项目的融合互补，提高了科研经费的使用效益。用创新工程经费优先支持尚未通过审定且无后续经费支持的作物新材料、新品系（种）的研究工作，保证研究的系统性和连续性。

（四）产业支撑能力和科技平台建设日益强化，得益于创新工程关联成果“策源地”作用

试点期间，中国农业科学院全院新争取中央预算内基本建设投资 11.8 亿元，较前 3 年增长了 14.56%。修购专项 14.2 亿元，全院单价 20 万元以上的科研仪器设备共计 3 795台（套）、价值 19.67 亿元，较“十一五”期末分别增长 114.28% 和 121.67%。建成了国家畜禽改良中心、生物安全科学中心、农业图书馆等一批重大科技基础设施。国家动物疫病防控生物安全高级别实验室整体进入调试阶段，国家作物种质库立项成功，批复投资 2.6 亿元。棉花生物学国家重点实验室、特种经济动物生物学省部共建实验室和 2 个国家工程实验室获准立项建设，部重点实验室、风险评估实验室、质检中心等平台装备条件得到大幅提升。试验基地总数 103 个、总规模 9.46 万亩，覆盖 27 个省（市、区），涵盖 29 个院属研究所，6 个研究所基地进入国家农业科技创新与集成示范基地建设序列。

五、存在的问题与建议

一是学科体系需要进一步完善。对照国际农业科技发展最新态势，特别是农业供给侧结构性改革的要求来看，中国农业科学院需要加强农业基因组学、都市农业、食物营养等前沿交叉学科建设；棉花、果树等相关学科力量要根据产业结构调整和农业“走出去”战略进行战略布局，麻类、烟草等与产业发展需求脱节的学科要进行深层次调整优化。二是人才团队建设需要进一步加强。京内研究所引进顶尖、世界级水平的科学家仍比较困难，京外研究所人才引进成效不显著、人才流失现象依然存在，领军人才总量偏少、年龄偏大，人员流动不畅，机制不健全。此外，科研、管理、保障 3 个系列中，科研系列得到重视，管理和保障团队建设亟须重视。三是协同创新国家队引领作用需要进一步强化。跨所、跨院协同创新机制不健全，一定程度上还存在科技资源分散、封闭、重复等现象。大型条件平台分布相对分散，共享机制有待进一步健全，把握国际科技合作能力有待进一步提高。与此同时，各研究所之间创新工程进展不平衡，也属于协调创新进一步强化应有之义。四是绩效激励作用需进一步发挥。不同研究所的科研团队研究内容和特点差异大，研究所之间发展不平衡，创收能力强的研究所自筹资金开展

绩效奖励，但创收能力弱的研究所很难自筹资金用于绩效奖励，绩效管理的引导激励作用没有得到充分发挥。

通过试点期绩效评价，专家组提出以下建议：一是进一步调动科研人员积极性。一定程度上讲，创新工程稳定了队伍、稳定了人心，为科研人员松了绑。要不断完善绩效分类管理评价机制。针对不同研究所的科研团队研究内容和特点，研究调整不同类型、不同层次的绩效考评指标和考评方法，将经费保障水平与绩效考评结果、预算执行进度等因素直接挂钩，真正发挥绩效考核的激励引导作用。二是继续加大人才团队建设力度。完善用人机制，依据绩效考评结果进行动态调整。创新科技人才定向引进机制，形成更加有利于人才集聚和成长的政策环境。完善科技人才培养开发机制，在“青年英才计划”内设置科研、管理、支撑和转化英才培育工程，全面推进 4 支队伍协调发展。三是不断强化年度绩效目标任务管理。根据《中央部门预算绩效目标管理办法》（财预〔2015〕88 号）有关要求，建议中国农业科学院在编制每个年度科技创新工程项目预算时，要设立具体的、可衡量的院、所、团队和专家四级绩效目标任务，以提高科技创新工程项目绩效管理的科学性、规范性和有效性。四是尽可能地体现科技创新工程绩效独立性。科技创新工程实施以来，院、所、团队、专家 4 个层次，在准确定位、优化学科布局和凝练研究方向的基础上，将创新工程专项经费与现有科技资源衔接，体现出资源整合、要素融合的合力效应。但对科技创新工程绩效考核，如何体现科技创新工程绩效作用的客观效果和独立性，应进一步研究探讨。

农业部财会服务中心

2017 年 1 月 23 日

中国农业科学院关于印发《中国农业科学院科技创新工程“十三五”发展规划》的通知

农科院办〔2017〕24号

院属各单位、院机关各部门：

“十三五”是我院科技创新工程进入全面推进期的重要阶段，也是我院全面推进各项科技事业跨越发展，实现建设世界一流农业科研院所战略目标的决胜阶段。为发挥好科技创新工程的引领作用，做好“十三五”期间创新工程的顶层设计和战略部署，明确“十三五”时期科技创新工程的重点目标和任务，根据《国家创新驱动发展战略纲要》《“十三五”国家科技创新规划》《全国农业现代化规划（2016—2020年）》和《中国农业科学院科技创新工程实施方案》，我院编制完成了《中国农业科学院科技创新工程“十三五”发展规划》（以下简称《规划》），《规划》已于2017年1月5日经院常务会审议通过，现印发给你们，请结合本单位实际认真贯彻执行。

中国农业科学院

2017年1月20日

中国农业科学院科技创新工程“十三五”发展规划

“十三五”时期，是中国农业科学院科技创新工程的全面推进期，也是建成世界一流农业科研院所的关键阶段。实施好中国农业科学院科技创新工程，在更高层次、更高水平上引领农业科技创新，解决我国农业农村经济发展的战略性、基础性、关键性科技问题，是当前摆在我们面前重大而艰巨的任务。为全面贯彻创新驱动发展战略，以及党的十八大及十八届三中、四中、五中全会精神，落实“创新、协调、绿色、开放、共享”发展理念，推进科技创新工程顺利实施，根据《中华人民共和国国民经济和社会发展第十三个五年规划纲要》《国家创新驱动发展战略纲要》《“十三五”国家科技创新规划》《全国农业现代化规划（2016—2020 年）》等规划的决策部署，按照《中国农业科学院科技创新工程实施方案》要求，结合我院实际，制定本规划。规划总体突出国家需求导向，聚焦提升自主创新能力，聚焦支撑农业经济发展，聚焦促进农业产业升级，突出科技创新在农业供给侧结构性改革中的引领作用，显著提高农业的科技含量和核心竞争力。

一、形势与需求

当前，世界农业发展呈现新格局，我国经济发展进入新常态，创新驱动发展战略提出新要求，农业农村经济发展的基础条件、外部形势和内部动因都发生了深刻变化。发展现代农业必须更加依靠农业科技进步，更加依靠农业科技创新驱动，走内涵式发展道路，这对农业科技创新提出了更高要求。

（一）国际农业与科技发展趋势

当前，世界农业发展面临人口增加、经济增长的新需求、新挑战，全球粮食安全问题依然突出，国际农产品贸易的影响不断加深，农业国际化进程加快。全球新一轮科技革命正在兴起，现代生物、信息、新材料、新能源、先进制造等技术日新月异，加快向农业领域渗透，孕育出革命性农业科学技术，不断催生新的农业产业。

农业关乎粮食安全、资源安全和生态安全。从世界范围来看，全球性粮食安全形势依然严峻。据联合国粮农组织（FAO）报告，目前全球仍有 7.95 亿人遭受食物不足的困扰，地区间不平衡和地区差异明显，发达国家粮食生产过剩，发展中国家供应不足，区域性短缺问题严重。到 2050 年全球人口将增加到 91 亿人，要实现世界粮食安全，世界粮食总产量必须增长 70%，其中发展中国家粮食产量则必须增长 100%。农业可持续发展压力加大。随着人口急剧增长，自然资源消耗加剧，世界耕地资源的数量正在减少，1970—2012 年的 40 多年时间，世界人均耕地面积从 0.38 公顷减少到 0.20 公顷。全球农业用水量随着灌溉面积扩大而迅速增加，近 20 年来增加更快，世界灌溉面积占耕地面积的比例由 14%增加到 16%，农业灌溉用水的增加，不仅出现了用水紧张的问题，而且造成水体污染。未来全球性生态环境和资源条件的恶化等将给农业可持续发展带来更大压力。国际农产品贸易竞争加剧。进入 21 世纪以来，世界农产品贸易稳定增长，年均增长速度高达 9.3%，高于世界货物贸易增长速度。国际农产品贸易已经渗透到国家农业发展的各个环节，农产品领域的竞争异常激烈，一些发达国家利用“大国效应”争夺主导权，世界农业发展在产品市场整合中正在形成新的格局。农业产业转型升级加快。农业的经济、生态、社会、文化等多功能性日益显现，产业链条不断延伸拓展，推动世界农业产业转型升级。在现代工业理念引领下，农业和第二、第三产业的融合趋势不断加强，推进了农业资源的深度开发和综合利用，加快了农业升级转型步伐。

为争取农业发展的“话语权”，世界主要国家都将科技创新提升为国家发展战略，纷纷大幅增加研发投入，强化核心关键技术的研发部署，竞相争夺科技创新人才，抢占战略性新兴产业发展的先机和主动权，国际农业科技创新呈现新态势。现代生物技术发展势头迅猛。现代生物技术发展为大规模基因资源发掘和利用提供了理论与技术支撑，出现了“设计育种”“设计作物”等新手段和新概念，农作物品种培育速度加快，产生了大量突破性新品种。农业信息化技术日新月异。农业信息服务网络化科技加速发展，空间技术、遥感技术、传感技术、GPS、GIS、智能化技术等重大关键技术在农业生产中得到广泛应用，精准智能化农业技术逐步得到大规模推广。农产品质量安全越来越受到关注。国际上农业科技创新更加注重农产品质量安全，把环境与健康作为优先发展的领域；更加注重替代化学品的农业生物技术、生物肥料与生物农药的开发；功能性食品研究正在成为农业科技创新的发展方向。资源节约型农业科技创新得到重视。世界各国越来越重视农业可持续发展，加大科技投入，研发资源节约型农业生产新技术、新产品，推广利用节肥、节药、节水、节地、节能等节约型农业技术，提高资源利用效率，减少农业生产过程中的环境污染。

（二）我国农业与科技发展形势

“十二五”以来，我国农业农村经济发展取得了前所未有的好成绩。粮食综合生产能力再上新台阶，2015 年总产达到 6 214.35亿千克，连续 5 年超过 5 500亿千克；农业物质技术装备条件建设取得新发展，农田有效灌溉面积达到 9.86 亿亩、占耕地总面积的 54.7%；主要农作物良种推广应用水平显著提升，基本实现全覆盖；农业科技进步贡献率、主要农作物耕种和收获的综合机械化率分别达到 56%和 62%。新型农业经营主体不断涌现，截至 2015 年年底，全国依法登记的农民合作社达 160 万家，专业大户和家庭农场约 200 万个，以及 50 万家农业企业和社会团体，家庭承包耕地流转比例达 1/3 以上，多种形式的适度规模经营加快发展。这些都标志着我国农业发展已从过去主要依靠增加资源要素投入转向主要依靠科技进步，农业生产方式已由千百年来以人力畜力为主转入以机械作业为主。

虽然我国农业农村经济发展取得了显著成效，但无论是从保供给的目标任务看，还是从外部环境的影响和农业生产经营的方式看，农业内部新老问题交织叠加、内外矛盾集中显现，形势依然十分严峻。保障粮食持续增产难度加大。保障粮食等重要农产品有效供给是发展现代农业的首要任务。从农业投入品看，我国单位化肥、农药使用量是世界平均水平的 3.6 倍和 2.5 倍，农业比较效益持续降低。在粮食和主要农产品需求刚性增长、消费结构升级的情况下，依靠高投入、高资源消耗实现产量增长难度加大，必须由依靠拼资源拼消耗转到可持续发展上来，由主要依靠物质要素投入转到技术创新和劳动者素质提高上来。农业资源环境硬约束趋紧。目前，我国人均淡水、耕地占有量仅为世界平均水平的 28%、40%。土地资源自给率只有 80%，只能满足国内 90%谷物、油料等农产品的消费需求。每年农业生产缺水 200 多亿立方米，且水资源分布极不均衡，水土资源很不匹配。同时，农业环境污染加剧给农业生产带来不利影响，气候变化造成我国粮食产量波动加剧。农产品进口对国内市场冲击加剧。我国粮食类产品每年进口约 1 亿吨，其中，大豆是最主要的进口品种，占粮食进口量的 71%，进口粮食在缴纳关税、增值税后价格仍低于国内，传导和打压国内农产品市场价格，价格“天花板”封顶效应将更加凸显。这就要求把我国农业置于世界农业发展大格局当中找准定位，掌握其他国家农业发展的新动向，加快我国农业发展的全球布局。城镇化进程加快带来新挑战。目前，我国城镇化率达到 54%，每年新增建设用地占用耕地达到 480 万亩，导致土地要素流出农业领域，城镇化与粮食生产相互争地的矛盾日渐突出。同时，城镇化进程中促进农村农业劳动力转移，导致消费结构发生变化。从消费结构看，城镇居民对新鲜蔬菜的需求比农民高出 28%、植物油高出 24%、肉类高出 51%、家禽高出 136%、禽蛋高出 87%、水产品要高出 2 倍；从产业布局看，城镇化进程促进农业产业从东部地区向中西部转移，棉花、水果等农作物主产区逐步西移。这些都对农业发展提出了更高要求，迫切需要发展适合区域特色的新型农业。

“十三五”期间，我国农业必须要由注重产量向稳定提升粮食产能转变，推动农业资源利用方式由高强度利用向节约高效利用转变，促进农产品生产由侧重数量安全向保总量、优结构、提质量并重转变。要实现这些目标必须要依靠科技创新，把科技创新作为“转方式、调结构”、发展现代农业的内在动力。从现实需求来看，我国农业科技创新还存在差距和不足，整体实力有待大幅度提高，需要在关键领域取得突破。新品种选育技术研究亟待突破。我国农作物遗传育种面临遗传基础狭窄、新理论新方法研究不够、重大突破性品种缺乏等问题，畜禽主导品种质量与国外相比还有较大差距，核心种源 80%依赖国外进口，自主选育的高端设施蔬菜品种较少，设施番茄和辣椒等国外品种市场占有率达60%，迫切需要加快新品种选育步伐。农业机械化装备研究亟待提升。农业装备技术研发起步晚，应用基础研究储备不足，关键部件及技术研究尚未定型成熟，定位变量、智能控制等技术应用刚刚起步。农业装备与新品种、新农艺等技术融合不够，配套农机具和联合复式作业机具缺乏。关键养殖技术研究亟待加强。繁殖和饲养技术落后，特别是我国奶牛平均单产为5~6吨，远低于欧美等发达国家8~12吨的水平。新饲料产品创制和饲料替代资源开发研究不足，尚未建立良好的草畜平衡技术体系。农产品加工与质量控制技术研究亟待提高。农产品产后加工技术整体落后世界领先水平10年以上。农产品资源化梯次加工与利用研究起步晚、水平低，农产品产后加工增值仅2倍，而发达国家平均增值3~4倍。中式传统食品工程化技术缺乏系统研究，关键技术与核心装备匮乏，质量安全问题突出。高效快速检测技术研究不够，农产品生产中有害物质的有效预防、控制和去除技术研究不足，质量安全技术标准体系不完善、配套性差，农产品质量可追溯体系不健全。农业资源环境保护技术研究亟待强化。农业资源环境基础性科技工作滞后，底数不清，尤其是耕地质量与农田污染、畜禽粪便污染、秸秆资源化利用、地膜白色污染等领域研究进展慢，农业环境有机污染防治刚刚起步，区域性农业面源污染防治缺乏有针对性的技术措施。农业"走出去"亟待科技支撑。随着"一带一路"战略的实施，越来越多的农业企业走出国门，开拓海外市场，参与国际竞争，但是农业科技支撑力量薄弱、竞争力不强，迫切需要农业科技"走出去"，开发利用好当地的农业资源，研发适合当地特点的新品种、新技术、新设备，强化科技支撑。科技力量布局亟待优化。我国农业科研优势力量主要集中在中东部地区。近年来，一些农业主产区逐步向西部转移，科技力量布局与产业发展不匹配的问题日益突出。同时，城镇化进程加快，农业功能不断拓展，对农业科技提出了新要求。

中国农业科学院作为中央级综合性农业科研机构，担负着全国农业重大基础与应用基础研究、前沿技术、关键技术和共性技术研究，以及事关全局的基础性科技工作等重大任务。面对新一轮科技革命和推进农业现代化的历史使命，中国农业科学院要致力于解决我国农业及农村经济发展中基础性、方向性、关键性的重大科技问题，发挥引领科技创新、支撑产业发展、培养科研人才、组织协同创新、国际合作交流、建设新型智库的作用，为推动我国农业科技率先跨入世界先进行列、实现创新驱动发展作出重要贡献。

（三）科技创新工程试点期成效与问题

2013年，为落实创新驱动发展战略和深化农业科技体制改革，在财政部、农业部的大力支持下，中国农业科学院启动实施了科技创新工程。科技创新工程实施以来，我院紧紧围绕国家重大产业需求和国际科学前沿，扎实推进各项工作，科技创新工程的引领效应、带动效应和撬动效应日益显现，取得了显著成效。体制机制再造激发了创新活力。以体制机制创新为重点，出台了一系列用人、考核、分配、激励政策，为科技创新工程实施提供了制度保障。岗位与能力挂钩，实行竞争上岗，建立动态调整、能进能出、能上能下的人员流动机制。绩效与任务挂钩，建立以促进科研产出和科技贡献为导向的绩效考核机制，强化过程监测和追踪问效。考核与分配挂钩，考核结果作为科研经费安排、支撑条件配置和个人薪酬分配的重要依据，使创新资源向创新能力强、创新效率高的创新单元倾斜，激发了创新活力。科研方向和目标更加聚焦。聚焦国际科学前沿和产业重大需求，对全院学科布局进行调整优化，初步建立起优势明显、特色突出、科学完整的三级学科体系，全院原有的 1 026个课题组，调整优化成 315 个科研团队。启动实施了南方稻米重金属污染综合防控、东北黑土地保护、华北地区地下水保护等协同创新行动，整合院内外科研力量，开展大联合大协作，集中解决生产实际问题。科研产出呈现增加趋势。科技创新能力显著增强，科研产出呈现持续增加的良好趋势，发表论文数量和质量出现了大幅增长，院创新工程试点以来，共发表科技论文 14 000余篇，在SCI、EI 收录期刊上发表论文 5 463篇，共获得国家奖 19 项，其中自然科学二等奖 1 项，技术发明二等奖 5 项，科技进步二等奖 13 项。省部级奖 154 项，其中一等奖 52 项，二等奖 67 项，三等奖 35 项。共获专利授权 2 993项，审定新品种 294 项，获得植物新品种权 78 项，新农药、兽药证书 45 个，软件著作权 874 项。产业支撑能力显著增强。开展了了水稻、玉米、小麦、大豆、油菜、棉花、马铃薯 7 种作物，奶牛、羊 2 种动物集成生产模式研究，2 000多名科技人员参与协作攻关，集成了一批实用技术与成果。几种作物增产平均超过 10%，最高达 44.7%，亩均增效 500 元，探索出了农业科技集成转化的新模式。人才团队建设成效显著。启动实施了“青年英才计划”，重点引进了一批具有国际视野的高水平学科带头人和创新人才。先后引进“青年英才计划”人才 154 名，其中 19 名担任了科研团队首席专家。全日制研究生招生规模近 1 000人，留学生规模再创新高，培养了一大批高水平农业科技人才。支撑保障更加有力。科技创新工程实施以来，实施实验室建设项目和试验基地建设项目 34 个，其中实验室建设项目 24 个，试验基地建设项目 10 个；17 个质检中心及风险评估实验室获得立项。国际合作交流不断深化。试点期，我院共与国际合作伙伴新签备忘录、协议等 74 项，初步搭建起我院国际合作网络体系，初步形成农业科技全球战略布局。构建了海外农业研究中心，服务“一带一路”国家战略。不断强化技术和产品“走出去”，禽流感疫苗、植物免疫蛋白质生物农药等产品海外市场不断拓展，棉花、生物防治技术、畜牧、沼气等方面的先进适用技术在非洲、亚洲等地区得以广泛推广。

3 年的试点积累了很好的经验和做法，为“十三五”全面推进科技创新工程实施创造了条件、打下了基础。但我们也要清醒地看到，与农业科技创新的需求相比，还存在一些问题和不足：学科体系需要进一步完善。部分学科对国家重大需求和世界科技前沿聚焦不够，优势不明显，核心竞争力不强，需要集成提升。统筹布局不够，新型交叉学科亟待拓展培育，迫切需要加强农业基因组学、都市农业、食物营养等前沿交叉学科建设，推动相关学科力量向西部地区布局。麻类、烟草等学科与产业发展脱节，需要进行深层次调整优化。人才团队建设需要进一步加强。领军人才总量偏少、年龄偏大，团队首席专家平均年龄超过50岁。人才分布不平衡，新兴学科和交叉学科人才匮乏。科研、管理、支撑和转化四支队伍发展不协调，管理、支撑和转化队伍建设滞后。研究生招生规模整体不足，作为重要科研力量的博士后队伍仅330人，规模小、力量弱。人员流动不畅，机制不健全。协同创新需要进一步强化。顶层设计不够，跨所、跨学科协同创新机制不健全，一定程度上还存在科技资源分散、封闭、重复等现象。条件平台分布碎片化，共享机制不健全，评估考核不到位。把握国际科技合作能力有待进一步提高，亟待提升国际科技合作的参与度和话语权。引领带动作用需进一步增强。组织协调全国农业科技联合攻关的手段不足、能力不强，"领头羊"作用尚未充分发挥。科研与生产结合不紧密，先进适用技术集成示范滞后，对当前农业"转方式、调结构"的引领支撑不够。

二、发展思路与目标

中国农业科学院要坚持"服务产业需求，瞄准国际前沿，引领农业科技创新，着力解决战略性、基础性、关键性科技问题，为保障国家粮食安全、资源安全、生态安全和农业农村经济可持续发展提供科技支撑"的办院方针，以实施科技创新工程为总抓手，努力提升自主创新能力和产业支撑能力，发挥改革排头兵、创新国家队、决策智囊团的作用，尽快把我院建成世界一流农业科研院所。

（一）定位与使命

科技创新工程要按照"顶天立地"的总体要求，以"服务产业重大科技需求、跃居世界农业科技高端"为使命，面向世界科技前沿，加快赶超引领步伐，在战略必争的基础前沿和新兴技术领域率先取得跨越；面向农业农村主战场，引领带动全国农业科技创新，解决一批制约产业发展的核心技术问题，支撑现代农业发展；面向国家科技体制改革，以机制创新推动体制变革，极大调动创新活力和创新潜力，促进全国农业科技创新体系建设发展。

（二）发展思路

"十三五"期间，以科技创新工程为统领，统筹推进人才团队和条件平台建设，强化国际合作交流，凝聚优势力量，整合资源配置，推进全面发展。按照产业链布置创新链，以科研团队为主体，形成纵向产业链条与横向共性技术相互衔接、相互支撑的农业科技创新网络体系。根据农业产业发展需求和国际科学前沿，立足发展定位和使命，加强顶层设计，突出特色和优势，调整优化学科体系，从找准问题入手，聚焦重点任务，采取稳定支持与竞争性经费相结合的方式，持续开展科技攻关，力争在重大基础科学前沿和共性关键技术方面取得突破。构建上下联动、相互协调、分工负责、责任明确的管理机制，强化绩效管理，发挥好绩效管理的引导、激励作用。

（三）发展目标

“十三五”期间，进一步深化农业科技体制机制创新，构建更加符合农业科研规律、更加高效配置科技资源的体制机制，突破一批制约农业生产的核心关键技术，加快农业科技成果转化应用，加强农业领域科技创新合作。具体目标如下。

建成世界一流科研院所。建立符合农业科技发展趋势和产业发展需求的学科体系，打造顶尖农业科技创新人才高地，建成高效开放的现代化条件平台体系。完善以问题为导向和稳定支持为特征的科研组织方式、以分类考核为核心的绩效管理机制、以科技资源高效利用为重点的共享机制和合理流动的用人机制，为农业科技体制改革探索新途径。

引领全国农业科技创新。建设好国家农业科技创新联盟，发挥中国农业科学院作为农业科技创新国家队的作用，积极承担国家重大科研任务，组织中央、省和地市三级优势科研力量，开展协同创新，强化联合攻关。

突破核心关键科技问题。农业领域共性关键技术与装备研究取得新突破，新兴交叉与前沿领域研究取得重大进展，占领国际农业科技制高点，解决制约农业农村经济可持续发展的技术瓶颈问题，产出一批具有重大应用价值和自主知识产权的科研成果，引领全国农业科技创新。

强力支撑现代农业发展。围绕主导产业发展，转化应用一大批新品种、新技术、新产品，构建农业绿色增产增效技术模式，把农业科技真正转化为现实生产力。建设新型农业智库，为政府宏观决策提供咨询建议，发挥决策支撑作用。

深化拓展国际合作交流。围绕“走出去”战略的实施，充分发挥国家级科研结构的主体作用，准确研判世界农业发展形势，强化农业领域科技创新合作，为统筹利用国际国内两个市场、两种资源提供技术支撑，增强我国全球农业资源配置能力。

三、创新能力提升

根据中国农业科学院三级学科体系，强化体制机制创新，调整优化学科布局，加强人才团队建设，完善科研平台条件，深化拓展国际合作空间，为科技创新工程实施提供强有力保障，提升中国农业科学院科技创新的支撑能力与水平。

（一）创新体制机制

体制机制创新是解决农业科技深层次矛盾的重要保障，也是科技创新工程的重要内容和任务。“十三五”期间，科技创新工程要继续在体制机制创新上下工夫，建立完善以科研团队为基础的运行机制，健全绩效管理机制，构建更加符合农业科研规律、更加高效配置资源的体制机制。

创新科研组织方式。建立完善以持续稳定支持为特征的科研组织方式，健全符合农业科技创新要求、责权利明确、层次分明、协作高效的运行管理模式。以问题为导向，以任务为统领，按照学科发展方向和科技创新需求，梳理问题，凝练任务，支持科研团队开展长期稳定科研攻关。

完善绩效管理机制。遵循农业科技创新规律，体现研究所和学科的特点与差异，优化评价程序，改进评价方法，注重评价实效，建立以创新任务、创新能力和发展潜力等为核心内容的评价考核体系，完善研究所评价与绩效考评协调统一的评价考核机制。实行绩效预算管理机制，经费保障水平与绩效考评结果、预算执行进度等因素直接挂钩。

构建协同创新机制。依托国家农业科技创新联盟，打破学科界限，整合院内外创新力量，加强协作与交流，优化资源配置，积极推进跨区域、跨部门、跨学科、跨所的协同创新行动，形成“上下贯通、左右联合、前后衔接”的协同创新机制，改“单兵作战”为“协同攻关”。

强化资源共享机制。按照科技创新工程实施的要求，研究制定资源共用共享运行管理办法，鼓励和支持研究所建立中心实验室、综合试验基地等平台，建立利益分配机制，构建开发、共享、协作的共享机制和服务模式，促进科技资源共享共用，提高资源利用效率。

创新人才流动机制。完善开放、竞争、流动的用人机制，按照岗位固定、人员流动、能上能下、能进能出的原则，依据绩效考评结果进行动态调整。要建立面向学科和产业发展需要的定向引进机制、以提升能力素质为核心的培养开发机制以及支持创新创业的投入保障机制。

（二）完善学科体系

适应现代农业与农业科技发展新形势、新特点和新需求，立足中国农业科学院三级学科体系，优化学科布局，强化、拓展、培育、调整学科方向，整合科研力量，建立更加符合农业科研发展规律和产业发展需求的科研团队。

强化优势特色学科。对于符合现代农业科技发展趋势、适应现代农业转型发展需求、体现我院优势特色的学科领域与研究方向，科技创新工程按照科研任务需求进行稳定支持，进一步强化学科优势和特色，推动各类科技资源集聚，提升学科核心竞争力。重点在作物种质资源与基因改良、农业生物安全、水稻生物学与遗传育种、预防兽医学、动物营养、棉花生物学与遗传育种、油料生物学与遗传育种、蔬菜生物技术与遗传育种、农业基因大数据等领域，参与国际竞争，提升国际竞争力和影响力。在农作物分子育种、动物营养、饲料生物技术、旱作节水农业、植物营养与肥料、耕地质量与土壤改良、农业气象与气候变化、农业环境生物工程、农业环境控制与修复、食品科学与工程、农产品质量安全、农业遥感、现代农业装备、农业大数据与云平台等领域，提升国内竞争力和影响力。

拓展新兴交叉学科。瞄准具有良好发展势头和前景的新兴交叉学科方向，拓展培育一批学科团队，重点扶持，促进发展壮大。重点培育农业基因组学、合成生物学、表观遗传学、生物信息学、都市农业、病原生态学、分子生态学、兽医免疫学、兽医公共卫生学、环境生物学、环境信息学、食品生物化学、食物营养学等研究方向；拓展全基因组选择育种、基因编辑与农业应用、草食动物营养调控、动物生物技术与繁殖、宠物疫病防控、兽药安全性评价、生物质能源、植物病虫害遥感监测预警、农业适应气候变化、沙漠农业、海外农业、智慧农业、乡村环境建设等技术创新方向；扶持生物传感器、农用纳米材料及投入品、新型绿色生物制剂、农业智能控制装备、功能食品等新产品创制方向。

调整优化学科布局。对产业布局发生转移的学科方向，要引导其与国家产业布局调整动态相适应，构建西部农业研究中心、海外农业研究中心等区域性研究平台，推动相关研究所重点学科方向的科研力量调整和转移。优化调整园艺、经济作物、畜牧、兽医、农业微生物、土壤肥料、农业水资源利用、农业生态、农业环境控制与修复、农业生物质利用等存在重复交叉的学科力量布局，明确相关研究所及团队的重点研发方向，对已有学科方向进行调整或合并，避免科技资源重复设置。根据发展需求和发展态势，调整麻类、烟草等与发展需求脱节、发展空间和潜力不大的学科方向。

（三）建设人才队伍

深入推进人才引育“双轮驱动”战略，建立一支高水平的科研、管理、支撑和转化人才队伍。加大人才引育力度，优化团队成员结构，建立“开放、流动、竞争、合作”的运行机制，打造一批在国际、国内和行业中具有重要影响力的卓越团队。

壮大科研队伍。围绕国家产业和学科发展战略需要，以创新工程重大科技任务为依托，在重点发展领域、新兴和交叉学科凝聚和培养一批急需紧缺科研团队首席专家，充分发挥首席专家在促进农业科技进步、带动中国农业科学院科研水平跨越式发展中的重要作用。大力实施“青年英才计划”科研英才引进和培育两大工程，不断创新青年人才引育模式，加大引进和扶持力度，为青年人才搭建创新舞台，在实践中大胆使用，形成一个关爱青年、鼓励青年成才、支持青年干事创业的良好环境，助推青年提升综合素质、早日脱颖而出。

扶持支撑队伍。大力实施“青年英才计划”支撑英才培育工程，培养稳定关键支撑人才，加大对技艺精湛、贡献突出的支撑人才的表彰奖励力度，提供与其贡献和价值相匹配的薪酬福利，制定科学合理的考核评价机制，打造适合支撑人才特点的职业发展通道。加强博士后和研究生队伍建设，院所两级多渠道扩大招收规模，努力提升培养质量，积极吸纳优秀博士后加入创新工程科研团队，对于业绩突出、品德优异的博士后和研究生，要优先保障留所工作。

建设转化队伍。大力实施“青年英才计划”转化英才培育工程，全面加快两个国家级技术转移平台建设，打造适合转化人才特点的职业发展通道，大力推动创新创业，鼓励拥有核心技术或自主知识产权的优秀人才创办科技型企业，探索建立人才离岗创业期间专业技术职务晋升、薪酬和社会保险等的配套政策。完善科技成果处置、收益分配制度，对在科技成果转化中做出重要贡献的人才给予奖励，提高从事技术转移和服务推广人才的专业素养和经营能力。

培养管理队伍。大力实施“青年英才计划”管理英才培育工程，组织开展有针对性的境内外管理人才培训，进一步提高思想政治素质和领导科技创新的能力，拓宽管理人才职业发展通道，加强优秀年轻干部、后备干部选拔和培养，进一步加大管理人员的轮岗交流以及院、所两级管理人员双向挂职培养力度，建立一支由战略科学家、党政管理专家和优秀科技骨干组成的，具有现代科学素质、创新意识和战略眼光的复合型管理人才队伍。

打造教育平台。实施人才教育工程，坚持以全日制研究生教育为主体，专业学位教育和留学生教育为两翼的“一体两翼”发展思路，努力把研究生院建设成为高层次、研究型、国际化、有特色的国内一流、国际知名的培养和造就高层次农业科技人才的基地。依托中国农业科学院研究生院，共同打造高水平研究生教育大平台；优化学科专业结构，扶植新兴、交叉、边缘学科；培养、引进、聘任等多种途径相结合，加强师资队伍建设。促进博士后队伍建设，发挥博士后在支撑我院科技事业发展中的重要作用。积极拓宽博士后招收渠道，吸引优秀博士毕业生进站，扩大博士后队伍规模。

（四）提升科技平台

根据科技创新工程实施的需求，系统推进重点实验室和野外试验基地（野外试验台站）建设工作，建立覆盖不同农业主产区和典型生态环境区域的条件平台网络，为实现跨越式发展和农业科技“顶天立地”提供有力支撑与保障。

实验室建设。围绕国家农业重大需求和我院基础学科发展优势，强化提升国家、省部和院3级实验室建设，提升科研创新支撑能力。推进国家重点实验室体系建设，重点加强植物病虫害生物学、兽医生物技术、水稻生物学、动物营养学、家畜疫病病原生物学、棉花生物学6个现有国家重点实验室建设，推动作物基因资源与分子育种、蔬菜生物学、油料作物生物学等国家重点实验室立项建设。建设完善中国农业科学院农业部重点实验室体系，重点在果树生物学与种质创制、家禽遗传育种与繁殖、草业科学与草原生态、特种经济作物生物学与遗传育种等领域，筹建一批农业部综合性实验室；在农业基因大数据、玉米种质改良与创新、耕地质量等领域筹建一批农业部专业性实验室。着力提升院级重点实验室综合实力，重点推进5~10个实验室升级为部级重点实验室，探索大型科研仪器设备共享共用的途径和机制。

野外试验基地建设。加快打造试验示范、观测监测、中试转化、南繁北繁、集成展示五大基地体系，大力提升支撑科技创新和产业发展需要的能力。以科学试验为主，重点筹建黑龙江哈尔滨、甘肃张掖、新疆库尔勒、山东齐河等综合基地，河北张北马铃薯、长江上游油料等专业基地，形成布局科学、结构合理的试验示范基地体系。以科学观测为主，筹建内蒙古①呼伦贝尔等综合基地，湖南湘潭产地环境、新疆塔里木盐碱治理等专业基地，形成覆盖农业主产区、典型生态区和特殊功能区的观测监测基地体系（长期定位观测台站体系）。以中试转化为主，完善北京南口等综合基地，新建安徽合肥农产品加工等专业基地，形成适应研发需要的中试转化基地体系。以加代繁育为主，建设海南三亚、陵水等南繁综合基地，河北沽源小麦、青海平安油菜等北繁专业基地，形成重点突出、支撑有力的南繁北繁基地体系。以技术示范为主，建设山东武城、安徽宿州等示范基地，形成覆盖重要农产品生产区、代表性生态区、特殊功能区和老少边穷片区的集成展示基地体系。

（五）拓展国际合作

把握世界农业科技发展趋势，围绕学科建设，加强智力、技术的引进，推动农业科技“走出去”，强化科技资源战略储备。

一是加快农业科技全球布局。通过调整、拓展、合并、联合共建等方式，逐步在美国、英国、法国等农业科技发达国家，聚焦合作发展潜力大的顶尖科研机构，有计划再建 3~5 个海外农业科学联合实验室，增强在生物防控、农业生物技术、畜牧兽医、农业环境等领域的创新能力，完善农业科技全球布局。在埃塞俄比亚、埃及等非洲国家，在阿根廷、秘鲁等拉美国家建立农业技术实验示范基地，集中展示我国先进的农业技术；在哈萨克斯坦、吉尔吉斯斯坦、泰国等“一带一路”沿线国家和地区优先开展在动植物疫病防控、作物基因挖掘、水稻种植、蔬菜园艺、农业大数据、农业质量标准、旱地农业等领域的科技创新合作。

二是加强与国际科研计划对接。在重大前瞻技术、产业核心关键技术、区域发展瓶颈问题关键技术等方面，推动与国际农业研究磋商组织、比尔和梅琳达·盖茨基金会等农业领域国际科技组织合作，对接欧盟地平线 2020 计划，支持中英科学创新基金（牛顿基金）、澳大利亚联邦科工组织旗舰计划等农业领域的合作，提高国外先进关键技术的引进、消化和吸收力度，增强前沿技术储备能力，提升技术自主创新水平和产业支撑能力。

三是加强高层次人才交流。充分利用我院与国外知名合作伙伴之间签订的合作协议、国际合作项目、国际组织定向捐款等渠道，选派优秀中青年科学家到国外一流农业

① 内蒙古自治区，全书简称内蒙古

科研机构（大学）培训学习，提升关键领域的科研水平；进一步加强海外智力引进与交流，有重点地吸引和资助优秀海外学者和外国科学家来中国农业科学院开展合作交流。

（六）推动成果转化

根据中国农业科学院科技成果转化和产业发展的特点，加强构建科学完善的成果转化、产业发展和知识产权管理运行体系，促进科技成果的转化，创造经济社会效益。

健全成果转化机制。搭建知识产权和成果转移转化平台，建好全国农业科技成果转移服务中心和国家种业科技成果产权交易中心。完善政策，调整考评指标，出台鼓励创新、促进转化的相关改革试点办法并建立科技人员创新创业的激励和保护制度，完善科技成果、知识产权归属和利益分享机制。强化知识产权保护，探索建立知识产权促进保护基金。

强化成果集成转化。整合全院和全国有关兄弟单位的成果、人才、平台等资源条件，形成协同创新与技术集成转化机制，建立一支稳定的专家队伍，建成一批固定的示范基地，用科技创新推动科技成果转化，形成服务政府决策、服务协同创新、服务成果转化的攻关网络体系，探索不同地区农业生产瓶颈问题的最优化解决方案，构建科学、可复制的综合技术生产模式，为农业绿色增产增效提供技术保障。

做大做强科技产业。加强科技产业的重组与整合，重点培育兽用生物制品及兽药、种子种苗、农化服务、特色农产品等支柱产业，形成竞争优势明显的产业集团。加强社会优势资源的合作，增强创新驱动发展的新动力，着力构建我院科技产业发展的新体系。以科技企业为主体，加快建立现代企业制度，完善法人治理结构，搭建科技成果中试孵化、自主转化的平台，提升科技创新效率和成果转化效益。

四、重点科技任务

“十三五”期间，按照国际科学前沿和产业发展需求，梳理凝练出科技创新工程 19 项重点科技任务，以任务为基础，稳定支持科研团队开展持续科技攻关，对跨学科、跨领域的重大问题，组织多个科研团队开展协同创新，力争取得突破和提升。

（一）农作物定向设计育种

农作物品种是保障粮食安全的重要基础。当前我国农业缺乏优质、高产、专用的农作物新品种，充分发挥我国丰富的种质资源优势，开展定向设计培育农作物品种，对加快推进我国种业科技发展具有重大意义。

预期目标：“十三五”期间，按照任务需求引进培养集聚一批杰出作物育种科研人才，建设具有国际影响力的科研团队，建成配套高效、开放共享的现代化高水平实验室和试验基地，建立优势互补的国际合作交流机制，打造国际顶尖作物育种创新高地。精准鉴定和深度挖掘一批核心种质，培育一批优质、高产、多抗、适宜机械化、轻简化栽培和资源高效利用的粮食作物、经济作物突破性重大新品种，强力支撑国家粮食安全和主要农产品有效供给。

重点任务：农业生物种质资源创新。重点开展农业生物种质资源系统调查与抢救性收集、安全保存、精准鉴定与深度发掘、种质资源创新与利用。粮食作物遗传育种。重点开展水稻、小麦、玉米等粮食作物重要性状形成的分子基础解析与应用、育种新技术新方法研发与新材料创制、C_4 生物合成途径利用与高光效育种、重大品种创制与示范。

参加单位：作科所、水稻所、棉花所、油料所、特产所、蜜蜂所、生物所、郑果所、草原所、烟草所、资划所 11 个研究所 50 个科研团队。

（二）园艺作物定向设计育种

园艺是我国农村经济的支柱产业。当前，我国园艺作物种质资源丰富度、保存与评价、原始创新与国外发达国家存在较大差距。利用我国丰富的园艺种质资源优势，开展定向设计培育新品种，发展园艺产业对促进我国农村经济健康可持续发展意义重大。

预期目标：“十三五”期间，根据我国从事园艺作物的劳动力显著减少、人们生活水平普遍改善、园艺作物规模化生产迅速扩大、园艺产品商品化水平大幅度提高等现状，解析园艺作物产量、品质和抗性等重要园艺性状的遗传基础和调控机制，挖掘一批园艺作物重要基因，突破一批制约我国园艺产业发展的核心关键技术，创造一批优良的育种材料和骨干亲本。通过定向育种，培育一批高品质园艺作物的品种、抗病园艺作物的品种、抗逆境的园艺作物品种、适宜轻简化栽培和（或）资源高效利用的园艺作物新品种。提高我国园艺种业竞争力，满足我国园艺产业持续发展的需求。

重点任务：开展园艺作物产量、品质和抗性相关重要园艺性状的遗传基础研究、基因功能、遗传调控网络解析研究；建立高效定向育种技术体系，包括全基因组分子设计育种技术和细胞工程育种技术体系；创新种质资源和骨干亲本；定向培育一批优质、抗病、抗逆、适宜轻简化栽培和（或）资源高效利用的园艺作物新品种。重点开展四大科技创新任务：一是果树品种定向改良；二是蔬菜作物品种定向改良；三是花卉作物品种定向改良；四是茶叶、人参特色园艺作物品种定向改良。

参加单位：蔬菜所、茶叶所、特产所、麻类所、果树所、郑果所 6 个研究所 23 个科研团队。

（三）动物新品种国产化选育

我国畜禽良种对生产的贡献率超过 40%，尽管畜禽遗传资源丰富，但先进育种技术的研发和应用存在较大差距，育种组织化程度和效率低，主要畜禽品种长期依靠进口，不仅丧失品种主导权，花费大量外汇，而且还存在“引进”外来疫病风险。

预期目标：“十三五”期间，按照任务需求引进培养集聚一批杰出动物育种科研人才，建设国内领先的科研团队，建成配套高效、开放共享的现代化高水平实验室和试验基地，建立优势互补的国际合作交流机制，打造国内一流动物育种创新高地。突破一批具有重要育种价值的功能基因，构建主要畜禽核心种群品种资源库和表型库，培育优良畜禽品种或配套系，推进动物品种国产化，掌握“主导权”。

重点任务：动物种质资源创新。重点开展动物种质资源系统调查与抢救性收集、安全保存、精准鉴定与深度挖掘、种质资源创新与利用。动物重要经济性状遗传机理研究。开展猪、牛、羊、禽、牦牛、蜂等生长发育、肉质、繁殖、饲料转化效率等重要性状的基因发掘，筛选和鉴定具有显著效应的基因和蛋白。动物高效扩繁技术研究。重点研究动物繁殖性状分子基础与早期胚胎发育调控技术，构建牛、羊超早期排卵、体外受精及动物胚胎高效生产和移植配套技术，为动物高效扩繁提供理论依据。动物新品种培育。在医用和农用两个层次上开展基因工程猪创制、评价及专门化品系培育。建立猪、牛、禽等动物育种数据库，完善包括基因选择在内的遗传评估系统的育种平台和遗传评估系统，培育肉牛、猪、禽、羊、牦牛、抗螨蜜蜂等动物新品种。

参加单位：牧医所、兰州牧药所、特产所、蜜蜂所 4 个研究所 11 个科研团队。

（四）农作物病虫草害绿色精准防控

我国原生性生物灾害频繁爆发，一些长期控制的有害生物死灰复燃，危险性外来有害生物入侵所造成的生物灾害问题不断凸显，经济损失巨大，对我国农业增产增效和保障粮食安全造成不利影响，亟须开展农作物病虫草害绿色精准防控。

预期目标：“十三五”期间，按照任务需求引进培养集聚一批杰出植保科研人才，建设具有国际影响力的科研团队，建成配套高效、开放共享的现代化高水平实验室和试验基地，建立优势互补的国际合作交流机制，打造国际顶尖植物保护科技创新高地。揭示农业重大有害生物灾变机制，突破农业重大生物灾害监测预警技术，创制新型农药，研制粮食、棉花、油料、蔬菜、果树等主要农作物病虫草害的精准施药技术，构建病虫草害精准防控技术体系，为绿色发展提供技术支撑。

重点任务：农业重大有害生物灾变规律与机制研究。针对种植新模式及气候演变特征下有害生物种类演变、发生动态、成灾规律及其机理开展研究。农业重大生物灾害监测预警技术研究。重点开展重要农业有害生物早期检测、远程监测和预警技术研究，实现监测预警信息化。植物生物灾害绿色防控关键技术研究。开展农作物有害生物绿色防控技术研究。开展植物有害生物基因调控、生态调控、生物防治、抗药性治理、物理防治、农业措施等绿色防控关键技术集成与示范。农药创制与应用。重点研发现代农药创制技术，研制高效低风险绿色农药；研究高效施药新技术，构建完整的农药减量施药体系；研究农药安全应用的理论、方法和技术，构建农药安全应用体系。爆发性植物生物灾害防控技术研究。重点开展黄龙病、稻瘟病、病毒病、稻飞虱、赤霉病等爆发性植物生物灾害防控技术研究，遏制其扩散和蔓延。

参加单位：植保所、蔬菜所、果树所、郑果所、水稻所、棉花所、茶叶所、烟草所、草原所、油料所、麻类所、环保所、蜜蜂所、生物所 14 个研究所 35 个科研团队。

（五）重大动物疫病快速诊断与防控

当前，国内外动物疫情形势十分复杂，口蹄疫、禽流感等重大疫病危害依然严峻，人兽共患病危害持续增加，非洲猪瘟等外来病传入风险持续升高，迫切需要开展重大动物疫病、人兽共患病和外来病的快速诊断和防控。

预期目标：“十三五”期间，按照任务需求引进培养集聚一批杰出动物疫病防控科研人才，建设具有国际领先水平的科研团队，建成国际一流实验室和试验基地，持续引领国际动物疫病防控科技创新。创制新型疫苗、兽药，研发动物疫病快速鉴别诊断技术，解析病原感染、致病与机体免疫应答机制，建立疫病综合防控与净化技术，切实保障公共卫生安全和人类健康。

重点任务：动物疫病防控。加强重大动物疫病、新发传染病与烈性外来病流行机制研究及新型防控技术创制。重点开展动物主要疫病流行病学及其风险评估；研究动物主要病原变异及致病分子机制；开展动物用新型生物防控制剂创制及应用，建立疫病综合防控净化技术及集成应用。兽药与中兽医研发。创制新型化学药物、天然药物和生物药物原料药及其新制剂，开展兽药精准化防病技术研究开发和临床推广应用；研究兽药的作用机制、病原耐药机制以及兽药残留、食品安全和公共卫生安全的科学评价；开展中兽药抗病网络药理学、针灸治疗动物疾病的机制研究。人兽共患病与公共卫生安全防控。重点揭示重要人兽共患病发病机制、流行机制及其跨种感染传播机制，开展人兽共患病防控关键技术创制、产品研发及推广应用。动物病原致病与免疫机制研究。重点开展动物病原生物学、致病机制与免疫基础、动物免疫系统分子识别机制和天然免疫机制、动物病原的免疫逃逸机制等研究。重要动物常见病诊断技术研究。重点开展动物繁殖、消化、呼吸系统疫病、营养代谢病和肢蹄病等常见病的新型诊断技术研究，用于疾病的快速诊断、检测与监测。

参加单位：哈尔滨兽医所、牧医所、兰州兽医所、兰州牧药所、上海兽医所、特产所、蜜蜂所、生物所、饲料所 9 个研究所 45 个科研团队。

（六）农业资源高效循环利用

农业资源是农业生产的重要物质基础。我国水、土资源配置失衡，一方面存在短缺的矛盾，另一方面资源利用效率不高，制约农业健康持续发展。

预期目标："十三五"期间，按照任务需求引进培养集聚一批农业资源领域杰出科研人才，建设具有国内领先水平的科研团队，建成配套高效、开放共享的现代化高水平实验室和试验基地，建立优势互补的国际合作交流机制，打造国内领先的科技创新高地。突破节水、节地等共性关键技术，明显提高水资源利用效率，有效保护东北黑土地、南方红壤等耕地资源，大幅度提高畜禽粪便、农作物秸秆等农业废弃物资源化利用率，为农业可持续发展提供基础保障。

重点任务：水土资源高效利用。重点开展耕地质量提升机理与技术产品研发、农田水资源高效利用的过程与技术产品研发、农业资源的优化布局和承载力预测，保护和培育东北黑土地、南方红壤等耕地资源，提升华北地区等重点区域水资源利用效率。农业废弃物资源化利用创新。重点开展污水和沼液处理利用过程中元素转化规律和微生物响应机制、秸秆资源定量评价、地膜覆盖功能与气候条件及农作物种类相关性、高效降解抗营养因子的特异微生物选育研究，研发适宜的农村生活废弃物分散处理技术工艺和成套装置。农业应对气候变化创新。重点开展温室气体排放对环境因素、管理措施、作物和水产品种类的响应机制研究，主要作物对气候平均趋势变化及气候极端事件和环境要素变化的生理学、遗传学响应机理研究，利用多源异构数据融合与同化方法，构建不同时空尺度下主要农业气象灾害诊断、监测、损失评估的指标、方法与模型研究。养分资源高效利用。重点开展肥料养分损失阻控与高效利用、多尺度肥料养分推荐方法、化肥施用限量标准研究，新型高效肥料创制，农业智能化肥技术与装备研发。生物质能源开发利用创新。重点开展生物质资源可持续供应及生物质能源发展模式研究、农业生物质资源沼气化利用及工程示范、农业生物质资源燃料乙醇及生物炼制关键技术研究、农业生物质资源生物柴油化利用研究。农业新材料创新。重点研究农业物料纳米结构化关键制备技术，以及纳米材料在杀虫剂、杀菌剂、除草剂、兽药、疫苗、饲料添加剂和农业环境功能材料等方面的应用技术和化肥纳米载体智能控释技术。现代循环农业关键技术创新。研发适合我国不同生态区、不同生产区的富有区域典型资源高效利用现代循环农业关键技术与模式；构建现代循环农业技术评价指标体系，研究不同循环农业模式内在生态系统，确保农业生态安全和农产品质量安全。

参加单位：环发所、资划所、环保所、沼科所、灌溉所、油料所、水稻所、植保所、茶叶所、农机化所、作科所、生物所、农经所、兰州牧药所、哈尔滨兽医所、饲料所 16 个研究所 35 个科研团队。

（七）典型区域农业环境污染防控

近年来，我国农业环境污染问题日益突出，农产品产地重金属污染越来越受到关注和重视，重点流域农业面源污染成为水体富营养化的重要原因之一，对农业环境保护技术研究提出了更高要求。

预期目标："十三五"期间，按照任务需求引进培养集聚一批杰出农业环境保护科研人才，建设具有国内领先水平的科研团队，建成配套高效、开放共享的现代化高水平实验室和试验基地，建立优势互补的国际合作交流机制，打造国内领先的农业环境保护科技创新高地。研发适合农产品产地环境重金属污染的全程防控技术体系，争取重点地区重金属污染得到有效遏制。大幅提升农业面源污染监测预警与综合防控能力，有效控制三峡库区、丹江口库区、洱海流域等重点区域农业面源污染。

重点任务：农田环境外源污染防控技术研究。重点开展农田环境污染监测、评估与预警技术，农田外源污染物迁移机理与阻控技术研究与示范，典型污染农田生态恢复与功能提升共性技术研究。农业面源污染防控技术研究。重点开展典型流域水质水量及土壤侵蚀驱动的氮磷污染物水平迁移变化的动态监测、农业面源污染入湖负荷定量评价、水体面源污染物来源追溯、农业面源污染关键控制源区识别研究、流域尺度环境承载能力研究、坡耕地径流污染控制、稻田湿地强化、养殖场改造与粪污减量、农业废弃物收集与资源化利用、农村垃圾与污水处理、区域面源污水生态净化等方面的技术、产品和装备研发。重金属污染综合防治技术研究。针对不同区域、不同污染程度开展农田重金属镉污染特征与迁转规律、积累生理及分子机理，选育重金属低积累新品种；研究重金属污染机理，研发新型土壤重金属钝化剂和重金属积累调控剂，创建全新的土壤修复技术，综合农艺措施开发重金属镉污染综合防控技术；研发重金属镉污染末端治理技术。建立低成本、可复制、易推广的镉污染全产业链的综合防控技术体系。

参加单位：环保所、资划所、环发所、水稻所、灌溉所、加工所、麻类所、棉花所、生物所、饲料所 10 个研究所 24 个科研团队。

（八）农产品质量安全监测预警与全程控制

随着人们生活水平的不断提高，吃得好、吃得安全、吃得健康成为消费趋势，农产品质量安全受到普遍关注。加强农产品质量监测预警与全程控制技术研究，对提高和保障农产品质量安全具有重要意义。以任务需求为依据，引进培养急需科研人才，优化科研团队；有效对接创新任务与科研平台，完善实验室和试验基地等科研设施；坚持优势互补，有针对性开展国际合作交流，提升科技创新能力。

预期目标："十三五"期间，按照任务需求引进培养集聚一批优秀科研人才，建设具有国内影响力的科研团队，建成配套高效、开放共享的现代化高水平实验室和试验基地，建立优势互补的国际合作交流机制，打造国内一流的科技创新高地。突破农产品质量标准与监测关键技术，形成一批快速检测精准技术和标准体系，创新农产品质量风险评估与预警理论与方法，提升农产品质量安全，保障广大人民群众身体健康和生命安全。

重点任务：农业质量标准与检测技术创新。重点开展新型高效样品前处理与快速检测技术、农产品中未知污染物筛查及识别分析技术、农产品精准溯源分析与真伪鉴别技术、农产品质量安全重要基体标准物质和标准检测方法等研究。农产品质量安全与风险评估创新。重点开展危害因子迁移、转化及代谢规律、危害因子毒性机理及毒性评价、关键危害因子风险评估及预警技术等研究。

参加单位：质标所、水稻所、棉花所、油料所、茶叶所、环保所、烟草所、果树所、郑果所、作科所、牧医所、蜜蜂所、蔬菜所、环发所、饲料所 15 个研究所 18 个科研团队。

（九）农业智能化设施装备研制

农业设施装备是农业现代化的物质基础和主要标志。当前，我国农业设施装备关键部件技术水平，整机系统的配套性、可靠性、稳定性及智能化水平不能满足现代农业建设要求，滞后国际先进水平，急需加大研发力度，提高劳动生产率、资源利用率和土地产出率。

预期目标："十三五"期间，按照任务需求引进培养集聚一批优秀农机装备科研人才，建设具有国内影响力的科研团队，建成配套高效、开放共享的现代化高水平实验室和试验基地，建立优势互补的国际合作交流机制，打造国内一流的科技创新高地。突破一批大宗农作物关键环节、薄弱区域的机械化作业技术，创制一批农业生产急需的重大设施装备。突破一批制约产业发展的重大共性技术，显著提升农业设施装备可靠性及作业智能化水平。加快农产品及传统食品加工装备及工艺研发，显著提升加工水平。加大灌溉排水理论与设备技术研究，显著提升农田灌溉水利用水平。

重点任务：农业机械化装备技术研究。重点开展水稻、油菜、棉花、花生、大豆、大宗蔬菜栽植与收获等薄弱环节机械化装备技术研究；高效、智能化和多功能耕种、农业航空施药及收获等技术研究及装备优化；农机化发展模式研究及高性能农机装备集成示范，推进农机农艺高效融合。农业机械共性技术研究。重点开展材料强度、硬度、耐磨性等对农业机械性能及稳定性影响，收获机械减损机理等研究；通用底盘、不同作物脱粒分离和清选、随行限深、自动对行等共性技术研究；大数据、信息技术在农业设施装备上应用的精准农业装备技术研究等。农产品加工技术装备研究。重点开展加工原料营养物质基础与功能评价、加工过程中品质形成与调控机理、农产品初加工重大关键共性技术、农产品加工过程中有害物形成与绿色防控技术、中式传统食品工程化技术与装备研究等。农业灌排技术与装备研究。重点研究高效用水过程控制、水资源优化配置、节水高效灌排等关键技术，研发高效的灌排新装备、节水设备以及灌区自动化管理设施。

参加单位：农机化所、加工所、灌溉所、茶叶所、麻类所、油料所、果树所、郑果所、蜜蜂所、棉花所、特产所、烟草所、资划所、饲料所 14 个研究所 43 个科研团队。

（十）农业生物组学创新与应用

生物组学是当前生物学研究的前沿领域，是生物学研究由“点”到“面”再到“系统”的转变，将会给生物产业带来颠覆式创新。加强农业生物组学研究将有助于我国抢占农业科技制高点，为未来农业的发展提供源头变革技术。

预期目标：“十三五”期间，按照任务需求引进培养集聚一批杰出生物技术领域科研人才，建设具有国际领先水平的科研团队，建成世界一流的实验室和试验基地，建立优势互补的国际合作交流机制，打造国际顶尖生物技术创新高地。突破农业生物基因组的新方法与新技术，开展农业生物重要农艺性状遗传机理与调控网络研究，建立农业生物全基因组设计育种体系，开展动植物健康的基因组学研究，开展农业代谢组学和合成生物学研究，抢占生物技术科技制高点。

重点任务：农业生物组学技术体系。集成农业生物组学相关技术，构建生物组学技术体系，主要包括复杂基因组拼接技术、单细胞及染色体测序技术、全基因组关联分析、基因组编辑技术、转录组与表观组学、蛋白组学技术、代谢组学技术等相关内容。农作物基因大数据的分析与利用。收集农业组学研究中产生的农业生物大数据，构建农业生物大数据库，开展各种农业生物变异及进化研究。主要包括对重要农作物完成参照基因组图谱的完善和构建、注释、转录组分析，在此基础上通过大规模群体资源的变异组学研究，挖掘主要农作物优异种质资源形成和演化的规律。农业生物功能基因组分析。针对主要农业生物开展功能基因组研究，为未来的全基因组设计育种奠定基础。包括水稻种质功能基因组分析、玉米功能基因组分析、马铃薯功能基因组分析、棉花功能基因组分析、油料作物功能基因组分析、猪功能基因组分析、特种经济动物功能基因组分析、特种经济作物功能基因组分析等。农业合成生物学技术。集成组学相关方法与数据，开展合成生物学研究。主要包括智能抗逆元件人工设计与应用、氮高效模块人工设计与应用、次生代谢物组合合成与应用、生物质转化系统的智能设计与应用等。

参加单位：深圳基因组所、生物所、作科所、蔬菜所、植保所、棉花所、水稻所、茶叶所、油料所、烟草所、牧医所、蜜蜂所、特产所、果树所、郑果所、饲料所、麻类所 17 个研究所 40 个科研团队。

（十一）农产品功能提升与梯次加工

我国居民膳食结构呈现多样化发展趋势和特点，但农产品梯次加工研究滞后、功能性开发不足，迫切需要开展农产品功能提升和梯次加工技术研究，满足市场多样化需求。

预期目标：“十三五”期间，按照任务需求引进培养集聚一批杰出农产品加工领域科研人才，建设具有国内领先水平的科研团队，建成配套高效、开放共享的现代化高水平的实验室和试验基地，建立优势互补的国际合作交流机制，打造国内领先的科技创新高地。揭示主要农产品和特色农产品营养功能与效用机理，构建主要农产品营养功能评价体系，开发新型功能性食品，研发农产品梯次加工技术装备，满足广大居民膳食多样化需求。

重点任务：主要农产品营养品质与功能研究。重点开展食物供需安全与营养平衡的中长期发展战略、食物营养、消费和生产一体化协调发展、主要农产品营养品质分析与功能、食物营养功能与人体健康效用、农产品营养功能评价等研究。功能性食品开发利用。重点解决以药用植物、特色浆果、杂粮等为代表的功能性作物种质资源保护、综合评价、深度挖掘、开发利用以及新品种选育，开展功能性作物栽培生理学和作物生理，功能性作物产品加工贮藏，药用植物、特色果树、杂粮等功能性作物的加工特性、营养与功能成分等研究。农产品加工原料营养物质基础与功能评价。研究加工原料功能特性，构建品种加工适宜性评价体系。农产品加工品质与调控技术研究。研究大宗农产品和特色农产品加工色泽、风味、品质形成及营养保持机理，加工中有害物形成与绿色防控技术。传统中式食品品质机理及技工技术创新。对传统中式食品加工工艺进行挖掘、解析、创新，研究其品质与风味形成机理，研制关键技术装备。农产品储运关键技术研究。开展鲜活农产品无损分级和快速预冷、减菌化处理，综合保鲜储运技术研究。主要农产品生物强化研究。研究微量营养元素和相关抗营养因子的调控机理，创新富含各种营养元素的优异育种材料与新品种。

参加单位：加工所、食物与营养所、油料所、果树所、郑果所、蜜蜂所、茶叶所、棉花所、麻类所、特产所、烟草所、作科所、生物所、饲料所 14 个研究所 25 个科研团队。

（十二）农业大数据挖掘应用

农业信息化是现代农业的重要特征，充分挖掘和高效利用农业大数据，实现农业信息高效利用，对推进农业信息化、智能化发展具有重要意义。

预期目标：“十三五”期间，按照任务需求引进培养集聚一批优秀信息化领域科研人才，建设具有国内一流水平的科研团队，建成配套高效、开放共享的实验室，建立优势互补的国际合作交流机制。构建农业监测预警全息化理论方法，开发农业大数据挖掘分析新技术，建立监测预警体系和智能决策服务系统，完善农情诊断和预报大数据平台，推进农业智能化、信息化建设。

重点任务：农业监测预警全息化理论方法研究。开展农业信息监测预警，研制农业信息“速采”设备，构建农产品智能化监测预警复杂系统。农业生产信息化管理技术。开展作物生长环境信息自动化获取与智能管理技术、作物模拟模型与虚拟设计技术、作物生产智能控制模组技术和农业生产管理的智能感知与大数据分析技术研究，建设生态平衡施肥指标体系与信息化平台，构建农业生产管理智能决策服务系统。农情诊断预报技术研究。探索复杂环境下高分辨率遥感成像与认知机理，开展基于国产高分卫星和物联网的农作物遥感监测技术、基于航拍数字图像的作物长势信息快速获取技术、基于空地大数据的“作物一张图”研制关键技术、草地遥感前沿方法与监测技术、全球变化背景下草地资源诊断与管理技术研究，建设农情诊断和预报大数据平台。农业数据信息挖掘技术。研究农业科技信息资源聚合与知识关联技术，突破农业学科领域知识挖掘分析技术瓶颈。

参加单位：信息所、资划所、环保所、棉花所、环发所 5 个研究所 13 个科研团队。

（十三）全球农业信息资源挖掘利用

当前，支撑我国农业“走出去”战略的信息碎片化、片面化、零散化，缺乏有效的信息支撑，迫切需要收集挖掘利用全球农业信息资源。

预期目标：“十三五”期间，按照任务需求引进培养集聚一批优秀科研人才，建设结构合理、潜力突出的科研团队，建成配套高效、开放共享的实验室，建立灵活高效的国际合作交流机制。及时掌握国际农业发展新动向、新趋势，构建起系统全面准确反映全球农业信息的服务平台，提升预测预判能力，增强农业“走出去”的信息支撑水平。

重点任务：全球农情信息监测。开展国内外遥感卫星的影像数据分析研究，提升农情信息监测和智能分析水平，获取国内外农作物生产的重要信息，构建农情信息数据共享平台。全球农业数据信息挖掘。收集分析全球农业资源状况、政策环境、农业生产、市场贸易、社会条件等数据信息。全球农业发展趋势研判。及时跟踪世界农业发展的新动态、新趋势，开展不同国家不同区域农业发展的预测预判研究，发布农业发展预测展望报告，研判国际农产品市场变化趋势。农业全球化战略研究。围绕国家战略目标和形势发展需求，研究我国农业现代化和全球化发展的战略途径，打造全面服务于新时期国家海外战略的高端智库。农业科技“走出去”战略研究。系统研究农业“走出去”的相关国家科技需求，根据国外农业产业动态提出我国农业产业结构布局的建议和相应的政策建议。

参加单位：34 个研究所的相关科研团队。

（十四）转型期农业发展政策研究

新时期，面对“转方式、调结构”的新任务，农业发展如何适应新常态、新变化，实现稳粮增收、提质增效的新目标，应对日益激烈的国际农产品市场竞争形势，迫切需要开展相关政策研究，为政府提供政策咨询服务。

预期目标：“十三五”期间，按照任务需求引进培养集聚优秀科研人才，建立优势互补的国际合作交流机制，打造农业农村经济新型智库。建立适应“转方式、调结构”发展需求的农业经济和政策理论体系，为国家粮食安全、农业产业发展、农业贸易等提供理论支撑和政策建议，切实发挥决策智囊团的作用。

重点任务：产业经济与政策研究。研究新时期我国种养业的发展特征和发展规律，产业链及产业组织变化特征和规律，研究产业发展政策、粮食安全与食物安全战略。农业技术经济评价理论与方法创新。探索中国特色农业现代化发展理论和评价体系，开展农业技术经济政策评估研究。农产品市场与贸易研究。探索国内外市场的联动关系及相互影响机制，跟踪国际农业发展趋势与政策，开展国内外主要农产品市场调控与预警机制研究。农村发展与政策研究。探索农村经济体制、农村财政、金融与保险等相关机制，开展农业资源保护、环境治理和生态保育方面的长效机制等相关研究。农业科技政策研究。探索适应现代农业发展需求和农业科研规律的科研组织方式，开展新型农业科研管理模式、考核评价方式研究。

参加单位：农经所、资划所、食物营养所、水稻所、草原所、沼科所 6 个研究所 12 个科研团队。

（十五）种植业绿色增产增效技术集成创新

当前，我国农业正在经历从生产要素驱动向创新驱动的重大转变，围绕农业部“一控二减三基本”的总体目标，重点开展农作物绿色增产增效技术集成创新研究，对推动我国农业科技体制创新和现代农业发展具有重要意义。

预期目标：“十三五”期间，按照任务需求引进培养集聚一批优秀科研和转化人才，建成布局合理、特色鲜明的实验室和试验示范基地。筛选一批稳产和抗逆能力强、适应不同生产加工要求的主要粮食和经济作物品种；研发一批轻简化栽培、农药化肥高效施用、机械化收获、秸秆还田等高效产中技术；建立一批以全程机械化为核心的农作物绿色增产增效生产模式，为稳粮增收提供技术保障。

重点任务：粮食作物绿色增产增效技术集成创新。水稻绿色增产增效技术集成创新，重点开展轻简化减肥减药绿色生态稻作技术集成研究；攻克杂交稻及连作晚稻绿色增产增效等关键共性技术，研发配套机械化生产装备；加强水稻抗逆栽培技术、小麦绿色增产增效技术集成创新，重点开展筛选优良品种，集成创新小麦高产高效栽培技术与装备，建立精简高效环境友好栽培和耕作新模式。玉米绿色增产增效技术集成创新，重点开展优良品种配套高效栽培技术、农机农艺融合研究，建立各主产区的全程机械化作业模式，研发玉米病虫害绿色防控技术等。

经济作物绿色增产增效技术集成创新。大豆绿色增产增效技术集成创新，重点突破大豆绿色增产增效生产的主要技术障碍，研制关键技术和产品；筛选适合不同地区、生产方式和加工利用要求的大豆优良品种；对技术进行研究、组装、优化，形成适合大豆主产区生产的绿色增产增效栽培技术体系。马铃薯绿色增产增效技术集成创新，重点筛选适应不同需求的马铃薯新品种，研究集成绿色高产高效的生产技术体系；开展马铃薯加工产品、方便快餐食品等主食化产品及其原料加工技术研发。棉花绿色增产增效技术集成创新，重点筛选优质、抗逆、适合全程机械化的棉花新品种，开展棉花绿色增产增效栽培技术体系及配套装备研究。油料作物绿色增产增效技术集成创新，重点甄选优良品种，研发油料作物绿色增产增效栽培技术体系及配套装备。蔬菜花卉绿色增产增效技术集成创新，重点开展优良蔬菜品种筛选，研发蔬菜绿色增产增效栽培技术体系及配套装备。果树绿色增产增效技术集成创新，重点开展甄选优良品种，研发蔬菜绿色增产增效栽培技术体系及配套装备。茶叶绿色增产增效技术集成创新，重点筛选适合机采的茶树品种，研发茶叶绿色增产增效栽培技术体系及配套装备。特种作物绿色增产增效技术集成创新，重点筛选优良品种，研究烟草等特种作物高效栽培与加工技术、主要病虫害绿色防控技术体系等关键技术。南方经济作物绿色增产增效技术集成创新，重点开展南方经济作物高效生产技术；开展麻类等植物纤维和环保型浆料特性研究与改良。

农作物栽培共性技术研究。重点开展优质高产与水肥高效的协同机制及绿色栽培技术、作物对复合逆境的综合响应及抗逆栽培技术、作物品种类群的配置规律及标准化种植技术、蜜蜂授粉高效生产技术研究。

参加单位：作科所、蔬菜所、水稻所、棉花所、油料所、茶叶所、蜜蜂所、烟草所、麻类所、果树所、郑果所、草原所、植保所、资划所、农机化所、灌溉所 16 个研究所 58 个科研团队。

（十六）畜牧业绿色养殖技术集成创新

我国畜禽养殖设施工艺水平落后，饲料转化利用率低，综合养殖成本比发达国家高30%以上，畜禽病死率高，过度用药造成严重养殖安全和畜产品安全隐患。

预期目标：“十三五”期间，按照任务需求引进培养集聚一批优秀科研和转化人才，建成布局合理、特色鲜明的实验室和试验示范基地。建立主要畜禽绿色养殖技术模式，研发高产优质饲料、饲草生产利用技术，开发新型绿色饲料和饲料添加剂，争取畜禽产品生产综合技术达到国际先进水平。

重点任务：牛绿色养殖技术集成创新。重点开展构建适合不同区域饲料资源的粗饲料与优质饲草、精料优化组合利用方案，构建以苜蓿和全株玉米青贮为核心的种养一体化养殖模式，建立以“测产配方”为基础的碳氮高效利用的日粮营养调控技术。羊绿色养殖技术集成创新。重点开展研究羔羊及青年羊瘤胃微生物群体感应机制及其量化技术、蛋白质和能量利用效率评价技术、营养素需要量参数、育肥饲料配方和加工工艺，建立羔羊及青年羊健康培育技术体系，建立羊绿色增产增效技术集成模式和示范基地。猪绿色养殖技术集成创新。重点建立高效健康养殖技术方案；研究开发猪精准营养参数及工艺技术，开发提高猪饲料能量、氨基酸消化和利用率、减少碳、氮、磷及环境有害气体排放的技术；集成猪育种、繁殖、营养饲料、环境控制、饲养工艺等关键技术。禽类绿色养殖技术集成创新。重点开展肉鸡、蛋鸡和肉鸭等禽类高效健康养殖技术研发，开展家禽规模化生产环境物联网控制平台研究，研发水禽规模化养殖及其产品的信息化管理系统。特种动物绿色增产增效技术集成创新。重点开展特种动物营养需要研究与饲料评价，开发特种动物专用饲料及饲料添加剂新产品；特种动物标准化饲养新技术研究，建立不同地区饲料以及饲养标准。草牧业绿色生产技术集成创新。重点开展适应旱寒区的优质饲草新品种筛选、提纯复壮与繁育。开展苜蓿、燕麦等饲草高效生产技术研究与集成组装；南方饲草高效栽培技术研究及模式示范；粮用玉米饲用化关键技术研究与模式示范；优质饲草加工与高效转化利用关键技术与模式研究。开展天然草原改良与生产能力提升技术研究与集成示范。动物饲料营养与加工技术研究。重点研究主要养殖动物关键营养素的需求量、消化吸收及代谢转化规律，解析营养成分结构、效价及其相互关系，研制饲用酶制剂、益生菌、抗菌肽、多糖、寡糖、天然饲料添加剂等抗生素替代品，开发生态环保饲料配制技术和高效智能化饲料加工技术。

参加单位：牧医所、饲料所、哈尔滨兽医所、兰州兽医所、特产所、兰州牧药所、质标所、草原所、资划所、上海兽医所 10 个研究所 45 个科研团队。

（十七）西部旱作农业技术集成创新

我国棉花、果树主产区逐步西移，科研力量布局相对较弱，需要适应农业产业布局变化，部署农业科研优势力量，开展西部农业技术集成创新。

预期目标："十三五"期间，按照任务需求引进培养集聚一批优秀科研人才，建设特色明显的科研团队，建成配套高效、开放共享的实验室和试验基地，建立优势互补的国际合作交流机制，打造国内领先的旱作农业技术集成创新高地。构建适合西部地区特点的农业生产技术模式，为西部农业发展提供技术支撑。

重点任务：西部地区农作物品种选育。围绕各种作物生产特性，开展西部农业特异种质资源创制利用，培育符合当地生产需求的新品种。西部地区绿色生产技术研究。开展西部地区作物绿色防控技术研究，研发西部农业种养一体化及特色农产品高效安全生产技术，集成配套适合西北地区的绿色生产技术。西部地区资源高效利用技术研究。开展抗旱、耐盐碱机制研究，探索研究西部农业资源高效利用与农业可持续发展模式。西部地区集约化农业生产技术研究。研究西部农业规模化、机械化、信息化、智能化农机农艺融合技术设备，在当地及中亚国家开展示范推广。

参加单位：棉花所、油料所、生物所、加工所、植保所、兰州牧药所、水稻所、区划所、农机化所、信息所、质标所、蔬菜所、环发所、灌溉所、郑果所、果树所 16 个研究所 46 个科研团队。

（十八）都市现代农业技术集成创新

城镇化进程加快推动都市农业发展，对农业科技创新提出了新要求，迫切需要构建符合都市农业发展特点的技术体系。

预期目标："十三五"期间，按照任务需求引进培养集聚一批优秀科研人才，建设具有特色明显的科研团队，建成配套高效、开放共享的实验室和试验基地，建立优势互补的国际合作交流机制，打造国内一流的都市现代农业技术创新高地。针对都市农业日益迫切的科技需求，突破都市园艺品种选育与高效栽培、设施园艺智能装备、宠物健康养殖及疫病防控，以及基于大数据的都市型智慧农业等一批重大关键技术，构建适合都市农业需求的共性关键技术体系，显著提升都市农业发展的科技支撑能力。

重点任务：都市园艺作物新品种选育及高效栽培技术研究。重点开展都市观光型蔬菜、花卉、瓜果以及生态景观植物新品种的选育与栽培技术研究，研发绿色生态型无土栽培关键技术与装备，创制都市创意栽培及家庭园艺生产技术装备。设施园艺资源高效利用关键技术装备研究。重点开展温室节能及清洁能源利用关键技术研究，研发轻简装配式温室及配套技术装备；开展智能植物工厂关键技术研究，研发植物工厂 LED 节能光源、立体栽培、环境与营养调控以及智能化管控技术装备；进行垂直农业关键技术的前期探索，研发光伏供电、雨水收集以及废弃物循环利用与垂直农业结合的技术装备。宠物健康养殖及疫病防控关键技术研究。重点开展宠物（狗、猫、观赏鱼）健康养殖及疫病防控关键技术研究，研发宠物（狗、猫、观赏鱼）繁殖与饲养、营养与饲料、疾病防控与疫苗等相关配套技术。基于大数据的都市型智慧农业关键技术研究。重点研究智慧型都市农业数据获取、传输、分析的技术方法，研发基于物联网与大数据的都市农产品生产、加工、物流的全产业链智慧管理平台，开发都市农业智慧管理软硬件系统装备。

参加单位：环发所、都市农业所、蔬菜所、农机化所、信息所、果树所、郑果所、植保所、哈尔滨兽医所、兰州兽医所、上海兽医所、特产所、饲料所 13 个研究所 30 个科研团队。

（十九）海外农业技术集成创新

随着我国农业"走出去"和"一带一路"战略的实施，越来越多农业企业将走出国门，迫切需要农业科技支撑，提升"走出去"的科技含量和水平。

预期目标："十三五"期间，按照任务需求引进培养集聚一批杰出科研和管理人才，建设结构合理、潜力突出的科研团队，建立灵活高效的国际合作交流机制。促进我国农业生产技术、农业设施装备、农业科技服务"走出去"，开拓农业技术和产品国际市场，推动农业科技创新要素跨境流动，增强我国全球资源掌控能力，拓展农业发展空间，保障国家粮食安全。

重点任务：种质资源共享交换与利用。开展重要农作物种质资源的引进交换，丰富我国农业种质资源基因库。联合开展种质资源创新，培育具有自主知识产权新品种。绿色植保防控技术研究。选择"一带一路"沿线合作基础良好的国家，合作研发绿色植保技术体系，促进我国植保技术和产品转移。针对农业入侵生物和跨境传播的有害生物，开展外来入侵生物在扩散前沿的预警监控研究，防止外来有害生物的扩散蔓延。跨境重要动物疫病防控合作研发。联合开展动物新发疫病分子流行病学、风险评估、动物疫病诊断、高效疫苗研制、区域免疫防控策略研究，建立动物疫病监测协作网络。农产品风险监测与评估联合研发。围绕大宗农产品质量安全，研制高通量污染物毒性筛查和风险评估技术，构建基于大数据的风险评估模型与信息平台，向“一带一路”沿线国家和地区提供快速检测技术与产品。高效节能设施园艺技术研究。集成高效节能设施园艺技术，在俄罗斯、罗马尼亚、泰国、伊朗等“一带一路”沿线国家和地区，建立设施园艺科技示范区，提升设施园艺生产产业化水平。旱作节水技术研究。联合研发适合区域特点的抗旱节水育种材料、作物水肥耦合技术、种养结合技术、智慧灌溉、抗旱播种机具、生物降解地膜等核心关键技术与产品，消化、吸收和再创新国外先进的节水技术与产品装备，促进旱作农业技术升级。

参加单位：作科所、植保所、蔬菜所、牧医所、饲料所、蜜蜂所、加工所、生物所、资划所、灌溉所、环发所、质标所、水稻所、油料所、麻类所、果树所、郑果所、茶叶所、哈尔滨兽医所、兰州兽医所、兰州牧药所、上海兽医所、草原所、特产所、环保所、沼科所、农机化所、烟草所、深圳基因组所、棉花所 30 个研究所的相关科研团队。

五、主要保障措施

（一）加强组织保障

切实加强组织领导，发挥好院、所科技创新工程领导小组的作用，健全领导小组办公室牵头抓总、院机关各部门密切配合、研究所执行落实的创新工程工作机制。院机关各部门重点做好战略规划、政策制定、资源配置、科学评价等工作，为研究所发展提供宏观指导和支撑服务。研究所要制定本所规划，明确发展目标、发展方向和重点任务。优化科技力量布局，加快组建农业基因组研究所、都市农业研究所、西部农业研究中心、海外农业研究中心、农业经济政策研究中心等。

（二）统筹使用经费

按照《中国农业科学院科技创新工程经费管理办法（试行）》和《中国农业科学院科技创新工程专项经费管理实施细则（试行）》的相关要求，发挥创新工程增量撬动存量作用，院和研究所将创新工程专项经费与现有科技资源衔接整合。中央级公益性科研院所基本科研业务费、非营利性科研机构改革专项启动费、中央级科学事业单位修缮购置专项等相关的中央财政科技经费，基本建设项目等条件建设经费，上级部门支持中国农业科学院的运行类经费以及其他渠道资金，与创新工程经费统筹使用。创新工程专项经费主要用于支持创新工程科研团队长期稳定开展科研活动。与创新工程专项经费衔接整合的其他科技资源，在相应经费管理办法框架内，分别优先用于以下方向：基本科研业务费，增量和存量部分统筹管理，并与创新工程经费打通使用，主要用于基础性、支撑性、应急性科研工作，以及院、所决定的重大事项；非营利性科研机构改革专项启动费，用于科研团队及相应的研究所公共服务与支撑；条件建设经费，包括基本建设项目、修缮购置专项和科研项目资金，应围绕创新工程目标以及人才引进和培养任务进行设计和实施；运行类经费，包括科研设施运行维护费、国家重点实验室运行和基本科研费、国家科技基础条件平台奖补等财政拨款专项，用于保障创新工程所需条件平台的运转和维护。研究所是专项经费的执行主体，应积极筹措经费，保障人才引进、人员绩效等支出。

（三）强化绩效考核

进一步强化绩效考核，提高财政资金使用效率，提升科技创新能力，促进科研成果产出。按照学科特色、产出特点和科研类型，建立以创新任务为核心的绩效考核体系，对不同研究所、科研团队的创新能力和创新效率分类制定考核指标，实行分类分级考核。绩效考核要采取同行专家评议、第三方考核等不同形式，重点考核创新任务完成情况和完成效果。对基础和应用基础研究，以代表性成果的同行评价为主，重视学术成果被引用和认可情况；对应用开发研究，以国家目标和社会责任评价为主，突出代表性成果的技术创新性、先进性和成熟度，突出对产业发展的贡献。绩效考评结果要与经费安排直接挂钩，作为科研团队、人员和任务调整的依据。

（四）打造创新联盟

构建国家农业科技创新联盟定期磋商、资源共享、开放合作的协同机制，加强重大问题调研，梳理凝练重大科技任务，提出重大政策建议。建立高效运行管理机制，以任务为纽带，以提高效率和效能为目标，建立任务分工、权益分配、评价激励相协调的创新联盟管理模式。联合中央、省和地市三级农业科研优势力量，组织开展重大科技攻关，集中突破全国或区域农业发展中的重大关键技术，产出一批综合性的重大科技成果。

（五）严格监督管理

研究所要切实履行法人管理职责，强化科技创新工程经费风险防控，确保资金安全。从事前、事中、事后等各个环节强化监督管理，确保科技创新工程顺利实施。加强学风建设，将学风道德建设纳入科技创新工程考核内容，坚决防范科研不端行为，一经查实严肃处理。探索建立全过程、全方位的审计监管体系，在预算编制阶段，建立预算评审制度；在预算执行阶段，结合有关部委开展的审计与检查活动，建立健全风险预警与防控、自查自纠与整改机制，强化审计与检查结果运用；在重要时间节点，有针对性地开展绩效审计，建立绩效审计结果与预算安排挂钩的制度。加大对科研经费管理使用违纪违法行为的监督惩处力度，扎实开展“防火墙工程”和“阳光工程”，认真落实“一岗双责”“一案双查”，加大对相关责任人的责任追究力度。大力开展违纪违法案例警示教育，筑牢思想防线，做到防微杜渐。

（六）营建创新文化

弘扬中国农业科学院老一辈科学家报效祖国、服务国家的献身精神，教育和引导广大科研人员以服务国家需求为使命，矢志报国、一心为民，坚定做好科研、造福人民的理想信念。倡导严谨求实、追求真理的科学精神，激励广大科研人员扎根“三农”，耐得住寂寞、守得住清贫，坚守科研道德“底线”。继承农科文化，发扬“执着奋斗、求实创新、情系‘三农’、服务人民”祁阳站精神，形成有利于培育创新思维、造就创新人才、取得创新突破的科研环境，营造崇尚科学、鼓励创新、宽容失败的文化氛围和价值理念。

中国农业科学院办公室

2017年1月22日印发

中国农业科学院 2016 年科研计划执行情况

2016 年是“十三五”开局之年，在农业部等上级部门的大力支持下，在院党组的统一领导下，全院广大科技人员深入贯彻落实中央创新驱动发展战略和农业部党组加强科技创新工作的总体部署，全面完成了承担的各级各类科技计划项目任务，科技创新工作取得新成效，涌现出一批新成果，自主创新与产业支撑能力进一步提升。

全院共主持各级各类科技计划项目（课题）3 737项，年度合同经费 71.56 亿元，其中新增主持项目（课题）1 868项，合同经费 34.67 亿元。全年以中国农业科学院及所属研究所科研人员为第一作者或通讯作者共发表论文 4 722篇，其中 SCI/EI 等收录 2 158篇，作为第一完成单位或通讯单位在 *Science*、*Nature*、*PNAS* 等顶尖核心期刊发表论文 13 篇。全年获授权专利 1 408项，比上年增长 4.2%，其中发明专利 631 项，比上年增长 5%；审定新品种 130 个，其中国家审定 24 个，获新品种保护权 55 项；获新兽药、农药、肥料登记证书 11 项，出版科技著作 295 部，获软件著作权 371 项。共获得各类科技成果 111 项，其中国家科技奖励 7 项，作科所小麦创新团队荣获我国农业领域第一个创新团队奖，优质黄羽肉鸡新品种培育等 6 项成果获科技进步二等奖。

一、国家重点研发计划重点专项

共牵头承担项目 32 项，主持课题 146 项。各牵头项目均于 2016 年下半年启动实施，落实了研究重点及具体分工，完成了相关课题任务分配与经费下拨，围绕“七大农作物育种”“粮食丰产增效科技创新”“化学肥料和农药减施增效”“畜禽重大疫病防控与高效安全养殖”“农业面源和重金属污染农田综合防治与修复”“智能农机装备”重点专项项目课题任务要求，全面有序开展相关研究任务，为全面开展下阶段工作奠定了重要基础。执行情况如下。

主要粮食作物种质资源精准鉴定与创新利用：精准鉴定了 1 600份粳稻材料产量性状，创制株型好、大穗、抗病的水稻导入系 10 份。创制小麦—冰草、小麦—华山新麦草等远缘杂交中间材料 50 份，地方品种导入系 50 份。对 3 000份玉米候选种质在多点开展了基本农艺性状鉴定和田间抗病性鉴定。精准鉴定 1 000份大豆种质资源重要表型性状，筛选出有育种利用价值的地方品种纯系 10 份，创制兼抗大豆胞囊线虫 3 号和 4 号生理小种等重要目标性状的优异种质 2 份。

主要农作物优异种质资源形成与演化规律：深入梳理中棉所 63 等强优势杂交棉系列品种共同的亲本选育系谱，挖掘出在系谱选育进程中逐代积累到优异亲本的 218 个同源遗传片段和311个关键基因，阐明其演化规律及人工改良轨迹，以期整体阐释了优异亲本及其配制强优势杂交棉优良性状形成的分子基础。

主要农作物诱变育种技术：建立了一种不需测序的点突变检测新技术，完善了已建立的突变体高通量表型及分子鉴定技术，开展了主要农作物突变体的诱变机理研究，克隆了翠绿色突变基因，通过高能重离子等诱变方法创制了一批抗稻瘟病等性状突变材料。

稻作区土壤培肥与丰产增效耕作技术：初步明确了秸秆还田难和耕地质量下降的主要限制因子，展开了冬季作物复种轮作、增密减氮及控水灌溉等栽培技术和周年固碳减排耕作技术试验，建立了全国区域联网试验平台，形成了4个核心试验点和10个辅助试验点。

新发与再现畜禽重大疫病的致病与免疫机制：证明变异伪狂犬病毒能够突破现有伪狂犬病疫苗免疫的主要原因是*gB*基因的变异；分离到28株鸭坦布苏病毒，完成了病毒的全基因组测序工作，明确了病毒的E基因遗传进化关系。

动物流感病毒遗传变异与致病机理：在14个省市采集家禽样品6 260份和环境样品1 048份，分离了271株禽流感病毒；采集猪鼻拭子5 100份，分离到猪流感病毒50株。

家禽重要疫病诊断与检测新技术：筛选并建立NDV单抗杂交瘤细胞株50余株、AIV单抗杂交瘤细胞株2株、IBV3种非结构蛋白单抗杂交瘤细胞株7株、抗鸡IgG Fc单克隆杂交瘤细胞株1个；建立了禽流感等3种呼吸道病的三联快速检测技术。

国产化高等级病原微生物模式实验室：完成了国产化P4模式实验室概念设计，开展了实验室信息管理关键技术与系统研发、实验室风险评估与控制研究，初步建立了实验室协同网络。

化学农药在我国不同种植体系的归趋特征与限量标准：开展了20余种农药在粮食作物、蔬菜、果树和经济作物种植体系上靶标部位的沉积、作物体系中的空间分布规律研究，建立了典型农药及其代谢物在农作物中高通量分析方法，获得了典型农药在主要作物体系的沉积、空间分布的基本规律。

化学农药协同增效关键技术及产品研发：初步选定马铃薯全程减量用药协同增效技术研发核心试验区，建立了室内筛选马铃薯病虫害防治药剂筛选平台。

茶园化肥农药减施增效技术集成研究与示范：落实了氮肥限量标准与养分比例试验，对有机肥运筹、新型高效肥料、叶面肥、水肥一体化等各项减施技术和产品进行试验优化；茶小绿叶蝉植物源农药获生产批准证，获得优化茶小绿叶蝉引诱剂配方一个、对茶尺蠖和灰茶尺蠖均高效的病毒毒株一个，鉴定出灰茶尺蠖性信素并开展了田间验证试验，改进了天敌友好型窄波LED杀虫灯。

设施蔬菜化肥农药减施增效技术集成研究与示范：确定核心示范区域，明确不同区域主要设施蔬菜最佳养分用量指标，优化设施蔬菜主要病虫害防治指标；初步提出设施蔬菜化肥减施关键技术、农药减施关键技术和水肥药协同增效高产关键技术。

农田和农产品重金属源解析与污染特征：对选定的研究区域进行农业投入品使用种

类和使用量调研；基于现有的国内外标准方法，建立和优化土壤中典型农药、抗生素、酞酸酯、激素、病原微生物的前处理方法和定性、定量检测方法。

信息感知与动物精细养殖管控机理：开展了奶牛自动饲喂机电控制系统的研制及性能试验，开展了种猪生产性能测定系统开发与性能测试，研究了不同光照节律对北京鸭生产性能、屠宰性能和血液抗氧化功能的影响。

智能化油料作物收获技术与装备研发：完成了油菜、花生、油茶、油葵主产区的主要种植模式、农艺规范和作业模式研究，开展了多尺度精确管理分区指标体系研究，建立了各大花生产区的品种、种植农艺、土壤等特性参数库；进行了施药装备与无人机平台关键部件设计开发。

二、国家科技重大专项

共主持承担转基因生物新品种培育重大专项、水体污染治理重大专项项目或课题 38 项，其中 2016 年新增主持转基因重大专项课题 23 项。“转基因专项”研究了基因克隆新技术和新方法、规模化转基因技术、转基因生物的安全评价技术，获得了一批目标性状优异的转基因新材料和新品系。“水专项”继续开展有机废弃物及农田养分流失污染控制技术研究与示范、不同流域农田养分流失污染控制技术、农业排水污染控制技术研究与示范，形成了一批治理技术方案。

抗逆抗除草剂转基因水稻新品种培育：创制了转 *EPSPS*、*Bar* 基因的恢复系、不育系材料 200 余份，测配选育了农艺性状优良的转基因高产杂交新组合 10 份以上。筛选获得高世代稳定的抗逆转基因水稻新材料 70 余份，田间抗逆效果明显。已进入安全性评价阶段 38 项，其中中间试验 30 项，申请环境释放 6 项。

抗病转基因水稻新品种培育：揭示了一种水稻防卫反应的新机理，为抗稻瘟病水稻育种提供了新思路；研究发现 *lm-ZH* 类病斑表型由 OsNPR1 过量积累引起，OsCUL3a 通过靶向降解 OsNPR1 而负调控水稻细胞死亡和免疫应激反应。

抗旱转基因小麦新品种培育：将 5 个具有重要育种价值的抗旱基因转化济麦 22 等主栽品种，获得一批抗旱性显著提高的转基因新品系，其中 8 个进入环境释放阶段。

优质功能型转基因玉米新品种培育：构建了与代谢物密切相关的基因共表达网络，从网络中提取了 3 个可能参与磷酸肌醇代谢的候选基因，创制了 3 个候选基因的玉米过表达和 RNAi 株系。

抗逆转基因玉米新品种培育：创制出目标性状突出的抗逆转基因玉米新材料、新种质 200 多份，培育出优良自交系 26 份，其中 3 个抗逆基因共 20 份转基因新材料进行了中间试验。筛选出在正常条件下与对照持平、在干旱条件下较对照增产 10%以上的抗逆转基因玉米杂交组合 12 个。

多性状聚合饲用玉米新品种培育：构建不同启动子驱动下的 11 家族 xynTB 表达载体 5 个，以及一批单性状、两基因、三基因聚合性状表达载体和与维生素 E 基因、植酸酶四基因聚合性状表达载体。

高产高效转基因棉花新品种培育：对转株型塑造基因新材料进行了鉴定和筛选，评价了其育种利用价值；常规育种结合分子标记技术，进一步创制了新型抗虫、高产等转基因新材料，并利用生态育种、两系/三系简化制种技术等选育高产高效转基因新品系。

优质纤维转基因棉花新品种培育：转 *iaaM* 基因、*RRM* 基因和 *ACO*1-*E*6 基因材料各种性状优良，以转 *FBP*7（iaaM9-8 基因）材料为基础，培育出优质抗虫棉品种中棉所 70。

抗除草剂转基因大豆新品种培育：培育出 44 个抗草甘膦转基因大豆新种质，筛选获得一批高代材料，完成分子检测并申报环境释放试验；高抗草甘膦转基因新品系 ZH10-6、呼交 06-698 和 AG5601 等申请进入生产性试验阶段。

养分高效转基因大豆新品种培育：完成了养分高效材料的中间试验，转 *GmCBS*21 基因氮营养利用改良大豆进入中间试验。完成了大豆耐低氮相关基因 *GmDUF*21-*CBSs* 转基因后代对拟南芥和大豆基因表达的影响，系统分析验证了大豆半胱氨酸蛋白酶抑制剂蛋白。

基因克隆新技术和新方法：开展规模化基因克隆材料形态性状、抗逆性表型组分析；获得抗稻瘟病的基因“富集簇”，建立以此为目标的抗病基因克隆方法；获得酶切活性改造的作物 *Cas*9 基因和相应载体，构建了表观遗传修饰酶融合载体。

转基因水稻环境安全评价技术：进一步完善了实验室条件下评价转基因作物对龟纹瓢虫、白符跳和蜜蜂等非靶标节肢动物潜在影响的技术体系，研究了水稻介导的二化螟和稻飞虱的种间关系，阐明了稻飞虱从 Bt 水稻向非转基因稻田扩散转移的生态机制。

转基因玉米小麦大豆环境安全评价技术：验证与健全转基因抗虫玉米、抗除草剂大豆环境安全评价技术体系，研制抗旱、耐盐碱等新型性状转基因生物环境安全评价新技术 2 项。

转基因棉花环境安全评价技术：建立了新型转基因抗虫、优质、抗病、抗旱、耐盐碱棉花的环境安全评价技术体系 2 套，对新型转基因棉花的环境安全性进行了系统的评价。

转基因生物的食用和饲用安全评价技术：建立了有效的转基因作物饲用安全综合评价体系，建立了转基因生物饲用安全评价与检测中心，建立了无菌斑马鱼生产等关键技术方法。

农业生态风险监测与控制技术：进一步完善 Bt 棉花非靶标害虫及其天敌的种群监测技术，继续对三大棉区棉花害虫种群地位演替进行系统监测，研发了抗性分子检测新技术。

南淝河流域农村有机废弃物及农田养分流失污染控制：集成创新了 3 项关键技术：基于无害化微生物发酵处理的养殖废弃物全循环利用技术，基于农田养分控流失产品应用为主体的农田 N、P 流失污染控制技术，和面向农业面源污染控制的流域系统综合模拟与情景分析技术。

松干流域粮食主产区农田面源污染全过程控制：形成寒冷冻融区稻田与坡岗地退水污染控制与清洁生产、沟渠系统有序调蓄与合理回灌相结合的新型灌排、河岸缓冲带退水湿地修复与安全入河排放 3 大技术模式，开展了工程规范，初步建立了基于流域水质目标要求的污染负荷分配方案与管理系统。

海河下游多水源灌排交互条件下农业排水污染控制：研究了基于水肥盐协同调控的农田清洁生产体系；研究了自动化控制膜生物反应器、畜禽沼液培育青贮植物、畜禽废弃物发酵产酸及能源回收关键技术；初步研发了生态型沟渠空间形态构建、生态护坡、沟渠边坡控盐和植被过滤带构建技术。

三、国家重点基础研究发展计划（“973”计划）

共主持课题 38 项，参加课题 53 项，重点开展了主要粮食作物分子育种与改良、油料作物重要性状调控途径、蔬菜重要性状的遗传机理与全基因组选择、畜禽发育与产品品质、牧草品质与草原生态、重要畜禽寄生虫病致病机制与免疫逃逸、作物与病虫害相互作用机理、固氮机制与肥料养分持续高效利用机理等方面的基础研究。

作物特殊营养品质的分子改良：克隆水稻中花青素合成相关基因 *Ra* 和 *OsC*、控制玉米 5-甲酰四氢叶酸含量的关键基因 *GFT*1 及控制白菜优异硫甙含量的关键基因 *BrMAM*-3、*BrAOP*2 等，精细定位一个类黄酮热点区段的 QTL，创制了 33 个特殊营养成分基因的分子标记。

分子设计和多基因组装育种：提出了理想株型与杂种优势相结合的未来超级杂交稻分子设计模型，设计了一个超级理想型籼—粳杂交稻组合，将具有理想株型、根系发达、高光效、源库分配优化、氮高效、耐逆等高产特征，同时具有优良食用品质。

玉米产量和品种性状全基因组选择育种的基础研究：发现玉米 *UBL*1 基因具有核酸外切酶活性，从遗传、生化、转录组多个层面阐明了 UBL1 基因在玉米籽粒和幼苗发育中的关键作用及其调控机制。

油菜含油量母体效应的调控途径及作用机制：明确了角果皮和叶片光合作用对种子含油量和单个角果粒数影响显著，鉴定出相关 QTLs10 个；发现种皮蔗糖转运和胚乳碳水化合物代谢途径与胚胎含油量存在相关性，筛选出相关基因 5 个；完成了细胞质效应材料的表型鉴定及细胞质基因组测序，筛选出关联基因。

主要蔬菜品质改良的全基因组分子设计：鉴定了番茄中 32 种主要的风味贡献物质，发现类胡萝卜素衍生类挥发性物质是重要风味物质，鉴定了控制果实中糖类、酸类物质的候选基因。完成了白菜和甘蓝类蔬菜作物代表材料的基因组重测序，构建了群体基因组变异图谱，确定了一大批叶球形成与膨大根（茎）驯化选择的基因组信号与相关基因。

应激影响猪肉品质的机制：系统研究了轻度、重度持续热应激和氧化应激对猪肉品质的影响及硫辛酸、L-肉碱、精氨酸的调控作用，研究了应激影响肌纤维发育、肌内脂肪沉积、骨骼肌蛋白质降解和合成的机制，基本探明了热应激和氧化应激对肌细胞氧化损伤的影响及调控机制。

牧草、乡土草优良品质性状的生物学基础：发现 γ-TMT 基因可调控紫花苜蓿维生素 E 组分，MsTMT 参与调控紫花苜蓿叶片的衰老，HPPD 基因能够调控植物种子中维生素 E 的含量。

利用遗传修饰猪及小鼠研究骨骼肌与脂肪发育的分子机制：获得了原代猪骨髓间充质干细胞，构建了 mRNA、LncRNA 及 miRNA 数据库，发掘一大批表达差异基因，发现 *SFRP*1 和 *SFRP*2 受到 miRNA-1 和 miRNA-206 的调控。

牛羊重要寄生虫致病机制的分子基础：对大片形吸虫毛蚴等进行了 mRNA 组测序，功能注释 unigene 183 830个，筛选到 42 天、70 天及 98 天的特异 ESP 抗原；证明肝片吸虫的 ESP 能够与山羊 PBMCs 结合，鉴定得到与 PBMC 结合的蛋白 9 个。

猪繁殖与呼吸综合征病毒的免疫抑制与免疫逃逸机制：首次发现 PRRSV 能够通过抑制宿主细胞 β2M 信号通路进而抑制 SLA-I 表达，其中 PRRSV Nsp4 蛋白发挥关键作用；发现 PRRSV 感染后，IRF3 的甲基化受病毒调控下降，并导致干扰素抗病毒活性下降。

寄生虫致病相关酶的鉴定与功能：基于其结构域将巴贝斯虫硫氧还蛋白（Trxs）分为 2 个组群，证明虫体过氧化物氧化还原酶 Prx1 和 PrxQ 天然蛋白存在于细胞浆中，以单体的形式发挥抗氧化作用，而 Prx2 具有过氧化物氧化还原酶活性。

作物对线虫侵染的应答机制：明确了大麦 Golden Promise 是适合禾谷孢囊线虫与寄主互作研究的模式植物，明确了不同抗性小麦根的合胞体切片发育动态和差异。

天敌昆虫大量繁育的营养与生殖生理基础：研究了大草蛉卵黄原蛋白的生殖调控机理、瓢虫滞育的基因调控机理，发现了金小蜂耐寒性的代谢组学调控机制。

害虫和寄主植物的化学通讯机制：解析了盲椿象等害虫对不同种类寄主植物的选择偏好性，阐明了害虫种群的行为选择策略；首次证实入侵植物介导的地上和地下昆虫互作的化学通讯机制；实现了昆虫嗅觉相关基因的高通量鉴定克隆及功能解析，靶向设计了盲蝽植物源引诱剂、性诱剂。

非生物因子对病原菌毒性变异的作用：分离纯化白粉菌菌株 205 个并进行了毒性测定，预测了未来中国各冬麦区菌群中温度敏感性菌株的比例变化情况，对分离自我国四川等小麦条锈病主要流行区的 708 个菌株进行了耐高温性鉴定。

土壤保育与植物调节提高生产力的机理：发现随放牧强度的增加，家畜生产效率先增加后降低，在适度放牧条件下，草原第二性生产力达到最大；发现长期过度放牧下羊草存在“胁迫记忆”，不仅表现为个体矮小等表型可塑性变化，还表现为氮吸收和利用效率降低、光合效率降低等生理可塑性。

主要类型区红壤酸化的机理、驱动因子及时空演变规律：探明酸沉降、施肥和土地利用方式等人为因素加速红壤酸化的机制，初步明确了湖南和江西农田土壤酸化特征，表明我国南方土壤酸化严重且呈现加速趋势，在农田施用氮肥是导致土壤酸化的主要原因，自然植被下土壤酸化的主要原因是酸沉降及植被的酸分泌。

畜牧业废弃物管理控制试验研究：提出了沼液贮存过程温室气体和氨气排放系数，建立了我国特有的粪便贮存过程的温室气体排放系数，并直接用于国家第三次温室气体清单编制。

华北农业和社会经济对气候灾害的适应能力：分析了全球气候变化背景下不同时空尺度干旱特征、作物关键生育阶段和农业适应技术，揭示了华北区域农业对气候灾害适应能力的时空格局。

微生物群体感应通讯系统与病害防控基础：建立了 2 套群体感应高通量筛选平台，获得了 DSF、IQS 等信号分子的降解菌株 4 株，合成 IQS 信号分子的小分子抑制剂 32 个，筛选得到 RpfF 抑制剂 3 个，T3SS 途径抑制剂 2 个。

固氮调控机制与高效固氮模块设计：揭示了固氮菌氮代谢调控及碳氮偶联调控的分子机制，获得一系列参与最佳固氮调节的新基因、非编码 RNA；获得一系列响应环境营养信号或环境胁迫信号的固氮调节元件、抗逆和内生元件以及固氮泌铵功能模块；建立了高通量玉米根际微生物群落及固氮能力评价技术平台。

食用菌温度响应的分子机制：阐明了高温胁迫导致后期霉菌爆发的机理，揭示平菇丰产基质基础是 S 型木质素结构，建立了基因功能异源验证技术。

四、国家高技术研究发展计划（“863”计划）

共主持课题 14 项，参加 32 项，重点开展了主要农作物基因组学研究与关键功能基因挖掘、种质资源创制、育种新技术新方法研究与品种改良、作物生产数字化管理平台研发、饲料酶表达系统改良与产品研制、智能化植物工厂关键技术与装备、作物生产环境调控等方面的高技术研究。

绿色超级稻设计育种的理论和技术体系：发现降低叶片叶绿素浓度可以有效提高冠层光能利用效率；建立了核心种质、导入系重要表型和基因组序列信息数据库 1 个，精细定位和克隆了与穗粒数等重要农艺性状相关的基因/QTL 位点；构建基于重测序种质资源的新一轮回交导入群体 6 个，创制有育种利用价值的新种质 30 份。

马铃薯功能基因组研究与应用：完成了四倍体马铃薯 C88、1 000个 C88 自交个体及 10X 基因组文库的测序，完成了 C88 基因组组装；共检测到 8 个与根长、茎干重、茎鲜重、株干重和株高相关的 QTLs，发现 *SAD* 基因和 *FAD*2 基因可能与提高膜脂质的流动性和耐冻性相关。

棉花功能基因组学研究与应用：发掘棉花纤维发育性状相关转录因子、腺体发育关键控制转录因子，分析到 10 820个具有高可信度的长链非编码 RNAs，发现多个长链非编码 RNAs 是 miRNAs 的前体。

大豆、油菜、花生功能基因组学研究与应用：完成了油菜种质资源自然群体的构建，在 A02 染色体上稳定检测到了 1 个与株高和分枝高度性状相关的主效 QTL。

特色果树功能基因组学研究与应用：建成了我国第1个桃质量性状分子标记辅助育种芯片，完成240份种质代谢物质评价建库，发现PpUFGT和PpMYB10.1是红肉桃的关键结构基因和调控基因。发掘“红茄梨”新基因2 629个，其中功能注释2 121个。

基于模型的果园与油菜作物生产数字化管理平台：构建了果园生产数字化管理平台，实现生产过程中信息监测、传输和管理的数字化；建立了果树形态结构重构方法，实现果树冠层的三维重构与可视化仿真计算分析；研建了果树管理技术虚拟培训系统，实现面向果农科技培训的可视化虚拟互动。

毕赤酵母表达系统构建与应用：完成2株用于工业蛋白质生产的酵母菌种的基因组和功能基因组分析，鉴定宿主细胞物质代谢和呼吸代谢的关键基因6个、促表达因子3个，发现并改造影响菌体生长及重组蛋白质合成通量的关键性靶点，实现脂肪酶和果胶酶等高效表达，其表达效价均到达了20克/升发酵液以上。

作物生长水分与营养土壤生境调控技术：改善了负压渗水材料PVFM的力学性能，筛选出东北黑土不同土层土壤水分负压入渗模型，明确了南方小白菜在潮菜园土、红菜园土上最适宜的灌溉负压值，证明负压灌溉可以保持黄瓜整个生育期土壤含水量相对恒定。

作物虚拟设计与可视化技术：构建了机理性和普适性较强的小麦植株主要器官的几何属性分析模型，采用先进立体视觉成像算法，提出了基于匹配代价的三维点云改进算法，设计了基于匹配代价和色彩信息的点云拟合算法，完成了一套温室番茄作物虚拟生长过程可视化复现软件平台。

植物工厂LED节能光源及光环境智能控制技术：完善了太阳光人工补光系统和人工光植物生长系统的设计，开发出以营养液体为介质的160瓦水冷LED模块化植物生长灯具，提出了水果萝卜高产光配方。

五、国家自然科学基金

共承担各类在研项目1226项，其中2016年新增主持项目334项，合同总经费1.98亿元。主要围绕玉米、水稻、棉花等重要性状功能基因挖掘与分子解析、作物病虫害分子机制及抗性解析、微生物基因网络调控、动物重大病害抗性机理、畜禽营养机理等开展研究，揭示相关规律，为农业重大关键技术创新和产品创制提供理论基础。

水稻广谱抗病性的遗传和分子调控网络解析：基于重测序技术进行分离群体分离分析，在水稻第1染色体定位了一个对白叶枯病小种P9c专化性抗病的QTL，根据基因组SNP基因型频率差并结合抗病转录组数据，筛选了36个候选基因。

超级稻种质创新和分子设计育种：阐明了DNA大片段串联重复的GL7位点基因组结构变异导致表达量上升，引起粒长增加、垩白度降低进而增产的遗传调控机制；提出了IPA1-DEP1籼粳亚种间杂种优势利用的育种学理论；构建*IPA*1，*DEP*1，*GN*1和*GW*8等目标基因的9311背景导入系，育成一批杂交稻新组合。

大豆种质资源挖掘：对 100 多份种质资源进行了大豆胞囊线虫生理小种 2 和 3 号抗性鉴定，发现了 2 份新的抗性种质资源，进行了全基因组重测序，利用抗性种质构建了遗传群体；构建了 7 个大豆隐花素的 CRISPR 敲除载体及过表达载体，其中 *GmCRY1b* 的过表达材料表现明显和稳定的耐阴表型。

黄瓜果实形态建成的遗传和发育机制：发现 COO 是一个主效的果长 QLT，该基因 5′UTR 的 indel 变异导致了栽培黄瓜中 COO 蛋白翻译效率降低；克隆一个果短突变体 SF2 的候选基因 *HDC*，编码一个组蛋白去乙酰化酶复合体亚基。

PI3K/Akt 通路调控猪肌肉发育及产肉量的整合表观遗传学机制：构建了猪骨骼肌 PI3K/Akt 互作网络，筛选出参与此通路的关键基因，发现 PI3K/Akt 可调控骨骼肌的细胞周期；开发出基于多重标记的整合育种方法并应用到猪新品种（配套系）选育中。

饲粮微量元素对肉鸡的抗热应激效应及其分子机制：构建了原代培养鸡胚热敏感细胞模型，发现高温热应激降低了子代肉仔鸡日增重、采食量和胸肌率，增加了耗料/增重比、胸肌和腿肌的滴水损失和剪切力，而胚蛋注射锌可提高胚蛋孵化率和健雏率、肉仔鸡采食量和日增重及全净膛率和腿肌率，降低死亡率。

禽流感致病的分子机制：发现病毒的致病力与多个基因产物有关，聚合酶 PB1 蛋白 622 位的天冬氨酸突变为甘氨酸后可显著提高其与病毒 RNA 的结合能力，增强 H5N1 病毒对小鼠的致病力 1000 倍以上；发现 H7N9 病毒的 PA 蛋白发挥“诱导作用”，导致其在哺乳动物体内复制过程中获得 PB2 蛋白 E627K 突变，PA 蛋白的氨基末端是发挥诱导作用的关键结构域。

传染性法氏囊病强、弱毒侵染宿主细胞的分子机制：首次确定 IBDV VP1 蛋白与宿主全长 eIF4AII 之间存在相互作用，揭示了宿主和病毒针对 RdRp 开展的博弈及机制；病毒利用宿主 VDAC1 调控聚合酶活性而利于病毒复制。研究证明 IBDV 病毒感染 DF-1 或 293T 细胞后 VDAC1 表达上调。

弓形虫与宿主互作的转录组及蛋白组：构建了弓形虫与大鼠、小鼠、人、猪的互作预测数据库，共筛选到 339 个可能与宿主互作的弓形虫蛋白。

华南地区口蹄疫流行规律与风险分析：初步分析了华南地区边疆各州县动物口蹄疫流行情况，进行了毒株 VP1 基因测定，对部分基因的全基因组进行了测序，发现了一株 5′UTR 区缺失的突变毒株。

新城疫病毒劫持宿主细胞蛋白翻译系统的机制：发现新城疫病毒感染后 12~24 小时可激活 PKR 和 PERK，通过磷酸化 eIF2α 关闭蛋白翻译，病毒还能通过 PKR-eIF2α 通路诱导应激颗粒形成，抑制宿主蛋白翻译，但病毒 mRNA 可以逃逸出 SG 包裹继续翻译。

饲料用酶的分子生物学：研究发现增加蛋白糖基化、稳定催化中性电荷网、增加活性 loop 区摆动、酶表面的蛋白酶作用位点保护等可直接增加酶的抗逆性；获得了抗逆性好的植酸酶、甘露聚糖酶、木聚糖酶、果胶酶等，可直接应用于产业化生产。

作物双生病毒致病的分子机理：发现 NbSGS3 在双生病毒诱导的基因沉默及双生病

毒抗性方面起了重要作用，发现 NbCaM 依赖细胞自噬途径诱导 SGS3 的降解，沉默 ATG 相关基因可增强对双生病毒的抗性。发现烟草中的 RING finger 蛋白 NtRFP1 是一个 E3 泛素连接酶，能够介导 βC1 的泛素化并促进 26S 蛋白酶体系统对 βC1 的降解。

杀虫剂驱动 Q 烟粉虱替代 B 烟粉虱的分子机理：完成 B 和 Q 烟粉虱乙酰胆碱受体 nAChRs、细胞色素 P450、谷胱甘肽转移酶 GST 和羧酸酯酶 CarE 等基因注释及其表达量差异分析。

植物挥发物对棉铃虫嗅觉行为调控的神经和分子机理：克隆了 40 多个棉铃虫气味受体并进行了体外功能研究，全面研究了棉铃虫毛形感器和锥形感器；成功鉴定了编码芳樟醇、香叶醇、苯甲醛等植物挥发物的重要受体和受体神经元，初步揭示棉铃虫识别主要寄主挥发物的外周神经和分子机理。

苏云金芽孢杆菌母细胞裂解和晶体细胞分化的机理：发现了至少 8 种 cry 基因，完成了转录调控分析；对芽孢外壁组成蛋白的编码基因进行了转录分析。

农业有害生物检验与入侵生物学：发现豚草重要天敌昆虫广聚萤叶甲成虫的配偶选择对子代个体发育、种群发展速度、繁殖力和寿命具有显著的影响。

长江流域棉区红铃虫对 Bt 棉花的抗性等位基因鉴定及演化动态分析：发现红铃虫 Cry1Ac 抗性品系没有对 Cry2Ab 产生交互抗性，证明了钙粘蛋白突变导致红铃虫对 Cry1Ac 产生了高抗，监测了长江流域红铃虫田间基因频率。

棉花—害虫—天敌的互作机制：研究了棉铃虫 *ABCC2* 基因变异与阿维菌素敏感性的关系，研究了盲蝽对寄主植物的选择行为机制、盲蝽嗅觉识别分子机制，发现了农田景观格局对天敌种群发生与控害的影响，以及新疆果棉间作模式下节肢动物食物关系的变化规律。

基于定量遥感和数据同化的区域作物监测与评价：开展了区域作物遥感监测定量遥感与数据同化工作的核心试验区观测实验和华北区域野外实验，初步建立了遥感监测数据同化方案，开展了作物分布制图和地膜覆盖遥感监测研究，开展了关键农学参数遥感反演实验并建立了降尺度分析方案。

联合固氮施氏假单胞菌碳氮代谢基因网络调控的分子机制：解析了固氮活性调节的作用机制，鉴定了多个参与固氮菌碳氮代谢偶联的非编码 RNA；建立了微生物 16S rRNA 高通量多样性测序分析平台，分析了微生物群落变化和生态系统功能的相互关系。

六、国家科技支撑计划

共承担在研项目课题 54 项，参加课题 139 项。重点围绕作物种质资源收集、保存、发掘与创新利用，棉花大宗蔬菜水果和特色花卉新品种培育，畜禽健康养殖及环境控制，高产栽培技术及示范，重大病虫害、入侵生物监测防控技术研究与集成示范，经济及园艺作物农机农艺关键技术集成与机械化栽培关键技术，农业污染物减排及重金属污染农田修复控制，水资源优化利用，区域农牧废弃物综合利用，农业保险系统研发等开展研究，在行业关键技术研究和集成示范方面取得较大进展，解决了一批综合性、区域性关键技术问题，取得了一批支撑产业发展的新产品、新品种，为产业发展提供了有力的技术支撑和产品保障。

作物种质资源收集、编目、入库与安全保存：新收集编目入长期库作物种质资源2 832份，入试管苗库371份，入超低温库150份；构建了基于电子鼻技术的种质活力无损、快速检测技术；获得一批潜在种子活力丧失分子预警标志物。构建了水稻、小麦、大豆遗传完整性检测技术，明确了不同类型种质的繁殖更新临界值；构建了库存种质活力动态监测数据库。

粮食作物种质资源发掘与创新利用：收集粮食作物种质资源672份，定位并克隆了水稻、小麦新基因/QTL 16个，创制粮食作物高产、优质、多抗、高效新种质92份，其中水稻18份，小麦35份，玉米39份；创制了2份具有高花色苷含量的水稻新种质和1份富含微量元素的黑玉米。

主要旱粮作物重大病虫害防控技术：采用混合菌系对211份次国家区试品种进行抗条锈性把关鉴定与评价；鉴定小麦叶锈菌标样236个，鉴定出生理小种或致病类型共43个。

经济作物种质资源发掘与创新利用：收集经济作物及牧草种质资源1 253份，鉴定和筛选了符合创新目标的棉花、油菜、大豆、花生、麻等10多个经济作物新种质或新材料200多份。

棉花商业化育种技术：创制早熟、优质、抗逆性强适于机采等新材料52份，培育参加省级以上区试的新品系14个，育成中棉所3018、中棉所101、国欣棉16等3个棉花新品种。

棉花种质资源发掘与创新利用：利用构建的高密度遗传图谱，检测到67个与纤维品质相关QTLs，37个与产量性状相关QTLs；选育出转基因抗虫、高衣分、丰产新种质6份，培育出8个适宜机采的早熟棉花新种质。

马铃薯综合育种技术和多抗优质新品种选育：配制鲜食、高淀粉、食品加工、抗晚疫病、抗旱、抗寒、高淀粉、丰产、早熟或彩色薯等杂交组合800多个，8个品种通过审定。

适宜出口加工蔬菜杂种优势利用与新品种选育：创制晚抽薹、综合性状优良的胡萝卜育种材料3份，育成含水量适中、耐运输、适合出口加工类型新组合H1544；搜集国内外菠菜种质资源96份，筛选耐高温、耐抽薹菠菜材料12份，抗霜霉病材料15份，选育长势强、叶片大、叶色深绿、加工不变色的菠菜材料，育成新品种6个。

瓜类蔬菜杂种优势利用与新品种选育：鉴定各类南瓜材料1 634份，配制鉴定新组合100余份，获得表现优良组合7份；构建的美洲南瓜RILs群体已有170个株系达到8代以上；明确了印度南瓜的短蔓性状是由于内源GA3合成量不足所致。

主要仁果类果树新品种选育：配置苹果、梨杂交组合42个，筛选出砧木优系32

个；创制果肉红色、抗病等苹果新种质3份，矮化、早熟、抗病梨新种质4份；选育出苹果、梨新品种7个。配置桃杂交组合26个，筛选优系6个。筛选出“春晖”和“春娇”两个甜樱桃中晚熟新品系。

核果类果树优质高效生产关键技术：发现果面着色面积、明亮度、果实大小和可溶性固形物成反比，确定了中桃5号最佳收益的合理负载量；发现主干型早期产量较高，但Y形果个和果实品质最佳；明确苜蓿和毛叶苕子是果园覆盖首选生草。

园艺作物种质资源发掘与创新利用：发现红根甘肃桃7个抗南方根结线虫抗性候选基因；发现3条可能参与山桃抗旱的基因通路；构建了葡萄含23个连锁群的遗传图谱，定位到一个与炭疽病相关QTL位点；获得西甜瓜抗枯萎病和抗病毒病植株120株，分子标记筛选获高抗单瓜10个。

主要浆果类果树新品种选育：配置葡萄杂交组合10个，获得杂交苗1 000株以上，初选优株5个，复选优株3个；获得葡萄无核品种胚挽救植株100~200株。

瓜类蔬菜杂种优势利用与新品种选育：鉴定入选综合特性良好的西甜瓜育种材料10余份，挖掘与甜瓜耐低温性相关的分子标记；选配杂交组合58个，选出表现突出的西瓜甜瓜杂交组合5个。

中国特色花卉种业关键技术：百合收集保存资源累计达到2 088份，配置杂交组合1 500余个，获得杂交种子及胚拯救幼苗近7万粒（株），选育百合优株20个；构建了百合4大病原菌快速鉴定、高效灭菌剂信息库，建立了耐盐碱评价关键指标及测试方法。

生猪养殖业节能减排关键技术：研究开发了猪场气溶胶减排和控制技术，可使TSP浓度降低至259~980微克/立方米，对猪舍排放TSP的去除率为14.8%~80%；育肥猪舍利用静电除尘技术对TSP效率达到为30%~78%。

畜禽健康养殖通用技术标准及营养调控关键技术：建立猪饲粮非淀粉多糖酶酶谱筛选仿生平台，体外优化得到的NSP酶谱使玉米—杂粕型饲粮小肠段养分消化提高了132千卡[①]/千克，使小麦—豆粕型饲粮主要养分全消化道的消化提高96千卡/千克。

畜禽健康养殖环境控制关键技术：发现5~6周龄AA肉鸡的适宜养殖温度在22~26℃范围内，发现偏冷刺激、热舒适、偏热刺激和热刺激时肉鸡侵扰行为、休息行为谱和修饰行为不同，研究发现4项评价肉鸡热舒适性的非侵入性新指标，并鉴定到多个参与热应激调控的关键蛋白。

肉羊健康养殖模式构建与示范：发现肉羊饲粮中NDF/NFC为1.04时甲烷排放量最低，可采用纤维素酶+木聚糖酶+β-葡聚糖酶+植物乳杆菌+布氏乳杆菌复合发酵处理水稻秸秆，提高肉羊生产效率。

草食类特种动物资源高值加工技术集成与产品：发现饲粮添加2 500~5 000国际单位/千克维生素A可显著提高幼龄梅花鹿抗氧化及免疫水平，有利于初角茸的生长。

---

① 1千卡≈4.2千焦，全书同

淡水养殖病虫害防治新型渔用生物酶制剂研制：开发了高效表达元件的整合优化及重组表达载体技术，构建了主要病原菌群体感应信号分子水解酶、黏孢子虫孢子壁降解几丁质酶的高效表达系统，建立其低成本规模化制备工艺，开发出淡水养殖新型渔用生物制剂。

口蹄疫等家畜疫病防控净化技术集成：采集田间猪牛羊病料 420 份，完成毒株演化分析，完成疫苗毒株的免疫学评价，初步建立了 1 种鉴别诊断技术。

新型动物专用化学药物的创制及产业化关键技术：完成了“五氯柳胺”原料药的合成及其混悬液的制备，建立了制剂含量的高效液相、高效液相色谱与质谱联用分析方法；优化“硝唑沙奈颗粒”肠溶层包衣工艺，确定了“加米霉素”原料和注射液生产工艺，开展了产品稳定性研究，完成了制剂的药代动力学试验。

毛皮动物重大传染病防控关键技术：确认了引起我国水貂出血性肺炎的绿脓杆菌主要为为 G 型和 B 型；培育了绿脓杆菌强毒株 DL15（G 型）和 JL08（B 型），研制了保护率在 95%以上的二价灭活疫苗。研制了水貂阿留申病抗体 ELISA 检测试剂盒。

重要农林入侵物种扩散监测与防控技术：追踪重建了新入侵恶性杂草长芒苋、银毛龙葵、北美刺龙葵入侵途径，明确了在我国的地理分布格局，预测了潜在的适生区域，划定了未来监测的重点区域。构建了豚草天敌昆虫广聚萤叶甲和豚草卷蛾立体式规模化混合饲养方法并示范应用。

中低产田障碍因子消减与地力提升共性关键技术：研究发现有机肥长期与化肥配施能增加土壤有机质、全氮、速效钾和碱解氮含量，提升地力。提出了能保持油菜和棉花轮作体系土壤肥力和高产稳产的 50% OM 施肥模式；发现豆科牧草种植翻压能有效提升土壤肥力，但可能造成土壤速效钾和 pH 值的下降。

循环农业系统污染物减控关键技术：获得了保护性耕作对土壤碳储量影响的研究结果，确定了农产品碳足迹核算的边界和方法学，计算了我国小麦、水稻、玉米三大粮食作物的碳足迹。

重金属超标农田原位钝化/固定与农艺调控技术：发现改性生物炭和铁基改性生物炭可降低小油菜地上部和根部砷含量 50%~80%，施用 4%的石灰对土壤有效砷的调控效果达 70%以上，以草酸、氨三乙酸、柠檬酸、KH_2PO_4 为淋洗剂对红壤区砷污染土壤的淋洗效果较好，可达 40%以上。

黄土高原东部平原区增粮增效技术：研究形成小麦玉米高产高效耕作栽培关键技术 12 套，形成节水节肥灌溉模式 4 项；筛选出区域适应型小麦玉米高产品种 9 个；集成 4 套区域适应性小麦玉米高产高效轻简化技术模式；研制、改进与改制 5 种配套农机具；研发了小麦专用生物材料包裹型控释肥和玉米多功能土壤改良养分控释肥。

川西北藏区农牧废弃物综合利用及沙化土壤改良技术：基本完成了川西北藏区高寒沙地退化机制与生境特征、川西北藏区高寒沙地生境修复类型分区研究，建立了川西北高寒沙地地理信息数据库。研制出以秸秆为主要原料的颗粒化改良沙化土壤产品配方 6 个，以牛羊粪便热解炭化沙化土壤改良产品配方 3 个，以秸秆、菌渣及牛粪等农牧废弃物为主要原料的沙化土壤改良产品 3 个。

水源优化布局模式及地下水利用监控技术：建立了示范区优化模型与分布式模型结合的耦合模型，得到了优化的水源分布模式；研制了 2 种基于 GPRS 的地下水监测系统，研制了 1 种基于数传电台的地下水监控系统；研制了砂石网式复合式过滤器和低压滴灌系统的过滤装置。

节水灌溉技术地区适应性评价方法与指标体系：研制改进了喷灌施肥装置 1 套，肥液均匀度达 94%；在广西①和新乡市分别开展了甘蔗田、小麦玉米适应性试验，构建了节水灌溉技术适应性评价的指标体系，提出灌区节水灌溉技术选用方法与标准化配置模式 1 套。

盐碱旱地棉花早熟调控技术及水肥高效利用关键技术：发现采用新型化调剂 AFD 结合适时打顶可以优化成铃结构，可提高整株内围早熟铃的产量 13%～38%，有效调控株型，提高铃枝比 4.7%～11.8%。

经济作物农机农艺关键技术：改进了油菜播种机土壤工作部件与气力系统，确定了风机最优转速；完成茬口对机采棉出苗率和苗病影响研究。

园艺作物机械化高效栽培关键技术：优化定型了低地隙园艺复式作业机垄型调节装置，完成 2 种蔬菜自动移栽机控制系统硬件选型、软件调试和移栽田间试验，平均取苗成功率 90.25%以上；优化了膜上移栽机压膜结构。

农业标准物质研发与应用：初步建立了稳定同位素内标物对照品制备技术，并研制了一批对照品；完成了大米和小麦两种农产品基质的制备和两种土壤标准品的制备；完成代表性元素均匀性和稳定性检验，优化完善了制备流程和关键控制环节。

农业保险关键技术及系统研发与示范：开发了农业生产风险早期识别和风险评估系统；集成 ARIMA 建模技术、BS 期权定价模型和数值模拟技术研究，开发了创新型生猪价格保险核心定价系统，搭建了互联网生猪价格保险平台；研制了农业灾损信息采集和便携式灾损查勘设备“农损采”；完成了我国农业巨灾风险分散体系的研究报告。

七、公益性行业科研专项

共主持承担在研项目 79 项，重点在主要农作物种质资源、农作物各类病害防控、动物饲养与饲料资源、动物疫病诊断与防控、农产品质量控制与加工、农业面源污染防控等方面，围绕产业升级发展的关键技术瓶颈，开展应急性、培育性、基础性科研工作，研制一批主导产品、形成一批主推技术、制定一批规程规范等实用技术成果，建立了一批核心示范基地并加大集成推广力度，有力支撑现代农业发展。

第三次全国农作物种质资源普查与收集行动数据库构建：完成了江苏和广东两省的调查和普查数据采集管理培训，初步构建了种质资源评价鉴定数据库框架，设计开发了

① 广西壮族自治区，全书简称广西

种质资源调查数据填报系统。

主要粮食作物高温热害预警及缓解技术：提出水稻品种开花结实期耐高低温评价方法，构建了高温热害监测预警平台，研究了不同品种穗分化期高温胁迫对颖花退化及籽粒充实的影响。

小麦主产区不同种植系统产量性能与资源效率研究：明确了不同种植模式季节间资源分配与利用特征，进一步优化双季玉米和冬小麦—夏玉米模式季节间资源配置；优化玉米推茬清垄深旋精量播种技术与装备，并进行技术示范。

设施农业高效育苗标准化生产技术：筛选辣椒、番茄、甘蓝等抗病品种与材料 48 份，初步构建了以抗病品种、环境调控、生长调节剂施用、播后精量灌溉施肥、根际微生态调控为核心的设施蔬菜苗期病害综合防治技术体系，示范效果显著。

国家重点保护野生花卉人工驯化繁殖及栽培技术：在云南、贵州、广西等地调查收集硬叶兜兰、杏黄兜兰和带叶兜兰等野生资源 300 多份，开展遗传多样性分析，建立并完善了硬叶兜兰、杏黄兜兰、带叶兜兰等无菌播种技术体系。

主要果树资源的收集评价、优异种质发掘与利用：采集苹果野生资源 988 份，完成了 112 份资源的果实表型鉴定，筛选出多酚高含量资源 2 份；评价鉴定梨砧木资源 35 余份，初步明确了矮生梨矮化机理；收集新疆、西藏和云南桃地方资源 110 份，对 559 株材料进行了桃粉蚜鉴定，挖掘野生抗性种质 4 份；建立了 20 种重要葡萄砧木数据库，审定抗寒优良新品种郑寒 1 号。

烟草增香减害关键技术：摸清全国植烟区土壤重金属含量状况，完善烟叶密集烘烤技术规程，突破产量质量协同、水分养分综合高效利用、土壤碳库调节三项关键技术，筛选低焦油品种。

粮食作物重要病毒病防控技术：建立了小麦主要病毒检测方法，从全国各地采集 200 多份病毒标样进行检测，明确了优势病毒（株系）分布状况，发现新病毒 1 种。鉴定了 700 份小麦和水稻种质资源的抗病虫性，获得 12 份抗源材料。形成了针对小麦黄矮病、矮缩病、黄花叶病和南方水稻黑条矮缩病的单项防控技术 6 项，筛选获得防治病毒病和介体昆虫的高效低毒药剂和诱抗剂 4 种，研发高效、低毒、低用量的农药使用新技术 1 项。

玉米重大害虫监测防控技术：测定了卵期和成虫期短时高温处理对二点委夜蛾存活、繁殖和体内保护酶活性的影响，发现取食诱导的玉米叶片可显著抑制亚洲玉米螟体重变化。

黏虫综合防治技术：完成黏虫全基因组测序，初步揭示了与型变、生物钟、飞行定向和免疫等相关基因的功能；建立了劳氏黏虫和淡脉黏虫实验种群，揭示了神经激素多巴胺对黏虫免疫能力的影响，阐明了黏虫被绿僵菌侵染后体内免疫指标及行为的变化，鉴定出雄蛾性外激素的主要特征成分。

作物黄萎病综合防治技术：筛选出对黄萎病防治效果良好的生防菌，检测了发酵液、菌肥的防治效果，在新疆重病田进行综合防治试验，防效可达 67.5%。

作物孢囊线虫综合治理技术：在甘肃和宁夏[①]首次发现了大豆孢囊线虫危害，在安徽和新疆首次发现了菲利普孢囊线虫为害小麦；发现不同抗感表现的小麦根系合胞体发育具有显著差异；从大豆孢囊线虫中获得新的果胶酸裂解酶基因 5 个，获得对蔬菜孢囊线虫有较好防治效果的生防真菌 5 株。

作物根蛆类害虫综合防治技术：研发了高温覆膜法、臭氧水联合膜技术、二次灌根技术等韭菜根蛆绿色防治技术，建立了以使用烟剂熏杀为主的东北地区综合防控技术体系，以处理换茬老根为主的西北地区可持续控制技术体系。

禾谷类白粉病和赤霉病综合治理技术：分析了我国小麦白粉病越夏区划，明确了影响越夏的关键气象因子；建立了基于特征参数和光谱反射率的小麦白粉病和条锈病病情估计模型；研究了早春发生的田间分布型和病菌孢子田间传播梯度，揭示了病害分布格局。

柑橘病毒病防控技术：研发了黄脉病胶体金检测试纸条，建立了脉突病毒、碎叶病毒分子检测体系，明确了黄脉病毒和褪绿矮化病毒在我国的发生、分布和变异情况，明确了炭疽病、脚腐病等侵染规律，集成了防控技术。

苹果腐烂病防控技术：获得病菌分离株 200 余株，明确了侵染我国不同种质资源的病菌，制定了防治技术规程，明确了腐害发生与矿质元素间的关系，研究了生防菌剂的田间防效。

农田杂草防控技术：阐释了作物播种量及肥力水平对节节麦生长过程的影响，发现有机硅对各种剂型的麦田除草剂均有显著的增效作用，脂肪胺对悬浮剂增效作用显著，渗透剂对水分散粒剂增效作用显著，可实现减少除草剂用量 25%左右。

主要畜禽低碳养殖及节能减排技术：开发出阵列化规模应用 LED 光源的智能化集成控制技术系统；组装集成了奶牛低碳养殖模式 1 套，单位动物排放强度降低 20%以上；形成了猪场、鸡场、牛场废弃物处理技术模式 4 套，监测分析了节能减排效果；编制的反刍动物减排、畜禽粪便堆肥管理减排等项目方法学已经国家发改委审批发布。

南方地区幼龄草食畜禽饲养技术：建立了犊牛、羔羊、仔兔早期培育关键技术，筛选出南方经济作物副产物的高效利用技术方案，确定了幼畜断奶前后代乳饲料和开食料营养参数，创制了犊牛羔羊代乳品并实现产业化利用。

饲料高效低耗加工技术：研究了挤压膨化对菜粕营养成分、抗营养因子、养分消化利用率的影响，提出了使用比例；研究了粉碎粒度和环模压缩比对生长育肥猪生长性能的影响，研究了肉鸡日粮中玉米、豆粕的最佳粉碎粒度及粒度分布，确定了最佳组合与适宜加工条件；构建了秸秆饲料营养价值评价体系、平台和数据库，创制了复合酶制剂产品并开展中试推广示范。

饲料抗生素替代品研制：获得一批抗菌性酶基因，建立了酶蛋白的分子改良与筛选、生物信息学理性设计、快速筛选与模拟胃肠道酶性能评估等技术；通过遗传密码子

① 宁夏回族自治区，全书简称宁夏

优化，提高海蚯蚓素抗菌肽表达产量；改良了来源于嗜热拟青霉的高温葡萄糖氧化酶，热稳定性优良。

饲草饲料资源开发利用技术：阐明了紫花苜蓿根系特征与秋眠性和抗寒性的关系，明确了不同品种在不同生态区的适应性和生产性能，研究了苜蓿与灌木及其他农副产品组合生产配合颗粒饲料技术；筛选出 2 个耐低磷苜蓿品种和 2 份高效匹配根瘤菌，初步形成苜蓿田测土配方施肥、刈割调控技术，筛选出适宜华北平原苜蓿田的雨季除草剂；分析发现了一批达到氮源饲料标准的苎麻品种，初步筛选出大叶麻 2 号等 4 个纤饲两用品种。

新型动物疫病诊断技术：建立 PCR、RT-PCR、试纸条、ELISA、核酸芯片等新型疫病诊断技术 10 种，禽白血病病毒 ELISA 群特异性抗原检测试剂盒、狂犬病竞争 ELISA 抗体检测试剂盒获新兽药证书；基于微流控 PCR 芯片技术，建立了肠出血性大肠杆菌 O157：H7 的快速检测方法。

动物源性沙门菌病防控技术：利用 Red 重组系统构建鼠伤寒沙门菌 *aroA-luxS* 双基因缺失株，制备了弱毒疫苗，小鼠免疫试验显示减毒疫苗安全性良好，能够发挥免疫保护作用。

禽大肠杆菌病和支原体病防控技术：分离鉴定了禽滑液囊支原体 3 株，建立了 ELISA 抗体检测方法，完成疫苗候选株最小免疫剂量、攻毒方法、攻毒剂量的筛选实验，对鸭疫里默氏杆菌—禽大肠杆菌二联苗进行了复核实验。

动物疫苗制剂及下游工艺研发：优化了病毒衣壳蛋白密码子，实现了 RHDV 病毒样颗粒在昆虫细胞中的表达和组装；优化了细胞培养和病毒样颗粒装配条件，进一步提高衣壳蛋白表达量。

鸡新城疫防控技术：通过系统的分子流行病学分析，确定了今年流行的病毒亚群，证实 2010 年以后的鸽源流行株抗原性已发生明显变化，能在一定程度上逃避 LaSota 血清的中和效用。

宠物疫病快速诊断与疫苗研制：完成了狂犬病毒 G 蛋白、兔抗犬 IgG 多克隆抗体的制备与纯化，筛选出具有良好保护效果的疫苗冻干保护剂，建立了狂犬病毒黇鹿 IMDRV-13 的攻毒模型，建立了交叉引物恒温扩增及核酸试纸条检测方法。

放牧动物蠕虫病防控技术：完成了优势虫种肿孔古柏线虫线粒体全基因组的种群遗传进化分析，建立了鉴别肿孔古柏线虫、环纹背带线虫和奥斯特线虫的 PCR-RFLP 方法，制定了适合甘肃地区放牧动物牛羊寄生虫的防控模式 1 套并示范推广；建立了高敏感性和特异性的家畜日本血吸虫病基因工程重组抗原诊断技术。

新型动物专用药物研制与应用：建立了鸡组织中沙咪珠利及其主要代谢物的样品前处理方法，完成了沙咪珠利的靶动物安全性试验研究，明确了临床推荐剂量使用的安全性。

中兽药生产关键技术：研制出连蒲双清颗粒、老铁止痢可溶性粉制剂，优化了中药有效成分发酵黄芪多糖、藏茴香挥发油的提取技术，确定了芩藿饮和瑞香狼毒抗菌抑菌剂的生产工艺，获得了曲枳散和芩藿饮临床试验批件，确定了葛芪止泻颗粒制剂生产工艺。

粮食主产区土壤肥力演变与培肥技术：围绕我国农田长期施肥的土壤肥力与生产力演变特征开展系统研究，集成长期试验结果，提出5大区域农田土壤培肥的施肥和耕作核心技术8项，包括培肥土壤轻简化技术6项。

耕地合理耕层构建技术：基本明确了辽北棕壤区、黄淮海北部缺水区和西北干旱区限制土壤合理耕层建设的关键因素和障碍因子，初步提出合理耕层的技术参数与指标体系，形成实用技术6项并进行了大规模示范与辐射；分类研究了东北、华中、华南、西南4个区域坡耕地合理耕层构建技术指标体系，初步完善了6套耕地保土机具及配套技术方案；研究了豫北潮土区不同耕作方式、灌溉方式及灌溉制度对水浇地土壤耕层理化性状、水肥利用效率和产量的影响。

水田两熟区耕地培肥与合理农作制研究：在作物高产、资源高效、土壤培肥等单项技术突破的基础上，进行农作制优化与标准化、养地作物种植、有机肥辟源与利用、轮作制施肥等技术的系统化集成，形成农艺农机配套的轻简化技术模式。

典型流域主要农业源污染物入湖负荷及防控技术：初步评估了3个典型小流域农业源污染物入湖负荷，识别了关键区、关键期及主控因子；开展了种植业源、养殖业源及生活源污染控制技术的熟化与技术集成，初步形成了系统防治技术体系。

有机化学品污染农田生物协同修复技术：以蚯蚓为典型土壤动物，研究了氯乙酰胺类除草剂的降解过程及蚯蚓的协同降解作用；建立蚓触圈，比较分析了各基质对乙草胺的降解能力，筛选出降解功能菌2株。

大宗农作物产地污染物阻控技术：初步形成土壤重金属污染阻控系列技术方案，在水稻、蔬菜污染产区示范，土壤重金属钝化率平均达40%以上，生物富集修复示范有效态重金属去除率达25%，除草剂降解率达70%以上；明确了有机肥施用量与土壤和作物重金属含量的关系，建立了不同类型有机肥限量施用指标和阻控施用技术并示范。

农产品产地重金属安全评估技术：研发了产地安全数据快速获取及云采集设备，开发了全国农产品产地安全信息管理系统，形成产地安全等级边界与禁产区边界划分技术方案，提出适合不同Cd污染程度的产地种植模式，建立完善了生态补偿的长效监督机制。

典型区域残膜污染综合治理技术：确定了新疆种植棉花、花生、番茄、玉米的安全覆盖周期，明确了全疆平均残膜量为256千克/公顷；构建的新疆绿洲农业区残膜污染防控技术模式当年回收率达80%以上，构建的西北旱塬区防控模式可显著减少地膜投入，回收率可达85%以上。

双季稻农田温室气体监测与控制技术：建立了双季稻稻田温室气体监测方法与技术标准，筛选研究了高产低排放水稻品种，研发了新型氮肥树脂包膜控释尿素、碧晶尿素、添加剂菌剂、薄浅湿晒灌溉等减排增产技术并开展大田示范。

农村沼气高效发酵工艺与装置研发：研究了干发酵活性污水喷淋的传质传热机理、

原料流体状态和微生物分布，提高秸秆产气率；设计制造了采用顶部扰流器结合螺旋装置机械出料的发酵装置。

生活污泥沼气化处理利用技术：优化了生活污泥碱解耦合超声预处理工艺高效运行控制参数与高浓度厌氧消化工艺条件，获得了生活污泥制备节能型墙体材料的原料配方，开发了烧结墙体材料余热利用关键装置和控制系统并开展了中试示范。

半干旱牧区天然打草场培育及利用技术：综合评价了不同区域打草场改良培育与利用技术措施，提出综合技术体系和模式并示范推广，初步完成监测管理信息系统 1 套。

绿肥作物生产与利用技术：获得绿肥新品种认定 19 个，创新了绿肥生产系列关键技术，实现了生产全过程机械化；完善了南方水稻绿肥、西南玉米绿肥、西北麦后绿肥种植与化肥减施增效技术体系，创新了北方冬绿肥及果园绿肥等技术模式。

马铃薯主粮化关键技术体系：深入探讨马铃薯主食产业发展的政策引导与方式，开展马铃薯主食产品健康效用评价，建立了适宜品种筛选的指标体系和评价方法，成功研制出一批特色主食产品，开展了高产栽培技术示范与应用推广。

农产品真实性识别与质量安全追溯技术：建立了基于稳定同位素、矿物元素及特征成分的有机猪肉鉴别技术，龙井茶、普洱茶产地与年份鉴别技术，及蜂胶产地溯源技术，研制了基于电子标签的农产品真实性识别与追溯便携设备。

反刍动物 β-激动剂残留规律及监测技术：完成克伦特罗、莱克多巴胺、沙丁胺醇在绵羊体内主要代谢途径和代谢形态研究，建立了三种药物代谢产物直接筛查技术；建立了微流控芯片、拉曼光谱、激光诱导读卡器、转化发光仪、多标同检 ELISA 等速测技术 5 套并示范推广。

动物养殖中新型未知添加物筛查与确认技术：建立了激动剂类、beta-内酰胺药物的快速定性检测方法，研制了相关产品和装置；建立了 FT-IR 快速筛查预混料中违禁药物的方法；研制了尿液、血液和肌肉中非目标污染物筛查的样本前处理方法。

农产品安全快速监测技术：研发了三唑磷、对硫磷、毒死蜱等化学发光免疫分析试剂盒，研制了便携式化学发光测定仪；建立了农产品中三唑类农药的表面增强拉曼光谱快速检测技术，搭建了基于多功能纳米杂化材料的荧光竞争传感、电化学传感及 SPR 芯片传感检测平台。

生鲜乳质量安全评价技术：建立了 6 种喹诺酮类兽药残留生物芯片高通量筛查技术，研究了水牛、奶牛、牦牛、山羊乳等的特征吸收峰，摸清了控制生乳中重金属残留的关键点。

华北棉区棉花全程机械化技术：集成了适宜机械化品种、种植模式，结合北斗导航膜上打孔精量播种、简化化学调控、机械化施肥与植保、机械化打顶、化学催熟脱叶等技术，形成适于黄河流域棉花全程机械化高产栽培技术规程。

农业机械化技术与装备研发：研发了适宜茶园的跨行自走式拖拉机，调整了作业宽度和高度，提高了适应性；完成了水稻、小麦、玉米、果树和设施园艺作物植保技术及机具关键部件的定型。

黄淮海高产农田作物需水及高效用水技术：绘制了作物需水量空间分布图，建立了节水灌溉条件下小麦、玉米、棉花各生育阶段的需水量指标体系；完善了农田高效用水远程服务系统，研发出小型节水灌溉设备；研究提出了小麦低压喷灌、玉米沟灌、闸管灌溉等新技术；集成了高产农田高效用水技术模式4套并推广应用。

油料产地加工技术装备研发：采用微波电磁能和风能耦合协同手段，可使微波调制增香设备节约能耗10%左右；集成了清洁净选、微波调制增香、低残油低温压榨、低温物理炼制技术和PLC自控系统。

八、国家科技基础性工作专项

共主持承担在研项目11项，重点开展了农作物种质资源观测、农作物生物资源调查、农作物有害生物及其天敌资源、畜禽饲料资源及其矿物元素含量与分布调查、农产品中高风险农药助剂残留调查、危害分析及助剂分类、大宗农产品加工原料重金属污染调查等基础性调查工作，从农业生产一线收集、整理、鉴定、评价、保存一批重要种质资源，收集掌握了一批土壤、水资源、气候资源、农业障碍因子等的基础调查数据与农业科技资料，为相关学科发展提供了基础数据和材料支撑。

西北干旱区抗逆农作物种质资源调查数据库建立：生成了2011—2016年中国西北、华北干旱区抗逆农作物种质资源基础数据库，共计5 335条资源记录、11 000余张资源考察图片；整理并生成了6条元数据，与实体数据一同提交进行数据共享。

国家农作物种质资源观测中心：完成了中心总体实施方案的设计与农业科学实验站的遴选工作，构建了种质资源长期监测指标体系，研制了作物种质资源长期监测数据标准和规范。

蔬菜与一年生经济作物资源调查与评价：鉴定了169份辣椒资源的植物学性状，分析了株高、株幅、果径等数量性状的变异系数，筛选到色价>10的辣椒材料5份，分析了材料的维C含量。

主要农作物有害生物及其天敌资源调查：开展了稻田、麦田、玉米田、棉田杂草调查，共采集农田杂草样本600份左右；完成55种杂草197个样本的条形码测序工作。

农作物资源鉴定评价：完成300份水稻资源的鉴定评价，采集农艺特征及抗病性数据3 000个；完成优异水稻种质综合评价300份，采集主要农艺性状数据1 800个；完成30份茶树资源数据的系统鉴定评价，更新资源25份，并重点对150余份资源春、夏、秋三季的儿茶素组分和生物碱含量进行了测定。

我国优势产区落叶果树农家品种调查与收集：调查收集农家品种资源1 400份，完成了梨、石榴等351份农家品种的花粉电镜观察，建立了落叶果树农家品种资源图文数据库1个，收录农家品种信息1 400条，制备农家品种资源标本844份。

我国主要畜禽饲料资源及其矿物元素含量与分布调查：从全国各地采集玉米、豆粕、小麦麸、鱼粉、石粉等各类饲料原料样品约1 200个，为样品分析工作奠定了基础。

传统中兽医药资源抢救与整理：整理江西、河南两省畜禽经验方 1 本，汇集各种经方 193 个，搜集河南省地道药材 11 种；整理了福建省和广东省古籍、著作目录和中兽医单方目录；收集中兽药资源有关书籍 50 余部、资料信息 600 余条、中药图片资料 40 余种。

我国 1∶5 万土壤图籍编撰及高精度数字土壤构建：基本完成了覆盖全国 1∶5 万土壤图与高精度数字土壤大数据预处理，预期能以 1 公顷为单元提供我国各地详尽的土壤资源与质量状况时空信息，含近 100 项土壤理化性状。

农产品中高风险农药助剂残留调查、危害分析及助剂分类：针对我国小麦、玉米、水稻、大豆 4 种粮食与 8 类 10 种蔬菜及其产地环境土壤和水等共 4 728个样品，进行了烷基酚聚氧乙烯醚、多芳基酚聚氧乙烯醚等 2 类表面活性剂以及甲苯等 5 类有机溶剂的残留检测，已获得 29 253个农药助剂残留数据。

我国大宗农产品加工原料重金属污染调查：完成 1 000多份小麦、稻谷样品的采集和铅、镉、铬等 8 种重金属的检测工作，获得了江苏省、河北省、山东省小麦重金属含量的可靠数据。

中国农业科学院2016年科技成果统计表

总计	以第一完成单位获奖														以参加单位获奖						
	合计	国家奖			省部级奖				院级奖			其他奖	评价未获奖		合计	国家奖		省部级奖			
		小计	一等	二等	小计	一等	二等	三等	小计	杰出奖	青年奖					小计	二等	小计	一等	二等	三等
184	116	7	1	6	37	11	19	7	12	10	2	60	68		37	3	3	34	9	14	11

中国农业科学院 2016 年获奖成果

一、获国家奖成果

序号	项目名称	第一完成人	第一完成单位	奖励类别	奖励等级
1	中国农业科学院作物科学研究所小麦种质资源与遗传改良创新团队	刘　旭	作科所	创新团队	一等奖
2	多抗稳产棉花新品种中棉所 49 的选育技术及应用	严根土	棉花所	科技进步奖	二等奖
3	节粮优质抗病黄羽肉鸡新品种培育与应用	文　杰	牧医所	科技进步奖	二等奖
4	针对新传入我国口蹄疫流行毒株的高效疫苗的研制和应用	才学鹏	兰州兽医所	科技进步奖	二等奖
5	农药高效低风险技术体系创建与应用	郑永权	植保所	科技进步奖	二等奖
6	南方低产水稻土改良与地力提升关键技术	周　卫	资划所	科技进步奖	二等奖
7	油料功能脂质绿色高效提质关键技术与产品创制	黄凤洪	油料所	科技进步奖	二等奖

二、获省部级奖成果

序号	成果名称	第一完成人	第一完成单位	奖励种类	奖励等级
1	小麦高产创建技术集成与示范推广	赵广才	作科所	全国农牧渔业丰收奖	一等奖

（续表）

序号	成果名称	第一完成人	第一完成单位	奖励种类	奖励等级
2	毁灭性土传病害综合治理技术体系的构建及推广应用	曹坳程	植保所	全国农牧渔业丰收奖	一等奖
3	蜂蜜优质安全生产全程控制与增值加工新技术及推广应用	吴黎明	蜜蜂所	全国农牧渔业丰收奖	一等奖
4	犊牛定向培育关键技术研究与推广应用	刁其玉	饲料所	全国农牧渔业丰收奖	一等奖
5	高效生物饲料的产业化技术集成与示范推广	丁宏标	饲料所	全国农牧渔业丰收奖合作奖	一等奖
6	农产品中典型化学污染物精准识别与确证检测关键技术研究与应用	王　静	质标所	北京市科学技术奖	一等奖
7	棉属染色体与基因组分析及四倍体棉种演化	王坤波	棉花所	河南省自然科学奖	一等奖
8	中棉所63等系列强优势杂交棉品种的选育与应用	杨代刚	棉花所	全国农牧渔业丰收奖	一等奖
9	超级专用早稻中嘉早17的选育与应用	胡培松	水稻所	浙江省科技成果奖	一等奖
10	芝麻种质基因库的构建、发掘与育种应用	张秀荣	油料所	湖北省科技进步奖	一等奖
11	高山美利奴羊新品种培育及应用	杨博辉	兰州牧药所	甘肃省科技进步奖	一等奖
12	中苜3号耐盐苜蓿新品种的推广应用	杨青川	牧医所	全国农牧渔业丰收奖	二等奖
13	智能植物工厂能效提升与营养品质调控关键技术研究与应用	杨其长	环发所	北京市科学技术奖	二等奖
14	藏北高寒草地适应气候变化关键技术及应用	高清竹	环发所	西藏自治区科学技术奖	二等奖

（续表）

序号	成果名称	第一完成人	第一完成单位	奖励种类	奖励等级
15	羔羊生理营养和育肥关键技术研究与应用	刁其玉	饲料所	北京市科学技术奖	二等奖
16	双季稻机械化生产技术研发与应用	朱德峰	水稻所	全国农牧渔业丰收奖	二等奖
17	多功能复合菌剂的研制及其在油菜生产上的应用	廖　星	油料所	湖北省科技进步奖	二等奖
18	高产高效油菜新品种大地55和中农油6号的推广应用	梅德圣	油料所	农业部丰收奖	二等奖
19	西瓜甜瓜种质资源收集、保存与评价利用	王吉明	郑果所	河南省科技进步奖	二等奖
20	山羊传染性胸膜肺炎防治新技术研究	逯忠新	兰兽研	甘肃省科技进步奖	二等奖
21	甘南牦牛选育改良及高效牧养技术集成示范	阎　萍	兰牧药	全国农牧渔业丰收奖	二等奖
22	水禽主要疫病快速诊断与疫苗研究	丁　铲	上海所	上海市科学技术奖	二等奖
23	我国北方草地害虫及毒害草生物防控技术推广与应用	刘爱萍等	草原所	全国农牧渔业丰收奖	二等奖
24	水貂、狐狸、貉主要传染病疫苗规模化开发及应用	李光玉	特产所	全国农牧渔业丰收奖	二等奖
25	毛皮动物健康养殖关键技术集成与推广应用	程世鹏	特产所	吉林省科技进步奖	二等奖
26	退化草原植被恢复与重建关键技术与模式	杨殿林	环保所	全国农牧渔业丰收奖	二等奖
27	重金属污染产地叶菜类蔬菜安全生产关键技术示范与应用	郑向群	环保所	全国农牧渔业丰收奖	二等奖
28	作物秸秆高效炭化还田关键技术研究与应用	张贵龙	环保所	天津市科技进步奖	二等奖

（续表）

序号	成果名称	第一完成人	第一完成单位	奖励种类	奖励等级
29	中国特色农业现代化建设理论与实践	蒋和平	农经所	北京市科学技术奖	三等奖
30	麻育秧膜研制及其在水稻机插育秧中的应用	王朝云	麻类所	湖南省技术进步奖	三等奖
31	苎麻转录组研究	刘头明	麻类所	湖南省自然科学奖	三等奖
32	我国动物血液原虫标准化资源库的建立与配套技术研究	罗建勋	兰州兽医所	甘肃省自然科学奖	三等奖
33	“益蒲灌注液”的研制与推广应用	苗小楼	兰州牧药所	甘肃省科技进步奖	三等奖
34	林下护育山参红皮病综合防治技术研究与示范	张亚玉	特产所	吉林省科技进步奖	三等奖
35	无特定病原体鸭培育与应用	曲连东	哈尔滨兽医所	黑龙江省科技进步奖	三等奖
36	一种0~6月龄犊牛用的复合微生物酶制剂及含其代乳品	屠　焰	饲料所	第十八届中国专利优秀奖	优秀奖
37	一种酸性木聚糖酶XYL10A及其基因和应用	姚　斌	饲料所	第十八届中国专利优秀奖	优秀奖

三、获中国农业科学院科学技术成果奖成果

序号	成果名称	主要完成单位	主要完成人员
杰出科技创新奖（10项）			
1	大豆种质资源遗传多样性与基因组进化特点	中国农业科学院作物科学研究所	邱丽娟　李英慧　关荣霞 王晓波　王丽侠　周国安 郭　勇　刘章雄　闫　龙 王克晶　马岩松　谢　华 袁翠平　王　彪　张丽娟

（续表）

序号	成果名称	主要完成单位	主要完成人员
2	植物免疫诱抗蛋白制剂阿泰灵的创制与应用	中国农业科学院植物保护研究所、北京中保绿农科技集团有限公司	邱德文　陈　昶　杨秀芬 张刚应　曾洪梅　徐　军 郭立华　赵宜君　袁京京 周　乐　蔡茂跃　李建东 张立群　陶英全　杨德海
3	果蔬主要害虫绿色防控关键技术及应用	中国农业科学院植物保护研究所、北京市农林科学院、青岛农业大学	万方浩　刘万学　王　甦 褚　栋　张桂芬　张　帆 杨念婉　周洪旭　杨勤民 李长友　张　彬　王俊平
4	花生加工黄曲霉毒素全程绿色防控技术及应用	中国农业科学院农产品加工研究所、农业部南京农业机械化研究所、山东农业大学、青岛农业大学、山东鲁花集团有限公司、青岛天祥食品集团有限公司	刘　阳　邢福国　赵月菊 谢焕雄　刁恩杰　杨庆利 宫旭洲　王　䶮　周　露 董海洲　颜建春　于　强 杜祖波　李　秋
5	国产 GF-1 卫星冬小麦面积遥感监测技术	中国农业科学院农业资源与农业区划研究所	刘　佳　王利民　李丹丹 滕　飞　杨玲波　王　飞 刘跃辰　陈仲新　邵　杰 杨福刚　邓　辉　高建孟 邹金秋
6	超级稻机械精量穴直播高产高效技术研发及应用	中国水稻研究所、华南农业大学、杭州市余杭区农业技术推广中心、海盐县土肥植保站、浙江省农业技术推广中心	王丹英　王在满　金国强 罗锡文　徐春梅　章秀福 陆永良　朱晓群　陈叶平 杨文武　陈　松　张建萍
7	中棉所 63 等系列强优势杂交棉品种的选育与应用	中国农业科学院棉花研究所、中棉种业科技股份有限公司、安徽中棉种业长江有限责任公司	杨代刚　周晓箭　马雄风 周关印　李　威　张朝军 刘金海　周　红　裴小雨 周克海　匡冬萍　唐淑荣 刘艳改　贺昆仑　张文生
8	高效节能清洁型麻类工厂化生物脱胶技术	中国农业科学院麻类研究所	刘正初　彭源德　冯湘沅 段盛文　郑　科　孙庆祥 胡镇修　成莉凤　吕江南 郑　霞　严　理　杨瑞林 邓硕苹　马　兰　龙超海

（续表）

序号	成果名称	主要完成单位	主要完成人员
9	猪传染性胃肠炎、猪流行性腹泻、猪轮状病毒（G5 型）三联活疫苗的研制	中国农业科学院哈尔滨兽医研究所、哈尔滨维科生物技术开发公司、哈尔滨国生生物科技股份有限公司	冯　力　时洪艳　陈建飞 佟有恩　张　鑫　王牟平 王洪峰　孙东波　石　达
10	高山美利奴羊新品种培育及应用	中国农业科学院兰州畜牧与兽药研究所、甘肃省绵羊繁育技术推广站、肃南裕固族自治县皇城绵羊育种场、金昌市绵羊繁育技术推广站、肃南县裕固族自治县高山细毛羊专业合作社、肃南裕固族自治县农牧业委员会、天祝藏族自治县畜牧技术推广站	杨博辉　岳耀敬　李范文 郭　健　王天翔　刘建斌 李桂英　孙晓萍　牛春娥 李文辉　冯瑞林　王学炳 安玉锋　张万龙　梁育林
青年科技创新奖（2 项）			
11	旱作农田土壤有机碳高效固存机制研究	中国农业科学院农业环境与可持续发展研究所、辽宁省农业科学院、中国科学院沈阳应用生态研究所	刘恩科　杜章留　白　伟 娄翼来　徐文华　董雯怡
12	传粉蜂病毒和微孢子虫病的鉴定分类、跨种感染及致病力的分子机制	中国农业科学院蜜蜂研究所	李继莲　吴　杰　彭文君 安建东　黄家兴

中国农业科学院 2016 年获奖科技成果简介

一、国家级奖

1. 中国农业科学院作物科学研究所小麦种质资源与遗传改良创新团队

依 托 单 位　中国农业科学院作物科学研究所

主要完成人员　刘　旭，何中虎，刘秉华，贾继增，辛志勇，李立会，景蕊莲，肖世和，马有志，张学勇，刘录祥，毛　龙，夏先春，孔秀英，张　辉

起 止 时 间　1998—2015 年

获 奖 情 况　2016 年国家科技进步奖创新团队

内 容 提 要

历时 60 年逐步形成引领中国并影响世界的小麦种质资源与遗传改良创新团队。5 人先后当选院士，为全国 90% 主栽品种提供育种材料，培养了全国 60% 学术带头人，为实现小麦从严重短缺、基本自给到丰年有余的历史性转变提供种质和技术支撑。团队在编 82 人，刘旭院士、何中虎研究员为带头人，包括院士 2 人、“973” 首席专家 4 人等，建立了国际化的组织管理与高效运行机制。被誉为我国农业界的标志性团队和杰出代表，总体影响力已居国际领先团队行列。

通过“联合攻关、协同创新”，解决了三大科学问题，突破了四大技术难题，在种质资源保存与评价利用、矮败小麦技术、品质评价体系、基因组学等方面取得 5 项标志性成果，实现了育种材料创制和育种新方法研究的重大突破，为实现我国从小麦研究大国到强国的历史性跨越做出重大贡献。1998 年至今，先后获国家科技进步一等奖 3 项、二等奖 4 项、国际奖 5 项。在国内外出版专著 8 部，获授权发明专利居国际第一位，SCI 论文总量国际第二位、他引频次国际第四。10 人次在国际组织任职或担任主流国际 SCI 期刊编委。成为我国小麦重大科研项目最重要的组织者，近 10 年主持约 60% 的国家级重大项目，SCI 论文引用增加 147 倍，授权专利和标准等增加 10 倍，与法国农业科学院等 4 个国际顶尖团队合作建立了双边实验室。未来发展目标是建设国际领先的小麦技术创新中心，在分子设计等前沿技术应用、节水高效新材料和新品种创制等领域取得突破，为保障国家口粮绝对安全保驾护航。

2. 多抗稳产棉花新品种中棉所 49 的选育技术及应用

主要完成单位　中国农业科学院棉花研究所，新疆维吾尔自治区种子管理总站，新

疆中棉种业有限公司

主要完成人员 严根土，余　青，潘登明，黄　群，赵淑琴，匡　猛，付小琼，王　宁，王延琴，卢守文

起止时间 2000年1月—2011年12月

获奖情况 2016年国家科技进步奖二等奖

内容提要

针对新疆产棉区次生盐碱、干旱、寒流等灾害频发的实际，以选育多抗稳产棉花品种为主攻目标，历经20多年攻关，在棉花新品种选育技术及应用等方面取得重大突破。

（1）培育了多抗稳产棉花品种中棉所49，实现了耐旱碱、大铃和高衣分等性状的协同改良，推动了我国主产棉区品种的更新换代。该品种对旱碱低温和病害多抗，适应性强；首批入选农业部主导品种，连续10年，年限最长；同时成为国家与自治区两级区试的对照品种，连续8年与9年。2005年开始推广，面积占南疆的16.5%，近两年上升到65%；占全国总面积的比重由2.1%增加到15.5%，并仍在保持，在全国棉花产业地位突出。

（2）优化了育种策略，创建了低代大群体多逆境交叉选择的育种技术途径，丰富了我国棉花育种的理论与方法。该策略的指导思想是：创制或选用亲本的“短板”性状起点要高，不能带有不可克服的缺陷，主攻的目标性状可追溯；对育种3个关键环节创新了举措，提高了变异的创造、选择和稳定的效率。特别是创建了低代大群体多逆境交叉选择的技术途径，是穿梭育种的发展。创制了优异材料中51504，成就了突破性新品种中棉所49。

（3）构建了中棉所49保真繁育的DNA指纹检测监控技术，研发了品种种性纯化和全程精控技术体系，保障了该品种在主产棉区的长期大面积应用。发明了中棉所49的DNA指纹检测方法，结合种子质量全程精控等技术，在中棉所49长期大面积推广过程中的种子质量保障方面发挥了重要作用。

（4）创建了基于中棉所49的棉花种植标准化技术体系，建立了棉花生产全程标准化模式，为我国棉花种植规范化提供了一个先例。中棉所49作为样本，建立了国家棉花种植综合标准化示范区，制定了品种、栽培、采收和加工4项地方标准，为主产棉区精准棉业的发展提供了载体和关键核心技术。

项目获得植物新品种权1项，发明专利5项，软件著作权1项，发表论文22篇。中棉所49累计推广7 118.5万亩，新增经济效益123.3亿元，近3年推广面积2 650万亩。该品种多抗稳产，占南疆面积的65%，引领了品种更换，为民族地区的经济发展和社会稳定发挥了重要作用。

3. 节粮优质抗病黄羽肉鸡新品种培育与应用

主要完成单位 中国农业科学院北京畜牧兽医研究所，安徽农业大学，上海市农业科学院，安徽五星食品股份有限公司，广西金陵农牧集团有限公司

主要完成人员　文　杰，赵桂苹，耿照玉，陈继兰，郑麦青，李　东，姜润深，黄启忠，刘冉冉，胡祖义

起 止 时 间　2002—2015 年

获 奖 情 况　2016 年国家科技进步奖二等奖

内 容 提 要

针对黄羽肉鸡生产中存在种鸡耗料量高、品质下降和发病率高问题，挖掘出肉质抗病性状的关键基因和有效分子标记，创建了肌内脂肪含量、淋巴细胞比率为主选性状的选育技术，实现了肉质和抗病不易度量性状的遗传选择；发明了矮小型鸡配套制种技术，在 30%的国审肉鸡新品种中应用；培育出国审新品种 4 个，在北方、长三角和西南等推广地区的同类型产品市场中占有率达 30%；制定了与配套的国家和行业标准，促进了行业规范有序发展。项目执行期间新品种在全国推广父母代种鸡 1 100余万套，商品鸡近 15.5 亿只，获经济效益 34.15 亿元。

4. 针对新传入我国口蹄疫流行毒株的高效疫苗的研制和应用

主要完成单位　中国农业科学院兰州兽医研究所，金宇保灵生药品有限公司，申联生物医药（上海）股份有限公司，中农威特生物科技股份有限公司，中牧实业股份有限公司

主要完成人员　才学鹏，郑海学，刘国英，陈智英，刘湘涛，王超英，齐　鹏，魏学峰，张　震，郭建宏

起 止 时 间　1994 年 1 月—2011 年 12 月

获 奖 情 况　2016 年度国家科技进步奖二等奖

内 容 提 要

口蹄疫是危害猪、牛、羊等家畜最为严重的世界性烈性传染病，病原高度变异，新毒株不断出现，疫情传播迅猛，造成重大经济损失和社会影响。2000 年以来，亚洲 I 型、O 型和 A 型 3 种血清型的 5 种新毒株先后传入我国，引起我国 24 省区 118 次疫情暴发，每年近 18 亿头猪、牛、羊处于高危状态，原有疫苗不足以应对，急需提供高效疫苗。项目组应国家重大需求，攻克关键技术难关，取得如下成果。

（1）创建了制苗种毒分子选育技术平台，解决了传统制苗种毒选育耗时长、成功率低的难题，成功创制了 3 种高效灭活疫苗，及时遏制了口蹄疫大流行。

（2）发明了单质粒口蹄疫病毒拯救系统，实现了制苗种毒的定向设计构建，突破了流行毒株不能驯化为制苗种毒的技术难题，制备出产能高、抗原性好、稳定性强的 A 型制苗种毒，填补了 OIE 抗原库的空白。

（3）首创了工业化固相口蹄疫抗原多肽合成技术体系，建立了没有生物安全风险的全新抗原制备方法，创制了 2 种猪口蹄疫 O 型合成肽疫苗，成为疫苗制造领域的重大突破。

（4）创新了具有自主知识产权的病毒规模化悬浮培养和抗原浓缩纯化生产工艺，

解决了产能低、易污染、批间差异大、副反应严重等技术难题，建立了我国全新的口蹄疫疫苗产业化技术体系，突破了国外技术壁垒和垄断，使我国口蹄疫疫苗质量达到国际领先水平。

本成果创制的6种高效疫苗在31个省市推广应用，免疫猪、牛和羊50.89亿头，亚洲I型口蹄疫，自2009年6月以来，全国已连续80个月没有发生；O型口蹄疫逐年减少，2010年18起，2014年2起，2015年无报道疫情；A型2013年17起，2014年降为5起，2015年3起。累计销售疫苗75.38亿毫升，总计收入56.01亿元，新增利润22.87亿元，实现利税6.88亿元；出口越南、朝鲜、蒙古等国，创汇196.5万美元。成果应用产生间接经济效益1 145.94亿元。该项目发表论文218篇，出版专著4部，获国家授权发明专利10项、授权的其他知识产权18项，制定制造和检验规程3项、国家标准3项，国家新兽药注册证书一类1件、三类5件，获得省级科技进步一等奖2项。

5. 农药高效低风险技术体系创建与应用

主要完成单位 中国农业科学院植物保护研究所，农业部农药检定所，中国农业大学，全国农业技术推广服务中心，江苏省农业科学院，中国农业科学院蔬菜花卉研究所，广东省农业科学院植物保护研究所

主要完成人员 郑永权，张宏军，董丰收，高希武，黄啟良，陈　昶，刘　学，蒋红云，束　放，杨代斌

起止时间 1998年1月—2012年12月

获奖情况 2016年国家科技进步奖二等奖

内容提要

农药是保障农产品安全不可或缺的生产资料，但因其特有的生态毒性，不科学合理使用会带来诸多负面影响。本项目针对我国农药成分隐性风险高、药液流失严重、农药残留超标和生态环境污染等突出问题，系统分析农药发展历程特点，指出“高效低毒低残留”已不能满足农药发展的需求，率先提出了农药高效低风险理念，创建了以有效成分、剂型设计、施药技术及风险管理为核心的高效低风险技术体系。

（1）率先建立了手性色谱和质谱联用的手性农药分析技术，创建了农药有效成分的风险识别技术，成功识别了7种以三唑类手性农药为主的对映体隐性风险，为高效低风险手性农药的研发应用及风险控制提供了技术指导。

（2）率先建立了“表面张力和接触角”双因子药液对靶润湿识别技术，制定了作物润湿判别指标，解决了药剂在不同作物表面高效沉积的有效识别与精准调控难题，提高对靶沉积率30%以上。开展了作物叶面电荷与药剂带电量的协同关系研究，研发了啶虫脒等6个定向对靶吸附油剂新产品，对靶沉积率提高到90%以上。通过水基化技术创新、有害溶剂替代、专用剂型设计、功能助剂优化，研发了10个高效低风险农药制剂并进行了产业化。

（3）研发了“科学选药、合理配药、精准喷药”高效低风险施药技术。攻克了诊

断剂量和时间控制、货架寿命及田间适应性等技术难题，发明了瓜蚜等精准选药试剂盒26套，准确率达到80%以上。建立了可视化液滴形态标准，发明了药液沾着展布比对卡，实时指导田间适宜剂型与桶混助剂的使用，可减少农药用量20%~30%；研究了不同施药条件下药液浓度、雾滴大小、覆盖密度等与防治效果的关系，发明了12套药剂喷雾雾滴密度指导卡，实现了用“雾滴个数”指导农民用药，减少药液喷施量30%~70%。

（4）提出了以“风险监测、风险评估、风险控制”为核心的风险管理方案。系统开展了高风险农药对后茬作物药害、环境生物毒性、农产品残留超标等风险控制研究，三唑磷、毒死蜱等8种农药风险控制措施被行业主管部门采纳，为农药风险管理提供了科学支撑。

项目成果推广应用面积1.8亿亩次，新增农业产值149.9亿元，新增效益107.0亿元，经济、社会、生态效益显著。本项目成果为我国农药研发、加工、应用和管理全过程提供了重要理论基础和技术支持。

6. 南方低产水稻土改良与地力提升关键技术

主要完成单位　中国农业科学院农业资源与农业区划研究所，湖北省农业科学院植保土肥研究所，华中农业大学，浙江大学，广东省农业科学院土壤肥料研究所，四川省农业科学院土壤肥料研究所，中国水稻研究所

主要完成人员　周　卫，李双来，杨少海，吴良欢，梁国庆，徐芳森，秦鱼生，何　艳，张玉屏，李录久

起止时间　2002年1月—2012年12月

获奖情况　2016年国家科技进步奖二等奖

内容提要

南方水稻常年植稻面积3.76亿亩，其中低产水稻土约占1/3。南方低产水稻土主要有“瘦、板、烂、酸、冷”等特性，其分别对应黄泥田、白土、潜育化水稻土、反酸田/酸性田、冷泥田等的5种典型低产类型。本成果以上述5大典型低产水稻土为研究对象，以破解低产障碍为目标，以“阐明障碍因素—创新改良技术—研创改良产品—集成改良模式”为研究主线，通过10余年系统研究，全面构建了南方低产水稻土改良与地力提升技术体系，大幅度提升了低产水稻土的肥力水平、产量与综合效益。本成果有以下创新。

（1）阐明了南方低产水稻土的质量特征与低产成因。研明了低产水稻土资源状况及养分特征，发展了低产水稻土质量评价新方法，首次建立了涵盖土壤生物肥力指标（微生物量、酶活性、微生物多样性等）质量评价指标体系；揭示了黄泥田有机质低、团聚体稳定性低，白土耕层浅薄、表土层黏粒含量低，潜育化水稻土氧化还原电位低，反酸田/酸性田硫含量、H^+和Al^{3+}含量高、微生物活性低，以及冷泥田Fe^{2+}、Mn^{2+}毒害是5类土壤低产的关键所在，突破了长期以来南方水稻土低产障碍不明的关键瓶颈。

（2）创新了低产水稻土改良与地力提升关键技术。针对5类低产田的障碍因素，研发出黄泥田有机熟化、白土厚沃耕层、潜育化水稻土排水氧化、反酸田/酸性田酸性消减、冷泥田厢垄除障等低产水稻土改良技术，从土壤机械组成、团聚体稳定性、毒害物质形成、微生物多样性等方面揭示了这些技术消减“瘦、板、烂、酸、冷”障碍因素的作用机理，破解了长期制约水稻高产的重大难题。

（3）研创了低产水稻土改良与地力提升新产品。研创了用于低产水稻土改良的高效秸秆腐熟菌剂、精制有机肥、生物有机肥、反酸田改良剂，以及低产水稻土水稻专用肥等新型产品，有效改良了南方低产水稻土的物理、化学和生物性状，大幅度提升了地力水平。

（4）建立了低产水稻土改良与地力提升集成技术模式。集成了土壤改良、高效施肥、水分管理、适宜品种选择等技术，形成了黄泥田、白土、潜育化水稻土、反酸田/酸性田及冷泥田改良与地力提升技术模式，并实现了大规模应用，业已成为指导我国水稻产业发展与综合生产能力提升的重大关键技术。

该成果已在南方十一省规模化应用，近三年累计示范推广5 730万亩，平均增产超过100千克/亩，新增社会经济效益总产值161.5亿元，新增纯收入131.9亿元；获授权发明专利10项，软件著作权2项；发表研究论文173篇，其中SCI论文60篇，出版专著1部。研究成果为我国“土壤有机质提升项目”“全国耕地质量等级划分”等重大行动计划和决策制定提供了重要科学依据与技术支撑。

7. 油料功能脂质高效制备关键技术与产品创制

主要完成单位 中国农业科学院油料作物研究所，无限极（中国）有限公司，嘉必优生物技术（武汉）股份有限公司，大连医诺生物有限公司，西安中粮工程研究设计院有限公司，湖南大三湘茶油股份有限公司，武汉轻工大学

主要完成人员 黄凤洪，邓乾春，汪志明，马忠华，吴文忠，曹万新，刘大川，郑明明，赖琼玮，杨　湄

起止时间 2004年5月—2012年12月

获奖情况 2016年国家科技进步奖二等奖

内容提要

我国是油料生产大国，油料富含天然功能脂质。功能脂质是具有功能活性的特异脂肪酸、脂类伴随物及其衍生物的统称，其结构和组成与人体营养健康密切相关，尤其对高血脂、记忆衰退等慢性疾病具有积极的干预、调理作用。该项目针对油料功能脂质稳定性差，溶出率低，结构与功能单一，产品创制滞后等制约产业发展的技术瓶颈，经10余年系统研究，实现了重大突破，首创了微波调质压榨—物理精炼制备油料功能脂质技术，与现行技术相比脂质中脂类伴随物含量增加2倍以上，高功能活性菜籽多酚canolol提高8倍；发明了广适高效的脂质分子修饰与物理改性技术，创制了结构稳定、

功效突出的新型功能脂质，创制的 α 亚麻酸甾醇酯纯度达 96.9%，显著高于美国食品化学法典标准，其脂溶性较甾醇提高 20 倍；构建了功能脂质构效、量效、组效评价利用技术，创制了功能脂质系列产品，填补国内多项空白，打破了国外垄断。该项目技术整体居国际先进水平，其中功能脂质高效制备技术、高效酯化技术达国际领先水平；项目成果共获国家专利 28 件，其中发明专利 24 件，制订国家标准 2 项，创制产品 17 个，获保健食品批文 3 件，发表论文 33 篇（SCI 21 篇）。该项目成果已应用于全国 10 多个省份的 30 多家企业，产品销往美国、德国、丹麦等 50 多个国家和地区，获得国际农交会金奖 2 项，极大地促进了行业科技进步和领军企业的快速成长，显著提升了我国功能脂质产业的国际竞争力，经济社会效益显著，2012—2015 年该成果获湖北省科技进步一等奖、中华农业科技一等奖、湖北省科技成果推广一等奖、中国专利优秀奖和国家农产品加工十大创新与推广技术，为油料产业升级换代、改善人民营养健康和农民增收做出了突出贡献。

二、省部级奖

1. 小麦高产创建技术集成与示范推广

主要完成单位 中国农业科学院作物科学研究所
主要完成人员 赵广才，常旭虹，刘鹏涛，王德梅，杨玉双，陶志强
起 止 时 间 2008 年 1 月—2015 年 12 月
获 奖 情 况 2016 年全国农牧渔业丰收奖一等奖
内 容 提 要

在当前气候变化背景下，基于小麦主产区生态环境特点及生产中的问题，建立各地小麦高产典型地块基础档案，分析比较高产田的差异性，综合各区域内高产田共性特征及技术，提出了以构建高产优质高效为目标的小麦高产创建的理论与技术。主要内容如下。

（1）根据冬前积温变化构建冬前壮苗调整播种期。通过研究北方冬麦区冬前积温变化规律与冬前壮苗形成的关系，建立基于冬前壮苗调整播种期的理论依据及应变技术模型。为确保小麦播种适期日均气温在 16~18℃，播种期应在传统最适播种期基础上推迟 5~7 天。

（2）根据小麦有效成穗分蘖对产量的贡献，构建高产群体合理调整基本苗。鉴于小麦生长发育中形态生理指标和产量形成功能优势显著的有效分蘖是构建合理高产群体的基础，据此建立适于不同区域构建高产群体调整基本苗的应用模式，以充分利用有效分蘖成穗规律调整群体动态结构，构建优良群体。

（3）根据高产小麦生长发育关键阶段水、氮高效利用机制及规律，科学节水省肥。阐明高产小麦的高水效生理补偿效应及高产小麦群体植株氮素含量、积累动态与群体需肥规律的关联性，建立高产小麦产量与氮肥运筹的回归模型。提出在正常年份，可推迟

春季浇水时期，节省返青水，重点灌好拔节水，每亩可节水 40~60 立方米。全生育期施氮 15~18 千克/亩，底追比例为 5∶5 或 4∶6，节省返青肥，重施拔节肥，平均减少氮用量 1~3 千克/亩。

基于上述研究结论，分区域优化集成小麦高产创建技术模式，包括小麦各生育阶段主攻目标、关键技术和操作规程等核心内容，从品种选择、种子处理、机械播种、播后镇压、肥水管理、机械喷防及适时收获等方面进行科学论述，确定各区域小麦高产创建预期目标产量，针对主要制约因素，提出生产发展建议。出版《小麦高产创建》和《小麦高产创建技术规范模式图》，建立多渠道立体宣传模式，通过电视台、电台、报刊、网络及全国培训班宣讲本技术，提高技术到位率。强化示范定型，建立万亩高产创建示范片，推广本成果，在冀鲁豫苏皖大面积推广，取得了显著的社会、经济和生态效益。

2. 毁灭性土传病害综合治理技术体系的构建及推广应用

主要完成单位 中国农业科学院植物保护研究所

主要完成人员 曹坳程，聂　岩，束　放，王桢委，颜冬冬，辛增英，吕　华，李冬梅，赵　鹤，王晓娟，李国春，孙洪全，何　海，刘慧芳，刘金智，任晓萍，许玉欣，丁兆龙，郭建明，曹建强，徐　茂，刘国峰，史明芳，李广荣，于　玲

起 止 时 间 2008 年 1 月—2015 年 12 月

获 奖 情 况 2014—2016 年全国农牧渔业丰收奖成果奖一等奖

内 容 提 要

本成果针对高附加值作物重大土传病害发生重、防治难的问题，对其病原物发生、传播及流行规律进行了研究。明确了主要毁灭性土传病原菌种类，建立了快速分离、检测及鉴定方法；筛选出高效、无残留、对非靶标微生物干扰可恢复的土壤熏蒸剂；针对不同熏蒸剂研发了配套施药技术；针对病害防控，提出了从源头控制到生育期管理的综合治理技术体系；在推广应用上，采用“政府主导、企业参与、农资连锁”运作模式，解决了技术推广速度慢、农民组织难、农业生产投入用品质量无保障等问题。建立了专业化土壤熏蒸社会化服务体系，规范操作，保证效果，同时解决了高毒农药由专业队伍直接用于田间，避免农民直接使用作业的问题。该技术成果在蔬菜、草莓及生姜上已累计推广应用 85 万亩，总经济效益达 64.2 亿元，在应用上具有稳定的效果，无农药残留和地下水污染问题，保障了农产品质量安全，对保护地及高附加值作物可持续生产具有重要意义。

3. 蜂蜜优质安全生产全程控制与增值加工新技术及推广应用

主要完成单位 中国农业科学院蜜蜂研究所

主要完成人员 吴黎明，胡福良，薛晓锋，等

起止时间　2003 年 1 月—2015 年 12 月

获奖情况　2014—2016 年度全国农牧渔业丰收奖一等奖

内容提要

针对我国蜂产业蜂效率、效益低下，蜂蜜质量安全问题突出等问题，本成果研制与集成配套了"蜂蜜优质安全生产全程控制和增值加工新技术"，中国农业科学院科技文献信息中心查新结果表明，本成果在蜂场场地土壤和空气选择要求、巢蜜生产新设备、蜂蜜掺假鉴别新技术、巢内带蜂消毒方法、蜂蜜解晶和浓缩新工艺等方面研究都具创新性；由中国农学会组织专家对本成果进行评价，综合评分 95.23 分，成果整体技术达到国际先进水平。主要技术要点如下。

（1）攻克了影响养蜂效益和产品质量安全的关键控制技术，集成创新了蜜蜂养殖和蜂蜜加工全产业链关键技术和全程质量安全控制体系，为蜂蜜优质安全生产、加工提供了强有力的技术支撑，整体技术达到国际先进水平。

（2）转化形成了《蜂产品质量安全生产控制规范》等一批可持续大面积推广普及的技术标准和规范，已被农业部纳入蜜蜂健康养殖、农产品标准化生产和质量安全监管计划，得到全面推行。

（3）创建了养殖大户流动性优质安全养殖模式及关键控制点、养殖专业合作社带蜂农的技术与利益联动养殖模式及关键控制规范、"企业+合作社"或"企业+蜂农"的饲养加工模式及全程控制体系，得到广泛采纳和应用。

（4）近 5 年来，培训技术人员和蜂农 6 万余人次，年均推广应用蜂群 284.4 万群，蜂群生产和抗病能力大幅提高，蜂蜜平均增产率为 14.21%，质量安全合格率由推广前的 65%左右提高到 95%以上；加工蜂蜜 12.6 万吨/年，生产低菌蜂蜜 3 000吨/年。

成果在全国范围内得到了大面积推广应用，改善了我国蜜蜂饲养环境和生产模式，提高了蜂蜜的产量和质量，增强了蜂蜜深加工能力，提高了产品附加值和市场竞争力，促进了蜂农增收、企业增效，推动了全国蜂产业健康和稳定发展。

4. 犊牛定向培育关键技术研究与推广应用

主要完成单位　中国农业科学院饲料研究所，北京市畜牧总站，北京精准动物营养研究中心，北京首农畜牧发展有限公司，现代牧业（集团）有限公司，天津嘉立荷牧业集团有限公司，山东银香伟业集团有限公司，北京市大兴区动物疾病控制中心

主要完成人员　刁其玉，屠　焰，张乃锋，王银香，刘连超，齐志国，郭　刚，张卫兵，马文强，司丙文，王天坤，梁建光，王　艳，温富勇，孙友德，李　杰，陈　琛，袁思堃，王建华，孟庆更，刘　杰，李　鹏，隗海军，霍文界，崔　鹏

起止时间　2006 年 1 月—2015 年 12 月

获奖情况　2014—2016 年度全国农牧渔业丰收奖成果奖一等奖

内 容 提 要

项目研究并集成了液体转为固体饲料的平稳过渡技术、微生态制剂调控瘤胃微生物区系发育技术、后备牛日粮设计与配制技术、后备牛生长检测技术，提出营养素、精粗比及其赖：蛋氨酸适宜水平与比例，研发犊牛专用代乳品、开食料、预混料，建立不同适用范围的饲养管理技术规范，并开展推广应用。核心技术达到国际先进水平。

项目技术、组织措施上，采用饲养、物质代谢和屠宰试验结合分子营养、生物学的技术手段，从后备牛入手培育优秀泌乳牛。以“三位一体”模式进行推广，即国家级创新团队理论探索和技术创新，公益性推广机构与平台技术孵化和示范，大型企业应用与推广，形成一套完整的技术推广体系。

项目取得的经济、社会、生态效益为，实现犊牛健康成长，成活率在95%以上，青年牛13月龄体重400千克、体高130厘米，适时配种，受胎率在80%以上，产奶量头胎和二三胎分别提高1.07吨、2.37吨。技术方案被60%以上规模化牛场接受，直接效益29.5亿元，间接效益105亿元。

5. 高效生物饲料的产业化技术集成与示范推广

主要完成单位 中国农业科学院饲料研究所，全国畜牧总站，中国科学院亚热带农业生态研究所，中国农业科学院农业质量标准与检测技术研究所，福建傲农生物科技集团股份有限公司，广州立达尔生物技术股份有限公司，广东海大集团股份有限公司，辽宁禾丰牧业股份有限公司，黑龙江八一农垦大学，盐城市畜牧兽医站，扬州市畜牧兽医站

主要完成人员 丁宏标，沙玉圣，印遇龙，陈　刚，粟胜兰，陶正国，温庆琪，邵彩梅，钱雪桥，李士泽，杨玉英，肖俊峰，艾晓杰，卞国志，郭　庆，朱　明，赵　剑，黄铁生

起 止 时 间 2002年1月—2015年12月

获 奖 情 况 2014—2016年度全国农牧渔业丰收奖合作奖

内 容 提 要

围绕“高效生物饲料的产业化技术集成与示范推广”目标任务，坚持将科技创新服务产业作为生命源泉和使命，坚持“共建，共创，共享，为产业创造价值”的发展理念，长期合作，激情推广，持续创新，建立理想蛋白质体系理论、可溶性养分优先营养理论，研制生产氨基酸平衡日粮、维生素营养强化剂、饲用酶制剂、益生制剂、天然色素抗氧化剂等，开发高效生物饲料，提高中国饲料质量，提高畜禽生产性能和产品品质，节约饲料粮资源，创造价值。

围绕“绿色增产增效模式”，及时跟进推出新的高技术产品和服务，深度对接市场需求，在自主创新和产品研发方面取得一系列成果，初步形成了“产业（饲料、动保、育种、食品安全）+互联网（客户网、猪OK平台、OK搜猪）+农业金融”的产业技术推广模式体系，通过建立院士工作站、技术示范区、关键专利技术转化、科技特派员专

家授课、产品应用实证示范，构建专业养猪、养鸡、养羊、养牛服务平台企业，为广大养殖户推出更具科技含量的产品和服务，做给养殖户看，带着企业干，形成了让养殖农民成为直接受益者的推广模式。

创立4项中国名牌，牵头完成4项科技成果，完成9项饲料工业标准的制定修订和饲料安全性评价工作，获得授权专利75项（其中发明专利47项）。参加企业均通过无公害饲料质量体系认证，建立应用23种生物饲料添加剂和猪鸡牛羊水产系列21种生物饲料生产工艺及集成应用技术，近3年新增产值533亿元，新增利税15.45亿元；提高我国主要配合饲料猪鸡玉米豆粕型日粮的转化效率5%~6%，减少养殖排放6%，节约豆粕193万吨；发表论文230篇（SCI收录86篇）；获国家重点新产品3项，省高新技术产品25项。累计推广高新产品44种，在全国30个省市应用，培训农民约5万人，推广应用生猪11 067万头，家禽233 831万只，水产609.3万亩，2013年以来取得总经济效益37.68亿元。

6. 农产品中典型化学污染物精准识别与确证检测关键技术研究及应用

主要完成单位 中国农业科学院农业质量标准与检测技术研究所，北京勤邦生物技术有限公司，农业部农药检定所，中国农业科学院蔬菜花卉研究所，哈尔滨工业大学，北京望尔生物技术有限公司

主要完成人员 王　静，何方洋，金茂俊，佘永新，金　芬，朱光艳，郑尊涛，杨　鑫，刘　肃，邵　华，罗晓琴，季　颖，王珊珊，冯才伟，林　桓

起止时间 2000年1月—2014年12月

获奖情况 2016年北京市科学技术奖一等奖

内容提要

农产品质量安全事关国计民生与社会稳定，备受政府和消费者关注。我国每年由农产品质量安全事件导致的经济损失巨大，仅2011年的瘦肉精事件就造成肉品加工企业经济损失超120亿，化学污染物仍是影响我国农产品质量安全的重要因素。目前，农产品中化学性污染物的检测存在着快速检测产品品种不全、高通量多组分确证技术覆盖面窄等问题，严重制约了我国农产品质量安全的有效监管和质量安全水平的提高。针对上述问题，本项目在“863”等课题支持下，经系统研究和攻关，取得多项关键技术突破。主要技术创新如下。

（1）研发了基于酶抑制的农药多残留速测技术，创建了纳米增敏仿生快速识别农产品中痕量物质的光学传感筛查技术。研发了酶抑制法的核心配方，构建了能快速筛查有机磷和氨基甲酸酯类农药的速测技术。研制了系列磁性功能化分子印迹聚合物及基于仿生识别技术的SPR芯片，创制了复杂基质痕量物质的磁性分离与表面印迹高效识别的同步化荧光竞争技术，实现了基于分子印迹仿生识别技术的农产品中4种化学污染物

的快速检测。

（2）创建了免疫检测增敏和复杂基质干扰控制技术，开发出 21 种稳定准确的试剂盒（试纸条）。探明了半抗原亲脂性与连接臂碳链长度的相关性、标记酶与样品基质种属亲缘关系等影响竞争免疫检测敏感性的关键因子，制备得到亲和力常数 *Ka* 均可达 108 升/摩尔以上的农兽药等 17 个典型化学污染物抗体。研制了基于 4-羟基-4-碘联苯、对咪唑苯酚、对碘苯酚的化学发光核心增敏配方，创制出 14 种酶联免疫试剂盒、3 种金标试纸条、4 种化学发光试剂盒。

（3）创建了典型化学污染物系统配套的确证检测技术体系。针对农产品中痕量化学污染物与样品杂质分离难度大的问题，创建了分子印迹固相萃取、混合分散固相萃取、凝胶渗透色谱等模块化样品净化单元，构建了 18 套农兽药、违禁添加物等典型化学污染物的确证检测技术体系，部分技术转化为标准，为实现从农田到餐桌全程控制提供了重要技术支撑。

获得授权专利 20 项，其中发明专利 12 项，包括美国专利 1 项；开发出 21 种快速检测试剂盒（试纸条）；制订标准 15 项；发表论文 113 篇，其中 SCI 论文 41 篇。在 31 个省市的龙头企业、质检风评机构、科研院所及种养殖基地等 1 000余家单位应用，2013—2015 年新增销售额 4 292. 59万元。对促进农产品质量安全检测技术进步、保障消费安全做出了突出贡献，经济社会效益显著。

7. 棉属染色体与基因组分析及四倍体棉种演化

主要完成单位 中国农业科学院棉花研究所，安阳工学院，湖北省农业科学院经济作物研究所

主要完成人员 王坤波，彭仁海，刘 方，周忠丽，蔡小彦，王玉美，王春英，王玉红，甘仪梅，高 伟，张 涛，吴 琼，刘玉玲，程 华，高海燕

起 止 时 间 1996 年 6 月—2014 年 11 月

获 奖 情 况 2016 年河南省自然科学奖一等奖

内 容 提 要

本研究经过近 20 年的努力，先后开展了棉花下列领域的研究：种间杂种细胞学、基于核型的细胞遗传学、基于荧光原位杂交的分子细胞遗传学、基于全测序的叶绿体基因组学；完成了 11 个种间杂种染色体配型研究、14 个棉种的核型分析、22 个棉种的叶绿体全基因组测序，报道了棉属野生种、半野生种系等基于 SSR 标记的遗传多样性分析；首先报道了棉花基于全序列的遗传草图、棉属线粒体全基因组序列、棉花 miRNA 的鉴定及其在棉属演化中的作用机制。同时创新了棉花以下技术方法：非暗培养的 BAC 文库构建，粗线期荧光原位杂交，DNA 纤维制备及其荧光原位杂交，单染色体的鉴别及其分离，四倍体棉种 A 或 D 亚组染色体的识别等。本项目的科学发现主要如下。

（1）发现棉属细胞核与细胞器的基因组之间有较多同源序列现象，提出棉花核与

质的基因组 DNA 呈单向/双向交流的模式。

(2) 发现棉属 D 基因组棉种核型多样性现象，与陆地棉等四倍体棉种 D 亚组亲缘关系呈多个模式，提出四倍体棉种 D 亚组多系起源的论点。

(3) 核型分析发现棉种随体多样化，FISH 研究发现棉种的 NOR 和 GISH-NOR 规律，结合基因组数据，揭示了棉花基因组结构上的原始性。

(4) 发现四倍体棉种 A 与 D 亚组间染色体大片段易位现象，种间杂种染色体配对呈多个峰值规律，提出棉种亚组间 DNA 的殖民化观点。

(5) 发现了棉花叶绿体基因组呈 N-和 A-两型分化现象，密码子使用有偏好性，发明了 DNA 条形码，并成功鉴定了一个新棉种。此外，通过本项目的实施，积累了丰富的原始资源，创制了多种功能的遗传标准材料。

截至 2015 年年底申请国家发明专利共 17 件；获得授权 9 件，其中 5 件是 2013 年年底之前申报的。发表论文近 60 篇，其中 SCI 收录的 30 余篇。本项目的研究及其科学发现，揭示了棉花生物多样性、基因组结构上复杂性、起源演化上的迟缓性，发现的许多规律和形成的一些论点，跻身于国内外棉花的重大基本理论研究前沿。有些研究如棉花细胞核和细胞器基于全测序的基因组学成果还带动了其他植物类似的研究。

8. 中棉所 63 等系列强优势杂交棉品种的选育与应用

主要完成单位 中国农业科学院棉花研究所，河南省安阳中国农业科学院棉花研究所科技贸易公司

主要完成人员 杨代刚，周关印，周晓箭，马雄风，李　威，张朝军，刘金海，周　红，李根源，黄殿成，刘建功，付艳丽，裴小雨，张爱华，周克海，刘艳改，程明玲，吕银松，杨金龙，余宏旺，田桂平，任德泉，卫东军，王向杰，王俊生

起止时间 2003 年 3 月—2016 年 3 月

获奖情况 2016 年获全国农牧渔业丰收奖成果奖一等奖

内容提要

本项目针对我国棉花生产中存在的植棉面积萎缩、农村强劳动力锐减、植棉效益偏低，急需培育高产稳产强优势杂交棉品种的问题，通过优化骨干亲本创制技术和创新杂交组合选配策略，育成中棉所 63、中棉所 66、中棉所 55、中棉所 62、中棉所 65、中棉所 71、中棉所 87 等具有共同核心亲本种质来源的综合性能国内领先、国际先进的系列高产优质强优势杂交棉品种。其中中棉所 63 在 2010—2015 年连续 6 年被农业部列为长江流域棉区首选农业主导品种，同行专家实测鉴定，生产上多次出现大面积亩产籽棉超过千斤的高产典型，引领了长江流域强优势杂交棉品种的突破性发展，在长江流域棉区影响深远。通过“创建基地、科技示范、典型引路、带动发展”促进良种良法大面积推广，运用现代信息技术，建立了技术服务新模式。2006—2015 年上述系列强优势杂

交棉品种累计推广面积 5 135万亩，新增经济效益 59 亿多元，其中 2013—2015 年累计推广 1 674万亩，新增经济效益 19 亿多元，并且社会效益和生态效益巨大。该项目系列强优势杂交棉品种的推广应用，降低了植棉成本，省工省时，显著增加了棉农收入，促进了长江流域棉区棉花品种的更新换代，提升了我国棉花生产水平和棉花产业发展，为农业结构优化调整提供了核心科技动力。

9. 超级专用早稻中嘉早 17 的选育与应用

主要完成单位 中国水稻研究所

主要完成人员 胡培松，唐绍清，杨尧城，罗 炬，焦桂爱，蔡金洋，谢黎虹，邵高能，魏祥进，圣忠华，徐伟东

起止时间 2001 年 1 月—2013 年 12 月

获奖情况 2016 年浙江省科技进步奖一等奖

内容提要

早稻在我国粮食生产中起到举足轻重的作用。目前，早稻约占水稻播种面积的 20%，占粮食总产的 7%左右。但早稻生产一直存在以下难点：①早稻灌浆成熟期间高温逼熟严重，导致垩白米率高、整精米率低，品质稳定性差，优质米产业化开发难度大；②食用优质早稻品种产量多偏低，种植效益不高，直接导致稳定早稻生产难度大，威胁我国粮食安全。而“优质化”“专用化”是早稻生产的根本出路。

针对早稻生长前期易受低温危害，后期高温逼熟严重品质差，生长周期短难创高产等技术难关，提出前期功能型超级米粉专用早稻选育方法，并在分离世代密植条件下进行选择，低世代高肥和低肥条件下进行双重选择，以提高育成品种的适应性。实现扬早籼稻高产之长，避食用品质差之短之目标。

研发了米粉等专用早稻品种选育方法，为加工专专用早稻选育提供理论指导和技术平台；提出了前期功能型超级早稻选育新思路，探索了环境友好型早稻品种选育方法，为广适、超高产专用早稻选育提供理论指导和技术支撑；育成中嘉早 17 集丰产性、广适性和优良加工特性于一体，其综合性状居长江中下游早籼稻领先水平；中嘉早 17 集氮、磷、钾高效利用和籽粒镉低积累于一体，在水稻品种中极为罕见，对绿色增产、资源节约和食品安全具有重要作用。

中嘉早 17 具有苗期快长、耐寒性较强，为高产潜力打下基础，中嘉早 17 具有优质(专用)、高产、抗逆、环境友好等显著特点。根据农业部农业技术推广中心统计，2014 年推广面积达 916 万亩，2015 年推广 1 028万亩，成为我国籼稻区年推广面积最大品种，是继浙辐 802 后近 30 年来唯一年推广面积近千万亩的早稻品种。

10. 芝麻种质基因库的构建、发掘与育种应用

主要完成单位 中国农业科学院油料作物研究所

主要完成人员 张秀荣，王林海，张艳欣，魏 鑫，冯祥运，赵应忠，肖唐华，

黎冬华

起止时间　1986 年 1 月—2015 年 12 月

获奖情况　2016 年湖北省科技进步奖一等奖

内容提要

（1）构建了全球数量最多、覆盖范围最广、信息量最大的芝麻种质库，为育种和产业发展提供了战略资源。广泛收集整理覆盖全国 30 个省市和世界五大洲芝麻种质 7 910份，制订 138 项描述规范，编目 300 645条，精准鉴定耐湿抗病品质 55 435项次，发掘出优异种质 452 份，创建了首个芝麻核心种质。

（2）率先完成全基因组测序，破解了遗传密码，构建了首个芝麻基因信息库，引领了芝麻种质由表型鉴定向基因组信息研究的跨越。探明了基因组结构，注释基因 27 148个，构建了首张精细物理图谱，大规模重测序获得 540 万个 SNP 变异位点，公开数据量 819. 3G，占同类报道的 90. 3%，创建芝麻基因组、变异组和功能基因组 3 个共享大数据网站，搭建了基因信息应用平台。

（3）发掘出一批重要农艺性状主效 QTL 和新基因，实现了芝麻全基因组精准发掘和分子育种技术重大突破。开发全基因组 SSR 标记 7 200个，构建了首张高密度遗传图谱，首次发现 *SiPPO*、*SiNST*1 和 *LTP*1 基因调控含油量的新机制，发掘出耐湿抗病高油高产主效 QTL 77 个、新基因 46 个，突破了芝麻分子育种的技术瓶颈。

（4）利用优异种质和功能标记育成芝麻新品种 97 个，占同时期全国的 74%。其中项目育成的耐湿抗病高油高产 17 个新品种，在江淮和黄淮主产区累计应用 7 625. 2万亩，覆盖两大产区 65%，创社会经济效益 93. 3 亿元。

项目发表论文 57 篇，其中 SCI 21 篇，获发明专利 4 项，专著 4 部，在 *Nat. Commun.* 和 *Genome Biol.* 发表的论文，为迄今芝麻领域影响因子最高，单篇最高他引 124 次，破解了芝麻优异亲本匮乏、制约育种效率和技术进步的难题，推动了芝麻产业发展和行业科技进步，使我国跃居本领域国际领先行列。

11. 高山美利奴羊新品种培育及应用

主要完成单位　中国农业科学院兰州畜牧与兽药研究所，甘肃省绵羊繁育技术推广站，肃南裕固族自治县皇城绵羊育种场，金昌市绵羊繁育技术推广站，肃南县裕固族自治县高山细毛羊专业合作社，肃南裕固族自治县农牧业委员会，天祝藏族自治县畜牧技术推广站

主要完成人员　杨博辉，郭　健，李范文，孙晓萍，王天翔，牛春娥，李桂英，岳耀敬，李文辉，王学炳，张万龙，冯瑞林，张　军，安玉锋，梁育林

起止时间　1996 年 1 月—2016 年 12 月

获奖情况　2016 年甘肃省科技进步奖一等奖，2016 年中国农业科学院科技奖杰出科技创新奖

内 容 提 要

本成果所属动物遗传育种与繁殖学科领域。

成功育成首例适应2 400~4 070米高山寒旱生态区的羊毛纤维直径19.1~21.5微米的美利奴羊新品种——高山美利奴羊。填补了该生态区细毛羊育种的空白，实现了澳洲美利奴羊的国产化，丰富了我国羊品种资源结构，是我国高山细毛羊培育的重大突破，也标志着甘肃省首个国家级畜禽新品种的诞生。

突破了高山美利奴羊育种关键技术。建立了开放式核心群联合育种及三级繁育推广为一体的先进育种体系；研制了精准生产性能测定设备，开发出BLUP遗传评估系统，育种值估计准确率达到75%；探索了新品种适应高山寒旱生态区的重要遗传基础，建立了遗传稳定性分子评价技术；解析了毛囊形成发育分子调控机制，筛选出与羊毛细度性状关联的SNP标记，为分子辅助育种提供技术支撑；发明了多胎疫苗、胚胎性别鉴定和多胎基因快速检测试剂盒，建立了快速扩繁技术体系，繁殖率均提高20%。

创建了“十统一”优质细羊毛全产业链标准化生产技术模式。创建了统一选种选配、精细管理、防疫、标识、穿衣、机械剪毛、分级整理、规格打包、储存、品牌上市流通等“十统一”全产业链标准化生产技术模式，组建了高山美利奴羊科技培训与推广体系，羊毛价格屡创国毛历史新高，最高价格58.00元/千克，超过同期同类型澳毛价格，成为国毛价格的风向标。

已获“高山美利奴羊”国家畜禽新品种证书1项、省部级奖2项、发明7项、实用新型专利15项，主编著作5部，博硕士论文14篇，发表论文34篇，其中SCI 12篇。

新品种为推动细毛羊产业水平提升提供了优秀种质资源。育种关键技术创新为推动生态差异化先进羊新品种培育和实现澳洲美利奴羊国产化提供了重要理论基础、技术支撑和成功范例。“十统一”优质细羊毛全产业链标准化生产技术模式为推动羊业乃至畜牧业全产业链建设提供了成功借鉴。累计培育种羊81 457只，推广种公羊8 118只，改良细毛羊173.54万只；新增产值30 522.50万元，新增利润7 630.62万元；单位规模新增纯收益4.01万元/只，科研投资年均纯收益率达到14.87元/只。

12. 中苜3号耐盐苜蓿新品种的推广应用

主要完成单位 中国农业科学院北京畜牧兽医研究所

主要完成人员 杨青川，康俊梅，张铁军，龙瑞才

起 止 时 间 2009年1月—2015年12月

获 奖 情 况 2016年全国农牧渔业丰收奖二等奖

内 容 提 要

针对黄淮海地区存在大面积盐碱地和中低产田，缺乏耐盐、高产苜蓿品种的现状，而引进的国外苜蓿品种存在适应性差、易发生病虫害、持久性差等突出问题，本项目开展了耐盐、高产苜蓿新品种选育与应用研究，取得重要进展和显著成效。

育成了中苜 3 号耐盐高产苜蓿新品种，该品种是中国农业科学院北京畜牧兽医研究所在含盐量为 0.21%～0.46%的盐碱地上，通过经过 3 次轮回选择，一次混合选择获得耐盐苜蓿新品种。2006 年经全国草品种审定委员会的审定，登记为育成品种。委员会专家一致认为："该品种选育研究成果居国内同类研究的领先水平。"其主要技术指标：耐盐、高产，在黄淮海地区含盐量 0.18%～0.39%的盐碱地，雨养条件下生产试验平均亩产 1 018千克，比耐盐苜蓿中苜 1 号增产 10%以上。适应性广，已在河北、山东、内蒙古、宁夏、山西、河南等 10 个省区种植，表现出较好的适应性。品质优良，初花期干草粗蛋白含量达 18%～20%。

建立了中苜 3 号盐碱地配套栽培技术体系：针对新品种的特点，选择在黄淮海地区含盐量 0.25%～0.40%的盐碱地上，集成优异根瘤菌株、种植密度、测土施肥等一整套高效生产技术，示范区亩产干草达 1 000千克以上，增产 10%以上，大大加快了新品种的推广应用进程。

构建了"科研院所+推广部门+种植企业+农户"的推广模式，通过与县级及以上推广单位合作，不断完善新品种的推广配套技术，极大促进了新品种的推广应用。截至 2015 年年底，该品种累计推广面积达 860 万亩，增产干草 7.39 亿千克，新增产值 13.15 亿元。该品种的推广应用，不仅增加优质饲草产量，缓解蛋白饲料不足的矛盾，同时提高了盐碱地利用率，产生良好的经济、社会和生态效益。

13. 智能植物工厂能效提升与营养品质调控关键技术研究与应用

主要完成单位　中国农业科学院农业环境与可持续发展研究所，北京农业智能装备技术研究中心，北京京鹏环球科技股份有限公司，中国农业大学，中国科学院半导体研究所，北京中环易达设施园艺科技有限公司，四川新力光源股份有限公司

主要完成人员　杨其长，魏灵玲，周增产，郭文忠，宋卫堂，刘文科，宋昌斌，程瑞锋，李　琨，仝宇欣

获 奖 情 况　2016 年北京市科学技术奖技术发明类二等奖

内 容 提 要

植物工厂是一种技术高度密集、资源高效利用的农业生产方式，是世界各国保障食物安全的重要发展方向。由于植物工厂在环境精准可控条件下进行生产，能耗大、运行成本高等问题突出，已经成为其发展的重要瓶颈。针对植物工厂在节能降耗、提质增效等方面的迫切技术需求，项目组历经 12 年的潜心研究，实现了植物工厂核心技术的重大突破，使我国成为国际上少数掌握植物工厂高技术的国家。所突破的关键技术如下。

（1）发明了植物工厂 LED 节能光环境调控技术。率先在国际上提出了植物"光配方"思想，探明了基于 LED 的植物光配方优化参数，发明了以 AlGaInP 红光 660 纳米芯片与 InGaN 蓝光 450 纳米芯片为核心的多光质组合（R/G/B/FR）植物 LED 节能光源；开发出基于植株发育特征的水平与垂直方向可移动式 LED 动态光环境调控技术，

显著降低了光源能耗。与荧光灯相比，节能率达62%以上。

（2）发明了植物工厂光—温耦合节能环境控制技术。提出充分利用室外自然冷源进行植物工厂环境调节的“光—温耦合节能调控”方法，探明了室外冷源与明暗期耦合的节能降温调控策略，发明了基于室外冷源与空调协同调温的植物工厂节能环境控制技术及配套装备。与传统空调降温相比，节能率达24.6%~63.0%。

（3）发明了植物工厂UV-纳米TiO_2营养液自毒物质处理及蔬菜品质提升技术。率先探明了植物工厂营养液自毒物质的特征机理，发明了UV-纳米TiO_2协同处理营养液自毒物质的技术方法；发明了基于采收前短期连续光照与营养液氮素水平控制的蔬菜品质调控技术，降低叶菜硝酸盐含量达30%以上，并显著提高了维生素C和可溶性糖含量。

（4）发明了基于物联网的植物工厂智能化管控技术。探明了植物工厂叶类蔬菜全生育期各阶段对环境与营养的需求规律，发明了基于物联网的植物工厂智能化管控技术，实现对植物工厂温度、湿度、CO_2浓度以及营养液EC、pH、DO等要素的在线检测、远端访问、程序更新及其基于网络的远程智能化管控。

项目成果先后获授权发明专利26件，发表论文76篇（SCI、EI收录18篇），出版专著3部，并形成了普及型植物工厂、岛礁植物工厂、低碳智能家庭植物工厂等多个系列产品。2010年被推荐在上海世博会展出，2011年被科技部列为“十一五”农业领域向社会重点推介的五项重大科技成果之一，并荣获“军队农副业技术推广特等奖”，专著《植物工厂系统与实践》荣获中国石油和化学工业优秀出版物奖一等奖。项目成果已在北京等20多个省市自治区和部队系统的200多个园区和农业企事业单位推广应用，经济、社会效益显著。

14. 藏北高寒草地适应气候变化关键技术及应用

主要完成单位 中国农业科学院农业环境与可持续发展研究所，西藏自治区那曲地区草原站，西藏自治区农牧科学院农业资源与环境研究所

主要完成人员 高清竹，江村旺扎，游松财，万运帆，李玉娥，旦久罗布，秦晓波，郭红宝，西绕卓玛，谭海运，马　欣，刘　硕，白马玉珍，王宝山，洛桑嘉措

起止时间 2007年1月—2012年4月

获奖情况 2016年西藏自治区科技进步奖二等奖

内容提要

藏北高原是我国重要生态屏障区之一，被称为“天气系统敏感区”和“江河源”。该区域气候变化影响及其适应对西藏甚至我国生态文明建设与可持续发展都具有重要意义。

本成果在连续13年长期系统地研究藏北高原气候变化与高寒草地生态的基础上，重点解决了“气候变化及其影响评估不确定性较大、适应技术针对性不强、关键技术

集成与示范难度大”等气候变化影响与适应研究领域三大技术难题；准确识别了藏北高原气候变化风险，集成创新了气候变化影响评估方法体系，首次筛选和集成示范了高寒草地适应气候变化关键技术，在西藏、青海等高寒牧区逐步推广应用；有效推动了藏北生态安全屏障建设向国家生态文明建设思路的转变，逐步提高了藏北草原生态保护意识和引起了决策层重视。

本成果在国内外重要学术期刊上发表论文 40 篇、获得国家专利 3 项和软件著作权 1 项，被国家气候变化评估报告和政府间气候变化委员会（IPCC）第五次评估报告引用并列为适应案例；部分成果填补了国内外高寒草地适应气候变化研究的空白，整体研究成果达到国际先进水平，部分达到国际领先水平。

15. 羔羊生理营养和育肥关键技术研究与应用

主要完成单位　中国农业科学院饲料研究所，北京精准动物营养研究中心，北京市畜牧总站

主要完成人员　刁其玉，张乃锋，屠　焰，姜成钢，马　涛，杨宇泽，张卫兵，杜红芳，司丙文，韩　勇，云　鹏，于　民，吴子林，崔　凯，薛树媛

起止时间　2002 年 1 月—2015 年 12 月

获奖情况　2016 年北京市科学技术奖二等奖

内容提要

我国养羊业正处于重要战略转型期，饲养品种以肉用羊为主，饲养方式向集约化经营转变，羊肉生产以羔羊肉为主。但羔羊育肥存在周期长、育肥效果差、效益低等突出问题。针对羔羊胃肠道健康调控技术、营养需求参数及集约化饲养技术缺乏等技术瓶颈问题。研究团队经历 10 余年的探索研究与示范应用，建立了羔羊早期断奶和育肥关键技术并进行了产业化示范，主要取得了以下技术创新。

（1）揭示了羔羊胃肠道及肝脏发育特点及调控机制。证实了拟杆菌门和厚壁菌门是羔羊瘤胃微生物优势菌群，建立了瘤胃微生物蛋白产量预测模型；发现了早期断母乳促进羔羊瘤胃微观形态发育和瘤胃微生物菌群多样性；采用基因芯片和 RNA-seq 技术发现人工饲养羔羊肠道差异表达蛋白 389 个、肝脏差异表达基因 60 个，从分子水平上揭示了羔羊消化系统脂类和氨基酸代谢异常是造成羔羊断奶应激重要原因。

（2）建立了羔羊代乳品植物营养素应用技术和胃肠道健康调控技术。明确了断奶羔羊日粮蛋白质、消化能、氨基酸、维生素和微量元素模式，建立了植物营养素替代乳制品的日粮配制关键技术；创制了羔羊代乳品、复合微生物制剂、复合纤维降解酶及酸度调节剂等胃肠道健康调控关键技术产品。

（3）创新了羔羊人工饲养和快速育肥技术模式。制定了羔羊代乳品和舍饲肉羊饲养管理技术规范，发明了羔羊自动哺乳器等配套设施；农区羔羊断母乳日龄缩短到 10~20 天，断奶至 3 月龄日增重提高 18%，达到 210 克，母羊繁殖效率提高 30%；牧区羔

羊断奶时间缩短至3~5周龄，直线育肥至5月龄达出栏体重（40千克以上），提高了母羊发情率，为1年2产或2年3产奠定基础。

本项目共获授权专利14件，软件著作权8项，在GenBank注册益生菌基因序列5个，行业标准2项，主编养羊著作6部，发表论文70余篇。农业部成果评价整体达到国际先进水平，其中早期断奶技术达到国际领先水平。率先获得羔羊代乳品国家发明专利，并建立了产业化生产线和产品品牌，在全国20多个省市数千家养殖场应用，市场占有率在50%以上。近3年累计推广代乳品和预混合饲料7 800余吨，新增利润1 396.2万元，新增税收209.4万元，产生社会效益22亿元以上。

16. 双季稻机械化生产技术研发与应用

主要完成单位 中国水稻研究所，江西省农业技术推广总站，浙江省农业技术推广中心，湖南省粮油作物科技中心，江西农业大学

主要完成人员 朱德峰，王岳均，钟武云，文喜贤，李木英，陈惠哲，张玉屏，陈国梁，丁秋凡，等

起止时间 2012年1月—2015年12月

获奖情况 2016年全国农牧渔业丰收奖二等奖

内容提要

针对双季稻机械化生产适宜品种少、秧苗差、穗数不足及机械不配套等问题，农机农艺结合，筛选出长江中下游早晚稻机插系列优质高产品种，优化双季机插品种搭配；创新双季稻叠盘暗出苗育供秧模式，研发配套装备与技术，大幅提升育供秧能力，提高机插秧苗质量；研发窄行机插、大钵机插、稻田开沟等系列生产装备，创建双季稻窄行机插与大钵机插技术，实现双季稻生产机械化装备配套，提高机械化水平；研发集成双季品种优化搭配、叠盘出苗育供秧、机械耕整及收获、窄行机插，合理密植、稻田机械开沟、精确定量施肥、机械病虫防治等关键技术，建立双季稻机械化生产技术体系。成果获发明专利11项，实用新型专利13项，制定农业行业标准1项，主编著作2部，拍摄双季稻机械化生产技术科教片1部，发表论文40余篇。技术应用提高双季稻机械化生产水平，促进双季稻机械化生产技术发展和稻作技术转型，大面积应用实现增产8.38%，每亩增效242.18元。成果连续4年被农业部列为水稻生产主推技术，在湖南、江西、浙江等地应用2 019万亩，技术覆盖率达51.1%，实现增产稻谷74.7万吨，总经济效益30.77亿元。

17. 多功能复合菌剂的研制及其在油菜生产上的应用

主要完成单位 中国农业科学院油料作物研究所，黄冈市农业技术推广服务中心，天门市农业技术推广中心，荆州农业科学院，九江农业科学院，钟祥市农业技术推广中心粮油站，咸宁市农业科学院，湖北正佳微生物工程股份有限公司，湖北杨林森生态农业，科技有限公司

主要完成人员 廖　星，胡小加，谢立华，余常兵，李银水，张银波，秦　璐，周　坚，段银庭，欧阳敦军，傅小平，高世海，徐绳武，秦万贵，王金旺

起 止 时 间 2009 年 1 月—2015 年 12 月

获 奖 情 况 2016 年湖北省科技进步奖二等奖

内 容 提 要

油菜作为我国最重要的食用油料作物，生产问题突出。油菜机收秸秆全量还田已成为产业发展新的现状，这种现状导致两个新的生产问题：一是油菜机收秸秆携带菌核全部还田，加剧了下季油菜菌核病的发生，菌核病防治与农药减施矛盾突出；二是油菜机收秸秆全量还田，秸秆腐解的理化过程影响后茬作物生长。另外，土壤全磷含量高而不能有效利用，油菜磷素营养需求与磷肥减施的矛盾突出。遵循“绿色”发展理念，采用生物途径，防治油菜菌核病、加速腐解秸秆、活化土壤磷，对推动我国化肥农药零增长计划目标的实现具有重要意义。

本项目在国家自然科学基金、国家科技支撑计划、农业部“948”计划等科技计划的支持下，申报国家发明专利 4 项，其中授权 3 项。发表论文 13 篇，其中 SCI 8 篇。本成果主要创新点：①挖掘和优选 5 株高效功能菌株，在国内外首次发现棘孢曲霉 Asp-4 腐解菌核的功能。棘孢曲霉 Asp-4 和哈茨木霉 Tri-1，产生几丁质酶腐解油菜菌核，并产生纤维素酶腐解秸秆；枯草芽孢杆菌 Tu-100 和 BY-2，产生伊枯草菌素抑制菌丝生长；Tu-100 和巨大芽孢杆菌 A6，产生有机酸溶解土壤难溶磷。②研发出产孢真菌保藏技术、基施型和喷施型多功能复合菌剂发酵生产技术及产品。③建立了多功能复合菌剂机械化两次施用技术，实现了农艺农机融合，省工高效。

主要技术指标：①研制的基施型多功能复合菌剂产品含菌量≥2. 0×109 个/克，常温保存 1 年后，含菌量仍达 7. 8×108 个/克。②研制的喷施型多功能复合菌剂产品含菌量≥2. 3×108 个/克，常温保存半年后，含菌量仍达 1. 5×108 个/克。③推广应用建立的两次施用技术，菌核萌发率、菌核病发病指数分别比对照降低 32. 43%和 13. 9%，油菜、水稻秸秆腐解率分别比对照提高 21. 69%和 14. 08%，土壤速效磷比对照提高 5. 3%，油菜、水稻产量分别比对照提高 7. 1%和 4. 0%。

国内外比较及第三方评价：多功能复合菌剂产品具有功能多、含菌量高、效果好的特点，功能效果与增产作用明显，相关指标均超过国内外同类产品。专家成果鉴定居国际领先水平，本项技术被列入农业部《2014/2015 年度冬油菜生产技术指导意见》，应用前景广阔。

推广应用及效益：在湖北、江西等地大面积推广应用，先后多次召开全国性的技术示范推广现场会，湖北日报、科技日报、农民日报、新华网、人民网等新闻媒介对项目的应用情况进行了广泛宣传报道。项目实施近 3 年，累计推广 396. 3 万亩，其中湖北省 348. 8 万亩。产生新增利润 5. 88 亿元。

18. 高产高效油菜新品种大地 55 和中农油 6 号的推广应用

主要完成单位 中国农业科学院油料作物研究所

主要完成人员 梅德圣，李云昌，胡 琼，等

起 止 时 间 2008 年 11 月 5 日—2015 年 12 月 31 日

获 奖 情 况 2016 年全国农牧渔业丰收奖二等奖

内 容 提 要

本项目针对油菜生产效率较低的问题，在深入研究大地 55 和中农油 6 号亲本稳定性和气候适应性的基础上，建立了亲本保优、高质量繁殖技术和杂交种制种技术，建成隔离条件良好的杂交制种基地 8 500亩；创建了准确高效的杂交种种子纯度室内分子鉴定技术；通过研究肥料、播种密度和收获时期对产量及机械收获性状的影响，建立了高产高效机械化栽培技术；与种业公司、基层农技服务部门密切合作，建立了强大的销售和技术服务网络，形成了集技术研发、种子生产、市场营销、售后服务于一体的农业技术推广机制；通过良种良法配套示范和大力宣传，促进了新品种的推广应用。2009 年以来，大地 55 和中农油 6 号累计推广 2 037万亩，创造经济效益 13. 75 亿元，为油菜产业发展和农民增产增收做出了重要贡献。

19. 西瓜甜瓜种质资源收集保存与评价利用

主要完成单位 中国农业科学院郑州果树研究所

主要完成人员 王吉明，马双武，尚建立，徐永阳，韦小敏，赵光伟，张慧蓉，张 莉，徐志红，刘君璞

起 止 时 间 2001 年 1 月—2015 年 12 月

获 奖 情 况 2016 年河南省科技进步奖二等奖

内 容 提 要

（1）提高了我国西瓜甜瓜种质资源本底多样性，解决了种质资源遗传背景狭窄的重大问题。收集西瓜甜瓜资源 1 318份，将我国西瓜甜瓜种质资源由过去的 2 个栽培种扩大到包括野生近缘植物在内的 16 个种，种质资源总量被提高到 3 032份。

（2）创建了国内唯一的西瓜甜瓜中期库，构建了我国西瓜甜瓜种质资源安全保存体系。建设了我国首座西瓜甜瓜种质资源低温干燥冷库，冷库温度为 5℃、空气相对湿度为 40%以下，最大保存容量为 10 000份以上。建立了种质资源保存安全动态监测技术和繁殖更新体系，累计更新种质 2 000份以上，为我国西瓜甜瓜种质资源安全保存提供了重要的硬件支撑和技术保障。

（3）建立了标准化的西瓜甜瓜种质资源评价技术体系。编制了《西瓜种质资源描述规范和数据标准》和《甜瓜种质资源描述规范和数据标准》；制定了《农作物优异种质资源评价规范 西瓜》（NY/T 2387—2013）、《农作物优异种质资源评价规范 甜瓜》（NY/T 2388—2013）。

（4）开展了我国规模最大的西瓜甜瓜种质资源分发利用社会公益活动。累计对外

提供公益性种质 4 018份次，平均每年分发种质 268 份次，范围遍布除台湾省和西藏自治区之外的全国各地，根据部分反馈信息，引种单位已经利用分发的种质资源选育新品种 15 个，累计推广面积 42. 5 万亩，申报并获国家自然基金资助课题 5 项，发表研究论文 21 篇，培养博士、硕士 24 人。有力推动了我国西瓜甜瓜科研、育种和人才培养的进程，取得了显著的社会效益。

20. 山羊传染性胸膜肺炎防制新技术研究

主要完成单位　中国农业科学院兰州兽医研究所

主要完成人员　逯忠新，储岳峰，赵　萍，高鹏程，贺　英，刘湘涛，张克山，陈胜利，颜新敏，张建军

起 止 时 间　2007 年 1 月—2014 年 12 月

获 奖 情 况　2016 年甘肃省科技进步奖二等奖

内 容 提 要

山羊传染性胸膜肺炎（CCPP）是由山羊支原体山羊肺炎亚种（Mccp）引起的山羊呼吸道传染病，对山羊养殖业危害严重，被世界动物卫生组织（OIE）列为法定报告动物传染病之一。该病在我国自 20 世纪 20 年代即有报道，但直到 2007 年才准确鉴定出病原为 Mccp。本项目在分离鉴定 Mccp 甘肃株的基础上，进一步开展了病原学和血清学调查，明确了现阶段本病在我国部分地区的流行状况，推动了畜牧兽医行业对本病的重新认识。继而针对国内缺乏 CCPP 防控技术的现状，研究开发了 4 种快速检测试剂盒和 1 种灭活疫苗，填补了国内空白，为我国 CCPP 的防治提供了有力的技术支撑。

该成果国内首次采用病原分离鉴定、分子检测和血清学方法对由山羊支原体山羊肺炎亚种（Mccp）引起的 CCPP 进行了流行病学研究，结果病原学平均阳性率达 23. 8%，血清学平均阳性率达 28. 17%。明确了该病的在我国流行状况及危害程度，填补了国内空白，推动了对我国山羊疾病的认识，为制定合理的山羊疾病防控策略提供了流行病学依据；国内率先研制成功 4 种敏感性高、特异性好的 CCPP 快速检测试剂盒，为该病诊断、监测、检疫和流行病学调查提供了技术手段。利用 Mccp 分泌多糖作为抗原解决了与其他病原交叉反应的检测技术难题，申报了 3 项国家发明专利并已获得 2 项授权，1 种检测技术已列入正在编制的 CCPP 诊断技术国家标准，CCPP 间接血凝检测试剂盒已完成新兽药证书申报的全部技术审查程序，待农业部公告；国内外率先开展对 Mccp 基因组和蛋白组学研究，筛选了良好的制苗菌株。攻克了 Mccp 体外培养技术，建立了支原体浓缩纯化和制苗工艺，国内首次研制成功 CCPP 新型菌体灭活疫苗（山羊支原体山羊肺炎亚种 M1601 株，该疫苗保护率可达 80%以上，免疫持续期 6 个月以上），促进了动物支原体灭活疫苗行业的科技进步；项目推广应用经济社会效益显著，市场前景广阔。2 种血清学检测试剂盒 2009 年以来已在甘肃、广西、青海、四川、辽宁、内蒙古、西藏、新疆等省区进行应用，经济效益达 562 万元。疫苗已转让 3 家生产企业，创经济效益 600 万元。

21. 甘南牦牛选育改良及高效牧养技术集成示范

主要完成单位 中国农业科学院兰州畜牧与兽药研究所，合作市畜牧工作站，夏河县畜牧工作站，玛曲县阿孜畜牧科技示范园区，碌曲县李恰如种畜场，玛曲县草原站

主要完成人员 阎 萍，梁春年，郭 宪，石生光，丁学智，姬万虎，包鹏甲，李瑞武，王宏博，褚 敏，克先才让，杨 振，喻传林，刘振恒，杨小丽，拉毛索南，庞生久，姚晓红，夏 燕，拉毛杰布，王 宏，赵 雪，杨林平，苏旭斌，王润丽

起止时间 2011 年 1 月—2015 年 12 月

获奖情况 2014—2016 年全国农牧渔业丰收奖二等奖

内容提要

建立了由育种核心群、扩繁群、商品生产群三部分组成的甘南牦牛繁育技术体系，使良种甘南牦牛制种供种效能显著提高。建立良种繁育基地 2 个，组建基础母牛核心群 5 群 1 075头，生产良种种牛 3 500头。建立牦牛改良示范基地 4 个，改良牦牛 44.09 万头，生产性能显著提高，产肉性能提高 5%以上。通过遗传改良和高效牧养技术有机结合，实施营养平衡调控，示范带动育肥牦牛 5.24 万头。组装集成了牦牛适时出栏、补饲、暖棚培育、错峰出栏、牧区饲草料种植、粗饲料加工调制、驱虫防疫等技术，边研究边示范，边集成边推广，培训农技人员和牧民带头人 3 800余人，综合提高牦牛牧养水平，增加生产效能，新增经济效益 26 891.67万元。制定农业行业标准 2 项，甘肃省地方标准 1 项，出版专著 2 部，授权发明专利 3 项，授权实用新型专利 22 项。成果对促进甘南牦牛业的发展及生产性能的提高，改善当地少数民族人们的生活水平，繁荣民族地区经济，稳定边疆具有重要现实意义，其经济、社会、生态效益显著。

22. 水禽主要疫病快速诊断与疫苗研究

主要完成单位 中国农业科学院上海兽医研究所，扬州大学，四川农业大学，中国农业大学，福建省农业科学院畜牧兽医研究所，山东省农业科学院畜牧兽医研究所，广东省农业科学院动物卫生研究所，湖北省农业科学院畜牧兽医研究所

主要完成人员 丁 铲，于圣青，邵华斌，汪铭书，张大丙，陈少莺，彭大新，黄 瑜，许传田，胡奇林，秦爱建，刘光清，程安春，李泽君，仇旭升

起止时间 2010 年 1 月 1 日—2014 年 12 月 12 日

获奖情况 2016 年上海市科学技术奖二等奖

内容提要

该项目对水禽主要疫病禽流感、新城疫、鸭病毒性肝炎、水禽细小病毒病、鸭疫里

默氏杆菌病开展了流行病学调查，分离鉴定了禽流感病毒 1 000余株，新城疫病毒 500 余株，鸭疫里默氏杆菌 2 000余株，鸭病毒性感言病毒 700 余株，水禽细小病毒 200 余株，初步掌握了我国水禽主要疫病的流行现状。研发了 20 余种可用于水禽流感、新城疫、鸭疫里默氏杆菌病、鸭病毒性肝炎和水禽细小病毒病快速检测的诊断方法和技术、筛选水禽主要疫病疫苗候选毒（菌）种 17 种，其中研制的“鸭传染性浆膜炎二价灭活疫苗”等疫病的疫苗获得了 5 种新兽药证书。另有 2 种疫苗完成临床试验，2 种疫苗获得临床实验批复，2 种基因工程疫苗获得环境释放试验证书。

建立疫苗中试生产线 3 条、疫苗生产线 2 条、疫苗应用示范基地 15 个、疫病防治示范点（区）30 个；举办各类水禽疫病防控技术培训班近百次，培养技术人员 2 000多人次，培训农民 6 000多人次，社会经济效益显著。指定免疫程序 2 套，建立轻简化实用技术 15 项，制定地方标准 3 项，发表学术论文 410 篇，出版著作 6 部。

23. 我国北方草地害虫及毒害草生物防控技术推广与应用

主要完成单位　中国农业科学院草原研究所，中国农业科学院植物保护研究所

主要完成人员　刘爱萍，徐林波，张礼生，韩海斌，任卫波，高书晶，德文庆，王　宁，范光明，崔智林，王世明，康爱国，王惠萍，狄彩霞，张　艳，王　慧，郭慧琴，牛文远，张文柱，张爱萍，徐忠宝，乔艳荣，张福顺，姜翠萍，王梦圆

起止时间　2002 年 1 月—2015 年 12 月

获奖情况　2016 年全国农牧渔业丰收奖二等奖

内容提要

草地是我国北方重要的生态安全屏障，是我国绿色安全优质畜产品重要的供给基地，提高草地的生态生产功能对于维护我国生态安全，保障牧民生产生活，实现牧区可持续发展具有极为重要的意义。然而近年来，我国草地螟、蝗虫等重大害虫及毒害草的发生与危害逐年加重，严重制约我国草原畜牧业生产和生态安全。根据 2014 年《全国草原监测报告》数据，草原虫害面积近 1 400万公顷，其中北方草地害虫发生面积超过 1 100万公顷，占全国草原虫害面积的 82. 2%。据不完全统计，近年来每年因草地有害生物造成的经济损失达到数百亿元。在草地害虫及毒害草的防治中，项目实施前多采用化学农药防治措施，长期大量使用化学农药产生害虫抗药性、农药残留污染、草地生物多样性降低和农畜产品安全等一系列问题，严重影响了草地有害生物防治的效果。生物防治技术体系的建立与应用是实现草地生物灾害可持续控制的关键，也是解决农药污染、害虫再猖獗、维护生态与畜产品安全的保障。

在项目实施前，我国在北方草地生物防治实用技术方面研究基础薄弱，可利用的天敌资源少，天敌滞育调控、替代寄主等规模化扩繁技术工艺水平落后，生物防治作用物生产技术缺少规范或产品标准，具有自主知识产权的生物防治新产品少，产品效价比低，杀虫微生物助剂工艺革新滞后，远不能满足实际生产需求。在田间应用中，还存在

单项技术多、复合技术少，单点试验技术多、适用大区域的草地有害生物防治配套技术体系少等问题，从而导致我国缺乏针对大区域、全生长季、多植物类型的重大病虫害及毒害草的有效解决方案，远不能满足我国草地生态保护，草地畜牧业可持续发展的迫切需求。

针对上述突出问题，2002年以来，中国农业科学院草原研究所联合国内外优势单位进行联合攻关，以草地害虫及毒害草为研究对象，掌握其危害特点、发生和灾变规律，研发了草地主要害虫草地螟、蝗虫及蚜虫等的优势天敌扩繁及保护利用技术，并通过对天敌昆虫及真菌类杀虫剂防治效果的研究，制定出以生物防控技术为核心的生态控制草地害虫及毒害草治理技术，配套组装草地害虫及毒害草无害化可持续治理技术体系，将草地螟、蝗虫及毒害草等重大生物灾害的发生危害控制在经济阈值以下，实现化学农药施用量大幅度减少，降低农药残留污染，有效解决草地害虫的猖獗为害问题，实现康复草原生态环境质量的总体目标。

24. 水貂、狐狸和貉主要传染病疫苗规模化开发与应用

主要完成单位 中国农业科学院特产研究所，吉林特研生物技术有限公司

主要完成人员 程世鹏，闫喜军，易　立，程悦宁，王建科，陈立志，李光玉，吴　威，赵建军，赵传芳，张　淼，赵　航，司方方，王　莹，张丽婷

起止时间 2010—2015年

获奖情况 2016年吉林省科技进步奖二等奖

内容提要

本项研究完善了犬瘟热鸡胚细胞活疫苗、细小病毒性肠炎细胞灭活疫苗（MEVB株）和狐狸脑炎活疫苗（CAV-2C株）工艺流程，创新性地改进了病毒增殖的细胞培养技术，采用转瓶培养技术大规模制备疫苗，同步接毒提高了疫苗效价；优化了水貂犬瘟热活疫苗、水貂细小病毒性肠炎细胞灭活疫苗和狐狸脑炎活疫苗规模化生产工艺和工艺配方，熟化了疫苗规模化生产技术。

通过对犬瘟热病毒CDV3-CL株在Vero细胞上的接毒方式、接毒量、血清浓度及收毒时间等指标的比较研究，确定了水貂犬瘟热活疫苗（CDV3-CL株）生产疫苗的主要环节的工艺参数；通过水貂犬瘟热活疫苗批量生产验证，使生产工艺符合GMP要求；建立了成熟的规模化生产工艺。

率先建立4种疫苗先进的、符合生物制品GMP生产标准的大规模生产工艺，实现规模化生产，在熟化犬瘟热鸡胚细胞活疫苗、细小病毒性肠炎细胞灭活疫苗、狐狸脑炎活疫苗和犬瘟热活疫苗（CDV3-CL株）规模化生产技术的基础上，建立了4条疫苗生产线，毛皮动物疫苗年生产能力达到10亿毫升；建成了符合GMP标准的规模化生产工艺，达到国际先进水平。

该项研究解决了水貂、狐、貉主要传染病疫苗规模化生产的关键问题，疫苗推广占

全国毛皮动物 65%市场份额。2013—2015 年疫苗销售收入 2.7 亿元，新增利润 1.12 亿元，上缴税收 1 909.1万元，免疫接种水貂、狐狸、貉 12 184万只，减少经济损失 33.7 亿元，产生了显著的经济效益和社会效益。该项研究的推广应用对控制毛皮动物主要传染病具有重要意义，有效保障了毛皮动物产业发展。

25. 毛皮动物健康养殖关键技术集成与推广应用

主要完成单位　中国农业科学院特产研究所，吉林特研生物技术有限责任公司，山东省文登市畜牧兽医技术服务中心，山东省诸城市畜牧局，河北省昌黎县畜牧发展局，大连名威貂业有限公司，沈阳博阳饲料有限公司，北京丰硕饲料有限公司

主要完成人员　李光玉，刘晗璐，钟　伟，张铁涛，张海华，孙伟丽，彭风华，王国良，等

起止时间　2009 年 1 月—2015 年 12 月

获奖情况　2016 年全国农牧渔业丰收奖二等奖

内容提要

该项目在前期研究基础上制定了我国貂、狐、貉不同生长阶段营养需要量，制定了水貂饲养规程，貉营养标准；研发了狐、貉全价配合饲料、预混合饲料、微生态制剂等新产品，并建立相应的生产工艺流程以及产品质量标准，核心产品均已获得国家发明专利授权。研发的全价饲料、预混合饲料、微生态制剂等产品在沈阳博阳饲料有限公司、吉林特研生物技术有限责任公司转化生产，实现了产品的产业化。所有技术及产品采用“科研单位+企业+基层畜牧兽医部门+协会+基地+养殖户”的推广模式，在山东、河北、辽宁以及黑龙江等地的毛皮动物养殖区进行推广应用，推广面积达 40%，累计推广毛皮动物 2 360万只，饲料利用率提高 3%，狐、貉优质皮质比率平均提高 10%，水貂腹泻率降低 15%，死亡率下降 10%，3 年来获得总经济效益达 11.36 亿元人民币。该项目的成功实施促进了毛皮动物饲养管理技术的整体升级，促进了区域经济发展。

26. 退化草地植被恢复与重建技术集成与推广应用

主要完成单位　农业部环境保护科研监测所，中国农业科学院草原研究所，沈阳农业大学，德州学院，鄂温克族自治旗草原工作站，陈巴尔虎旗草原工作站，新巴尔虎左旗草原工作站，新巴尔虎右旗草原工作站

主要完成人员　杨殿林，赵建宁，皇甫超河，朱　岩，田青松，白　龙，张乃琴，朗巴达拉呼，蒋立宏，王彩灵，洪　杰，王　宇，高　荣，张冬梅，草　原，胡高娃，李东晖，白宝玉，谭毓文，那顺乌力吉，吴金海，郭瑞香，孙　权，伊德尔宝音，吴春江

起止时间　2008 年 6 月—2015 年 6 月

获 奖 情 况 2014—2016 年全国农牧渔业丰收奖成果奖二等奖

内 容 提 要

围绕牧区天然草原退化日益严重、草原生态功能下降和传统草原畜牧业效益低等生态和经济问题，研究集成了退化草原休牧禁牧植被演替调控技术、退化草地低扰动补播植被恢复技术、沙化草地生态恢复技术、草畜平衡草地持续利用技术等退化草地植被恢复与重建技术体系，提出了退化草原生态系统综合管理技术规范，为退化草原治理和草原畜牧业的可持续发展提供了理论依据、技术支撑和创新模式。成果在生产中大面积推广应用，产生了显著的经济、社会和生态效益。

27. 重金属污染产地叶菜类蔬菜安全生产关键技术示范与应用

主要完成人员 郑向群，郑顺安，丁永祯，师荣光，李晓华，曾 娟，黄文星，刘 岚，杨 波，张春雪，成为民，陈畊圳

主要完成单位 农业部环境保护科研监测所，农业部农业生态与资源保护总站，全国农业技术推广服务中心，湖北省农业生态环境保护站，安徽省农业生态环境总站

起 止 时 间 2009 年 1 月—2015 年 12 月

获 奖 情 况 2014—2016 年全国农牧渔业丰收奖成果奖二等奖

内 容 提 要

叶菜类蔬菜作为最易吸收富集重金属的蔬菜之一，其安全质量直接关系到人体健康。农业部环境保护科研监测所针对我国主要蔬菜产区和叶菜类蔬菜种类，系统开展了不同气候条件和土壤 pH 值、有机质、CEC、土壤质地等土壤理化性质对主要叶菜类蔬菜吸收土壤 Cd、As、Hg、Pb、Cr 等重金属的影响，识别不同蔬菜品种的重金属富集系数的差别，研究建立土壤中重金属含量形态和蔬菜的剂量—效应关系和基于土壤不同性质的蔬菜中重金属含量的预测模型；确定不同土壤和蔬菜产地中土壤重金属 Cd、As、Hg、Pb、Cr 等的食品安全阈值，编制了叶菜类蔬菜产地土壤重金属安全评估技术规定和中轻度重金属污染叶菜类产地安全生产技术与中重度重金属污染叶菜类产地替代种植技术规定等，在天津、安徽、湖北、湖南 4 省推广应用面积就达 284.3 万亩，综合经济效益达 10 982万元。

28. 作物秸秆高效炭化还田关键技术研究与应用

主要完成单位 农业部环境保护科研监测所，天津德塔生态炭发展有限公司，商丘三利新能源有限公司

主 要 完 成 人 张贵龙，赵建宁，廉 菲，李 洁，赖 欣，成振华，孟庆海，轩清霞

起 止 时 间 2009 年 6 月—2015 年 6 月

获 奖 情 况 2016 年度天津市科技进步奖二等奖

内 容 提 要

该项目针对作物秸秆转化利用率低、关键技术设备落后、方式粗放低值等问题，研发设计作物秸秆内热式炭化炉及配套智能化操作系统和秸秆连续炭化工艺及配套设备，集成生物炭氮杂化及锰氧化物复合功能强化改性及利用技术和炭基缓释肥料制备与利用技术，为农业废弃生物质材料的资源化提供了理论依据、技术支撑和创新模式，成果在生产中大面积推广应用，产生了显著的经济、社会和生态效益。

29. 中国特色农业现代化建设理论与实践研究

主要完成单位　中国农业科学院农业经济与发展研究所

主要完成人员　蒋和平，王有年，辛　岭，蒋　黎，崔　凯，崔奇峰

起 止 时 间　2008 年 1 月—2013 年 10 月

获 奖 情 况　2016 年北京市科学技术奖三等奖

内 容 提 要

该项目成果综合集成 2007 年国家社会科学基金重点项目（07JAJY020）《中国特色农业现代化建设的理论和实践研究》，2008 年国家发展和改革委员会重大招标项目《走中国特色农业现代化道路研究》等 3 个项目的研究成果，采用理论研究与案例研究相结合、定性研究与定量研究相结合、方法研究与系统研究相结合的方式，重点研究中国特色农业现代化建设理论基础、基本思路和发展方向、发展水平评价指标体系的构建和测算、建设的制度和机制创新、建设模式、基本路径和加快中国特色农业现代化建设的政策建议。为中国特色农业现代化建设提供理论依据和科学方案。

近 3 年来，该项目成果已被农业部、科技部、财政部、国家发改委、北京农村工作委员会、北京科学技术委员会农村发展中心、中共新疆维吾尔自治区党委农村工作委员会、广东省农业科学院，以及辽宁省、四川省、陕西省、河南省、大连市等政府部门、农业主管部门和农业科技园区所应用，对编制农业部“十二五”农业发展总体规划，对北京创建国家现代农业示范区总体方案设计，对编制北京国家农业科技城“十二五”发展总体规划，以及编制 2011—2020 年新疆农业现代化发展规划具有重要的参考应用价值。该项目在研究期间，出版专著 9 部、在国内经济类核心期刊发表研究论文 90 多篇，其中 CSSCI 收录 34 篇。获得农业部颁发标准 1 项，计算机软件著作权 1 项。建立中国农业现代化发展评价基础数据库 1 个，以及农业现代化发展评价模型、动态监测与预测模型。发表论文被引用 1 320次，下载 18 372次。撰写政策建议书 20 份，有 14 份政策建议书被农业部、科技部和北京农委、科委等部门所应用，产生了良好的经济效益和社会效益。

30. 麻育秧膜研制及其在水稻机插育秧中的应用

主要完成单位　中国农业科学院麻类研究所，湖南省粮油作物科技中心，黑龙江省农业技术推广站，咸宁市农业科学院，湖北省农业科学院粮食作物

研究所，浙江省萧山棉麻研究所、浙江省农业科学院花卉研究开发中心

主要完成人员 王朝云，易永健，周晚来，吕江南，彭铁玖，董国忠，汪红武，赵 锋，汪洪鹰，李 懋，金关荣，谭志坚

起止时间 2007年1月—2013年7月

获奖情况 2016年湖南省科学技术进步奖三等奖

内容提要

该成果的主要技术创新在于：利用麻等植物纤维，研制出了一种麻育秧膜产品，用于水稻机插育秧具有良好的盘根、保水保肥、透气增氧作用，可在育秧土底层创造一层适合于水稻根系生长发育的水—肥—气平衡环境，显著提高秧苗素质；研究出了一套麻育秧膜生产工艺，采用梳理成网与气流成网组合成网工艺、环保浆料黏合固结等技术工艺，可生产出40~45克/平方米、可生物降解的麻育秧膜产品；探索出了一套麻育秧膜水稻机插育秧技术，并在国内多个省市成功推广应用，有效解决了我国水稻机插育秧中遇到的难起秧、易散秧、秧苗素质不稳定的瓶颈问题，并可显著提高稻谷产量，增加水稻种植收益。本成果的整体技术于2014年11月通过了农业部科技发展中心组织的科技成果评价，以刘旭院士、罗锡文院士领衔的专家组一致认为：该成果为国内外本领域独创，整体技术达到国际先进水平，对促进水稻生产全程机械化和提高水稻产量具有重大作用，同时将有效带动麻类产业的发展。

2011年起，麻育秧膜开始由湖南省沅江市润泽科技有限公司进行小批量试制生产和应用示范，2014年，麻育秧膜产品专利通过实施许可方式转让给江西井竹实业有限公司，专利实施许可费1 400万元，开始大规模生产麻育秧膜产品，在全国多省大面积推广应用。2011年起，麻育秧膜水稻机插育秧技术开始在全国进行试验示范和推广，综合各地的应用情况统计，实施麻育秧膜水稻机插育秧增加投入成本10元/亩左右，但可带来25~50千克/亩的稻谷增产量，加上省工以及减少秧盘损失，总的节支增收收益达到了80~150元/亩，经济效益显著，2013—2015年，全国累计应用面积1 886.8万亩，累计节支增收20.3亿元。

31. 苎麻转录组研究

主要完成单位 中国农业科学院麻类研究所

主要完成人员 刘头明，朱四元，唐守伟，汤清明，郑 霞

起止时间 2012年1月—2014年12月

获奖情况 2016年湖南省省自然科学奖三等奖

内容提要

为推动苎麻的分子生物学技术发展，自2011年来围绕韧皮纤维发育及逆境抗性两个关键性状，有针对性地开展了苎麻的转录组学研究，具体包括：①苎麻转录组测序、组装及基因挖掘；②转录组中微卫星简单重复序列特点分析；③野生和栽培苎麻比较转

录组研究；④逆境苎麻的转录组研究。

项目实施过程中，率先阐明了苎麻的转录组特征，获得 43 990条苎麻 EST 序列，且从这些序列中识别了 51 个 *CesA* 家族基因及 32 个 *NAC* 家族基因，其中 36 个 *CesA* 基因和 5 个 *NAC* 基因可能与苎麻的纤维发育相关，19 个 *NAC* 基因与苎麻的逆境应答调控相关。开展了转录组的微卫星简单重复序列分析，获得了 1 827个 SSR 标记，并基于这些标记绘制了苎麻的首张 SSR 标记遗传图谱；通过对苎麻纤维产量相关性状的 QTL 分析，初步解析了纤维产量性状的遗传基础。完成了野生和栽培种苎麻的比较转录组研究，从分子水平揭示了苎麻的进化驯化机制，提出野生种苎麻向栽培种进化是在自然环境和人工选择的双重选择压力下进行的。系统的开展了苎麻在旱、镉及根腐线虫病害逆境下的转录组研究，识别了 2 000余个逆境应答基因，其中包括一些与赤霉素代谢相关基因，进而提出逆境环境下赤霉素代谢相关基因表达变化是导致苎麻株型变化的一个重要原因。

通过该项目的实施，苎麻中可用的EST 序列由之前数据库中的418 条骤增到4 万余条。此外，我们还识别了大量与纤维发育和逆境抗性相关的基因/QTL，这些基因/QTL的识别将不仅为解析苎麻纤维发育及逆境抗性调控机制提供基础，也为分子育种改良这两个重要性状提供了基因资源。因此，该项目研究结果极大地推动了苎麻分子生物学研究发展。自 2013 年来，相关研究成果被陆续发表，并得到了本研究领域相关专家的广泛认可和高度评价，在近两三年内被 SCI 他引 49 次。

32. 我国动物血液原虫标准化资源库的建立与配套技术研究

主要完成单位　中国农业科学院兰州兽医研究所

主要完成人员　罗建勋，刘光远，田占成，刘志杰，刘爱红

起 止 时 间　2008 年 1 月—2012 年 12 月

获 奖 情 况　2016 年甘肃省自然科学奖三等奖

内 容 提 要

该项目是动物血液原虫研究领域系统而全面的基础性工作，构建了标准化、规范化的系列数据库，对所得资源进行了深入的研究，获得了多项创新性的研究成果，填补了国内外多项空白。

规范化兽医血液原虫实物资源库、信息数据库及基因材料库的建立，在本研究起草及参与制定的一系列规程及规范指导下，在原有资源的基础上，进一步扩充了资源库的数量和种类，率先在国内对目前已分离、保存的 9 个属、30 多个种、近 300 个地方分离株的单一虫种（株）进行了实物资源库的标准化整理，建立了活虫种资源库；录入收集的所有虫种（株）的数据信息，上传至“中国兽医微生物菌种保藏管理中心”，建立了背景资料翔实的信息数据库；利用分子生物学方法对分离到的病原体进行了种类鉴定，同时一并建成了对应资源的生物材料库；动物血液原虫分子分类与遗传演化关系研究，原虫传统的分子分类主要依赖于 18S rRNA 基因，该基因具有遗传信息稳定，能够

较好的将梨形虫的不同种类区分开来，但在对一些近缘种的区分上存在很大缺陷，且可用的标记基因较为单一。有鉴于此，本研究首次对血液原虫的分子分类相关基因进行了多方面的研究与挖掘。通过对核糖体 RNA 的 28S rRNA、L24 及 *S*8 基因，转录间隔区 ITS1、ITS2，线粒体标记基因 *COI*、*COB*、*COX*3 等多个具有分类学意义的标记基因研究，筛选出适用于梨形虫不同属、种和地方株的遗传发育及分类标记基因，发现了新的梨形虫遗传发育研究的标记基因，这些基因均具有遗传发育研究的意义，可以更好地解释梨形虫种间及种内的进化关系，有助于分析种内及种间的多态性；血液原虫资源分类档案的构建及虫种（株）标准化，依据血液原虫的特性与特点，起草和撰写了《血孢子虫虫种资源保藏技术规程》《原虫类虫种资源保藏技术规程》《巴贝斯虫虫种资源描述规范》《泰勒虫虫种资源描述规范》及《原虫类菌种的标准实验程序描述规范》等相应的规程和规范；同时，参与起草和撰写了《微生物菌种资源共性描述规范》和《原虫类虫种资源描述规范》。参与设计并验证通过了《国家自然科技资源平台微生物菌种资源共性描述表》《国家自然科技资源平台原虫类虫种资源资源描述表》（即个性描述表）及《国家自然科技资源平台技术规程验证报告表》等。

33. “益蒲灌注液”的研制与推广应用

主要完成单位 中国农业科学院兰州畜牧与兽药研究所，河北远征药业有限公司

主要完成人员 苗小楼，尚小飞，王　瑜，潘　虎，李　芸，贾国宾，魏丽娟，陈化琦，汪晓斌，张成虎

起止时间 2007 年 1 月—2015 年 12 月

获奖情况 2016 年甘肃省科技进步奖三等奖

内容提要

该成果属于畜牧兽医科学领域。依据传统中兽医理论，结合现代中药药理与临床研究资料及传统用药经验，确定处方组成、用法用量和剂型；进行该药急性毒性、最大耐受量、长期毒性、常见致病菌体外抑菌、抗炎、局部刺激性等药理试验及人工致兔子宫内膜炎模型治疗试验；考察光、温度、湿度对该制剂的影响及加速稳定性和长期稳定性试验；采用 TLC 鉴别处方中的药材、HPLC 测定益母草有效成分等方法制定了质量标准；应用正交试验研究生产工艺参数和优化生产工艺，中试结果表明参数合理、工艺简便。临床验证和扩大应用试验证明，“益蒲灌注液”对奶牛子宫内膜炎有很好的疗效，治愈率可达 85%，3 个情期受胎率高于同类治疗药物。应用“益蒲灌注液”治疗奶牛子宫内膜炎，没有休药期，鲜奶中无残留。应用子宫灌注治疗奶牛子宫内膜炎，改变了传统中兽药的用药方式，丰富了中兽药的治疗技术。

“益蒲灌注液”于 2013 年取得新兽药注册证书（2013 新兽药证字 28 号）。项目执行期间取得 1 项发明专利。2013—2015 年在甘肃、河北、青海、内蒙古等地奶牛养殖场进行“益蒲灌注液”治疗奶牛子宫内膜炎的推广应用，共收治患子宫内膜炎奶牛 3. 39 万头，治愈 2. 88 万余头，治愈率达到 85%，总有效率达到 93%以上，隐性子宫内

膜炎的治愈率为 100%，3 个情期内的受胎率达到 93%以上。同时开展奶牛子宫内膜炎综合防治措施和奶牛主要疾病防治技术的推广应用，使奶牛子宫内膜炎的发病率降低了 8.9%，奶牛乳房炎降低了 12%，奶产量明显增加，在节约饲养管理成本的同时还增加了奶牛场的收入，已获得经济效益 21 838.61万元，经济效益明显。2014 年益蒲灌注液新兽药注册证书转让兽药生产企业，同年取得兽药生产批准文号（兽药字〔2014〕030015276），2015 年生产企业新增销售额 720.12 万元，新增利税 309.65 万元。现已在全国大面积推广应用。

34. 林下护育山参红皮病综合防治技术研究与示范

主要完成单位　中国农业科学院特产研究所

主要完成人员　张亚玉，孙　海，王秋霞，刘　宁，魏云洁，张迪迪，徐成路，金春爱

起 止 时 间　2011 年 1 月—2015 年 12 月

获 奖 情 况　2016 年吉林省科技进步奖三等奖

内 容 提 要

红皮病是林下参护育过程中主要病害，该成果开展了林下参红皮病的发生机理研究、综合防治技术研究并制定林下参护育规程。通过室内实验验证了林下参红皮病发病机理的正确性，填补了国内林下参研究空白的局面；结合林下参红皮病的发生机理开展了防治技术研究，重点放在“防”上，依据伴生植被、地形地貌、土壤生境条件方面综合考虑，从源头上规避了林下参红皮病发生的风险。针对已经发生红皮病的林下参，筛选到了 2 种氧化还原剂和 1 种复合元素拮抗剂，能够使林下参红皮病从 80%降低至 20%，极大地降低了发展林下参的风险。制定了适宜于吉林省主产区的林下参护育技术规程。该成果在吉林省多个产区进行推广示范，极大地降低了林下参红皮病发生率，提高经济效益。该研究获得吉林省科学技术进步三等奖，申报专利 1 项，发表 SCI 1 篇、EI 1 篇。

35. 无特定病原体鸭培育与应用

主要完成单位　中国农业科学院哈尔滨兽医研究所

主要完成人员　曲连东，韩凌霞，郭东春，刘家森，姜　骞，张　伟，于海波

起 止 时 间　2004 年 6 月—2012 年 12 月

获 奖 情 况　2016 年黑龙江省科技进步奖三等奖

内 容 提 要

无特定病原体（SPF）鸭是指经过人工培育，对其携带微生物实行控制，遗传背景明确或者来源清楚的鸭，是生命科学研究、生物制品生产的重要实验材料和原材料。我国是养殖大国，水禽的产量占世界总产量的 77.5%，但养殖效率较低，主要原因是疫病严重危害我国水禽健康，其关键是没有无特定病原体鸭，致使水禽疫病防控研究相对

滞后。无特定病原体鸭及相关产品可提升鸭病研究水平和疫苗质量，解决疫病防控的瓶颈问题。鸭是禽流感病毒重要的储存宿主，具有公共卫生意义，无特定病原体鸭已成为畜禽养殖安全和人类健康的重要支撑。该项目以绍兴麻鸭为基础群，采用封闭饲育、钴60辐照射饲料、饮用酸化水等措施，阻断外界病原体的再感染；通过灭活苗免疫、抗生素治疗和疫病监测，净化了主要病原体，成功培育了无特定病原体鸭核心群。建立了微生物学质量监测技术，制定了微生物学监测技术规范地方标准，并颁布实施。建立了遗传学生化位点和微卫星位点监测技术，对鸭群B品系和Q品系进行了遗传学监测，符合鸭封闭群遗传特征。建立了禽流感病毒、网状内皮组织增生症病毒、鸭疫里氏杆菌等病原感染模型，表明对主要鸭病易感。查新报告、项目验收结论及国内外同类技术对比分析，系首次国内成功了培育无特定病原体鸭。

36. 一种0~6月龄犊牛用的复合微生物酶制剂及含其代乳品

主要完成单位 中国农业科学院饲料研究所

主要完成人员 屠　焰，刁其玉，姜成刚，王永超

起 止 时 间 2012年1月—2015年12月

获 奖 情 况 第十八届中国专利优秀奖

内 容 提 要

该专利采用复合微生物酶制剂，提高犊牛对植物原料的消化能力，促进生长；以较易消化的大豆、小麦、花生蛋白作为主要蛋白质来源，结合优化的前处理与最适配比，制备新型犊牛代乳品，既满足犊牛营养需要，又有利于降低粪污铁对土壤的污染，提高养殖业环保意识。该技术方案未被之前的技术公开，具有新颖性和创造性；专利提供了4个实施例和1个试验例，采用严谨的动物饲养试验和屠宰试验测定了犊牛生长性能和屠宰性能，证实了本专利技术的优势。专利权利要求书及说明书撰写清晰、规范，保护范围合理，完整地公开了发明的内容，并使所属技术领域的技术人员能够理解和实施。

合作企业凭借该专利技术，建立了万吨级生产线和产品企业标准，取得了国家饲料生产许可，产品荣获国家重点新产品证书、北京市自主创新产品证书，并应用到全国26个省，具备原创性和实用性。至2015年年底，累计生产专利产品6 700吨，总销售额13 400万元。实施本技术及其产品，犊牛可在10日龄断奶，每头犊牛可节省632. 7元；新产犊牛断奶后生长发育优良，初配月龄平均提前1. 5个月，节省饲养成本1 350元/头；第一胎和第二三胎产奶量平均提高1. 07吨/年、2. 37吨/年，增收21 060. 3元/头。以推广面积计算间接效益100亿以上。

该专利权人制定了相关的专利保护制度，并持续在幼畜培育领域研发出了一系列产品，形成多方位全面保护的专利池。该专利技术经生产企业应用，已进入规模化生产阶段。

37. 一种酸性木聚糖酶 XYL10A 及其基因和应用

主要完成单位　中国农业科学院饲料研究所

主要完成人员　姚　斌，罗会颖，杨培龙，王亚茹，柏映国，孟　昆，袁铁铮，石鹏君，史秀云

起 止 时 间　2008 年 5 月—2015 年 12 月

获 奖 情 况　第十八届中国专利优秀奖

内 容 提 要

饲料用酶制剂产品逐渐成为我国工业酶制剂产业发展中的重要分支，其规模和发展速度一直居于工业酶的前列。木聚糖酶是最重要的饲料酶制剂之一，能够降解饲料粮中的木聚糖、降低食糜黏度、减少微生物的定植、维持肠道正常结构，从而提高机体对营养物质的利用率和表观代谢能，取得了良好的社会效益和经济效益。

本专利技术率先采用基于酶分子结构特征并结合生物信息学设计的技术路线，建立了酶基因资源高效扩增分离技术，进行资源的快速筛选与有效评估；获得了一种综合性能优良的木聚糖酶，其具有极好的热稳定性；提供了一种基于受体菌和外源基因、载体的综合优化构建高效表达生产菌株的方法。

实用性方面，本专利技术获得了理想的饲用木聚糖酶产品。其具有极好的热稳定性；最适 pH 值为 2.5，在 pH 值 1.5~6.5 均具有较高活性；酶对胃蛋白酶、胰蛋白酶也具有非常强的抗性；全面满足了饲料及畜牧业应用的苛刻要求，属于“理想的饲用木聚糖酶”；获得应用成本低廉的木聚糖酶产品，其表达效价在规模化生产水平可达 10 万国际单位/毫升；大幅度地降低了木聚糖酶的生产成本，也确保了其应用成本小于 1 元/吨饲料。

该成果成熟的生产技术或专利技术产品已经通过技术转让和专利许可的方式，在广州溢多利生物科技有限公司（上市公司）、北京挑战生物技术有限公司、宁夏夏盛实业集团有限公司、山东六和集团有限公司、武汉新华扬生物有限公司等国内饲用酶制剂生产企业实现了产业化生产。木聚糖酶产品已经广泛应用于畜禽和水产养殖领域，产品占据国内市场 80%以上。几家主要技术转让单位累计每年生产销售木聚糖酶产品或复合酶产品 5 万吨以上，在全国 31 省区上千家饲料及养殖企业推广应用，并出口欧美等 20 余个国家。

三、获中国农业科学院科技技术成果奖成果简介

1. 大豆种质资源遗传多样性与基因组进化特点

主要完成单位　中国农业科学院作物科学研究所

主要完成人员　邱丽娟，李英慧，关荣霞，王晓波，王丽侠，周国安，郭　勇，刘章雄，闫　龙，王克晶，马岩松，谢　华，袁翠平，王　彪，

张丽娟

起止时间 1998年1月—2014年9月

获奖情况 2016年中国农业科学院杰出科技创新奖

内容提要

我国是栽培大豆起源地，拥有全世界最丰富的种质资源，但是，如何全面、有效的分析和评价3万多份大豆种质资源的遗传多样性是急需解决的科学问题。为此，在国家三期“973”和国家自然科学基金等课题资助下，通过15年系统研究取得以下研究成果。

（1）创新核心种质构建方法和理论体系，比其他国家早7~10年构建了系列大豆核心种质，发现核心种质蕴藏丰富等位基因，可最大程度代表大豆总体资源的多样性，其中微核心种质数目仅占大豆资源总数的1%，而多样性却高达63.5%。利用开发的重要性状相关标记阐明了核心种质“本底”，促进了核心种质在遗传育种中的应用。已向全国科研和育种单位发放核心种质5 025份次，在大豆遗传育种研究、种质创新和品种培育方面取得成效。

（2）以代表性核心种质为基础，在国际上首次建立了可代表野生大豆物种特点、集合了非冗余基因的泛基因组，发现核心基因主要与生长、免疫系统、繁殖等有关，反映了野生大豆的物种生物学特点；而非核心基因在生物和非生物逆境相关途径上富集。在全基因组水平解析了驯化和遗传改良导致大豆基因组的遗传变异规律，揭示了野生和栽培大豆的种间分化是Soja亚属的主要分化因子，驯化后栽培大豆丢失了近40%的多样性。发现野生大豆特有、栽培特有及受选择的基因，其中遗传改良选择区间和基因为国际上首次报道。发现栽培大豆比野生大豆抗病基因少11个类型但每种类型拷贝数较多，揭示了栽培和野生大豆存在对不同的环境适应机制。从表型—分子标记—基因水平多层次深入解析了大豆资源多样性分布规律。发现野生和栽培大豆种内存在明显的遗传结构，阐明了遗传多样性中心及演变特点，为大豆起源于我国黄淮流域的观点提出了新的证据。群体分化和遗传多样性分布皆与地理分布和生态类型密切相关，在分子水平客观地反映了大豆的遗传分化特点。首次在分子水平发现西南山区大豆资源遗传独特性，拓展了对大豆资源分布的科学认知。

（3）发掘大豆结荚习性、耐盐和胞囊线虫病抗性等重要性状优异标记/QTL/基因111个和新等位基因8个，并阐明结构和功能多样性及分布规律等分子特征，揭示大豆抗病、高产等重要性状遗传机制，为资源保护、分子育种和分子进化研究奠定了基础。

2. 植物免疫诱抗蛋白制剂阿泰灵的创制与应用

主要完成单位 中国农业科学院植物保护研究所，北京中保绿农科技集团有限公司

主要完成人员 邱德文，陈　昶，杨秀芬，张刚应，曾洪梅，徐　军，郭立华，赵宜君，袁京京，周　乐，蔡茂跃，李建东，张立群，陶英全，杨德海

起 止 时 间　2003 年 9 月—2015 年 12 月

获 奖 情 况　2016 年中国农业科学院杰出科技创新奖

内 容 提 要

植物免疫诱导剂能增强植物自身抗性，减轻病害发生，降低农药使用量，是实现 2020 年我国农药使用量零增长战略目标的有效措施。本成果以激活植物免疫系统、提高植物抗性为筛选目标，首次从极细链格孢菌（*Alternariatenuissima*）中发现并获得了诱导植物免疫蛋白 Hrip1 及其编码基因（GenBank accession number HQ713431）。通过天然菌株高效产生诱导植物免疫的蛋白发酵工艺和制剂关键技术优化，创制了植物免疫诱抗蛋白可湿性粉剂阿泰灵，并获得了农药登记证（农药登记证号：LS20140049）。建立了高效低成本的免疫蛋白生产工艺流程和年产 800 吨制剂的产业化基地。阿泰灵制剂是国内外首次登记的抗植物病毒病的蛋白质生物农药，具有生产周期短，成本低，货架期长等优异性能。阿泰灵不直接杀死病原菌，而是通过诱导或激活植株自身的免疫系统而减轻病害发生，减少农药使用量，是植物病害绿色防控的新技术，同时具有促进植物生长和提高农作物产量的作用。在烟草、番茄、水稻、辣椒、柑橘、茶叶和草莓等作物上应用，对病毒病、立枯病、软腐病、霜霉病、灰霉病和叶斑病等病害控制效果可达 65%，提高产量 15%以上，产品品质提高，商品性能好，经济效益显著提高，得到广大用户的认可。近 2 年累计生产销售阿泰灵 250 吨，产生直接经济效益（利税）2 762. 76 万元，在全国 28 省区的企业和农户推广应用，累计应用面积 720 万亩，间接经济效益 2. 13 亿元，粮食增产 16. 56 万吨，农民增收节支 28 585. 33万元，取得了良好的经济效益和社会效益。

该成果自主研制的阿泰灵可湿性粉剂是一种从蛋白序列、防病机制乃至产品创制工艺全新的生物农药新产品，成为国内第一个具有自主知识产权并获得农药登记的抗病毒生物农药，该制剂的成功研制对我国植物免疫诱抗类生物农药的研发具有积极的引领作用，同时对实现“两减”及提质增效具有重要的推动作用。

3. 果蔬主要害虫绿色防控关键技术及应用

主要完成单位　中国农业科学院植物保护研究所，北京市农林科学院，青岛农业大学

主要完成人员　万方浩，刘万学，王　甦，褚　栋，张桂芬，张　帆，杨念婉，周洪旭，杨勤民，李长友，张　彬，王俊平

起 止 时 间　2003 年 1 月—2014 年 12 月

获 奖 情 况　2016 年中国农业科学院杰出科技创新奖

内 容 提 要

近年来，随着种植结构调整，在我国京津冀鲁果蔬主要生产区，烟粉虱和苹果绵蚜等许多重要害虫在该地区果树和蔬菜上大面积为害，造成了严重的经济损失；扶桑绵粉蚧等潜在入侵害虫亦对该地区果蔬生产构成严峻的威胁。针对果蔬害虫防控中多采用化

学防治、导致农药过量使用，给果蔬生产和环境安全造成极大隐患的问题，在国家科技支撑计划“重要农业入侵物种区域减灾及其持续治理技术（2006BAD08A18）”与“优势天敌种质资源的选育、产业化及应用关键技术（2008BADA5B02）”等项目支持下，以烟粉虱、苹果绵蚜、南美斑潜蝇等果蔬重要害虫，以及尚未传入京津冀鲁的扶桑绵粉蚧等潜在入侵害虫为对象，经10余年持续、系统的联合科研攻关，创新集成了果蔬主要害虫绿色防控关键技术成果，并进行推广应用。

该技术主要科技创新如下。

（1）阐明了烟粉虱、苹果绵蚜和南美斑潜蝇等10种果蔬重要害虫的生物生态学特征、发生灾变规律。首次明确了我国烟粉虱Q隐种、温室白粉虱、扶桑绵粉蚧等果蔬害虫的扩散途径；解析了温度逆境下烟粉虱和温室白粉虱的生殖策略及其分子调控机制；揭示了苹果绵蚜对不同苹果品种的致害性差异及其适应机制。研究成果为制定有效的绿色防控措施奠定了理论基础。

（2）筛选出了蚜小蜂、赤眼蜂、捕食性瓢虫、捕食性花蝽等12种高效生防作用物，明确了这些生防作用物的生态学特性、控害效能、繁殖行为；创新了东亚小花蝽等天敌昆虫的工厂化生产技术，构建了大规模生产的技术平台。研究成果为果蔬重要害虫的生物防治提供了技术基础。

（3）创新了大棚蔬菜、露地蔬菜与果园不同环境条件下多种生防作用物的释放技术方法与模式。组配了不同生防作用物联合控害技术体系；综合运用天敌昆虫靶向控害与复合型天敌释放、天敌助迁与营养保护策略，构建了不同条件下以生物防治为主的果蔬重要害虫“绿色防控”技术体系。研究成果为生防作用物的大面积推广应用提供了技术规程与示范。

（4）针对不同地区果蔬生产中的重大虫害问题，创新集成了果蔬重要害虫监测预警和以生防为主绿色防控关键技术体系。构建了烟粉虱、番茄潜叶蛾、双钩巢粉虱等害虫的有效的检测与监测预警体系。

项目总计获授权国家发明专利11项、实用新型专利5项；制定行业标准2项；主编/参编专著3部、发表论文165篇（SCI收录47篇）。2012—2014年，在蔬菜上累计应用450.9万亩次，果树上219.1万亩次，挽回经济损失11.55亿元。

4. 花生加工黄曲霉毒素全程绿色防控技术及应用

主要完成单位 中国农业科学院农产品加工研究所

主要完成人员 刘 阳，邢福国，赵月菊，王 龑，徐 亮，等

起 止 时 间 2006年1月—2015年12月

获 奖 情 况 2016年中国农业科学院杰出科技创新奖

内 容 提 要

黄曲霉毒素具有强毒性和致癌性，严重威胁人体健康。我国花生黄曲霉毒素污染严重，威胁我国食品安全、制约花生出口贸易、并造成巨大经济损失。我国每年因花生黄

曲霉毒素污染造成经济损失累积超过100亿元，2002—2011年，花生黄曲霉毒素超标事件占我国食品出口欧盟总违例事件的34.5%，成为制约我国食品出口贸易的首要因素。我国花生加工产业长期存在黄曲霉毒素防控机制不清、控制和脱毒技术缺乏、装备落后等突出问题，严重制约着我国花生产业的健康发展。

在国家科技支撑计划等项目的支持下，研究团队历经10年科技攻关，突破了花生加工黄曲霉毒素防控科技瓶颈，建立了花生加工黄曲霉毒素全程防控技术体系。团队构建了霉菌单细胞纳米光纤生物传感检测平台，结合前沿科技，建立了黄曲霉毒素防控和脱毒理论体系，为花生加工黄曲霉毒素全程防控奠定了理论基础。研发出了花生黄曲霉毒素植物复合精油抑菌剂，对黄曲霉毒素的抑制率达到98%，可有效替代目前所用剧毒、易燃的化学杀菌剂磷化氢；创制出了高水分花生换向通风干燥技术与设备，烘干不均匀度降低60%，耗能成本降低80%~90%，有效地防控花生加工黄曲霉毒素污染。发明了霉变花生激光分选技术与装备，霉变花生剔除率达到99.2%，与色选技术相比剔除准确率提高49%，有效地保障了花生加工的安全。在花生油脱毒方面，团队创建了臭氧蒸炒—碱炼—改性吸附—紫外照射花生油脱毒关键技术、产品和装备，与现有花生油生产工艺相比脱毒率由42%提高到95%以上，能确保将黄曲霉毒素B_1超标1倍（40微克/千克）花生油中的毒素完全脱除；实现了花生油生产黄曲霉毒素脱毒技术的革新，解决了脱毒技术落后、装备缺乏的难题。

花生加工黄曲霉毒素全程绿色防控技术成果在山东鲁花集团等5家大型企业示范应用，受到企业用户和消费者的一致认可和好评。5年来累计创造直接经济效益67.67亿元，新增利税9.01亿元。该成果的成功示范，具有良好的带动作用，助推科技成果广泛应用，为全程解决花生加工黄曲霉毒素污染问题，发挥了极其重要的作用。

5. 国产GF-1卫星冬小麦面积遥感监测技术

主要完成单位 中国农业科学院农业资源与农业区划研究所

主要完成人员 刘　佳，王利民，李丹丹，滕　飞，杨玲波，王　飞，刘跃辰，陈仲新，邵　杰，杨福刚，邓　辉，高建孟，邹金秋

起止时间 2011年1月—2015年12月

获奖情况 2016年中国农业科学院杰出科技创新奖

内容提要

面向国家对冬小麦种植面积信息高效获取的迫切需求，立足于国产高分卫星遥感数据日益丰富的现状，出于国家农情遥感监测数据安全战略的需要，创建了基于我国高分一号卫星数据中国冬小麦遥感监测关键技术，预处理技术、自动识别技术、区域业务监测体系等3个组成部分具有原创性，达到了国内领先水平，具有在全球监测业务中应用的潜力。获得了显著的科学、社会与经济效益。

成果针对多时相卫星数据农业应用精准匹配及光谱反应一致性的需求，通过引进区域网平差和辐射传输模型，创建了国产高分一号卫星数据的预处理技术体系，突

破了宽视场卫星数据高精度几何校正和快速大气校正的技术瓶颈，为大范围农作物种植面积自动提取提供了技术支撑。首次提出了冬小麦种植面积遥感指数，攻克了高分一号卫星数据冬小麦种植区面积自动识别的技术瓶颈，完善了面向农作物种植特征的自适应分类方法和验证技术，创建了基于标准分类单元的大面积冬小麦种植面积监测业务化技术流程，实现了冬小麦面积自动提取，获得了全国第一张 16 米空间分辨率的全国主产区冬小麦空间分布图，达到了同类研究的最高精度，为国产高分数据农情遥感监测业务化应用奠定了基础。研究成果已应用在农业部“国家农情遥感监测业务运行系统”，服务与全国农作物遥感估产、华北地下水漏斗区小麦限种区监控等，并在河南省、山西省、新疆维吾尔自治区、民政部卫星减灾中心等农情遥感监测业务中得到应用。

6. 超级稻机械精量穴直播高产高效技术研发及应用

主要完成单位 中国水稻研究所

主要完成人员 王丹英，王在满，金国强，罗锡文，徐春梅，章秀福，陆永良，朱晓群，陈叶平，杨文武，陈 松，张建萍

起止时间 2009 年 1 月—2015 年 12 月

获奖情况 2016 年中国农业科学院杰出科技创新奖

内容提要

随着我国社会经济的发展和农村劳动力的转移，以人工撒播为主的水稻直播技术在长江中下游稻区发展迅速。针对撒播水稻存在的生长无序、用种量大以及在超级稻上应用难等问题，开展超级稻机械精量穴直播高产高效技术研发。研究内容包括分析超级稻精量穴直播的生长发育特点，需水需肥特性及杂草发生特点；对穴直播机的核心部件进行改进和优化，以适应超级稻直播栽培的要求；研究农艺、农机相融合的超级稻精量机械穴直播全苗、肥水管理和杂草防除技术。主要创新点如下。

（1）创建了基于种子包衣和盲谷播种的全苗匀苗、基肥深施、肥水耦合和“播封同步”除草等超级稻机械精量穴直播农艺关键技术，突破了超级稻小播量条件下有序穴播全苗、肥料深施及肥水高效利用等技术难题，充分发挥了超级稻高产潜力。

（2）研发和优化直播机的核心部件，在国内外首次实现了同步开沟起垄施肥超级稻精量穴直播，创新研究成功播量可调式组合型孔排种器、弹性随动护种带和两级螺旋式排肥器，实现了超级稻精量穴直播的行距可选、穴距可调和播量可控。

（3）农艺农机融合，进行了大面积示范推广，创造了连续 4 年亩产超 800 千克的高产纪录，制定了技术规程。节肥、节本，增产效益显著。2012—2015 年，超级稻机械精量穴直播高产高效技术在长江中下游的浙江、江西、安徽 3 省累计应用面积 201.5 万亩，增产稻谷 9.94 万吨，增收 2.745 亿元。应用该技术，每亩节省灌溉用水 30%以上，减少 N 素流失 10%以上。社会经济生态效益显著。

7. 中棉所 63 等系列强优势杂交棉品种的选育与应用

主要完成单位 中国农业科学院棉花研究所，中棉种业科技股份有限公司，安徽中棉种业长江有限责任公司

主要完成人员 杨代刚，周晓箭，马雄风，周关印，李　威，张朝军，刘金海，周　红，裴小雨，周克海，匡冬萍，唐淑荣，刘艳改，贺昆仑，张文生

起 止 时 间 2003 年 3 月—2015 年 12 月

获 奖 情 况 2016 年获中国农业科学院杰出科技创新奖

成 果 内 容

强优势杂交棉的创新与利用是大幅度提高棉花产量、改善纤维品质和增强适应性的主要途径之一。针对杂交棉结铃性、铃重、衣分等杂种优势表现不强、增产潜力较小，通过技术和方法创新，自 2006 年以来育成了中棉所 63、中棉所 55、中棉所 62、中棉所 65、中棉所 66、中棉所 71、中棉所 87 7 个强优势杂交棉品种，累计推广 5 135万亩，有力地推动了我国棉花产业的可持续发展。中棉所 63 是 2007 年通过国家审定，2016 年获植物新品种权，2010—2015 年连续 6 年被农业部定为长江流域农业主导品种，生产上多次出现籽棉亩产过千斤，是目前累计推广面积最大的转基因抗虫杂交棉。

（1）亲本选育技术创新。针对当地的优良品种（系），通过杂交育种，低世代筛选优势组合，中高世代选优异株系，多次逆境选择，挖掘剩余优良遗传变异，多年多点同步试验，选育综合性能突出，特别是抗病性强、适应性广的骨干亲本；从异地引进的丰产优质多抗新品种（系），采用复合杂交、外源性状渐渗等技术进行改良，结合低世代选择大铃、大籽、高衣分和高世代选择理想株型的创新理论，获得结铃性较强、丰产性好、抗逆性强的骨干亲本。该两种方法显著提高了骨干亲本育成效率。

（2）核心亲本种性保持和提高技术创新。核心亲本连年选优自交保纯，在高光富热低湿棉区，以三圃或两圃法繁殖亲本，按照品种标准鉴定亲本性状，辅助分子标记筛选，在优势部位选种法留种，创新种子加工系统，并严格监控，常温干燥密封法贮藏，保持和提高亲本的优良种性。获得的核心亲本毛子保存 9 年后种性不变，质量达国标。

（3）组合选配技术创新。提出以长江流域棉区育成的结铃性强、衣分高、抗病性强、适应性广的丰产稳产优质亲本，与异地棉区选育的抗病虫等逆境能力强且综合性状优良的亲本，通过双列杂交遗传效应分析，结合 SSR 标记评价遗传距离，选择遗传差别大且综合性能较好、相互之间性状差异较大的亲本，配制杂交组合，显著提高亲本选配的预见性和优势组合的培育效率。

（4）育种方法创新。率先提出以棉铃对位叶面积和光合性能指标预测杂交组合产量杂种优势的方法。首次建立双列杂交群体的皮棉产量及其构成因素与其庞大的基因芯片数据进行多性状联合分析的方法，从基因水平上直接检测到了双列杂交群体盛花期幼蕾中控制皮棉产量性状遗传变异的数量性状转录子，分析了基因对皮棉产量及其构成的方差分量贡献率及基因的加性和显性效应贡献值，为棉花分子设计育种探索了新途径。

(5) 转基因抗虫杂交棉种植标准化体系的建立。以国审转基因抗虫杂交棉中棉所63和中棉所66为样本，构建了高产、优质栽培的标准化模式，制定了涵盖生产全程的两项地方标准，为主产棉区的转基因抗虫杂交棉规范化种植提供了两个范本。

培育杂交棉新品种7个，获得植物新品种权3个，授权专利7项，发表学术论文30篇，起草农业行业标准和地方标准3项。

8. 高效节能清洁型麻类工厂化生物脱胶技术

主要完成单位 中国农业科学院麻类研究所

主要完成人员 刘正初，彭源德，冯湘沅，段盛文，郑 科，孙庆祥，胡镇修，成莉凤，吕江南，郑 霞，严 理，杨瑞林，邓硕苹，马 兰，龙超海

起 止 时 间 1990年7月—2014年11月

获 奖 情 况 2016年中国农业科学院杰出科技创新奖

内 容 提 要

(1) 首次选育到麻类脱胶广谱性高效菌株（菊果胶杆菌：*Pectobacteriumchrysanthemi*，保藏号CGMCC5522），具备繁殖速度快、胞外分泌脱胶关键酶、嗜好甘露糖、工艺成熟标志明显等特点以及快速剥离7科8种麻类农产品中非纤维素的能力，解决了现代生物脱胶技术研究中“缺乏功能齐全的脱胶菌株”的关键科学问题。

(2) 创立高效菌剂制备方法并首次阐明生物脱胶作用机理，利用高效菌株纯培养液的菌体和胞外酶分别制备成高效菌剂和酶制剂，高效菌剂用作功能稳定的脱胶剂，能有效防止菌种多次转接引起的功能退化，降低用户的技术风险和生产成本。高效菌株利用麻类农产品中水溶性物质及部分降解产物为营养而生长繁殖→胞外表达果胶酶、甘露聚糖酶和木聚糖酶（关键酶专一性裂解作用）→非纤维素发生块状崩溃而脱落，为实现麻类脱胶生产方式“由粗犷型沤麻向工厂化脱胶转变、由化学脱胶向生物脱胶跨越”奠定了理论基础。

(3) 整体发明麻类工厂化生物脱胶工艺与关键设备，在工厂化可控条件下，用预处理机组对农产品进行预处理，将高效菌剂活化并扩增至蓝绿色菌液→地表水稀释菌液并接种到麻类农产品上发酵至蓝色→灭活→洗麻机组洗麻→（漂白），获得保留固有形态结构和优良特性的天然纤维；采用固液分流、生物氧化等综合措施，实现工业废水达标排放。该发明点解决了沤麻方法存在的“规模化生产难、与水产养殖业争夺水源、环境污染严重、产品质量不稳定”，化学脱胶方法的“消耗大量化学试剂和能源、环境污染严重、强酸强碱对纤维产生‘淬火’变性”，以及生物—化学联合脱胶技术的“两种作用机制并存导致工艺技术复杂”等问题。

该成果获得授权发明专利7项（其中2项获中国专利优秀奖）、实用新型专利2项、鉴定成果1项，发表论文80篇。整体技术具有节能、减排、降耗、资源高效利用等特点，总能耗节省66%，无机和有机污染物处理负荷减轻96%和95%，废气废渣排放量

减少 70%，生产成本降低 21%，纤维资源利用率提高 47%，目前已在 13 家企业推广应用，建成示范工程 5 个，应用规模占全国麻类工厂化脱胶产能 36%。

9. “猪传染性胃肠炎、猪流行性腹泻、猪轮状病毒（G5 型）三联活疫苗”的研制

主要完成单位　中国农业科学院哈尔滨兽医研究所

主要完成人员　冯　力，时洪艳，陈建飞，佟有恩，张　鑫，王牟平，王洪峰，孙东波，石　达

起 止 时 间　2000 年 7 月—2015 年 12 月

获 奖 情 况　2016 年中国农业科学院杰出科技创新奖

内 容 提 要

本项目针对猪传染性胃肠炎病毒（TGEV）、猪流行性腹泻（PEDV）、猪轮状病毒（PoRV）感染引起的猪病毒性腹泻疫情，开展了猪腹泻病原学调查，明确了 TGEV、PEDV、PoRV 是我国主要的腹泻病原，3 种病毒混合感染普遍，确定了 G5 型为 PoRV 的优势基因型；突破弱毒培育及生产工艺等技术瓶颈，培育了 PoRV 弱毒疫苗株，创制了针对我国猪病毒性腹泻混合感染现状的 TGEV、PEDV、PoRV 安全、有效的三联活疫苗；创制了敏感特异 TGEV、PEDV、PoRV 抗原、抗体诊断配套技术，抗原分子诊断技术能够区分 TGEV、PEDV 强弱毒株。获国家二类新兽药注册证书 1 项、国家授权发明专利 2 项、农业行业标准 2 项、临床批复文件 1 项、发表论文 16 篇（其中 SCI 收录 6 篇）；疫苗转让 7 个生物制品企业，合同金额 1.0 亿元；疫苗上市后，在全国 25 个省区推广应用，直接产值 5 400万元，其经济效益与社会效益均显著。

10. 高山美利奴羊新品种培育及应用

主要完成单位　中国农业科学院兰州畜牧与兽药研究所，甘肃省绵羊繁育技术推广站，肃南裕固族自治县皇城绵羊育种场，金昌市绵羊繁育技术推广站，肃南县裕固族自治县高山细毛羊专业合作社，肃南裕固族自治县农牧业委员会，天祝藏族自治县畜牧技术推广站

主要完成人员　杨博辉，郭　健，李范文，孙晓萍，王天翔，牛春娥，李桂英，岳耀敬，李文辉，王学炳，张万龙，冯瑞林，张　军，安玉锋，梁育林

起 止 时 间　1996 年 1 月—2016 年 12 月

获 奖 情 况　2016 年甘肃省科技进步奖一等奖，2016 年中国农业科学院科技奖杰出科技创新奖

内 容 提 要

本成果所属动物遗传育种与繁殖学科领域。成功育成首例适应 2 400~4 070米高山寒旱生态区的羊毛纤维直径 19. 1~21. 5 微米的美利奴羊新品种—高山美利奴羊。填补

了该生态区细毛羊育种的空白，实现了澳洲美利奴羊的国产化，丰富了我国羊品种资源结构，是我国高山细毛羊培育的重大突破，也标志着甘肃省首个国家级畜禽新品种的诞生。

突破了高山美利奴羊育种关键技术。建立了开放式核心群联合育种及三级繁育推广为一体的先进育种体系；研制了精准生产性能测定设备，开发出 BLUP 遗传评估系统，育种值估计准确率达到 75%；探索了新品种适应高山寒旱生态区的重要遗传基础，建立了遗传稳定性分子评价技术；解析了毛囊形成发育分子调控机制，筛选出与羊毛细度性状关联的 SNP 标记，为分子辅助育种提供技术支撑；发明了多胎疫苗、胚胎性别鉴定和多胎基因快速检测试剂盒，建立了快速扩繁技术体系，繁殖率均提高 20%。

创建了“十统一”优质细羊毛全产业链标准化生产技术模式。创建了统一选种选配、精细管理、防疫、标识、穿衣、机械剪毛、分级整理、规格打包、储存、品牌上市流通等“十统一”全产业链标准化生产技术模式，组建了高山美利奴羊科技培训与推广体系，羊毛价格屡创国毛历史新高，最高价格 58.00 元/千克，超过同期同类型澳毛价格，成为国毛价格的风向标。

已获“高山美利奴羊”国家畜禽新品种证书 1 项、省部级奖 2 项、发明 7 项、实用新型专利 15 项，主编著作 5 部，博硕士论文 14 篇，发表论文 34 篇，其中 SCI 收录 12 篇。

新品种为推动细毛羊产业水平提升提供了优秀种质资源。育种关键技术创新为推动生态差异化先进羊新品种培育和实现澳洲美利奴羊国产化提供了重要理论基础、技术支撑和成功范例。“十统一”优质细羊毛全产业链标准化生产技术模式为推动羊业乃至畜牧业全产业链建设提供了成功借鉴。累计培育种羊 81 457只，推广种公羊 8 118只，改良细毛羊 173.54 万只；新增产值 30 522.50万元，新增利润 7 630.62万元；单位规模新增纯收益 4.01 万元/只，科研投资年均纯收益率达到 14.87 元/只。

11. 旱作农田土壤有机碳高效固存机制研究

主要完成单位 中国农业科学院农业环境与可持续发展研究所，辽宁省农业科学院，中国科学院沈阳应用生态研究所

主要完成人员 刘恩科，杜章留，白 伟，娄翼来，徐文华，董雯怡

起 止 时 间 2007 年 7 月—2015 年 1 月

获 奖 情 况 2016 年中国农业科学院青年科技创新奖

内 容 提 要

项目围绕旱作农田土壤有机碳的转化、保护和稳定等基础过程开展了系统的研究工作、在外源有机物质输入对土壤有机碳转化的影响、微生物在有机碳转化中的关键作用、土壤团聚体对有机碳的保护和稳定机制等方面取得了一系列重要成果。

（1）发现旱作农田外源有机碳加入对原有土壤有机碳的激发效应深刻影响碳固定、外源输入碳在土壤中的分配规律受碳饱和程度的影响。从土壤碳饱和理论和有机质稳定

机理入手、发现在碳饱和度较低的土壤以化学保护机制为主、在碳饱和程度较高的土壤中则以物理保护机制及非保护的活性有机碳组分为主、这为进一步探索旱地有机碳的高效固存机理提供了重要线索、发现旱地土壤不同层次有机碳转化规律不同、探索了干湿交替与激发效应相互关系对有机碳转化的影响、为有机碳模型开发和温室气体排放估算提供理论依据。

（2）发现有机碳转化和激发效应的关键微生物菌群、揭示旱作土壤有机碳固定和稳定的微生物学机制。发现旱作土壤有机碳转化和固定与低碳代谢微生物区系及功能具有共演化规律、当土壤有机碳固定效率提高时、伴随着微生物熵增高、真菌优势度提高、碳呼吸率降低和酶强度提高等过程、本项目利用稳定同位素探针技术、揭示了玉米和小麦秸秆分解过程中真菌和细菌主导作用的差异性、定性分析出各降解时期起关键作用的微生物菌群、揭示了引起激发效应的关键微生物菌群、为旱作农田温室气体排放监测和有机碳高效固存微生物的筛选提供了重要科学依据。

（3）发现团聚体碳饱和效应具有等级性、揭示了旱作有机碳固存的生物物理过程。发现长期外源有机物质投入首先在大团聚体富集、但大团聚体并没有达到饱和态、而在微团聚体和粉黏粒组分中发现了碳饱和迹象、从团聚体尺度上揭示了有机碳的饱和效应、发现外源有机物改变土壤微生物的生境、调控真菌/细菌比例、导致微团聚体组分向以真菌为主导的微生物群落结构转变、进而影响有机物质分解速率和分解过程、为旱地固碳措施和耕作制度优化提供理论依据。

该项目的发现为科学认识旱作农田有机碳转化做出了贡献、为有机碳的高效固存提供了科学依据。本项目 10 篇代表性论文、著作他引 379 次、SCI 他引 233 次、单篇最高他引 114 次、单篇最高 SCI 他引 68 次。代表性专著《中国北方旱地农田土壤有机碳》获国家科学技术学术著作出版基金资助、1 篇代表性论文 ESI 评为高被引论文（被引用次数处于世界前 1%）、被 *Geoderma* 期刊评为自 2010 年以来 25 篇高引用率文章之一。

12. 传粉蜂病毒和微孢子虫病的鉴定分类、跨种感染及致病力的分子机制

主要完成单位　中国农业科学院蜜蜂研究所

主要完成人员　李继莲，吴　杰，彭文君，安建东，黄家兴

起 止 时 间　2005 年 1 月—2015 年 12 月

获 奖 情 况　2016 年度中国农业科学院科学技术成果青年奖

内 容 提 要

该项目以保护传粉蜂的健康为目的，以新出现的和再发的病毒病和微孢子虫病研究为主线，综合运用分子病理学、生物性信息学和经典生态学的研究方法等手段，通过对在蜜蜂和熊蜂上新出现的和再发的病毒病、微孢子虫病的鉴定、跨种感染及对宿主的致病力的分子机制的深入探究，首次发现一种感染蜜蜂的植物病毒——烟草环斑病毒（TRSV），证实了蜜蜂接触到被病毒污染的花粉而被感染，该病毒能侵染蜜蜂的大部分组织，明确了此病毒可以跨越宿主进行传播，并进一步说明这种病毒很可能是一种新兴

和将再度出现的传染病之一；这也是禽流感和猪流感病毒感染的反复出现和艾滋病毒的持久性的驱动因素。研究还发现蜂群中的大蜂螨携带这种病毒在蜂群内传播，也可以通过母代传给子。并进一步证明了 TRSV 病毒感染率的增加以及和其他蜜蜂病毒的共同作用与蜜蜂种群数量的逐渐下降具有一定的相关性，此病毒感染对蜂群产生了很大的负面影响。其实研究结果证明了蜜蜂黑蜂王病毒（BQCV）和蜜蜂残翅病毒（DWV）可以跨宿主侵染熊蜂，并可以感染熊蜂的脂肪体、肠道、血淋靶、唾液腺、神经系统、气管和咽下腺等大部分组织，危害熊蜂的健康。此外还首次解决了世界熊蜂微孢子虫种类鉴定等争议问题，发现来自不同熊蜂种的微孢子虫都属于 *Nosema*，但存在种内多样性，可分为四大类。此外，还首次发现我国熊蜂除了感染熊蜂微孢子虫（*Nosemabombi*）和中蜂微孢子虫（*Nosemaceranae*）外，还感染来自鳞翅目的微孢子虫（*Nosemathomsonii*），还证明了熊蜂短膜虫（*Crithdiabombi*）能够侵染中华蜜蜂，进一步明确了不仅病毒，寄生虫也可以跨越宿主进行传播。此研究结果为世界熊蜂微孢子虫的种类鉴定提供了理论依据，也为熊蜂微孢子虫病的预防及商品熊蜂进出口检疫奠定基础；也为熊蜂健康和物种多样性保护奠定了基础。

研究结果在 *mBIo*，*Plos Pathogens*，*International Journal for Parasitology* 等国际重要学术期刊上发表论文 11 篇，并被 *Science*，*ISME Journal*，*Ecology letters* 等国际顶级期刊引用，目前共被引用 107 次，其中他引 101 次，这说明研究思路和结果产生重要国际影响力，不仅为解决传粉蜂数量下降问题和保护蜂种资源多样性具有重要的科学意义，更重要的是对于推动传粉蜂授粉产业化的发展提供了理论和实践基础。

中国农业科学院 2016 年获得其他形式成果

一、2016 年获得专利清单

序号	专利名称	专利类别	公开（公告）日	公开（公告）号	发明人	专利权人
1	一种利用青虾塘底泥种植水稻的方法	发明专利	2016. 1. 20	CN103583292B	方福平、吴殿星、李凤博、冯金飞、舒小丽、周锡跃、徐春春	中国水稻研究所、浙江大学
2	一种水稻专用富硒无土有机育秧基质及其生产方法	发明专利	2016. 1. 13	CN103964948B	张均华、金千瑜、赵夫涛、朱练峰、禹盛苗、徐家强	中国水稻研究所、广西常乐农业科技有限公司
3	水稻机插旱地无盘育秧方法	发明专利	2016. 8. 31	CN104137751B	向　镜、朱德峰	中国水稻研究所
4	黏质沙雷氏菌 NIM280 及作为杀虫剂的应用	发明专利	2016. 8. 24	CN104109649B	王渭霞、李凯龙、陈　洋、赖凤香、傅　强	中国水稻研究所

（续表）

序号	专利名称	专利类别	公开（公告）日	公开（公告）号	发明人	专利权人
5	一种调控低温下叶片颜色的蛋白质及其基因和应用	发明专利	2016. 8. 17	CN103497954B	魏祥进、胡培松、唐绍清、邵高能、焦桂爱、谢黎虹、圣忠华、宋　建、刘聪利	中国水稻研究所
6	一种调控叶绿体发育及光合速率的蛋白质及其基因和应用	发明专利	2016. 8. 17	CN103497939B	魏祥进、胡培松、唐绍清、邵高能、焦桂爱、谢黎虹、圣忠华、宋　建、刘聪利	中国水稻研究所
7	一种前期功能型超级早稻品种的选育方法	发明专利	2016. 8. 24	CN103975847B	焦桂爱、胡培松、唐绍清、谢黎虹、魏祥进、邵高能、圣忠华	中国水稻研究所
8	利用稻米品质的理化性状指标来判定稻米食味品质的方法	发明专利	2016. 8. 24	CN105067784B	方长云、胡贤巧、朱智伟、卢　林、段彬伍	中国水稻研究所
9	水稻定点定量深施肥装置	发明专利	2016. 8. 31	CN103931318B	向　镜、朱德峰	中国水稻研究所
10	一种含氰烯菌酯和恶霉灵农药组合物	发明专利	2016. 9. 7	CN104094942B	刘连盟、黄世文、李　路	中国水稻研究所
11	一种含氢氧化铜、肟菌酯和戊唑醇的三元复配农药	发明专利	2016. 8. 31	CN104115869B	李　路、黄世文、刘连盟、王　玲	中国水稻研究所
12	一种含喹啉铜和苯醚甲环唑的复配农药	发明专利	2016. 8. 24	CN104094939B	黄世文、刘连盟、李　路	中国水稻研究所

（续表）

序号	专利名称	专利类别	公开（公告）日	公开（公告）号	发明人	专利权人
13	稻米叶宽分子标记 FLW-7 及应用	发明专利	2016. 6. 22	CN104004754B	张光恒、钱　前、王　莉、曾大力、胡　江、朱　丽、高振宇、徐　杰、郭龙彪、董国军、任德勇、颜美仙	中国水稻研究所
14	一种水田化肥埋施装置	发明专利	2016. 8. 24	CN104365245B	陈惠哲、徐一成、朱德峰、张玉屏、向　镜	中国水稻研究所
15	一种含硫酸链霉素的复配农药及其应用	发明专利	2016. 7. 6	CN103798273B	黄世文、刘连盟、王　玲、李　路	中国水稻研究所
16	甲氧虫酰肼与三唑磷、哒嗪硫磷或杀螟硫磷复配农药	发明专利	2016. 8. 17	CN104542696B	何佳春、胡国文、李　波、赖凤香	中国水稻研究所
17	一种含甲基硫菌灵和松脂酸铜的杀菌组合物	发明专利	2016. 7. 6	CN103798262B	刘连盟、黄世文、王　玲	中国水稻研究所
18	水稻高产等位基因 GY6 的功能特异性分子标记	发明专利	2016. 8. 17	CN104450897B	樊叶杨、庄杰云、朱玉君	中国水稻研究所
19	一种含三唑酮和王铜的复配农药	发明专利	2016. 1. 20	CN103798291B	刘连盟、黄世文、王　玲	中国水稻研究所
20	水稻机插苗害虫长效防治颗粒复合剂	发明专利	2016. 11. 23	CN103858888B	朱德峰、张玉屏	中国水稻研究所

（续表）

序号	专利名称	专利类别	公开（公告）日	公开（公告）号	发明人	专利权人
21	水稻种子通气浸种催芽法	发明专利	2016. 2. 3	CN103718700B	朱德峰、张玉屏、周建霞、向　镜、陈惠哲	中国水稻研究所
22	稻米直链淀粉含量微控基因 GBSSII 分子标记及应用	发明专利	2016. 3. 9	CN103602675B	曾大力、钱　前、李家洋、田志喜、杨窑龙、张光恒、郭龙彪、高振宇、朱　丽、胡　江、董国军、胡兴民、颜美仙	中国水稻研究所
23	一种用于水稻品种鉴定的 SNP 芯片、制备方法及用途	发明专利	2016. 3. 30	CN104328507B	徐　群、韩　斌、魏兴华、黄学辉、龚　浩、冯　跃、袁筱萍、余汉勇、王一平	中国水稻研究所
24	一种培育水稻多蘖壮秧的浸种剂及其使用方法	发明专利	2016. 1. 20	CN104068027B	陶龙兴、符冠富、陈婷婷、杨永杰、张彩霞、杨雪芹	中国水稻研究所
25	一种网络化的种子除湿控制系统	发明专利	2016. 4. 6	CN103955240B	鄂志国、张玉屏、朱德峰、李新华	中国水稻研究所
26	一种抗水稻秧苗立枯病的微生物肥料及其制备方法	发明专利	2016. 5. 4	CN103980047B	张义凯、朱德峰	中国水稻研究所
27	一种含三唑酮和氧化亚铜的复配农药	发明专利	2016. 5. 18	CN103814949B	黄世文、刘连盟、王　玲、李　路	中国水稻研究所

（续表）

序号	专利名称	专利类别	公开（公告）日	公开（公告）号	发明人	专利权人
28	一种含噻虫嗪、咯菌腈的三元复配农药	发明专利	2016. 4. 13	CN104094948B	刘连盟、黄世文、王　玲	中国水稻研究所
29	一种含噻森铜的复配农药及其应用	发明专利	2016. 5. 18	CN103798270B	黄世文、刘连盟、王　玲	中国水稻研究所
30	水稻根系平面培养装置及方法	发明专利	2016. 1. 20	CN103947534B	张义凯、朱德峰	中国水稻研究所
31	一种微纳米有机富硒氨基酸叶面肥的制备方法	发明专利	2016. 2. 17	CN103936509B	张均华、金千瑜、赵夫涛、朱练峰、禹盛苗	中国水稻研究所
32	水稻衰老控制基因 *OsCDC48E* 及其编码的蛋白质	发明专利	2016. 6. 29	CN103788189B	吴建利、黄奇娜、施勇烽、王惠梅、宋莉欣	中国水稻研究所
33	水稻机插用秧苗的泥浆育秧方法	发明专利	2016. 3. 16	CN103262771B	朱德峰、徐一成	中国水稻研究所
34	水稻剑叶宽度调控基因 *NAL1* 分子标记及其应用	发明专利	2016. 1. 20	CN103865925B	张光恒、钱　前、王　莉、曾大力、饶玉春、胡　江、朱　丽、徐　杰、郭龙彪、高振宇、董国军、任德勇、颜美仙、胡兴明	中国水稻研究所

（续表）

序号	专利名称	专利类别	公开（公告）日	公开（公告）号	发明人	专利权人
35	一种促进水稻秧苗根系生长的微生物肥料及其制备方法	发明专利	2016. 5. 4	CN103980026B	张义凯、朱德峰	中国水稻研究所
36	一种水稻增产剂及其使用方法	发明专利	2016. 9. 28	CN104604884B	符冠富、陈婷婷、陶龙兴、张彩霞、杨雪芹、杨永杰、赵　霞	中国水稻研究所
37	一种高通量筛选化感水稻种质资源装置	实用新型	2016. 12. 7	CN205756178U	魏兴华、杨窑龙、章孟臣、冯　跃、徐　群、袁筱萍、余汉勇、王一平	中国水稻研究所
38	一种稻谷除杂装置	实用新型	2016. 12. 28	CN205833585U	扈战强、何小嫣	中国水稻研究所
39	可拆装式塑料试管架	实用新型	2016. 12. 7	CN205761291U	吴小亮、牟仁祥、曹赵云、林晓燕、曹珍珍、许　萍、赵肖华、周　蓉	中国水稻研究所
40	一种高通量对少量水稻种子组培消毒的装置	实用新型	2016. 11. 30	CN205727481U	杨窑龙、章孟臣、魏兴华、冯　跃、徐　群、袁筱萍、余汉勇、王一平	中国水稻研究所
41	一种水浴锅离心管加热浮板	实用新型	2016. 12. 28	CN205833216U	周　蓉、牟仁祥、曹赵云、王振彬、曹珍珍、林晓燕、吴小亮	中国水稻研究所
42	一种多用途手工逐级分筛装置	实用新型	2016. 12. 28	CN205833613U	扈战强、胡贤巧	中国水稻研究所

（续表）

序号	专利名称	专利类别	公开（公告）日	公开（公告）号	发明人	专利权人
43	多用途除杂装置	实用新型	2016. 12. 28	CN205833623U	扈战强、何小嫣	中国水稻研究所
44	一种适用于较黏稠液体的漏斗	实用新型	2016. 12. 28	CN205838557U	闵　捷、张卫星、许　立	中国水稻研究所
45	水田滴油防虫控草器	实用新型	2016. 12. 7	CN205756746U	吴树业、张卫星、金连登、朱智伟、王巨良	中国水稻研究所
46	一种浮床式无土育秧装置	实用新型	2016. 12. 7	CN205756194U	赵　霞、符冠富、陈婷婷、奉保华、陶龙兴	中国水稻研究所
47	一种果蔬采样箱	实用新型	2016. 12. 28	CN205837456U	闵　捷、陈福明、许　立	中国水稻研究所
48	一种大米小样展示夹	实用新型	2016. 12. 28	CN205845399U	闵　捷、施建华、杜　白	中国水稻研究所
49	内嵌挥发器捕虫网兜	实用新型	2016. 12. 7	CN205756747U	张卫星、郑晓微、朱智伟、闵　捷、王巨良	中国水稻研究所
50	一种多用途筛	实用新型	2016. 12. 28	CN205833586U	扈战强、段彬伍	中国水稻研究所
51	漏斗架	实用新型	2016. 12. 7	CN205761261U	方长云、段彬伍、闵　捷、朱智伟、胡贤巧	中国水稻研究所
52	水稻耘田除草耙	实用新型	2016. 12. 7	CN205755279U	张卫星、卢明和、施建华、许　立、王巨良	中国水稻研究所
53	一种水稻精准播种育秧装置中的精准播种结构	实用新型	2016. 12. 7	CN205755913U	许　立、闵　捷、张卫星、章林平	中国水稻研究所

（续表）

序号	专利名称	专利类别	公开（公告）日	公开（公告）号	发明人	专利权人
54	一种实验室用大米摆粒装置	实用新型	2016. 12. 28	CN205844231U	闵　捷、许　立、章林平	中国水稻研究所
55	一种手提式试管架	实用新型	2016. 12. 7	CN205761292U	许　萍、牟仁祥、吴小亮、赵肖华、周　蓉	中国水稻研究所
56	一种水稻秧苗的育秧装置	实用新型	2016. 4. 20	CN205161101U	向　镜、朱德峰、苏柏元、童相兵	中国水稻研究所
57	一种转基因水稻育苗装置	实用新型	2016. 10. 26	CN205658086U	刘文真、付亚萍、胡国成	中国水稻研究所
58	稻米垩白性状观测仪	实用新型	2016. 12. 7	CN205786355U	方长云、段彬伍、闵　捷、朱智伟、胡贤巧	中国水稻研究所
59	一种转基因水稻种子湿度检测器	实用新型	2016. 10. 26	CN205665232U	刘文真、付亚萍、胡国成	中国水稻研究所
60	一种水稻花药简易敲取装置	实用新型	2016. 12. 7	CN205756220U	胡国成、付亚萍、刘文真	中国水稻研究所
61	水稻叶片温差控制灌溉系统	实用新型	2016. 2. 3	CN205005641U	张玉屏、朱德峰、苏柏元	中国水稻研究所
62	便携式昆虫分拣装置	实用新型	2016. 6. 29	CN205341329U	王爱英、唐　健、刘淑华、杨保军、罗　举	中国水稻研究所
63	一种昆虫采集捕捉装置	实用新型	2016. 7. 6	CN205357856U	王爱英、唐　健、刘淑华、杨保军、罗　举	中国水稻研究所

（续表）

序号	专利名称	专利类别	公开（公告）日	公开（公告）号	发明人	专利权人
64	一种田间昆虫捉捕及处理装置	实用新型	2016. 4. 13	CN205143277U	徐一成、唐　健、姚　青、杨保军	中国水稻研究所
65	一种试验用养虫养苗装置	实用新型	2016. 8. 31	CN205511724U	王爱英、唐　健、刘淑华、杨保军、罗　举	中国水稻研究所
66	一种稻田土壤中的水分控制设施	实用新型	2016. 8. 31	CN205511297U	张玉屏、朱德峰、章卓梁	中国水稻研究所
67	一种无纺布网格育秧盘	实用新型	2016. 8. 17	CN205454906U	欧阳由男、曹立勇、叶淑珍、王艳丽、秦叶波、寿建尧	中国水稻研究所
68	一种便携立体式稻田土壤溶液提取装置	实用新型	2016. 8. 24	CN205506476U	曹小闯、朱练峰、张均华、禹盛苗、金千瑜	中国水稻研究所
69	一种稻田氨挥发的原位测定装置	实用新型	2016. 5. 25	CN205262971U	李凤博、冯金飞、方福平、周锡跃、刘耀斌、秦　琳	中国水稻研究所
70	一种密植细孔的秧苗育秧盘	实用新型	2016. 8. 17	CN205454907U	欧阳由男、曹立勇、叶淑珍、王艳丽、秦叶波、寿建尧	中国水稻研究所
71	一种可连续自动灌水的水稻盆栽桶	实用新型	2016. 2. 17	CN205030292U	曹小闯、李晓艳、朱练峰、张均华、禹盛苗、金千瑜	中国水稻研究所
72	一种培养皿封口装置	实用新型	2016. 8. 31	CN205528759U	刘文真、付亚萍、胡国成	中国水稻研究所

（续表）

序号	专利名称	专利类别	公开（公告）日	公开（公告）号	发明人	专利权人
73	实验用砻谷机的接受盒	实用新型	2016. 1. 27	CN204998914U	方长云、段彬伍、张婷婷	中国水稻研究所
74	一种人工吸虫器	实用新型	2016. 6. 29	CN205337319U	王爱英、唐　健、刘淑华、杨保军、罗　举	中国水稻研究所
75	黄曲霉毒素紫外线荧光检测器	实用新型	2016. 1. 6	CN204945039U	林晓燕、曹赵云、陈铭学、牟仁祥、朱智伟、吴　莉	中国水稻研究所
76	钵碗纵向连通式水稻长毯钵形毯状秧苗育秧装置	实用新型	2016. 1. 27	CN204994347U	徐一成、向　镜、朱德峰	中国水稻研究所
77	田间水稻根系取样装置	实用新型	2016. 4. 20	CN205175729U	张义凯、朱德峰、苏柏元、童相兵	中国水稻研究所
78	一种用于沉积物—水界面物质交换通量原位测定装置	实用新型	2016. 5. 25	CN205262906U	冯金飞、李凤博、方福平、周锡跃、刘耀斌、秦　琳	中国水稻研究所
79	一种昆虫的体积测定装置	实用新型	2016. 5. 25	CN205262421U	王爱英、唐　健、刘淑华、杨保军、罗　举	中国水稻研究所
80	一种无纺布育秧盘	实用新型	2016. 8. 17	CN205454905U	欧阳由男、曹立勇、叶淑珍、王艳丽、秦叶波、寿建尧	中国水稻研究所
81	水田隔水装置	实用新型	2016. 5. 4	CN205205778U	张玉屏、朱德峰、向　镜、苏柏元	中国水稻研究所

（续表）

序号	专利名称	专利类别	公开（公告）日	公开（公告）号	发明人	专利权人
82	利用分子标记辅助培育品质优良且高产小麦品种的方法及其专用引物	发明专利	2016. 2. 24	CN103773883B	何中虎、肖永贵、夏先春、陈新民、刘建军、李豪圣、刘爱峰	中国农业科学院作物科学研究所、山东省农业科学院作物研究所
83	用于小麦淀粉合酶基因 TaSSIV 等位变异检测的引物 SSIV-1b 及其检测方法	发明专利	2016. 10. 5	CN104673923B	刘录祥、郭会君、李　晓、闫智慧、谢永盾、赵林姝、古佳玉、赵世荣、李军辉	中国农业科学院作物科学研究所
84	桑树休眠芽段的超低温保存及嫁接复活方法	发明专利	2016. 6. 29	CN104145722B	陈晓玲、张金梅、卢新雄、辛　霞、尹广鹍、何娟娟	中国农业科学院作物科学研究所
85	一种空间诱变产生的水稻粒长新基因 *qGS3b* 及其分子标记方法	发明专利	2016. 9. 7	CN103468716B	徐建龙、黎志康、郑天清、周永力、赵秀琴、王文生、张　帆、孙　勇、王小倩	中国农业科学院作物科学研究所
86	一种以菠萝蜜果皮为原料提取果胶的方法	发明专利	2016. 7. 6	CN104231111B	吕飞杰、台建祥、付　勤、郝　倩	中国农业科学院作物科学研究所
87	一种与小麦千粒重相关的分子标记及其应用	发明专利	2016. 8. 10	CN104342484B	景蕊莲、岳爱琴、李　昂、毛新国、昌小平	中国农业科学院作物科学研究所
88	一种组装便晒荞麦枕及其制作、晾晒方法	发明专利	2016. 6. 8	CN104068704B	任贵兴、李进才、么　杨	中国农业科学院作物科学研究所

（续表）

序号	专利名称	专利类别	公开（公告）日	公开（公告）号	发明人	专利权人
89	一种用于获得无标记转基因植物的农杆菌转化载体组合物及其应用	发明专利	2016. 6. 8	CN103966257B	夏兰琴、王根平、杜文明、孙永伟	中国农业科学院作物科学研究所
90	水稻耐旱相关蛋白及其编码基因与应用	发明专利	2016. 9. 14	CN104098662B	万建民、吴赴清、林启冰、王　洁、郭秀平、王久林、程治军、张　欣	中国农业科学院作物科学研究所
91	一种水稻浸润灌溉栽培方法	发明专利	2016. 6. 22	CN103975811B	张卫建、宋振伟、路　明、杭晓宁、郑成岩、邓艾兴	中国农业科学院作物科学研究所
92	一种空间诱变产生的水稻粒长新基因 *qGS3a* 及其分子标记方法	发明专利	2016. 10. 19	CN103468715B	郑天清、黎志康、徐建龙、周永力、赵秀琴、王文生、张　帆、孙　勇、王小倩	中国农业科学院作物科学研究所
93	一种放射性废物收集实验台	发明专利	2016. 6. 8	CN104492516B	徐　琴、魏利青、巫祥云、张丽娜、张春艳	中国农业科学院作物科学研究所
94	来源于小麦的抗病性相关蛋白 TaPK-R1 及其相关生物材料与应用	发明专利	2016. 7. 6	CN103923196B	张增艳、杨　坤、荣　玮、杜丽璞、魏学宁、叶兴国	中国农业科学院作物科学研究所
95	一种原茬免耕播种机	发明专利	2016. 8. 31	CN104718850B	董　臣、韩天富、吴存祥、孙　石	中国农业科学院作物科学研究所

（续表）

序号	专利名称	专利类别	公开（公告）日	公开（公告）号	发明人	专利权人
96	一种大麦脂肪氧化酶（LOX-1）合成缺陷基因的多态性分子标记方法	发明专利	2016. 8. 31	CN103114129B	郭刚刚、张　京、张云霞、周芝辉、袁兴淼	中国农业科学院作物科学研究所
97	花生抗逆境抗倒伏增产调节剂、其制备方法及其应用	发明专利	2016. 8. 24	CN103858870B	董志强、于海清	中国农业科学院作物科学研究所
98	一种分子标记辅助抗病育种的方法	发明专利	2016. 8. 31	CN104031995B	夏先春、陈　璨、何中虎、刘金栋	中国农业科学院作物科学研究所
99	来源于小麦的抗病性相关蛋白 TaCPK7-R 及其相关生物材料与应用	发明专利	2016. 8. 24	CN104004073B	张增艳、洪彦涛、杜丽璞、申芳嫡、魏学宁、徐惠君	中国农业科学院作物科学研究所
100	一组区分谷子品种的 SSR 标记及其应用	发明专利	2016. 8. 17	CN104561334B	刁现民、贾冠清、智　慧、王春芳、刘晓彤、牛振刚、柴　杨	中国农业科学院作物科学研究所
101	一种具有增强作用的西洋参多糖、制备方法及其应用	发明专利	2016. 9. 28	CN104095872B	任贵兴、么　杨、杨修仕、石振兴	中国农业科学院作物科学研究所
102	水稻抗白叶枯病新基因 *Xa*39 紧密连锁的分子标记	发明专利	2016. 9. 28	CN103952403B	周永力、张　帆、黎志康、徐建龙、卓大龙、张　帆、黄立钰	中国农业科学院作物科学研究所

（续表）

序号	专利名称	专利类别	公开（公告）日	公开（公告）号	发明人	专利权人
103	一种鉴定植物根系性状及评估根系对产量贡献能力的方法	发明专利	2016. 8. 3	CN102613016B	韩天富、曹晓宁、孙　石、吴存祥、贾　贞、侯文胜、蒋炳军	中国农业科学院作物科学研究所
104	一种多功能试验台	发明专利	2016. 5. 11	CN104549607B	魏利青、巫祥云、徐　琴、张丽娜	中国农业科学院作物科学研究所
105	一个与普通菜豆抗炭疽病基因位点紧密连锁的分子标记及其检测方法	发明专利	2016. 4. 20	CN104313143B	王述民、陈明丽、武　晶、王兰芬、朱振东	中国农业科学院作物科学研究所
106	抗稻曲病主效基因及其分子标记	发明专利	2016. 8. 3	CN103014153B	周永力、谢学文、张　帆、徐建龙、王　韵、黎志康	中国农业科学院作物科学研究所
107	一种燕麦属植物染色体倍性快速鉴定的方法及其应用	发明专利	2016. 5. 18	CN104357577B	吴　斌、张宗文	中国农业科学院作物科学研究所
108	小麦中类胡萝卜素含量的超高效液相色谱测定方法	发明专利	2016. 1. 20	CN104297407B	何中虎、李文爽、夏先春	中国农业科学院作物科学研究所
109	一种抑制麦蚜丝氨酸蛋白酶 I 基因表达的 dsRNA 及其应用	发明专利	2016. 5. 25	CN103667289B	夏兰琴、王大海、孙永伟、杜文明	中国农业科学院作物科学研究所

（续表）

序号	专利名称	专利类别	公开（公告）日	公开（公告）号	发明人	专利权人
110	一种用于免耕播种机的破茬器	发明专利	2016. 7. 13	CN104718819B	董　臣、韩天富、吴存祥、孙　石	中国农业科学院作物科学研究所
111	棉花 *GhMAX2b* 基因、其编码蛋白及应用	发明专利	2016. 5. 4	CN103923888B	李学勇、赵琳琳、赵金凤、刘伟娜、邢　进	中国农业科学院作物科学研究所
112	一种与小麦苗期耐低磷能力相关的 SNP 位点及其应用	发明专利	2016. 3. 2	CN104293939B	何中虎、李法计、肖永贵、夏先春、陈新民、李思敏	中国农业科学院作物科学研究所
113	一种鉴定植物地上营养器官对根系贡献能力的方法	发明专利	2016. 8. 3	CN103070024B	韩天富、曹晓宁、孙　石、吴存祥、侯文胜、蒋炳军、贾　贞	中国农业科学院作物科学研究所
114	一种与植物根系性状相关的 SNP 位点及其应用	发明专利	2016. 3. 9	CN103952402B	何中虎、肖永贵、夏先春、陈新民、李思敏	中国农业科学院作物科学研究所
115	一种作物品种耐密性的鉴定方法	发明专利	2016. 3. 30	CN102598967B	赵　明、唐丽媛、孙雪芳	中国农业科学院作物科学研究所
116	一种胚乳特异表达启动子	发明专利	2016. 4. 20	CN103937799B	庞斌双、耿玉珂、李　甜、郝晨阳、张学勇	中国农业科学院作物科学研究所
117	与水稻耐逆性及水稻叶绿素含量相关的蛋白及其编码基因和应用	发明专利	2016. 12. 28	CN104098661B	万建民、吴赴清、谭俊杰、谭振华、林启冰、王　洁、王久林、程治军、郭秀平、张　欣	中国农业科学院作物科学研究所

（续表）

序号	专利名称	专利类别	公开（公告）日	公开（公告）号	发明人	专利权人
118	小麦矮秆基因 *RhtDC*20 紧密连锁的 SSR 标记 Xgwm537 及其用途	发明专利	2016. 3. 30	CN103834647B	刘录祥、郭会君、向小华、谢永盾、赵林姝、张　昕、古佳玉、李军辉、赵世荣	中国农业科学院作物科学研究所
119	一种植物耐逆性相关 SbSNAC1 蛋白及其编码基因和应用	发明专利	2016. 12. 28	CN104177482B	王天宇、张登峰、卢　敏、石云素、宋燕春、黎　裕	中国农业科学院作物科学研究所
120	一种抑制麦蚜细胞色素 C 氧化酶 VIIc 亚基基因表达的 dsRNA 及其应用	发明专利	2016. 1. 27	CN103667288B	夏兰琴、王大海、孙永伟、杜文明	中国农业科学院作物科学研究所
121	抗草甘膦基因、专用表达载体及其在获得抗草甘膦转基因小麦中的应用	发明专利	2016. 1. 20	CN104004777B	夏兰琴、王根平、林　敏、陆　伟	中国农业科学院作物科学研究所
122	水稻根系特异表达启动子发掘及其应用	发明专利	2016. 11. 9	CN103468682B	傅彬英、黄立钰、张　帆、王文生、黎志康	中国农业科学院作物科学研究所
123	一种燕麦黄酒及其酿造工艺	发明专利	2016. 5. 4	CN103897938B	任贵兴、刘　浩	中国农业科学院作物科学研究所
124	一种测定大豆对草甘膦耐性的方法及应用	发明专利	2016. 5. 18	CN104280536B	邱丽娟、刘　明、郭　勇、李脉泉、张宪丽	中国农业科学院作物科学研究所

（续表）

序号	专利名称	专利类别	公开（公告）日	公开（公告）号	发明人	专利权人
125	一种具有降血糖效果的黄酒的生产工艺	发明专利	2016. 6. 8	CN103695238B	任贵兴、刘　浩	中国农业科学院作物科学研究所
126	GmBRI1 蛋白及其基因在培育转基因植物中的应用	发明专利	2016. 4. 13	CN103710379B	王　妙、韩天富、王庆钰、孙　石、吴存祥、蒋炳军、侯文胜	中国农业科学院作物科学研究所
127	高效诱导小麦—冰草异源染色体易位的方法	发明专利	2016. 2. 17	CN102907316B	刘伟华、李立会、宋利强、江莉莉、高爱农、杨欣明、张锦鹏、李秀全、鲁玉清	中国农业科学院作物科学研究所
128	一种抑制麦蚜腺体蛋白 *MYS2* 基因表达的 dsRNA 及其应用	发明专利	2016. 1. 20	CN103602681B	夏兰琴、王大海、孙永伟、杜文明	中国农业科学院作物科学研究所
129	监测土壤氮动态的方法	发明专利	2016. 4. 20	CN103940896B	张卫建、宋振伟、郭　嘉、郑成岩、邓艾兴、黄　山	中国农业科学院作物科学研究所
130	一种培育衡早 1 的方法	发明专利	2016. 5. 18	CN104335809B	刁现民、张　丽、智　慧、贾冠清、刘晓彤、王海龙	中国农业科学院作物科学研究所
131	植物开花相关蛋白 GmSOC1-like 及其编码基因与应用	发明专利	2016. 3. 23	CN103788187B	韩天富、纳小凡、简　波、吴存祥、侯文胜	中国农业科学院作物科学研究所
132	一种用于将移液枪头装入 96 孔板的枪头转移装置	实用新型	2016. 3. 23	CN205095826U	魏利青、徐　琴、巫祥云、王丽华、张丽娜、陈祥燕	中国农业科学院作物科学研究所

（续表）

序号	专利名称	专利类别	公开（公告）日	公开（公告）号	发明人	专利权人
133	一种试管清洗装置及试管清洗系统	实用新型	2016. 4. 27	CN205183275U	魏利青、陈祥燕、巫祥云、徐　琴、张丽娜、王丽华	中国农业科学院作物科学研究所
134	一种包装物	实用新型	2016. 1. 6	CN204937884U	魏利青、徐　琴、张丽娜、巫祥云、陈祥燕	中国农业科学院作物科学研究所
135	一种基础科研用的低浓度二氧化碳培养箱	实用新型	2016. 6. 22	CN205320730U	刁现民、唐蝉娟、罗明昭、陈淑萍、张　硕、孙丰乐、马洪彬	中国农业科学院作物科学研究所、马洪彬
136	一种 DNA 凝胶切胶装置	实用新型	2016. 8. 24	CN205497668U	魏利青、徐　琴、张丽娜、巫祥云、陈祥燕	中国农业科学院作物科学研究所
137	一种植物水培装置	实用新型	2016. 9. 21	CN205584987U	李文学、刘文文、赵　勐	中国农业科学院作物科学研究所
138	一种可伸缩大棚	实用新型	2016. 12. 28	CN205830560U	赵　明、郭艳军、丁在松、孙雪芳、王美云、李景忠	北京禾惠农科技有限公司、中国农业科学院作物科学研究所
139	薄口螨的人工大量饲养方法	发明专利	2016. 4. 27	CN103299960B	王恩东、乔　岩、尹　哲、王伯明、徐学农、姜晓环、吕佳乐、郭喜红、胡　毅、王伟青、董　杰、李桂亭、江俊起	中国农业科学院植物保护研究所、首伯农（北京）生物技术有限公司、北京市植物保护站、安徽农业大学

（续表）

序号	专利名称	专利类别	公开（公告）日	公开（公告）号	发明人	专利权人
140	一种人工大量生产捕食性盲蝽的方法	发明专利	2016. 12. 7	CN104222010B8	王伯明、乔　岩、吕佳乐、董　杰、王伟青、姜晓环	中国农业科学院植物保护研究所、首伯农（北京）生物技术有限公司
141	一种人工大量生产小花蝽的方法	发明专利	2016. 12. 21	CN104222006B8	姜晓环、王伯明、吕佳乐、董　杰、乔　岩、王伟青	中国农业科学院植物保护研究所、首伯农（北京）生物技术有限公司
142	一种利用叶螨大量饲养捕食螨的方法	发明专利	2016. 9. 7	CN104222014B	王伯明、徐学农、王恩东、姜晓环	中国农业科学院植物保护研究所、首伯农（北京）生物技术有限公司
143	一种人工大量生产叶螨天敌的方法	发明专利	2016. 8. 10	CN104222019B	王伯明、徐学农、姜晓环、王恩东	中国农业科学院植物保护研究所、首伯农（北京）生物技术有限公司
144	一种人工大量生产寄生蜂的方法	发明专利	2016. 12. 7	CN104222007B8	姜晓环、吕佳乐、董　杰、乔　岩、王伟青、王伯明	中国农业科学院植物保护研究所、首伯农（北京）生物技术有限公司

（续表）

序号	专利名称	专利类别	公开（公告）日	公开（公告）号	发明人	专利权人
145	一种利用叶螨大量生产捕食螨的方法	发明专利	2016. 9. 7	CN104222012B	王伯明、徐学农、王恩东、姜晓环	中国农业科学院植物保护研究所、首伯农（北京）生物技术有限公司
146	一种人工大量生产瓢虫、草蛉的方法	发明专利	2016. 12. 7	CN104222009B	吕佳乐、姜晓环、王伟青、王伯明、董　杰、乔　岩	中国农业科学院植物保护研究所、首伯农（北京）生物技术有限公司
147	捕食螨的收集方法	发明专利	2016. 8. 17	CN104222065B	王伯明、徐学农、姜晓环、王恩东	中国农业科学院植物保护研究所、首伯农（北京）生物技术有限公司
148	一种人工大量饲养智利小植绥螨的方法	发明专利	2016. 7. 27	CN104222018B	王伯明、徐学农、姜晓环、王恩东	中国农业科学院植物保护研究所、首伯农（北京）生物技术有限公司
149	利用替代猎物和叶螨、蓟马饲养捕食螨的方法	发明专利	2016. 9. 7	CN104222016B	王伯明、徐学农、姜晓环、王恩东、胡　毅、吕佳乐	中国农业科学院植物保护研究所、首伯农（北京）生物技术有限公司

（续表）

序号	专利名称	专利类别	公开（公告）日	公开（公告）号	发明人	专利权人
150	一种大量生产拟长毛钝绥螨的方法	发明专利	2016. 9. 7	CN104222017B	王伯明、徐学农、王恩东、姜晓环、胡　毅、吕佳乐	中国农业科学院植物保护研究所、首伯农（北京）生物技术有限公司
151	一种大量生产智利小植绥螨的方法	发明专利	2016. 9. 7	CN104222013B	王伯明、徐学农、姜晓环、王恩东	中国农业科学院植物保护研究所、首伯农（北京）生物技术有限公司
152	捕食螨的连续饲养方法	发明专利	2016. 9. 7	CN104222015B	王伯明、徐学农、姜晓环、王恩东	中国农业科学院植物保护研究所、首伯农（北京）生物技术有限公司
153	捕食螨的包装及使用新方法	发明专利	2016. 11. 23	CN104222066B	王伯明、徐学农、姜晓环、王恩东	中国农业科学院植物保护研究所、首伯农（北京）生物技术有限公司
154	一种以捕食螨为载体携带生防菌控制温室病虫害的方法	发明专利	2016. 4. 27	CN104221786B	姜晓环、王恩东、王伯明、徐学农、吕佳乐、吴胜勇	中国农业科学院植物保护研究所、首伯农（北京）生物技术有限公司

（续表）

序号	专利名称	专利类别	公开（公告）日	公开（公告）号	发明人	专利权人
155	灰葡萄孢菌分泌型蛋白激发子 BcGS1 及其应用	发明专利	2016. 1. 6	CN103923194B	邱德文、杨秀芬、张云华、曾洪梅、郭立华、袁京京	中国农业科学院植物保护研究所、北京绿色农华植保科技有限责任公司
156	大草蛉 P450 新基因及其应用	发明专利	2016. 7. 6	CN103966242B	曾凡荣、刘昌燕、毛建军	中国农业科学院植物保护研究所
157	调控武夷菌素产生菌生长表型的蛋白及其编码基因与应用	发明专利	2016. 12. 28	CN105367637B	葛蓓孛、张克诚、刘　艳、刘彦彦、刘炳花	中国农业科学院植物保护研究所
158	红颈常室茧蜂特异性 COI 引物、含有其的试剂盒及应用	发明专利	2016. 9. 14	CN104630367B	李金花、杨　帆、罗素萍、袁海滨、陆宴辉	中国农业科学院植物保护研究所
159	人工合成的根特异启动子及其应用	发明专利	2016. 9. 14	CN103966220B	张　杰、耿丽丽、迟　婧、束长龙、宋福平、彭　琦、梁影屏	中国农业科学院植物保护研究所
160	一种简易的麦蚜生物测定方法	发明专利	2016. 8. 24	CN103918611B	张云慧、张方梅、程登发、殷新田、李祥瑞、范　佳	中国农业科学院植物保护研究所
161	一种棉铃虫 COPI、β 基因 cDNA 及其应用	发明专利	2016. 8. 10	CN103849625B	毛建军、曾凡荣	中国农业科学院植物保护研究所

（续表）

序号	专利名称	专利类别	公开（公告）日	公开（公告）号	发明人	专利权人
162	与荠菜抗药性相关的分子标记及其检测试剂盒	发明专利	2016. 7. 13	CN104388559B	崔海兰、李香菊、张宏军	中国农业科学院植物保护研究所
163	绿盲蝽特异性 COI 引物、含有其的试剂盒及应用	发明专利	2016. 8. 10	CN104611444B	李金花、杨　帆、袁海滨、陆宴辉	中国农业科学院植物保护研究所
164	冬枣园利用红颈常室茧蜂生物防治绿盲蝽的方法	发明专利	2016. 8. 17	CN103766324B	罗淑萍、吴孔明、张　峰、陆宴辉	中国农业科学院植物保护研究所
165	侧孢短芽孢杆菌 A60 激发子 PeBL1 及其编码基因和应用	发明专利	2016. 10. 5	CN104151404B	郭立华、邱德文、杨秀芬、曾洪梅、袁京京、王颢潜	中国农业科学院植物保护研究所
166	抗 ALS 抑制剂类除草剂菵草的 PCR 检测方法及试剂盒	发明专利	2016. 3. 23	CN104032019B	崔海兰、韩玉皎、李香菊、张宏军	中国农业科学院植物保护研究所
167	一种二甲基二硫、氯化苦和阿维菌素复配的土壤熏蒸剂	发明专利	2016. 5. 11	CN104026139B	曹坳程、王秋霞、颜冬冬、毛连纲、宋兆欣、郭美霞、李　园、欧阳灿彬、刘鹏飞、沈　锦	中国农业科学院植物保护研究所

（续表）

序号	专利名称	专利类别	公开（公告）日	公开（公告）号	发明人	专利权人
168	一种农药组合物及其应用	发明专利	2016. 3. 2	CN103814932B	毛连纲、颜冬冬、刘鹏飞、沈　锦、曹坳程、王秋霞、李　园、郭美霞、欧阳灿彬	中国农业科学院植物保护研究所
169	一种评价转基因棉花对大草蛉影响的生物测定方法	发明专利	2016. 2. 17	CN104133054B	王英丽、梁革梅、魏纪珍、袁向东、赵　曼	中国农业科学院植物保护研究所
170	一种捕食性天敌昆虫绿步甲与绿僵菌组合防治害虫的方法	发明专利	2016. 6. 8	CN103783030B	秦兴虎、吴惠惠、刘玉升、张泽华	中国农业科学院植物保护研究所
171	一类传粉昆虫或天敌昆虫引诱剂	发明专利	2016. 1. 20	CN103719080B	孙玉凤、吴孔明、余　昊	中国农业科学院植物保护研究所
172	抗 ALS 抑制剂类除草剂播娘蒿的 PCR 检测方法及试剂盒	发明专利	2016. 1. 20	CN103923996B	崔海兰、李香菊、王藏月	中国农业科学院植物保护研究所
173	一种二甲基二硫、氯化苦和噻唑磷复配的土壤熏蒸剂	发明专利	2016. 5. 11	CN104054747B	王秋霞、曹坳程、颜冬冬、毛连纲、李　园、欧阳灿彬、刘鹏飞、沈　锦、郭美霞	中国农业科学院植物保护研究所
174	苜蓿盲蝽性引诱剂及其用途	发明专利	2016. 2. 3	CN103478128B	张　涛、梅向东、陆宴辉、余　昊、吴孔明、宁　君	中国农业科学院植物保护研究所

（续表）

序号	专利名称	专利类别	公开（公告）日	公开（公告）号	发明人	专利权人
175	一种提高红颈常室茧蜂雌蜂比例的繁育方法	发明专利	2016. 5. 4	CN103782967B	罗淑萍、吴孔明、张峰、陆宴辉、李红梅	中国农业科学院植物保护研究所
176	防御式赤眼蜂蜂卡制备装置及其使用方法	发明专利	2016. 4. 13	CN104206363B	白树雄、太红坤、郑　礼、张　峰、刘　峙、顾中量、王根权、王振营	中国农业科学院植物保护研究所
177	一种阿维菌素烟碱二效价化合物及其制备和应用	发明专利	2016. 1. 20	CN103396465B	宁　君、谢如良、梅向东、张　涛、司伟杰、张兰详、张开心、董梦雅	中国农业科学院植物保护研究所
178	木薯绵粉蚧特异性SS-COI引物对及快速PCR检测方法和试剂盒	发明专利	2016. 9. 28	CN104293970B	张桂芬、王玉生、田　虎、万方浩、王　瑞、冼晓青	中国农业科学院植物保护研究所
179	草地植被RGB色谱叠图数字化显示方法	发明专利	2016. 6. 29	CN103646155B	黄训兵、张泽华、吴惠惠	中国农业科学院植物保护研究所
180	一种二点委夜蛾（Athetis lepigone）的人工饲料其制备方法与应用	发明专利	2016. 3. 30	CN102919563B	江幸福、罗礼智、张　蕾	中国农业科学院植物保护研究所
181	牧草盲蝽引诱剂及其应用	发明专利	2016. 5. 25	CN104351177B	宁　君、张　涛、梅向东、陆宴辉、吴孔明	中国农业科学院植物保护研究所

（续表）

序号	专利名称	专利类别	公开（公告）日	公开（公告）号	发明人	专利权人
182	一种葡萄霜霉病菌的快速分子检测方法与应用	发明专利	2016. 3. 30	CN103243166B	秦文韬、张　昊、孔繁芳、黄晓庆、王忠跃	中国农业科学院植物保护研究所
183	一种实验室内判断烟粉虱遗传特性的方法	发明专利	2016. 1. 13	CN104012474B	马方舟、吕志创、韦　娇、周忠实、万方浩、王　韧、郭建英、张桂芬	中国农业科学院植物保护研究所
184	一种液体发酵中试生产粉红黏帚霉厚垣孢子的方法	发明专利	2016. 3. 23	CN103484421B	孙漫红、董佩佩、李世东	中国农业科学院植物保护研究所
185	马铃薯金线虫 SCAR 标记和 LAMP 快速检测方法及应用	发明专利	2016. 5. 4	CN104059909B	彭德良、欧师琪、彭　焕	中国农业科学院植物保护研究所
186	草地螟成虫饲养器具	发明专利	2016. 1. 20	CN104094897B	程云霞、罗礼智	中国农业科学院植物保护研究所
187	一种微电极原位穿刺植株叶片的固定方法	发明专利	2016. 3. 9	CN103776675B	毛连纲、颜冬冬、沈　锦、刘鹏飞、曹坳程、王秋霞、李　园、郭美霞、欧阳灿彬	中国农业科学院植物保护研究所
188	一种建立含有 Rickettisa 菌和不含 Rickettisa 菌的烟粉虱种群的方法	发明专利	2016. 5. 4	CN104285906B	杨义婷、郭建洋、万方浩、刘万学、刘　怀	中国农业科学院植物保护研究所

（续表）

序号	专利名称	专利类别	公开（公告）日	公开（公告）号	发明人	专利权人
189	茶皂素在防治大豆孢囊线虫病害上的应用	发明专利	2016. 1. 20	CN104068020B	文艳华、彭德良、廖金铃、黄文坤	华南农业大学、中国农业科学院植物保护研究所
190	氨基寡糖素原药的检测方法	发明专利	2016. 8. 3	CN103913507B	曹立冬、张善学、黄啟良、吴　军、文香玲	海南正业中农高科股份有限公司、中国农业科学院植物保护研究所
191	小量细胞过滤器	实用新型	2016. 7. 27	CN205398623U	林克剑、贺　康、李　飞、王桂荣	中国农业科学院植物保护研究所
192	一种便携式土壤分层取样装置	实用新型	2016. 12. 7	CN205785900U	黄文坤、彭德良、孔令安、彭　焕、崔江宽、刘　敬	中国农业科学院植物保护研究所
193	一种微小昆虫捕捉器	实用新型	2016. 12. 14	CN205794594U	韩大为、王秋霞、颜冬冬、刘鹏飞、方文生、李　园、欧阳灿彬、郭美霞、曹坳程	中国农业科学院植物保护研究所
194	稻飞虱卵寄生天敌饲养装置	实用新型	2016. 7. 27	CN205390040U	刘清松、李云河、彭于发	中国农业科学院植物保护研究所
195	一种应用于土壤中的气体采集器	实用新型	2016. 3. 30	CN205120431U	王秋霞、韩大为、颜冬冬、刘鹏飞、方文生、李　园、欧阳灿彬、郭美霞、曹坳程	中国农业科学院植物保护研究所

（续表）

序号	专利名称	专利类别	公开（公告）日	公开（公告）号	发明人	专利权人
196	一种农药对植物寄生线虫毒力生物测定的装置	实用新型	2016. 1. 13	CN204964512U	黄文坤、彭德良、孔令安、彭　焕、吴青松、占丽平	中国农业科学院植物保护研究所
197	一种小型昆虫行为实时监控系统	实用新型	2016. 10. 12	CN205647827U	雷仲仁、邢振龙、吴圣勇、高玉林、张　慧	中国农业科学院植物保护研究所
198	一种中小型昆虫飞行定向模拟装置	实用新型	2016. 3. 9	CN205071928U	唐继洪、罗礼智、江幸福、张　蕾、程云霞	中国农业科学院植物保护研究所
199	一种水稻根结线虫大量繁殖装置	实用新型	2016. 8. 3	CN205409189U	黄文坤、彭德良、孔令安、占丽平、吴青松、崔江宽	中国农业科学院植物保护研究所
200	一种应用于室内检测塑料膜阻隔性的装置	实用新型	2016. 5. 25	CN205262905U	韩大为、王秋霞、颜冬冬、刘鹏飞、方文生、李　园、欧阳灿彬、郭美霞、曹坳程	中国农业科学院植物保护研究所
201	一种用于植物试验的LED 植物灯装置	实用新型	2016. 7. 27	CN205402576U	孙德玺、刘君璞、朱迎春、邓　云、李卫华、安国林、高　普、李　可	中国农业科学院郑州果树研究所
202	一种具有自动温控功能的培养基存放箱	实用新型	2016. 10. 12	CN205635616U	田莉莉、牛　良	中国农业科学院郑州果树研究所
203	一种多层带基质幼苗运输箱	实用新型	2016. 6. 29	CN205345814U	曹尚银、李　翠	中国农业科学院郑州果树研究所

（续表）

序号	专利名称	专利类别	公开（公告）日	公开（公告）号	发明人	专利权人
204	坡地葡萄种植护根砖	实用新型	2016. 4. 27	CN205188906U	周增强、侯　珲、王　丽	中国农业科学院郑州果树研究所
205	适于细小根茎横截面观察的扫描电镜样品台适配装置	实用新型	2016. 9. 28	CN205609470U	张慧蓉、吴斯洋、张建伟、王　磊、于巧丽、田　鹏、徐倩倩、马凌珂、张培基、田莉莉、王晓培、高　昂、邢　燕、靳　哲	中国农业科学院郑州果树研究所
206	一种果树枝条开张器	实用新型	2016. 3. 16	CN205082372U	王齐敏、张峻晖、曹丽芳	中国农业科学院郑州果树研究所
207	一种用于组织切片的组合式脱水装置	实用新型	2016. 5. 4	CN205209860U	姜建福、刘崇怀、孙海生、樊秀彩、张　颖、李　民、崔东阳	中国农业科学院郑州果树研究所
208	套管式高枝剪	实用新型	2016. 1. 20	CN204968646U	王志强、郭俊英、司　鹏、高登涛、冯义彬、陈汉杰、杨　建、朱运钦、潘　兴、王齐敏、刘聪利、杨　冉	中国农业科学院郑州果树研究所
209	杏仁脱壳夹	实用新型	2016. 9. 21	CN205585903U	张春岭、刘　慧、焦中高、刘杰超、陈大磊、吕真真、杨文博	中国农业科学院郑州果树研究所

（续表）

序号	专利名称	专利类别	公开（公告）日	公开（公告）号	发明人	专利权人
210	一种 PAGE 胶染色专用容器	实用新型	2016. 9. 28	CN205599186U	张慧蓉、吴斯洋、王　磊、于巧丽、田　鹏、张建伟、徐倩倩、马凌珂、王晓培、张培基、靳　哲、邢　燕、高　昂	中国农业科学院郑州果树研究所
211	一种果树采果装置	实用新型	2016. 8. 31	CN205510925U	陈玉玲、夏乐晗、李洪杰、余勇山、张芬先、焦中高、冯义彬、王其海、徐善坤、刘杰超、杨志成、于志强、乔书瑞、彭佩杰	中国农业科学院郑州果树研究所
212	一种大豆花粉的真空保存方法及其应用	发明专利	2016. 6. 29	CN104145947B	单志慧、杨中路、陈海峰、沙爱华、邱德珍、张婵娟、陈李淼、袁松丽、周　蓉、陈水莲、周新安	中国农业科学院油料作物研究所
213	大豆蛋白及其编码基因在调节植物抗旱性中的应用	发明专利	2016. 7. 6	CN104098663B	陈李淼、郝青南、周新安、沙爱华、张婵娟、陈海峰、单志慧、周　蓉、邱德珍、陈水莲	中国农业科学院油料作物研究所
214	一种可同时加速油菜菌核和作物秸秆腐解的方法	发明专利	2016. 8. 31	CN104387131B	廖　星、徐子先、胡小加、谢立华、余常兵、李银水、秦　路、张银波、胡　磊	中国农业科学院油料作物研究所

（续表）

序号	专利名称	专利类别	公开（公告）日	公开（公告）号	发明人	专利权人
215	一种二氢辣椒素多克隆抗体免疫吸附剂、免疫亲和柱及其制备方法和应用	发明专利	2016. 8. 24	CN104383889B	李培武、马　飞、张　奇、杨青青、张良晓、丁小霞	中国农业科学院油料作物研究所
216	芝麻显性细胞核雄性不育基因分子标记及制备方法和应用	发明专利	2016. 9. 21	CN103993011B	刘红艳、赵应忠、吴　坤、杨敏敏	中国农业科学院油料作物研究所
217	脉孢霉转化菜籽饼粕获得的生物培养基的制备方法及其应用	发明专利	2016. 8. 24	CN104046661B	龚阳敏、胡传炯、万　霞、江木兰、刘　姣、梁　焯、黄凤洪、胡小加	中国农业科学院油料作物研究所
218	一种果胶裂解酶BnPL基因及其启动子和应用	发明专利	2016. 9. 7	CN104109682B	胡　琼、刘　佳、汪文祥、王　军、李云昌、梅德圣、付　丽、王　会	中国农业科学院油料作物研究所
219	一种阳性质粒分子pBI121-Screening及其应用	发明专利	2016. 7. 27	CN104651511B	吴　刚、武玉花、李　俊、王宇蕾、李晓飞、李允静	中国农业科学院油料作物研究所
220	一种用于油菜秸秆和菌核腐解的喷施型复合菌剂的制备方法	发明专利	2016. 8. 31	CN104312930B	谢立华、廖　星、胡小加、余常兵、李银水、秦　路、张银波、胡　磊	中国农业科学院油料作物研究所
221	油茶青果脱壳机	发明专利	2016. 10. 5	CN104273639B	李文林、黄凤洪、彭宣炎	中国农业科学院油料作物研究所

（续表）

序号	专利名称	专利类别	公开（公告）日	公开（公告）号	发明人	专利权人
222	一个与大豆抗锈病基因位点紧密连锁的分子标记 GmSSR18-40 及其应用	发明专利	2016. 8. 24	CN104232775B	单志慧、陈海峰、杨中路、邱德珍、赵　胜、陈李淼、张婵娟、袁松丽、张晓娟、陈水莲、万　乔、周新安	中国农业科学院油料作物研究所
223	一种二氢辣椒素人工半抗原、人工抗原及其制备方法	发明专利	2016. 3. 23	CN104447383B	李培武、马　飞、张　奇、杨青青、丁小霞、张良晓	中国农业科学院油料作物研究所
224	一种与油菜种子硫苷含量紧密相关的分子标记及应用	发明专利	2016. 4. 20	CN103937790B	陆光远、张学昆、邹锡玲、赵永国、徐劲松、程　勇、瞿　桢、付桂萍	中国农业科学院油料作物研究所
225	一种液相色谱—质谱联用分析长链多不饱和脂肪酸甘油三酯的方法	发明专利	2016. 5. 25	CN104698104B	魏　芳、吴　琳、董绪燕、吕　昕、陈　洪、黄凤洪、邓乾春、郑明明	中国农业科学院油料作物研究所
226	一种基施型花生专用掺混肥料及其制备方法	发明专利	2016. 4. 6	CN103787725B	余常兵、廖　星、李银水、谢立华、胡小加	中国农业科学院油料作物研究所
227	一种分离植物病原真菌的方法	发明专利	2016. 4. 27	CN103667080B	单志慧、杨中路、陈海峰、沙爱华、邱德珍、张婵娟、陈李淼、周　蓉、杨定鹏、魏　好、陈水莲、周新安	中国农业科学院油料作物研究所

（续表）

序号	专利名称	专利类别	公开（公告）日	公开（公告）号	发明人	专利权人
228	一种用于分析食用植物油中脂肪酸组成的方法及基于脂肪酸组成的食用植物油真伪鉴别方法	发明专利	2016. 3. 23	CN104090044B	张良晓、李培武、汪雪芳、张　奇、丁小霞、张　文	中国农业科学院油料作物研究所
229	固相萃取和气相色谱联用测定结构脂 α、β 位置脂肪酸及甘油酯组成的方法	发明专利	2016. 1. 20	CN104049057B	董绪燕、刘四磊、魏　芳、吕　昕、陈　洪、黄凤洪、邓乾春、郑明明	中国农业科学院油料作物研究所
230	一种风味油脂固体脱色剂的制备方法	发明专利	2016. 3. 23	CN104289176B	黄庆德、朱正伟、邓乾春、许继取	中国农业科学院油料作物研究所
231	一种快速鉴别深海鱼油的方法	发明专利	2016. 5. 25	CN104569277B	王秀嫔、李培武、刘优钱、张　奇、丁小霞、张　文、张良晓	中国农业科学院油料作物研究所
232	一种无机膜以及混合油中溶剂的回收装置和方法	发明专利	2016. 5. 25	CN104307381B	黄凤洪、万楚筠、李　慧、邓乾春、李文林、郑明明、钮琰星、杨　湄、周　琦、郑　畅	中国农业科学院油料作物研究所
233	一种微波辅助快速高效制备咖啡酸苯乙酯的方法	发明专利	2016. 2. 17	CN104262156B	黄凤洪、郑明明、黄　清、向　霞、邓乾春、李文林、时　杰、万楚筠	中国农业科学院油料作物研究所

（续表）

序号	专利名称	专利类别	公开（公告）日	公开（公告）号	发明人	专利权人
234	一个大豆抗锈病基因位点及应用	发明专利	2016. 5. 25	CN104164501B	陈海峰、单志慧、杨中路、沙爱华、邱德珍、张婵娟、陈李淼、袁松丽、张晓娟、赵　胜、陈水莲、万　乔、周新安	中国农业科学院油料作物研究所
235	与大豆抗锈病基因紧密连锁的分子标记GmSSR18-24及应用	发明专利	2016. 3. 30	CN104293922B	陈海峰、单志慧、杨中路、邱德珍、赵　胜、陈李淼、张婵娟、袁松丽、张晓娟、陈水莲、万　乔、周新安	中国农业科学院油料作物研究所
236	一种预测大豆抗倒性的方法及其模型	发明专利	2016. 5. 25	CN104034852B	陈海峰、杨中路、单志慧、沙爱华、邱德珍、张婵娟、陈李淼、袁松丽、张晓娟、陈水莲、万　乔、周　蓉、周新安	中国农业科学院油料作物研究所
237	与植物产量提高和品质改良相关的蛋白及编码基因与应用	发明专利	2016. 6. 29	CN103739686B	沙爱华、陈李淼、单志慧、杨中路、张婵娟、陈海峰、邱德珍、张晓娟、陈水莲、周新安	中国农业科学院油料作物研究所
238	一种亚临界流体萃取脂质的方法及其装置	发明专利	2016. 4. 6	CN104004586B	黄凤洪、万楚筠、李文林、钮琰星、邓乾春、郑明明、周　琦、郑　畅、胡双喜、张　明	中国农业科学院油料作物研究所

（续表）

序号	专利名称	专利类别	公开（公告）日	公开（公告）号	发明人	专利权人
239	一种萃取油料中油脂的系统	实用新型	2016. 12. 28	CN205838945U	万楚筠、黄凤洪、李文林、邓乾春、郑明明、刘昌盛、许继取、时　杰、杨　湄、周　琦、郑　畅、曾　涛、郭婷婷	中国农业科学院油料作物研究所
240	一种应用于双螺旋榨油机的出饼机构	实用新型	2016. 12. 7	CN205767663U	李文林、黄凤洪、杨　博	中国农业科学院油料作物研究所
241	一种植物油一体化精炼设备	实用新型	2016. 10. 19	CN205653423U	黄凤洪、刘昌盛、李文林、杨　博	中国农业科学院油料作物研究所
242	一种带蓄水池的高通量种子发芽盒	实用新型	2016. 11. 16	CN205681809U	伍晓明、张付贵、黄　倩、兰　杰	中国农业科学院油料作物研究所
243	一种利用加压易液化的气体进行萃取及相平衡的实验装置	实用新型	2016. 11. 9	CN205672605U	万楚筠、黄凤洪、李文林、邓乾春、郑明明、许继取、时　杰、刘昌盛、杨　湄、周　琦、郑　畅	中国农业科学院油料作物研究所
244	一种低温亚临界流体萃取装置	实用新型	2016. 4. 20	CN205164189U	黄凤洪、万楚筠、李文林、邓乾春、郑明明、时　杰、刘昌盛、杨　湄、周　琦、郑　畅	中国农业科学院油料作物研究所

（续表）

序号	专利名称	专利类别	公开（公告）日	公开（公告）号	发明人	专利权人
245	一种烟草抑芽剂施药器	发明专利	2016. 5. 11	CN103430787B	陈德鑫、李　斌、许家来、曹君正、郭先锋、余祥文、李现道、张隆伟、马　莹	中国农业科学院烟草研究所、中国烟草总公司四川省公司、山东烟草研究院有限公司
246	一种烟草胞质雄性不育系的快速创制方法	发明专利	2016. 1. 13	CN103299895B	常爱霞、殷　英、罗成刚、屈建康、冯全福、余祥文、刘　旦、张建慧、张　玉、杨爱国、蒋彩虹	中国农业科学院烟草研究所、中国烟草总公司四川省公司
247	垄体土壤取样器	发明专利	2016. 12. 28	CN103257057B	张继光、马兴华、申国明、孔祥丽、许家来、刘传峰、刘海伟、闫慧峰	中国农业科学院烟草研究所、中国烟草总公司山东省公司
248	一种自动化装盘、播种、覆膜一体机及其使用方法	发明专利	2016. 8. 10	CN102812806B	刘好宝、陈学壮、彭　毅、申建华、葛　俊、罗定棋、蒋　胜、刘　克、顾会战、蒲剑峰、史万华、白　岩	中国农业科学院烟草研究所、四川省烟草公司泸州市公司、四川省烟草公司广元市公司、北京绿源汇业科技有限公司、江油市俊林机械有限责任公司

（续表）

序号	专利名称	专利类别	公开（公告）日	公开（公告）号	发明人	专利权人
249	一种烤烟部位判定方法	发明专利	2016. 9. 28	CN104432458B	王传义、徐秀红、张伟峰、薛　林、朱启发、季学军、牛育德、解　燕、蒲秀平、陈建军、蔡先杰、任　杰、王朝佐、杨举田、谭效磊、肖头杰、王爱华、朱　佩	中国农业科学院烟草研究所、上海烟草集团有限责任公司、安徽皖南烟叶有限责任公司、陕西省烟草公司汉中市公司、云南省烟草公司曲靖市公司、陕西省烟草公司安康市公司
250	一种制作低温卷烟原料的方法	发明专利	2016. 6. 8	CN104522877B	窦玉青、沈　铁、付秋娟、陆闻杰、张忠锋、杜咏梅、陈　超、韩　晓	中国农业科学院烟草研究所、上海烟草集团有限责任公司
251	一种制作低温卷烟原料的方法	发明专利	2016. 11. 2	CN104432486B	窦玉青、沈　铁、付秋娟、王　申、张忠锋、陆诚玮、杜咏梅、邱立欢	中国农业科学院烟草研究所、上海烟草集团有限责任公司
252	一种烤烟免耕防蚜防病高效栽培方法	发明专利	2016. 12. 7	CN103988698B	刘　勇、刘　莉、陈德鑫、朱先志、杨永花、徐　蕊、李兰芬、高　强	中国农业科学院烟草研究所、山东临沂烟草有限公司沂水分公司
253	一种烟草白粉病菌生理小种的鉴别方法	发明专利	2016. 8. 24	CN104031988B	时　焦、孟　坤、张保全、徐宜民、雒振宁、王海波	中国农业科学院烟草研究所

（续表）

序号	专利名称	专利类别	公开（公告）日	公开（公告）号	发明人	专利权人
254	一种快速筛选高烟碱烟草突变体的方法	发明专利	2016. 8. 24	CN104604672B	李凤霞、刘贯山、杨爱国、张洪博、吴新儒	中国农业科学院烟草研究所
255	一种采用烟田废弃物制备的可降解液态膜及其使用方法	发明专利	2016. 11. 30	CN103275734B	刘好宝、王　倩、张　良、雷　强、伍仁军、殷　英、钟朝龙、屈健康、宋毓峰、董连红	中国农业科学院烟草研究所
256	一种检测烟叶厚度的方法	发明专利	2016. 3. 16	CN103090802B	付秋娟、张忠锋、窦玉青、孙　平、张伟峰、程　森、唐　宇、顾毓敏、高　远	中国农业科学院烟草研究所
257	一种锦紫苏类病毒离体常温保存方法	发明专利	2016. 3. 16	CN103798227B	侯婉莹、李世访、姜冬梅、张志想、崔萌萌、王　倩	中国农业科学院烟草研究所
258	一种土壤镉钝化剂及其制备方法及降低烟草镉的应用	发明专利	2016. 3. 16	CN103320138B	李菊梅、刘海伟、石　屹、马义兵	中国农业科学院烟草研究所
259	一种同时测定烟草或烟草制品中 101 种农药残留的方法	发明专利	2016. 3. 23	CN104458947B	曹建敏、郭承芳、于卫松、邱　军、方　松、鲁世军、王允白	中国农业科学院烟草研究所
260	一种同时提取并分离烟草绿原酸、茄尼醇、生物碱、芸香苷的方法	发明专利	2016. 4. 13	CN104086425B	杜咏梅、张怀宝、李晓芹、张忠锋、侯小东、付秋娟、王爱华	中国农业科学院烟草研究所

（续表）

序号	专利名称	专利类别	公开（公告）日	公开（公告）号	发明人	专利权人
261	一种用于烟草类作物移栽的具抗病促生作用的生根剂	发明专利	2016. 3. 9	CN103271096B	王　倩、刘好宝、张　良、雷　强、伍仁军、殷　英、屈健康、覃克炳、宋毓峰、董连红	中国农业科学院烟草研究所
262	一种锦紫苏类病毒快速检测方法	发明专利	2016. 1. 13	CN103698513B	侯婉莹、姜冬梅、李世访、崔萌萌、许立峰、陈德鑫	中国农业科学院烟草研究所
263	烟草花序中提取西柏烷二萜的方法	发明专利	2016. 11. 16	CN105001052B	张忠锋、杜咏梅、颜培真、何小凤、侯小东、段苏珍、付秋娟、王爱华	中国农业科学院烟草研究所
264	一株二氯喹啉酸降解菌及其用途和使用方法	发明专利	2016. 3. 30	CN103849589B	陈德鑫、张　顺、李　斌、曹君正、许家来、黄国联、孟　鹤	中国农业科学院烟草研究所
265	抗 TMV 的三吡咯环类化合物及其制备方法和用途	发明专利	2016. 3. 30	CN103387529B	杨金广、王凤龙、毕建华、张长华、李锡宏、欧阳明安、申莉莉、钱玉梅、战徊旭	中国农业科学院烟草研究所
266	植物移栽用打孔机	实用新型	2016. 12. 28	CN205830304U	付秋娟、杜咏梅、刘艳华、王爱华、窦玉青	中国农业科学院烟草研究所
267	一种烤烟移栽三角定苗定位器	实用新型	2016. 5. 4	CN205196293U	鲁世军、邱　军、郭先锋、张义志、孙　鹏	中国农业科学院烟草研究所

（续表）

序号	专利名称	专利类别	公开（公告）日	公开（公告）号	发明人	专利权人
268	一种用于烟草及烟草制品中淀粉含量测定的装置	实用新型	2016. 5. 4	CN205210039U	林樱楠、郭先锋、曹鹏云、郭承芳、鲁世军、宁　扬、方　松	中国农业科学院烟草研究所
269	一种带烟气扩散装置的水烟筒	实用新型	2016. 5. 4	CN205196975U	鲁世军、于卫松、郭承芳、方　宋、林樱楠	中国农业科学院烟草研究所
270	卵巢常温保存液及保存方法	发明专利	2016. 8. 31	CN104719285B	曹新燕、许保增、薛海龙、李晓霞、王世勇、刁云飞、魏海军、赵伟刚、赵　蒙、徐　超、杨义峰、鞠　妍、宋兴超	中国农业科学院特产研究所
271	采用模拟移动床制备西洋参果中人参皂苷Rb3的方法	发明专利	2016. 9. 7	CN104193793B	孙成贺、王英平、赵景辉	中国农业科学院特产研究所
272	一种丙二酰基人参皂苷Re及其制备方法	发明专利	2016. 9. 7	CN105061542B	王玉帅、王英平、金银萍、高　薇、王　佳、郑培和、刘俊霞、孙成贺、曲正义、赵景辉	中国农业科学院特产研究所
273	一种不同区段鹿茸粉的鉴定方法及应用	发明专利	2016. 10. 5	CN104502512B	赵海平、李春义、李　贺、董　振	中国农业科学院特产研究所
274	水貂犬瘟热—细小病毒性肠炎二联活疫苗及其制备方法和用途	发明专利	2016. 8. 24	CN104383530B	闫喜军、胡　博、白　雪、赵建军、张　蕾、张海玲、柴秀丽、刘　昊	中国农业科学院特产研究所

（续表）

序号	专利名称	专利类别	公开（公告）日	公开（公告）号	发明人	专利权人
275	一种动物皮内切割组合刀具	发明专利	2016. 8. 24	CN104027182B	李春义、赵海平、褚文辉、巴恒星、杨　春	中国农业科学院特产研究所
276	一种具有抗辐射功效的人参蜂王浆颗粒	发明专利	2016. 5. 25	CN104095175B	赵景辉、王英平、张　瑞、郭　靖、冯　卓、高　兵	中国农业科学院特产研究所
277	一种同时检测蓝狐、貉和犬物种成分的引物组及其应用	发明专利	2016. 11. 2	CN104611454B	孙伟丽、李光玉、钟　伟、王　卓、杨雅涵	中国农业科学院特产研究所
278	可增强免疫力的鹿肉干及其加工方法	发明专利	2016. 4. 13	CN104172262B	侯召华、赵景辉、张　瑞、崔松焕	中国农业科学院特产研究所
279	具有抗氧化、降糖功效的软枣猕猴桃叶茶及其制备方法	发明专利	2016. 11. 30	CN104171168B	赵景辉、王英平、张　瑞、艾　军、齐俊生、赵　卉、高　兵、冯　卓	中国农业科学院特产研究所
280	一种发酵酒及其制备方法	发明专利	2016. 4. 6	CN103923798B	张宝香、艾　军、王英平、姜　英、许培磊、秦红艳、赵　滢、李晓艳	中国农业科学院特产研究所
281	一种颗粒蜂蜜制品低碳制备方法	发明专利	2016. 11. 2	CN104187242B	郭　靖、赵景辉、王英平、张　瑞、姚春林	中国农业科学院特产研究所
282	具有抗紫外辐射功效的桔梗叶茶制备方法	发明专利	2016. 5. 25	CN104171197B	郭　靖、赵景辉、侯　微、王英平、于　营、韩月乔、欧阳艳飞	中国农业科学院特产研究所

（续表）

序号	专利名称	专利类别	公开（公告）日	公开（公告）号	发明人	专利权人
283	具有抗紫外辐射功效的泽兰叶茶制备方法	发明专利	2016. 4. 13	CN104186857B	魏云洁、赵景辉、候　薇、张亚玉、张舒娜	中国农业科学院特产研究所
284	一种杂交瘤细胞株及其产生的抗犬瘟热病病毒 N 蛋白的单克隆抗体	发明专利	2016. 8. 24	CN103992988B	程世鹏、易　立、陈立志、程悦宁、王建科、仝明薇	吉林特研生物技术有限责任公司、中国农业科学院特产研究所
285	可拆卸存储箱	实用新型	2016. 12. 28	CN205837581U	薛海龙、许保增、曹新燕、赵　蒙、赵伟刚	中国农业科学院特产研究所
286	一种散热分装两用袋	实用新型	2016. 12. 28	CN205837491U	薛海龙、许保增、曹新燕、赵　蒙、赵伟刚	中国农业科学院特产研究所
287	一种电加热集精杯	实用新型	2016. 12. 28	CN205831959U	李晓霞、刁云飞、许保增、王士勇、赵伟刚、李丹丽、常　彤	中国农业科学院特产研究所
288	小动物实验保定装置	实用新型	2016. 12. 28	CN205831953U	曹新燕、薛海龙、许保增	中国农业科学院特产研究所
289	一种胚胎收集装置	实用新型	2016. 12. 28	CN205831960U	李晓霞、刁云飞、王士勇、曹新燕、许保增、赵伟刚、李丹丽	中国农业科学院特产研究所
290	一种用于犬类动物的保定治疗床	实用新型	2016. 10. 12	CN205626166U	赵靖波、鲍　坤、李光玉、刘晗璐	中国农业科学院特产研究所

（续表）

序号	专利名称	专利类别	公开（公告）日	公开（公告）号	发明人	专利权人
291	卵母细胞及胚胎培养皿	实用新型	2016. 11. 9	CN205676483U	曹新燕、许保增	中国农业科学院特产研究所
292	简易精液装管器	实用新型	2016. 12. 7	CN205756867U	刁云飞、李晓霞、许保增、王士勇、赵伟刚、李丹丽、常　彤	中国农业科学院特产研究所
293	一种梅花鹿呼吸测热室用消化代谢装置	实用新型	2016. 11. 23	CN205694871U	张铁涛、张海华、李光玉、王士勇、钟　伟、王　卓、杨雅涵	中国农业科学院特产研究所
294	卵母细胞及胚胎运输装置	实用新型	2016. 11. 9	CN205676484U	薛海龙、曹新燕、许保增	中国农业科学院特产研究所
295	用于冷冻配子和胚胎的细管保存盒	实用新型	2016. 11. 9	CN205671358U	曹新燕、赵伟刚、许保增	中国农业科学院特产研究所
296	一种梅花鹿试情布	实用新型	2016. 11. 23	CN205694934U	魏海军、赵伟刚、许保增、陈秀敏、杨镒峰、赵　蒙、曹新燕、薛海龙、常　彤	中国农业科学院特产研究所
297	细菌接种装置	实用新型	2016. 11. 23	CN205710742U	张　蕾、韩石誉、白　雪、廉士珍、胡　博、刘　昊、吕　爽、薛向红、闫喜军	中国农业科学院特产研究所
298	免疫荧光染色盒	实用新型	2016. 11. 16	CN205691594U	曹新燕、赵　蒙	中国农业科学院特产研究所

（续表）

序号	专利名称	专利类别	公开（公告）日	公开（公告）号	发明人	专利权人
299	免疫学反应孵育箱	实用新型	2016. 11. 23	CN205720257U	张　蕾、韩石誉、张海玲、胡　博、刘　昊、廉士珍、吕　爽、薛向红、闫喜军	中国农业科学院特产研究所
300	梅花鹿用 FGA 缓释装置	实用新型	2016. 8. 31	CN205515028U	魏海军、陈秀敏、杨镒峰、赵伟刚、赵　蒙、曹新燕、薛海龙、邢明杰、许保增	中国农业科学院特产研究所
301	一种水貂养殖福利装置	实用新型	2016. 7. 6	CN205357644U	张海华、李光玉、王士勇、刘晓颖、南韦肖、张铁涛、钟　伟、王　卓、杨雅涵	中国农业科学院特产研究所
302	一种水貂用福利玩具	实用新型	2016. 8. 31	CN205511514U	张海华、李光玉、王士勇、刘晓颖、南韦肖、张铁涛、钟　伟、常忠娟、王　卓	中国农业科学院特产研究所
303	一种水貂多功能手术台	实用新型	2016. 1. 6	CN204931892U	张海华、李光玉、王士勇、刘晓颖、南韦肖、张铁涛、常忠娟、赵靖波	中国农业科学院特产研究所
304	一种水貂福利饲养装置	实用新型	2016. 7. 6	CN205357643U	王士勇、张海华、许保增、李晓霞、刁云飞	中国农业科学院特产研究所
305	对流免疫电泳方孔琼脂糖凝胶的制备装置	实用新型	2016. 6. 22	CN205333647U	邵西群、杨福合、章秀婷	中国农业科学院特产研究所

（续表）

序号	专利名称	专利类别	公开（公告）日	公开（公告）号	发明人	专利权人
306	血清平板凝集反应装置	实用新型	2016. 6. 22	CN205333633U	邵西群、章秀婷、岳志刚、刘忠岳、宋兴超、刘琳玲、郑军军、杨福合	中国农业科学院特产研究所
307	一种用于毛皮动物检验毛皮的装置	实用新型	2016. 1. 13	CN204949187U	钟　伟、李光玉、罗国良、刘晗璐、张海华、孙伟丽、张　婷、常忠娟	中国农业科学院特产研究所
308	一种梅花鹿用喂水喂料装置	实用新型	2016. 8. 31	CN205511472U	张海华、李光玉、王士勇、刘晓颖、南韦肖、张铁涛、钟　伟、王　卓、杨雅涵	中国农业科学院特产研究所
309	一种中温中性木聚糖酶 XYN11B 及其基因和应用	发明专利	2016. 6. 22	CN103898079B	姚　斌、石鹏君、夏　伟、罗会颖、黄火清、柏映国、王亚茹、杨培龙、孟　昆	中国农业科学院饲料研究所
310	一种酸性中温糖化酶 GA Ⅱ 及其基因和应用	发明专利	2016. 5. 4	CN103667213B	姚　斌、罗会颖、华慧芳、石鹏君、黄火清、王亚茹、柏映国、杨培龙、孟　昆	中国农业科学院饲料研究所
311	一种高催化效率多聚半乳糖醛酸酶突变体及其制备方法和应用	发明专利	2016. 1. 20	CN103525788B	姚　斌、孟　昆、涂　涛、罗会颖、石鹏君、黄火清、王亚茹、柏映国、杨培龙	中国农业科学院饲料研究所
312	甘薯渣发酵饲料及其制备方法	发明专利	2016. 2. 3	CN103749967B	于会民、陈宝江、孙展英、程书梅、刘树栋、安文亭	中国农业科学院饲料研究所

（续表）

序号	专利名称	专利类别	公开（公告）日	公开（公告）号	发明人	专利权人
313	一种三丁酸甘油酯的制备方法	发明专利	2016. 6. 1	CN104045556B	周志刚、赵炳超、杨雅麟、徐　俐、何夙旭、张美超、冉　超、于会民	中国农业科学院饲料研究所
314	一种中低温中性单宁酶 TanXZ7 及其基因和应用	发明专利	2016. 5. 11	CN104004725B	姚　斌、马　锐、张三燕、石鹏君、黄火清、柏映国、罗会颖、王亚茹、杨培龙、孟　昆	中国农业科学院饲料研究所
315	一种中性 β-甘露聚糖酶 Man26DW1 及其基因和应用	发明专利	2016. 5. 11	CN104004734B	姚　斌、罗会颖、王彩虹、黄火清、柏映国、石鹏君、王亚茹、杨培龙、孟　昆、师　霞	中国农业科学院饲料研究所
316	一种高温热稳定酸性 α-半乳糖苷酶 Gal27A 及其基因和应用	发明专利	2016. 1. 13	CN103820420B	姚　斌、石鹏君、王慧敏、罗会颖、黄火清、马　锐、王亚茹、杨培龙、柏映国、孟　昆	中国农业科学院饲料研究所
317	一种高温高比活酸性 β-甘露聚糖酶及其基因和应用	发明专利	2016. 1. 20	CN103525792B	姚　斌、罗会颖、王彩虹、王亚茹、孟　昆、石鹏君、黄火清、柏映国、杨培龙	中国农业科学院饲料研究所
318	一种高温酸性 β-甘露聚糖酶 Man5DW1 及其基因和应用	发明专利	2016. 5. 4	CN104004733B	姚　斌、罗会颖、王彩虹、黄火清、柏映国、石鹏君、王亚茹、杨培龙、孟　昆、师　霞	中国农业科学院饲料研究所

（续表）

序号	专利名称	专利类别	公开（公告）日	公开（公告）号	发明人	专利权人
319	一种饲用构树叶加工装置	实用新型	2016. 12. 14	CN205794773U	满　晨、杨培龙、石冬冬、闻治国、李秀梅	中国农业科学院饲料研究所
320	一种家禽排泄物收集装置	实用新型	2016. 12. 28	CN205830762U	闻治国、杨培龙、闫海洁、李秀梅、吴永保	中国农业科学院饲料研究所
321	一种公羊消化试验用粪便收集装置	实用新型	2016. 11. 30	CN205727581U	刁其玉、王红梅、屠　焰	中国农业科学院饲料研究所
322	一种禽类饲养笼料槽饲喂隔板	实用新型	2016. 10. 26	CN205658197U	武书庚、马友彪、张海军、王　晶	中国农业科学院饲料研究所
323	大麦虫的繁殖装置	实用新型	2016. 12. 7	CN205756632U	石冬冬、张　萍、刘庆生、杨培龙、范志影、赵维香	中国农业科学院饲料研究所
324	一种仙人掌粉加工装置	实用新型	2016. 11. 9	CN205671449U	满　晨、杨培龙、石冬冬、闻治国、李秀梅	中国农业科学院饲料研究所
325	一种填饲装置	实用新型	2016. 6. 15	CN205305714U	闻治国、杨培龙、杜永凯、刘　靖	中国农业科学院饲料研究所
326	一种禽类强饲器	实用新型	2016. 6. 1	CN205266620U	闻治国、杨培龙、李秀梅、牛灿芳	中国农业科学院饲料研究所
327	一种禽类饲喂器	实用新型	2016. 6. 1	CN205266621U	闻治国、杨培龙、李秀梅、牛灿芳	中国农业科学院饲料研究所

（续表）

序号	专利名称	专利类别	公开（公告）日	公开（公告）号	发明人	专利权人
328	一种湖羊母子圈	实用新型	2016. 8. 31	CN205511416U	张乃锋、刁其玉、王　杰、王世琴、屠　焰、马　涛、柴建民	中国农业科学院饲料研究所
329	大麦虫油脂提取装置	实用新型	2016. 8. 17	CN205473631U	满　晨、杨培龙、石冬冬、闻治国、李秀梅	中国农业科学院饲料研究所
330	一种番茄栽培的方法	发明专利	2016. 10. 5	CN104756721B	于贤昌、白龙强、李衍素、闫　妍	中国农业科学院蔬菜花卉研究所
331	一种番茄栽培的方法	发明专利	2016. 10. 5	CN104756720B	李衍素、于贤昌、贺超兴、闫　妍	中国农业科学院蔬菜花卉研究所
332	葫芦素 C 及其类似物的制备方法与应用	发明专利	2016. 8. 17	CN104892713B	黄三文、周　渊、曾建国、尚　轶、马永硕	中国农业科学院蔬菜花卉研究所
333	基于 *ABCC*1 基因的小菜蛾对 Bt 杀虫蛋白 Cry1Ac 抗性的检测方法及其试剂盒	发明专利	2016. 6. 8	CN104195253B	张友军、郭兆将、康　师、朱　勋、吴青君、王少丽、徐宝云、谢　文	中国农业科学院蔬菜花卉研究所
334	百合未受精子房离体培养的方法	发明专利	2016. 1. 6	CN103782910B	袁素霞、明　军、刘　春、李　佳、徐雷锋	中国农业科学院蔬菜花卉研究所
335	温室黄瓜肥水气一体化施用方法	发明专利	2016. 5. 11	CN103563534B	贺超兴、齐明阳、李衍素、闫　妍、于贤昌	中国农业科学院蔬菜花卉研究所

（续表）

序号	专利名称	专利类别	公开（公告）日	公开（公告）号	发明人	专利权人
336	温室番茄坐果采收期肥水气一体化施用方法	发明专利	2016. 4. 20	CN103583272B	贺超兴、马　俊、于贤昌、李衍素、闫　妍、于贝贝	中国农业科学院蔬菜花卉研究所
337	一种秋发素及促使浅休眠牡丹国庆开花的方法	发明专利	2016. 4. 27	CN103858897B	张秀新、石颜通、薛璟祺	中国农业科学院蔬菜花卉研究所
338	一株对田间抗 Bt 小菜蛾有高活性的苏云金芽孢杆菌菌株及应用	发明专利	2016. 6. 8	CN103627660B	张友军、朱　勋、杨峰山、王少丽、吴青君、谢　文、徐宝云	中国农业科学院蔬菜花卉研究所
339	烟粉虱对噻虫嗪抗性的荧光定量 PCR 检测方法及其试剂盒	发明专利	2016. 5. 25	CN104031991B	张友军、杨　鑫、谢　文、王博琳、王少丽、吴青君、李如美、杨妮娜、郭丽桃、刘雅婷	中国农业科学院蔬菜花卉研究所
340	黄瓜黑色果刺基因 B 连锁的 SSR 标记引物及其应用	发明专利	2016. 5. 4	CN104004749B	张圣平、顾兴芳、苗　晗、刘书林、王　烨	中国农业科学院蔬菜花卉研究所
341	黄瓜抗西瓜花叶病毒基因 *wmv* 的 Indel 标记及其应用	发明专利	2016. 4. 27	CN104372085B	顾兴芳、张圣平、苗　晗、田桂丽、王　烨、杨宇红、谢丙炎	中国农业科学院蔬菜花卉研究所

（续表）

序号	专利名称	专利类别	公开（公告）日	公开（公告）号	发明人	专利权人
342	黄瓜叶色突变基因 *v*-1 的 SSR 标记及其应用	发明专利	2016. 4. 13	CN103937788B	苗　晗、顾兴芳、张圣平、王　烨	中国农业科学院蔬菜花卉研究所
343	一种蔬菜育苗拱棚	实用新型	2016. 3. 9	CN205071780U	尚庆茂、张志刚、董春娟	中国农业科学院蔬菜花卉研究所
344	一种用于防治设施蔬菜病虫害的新型电动喷粉机	实用新型	2016. 1. 6	CN204930093U	李宝聚、谢学文、石延霞、柴阿丽	中国农业科学院蔬菜花卉研究所
345	一种苗床拱棚	实用新型	2016. 3. 9	CN205071783U	尚庆茂、张志刚、董春娟	中国农业科学院蔬菜花卉研究所
346	一种用于往土壤里施颗粒农药的电动施药器	实用新型	2016. 10. 12	CN205623544U	李宝聚、谢学文、石延霞、柴阿丽	中国农业科学院蔬菜花卉研究所
347	一种用于防治设施蔬菜病虫害的精量电动喷粉机	实用新型	2016. 3. 2	CN205052619U	谢学文、李宝聚、石延霞、柴阿丽	中国农业科学院蔬菜花卉研究所
348	一种分布式潮汐灌溉栽培系统	发明专利	2016. 8. 17	CN104686045B	蒋卫杰、汪晓云、余宏军、王家明、段家福	北京绿东国创农业科技有限公司、中国农业科学院蔬菜花卉研究所

（续表）

序号	专利名称	专利类别	公开（公告）日	公开（公告）号	发明人	专利权人
349	用于检测转基因农作物的单克隆抗体对及双抗夹心酶联免疫检测试剂盒	发明专利	2016. 10. 5	CN105158475B	张　维、陆　伟、张　君、刘　奇、郑　健、林　敏	中国农业科学院生物技术研究所、刘　奇
350	OsVTC1-3 蛋白在促进植物维生素 C 合成中的应用	发明专利	2016. 8. 17	CN103710380B	张执金、秦　华、邓载安、张传玉、王亚云、王　娟、张海文、权瑞党、黄荣峰	中国农业科学院生物技术研究所
351	转基因水稻科丰 2 号外源插入基因和侧翼水稻序列的连接区序列及应用	发明专利	2016. 7. 13	CN103834645B	宛煜嵩、梁利霞、张秀杰、朱　祯、金芜军、苗朝华、李　亮、黄卫红	中国农业科学院生物技术研究所
352	植物光合作用相关蛋白 OsPSF1 及其编码基因和应用	发明专利	2016. 6. 22	CN103709237B	权瑞党、张海文、张执金、王　娟、黄荣峰	中国农业科学院生物技术研究所
353	葡聚糖酶 Cel16A 及其编码基因和应用	发明专利	2016. 9. 14	CN104328133B	张　伟、徐欣欣、李金阳、张宇宏、刘　波	中国农业科学院生物技术研究所
354	大丽轮枝菌 ADP-ATP 载体蛋白病程关键靶基因及其干扰载体和应用	发明专利	2016. 8. 31	CN105177024B	苏晓峰、齐希梁、郭惠明、程红梅	中国农业科学院生物技术研究所

（续表）

序号	专利名称	专利类别	公开（公告）日	公开（公告）号	发明人	专利权人
355	大丽轮枝菌腺苷酸激酶靶基因片段及其干扰载体和应用	发明专利	2016. 9. 7	CN105255907B	苏晓峰、齐希梁、郭惠明、程红梅	中国农业科学院生物技术研究所
356	耐热中性纤维素酶Cel6C及其编码基因和应用	发明专利	2016. 9. 14	CN104293812B	张　伟、徐欣欣、李金阳、刘　波、张宇宏	中国农业科学院生物技术研究所
357	大丽轮枝菌寡糖基转移酶靶基因片段及其干扰载体和应用	发明专利	2016. 8. 31	CN105255909B	苏晓峰、齐希梁、程红梅、郭惠明	中国农业科学院生物技术研究所
358	植物耐旱相关蛋白DSM1及其编码基因和应用	发明专利	2016. 4. 27	CN103694327B	吴金霞、张治国、张　芊、孙学辉、路铁刚	中国农业科学院生物技术研究所
359	耐辐射沙漠红细菌及其应用	发明专利	2016. 1. 13	CN103911318B	张　维、王　琳、吴　港、陈　明、林　敏	中国农业科学院生物技术研究所
360	苋色藜抗病性相关基因ChaNDR1a及其制备方法和应用	发明专利	2016. 11. 23	CN103980356B	张永强、李为民、张　超、龚前园	中国农业科学院生物技术研究所
361	转基因水稻科丰2号外源基因纯合/杂合状态的PCR检测引物、检测方法及试剂盒	发明专利	2016. 3. 23	CN103834736B	宛煜嵩、梁利霞、张秀杰、朱　祯、金芜军、苗朝华、李　亮、高　进	中国农业科学院生物技术研究所

（续表）

序号	专利名称	专利类别	公开（公告）日	公开（公告）号	发明人	专利权人
362	一种用于转基因马铃薯检测的阳性标准质粒	发明专利	2016. 9. 28	CN104328188B	金芜军、李　亮、宛煜嵩、董　美、柳方方	中国农业科学院生物技术研究所
363	在动物细胞或动物组织中表达外源基因的方法	发明专利	2016. 3. 23	CN102994550B	张志芳、姚　斌、李轶女、易咏竹、刘兴健、张渭蛟、沈桂芳	中国农业科学院生物技术研究所
364	一种具有持续合成能力和盐耐受度的DNA聚合酶	发明专利	2016. 11. 2	CN103881989B	程　奇、翟　冰、周国辉、李贤祯、刘国宪	中国农业科学院生物技术研究所
365	转基因水稻PA110-15品系特异性PCR检测引物及定性检测方法和试剂盒	发明专利	2016. 3. 23	CN103834646B	张秀杰、梁利霞、宛煜嵩、涂巨民、金芜军、苗朝华、李　亮、高　进	中国农业科学院生物技术研究所
366	rsmA基因在植物根表定殖和促生方面的应用	发明专利	2016. 2. 24	CN103614410B	燕永亮、尚立国、战嵛华、林　敏	中国农业科学院生物技术研究所
367	一种具有耐草甘膦功能的细菌及其应用	发明专利	2016. 1. 20	CN103911317B	张　维、吴　港、王　琳、林　敏、陈　明	中国农业科学院生物技术研究所
368	棉花GhMYC1转录因子及其编码基因和应用	发明专利	2016. 10. 19	CN104178498B	庞俊峰、吴燕民、刘博欣、周美亮、孙占敏、李学君、唐益雄、甘海燕	江苏艺萌城市农业发展有限公司、中国农业科学院生物技术研究所

（续表）

序号	专利名称	专利类别	公开（公告）日	公开（公告）号	发明人	专利权人
369	一种鉴定梅山猪或其肉制品的专用引物、方法和试剂盒	发明专利	2016. 8. 24	CN104593519B	史子学、马志永、张国平、朱建忠、王　勃、陈建生、陆林根、卫金良、唐赛涌、费琼慧、于庆华、魏建超、刘　珂、李蓓蓓、邵东华	中国农业科学院上海兽医研究所、上海市嘉定区农业委员会、上海市嘉定区梅山猪育种中心
370	一种三嗪化合物晶型A及其制备方法和用途	发明专利	2016. 10. 5	CN104610183B	张丽芳、薛飞群、郑文丽、费陈忠、王霄旸、张可煜、王　米、李　涛、王春梅、肖　遂	中国农业科学院上海兽医研究所
371	PRRSV 基因标记疫苗株 ELISA 鉴别诊断试剂盒及方法和应用	发明专利	2016. 8. 3	CN104165998B	童光志、周艳君、孙　晶、姜一峰、童　武	中国农业科学院上海兽医研究所
372	PRRSV 基因标记疫苗株 ELISA 鉴别诊断试剂盒及方法和应用	发明专利	2016. 9. 14	CN104165997B	童光志、周艳君、孙　晶、姜一峰、童　武	中国农业科学院上海兽医研究所
373	一种检测埃博拉病毒的荧光定量 PCR 检测方法及其引物和试剂盒	发明专利	2016. 6. 8	CN103045755B	马志永、史子学、魏建超、邵东华、王少辉、李蓓蓓、刘　阳、王宗尧	中国农业科学院上海兽医研究所

（续表）

序号	专利名称	专利类别	公开（公告）日	公开（公告）号	发明人	专利权人
374	乙型脑炎病毒弱毒株重组感染性克隆质粒及其应用	发明专利	2016. 8. 10	CN104152476B	郑　浩、童光志、郑旭晨、童　武、马志永、郭亦非	中国农业科学院上海兽医研究所
375	一种具有抗新城疫病毒活性的鹅源基因RIG-I及其应用	发明专利	2016. 2. 3	CN103173455B	丁　铲、孙英杰、仇旭升、谭　磊、宋翠萍、于圣青	中国农业科学院上海兽医研究所
376	鸭疫里默氏杆菌三价灭活疫苗及其制备方法	发明专利	2016. 1. 6	CN102908616B	于圣青、丁　铲、韩先干、王小兰、仇旭升、宋翠萍、谭　磊	中国农业科学院上海兽医研究所
377	鉴别鸭坦布苏病毒强毒株和弱毒疫苗株的试剂盒及其应用	发明专利	2016. 3. 30	CN104212912B	李泽君、李国新	中国农业科学院上海兽医研究所
378	猪流行性腹泻病毒RT-PCR鉴别诊断试剂盒及其应用	发明专利	2016. 3. 30	CN104152578B	童光志、周艳君、吴玉璐	中国农业科学院上海兽医研究所
379	日本血吸虫Wnt5基因、蛋白及应用	发明专利	2016. 1. 13	CN103966237B	苑纯秀、高　阳、邓玲玲、叶忠雪、塔　娜、冯新港、葛　程、杨健美、林矫矫	中国农业科学院上海兽医研究所
380	蜱半胱氨酸蛋白酶抑制分子RHcyst-1及其基因和应用	发明专利	2016. 6. 29	CN103965351B	周金林、王玉俭、周勇志、曹　杰、张厚双、龚海燕	中国农业科学院上海兽医研究所

（续表）

序号	专利名称	专利类别	公开（公告）日	公开（公告）号	发明人	专利权人
381	检测鸭 *MAPK*1 基因的荧光定量 RT-PCR 方法	发明专利	2016. 4. 20	CN103882039B	于圣青、曹守林、韩先干、王少辉、丁　铲、田明星	中国农业科学院上海兽医研究所
382	鸭疫里默氏杆菌 GroEL 蛋白单克隆抗体、杂交瘤细胞株及其应用	发明专利	2016. 9. 28	CN103820395B	于圣青、侯湾湾、王少辉、王小兰、韩先干、丁　铲、王　权、蒋　蔚、岳嘉蘋	中国农业科学院上海兽医研究所
383	一种低 pH 值土壤调理剂的制备方法	发明专利	2016. 5. 18	CN103589434B	李兆君、张挺国、李育鹏、张维理、梁永超、畅学华、史庆林	中国农业科学院农业资源与农业区划研究所、天峪煤化工集团股份有限公司
384	一个从 VIIRS 数据反演地表温度的方法	发明专利	2016. 8. 31	CN103954973B	不公告发明人	中国农业科学院农业资源与农业区划研究所、毛克彪、天津大学
385	一种有效的卷云监测方法	发明专利	2016. 11. 16	CN103995302B	不公告发明人	中国农业科学院农业资源与农业区划研究所、毛克彪、天津大学
386	用于土壤翻耕和秸秆深埋还田的犁具	发明专利	2016. 8. 3	CN103109593B	逄焕成、李玉义、张旭东、裴泽莲、王福义、姚志刚、程　晋、王　婧、任天志	中国农业科学院农业资源与农业区划研究所、辽宁省农业机械化研究所

（续表）

序号	专利名称	专利类别	公开（公告）日	公开（公告）号	发明人	专利权人
387	原位测定土壤氨挥发的试验装置	实用新型	2016.3.2	CN205067468U	李志宏、刘青丽、张云贵、陈　曦、邹　焱、朱经伟、常乃杰	中国农业科学院农业资源与农业区划研究所、贵州省烟草科学研究院
388	一种田间淋溶水样简便化取样装置	实用新型	2016.5.25	CN205262797U	刘宏斌、杨虎德、李崇晓、马　彦、冯丹妮	中国农业科学院农业资源与农业区划研究所、甘肃省农业科学院土壤肥料与节水农业研究所
389	定量灌溉控制系统	实用新型	2016.5.25	CN205250016U	刘宏斌、杨虎德、李崇晓、马　彦、冯丹妮	中国农业科学院农业资源与农业区划研究所、甘肃省农业科学院土壤肥料与节水农业研究所
390	一种甲基营养型芽胞杆菌及微生物菌剂和它们的应用	发明专利	2016.7.6	CN103805534B	阮志勇、孔德龙、宋金龙、赵秉强、李燕婷、王彦伟、刘艳伟、王慧敏、陈小蓉、刘小飞	中国农业科学院农业资源与农业区划研究所
391	一种菌柄短的白灵菇及其栽培方法	发明专利	2016.8.10	CN104585058B	陈　强、赵梦然、黄晨阳、张金霞、邹向丽、邹亚杰、曲积彬、高　巍	中国农业科学院农业资源与农业区划研究所

（续表）

序号	专利名称	专利类别	公开（公告）日	公开（公告）号	发明人	专利权人
392	盐渍土壤调理剂	发明专利	2016. 7. 20	CN103980908B	王　婧、逄焕成、赵永敢	中国农业科学院农业资源与农业区划研究所
393	一种白灵菇及其栽培方法	发明专利	2016. 8. 24	CN104585060B	张金霞、陈　强、黄晨阳、赵梦然、曲积彬、邬向丽、高　巍、邹亚杰	中国农业科学院农业资源与农业区划研究所
394	解淀粉芽胞杆菌及微生物菌剂和它们的应用	发明专利	2016. 8. 24	CN103773711B	阮志勇、王彦伟、宋金龙、赵秉强、李燕婷、孔德龙、刘艳伟、王慧敏、陈小蓉、刘小飞	中国农业科学院农业资源与农业区划研究所
395	一种同温层芽胞杆菌及微生物菌剂和它们的应用	发明专利	2016. 6. 22	CN103805535B	阮志勇、刘艳伟、宋金龙、赵秉强、李燕婷、王彦伟、孔德龙、王慧敏、陈小蓉、刘小飞	中国农业科学院农业资源与农业区划研究所
396	一种草原土壤改良一体机	发明专利	2016. 8. 24	CN104663059B	陈宝瑞、辛晓平、闫瑞瑞、杨桂霞、张保辉	中国农业科学院农业资源与农业区划研究所
397	生物炭基聚天冬氨酸缓释尿素、其制备方法及应用	发明专利	2016. 4. 6	CN103804075B	刘宏斌、杨晋辉、王洪媛、陈艳雪、翟丽梅、刘　申、陈秉翼	中国农业科学院农业资源与农业区划研究所

（续表）

序号	专利名称	专利类别	公开（公告）日	公开（公告）号	发明人	专利权人
398	一株降解除草剂的细菌及其用途	发明专利	2016. 10. 12	CN104388354B	高　淼、孙建光、张　磊、孙颖飞	中国农业科学院农业资源与农业区划研究所
399	一种黄泥田有机熟化的改良方法	发明专利	2016. 2. 10	CN104145655B	周　卫、李双来、吴良欢、梁国庆、王秀斌、孙静文、何　萍、雷秋良	中国农业科学院农业资源与农业区划研究所
400	一种苜蓿与无芒雀麦的轮作方法	发明专利	2016. 5. 25	CN103960037B	徐丽君、杨桂霞、辛晓平、徐大伟、王　波、青格勒、王　旭	中国农业科学院农业资源与农业区划研究所
401	农村有机废弃物堆腐发酵方法	发明专利	2016. 4. 13	CN103708863B	尹昌斌、李世贵、李贵春、顾金刚、周　颖、杨晓梅、王利伟、龚明波、甘寿文	中国农业科学院农业资源与农业区划研究所
402	测定土壤容重的方法及土壤容重测定系统	发明专利	2016. 3. 30	CN103558120B	龙怀玉、张认连、雷秋良	中国农业科学院农业资源与农业区划研究所
403	一种从雷达原始数据中提取运动参数做干涉测量的方法	发明专利	2016. 4. 13	CN104062655B	王东亮	中国农业科学院农业资源与农业区划研究所
404	来源于拟南芥的重金属诱导启动子及其应用	发明专利	2016. 3. 2	CN103923923B	孙静文、程明芳、王玉军、李书田、周　卫	中国农业科学院农业资源与农业区划研究所

（续表）

序号	专利名称	专利类别	公开（公告）日	公开（公告）号	发明人	专利权人
405	一种悬浮态土壤调理剂及其制备方法	发明专利	2016. 3. 30	CN103773378B	袁　亮、李燕婷、赵秉强、王　薇、李　伟、林治安、温延臣、杨相东、李　娟	中国农业科学院农业资源与农业区划研究所
406	一种华癸库特氏菌及微生物菌剂和它们的应用	发明专利	2016. 2. 10	CN103820355B	阮志勇、赵　斌、王彦伟、宋金龙、赵秉强、李燕婷、孔德龙、刘艳伟、王慧敏、陈小蓉、刘小飞	中国农业科学院农业资源与农业区划研究所
407	农田或坡地径流水流量监测装置	发明专利	2016. 3. 30	CN102455200B	龙怀玉	中国农业科学院农业资源与农业区划研究所
408	钢渣型无土栽培基质及其制备方法	发明专利	2016. 5. 25	CN104108998B	梁永超、温东旭、李兆君、宋阿琳、范分良	中国农业科学院农业资源与农业区划研究所
409	一种聚氨酯包膜肥料及其包膜材料	发明专利	2016. 4. 20	CN103421161B	杨相东、赵秉强、李燕婷、李　娟、林治安、袁　亮	中国农业科学院农业资源与农业区划研究所
410	重金属诱导启动子在培育土壤重金属污染预警转基因植物中的应用	发明专利	2016. 3. 2	CN103923922B	孙静文、程明芳、王玉军、李书田、周　卫	中国农业科学院农业资源与农业区划研究所

（续表）

序号	专利名称	专利类别	公开（公告）日	公开（公告）号	发明人	专利权人
411	一种多功能屋顶绿化栽培槽	发明专利	2016. 3. 2	CN103782829B	吴永常、陈学渊、吴国胜、韦文珊	中国农业科学院农业资源与农业区划研究所
412	以农村有机废弃物为发酵原料制备有机肥的菌剂及其应用	发明专利	2016. 3. 30	CN103667089B	李世贵、龚明波、顾金刚、张瑞颖	中国农业科学院农业资源与农业区划研究所
413	一种设施栽培体系水肥一体化的施肥方法	发明专利	2016. 6. 29	CN104303668B	王玉军、黄绍文、唐继伟、刘培京	中国农业科学院农业资源与农业区划研究所
414	一种治疗青春痘的中药外抹制剂	发明专利	2016. 3. 30	CN103800785B	不公告发明人	毛克彪、马　莹、中国农业科学院农业资源与农业区划研究所
415	一种南方双季水稻高效利用氮肥的施肥方法	发明专利	2016. 3. 23	CN104145587B	唐海明、逄焕成、肖小平、李玉义、汤文光、汪　柯、杨光立	湖南省土壤肥料研究所、中国农业科学院农业资源与农业区划研究所
416	一种促进盐碱地作物扎根的潜耕层结构	实用新型	2016. 11. 30	CN205726955U	李玉义、逄焕成、卢　闯、魏由庆、王　婧、翟　振	中国农业科学院农业资源与农业区划研究所
417	一种多腔种子收集袋	实用新型	2016. 12. 28	CN205837493U	徐丽君、杨桂霞、辛晓平、王　波、孙启忠、青格勒	中国农业科学院农业资源与农业区划研究所

（续表）

序号	专利名称	专利类别	公开（公告）日	公开（公告）号	发明人	专利权人
418	一种防根系堵塞的负压渗液器	实用新型	2016. 10. 26	CN205658138U	武雪萍、李生平、吴会军、赵全胜、谢晓红	中国农业科学院农业资源与农业区划研究所
419	一种模拟不同耕层结构下土壤水肥迁移转化规律的装置	实用新型	2016. 11. 9	CN205679606U	李玉义、逄焕成、翟　振、卢　闯、魏由庆、王　婧	中国农业科学院农业资源与农业区划研究所
420	一种负压调节系统	实用新型	2016. 10. 26	CN205658126U	李生平、武雪萍、王相玲、李　景、王碧胜、高丽丽、王　雪	中国农业科学院农业资源与农业区划研究所
421	土壤 pH 速测装置	实用新型	2016. 10. 26	CN205665171U	李兆君、刘元望、冯　瑶	中国农业科学院农业资源与农业区划研究所
422	一种多功能地下观测室	实用新型	2016. 2. 10	CN205027727U	李玉义、逄焕成、魏由庆、卢　闯、翟　振、王　婧、常志富	中国农业科学院农业资源与农业区划研究所
423	一种测定土壤原状土抗破碎强度的装置	实用新型	2016. 8. 31	CN205538478U	李玉义、逄焕成、翟　振、卢　闯、王　婧	中国农业科学院农业资源与农业区划研究所
424	一种土壤传感器辅助安装装置	实用新型	2016. 8. 31	CN205538765U	李玉义、逄焕成、翟　振、卢　闯、王　婧	中国农业科学院农业资源与农业区划研究所

（续表）

序号	专利名称	专利类别	公开（公告）日	公开（公告）号	发明人	专利权人
425	一种农田地下淋溶面源污染远程监控系统	实用新型	2016. 7. 27	CN205405211U	雷秋良、刘宏斌、王洪媛、翟丽梅、武淑霞、张继宗、刘　申、连慧姝、李文超、延　皓、李长春、王凤聚、杨　卓	中国农业科学院农业资源与农业区划研究所
426	土壤培养与氨挥发的同步试验装置	实用新型	2016. 6. 8	CN205301277U	袁　亮、李燕婷、赵秉强、李　伟、王　薇、林治安、温延臣、车升国、杨相东、李　娟	中国农业科学院农业资源与农业区划研究所
427	土壤碱解氮的测定装置	实用新型	2016. 8. 17	CN205484246U	杨俐苹、段云威、白由路、王　磊、卢艳丽、周　丽	中国农业科学院农业资源与农业区划研究所
428	一种双孢菇基质发酵装置	实用新型	2016. 6. 22	CN205329045U	王洪媛、刘宏斌、翟丽梅、潘君廷、雷秋良、武淑霞、杨　波、李博中	中国农业科学院农业资源与农业区划研究所
429	氨挥发试验装置	实用新型	2016. 6. 8	CN205301276U	袁　亮、赵秉强、李燕婷、王　薇、李　伟、林治安、温延臣、车升国、杨相东、李　娟	中国农业科学院农业资源与农业区划研究所

（续表）

序号	专利名称	专利类别	公开（公告）日	公开（公告）号	发明人	专利权人
430	用于研究土壤肥际的培养装置	实用新型	2016. 6. 8	CN205301314U	袁　亮、李燕婷、赵秉强、李　伟、王　薇、林治安、温延臣、车升国、杨相东、李　娟	中国农业科学院农业资源与农业区划研究所
431	一种沟渠流量测量及远程监测系统	实用新型	2016. 6. 1	CN205280163U	雷秋良、刘宏斌、刘　申、张继宗、延　皓、李长春、王凤聚、翟丽梅、王洪媛、武淑霞、杨　卓、连慧姝	中国农业科学院农业资源与农业区划研究所
432	一种高光谱成像系统	实用新型	2016. 2. 24	CN205049240U	邹金秋、王道龙、谢　锋、陈佑启、吴永常、杨国宝	中国农业科学院农业资源与农业区划研究所
433	一种基于离子迁移谱的辅助检测豇豆中水胺硫磷、久效磷和/或磷胺的方法	发明专利	2016. 6. 29	CN103808792B	邱　静、侯艳冰、马　军、钱永忠、颜毅坚、王昕璐、张　伟、解　飞、于　灿	中国农业科学院农业质量标准与检测技术研究所、武汉硅感科技有限公司
434	一种 Au@Pt 酶模拟物标记的盐酸克伦特罗 ELISA 检测试剂盒	发明专利	2016. 9. 7	CN104459136B	王培龙、苏晓鸥、王日楠、石　雷、吴晓春	中国农业科学院农业质量标准与检测技术研究所

（续表）

序号	专利名称	专利类别	公开（公告）日	公开（公告）号	发明人	专利权人
435	一种β-受体激动剂复合模板分子印迹聚合物的制备方法及应用	发明专利	2016. 8. 17	CN104448101B	王　静、杜欣蔚、佘永新、李腾飞、张艳欣、刘广洋、王　健、刘佳佳	中国农业科学院农业质量标准与检测技术研究所
436	化学发光增敏液及其制备方法	发明专利	2016. 7. 20	CN104049080B	金茂俊、王　静、杨丽华、杜鹏飞、金　芬、邵　华、佘永新、王珊珊	中国农业科学院农业质量标准与检测技术研究所
437	一种克伦特罗检测质控用动物尿液干粉及其制备方法与应用	发明专利	2016. 8. 17	CN104360052B	苏晓鸥、王瑞国、程　劼、王培龙、樊　霞、李　阳、张　维	中国农业科学院农业质量标准与检测技术研究所
438	一种隐性孔雀石绿半抗原的制备方法	发明专利	2016. 4. 20	CN104569372B	陈　刚、朱　丹、王凯强、李强强、逄秀梅、魏丽娟	中国农业科学院农业质量标准与检测技术研究所
439	褪黑素在促进植物生长中的新应用	发明专利	2016. 5. 11	CN103875673B	赵　燕、王东华、杨曙明	中国农业科学院农业质量标准与检测技术研究所
440	莱克多巴胺分子印迹SPR传感器芯片及其制备方法	发明专利	2016. 4. 20	CN103983613B	王　静、佘永新、杜欣蔚、姚　婷、李腾飞、王　淼、张艳欣、于海龙、金　芬、邵　华、金茂俊、王珊珊	中国农业科学院农业质量标准与检测技术研究所

（续表）

序号	专利名称	专利类别	公开（公告）日	公开（公告）号	发明人	专利权人
441	一种人工模拟的猪胃和小肠消化液及其制备方法与应用	发明专利	2016. 3. 30	CN104297372B	王瑞国、苏晓鸥、樊　霞、王培龙、张维、高忠武、张　瑜	中国农业科学院农业质量标准与检测技术研究所
442	基于普鲁士蓝仿生标记检测小分子化合物的方法	发明专利	2016. 11. 9	CN103995103B	王　静、王　森、佘永新、李腾飞、刘广洋、杜欣蔚、于海龙、金　芬、邵　华、金茂俊、王珊珊	中国农业科学院农业质量标准与检测技术研究所
443	基于表面增强拉曼光谱的尿液中克伦特罗的速测方法	发明专利	2016. 1. 20	CN103234952B	程　劼、王　石、苏晓鸥	中国农业科学院农业质量标准与检测技术研究所
444	基于在线 SPE 的快速测定尿液中轭合态β-受体激动剂的方法	发明专利	2016. 3. 16	CN104330512B	李晓敏、苏晓鸥	中国农业科学院农业质量标准与检测技术研究所
445	一种用于原子荧光法测砷的介质阻挡放电预富集装置	实用新型	2016. 12. 21	CN205826395U	毛雪飞、刘霁欣、王　敏、齐悦涵、钱永忠	中国农业科学院农业质量标准与检测技术研究所
446	一种电感耦合等离子体质谱法测锌的装置	实用新型	2016. 10. 26	CN205665199U	毛雪飞、王　敏、齐悦涵、张　英、张志薇、钱永忠	中国农业科学院农业质量标准与检测技术研究所
447	一种自净式微孔滤膜过滤装置	实用新型	2016. 3. 30	CN205109414U	王瑞国、苏晓鸥、王培龙	中国农业科学院农业质量标准与检测技术研究所

（续表）

序号	专利名称	专利类别	公开（公告）日	公开（公告）号	发明人	专利权人
448	一种鼠尾静脉实验装置	实用新型	2016. 5. 4	CN205198188U	张　维、苏晓鸥	中国农业科学院农业质量标准与检测技术研究所
449	一种细胞培养板加样辅助装置	实用新型	2016. 6. 1	CN205275611U	张　维、苏晓鸥	中国农业科学院农业质量标准与检测技术研究所
450	一种畜禽咳嗽声监测预警装置	实用新型	2016. 8. 10	CN205451770U	孔繁涛、贾亚雄、陈继兰、孙研研、张建华、韩书庆、刘佳佳	中国农业科学院农业信息研究所、北京市畜牧总站、中国农业科学院畜牧兽医研究所
451	一种机器人智能仿真测试方法	发明专利	2016. 8. 31	CN104199314B	庄家煜、许世卫、李哲敏、王东杰、张　超、陈　威、李干琼、张玉梅、张永恩	中国农业科学院农业信息研究所
452	一种动物体温探测装置	实用新型	2016. 12. 14	CN205795662U	孔繁涛、於少文、张建华、韩书庆、吴建寨、李辉尚、李斐斐	中国农业科学院农业信息研究所
453	一种家畜耳机	实用新型	2016. 7. 27	CN205408112U	王文生、陈桂鹏、王曦光、郭雷风	中国农业科学院农业信息研究所
454	一种智能挤奶系统	实用新型	2016. 12. 14	CN205794403U	孔繁涛、张建华、李　凯、韩书庆、朱孟帅、李斐斐	中国农业科学院农业信息研究所

（续表）

序号	专利名称	专利类别	公开（公告）日	公开（公告）号	发明人	专利权人
455	一种农产品市场监测系统	实用新型	2016. 12. 7	CN205786571U	李哲敏、李灯华、董晓霞、庄家煜、于海鹏	中国农业科学院农业信息研究所
456	一种全自动牛体刷	实用新型	2016. 10. 19	CN205648655U	孔繁涛、吴　圣、李志强、张建华、韩书庆、吴建寨、於少文	中国农业科学院农业信息研究所
457	一种奶牛场小苏打自动投放装置	实用新型	2016. 10. 19	CN205648638U	杨海成、孔繁涛、张建华、韩书庆、吴建寨、李斐斐	中国农业科学院农业信息研究所
458	一种猪肉自动盖章装置	实用新型	2016. 10. 19	CN205651819U	李斐斐、孔繁涛、吴建寨、韩书庆、李辉尚、沈　辰	中国农业科学院农业信息研究所
459	一种自动清粪除臭装置	实用新型	2016. 3. 9	CN205071841U	李斐斐、吴建寨、孔繁涛、张建华、杨海成、秦　波、李婷婷	中国农业科学院农业信息研究所
460	一种自动清理装置	实用新型	2016. 3. 9	CN205075062U	孔繁涛、朱孟帅、张建华、韩书庆、刘佳佳、赵　璞、杨海成	中国农业科学院农业信息研究所
461	一种粒度级别可控的冠层精准喷药装置	实用新型	2016. 3. 9	CN205071958U	郭秀明、樊景超、周国民、丘　耘、胡　林	中国农业科学院农业信息研究所
462	一种手持式牲畜用消毒按摩装置	实用新型	2016. 3. 9	CN205071861U	刘佳佳、许世卫、孔繁涛、张建华、韩书庆、朱孟帅、赵　璞	中国农业科学院农业信息研究所

（续表）

序号	专利名称	专利类别	公开（公告）日	公开（公告）号	发明人	专利权人
463	一种动物呼吸无线监测鼻环	实用新型	2016. 3. 9	CN205072869U	陈桂鹏、王文生、郭雷风、秦文婧、王曦光	中国农业科学院农业信息研究所
464	农业养殖环境多功能信息采集装置	实用新型	2016. 12. 7	CN205785316U	孔繁涛、於少文、张建华、韩书庆、吴建寨、朱孟帅	中国农业科学院农业信息研究所
465	电子围栏系统、电子围栏以及电子桩	实用新型	2016. 8. 17	CN205491177U	王文生、陈桂鹏、郭雷风、王曦光	中国农业科学院农业信息研究所
466	一种牛奶体细胞数测量装置	实用新型	2016. 9. 28	CN205607860U	韩书庆、孔繁涛、张建华、刘佳佳、朱孟帅、王盛威、李斐斐、於少文	中国农业科学院农业信息研究所
467	一种低空图像采集装置	实用新型	2016. 5. 4	CN205203414U	刘升平、诸叶平、孙开梦、鄂　越、李世娟、海占广、刘海龙	中国农业科学院农业信息研究所
468	一种食料量监测系统	实用新型	2016. 9. 28	CN205596855U	於少文、孔繁涛、张建华、韩书庆、沈　辰、秦　波、杨海成	中国农业科学院农业信息研究所
469	智能宠物项圈	实用新型	2016. 8. 3	CN205409087U	孔繁涛、韩书庆、张建华、刘佳佳、吴建寨、於少文、朱孟帅	中国农业科学院农业信息研究所
470	家畜驱赶装置	实用新型	2016. 8. 3	CN205409036U	郭雷风、王文生、陈桂鹏、申玉林	中国农业科学院农业信息研究所

（续表）

序号	专利名称	专利类别	公开（公告）日	公开（公告）号	发明人	专利权人
471	一种猪肉背膘厚度检测装置	实用新型	2016. 9. 28	CN205607358U	韩书庆、孔繁涛、张建华、吴建寨、李辉尚、沈　辰、李斐斐	中国农业科学院农业信息研究所
472	卷帘自动调节装置	实用新型	2016. 4. 20	CN205172403U	张建华、孔繁涛、吴建寨、王盛威、李辉尚、沈　辰、周向阳	中国农业科学院农业信息研究所
473	养殖舍环境调控系统	实用新型	2016. 1. 13	CN204965080U	孔繁涛、李辉尚、韩书庆、张建华、李婷婷、周向阳、朱孟帅	中国农业科学院农业信息研究所
474	一种感知环境的农产品市场信息采集设备	实用新型	2016. 4. 20	CN205176869U	王东杰、李哲敏、董晓霞、张　超、于海鹏	中国农业科学院农业信息研究所
475	一种冠层微环境自动监测装置	实用新型	2016. 1. 27	CN205002792U	郭秀明、樊景超、周国民、丘　耘、胡　林	中国农业科学院农业信息研究所
476	家畜控制监测系统	实用新型	2016. 9. 7	CN205546945U	王文生、陈桂鹏、郭雷风、王曦光	中国农业科学院农业信息研究所
477	一种作物叶片室内图像采集装置	实用新型	2016. 8. 31	CN205545520U	张建华、刘佳佳、韩书庆、陈　威、於少文、李斐斐	中国农业科学院农业信息研究所
478	一种猪仔自动护理系统	实用新型	2016. 7. 6	CN205359695U	赵　璞、孔繁涛、张建华、韩书庆、刘佳佳、於少文	中国农业科学院农业信息研究所
479	一种作物图像采集装置	实用新型	2016. 7. 6	CN205378045U	张建华、孔繁涛、吴建寨、赵　璞、杨海成、秦　波	中国农业科学院农业信息研究所

（续表）

序号	专利名称	专利类别	公开（公告）日	公开（公告）号	发明人	专利权人
480	一种动物生理信息展示装置	实用新型	2016. 8. 10	CN205433663U	孔繁涛、於少文、张建华、吴建寨、韩书庆、刘佳佳	中国农业科学院农业信息研究所
481	一种禽畜体重体温测量装置	实用新型	2016. 2. 17	CN205031229U	杨海成、孔繁涛、吴建寨、李辉尚、沈　辰、张建华、熊　露	中国农业科学院农业信息研究所
482	一种基于 RFID 的智能称重秤	实用新型	2016. 1. 13	CN204963978U	樊景超、吴定峰、郭秀明、夏　雪、丘　耘、周国民	中国农业科学院农业信息研究所
483	一种自动降温装置	实用新型	2016. 8. 10	CN205431421U	吴建寨、李斐斐、孔繁涛、张建华、张　晶、杨海成、吴　圣	中国农业科学院农业信息研究所
484	一种饲料智能投放装置	实用新型	2016. 4. 27	CN205180024U	庄家煜、王东杰、张　超、李干琼、李燕妮、李哲敏	中国农业科学院农业信息研究所
485	一种用于果树拍照的悬停及姿态控制系统	实用新型	2016. 4. 27	CN205195825U	樊景超、吴定峰、郭秀明、夏　雪、丘　耘、周国民	中国农业科学院农业信息研究所
486	一种果树器官拍照辅助装置	实用新型	2016. 5. 11	CN205228453U	樊景超、吴定峰、郭秀明、夏　雪、丘　耘、周国民	中国农业科学院农业信息研究所
487	一种饲料混合装置	实用新型	2016. 2. 10	CN205018268U	朱孟帅、许世卫、孔繁涛、韩书庆、刘佳佳、徐　克、熊　露	中国农业科学院农业信息研究所
488	家畜牵引装置	实用新型	2016. 7. 6	CN205357663U	郭雷风、王文生、陈桂鹏、申玉林	中国农业科学院农业信息研究所

（续表）

序号	专利名称	专利类别	公开（公告）日	公开（公告）号	发明人	专利权人
489	一种养殖环境信息采集装置	实用新型	2016. 1. 13	CN204965102U	韩书庆、许世卫、李哲敏、张建华、李干琼、李灯华、王东杰	中国农业科学院农业信息研究所
490	一种防止母猪压死仔猪的警报系统	实用新型	2016. 8. 31	CN205541322U	秦　波、孔繁涛、吴建寨、李辉尚、沈　辰、周向阳、张　晶	中国农业科学院农业信息研究所
491	居民食物消费数据采集装置	实用新型	2016. 5. 18	CN205246117U	许世卫、庄家煜、李灯华、李干琼、李哲敏	中国农业科学院农业信息研究所
492	悬挂式自动浇水多层育苗盘	实用新型	2016. 12. 7	CN205755929U	杨敬华、孙培博	中国农业科学院农业经济与发展研究所、北京博华鸿泰农业科技有限公司
493	用于渗灌育苗的多层育苗盘	实用新型	2016. 12. 7	CN205755930U	杨敬华、孙培博	中国农业科学院农业经济与发展研究所、北京博华鸿泰农业科技有限公司
494	自动喷雾大棚	实用新型	2016. 12. 7	CN205755989U	杨敬华、孙培博	中国农业科学院农业经济与发展研究所、北京博华鸿泰农业科技有限公司

（续表）

序号	专利名称	专利类别	公开（公告）日	公开（公告）号	发明人	专利权人
495	一种耕作物料施放装置	实用新型	2016. 8. 17	CN205454455U	夏　旭、陈敏鹏、路　森、梁鸣早、李昊儒、刘　琪、毛丽丽、郭　瑞	中国农业科学院农业环境与可持续发展研究所、仲元（北京）绿色生物技术开发有限公司、仲元（北京）土壤改良技术研究所
496	一种棘孢木霉菌厚垣孢子粉剂及其制备方法与它的用途	发明专利	2016. 1. 13	CN103740634B	曾希柏、蒋细良、苏世鸣、王秀荣、李莲芳、白玲玉、王亚男、段　然、吴翠霞	中国农业科学院农业环境与可持续发展研究所、中国农业科学院植物保护研究所
497	一种用于温室气体排放通量监测的自动气体样品采集站	发明专利	2016. 6. 29	CN103926115B	万运帆、李玉娥、高清竹、游松财、秦晓波、刘　硕、马　欣、王　斌、张卫红	中国农业科学院农业环境与可持续发展研究所、万运帆
498	远程农田气象信息监测系统	实用新型	2016. 8. 10	CN205450666U	游松财、宫志宏	中国农业科学院农业环境与可持续发展研究所、天津市气候中心
499	大通栏养殖区和养殖场	实用新型	2016. 4. 27	CN205180002U	朱昌雄、俞晓芸、耿　兵、赵永坤、刘　雪、叶　婧	中国农业科学院农业环境与可持续发展研究所、开创阳光环保科技发展（北京）有限公司

（续表）

序号	专利名称	专利类别	公开（公告）日	公开（公告）号	发明人	专利权人
500	北方荞麦栽培方法	发明专利	2016. 8. 24	CN104170630B	丁素荣、郭李萍、谢立勇、刘迎春、杨学文、白春雷、韩　雪、生国利、魏云山、张晓荣、周学超、张洪涛、李　峰	中国农业科学院农业环境与可持续发展研究所、赤峰市农牧科学研究院、沈阳农业大学
501	社区—家庭相结合的水培蔬菜生产系统及菜苗移动装置	实用新型	2016. 8. 31	CN205511387U	程瑞锋、杨其长、李　琨、袁　谅、白　辰、滕云飞、巫国栋、魏　强、肖　平、刘　焕	中国农业科学院农业环境与可持续发展研究所、北京创新生活科技开发有限责任公司
502	一种根与根茎类药用植物的设施半水培栽培装置及方法	发明专利	2016. 8. 24	CN103843651B	刘文科、赵姣姣、杨其长	中国农业科学院农业环境与可持续发展研究所
503	一种土壤中毒死蜱农药及其三种代谢物的检测方法	发明专利	2016. 8. 31	CN104111291B	孙宝利、陕　红、董一威、黄金丽、仝乘风	中国农业科学院农业环境与可持续发展研究所
504	一种双层保温被卷帘设备及其使用方法与应用	发明专利	2016. 8. 24	CN104365410B	张　义、周　波、杨其长、方　慧、李　琨、刘文科、程瑞锋、仝宇欣、卢　威、周　升、李志鹏	中国农业科学院农业环境与可持续发展研究所

（续表）

序号	专利名称	专利类别	公开（公告）日	公开（公告）号	发明人	专利权人
505	一种纤维素接枝环糊精高分子吸水树脂的合成方法	发明专利	2016. 8. 17	CN104109221B	刘　琪、宋吉青、郝卫平、郭　瑞、夏　旭、顾峰雪、李昊儒、毛丽丽	中国农业科学院农业环境与可持续发展研究所
506	一种节水型小麦品种鉴定筛选方法	发明专利	2016. 9. 7	CN104521496B	钟秀丽、梅旭荣、严昌荣、刘晓英、郭　瑞	中国农业科学院农业环境与可持续发展研究所
507	一种基质所育苗的洗根方法及其应用	发明专利	2016. 3. 2	CN104365361B	李　琨、杨其长、刘文科、程瑞锋、仝宇欣、张　义、方　慧、魏　强、肖　平	中国农业科学院农业环境与可持续发展研究所
508	一种遏制刺萼龙葵入侵天然生态系统的方法	发明专利	2016. 1. 27	CN103650879B	张国良、付卫东、张瑞海、宋　振、张衍雷	中国农业科学院农业环境与可持续发展研究所
509	一种设施蔬菜土壤起垄内嵌式无土栽培装置及方法	发明专利	2016. 3. 23	CN104145802B	刘文科、杨其长	中国农业科学院农业环境与可持续发展研究所
510	纳米增效灭鼠剂	发明专利	2016. 4. 20	CN102293220B	姜建芳、曹　煜、崔海信、孙长娇、赵　翔	中国农业科学院农业环境与可持续发展研究所
511	一种日光温室液体循环蓄热式后墙	实用新型	2016. 12. 28	CN205830555U	方　慧、杨其长、张　义、程瑞锋、刘文科、李　琨、李　涛、仝宇欣、周　波、周　升、卢　威	中国农业科学院农业环境与可持续发展研究所

（续表）

序号	专利名称	专利类别	公开（公告）日	公开（公告）号	发明人	专利权人
512	一种具有垂直多层生产空间的设施园艺生产系统	实用新型	2016. 11. 23	CN205694812U	刘文科、杨其长	中国农业科学院农业环境与可持续发展研究所
513	一种装配型日光温室液体循环蓄热式后墙	实用新型	2016. 11. 23	CN205694626U	方　慧、杨其长、张　义、程瑞锋、刘文科、李　琨、李　涛、仝宇欣、周　波、周　升、卢　威	中国农业科学院农业环境与可持续发展研究所
514	一种适用于人工光源的植物带电栽培装置	实用新型	2016. 11. 23	CN205694805U	仝宇欣、杨其长	中国农业科学院农业环境与可持续发展研究所
515	一种养殖舍的空气净化装置	实用新型	2016. 9. 28	CN205599340U	陶秀萍、尚　斌、董红敏、刘　杨	中国农业科学院农业环境与可持续发展研究所
516	有机废弃物处理装置	实用新型	2016. 9. 7	CN205556481U	尚　斌、陶秀萍、董红敏	中国农业科学院农业环境与可持续发展研究所
517	一种日光温室用悬挂式 LED 补光装置和日光温室	实用新型	2016. 6. 22	CN205331949U	刘文科、杨其长	中国农业科学院农业环境与可持续发展研究所
518	一种厌氧反应器及养殖废水处理系统	实用新型	2016. 6. 8	CN205294956U	李红娜、史志伟、朱昌雄、郭　萍、田云龙、叶　婧、刘　雪、耿　兵	中国农业科学院农业环境与可持续发展研究所

（续表）

序号	专利名称	专利类别	公开（公告）日	公开（公告）号	发明人	专利权人
519	一种生产型植物工厂的 LED 光源装置	实用新型	2016. 12. 7	CN205782081U	滕云飞、杨其长、钞春明、袁　谅、程瑞锋、白　辰	北京创新生活科技开发有限责任公司、中国农业科学院农业环境与可持续发展研究所
520	一种蔬菜和食用菌联合培养系统	实用新型	2016. 12. 7	CN205755745U	程瑞锋、刘　焕、黄振兴、杨其长、袁　谅、滕云飞、李　琨、魏　强、巫国栋	北京创新生活科技开发有限责任公司、中国农业科学院农业环境与可持续发展研究所
521	一种高温季节生产型植物工厂营养液的降温装置	实用新型	2016. 11. 30	CN205727465U	滕云飞、杨其长、钞春明、程瑞锋、袁　谅、白　辰	北京创新生活科技开发有限责任公司、中国农业科学院农业环境与可持续发展研究所
522	一种家庭智能水培装置	实用新型	2016. 6. 29	CN205337130U	巫国栋、魏　强、杨其长、李　琨、程瑞锋、滕云飞、钞春明	北京创新生活科技开发有限责任公司、中国农业科学院农业环境与可持续发展研究所

（续表）

序号	专利名称	专利类别	公开（公告）日	公开（公告）号	发明人	专利权人
523	一种家庭智能水培装置的通风系统	实用新型	2016. 6. 29	CN205337129U	魏　强、巫国栋、杨其长、李　琨、程瑞锋、滕云飞、钞春明	北京创新生活科技开发有限责任公司、中国农业科学院农业环境与可持续发展研究所
524	一种温室水肥气热一体化智能灌溉系统	实用新型	2016. 8. 3	CN205408863U	韩启彪、高　杰、那　巍、王　婧、黄修桥、王军涛、李　文	中国农业科学院农田灌溉研究所、新乡市质量技术监督检验测试中心、山西省西山提黄灌溉工程建设管理中心、山西省汾河灌溉管理局
525	一种全方位无开关式给水栓	实用新型	2016. 12. 7	CN205780941U	段福义、高　杰、曹林来、李　浩、韩启彪、孙　浩、贾艳辉、陈　震、孙秀路	中国农业科学院农田灌溉研究所、新乡市质量技术监督检验测试中心
526	一种高稳定度负压灌溉装置及其负压灌溉的方法	发明专利	2016. 8. 17	CN104542189B	孙　浩、吕谋超、宗　洁、李金山、郭大应、李　浩、上官玉铎	中国农业科学院农田灌溉研究所
527	一种自洁净大容量温室集雨池及其用途	发明专利	2016. 8. 24	CN104775505B	韩启彪、李　浩、段福义、贾艳辉、冯俊杰、刘　杨、陈　震	中国农业科学院农田灌溉研究所

（续表）

序号	专利名称	专利类别	公开（公告）日	公开（公告）号	发明人	专利权人
528	砂石筛网一体式反清洗过滤装置	发明专利	2016. 1. 27	CN104436842B	张文正、翟国亮、李　莉、蔡九茂、宗　洁、邓　忠、李　迎	中国农业科学院农田灌溉研究所
529	一种水动定时阀门控制灌溉系统	发明专利	2016. 4. 6	CN104154302B	蔡九茂、翟国亮、李　莉、宗　洁、张文正、邓　忠、李　迎	中国农业科学院农田灌溉研究所
530	消除位移茎变差传感器受作物茎生长影响的方法	发明专利	2016. 5. 4	CN103486933B	高胜国、高任翔	中国农业科学院农田灌溉研究所
531	一种移动式喷灌施肥装置	发明专利	2016. 1. 6	CN103975680B	李金山、孙　浩、段福义、韩启彪、刘　杨、李　浩、陈　震	中国农业科学院农田灌溉研究所
532	作物水分状况茎变差监测传感器	发明专利	2016. 5. 25	CN103438849B	高胜国、黄修桥	中国农业科学院农田灌溉研究所
533	作物水分状况茎变差监测变送器	发明专利	2016. 2. 24	CN103439187B	高胜国、黄修桥、尚三林、贾艳辉、韩启彪、孙　浩、李　辉、尚德功	中国农业科学院农田灌溉研究所
534	一种田间空间数据采集装置	实用新型	2016. 12. 28	CN205837196U	陈　震、苏　欣、段福义、马春芽、范永申、贾艳辉、孙秀路	中国农业科学院农田灌溉研究所

（续表）

序号	专利名称	专利类别	公开（公告）日	公开（公告）号	发明人	专利权人
535	渠道水入渗系数的检测系统	实用新型	2016. 7. 27	CN205404357U	樊向阳、胡　超、黄仲冬、李中阳、刘　源、陈小娟、乔冬梅、齐学斌、高　青	中国农业科学院农田灌溉研究所
536	一种平移式喷灌机	实用新型	2016. 12. 28	CN205830350U	陈　震、孙　浩、范永申、李金山、段福义、苏　欣、韩启彪、刘　杨	中国农业科学院农田灌溉研究所
537	一种多功能自行走城市道路绿化带灌溉车	实用新型	2016. 7. 27	CN205389802U	韩启彪、黄修桥、王军涛、李　文、孙　浩、李　浩、段福义、孙秀路、贾艳辉	中国农业科学院农田灌溉研究所
538	一种微灌用自报警多级复合网式过滤器	实用新型	2016. 12. 7	CN205760034U	韩启彪、黄修桥、孙　浩、段福义、冯俊杰、李　浩、李　文、南　茜、李宏燕	中国农业科学院农田灌溉研究所
539	一种波涌灌溉发生装置	实用新型	2016. 12. 28	CN205830659U	孙秀路	中国农业科学院农田灌溉研究所
540	渠道水入渗系数的测定装置	实用新型	2016. 7. 27	CN205404358U	樊向阳、黄仲冬、胡　超、刘　源、李中阳、杜臻杰、李　平、赵志娟、陈小娟	中国农业科学院农田灌溉研究所
541	一种自适应三角堰	实用新型	2016. 12. 28	CN205839711U	贾艳辉、段福义、范永申	中国农业科学院农田灌溉研究所
542	一种微灌用网式过滤器	实用新型	2016. 12. 7	CN205760005U	李　浩、李　红、曹林来、段福义、韩启彪、孙　浩	中国农业科学院农田灌溉研究所

（续表）

序号	专利名称	专利类别	公开（公告）日	公开（公告）号	发明人	专利权人
543	一种地下集水管道排水控制装置	实用新型	2016. 10. 12	CN205636686U	温　季、肖广娜	中国农业科学院农田灌溉研究所
544	一种轻小型半自动滴灌压差施肥车	实用新型	2016. 10. 12	CN205623215U	韩启彪、冯绍元、黄修桥、孙秀路、李　文、南　茜	中国农业科学院农田灌溉研究所
545	一种多级复合型过滤装置	实用新型	2016. 3. 9	CN205073781U	蔡九茂、李　莉、李景海、翟国亮、邓　忠、宗　洁	中国农业科学院农田灌溉研究所
546	一种可调控排水沟水位的组合堰	实用新型	2016. 10. 12	CN205636687U	温　季、肖广娜	中国农业科学院农田灌溉研究所
547	输水管路万向连接头	实用新型	2016. 2. 3	CN205013917U	冯俊杰、吕谋超、贾艳辉、任　方、李　浩、邓　忠、刘　杨、韩启彪	中国农业科学院农田灌溉研究所
548	温室智能灌溉测控系统	实用新型	2016. 3. 9	CN205080422U	蔡九茂、李　莉、李景海、翟国亮、邓　忠、宗　洁	中国农业科学院农田灌溉研究所
549	具有控制水位调整机构和标尺的浮球水位控制装置	实用新型	2016. 5. 4	CN205207865U	高胜国、高任翔	中国农业科学院农田灌溉研究所
550	新型无压灌溉装置用新型灌水器	实用新型	2016. 2. 24	CN205040360U	高胜国、高任翔	中国农业科学院农田灌溉研究所
551	双针头蒸发测针	实用新型	2016. 7. 6	CN205373805U	刘安能、王和洲、孟兆江、陈金平、张笑培、杨慎骄	中国农业科学院农田灌溉研究所

（续表）

序号	专利名称	专利类别	公开（公告）日	公开（公告）号	发明人	专利权人
552	一种漂浮式微灌过滤系统	实用新型	2016. 8. 3	CN205412408U	蔡九茂、翟国亮、吕谋超、李景海、邓　忠、宗　洁、张文正、李　迎	中国农业科学院农田灌溉研究所
553	新型无压灌溉装置的新型灌水器用光伏供水系统	实用新型	2016. 5. 4	CN205205935U	高胜国、高任翔	中国农业科学院农田灌溉研究所
554	一种自清洗泵前过滤系统	实用新型	2016. 7. 27	CN205391891U	蔡九茂、翟国亮、吕谋超、李景海、邓　忠、宗　洁、张文正、李　迎	中国农业科学院农田灌溉研究所
555	一种骨肉高效分离的装备	实用新型	2016. 10. 12	CN205624195U	张春晖、贾　伟、许　雄、李　侠、杜桂红	中国农业科学院农产品加工研究所、河南普乐泰生物科技有限公司
556	骨肉分离机的分离筛筒	实用新型	2016. 8. 31	CN205511945U	张春晖、李　侠、贾　伟、王金枝、孙　圳、岳鉴颖	中国农业科学院农产品加工研究所、河南普乐泰生物科技有限公司
557	利用甘薯粗膳食纤维制作的无面筋蛋白馒头及其制备方法	发明专利	2016. 11. 23	CN104366262B	木泰华、刘兴丽、张　苗、孙红男、陈井旺	中国农业科学院农产品加工研究所

（续表）

序号	专利名称	专利类别	公开（公告）日	公开（公告）号	发明人	专利权人
558	用于分选谷物中真菌及其毒素污染籽粒的重力分选机	发明专利	2016. 8. 17	CN104689989B	刘　阳、朱玉昌、周　露、邢福国、常敬华	中国农业科学院农产品加工研究所
559	用于分选谷物中真菌及其毒素污染籽粒的重力分选机的振动筛	发明专利	2016. 8. 17	CN104689976B	刘　阳、朱玉昌、周　露、邢福国、常敬华	中国农业科学院农产品加工研究所
560	一种猪胰脏和鸡骨联产硫酸软骨素与生物培养基的方法	发明专利	2016. 6. 8	CN104031175B	张春晖、李　侠、李　海、贾　伟、王金枝	中国农业科学院农产品加工研究所
561	一种烘焙专用起酥油	发明专利	2016. 12. 7	CN104171027B	张春晖、李　侠、陈琳莉、王春青、谢小雷	中国农业科学院农产品加工研究所
562	可移动多能源风干牛羊肉加工装置	发明专利	2016. 7. 6	CN103651737B	张德权、王振宇、贾　伟、陈　丽、丁　楷、李　欣、高　远	中国农业科学院农产品加工研究所
563	一种全薯类饼干及其制作方法	发明专利	2016. 12. 21	CN104365801B	木泰华、孙红男、刘兴丽、张　苗、陈井旺、戴小枫	中国农业科学院农产品加工研究所
564	一种马铃薯春卷及其制备方法	发明专利	2016. 6. 8	CN104663786B	张　泓、徐　芬、戴小枫、胡宏海、黄　峰、张春江、张　荣、刘倩楠、张　雪、黄艳杰、陈文波、周芳伊	中国农业科学院农产品加工研究所

（续表）

序号	专利名称	专利类别	公开（公告）日	公开（公告）号	发明人	专利权人
565	一种无矾马铃薯粉条及其制备方法	发明专利	2016. 7. 20	CN104605231B	张　泓、黄　峰、刘倩楠、胡宏海、戴小枫、张春江、陈文波、张　雪、张　荣、徐　芬、黄艳杰	中国农业科学院农产品加工研究所
566	一种鸡骨联产胶原蛋白活性肽及风味基料的方法	发明专利	2016. 6. 8	CN104095141B	张春晖、胡　礼、王金枝、李　侠、贾　伟	中国农业科学院农产品加工研究所
567	一种小麦籽粒质量自动分级系统和方法	发明专利	2016. 8. 17	CN103934214B	张　波、张影全、魏益民、郭波莉、魏　帅	中国农业科学院农产品加工研究所
568	一种由全薯制备的烤馕及其制备方法	发明专利	2016. 12. 21	CN104366378B	木泰华、孙红男、刘兴丽、张　苗、陈井旺、戴小枫	中国农业科学院农产品加工研究所
569	一种马铃薯凉皮及其加工方法	发明专利	2016. 8. 24	CN104664233B	张　泓、徐　芬、戴小枫、胡宏海、张春江、黄　峰、张　雪、张　荣、刘倩楠、黄艳杰、陈文波、周芳伊	中国农业科学院农产品加工研究所
570	一株铜绿假单胞菌及其在降解玉米赤霉烯酮中的应用	发明专利	2016. 9. 28	CN103981134B	赵月菊、刘　阳、娅娃米妮埃尔迪富丽、兰茨纳桑格、邢福国、周　露、王　龑	中国农业科学院农产品加工研究所
571	一种红外干燥法生产黑莓全果的方法	发明专利	2016. 9. 7	CN103610220B	毕金峰、陈芹芹、易建勇、吴昕烨、司　旭、周　沫、李兆路	中国农业科学院农产品加工研究所

（续表）

序号	专利名称	专利类别	公开（公告）日	公开（公告）号	发明人	专利权人
572	一种马铃薯膳食纤维面包及其制作方法	发明专利	2016. 7. 6	CN104365733B	木泰华、张　苗、刘兴丽、孙红男、陈井旺、戴小枫	中国农业科学院农产品加工研究所
573	一种脉动压差闪蒸干燥果蔬的方法	发明专利	2016. 10. 19	CN104397616B	毕金峰、易建勇、周林燕、陈芹芹、刘　璇、吴昕烨	中国农业科学院农产品加工研究所
574	一种马铃薯渣无面筋蛋白窝窝头及其制作方法	发明专利	2016. 7. 6	CN104366377B	木泰华、孙红男、刘兴丽、张　苗、陈井旺、戴小枫	中国农业科学院农产品加工研究所
575	真菌免疫调节蛋白FIP-ppl及其基因	发明专利	2016. 10. 5	CN103980354B	李淑英、唐选明、丁　洋、聂　莹	中国农业科学院农产品加工研究所
576	一种提高苹果渣中可溶性膳食纤维含量的方法	发明专利	2016. 8. 17	CN104172200B	哈益明、耿乙文、靳　婧、郭　芹、李咏富、李庆鹏	中国农业科学院农产品加工研究所
577	一种双螺杆米粉挤压成型机	发明专利	2016. 11. 30	CN104489887B	张　泓、刘倩楠、戴小枫、胡宏海、徐　芬、张春江、黄　峰、张　雪、陈文波	中国农业科学院农产品加工研究所
578	一种以鸡蛋清为碳源的碳量子点荧光标记材料及其制备方法和应用	发明专利	2016. 9. 14	CN104555984B	卢　嘉、王　淼、陈卫华、王凤忠、黄亚涛、范　蓓、孙玉凤、林　菲、夏双梅、单吉浩	中国农业科学院农产品加工研究所

（续表）

序号	专利名称	专利类别	公开（公告）日	公开（公告）号	发明人	专利权人
579	一株甲基营养型芽孢杆菌及其在降解玉米赤霉烯酮中的应用	发明专利	2016. 8. 31	CN103981131B	刘　阳、赵月菊、娅娃米妮埃尔迪富丽、兰茨纳桑格、邢福国、周　露、王　奭	中国农业科学院农产品加工研究所
580	一种物料挥发性物质的动态分析装置	发明专利	2016. 8. 3	CN104181073B	魏益民、张影全、张　波、严军辉	中国农业科学院农产品加工研究所
581	一种制备解酒饮料的方法	发明专利	2016. 8. 10	CN104705753B	方芳、王凤忠、范　蓓、詹　斌	中国农业科学院农产品加工研究所
582	一种精炼猪油的制备方法	发明专利	2016. 6. 8	CN104130857B	张春晖、王金枝、吴小伟、王春青、谢小雷	中国农业科学院农产品加工研究所
583	一种用于腌制过程温度控制的水循环控温系统	发明专利	2016. 10. 19	CN104336742B	张　泓、黄　峰、张春江、胡宏海、陈文波、张　雪、刘倩楠、李慧超、黄艳杰、张　荣、郭　昕、路立立、徐　芬、姚　敏、王涵欣、孙红霞、彭婷婷、谌　珍	中国农业科学院农产品加工研究所
584	鉴定大丽轮枝菌致病型的方法和试剂盒及含有的核酸和引物对	发明专利	2016. 4. 27	CN103571834B	戴小枫、李　蕾、陈捷胤、马雪峰、孔志强、包郁明、肖红利、桂月晶、徐　明	中国农业科学院农产品加工研究所
585	一种适度酶解制备高溶解性核桃蛋白粉的方法	发明专利	2016. 6. 8	CN103798501B	王　强、刘　丽、沈敏江、胡　晖、石爱民、刘红芝	中国农业科学院农产品加工研究所

（续表）

序号	专利名称	专利类别	公开（公告）日	公开（公告）号	发明人	专利权人
586	高温脉动热水喷淋杀菌方法	发明专利	2016. 3. 16	CN104146317B	张　泓、张　雪、张春江、胡宏海、黄　峰、陈文波、徐　芬、路立立、郭　昕	中国农业科学院农产品加工研究所
587	一种小麦麸皮活性多糖的溶剂提取方法	发明专利	2016. 5. 25	CN103588892B	周素梅、王凤忠、钟　葵、刘丽娅、佟立涛、周闲容	中国农业科学院农产品加工研究所
588	一种土猪和长白猪肉质的鉴别方法	发明专利	2016. 6. 1	CN104101692B	张春晖、李　侠、王春青、王金枝	中国农业科学院农产品加工研究所
589	不产黄曲霉毒素的黄曲霉混合菌株及其应用	发明专利	2016. 4. 13	CN103937687B	刘　阳、周　露、魏丹丹、张初署、邢福国、赵月菊、王　龑	中国农业科学院农产品加工研究所
590	一种干红枣皮提取枣红色素的工艺	发明专利	2016. 3. 30	CN103725031B	唐选明、丁　洋、李淑英、聂　莹	中国农业科学院农产品加工研究所
591	一种全薯类煎饼及其制备方法	发明专利	2016. 1. 20	CN104365734B	木泰华、孙红男、刘兴丽、张　苗、陈井旺、戴小枫	中国农业科学院农产品加工研究所
592	蜂胶口腔喷雾剂及其制备方法和用途	发明专利	2016. 3. 2	CN103638061B	王东晖、王凤忠、吴　韬、方　芳、董元元	中国农业科学院农产品加工研究所
593	一种马铃薯面团的熟化方法	发明专利	2016. 4. 20	CN104621454B	张　泓、刘倩楠、胡宏海、戴小枫、徐　芬、黄　峰、张　雪、张春江、陈文波	中国农业科学院农产品加工研究所

（续表）

序号	专利名称	专利类别	公开（公告）日	公开（公告）号	发明人	专利权人
594	一种风干牛羊肉干质构成型方法	发明专利	2016. 2. 3	CN103719887B	王振宇、张德权、高　远、陈　丽、李　欣、陈立娟、丁　楷	中国农业科学院农产品加工研究所
595	一种双色羊血豆腐的加工方法	发明专利	2016. 4. 13	CN103704736B	张德权、倪　娜、陈　丽、徐薇薇、夏安琪、杨　扬、高　远、刘　岳	中国农业科学院农产品加工研究所
596	一种马铃薯馒头及其制备方法	发明专利	2016. 1. 20	CN104366374B	木泰华、刘兴丽、张　苗、孙红男、陈井旺、戴小枫	中国农业科学院农产品加工研究所
597	一种食品包装盒杀菌装置	发明专利	2016. 3. 16	CN103303529B	胡宏海、张　泓、张　雪、张春江、黄　峰	中国农业科学院农产品加工研究所
598	一种羊血豆腐的加工方法	发明专利	2016. 4. 20	CN103704735B	张德权、倪　娜、陈　丽、刘金凯、刘　越、王振宇、潘　晗、李　欣	中国农业科学院农产品加工研究所
599	一种辅助鉴别梨产地的方法	发明专利	2016. 4. 13	CN103399046B	郭波莉、夏之云、魏益民、魏　帅	中国农业科学院农产品加工研究所
600	鉴定大丽轮枝菌致病型的试剂盒和基因及其方法	发明专利	2016. 1. 20	CN103525832B	戴小枫、陈捷胤、徐　明、马雪峰、李　蕾、孔志强、包郁明、肖红利、桂月晶	中国农业科学院农产品加工研究所
601	一种降低生猪胴体预冷损耗的方法	发明专利	2016. 3. 2	CN103815000B	张春晖、吴小伟、李　侠、王金枝、王春青、谢小雷、李春红	中国农业科学院农产品加工研究所

（续表）

序号	专利名称	专利类别	公开（公告）日	公开（公告）号	发明人	专利权人
602	一种不产黄曲霉毒素的黄曲霉混合菌及其应用	发明专利	2016. 5. 11	CN103937686B	刘　阳、周　露、魏丹丹、张初署、邢福国、赵月菊、王　龑	中国农业科学院农产品加工研究所
603	一株沙氏芽孢杆菌及其在降解黄曲霉毒素中的应用	发明专利	2016. 6. 1	CN103981135B	赵月菊、刘　阳、兰茨纳桑格、娅娃米妮埃尔迪富丽、邢福国、周　露、王　龑	中国农业科学院农产品加工研究所
604	一种从小麦淀粉加工废水中提取多种功能组分的方法	发明专利	2016. 5. 4	CN103613220B	周素梅、钟　葵、佟立涛、刘丽娅、周闲容、赵梦丽	中国农业科学院农产品加工研究所
605	一种鲜银耳的贮藏保鲜方法	发明专利	2016. 4. 20	CN103583670B	王志东、王晓拓、王丽芳、冯晓琳	中国农业科学院农产品加工研究所
606	一种马铃薯花卷及其制备方法	发明专利	2016. 1. 20	CN104366261B	木泰华、孙红男、刘兴丽、张　苗、陈井旺、戴小枫	中国农业科学院农产品加工研究所
607	一种全薯类无明矾油条及其制备方法	发明专利	2016. 4. 20	CN104430707B	木泰华、孙红男、刘兴丽、张　苗、陈井旺、戴小枫	中国农业科学院农产品加工研究所
608	一种马铃薯和玉米复合营养米粉的加工方法	发明专利	2016. 1. 20	CN104273473B	胡宏海、张　泓、刘倩楠、徐　芬、陈文波、张　荣、张春江、黄　峰、张　雪	中国农业科学院农产品加工研究所

（续表）

序号	专利名称	专利类别	公开（公告）日	公开（公告）号	发明人	专利权人
609	一种马铃薯营养复配米的加工方法	发明专利	2016. 3. 2	CN104273432B	张　泓、胡宏海、刘倩楠、徐　芬、张　荣、陈文波、黄　峰、张春江、张　雪	中国农业科学院农产品加工研究所
610	防治棉花黄萎病的菌剂及其制备方法和它们的应用	发明专利	2016. 3. 30	CN103525742B	戴小枫、马雪峰、陈捷胤、李　蕾、孔志强、包郁明、肖红利、徐　明、桂月晶、祁伟彦、王新艳	中国农业科学院农产品加工研究所
611	一种禽肉制品保鲜剂喷涂装置及其保鲜方法	发明专利	2016. 5. 25	CN104082396B	胡宏海、张　泓、张春江、黄　峰、张　雪、陈文波、路立立、郭　昕、徐　芬	中国农业科学院农产品加工研究所
612	一种挂松肉粒及其制备方法	发明专利	2016. 6. 1	CN104305253B	张春晖、谢小雷、王春青、魏秀丽、李　侠、王金枝	中国农业科学院农产品加工研究所
613	近红外检测花生中蛋白质组分含量的方法	发明专利	2016. 4. 27	CN102879353B	王　强、刘红芝、刘　丽、王　丽、杜　寅	中国农业科学院农产品加工研究所
614	一种低黏度、高纯度酵母甘露聚糖的制备方法	发明专利	2016. 1. 20	CN104403017B	王　强、刘红芝、李亚楠、石爱民、刘　丽、胡　晖、林伟静	中国农业科学院农产品加工研究所
615	一种马铃薯发糕及其制备方法	发明专利	2016. 1. 20	CN104381921B	木泰华、孙红男、刘兴丽、张　苗、陈井旺、戴小枫	中国农业科学院农产品加工研究所
616	一种猪胆汁中胆红素与胆汁酸的联产工艺	发明专利	2016. 1. 27	CN103980176B	张春晖、李　侠、李学科、王金枝、贾　伟	中国农业科学院农产品加工研究所

（续表）

序号	专利名称	专利类别	公开（公告）日	公开（公告）号	发明人	专利权人
617	改善无面筋蛋白面团发酵性能及营养特性的方法	发明专利	2016. 4. 6	CN104146020B	木泰华、刘兴丽、张　苗、孙红男、陈井旺、戴小枫	中国农业科学院农产品加工研究所
618	一种马铃薯渣无面筋蛋白饺子皮及其加工方法	发明专利	2016. 1. 20	CN104366364B	木泰华、孙红男、刘兴丽、张　苗、陈井旺、戴小枫	中国农业科学院农产品加工研究所
619	一种由全薯类原料制成的面包及其制备方法	发明专利	2016. 4. 20	CN104472622B	木泰华、张　苗、刘兴丽、孙红男、陈井旺、戴小枫	中国农业科学院农产品加工研究所
620	一种改性花生蛋白膜及其制备方法	发明专利	2016. 3. 2	CN103819910B	王　强、刘红芝、林伟静、石爱民、胡　晖、刘　丽、段玉权	中国农业科学院农产品加工研究所
621	一种不产黄曲霉毒素的黄曲霉混合菌株及其应用	发明专利	2016. 5. 4	CN103937685B	刘　阳、魏丹丹、周　露、张初署、邢福国、赵月菊、王　龑	中国农业科学院农产品加工研究所
622	一种全自动QuEChERS前处理一体机及前处理方法	发明专利	2016. 3. 2	CN103822999B	李敏敏、孔志强、卢　嘉、范　蓓、贺　妍、王凤忠、王　锋、吴　韬、董元元、方　芳、来吉祥、王东晖、顾丰颖、李　凯	中国农业科学院农产品加工研究所

（续表）

序号	专利名称	专利类别	公开（公告）日	公开（公告）号	发明人	专利权人
623	一种降低酱肉中 Nor-harman 和 Harman 的方法	发明专利	2016. 2. 3	CN103907941B	张德权、潘晗、陈丽、夏安琪、饶伟丽、高远、倪娜、王振宇、李欣	中国农业科学院农产品加工研究所
624	一种检测食用油中 3-氯-1,2-丙二醇酯含量的方法	发明专利	2016. 1. 20	CN104237434B	王强、石爱民、焦博、刘红芝、胡晖、刘丽	中国农业科学院农产品加工研究所
625	一种马铃薯渣无面筋蛋白烤馕及加工方法	发明专利	2016. 6. 29	CN104431883B	木泰华、孙红男、刘兴丽、张苗、陈井旺、戴小枫	中国农业科学院农产品加工研究所
626	一种马铃薯饼干及其制备方法	发明专利	2016. 3. 23	CN104365800B	木泰华、孙红男、刘兴丽、张苗、陈井旺、戴小枫	中国农业科学院农产品加工研究所
627	一种含有交联花生蛋白的香肠及其制备方法	发明专利	2016. 4. 20	CN103815431B	王强、石爱民、封小龙、刘丽、刘红芝、胡晖	中国农业科学院农产品加工研究所
628	一种全薯类蛋糕及其制备方法	发明专利	2016. 4. 20	CN104365802B	木泰华、孙红男、刘兴丽、张苗、陈井旺、戴小枫	中国农业科学院农产品加工研究所
629	一株节杆菌及其在降解黄曲霉毒素中的应用	发明专利	2016. 4. 6	CN103981132B	刘阳、赵月菊、兰茨纳桑格、娅娃米妮埃尔迪富丽、邢福国、周露、王龑	中国农业科学院农产品加工研究所

（续表）

序号	专利名称	专利类别	公开（公告）日	公开（公告）号	发明人	专利权人
630	一种马铃薯渣无面筋蛋白油条及其制作方法	发明专利	2016. 4. 6	CN104381922B	木泰华、孙红男、刘兴丽、张　苗、陈井旺、戴小枫	中国农业科学院农产品加工研究所
631	一种全薯类发糕及其制备方法	发明专利	2016. 3. 23	CN104366366B	木泰华、孙红男、刘兴丽、张　苗、陈井旺、戴小枫	中国农业科学院农产品加工研究所
632	一种羊骨源羊肉味调味料制备方法	发明专利	2016. 3. 2	CN103584045B	张德权、刘金凯、高　远、王振宇、陈　丽、李　欣、刘　岳、丁　楷	中国农业科学院农产品加工研究所
633	一种肉制品干燥装置	发明专利	2016. 6. 1	CN104054798B	张春晖、谢小雷、贾　伟、李　侠、王金枝	中国农业科学院农产品加工研究所
634	一种马铃薯年糕的加工方法	发明专利	2016. 4. 20	CN104286675B	胡宏海、张　泓、刘倩楠、徐　芬、张　荣、张春江、黄　峰、张　雪、陈文波	中国农业科学院农产品加工研究所
635	一种甘薯茎叶多酚及其制备方法	发明专利	2016. 4. 13	CN103393882B	木泰华、席利莎、孙红男、张　苗、陈井旺	中国农业科学院农产品加工研究所
636	一种马铃薯蛋糕及其制备方法	发明专利	2016. 5. 11	CN104381395B	木泰华、孙红男、刘兴丽、张　苗、陈井旺、戴小枫	中国农业科学院农产品加工研究所
637	一种用于牧区加工食品的装置	发明专利	2016. 4. 20	CN103651738B	张春晖、李　侠、贾　伟、谢小雷、王春青、王振宇	中国农业科学院农产品加工研究所
638	一种辅助鉴别猕猴桃产地的方法	发明专利	2016. 1. 20	CN103399045B	郭波莉、马奕颜、魏益民、魏　帅	中国农业科学院农产品加工研究所

（续表）

序号	专利名称	专利类别	公开（公告）日	公开（公告）号	发明人	专利权人
639	一种马铃薯营养米粉的加工方法	发明专利	2016. 3. 23	CN104304959B	张　泓、胡宏海、徐　芬、陈文波、刘倩楠、黄　峰、张春江、张　雪、张　荣	中国农业科学院农产品加工研究所
640	一种全薯类馒头及其制备方法	发明专利	2016. 6. 29	CN104431750B	木泰华、张　苗、刘兴丽、孙红男、陈井旺、戴小枫	中国农业科学院农产品加工研究所
641	一种静态变压腌制系统	发明专利	2016. 1. 20	CN103462195B	张　泓、黄　峰、张　雪、胡宏海、张德权、张春江	中国农业科学院农产品加工研究所
642	火炬树果实中抗氧化成分的制备方法	发明专利	2016. 1. 13	CN103638077B	来吉祥、吴　韬、王凤忠、董元元、方　芳、王东晖、李敏敏、范　蓓、王　锋、詹　斌、李　凯、顾丰颖、卢　嘉、贺　妍	中国农业科学院农产品加工研究所
643	一种马铃薯面条及其制作方法	发明专利	2016. 1. 20	CN103859295B	张　泓、胡宏海、张　雪、张春江、黄　峰、徐　芬、姚　远	中国农业科学院农产品加工研究所
644	利用电子束辐照提高溶液中赭曲霉毒素A降解效果的方法	发明专利	2016. 1. 6	CN103599619B	李淑荣、彭春红、周林燕、魏　明、张　乐、李亚茹、曹　珍	中国农业科学院农产品加工研究所
645	一株铜绿假单胞菌及其在降解黄曲霉毒素方面的应用	发明专利	2016. 1. 20	CN103710292B	赵月菊、刘　阳、兰茨纳桑格、邢福国、周　露、王　龑	中国农业科学院农产品加工研究所

（续表）

序号	专利名称	专利类别	公开（公告）日	公开（公告）号	发明人	专利权人
646	利用重力分选机去除谷物中真菌及其毒素污染籽粒的方法	发明专利	2016. 6. 1	CN104689988B	刘　阳、朱玉昌、周　露、邢福国、常敬华	中国农业科学院农产品加工研究所
647	一种马铃薯煎饼及其制备方法	发明专利	2016. 3. 23	CN104365736B	木泰华、孙红男、刘兴丽、张　苗、陈井旺、戴小枫	中国农业科学院农产品加工研究所
648	一种猕猴桃片及其制备方法	发明专利	2016. 3. 30	CN103829361B	毕金峰、刘　璇、陈芹芹、周　沫、曾目成、吴昕烨、焦　艺	中国农业科学院农产品加工研究所
649	一种提取果胶的方法	发明专利	2016. 3. 16	CN103304681B	木泰华、彭小燕、张　苗、孙红男、舒文华	中国农业科学院农产品加工研究所
650	利用特异基因鉴定高致病型大丽轮枝菌的方法及其应用	发明专利	2016. 1. 13	CN103525831B	戴小枫、陈捷胤、马雪峰、徐　明、李　蕾、孔志强、包郁明、肖红利、桂月晶	中国农业科学院农产品加工研究所
651	一种大蒜脆片及其加工方法	发明专利	2016. 3. 30	CN103704635B	毕金峰、周林燕、易建勇、周　沫、郭小宁、吴昕烨、陈晓旭	中国农业科学院农产品加工研究所
652	一种一体化擀面机及其制面方法	发明专利	2016. 4. 20	CN104585264B	张　泓、胡宏海、刘倩楠、黄　峰、戴小枫、黄艳杰、张　荣、徐　芬、张春江、张　雪、李慧超、陈文波	中国农业科学院农产品加工研究所

（续表）

序号	专利名称	专利类别	公开（公告）日	公开（公告）号	发明人	专利权人
653	一种金针菇水解液的制备方法	发明专利	2016. 4. 20	CN103989152B	唐秋实、刘学铭、陈智毅、曲　直、杨春英、王思远、林耀盛、唐选明	广东省农业科学院蚕业与农产品加工研究所、中国农业科学院农产品加工研究所
654	一种具有高压静电场的发芽机	实用新型	2016. 10. 12	CN205623652U	王　锋、顾丰颖、宁吉英、高萍萍、曹晶晶、马想琴、罗其琪	中国农业科学院农产品加工研究所
655	一种多功能冻结保鲜—解冻库	实用新型	2016. 11. 30	CN205727878U	张春晖、李　侠、贾　伟、孙　圳、岳鉴颖	中国农业科学院农产品加工研究所
656	一种发芽机	实用新型	2016. 10. 12	CN205623653U	王　锋、顾丰颖、宁吉英、高萍萍、曹晶晶、马想琴、罗其琪	中国农业科学院农产品加工研究所
657	一种石斛存放装置及系统	实用新型	2016. 7. 27	CN205397012U	王东晖、王凤忠、方　芳、来吉祥、王　艳、黄璐璐	中国农业科学院农产品加工研究所
658	一种骨提取液中油脂分离装置	实用新型	2016. 11. 23	CN205710661U	张春晖、贾　伟、李　侠、孙　圳、岳鉴颖	中国农业科学院农产品加工研究所
659	一种冷冻肉智能解冻库	实用新型	2016. 3. 9	CN205071991U	张德权、陈　丽、王振宇、高　远、丁　楷、高志新、李　欣、康　宁	中国农业科学院农产品加工研究所

（续表）

序号	专利名称	专利类别	公开（公告）日	公开（公告）号	发明人	专利权人
660	一种封口膜切割装置	实用新型	2016. 11. 2	CN205668829U	戴小枫、张丹丹、桂月晶、孔志强、陈捷胤、包郁明、王　杰	中国农业科学院农产品加工研究所
661	冷冻肉九格式智能解冻柜	实用新型	2016. 2. 3	CN205005825U	陈　丽、张德权、丁　楷、王振宇、高志新、高　远、李　欣、康　宁	中国农业科学院农产品加工研究所
662	一种修块器	实用新型	2016. 11. 2	CN205668219U	戴小枫、张丹丹、桂月晶、孔志强、陈捷胤、包郁明、王　杰	中国农业科学院农产品加工研究所
663	薯泥机	实用新型	2016. 9. 21	CN205585257U	林　琼、王志东、胡小佳、刘　伟、张　洁、解雅晶、解新方、关文强	中国农业科学院农产品加工研究所
664	家用尺寸可调式果蔬切条切片装置	实用新型	2016. 8. 31	CN205521685U	王志东、林　琼、胡小佳、刘　伟、张　洁、解雅晶、关文强	中国农业科学院农产品加工研究所
665	一种吐司涂酱机	实用新型	2016. 9. 21	CN205585766U	林　琼、胡小佳、王志东	中国农业科学院农产品加工研究所

（续表）

序号	专利名称	专利类别	公开（公告）日	公开（公告）号	发明人	专利权人
666	连续型真空和面机	实用新型	2016. 5. 25	CN205250220U	张　泓、刘倩楠、胡宏海、戴小枫、张春江、黄　峰、张　雪、黄艳杰、吴　娱、张　良、陈文波、毕红霞、张　荣、徐　芬、张　辉、谌　珍	中国农业科学院农产品加工研究所
667	一种适用于果蔬保鲜库的紫外线通道杀菌装置及果蔬保鲜库	实用新型	2016. 5. 25	CN205250246U	关文强、阎瑞香、王志东、于晋泽	中国农业科学院农产品加工研究所
668	传统肉制品一体化定量卤制装置	实用新型	2016. 6. 1	CN205266867U	张春晖、贾　伟、李　侠、施　明	中国农业科学院农产品加工研究所
669	一种可拆换表面增强拉曼散射检测笔	实用新型	2016. 1. 20	CN204989027U	郑金铠、毕金峰、张　晔、周　沫、徐明月、韩丹丹、杨　莹	中国农业科学院农产品加工研究所
670	与植物抗逆性相关蛋白 Gh01399 及其编码基因与应用	发明专利	2016. 5. 18	CN103570813B	李付广、王倩华、张雪妍、刘传亮、张朝军、武芝霞、王　晔、孔德培、秦文强、苏　震、徐文英、姚冬霞、张群莲、郑　雪	中国农业科学院棉花研究所、中国农业大学

（续表）

序号	专利名称	专利类别	公开（公告）日	公开（公告）号	发明人	专利权人
671	鉴别棉花A、genome和A、sub-genome全套染色体的方法	发明专利	2016. 2. 3	CN103773890B	崔兴雷、刘　方、刘玉玲、王省芬、王春英、周忠丽、蔡小彦、王星星、王玉红、马峙英、彭仁海、王坤波	中国农业科学院棉花研究所、安阳工学院、河北农业大学
672	标记棉花A、genome和A、sub-genome染色体端部的方法	发明专利	2016. 5. 4	CN104212888B	崔兴雷、刘　方、彭仁海、王省芬、王春英、周忠丽、蔡小彦、王星星、王玉红、马峙英、王坤波	中国农业科学院棉花研究所、安阳工学院、河北农业大学
673	一种植物DNA的快速提取方法	发明专利	2016. 9. 7	CN103966198B	付小琼、叶武威、杨付新、王秀玲	中国农业科学院棉花研究所
674	一种增加棉花纤维长度的培养基及其培养方法	发明专利	2016. 8. 17	CN104109032B	杜雄明、刘松江、龚文芳、孙君灵、潘兆娥、贾银华、何守朴、庞宝印、王立如	中国农业科学院棉花研究所
675	FISH制片再次杂交的方法	发明专利	2016. 7. 6	CN104313138B	崔兴雷、刘玉玲、刘　方、王星星、蔡小彦、彭仁海、周忠丽、王春英、王玉红、王坤波	中国农业科学院棉花研究所
676	用于区分棉铃虫和烟青虫的特异性引物与方法	发明专利	2016. 8. 24	CN104651507B	崔金杰、李兆群、张　帅、雒珺瑜、吕丽敏、王春义、李春花、朱香镇	中国农业科学院棉花研究所

（续表）

序号	专利名称	专利类别	公开（公告）日	公开（公告）号	发明人	专利权人
677	基于平行四杆机构的穴盘打穴器	发明专利	2016. 8. 3	CN103931303B	杨北方、毛树春、韩迎春、李亚兵、王国平、范正义、冯　璐、杜文丽、李小新、芦建华	中国农业科学院棉花研究所
678	自清种排种器	发明专利	2016. 8. 24	CN104396392B	韩迎春、杨北方、李亚兵、王国平、范正义、毛树春、冯　璐、杜文丽、李小新、芦建华	中国农业科学院棉花研究所
679	鉴定待测品种是否为中棉所 63 的方法及其专用引物组	发明专利	2016. 6. 22	CN104004845B	付小琼、叶武威、杨付新、黄殿成	中国农业科学院棉花研究所
680	一种选育高产、超高产多抗小麦的方法	发明专利	2016. 8. 17	CN103975845B	闫素红、李　伟、杨兆生、刘　旭	中国农业科学院棉花研究所
681	一种制备转 GAPDH 基因棉花的方法	发明专利	2016. 3. 30	CN103468655B	叶武威、阴祖军、孔静静、王德龙、王俊娟、樊伟莉、王　帅	中国农业科学院棉花研究所
682	筛选高抗草甘膦半野生棉材料的方法	发明专利	2016. 5. 4	CN104012398B	王园园、周忠丽、刘　方、王春英、蔡小彦、王星星、黎绍惠、王坤波	中国农业科学院棉花研究所

（续表）

序号	专利名称	专利类别	公开（公告）日	公开（公告）号	发明人	专利权人
683	鉴别棉花 D genome 和 D sub-genome 全套染色体的方法	发明专利	2016. 5. 4	CN104313164B	崔兴雷、刘　方、刘玉玲、孟　菲、王春英、周忠丽、蔡小彦、王星星、王玉红、彭仁海、王坤波	中国农业科学院棉花研究所
684	一种增加棕色棉色泽的培养基及其培养方法	发明专利	2016. 5. 25	CN104086314B	龚文芳、刘松江、杜雄明、孙君灵、潘兆娥、庞宝印	中国农业科学院棉花研究所
685	一种显性绿色短绒标记的棉花杂交种的选配与质量鉴定新方法	发明专利	2016. 2. 24	CN104094836B	周晓箭、杨代刚、马雄风、裴小雨、周克海、刘艳改、张文生、孟清芹、王海风	中国农业科学院棉花研究所
686	功能叶片取样机	发明专利	2016. 1. 13	CN103439141B	杨北方、毛树春、范正义、王国平、韩迎春、李亚兵、杜文丽、冯　璐、朱巧玲、李小新、芦建华	中国农业科学院棉花研究所
687	自动铺膜机	发明专利	2016. 3. 23	CN104160897B	杨北方、李亚兵、毛树春、韩迎春、王国平、范正义、冯　璐、杜文丽、李小新、芦建华	中国农业科学院棉花研究所
688	棉花品种中棉所 49 号的 DNA 指纹检测方法	发明专利	2016. 1. 13	CN103937873B	匡　猛、杨伟华、严根土、王延琴、周大云、方　丹、马　磊、许红霞、冯新爱	中国农业科学院棉花研究所

（续表）

序号	专利名称	专利类别	公开（公告）日	公开（公告）号	发明人	专利权人
689	一种组合窝眼轮式穴盘播种机	发明专利	2016. 3. 9	CN103548453B	毛树春、杨北方、韩迎春、李亚兵、王国平、范正义、杜文丽、冯　璐、朱巧玲、李小新、芦建华	中国农业科学院棉花研究所
690	一种小麦育种改良系谱选择方法	发明专利	2016. 5. 25	CN103843658B	闫素红、李　伟、杨兆生、刘　旭	中国农业科学院棉花研究所
691	一种田间快速评价棉花对草甘膦耐受性的方法	发明专利	2016. 1. 20	CN103411971B	马小艳、马　艳、彭　军、姜伟丽、马亚杰、奚建平、杨晋艳	中国农业科学院棉花研究所
692	一种增加棉花纤维干重的培养基及其培养方法	发明专利	2016. 5. 11	CN104130969B	孙君灵、刘松江、龚文芳、杜雄明、潘兆娥、贾银华、何守朴、庞宝印、王立如	中国农业科学院棉花研究所
693	一种复配反胶束体系纯化棉子蛋白的方法	发明专利	2016. 3. 30	CN103951739B	王延琴、邢要非、杨伟华、周大云、匡　猛、方　丹、马　磊	中国农业科学院棉花研究所
694	棉花零式果枝基因的分子鉴定方法	发明专利	2016. 6. 1	CN104561284B	陈　伟、张永山、姚金波、李　燕、褚　丽、刘海菊	中国农业科学院棉花研究所
695	一种快速评价棉花对草甘膦耐受性的方法	发明专利	2016. 5. 4	CN103364355B	马　艳、马小艳、崔金杰、姜伟丽、雒珺瑜、彭　军、马亚杰、奚建平	中国农业科学院棉花研究所

（续表）

序号	专利名称	专利类别	公开（公告）日	公开（公告）号	发明人	专利权人
696	一种促进棉花前期生长发育的叶面肥及其制备使用方法	发明专利	2016. 1. 20	CN103483084B	李鹏程、董合林、刘爱忠、刘敬然、李如义	中国农业科学院棉花研究所
697	一种检测待测制种农户制备的棉花杂交种中是否有自交种的方法	发明专利	2016. 3. 2	CN103589799B	付小琼、杨付新、叶武威	中国农业科学院棉花研究所
698	可调节的光化学反应箱	发明专利	2016. 5. 18	CN104338501B	范正义、杨北方、韩迎春、李亚兵、王国平、毛树春、冯　璐、杜文丽、李小新、芦建华	中国农业科学院棉花研究所
699	棉花内生真菌 CEF-714 及其在棉花黄萎病防治中的应用	发明专利	2016. 5. 4	CN103642704B	朱荷琴、冯自力、李志芳、王玲飞、赵丽红、师勇强、郑紘爽	中国农业科学院棉花研究所
700	棉花的内生真菌 CEF-642 及其应用	发明专利	2016. 2. 3	CN103834580B	李志芳、朱荷琴、冯自力、赵丽红、师勇强	中国农业科学院棉花研究所
701	昆虫观察装置	实用新型	2016. 11. 23	CN205695089U	胡红岩、马　艳、任相亮、姜伟丽、马小艳、马亚杰	中国农业科学院棉花研究所
702	一种适用于昆虫的研磨器	实用新型	2016. 11. 23	CN205700939U	崔金杰、胡道武、张　帅、雒珺瑜、吕丽敏、程　慧	中国农业科学院棉花研究所

（续表）

序号	专利名称	专利类别	公开（公告）日	公开（公告）号	发明人	专利权人
703	刺吸式口器昆虫口腔分泌物的收集装置	实用新型	2016. 10. 12	CN205623973U	吕丽敏、崔金杰、张 帅、雒珺瑜、王春义、李春花、朱香镇、王 丽、张利娟	中国农业科学院棉花研究所
704	基因枪用活塞样品架	实用新型	2016. 11. 23	CN205710709U	阴祖军、叶武威、李 燕、姜 辉、耿月华、王俊娟	中国农业科学院棉花研究所
705	一种刺吸式口器昆虫饲养装置	实用新型	2016. 1. 6	CN204930035U	崔金杰、朱磊诚、雒珺瑜、张 帅、吕丽敏、王春义、朱香镇、李春花	中国农业科学院棉花研究所
706	一种测量植物茎粗的装置	实用新型	2016. 12. 7	CN205784993U	雒珺瑜、崔金杰、张 帅、吕丽敏、朱香镇、王春义、张利娟、王 丽、李春花	中国农业科学院棉花研究所
707	一种用于地埋式滴灌管埋设的开沟布管装置	实用新型	2016. 4. 27	CN205189027U	刘绍东、张 雷、张思平、马慧娟、沈 倩、刘志红、赵新华、牛 静、董合林、李鹏程、刘敬然、刘爱忠	中国农业科学院棉花研究所
708	一种用于棉田的地埋式灌溉回路系统	实用新型	2016. 6. 22	CN205320773U	张 雷、刘绍东、陈婷婷、张思平、沈 倩、刘敬然、彭 军、赵新华、刘志红、董合林、李鹏程、刘爱忠	中国农业科学院棉花研究所

（续表）

序号	专利名称	专利类别	公开（公告）日	公开（公告）号	发明人	专利权人
709	一种拔棉柴的工具	实用新型	2016. 8. 10	CN205431030U	李鹏程、董合林、刘敬然、郑苍松、刘爱忠、孙　淼、张思平、刘绍东、张　雷、赵新华	中国农业科学院棉花研究所
710	一种静电吸附式棉种专用点播机	实用新型	2016. 4. 27	CN205179703U	冯璐、李亚兵、韩迎春、王国平、范正义、雷亚平、杨北方、支晓宇、杜文丽	中国农业科学院棉花研究所
711	棉花发芽试验种子消毒后冲洗种子的装置	实用新型	2016. 8. 31	CN205510755U	黄　群、齐海坤、严根土、王　宁、许庆华、苏桂兰、周　红、乔文青	中国农业科学院棉花研究所
712	一种适用于超氧化物歧化酶活性测定的简易光照箱	实用新型	2016. 4. 20	CN205175898U	李鹏程、董合林、刘爱忠、刘敬然、孙　淼、郑苍松、张思平、刘绍东、张　雷、赵新华	中国农业科学院棉花研究所
713	用于棉花试验田的播种定位器	实用新型	2016. 8. 17	CN205454469U	尹　国、路正营、张朝军、李世云、韩永亮、李俊玲、杨玉枫、王　晔、杨召恩、秦文强、鲁丽丽、孟昭魁、宋　雷、王俊霞	邯郸市农业科学院、中国农业科学院棉花研究所
714	蜂胶的提取方法	发明专利	2016. 12. 28	CN104095174B	姚　军、刘建平、韩胜明、国占宝、田文礼、孙丽萍、谢旭东、贾国刚	中国农业科学院蜜蜂研究所、北京中蜜科技发展有限公司

（续表）

序号	专利名称	专利类别	公开（公告）日	公开（公告）号	发明人	专利权人
715	一种蜂胶纳米乳口服液及其制备方法	发明专利	2016. 8. 17	CN103768103B	张红城、董　捷、胡　浩	中国农业科学院蜜蜂研究所
716	一种快速鉴别蜂胶胶源的方法	发明专利	2016. 8. 10	CN104020128B	陈兰珍、吴黎明、叶志华、李　熠、薛晓锋	中国农业科学院蜜蜂研究所
717	一种分析不同来源蜂王浆中挥发性成分的方法	发明专利	2016. 4. 13	CN104569270B	赵亚周、彭文君、田文礼、方小明、国占宝	中国农业科学院蜜蜂研究所
718	短叶松素在制备预防脑缺血性损伤制剂中的应用	发明专利	2016. 3. 30	CN104173331B	孙丽萍、徐　响、周金慧、王　馨、俞　斌、高丽苗	中国农业科学院蜜蜂研究所
719	一种判别蜂胶原料类型的方法	发明专利	2016. 5. 18	CN103411897B	吴黎明、王　勇、陈　芳、薛晓锋、陈兰珍、李　熠	中国农业科学院蜜蜂研究所
720	一种测定授粉昆虫有效授粉面积的方法	发明专利	2016. 5. 4	CN104381120B	罗术东、吴　杰、安建东、逯彦果、田自珍、张世文、祁文忠	中国农业科学院蜜蜂研究所
721	一种检测外源物质对蜜蜂成蜂前影响的方法	发明专利	2016. 1. 13	CN103734084B	罗术东、梁革梅、刘佳霖、秦加敏、逯彦果、田自珍	中国农业科学院蜜蜂研究所
722	一种蜂笼	实用新型	2016. 12. 21	CN205813214U	陈　晓、石　巍、郭海坤、陈　超、刘之光、王慧华	中国农业科学院蜜蜂研究所

（续表）

序号	专利名称	专利类别	公开（公告）日	公开（公告）号	发明人	专利权人
723	养蜂笼	实用新型	2016. 12. 28	CN205830775U	吴艳艳、刁青云、王　强、代平礼、侯春生	中国农业科学院蜜蜂研究所
724	研究病毒与农药感染蜜蜂的实验装置	实用新型	2016. 12. 21	CN205813216U	侯春生、褚艳娜、刁青云	中国农业科学院蜜蜂研究所
725	一种蜂用药物的挥发装置	实用新型	2016. 7. 27	CN205389981U	薛晓锋、吴黎明、赵柳微、王　妙、张中印、曹葳蕤、杜　冰	中国农业科学院蜜蜂研究所
726	多功能蜂箱盖	实用新型	2016. 11. 23	CN205694983U	丁桂玲、张　红、黄家兴、刘彦杰、孙　成、安建东	中国农业科学院蜜蜂研究所
727	一种用于蜂箱巢门的防盗器	实用新型	2016. 2. 3	CN205005715U	丁桂玲、石　巍、郭海坤	中国农业科学院蜜蜂研究所
728	一种蜜蜂卵收集装置	实用新型	2016. 8. 3	CN205409194U	房　宇、李建科、冯　毛、韩　宾、胡　菡、郝　悦	中国农业科学院蜜蜂研究所
729	脱蜂装置	实用新型	2016. 4. 27	CN205180063U	王　强、代平礼、褚艳娜、刁青云	中国农业科学院蜜蜂研究所
730	蜜蜂感染实验用饲喂装置	实用新型	2016. 8. 31	CN205511602U	褚艳娜、刁青云、侯春生	中国农业科学院蜜蜂研究所
731	收集和防治蜂群中大蜂螨的装置	实用新型	2016. 8. 10	CN205431657U	代平礼、王　星、刘　锋、王品红、罗其花、王　强、刁青云	中国农业科学院蜜蜂研究所

（续表）

序号	专利名称	专利类别	公开（公告）日	公开（公告）号	发明人	专利权人
732	蜜蜂感染病毒实验观察装置	实用新型	2016. 9. 28	CN205596888U	侯春生、刁青云、褚艳娜	中国农业科学院蜜蜂研究所
733	用于蜂箱的蜂螨收集装置	实用新型	2016. 8. 31	CN205511801U	代平礼、罗其花、刁青云、王　强	中国农业科学院蜜蜂研究所
734	一种蜜蜂饲喂搅拌装置	实用新型	2016. 8. 10	CN205431571U	房　宇、李建科、韩　宾、冯　毛、郝　悦、胡　菡	中国农业科学院蜜蜂研究所
735	一种蜜蜂样本收集瓶	实用新型	2016. 8. 17	CN205470562U	韩　宾、李建科、房　宇、冯　毛、张旭凤、郝　悦、胡　菡	中国农业科学院蜜蜂研究所
736	用在蜂胶提纯工艺中的前置过滤装置	实用新型	2016. 2. 24	CN205042218U	姚　军、冯浩然、国占宝、谢旭东、张洪庆、韩胜明	中国农业科学院蜜蜂研究所
737	一种转地养蜂生产机具及养蜂车	实用新型	2016. 8. 10	CN205431567U	房　宇、李建科、冯　毛、韩　宾、胡　菡、郝　悦	中国农业科学院蜜蜂研究所
738	用于存放巢脾和防治巢虫的装置	实用新型	2016. 8. 10	CN205431570U	代平礼、刘　锋、王品红、吴艳艳、刁青云	中国农业科学院蜜蜂研究所
739	一种起刮刀	实用新型	2016. 8. 17	CN205455346U	丁桂玲、黄家兴、张　红、刘彦杰、孙　成、安建东	中国农业科学院蜜蜂研究所
740	一种转地养蜂供水装置	实用新型	2016. 8. 10	CN205431573U	房　宇、李建科、韩　宾、冯　毛、郝　悦、胡　菡	中国农业科学院蜜蜂研究所

（续表）

序号	专利名称	专利类别	公开（公告）日	公开（公告）号	发明人	专利权人
741	一种蜂箱保温装置	实用新型	2016. 8. 31	CN205511596U	韩　宾、李建科、郝　悦、冯　毛、胡　菡、房　宇	中国农业科学院蜜蜂研究所
742	一种光伏供电系统	实用新型	2016. 8. 31	CN205545057U	房　宇、李建科、冯　毛、韩　宾、胡　菡、郝　悦	中国农业科学院蜜蜂研究所
743	安装在蜜蜂观察箱边框处的通道启闭装置	实用新型	2016. 1. 20	CN204968926U	姚　军、张洪庆、谢旭东、刁青云、刘婷婷、国占宝、冯浩然、罗　兵	中国农业科学院蜜蜂研究所
744	死蜂收集装置	实用新型	2016. 2. 24	CN205040434U	王　强、代平礼、褚艳娜、刁青云	中国农业科学院蜜蜂研究所
745	一种蜜蜂饲喂系统	实用新型	2016. 8. 10	CN205431572U	房　宇、李建科、冯　毛、韩　宾、胡　菡、郝　悦	中国农业科学院蜜蜂研究所
746	蜜蜂饲喂器	实用新型	2016. 4. 13	CN205143196U	王　强、刁青云、代平礼、吴艳艳	中国农业科学院蜜蜂研究所
747	一种麻类纤维细度自动分析仪及其应用	发明专利	2016. 5. 4	CN103499301B	肖爱平、冷　鹃、廖丽萍、杨喜爱、黄智宏、吕　欣、彭湘洲、程　毅、张翠娥、孙向平	中国农业科学院麻类研究所、北京和众视野科技有限公司
748	一种大批量开发苎麻基因组 SNP 标记的方法及其开发的引物	发明专利	2016. 8. 24	CN104212898B	陈建华、栾明宝、王晓飞、许　英、孙志民、刘晨晨	中国农业科学院麻类研究所

（续表）

序号	专利名称	专利类别	公开（公告）日	公开（公告）号	发明人	专利权人
749	一种大批量开发苎麻基因组 SSR 标记的方法及其开发的引物	发明专利	2016. 8. 24	CN104212897B	栾明宝、刘晨晨、陈建华、王晓飞、许　英、孙志民	中国农业科学院麻类研究所
750	一种清洗植物种子表面残留的有毒物质的冲洗装置	发明专利	2016. 4. 20	CN104081909B	粟建光、温　岚、龚友才、戴志刚、陈基权、马　兰	中国农业科学院麻类研究所
751	一种高频率多胚苎麻种子的选育方法	发明专利	2016. 5. 18	CN103843659B	温　岚、熊和平、喻春明、王延周、陈　平、陈继康	中国农业科学院麻类研究所
752	一种亚麻种子玻璃化超低温保存方法	发明专利	2016. 6. 29	CN104222072B	许　英、陈建华、王晓飞、王玉富、朱爱国、栾明宝、孙志民	中国农业科学院麻类研究所
753	用于处理苎麻茎秆的分离设备	发明专利	2016. 1. 20	CN103820865B	马　兰、龙超海、吕江南、刘佳杰	中国农业科学院麻类研究所
754	一种麻类作物纤维剥制机械上用的齿槽辊	实用新型	2016. 12. 7	CN205774937U	马　兰、吕江南、龙超海、刘佳杰、何宏彬	中国农业科学院麻类研究所
755	防倒伏的苗木水培装置	实用新型	2016. 12. 21	CN205813082U	严　理、严　准、李智敏、余永廷、高春生、曾粮斌、陈　佳、程　毅、孙向平	中国农业科学院麻类研究所
756	液态地膜喷膜装置	实用新型	2016. 12. 21	CN205813017U	周晚来、王朝云、易永健、汪洪鹰、谭志坚	中国农业科学院麻类研究所

（续表）

序号	专利名称	专利类别	公开（公告）日	公开（公告）号	发明人	专利权人
757	一种栽培温室内用防蚊衣	实用新型	2016. 10. 26	CN205658396U	邱财生、王玉富、龙松华、郭　媛、郝冬梅、钟国乾	中国农业科学院麻类研究所
758	用于培养和显微观察单层细胞的载片及载片盒	实用新型	2016. 11. 16	CN205691851U	李智敏、严　准、严　理、余永廷、高春生、曾粮斌、陈　佳、程　毅、孙向平、薛召东	中国农业科学院麻类研究所
759	一种工业大麻干茎碎茎机构	实用新型	2016. 11. 16	CN205688058U	吕江南、龙超海、马　兰、刘佳杰、何宏彬	中国农业科学院麻类研究所
760	一种大麻茎秆均匀喂入机构	实用新型	2016. 11. 16	CN205688059U	刘佳杰、吕江南、龙超海、马　兰、何宏彬	中国农业科学院麻类研究所
761	一种无土育秧盘	实用新型	2016. 2. 17	CN205030242U	周晚来、王朝云、易永健、谭志坚、汪洪鹰	中国农业科学院麻类研究所
762	一种汉麻抑菌袜	实用新型	2016. 7. 27	CN205390337U	邱财生、王玉富、郭　媛、龙松华、邓　欣、郝冬梅、钟国乾	中国农业科学院麻类研究所
763	一种 PAGE 染色显影装置	实用新型	2016. 1. 20	CN204981841U	朱四元、刘头明、唐守伟、汤清明、郑　霞	中国农业科学院麻类研究所
764	一种试验用组合式花盆	实用新型	2016. 4. 6	CN205124604U	邱财生、王玉富、郭　媛、龙松华、邓　欣	中国农业科学院麻类研究所
765	菌种真空保存管	实用新型	2016. 6. 1	CN205275590U	李智敏、彭源德、严　理、朱作华、谢纯良、胡镇修	中国农业科学院麻类研究所

（续表）

序号	专利名称	专利类别	公开（公告）日	公开（公告）号	发明人	专利权人
766	一种夏用型亚麻平角内裤	实用新型	2016. 7. 27	CN205390315U	邱财生、王玉富、郭　媛、龙松华、邓　欣、郝冬梅、钟国乾	中国农业科学院麻类研究所
767	一种实验室用的有机肥二次发酵装置	实用新型	2016. 9. 7	CN205556491U	孙向平、严　准、余永廷、高春生、陈　佳	中国农业科学院麻类研究所
768	一种适合山坡地中耕机的双摇杆仿形机构	实用新型	2016. 3. 30	CN205105533U	唐守伟、马　兰、汤清明、朱四元、刘头明	中国农业科学院麻类研究所
769	苎麻扦插育苗辅助装置	实用新型	2016. 8. 3	CN205408841U	朱四元、唐守伟、刘头明、戴求仲、郑　霞、王延周、吴端钦	中国农业科学院麻类研究所
770	一种植物纤维试样布样器	实用新型	2016. 3. 16	CN205091165U	冷　鹃、肖爱平、杨喜爱、廖丽萍、刘亮亮、梅时勇、陈小军、黎　宇	中国农业科学院麻类研究所
771	一种用于亚麻杂交的固定支架	实用新型	2016. 9. 7	CN205546711U	邱财生、王玉富、郭　媛、龙松华、郝冬梅、钟国乾	中国农业科学院麻类研究所
772	一种具有控光控水功能的小型栽培棚	实用新型	2016. 9. 28	CN205596743U	邱财生、王玉富、郭　媛、龙松华、郝冬梅、钟国乾	中国农业科学院麻类研究所
773	一种新型汉麻防晒帽子	实用新型	2016. 7. 27	CN205390462U	邱财生、王玉富、郭　媛、龙松华、邓　欣、郝冬梅、钟国乾	中国农业科学院麻类研究所

（续表）

序号	专利名称	专利类别	公开（公告）日	公开（公告）号	发明人	专利权人
774	一种麻类成厢直播联合播种机	实用新型	2016.8.3	CN205408451U	谢　伟、吕江南、吴明亮、邱财生、罗海峰、刘佳杰、包攀峰	湖南农业大学、中国农业科学院麻类研究所
775	O型口蹄疫病毒抗体检测卡	实用新型	2016.6.22	CN205333653U	常惠芸、吴俊清、邵军军、章　健、赵付荣、吴冠英、张永光、李明伟	中国农业科学院兰州兽医研究所、成都微瑞生物科技有限公司
776	小反刍兽疫抗体检测的竞争ELISA试剂盒及其制备方法	发明专利	2016.12.21	CN102967710B	才学鹏、窦永喜、蒙学莲、毛　立、李　辉、骆学农	中国农业科学院兰州兽医研究所
777	单核细胞增生性李氏杆菌的检测方法及其专用单克隆抗体	发明专利	2016.7.6	CN104099299B	骆学农、才学鹏、王佩雅、朱学亮、王　芳、张少华	中国农业科学院兰州兽医研究所
778	牛Asia1/O型口蹄疫双价多表位疫苗及其制备方法和应用	发明专利	2016.8.24	CN103897065B	邵军军、常惠芸	中国农业科学院兰州兽医研究所
779	快速鉴别寄生于马属动物的裸头绦虫的专用引物及其鉴别方法	发明专利	2016.7.6	CN103952467B	郭爱疆	中国农业科学院兰州兽医研究所
780	一种水溶性复合免疫佐剂以及含有该佐剂的疫苗组合物	发明专利	2016.6.15	CN104225593B	景志忠、曾　爽、陈国华、房永祥、宋林华、贾怀杰、何小兵	中国农业科学院兰州兽医研究所

（续表）

序号	专利名称	专利类别	公开（公告）日	公开（公告）号	发明人	专利权人
781	一种检测猪水泡病病毒的引物、检测试剂盒和制备方法	发明专利	2016. 6. 8	CN104342501B	张　强、卢　昌、赵志荀、吴国华、颜新敏、李应国、岳　华、周晓黎、李　健、朱海霞、代雪玲、田　波、芦晓立、高顺平、王　曼	中国农业科学院兰州兽医研究所
782	一种牛支原体抗体检测试剂及其制备方法	发明专利	2016. 6. 8	CN104062439B	储岳峰、逯忠新、简莹娜、赵　萍、贺　英、陈胜利、刘永生	中国农业科学院兰州兽医研究所
783	抗O型口蹄疫病毒特异性单域抗体及其重组表达载体	发明专利	2016. 6. 22	CN104086652B	刘湘涛、尹双辉、杨顺利、尚佑军、何继军、郭建宏、靳　野	中国农业科学院兰州兽医研究所
784	一种牛支原体检测试纸条及其制备方法	发明专利	2016. 6. 1	CN104316703B	储岳峰、简莹娜、赵　萍、陈胜利、贺　英、逯忠新、刘永生	中国农业科学院兰州兽医研究所
785	一种O型口蹄疫146S抗原定量ELISA检测试剂盒及其使用方法	发明专利	2016. 1. 20	CN103076451B	马军武、冯　霞、周广青、杨亚民	中国农业科学院兰州兽医研究所
786	一种A型口蹄疫146S抗原定量ELISA检测方法及其试剂盒和应用	发明专利	2016. 1. 20	CN103091490B	马军武、冯　霞、周广青、杨亚民	中国农业科学院兰州兽医研究所

（续表）

序号	专利名称	专利类别	公开（公告）日	公开（公告）号	发明人	专利权人
787	一种检测口蹄疫A型病毒的试剂盒及制备和使用方法	发明专利	2016.4.20	CN104212916B	张　强、卢　昌、赵志荀、吴国华、颜新敏、李应国、岳　华、周晓黎、李　健、朱海霞、代雪玲、田　波、芦晓立、高顺平、王　曼	中国农业科学院兰州兽医研究所
788	羊传染性脓疱病毒细胞弱毒疫苗耐热冻干保护剂及其制备方法和应用	发明专利	2016.4.6	CN103893776B	刘湘涛、王光祥、尚佑军、张志东、王艳华、黎摄儿、田　宏、吴锦艳、陈　妍、逯忠新	中国农业科学院兰州兽医研究所
789	检测口蹄疫A型、O型和Asia 1型病毒的试剂盒及制备方法	发明专利	2016.3.30	CN104195268B	张　强、卢　昌、赵志荀、吴国华、颜新敏、李应国、岳　华、周晓黎、李　健、朱海霞、代雪玲、田　波、芦晓立、高顺平、王　曼	中国农业科学院兰州兽医研究所
790	一种用于检测小反刍兽疫病毒的Taqman Real-time RT-PCR试剂盒	发明专利	2016.3.16	CN104372110B	刘湘涛、吴锦艳、田　宏、陈　妍、尚佑军、王光祥	中国农业科学院兰州兽医研究所
791	一种猪HEV总抗体胶体金快速诊断试纸条及其制备方法	发明专利	2016.1.20	CN103823057B	兰　喜、杨　彬、常晓依、柳纪省、张　韵、殷相平、李宝玉、李学瑞、李志勇、方玉萍	中国农业科学院兰州兽医研究所

（续表）

序号	专利名称	专利类别	公开（公告）日	公开（公告）号	发明人	专利权人
792	嵌合IBV 4/91株纤突蛋白膜外区基因片段的重组传染性支气管炎病毒及其构建方法和应用	发明专利	2016. 1. 27	CN103642759B	郭慧琛、孙世琪、魏衍全、董 虎、王海民、孙德惠、刘定祥、方守国、才学鹏、殷 宏	中国农业科学院兰州兽医研究所
793	VII型新城疫病毒L基因突变的减毒疫苗株及其制备方法	发明专利	2016. 5. 18	CN103525777B	朱启运、吉艳红、付钰广	中国农业科学院兰州兽医研究所
794	含有副猪嗜血杆菌OppA重组蛋白抗原的副猪嗜血杆菌病正向间接血凝诊断试剂及其制备方法	发明专利	2016. 3. 2	CN103193872B	逯忠新、高鹏程、贺 英、储岳峰、赵 萍	中国农业科学院兰州兽医研究所
795	一种猪繁殖与呼吸综合征病毒的多重RT-PCR检测试剂盒及其应用	发明专利	2016. 1. 6	CN103627816B	刘永生、丁耀忠、张 杰、周建华、陈豪泰、马丽娜	中国农业科学院兰州兽医研究所
796	研磨重悬装置	发明专利	2016. 11. 30	CN104181019B	冯 霞、马军武	中国农业科学院兰州兽医研究所

（续表）

序号	专利名称	专利类别	公开（公告）日	公开（公告）号	发明人	专利权人
797	一种用于羊传染性脓疱病毒分离培养和增殖的细胞系及其制备方法和应用	发明专利	2016. 3. 30	CN103952377B	刘湘涛、王光祥、尚佑军、张志东、王艳华、黎摄儿、田　宏、吴锦艳、陈　妍、逯忠新	中国农业科学院兰州兽医研究所
798	一种副猪嗜血杆菌试纸条及其制备方法	发明专利	2016. 5. 18	CN104251905B	贺　英、逯忠新、赵　萍、储岳峰、陈胜利、张建军	中国农业科学院兰州兽医研究所
799	用于检测水疱性口炎病毒的引物、试剂盒及制备方法	发明专利	2016. 5. 4	CN104267193B	张　强、卢　昌、赵志荀、吴国华、颜新敏、李应国、岳　华、周晓黎、李　健、朱海霞、代雪玲、田　波、芦晓立、高顺平、王　曼	中国农业科学院兰州兽医研究所
800	一种羊传染性脓疱病毒细胞弱毒疫苗及其制备方法和应用	发明专利	2016. 4. 6	CN104017776B	刘湘涛、王光祥、尚佑军、张志东、王艳华、黎摄儿、田　宏、吴锦艳、陈　妍、逯忠新	中国农业科学院兰州兽医研究所
801	检测口蹄疫 Asia 1 型病毒的引物、检测试剂盒和制备方法	发明专利	2016. 4. 20	CN104342500B	张　强、卢　昌、赵志荀、吴国华、颜新敏、李应国、岳　华、周晓黎、李　健、朱海霞、代雪玲、田　波、芦晓立、高顺平、王　曼	中国农业科学院兰州兽医研究所
802	一种用于弓形虫感染预防的基因及其应用	发明专利	2016. 6. 1	CN103333900B	陈　佳、朱兴全、徐民俊、黄思扬、李中原、宋　慧	中国农业科学院兰州兽医研究所

（续表）

序号	专利名称	专利类别	公开（公告）日	公开（公告）号	发明人	专利权人
803	一种用于检测猪伪狂犬病毒的 Taqman Real-time PCR 试剂盒	发明专利	2016. 6. 29	CN104388594B	刘湘涛、吴锦艳、田　宏、陈　妍、尚佑军	中国农业科学院兰州兽医研究所
804	对口蹄疫病毒有抑制作用的干扰靶序列	发明专利	2016. 4. 6	CN102226198B	张永光、王永录、刘永生、陈豪泰、张　杰	中国农业科学院兰州兽医研究所
805	一种新型放牧动物耳标及耳标钳	实用新型	2016. 12. 14	CN205794448U	周东辉、郑文斌、李法财、宋慧群、朱兴全	中国农业科学院兰州兽医研究所
806	一种可上下震荡的筛网	实用新型	2016. 7. 27	CN205392973U	郑文斌、周东辉、宋慧群、朱兴全、殷　宏	中国农业科学院兰州兽医研究所
807	一种可移动的羊料架	实用新型	2016. 6. 8	CN205284552U	李文卉	中国农业科学院兰州兽医研究所
808	便于革兰氏染色的灭菌载玻片	实用新型	2016. 6. 8	CN205301697U	王立燕、刘永生、马丽娜、李学瑞、周建华	中国农业科学院兰州兽医研究所
809	一种羊的固液两用灌药工具	实用新型	2016. 6. 8	CN205286601U	李文卉	中国农业科学院兰州兽医研究所
810	一种用于动物寄生虫粪检的筛网筐	实用新型	2016. 12. 7	CN205762159U	周东辉、郑文斌、宋慧群、朱兴全、殷　宏	中国农业科学院兰州兽医研究所
811	一种可左右摇摆的筛网	实用新型	2016. 7. 27	CN205391897U	马剑钢、郑文斌、张晓轩、周东辉、朱兴全、殷　宏	中国农业科学院兰州兽医研究所

（续表）

序号	专利名称	专利类别	公开（公告）日	公开（公告）号	发明人	专利权人
812	一种酶联免疫吸附试验板的拍干套	实用新型	2016. 8. 24	CN205506832U	李志勇	中国农业科学院兰州兽医研究所
813	一种实验台用置物架	实用新型	2016. 2. 10	CN205020110U	颜新敏	中国农业科学院兰州兽医研究所
814	一种试剂瓶用水浴架	实用新型	2016. 5. 11	CN205216881U	张　杰、陈豪泰、丁耀忠、刘永生、张永光	中国农业科学院兰州兽医研究所
815	一种链霉素瓶水浴架	实用新型	2016. 5. 11	CN205216882U	张　杰、丁耀忠、刘永生、陈豪泰、张永光	中国农业科学院兰州兽医研究所
816	动物病料采集放置器	实用新型	2016. 10. 19	CN205653457U	贺　英、赵　萍、储岳峰、陈胜利、郝华芳、刘永生	中国农业科学院兰州兽医研究所
817	动物鼻拭子采集放置装置	实用新型	2016. 10. 19	CN205649519U	贺　英、赵　萍、储岳峰、陈胜利、郝华芳、刘永生	中国农业科学院兰州兽医研究所
818	一种试剂瓶用水浴架	实用新型	2016. 5. 11	CN205216885U	张　杰、丁耀忠、陈豪泰、刘永生、张永光	中国农业科学院兰州兽医研究所
819	一种套狗装置	实用新型	2016. 6. 29	CN205339201U	李文卉	中国农业科学院兰州兽医研究所
820	一种可拆卸式动物颈动脉采血装置	实用新型	2016. 6. 29	CN205339200U	丁耀忠、张中旺、张　杰、周建华、周　鹏、张永光	中国农业科学院兰州兽医研究所
821	一种蛋白纯化柱	实用新型	2016. 8. 10	CN205443138U	吴耀东、冯胜勇、徐民俊、周东辉	中国农业科学院兰州兽医研究所

（续表）

序号	专利名称	专利类别	公开（公告）日	公开（公告）号	发明人	专利权人
822	一种用于试剂瓶的水浴装置	实用新型	2016. 5. 11	CN205216880U	刘永生、李学瑞、周建华、张　杰	中国农业科学院兰州兽医研究所
823	一种试剂瓶水浴装置	实用新型	2016. 5. 11	CN205216879U	刘永生、周建华、李学瑞、张　杰	中国农业科学院兰州兽医研究所
824	一种麦氏虫卵计数板	实用新型	2016. 1. 13	CN204964346U	徐民俊、吴耀东、冯胜勇、朱兴全	中国农业科学院兰州兽医研究所
825	一种用于剪肠道的剪刀	实用新型	2016. 3. 2	CN205058081U	徐民俊、冯胜勇、吴耀东、付京花	中国农业科学院兰州兽医研究所
826	奶样采集管	实用新型	2016. 6. 8	CN205300992U	贺　英、赵　萍、储岳峰、陈胜利、郝华芳、刘永生	中国农业科学院兰州兽医研究所
827	双层实验犬笼	实用新型	2016. 9. 7	CN205546869U	闫鸿斌、李　立、贾万忠、李文卉、娄忠子	中国农业科学院兰州兽医研究所
828	一种用于防治鸡肺热咳喘的中药组合物	发明专利	2016. 1. 20	CN103948690B	罗永江、梁　歌、郑继方、李金良、王贵波、谢家声、罗超应、李锦宇	中国农业科学院兰州畜牧与兽药研究所、四川鼎尖动物药业有限责任公司
829	一种用于检测禽白血病 P27 的酶联免疫反应载体及试剂盒	发明专利	2016. 8. 3	CN103257231B	吴培星、宋　楠、遇秀玲、李纯玲、宁海强、韩　涛、张继瑜	中国农业科学院兰州畜牧与兽药研究所、北京天之泰生物科技有限公司、北京天恩泰生物科技有限公司

（续表）

序号	专利名称	专利类别	公开（公告）日	公开（公告）号	发明人	专利权人
830	黄花补血草总鞣质的提取方法	发明专利	2016. 8. 31	CN103908478B	刘　宇、梁剑平、尚若峰、郝宝成、王学红、程富胜、华兰英	中国农业科学院兰州畜牧与兽药研究所
831	一种以土豆渣和豆腐渣为主料的牛羊饲料及其制备方法	发明专利	2016. 6. 22	CN103989008B	王晓力、王永刚、朱新强、王春梅、张　茜、路　远、汪晓斌、杨　晓	中国农业科学院兰州畜牧与兽药研究所
832	一种绵羊罩衣	发明专利	2016. 12. 21	CN102228009B	牛春娥、杨博辉、岳耀敬、郭　健、郭天芬、高雅琴、刘建斌、李维红、王宏博、孙晓萍、郭婷婷、席　斌、熊　林、冯瑞林、杜天庆、郎　侠	中国农业科学院兰州畜牧与兽药研究所
833	头孢噻呋羟丙基-β-环糊精包合物及其制备方法	发明专利	2016. 8. 17	CN103751196B	梁剑平、陶　蕾、赵凤舞、王学红、尚若锋、贾　忠、郝宝成	中国农业科学院兰州畜牧与兽药研究所
834	一种早熟禾草坪建植中种子的快速萌发方法及其专用装置	发明专利	2016. 8. 31	CN104429223B	王春梅、王晓力、杨　逵、田福平、周学辉、张　茜、杨　晓、朱新强	中国农业科学院兰州畜牧与兽药研究所
835	一种治疗羔羊痢疾的中药组合物及其制备方法	发明专利	2016. 6. 8	CN104147190B	刘永明、王胜义、王　慧、刘治岐、李胜坤、齐志明、范　强	中国农业科学院兰州畜牧与兽药研究所

（续表）

序号	专利名称	专利类别	公开（公告）日	公开（公告）号	发明人	专利权人
836	一种靶向鹿蹄草素复合物及其制备方法和应用	发明专利	2016. 8. 17	CN104258412B	梁剑平、陶　蕾、尚若锋、赵凤舞、王学红、贾　忠、郝宝成、刘　宇、郭文柱、郭志廷	中国农业科学院兰州畜牧与兽药研究所
837	一种快速测定蜂蜜制品中铝离子含量的方法	发明专利	2016. 8. 31	CN103994981B	王晓力、王永刚、朱新强、王春梅、张　茜、路　远、汪晓斌、杨　晓	中国农业科学院兰州畜牧与兽药研究所
838	一种电泳凝胶转移及染色脱色装置	发明专利	2016. 9. 7	CN103949156B	郭婷婷、郭　健、牛春娥、岳耀敬、杨博辉、刘建斌、冯瑞林、孙晓萍	中国农业科学院兰州畜牧与兽药研究所
839	一种体外筛选和检测抗奶牛子宫内膜炎药物的方法	发明专利	2016. 7. 6	CN104833782B	张世栋、董书伟、王东升、严作廷、杨　峰、王旭荣、张景艳、褚　敏	中国农业科学院兰州畜牧与兽药研究所
840	高山美利奴羊育肥断奶羔羊用全价颗粒料	发明专利	2016. 6. 29	CN103504132B	刘建斌、孙晓萍、郭　健、王　凡、张万龙、杨博辉、岳耀敬、郎　侠、冯瑞林、曾玉峰、郭婷婷、王宏博	中国农业科学院兰州畜牧与兽药研究所
841	一种茜素红S络合分光光度法测定铝离子含量的方法	发明专利	2016. 6. 29	CN103994980B	王晓力、王永刚、朱新强、王春梅、张　茜、路　远、汪晓斌、杨　晓	中国农业科学院兰州畜牧与兽药研究所

（续表）

序号	专利名称	专利类别	公开（公告）日	公开（公告）号	发明人	专利权人
842	一种提高西藏一江两河地区苜蓿种子产量的微肥组合物	发明专利	2016. 8. 24	CN104150972B	朱新强、李锦华、杨　晓、余成群、沈振西、王晓力、王春梅、张　茜、李少伟	中国农业科学院兰州畜牧与兽药研究所
843	葛根素衍生物的制备方法	发明专利	2016. 6. 29	CN103923073B	梁剑平、陶　蕾、尚若锋、赵凤舞、王学红、贾　忠、郝宝成、刘　宇、郭文柱、郭志廷	中国农业科学院兰州畜牧与兽药研究所
844	一种毛、绒手排长度试验板	发明专利	2016. 8. 17	CN103837060B	牛春娥、郭　健、郭天芬、郭婷婷、杨博辉、冯瑞林	中国农业科学院兰州畜牧与兽药研究所
845	羊用复式循环药浴池	发明专利	2016. 9. 7	CN104224402B	孙晓萍、刘建斌、张万龙、郭婷婷、杨博辉、岳耀敬、冯瑞林	中国农业科学院兰州畜牧与兽药研究所
846	利用超临界 CO_2 提取开花期向日葵花盘中总黄酮的提取方法	发明专利	2016. 7. 6	CN104689599B	郝宝成、刘　宇、梁剑平、高旭东、王学红、陶　蕾、郭文柱、尚若锋、杨　珍	中国农业科学院兰州畜牧与兽药研究所
847	甘肃肉用绵羊多胎品系的培育方法	发明专利	2016. 1. 13	CN103404483B	刘建斌、孙晓萍、郭　健、王　凡、张万龙、冯瑞林、岳耀敬、郎　侠、杨博辉、郭婷婷、曾玉峰、王宏博	中国农业科学院兰州畜牧与兽药研究所
848	一种提高高寒地区箭筈豌豆产量的方法	发明专利	2016. 4. 20	CN104067794B	杨　晓、李锦华、朱新强、余成群、李少伟、张　茜	中国农业科学院兰州畜牧与兽药研究所

（续表）

序号	专利名称	专利类别	公开（公告）日	公开（公告）号	发明人	专利权人
849	一种便携式可旋转绵羊毛分级台	发明专利	2016. 9. 28	CN103409856B	孙晓萍、张万龙、刘建斌、杨博辉、陈永华、岳耀敬	中国农业科学院兰州畜牧与兽药研究所
850	一种防治高血脂症药物口服片剂及其制备工艺	发明专利	2016. 1. 6	CN103961324B	李剑勇、刘希望、杨亚军、张继瑜、周绪正、李　冰、牛建荣、魏小娟	中国农业科学院兰州畜牧与兽药研究所
851	牛 GAPDH 基因转录水平荧光定量 PCR 检测试剂盒	发明专利	2016. 1. 20	CN103305608B	裴　杰、阎　萍、郭　宪、包鹏甲、梁春年、褚　敏、冯瑞林	中国农业科学院兰州畜牧与兽药研究所
852	一种防治牛羊焦虫病及传播媒介蜱的药物喷涂剂及其制备方法和应用	发明专利	2016. 4. 13	CN104147000B	周绪正、张继瑜、李　冰、魏小娟、牛建荣、王淑芳、李金善、李剑勇、杨亚军、刘希望	中国农业科学院兰州畜牧与兽药研究所
853	一种钩吻生物碱的包合物及其制备方法和应用	发明专利	2016. 3. 23	CN103990144B	梁剑平、郭文柱、郝宝成、王学红、陶　蕾、刘　宇、赵凤舞、尚若锋、郭志廷、贾　忠	中国农业科学院兰州畜牧与兽药研究所
854	一种治疗牦牛犊牛腹泻的藏药组合物及其制备方法	发明专利	2016. 2. 24	CN103751673B	尚小飞、潘　虎、王学智、苗小楼、王东升、王　瑜	中国农业科学院兰州畜牧与兽药研究所
855	用于防治罗氏沼虾白体病的饲料、中药组合物和制备方法	发明专利	2016. 1. 20	CN104082631B	郝智慧、杨志强	中国农业科学院兰州畜牧与兽药研究所

（续表）

序号	专利名称	专利类别	公开（公告）日	公开（公告）号	发明人	专利权人
856	一种药用化合物阿司匹林丁香酚酯的制备方法	发明专利	2016. 4. 20	CN104151167B	李剑勇、刘希望、杨亚军、张继瑜	中国农业科学院兰州畜牧与兽药研究所
857	无角高山美利奴羊品系的培育方法	发明专利	2016. 1. 20	CN103444622B	刘建斌、孙晓萍、郭　健、王　凡、岳耀敬、李范文、张万龙、杨博辉、郎　侠、冯瑞林、王天翔、王喜军、郭婷婷、曾玉峰、王宏博、王丽娟	中国农业科学院兰州畜牧与兽药研究所
858	检测奶牛子宫内膜细胞炎性反应的荧光定量 PCR 试剂盒及其检测方法和应用	发明专利	2016. 5. 4	CN104017882B	张世栋、王东升、董书伟、严作廷、王旭荣、杨　峰	中国农业科学院兰州畜牧与兽药研究所
859	一种羊标记用色料	发明专利	2016. 5. 25	CN103898776B	牛春娥、杨博辉、郭　健、郭婷婷、岳耀敬、郭天芬、冯瑞林、刘建斌	中国农业科学院兰州畜牧与兽药研究所
860	一种从开花期向日葵花盘中提取分离绿原酸的方法	发明专利	2016. 2. 10	CN103641717B	郝宝成、梁剑平、刘　宇、王学红、郭文柱、尚若锋、郭志廷、华兰英	中国农业科学院兰州畜牧与兽药研究所

（续表）

序号	专利名称	专利类别	公开（公告）日	公开（公告）号	发明人	专利权人
861	一种凹凸棒复合氯消毒剂及其制备方法	发明专利	2016. 3. 2	CN104186481B	梁剑平、郭文柱、曹发魁、陶　蕾、赵凤舞、尚若锋、王学红、贾　忠、郝宝成、刘　宇、郭志廷	中国农业科学院兰州畜牧与兽药研究所
862	一种兽用熏蒸消毒药物组合物及其制备方法和应用	发明专利	2016. 3. 2	CN103858934B	谢家声、李锦宇、王贵波、罗超应、辛蕊华、罗永江、郑继方、谢姗姗	中国农业科学院兰州畜牧与兽药研究所
863	一种皮肤组织切片用石蜡包埋盒	发明专利	2016. 6. 1	CN104062166B	牛春娥、杨博辉、郭婷婷、岳耀敬、郭　健、郭天芬、冯瑞林、熊　琳、梁春年	中国农业科学院兰州畜牧与兽药研究所
864	无乳链球菌 BibA 重组蛋白及其编码基因、制备方法和应用	发明专利	2016. 1. 6	CN103910786B	王旭荣、李建喜、杨志强、王学智、常瑞祥、王　磊、张景艳、秦　哲、孔晓军、孟嘉仁	中国农业科学院兰州畜牧与兽药研究所
865	一种治疗猪支原体肺炎的复方中药组合物及其制备方法	发明专利	2016. 5. 11	CN104147215B	辛蕊华、谢家声、郑继方、王贵波、罗超应、李锦宇、罗永江	中国农业科学院兰州畜牧与兽药研究所
866	一种细毛羊毛囊干细胞分离培养方法	发明专利	2016. 12. 28	CN103275922B	郭婷婷、杨博辉、郭　健、牛春娥、岳耀敬、刘建斌、孙晓萍、冯瑞林、郎　侠、李范文、王天翔、李桂英、张世栋	中国农业科学院兰州畜牧与兽药研究所

（续表）

序号	专利名称	专利类别	公开（公告）日	公开（公告）号	发明人	专利权人
867	一种治疗猪腹泻病的中药组方	发明专利	2016. 1. 20	CN103735692B	刘永明、齐志明、夏鑫超、李胜坤、王胜义、王　慧、刘治岐	中国农业科学院兰州畜牧与兽药研究所
868	一种牦牛精子体外获能的方法	发明专利	2016. 5. 11	CN103173406B	郭　宪、丁学智、阎　萍、梁春年、王宏博	中国农业科学院兰州畜牧与兽药研究所
869	检测鸽Ⅰ型副黏病毒的胶体金免疫层析试纸条及制备方法	发明专利	2016. 4. 6	CN103983780B	贺洞杰、时永杰、杨　明、张　茜、贺奋义、郭慧琳、朱新强、张登基、曾玉峰、周　磊	中国农业科学院兰州畜牧与兽药研究所
870	一种中药灌注液及其制备方法和应用	发明专利	2016. 1. 20	CN103768182B	梁剑平、尚若锋、王学红、陶　蕾、刘　宇、郝宝成、赵凤舞	中国农业科学院兰州畜牧与兽药研究所
871	一种含有中药添加剂的鳗鱼饲料及其制备方法	发明专利	2016. 3. 2	CN104068279B	郝智慧、杨志强	中国农业科学院兰州畜牧与兽药研究所
872	具有噻二唑骨架的截短侧耳素类衍生物及其制备方法、应用	发明专利	2016. 5. 4	CN103319437B	尚若锋、梁剑平、郭文柱、刘　宇、郝宝成、王学红、郭志廷、华兰英、蒲秀英、幸志君	中国农业科学院兰州畜牧与兽药研究所
873	一种牦牛屠宰保定装置	发明专利	2016. 5. 25	CN103767801B	梁春年、丁学智、阎　萍、郭　宪、褚　敏、王宏博、包鹏甲	中国农业科学院兰州畜牧与兽药研究所

（续表）

序号	专利名称	专利类别	公开（公告）日	公开（公告）号	发明人	专利权人
874	一种用于培养皿高压灭菌消毒的装置	实用新型	2016. 11. 30	CN205729823U	王　玲、杨　峰、魏小娟、郭文柱、郭志廷、刘　宇、牛建荣、杨　珍	中国农业科学院兰州畜牧与兽药研究所
875	一种走珠式琼脂平板涂布棒	实用新型	2016. 12. 7	CN205774527U	王　玲、杨　峰、刘　宇、郭文柱、罗永江、魏小娟、周绪正、郭志廷、杨　珍、牛建荣	中国农业科学院兰州畜牧与兽药研究所
876	一种手持式电动内插管专用清洗器	实用新型	2016. 12. 14	CN205797929U	李　冰、张继瑜、崔俊涛、周绪正、魏小娟、程富胜、牛建荣、杨亚军、李剑勇	中国农业科学院兰州畜牧与兽药研究所
877	一种牛舍专用推料装置	实用新型	2016. 12. 7	CN205756352U	杨亚军、孔晓军、李世宏、刘希望、秦　哲、李剑勇、焦增华	中国农业科学院兰州畜牧与兽药研究所
878	一种便携式遮阴网支架	实用新型	2016. 12. 7	CN205777849U	胡　宇、田福平、贺炯杰、杨　峰、路　远、朱新强、张　茜、王春梅、张小幅、陈　璐	中国农业科学院兰州畜牧与兽药研究所
879	一种细菌浊度比照专用试管架	实用新型	2016. 11. 30	CN205731337U	王　玲、杨　峰、魏小娟、郭文柱、陈炅然、杨　珍、刘　宇、郭志廷、牛建荣、罗金印	中国农业科学院兰州畜牧与兽药研究所

（续表）

序号	专利名称	专利类别	公开（公告）日	公开（公告）号	发明人	专利权人
880	一种新型的液氮罐冻存架	实用新型	2016. 9. 14	CN205567600U	褚　敏、吴晓云、阎　萍、郭　宪、梁春年、裴　杰、丁学智、包鹏甲	中国农业科学院兰州畜牧与兽药研究所
881	一种烘干、储存两用试管架	实用新型	2016. 9. 14	CN205570402U	王春梅、李锦华、王晓力、朱新强、张　茜、路　远、杨红善、胡　宇、周学辉、贺洞杰	中国农业科学院兰州畜牧与兽药研究所
882	一次性无菌 PE 手套	实用新型	2016. 12. 21	CN205813649U	褚　敏、吴晓云、阎　萍、郭　宪、梁春年、裴　杰、丁学智、包鹏甲	中国农业科学院兰州畜牧与兽药研究所
883	一种野外采样多头循环替换清洁刷	实用新型	2016. 12. 28	CN205843991U	王春梅、王晓力、夏曾润、李锦华、张　茜、贺洞杰、朱新强	中国农业科学院兰州畜牧与兽药研究所
884	一种试验用定量水壶	实用新型	2016. 12. 14	CN205794357U	周学辉、杨红善、路　远、王晓力、王春梅、张学龙	中国农业科学院兰州畜牧与兽药研究所
885	一种细胞转运储存箱	实用新型	2016. 12. 7	CN205774560U	王　玲、杨　峰、郭文柱、魏小娟、刘　宇、郭志廷、杨　珍、周绪正	中国农业科学院兰州畜牧与兽药研究所
886	天然牧草采样剪刀	实用新型	2016. 11. 23	CN205719614U	王宏博、储　敏、包鹏甲、高雅琴、梁春年	中国农业科学院兰州畜牧与兽药研究所

（续表）

序号	专利名称	专利类别	公开（公告）日	公开（公告）号	发明人	专利权人
887	一种用于琼脂斜面管的真菌孢子洗脱接菌杆	实用新型	2016. 12. 7	CN205774528U	王　玲、杨　峰、苗小楼、郭文柱、罗金印、魏小娟、郭志廷、杨　珍、刘　宇、周绪正、牛建荣	中国农业科学院兰州畜牧与兽药研究所
888	一种放牧牛羊营养舔块保护棚架	实用新型	2016. 11. 23	CN205694893U	朱新书、王宏博、包鹏甲	中国农业科学院兰州畜牧与兽药研究所
889	一种畜牧补饲用食槽	实用新型	2016. 12. 21	CN205813145U	郭婷婷	中国农业科学院兰州畜牧与兽药研究所
890	一种用于琼脂斜面培养基制备的试管架	实用新型	2016. 11. 30	CN205731340U	王　玲、杨　峰、魏小娟、郭志廷、周绪正、郭文柱、刘　宇、杨　珍、牛建荣、刘龙海	中国农业科学院兰州畜牧与兽药研究所
891	一种自动喂羊装置	实用新型	2016. 9. 14	CN205567416U	郭　健、刘建斌、牛春娥、岳耀敬、冯瑞林、郭婷婷、袁　超、孙晓萍、杨博辉	中国农业科学院兰州畜牧与兽药研究所
892	一种琼脂斜面接菌专用试管架	实用新型	2016. 11. 30	CN205731341U	王　玲、杨　峰、周绪正、刘　宇、郭志廷、郭文柱、魏小娟、杨　珍、牛建荣	中国农业科学院兰州畜牧与兽药研究所
893	一种调控式牛羊补饲栏	实用新型	2016. 11. 23	CN205694892U	朱新书、王宏博、包鹏甲	中国农业科学院兰州畜牧与兽药研究所

（续表）

序号	专利名称	专利类别	公开（公告）日	公开（公告）号	发明人	专利权人
894	一种用于水浴加热的漂浮式离心管架	实用新型	2016. 12. 14	CN205797289U	王　玲、魏小娟、杨　峰、刘　宇、郭文柱、郭志廷、杨　珍、周绪正、牛建荣	中国农业科学院兰州畜牧与兽药研究所
895	一种牦牛保定运输装置	实用新型	2016. 12. 7	CN205768923U	朱新书、王宏博、包鹏甲	中国农业科学院兰州畜牧与兽药研究所
896	一种放牧羊群自动分群装置	实用新型	2016. 11. 23	CN205694885U	朱新书、王宏博、包鹏甲	中国农业科学院兰州畜牧与兽药研究所
897	一种试验废液分类收集装置	实用新型	2016. 9. 7	CN205550314U	熊　琳、李维红、阎　萍、杨晓玲、高雅琴	中国农业科学院兰州畜牧与兽药研究所
898	一种组织等分切割辅助装置	实用新型	2016. 12. 28	CN205844048U	张世栋、王东升、董书伟、严作廷	中国农业科学院兰州畜牧与兽药研究所
899	一种根系土取样器	实用新型	2016. 12. 7	CN205785901U	张怀山、代立兰、吴国锋、王　平、王国宇、魏　珑、夏曾润	中国农业科学院兰州畜牧与兽药研究所
900	一种试管架	实用新型	2016. 12. 21	CN205815771U	杨　珍、郭志廷、梁剑平、刘　宇、郝宝成、尚若峰、王学红、王　玲	中国农业科学院兰州畜牧与兽药研究所
901	一种可拆卸的样本管架	实用新型	2016. 12. 7	CN205761290U	张景艳、王　磊、王旭荣、李建喜、王学智、张　凯、张　康、孟嘉仁	中国农业科学院兰州畜牧与兽药研究所

（续表）

序号	专利名称	专利类别	公开（公告）日	公开（公告）号	发明人	专利权人
902	一种土样烘干摆放装置	实用新型	2016. 12. 21	CN205826399U	周学辉、杨红善、路　远、王晓力、王春梅	中国农业科学院兰州畜牧与兽药研究所
903	一种用于抑菌及药敏试验的培养皿置放盒	实用新型	2016. 12. 7	CN205774483U	王　玲、杨　峰、罗永江、张　彬、苗小楼、杨　珍、魏小娟、刘　宇、郭文柱、郭志廷、周绪正、牛建荣	中国农业科学院兰州畜牧与兽药研究所
904	围栏维护紧线器	实用新型	2016. 12. 7	CN205777898U	王宏博、刘　萍、杨小丽、包鹏甲、裴　杰、吴晓云、梁春年、褚　敏	中国农业科学院兰州畜牧与兽药研究所
905	一种便于使用的羊粪清理机	实用新型	2016. 9. 14	CN205567383U	郭　健、刘建斌、岳耀敬、冯瑞林、郭婷婷、牛春娥、袁　超、杨博辉、孙晓萍	中国农业科学院兰州畜牧与兽药研究所
906	一种色谱分析内插管专用清洗装置	实用新型	2016. 12. 14	CN205797928U	李　冰、王嗣涵、崔俊涛、张继瑜、周绪正、尚小飞、魏小娟、程富胜、牛建荣	中国农业科学院兰州畜牧与兽药研究所
907	一种组织浅层取样器	实用新型	2016. 10. 26	CN205658929U	张世栋、董书伟、王东升、严作廷、杨志强	中国农业科学院兰州畜牧与兽药研究所
908	一种简易漫灌水位报警器	实用新型	2016. 10. 19	CN205655892U	李润林、董鹏程、王　瑜、田福平、路　远、李培良	中国农业科学院兰州畜牧与兽药研究所

（续表）

序号	专利名称	专利类别	公开（公告）日	公开（公告）号	发明人	专利权人
909	一种试管收集筐	实用新型	2016. 10. 12	CN205628041U	李宏胜、杨　峰、李庆胜、李新圃、罗金印、崔亚雄、张　哲、刘龙海	中国农业科学院兰州畜牧与兽药研究所
910	一种小型种鸡鸡舍	实用新型	2016. 10. 5	CN205611530U	孙晓萍、刘建斌、岳耀敬、杨博辉、高雅琴、郭婷婷、袁　超、褚　敏、王宏博、郭　宪、丁学智、李维红、裴　杰、包鹏甲、冯瑞林	中国农业科学院兰州畜牧与兽药研究所
911	一种简易漫灌报警器	实用新型	2016. 11. 16	CN205692345U	李润林、董鹏程、王　瑜、田福平、路　远、李培良	中国农业科学院兰州畜牧与兽药研究所
912	一种固体样品取样铲	实用新型	2016. 6. 8	CN205300969U	郭天芬、梁丽娜、高雅琴、杜天庆、牛春娥、杨晓玲	中国农业科学院兰州畜牧与兽药研究所
913	一种实验鼠吸入麻醉装置	实用新型	2016. 11. 9	CN205672110U	王东升、董书伟、严作廷、张世栋、尚小飞、苗小楼、那立东	中国农业科学院兰州畜牧与兽药研究所
914	一种多功用医用开瓶器	实用新型	2016. 11. 23	CN205709795U	李世宏、李剑勇、刘希望、杨亚军、孔晓军、秦　哲、焦增华、杜文斌	中国农业科学院兰州畜牧与兽药研究所
915	一种简易阉鸡用保定装置	实用新型	2016. 10. 5	CN205612583U	程富胜、张继瑜、周绪正、李　冰、魏小娟、牛建荣、刘　宇、张　霞	中国农业科学院兰州畜牧与兽药研究所

（续表）

序号	专利名称	专利类别	公开（公告）日	公开（公告）号	发明人	专利权人
916	一种围栏门的栓扣装置	实用新型	2016. 11. 9	CN205671198U	孙晓萍、刘建斌、岳耀敬、杨博辉、郭　健、郭婷婷、袁　超、冯瑞林、牛春蛾	中国农业科学院兰州畜牧与兽药研究所
917	一种组织立体切取装置	实用新型	2016. 11. 9	CN205672040U	张世栋、董书伟、王东升、严作廷、杨志强	中国农业科学院兰州畜牧与兽药研究所
918	一种家畜用通道式电子秤	实用新型	2016. 10. 5	CN205620009U	孙晓萍、刘建斌、岳耀敬、杨博辉、高雅琴、郭婷婷、袁　超、褚　敏、王宏博、郭　宪、丁学智、李维红、裴　杰、包鹏甲、冯瑞林	中国农业科学院兰州畜牧与兽药研究所
919	毛绒样品手排长度排图辅助器	实用新型	2016. 10. 5	CN205619913U	梁丽娜、郭天芬、高雅琴、李维红、杜天庆、熊　琳、杨晓玲	中国农业科学院兰州畜牧与兽药研究所
920	一种纸巾架	实用新型	2016. 10. 5	CN205611473U	张景艳、王　磊、王旭荣、张　康、张　凯、李建喜、孟嘉仁	中国农业科学院兰州畜牧与兽药研究所
921	一种简便式皮革、毛皮切粒器	实用新型	2016. 4. 13	CN205152249U	梁丽娜、郭天芬、高雅琴、熊　琳、李维红、杜天庆、杨晓玲	中国农业科学院兰州畜牧与兽药研究所
922	一种精粗饲料压块成型机	实用新型	2016. 11. 16	CN205682397U	朱新书、王宏博、包鹏甲	中国农业科学院兰州畜牧与兽药研究所

（续表）

序号	专利名称	专利类别	公开（公告）日	公开（公告）号	发明人	专利权人
923	一种实验室容量瓶放置架	实用新型	2016. 11. 16	CN205684069U	严作廷、杨红早、王东升、张世栋、董书伟、闫宝琪、桑梦琪、那立冬	中国农业科学院兰州畜牧与兽药研究所
924	一种多层 Z 形试管架	实用新型	2016. 11. 16	CN205684080U	魏小娟、张继瑜、王松泰、周绪正、程富胜、李　冰、牛建荣	中国农业科学院兰州畜牧与兽药研究所
925	一种细口瓶清洗刷	实用新型	2016. 10. 5	CN205612041U	王春梅、田福平、王晓力、贺洞杰、李　湛、张　茜、米　莉、朱新强、夏曾润、张怀山	中国农业科学院兰州畜牧与兽药研究所
926	一种可重复利用的绿化带防冻支架	实用新型	2016. 9. 28	CN205596760U	李润林、董鹏程、田福平、王　瑜、路　远、胡　宇、朱新强	中国农业科学院兰州畜牧与兽药研究所
927	一种畜禽圈舍消毒车	实用新型	2016. 11. 9	CN205672269U	孙晓萍、刘建斌、岳耀敬、杨博辉、高雅琴、郭婷婷、袁　超、褚　敏、王宏博、郭　宪、丁学智、李维红、裴　杰、包鹏甲、冯瑞林	中国农业科学院兰州畜牧与兽药研究所
928	一种活动式辅助试管夹	实用新型	2016. 10. 5	CN205613456U	程富胜、张继瑜、周绪正、刘　宇、李　冰、魏小娟、牛建荣	中国农业科学院兰州畜牧与兽药研究所

（续表）

序号	专利名称	专利类别	公开（公告）日	公开（公告）号	发明人	专利权人
929	一种不锈钢研钵器	实用新型	2016. 10. 19	CN205650306U	张景艳、王　磊、王旭荣、李建喜、王学智、张　凯、张　康、孟嘉仁	中国农业科学院兰州畜牧与兽药研究所
930	一种检测肉样嫩度用水浴加热样品盛放装置	实用新型	2016. 6. 15	CN205317563U	梁丽娜、郭天芬、高雅琴、杜天庆、李维红、熊　琳、杨晓玲	中国农业科学院兰州畜牧与兽药研究所
931	一种便于清理的牛舍	实用新型	2016. 11. 16	CN205682128U	朱新书、王宏博、包鹏甲	中国农业科学院兰州畜牧与兽药研究所
932	一种羊只绑定装置	实用新型	2016. 11. 9	CN205672101U	熊　琳、阎　萍、李维红、杨晓玲、高雅琴	中国农业科学院兰州畜牧与兽药研究所
933	一种样品取样架	实用新型	2016. 10. 5	CN205620154U	李维红、高雅琴、熊　琳、杨晓玲、杜天庆、梁丽娜、郭天芬	中国农业科学院兰州畜牧与兽药研究所
934	一种牛羊双层保温棚架装置	实用新型	2016. 8. 3	CN205409006U	郭　宪、褚　敏、阎　萍、丁学智、裴　杰、包鹏甲、梁春年、吴晓云	中国农业科学院兰州畜牧与兽药研究所
935	一种展示电泳槽装置	实用新型	2016. 10. 12	CN205643242U	张世栋、王东升、董书伟、严作廷	中国农业科学院兰州畜牧与兽药研究所
936	一种转盘式挤奶台奶牛防坠落链	实用新型	2016. 12. 7	CN205756224U	孔晓军、杨亚军、李世宏、刘希望、秦　哲、杜文斌、焦增华	中国农业科学院兰州畜牧与兽药研究所

（续表）

序号	专利名称	专利类别	公开（公告）日	公开（公告）号	发明人	专利权人
937	一种新型培养皿刷	实用新型	2016. 11. 23	CN205696399U	杨　珍、尚若峰、梁剑平、刘　宇、郝宝成、王学红、王　玲、郭志廷、郭文柱	中国农业科学院兰州畜牧与兽药研究所
938	一种采集乳样的旋转式漏斗	实用新型	2016. 10. 19	CN205656038U	罗金印、李新圃、李宏胜、杨　峰	中国农业科学院兰州畜牧与兽药研究所
939	一种液相色谱保护柱固定架	实用新型	2016. 11. 2	CN205670141U	李　冰、张继瑜、崔俊涛、周绪正、魏小娟、程富胜、牛建荣、杨亚军、李剑勇	中国农业科学院兰州畜牧与兽药研究所
940	一种草原灭鼠的装置	实用新型	2016. 12. 7	CN205756823U	孙晓萍、刘建斌、岳耀敬、杨博辉、郭　健、郭婷婷、袁　超、冯瑞林、牛春娥	中国农业科学院兰州畜牧与兽药研究所
941	一种多功能显示器托架	实用新型	2016. 10. 5	CN205612069U	李　冰、张继瑜、崔俊涛、周绪正、魏小娟、程富胜、牛建荣、杨亚军、李剑勇	中国农业科学院兰州畜牧与兽药研究所
942	一种马福炉排烟装置	实用新型	2016. 10. 26	CN205664689U	熊　琳、李维红、阎　萍、杨晓玲、高雅琴	中国农业科学院兰州畜牧与兽药研究所
943	一种可伸缩式插地标签牌	实用新型	2016. 11. 16	CN205692466U	张　茜、王晓力、尉秋实、田福平、王春梅、路　远、朱新强、胡　宇	中国农业科学院兰州畜牧与兽药研究所

（续表）

序号	专利名称	专利类别	公开（公告）日	公开（公告）号	发明人	专利权人
944	一种实验室用可排水晾置架	实用新型	2016. 10. 12	CN205628019U	褚　敏、吴晓云、阎　萍、郭　宪、梁春年、裴　杰、丁学智、包鹏甲	中国农业科学院兰州畜牧与兽药研究所
945	一种开孔式可分隔微量冻存管	实用新型	2016. 11. 9	CN205671353U	褚　敏、吴晓云、阎　萍、郭　宪、梁春年、裴　杰、丁学智、包鹏甲	中国农业科学院兰州畜牧与兽药研究所
946	一种简易一次性过滤装置	实用新型	2016. 10. 5	CN205613112U	李维红、高雅琴、熊　琳、杨晓玲、杜天庆、梁丽娜、郭天芬	中国农业科学院兰州畜牧与兽药研究所
947	一种多功能 PCR 加样装置	实用新型	2016. 9. 21	CN205590669U	贺洞杰、郭慧琳、贺奋义、朱新强、张登基、车小蛟、王晓力、王春梅、胡　宇、杨　晓、路　远、张　茜	中国农业科学院兰州畜牧与兽药研究所
948	用于毛皮等级鉴定的长度测量装置	实用新型	2016. 10. 12	CN205642220U	高雅琴、王宏博、杜天庆、梁丽娜、李维红、郭天芬、熊　琳、杨晓玲	中国农业科学院兰州畜牧与兽药研究所
949	一种培养皿挑菌装置	实用新型	2016. 10. 19	CN205653456U	贺洞杰、郭慧琳、贺奋义、朱新强、张登基、车小蛟、王小力、王春梅、胡　宇、杨　晓、路　远、张　茜	中国农业科学院兰州畜牧与兽药研究所

（续表）

序号	专利名称	专利类别	公开（公告）日	公开（公告）号	发明人	专利权人
950	一种犊牛转运车	实用新型	2016. 10. 26	CN205661468U	张景艳、张　凯、王　磊、张　康、王旭荣、李建喜、王学智、孟嘉仁	中国农业科学院兰州畜牧与兽药研究所
951	一种自动洗根器	实用新型	2016. 10. 19	CN205650517U	李润林、董鹏程、田福平、王　瑜、路　远、胡　宇、朱新强	中国农业科学院兰州畜牧与兽药研究所
952	一种火棉胶滴涂瓶	实用新型	2016. 10. 5	CN205620202U	梁丽娜、郭天芬、高雅琴、李维红、杜天庆、熊　琳、杨晓玲	中国农业科学院兰州畜牧与兽药研究所
953	一种牦牛专用采血针	实用新型	2016. 10. 12	CN205625947U	褚　敏、吴晓云、阎　萍、郭　宪、梁春年、裴　杰、丁学智、包鹏甲	中国农业科学院兰州畜牧与兽药研究所
954	一种杯土一体育苗盘	实用新型	2016. 10. 5	CN205611371U	王春梅、李锦华、袁惠君、王晓力、张　茜、路　远、李　湛、朱新强、贺洞杰、杨红善	中国农业科学院兰州畜牧与兽药研究所
955	放置羊毛用重量盒	实用新型	2016. 10. 5	CN205620007U	李维红、高雅琴、熊　琳、杨晓玲、杜天庆、梁丽娜、郭天芬	中国农业科学院兰州畜牧与兽药研究所
956	一种实验室用离心管恒温装置	实用新型	2016. 8. 3	CN205413079U	郭　宪、丁学智、阎　萍、裴　杰、褚　敏、包鹏甲、梁春年、吴晓云	中国农业科学院兰州畜牧与兽药研究所

（续表）

序号	专利名称	专利类别	公开（公告）日	公开（公告）号	发明人	专利权人
957	一种新型的动物软组织切样储存盒	实用新型	2016. 10. 12	CN205642881U	褚　敏、吴晓云、阎　萍、郭　宪、梁春年、裴　杰、丁学智、包鹏甲	中国农业科学院兰州畜牧与兽药研究所
958	一种动物组织样品存放盒	实用新型	2016. 10. 5	CN205615967U	李　冰、张继瑜、崔俊涛、周绪正、魏小娟、程富胜、牛建荣、杨亚军、李剑勇	中国农业科学院兰州畜牧与兽药研究所
959	一种可变色的培养皿	实用新型	2016. 12. 7	CN205774518U	魏小娟、张继瑜、程富胜、周绪正、李　冰、牛建荣、郭全禄、李剑勇	中国农业科学院兰州畜牧与兽药研究所
960	一种简易便捷的微生物培养盒	实用新型	2016. 3. 9	CN205077042U	王晓力、朱新强、王春梅、张　茜、李剑秋、杨红岩、王欣瑞	中国农业科学院兰州畜牧与兽药研究所
961	一种可准确移液的称量瓶	实用新型	2016. 8. 17	CN205462300U	焦增华、李剑勇、杨亚军、刘希望、李世宏、孔晓军、秦　哲、杜文斌	中国农业科学院兰州畜牧与兽药研究所
962	一种真空吸附植物种子数粒的装置	实用新型	2016. 9. 28	CN205608765U	张　茜、王晓力、尉秋实、田福平、王春梅、路　远、朱新强、胡　宇	中国农业科学院兰州畜牧与兽药研究所
963	一种植物光控培养架	实用新型	2016. 9. 14	CN205567190U	王春梅、李锦华、王晓力、朱新强、张　茜、路　远、杨红善、胡　宇、周学辉、贺洞杰	中国农业科学院兰州畜牧与兽药研究所

（续表）

序号	专利名称	专利类别	公开（公告）日	公开（公告）号	发明人	专利权人
964	一种琼脂培养基制备瓶	实用新型	2016. 1. 6	CN204939472U	王　玲、杨　峰、牛建荣、李宏胜、郭文柱、郭志廷、魏小娟、杨　珍	中国农业科学院兰州畜牧与兽药研究所
965	一种代谢笼尿液收集连接装置	实用新型	2016. 1. 6	CN204944898U	杨亚军、孔晓军、刘希望、李剑勇、李世宏、秦　哲、杜文斌	中国农业科学院兰州畜牧与兽药研究所
966	一种用于微生物染色的载玻片	实用新型	2016. 6. 1	CN205281008U	张　哲、李宏胜、杨　峰、李庆胜、李新圃、罗金印、崔亚雄、刘龙海	中国农业科学院兰州畜牧与兽药研究所
967	一种野外称量辅助装置	实用新型	2016. 9. 28	CN205607516U	李润林、董鹏程、田福平、王　瑜、路　远、胡　宇、朱新强	中国农业科学院兰州畜牧与兽药研究所
968	一种新型薄层展开缸	实用新型	2016. 8. 17	CN205484235U	杨　珍、梁剑平、刘　宇、郝宝成、尚若峰、王学红、王　玲、郭文柱、郭志廷	中国农业科学院兰州畜牧与兽药研究所
969	一种具有过滤功能的离心管套装	实用新型	2016. 8. 17	CN205462316U	熊　琳、李维红、阎　萍、杨晓玲、高雅琴	中国农业科学院兰州畜牧与兽药研究所
970	一种自行式羊只饮水车	实用新型	2016. 9. 7	CN205546915U	熊　琳、阎　萍、李维红、杨晓玲、高雅琴	中国农业科学院兰州畜牧与兽药研究所
971	一种简易搅拌装置	实用新型	2016. 9. 14	CN205570190U	郭天芬、梁丽娜、高雅琴、杜天庆、牛春娥、杨晓玲	中国农业科学院兰州畜牧与兽药研究所

（续表）

序号	专利名称	专利类别	公开（公告）日	公开（公告）号	发明人	专利权人
972	一种大肠杆菌转化实验热激冰浴装置	实用新型	2016. 9. 21	CN205590665U	贺洞杰、郭慧琳、朱新强、王春梅、胡　宇、杨　晓、路　远、车小姣、张登基、张　茜、王晓力	中国农业科学院兰州畜牧与兽药研究所
973	一种串联式过滤装置	实用新型	2016. 8. 31	CN205516793U	熊　琳、李维红、阎　萍、杨晓玲、高雅琴	中国农业科学院兰州畜牧与兽药研究所
974	一种用于防止血平板制作时产生气泡的容器	实用新型	2016. 9. 7	CN205562233U	刘龙海、李宏胜、杨　峰、李庆胜、罗金印、李新圃、张　哲、崔亚雄	中国农业科学院兰州畜牧与兽药研究所
975	一种分层取土器	实用新型	2016. 1. 20	CN204988773U	路　远、田福平、胡　宇、张　茜、贺洞杰、张小甫、朱新强、杨　晓	中国农业科学院兰州畜牧与兽药研究所
976	一种适用于小面积种植的开沟工具	实用新型	2016. 4. 27	CN205179692U	朱新强、李锦华、王晓力、王永刚、王春梅、路　远、田福平、贺洞杰	中国农业科学院兰州畜牧与兽药研究所
977	一种手动匀浆器	实用新型	2016. 9. 7	CN205556670U	张世栋、董书伟、王东升、严作廷、杨志强	中国农业科学院兰州畜牧与兽药研究所
978	锥形瓶架	实用新型	2016. 2. 10	CN205024202U	艾　鑫、尚若峰、衣云鹏	中国农业科学院兰州畜牧与兽药研究所
979	一种防回流药浴瓶	实用新型	2016. 8. 31	CN205515035U	罗金印、李新圃、李宏胜、杨　峰	中国农业科学院兰州畜牧与兽药研究所

（续表）

序号	专利名称	专利类别	公开（公告）日	公开（公告）号	发明人	专利权人
980	一种用于干燥失重和水分测定的烘箱隔板	实用新型	2016. 8. 31	CN205537087U	焦增华、李剑勇、杨亚军、刘希望、李世宏、秦　哲、杜文斌	中国农业科学院兰州畜牧与兽药研究所
981	一种用于保定羊的羊栏	实用新型	2016. 8. 17	CN205455225U	郭　健、冯瑞林、刘建斌、岳耀敬、袁　超、郭婷婷、牛春娥、杨博辉、孙晓萍	中国农业科学院兰州畜牧与兽药研究所
982	一种高通量植物固液培养装置	实用新型	2016. 1. 6	CN204939495U	王晓力、王春梅、朱新强、张　茜、李剑秋、王欣瑞	中国农业科学院兰州畜牧与兽药研究所
983	一种污水样品取样器	实用新型	2016. 8. 17	CN205483678U	郭天芬、高雅琴、梁丽娜、牛春娥、杜天庆、杨晓玲	中国农业科学院兰州畜牧与兽药研究所
984	奶牛用便携式乳房清洗装置	实用新型	2016. 5. 4	CN205196580U	罗金印、李新圃、李宏胜、杨　峰	中国农业科学院兰州畜牧与兽药研究所
985	一种容量瓶固定装置	实用新型	2016. 9. 28	CN205599197U	熊　琳、李维红、阎　萍、杨晓玲、高雅琴	中国农业科学院兰州畜牧与兽药研究所
986	一种配对式离心管	实用新型	2016. 9. 7	CN205550326U	张世栋、王东升、董书伟、严作廷	中国农业科学院兰州畜牧与兽药研究所
987	一种防倒吸抽真空装置	实用新型	2016. 8. 17	CN205462126U	熊　琳、李维红、阎　萍、杨晓玲、高雅琴	中国农业科学院兰州畜牧与兽药研究所
988	一种新型多功能开盖器	实用新型	2016. 5. 25	CN205257951U	黄　鑫、郝宝成、高旭东、郭文柱、王学红、刘　宇、梁剑平	中国农业科学院兰州畜牧与兽药研究所

（续表）

序号	专利名称	专利类别	公开（公告）日	公开（公告）号	发明人	专利权人
989	一种集成式洗毛池	实用新型	2016. 8. 31	CN205518782U	熊　琳、阎　萍、李维红、杨晓玲、高雅琴	中国农业科学院兰州畜牧与兽药研究所
990	一种可拆卸试管架	实用新型	2016. 8. 17	CN205462369U	熊　琳、李维红、阎　萍、杨晓玲、高雅琴	中国农业科学院兰州畜牧与兽药研究所
991	一种新型细菌冻干管	实用新型	2016. 9. 7	CN205556664U	李宏胜、杨　峰、李新圃、罗金印、崔亚雄、张　哲、刘龙海	中国农业科学院兰州畜牧与兽药研究所
992	一种变形软尺	实用新型	2016. 7. 27	CN205403663U	李维红、高雅琴、熊　琳、杜天庆、梁丽娜、杨晓玲、郭天芬	中国农业科学院兰州畜牧与兽药研究所
993	一种冰柜样品存放架	实用新型	2016. 3. 2	CN205066313U	梁丽娜、高雅琴、郭天芬、杜天庆、李维红	中国农业科学院兰州畜牧与兽药研究所
994	一种天平用试管架	实用新型	2016. 3. 2	CN205056075U	梁丽娜、郭天芬、高雅琴、李维红、杨晓玲	中国农业科学院兰州畜牧与兽药研究所
995	一种多功能松土施肥装置	实用新型	2016. 8. 31	CN205510735U	贺泂杰、郭慧琳、朱新强、胡　宇、杨　晓、路　远、车小姣、张登基、张　茜、王晓力、王春梅	中国农业科学院兰州畜牧与兽药研究所
996	一种强腐蚀性消毒剂分装器	实用新型	2016. 8. 17	CN205470173U	焦增华、李剑勇、杨亚军、刘希望、李世宏、孔晓军、秦　哲	中国农业科学院兰州畜牧与兽药研究所

（续表）

序号	专利名称	专利类别	公开（公告）日	公开（公告）号	发明人	专利权人
997	一种保存展示柜	实用新型	2016. 1. 13	CN204950255U	李　冰、张继瑜、周绪正、牛建荣、魏小娟、杨亚军、程富胜、崔俊涛、李建勇	中国农业科学院兰州畜牧与兽药研究所
998	一种放牧绵羊的围栏	实用新型	2016. 3. 30	CN205116940U	孙晓萍、刘建斌、岳耀敬、杨博辉、高雅琴、郭婷婷、袁　超、褚　敏、王宏博、郭　宪、丁学智、李卫红、裴　杰、包鹏甲、冯瑞林	中国农业科学院兰州畜牧与兽药研究所
999	一种羊只药浴车	实用新型	2016. 8. 31	CN205515036U	熊　琳、李维红、阎　萍、杨晓玲、高雅琴	中国农业科学院兰州畜牧与兽药研究所
1000	一种奶牛隐性乳房炎诊断盘	实用新型	2016. 8. 31	CN205538978U	李世宏、李剑勇、杨亚军、刘希望、秦　哲、孔晓军、焦增华、杜文斌	中国农业科学院兰州畜牧与兽药研究所
1001	一种取样勺	实用新型	2016. 3. 2	CN205056057U	梁丽娜、郭天芬、高雅琴、李维红、杜天庆	中国农业科学院兰州畜牧与兽药研究所
1002	一种简易鼠笼搬运车	实用新型	2016. 1. 13	CN204956548U	董鹏程、李润林	中国农业科学院兰州畜牧与兽药研究所
1003	一种不干胶式植物用标签	实用新型	2016. 9. 14	CN205582369U	张　茜、尉秋实、王晓力、王春梅、田福平、贺洞杰、路　远、胡　宇、朱新强	中国农业科学院兰州畜牧与兽药研究所

（续表）

序号	专利名称	专利类别	公开（公告）日	公开（公告）号	发明人	专利权人
1004	一种多层装羊卸羊装置	实用新型	2016. 8. 17	CN205471756U	郭 健、岳耀敬、袁 超、牛春娥、冯瑞林、刘建斌、郭婷婷、孙晓萍、杨博辉	中国农业科学院兰州畜牧与兽药研究所
1005	一种实验台防尘罩	实用新型	2016. 8. 17	CN205462351U	李润林、董鹏程、王 瑜、田福平	中国农业科学院兰州畜牧与兽药研究所
1006	一种细菌冻干管密封盖	实用新型	2016. 8. 24	CN205501305U	李宏胜、杨 峰、李新圃、罗金印、崔亚雄、张 哲、刘龙海	中国农业科学院兰州畜牧与兽药研究所
1007	一种 SDS-PAGE 制胶装置	实用新型	2016. 8. 17	CN205462309U	贺洞杰、郭慧琳、朱新强、胡 宇、杨 晓、路 远、车小姣、张登基、张 茜、王晓力、王春梅	中国农业科学院兰州畜牧与兽药研究所
1008	一种不锈钢酒精灯	实用新型	2016. 6. 1	CN205279077U	李宏胜、李新圃、李庆胜、杨 峰、罗金印、崔亚雄、张 哲、刘龙海	中国农业科学院兰州畜牧与兽药研究所
1009	一种毛绒分离器 Pile separator	实用新型	2016. 9. 7	CN205556871U	熊 琳、李维红、阎 萍、杨晓玲、高雅琴	中国农业科学院兰州畜牧与兽药研究所
1010	一种羊毛长度测量板	实用新型	2016. 8. 24	CN205505924U	李维红、高雅琴、熊 琳、杜天庆、梁丽娜、郭天芬、杨晓玲	中国农业科学院兰州畜牧与兽药研究所

（续表）

序号	专利名称	专利类别	公开（公告）日	公开（公告）号	发明人	专利权人
1011	一种烧杯托	实用新型	2016. 4. 13	CN205146275U	梁丽娜、郭天芬、高雅琴、熊　琳、李维红、杜天庆、杨晓玲	中国农业科学院兰州畜牧与兽药研究所
1012	一种凝胶夹取钳	实用新型	2016. 9. 21	CN205588177U	魏小娟、张继瑜、周绪正、李　冰、程富胜、王　玲、牛建荣、郭全禄	中国农业科学院兰州畜牧与兽药研究所
1013	一种毛绒检测辅助装置	实用新型	2016. 5. 18	CN205246430U	梁丽娜、高雅琴、郭天芬、李维红、杜天庆	中国农业科学院兰州畜牧与兽药研究所
1014	一种简易扣锁	实用新型	2016. 9. 7	CN205558546U	程富胜、张继瑜、周绪正、李　冰、魏小娟、牛建荣、刘　宇、张　霞	中国农业科学院兰州畜牧与兽药研究所
1015	一种多通道加液器	实用新型	2016. 8. 17	CN205462307U	熊　琳、李维红、阎　萍、杨晓玲、高雅琴	中国农业科学院兰州畜牧与兽药研究所
1016	一种便携式呼吸机	实用新型	2016. 8. 31	CN205516053U	熊　琳、李维红、阎　萍、杨晓玲、高雅琴	中国农业科学院兰州畜牧与兽药研究所
1017	一种方便羊群喂食的羊舍	实用新型	2016. 8. 24	CN205492051U	郭　健、郭婷婷、牛春娥、刘建斌、冯瑞林、岳耀敬、孙晓萍、袁　超、杨博辉	中国农业科学院兰州畜牧与兽药研究所
1018	一种植物标本盒	实用新型	2016. 1. 20	CN204979770U	路　远、田福平、胡　宇、张　茜、贺洞杰、朱新强、王晓力、张小甫	中国农业科学院兰州畜牧与兽药研究所

（续表）

序号	专利名称	专利类别	公开（公告）日	公开（公告）号	发明人	专利权人
1019	一种实验室用辅助匀浆杯	实用新型	2016. 6. 8	CN205288452U	郝宝成、高旭东、黄　鑫、叶永丽、梁剑平、王学红、郭文柱、刘　宇、尚若锋、杨　珍	中国农业科学院兰州畜牧与兽药研究所
1020	一种细菌冻干管加样器	实用新型	2016. 6. 1	CN205275578U	张　哲、李宏胜、杨　峰、李庆胜、李新圃、罗金印、王东升、王旭荣	中国农业科学院兰州畜牧与兽药研究所
1021	一种多用移液器吸头	实用新型	2016. 8. 17	CN205462310U	褚　敏、吴晓云、阎　萍、郭　宪、梁春年、裴　杰、丁学智、包鹏甲	中国农业科学院兰州畜牧与兽药研究所
1022	一种传感器保护装置	实用新型	2016. 8. 17	CN205484333U	李润林、董鹏程、王　瑜、田福平	中国农业科学院兰州畜牧与兽药研究所
1023	一种用于采集仔猪粪便的采样衣	实用新型	2016. 8. 24	CN205506431U	李昱辉、蒲万霞、徐进强	中国农业科学院兰州畜牧与兽药研究所
1024	一种牛饲养用喂料槽	实用新型	2016. 8. 17	CN205455235U	朱新书、王宏博、包鹏甲	中国农业科学院兰州畜牧与兽药研究所
1025	一种简易羊毛手排长度仪	实用新型	2016. 7. 27	CN205399037U	李维红、高雅琴、熊　琳、杜天庆、梁丽娜、杨晓玲、郭天芬	中国农业科学院兰州畜牧与兽药研究所

（续表）

序号	专利名称	专利类别	公开（公告）日	公开（公告）号	发明人	专利权人
1026	一种羔羊保温房	实用新型	2016. 8. 17	CN205455199U	郭 健、牛春娥、岳耀敬、郭婷婷、刘建斌、冯瑞林、孙晓萍、袁 超、杨博辉	中国农业科学院兰州畜牧与兽药研究所
1027	一种 96 孔板底部保护架	实用新型	2016. 8. 3	CN205426922U	王东升、张世栋、那立冬、董书伟、严作廷、尚小飞	中国农业科学院兰州畜牧与兽药研究所
1028	一种养殖场兽医用输液支架	实用新型	2016. 3. 23	CN205094672U	董书伟、闫宝琪、张世栋、王东升、严作廷、杨志强、那立冬	中国农业科学院兰州畜牧与兽药研究所
1029	一种带刻度尺的取样铲	实用新型	2016. 6. 8	CN205300973U	郭天芬、牛春娥、高雅琴、梁丽娜、杨晓玲、杜天庆	中国农业科学院兰州畜牧与兽药研究所
1030	一种简易多层梯形草样晾晒架	实用新型	2016. 8. 3	CN205408684U	周学辉、杨红善、路 远、王晓力、王春梅、张学龙	中国农业科学院兰州畜牧与兽药研究所
1031	一种田间试验用组合式多功能简易工作台	实用新型	2016. 1. 20	CN204970135U	周学辉、杨红善、常根柱、王晓力、王春梅、张学农	中国农业科学院兰州畜牧与兽药研究所
1032	一种便于羊群分拨养殖的羊舍	实用新型	2016. 9. 28	CN205596825U	郭 健、冯瑞林、刘建斌、岳耀敬、袁 超、郭婷婷、牛春娥、杨博辉、孙晓萍	中国农业科学院兰州畜牧与兽药研究所
1033	一种便携式小区划线器	实用新型	2016. 3. 2	CN205058018U	胡 宇、田福平、路 远、朱新强、贺洞杰、张 茜、时永杰、张小甫、王春梅、周 恒、陈 璐	中国农业科学院兰州畜牧与兽药研究所

（续表）

序号	专利名称	专利类别	公开（公告）日	公开（公告）号	发明人	专利权人
1034	一种在超净工作台内使用的废弃物消毒桶	实用新型	2016.8.10	CN205434463U	张　哲、李宏胜、杨　峰、李新圃、罗金印、崔雅雄、刘龙海	中国农业科学院兰州畜牧与兽药研究所
1035	一种移动喷灌装置	实用新型	2016.8.17	CN205455067U	李润林、董鹏程、王　瑜、田福平	中国农业科学院兰州畜牧与兽药研究所
1036	一种可变形洗瓶刷	实用新型	2016.9.28	CN205597443U	褚　敏、吴晓云、阎　萍、郭　宪、梁春年、裴　杰、丁学智、包鹏甲	中国农业科学院兰州畜牧与兽药研究所
1037	一种锥形瓶夹	实用新型	2016.9.7	CN205556643U	徐进强、蒲万霞、李昱辉	中国农业科学院兰州畜牧与兽药研究所
1038	一种分隔式微量冻存管	实用新型	2016.8.31	CN205511881U	褚　敏、吴晓云、阎　萍、郭　宪、梁春年、裴　杰、丁学智、包鹏甲	中国农业科学院兰州畜牧与兽药研究所
1039	一种牛粪清理车	实用新型	2016.9.28	CN205596828U	熊　琳、阎　萍、李维红、杨晓玲、高雅琴	中国农业科学院兰州畜牧与兽药研究所
1040	一种适合于薄层层析板烘干的干燥箱	实用新型	2016.8.17	CN205482174U	焦增华、李剑勇、杨亚军、刘希望、李世宏、孔晓军、秦　哲	中国农业科学院兰州畜牧与兽药研究所

（续表）

序号	专利名称	专利类别	公开（公告）日	公开（公告）号	发明人	专利权人
1041	一种大家畜运输的装卸车装置	实用新型	2016. 3. 30	CN205113103U	孙晓萍、刘建斌、岳耀敬、杨博辉、高雅琴、郭婷婷、袁　超、褚　敏、王宏博、郭　宪、丁学智、李卫红、裴　杰、包鹏甲、冯瑞林	中国农业科学院兰州畜牧与兽药研究所
1042	一种实验室用匀浆杯	实用新型	2016. 9. 7	CN205550153U	郝宝成、高旭东、黄　鑫、梁剑平、王学红、刘　宇、郭文柱、尚若锋、杨　珍	中国农业科学院兰州畜牧与兽药研究所
1043	一种新型牛用耳标	实用新型	2016. 9. 14	CN205567423U	朱新书、王宏博、包鹏甲	中国农业科学院兰州畜牧与兽药研究所
1044	一种组合式羊舍	实用新型	2016. 1. 20	CN204968857U	郭　健、岳耀敬、袁　超、刘建斌、郭婷婷、冯瑞林、牛春娥、孙晓萍、杨博辉	中国农业科学院兰州畜牧与兽药研究所
1045	一种奶样采集检测装置	实用新型	2016. 8. 3	CN205426565U	罗金印、李新圃、李宏胜、杨　峰	中国农业科学院兰州畜牧与兽药研究所
1046	一种牧草幼苗移栽器	实用新型	2016. 8. 3	CN205408529U	周学辉、杨红善、路　远、王晓力、王春梅、张学龙	中国农业科学院兰州畜牧与兽药研究所
1047	一种可活动的简易种子样品陈列架	实用新型	2016. 8. 17	CN205457653U	周学辉、杨红善、路　远、王晓力、王春梅、张学龙	中国农业科学院兰州畜牧与兽药研究所

（续表）

序号	专利名称	专利类别	公开（公告）日	公开（公告）号	发明人	专利权人
1048	一种实验室培养皿放置装置	实用新型	2016. 8. 17	CN205473723U	杨　珍、梁剑平、刘　宇、郝宝成、尚若峰、王学红、王　玲、郭志廷、郭文柱	中国农业科学院兰州畜牧与兽药研究所
1049	一种培养基盛放瓶	实用新型	2016. 9. 21	CN205590698U	魏小娟、张继瑜、周绪正、李　冰、程富胜、牛建荣、郭全禄、李剑勇	中国农业科学院兰州畜牧与兽药研究所
1050	重组猪细小病毒 VP2 蛋白、表达该蛋白的重组多角体病毒及其在疫苗制备和病毒诊断中的应用	发明专利	2016. 11. 30	CN103936839B	崔尚金	中国农业科学院哈尔滨兽医研究所、哈尔滨动物生物制品国家工程研究中心有限公司
1051	鸡白介素-18 单克隆抗体及其制备方法和应用	发明专利	2016. 6. 8	CN103589690B	韩凌霞、文辉强、廉传江、司昌德、林　欢、陈洪岩	中国农业科学院哈尔滨兽医研究所、哈尔滨动物生物制品国家工程研究中心有限公司
1052	抗猪瘟病毒感染的 siRNA 及其应用	发明专利	2016. 6. 8	CN104059914B	仇华吉、申　梁、李永锋、孙　元、李　素、罗玉子	中国农业科学院哈尔滨兽医研究所
1053	一种以 *vtaA9* 基因为靶点的引物组及其在副猪嗜血杆菌鉴别和诊断中的应用	发明专利	2016. 6. 22	CN103789422B	张艳禾	中国农业科学院哈尔滨兽医研究所

（续表）

序号	专利名称	专利类别	公开（公告）日	公开（公告）号	发明人	专利权人
1054	一种 H3N2 亚型犬流感病毒灭活疫苗及其制备方法和应用	发明专利	2016. 8. 31	CN103937752B	刘大飞、刘春国、程　景、张洪英、曲连东	中国农业科学院哈尔滨兽医研究所
1055	重组犬流感病毒毒株、其制备方法及由其制备得到的疫苗	发明专利	2016. 8. 31	CN103881983B	刘　明、刘春国、刘大飞、张　云	中国农业科学院哈尔滨兽医研究所
1056	抗蓝舌病病毒血清16 型 VP2 蛋白单克隆抗体 BTV16-2B4 及其识别的 B 细胞表位和应用	发明专利	2016. 7. 6	CN103740649B	吴东来、徐青元、孙恩成、杨　涛	中国农业科学院哈尔滨兽医研究所
1057	用于检测马传染性贫血病毒 p26 蛋白的试剂盒及其用途	发明专利	2016. 3. 30	CN104020294B	王晓钧、胡　哲、林跃智、周建华	中国农业科学院哈尔滨兽医研究所
1058	表达分泌型鸭坦布苏病毒 E 蛋白的重组鸭病毒性肠炎病毒疫苗的构建和应用	发明专利	2016. 4. 13	CN103667198B	陈化兰、柳金雄、陈普成、姜永萍	中国农业科学院哈尔滨兽医研究所
1059	表达分泌型鸭坦布苏病毒 M/E 蛋白的重组鸭病毒性肠炎病毒疫苗的构建和应用	发明专利	2016. 4. 13	CN103667197B	陈化兰、柳金雄、陈普成、姜永萍	中国农业科学院哈尔滨兽医研究所

（续表）

序号	专利名称	专利类别	公开（公告）日	公开（公告）号	发明人	专利权人
1060	表达H5N1亚型禽流感病毒HA基因的重组火鸡疱疹病毒	发明专利	2016. 4. 6	CN103740759B	陈化兰、陈普成、柳金雄、姜永萍、邓国华、施建忠	中国农业科学院哈尔滨兽医研究所
1061	表达萤火虫荧光素酶基因的重组猪瘟病毒及其应用	发明专利	2016. 4. 6	CN104017779B	仇华吉、申　梁、李永锋、孙　元、李　素、罗玉子	中国农业科学院哈尔滨兽医研究所
1062	表达融合外源表位N蛋白的重组小反刍兽疫病毒的构建及应用	发明专利	2016. 1. 20	CN103224914B	步志高、陈伟业	中国农业科学院哈尔滨兽医研究所
1063	一种用于检测I型和IV型马疱疹病毒的双重Eva Green实时荧光定量PCR检测试剂盒及其应用	发明专利	2016. 3. 30	CN103805717B	王晓钧、胡　哲	中国农业科学院哈尔滨兽医研究所
1064	一种伪狂犬灭活疫苗及其制备方法	发明专利	2016. 10. 26	CN103981151B	刘大飞、刘春国、程　景、张洪英、曲连东	中国农业科学院哈尔滨兽医研究所
1065	稳定表达猪瘟病毒E0-E1-E2蛋白的重组BHK细胞系及其在制备猪瘟疫苗与诊断试剂中的应用	发明专利	2016. 5. 18	CN103751773B	华荣虹、步志高	哈尔滨维科生物技术开发公司、中国农业科学院哈尔滨兽医研究所

（续表）

序号	专利名称	专利类别	公开（公告）日	公开（公告）号	发明人	专利权人
1066	稳定表达猪瘟病毒E2蛋白的重组细胞系及其在制备猪瘟亚单位疫苗和诊断试剂中的应用	发明专利	2016. 5. 18	CN103751774B	华荣虹、步志高	哈尔滨维科生物技术开发公司、中国农业科学院哈尔滨兽医研究所
1067	简易的便于存放的会议室用名牌	实用新型	2016. 7. 27	CN205405987U	王萍萍、夏长友、孙百明、石星明、胡文红	中国农业科学院哈尔滨兽医研究所
1068	一种快速鉴别和诊断猪伪狂犬病病毒强弱毒的纳米PCR检测试剂盒及其应用	发明专利	2016. 4. 8	HK1187379A1	崔尚金、仇　铮	中国农业科学院哈尔滨兽医研究所
1069	一种提取苹果属植物树皮组织全蛋白的方法	发明专利	2016. 5. 25	CN103265613B	张彩霞、丛佩华、张利义、康国栋、田　义、王　强、杨　玲	中国农业科学院果树研究所
1070	一种果树枝条粉碎装置	实用新型	2016. 7. 13	CN205379948U	李　壮、杨晓竹、程存刚、安秀红、厉恩茂、李　敏、袁继存、徐　锴、闫　帅、刘尚涛、张修德	中国农业科学院果树研究所
1071	一种用于观察昆虫交配行为的装置	实用新型	2016. 12. 14	CN205794544U	孙丽娜、仇贵生、全林发、张怀江、李艳艳、闫文涛、岳　强	中国农业科学院果树研究所

（续表）

序号	专利名称	专利类别	公开（公告）日	公开（公告）号	发明人	专利权人
1072	一种土壤取样器脚踏式机械助力装置	实用新型	2016. 7. 27	CN205404152U	杨晓竹、程存刚、李　壮、安秀红、厉恩茂、李　敏、闫　帅	中国农业科学院果树研究所
1073	一种设施园艺用保温被导轨式卷放装置	实用新型	2016. 11. 23	CN205694680U	王海波、郝志强、刘凤之、王孝娣、史祥宾、王春海、王志强、王宝亮	中国农业科学院果树研究所
1074	一种果树用简易无土栽培装置	实用新型	2016. 11. 23	CN205694823U	王海波、刘凤之、史祥宾、郝志强、王孝娣、王春海、王志强、王宝亮	中国农业科学院果树研究所
1075	一种设施园艺用保温被屈臂式卷放装置	实用新型	2016. 11. 23	CN205694679U	王海波、郝志强、刘凤之、王孝娣、史祥宾、王春海、王志强、王宝亮	中国农业科学院果树研究所
1076	一种自动检测苹果表面光洁度的装置	实用新型	2016. 8. 31	CN205538651U	李　壮、程存刚、安秀红、厉恩茂、杨晓竹、李　敏、袁继存、徐　锴、闫　帅、刘尚涛、张修德	中国农业科学院果树研究所
1077	一种能精确控制取土分量的钻头装置	实用新型	2016. 8. 17	CN205483644U	杨晓竹、程存刚、李　壮、安秀红、厉恩茂、李　敏、闫　帅	中国农业科学院果树研究所
1078	一种多点负压式茶叶定量分配系统	实用新型	2016. 5. 25	CN205250261U	邓余良、袁海波、尹军峰、江用文、左超仁、刘国强、林瑞松	中国农业科学院茶叶研究所、左超仁、刘国强、林瑞松

（续表）

序号	专利名称	专利类别	公开（公告）日	公开（公告）号	发明人	专利权人
1079	扁形茶连续自动炒制机	实用新型	2016. 8. 31	CN205512048U	邓余良、周捷明、袁海波、滑金杰、江用文	中国农业科学院茶叶研究所、周捷明
1080	一种用于茶叶加工的燃气控制系统	实用新型	2016. 8. 31	CN205535931U	邓余良、周捷明、袁海波、滑金杰、江用文、尹军峰	中国农业科学院茶叶研究所、周捷明
1081	茶树人工杂交花瓣授粉法	发明专利	2016. 4. 6	CN103891601B	王丽鸳、梁金波、崔清梅、张　强、成　浩、韦　康、张成才、阮　丽	中国农业科学院茶叶研究所、恩施土家族苗族自治州农业科学院
1082	工夫红茶揉捻发酵一体机及利用其生产工夫红茶的方法	发明专利	2016. 6. 29	CN104186720B	邓余良、袁海波、余书平、尹军峰、江用文、许勇泉、汪　芳、陈建新、陈根生	中国农业科学院茶叶研究所
1083	一种全自动脱叶针芽形茶加工方法	发明专利	2016. 8. 31	CN103960381B	邓余良、尹军峰、袁海波、许勇泉	中国农业科学院茶叶研究所
1084	茶叶中外源添加 12 种水溶性合成色素的快速简便检测方法	发明专利	2016. 8. 31	CN104483429B	蒋　迎、刘　新、鲁成银、汪庆华、陈红平	中国农业科学院茶叶研究所
1085	一种富集茶多酚的速溶茶粉的制备方法	发明专利	2016. 8. 24	CN104206576B	陈建新、许勇泉、尹军峰、袁海波	中国农业科学院茶叶研究所
1086	一种新型机制龙井茶加工方法	发明专利	2016. 8. 24	CN103960382B	邓余良、尹军峰、袁海波、许勇泉	中国农业科学院茶叶研究所

（续表）

序号	专利名称	专利类别	公开（公告）日	公开（公告）号	发明人	专利权人
1087	一种红茶揉捻适度的判定方法	发明专利	2016. 6. 1	CN103412006B	叶　阳、董春旺、朱宏凯、何华锋、钱园凤、刘　飞、张坚强	中国农业科学院茶叶研究所
1088	一种昆虫诱捕色筛选装置及其制作方法	发明专利	2016. 3. 2	CN103651308B	陈宗懋、边　磊、孙晓玲、陈华才、辛肇军、罗宗秀	中国农业科学院茶叶研究所
1089	一种回甘型绿茶的加工方法	发明专利	2016. 4. 20	CN103947773B	许勇泉、尹军峰、袁海波、邓余良、陈建新、汪　芳、陈根生	中国农业科学院茶叶研究所
1090	一种澄清茶浓缩汁的制备方法	发明专利	2016. 6. 1	CN103999973B	许勇泉、尹军峰、胡雄飞、袁海波、邓余良、陈建新、汪　芳、陈根生	中国农业科学院茶叶研究所
1091	一种特色红茶的加工方法	发明专利	2016. 1. 20	CN103988929B	袁海波、江用文、尹军峰、邓余良、许勇泉、陈根生、汪　芳、陈建新	中国农业科学院茶叶研究所
1092	一种茶树害虫灯光防治系统	发明专利	2016. 1. 20	CN103931587B	陈宗懋、边　磊、孙晓玲、陈华才、辛肇军、罗宗秀	中国农业科学院茶叶研究所
1093	工夫红茶复合萎凋工艺	发明专利	2016. 4. 20	CN103918808B	江和源、张建勇、江用文	中国农业科学院茶叶研究所
1094	一种茶树鲜叶氟含量无损快速确定方法	发明专利	2016. 1. 20	CN103323406B	伊晓云、阮建云、石元值、马立锋	中国农业科学院茶叶研究所

（续表）

序号	专利名称	专利类别	公开（公告）日	公开（公告）号	发明人	专利权人
1095	一种根系培养与形态分布观测的试验装置	实用新型	2016. 12. 28	CN205830505U	颜　鹏、韩文炎、李　鑫、张丽平	中国农业科学院茶叶研究所
1096	一种用于茶叶分析样品快速制作的摊凉回潮装置	实用新型	2016. 12. 28	CN205830969U	马立锋、阮建云、伊晓云、石元值、倪　康、方　丽、刘美雅、张群峰、王　缓	中国农业科学院茶叶研究所
1097	一种用于根系培养与分布测定的根箱试验装置	实用新型	2016. 12. 28	CN205830504U	颜　鹏、韩文炎、李　鑫、张丽平	中国农业科学院茶叶研究所
1098	一种用于茶园的切土装置	实用新型	2016. 1. 20	CN204976751U	马立锋、石元值、伊晓云、阮建云、方　丽、张群峰、刘美雅、倪　康	中国农业科学院茶叶研究所
1099	一种内嵌式电热膜调节柱温的层析柱	实用新型	2016. 8. 24	CN205495033U	张建勇、江和源、王伟伟	中国农业科学院茶叶研究所
1100	一种用于水浴锅中的弹簧支架	实用新型	2016. 8. 24	CN205495632U	江和源、张建勇、王伟伟	中国农业科学院茶叶研究所
1101	一种用于茶叶分析样品快速制作的微波加热架	实用新型	2016. 8. 31	CN205538428U	马立锋、阮建云、石元值、伊晓云、方　丽、刘美雅、张群峰、倪　康、王　缓	中国农业科学院茶叶研究所
1102	一种用于植物代谢组分析的样品前处理装置	实用新型	2016. 1. 20	CN204973953U	张群峰、石元值、马立锋、伊晓云、刘美雅、倪　康、阮建云	中国农业科学院茶叶研究所

（续表）

序号	专利名称	专利类别	公开（公告）日	公开（公告）号	发明人	专利权人
1103	一种茶叶超高温蒸青脱水一体机	实用新型	2016. 4. 20	CN205161760U	邓余良、袁海波、尹军峰、江用文	中国农业科学院茶叶研究所
1104	一种适用于酶纯化的低温层析装置	实用新型	2016. 11. 30	CN205730459U	张建勇、江和源、王伟伟	中国农业科学院茶叶研究所
1105	一种小型双层远红外提香装置	实用新型	2016. 10. 12	CN205624244U	袁海波、邓余良、董春旺、李　佳、滑金杰、陈根生、江用文、尹军峰	中国农业科学院茶叶研究所
1106	一种茶叶摇青设备	实用新型	2016. 8. 31	CN205512078U	江和源、王伟伟、张建勇、江用文	中国农业科学院茶叶研究所
1107	一种茶叶匀叶装置	实用新型	2016. 1. 6	CN204930213U	邓余良、袁海波、尹军峰、江用文、许勇泉	中国农业科学院茶叶研究所
1108	一种高效茶树控释氮肥	实用新型	2016. 1. 13	CN204958753U	马立锋、阮建云、石元值、伊晓云、韩文炎、方　丽、刘美雅、张群峰	中国农业科学院茶叶研究所
1109	茶叶风味品质成分食品化定向制造技术集成系统	实用新型	2016. 1. 13	CN204949347U	尹军峰、陈建新、许勇泉、袁海波、邓余良、陈根生、汪　芳	中国农业科学院茶叶研究所
1110	一种半定量取样装置	实用新型	2016. 8. 17	CN205483651U	张群峰、石元值、马立锋、伊晓云、刘美雅、倪　康、阮建云	中国农业科学院茶叶研究所

（续表）

序号	专利名称	专利类别	公开（公告）日	公开（公告）号	发明人	专利权人
1111	组合式便捷分根水培装置	实用新型	2016. 1. 27	CN204994388U	阮　丽、成　浩、王丽鸳、韦　康	中国农业科学院茶叶研究所
1112	应用免耕法在草甸草原建植优质牧草生产田的方法	发明专利	2016. 12. 7	CN103733757B	杜建材、王照兰、侯向阳、李志勇、王照华、王育青、德　英、吴洪新、李　微	中国农业科学院草原研究所
1113	无芒雀麦成熟种子组织培养再生的方法	发明专利	2016. 7. 27	CN104137774B	黄　帆、李志勇、李鸿雁、师文贵、刘　磊、解永凤	中国农业科学院草原研究所
1114	一种风沙发生时在地表集土的方法	发明专利	2016. 8. 31	CN103215939B	那日苏、王　海、塔　娜、赵山志、春　亮、韩文军、成立新	中国农业科学院草原研究所
1115	一种调控伞裙追寄蝇滞育的方法	发明专利	2016. 4. 13	CN103704178B	刘爱萍、王育青、徐林波、高书晶、刘雅学、王建梅、缪丽梅、王　宁、夏　明、康爱国	中国农业科学院草原研究所
1116	一种甲烷排放浓度监测方法	发明专利	2016. 1. 6	CN103412089B	赵青山、侯向阳、夏　明、段俊杰、那日苏、王　海、塔　娜、成　如、赵　楠、崔艳伟、张春友	中国农业科学院草原研究所
1117	圆底烧瓶用试管刷	实用新型	2016. 12. 7	CN205757980U	高凤芹、万其号、刘　斌、德　英、孙娟娟、王云峰	中国农业科学院草原研究所

（续表）

序号	专利名称	专利类别	公开（公告）日	公开（公告）号	发明人	专利权人
1118	固相萃取液接收装置及固相萃取装置	实用新型	2016. 12. 7	CN205759875U	德　英、赵来喜、穆怀彬、高凤芹、解继红	中国农业科学院草原研究所
1119	一种围栏一体式补饲槽	实用新型	2016. 12. 28	CN205830725U	赵青山、赵云华、王青青、边石强、刘雅学、尹　强	中国农业科学院草原研究所
1120	一种用于隔绝土壤原位观测的工具组件	实用新型	2016. 12. 7	CN205786613U	张　勇、纪　磊、王　珍、李元恒、张福顺、韩海斌、李西良	中国农业科学院草原研究所
1121	一种草原地区信息素释放装置	实用新型	2016. 12. 7	CN205756709U	高书晶、韩海斌、王　宁、徐林波、刘爱萍、塔　娜	中国农业科学院草原研究所
1122	一种活捕鼠类的自动化捕鼠桶	实用新型	2016. 3. 9	CN205071967U	张福顺、王利清、杨玉平、刘爱萍、王育青、吴新宏、徐林波、高书晶、张　勇、王云锋	中国农业科学院草原研究所
1123	一种苜蓿幼苗移栽用打坑装置	实用新型	2016. 3. 9	CN205071646U	孙启忠、徐丽君、柳　茜、陶　雅、李　峰、王　波、齐　晓	中国农业科学院草原研究所
1124	一种土壤微生物样品采集工具	实用新型	2016. 2. 3	CN205015180U	纪　磊、秦　艳、侯向阳、焦　巍、胡永宁、张　勇、萨如拉、武自念	中国农业科学院草原研究所

（续表）

序号	专利名称	专利类别	公开（公告）日	公开（公告）号	发明人	专利权人
1125	一种草地土壤温室气体原位采集装置	实用新型	2016. 11. 9	CN205679443U	李元恒、侯向阳、丁　勇、唐　芳、王　珍、张　勇、李　俊、萨茹拉、王　凯、武自念	中国农业科学院草原研究所
1126	一种苜蓿育苗培养杯	实用新型	2016. 3. 9	CN205071770U	孙启忠、徐丽君、孙娟娟、柳　茜、陶　雅、李　峰、王　波、齐　晓	中国农业科学院草原研究所
1127	一种草地土壤水分和剖面原状土取样装置	实用新型	2016. 11. 9	CN205679423U	王　凯、李元恒、侯向阳、丁　勇、唐　芳、姜　超、王云锋、闫伟红、张　勇、萨如拉、武自念	中国农业科学院草原研究所
1128	一种苜蓿育苗托盘	实用新型	2016. 3. 9	CN205071771U	孙启忠、徐丽君、柳　茜、陶　雅、李　峰、孙娟娟、王　波、齐　晓	中国农业科学院草原研究所
1129	一种动物粪便收集装置	实用新型	2016. 10. 12	CN205642871U	张晓庆、孙启忠、金艳梅、李　鹏、吴洪新、孙世贤	中国农业科学院草原研究所
1130	一种易携带易安装的新型无饵捕鼠装置	实用新型	2016. 1. 6	CN204930109U	张福顺、王利清、杨玉平、蔡丽艳、刘爱萍、王育青、吴新宏、徐林波、高书晶、张　勇	中国农业科学院草原研究所

（续表）

序号	专利名称	专利类别	公开（公告）日	公开（公告）号	发明人	专利权人
1131	一种草地种子雨收集器	实用新型	2016. 11. 9	CN205679416U	李元恒、侯向阳、丁　勇、王　珍、张　勇、王　凯、李　俊、萨茹拉、武自念、唐　芳	中国农业科学院草原研究所
1132	一种天然草地减雨试验装置	实用新型	2016. 11. 9	CN205671037U	丁　勇、李元恒、侯向阳、萨茹拉、王　凯、唐　芳	中国农业科学院草原研究所
1133	一种简易植物低温处理盒	实用新型	2016. 6. 29	CN205352975U	赵金梅	中国农业科学院草原研究所
1134	一种除辙刀及苜蓿草播种机	实用新型	2016. 9. 7	CN205546456U	布　库、焦　巍、石　蕊、伊　岚、陈启渊、顾丽霞	中国农业科学院草原研究所
1135	一种除辙机构及苜蓿草播种机	实用新型	2016. 9. 7	CN205546442U	布　库、焦　巍、石　蕊、伊　岚、陈启渊、顾丽霞	中国农业科学院草原研究所
1136	电捕虫网	实用新型	2016. 3. 30	CN205106110U	韩海斌、刘爱萍、高书晶、徐林波、王　宁、牛文远、岳方正、王梦圆、崔智林、王惠萍、德文庆	中国农业科学院草原研究所
1137	一种野外用种子收集袋	实用新型	2016. 9. 21	CN205589715U	陶　雅、李　峰、高凤芹、孙启忠、柳　茜、高润蕾、徐丽君、王　波	中国农业科学院草原研究所

（续表）

序号	专利名称	专利类别	公开（公告）日	公开（公告）号	发明人	专利权人
1138	一种可对路面进行除辙压实处理的苜蓿草播种机	实用新型	2016. 9. 7	CN205546457U	布　库、焦　巍、石　蕊、伊　岚、陈启渊、顾丽霞	中国农业科学院草原研究所
1139	一种高出苗率苜蓿草播种机	实用新型	2016. 9. 7	CN205546494U	焦　巍、布　库、石　蕊、纪　磊、秦　艳、万其号、胡永宁、赵海霞、吴　尧	中国农业科学院草原研究所
1140	一种镇压机构及苜蓿草播种机	实用新型	2016. 9. 7	CN205546455U	焦　巍、布　库、纪　磊、万其号、秦　艳、胡永宁、石　蕊、赵海霞、吴　尧	中国农业科学院草原研究所
1141	一种草苗用取苗铲	实用新型	2016. 7. 6	CN205357081U	孙启忠、徐丽君、柳　茜、陶　雅、李　峰、高凤芹、王　波、齐　晓	中国农业科学院草原研究所
1142	折叠伸缩式样方框	实用新型	2016. 6. 22	CN205333334U	王　珍、李元恒、张　勇、韩海斌	中国农业科学院草原研究所
1143	一种层析柱架	实用新型	2016. 8. 17	CN205461134U	阿拉木斯、吴洪新、常　春、刘洪林、赵海霞、戴雅婷、张晓庆、乌兰巴特尔、王云峰	中国农业科学院草原研究所
1144	一种植物分析样品保存袋	实用新型	2016. 9. 21	CN205589716U	陶　雅、高凤芹、李　峰、柳　茜、孙启忠、徐丽君、王　波	中国农业科学院草原研究所

（续表）

序号	专利名称	专利类别	公开（公告）日	公开（公告）号	发明人	专利权人
1145	一种用于琼脂糖凝胶的切胶器	实用新型	2016. 1. 13	CN204964441U	武志娟、李婷婷、韩　冰、田青松、王照兰	中国农业科学院草原研究所
1146	一种用于燕麦叶片检测的测量尺	实用新型	2016. 1. 13	CN204963695U	韩　冰、田青松、王树彦、李婷婷、李晓全、吴志娟、高金玉	中国农业科学院草原研究所
1147	一种落料机构及苜蓿草播种机	实用新型	2016. 9. 7	CN205546499U	焦　巍、布　库、纪　磊、万其号、秦　艳、胡永宁、石　蕊、赵海霞、吴　尧	中国农业科学院草原研究所
1148	一种花粉采样收集工具	实用新型	2016. 9. 7	CN205546596U	秦　艳、胡永宁、秦　伟、纪　磊、焦　巍、王育青、闫志坚、于振海、杨丽萍、刘　威、赵云华、王安琪、李金倬、王云锋、李　鹏、白春雨	中国农业科学院草原研究所
1149	便携式野外 DNA 提取工具箱	实用新型	2016. 6. 15	CN205313524U	韩海斌、刘爱萍、高书晶、徐林波、王　宁、牛文远、岳方正、王梦圆、崔智林	中国农业科学院草原研究所
1150	一种实验室专用植物提取装置	实用新型	2016. 8. 17	CN205461935U	吴洪新、阿拉木斯、戴雅婷、常　春、赵金梅、孙娟娟、张晓庆、乌兰巴特尔、赵海霞、刘洪林、王云峰	中国农业科学院草原研究所

（续表）

序号	专利名称	专利类别	公开（公告）日	公开（公告）号	发明人	专利权人
1151	一种发情监测装置及系统	实用新型	2016. 4. 20	CN205161501U	杨　亮、熊本海、曹　沛、潘佳一	中国农业科学院北京畜牧兽医研究所、河南南商农牧科技有限公司
1152	一种哺乳母猪定量下料装置	实用新型	2016. 3. 30	CN205105967U	熊本海、曹　沛、杨　亮、王明利、高华杰	中国农业科学院北京畜牧兽医研究所、河南南商农牧科技有限公司
1153	一种蛋壳比色扇	实用新型	2016. 3. 16	CN205091052U	陈　亮、潘　霞、张宏福	中国农业科学院北京畜牧兽医研究所、北京益农饲料中心
1154	一种鉴定猪耳面积大小的方法及其专用试剂盒	发明专利	2016. 6. 29	CN104561293B	王立贤、王红卫、张龙超、梁　晶	中国农业科学院北京畜牧兽医研究所、北京黑六牧业科技有限公司
1155	一种紫花苜蓿非离体快速生根扦插装置及其使用方法	发明专利	2016. 8. 24	CN104521616B	龙瑞才、李明娜、张　帆、杨青川、康俊梅、张铁军	中国农业科学院北京畜牧兽医研究所
1156	一种辅助检测猪肌内脂肪含量性状的方法及其专用试剂盒	发明专利	2016. 6. 22	CN103937895B	王立贤、张龙超、王立刚、赵克斌、颜　华	中国农业科学院北京畜牧兽医研究所

（续表）

序号	专利名称	专利类别	公开（公告）日	公开（公告）号	发明人	专利权人
1157	一种在胰腺组织中特异性表达 hDAP 基因和 DDIT3 基因的载体及其应用	发明专利	2016. 7. 6	CN103882027B	杨述林、孔思远、阮进学、胡炳俊、王超群、程玉柱、李　奎	中国农业科学院北京畜牧兽医研究所
1158	一种紫花苜蓿 MsWRKY33 转录因子及其编码蛋白、制备方法和应用	发明专利	2016. 6. 15	CN104450740B	王学敏、王　赞、高洪文、冯光燕、付媛媛	中国农业科学院北京畜牧兽医研究所
1159	苜蓿多糖的制备方法及用途	发明专利	2016. 6. 8	CN103980371B	董晓芳、佟建明、王少璞	中国农业科学院北京畜牧兽医研究所
1160	一种根据侵扰行为时间分配判定肉鸡偏冷不舒适的方法	发明专利	2016. 6. 8	CN104082184B	张敏红、胡春红、冯京海、苏红光、熊艳丹	中国农业科学院北京畜牧兽医研究所
1161	一种利用复合酶提取苜蓿多糖的方法	发明专利	2016. 8. 10	CN103304678B	董晓芳、佟建明、王少璞	中国农业科学院北京畜牧兽医研究所
1162	一种近红外漫反射探头	发明专利	2016. 8. 24	CN103822900B	孙宝忠、谢　鹏、李海鹏、张　军、刘　璇、吴　斌、张　丽、郎玉苗、王　欢、孙晓明、牛　蕾、任秋斌、徐玉玲、景　缘、程婷婷	中国农业科学院北京畜牧兽医研究所
1163	一种诱导牛胎儿成纤维细胞重编程的方法	发明专利	2016. 9. 7	CN103667179B	杜卫华、范宗兴、朱化彬	中国农业科学院北京畜牧兽医研究所

（续表）

序号	专利名称	专利类别	公开（公告）日	公开（公告）号	发明人	专利权人
1164	一种显微操作持定针的制作方法	发明专利	2016. 4. 20	CN104099239B	刘志国、李　奎、李　林	中国农业科学院北京畜牧兽医研究所
1165	一种 DNA 分子及其在制备糖尿病鼠模型中的应用	发明专利	2016. 2. 24	CN103966243B	杨述林、孔思远、阮进学、辛磊磊、李　奎	中国农业科学院北京畜牧兽医研究所
1166	一种优质肉羊新品系的培育方法	发明专利	2016. 1. 13	CN104186422B	魏彩虹、杜立新、张　莉、赵福平、陈　华	中国农业科学院北京畜牧兽医研究所
1167	奇数和支链脂肪酸作为鉴别动物种属乳标志物中的用途	发明专利	2016. 4. 13	CN104198595B	卜登攀、马　露、王加启、南雪梅、陈静廷	中国农业科学院北京畜牧兽医研究所
1168	一种根据修饰行为时间分配判定肉鸡热不舒适的方法	发明专利	2016. 2. 17	CN104082243B	张敏红、胡春红、冯京海、苏红光、熊艳丹	中国农业科学院北京畜牧兽医研究所
1169	奶牛计步器	发明专利	2016. 6. 1	CN103776462B	熊本海、杨　亮、罗远明、罗清尧、庞之洪	中国农业科学院北京畜牧兽医研究所
1170	一种肉鸡糖皮质激素受体多克隆抗体及其制备方法和应用	发明专利	2016. 5. 25	CN103819555B	郝　月、顾宪红	中国农业科学院北京畜牧兽医研究所
1171	鸡饲料外源碳水化合物酶谱的筛选方法	发明专利	2016. 11. 30	CN103882094B	陈　亮、张宏福、侯小峰、付生慧、何科林	中国农业科学院北京畜牧兽医研究所

（续表）

序号	专利名称	专利类别	公开（公告）日	公开（公告）号	发明人	专利权人
1172	牛体外受精胚胎培养液和培养方法	发明专利	2016. 4. 20	CN103898046B	杜卫华、孙尉俊、朱化彬	中国农业科学院北京畜牧兽医研究所
1173	一种煎烤牦牛肉排的制作方法	发明专利	2016. 4. 6	CN103815423B	黄彩霞、孙宝忠、卢　凌、李海鹏、刘　璇、王　欢、雷元华、钱　聪、王春晓、张文洁、郎玉苗、刘　菲、党　欣、程婷婷、周　楠	中国农业科学院北京畜牧兽医研究所
1174	一种应用在瘤胃模拟研究中的恒温溢流装置	发明专利	2016. 8. 17	CN104845865B	沈维军、王加启、贺建华、张佩华、张养东、卜登攀	湖南农业大学、中国农业科学院北京畜牧兽医研究所
1175	一种用于模拟瘤胃消化的连续发酵装置	发明专利	2016. 9. 7	CN104893957B	沈维军、王加启、贺建华、张佩华、张养东、卜登攀	湖南农业大学、中国农业科学院北京畜牧兽医研究所
1176	一种用于模拟瘤胃消化的智能连续发酵系统	发明专利	2016. 8. 24	CN104893965B	沈维军、王加启、贺建华、张佩华、张养东、卜登攀	湖南农业大学、中国农业科学院北京畜牧兽医研究所
1177	瘤胃模拟装置及瘤胃模拟装置的控制方法	发明专利	2016. 8. 10	CN104928151B	沈维军、王加启、贺建华、张佩华、张养东、卜登攀	湖南农业大学、中国农业科学院北京畜牧兽医研究所
1178	一种弧形成年猪手术台	实用新型	2016. 11. 30	CN205729560U	王立贤、王立刚	中国农业科学院北京畜牧兽医研究所

（续表）

序号	专利名称	专利类别	公开（公告）日	公开（公告）号	发明人	专利权人
1179	用于盆栽植物的水肥试验灌溉装置	实用新型	2016. 7. 13	CN205378542U	何　峰、仝宗永、万里强、李向林	中国农业科学院北京畜牧兽医研究所
1180	一种新疆褐牛体尺指标测量系统	实用新型	2016. 12. 28	CN205847408U	李海鹏、张金山、李艳梅、张　杨、孙宝忠、刘　强、王　煦、李红波、闫向民、高志英、谢　鹏、张松山、胡常红、张　丽、叶治兵、崔繁荣	中国农业科学院北京畜牧兽医研究所
1181	一种紫花苜蓿的水培育苗装置	实用新型	2016. 12. 7	CN205756190U	康俊梅、张铁军、孙　彦、杨青川、栗振义、龙瑞才	中国农业科学院北京畜牧兽医研究所
1182	折叠移动式犊牛称重栏	实用新型	2016. 12. 7	CN205785459U	高　雪、陈　燕、张路培、高会江、徐凌洋、李俊雅	中国农业科学院北京畜牧兽医研究所
1183	畜体生理状态体外检测器	实用新型	2016. 8. 3	CN205411156U	王　栋、寇红祥、陈晓丽	中国农业科学院北京畜牧兽医研究所
1184	一种双孔肉样取样器	实用新型	2016. 11. 9	CN205679413U	王立贤、张龙超	中国农业科学院北京畜牧兽医研究所
1185	一种新型睾丸围测量工具	实用新型	2016. 11. 23	CN205718793U	高　雪、陈　燕、张路培、高会江、徐凌洋、李俊雅	中国农业科学院北京畜牧兽医研究所
1186	牛角保定辅助杆	实用新型	2016. 11. 23	CN205698117U	高会江、张路培、李俊雅、高　雪、陈　燕、徐凌洋	中国农业科学院北京畜牧兽医研究所

（续表）

序号	专利名称	专利类别	公开（公告）日	公开（公告）号	发明人	专利权人
1187	一种冻精保存的提桶	实用新型	2016. 11. 9	CN205671357U	陈　燕、高　雪、张路培、高会江、徐凌洋、李俊雅	中国农业科学院北京畜牧兽医研究所
1188	一种西门塔尔种公牛胸围估测体重卷尺	实用新型	2016. 11. 16	CN205691214U	张路培、高会江、李俊雅、高　雪、陈　燕、徐凌洋	中国农业科学院北京畜牧兽医研究所
1189	一种测定肉质滴水损失的装置	实用新型	2016. 11. 23	CN205719843U	王立贤、刘　欣	中国农业科学院北京畜牧兽医研究所
1190	一种紫花苜蓿去雄装置	实用新型	2016. 11. 23	CN205694845U	康俊梅、张铁军、孙　彦、杨青川、栗振义、龙瑞才	中国农业科学院北京畜牧兽医研究所
1191	一种非接触式新疆褐牛活体测量通道	实用新型	2016. 9. 7	CN205548569U	李海鹏、张金山、李艳梅、张　杨、孙宝忠、刘　强、王　煦、李红波、闫向民、高志英、谢　鹏、张松山、胡常红、张　丽、叶治兵、崔繁荣	中国农业科学院北京畜牧兽医研究所
1192	一种紫花苜蓿的育苗装置	实用新型	2016. 3. 2	CN205052318U	康俊梅、张铁军、杨青川、龙瑞才、栗振义	中国农业科学院北京畜牧兽医研究所
1193	用于植物水肥试验的营养液输送装置	实用新型	2016. 8. 17	CN205455099U	何　峰、仝宗永、万里强、李向林	中国农业科学院北京畜牧兽医研究所
1194	一种植物无菌水培装置	实用新型	2016. 3. 2	CN205052414U	龙瑞才、张铁军、李明娜、高燕丽、杨青川、康俊梅、张　帆、蒋　旭	中国农业科学院北京畜牧兽医研究所

（续表）

序号	专利名称	专利类别	公开（公告）日	公开（公告）号	发明人	专利权人
1195	一种猪用手术操作台	实用新型	2016. 8. 17	CN205459188U	侯欣华、王立贤、李　奎、张龙超、王立刚、唐中林、牟玉莲、周　荣、樊俊华	中国农业科学院北京畜牧兽医研究所
1196	一种可折叠的产仔栏	实用新型	2016. 9. 14	CN205567392U	顾宪红、张校军	中国农业科学院北京畜牧兽医研究所
1197	畜体生理状态检测系统及其高信号发射强度体内检测器	实用新型	2016. 9. 14	CN205568926U	王　栋、寇红祥、陈晓丽	中国农业科学院北京畜牧兽医研究所
1198	畜体生理状态检测系统	实用新型	2016. 9. 14	CN205568928U	王　栋、寇红祥、陈晓丽	中国农业科学院北京畜牧兽医研究所
1199	一种移动式节水灌溉系统	实用新型	2016. 8. 31	CN205511330U	李向林、仝宗永、何　峰、万里强、万修福	中国农业科学院北京畜牧兽医研究所
1200	一种可转动的产仔栏	实用新型	2016. 8. 17	CN205455193U	顾宪红、张校军	中国农业科学院北京畜牧兽医研究所
1201	留茬高度可控的割草机	实用新型	2016. 9. 7	CN205546543U	李向林、仝宗永、何　峰、万里强	中国农业科学院北京畜牧兽医研究所
1202	一种智能配对基因序列生成的肉牛遗传评估小芯片	实用新型	2016. 3. 30	CN205115477U	李俊雅、朱　波、张静静	中国农业科学院北京畜牧兽医研究所

（续表）

序号	专利名称	专利类别	公开（公告）日	公开（公告）号	发明人	专利权人
1203	畜体生理状态检测系统及其体内适配检测器	实用新型	2016. 9. 14	CN205568927U	王　栋、寇红祥、陈晓丽	中国农业科学院北京畜牧兽医研究所
1204	一种哺乳母猪保育栏漏粪地板	实用新型	2016. 6. 29	CN205337152U	杨　亮、熊本海、高华杰、潘佳一	中国农业科学院北京畜牧兽医研究所
1205	一种猪场粪便自动清理装置	实用新型	2016. 6. 15	CN205305654U	熊本海、高华杰、杨　亮、曹　沛	中国农业科学院北京畜牧兽医研究所
1206	鸡舍照度调控系统	实用新型	2016. 3. 30	CN205105986U	陈继兰、孙研研、郭艳丽、李冬立、陈　超、贾亚雄、马淑梅	中国农业科学院北京畜牧兽医研究所
1207	畜体生理状态检测系统及其防脱落体内检测器	实用新型	2016. 9. 14	CN205568929U	王　栋、寇红祥、陈晓丽	中国农业科学院北京畜牧兽医研究所
1208	一种妊娠母猪饲喂站	实用新型	2016. 5. 18	CN205233110U	熊本海、杨　亮、曹　沛、蒋林树	中国农业科学院北京畜牧兽医研究所
1209	奶牛饲喂装置	实用新型	2016. 3. 2	CN205052460U	蒋林树、杨　亮、熊本海、曹　沛、潘佳一	北京农学院、中国农业科学院北京畜牧兽医研究所
1210	一种奶牛修蹄固定装置	实用新型	2016. 4. 6	CN205124673U	蒋林树、杨　亮、熊本海、潘晓花	北京农学院、中国农业科学院北京畜牧兽医研究所

（续表）

序号	专利名称	专利类别	公开（公告）日	公开（公告）号	发明人	专利权人
1211	一种嗜热四膜虫的高密度发酵方法	发明专利	2016. 5. 25	CN103756906B	缪　炜、钟秋萍、周志刚、袁冬霞、李　青	中国科学院水生生物研究所、中国农业科学院饲料研究所
1212	一种茶鲜叶磁铁布料装置	实用新型	2016. 3. 2	CN205060872U	俞燎远、邓余良、袁海波、尹军峰、张友炯	浙江省农业技术推广中心、中国农业科学院茶叶研究所
1213	一种基于图像的水稻田间飞虱自动检测与计数方法	发明专利	2016. 3. 23	CN103177263B	姚　青、唐　健、刘庆杰、杨保军、赵　虎、刁广强	浙江理工大学、中国水稻研究所
1214	一种对新整理耕地进行稻草易地还田的马铃薯培肥方法	发明专利	2016. 4. 27	CN103875409B	范美蓉、秦晓波、杨润新、廖育林、彭辉辉、李玉娥、鲁艳红、孙玉桃、汤桂容	长沙环境保护职业技术学院、中国农业科学院农业环境与可持续发展研究所、新化县槎溪镇人民政府、湖南省土壤肥料研究所
1215	一种农田氮素投入阈值的计算方法	发明专利	2016. 6. 8	CN104285574B	雷宝坤、刘宏斌、任天志、陈安强、邹国元、翟丽梅、范先鹏、王洪媛、彭　畅、毛妍婷、鲁　耀、朱红业、王应学	云南省农业科学院农业环境资源研究所、中国农业科学院农业资源与农业区划研究所

（续表）

序号	专利名称	专利类别	公开（公告）日	公开（公告）号	发明人	专利权人
1216	芦苇收获船	发明专利	2016. 1. 20	CN103460895B	倪　杰、陈明江、陈永生、郭　卫、朱德文、吴培松、穆金才	苏州飞驰环保科技股份有限公司、农业部南京农业机械化研究所
1217	保温隔挡及烟叶烤房	实用新型	2016. 5. 18	CN205233439U	杜如万、王松峰、殷　红、孙福山、王　剑、吴雁冰、王　勇、刘东阳、陈玉蓝、王巍巍、陈　勇	四川省烟草公司凉山州公司、中国农业科学院烟草研究所、郑州容大科技发展有限公司
1218	烘干烤箱	实用新型	2016. 5. 18	CN205233441U	杜如万、王松峰、殷　红、孙福山、王　剑、吴雁冰、王　勇、刘东阳、陈玉蓝、王巍巍、陈　勇	四川省烟草公司凉山州公司、中国农业科学院烟草研究所、郑州容大科技发展有限公司
1219	一种具有挡板的隔离器	实用新型	2016. 3. 30	CN205105940U	陈明智、唐　克、陈洪岩	深圳市泓腾生物科技有限公司、中国农业科学院哈尔滨兽医研究所
1220	一种鸡隔离器	实用新型	2016. 1. 20	CN204968907U	陈明智、唐　克、陈洪岩	深圳市泓腾生物科技有限公司、中国农业科学院哈尔滨兽医研究所

（续表）

序号	专利名称	专利类别	公开（公告）日	公开（公告）号	发明人	专利权人
1221	一种用于鸡隔离器的清粪机构	实用新型	2016. 5. 4	CN205196671U	陈明智、唐　克、陈洪岩	深圳市泓腾生物科技有限公司、中国农业科学院哈尔滨兽医研究所
1222	一种具有液体密封结构的隔离器	实用新型	2016. 1. 20	CN204968878U	陈明智、唐　克、陈洪岩	深圳市泓腾生物科技有限公司、中国农业科学院哈尔滨兽医研究所
1223	一种晒黄烟晒制方法	发明专利	2016. 4. 13	CN103976462B	张伟峰、黄　瑾、汤朝起、程　森、张义志、首安发、黎　峰、王允白、张忠锋、高　远、顾广伟、窦玉青、付秋娟	上海烟草集团有限责任公司、中国农业科学院烟草研究所
1224	一种用于鱼骨素提取酶解和美拉德反应的联产装置	发明专利	2016. 6. 1	CN104225954B	贾　伟、张春晖、王金枝、李　侠、金　凤	山东悦一生物科技有限公司、中国农业科学院农产品加工研究所
1225	一种快速设计烤烟田间试验小区的工具	实用新型	2016. 6. 8	CN205284135U	王　毅、王树声、石　屹、管恩森、刘海伟、杨桂军、高政绪、王大海、尹子杰、高　凯	山东潍坊烟草有限公司、中国农业科学院烟草研究所

（续表）

序号	专利名称	专利类别	公开（公告）日	公开（公告）号	发明人	专利权人
1226	一种高效脱氮的无动力污水净化装置	实用新型	2016. 12. 7	CN205773905U	潘　科、贺　莉、施国中、郭堂平、陈子爱	农业部沼气科学研究所、德阳好韵复合材料有限公司
1227	一种可排浮渣的厌氧折流式反应器	实用新型	2016. 9. 14	CN205576132U	李　强、王　星、尹小波、刘　莹、王　宏、宋文芳、马有贵、王湘颖、冯　颖、谭永旺	农业部沼气科学研究所、北京市优质农产品产销服务站
1228	一种处理高悬浮物废水的厌氧水平折流式反应器	实用新型	2016. 9. 14	CN205575772U	尹小波、王　星、李　强、刘　莹、王　宏、宋文芳、马有贵、王湘颖、冯　颖、谭永旺	农业部沼气科学研究所、北京市优质农产品产销服务站
1229	一种单塔式水洗沼气脱碳塔	实用新型	2016. 12. 7	CN205774374U	周　正、李　强、王　星、邓雅月、尹小波、刘　莹、王　宏、宋文芳、马有贵、王湘颖、冯　颖、谭永旺、闻世常	农业部沼气科学研究所、北京市优质农产品产销服务站
1230	一种用于废水除磷的生物质碳复合材料的制备方法	发明专利	2016. 9. 14	CN103721677B	代立春、何明雄、胡启春、王文国、吴　波	农业部沼气科学研究所
1231	固态原料沼气发酵装置	发明专利	2016. 8. 17	CN104789462B	孔垂雪、梅自力、罗　涛、李　江、熊　霞	农业部沼气科学研究所

（续表）

序号	专利名称	专利类别	公开（公告）日	公开（公告）号	发明人	专利权人
1232	废弃油脂厌氧消化产沼气的方法	发明专利	2016. 8. 24	CN103966302B	贺　静、张　敏、李　强、陈泾涛、邓雅月、周　正、邓　宇	农业部沼气科学研究所
1233	一种沼气发酵罐双管式溢流系统	发明专利	2016. 3. 9	CN103923820B	蒲小东、邓良伟、宋　立、刘　刈、王智勇	农业部沼气科学研究所
1234	一种含厌氧菌 K. paraultunense、KD-1 发酵液和羽毛粉的肉型家禽饲料	发明专利	2016. 4. 13	CN104171413B	陈　璐、尹小波、邓　宇、张云飞、李　强	农业部沼气科学研究所
1235	玻璃钢沼气池池拱的检测装置及检测方法	发明专利	2016. 3. 2	CN103868663B	冉　毅、王　超、丁自立、席　江、陈子爱	农业部沼气科学研究所
1236	制肥复合菌剂	发明专利	2016. 3. 16	CN103725638B	张云飞、代莉蓉、马诗淳、邓　宇	农业部沼气科学研究所
1237	一种微动力缓释型曝气结构	实用新型	2016. 12. 7	CN205773598U	潘　科、施国中、何明雄、胡启春、贺　莉	农业部沼气科学研究所
1238	厌氧消化罐循环搅拌系统	实用新型	2016. 12. 7	CN205773621U	蒲小东、王智勇、宋　立、刘　刈、邓良伟	农业部沼气科学研究所
1239	一种高浓度物料沼气发酵装置多级水力搅拌系统	实用新型	2016. 9. 14	CN205576133U	孔垂雪、梅自力、李淑兰、罗　涛、李　江、席　江、段奇武	农业部沼气科学研究所

（续表）

序号	专利名称	专利类别	公开（公告）日	公开（公告）号	发明人	专利权人
1240	用于制备无氧培养基的装置	实用新型	2016. 12. 7	CN205774485U	代莉蓉、刘来雁、周　正、承　磊、黎　霞、张云飞	农业部沼气科学研究所
1241	一种原料粉碎间壁装式自然通风除尘装置	实用新型	2016. 9. 14	CN205579848U	孔垂雪、梅自力、李淑兰、罗　涛、李　江、席　江、段奇武	农业部沼气科学研究所
1242	一种双向进出料沼气发酵装置	实用新型	2016. 9. 14	CN205576134U	李　江、孔垂雪、梅自力、李淑兰、罗　涛、席　江、段奇武	农业部沼气科学研究所
1243	一种原料粉粉碎间顶置式两相分离自然通风除尘装置	实用新型	2016. 9. 14	CN205579847U	孔垂雪、梅自力、李淑兰、罗　涛、李　江、席　江、段奇武	农业部沼气科学研究所
1244	一种一体式自养型同步生物脱氮颗粒化装置	实用新型	2016. 12. 7	CN205773634U	王　兰、王智勇、邓良伟、张云红、郑　丹	农业部沼气科学研究所
1245	一种原料粉碎间开窗式自然通风除尘装置	实用新型	2016. 9. 14	CN205577767U	孔垂雪、梅自力、李淑兰、罗　涛、李　江、席　江、段奇武	农业部沼气科学研究所
1246	一种振动式餐厨垃圾除油机	实用新型	2016. 12. 7	CN205773512U	尹小波、王　星、李　强、邓雅月、周　正、代莉蓉	农业部沼气科学研究所
1247	户用半连续式秸秆厌氧发酵装置	实用新型	2016. 9. 14	CN205576127U	席　江、彭德全、丁自立、冉　毅	农业部沼气科学研究所

（续表）

序号	专利名称	专利类别	公开（公告）日	公开（公告）号	发明人	专利权人
1248	沼气发生装置	实用新型	2016. 12. 28	CN205838988U	罗志刚、雷云辉、胡国全、李　江、代建忠	农业部沼气科学研究所
1249	一种沼气发酵沼渣沉淀一体化装置	实用新型	2016. 12. 7	CN205774494U	孔垂雪、梅自力、李淑兰、罗　涛、李　江、席　江、段奇武	农业部沼气科学研究所
1250	一种多用式生活污水净化系统	实用新型	2016. 12. 7	CN205773626U	潘　科、施国中、何明雄、胡启春	农业部沼气科学研究所
1251	一种生物质磨浆机	实用新型	2016. 12. 7	CN205761627U	李　强、王　星、尹小波、邓雅月、周　正、代莉蓉	农业部沼气科学研究所
1252	一种防堵脱氮的湿地结构	实用新型	2016. 9. 14	CN205575779U	潘　科、施国中、贺　莉、陈子爱、申禄坤	农业部沼气科学研究所
1253	厌氧消化罐回流循环搅拌系统	实用新型	2016. 12. 7	CN205773622U	蒲小东、王智勇、宋　立、刘　刈、邓良伟	农业部沼气科学研究所
1254	一种预接种厌氧发酵装置	实用新型	2016. 12. 14	CN205803463U	杜毓辉、赵　宇、梅自力	农业部沼气科学研究所
1255	一种沼气净化系统	实用新型	2016. 12. 7	CN205774376U	蒲小东、王智勇、刘　刈、宋　立、邓良伟	农业部沼气科学研究所
1256	一种产生沼气的生活垃圾处理装置	实用新型	2016. 2. 17	CN205035366U	贺　静、邓　宇	农业部沼气科学研究所

（续表）

序号	专利名称	专利类别	公开（公告）日	公开（公告）号	发明人	专利权人
1257	一种样品可定量的厌氧毛细管适配器	实用新型	2016. 12. 7	CN205774530U	代莉蓉、周　正、刘来雁、承　磊	农业部沼气科学研究所
1258	一种厌氧微生物分离操作箱	实用新型	2016. 12. 7	CN205774512U	刘来雁、周　正、代莉蓉、马诗淳	农业部沼气科学研究所
1259	一体化沼气脱硫装置	实用新型	2016. 10. 12	CN205635518U	孔垂雪、梅自力、李淑兰、罗　涛、李　江、席　江、段奇武	农业部沼气科学研究所
1260	一种竖流沉淀辅热回流的二级沼气发酵池	实用新型	2016. 11. 2	CN205669025U	孔垂雪、梅自力、李淑兰、罗　涛、李　江、席　江、段奇武	农业部沼气科学研究所
1261	一种双向布流的人工湿地	实用新型	2016. 11. 23	CN205710090U	潘　科、贺　莉、陈子爱、申禄坤、施国中	农业部沼气科学研究所
1262	硫化氢气体发生实验装置	实用新型	2016. 8. 3	CN205419776U	陈子爱、彭德全、冉　毅、席　江、张冀川	农业部沼气科学研究所
1263	硫容测试系统	实用新型	2016. 8. 3	CN205426874U	陈子爱、彭德全、席　江、冉　毅	农业部沼气科学研究所
1264	一种亨盖特操作适配装置	实用新型	2016. 9. 14	CN205576150U	周　正、刘来雁、承　磊	农业部沼气科学研究所
1265	一种厌氧微生物培养器	实用新型	2016. 5. 25	CN205258450U	张云飞、郭旭晶、邓　宇	农业部沼气科学研究所

（续表）

序号	专利名称	专利类别	公开（公告）日	公开（公告）号	发明人	专利权人
1266	模块化厌氧发酵装置	实用新型	2016. 5. 18	CN205241669U	祝其丽、何明雄、潘　科、王文国、吴　波、谭芙蓉、代立春	农业部沼气科学研究所
1267	横向旋流式生活污水净化装置	实用新型	2016. 4. 6	CN205133236U	潘　科、施国中、张　敏、贺　莉、陈子爱	农业部沼气科学研究所
1268	沼气发酵装置	实用新型	2016. 1. 20	CN204981859U	宋　立、王智勇、刘　刈、蒲小东、邓良伟	农业部沼气科学研究所
1269	餐厨垃圾堆肥处理装置	实用新型	2016. 7. 27	CN205398488U	贺　静、张云飞、郭旭晶、邓　宇	农业部沼气科学研究所
1270	廊道桨叶式的搅拌结构	实用新型	2016. 1. 6	CN204939076U	潘　科、贺　莉、施国中、张　敏、张国治	农业部沼气科学研究所
1271	沼气工程产气量测试系统	实用新型	2016. 8. 10	CN205449211U	席　江、彭德全、丁自立、冉　毅	农业部沼气科学研究所
1272	沼气输气管道流量校准装置	实用新型	2016. 8. 17	CN205483193U	冉　毅、丁自立、彭德全、李　谦、王　超	农业部沼气科学研究所
1273	生物质成型燃料机械耐久性测试装置	实用新型	2016. 8. 17	CN205483480U	冉　毅、彭德全、李　谦、丁自立、席　江	农业部沼气科学研究所
1274	高氨氮废水脱氮装置	实用新型	2016. 8. 3	CN205419934U	陈子爱、贺　莉、施国中	农业部沼气科学研究所

（续表）

序号	专利名称	专利类别	公开（公告）日	公开（公告）号	发明人	专利权人
1275	一种厌氧菌高压培养管	实用新型	2016. 1. 6	CN204939469U	黎　霞、周　正、朱能敏、承　磊	农业部沼气科学研究所
1276	硫化氢气体吸收试验装置	实用新型	2016. 7. 27	CN205392157U	陈子爱、彭德全、席　江、冉　毅	农业部沼气科学研究所
1277	户用生活污水净化装置	实用新型	2016. 3. 2	CN205061688U	陈子爱、贺　莉、邓良伟	农业部沼气科学研究所
1278	生活污水脱氮砂滤装置	实用新型	2016. 8. 3	CN205419903U	陈子爱、贺　莉、施国中	农业部沼气科学研究所
1279	改进型硫容测试系统	实用新型	2016. 8. 3	CN205426873U	陈子爱	农业部沼气科学研究所
1280	生活污水净化系统	实用新型	2016. 8. 3	CN205419935U	陈子爱、贺　莉、施国中	农业部沼气科学研究所
1281	玻璃钢沼气池拱纵向荷载测试装置	实用新型	2016. 8. 17	CN205483831U	丁自立、冉　毅、席　江、陈子爱、贺　莉、张冀川、张　惠	农业部沼气科学研究所
1282	燃气灶喷嘴	实用新型	2016. 8. 17	CN205480984U	冉　毅、丁自立、彭德全、李　谦、贺　莉、张冀川、张　惠	农业部沼气科学研究所
1283	硫化氢气体收集试验装置	实用新型	2016. 8. 3	CN205426596U	陈子爱、彭德全、冉　毅、席　江	农业部沼气科学研究所

（续表）

序号	专利名称	专利类别	公开（公告）日	公开（公告）号	发明人	专利权人
1284	沼气发酵罐进料装置	实用新型	2016. 3. 2	CN205062057U	冉　毅、彭德全、王　超、李　谦	农业部沼气科学研究所
1285	循环型生活污水净化系统	实用新型	2016. 1. 6	CN204939208U	潘　科、贺　莉、施国中、张　敏、张国治	农业部沼气科学研究所
1286	无动力曝气的生活污水净化系统	实用新型	2016. 4. 20	CN205170492U	潘　科、贺　莉、陈子爱、施国中、张　敏	农业部沼气科学研究所
1287	秸秆焚化炉余热利用装置	实用新型	2016. 3. 2	CN205065748U	丁自力、冉　毅、席　江、陈子爱、贺　莉、张　惠	农业部沼气科学研究所
1288	一种卧式螺旋搅拌型秸秆堆肥发生设备	发明专利	2016. 6. 29	CN104261926B	肖宏儒、丁文芹、张　彬、肖苏伟、宋志禹、梅　松、韩　余、任彩红	农业部南京农业机械化研究所、肖宏儒
1289	厌氧干法发酵连续自动进出料系统及其使用方法	发明专利	2016. 5. 4	CN104293656B	朱德文、谢　虎、陶三奇、王鹏军、曹　杰、李瑞容、曲浩丽	农业部南京农业机械化研究所、南京物环新能源科技有限公司
1290	一种秸秆多级联合粉碎机	发明专利	2016. 11. 23	CN104353535B	朱德文、马　标、谢　虎、曹　杰、王鹏军、陶三奇、曲浩丽	农业部南京农业机械化研究所、南京物环新能源科技有限公司
1291	一种花生联合收获机清选装置	发明专利	2016. 7. 6	CN104541753B	胡志超、张延化、曹明珠、彭宝良、王申莹、王泽民、吴　峰、于昭洋	农业部南京农业机械化研究所

（续表）

序号	专利名称	专利类别	公开（公告）日	公开（公告）号	发明人	专利权人
1292	一种钵体苗移栽机落苗控制机构	发明专利	2016. 8. 24	CN104855013B	倪有亮、金诚谦、梁苏宁、康　栋	农业部南京农业机械化研究所
1293	一种蔬菜移栽机取苗夹	发明专利	2016. 11. 30	CN104904387B	肖宏儒、梅　松、李风雷、宋志禹、丁文芹、韩　余	农业部南京农业机械化研究所
1294	侧牵引式棉秆拔秆压捆机	发明专利	2016. 8. 31	CN104969726B	陈明江、王振伟、曲浩丽、陈永生、韩柏和、平英华	农业部南京农业机械化研究所
1295	一种适于全秸秆覆盖地作业的小麦免耕播种机	发明专利	2016. 8. 24	CN103733753B	胡志超、吴　峰、顾峰玮、陈有庆、王伯凯、王公仆、张会娟	农业部南京农业机械化研究所
1296	一种气动钵体苗移栽机取苗机构	发明专利	2016. 8. 17	CN104782294B	金诚谦、倪有亮、谢　庆、胡敏娟、康　栋	农业部南京农业机械化研究所
1297	一种挤压式种用花生脱壳机柔性打杆件结构	发明专利	2016. 9. 28	CN102987525B	王建楠、谢焕雄、胡志超、刘敏基、高学梅、张会娟、吴　峰、王海鸥、彭宝良、田立佳	农业部南京农业机械化研究所
1298	农业航空自适应离心雾化控制系统及控制方法	发明专利	2016. 6. 8	CN104148206B	孙　竹、薛新宇、张宋超、秦维彩、孔　伟、王宝坤、蔡　晨、周立新、周良富、陈　晨	农业部南京农业机械化研究所

（续表）

序号	专利名称	专利类别	公开（公告）日	公开（公告）号	发明人	专利权人
1299	一种覆秸量可调的全秸秆覆盖地免耕小麦播种机	发明专利	2016. 7. 20	CN103891442B	胡志超、吴　峰、顾峰玮、陈有庆、王伯凯、王公仆、曹明珠、刘敏基、张延化	农业部南京农业机械化研究所
1300	一种刷辊式采棉机	发明专利	2016. 11. 30	CN104255191B	张玉同、石　磊、吴崇友、梁　建、陈长林、孙勇飞	农业部南京农业机械化研究所
1301	一种钵体苗移栽机输苗机构	发明专利	2016. 8. 24	CN104782293B	金诚谦、倪有亮、谢　庆、胡敏娟、康　栋	农业部南京农业机械化研究所
1302	一种钵苗栽植装置	发明专利	2016. 8. 31	CN104604401B	许斌星、曹曙明、张　浪、张　翼、陈明江、管春松	农业部南京农业机械化研究所
1303	一种莲雾设施栽培水肥自动灌溉系统	发明专利	2016. 6. 8	CN104396702B	王素珍、钱生越、金永奎、陆江林	农业部南京农业机械化研究所
1304	一种蔬菜移栽机苗盘移动装置	发明专利	2016. 10. 5	CN104904385B	肖宏儒、梅　松、李风雷、宋志禹、丁文芹、韩　余	农业部南京农业机械化研究所
1305	一种高效低损籽棉清桃输送装置	发明专利	2016. 8. 17	CN104704989B	陈长林、石　磊、张玉同、孙勇飞、黄铭森、谢　庆	农业部南京农业机械化研究所
1306	干湿联合消化处理禽畜粪便与秸秆的方法	发明专利	2016. 8. 31	CN104355707B	曲浩丽、陈永生、朱德文、王鹏军、陈明江、韩柏和、曹　杰、李瑞容	农业部南京农业机械化研究所
1307	一种智能采茶机	发明专利	2016. 9. 14	CN104303706B	肖宏儒、韩　余、宋志禹、丁文芹、梅　松	农业部南京农业机械化研究所

（续表）

序号	专利名称	专利类别	公开（公告）日	公开（公告）号	发明人	专利权人
1308	一种气动钵体苗移栽机取苗系统	发明专利	2016. 9. 14	CN104782295B	金诚谦、倪有亮、胡敏娟、梁苏宁	农业部南京农业机械化研究所
1309	自走式打膜孔、播种、盖沙一体机	发明专利	2016. 4. 13	CN104303642B	肖宏儒、梅　松、宋志禹、丁文芹、韩　余、李风雷	农业部南京农业机械化研究所
1310	一种黑茶发酵翻堆机	发明专利	2016. 4. 13	CN104171088B	肖宏儒、季顺中、宋志禹、丁文芹、韩　余、杨　光	农业部南京农业机械化研究所
1311	一种钵苗移栽机成排顶苗机构	发明专利	2016. 6. 29	CN104782292B	倪有亮、金诚谦、胡敏娟、纪　要、王　刚	农业部南京农业机械化研究所
1312	一种枸杞采收机	发明专利	2016. 3. 16	CN104206120B	肖宏儒、丁文芹、梅　松、宋志禹、张　最、秦广明、赵　映	农业部南京农业机械化研究所
1313	一种甜菜机械化收获自动对行实验装置及其操作方法	发明专利	2016. 3. 30	CN103444344B	王申莹、胡志超、彭宝良、吴惠昌、顾峰玮、谢焕雄、吴　峰、王海鸥、游兆延	农业部南京农业机械化研究所
1314	一种花生联合收获机自动限深装置	发明专利	2016. 3. 2	CN103444347B	游兆延、胡志超、吴　努、吴惠昌、彭宝良、张兆龙、高景魁、王申莹、马　标	农业部南京农业机械化研究所
1315	一种利用弹簧护刀仿形的大蒜切根须装置及大蒜果秧分离机	发明专利	2016. 3. 2	CN104126855B	彭宝良、杨　柯、胡志超、顾峰玮、吴　峰、高景魁、于昭洋	农业部南京农业机械化研究所

（续表）

序号	专利名称	专利类别	公开（公告）日	公开（公告）号	发明人	专利权人
1316	一种手扶步行型甘薯碎蔓还田机	发明专利	2016. 3. 30	CN104396454B	胡良龙、王公仆、王　冰、田立佳、计福来、王伯凯、施智浩	农业部南京农业机械化研究所
1317	稻麦秸秆根茬沟埋联合作业机	发明专利	2016. 11. 2	CN104054463B	朱继平、陈小兵、袁　栋、丁　艳、彭卓敏、夏　敏、姚克恒、樊家志、杨　斌	农业部南京农业机械化研究所
1318	一种枸杞采集机构	发明专利	2016. 2. 24	CN104221607B	肖宏儒、丁文芹、梅　松、宋志禹、张　最、秦广明、赵　映	农业部南京农业机械化研究所
1319	一种自动上料栽培机组	发明专利	2016. 11. 23	CN104609083B	宋卫东、吴今姬、王明友、王教领、王培雨	农业部南京农业机械化研究所
1320	打膜孔、播种、盖沙组合机构	发明专利	2016. 2. 24	CN104303650B	肖宏儒、梅　松、丁文芹、宋志禹、李　坤、李风雷	农业部南京农业机械化研究所
1321	一种工业大麻立姿输送收割机	发明专利	2016. 9. 28	CN105103778B	李显旺、张　彬、黄继承、王锦国、沈　成、田昆鹏、周　杨、唐存干、刘　军	农业部南京农业机械化研究所
1322	一种可回收余热的通风干燥机及其控制方法	发明专利	2016. 9. 28	CN103954101B	颜建春、谢焕雄、顾峰玮、王海鸥、吴惠昌、吴　峰、高学梅、张会娟、王建楠、刘敏基	农业部南京农业机械化研究所

（续表）

序号	专利名称	专利类别	公开（公告）日	公开（公告）号	发明人	专利权人
1323	一种金属丝切割式的大蒜根须切须刀及切削组件	发明专利	2016. 3. 2	CN104115608B	彭宝良、杨　柯、胡志超、吴　峰、顾峰玮、于昭洋	农业部南京农业机械化研究所
1324	一种大蒜切根须装置及大蒜果秧分离机	发明专利	2016. 4. 27	CN104126854B	杨　柯、胡志超、彭宝良、吴惠昌、高景魁、于昭洋、王申莹	农业部南京农业机械化研究所
1325	一种翻抄均匀可实时筛分物料的绿豆脱皮机用滚筒	发明专利	2016. 3. 2	CN103798935B	刘敏基、王海鸥、胡志超、谢焕雄、王建楠、高学梅、马　标、杨　柯、魏　海	农业部南京农业机械化研究所
1326	一种碎秸、清秸、施肥、播种、覆秸多功能机组	发明专利	2016. 1. 20	CN102884888B	胡志超、吴　峰、陈有庆、曹明珠、刘敏基、王海鸥、张延化、王伯凯	农业部南京农业机械化研究所
1327	自走式多功能施肥机	发明专利	2016. 5. 4	CN103947357B	吴爱兵、朱德文、陈永生	农业部南京农业机械化研究所
1328	一种芦蒿收割机	发明专利	2016. 2. 24	CN104272917B	肖宏儒、韩　余、宋志禹、丁文芹、梅　松	农业部南京农业机械化研究所
1329	一种花生起垄覆膜播种机用压沟装置	发明专利	2016. 1. 27	CN103125178B	刘敏基、胡志超、吕小莲、于向涛、彭宝良、陈有庆、吴　峰、张会娟、仇春婷	农业部南京农业机械化研究所

（续表）

序号	专利名称	专利类别	公开（公告）日	公开（公告）号	发明人	专利权人
1330	一种回转仿弧形轨迹的大蒜切须刀及切削组件	发明专利	2016.4.27	CN104126359B	彭宝良、杨　柯、胡志超、顾峰玮、吴　峰、于昭洋、王申莹	农业部南京农业机械化研究所
1331	收割机滚筒进料堵塞故障检测和主动调节方法	发明专利	2016.8.17	CN104855060B	钟成义、朱思洪、王素珍、王光明	南京农业大学、农业部南京农业机械化研究所
1332	一种蔬菜有序收获机	发明专利	2016.2.3	CN104106339B	卢建强、秦广明、赵　映、金　月、肖宏儒、葛　慧	卢建强、农业部南京农业机械化研究所、葛慧
1333	一种智能精细整地装置	发明专利	2016.8.17	CN104429189B	管春松、胡　桧、王树林、张　浪、陈永生、王鹏军	江苏大学、农业部南京农业机械化研究所
1334	一种三轮乘坐式手扶插秧机	实用新型	2016.8.31	CN205510811U	扈　凯、张文毅、张礼钢、卢　晏、纪　要、祁　兵	农业部南京农业机械化研究所、苏州久富农业机械有限公司
1335	一种轻简型菌渣上料机	实用新型	2016.11.23	CN205694454U	宋卫东、徐　辉、王教领、王明友、吴今姬	农业部南京农业机械化研究所、泗阳县春园种植专业合作社
1336	一种深松机用运输轮	实用新型	2016.11.23	CN205705997U	姚克恒、陈小兵、彭卓敏、朱　鹏、张广彬、杨联社、肖玉银、单　雷、朱继平、袁　栋、丁　艳、夏　敏、陈　伟	农业部南京农业机械化研究所、山东大华机械有限公司

（续表）

序号	专利名称	专利类别	公开（公告）日	公开（公告）号	发明人	专利权人
1337	一种深松机	实用新型	2016. 8. 24	CN205491683U	姚克恒、宋　宇、朱现忠、陈小兵、彭卓敏、朱继平、袁　栋、杨联社、丁　艳、肖玉银、单　雷、苏海全、夏　敏、陈　伟	农业部南京农业机械化研究所、山东大华机械有限公司
1338	一种深松机用犁铲座	实用新型	2016. 8. 24	CN205491664U	姚克恒、陈小兵、朱　鹏、彭卓敏、朱继平、宋　宇、袁　栋、丁　艳、杨联社、肖玉银、单　雷、张广彬、夏　敏、陈　伟	农业部南京农业机械化研究所、山东大华机械有限公司
1339	折叠式深松机	实用新型	2016. 8. 24	CN205491677U	姚克恒、陈小兵、朱　鹏、彭卓敏、杨联社、朱继平、袁　栋、肖玉银、丁　艳、单　雷、夏　敏、陈　伟	农业部南京农业机械化研究所、山东大华机械有限公司
1340	一种深松机用镇压辊	实用新型	2016. 8. 24	CN205491665U	姚克恒、陈小兵、朱　鹏、朱现忠、彭卓敏、朱继平、袁　栋、丁　艳、杨联社、肖玉银、张广彬、单　雷、苏海全、夏　敏、陈　伟	农业部南京农业机械化研究所、山东大华机械有限公司

（续表）

序号	专利名称	专利类别	公开（公告）日	公开（公告）号	发明人	专利权人
1341	一种可折叠深松机	实用新型	2016. 8. 24	CN205491663U	姚克恒、宋　宇、陈小兵、朱　鹏、杨联社、彭卓敏、朱继平、袁　栋、肖玉银、单　雷、丁　艳、张广彬、夏　敏、陈　伟	农业部南京农业机械化研究所、山东大华机械有限公司
1342	一种折叠式深松机	实用新型	2016. 8. 24	CN205491684U	姚克恒、陈小兵、彭卓敏、朱　鹏、杨联社、肖玉银、朱继平、袁　栋、丁　艳、宋　宇、夏　敏、陈　伟	农业部南京农业机械化研究所、山东大华机械有限公司
1343	一种轻型自走耕作机	实用新型	2016. 3. 2	CN205052086U	姚克恒、陈小兵、俞忠良、彭卓敏、朱继平、袁　栋、丁　艳、曹　久、黄国祥、夏　敏、陈　伟	农业部南京农业机械化研究所、宁波培禾大成农业机械有限公司
1344	沼液沼渣固液分离一体机	实用新型	2016. 7. 6	CN205368094U	朱德文、赵维松、谢　虎、曹　杰、王鹏军、李瑞容、曲浩丽、陈永生、马　标、韩柏和、陈明江	农业部南京农业机械化研究所、南京物环新能源科技有限公司
1345	玉米穗茎兼收秸秆打捆包膜一体化收获机	实用新型	2016. 8. 31	CN205510908U	朱德文、谢　虎、张　华、王冬冬、周　进、郑继立、赵维松、王鹏军、李瑞容、曹　杰、韩柏和、曲浩丽、陈永生	农业部南京农业机械化研究所、南京物环新能源科技有限公司

（续表）

序号	专利名称	专利类别	公开（公告）日	公开（公告）号	发明人	专利权人
1346	一种收割机割台高度自动调节系统	实用新型	2016. 12. 28	CN205830379U	王素珍、孙祥青、陆宝春	农业部南京农业机械化研究所、南京理工大学
1347	秸秆粉碎还田机带轮联接装置	实用新型	2016. 5. 4	CN205196363U	袁 栋、丁 艳、夏 敏、姚克恒、陈 伟、朱继平、彭卓敏、陈小兵、周井刚	农业部南京农业机械化研究所、连云港市东堡旋耕机械有限公司
1348	一种带有油冷却装置的秸秆粉碎还田机刀轴轴承座	实用新型	2016. 5. 4	CN205196364U	丁 艳、袁 栋、夏 敏、姚克恒、陈 伟、朱继平、彭卓敏、陈小兵、周井刚	农业部南京农业机械化研究所、连云港市东堡旋耕机械有限公司
1349	一种新型秸秆粉碎还田机	实用新型	2016. 5. 4	CN205196365U	丁 艳、袁 栋、夏 敏、姚克恒、陈 伟、朱继平、彭卓敏、陈小兵、周井刚	农业部南京农业机械化研究所、连云港市东堡旋耕机械有限公司
1350	一种带有风冷却装置的秸秆粉碎还田机刀轴轴承座	实用新型	2016. 5. 4	CN205196366U	丁 艳、袁 栋、夏 敏、姚克恒、陈 伟、朱继平、彭卓敏、陈小兵、周井刚	农业部南京农业机械化研究所、连云港市东堡旋耕机械有限公司

（续表）

序号	专利名称	专利类别	公开（公告）日	公开（公告）号	发明人	专利权人
1351	秸秆粉碎还田机刀轴轴承密封结构	实用新型	2016.5.4	CN205196367U	丁　艳、袁　栋、夏　敏、姚克恒、陈　伟、朱继平、彭卓敏、陈小兵、周井刚	农业部南京农业机械化研究所、连云港市东堡旋耕机械有限公司
1352	一种苗盘播种机	实用新型	2016.2.3	CN205005460U	秦广明、赵　映、吴耀东、金　月、李　群	农业部南京农业机械化研究所、江苏云马农机制造有限公司
1353	一种多转子秸秆粉碎机	实用新型	2016.9.7	CN205550416U	陈明江、苗利军、陈永生、王振伟、潘嘉亮、曲浩丽	农业部南京农业机械化研究所、江苏法斯特机械有限公司
1354	一种简易移动栽培架装置	实用新型	2016.8.3	CN205408764U	杨雅婷、胡　桧、管春松、高庆生、陈永生、赵金元	农业部南京农业机械化研究所、常熟市农业科技发展有限公司
1355	用于混药器的随频变频可调控制装置	实用新型	2016.6.8	CN205302023U	张宋超、邱白晶、薛新宇、孙　竹	江苏大学、农业部南京农业机械化研究所
1356	用于打瓜收获机的辅助推瓜装置	实用新型	2016.11.30	CN205727079U	陈长林、孔凡婷、石　磊、谢　庆、黄铭森、孙勇飞、张玉同	农业部南京农业机械化研究所
1357	砝码杠杆式可移动静标定装置	实用新型	2016.12.28	CN205843885U	汤　庆、吴崇友、沐森林、梁苏宁、江　涛、王　刚、金　梅、吴　俊、朱　亮	农业部南京农业机械化研究所

（续表）

序号	专利名称	专利类别	公开（公告）日	公开（公告）号	发明人	专利权人
1358	一种果品无损收获机	实用新型	2016. 12. 28	CN205830410U	肖宏儒、夏先飞、宋志禹、韩　余、丁文芹、金　月、梅　松	农业部南京农业机械化研究所
1359	悬挂式水稻田间育秧播种机排种装置	实用新型	2016. 12. 7	CN205755452U	袁文胜、金诚谦、张文毅、唐宗义、梁苏宁、胡敏娟、倪有亮、刘　基	农业部南京农业机械化研究所
1360	一种多锯齿圆盘切割刀片	实用新型	2016. 11. 30	CN205727074U	周　杨、李显旺、沈　成、田昆鹏、张　彬、黄继承、王锦国	农业部南京农业机械化研究所
1361	一种双筛体自平衡挖掘收获机驱振装置	实用新型	2016. 11. 30	CN205727064U	彭宝良、游兆延、顾峰玮、吴　峰、胡志超、陈有庆、于向涛、王伯凯、徐弘博、吴朋来、施丽莉、严　伟、周新星	农业部南京农业机械化研究所
1362	一种稻板茬田角度无级可调的覆土镇压轮机构	实用新型	2016. 12. 7	CN205755413U	汤　庆、吴崇友、唐宗义、吴　俊、袁文胜	农业部南京农业机械化研究所
1363	一种适用于吊栽模式的菌棒扎孔机	实用新型	2016. 11. 30	CN205727174U	宋卫东、王教领、王明友、吴今姬	农业部南京农业机械化研究所
1364	一种可调速自调整皮带轮	实用新型	2016. 12. 7	CN205780725U	江　涛、沐森林、吴崇友、王　刚、汤　庆	农业部南京农业机械化研究所

（续表）

序号	专利名称	专利类别	公开（公告）日	公开（公告）号	发明人	专利权人
1365	一种振动压实筑埂机	实用新型	2016. 12. 14	CN205793971U	朱继平、陈　伟、袁　栋、丁　艳、夏　敏、姚克恒、陈小兵	农业部南京农业机械化研究所
1366	一种手推式盘育秧播种机	实用新型	2016. 12. 21	CN205812740U	胡敏娟、浦　毅、张文毅、袁文胜、祁　兵、纪　要	农业部南京农业机械化研究所
1367	打瓜收获机的取籽装置	实用新型	2016. 12. 14	CN205794149U	陈长林、石　磊、孔凡婷、孙勇飞、谢　庆、黄铭森、张玉同	农业部南京农业机械化研究所
1368	一种花生脱壳机振动筛分装置	实用新型	2016. 11. 30	CN205727980U	谢焕雄、王建楠、胡志超、刘敏基、张会娟、吴　峰、吴惠昌、颜建春、胡良龙、陈有庆、顾峰玮、高景魁	农业部南京农业机械化研究所
1369	一种水稻田间育秧播种装置	实用新型	2016. 11. 30	CN205727000U	袁文胜、金诚谦、唐宗义、沐森林、张文毅、胡敏娟、梁苏宁	农业部南京农业机械化研究所
1370	双筛体自平衡挖掘收获机	实用新型	2016. 11. 30	CN205727059U	胡志超、彭宝良、游兆延、陈有庆、顾峰玮、吴　峰、徐弘博、吴朋来、施丽莉、严　伟、周新星、张亚萍	农业部南京农业机械化研究所

（续表）

序号	专利名称	专利类别	公开（公告）日	公开（公告）号	发明人	专利权人
1371	一种高效反卸膜耙齿式残膜回收机	实用新型	2016. 11. 30	CN205726914U	胡志超、徐弘博、吴　峰、顾峰玮、陈有庆、吴朋来、施丽莉、游兆延、严　伟、周新星	农业部南京农业机械化研究所
1372	灭茬碎土深松联合整地机	实用新型	2016. 12. 7	CN205755334U	陈小兵、徐　敏、朱继平、姚克恒、夏　敏、彭卓敏、杨　斌	农业部南京农业机械化研究所
1373	一种履带自走式圆盘撒肥机	实用新型	2016. 12. 7	CN205755499U	马　标、吴爱兵、许斌星、陈永生、朱德文、谢　虎、韩柏和、曹　杰、李瑞容、曲浩丽	农业部南京农业机械化研究所
1374	一种防跑偏捡拾输送带	实用新型	2016. 12. 14	CN205802316U	梁苏宁、江　涛、吴崇友、汤　庆、金　梅	农业部南京农业机械化研究所
1375	打瓜收获机	实用新型	2016. 11. 30	CN205727081U	陈长林、石　磊、孔凡婷、黄铭森、孙勇飞、谢　庆、张玉同	农业部南京农业机械化研究所
1376	一种自走式果园空间管理机	实用新型	2016. 12. 28	CN205838493U	肖宏儒、梅　松、宋志禹、丁文芹、赵　映、金　月、杨　光、韩　余、夏先飞	农业部南京农业机械化研究所

（续表）

序号	专利名称	专利类别	公开（公告）日	公开（公告）号	发明人	专利权人
1377	一种低损花生种子脱壳机	实用新型	2016. 11. 30	CN205727979U	谢焕雄、王建楠、胡志超、刘敏基、张会娟、吴　峰、吴惠昌、颜建春、魏　海、高景魁	农业部南京农业机械化研究所
1378	高速插秧机秧箱升降机构液压缸位置控制系统	实用新型	2016. 11. 30	CN205744646U	扈　凯、张文毅、余山山、祁　兵、纪　要	农业部南京农业机械化研究所
1379	一种适用于土槽试验台的行走台车	实用新型	2016. 12. 28	CN205843982U	梁苏宁、吴崇友、汤　庆、沐森林、王　刚、金　梅、吴　俊、江　涛、关卓怀	农业部南京农业机械化研究所
1380	果园松土除草施肥机	实用新型	2016. 12. 7	CN205755352U	陈小兵、徐　敏、朱继平、袁　栋、丁　艳、彭卓敏、杨　斌	农业部南京农业机械化研究所
1381	一种气力辅助网链式残膜回收机	实用新型	2016. 12. 7	CN205755316U	胡志超、顾峰玮、吴　峰、陈有庆、徐弘博、游兆延、吴朋来、施丽莉、严　伟、周新星	农业部南京农业机械化研究所
1382	一种适于双筛体自平衡挖掘收获机的自动卸料装置	实用新型	2016. 11. 30	CN205727063U	游兆延、吴惠昌、彭宝良、陈有庆、顾峰玮、吴　峰、胡志超、徐弘博、吴朋来、施丽莉、严　伟、周新星、谢　庆、张亚萍	农业部南京农业机械化研究所

（续表）

序号	专利名称	专利类别	公开（公告）日	公开（公告）号	发明人	专利权人
1383	一种低损花生种子脱壳装置	实用新型	2016. 11. 30	CN205727978U	王建楠、谢焕雄、胡志超、刘敏基、张会娟、胡良龙、吴　峰、吴惠昌、颜建春、陈有庆、顾峰玮、高景魁	农业部南京农业机械化研究所
1384	土槽试验测试平台	实用新型	2016. 12. 28	CN205843860U	梁苏宁、吴崇友、沐森林、汤　庆、金　梅、江　涛、吴　俊、王　刚、关卓怀、朱　亮	农业部南京农业机械化研究所
1385	撒肥机肥料调节装置	实用新型	2016. 12. 7	CN205755502U	许斌星、马　标、吴爱兵、王阿祥	农业部南京农业机械化研究所
1386	打瓜收获机的采摘台	实用新型	2016. 12. 7	CN205755622U	陈长林、石　磊、孔凡婷、谢　庆、黄铭森、孙勇飞、张玉同	农业部南京农业机械化研究所
1387	一种气力输送设备	实用新型	2016. 11. 30	CN205739483U	谢焕雄、魏　海、颜建春、刘敏基、王建楠、高学梅、张德高、吴惠昌、张会娟	农业部南京农业机械化研究所
1388	一种用于稻茬免耕播种机的破茬开沟和覆土装置	实用新型	2016. 12. 21	CN205812728U	袁文胜、李　坤、张文毅、卢　晏、胡敏娟	农业部南京农业机械化研究所
1389	一种水稻育秧播种机播种量调整机构	实用新型	2016. 12. 21	CN205812749U	袁文胜、金诚谦、唐宗义、张文毅、胡敏娟、沐森林	农业部南京农业机械化研究所

（续表）

序号	专利名称	专利类别	公开（公告）日	公开（公告）号	发明人	专利权人
1390	一种旱地移栽植苗机构	实用新型	2016. 12. 21	CN205812767U	胡敏娟、张文毅、纪　要、祁　兵、卢　晏	农业部南京农业机械化研究所
1391	一种轮式联合收割机的速度控制装置	实用新型	2016. 11. 23	CN205694314U	王素珍、宋卫东、钟成义、梁国华	农业部南京农业机械化研究所
1392	一种全方位深松机用仿生深松铲	实用新型	2016. 9. 7	CN205546432U	田昆鹏、李显旺、张　彬、王锦国、黄继承、沈　成、周　杨	农业部南京农业机械化研究所
1393	一种插秧机转向系统	实用新型	2016. 11. 23	CN205706847U	扈　凯、张文毅、余山山、袁文胜、祁　兵、纪　要	农业部南京农业机械化研究所
1394	一种盘育苗气吸滚筒式排种器	实用新型	2016. 11. 23	CN205694204U	纪　要、张文毅、刘　军、余山山、付宇超、卢　晏	农业部南京农业机械化研究所
1395	一种多切割平台茎秆作物切割试验装置	实用新型	2016. 11. 23	CN205719494U	沈　成、陈巧敏、李显旺、周　杨、张　彬、黄继承、田昆鹏	农业部南京农业机械化研究所
1396	一种吊杯式移栽机的栽植机构	实用新型	2016. 11. 9	CN205670971U	高庆生、胡　桧、杨雅婷、管春松	农业部南京农业机械化研究所
1397	用于稻茬免耕播种机的破茬开沟和沟边松土装置	实用新型	2016. 12. 7	CN205755338U	袁文胜、李　坤、张文毅、胡敏娟、卢　晏	农业部南京农业机械化研究所
1398	一种正位施肥播种机	实用新型	2016. 10. 5	CN205611220U	袁文胜、金诚谦、胡敏娟	农业部南京农业机械化研究所

（续表）

序号	专利名称	专利类别	公开（公告）日	公开（公告）号	发明人	专利权人
1399	一种适用于菌菇吊栽模式的吊桶	实用新型	2016. 11. 23	CN205694452U	宋卫东、王教领、王明友、吴今姬	农业部南京农业机械化研究所
1400	一种车库式干发酵模拟装置	实用新型	2016. 10. 12	CN205635602U	曹　杰、曲浩丽、贺　静	农业部南京农业机械化研究所
1401	一种旋耕施肥播种机	实用新型	2016. 10. 5	CN205611187U	张文毅、卢　晏、胡敏娟、浦　毅、金　梅、张　敏、纪　要	农业部南京农业机械化研究所
1402	自走式管道施药系统	实用新型	2016. 10. 12	CN205624060U	金永奎、薛新宇、张　玲、周立新、丁素明、张宋超、秦维彩、周良富、孔　伟、孙　竹、蔡　晨、崔龙飞、王宝坤、陈　晨	农业部南京农业机械化研究所
1403	一种基于感应充电的静电喷雾装置	实用新型	2016. 11. 23	CN205695204U	张　玲、薛新宇、丁素明、周良富、孙　竹、秦维彩、张宋超、蔡　晨、崔龙飞、顾　伟、陈　晨、杨风波	农业部南京农业机械化研究所
1404	一种坡地农用电动履带底盘	实用新型	2016. 11. 23	CN205694130U	肖宏儒、韩　余、彭浩明、宋志禹、肖苏伟、丁文芹	农业部南京农业机械化研究所
1405	一种水稻中耕机	实用新型	2016. 11. 23	CN205694086U	张文毅、卢　晏、李　坤、袁文胜、胡敏娟、余山山	农业部南京农业机械化研究所

（续表）

序号	专利名称	专利类别	公开（公告）日	公开（公告）号	发明人	专利权人
1406	一种圆盘高度可调的施肥机	实用新型	2016. 10. 12	CN205623198U	许斌星、马　标、吴爱兵、王阿祥	农业部南京农业机械化研究所
1407	一种稻麦秸秆粉碎抛撒机	实用新型	2016. 11. 2	CN205667125U	朱继平、陈　伟、袁　栋、丁　艳、夏　敏、姚克恒、陈小兵	农业部南京农业机械化研究所
1408	一种收割机脱粒滚筒变速机构	实用新型	2016. 11. 23	CN205694416U	汤　庆、吴崇友、沐森林、王　刚、江　涛	农业部南京农业机械化研究所
1409	一种无级可调覆土镇压机构	实用新型	2016. 11. 9	CN205670947U	汤　庆、吴崇友、唐宗义、吴　俊、张　敏、袁文胜	农业部南京农业机械化研究所
1410	一种果蔬皮渣压缩成型设备	实用新型	2016. 11. 9	CN205674536U	张　彬、田昆鹏、李显旺、王锦国、黄继承、沈　成、周　杨、王　帅	农业部南京农业机械化研究所
1411	一种有机肥撒肥机出料口开度调节装置	实用新型	2016. 10. 12	CN205623199U	马　标、吴爱兵、许斌星、陈永生、朱德文、谢　虎、韩柏和、曹　杰、李瑞容、曲浩丽	农业部南京农业机械化研究所
1412	一种适用于收割机输送槽的轴承座	实用新型	2016. 12. 7	CN205755627U	王　刚、吴崇友、沐森林、汤　庆、江　涛	农业部南京农业机械化研究所

（续表）

序号	专利名称	专利类别	公开（公告）日	公开（公告）号	发明人	专利权人
1413	一种适用于高通量药剂筛选的生测喷雾塔	实用新型	2016. 10. 12	CN205624066U	张　玲、薛新宇、金永奎、周立新、周良富、孔　伟、朱忠伟、顾　伟、崔龙飞、王宝坤	农业部南京农业机械化研究所
1414	双膜片稳流防滴阀	实用新型	2016. 10. 12	CN205639731U	金永奎、薛新宇、张　玲、周立新、丁素明、张宋超、秦维彩、周良富、孔　伟、孙　竹、顾　伟、蔡　晨、崔龙飞、王宝坤、陈　晨	农业部南京农业机械化研究所
1415	一种可调节畦形尺寸的整地机	实用新型	2016. 12. 7	CN205755416U	管春松、胡　桧、高庆生、杨雅婷、陈永生	农业部南京农业机械化研究所
1416	一种用于免耕播种机的破茬开沟施肥装置	实用新型	2016. 11. 9	CN205670954U	李　坤、袁文胜、张文毅、胡敏娟	农业部南京农业机械化研究所
1417	多畦整地机	实用新型	2016. 12. 7	CN205755339U	管春松、胡　桧、高庆生、杨雅婷、陈永生	农业部南京农业机械化研究所
1418	一种圆盘高度可调的施肥机构	实用新型	2016. 12. 7	CN205755506U	许斌星、马　标、吴爱兵、王阿祥	农业部南京农业机械化研究所
1419	一种压缩成型机的压缩结构	实用新型	2016. 11. 9	CN205674517U	田昆鹏、张　彬、李显旺、王锦国、黄继承、沈　成、周　杨、王　帅	农业部南京农业机械化研究所

（续表）

序号	专利名称	专利类别	公开（公告）日	公开（公告）号	发明人	专利权人
1420	一种轻简型叶菜蔬菜收获机	实用新型	2016. 2. 3	CN205005492U	肖宏儒、金　月、李　坤、丁文芹、张　最、宋志禹、梅　松、韩　余、赵　映	农业部南京农业机械化研究所
1421	横辊式拔棉秆装置	实用新型	2016. 8. 31	CN205510900U	王振伟、陈明江、刘凯凯、谢　虎、许斌星、王鹏军、马　标、曹　杰	农业部南京农业机械化研究所
1422	一种芋头双抖土收获机	实用新型	2016. 8. 31	CN205510859U	肖宏儒、夏建林、赵　映、梅　松、宋志禹、丁文芹、韩　余、金　月、代红朝	农业部南京农业机械化研究所
1423	一种动态调控限深装置	实用新型	2016. 8. 3	CN205423407U	田昆鹏、张　彬、李显旺、王锦国、黄继承、沈　成、周　杨	农业部南京农业机械化研究所
1424	一种耙齿式残膜回收机脱膜装置	实用新型	2016. 1. 13	CN204948652U	胡志超、顾峰玮、吴　峰、吴朋来、施莉丽、徐弘博、陈有庆、游兆延	农业部南京农业机械化研究所
1425	一种二次离心雾化喷头	实用新型	2016. 3. 30	CN205109914U	龚　艳、张　晓、刘德江、王　果、陈　晓	农业部南京农业机械化研究所
1426	拔棉秆机构	实用新型	2016. 8. 31	CN205510901U	陈明江、王振伟、曲浩丽、陈永生、韩柏和	农业部南京农业机械化研究所
1427	一种吸虫机	实用新型	2016. 4. 13	CN205143292U	肖宏儒、秦广明、梅　松、宋志禹、丁文芹、韩　余	农业部南京农业机械化研究所

（续表）

序号	专利名称	专利类别	公开（公告）日	公开（公告）号	发明人	专利权人
1428	一种根茎药材收获机	实用新型	2016. 6. 1	CN205266233U	许斌星、马　标、吴爱兵	农业部南京农业机械化研究所
1429	一种诱发作物病害的环境参数控制系统	实用新型	2016. 8. 10	CN205450848U	金永奎、薛新宇、张　玲、周立新、丁素明、张宋超、秦维彩、周良富、孔　伟、孙　竹、顾　伟、蔡　晨、崔龙飞、王宝坤、陈　晨	农业部南京农业机械化研究所
1430	一种牵引悬挂组配式可坐水甘薯复式移栽机	实用新型	2016. 8. 24	CN205491685U	王伯凯、胡良龙、王公仆、王　冰、计福来、于向涛	农业部南京农业机械化研究所
1431	一种旋耕起垄覆膜复式作业机	实用新型	2016. 7. 6	CN205357001U	胡良龙、王伯凯、王　冰、王公仆、计福来、于昭洋、游兆延、高学梅	农业部南京农业机械化研究所
1432	一种多垄藤蔓粉碎挖掘收获复式作业装置	实用新型	2016. 6. 29	CN205336849U	王公仆、胡良龙、王　冰、王伯凯、田立佳、高学梅	农业部南京农业机械化研究所
1433	水田平地摆秧机	实用新型	2016. 3. 2	CN205052143U	陈小兵、朱继平、袁　栋、丁　艳、李良波、彭卓敏	农业部南京农业机械化研究所
1434	一种地膜升降旋转打孔驱动装置	实用新型	2016. 4. 13	CN205142829U	肖宏儒、梅　松、宋志禹、丁文芹、韩　余、赵　映、金　月	农业部南京农业机械化研究所

（续表）

序号	专利名称	专利类别	公开（公告）日	公开（公告）号	发明人	专利权人
1435	灭茬碎土旋耕装置	实用新型	2016. 3. 2	CN205052087U	陈小兵、朱继平、姚克恒、夏　敏、彭卓敏、李　晔	农业部南京农业机械化研究所
1436	一种垄作花生收获及残膜回收多功能机	实用新型	2016. 3. 2	CN205052169U	胡志超、顾峰玮、吴　峰、陈有庆、游兆延、徐弘博、王泽民、吴朋来、施丽莉、柴康杰	农业部南京农业机械化研究所
1437	一种作畦机配套用智能仿形清沟装置	实用新型	2016. 8. 31	CN205510698U	管春松、胡　桧、王树林、陈永生、王鹏军、高庆生、杨雅婷	农业部南京农业机械化研究所
1438	一种手推式风送喷雾机	实用新型	2016. 1. 20	CN204969083U	周立新、薛新宇、周良富、孔　伟、秦维彩、孙　竹、蔡　晨、张宋超、张　玲、丁素明、金永奎、顾　伟、崔龙飞、陈　晨、王宝坤	农业部南京农业机械化研究所
1439	一种施药装备田间雾滴沉积分布仿真测试系统	实用新型	2016. 8. 3	CN205426730U	龚　艳、张　晓、王　果、陈　晓、刘德江、缪友谊、冯耀宁	农业部南京农业机械化研究所
1440	一种槽辊式薯类块茎分离去残秧机构	实用新型	2016. 1. 13	CN204948737U	王　冰、胡良龙、王公仆、胡志超、张延化、彭宝良、王伯凯、施智浩	农业部南京农业机械化研究所

（续表）

序号	专利名称	专利类别	公开（公告）日	公开（公告）号	发明人	专利权人
1441	可移动式捆状秸秆破碎机	实用新型	2016. 3. 2	CN205052240U	吴爱兵、马　标、陈永生、朱德文、王鹏军、韩柏和、曹　杰、李瑞荣、曲浩丽	农业部南京农业机械化研究所
1442	一种茶园航空采茶装备	实用新型	2016. 6. 15	CN205305441U	肖宏儒、韩　余、宋志禹、丁文芹、梅　松	农业部南京农业机械化研究所
1443	一种微波热泵联合干燥设备	实用新型	2016. 4. 13	CN205156586U	宋卫东、王教领、王明友、吴今姬	农业部南京农业机械化研究所
1444	指杆式采棉机棉秆防拔起装置	实用新型	2016. 8. 3	CN205408618U	张玉同、石　磊、孙勇飞、陈长林、黄铭森、谢　庆、孔凡婷	农业部南京农业机械化研究所
1445	自走式茶园双侧边修剪机	实用新型	2016. 1. 13	CN204948867U	肖宏儒、梅　松、王新江、宋志禹、丁文芹、韩　余	农业部南京农业机械化研究所
1446	一种联合收割机碎草装置实时扭矩测量机构	实用新型	2016. 4. 6	CN205138690U	汤　庆、吴崇友、王　刚、吴　俊、关卓怀、张　敏、康　栋	农业部南京农业机械化研究所
1447	一种智能移动栽培架装置	实用新型	2016. 3. 2	CN205064450U	管春松、胡　桧、杨雅婷、王鹏军、陈永生、高庆生	农业部南京农业机械化研究所
1448	一种静液压驱动的高速插秧机底盘	实用新型	2016. 8. 17	CN205454450U	扈　凯、张文毅、余山山、纪　要、祁　兵	农业部南京农业机械化研究所
1449	一种有序输送收集装置	实用新型	2016. 5. 25	CN205249816U	肖宏儒、莫毅松、金　月、包建锋、代红朝	农业部南京农业机械化研究所

（续表）

序号	专利名称	专利类别	公开（公告）日	公开（公告）号	发明人	专利权人
1450	一种花生包衣翻转干燥装置	实用新型	2016. 9. 28	CN205607089U	王建楠、谢焕雄、胡志超、刘敏基、张会娟、胡良龙、吴　峰、吴惠昌、颜建春、陈有庆、顾峰玮、高景魁	农业部南京农业机械化研究所
1451	一种旋耕施肥播种机	实用新型	2016. 3. 30	CN205105563U	田昆鹏、李显旺、黄继承、张　彬、沈　成、王锦国、周　杨	农业部南京农业机械化研究所
1452	一种多功能微波-热油组合冷冻干燥设备	实用新型	2016. 8. 24	CN205505587U	胡志超、吴朋来、吴　峰、颜建春、于昭洋、吴惠昌、魏　海	农业部南京农业机械化研究所
1453	蔬菜收获机喂入切割装置	实用新型	2016. 4. 27	CN205179771U	肖宏儒、金　月、莫毅松	农业部南京农业机械化研究所
1454	一种花生包衣落料打散机构	实用新型	2016. 9. 28	CN205596545U	王建楠、谢焕雄、胡志超、刘敏基、张会娟、胡良龙、吴　峰、吴惠昌、颜建春、陈有庆、顾峰玮、高景魁	农业部南京农业机械化研究所
1455	一种花生种子包衣干燥设备	实用新型	2016. 9. 28	CN205596547U	王建楠、谢焕雄、胡志超、刘敏基、张会娟、胡良龙、吴　峰、吴惠昌、颜建春、陈有庆、顾峰玮、高景魁	农业部南京农业机械化研究所

（续表）

序号	专利名称	专利类别	公开（公告）日	公开（公告）号	发明人	专利权人
1456	联合收割机实时监测系统	实用新型	2016. 4. 20	CN205161149U	汤　庆、金诚谦、沐森林、朱道静、金　梅、吴　俊、梁苏宁	农业部南京农业机械化研究所
1457	折叠割刀割晒机	实用新型	2016. 6. 1	CN205266240U	王　刚、吴崇友、金诚谦、汤　庆、关桌怀	农业部南京农业机械化研究所
1458	一种花生种子包衣干燥装置	实用新型	2016. 9. 28	CN205596546U	王建楠、谢焕雄、胡志超、刘敏基、张会娟、吴　峰、吴惠昌、颜建春、胡良龙、魏　海、曹明珠、陈有庆、顾峰玮、高景魁	农业部南京农业机械化研究所
1459	轻简型蔬菜收获机变速箱	实用新型	2016. 5. 25	CN205260778U	肖宏儒、金　月、宋志禹、丁文芹、梅　松、韩　余、赵　映、李　坤、张　最	农业部南京农业机械化研究所
1460	用于农药喷洒防效测量的昆虫喂养观察装置	实用新型	2016. 8. 10	CN205431651U	秦维彩、薛新宇、孔　伟、张宋超、孙　竹、周立新、张　玲、金永奎、丁素明、周良富、蔡　晨、顾　伟、崔龙飞、陈　晨、王宝坤、杨风波	农业部南京农业机械化研究所
1461	一种强力风送远程施药装备	实用新型	2016. 9. 28	CN205596969U	龚　艳、张晓辛、陈　健、王　果、缪友谊、陈　晓、张　晓、刘德江、冯耀宁	农业部南京农业机械化研究所

（续表）

序号	专利名称	专利类别	公开（公告）日	公开（公告）号	发明人	专利权人
1462	一种通风机试验装置	实用新型	2016. 8. 31	CN205533365U	赵晓萍、李良波、王小丽、王　果、张　晓、陈　晓	农业部南京农业机械化研究所
1463	撒肥旋耕播种喷药复式作业机	实用新型	2016. 2. 17	CN205030064U	陈小兵、朱继平、姚克恒、夏　敏、彭卓敏、李　晔	农业部南京农业机械化研究所
1464	一种绿豆剥皮机	实用新型	2016. 4. 27	CN205180323U	刘敏基、王建楠、胡志超、宋卫东、谢焕雄、王海鸥、高学梅、马　标、杨　柯、魏　海	农业部南京农业机械化研究所
1465	一种螺旋式多级分选机	实用新型	2016. 1. 13	CN204953304U	肖宏儒、韩　余、肖苏伟、宋志禹、丁文芹、赵　映、梅　松、金　月	农业部南京农业机械化研究所
1466	一种纵轴流收割机滚筒转速检测装置	实用新型	2016. 8. 31	CN205510894U	钱生越、王素珍、孙祥清	农业部南京农业机械化研究所
1467	一种联合收割机驾驶室集成式控制机构	实用新型	2016. 7. 6	CN205357126U	王　刚、吴崇友、沐森林、汤　庆、关卓怀、江　涛、吴　俊	农业部南京农业机械化研究所
1468	一种大垄单行旋耕起垄施肥作业装置	实用新型	2016. 4. 27	CN205179655U	胡良龙、王　冰、王公仆、计福来、田立佳、高学梅、游兆延	农业部南京农业机械化研究所
1469	一种小型挂接式多功能施肥机	实用新型	2016. 8. 31	CN205510830U	肖宏儒、梅　松、赵　映、宋志禹、金　月、代红朝	农业部南京农业机械化研究所

（续表）

序号	专利名称	专利类别	公开（公告）日	公开（公告）号	发明人	专利权人
1470	热辐射茶叶杀青、干燥、提香一体机	实用新型	2016. 1. 20	CN204969244U	肖宏儒、宋志禹、丁文芹、梅　松、韩　余、赵　映、金　月、张　最、代红朝	农业部南京农业机械化研究所
1471	一种微波真空干燥机	实用新型	2016. 8. 10	CN205432030U	宋卫东、王教领、王明友、吴今姬	农业部南京农业机械化研究所
1472	一种手扶自走式双行采茶机	实用新型	2016. 5. 25	CN205249821U	肖宏儒、韩　余、宋志禹、丁文芹	农业部南京农业机械化研究所
1473	一种全自动钵苗移栽机移位机构	实用新型	2016. 8. 17	CN205454549U	金诚谦、倪有亮、胡敏娟、梁苏宁、康　栋	农业部南京农业机械化研究所
1474	一种移栽取苗装置	实用新型	2016. 8. 24	CN205491744U	肖宏儒、梅　松、李风雷、宋志禹、丁文芹、韩　余	农业部南京农业机械化研究所
1475	一种大田精准变量施肥装置	实用新型	2016. 6. 1	CN205266220U	吴爱兵、马　标、陈永生、曹　杰、许斌星	农业部南京农业机械化研究所
1476	通用型联合收获机独立割台模块化液压接口	实用新型	2016. 2. 10	CN205026261U	王　刚、吴崇友、江　涛、汤　庆、张　敏	农业部南京农业机械化研究所
1477	一种振动式枸杞采摘机构	实用新型	2016. 8. 24	CN205491807U	肖宏儒、丁文芹、梅　松、宋志禹、张　最、秦广明、赵　映	农业部南京农业机械化研究所

（续表）

序号	专利名称	专利类别	公开（公告）日	公开（公告）号	发明人	专利权人
1478	一种挂接式多功能西芹种植一体机	实用新型	2016. 4. 13	CN205142807U	肖宏儒、梅　松、宋志禹、丁文芹、韩　余、赵　映、金　月	农业部南京农业机械化研究所
1479	一种多级喂料气力输送装置	实用新型	2016. 1. 13	CN204957803U	胡志超、于昭洋、曹明珠、王申莹、徐弘博、陈有庆、顾峰伟、吴　锋	农业部南京农业机械化研究所
1480	蔬菜有序收获机	实用新型	2016. 4. 27	CN205179770U	肖宏儒、莫毅松、金　月、包建锋、代红朝	农业部南京农业机械化研究所
1481	一种菌瓶自动清洗机	实用新型	2016. 4. 13	CN205146829U	王教领、宋卫东、王明友、吴今姬	农业部南京农业机械化研究所
1482	一种分段式农药喷雾量分布均匀性测试系统	实用新型	2016. 6. 15	CN205317497U	龚　艳、王　果、张　晓、张井超、裴　亮、陈　晓、刘德江	农业部南京农业机械化研究所
1483	一种辅助气力棉桃清分的防缠喂棉装置	实用新型	2016. 8. 3	CN205408617U	陈长林、石　磊、黄铭森、孔凡婷、谢　庆、孙勇飞、张玉同	农业部南京农业机械化研究所
1484	一种覆土镇压轮机构	实用新型	2016. 7. 6	CN205357042U	吴崇友、汤　庆、袁文胜、吴　俊、张　敏、唐宗义、王苏飞	农业部南京农业机械化研究所

（续表）

序号	专利名称	专利类别	公开（公告）日	公开（公告）号	发明人	专利权人
1485	农用遥控飞行植保机用可伸缩式喷杆	实用新型	2016. 1. 20	CN204979248U	张宋超、薛新宇、崔龙飞、秦维彩、孙　竹、孔　伟、丁素明、周良富、周立新、张　玲、蔡　晨、顾　伟、陈　晨	农业部南京农业机械化研究所
1486	一种工业大麻立姿输送收割机	实用新型	2016. 2. 17	CN205030140U	李显旺、张　彬、黄继承、王锦国、沈　成、田昆鹏、周　杨、唐存干、刘　军	农业部南京农业机械化研究所
1487	圆盘切草灭茬碎土施肥机	实用新型	2016. 2. 3	CN205005442U	陈小兵、朱继平、徐　敏、袁　栋、丁　艳、李良波、彭卓敏	农业部南京农业机械化研究所
1488	一种大田精准变量撒肥器	实用新型	2016. 6. 1	CN205266219U	吴爱兵、马　标、王阿祥、陈永生、曹　杰、许斌星	农业部南京农业机械化研究所
1489	用于拖挂式激光平地机的平地铲水平调节装置	实用新型	2016. 4. 6	CN205124264U	俞勇根、彭作敏、陈小兵、朱继平、陈　伟、姚克恒、袁　栋	农业部南京农业机械化研究所
1490	一种全自动钵苗移栽机分苗机构	实用新型	2016. 6. 15	CN205305399U	倪有亮、金诚谦、王　刚、纪　要	农业部南京农业机械化研究所
1491	一种自走式蔬菜有序收获机	实用新型	2016. 1. 20	CN204968532U	秦广明、金　月、肖宏儒、赵　映	农业部南京农业机械化研究所

（续表）

序号	专利名称	专利类别	公开（公告）日	公开（公告）号	发明人	专利权人
1492	双侧边修剪机驱动传动装置	实用新型	2016. 1. 6	CN204929758U	肖宏儒、梅　松、宋志禹、丁文芹、韩　余	农业部南京农业机械化研究所
1493	一种用于田间喷洒雾滴飘移测试的雾滴接受装置	实用新型	2016. 8. 3	CN205426537U	秦维彩、薛新宇、张宋超、孙　竹、孔　伟、张　玲、周立新、金永奎、丁素明、周良富、蔡　晨、顾　伟、崔龙飞、陈　晨、王宝坤、杨风波	农业部南京农业机械化研究所
1494	一种联合收割机脱粒滚筒扭矩实时监测机构	实用新型	2016. 4. 20	CN205161148U	沐森林、金　梅、唐宗义、张　敏、金诚谦、汤　庆、王苏飞	农业部南京农业机械化研究所
1495	一种气力输送用颗粒物料均匀撒铺装置	实用新型	2016. 1. 13	CN204957802U	胡志超、徐弘博、曹明珠、王申莹、于昭洋、吴　峰、顾峰伟、陈有庆、王公仆	农业部南京农业机械化研究所
1496	联合收割机清选室风场测量装置	实用新型	2016. 4. 6	CN205124357U	汤　庆、梁苏宁、吴崇友、江　涛、沐森林、唐宗义、张　敏	农业部南京农业机械化研究所
1497	一种肥料深施机	实用新型	2016. 1. 20	CN204968415U	常有宏、肖宏儒、吕晓兰、梅　松、丁文芹、宋志禹、韩　余	农业部南京农业机械化研究所

（续表）

序号	专利名称	专利类别	公开（公告）日	公开（公告）号	发明人	专利权人
1498	一种带自动监测装置的深松机	实用新型	2016. 6. 22	CN205320476U	袁　栋、丁　艳、夏　敏、姚克恒、陈　伟、朱继平、彭卓敏、陈小兵、俞永根	农业部南京农业机械化研究所
1499	拖挂式激光平地机	实用新型	2016. 3. 2	CN205052078U	俞勇根、彭作敏、陈小兵、朱继平、陈　伟、姚克恒、袁　栋	农业部南京农业机械化研究所
1500	拔棉秆装置	实用新型	2016. 3. 2	CN205052191U	王振伟、陈明江、陈永生、王鹏军、韩柏和、平英华、曲浩丽	农业部南京农业机械化研究所
1501	一种半喂入式花生摘果实验台	实用新型	2016. 12. 7	CN205755648U	吕小莲、胡志超、王　冰、于昭洋、王小宝、胡宇峰	滁州学院、农业部南京农业机械化研究所
1502	基于无线通讯的土壤环境检测自动采集控制系统	实用新型	2016. 10. 26	CN205665862U	郑向群、王贺程、师荣光、车　明、张春雪、丁永祯、杨　波	农业部环境保护科研监测所、天津大学
1503	一种基于壳聚糖的吸附六价铬的吸附剂的制备方法	发明专利	2016. 6. 8	CN103933951B	漆新华、郝乙龙、谭腾飞	农业部环境保护科研监测所
1504	一种利用实验室微量气体计量装置的计量方法	发明专利	2016. 6. 22	CN103674156B	杜连柱、张克强、黄治平、杨　鹏、梁军锋	农业部环境保护科研监测所

（续表）

序号	专利名称	专利类别	公开（公告）日	公开（公告）号	发明人	专利权人
1505	果糖一步水热合成碳微球固体酸用于催化纤维素水解	发明专利	2016. 11. 16	CN103949238B	漆新华、闫碌碌、廉优芬	农业部环境保护科研监测所
1506	一种链霉菌正向突变株筛选方法	发明专利	2016. 1. 27	CN103525806B	黄永春、杨少彬、刘红梅、赵　鹏、张　伟	农业部环境保护科研监测所
1507	新型巴弗洛霉素、其提取微生物和提取方法	发明专利	2016. 2. 24	CN104817547B	黄永春	农业部环境保护科研监测所
1508	一种镉重度污染稻田稻米安全生产的方法	发明专利	2016. 3. 9	CN104041362B	梁学峰、徐应明、韩　君、孙约兵、王　林	农业部环境保护科研监测所
1509	NaHS 作为阻控水稻累积镉的叶面调理剂的应用	发明专利	2016. 1. 20	CN104025921B	王瑞刚、孙　健、冯人伟、郭军康、丁永祯、徐应明	农业部环境保护科研监测所
1510	物种敏感性分布法实验反应装置	实用新型	2016. 11. 30	CN205749468U	秦　莉、安　毅、林大松、朱丹妹、张　丽	农业部环境保护科研监测所
1511	一种生态沟渠系统	实用新型	2016. 12. 7	CN205776123U	郑向群、张春雪、杨　波、成卫民、师荣光、丁永祯、陈昢圳	农业部环境保护科研监测所
1512	田间灌溉施肥一体化装置	实用新型	2016. 7. 27	CN205389448U	张贵龙、李　洁、赖　欣、修伟明、杨殿林	农业部环境保护科研监测所

（续表）

序号	专利名称	专利类别	公开（公告）日	公开（公告）号	发明人	专利权人
1513	一种规模化奶牛场挤奶厅消毒酸碱废液处理装置	实用新型	2016. 12. 7	CN205773971U	翟中葳、张克强、杨　鹏、高文萱	农业部环境保护科研监测所
1514	水冲粪式粪污种养一体处理装置	实用新型	2016. 11. 16	CN205687753U	翟中葳、张克强、王　风、杜连柱	农业部环境保护科研监测所
1515	一种土壤环境监测信息自动采集及分析系统	实用新型	2016. 10. 26	CN205665698U	龚　琼、师荣光、王贺程、郑向群、车　明、张春雪、杨　波	农业部环境保护科研监测所
1516	一种牛粪分离预处理系统	实用新型	2016. 11. 23	CN205701838U	杨　鹏、张　泽	农业部环境保护科研监测所
1517	一种沼液混合灌溉一体化装置	实用新型	2016. 11. 2	CN205667115U	杜会英、张克强	农业部环境保护科研监测所
1518	一种计量微量气体的装置	实用新型	2016. 4. 13	CN205156992U	梁军锋、张克强、杜连柱、高文萱、翟中葳	农业部环境保护科研监测所
1519	一种易于恢复型生态田埂用砖组件	实用新型	2016. 11. 2	CN205669290U	王　风、张克强、杜会英、沈仕洲、梁军锋	农业部环境保护科研监测所
1520	跌水曝气反应装置	实用新型	2016. 11. 16	CN205687751U	翟中葳、张克强、王　风、梁军锋	农业部环境保护科研监测所
1521	奶牛养殖运动场污水分离系统	实用新型	2016. 4. 13	CN205153079U	翟中葳、张克强、杨　鹏、赵　润	农业部环境保护科研监测所

（续表）

序号	专利名称	专利类别	公开（公告）日	公开（公告）号	发明人	专利权人
1522	一种固液两阶段厌氧发酵装置	实用新型	2016. 9. 14	CN205576158U	杜连柱、张克强、梁军锋、张　蕾	农业部环境保护科研监测所
1523	一种土壤样品前处理的四等缩分装置	实用新型	2016. 5. 4	CN205209842U	林大松、安　毅、秦　莉、李玉浸、霍莉莉、谭炳昌	农业部环境保护科研监测所
1524	一种保温样品采集包	实用新型	2016. 6. 15	CN205312137U	王跃华、徐亚平、刘潇威、王　璐、赵玉杰、戴礼洪	农业部环境保护科研监测所
1525	一种土壤污染修复材料撒施设备	实用新型	2016. 4. 13	CN205146875U	林大松、李玉浸、安　毅、秦　莉、霍莉莉、谭炳昌、朱丹妹	农业部环境保护科研监测所
1526	一种农村生活污水净化装置	实用新型	2016. 3. 16	CN205088001U	陈晌圳、郑向群、刘月敏、成卫民、孙　琎	农业部环境保护科研监测所
1527	一种用于 DGT 扩散材料制作的恒温装置	实用新型	2016. 7. 6	CN205368210U	赵玉杰、田娜娜、刘潇威、周其文、安　毅、武　鑫、宋志廷	农业部环境保护科研监测所
1528	一种田间耕作层土壤展示装置	实用新型	2016. 5. 4	CN205197591U	林大松、李玉浸、安　毅、秦　莉、霍莉莉、谭炳昌、朱丹妹	农业部环境保护科研监测所
1529	一种用于重金属检测用土壤样品采集器	实用新型	2016. 6. 29	CN205352738U	王跃华、赵玉杰、刘潇威、戴礼洪、徐亚平、王　璐	农业部环境保护科研监测所
1530	一种牛粪纤维渣或作物秸秆短纤维快速烘干设备	实用新型	2016. 9. 28	CN205607098U	杨　鹏、高文萱、杜会英	农业部环境保护科研监测所

（续表）

序号	专利名称	专利类别	公开（公告）日	公开（公告）号	发明人	专利权人
1531	基于 GSM 网络的农业环境检测自动采集控制系统	实用新型	2016. 8. 31	CN205545384U	王贺程	农业部环境保护科研监测所
1532	一种乡村分级诊疗流程管理系统	实用新型	2016. 9. 14	CN205582000U	王贺程、车　明、焦燕燕、郑向群	农业部环境保护科研监测所
1533	一种强化脱氮农村生活污水净化装置	实用新型	2016. 9. 7	CN205556244U	陈咄圳、郑向群、丁永祯、成为民、师荣光、姚秀荣、张春雪、杨　波	农业部环境保护科研监测所

二、2016 年审定品种清单

序号	品种名称	种类	审定编号	选育单位	审定时间	审定部门
1	中谷 2	谷子	国品鉴谷 2016001	中国农业科学院作物科学研究所	2016. 5. 3	全国农业技术推广服务中心
2	轮选 99	小麦	国审麦 2016017	中国农业科学院作物科学研究所	2016. 3. 24	国家农作物品种审定委员会
3	中麦 1062	小麦	国审麦 2016028	中国农业科学院作物科学研究所	2016. 3. 24	国家农作物品种审定委员会
4	航麦 247	小麦	国审麦 2016029	中国农业科学院作物科学研究所	2016. 3. 24	国家农作物品种审定委员会

（续表）

序号	品种名称	种类	审定编号	选育单位	审定时间	审定部门
5	中红 14	红豆	京品鉴杂 2016073	中国农业科学院作物科学研究所	2016. 12. 6	北京市种子管理站
6	中红 15	红豆	京品鉴杂 2016074	中国农业科学院作物科学研究所	2016. 12. 6	北京市种子管理站
7	中红 16	红豆	京品鉴杂 2016075	中国农业科学院作物科学研究所	2016. 12. 6	北京市种子管理站
8	中绿 20	绿豆	京品鉴杂 2016076	中国农业科学院作物科学研究所	2016. 12. 6	北京市种子管理站
9	中绿 21	绿豆	京品鉴杂 2016077	中国农业科学院作物科学研究所	2016. 12. 6	北京市种子管理站
10	中绿 22	绿豆	京品鉴杂 2016078	中国农业科学院作物科学研究所	2016. 12. 6	北京市种子管理站
11	中豇 5 号	豇豆	京品鉴杂 2016079	中国农业科学院作物科学研究所	2016. 12. 6	北京市种子管理站
12	中豇 6 号	豇豆	京品鉴杂 2016080	中国农业科学院作物科学研究所	2016. 12. 6	北京市种子管理站
13	中豇 7 号	豇豆	京品鉴杂 2016081	中国农业科学院作物科学研究所	2016. 12. 6	北京市种子管理站
14	中红 12	红豆	苏鉴小豆 201506	中国农业科学院作物科学研究所	2015. 12. 30	江苏省农作物品种审定委员会

（续表）

序号	品种名称	种类	审定编号	选育单位	审定时间	审定部门
15	中单122	玉米	黑审玉2016002	中国农业科学院作物科学研究所	2016. 5. 16	黑龙江省农作物品种审定委员会
16	新冬49（普冰696）	小麦	新农审字2015第05号	中国农业科学院作物科学研究所	2016. 1. 27	新疆维吾尔自治区农作物品种
17	中黄76	大豆	皖豆2016005	中国农业科学院作物科学研究所	2016. 5. 18	安徽省农作物品种审定委员会
18	中植6号	小麦	甘审麦2016010	中国农业科学院植物保护研究所，甘肃省农业科学院植物保护研究所	2016. 3. 23	甘肃省农作物品种审定委员会
19	中薯22号马铃薯	蔬菜	国品鉴马铃薯2016001	中国农业科学院蔬菜花卉研究所	2016. 5. 3	全国农业技术推广服务中心
20	中薯红1号马铃薯	蔬菜	国品鉴马铃薯2016004	中国农业科学院蔬菜花卉研究所	2016. 5. 3	全国农业技术推广服务中心
21	利春大白菜	蔬菜	国品鉴菜2016006	中国农业科学院蔬菜花卉研究所	2016. 5. 3	全国农业技术推广服务中心
22	中甘165甘蓝	蔬菜	国品鉴菜2016008	中国农业科学院蔬菜花卉研究所	2016. 5. 3	全国农业技术推广服务中心
23	中甘1280甘蓝	蔬菜	国品鉴菜2016013	中国农业科学院蔬菜花卉研究所	2016. 5. 3	全国农业技术推广服务中心

（续表）

序号	品种名称	种类	审定编号	选育单位	审定时间	审定部门
24	中甘 1198 甘蓝	蔬菜	国品鉴菜 2016014	中国农业科学院蔬菜花卉研究所	2016. 5. 3	全国农业技术推广服务中心
25	帅果 1 号甜瓜	蔬菜	京品鉴瓜 2016022	中国农业科学院蔬菜花卉研究所	2016. 7. 8	北京市种子管理站
26	帅果 5 号甜瓜	蔬菜	京品鉴瓜 2016023	中国农业科学院蔬菜花卉研究所	2016. 7. 8	北京市种子管理站
27	北蜜 2 号南瓜	蔬菜	京品鉴菜 2016049	中国农业科学院蔬菜花卉研究所	2016. 10. 10	北京市种子管理站
28	中瑞 1 号南瓜	蔬菜	京品鉴菜 2016050	中国农业科学院蔬菜花卉研究所	2016. 10. 10	北京市种子管理站
29	中瑞 2 号南瓜	蔬菜	京品鉴菜 2016051	中国农业科学院蔬菜花卉研究所	2016. 10. 10	北京市种子管理站
30	中蒜 1 号大蒜	蔬菜	京品鉴菜 2016052	中国农业科学院蔬菜花卉研究所	2016. 10. 10	北京市种子管理站
31	中蒜 3 号大蒜	蔬菜	京品鉴菜 2016053	中国农业科学院蔬菜花卉研究所	2016. 10. 10	北京市种子管理站
32	中农 37 号黄瓜	蔬菜	吉登菜 2016005	中国农业科学院蔬菜花卉研究所	2016. 3. 8	吉林省农作物品种委员会
33	中农 39 号黄瓜	蔬菜	吉登菜 2016006	中国农业科学院蔬菜花卉研究所	2016. 3. 8	吉林省农作物品种委员会

（续表）

序号	品种名称	种类	审定编号	选育单位	审定时间	审定部门
34	中农 50 号黄瓜	蔬菜	吉登菜 2016007	中国农业科学院蔬菜花卉研究所	2016. 3. 8	吉林省农作物品种委员会
35	中椒 108 号辣椒	蔬菜	皖品鉴登字第 1503006	中国农业科学院蔬菜花卉研究所	2016. 11. 28	安徽省非主要农作物鉴定登记委员会
36	中椒 109 号辣椒	蔬菜	皖品鉴登字第 1503007	中国农业科学院蔬菜花卉研究所	2016. 11. 28	安徽省非主要农作物鉴定登记委员会
37	中农 37 号黄瓜	蔬菜	晋审菜（认）2015020	中国农业科学院蔬菜花卉研究所	2016. 12. 30	山西省农作物品种委员会
38	中农 51 号黄瓜	蔬菜	晋审菜（认）2015021	中国农业科学院蔬菜花卉研究所	2016. 12. 30	山西省农作物品种委员会
39	园杂 460 茄子	蔬菜	晋审菜（认）2015022	中国农业科学院蔬菜花卉研究所	2016. 12. 30	山西省农作物品种委员会
40	凤凰之光月季	花卉	京 S-SV-R0-008-2016	中国农业科学院蔬菜花卉研究所	2016	北京市林木品种审定委员会
41	红地毯月季	花卉	京 S-SV-R0-009-2016	中国农业科学院蔬菜花卉研究所	2016	北京市林木品种审定委员会
42	舞蝶月季	花卉	京 S-SV-R0-011-2016	中国农业科学院蔬菜花卉研究所	2016	北京市林木品种审定委员会
43	满庭芳华月季	花卉	京 S-SV-R0-011-2016	中国农业科学院蔬菜花卉研究所	2016	北京市林木品种审定委员会

（续表）

序号	品种名称	种类	审定编号	选育单位	审定时间	审定部门
44	栗园油鸡蛋鸡	鸡	（农09）新品种证字第70号	中国农业科学院北京畜牧兽医研究所	2016.8	国家畜禽遗传资源委员会
45	中豌10号豌豆	牧草	507	中国农业科学院北京畜牧兽医研究所	2016.7.21	全国草品种审定委员会
46	京星黄鸡103	鸡	（农09）新品种证字第69号	中国农业科学院北京畜牧兽医研究所	2016.8.23	国家畜禽遗传资源委员会
47	中农灰平	食用菌	国品认菇2016010	中国农业科学院农业资源与农业区划研究所	2016.5.3	全国农业技术推广服务中心
48	中农P6	食用菌	国品认菇2016009	中国农业科学院农业资源与农业区划研究所	2016.5.3	全国农业技术推广服务中心
49	中农黑缎	食用菌	国品认菇2016002	中国农业科学院农业资源与农业区划研究所	2016.5.3	全国农业技术推广服务中心
50	中农平菇3号	食用菌	京品鉴菌2016006	中国农业科学院农业资源与农业区划研究所	2016.4.20	北京市种子管理站
51	中农平菇4号	食用菌	京品鉴菌2016007	中国农业科学院农业资源与农业区划研究所	2016.4.20	北京市种子管理站

（续表）

序号	品种名称	种类	审定编号	选育单位	审定时间	审定部门
52	中农平菇 5 号	食用菌	京品鉴菌 2016008	中国农业科学院农业资源与农业区划研究所	2016. 4. 20	北京市种子管理站
53	中农平菇 1 号	食用菌	京品鉴菌 2016004	中国农业科学院农业资源与农业区划研究所	2016. 4. 20	北京市种子管理站
54	中农平菇 2 号	食用菌	京品鉴菌 2016005	中国农业科学院农业资源与农业区划研究所	2016. 4. 20	北京市种子管理站
55	徽两优华占	水稻	赣审稻 2016003	中国水稻所、金色农华	2016	江西品审会
56	广两优 7217	水稻	国审稻 2016039	中国水稻研究所	2016	国家农作物品种审定委员会
57	株两优 171	水稻	赣审稻 2015049	中国水稻研究所	2015. 12. 29	江西省农作物品种审定委员会
58	中两优 206	水稻	国审稻 2016007	中国水稻研究所	2016. 7. 19	国家农作物品种审定委员会
59	雨两优 1033	水稻	浙审稻 2016008	中国水稻研究所、杭州市良种引进公司	2016	浙江省主要农作物品种审定委员会
60	中棉所 99	棉花	国审棉 2016013	中国农业科学院棉花研究所	2016. 7. 16	国家农作物品种审定委员会

（续表）

序号	品种名称	种类	审定编号	选育单位	审定时间	审定部门
61	中棉所 100（中 3013）	棉花	国审棉 2016003	中国农业科学院棉花研究所	2016. 7. 16	国家农作物品种审定委员会
62	中育 1123	小麦	国审麦 2016019	中国农业科学院棉花研究所	2016. 3. 21	国家农作物品种审定委员会
63	中棉所 94A213	棉花	豫审棉 2016003	中国农业科学院棉花研究所	2016. 7. 25	河南省农作物品种审定委员会
64	中棉所 94A361	棉花	豫审棉 2016004	中国农业科学院棉花研究所	2016. 7. 25	河南省农作物品种审定委员会
65	中棉所 94A915	棉花	晋审棉 2016002	中国农业科学院棉花研究所	2016. 8. 1	山西省农作物品种审定委员会
66	中棉所 101（GB819）	棉花	豫审棉 2016009	中国农业科学院棉花研究所	2016. 7. 25	河南省农作物品种审定委员会
67	中棉所 102（中棉所 3018）	棉花	豫审棉 2016006	中国农业科学院棉花研究所	2016. 7. 25	河南省农作物品种审定委员会
68	中麦 247	小麦	晋审麦 2016001	中国农业科学院棉花研究所、作物科学研究所	已公示	山西省农作物品种审定委员会
69	中花 21	花生	国品鉴花生 2016015	中国农业科学院油料作物研究所	2016. 5. 3	国家农作物品种审定委员会
70	中油杂 200	油菜	浙审油 2016003	中国农业科学院油料作物研究所	2016. 5. 18	浙江省主要农作物品种审定委员会

（续表）

序号	品种名称	种类	审定编号	选育单位	审定时间	审定部门
71	中花 25	花生	鄂审油 2016001	中国农业科学院油料作物研究所	2016. 6. 12	湖北省农作物品种审定委员会
72	油 6019	大豆	鄂审豆 2016003	中国农业科学院油料作物研究所	2016. 6. 12	湖北省农作物品种审定委员会
73	中豆 43	大豆	鄂审豆 2016002	中国农业科学院油料作物研究所	2016. 6. 12	湖北省农作物品种审定委员会
74	中黑豆 42	大豆	鄂审豆 2016001	中国农业科学院油料作物研究所	2016. 6. 12	湖北省农作物品种审定委员会
75	中芝 35	芝麻	赣认芝麻 2016002	中国农业科学院油料作物研究所	2016. 4. 12	江西省农作物品种审定委员会
76	中芝 20	芝麻	鄂审油 2016004	中国农业科学院油料作物研究所	2016. 6. 12	湖北省农作物品种审定委员会
77	中苎 3 号	植物品种	国品鉴麻 2016003	中国农业科学院麻类研究所	2016. 3. 27	全国农业技术推广服务中心
78	H1501	红麻	皖品鉴登字第 1609011	中国农业科学院麻类研究所	2016. 10	安徽省种子协会
79	KB6	红麻	皖品鉴登字第 1609012	中国农业科学院麻类研究所	2016. 10	安徽省种子协会
80	中皖杂麻 1 号	工业大麻	皖品鉴登字第 1609002	中国农业科学院麻类研究所	2016. 10	安徽省种子协会

（续表）

序号	品种名称	种类	审定编号	选育单位	审定时间	审定部门
81	中皖杂麻 2 号	工业大麻	皖品鉴登字第 1609003	中国农业科学院麻类研究所	2016. 10	安徽省种子协会
82	中大麻 2 号	工业大麻	皖品鉴登字第 1609004	中国农业科学院麻类研究所	2016. 10	安徽省种子协会
83	中大麻 3 号	工业大麻	皖品鉴登字第 1609005	中国农业科学院麻类研究所	2016. 10	安徽省种子协会
84	中亚麻 5 号	亚麻	吉登亚麻 2016002	中国农业科学院麻类研究所	2016. 3. 8	吉林省农作物品种审定委员会
85	中黄麻 7 号	黄麻	皖品鉴登字第 1509007	中国农业科学院麻类研究所	2016. 3. 27	安徽省非主要农作物品种鉴定登记委员会
86	中萝 1 号	萝卜	XPD003-2016	中国农业科学院麻类研究所	2016. 6. 24	湖南省作物品种审定委员会
87	中亚麻 6 号	亚麻	皖品鉴登字第 1609006	中国农业科学院麻类研究所	2016. 10. 30	安徽种子协会
88	中亚麻 7 号	亚麻	皖品鉴登字第 1609007	中国农业科学院麻类研究所	2016. 10. 30	安徽种子协会
89	中亚麻 8 号	亚麻	皖品鉴登字第 1609008	中国农业科学院麻类研究所	2016. 10. 30	安徽种子协会
90	中大麻 1 号	大麻	皖品鉴登字第 1609001	中国农业科学院麻类研究所	2016. 10. 30	安徽种子协会

（续表）

序号	品种名称	种类	审定编号	选育单位	审定时间	审定部门
91	中黄麻 8 号	黄麻	皖品鉴登字第 1609015	中国农业科学院麻类研究所	2016. 12	安徽省非主要农作物品种鉴定登记委员会
92	中葵 2 号	黄秋葵	皖品鉴登字第 1506010	中国农业科学院麻类研究所	2016. 12	安徽省非主要农作物品种鉴定登记委员会
93	中葵 3 号	黄秋葵	皖品鉴登字第 1506011	中国农业科学院麻类研究所	2016. 12	安徽省非主要农作物品种鉴定登记委员会
94	中红麻 T203	红麻	皖品鉴登字第 1609013	中国农业科学院麻类研究所	2016. 12	安徽省非主要农作物品种鉴定登记委员会
95	中矮红梨	果树	辽备果 2015008	中国农业科学院果树研究所	2015. 8. 23	辽宁省非主要农作物品种备案委员会
96	中加 1 号	果树	辽备果 2015009	中国农业科学院果树研究所	2015. 8. 23	辽宁省非主要农作物品种备案委员会
97	中农寒桃 1 号	果树	辽备果 2015002	中国农业科学院果树研究所	2015. 8. 8	辽宁省非主要农作物品种备案委员会
98	众天红	西瓜	国品鉴瓜 2016002	中国农业科学院郑州果树研究所	2016. 5. 3	全国农业技术推广服务中心
99	中桃紫玉	桃	豫 S-SV-PP-014-2015	中国农业科学院郑州果树研究所	2016. 1. 29	河南省林木品种审定委员会
100	银春	桃	豫 S-SV-PP-035-2015	中国农业科学院郑州果树研究所	2016. 1. 29	河南省林木品种审定委员会

（续表）

序号	品种名称	种类	审定编号	选育单位	审定时间	审定部门
101	画春寿星	桃	豫 S-SV-PP-036-2015	中国农业科学院郑州果树研究所	2016. 1. 29	河南省林木品种审定委员会
102	黄金蜜桃3号	桃	豫 S-SV-PP-011-2015	中国农业科学院郑州果树研究所	2016. 1. 29	河南省林木品种审定委员会
103	中桃5号	桃	豫 S-SV-PP-012-2015	中国农业科学院郑州果树研究所	2016. 1. 29	河南省林木品种审定委员会
104	中桃22号	桃	豫 S-SV-PP-013-2015	中国农业科学院郑州果树研究所	2016. 1. 29	河南省林木品种审定委员会
105	中油7号	桃	桂审果2016023号	中国农业科学院郑州果树研究所、广西特色作物研究院	2016. 8. 5	广西壮族自治区农作物品种审定委员会
106	中梨2号	梨	豫 S-SV-PP-007-2015	中国农业科学院郑州果树研究所	2016. 1. 29	河南省林木品种审定委员会
107	红宝石	梨	豫 S-SV-PP-008-2015	中国农业科学院郑州果树研究所	2016. 1. 29	河南省林木品种审定委员会
108	华佳	苹果	豫 S-SV-MP-006-2015	中国农业科学院郑州果树研究所	2016. 1. 29	河南省林木品种审定委员会
109	郑葡1号	葡萄	豫 S-SV-VV-017-2015	中国农业科学院郑州果树研究所	2016. 1. 29	河南省林木品种审定委员会
110	郑葡2号	葡萄	豫 S-SV-VV-018-2015	中国农业科学院郑州果树研究所	2016. 1. 29	河南省林木品种审定委员会

（续表）

序号	品种名称	种类	审定编号	选育单位	审定时间	审定部门
111	红美	葡萄	豫 S-SV-VV-019-2015	中国农业科学院郑州果树研究所	2016. 1. 29	河南省林木品种审定委员会
112	神州红	葡萄	豫 S-SV-VV-020-2015	中国农业科学院郑州果树研究所	2016. 1. 29	河南省林木品种审定委员会
113	水晶红	葡萄	豫 S-SV-VV-021-2015	中国农业科学院郑州果树研究所	2016. 1. 29	河南省林木品种审定委员会
114	郑寒 1 号	葡萄	豫 S-SV-VV-016-2015	中国农业科学院郑州果树研究所	2016. 1. 29	河南省林木品种审定委员会
115	黑柿一号	柿子	豫 S-SV-DK-003-2015	中国农业科学院郑州果树研究所	2016. 1. 29	河南省林木品种审定委员会
116	中核香	核桃	豫 S-SV-JR-001-2015	中国农业科学院郑州果树研究所	2016. 1. 29	河南省林木品种审定委员会
117	中兴红 1 号	西瓜	宁审瓜 20160001	中国农业科学院郑州果树研究所、宁夏地穗科技有限公司	2016. 10. 14	宁夏回族自治区农作物品种审定委员会
118	中黄 2 号	茶树	浙（非）审茶 2015001	中国农业科学院茶叶研究所、缙云县农业局经济特产站、缙云县上湖茶叶合作社	2015. 12. 10	浙江省非主要农作物品种审定委员会
119	中草 9 号尖叶胡枝子	牧草	N055	中国农业科学院草原研究所	2016. 3	内蒙古自治区草品种审定委员会

（续表）

序号	品种名称	种类	审定编号	选育单位	审定时间	审定部门
120	中草10号紫花苜蓿	牧草	N054	中国农业科学院草原研究所	2016.3	内蒙古自治区草品种审定委员会
121	金岭青贮367玉米	玉米	N064	中国农业科学院草原研究所	2016.3	内蒙古自治区草品种审定委员会
122	中农阳芝2号	中药材	吉登药2016002	中国农业科学院特产研究所	2016.3.8	吉林省农作物品种审定委员会
123	中大林下参	中药材	吉登药2016001	中国农业科学院特产研究所	2016.3.8	吉林省农作物品种审定委员会
124	中农皇封参	中药材	吉登药2016006	中国农业科学院特产研究所	2016.3.8	吉林省农作物品种审定委员会
125	中农洋参2号	中药材	吉登药2016005	中国农业科学院特产研究所	2016.3.8	吉林省农作物品种审定委员会
126	馨绿	果树	吉登果2016005	中国农业科学院特产研究所	2016.3.8	吉林省农作物品种审定委员会
127	金五味1号	中药材	吉登果2016003	中国农业科学院特产研究所	2016.3.8	吉林省农作物品种审定委员会
128	北国红	果树	吉登果2016007	中国农业科学院特产研究所	2016.3.8	吉林省农作物品种审定委员会
129	集福	果树	吉登果2016006	中国农业科学院特产研究所	2016.3.8	吉林省农作物品种审定委员会
130	大雅柑	柑橘	川审果2015001	中国农业科学院柑桔研究所	2016.1.5	四川省农作物品种审定委员会

三、2016 年品种权登记清单

序号	品种名称	作物种类	品种权号	培育人	申请国别	授权日	品种权人
1	中黄 56	大豆	CNA20110046. 9	邱丽娟、常汝镇、刘章雄	中国	2016. 1. 1	中国农业科学院作物科学研究所
2	中黄 57	大豆	CNA20110047. 8	邱丽娟、常汝镇、刘章雄	中国	2016. 1. 1	中国农业科学院作物科学研究所
3	中黄 42	大豆	CNA006924E	韩天富、吴存祥、邵桂花、杨　华、冷建田、侯文胜	中国	2016. 5. 1	中国农业科学院作物科学研究所
4	中黄 43	大豆	CNA007397G	韩天富、吴存祥、冷建田、侯文胜、邵桂花	中国	2016. 5. 1	中国农业科学院作科学研究所
5	中黄 79	大豆	CNA008114G	孙　石、韩天富、侯文胜、吴存祥、冷建田、蒋炳军、周艳峰、孙学刚、曾海燕	中国	2016. 11. 1	中国农业科学院作物科学研究所
6	中黄 46	大豆	CNA008110G	韩粉霞、孙君明、闫淑荣、杨　华	中国	2016. 11. 1	中国农业科学院作物科学研究所
7	中黄 60	大豆	CNA008111G	韩粉霞、孙君明、闫淑荣、杨　华	中国	2016. 11. 1	中国农业科学院作物科学研究所
8	中黄 61	大豆	CNA008112G	韩粉霞、孙君明、闫淑荣、杨　华	中国	2016. 11. 1	中国农业科学院作物科学研究所
9	中黄 63	大豆	CNA008113G	韩粉霞、孙君明、闫淑荣、杨　华	中国	2016. 11. 1	中国农业科学院作物科学研究所

（续表）

序号	品种名称	作物种类	品种权号	培育人	申请国别	授权日	品种权人
10	中黄 79	大豆	CNA008114G	孙　石、韩天富、侯文胜、吴存祥、冷建田、蒋炳军、周艳峰、孙学刚、曾海燕	中国	2016. 11. 1	中国农业科学院作物科学研究所
11	中黄 45	大豆	CNA008108G	王连铮、孙君明、王　岚、赵荣娟、李　斌	中国	2016. 11. 1	中国农业科学院作物科学研究所
12	中黄 54	大豆	CNA008109G	王连铮、孙君明、王　岚、赵荣娟、李　斌	中国	2016. 11. 1	中国农业科学院作物科学研究所
13	中黄 68	大豆	CNA008086G	孙君明、韩粉霞、闫淑荣、杨　华	中国	2016. 11. 1	中国农业科学院作物科学研究所
14	中麦 415	小麦	CNA006705G	何中虎、陈新民、王德森、张运洪、张　艳、庄巧生、张　勇、夏先春、李思敏	中国	2016. 1. 1	中国农业科学院作物科学研究所
15	中麦 155	小麦	CNA007354G	何中虎、刘建军、王德森、陈新民、李豪圣、肖永贵、张　艳、张　勇、李思敏、夏先春、张运洪	中国	2016. 5. 1	中国农业科学院作物科学研究所，山东省农业科学院作物研究所
16	中麦 629	小麦	CNA008049G	何中虎、陈新民、王德森、张　艳、张运洪、庄巧生、张　勇、夏先春、李思敏、肖永贵	中国	2016. 11. 1	中国农业科学院作物科学研究所

（续表）

序号	品种名称	作物种类	品种权号	培育人	申请国别	授权日	品种权人
17	航麦 901	小麦	CNA20120449. 1	刘录祥、赵林姝、郭会君、赵世荣、李军辉、古佳玉、谢永盾、聂保华、朱春生	中国	2016. 5. 1	中国农业科学院作物科学研究所
18	中植棉 KV2	棉花	CNA20101198. 4	简桂良、卢美光	中国	2016. 1. 1	中国农业科学院植物保护研究所
19	绿健 85 大白菜	蔬菜	CNA20120968. 2	孙日飞、张淑江、李　菲、章时蕃、张　慧、钮心恪	中国	2016. 1. 1	中国农业科学院蔬菜花卉研究所
20	中椒 107 辣椒	蔬菜	CNA20110233. 2	张宝玺、王立浩、毛胜利、郭家珍、堵玫珍、张正海	中国	2016. 1. 1	中国农业科学院蔬菜花卉研究所
21	中花 1 号花椰菜	蔬菜	CNA20130214. 3	刘运霞、王晓武	中国	2016. 7. 1	中国农业科学院蔬菜花卉研究所
22	中农 50 号黄瓜	蔬菜	CNA20130646. 1	顾兴芳、张圣平	中国	2016. 9. 1	中国农业科学院蔬菜花卉研究所
23	九香 A	水稻	CNA20120104. 7	吴明国等	中国	2016	吴明国等
24	春优 149	水稻	CNA20120103. 8	吴明国等	中国	2016	吴明国等
25	春江糯 6 号	水稻	CNA20120102. 9	吴明国等	中国	2016	吴明国等
26	中恢 8015	水稻	CNA008525E	程式华等	中国	2016. 1	中国水稻研究所
27	中佳早 66	水稻	CNA20120585. 5	唐绍清、胡培松	中国	2016. 1. 1	中国水稻研究所
28	中恢 178	水稻	CNA20120588. 2	胡培松、罗　炬	中国	2016. 1. 1	中国水稻研究所
29	中恢 286	水稻	CNA20120586. 4	胡培松、罗　炬	中国	2016. 1. 1	中国水稻研究所
30	中 86s	水稻	CNA20120914. 7	王一平、倪树标	中国	2016. 1. 1	中国水稻研究所

（续表）

序号	品种名称	作物种类	品种权号	培育人	申请国别	授权日	品种权人
31	中棉所63	棉花	CNA20101065.4	杨代刚、周晓箭	中国	2016.1.1	中国农业科学院棉花研究所
32	中棉所64	棉花	CNA20090987.4	范术丽、喻树迅、宋美珍、黄祯茂、原日红、谭荣花、王　晖	中国	2016.1.1	中国农业科学院棉花研究所
33	中棉所65	棉花	CNA20101066.3	杨代刚、匡冬萍	中国	2016.5.1	中国农业科学院棉花研究所
34	中棉所66	棉花	CNA20101067.2	杨代刚、周晓箭	中国	2016.1.1	中国农业科学院棉花研究所
35	中棉所68	棉花	CNA20090988.3	宋美珍、喻树迅、范术丽、黄祯茂、原日红、王　晖、谭荣花	中国	2016.1.1	中国农业科学院棉花研究所
36	中棉所71	棉花	CNA20101068.1	杨代刚、周晓箭	中国	2016.1.1	中国农业科学院棉花研究所
37	中棉所74	棉花	CNA20090990.9	宋美珍、喻树迅、范术丽、黄祯茂、原日红、王　晖、谭荣花、魏恒玲	中国	2016.1.1	中国农业科学院棉花研究所
38	中棉所77	棉花	CNA20120186.8	张永山等	中国	2016.1.1	中国农业科学院棉花研究所
39	中育9398	小麦	CNA20110595.4	杨兆生、闫素红	中国	2016.3.1	中棉种业
40	中育9307	小麦	CNA20121066.1	杨兆生、闫素红	中国	2016.5.1	中棉种业
41	中育1428	小麦	CNA20161062.1	闫素红、杨兆生	中国	2016.5.1	中国农业科学院棉花研究所
42	中芝27	芝麻	CNA20130916.4	张秀荣	中国	2016.1.1	中国农业科学院油料作物研究所
43	阳光2009	油菜	CNA20130040.3	张学昆	中国	2016.5.1	中国农业科学院油料作物研究所

（续表）

序号	品种名称	作物种类	品种权号	培育人	申请国别	授权日	品种权人
44	油 6019	大豆	CNA20150731. 5	周新安	中国	2016. 11. 1	中国农业科学院油料作物研究所
45	中油 13 号	桃	CNA2020789. 9	王志强、牛　良、鲁振华、崔国朝、宗学普、刘淑娥、宋银花	中国	2016. 5. 1	中国农业科学院郑州果树研究所
46	中油 15 号	桃	CNA20120790. 6	王志强、牛　良、鲁振华、崔国朝、宗学普、刘淑娥、宋银花	中国	2016. 5. 1	中国农业科学院郑州果树研究所
47	中蟠桃 10 号	桃	CNA2013051. 7	朱更瑞、王力荣、方伟超、曹　珂、陈昌文、王小丽、冯义彬、王新卫	中国	2016. 5. 1	中国农业科学院郑州果树研究所
48	中蟠桃 11 号	桃	CNA20131049. 2	王力荣、朱更瑞、方伟超、陈昌文、曹　珂、冯义彬、王小丽、王新卫	中国	2016. 5. 1	中国农业科学院郑州果树研究所
49	金蜜狭叶	桃	CNA20131050. 8	王力荣、朱更瑞、方伟超、曹　珂、陈昌文、王新卫、冯义彬	中国	2016. 5. 1	中国农业科学院郑州果树研究所
50	绿佳	苹果	CNA20100352. 8	阎振立、过国南、张顺妮、张恒涛、刘珍珍	中国	2016. 7. 1	中国农业科学院郑州果树研究所
51	众天红	西瓜	CNA20110780. 9	徐志红、徐永阳、刘君璞	中国	2016. 3. 1	中国农业科学院郑州果树研究所
52	中茶 211	茶树	CNA006983G	陈　亮、姚明哲	中国	2016. 1. 1	中国农业科学院茶叶研究所

（续表）

序号	品种名称	作物种类	品种权号	培育人	申请国别	授权日	品种权人
53	中茶 126	茶树	CNA007541G	陈　亮、姚明哲、马春雷、马建强、金基强	中国	2016. 5. 1	中国农业科学院茶叶研究所
54	中茶 127	茶树	CNA007542G	马春雷、陈　亮、姚明哲、金基强、马建强	中国	2016. 5. 1	中国农业科学院茶叶研究所
55	中茶 128	茶树	CNA007543G	姚明哲、陈　亮、马春雷、马建强、金基强	中国	2016. 5. 1	中国农业科学院茶叶研究所

四、2016 年新农（兽）药清单

序号	名称	类别	证书号	主要完成人	第一完成单位	批准时间
1	30%氟环咪鲜胺微乳剂	新农药	PD20160066	张刚应	植保所	2016. 1. 27
2	30%草甘膦异丙胺盐水剂	新农药	PD20160122	张刚应	植保所	2016. 1. 28
3	15%炔草酯可湿性粉剂	新农药	PD20161400	陈　昶	植保所	2016. 10. 14
4	16%阿维・毒死蜱种子处理微囊悬浮剂	新农药	PD20161422	陈　昶	植保所	2016. 10. 14
5	22%阿维・毒死蜱微乳剂	新农药	PD20160948	陈　昶	植保所	2016. 8. 4
6	5%阿维・毒死蜱颗粒剂	新农药	LS20160320	陈　昶	植保所	2016. 10. 14

（续表）

序号	名称	类别	证书号	主要完成人	第一完成单位	批准时间
7	12%甲维茚虫威水乳剂	新农药	PD20152638	陈　昶	植保所	2015. 12. 18
8	禽白血病病毒 ELISA 群特异性抗原检测试剂盒	新兽药证书	（2016）新兽药证字 15 号	王笑梅，高玉龙，祁小乐，王永强，王牟平，朱海波	哈尔滨兽医所	2016. 2. 22
9	重组禽流感病毒（H5 亚型）二价灭活疫苗（细胞源，Re-6 株+ Re-4 株）	新兽药证书	（2016）新兽药证字 27 号	田国彬、曾显营、邓国华、李雁冰、施建忠、姜永萍、刘丽玲、陈化兰	哈尔滨兽医所	2016. 4. 15
10	板黄口服液	新兽药证书	（2016 年）新兽药证字 14 号	张继瑜	兰州牧药所	2016. 2. 4
11	水貂出血性肺炎二价灭活疫苗（G 型 DL15 株 + B 型 JL08 株）	新兽药证书	（2016）新兽药证字 40 号	闫喜军、白　雪	特产所	2016. 5. 6

五、获转基因安全证书清单

序号	名称	类别	证书号	主要完成人	批准时间	完成单位
1	转 Cry1Ab cry1Ac 基因抗虫棉中生棉 7 号在黄河流域生产应用的安全证书	转基因安全证书	农基安证字（2015）第 132 号	郭三堆、张　锐等	2016. 1. 1	生物所

（续表）

序号	名称	类别	证书号	主要完成人	批准时间	完成单位
2	转 Cry1Ab cry1Ac 基因抗虫棉中生棉 8 号在黄河流域生产应用的安全证书	转基因安全证书	农基安证字（2015）第 131 号	郭三堆、张 锐等	2016. 1. 1	生物所
3	转 Cry1Ab cry1Ac 基因抗虫棉中生棉 11 号在长江流域生产应用的安全证书	转基因安全证书	农基安证字（2015）第 190 号	郭三堆、张 锐等	2016. 1. 1	生物所
4	转 Cry1Ab cry1Ac 基因抗虫棉中生棉 14 号在长江流域生产应用的安全证书	转基因安全证书	农基安证字（2015）第 191 号	郭三堆、张 锐等	2016. 1. 1	生物所
5	转 Cry1Ab cry1Ac 基因抗虫棉中生棉 15 号在长江流域生产应用的安全证书	转基因安全证书	农基安证字（2015）第 192 号	郭三堆、张 锐等	2016. 1. 1	生物所
6	重组杆状病毒 rBmNPV（ChIFN-α）表达的鸡 α-干扰素生产应用（生产应用）	转基因安全证书	农基安证字（2015）第 037 号	郭三堆、张 锐等	2016. 1. 1	生物所
7	重组毕赤酵母 GS115（pPIC9-XynNA）表达的木聚糖酶生产应用的安全证书	转基因安全证书	农基安证字（2015）第 040 号	饲料所	2015. 12. 31	饲料所

（续表）

序号	名称	类别	证书号	主要完成人	批准时间	完成单位
8	重组毕赤酵母 GS115（pPIC9-BGL739）表达的β-葡萄糖苷酶生产应用的安全证书	转基因安全证书	农基安证字（2015）第 038 号	饲料所	2015. 12. 31	饲料所
9	重组毕赤酵母 GS115（pPIC9-AppaT75）表达的高温植酸酶生产应用的安全证书	转基因安全证书	农基安证字（2015）第 039 号	饲料所	2015. 12. 31	饲料所
10	转 cry1Ab/cry1Ac 基因抗虫棉中 MB1460 在长江流域生产应用的安全证书	转基因安全证书	农基安证字（2015）第 058 号	袁有禄、龚举武、葛　群、刘爱英、李俊文、巩万奎、商海红、石玉真、王艳玲	2015. 12. 31	棉花所
11	转 cry1Ab/cry1Ac 基因抗虫棉中 MB9029 在黄河流域生产应用的安全证书	转基因安全证书	农基安证字（2015）第 059 号	袁有禄、龚举武、葛　群、刘爱英、李俊文、巩万奎、商海红、石玉真、王艳玲	2015. 12. 31	棉花所
12	转 cry1Ab/cry1Ac 基因抗虫棉中 MB11167 在长江流域生产应用的安全证书	转基因安全证书	农基安证字（2015）第 185 号	袁有禄、龚举武、葛　群、刘爱英、李俊文、巩万奎、商海红、石玉真、王艳玲	2015. 12. 31	棉花所
13	转 cry1Ab/cry1Ac 基因抗虫棉中 MB31776 在黄河流域生产应用的安全证书	转基因安全证书	农基安证字（2015）第 120 号	袁有禄、龚举武、葛　群、刘爱英、李俊文、巩万奎、商海红、石玉真、王艳玲	2015. 12. 31	棉花所
14	转 cry1Ab/cry1Ac 基因抗虫棉中 MB31776 在西北内陆生产应用的安全证书	转基因安全证书	农基安证字（2015）第 204 号	袁有禄、龚举武、葛　群、刘爱英、李俊文、巩万奎、商海红、石玉真、王艳玲	2015. 12. 31	棉花所

（续表）

序号	名称	类别	证书号	主要完成人	批准时间	完成单位
15	转 cry1Ab/cry1Ac 基因抗虫棉中 MB31776 在长江流域生产应用的安全证书	转基因安全证书	农基安证字（2015）第 186 号	袁有禄、龚举武、葛　群、刘爱英、李俊文、巩万奎、商海红、石玉真、王艳玲	2015. 12. 31	棉花所
16	转 cry1Ab/cry1Ac 基因抗虫棉中棉所 94A213 在黄河流域生产应用的安全证书	转基因安全证书	农基安证字（2015）第 103 号	范术丽、喻树迅、庞朝友、魏恒玲、王　龙、王寒涛等	2015. 12. 31	棉花所
17	转 cry1Ab/cry1Ac 基因抗虫棉中棉所 94A361 在黄河流域生产应用的安全证书	转基因安全证书	农基安证字（2015）第 104 号	范术丽、喻树迅、庞朝友、魏恒玲、王　龙、王寒涛等	2015. 12. 31	棉花所
18	转 cry1Ab/cry1Ac 基因抗虫棉中棉所 94A915 在黄河流域生产应用的安全证书	转基因安全证书	农基安证字（2015）第 105 号	范术丽、喻树迅、庞朝友、魏恒玲、王　龙、王寒涛等	2015. 12. 31	棉花所
19	转 cry1Ab/cry1Ac 基因抗虫棉中棉所 94A1822 在黄河流域生产应用的安全证书	转基因安全证书	农基安证字（2015）第 106 号	范术丽、喻树迅、庞朝友、魏恒玲、王　龙、王寒涛等	2015. 12. 31	棉花所
20	转 cry1Ab/cry1Ac 基因抗虫棉中棉所 94A2021 在黄河流域生产应用的安全证书	转基因安全证书	农基安证字（2015）第 107 号	范术丽、喻树迅、庞朝友、魏恒玲、王　龙、王寒涛等	2015. 12. 31	棉花所

（续表）

序号	名称	类别	证书号	主要完成人	批准时间	完成单位
21	转 cry1Ab/cry1Ac 基因抗虫棉中棉所 94A2941 在黄河流域生产应用的安全证书	转基因安全证书	农基安证字（2015）第 108 号	范术丽、喻树迅、庞朝友、魏恒玲、王　龙、王寒涛等	2015. 12. 31	棉花所
22	转 cry1Ab/cry1Ac 基因抗虫棉中棉所 94A1822 在长江流域生产应用的安全证书	转基因安全证书	农基安证字（2015）第 170 号	范术丽、喻树迅、庞朝友、魏恒玲、王　龙、王寒涛等	2015. 12. 31	棉花所
23	转 cry1Abcry1Ac 基因抗虫棉中棉 9001 在黄河流域棉区生产应用的安全证书	转基因安全证书	农基安证字（2015）第 122 号	严根土、王　宁、周　红、许庆华	2015. 12. 31	棉花所
24	转 cry1Abcry1Ac 基因抗虫棉中棉 9003 在西北内陆棉区生产应用的安全证书	转基因安全证书	农基安证字（2015）第 205 号	严根土、王　宁、周　红、许庆华	2015. 12. 31	棉花所
25	转 cry1Abcry1Ac 基因抗虫棉中棉 9101 在黄河流域棉区生产应用的安全证书	转基因安全证书	农基安证字（2015）第 123 号	王　宁、严根土、周　红、许庆华	2015. 12. 31	棉花所
26	转 cry1A 基因抗虫棉中棉 9102 在长江流域棉区生产应用的安全证书	转基因安全证书	农基安证字（2015）第 188 号	王　宁、严根土、周　红、许庆华	2015. 12. 31	棉花所

（续表）

序号	名称	类别	证书号	主要完成人	批准时间	完成单位
27	转 cry1Ab/cry1Ac 基因抗虫棉 GB516 在黄河流域生产应用的安全证书	转基因安全证书	农基安证字（2015）第 124 号	于霁雯、裴文锋、吴　嫚、李兴丽、翟红红	2015. 12. 31	棉花所
28	转 cry1Ab/cry1Ac 基因抗虫棉 GB518 在黄河流域生产应用的安全证书	转基因安全证书	农基安证字（2015）第 125 号	于霁雯、裴文锋、吴　嫚、李兴丽、翟红红	2015. 12. 31	棉花所
29	转 cry1Ab/cry1Ac 基因抗虫棉 GB814 在黄河流域生产应用的安全证书	转基因安全证书	农基安证字（2015）第 126 号	于霁雯、裴文锋、吴　嫚、李兴丽、翟红红	2015. 12. 31	棉花所
30	转 cry1Ab/cry1Ac 基因抗虫棉 GB819 在黄河流域生产应用的安全证书	转基因安全证书	农基安证字（2015）第 127 号	于霁雯、裴文锋、吴　嫚、李兴丽、翟红红	2015. 12. 31	棉花所
31	转 cry1Ab/cry1Ac 基因抗虫棉 GB821 在黄河流域生产应用的安全证书	转基因安全证书	农基安证字（2015）第 128 号	于霁雯、裴文锋、吴　嫚、李兴丽、翟红红	2015. 12. 31	棉花所
32	转 cry1Ab/cry1Ac 基因抗虫棉 GB821 在西北内陆生产应用的安全证书	转基因安全证书	农基安证字（2015）第 206 号	于霁雯、裴文锋、吴　嫚、李兴丽、翟红红	2015. 12. 31	棉花所
33	转 cry1Ab/cry1Ac 基因抗虫棉 GB829 在长江流域生产应用的安全证书	转基因安全证书	农基安证字（2015）第 189 号	于霁雯、裴文锋、吴　嫚、李兴丽、翟红红	2015. 12. 31	棉花所

（续表）

序号	名称	类别	证书号	主要完成人	批准时间	完成单位
34	转 cry1Ab/cry1Ac 基因抗虫棉 GB826 在黄河流域生产应用的安全证书	转基因安全证书	农基安证字（2015）第 129 号	于霁雯、裴文锋、吴　嫚、李兴丽、翟红红	2015. 12. 31	棉花所
35	转 cry1Ab/cry1Ac 基因抗虫棉 GB828 在黄河流域生产应用的安全证书	转基因安全证书	农基安证字（2015）第 130 号	于霁雯、裴文锋、吴　嫚、李兴丽、翟红红	2015. 12. 31	棉花所
36	转 cry1Ab/cry1Ac 基因抗虫棉中棉所 8301 在黄河流域生产应用的安全证书	转基因安全证书	农基安证字（2015）第 112 号	邢朝柱、郭立平、吴建勇、戚廷香、张学贤、唐会妮、王海林、乔秀琴	2015. 12. 31	棉花所
37	转 cry1Ab/cry1Ac 基因抗虫棉中棉所 9708 在黄河流域生产应用的安全证书	转基因安全证书	农基安证字（2015）第 113 号	邢朝柱、郭立平、吴建勇、戚廷香、张学贤、唐会妮、王海林、乔秀琴	2015. 12. 31	棉花所
38	转 cry1Ab/cry1Ac 基因抗虫棉中棉所 9710 在黄河流域生产应用的安全证书	转基因安全证书	农基安证字（2015）第 114 号	邢朝柱、郭立平、吴建勇、戚廷香、张学贤、唐会妮、王海林、乔秀琴	2015. 12. 31	棉花所
39	转 cry1Ab/cry1Ac 基因抗虫棉中棉所 9711 在黄河流域生产应用的安全证书	转基因安全证书	农基安证字（2015）第 115 号	邢朝柱、郭立平、吴建勇、戚廷香、张学贤、唐会妮、王海林、乔秀琴	2015. 12. 31	棉花所
40	转 cry1Ab/cry1Ac 基因抗虫棉中棉所 9712 在黄河流域生产应用的安全证书	转基因安全证书	农基安证字（2015）第 116 号	邢朝柱、郭立平、吴建勇、戚廷香、张学贤、唐会妮、王海林、乔秀琴	2015. 12. 31	棉花所

（续表）

序号	名称	类别	证书号	主要完成人	批准时间	完成单位
41	转 cry1Ab/cry1Ac 基因抗虫棉中棉所 9713 在黄河流域生产应用的安全证书	转基因安全证书	农基安证字（2015）第 117 号	邢朝柱、郭立平、吴建勇、戚廷香、张学贤、唐会妮、王海林、乔秀琴	2015. 12. 31	棉花所
42	转 cry1Ab/cry1Ac 基因抗虫棉 CRI081 在黄河流域生产应用的安全证书	转基因安全证书	农基安证字（2015）第 118 号	邢朝柱、郭立平、吴建勇、戚廷香、张学贤、唐会妮、王海林、乔秀琴	2015. 12. 31	棉花所
43	转 cry1Ab/cry1Ac 基因抗虫棉中棉所 9701 在黄河流域生产应用的安全证书	转基因安全证书	农基安证字（2015）第 119 号	邢朝柱、郭立平、吴建勇、戚廷香、张学贤、唐会妮、王海林、乔秀琴	2015. 12. 31	棉花所
44	转 cry1Ab/cry1Ac 基因抗虫棉中棉所 9702 在长江流域生产应用的安全证书	转基因安全证书	农基安证字（2015）第 180 号	邢朝柱、郭立平、吴建勇、戚廷香、张学贤、唐会妮、王海林、乔秀琴	2015. 12. 31	棉花所
45	转 cry1Ab/cry1Ac 基因抗虫棉中棉所 9703 在长江流域生产应用的安全证书	转基因安全证书	农基安证字（2015）第 181 号	邢朝柱、郭立平、吴建勇、戚廷香、张学贤、唐会妮、王海林、乔秀琴	2015. 12. 31	棉花所
46	转 cry1Ab/cry1Ac 基因抗虫棉中棉所 9704 在长江流域生产应用的安全证书	转基因安全证书	农基安证字（2015）第 182 号	邢朝柱、郭立平、吴建勇、戚廷香、张学贤、唐会妮、王海林、乔秀琴	2015. 12. 31	棉花所
47	转 cry1Ab/cry1Ac 基因抗虫棉中棉所 9705 在长江流域生产应用的安全证书	转基因安全证书	农基安证字（2015）第 183 号	邢朝柱、郭立平、吴建勇、戚廷香、张学贤、唐会妮、王海林、乔秀琴	2015. 12. 31	棉花所

（续表）

序号	名称	类别	证书号	主要完成人	批准时间	完成单位
48	转 cry1Ab/cry1Ac 基因抗虫棉中棉所 9706 在长江流域生产应用的安全证书	转基因安全证书	农基安证字（2015）第 184 号	邢朝柱、郭立平、吴建勇、戚廷香、张学贤、唐会妮、王海林、乔秀琴	2015. 12. 31	棉花所
49	转 cry1Ab/cry1Ac 基因抗虫棉中 6913 在黄河流域生产应用的安全证书	转基因安全证书	农基安证字（2015）第 109 号	姚金波、张永山、陈　伟、李　燕	2015. 12. 31	棉花所
50	转 cry1Ab/cry1Ac 基因抗虫棉中 20080 在黄河流域生产应用的安全证书	转基因安全证书	农基安证字（2015）第 110 号	姚金波、张永山、陈　伟、李　燕	2015. 12. 31	棉花所
51	转 cry1Ab/cry1Ac 基因抗虫棉中 3018 在黄河流域生产应用的安全证书	转基因安全证书	农基安证字（2015）第 111 号	姚金波、张永山、陈　伟、李　燕	2015. 12. 31	棉花所
52	转 cry1Ab/cry1Ac 基因抗虫棉中 A176 在西北内陆生产应用的安全证书	转基因安全证书	农基安证字（2015）第 203 号	姚金波、张永山、陈　伟、李　燕	2015. 12. 31	棉花所
53	转 cry1Ab/cry1Ac 基因抗虫棉中 5009 在长江流域生产应用的安全证书	转基因安全证书	农基安证字（2015）第 179 号	姚金波、张永山、陈　伟、李　燕	2015. 12. 31	棉花所
54	转 cry1Ab/cry1Ac 基因抗虫棉中棉所 99001 在长江流域生产应用的安全证书	转基因安全证书	农基安证字（2015）第 187 号	杨代刚、周晓箭、马雄风、李　威、裴小雨、周克海、刘艳改、贺昆仑、张文生	2015. 12. 31	棉花所

（续表）

序号	名称	类别	证书号	主要完成人	批准时间	完成单位
55	转 cry1Ab/cry1Ac 基因抗虫棉中棉 1279 在黄河流域生产应用的安全证书	转基因安全证书	农基安证字（2015）第 121 号	杨代刚、周晓箭、马雄风、李　威、裴小雨、周克海、刘艳改、贺昆仑、张文生	2015. 12. 31	棉花所
56	转 Cry1Ab/ Cry1Ac 基因抗虫棉中棉所 96001 在长江流域生产应用的安全证书	转基因安全证书	农基安证字（2015）第 178 号	王红梅、陈　伟、赵云雷、龚海燕、桑晓慧、崔艳利、赵　佩	2015. 12. 31	棉花所
57	转 Cry1Ab/ Cry1Ac 基因抗虫棉中棉所 96004 在黄河流域生产应用的安全证书	转基因安全证书	农基安证字（2015）第 101 号	王红梅、陈　伟、赵云雷、龚海燕、桑晓慧、崔艳利、赵　佩	2015. 12. 31	棉花所
58	转 Cry1Ab/ Cry1Ac 基因抗虫棉中棉所 96007 在黄河流域生产应用的安全证书	转基因安全证书	农基安证字（2015）第 102 号	王红梅、陈　伟、赵云雷、龚海燕、桑晓慧、崔艳利、赵　佩	2015. 12. 31	棉花所
59	转 Cry1Ab/ Cry1Ac 基因抗虫棉中棉所 96009 在西北内陆生产应用的安全证书	转基因安全证书	农基安证字（2015）第 201 号	王红梅、陈　伟、赵云雷、龚海燕、桑晓慧、崔艳利、赵　佩	2015. 12. 31	棉花所
60	转 Cry1Ab/ Cry1Ac 基因抗虫棉中棉所 96010 在西北内陆生产应用的安全证书	转基因安全证书	农基安证字（2015）第 202 号	王红梅、陈　伟、赵云雷、龚海燕、桑晓慧、崔艳利、赵　佩	2015. 12. 31	棉花所

（续表）

序号	名称	类别	证书号	主要完成人	批准时间	完成单位
61	表达分泌型鸭坦布苏病毒prME蛋白的重组鸭瘟病毒疫苗（rDEV-TME）农业转基因安全证书	转基因微生物安全证书	农基安证字（2015）第020号	陈化兰、柳金雄、陈普成、姜永萍	2015. 12. 31	哈尔滨兽医所
62	缺失nsp2△508-532基因表达新城疫病毒NP49蛋白的重组猪繁殖和呼吸综合征病毒标记疫苗rHuN4-F112-△508-532+NP49生产应用的安全证书	转基因生物安全证书	农基安证字（2015）第022号	童光志、姜一峰、周艳君、童　武	2016. 1. 24	上海兽医所
63	缺失gI/gE基因的猪伪狂犬病毒PRV JS-2012-△gI/gE疫苗的安全证书	转基因生物安全证书	农基安证字（2015）第009号	童光志、童　武、李国新、郑　浩	2016. 9. 13	上海兽医所

六、农机产品清单

序号	产品名称	产品类型	主要完成人	完成时间
1	2ZL-3 链夹式作物移栽机	农机购置补贴产品	胡志超等	2016 年
2	2ZL-1 链夹式作物移栽机	农机购置补贴产品	胡志超等	2016 年
3	4H-160 花生收获机	农机购置补贴产品	胡志超等	2016 年
4	4H-1500 花生收获机	农机购置补贴产品	胡志超等	2016 年
5	4LZ-1. 0Q 自走式谷物联合收割机	农机购置补贴产品	胡志超等	2016 年
6	4LZ-0. 7B 自走式谷物联合收割机	农机购置补贴产品	胡志超等	2016 年
7	4LZ-0. 7L 自走式谷物联合收割机	农机购置补贴产品	胡志超等	2016 年
8	1GQL-2 起垄机	农机购置补贴产品	胡良龙等	2016 年
9	9FL-180 型固液分离机	农机购置补贴产品	陈永生等	2016 年
10	9FL-260 型固液分离机	农机购置补贴产品	陈永生等	2016 年
11	2BMYF—4 型免耕精量施肥播种机	农机购置补贴产品	陈永生等	2016 年
12	4YZP-3E 自走式玉米收获机	农机购置补贴产品	陈永生等	2016 年
13	4YZP-4E 自走式玉米收获机	农机购置补贴产品	陈永生等	2016 年
14	3W-300 喷杆式喷雾机	农机购置补贴产品	薛新宇等	2016 年
15	3W-400 喷杆式喷雾机	农机购置补贴产品	薛新宇等	2016 年
16	3W-800Y 喷杆式喷雾机	农机购置补贴产品	薛新宇等	2016 年
17	3W-1000Y 喷杆式喷雾机	农机购置补贴产品	薛新宇等	2016 年
18	3W-1000Y 喷杆式喷雾机	农机购置补贴产品	薛新宇等	2016 年
19	3WFG-400X 自走式风送果林喷雾机	农机购置补贴产品	薛新宇等	2016 年
20	3WFY-800 风送式高效远程喷雾机	农机购置补贴产品	薛新宇等	2016 年
21	3WFY-400G 自走式高杆作物喷杆喷雾机	农机购置补贴产品	薛新宇等	2016 年

中国农业科学院 2016 年科技论文等有关数据统计表

单位名称	科技论文（篇）			科技著作（部）				获得专利（个）					发布标准（项）		
	总计	SCI论文	中文核心论文	总计	专著	编著	译著	总数	国际	发明	实用新型	外观设计	总计	国家标准	行业标准
作科所	357	231	126	47	39	8	0	53	0	46	7	0	3	0	3
植保所	352	205	147	13	2	11	0	55	0	45	10	0	7	0	7
蔬菜所	192	106	86	4	0	4	0	15	0	12	3	0	0	0	0
环发所	151	74	77	7	6	0	1	23	0	13	10	0	5	2	3
牧医所	288	149	139	18	2	14	2	50	0	19	31	0	4	2	2
蜜蜂所	53	39	14	9	5	3	1	38	1	8	18	11	3	2	1
饲料所	166	61	105	17	0	17	0	25	0	13	12	0	0	0	0
加工所	271	121	150	20	7	13	2	103	0	88	15	0	8	4	4
生物所	103	64	39	3	1	2	0	23	0	23	0	0	4	3	1
农经所	175	7	168	14	13	1	0	1	0	1	0	0	0	0	0
资划所	344	121	223	30	26	4	2	57	4	35	18	0	15	3	12
信息所	0	8	100	0	5	2	1	0	0	7	42	0	0	0	0

（续表）

单位名称	科技论文（篇）			科技著作（部）				获得专利（个）					发布标准（项）		
	总计	SCI论文	中文核心论文	总计	专著	编著	译著	总数	国际	发明	实用新型	外观设计	总计	国家标准	行业标准
质标所	126	61	65	4	2	2	0	16	0	12	4	0	1	0	1
食物营养所	38	8	30	3	2	1	0	0	0	0	0	0	0	0	0
灌溉所	60	12	47	2	0	2	0	36	0	10	26	0	0	0	0
棉花所	169	57	112	9	7	2	0	44	0	32	12	0	14	0	14
水稻所	98	58	40	4	3	1	0	63	0	38	25	0	2	0	2
油料所	155	105	50	2	1	1	0	32	1	27	4	0	1	1	0
麻类所	84	28	56	3	1	2	0	33	0	8	25	0	2	0	2
果树所	105	21	84	2	0	2	0	9	0	1	8	0	3	0	3
郑果所	158	15	88	3	0	3	0	11	0	0	11	0	2	0	2
茶叶所	123	67	56	4	2	2	0	38	0	17	20	1	5	0	5
哈尔滨兽医所	0	124	88	0	0	0	0	0	0	19	1	0	0	0	1
兰州兽医所	146	107	39	3	0	2	1	49	0	27	22	0	0	0	0
兰州牧药所	151	30	75	16	1	15	0	206	0	50	153	3	1	1	0
上海兽医所	125	72	53	2	2	0	0	16	1	15	0	0	0	0	0
草原所	0	14	75	20	9	9	2	46	0	5	31	10	0	0	1

（续表）

单位名称	科技论文（篇）			科技著作（部）				获得专利（个）					发布标准（项）		
	总计	SCI论文	中文核心论文	总计	专著	编著	译著	总数	国际	发明	实用新型	外观设计	总计	国家标准	行业标准
特产所	150	66	84	16	1	15	0	41	0	18	23	0	0	0	0
环保所	103	52	51	3	0	3	0	30	0	6	24	0	3	0	3
沼科所	67	28	39	1	0	1	0	58	0	7	51	0	1	0	1
农机化所	106	15	91	3	1	2	0	168	0	9	158	1	6	4	2
烟草所	105	29	76	5	2	3	0	20	0	20	3	0	0	0	0
深圳基因组所	4	3	1	0	0	0	0	0	0	0	0	0	0	0	0
柑桔所	66	22	44	2	0	2	0	14	0	8	6	0	1	0	1
合　计	4 591	2 180	2 718	289	140	149	12	1 373	7	639	773	26	91	22	71

中国农业科学院2016年科技平台目录

一、科技创新平台

国家重点实验室

序号	实验室名称	依托单位
1	植物病虫害生物学国家重点实验室	植保所
2	动物营养学国家重点实验室	牧医所、中国农业大学
3	水稻生物学国家重点实验室	水稻所、浙江大学
4	兽医生物技术国家重点实验室	哈尔滨兽医所
5	家畜疫病病原生物学国家重点实验室	兰州兽医所
6	棉花生物学国家重点实验室	棉花所、河南大学

省部共建国家重点实验室

序号	实验室名称	依托单位
1	特种经济动物分子生物学省部共建国家重点实验室	特产所

综合性农业部重点实验室

序号	实验室名称	依托单位
1	农业部作物基因资源与种质创制重点实验室	作科所
2	农业部麦类生物学与遗传育种重点实验室	作科所
3	农业部作物有害生物综合治理重点实验室	植保所
4	农业部园艺作物生物学与种质创制（蔬菜）重点实验室	蔬菜所
5	农业部薯类作物生物学与遗传育种重点实验室	蔬菜所
6	农业部农业环境重点实验室	环发所
7	农业部动物营养与饲料学重点实验室	牧医所

（续表）

序号	实验室名称	依托单位
8	农业部农产品加工重点实验室	加工所
9	农业部农业基因组学重点实验室（北京）	生物所
10	农业部植物营养与肥料重点实验室	资划所
11	农业部农产品质量安全重点实验室	质标所
12	农业部水稻生物学与遗传育种重点实验室	水稻所
13	农业部棉花生物学与遗传育种重点实验室	棉花所
14	农业部油料作物生物学与遗传育种重点实验室	油料所
15	农业部兽用药物与诊断技术重点实验室	哈尔滨兽医所
16	农业部动物病原生物学重点实验室	兰州兽医所
17	农业部农村可再生能源开发利用重点实验室	沼科所
18	农业部现代农业装备重点实验室	农机化所
19	农业部动物遗传育种与繁殖（家禽）重点实验室（试运行）	牧医所
20	农业部特种经济动植物生物学与遗传育种重点实验室（试运行）	茶叶所
21	农业部产地环境污染防控重点实验室（试运行）	环保所
22	农业部农业遥感重点实验室（试运行）	资划所

专业性（区域性）农业部重点实验室

序号	实验室名称	依托单位
1	农业部作物生理生态重点实验室	作科所
2	农业部北京大豆生物学重点实验室	作科所
3	农业部旱作节水农业重点实验室	环发所
4	农业部设施农业节能与废弃物处理重点实验室	环发所
5	农业部授粉昆虫生物学重点实验室	蜜蜂所

（续表）

序号	实验室名称	依托单位
6	农业部饲料生物技术重点实验室	饲料所
7	农业部农业微生物资源收集与保藏重点实验室	资划所
8	农业部面源污染控制重点实验室	资划所
9	农业部农业信息服务技术重点实验室	信息所
10	农业部作物需水与调控重点实验室	灌溉所
11	农业部生物毒素检测重点实验室	油料所
12	农业部麻类生物学与加工重点实验室	麻类所
13	农业部园艺作物种质资源利用重点实验室	果树所
14	农业部果树育种技术重点实验室	郑果所
15	农业部兽用药物创制重点实验室	兰州牧药所
16	农业部动物寄生虫学重点实验室	上海兽医所
17	农业部牧草资源与利用重点实验室	草原所
18	农业部特种经济动物遗传育种与繁殖重点实验室	特产所
19	农业部烟草生物学与加工重点实验室	烟草所
20	农业部蚕桑遗传改良重点实验室	蚕业所
21	农业部农产品质量安全生物性危害因子（植物源）控制重点实验室（试运行）	植保所
22	农业部蔬菜质量安全控制重点实验室（试运行）	蔬菜所
23	农业部农膜污染防控重点实验室（试运行）	环发所
24	农业部休闲农业重点实验室（试运行）	环发所
25	农业部牧草种质资源与育种重点实验室（试运行）	牧医所
26	农业部奶及奶制品质量安全控制重点实验室（试运行）	牧医所
27	农业部蜂产品质量安全控制重点实验室（试运行）	蜜蜂所
28	农业部农产品质量安全收贮运管控重点实验室（试运行）	加工所

（续表）

序号	实验室名称	依托单位
29	农业部农业转基因生物安全评价（分子）重点实验室（试运行）	生物所
30	农业部草地资源监测评价与创新利用重点实验室（试运行）	资划所
31	农业部农业大数据重点实验室（试运行）	信息所
32	农业部节水灌溉工程重点实验室（试运行）	灌溉所
33	农业部油料加工重点实验室（试运行）	油料所
34	农业部茶叶质量安全控制重点实验室（试运行）	茶叶所
35	农业部兽用化学药物及制剂学重点实验室（试运行）	上海兽医所
36	农业部草地与农业生态遥感重点实验室（试运行）	草原所
37	农业部草地生态与修复治理重点实验室（试运行）	草原所
38	农业部经济动物疫病重点实验室（试运行）	特产所
39	农业部农产品质量安全环境因子控制重点实验室（试运行）	环保所
40	农业部农业基因数据分析重点实验室（试运行）	深圳基因组所

农业科学观测实验站

序号	实验站名称	依托单位
1	农业部新乡小麦高效育种技术科学观测实验站	作科所
2	农业部核辐射农业生物科学观测实验站	作科所
3	农业部锡林郭勒草原有害生物科学观测实验站	植保所
4	农业部桂林有害生物科学观测实验站	植保所
5	农业部廊坊农作物有害生物科学观测实验站	廊坊基地
6	农业部蔬菜作物基因资源与种质创制北京科学观测实验站	蔬菜所
7	农业部寿阳农业环境与作物高效用水科学观测实验站	环发所

（续表）

序号	实验站名称	依托单位
8	农业部兽用药物与兽医生物技术北京科学观测实验站	牧医所
9	农业部华北动物遗传资源与营养科学观测实验站	牧医所
10	农业部祁阳农业环境科学观测实验站	资划所
11	农业部呼伦贝尔农业环境科学观测实验站	资划所
12	农业部华北设施栽培与施肥科学观测实验站	德州实验站
13	农业部商丘农业环境科学观测实验站	灌溉所
14	农业部作物基因资源与种质创制浙江科学观测实验站	水稻所
15	农业部作物基因资源与种质创制辽宁科学观测实验站	果树所
16	农业部作物基因资源与种质创制河南科学观测实验站	郑果所
17	农业部草原畜牧业装备科学观测实验站	草原所
18	农业部大理农业环境科学观测实验站	环保所
19	农业部西南地区果树科学观测实验站	柑桔所

中国农业科学院重点开放实验室

序号	实验室名称	依托单位
1	中国农业科学院作物种质资源与生物技术重点开放实验室	作科所
2	中国农业科学院作物遗传改良与生物技术重点开放实验室	作科所
3	中国农业科学院粮棉油料作物生理与栽培重点开放实验室	作科所
4	中国农业科学院植物病虫害生物学重点开放实验室	植保所
5	中国农业科学院农药化学与应用技术重点开放实验室	植保所
6	中国农业科学院生物入侵与生物防治重点开放实验室	植保所
7	中国农业科学院杂草鼠害生物学与治理重点开放实验室	植保所

（续表）

序号	实验室名称	依托单位
8	中国农业科学院园艺作物遗传与生理重点开放实验室	蔬菜所
9	中国农业科学院农业环境与气候变化重点开放实验室	环发所
10	中国农业科学院旱作节水农业重点开放实验室	环发所
11	中国农业科学院动物营养学重点开放实验室	牧医所
12	中国农业科学院家养动物遗传资源与种质创新重点开放实验室	牧医所
13	中国农业科学院牧草遗传改良与利用重点开放实验室	牧医所
14	中国农业科学院授粉昆虫生物学重点开放实验室	蜜蜂所
15	中国农业科学院饲料生物技术重点开放实验室	饲料所
16	中国农业科学院农产品加工与质量控制重点开放实验室	加工所
17	中国农业科学院农作物分子生物学与生物技术重点开放实验室	生物所
18	中国农业科学院国家农业政策分析与决策支持系统重点开放实验室	农经所
19	中国农业科学院植物营养与养分循环重点开放实验室	资划所
20	中国农业科学院资源遥感与数字农业重点开放实验室	资划所
21	中国农业科学院土壤质量重点开放实验室	资划所
22	中国农业科学院智能化农业预警技术与系统重点开放实验室	信息所
23	中国农业科学院农产品质量与食物安全重点开放实验室	质标所
24	中国农业科学院农业水资源高效安全利用重点开放实验室	灌溉所
25	中国农业科学院水稻生物学重点开放实验室	水稻所
26	中国农业科学院棉花遗传改良重点开放实验室	棉花所
27	中国农业科学院油料作物生物学重点开放实验室	油料所

（续表）

序号	实验室名称	依托单位
28	中国农业科学院茎纤维生物质与工程微生物重点开放实验室	麻类所
29	中国农业科学院麻类遗传育种与生物加工重点开放实验室	麻类所
30	中国农业科学院果树种质资源与育种技术重点开放实验室	果树所
31	中国农业科学院果树生长发育与品质控制重点开放实验室	郑果所
32	中国农业科学院茶及饮料植物产品加工与质量控制重点开放实验室	茶叶所
33	中国农业科学院兽医生物技术重点开放实验室	哈尔滨兽医所
34	中国农业科学院动物流感重点开放实验室	哈尔滨兽医所
35	中国农业科学院人兽共患病重点开放实验室	哈尔滨兽医所、兰州兽医所
36	中国农业科学院家畜疫病病原生物学重点开放实验室	兰州兽医所
37	中国农业科学院草食动物疫病重点开放实验室	兰州兽医所
38	中国农业科学院新兽药工程重点开放实验室	兰州牧药所
39	中国农业科学院动物寄生虫学重点开放实验室	上海兽医所
40	中国农业科学院兽药安全评价与兽药残留研究重点开放实验室	上海兽医所
41	中国农业科学院草地资源生态重点开放实验室	草原所
42	中国农业科学院特种经济动物种质资源遗传改良重点开放实验室	特产所
43	中国农业科学院农业环境与农产品安全重点开放实验室	环保所
44	中国农业科学院能源微生物重点开放实验室	沼科所
45	中国农业科学院农业机械重点开放实验室	农机化所

（续表）

序号	实验室名称	依托单位
46	中国农业科学院烟草遗传改良与生物技术重点开放实验室	烟草所
47	中国农业科学院柑桔学重点开放实验室	柑桔所
48	中国农业科学院北方糖料作物资源与利用重点开放实验室	甜菜所
49	中国农业科学院蚕桑遗传改良与生物技术重点开放实验室	蚕业所
50	中国农业科学院草地农业系统学重点开放实验室	草原生态所
51	中国农业科学院家禽遗传资源评价与繁育重点开放实验室	家禽所
52	中国农业科学院甘薯遗传改良重点开放实验室	甘薯所

国家农作物、畜禽改良中心（分中心）

序号	改良中心（分中心）名称	依托单位
1	国家小麦改良中心	作科所
2	国家大豆改良北京分中心	作科所
3	国家蔬菜改良中心	蔬菜所
4	国家花卉改良中心	蔬菜所
5	国家马铃薯改良中心华北分中心	蔬菜所
6	国家畜禽分子育种中心	牧医所
7	国家牛奶质量改良中心	牧医所
8	国家水稻改良中心	水稻所
9	国家棉花改良中心	棉花所
10	国家油料作物改良中心	油料所
11	国家麻类作物育种中心	麻类所
12	国家苹果育种中心	果树所

（续表）

序号	改良中心（分中心）名称	依托单位
13	国家桃、葡萄改良中心	郑果所
14	国家茶树改良中心	茶叶所
15	国家烟草改良中心	烟草所
16	国家柑桔品种改良中心	柑桔所
17	国家糖料改良中心	甜菜所
18	国家蚕桑育种中心	蚕业所
19	国家禽类实验动物种子中心	哈尔滨兽医所
20	国家牧草改良中心	草原所
21	国家食用菌改良中心	资划所
22	国家瓜果改良中心	郑果所

国家工程技术研究中心

序号	工程中心名称	依托单位
1	国家昌平综合农业工程技术研究中心	中国农业科学院
2	国家饲料工程技术研究中心	中国农业大学、饲料所
3	国家油菜工程技术研究中心	华中农业大学、油料所
4	国家茶产业工程技术研究中心	茶叶所
5	国家柑桔工程技术研究中心	柑桔所

农业部农产品质量安全风险评估实验室

序号	实验室名称	依托单位
1	农业部稻米产品质量安全风险评估实验室（杭州）	水稻所
2	农业部谷物产品质量安全风险评估实验室（北京）	作科所
3	农业部油料产品质量安全风险评估实验室（武汉）	油料所

（续表）

序号	实验室名称	依托单位
4	农业部奶产品质量安全风险评估实验室（北京）	牧医所
5	农业部蔬菜产品质量安全风险评估实验室（北京）	蔬菜所
6	农业部果品质量安全风险评估实验室（郑州）	郑果所
7	农业部果品质量安全风险评估实验室（兴城）	果树所
8	农业部柑桔产品质量安全风险评估实验室（重庆）	柑桔所
9	农业部茶叶产品质量安全风险评估实验室（杭州）	茶叶所
10	农业部蜂产品质量安全风险评估实验室（北京）	蜜蜂所
11	农业部农产品质量安全生物性危害因子风险评估实验室（北京）	植保所
12	农业部农产品质量安全环境因子风险评估实验室（天津）	环保所
13	农业部农产品加工质量安全风险评估实验室（北京）	加工所
14	农业部棉花产品质量安全风险评估实验室（安阳）	棉花所
15	农业部烟草质量安全风险评估实验室（青岛）	烟草所
16	农业部畜产品质量安全风险评估实验室（兰州）	兰州牧药所
17	农业部微生物产品质量安全风险评估实验室（北京）	资划所
18	农业部蚕桑产品及食用昆虫质量安全风险评估实验室（镇江）	蚕业所
19	农业部糖料产品质量安全风险评估实验室（哈尔滨）	甜菜所
20	农业部禽类产品质量安全风险评估实验室（扬州）	家禽所
21	农业部动物产品质量安全生物性危害因子风险评估实验室（上海）	上海兽医所
22	农业部动物产品质量安全环境因子风险评估实验室（北京）	环发所
23	农业部植物纤维产品质量安全风险评估实验室（长沙）	麻类所
24	农业部特种动植物产品质量风险评估实验室（长春）	特产所
25	农业部农产品质量与营养功能风险评估实验室（北京）	食物营养所

中国农业科学院农产品质量安全风险评估研究中心

序号	中心名称	依托单位
1	中国农业科学院谷物产品质量安全风险评估研究中心	作科所
2	中国农业科学院农产品农药残留与生物危害风险评估研究中心	植保所
3	中国农业科学院蔬菜产品质量安全风险评估研究中心	蔬菜所
4	中国农业科学院奶产品质量安全风险评估研究中心	牧医所
5	中国农业科学院蜂产品质量安全风险评估研究中心	蜜蜂所
6	中国农业科学院农产品加工质量安全风险评估研究中心	加工所
7	中国农业科学院食用菌质量安全风险评估研究中心	资划所
8	中国农业科学院稻米产品质量安全风险评估研究中心	水稻所
9	中国农业科学院棉花质量安全风险评估研究中心	棉花所
10	中国农业科学院油料产品质量安全风险评估研究中心	油料所
11	中国农业科学院麻类产品质量安全风险评估研究中心	麻类所
12	中国农业科学院兴城果品质量安全风险评估研究中心	果树所
13	中国农业科学院郑州果品质量安全风险评估研究中心	郑果所
14	中国农业科学院茶叶质量安全风险评估研究中心	茶叶所
15	中国农业科学院兰州畜产品质量安全风险评估研究中心	兰州牧药所
16	中国农业科学院特种经济动植物产品质量安全风险评估研究中心	特产所
17	中国农业科学院农产品产地环境风险评估研究中心	环保所
18	中国农业科学院烟草产品质量安全风险评估研究中心	烟草所
19	中国农业科学院柑桔质量安全风险评估研究中心	柑桔所
20	中国农业科学院蚕业产品质量安全风险评估研究中心	蚕业所

中国农业科学院工程技术研究中心

序号	研究中心名称	依托单位
1	中国农业科学院粮食作物育种工程技术研究中心	作科所
2	中国农业科学院生物防治工程技术研究中心	植保所
3	中国农业科学院花卉工程技术研究中心	蔬菜所
4	中国农业科学院农业环境工程技术研究中心	环发所
5	中国农业科学院家畜品种改良与繁育工程技术研究中心	牧医所
6	中国农业科学院蜂产品工程技术研究中心	蜜蜂所
7	中国农业科学院饲料安全工程技术研究中心	饲料所
8	中国农业科学院农产品加工工程技术研究中心	加工所
9	中国农业科学院作物生物技术工程技术研究中心	生物所
10	中国农业科学院新型肥料工程技术研究中心	资划所
11	中国农业科学院农业监测预警与大数据工程技术研究中心	信息所
12	中国农业科学院农产品质量安全工程技术研究中心	质标所
13	中国农业科学院双蛋白工程技术研究中心	食物营养所
14	中国农业科学院节水灌溉工程技术研究中心	灌溉所
15	中国农业科学院超级稻工程技术研究中心	水稻所
16	中国农业科学院棉花工程技术研究中心	棉花所
17	中国农业科学院油料作物分子育种工程技术研究中心	油料所
18	中国农业科学院麻类工程技术研究中心	麻类所
19	中国农业科学院落叶果树工程技术研究中心	果树所
20	中国农业科学院果树瓜类种苗工程技术研究中心	郑果所
21	中国农业科学院茶叶加工工程技术研究中心	茶叶所
22	中国农业科学院动物疫病诊断技术工程技术研究中心	哈尔滨兽医所
23	中国农业科学院草食动物疫病防控工程技术研究中心	兰州兽医所

（续表）

序号	研究中心名称	依托单位
24	中国农业科学院羊育种工程技术研究中心	兰州牧药所
25	中国农业科学院动物热带疫病防控技术研究中心	上海兽医所
26	中国农业科学院草原生产力保育工程技术研究中心	草原所
27	中国农业科学院特种动物饲养与饲料工程技术研究中心	特产所
28	中国农业科学院农产品产地环境保护与修复工程技术研究中心	环保所
29	中国农业科学院沼气工程技术研究中心	沼科所
30	中国农业科学院农作物收获装备工程技术研究中心	农机化所
31	中国农业科学院烟草工程技术研究中心	烟草所
32	中国农业科学院全基因组育种设计工程技术研究中心	深圳基因组所

二、科技支撑平台

国家重大科学工程

序号	名称	依托单位
1	农作物基因资源与基因改良国家重大科学工程	作科所、生物所
2	国家农业生物安全科学中心	植保所

国家工程实验室

序号	实验室名称	依托单位
1	作物分子育种国家工程实验室	作科所
2	作物细胞育种国家工程实验室	蔬菜所
3	棉花转基因育种国家工程实验室	棉花所
4	耕地培育技术国家工程实验室	资划所
5	作物高效用水与抗灾减损国家工程实验室	环发所

国家工程研究中心

序号	中心名称	依托单位
1	动物用生物制品国家工程研究中心	哈尔滨兽医所
2	生物饲料开发国家工程研究中心	饲料所

国家级农作物种质库

序号	种质库名称	依托单位
1	国家作物种质长期库	作科所
2	国家农作物种质资源保存中心	作科所
3	国家蔬菜中期库	蔬菜所
4	国家水稻中期库	水稻所
5	国家棉花中期库	棉花所
6	国家油料作物中期库	油料所
7	国家麻类作物中期库	麻类所
8	国家西甜瓜中期库	郑果所
9	国家牧草中期库	草原所
10	国家烟草中期库	烟草所
11	国家甜菜中期库	甜菜所

国家级农作物种质圃

序号	种质圃名称	依托单位
1	国家种质北京多年生小麦野生近缘植物圃	作科所
2	国家种质海南野生棉圃	棉花所
3	国家种质武昌野花生圃	油料所
4	国家种质沅江苎麻圃	麻类所
5	国家种质兴城梨、苹果圃	果树所
6	国家种质郑州桃、葡萄圃	郑果所

（续表）

序号	种质圃名称	依托单位
7	国家种质杭州茶树圃	茶叶所
8	国家种质多年生牧草圃	草原所
9	国家种质左家山葡萄圃	特产所
10	国家种质重庆柑桔圃	柑桔所
11	国家种质镇江桑树圃	蚕业所
12	国家种质徐州甘薯试管苗库	甘薯所

国家级野外台站

序号	野外台站名称	依托单位
1	全国农作物种质资源野外观测研究圃网	作科所
2	全国农业土壤肥力效益野外研究站网络	资划所
3	南方红黄壤地区农业生态环境监测试验站	资划所
4	内蒙古呼伦贝尔草原生态系统国家野外科学观测研究站	资划所
5	河南商丘农田生态系统国家野外科学观测研究站	灌溉所

农业部野外科学观测试验站

序号	野外台站名称	依托单位
1	农业部迁西燕山生态环境重点野外科学观测试验站	资划所
2	农业部洛阳旱地农业重点野外科学观测试验站	资划所
3	农业部呼伦贝尔草甸草原生态环境重点野外科学观测试验站	资划所
4	农业部祁阳红壤生态环境重点野外科学观测试验站	资划所
5	农业部昌平潮褐土生态环境重点野外科学观测试验站	资划所
6	农业部德州农业资源与生态环境重点野外科学观测试验站	资划所

（续表）

序号	野外台站名称	依托单位
7	农业部长白山野生生物资源重点野外科学观测试验站	特产所
8	农业部杭州茶树资源重点野外科学观测试验站	茶叶所
9	农业部寿阳旱地农业重点野外科学观测试验站	环发所
10	农业部鄂尔多斯沙地草原生态环境重点野外科学观测试验站	草原所
11	农业部沙尔沁牧草资源重点野外科学观测试验站	草原所
12	农业部玉树高寒草原资源与生态环境重点野外科学观测试验站	草原所
13	农业部沅江麻类资源重点野外科学观测试验站	麻类所
14	农业部廊坊有害生物防治重点野外科学观测试验站	植保所
15	农业部锡林浩特草原有害生物防治重点野外科学观测试验站	植保所
16	农业部兴城北方落叶果树资源重点野外科学观测试验站	果树所
17	农业部武昌花生资源重点野外科学观测试验站	油料所
18	农业部商丘农业资源与生态环境重点野外科学观测试验站	灌溉所
19	农业部兰州黄土高原生态环境重点野外科学观测试验站	兰州牧药所
20	农业部昌平畜禽资源重点野外科学观测试验站	牧医所
21	农业部新乡矮败小麦重点野外科学观测试验站	作科所
22	农业部大理农业生态环境重点野外科学观测试验站	环保所
23	农业部镇江桑树资源重点野外科学观测试验站	蚕业所
24	农业部徐州甘薯资源重点野外科学观测试验站	甘薯所

中国农业科学院野外科学观测试验站

序号	野外台站名称	依托单位
1	中国农业科学院祁阳红壤生态环境野外科学观测试验站	资划所
2	中国农业科学院呼伦贝尔草甸草原生态环境野外科学观测试验站	资划所
3	中国农业科学院洛阳旱地农业野外科学观测试验站	资划所
4	中国农业科学院迁西燕山生态环境野外科学观测试验站	资划所
5	中国农业科学院昌平潮褐土生态环境野外科学观测试验站	资划所
6	中国农业科学院德州农业资源与生态环境野外科学观测试验站	资划所
7	中国农业科学院长白山野生生物资源野外科学观测试验站	特产所
8	中国农业科学院杭州茶树资源野外科学观测试验站	茶叶所
9	中国农业科学院寿阳旱地农业野外科学观测试验站	环发所
10	中国农业科学院鄂尔多斯沙地草原生态环境野外科学观测试验站	草原所
11	中国农业科学院沙尔沁牧草资源野外科学观测试验站	草原所
12	中国农业科学院玉树高寒草原资源与生态环境野外科学观测试验站	草原所
13	中国农业科学院沅江麻类资源野外科学观测试验站	麻类所
14	中国农业科学院廊坊有害生物防治野外科学观测试验站	植保所
15	中国农业科学院锡林浩特草原有害生物防治野外科学观测试验站	植保所
16	中国农业科学院兴城北方落叶果树资源野外科学观测试验站	果树所
17	中国农业科学院武昌花生资源野外科学观测试验站	油料所

（续表）

序号	野外台站名称	依托单位
18	中国农业科学院商丘农业资源与生态环境野外科学观测试验站	灌溉所
19	中国农业科学院兰州黄土高原生态环境野外科学观测试验站	兰州牧药所
20	中国农业科学院昌平畜禽资源野外科学观测试验站	牧医所
21	中国农业科学院新乡矮败小麦野外科学观测试验站	作科所
22	中国农业科学院大理农业生态环境野外科学观测试验站	环保所
23	中国农业科学院镇江桑树资源野外科学观测试验站	蚕业所
24	中国农业科学院徐州甘薯资源野外科学观测试验站	甘薯所
25	中国农业科学院新乡有害生物防治野外科学观测试验站	植保所
26	中国农业科学院天水有害生物防治野外科学观测试验站	植保所
27	中国农业科学院桂林有害生物防治野外科学观测试验站	植保所
28	中国农业科学院廊坊数字水肥野外科学观测试验站	资划所
29	中国农业科学院密云生态农业野外科学观测试验站	资划所
30	中国农业科学院鄂托克旗牧草资源与育种野外科学观测试验站	牧医所
31	中国农业科学院杭州水稻种质资源野外科学观测试验站	水稻所
32	中国农业科学院长江中下游棉花野外科学观测试验站	棉花所
33	中国农业科学院平安油菜育种野外科学观测试验站	油料所
34	中国农业科学院进贤红壤地区油料作物野外科学观测试验站	油料所
35	中国农业科学院汉川转基因油料作物环境安全野外科学观测试验站	油料所

（续表）

序号	野外台站名称	依托单位
36	中国农业科学院武清转基因生物农田生态系统影响野外科学观测试验站	环保所
37	中国农业科学院藁城农业生态环境野外科学观测试验站	环保所
38	中国农业科学院彭州农产品产地环境野外科学观测试验站	环保所
39	中国农业科学院南京农业机械野外科学观测试验站	农机化所
40	中国农业科学院郑州果树瓜类野外科学观测试验站	郑果所
41	中国农业科学院阿克苏果树瓜类野外科学观测试验站	郑果所
42	中国农业科学院青岛烟草资源与环境野外科学观测试验站	烟草所
43	中国农业科学院张掖牧草及生态农业野外科学观测试验站	兰州牧药所
44	中国农业科学院苏尼特温带荒漠草原资源与生态环境野外科学观测试验站	草原所
45	中国农业科学院太仆寺旗草地资源生态监测与评价野外科学观测试验站	草原所
46	中国农业科学院葫芦岛落叶果树生理生态及有害生物野外科学观测试验站	果树所
47	中国农业科学院新乡农业水土环境野外科学观测试验站	灌溉所
48	中国农业科学院廊坊蔬菜资源野外科学观测试验站	蔬菜所
49	中国农业科学院信息农业野外科学观测试验站	信息所
50	中国农业科学院数字化文献信息服务系统野外科学观测试验站	信息所
51	中国农业科学院岳阳农业环境野外科学观测试验站	环发所
52	中国农业科学院那曲高寒草原生态与气候变化野外科学观测试验站	环发所
53	中国农业科学院密云农业环境野外科学观测试验站	环发所

（续表）

序号	野外台站名称	依托单位
54	中国农业科学院共和农业环境野外科学观测试验站	环发所
55	中国农业科学院兰州农业环境野外科学观测试验站	环发所、兰州牧药所
56	中国农业科学院永宁农业环境野外科学观测试验站	环发所
57	中国农业科学院大荔农业环境野外科学观测试验站	环发所
58	中国农业科学院崇明农业环境野外科学观测试验站	环发所
59	中国农业科学院东营农业环境野外科学观测试验站	环发所
60	中国农业科学院西昌烟草资源与环境野外科学观测试验站	烟草所

现代农业产业技术体系技术研发中心

序号	产业	研发中心名称	依托单位
1	水稻	国家水稻产业技术研发中心	水稻所
2	玉米	国家玉米产业技术研发中心	作科所
3	小麦	国家小麦产业技术研发中心	作科所
4	大豆	国家大豆产业技术研发中心	作科所
5	大麦青稞	国家大麦青稞产业技术研发中心	作科所
6	谷子糜子	国家谷子糜子产业技术研发中心	作科所
7	食用豆	国家食用豆产业技术研发中心	作科所
8	马铃薯	国家马铃薯产业技术研发中心	蔬菜所
9	油菜	国家油菜产业技术研发中心	油料所
10	棉花	国际棉花产业技术研发中心	棉花所
11	麻类	国家麻类产业技术研发中心	麻类所
12	茶叶	国家茶叶产业技术研发中心	茶叶所
13	食用菌	国家食用菌产业技术研发中心	资划所

（续表）

序号	产业	研发中心名称	依托单位
14	大宗蔬菜	国家大宗蔬菜产业技术研发中心	蔬菜所
15	肉鸡	国家肉鸡产业技术研发中心	牧医所
16	水禽	国家水禽产业技术研发中心	牧医所
17	蜂	国家蜂产品技术研发中心	蜜蜂所

现代农业产业技术体系功能研究室

序号	产业	研究室名称	依托单位
1	水稻	育种与繁育研究室	水稻所
2	水稻	栽培与土肥研究室	水稻所
3	玉米	病虫害防控研究室	植保所
4	玉米	栽培与土肥研究室	作科所
5	小麦	加工研究室	加工所
6	食用豆	病虫害防控研究室	作科所
7	食用豆	栽培与土肥研究室	作科所
8	食用豆	综合研究室	信息所
9	马铃薯	育种研究室	蔬菜所
10	马铃薯	产业经济研究室	资划所
11	油菜	病虫害防控研究室	油料所
12	油菜	加工研究室	油料所
13	油菜	设施与设备研究室	农机化所
14	花生	病虫害防控研究室	油料所
15	花生	机械研究室	农机化所
16	胡麻	综合研究室	油料所
17	棉花	病虫害防控研究室	植保所
18	棉花	育种与种子研究室	棉花所

（续表）

序号	产业	研究室名称	依托单位
19	棉花	栽培与土肥研究室	棉花所
20	麻类	加工研究室	麻类所
21	麻类	设施设备研究室	麻类所
22	麻类	育种研究室	麻类所
23	甜菜	育种与种子研究室	甜菜所
24	甜菜	机械研究室	甜菜所
25	蚕桑	病虫害防控研究室	蚕业所
26	蚕桑	养蚕与桑树栽培研究室	蚕业所
27	茶叶	病虫害防控研究室	茶叶所
28	茶叶	加工研究室	茶叶所
29	茶叶	栽培与茶园机械研究室	茶叶所
30	茶叶	产业经济研究室	茶叶所
31	大宗蔬菜	病虫害防控研究室	蔬菜所
32	大宗蔬菜	育种与种子研究室	蔬菜所
33	西甜瓜	病虫害防控研究室	植保所
34	西甜瓜	栽培与耕作研究室	郑果所
35	西甜瓜	综合研究室	农经所
36	苹果	育种与资源利用研究室	果树所
37	梨	遗传与育种研究室	郑果所
38	葡萄	病虫害防控研究室	植保所
39	葡萄	育种研究室	郑果所
40	葡萄	栽培研究室	果树所
41	桃	栽培与综合研究室	郑果所
42	牧草	产业经济研究室	农经所
43	牧草	栽培与草地管理研究室	草原所

（续表）

序号	产业	研究室名称	依托单位
44	奶牛	环境控制研究室	牧医所
45	奶牛	疾病控制研究室	兰州牧药所
46	肉牛牦牛	遗传育种与繁殖研究室	牧医所
47	肉羊	疾病控制研究室	兰州兽医所
48	肉羊	加工研究室	加工所
49	肉羊	营养与饲料研究室	饲料所
50	绒毛用羊	疾病控制研究室	兰州兽医所
51	蛋鸡	产业经济研究室	农经所
52	蛋鸡	营养与饲料研究室	牧医所
53	肉鸡	疾病控制研究室	哈尔滨兽医所
54	肉鸡	生产与环境控制研究室	牧医所
55	蜂	病虫害防控与质量监督研究室	蜜蜂所
56	蜂	育种与授粉研究室	蜜蜂所
57	柑橘	栽培与耕作研究室	柑桔所
58	柑橘	病虫害防控研究室	柑桔所

现代农业产业技术体系综合试验站

序号	产业	试验站名称	依托单位
1	水稻	祁阳综合试验站	资划所
2	小麦	德州综合试验站	资划所
3	麻类	沅江苎麻试验站	麻类所
4	苹果	葫芦岛综合试验站	果树所
5	葡萄	左家综合试验站	特产所
6	葡萄	豫西与黄土高原综合试验站	郑果所
7	桃	郑州综合试验站	郑果所
8	牧草	鄂尔多斯综合试验站	草原所

国家农产品加工技术研发中心、分中心

序号	中心名称	依托单位
1	国家农产品加工技术研发中心	加工所
2	国家油菜籽加工技术研发专业分中心	油料所
3	国家杂粮加工技术研发专业分中心	作科所
4	国家饲料加工技术研发专业分中心	饲料所
5	国家柑橘加工技术研发专业分中心	柑桔所
6	国家茶叶加工技术研发专业分中心	茶叶所
7	国家蜂产品加工技术研发专业分中心	蜜蜂所
8	国家人参鹿茸加工技术研发专业分中心	特产所

三、科技服务平台

国家科技基础条件平台

序号	平台名称	依托单位
1	国家农作物种质资源平台	作科所
2	国家微生物资源平台	资划所
3	家养动物种质资源平台	牧医所
4	农业科学数据共享中心	信息所

国家质检中心

序号	质检中心名称	依托单位
1	国家饲料质量监督检验中心（北京）	质标所
2	国家化肥质量监督检验中心（北京）	资划所
3	国家植保机械质量监督检验中心	农机化所

部级质检中心

序号	质检中心名称	依托单位
1	农业部谷物品质监督检验测试中心	作科所
2	农业部农药应用评价监督检验测试中心（北京）	植保所
3	农业部转基因植物环境安全及植物抗性监督检验测试中心（北京）	植保所
4	农业部蔬菜品质监督检验测试中心（北京）	蔬菜所
5	农业部畜牧环境设施设备质量监督检验测试中心（北京）	环发所
6	农业部奶及奶制品质量监督检验测试中心（北京）	牧医所
7	农业部蜂产品质量监督检验测试中心（北京）	蜜蜂所
8	农业部农产加工品质量监督检验测试中心	加工所
9	农业部微生物肥料和食用菌菌种质量监督检验测试中心	资划所
10	水利部节水灌溉设备质量检测中心	灌溉所
11	农业部稻米及制品质量监督检验测试中心	水稻所
12	农业部转基因植物环境安全监督检验测试中心（杭州）	水稻所
13	农业部棉花品质监督检验测试中心	棉花所
14	农业部转基因植物环境安全监督检验测试中心（安阳）	棉花所
15	农业部油料及制品质量监督检验测试中心	油料所
16	农业部转基因植物环境安全监督检验测试中心（武汉）	油料所
17	农业部麻类产品质量监督检验测试中心	麻类所
18	农业部果品及苗木质量监督检验测试中心（兴城）	果树所
19	农业部果品及苗木质量监督检验测试中心（郑州）	郑果所
20	农业部茶叶质量监督检验测试中心	茶叶所
21	农业部实验动物质量监督检验测试中心（哈尔滨）	哈尔滨兽医所

（续表）

序号	质检中心名称	依托单位
22	农业部动物毛皮及制品质量监督检验测试中心（兰州）	兰州牧药所
23	农业部特种经济动植物及产品质量监督检验测试中心	特产所
24	农业部环境质量监督检验测试中心	环保所
25	农业部转基因生物生态环境安全监督检验测试中心（天津）	环保所
26	农业部沼气产品及设备质量监督检验测试中心	沼科所
27	农业部烟草产业产品质量监督检验测试中心	烟草所
28	农业部转基因植物用微生物环境安全监督检验测试中心（北京）	生物所
29	农业部柑桔及苗木质量监督检验测试中心	柑桔所
30	农业部甜菜品质监督检验测试中心	甜菜所
31	农业部蚕桑产业产品质量监督检验测试中心（镇江）	蚕业所

国家参考实验室

序号	实验室名称	依托单位
1	国家牛传染性胸膜肺炎参考实验室	哈尔滨兽医所
2	国家禽流感参考实验室	哈尔滨兽医所
3	国家口蹄疫参考实验室	兰州兽医所

获 OIE、FAO 认可的参考实验室、中心

序号	实验室名称	依托单位
1	OIE 禽流感参考实验室	哈尔滨兽医所
2	OIE 马传染性贫血参考实验室	哈尔滨兽医所
3	OIE 马流感 twinning 实验室	哈尔滨兽医所
4	OIE 口蹄疫参考实验室	兰州兽医所

（续表）

序号	实验室名称	依托单位
5	OIE 禽传染性法氏囊病 twinning 实验室	哈尔滨兽医所
6	OIE 人兽共患病亚太区协作中心	哈尔滨兽医所
7	OIE 羊泰勒虫病参考实验室	兰州兽医所
8	FAO 动物流感参考中心	哈尔滨兽医所
9	FAO 沼气技术研究培训参考中心	沼科所

中国农业科学院　宁夏农林科学院
加强科技合作备忘录

为贯彻落实习近平总书记视察宁夏时重要讲话精神，进一步提升宁夏农林科学院的科技创新能力，推动宁夏现代农业产业体系、生产体系和经营体系建设，提高农业特色优势产业发展的科技水平，2016年9月26—27日，宁夏农林科学院党委书记、院长周东宁带领分管院领导和相关处室、研究所负责人赴中国农业科学院商谈科技合作。围绕宁夏农业科技发展需求，在双方已经签署的战略合作协议基础上，经过协商讨论，双方就“十三五”期间加强科技合作达成以下共识。

一、推进农业科技创新联盟建设

在国家农业科技创新联盟框架下，双方在宁夏主要生态类型区共建试验站（基地），聚焦区域农业科技重大问题，开展协同创新，构建一体化的区域现代农业技术创新体系。围绕自治区生态建设、农业特色优势产业和“一特三高”农产品市场定位，聚集双方优势科技资源，建立协同创新机制和专业联盟，着力解决产业发展的重大关键技术，构建一条龙的产业技术研发体系。

二、加强人才交流和培养

中国农业科学院通过开放科研平台、学术交流、客座研究、进修学习等形式为宁夏农林科学院培养科研、管理及经营人才，并提供挂职锻炼、学历培养等专项培养平台，实现宁夏农林科学院智力和知识的再创新。

三、共建共享创新平台

共同推进国家农业科学实验站、学科群重点实验室、特色植物（枸杞、葡萄）种质资源圃等建设，合作建设植物抗旱耐盐碱表型鉴定国家级研发平台。建立平台共享机制，双方已建和拟建的试验基地、试验站互相开放共享，共同实施相关的科研项目。

四、加强重点领域科技合作

围绕国家发展战略需求和宁夏回族自治区“1+4”特色优势产业，重点谋划丝绸之路经济带旱作可持续农牧业发展、引黄灌区农业清洁流域构建、主要农产品功能区耕地质量提升、特色优质农产品全产业链开发、农产品质量安全、主要农产品绿色增产增效模式创建等重大科研选题，争取国家和自治区科技计划支持，共同组织实施相关项目，在服务国家重大需求的同时，促进宁夏回族自治区农业特色优势产业健康快速发展。两院各研究所“十三五”拟开展的合作见附件。

五、落实合作推进机制

中国农业科学院科技管理局协同创新处和宁夏农林科学院科研处负责双方合作的具体事宜，并按照各自的程序进行合作决策。建立沟通和信息交流的长效机制，处级层面每季度进行协商和信息沟通，院级层面每年进行一次协商和信息沟通，院属研究所之间建立必要的沟通渠道和机制，共同协商解决在合作中出现的问题，确保合作取得实效。

本备忘录所记载的内容已经双方有关领导审定，作为双方下一步推进合作的依据。

中国农业科学院（盖章）　　　　宁夏农林科学院（盖章）

代表签字：　　　　代表签字：

2016 年 12 月 21 日　　　　2016 年 12 月 21 日

附件

“十三五”两院各研究所（中心）拟开展的科技合作清单

1. 宁夏农林科学院农作物研究所参与由中国农业科学院作物科学研究所主持的相关国家项目，合作开展小麦、玉米新品种培育，西北地区水稻种质资源精准鉴定与利用，宁夏种质资源普查和西北耐盐抗旱种质资源圃建设，以及水稻、小麦绿色增产增效技术集成示范等。

2. 宁夏农林科学院动物科学研究所与中国农业科学院北京畜牧兽医研究所合作开展滩羊种质资源挖掘技术研究，滩羊多胎选育技术研究，滩羊肉风味品质检测与评价技术研究，牛、羊营养需求规律和饲料调制技术研究，以及草畜耦合和循环农业关键技术集成示范等。

3. 宁夏农林科学院固原分院与中国农业科学院作物科学研究所合作申报国家农业科学试验站，协同开展旱作节水农业绿色丰产关键技术研究，胡麻、糜谷、荞麦、食用豆等特色作物丰产高效栽培技术研发。

4. 宁夏农林科学院种质资源研究所与中国农业科学院蔬菜花卉研究所、郑州果树研究所合作开展瓜菜种质资源共享利用，蔬菜品种选育，蔬菜无土栽培及非耕地利用，苹果和葡萄种质资源引进和品种选育，以及瓜菜病虫害综合防控技术研发。

5. 宁夏农林科学院农业生物技术研究中心与中国农业科学院生物技术研究所、作物科学研究所合作开展抗逆分子育种团队建设，基于基因编辑技术的小麦、水稻、马铃薯等主要农作物种质创制和早期鉴定研究，以及宁夏特色植物种质资源调查等研究。

6. 宁夏农林科学院农业资源与环境研究所与中国农业科学院农业资源与农业区划研究所、农业环境与可持续发展研究所合作开展农业面源污染防控、作物减肥减药技术研究、清洁流域（引黄灌区）维系、主要农产品耕地质量提升以及中低产田改良利用等项目。

7. 宁夏农产品质量标准与检测技术研究所与中国农业科学院农业质量标准与检测技术研究所、农产品加工研究所合作开展枸杞、酿酒葡萄、蔬菜等特色农产品质量安全风险监测、评估标准和检测技术及其农产品产地溯源体系构建等方面的研究。

8. 宁夏农林科学院植物保护研究所与中国农业科学院植物保护研究所、作物科学研究所、北京畜牧兽医研究所合作开展压砂瓜、马铃薯、蔬菜等特色作物土传病害防控、玉米茎基腐病防控技术研究和抗旱耐盐碱牧草种质资源引选研究。

9. 宁夏农林科学院枸杞工程技术研究所与中国农业科学院蔬菜与花卉研究所合作开展枸杞基因组设计与大数据开发研究。与中国农业科学院农产品加工研究所合作开展枸杞功效成分提取技术研究及功能产品研发。

10. 宁夏农林科学院农业经济与信息技术研究所加入由中国农业科学院农业信息研究所主导的农业大数据与知识服务创新联盟，参与农业试验站数据中心、国家农业科技数据共享中心的建设；与中国农业科学院农业资源与农业区划研究所协同开展物联网在优势特色农业中的应用研究。

中国农业科学院　中国科学院 东北地理与农业生态研究所战略合作协议

为贯彻落实党的十八大、十八届三中全会和中央农业农村工作会议精神，加快实施国家创新驱动发展战略，充分发挥中国科学院和中国农业科学院两大国立科研机构学科、平台、资金、人才和技术之间的互补优势，为努力提升我国东北地区农业现代化水平，保障国家粮食安全和区域生态安全做出重要贡献，按照“优势互补、强强联合、协同创新、互利共赢、共同发展”的原则，中国农业科学院与中国科学院东北地理与农业生态研究所决定建立长期全面的战略合作关系，经协商达成如下协议。

一、合作宗旨

围绕国家和东北地区现代农业发展需求，以破解东北地区农业发展重大瓶颈问题、提升东北地区农业可持续发展能力为重点，以促进国家和东北地区“三农”发展为目标，在科技创新、成果转化、平台建设、人才培养、学术交流等方面开展全面合作，建立起协同创新、互惠共赢的合作机制，为加快国家和东北地区现代农业建设，推动区域农业产业技术升级，提升农业科技水平，增强农业国际竞争力，促进农业和农村经济快速发展提供强有力的科技支撑。

二、合作内容

（一）推动创新平台共建共享

双方共同推动在重点实验室、工程技术中心、科学观测试验站等重大科技平台、综合基地等方面的战略合作，重点加强作物基因资源与种质创制、黑土区农田生态系统、草地农牧生态系统等各类平台立项建设方面的合作，推动平台资源共建共享，为双方可持续发展和核心竞争力提升提供支撑。

（二）开展重点领域学科共建与协同创新

双方共同推动学科建设、科技创新等方面的战略合作。围绕国家及区域发展重大需求和农业产业发展需要，共同研究并提出重大科技选题建议，联合开展黑土地力提升、盐碱地治理、主要农作物新品种培育、区域可持续发展等领域项目合作与协同创新，重点推动东北地区现代农业发展，辐射带动我国北方地区农业综合生产能力和国际竞争力提升。

（三）加强人才合作与国内外学术交流

建立学术交流与合作机制，通过定期组织学术交流活动、互派访问学者进行合作研究、互聘研究生导师、短期培训和干部挂职等措施，促进双方学术交流与人才培养方面合作。结合国家“一带一路”战略布局，共同加强与东北周边国家涉农科研机构合作，通过联合组织黑土高层论坛等国际学术会议，推动产、学、研、创国际化，共同推进实施农业走出去战略。

（四）促进科技成果集成转化和应用

围绕国家粮食安全和东北地区可持续发展的重大技术需求，探索建立科技成果转化与科技推广合作机制。以中国科学院东北地理与农业生态研究所海伦、大安、长岭等综合试验站和中国农业科学院左家、兴城等试验基地为基础，共建成果转化基地，开展大豆、玉米、水稻以及特色产业等科技成果综合技术集成、示范与推广工作，为国家现代农业和区域农业农村经济发展提供技术储备和支撑。

三、合作组织

（一）成立战略合作领导小组

负责合作领域、研究方向、运行机制等战略协作层面的把握和指导。领导小组组长及副组长由双方主要领导担任，秘书长由中国科学院东北地理与农业生态研究所及中国农业科学院相关领导担任。

组　长：何兴元，梅旭荣

副组长：黄铁青，李新海

秘书长：姜　明，刘　爽

成　员（按姓氏笔画排序）：王述民，文　杰，刘宝辉，李光玉，宋凤斌，张兴义，周清波，周道玮，胡培松，梁正伟，董红敏，韩晓增

（二）成立领导小组办公室

负责贯彻落实领导小组各项决策部署、组织协调及日常管理等工作，办公室设在中

国科学院东北地理与农业生态研究所，办公室主任由中国科学院东北地理与农业生态研究所所领导兼任，成员由双方具体协作部门负责人组成。

主　任：黄铁青

成　员（按姓氏笔画排序）：刘国强，刘录祥，刘　爽，闫喜军，杨　鹏，宋凤斌，张军民，姜　明，曹立勇，崔明星

四、合作保障

（一）团队搭建

根据各自优势及重点合作领域，双方共同负责组织科研队伍，围绕共同确定的研究方向，挑选各自优秀科研人员组建合作团队，且相应所属部门或平台委派领衔科学家负责研究工作。

（二）经费配置

依托中国科学院知识创新工程、中国农业科学院科技创新工程等各自自主专项经费，围绕东北黑土耕地地力培育，大豆、玉米、水稻等作物品种培育，农业生态环境治理以及区域可持续发展等方向，共同部署研究项目，合作期内双方各自匹配经费不低于2 000万元。

（三）共享平台

根据联合攻关和协同创新需要，双方共享共用各类科技平台资源。主要包括，中国科学院东北地理与农业生态研究所哈尔滨农业技术中心、黑土区农业重点实验室、海伦农田生态系统国家野外研究站、海伦水土保持监测研究站、大安碱地生态试验站、长岭草地农牧生态研究站；中国农业科学院农业部作物基因资源与种质创制重点实验室、水稻生物学与遗传育种重点实验室、植物营养与肥料重点实验室、农业环境重点实验室、特种经济动物遗传育种与繁殖重点实验室、动物营养与饲料重点实验室等。

（四）科研活动

围绕双方合作内容，针对东北地区农业发展面临的关键问题，双方共同组织相关科研人员联合申报国家和地方科研项目，项目获得支持后，双方根据各自优势，共同开展项目研究工作，共同负责成果推广与示范工作。每年举行1~2次定期交流会议，沟通合作进展、调整合作布局、协调相关问题。

（五）成果产权

合作过程中的成果产出，归中国农业科学院和中国科学院东北地理与农业生态研究所共同所有。具体成果署名根据双方人员参与情况，在友好协商的原则下进行排序。

五、附　则

本协议有效期 5 年，自签字之日起生效，期满后双方可视情况协商续约。

本协议一式 4 份，双方各执 2 份。

本协议未尽事宜由双方协商解决。

中国科学院（盖章）： 东北地理与农业生态研究所	中国农业科学院（盖章）： 科技管理局
代表（签字）：	代表（签字）：
2016 年 3 月 28 日	2016 年 3 月 28 日

凝聚智慧　不负使命
加快推进一流现代农业科研院所建设

——农业部副部长、中国农业科学院院长李家洋在院八届一次学术委员会会议上的讲话

2016 年 5 月 26 日

各位委员、同志们：

上午好！

今天我们在这里召开中国农业科学院第八届学术委员会第一次会议。中国农业科学院第七届学术委员会自 2011 年成立以来，已历时 5 年。按照学术委员会章程的规定和七届五次常务委员会会议要求，我们从 2015 年下半年开始了委员会的换届工作，经全院上下共同推选、遴选和院常务会议研究审定，经院党组批准，在各位委员的大力支持下，组建了我院新的一届学术委员会。首先，我代表中国农业科学院，对各位委员表示最热烈的欢迎，对各位委员长期关心支持中国农业科学院各项工作表示最衷心的感谢！

这次会议的主要任务是全面总结第七届学术委员会工作，系统研判中国农业科学院及我国农业科技发展新形势新任务，统筹谋划全院“十三五”科技工作和第八届学术委员会重点工作，进一步凝聚智慧，发挥作用，加快推进世界一流现代农业科研院所建设，为我国现代农业和农业科技发展做出更大更积极的贡献。

下面，我讲 3 点意见。

一、充分肯定第七届学术委员会的积极贡献

第七届学术委员会的 5 年时间里，全体委员积极贡献智力智慧，主动发挥咨询、参谋、评议作用，紧紧围绕农业科技创新与体制机制改革，不断加强科技合作与交流，积极开展农业重大问题调研，为我院一流院所建设建言献策，付出了辛勤劳动，促进了各项科技事业发展，繁荣了学术文化。

一是积极助推现代院所建设。2011 年，我院经过系统研究和深入分析，提出了建设世界一流农业科研院所的战略目标。2012 年，院第七届学术委员会全体委员对一流院所建设问题进行了充分讨论，系统分析并提出了世界一流科研院所的七大特征、一流

院所建设的主要任务和目标。这些咨询成果，为我院一流院所建设工作发挥了重要的指导作用。经过四年多的实践，我院一流院所建设工作已经取得初步成效。一方面初步构建了“定位明确、法人治理、管理高效、开放包容、评价科学”的现代院所制度，另一方面系统推动我院作物学科、兽医学科、植保学科等跻身世界一流学科，吴孔明团队、陈化兰团队等成为世界一流团队，一批研究所已经或正在跨入世界一流现代院所的行列。

二是积极助力科技创新工程。2012 年，中央一号文件聚焦农业科技创新，为我院建设与发展带来了新的机遇。学术委员会组织全体委员，系统梳理了我院的学科建设现状，分析了学科发展形势，研究提出了以学科集群—学科领域—研究方向为基本框架的学科建设体系。其次，从我国农业科技自身特点和发展规律出发，确定了以学科建设为主线、以提升学科建设能力为目标、以科研体制机制创新为动力、以突破农业科技重大命题为导向的工作思路，为科技创新工程实施方案的制定贡献了智慧。同时，按照一流院所建设要求和科技创新工程的任务目标，积极探索科研院所绩效评估与科技评价方法，积极参与“青年英才计划”评价等工作，使我院科技创新工程得以顺利实施，在 3 年试点期取得了显著的成效，得到了农业部、财政部的认可。

三是积极发挥咨询评议作用。院学术委员会是我院重要的智囊和智库。各位委员围绕我国现代农业建设和发展中的重大问题，全面开展调研，向中央领导和国务院提交了一系列研究报告，得到了党和国家领导人的批示和采纳，为国家宏观决策提供了有效支撑，在国家农业重大工程实施决策、重大战略布局等方面发挥了“决策智囊团”的作用。在我院各项发展规划及实施方案制定过程中，各位委员积极发挥咨询、评议、评价作用，对发展形势、发展方向、研究内容等进行系统把关，为我院建设与发展提出了很多建设性的意见和建议。尤其是在国家奖、省部级奖和院奖成果培育和申报、评审过程中，有关委员积极参与和精心指导，全面提高了奖励成果的申报水平和竞争力，顺利完成了我院 101 项科学技术成果奖的评审工作，为我院重大成果培育发挥了重要作用。

四是积极开展学术交流活动。5 年来，以院、所学术委员会名义组织、发起了各种类型学术会议、学术报告活动等近千场，多次邀请国内外知名专家开展专题学术讲座和各类咨询活动，为我院科学家及时了解国内外农业科研动态、宣传促进我院的科研进展提供了交流平台。通过院、所两级学术委员会的共同努力，为农业科技创新营造了浓厚的学术氛围，进一步提升了我院的学术地位和影响力，提高了全院的学术水平，营造了良好的学术氛围。

在各位委员的大力支持和努力下，我院“十二五”各项工作取得了突出成就。一是科研立项与成果产出实现了双跨越。“十二五”期间，我院共新增主持各级各类科研计划项目 8 359项，主持各类国家项目 2 026项。五年以我院为第一完成单位共获国家科技奖励成果 31 项，实现了国家三大奖的全面覆盖。全院学术论文质量数量全面提升，国际影响力与日俱增。共发表论文 2.4 万余篇，其中 SCI、EI 收录近 8 000篇，以我院为第一完成单位在 *Science*、*Nature*、*Nature Genetics*、*Plant Cell* 等顶尖核心期刊发表文章

57篇，达到了新的高点。二是成果转化与科技兴农取得新成效。“十二五”期间，我院在全国各主要产区和不同生态区，建立了54个相对固定的试验示范基地，累计面积7万多亩。共集成115项先进适用技术，构建了25套可复制可推广的农业绿色增产增效技术模式，同时构建了由国家、省、市三级创新主体形成的协同攻关网络。绿色增产增效模式得到了农业部的充分认可，取得了良好成效。三是科技平台和基础设施条件显著改善。“十二五”期间，我院建成了较为完善的三级三类科技平台体系，科技平台数量、质量同步增长，在全国农业科研机构中平台类型最全、涵括学科领域最广、平台数量和质量始终保持全国优势主导地位，为我国农业领域基础理论研究和前沿技术探索夯实了基础。四是科技合作与交流水平明显提高。“十二五”期间，我院牵头组建了国家农业科技创新联盟，为推进全国农业科技一盘棋高效协同创新搭建了系统网络。与此同时，我院为地方服务、为企业服务，与地方政府及有关单位开展了一系列务实合作，主要包括战略咨询、合作实施项目、共建试验示范基地、联合培养人才等，建立起了长期稳定的合作关系，为全院科技成果转化工作奠定了基础。国际合作与交流方面，我院坚持“走出去”与“请进来”相结合，系统谋划科技创新国际化推进战略，积极与国际机构建立稳定的合作关系，有效扩大对外科技合作的广度和深度。

在过去的5年里，委员们为积极推进我院科技创新发展做出了突出的贡献，营造了良好的学术氛围，推动了现代院所建设，为国家宏观决策提供了科学依据。在此，我代表中国农业科学院，向第七届学术委员会的各位委员表示衷心的感谢和崇高的敬意！

二、全面把握农业和农业科技发展的新形势新任务

当前，我国经济发展进入新常态，农业农村发展的基础条件、外部形势和内部环境都发生了深刻变化，创新驱动引领现代农业发展成为时代的主旋律。依靠科技进步，加快创新驱动引领，走内涵式发展道路，已经成为推进现代农业科研院所建设的必然选择。为了主动适应科技发展新形势，继续引领我国农业科技发展方向，我认为学术委员会要重点把握以下几方面发展形势。

（一）世界科技革命给农业科技发展带来了新机遇

当前，全球新一轮科技革命步伐正在加快，现代生物技术、信息技术、新材料技术、新能源技术以及先进制造技术等日新月异，并加快向农业领域渗透，不断催生出新的农业产业，孕育出颠覆性的农业科学技术。学科交叉、向产业渗透融合诞生了新的增长极。生物组学、合成生物学、基因编辑等生命科学重大原始创新推动农业基础科学快速发展，应用速度大大加快；农业智能装备、智慧农业、纳米农药、智能肥料等新技术、新产品不断创新，推动生态农业和低碳绿色发展成为现代农业的主流方向。生物育种、生物制品、农产品精深加工、生物质材料和能源等一批方兴未艾的战略性新兴产业

蓬勃发展，世界农业科技竞争格局正在发生新的改变。面对新一轮科技革命和产业变革，我们必须抢抓先机，紧扣发展需求，把握科学前沿，引领创新方向，超前谋划部署，在战略必争的基础、前沿领域和新兴技术领域率先取得突破和跨越，成为若干重要领域和重点方向的“开拓者”和“领跑者”，牢牢掌握农业科技竞争主动权。

（二）全面建成小康社会对农业科技创新提出了新要求

党的十八大明确了“两个一百年”，实现中华民族的伟大复兴中国梦的宏伟目标，提出 2020 年全面建成小康社会的奋斗目标。作为全面小康的重要任务，农业肩负着保障国家食物安全、促进“四化同步”和城乡一体化发展、发挥生态根基作用、加快推进社会主义新农村建设等多重使命。需要我们加快农业可持续发展进程，形成各地区农业区域比较优势，走“产出高效、产品安全、资源节约、环境友好”的现代农业发展道路。我们要认清形势，把握机遇，按照农业供给侧改革的要求，加快转变创新理念与方式，围绕重点领域加强协同创新和集团突破，积极研发综合解决方案与集成技术，强化模式创新与政策创设，成为现代农业和社会主义新农村建设的核心支撑。

（三）建设创新型国家对农业科技创新提出了新挑战

《国家创新驱动发展战略纲要》提出到 2020 年进入创新型国家行列、到 2030 年跻身创新型国家前列、到 2050 年建成世界科技创新强国的三步走战略目标，把自主创新作为提升综合国力和核心竞争力的国家战略。虽然我国在作物功能基因组学、预防兽医学等领域取得了重大进展，然而一些重要学科领域与国际水平还存在着巨大差距，一些学科领域的技术对外依存度还很高。我们要清醒认识这些差距和挑战，紧紧把握建设创新型国家带来的历史机遇，发挥学术委员会的咨询参谋作用，认真分析农业科技创新规律，高效运用和把握政策、经济条件，破除体制机制障碍，以机制创新推动体制变革，不断释放农业科技创新活力，提升整体科研水平，提高我院在农业科技创新国际竞争中的话语权。

“十三五”是实现我国第一个百年奋斗目标的关键阶段，是我院推进世界一流农业科研院所建设承上启下的关键 5 年。我们要科学分析和准确把握当前农业和农业科技发展形势，认清农业科技创新发展的新趋势新需求，发挥整体优势和团队力量，全面推进我院农业科技自主创新能力实现新跨越。

三、认真履行学术委员会的重要职能

中国农业科学院第八届学术委员今天正式成立了，希望新一届学术委员能够传承往届学委会“求真务实、开拓创新”的工作作风，继续为推动我院及我国农业科技工作贡献智慧。在此，我对新一届学术委员工作提出几点希望。

一要为我院一流院所建设做好咨询服务。当前，我院世界一流农业科研院所建设已经进入关键时期。为了落实“顶天立地、跨越发展”战略部署，我院制定了“十三五”科技发展规划和“跨越2030”农业科技发展战略，细化编制了“十三五”科学技术发展规划实施方案和实施路径，提出了一系列重大举措。希望新一届学术委员会立足世界科技前沿和国家现代农业发展需求，根据我院现代院所建设和学科发展要求，围绕打造学科高地、培育卓越团队、组织协同创新、建设重大平台、创新体制机制等重点任务，在科技创新工程实施、学科建设与评价、重大成果培育、人才引进与培养、国际合作与学术交流、政策创设等方面，充分发挥学术委员会的咨询、评议及论证职能，积极参与我院一流院所建设，提供智力支持和决策参考。

二要为我国农业和农业科技发展献计献策。“十三五”时期是全面建成小康社会的决胜阶段，也是农业现代化建设的关键阶段。农业发展既要面对旧问题，还要迎接新挑战，各种新老矛盾相互交织叠加，农业现代化建设面临着诸多挑战和压力。希望新一届学术委员会有效发挥科技专家在农业政策决策和农业项目咨询中的权威性、指导性作用，推动和加快决策的科学化和民主化进程，促进科技资源优化配置，为我国农业科技发展和农业现代化建设建言献策，作出新贡献。

三要为提升我国国际影响力促进合作交流。要发挥委员来自国内各单位的优势，积极推动联合、共建与共享，合力推进国家农业科技创新联盟建设。要推动建立“集团军式”的协同创新团队，通过联合攻关，取得重大突破性成果，形成学科集群优势，探索建立符合农业科技发展规律的科研协同创新机制。要积极利用学会、协会等平台，组织召开国际性、全国性以及区域性、专业性学术会议等学术活动，共商农业科技发展大事。要联合培养具有国际化视野的领军人才，面向国际学术前沿联合开展高水平学术研究，促进合作与交流，提升国际影响力。

四要大胆创新学术委员会工作机制。强化学部在专业咨询中的主体作用，围绕国家经济建设和社会发展中的重大农业科学技术问题、发展规划和重大决策，以及国家科技计划的组织实施等，开展专项调研，提出意见和建议。要强化院所两级学术委员会各自的主体功能，院级学术委员会要侧重于强化宏观咨询作用，重点对国家层面的农业科技发展规划制定、农业科技计划设计及其组织实施、农业产业发展与结构调整等提出意见和建议；所级学术委员会要侧重于专业领域咨询作用，重点对研究所以及相关学科领域发展等方面提出意见和建议。要建立激励机制。加大对学部委员的推介工作，以提高委员在国内外学术界的知名度和社会影响。进一步完善学术委员会章程，明确委员职责，对未能履职的学术委员会委员实行规范管理和退出机制。要加强科学道德建设，各位委员要在科学道德和学风建设方面率先垂范，做好表率，指导和帮助农业科技人员自觉维护科学道德，恪守学术规范，对一些倾向性问题、苗头性问题，提出监管意见，努力营造良好的学术氛围。院、所学术委员会要在制度建设、规范管理中发挥积极作用。

同志们，2016年是“十三五”开局之年，工作任务十分繁重。学术委员会是我院十分重要的学术咨询、参谋、评议机构，我们要紧紧依靠全体委员们的智慧和力量。希望大家能够不吝才智，积极建言，为我院建设世界一流农业科研院所，为推动国家农业科技事业的发展，为引领农业供给侧改革和支撑农业现代化发展做出新的更大的贡献。

谢谢大家！

中国农业科学院第八届学术委员会第一次会议工作报告

中国农业科学院第八届学术委员会主任委员　唐华俊

2016 年 5 月 26 日

尊敬的各位委员、同志们：

本次大会第一天的议程即将完成。今天上午，李家洋院长作了重要讲话，系统总结了第七届学术委员会各项工作，全面分析了中国农业科学院和中国农业科技发展的新形势新任务新挑战，并对第八届学术委员会工作提出了明确要求；科技部农村科技司蒋丹平副司长为我们介绍了国家“十三五”科技创新规划，使我们对国家“十三五”科技创新工作有了更加全面的了解；梅旭荣秘书长对提交此次会议咨询审议的事项进行了说明。今天下午，分七个学部对家洋院长的讲话报告、院十三五科技发展规划实施方案、“跨越 2030”农业科技发展战略进行了讨论和咨询评议，刚才又分组对讨论情况进行了交流，明天上午部分委员还要参加院奖评审和创新团队论证工作。委员们对我院各项工作提出了很多很好的意见和建议，进一步体现了学委会的咨询、建议、论证等作用。在此，我代表学术委员会对各位委员的辛勤劳动表示最衷心的感谢。

为了贯彻落实家洋院长的重要讲话要求，做好今后 5 年学术委员会工作，下面我向大家汇报 3 点想法。

一、进一步充分认识学术委员会在一流院所建设与科技发展中的重要作用

中国农业科学院学术委员会是院长实施学术领导的最高学术评议、评审和咨询机构，是中国农业科学院现代科研院所建设中贯彻依法行政、依法治院、按科研规律管理、积极落实创新驱动发展和科技体制改革要求的有力抓手和平台，也是健全院所内部治理结构、完善学术管理体系和组织架构、规范学术权力运行、提升学术质量、推进院所内部综合改革的重要制度保障。伴随我院创新、建设、发展的全程，作为我院最高学术评议、评审和咨询机构及智库力量，本届学术委员会将发挥重要的智力支撑和决策参谋作用。

一是为院所重大决策提供智力支持。当前，我院一流现代农业科研院所建设和科技创新工程实施进入了关键阶段，解决农业科技创新发展难题和应对国际竞争，迫切需要建立健全我院决策支撑体系。推进以学术委员会为主体的新型农业智库建设，发挥学术委员会在我院创新工程重大项目建议、重大科技资源配置、重点人才引进与培养、机制建设与评价激励等方面的重要评议咨询作用，推动以科学咨询支撑科学决策、以科学决策引领一流院所建设，既是我院治理的重要手段，也是本届学术委员会的崇高责任和历史使命。

二是为科技创新驱动发展提供智囊支撑。我国现代农业建设处于重要历史阶段，学委会要紧紧围绕现代农业产业发展重点和农业科技创新体系建设中的重大关键核心问题，发挥智力优势，主动开展战略研究活动，及时向中央和国家提出各类战略研究报告和政策建议报告，为我国农业发展发挥“决策智囊团”作用。

三是为院所建设与发展提供智慧支援。我院已经确立了到 2020 年基本建成世界一流现代农业科研院所的战略目标，院所建设发展的任务十分繁重而复杂。学术委员会要继续在现代科研院所建设及科技创新工程中，充分运用各位委员会的智慧，对现代院所建设、学科布局调整、创新人才评价等提出咨询意见，以确保我院建设发展定位、发展思路和发展措施的科学性，为我院的科技创新提供智慧支援，增添建设活力。

四是为求真务实严谨治学营造良好氛围。学术委员们要主动维护我院形象和声誉，在学风建设、学术活动和科研工作中发挥楷模作用。强化学术诚信教育，树立正确价值观和人生观，坚持扎根农业、奉献科研的精神，为青年科研人员树立榜样。在全院范围内，通过学术交流、学术报告等形式加强引导，注重培育，努力构建团结协作、求真求实、勇攀高峰的良好学术氛围。学术委员要主动秉持公正客观、维护学术诚信，带领广大农业科研工作者积极树立“把论文写在大地上，成果惠及百姓家”的信念，为推动我院世界一流现代农业科研院所建设做出重要贡献。

二、理清和明确学术委员会工作思路和重点任务

第八届学术委员会任期历经“十三五”全过程，而“十三五”时期是我国全面建成小康社会的决胜阶段，是国家深入实施创新驱动发展战略和深化科技体制改革的重要攻坚期，也是中国农业科学院全面推进科技创新工程、基本建设世界一流现代院所的关键时期。作为我院最高的学术咨询机构，本届学术委员会要围绕全院“十三五”发展目标和科技工作重点，切实履行好相应的职责。

今后 5 年，学委会的工作思路是：认真贯彻党中央推进农业现代化、实施创新驱动发展战略的决策部署，准确把握农业与农业科技发展环境和条件的深刻变化，牢固树立和贯彻落实创新、协调、绿色、开放、共享的发展理念，围绕提高农业发展质量效益和竞争力、促进农业供给侧结构性改革的总目标，切实把握农业科技进步方向，重点聚焦我国农业转型升级发展中的重大问题，重点聚焦一流院所建设发展中的重大难题，积极

开展调查研究，充分发挥评议咨询作用，积聚力量和智慧，为我院一流院所建设和国家农业科技发展提供重要智力支撑，成为服务国家发展的高端智库。

今后5年，学术委员会的主要任务如下。

一要为我国现代农业建设提出重要咨询建议。学术委员会顾名思义就是以学术见长，核心职能就是咨询评议。为此，院学术委员会要始终聚焦我国农业发展中的重大关键问题，不断开展调查研究，积极向国家有关部委提出高质量的咨询报告和重大项目建议报告。为了更有针对性地做好这项工作，学术委员会在上一届5个学部基础上，进一步细化学科领域，分别设立了7个学部，目的就是更好地独立开展工作，系统围绕学科领域中的农业科技问题开展研究。希望各学部能够加强工作谋划，力争每年为国家提出一批有影响、高质量的重大选题、科技与政策建议、科技发展战略报告等，在国家农业科技决策方面发挥权威性影响。

二要为我院建设发展科学决策提供重要咨询指导。我院在一流院所建设过程中，有很多具体的工作需要推进。学委会要系统围绕科技体制与机制创新、学科建设与优化布局、科技创新方向和任务凝练、重大平台规划设计与建设、重大成果培育与转化应用、青年英才培养与引进、科研团队建设与管理、科技资源配置与项目安排、现代院所制度与文化建设等工作，积极发挥咨询、评议和论证作用，为我院建设发展中的科学决策提供重要支撑。

三要为促进农业科技发展广泛开展学术交流。为了更好地利用"外脑"和促进学术开放，本届学术委员会院外专家比例首次超过1/3，是历届中比例最高的。应充分利用各位委员来源广泛的优势，共商农业与农业科技发展大事，促进信息互通、学术交流和思想碰撞。更重要的是，要发挥各位委员的桥梁纽带作用，促进相关单位及团队开展学术交流与协作。坚持以需求和问题为导向，围绕产业链布局创新链，发挥各自科技优势和特色，组建上中下游有机衔接的联合攻关大团队，共同承担国家重大科技任务，力争基础研究成果尽快向应用研究转化，重大共性关键技术产品广泛得到利用，科技成果尽快在主产区转化为现实生产力。

四要为优良学风建设作出重要表率。学委会章程里明确规定的一项工作职责是，对涉及学术问题的重要事项进行论证和咨询，评议和裁定相关的学术道德问题。在涉及学术争议、学术道德规范建立和学术不端行为调查裁决方面，应充分发挥学术委员会权威性和中立性的特点，履行相关职能。应尊重并支持学术委员会独立行使职权，客观公正地调查学术不端行为、裁决学术纠纷。对违反学术道德的行为，学术委员会应当依据职权提出处理建议。

2016年是"十三五"开局之年，中国农业科学院科技创新工程进入全面推进期，院所建设与发展的各项任务十分繁重。学术委员会2016年的重点工作如下。

一是做好我院重要事项的学术咨询评议。2016年我院需要提请学术委员会咨询评议的重大事项主要有以下几项。第一，确定我院"十三五"科学技术发展规划实施方案和中长期发展战略，为今后我院发展奠定战略基础。第二，学科布局优化与方向调整。根据产业发展需求和院所建设要求，全院学科体系有待进一步优化区域和方向布局，一些具体学科方向需要拓展或调整。第三，协同创新重大科技任务。针对国家主体科技计划和我院科技创新工程，都需要协助凝练协同创新的重大科技任务。最后，科研绩效评价制度的建立。我院被列为科技部、农业部科研绩效分类评价试点单位，力争在机制上有所突破。针对以上这些重大事项，希望学术委员会充分履行职能，积极建言献策，提出客观公正的咨询评议意见和建设性建议，为促进全院建设发展贡献聪明才智。

二是推动重大科技成果培育与提升。2016 年中央巡视组对我院开展巡视时，高度关注支撑服务“三农”发展方面取得的实效，并对今后全院培育产出重大科技成果提出了很高的要求。下一步，我院将坚持面向世界农业科技前沿，面向国家农业重大需求，面向“三农”建设主战场，大力加强科技创新和重大科技成果培育。在苗头性成果遴选、阶段性成果培育、重大成果评价与集成提升、奖励成果推荐申报等方面，都迫切需要学术委员会的咨询、指导和帮助。此外，为提高中国农业科学院科技成果奖的质量，从去年开始，我们修改了奖励办法，大幅压缩授奖数量，增设青年科技奖。明天上午部分委员还要参加 2016 年度院科技成果奖的评审，请各位委员本着公平、公正、负责的精神参加会议，将真正高质量的成果评选出来。

三是积极参与联盟任务凝练咨询。国家农业科技创新联盟是我国三级农业科研机构、重点农业高校、重点涉农企业优势科技力量的集合，是我国农业科技创新的核心主体，在组织开展重大协同创新方面具有综合优势和独特作用。联盟构建政府支持、任务牵引的机制，主要在促进区域发展方面谋划和部署协同创新任务，多渠道推动项目立项，力争构建“一体化”农业科技综合解决方案。目前已针对东北、华北、长江中下游、西北、西南等区域制约农业产业发展的重大问题，凝练储备了一批重大选题。下一步，联盟将不断完善重大科技任务的形成机制，继续开展深入调研，凝练更多高质量的科技任务与选题。请各位委员多关注、多支持联盟的工作，在科研选题形成的过程中多提供学术咨询与评议，多提宝贵意见与建议。

四是建立学术道德委员会。为了弘扬优良学风，维护学术道德，规范学术行为，根据中国农业科学院 2016 年第四次常务会议精神及国家有关法律和相关规定，结合我院实际情况，拟在中国农业科学院学术委员会下成立学术道德委员会。学术道德委员会将作为院学术委员会下的专门委员会，负责端正学风，仲裁学术纠纷，受理有关学术不端行为的举报，对涉及学术问题的重要事项进行论证和咨询，根据需要组织相关调查工作，评议和裁定相关的学术道德问题。请各位委员积极参与学术道德委员会的工作，为建立良好的学术氛围贡献一份力量。

同时，研究所学术委员会也要按照院学术委员会的工作部署，重点围绕相关产业发展重大问题以及研究所发展战略、学科建设、成果培育、人才团队建设、科技合作与学术交流等各方面发挥学术咨询作用。

三、切实履行好学术委员会委员职责

为了贯彻落实李家洋院长的讲话报告要求，全面完成第八届学术委员会的各项工作任务，希望学术委员会及各位委员在以下3方面作出积极努力。

一是要积极参加学术委员会及学部各项活动。学术委员不仅是一种荣誉，更是一种责任。各位委员要认真履职尽责，积极参加学术委员会组织开展的各项活动。本届学术委员会设立了7个学部，根据每个委员的学科方向，学委会办公室进行了归口。希望各学部主任、副主任要发挥主体作用，积极谋划本学部的工作，积极发挥学部作用；各位委员要以高度的责任感，围绕学术发展、学术评价、学术咨询、学术规范建设等有关事项，有计划有步骤地展开各项调研、咨询、评议活动。

二是要为院所建设和国家农业发展积极建言献策。学委会要在重要发展规划制定、重大科研布局调整、重要科技资源配置、重大科研项目论证和验收等方面，充分发挥咨询和评议职能。各学部要大胆实践、积极探索并创新工作思路，充分发挥学部的学术指导作用，有效凝聚全国农业科研力量。各位委员要根据现代农业发展的总体要求，围绕国家重大需求，能够结合本学科、专业和领域的实际，对农业科技发展过程中的突出问题、热点问题、关键问题进行调查研究，提出建设性的建议和方案，为我国农业科技发展和农业现代化建设建言献策，在学术引领、战略引领上发挥积极作用。

三是要在各自相关学科领域树立优良学风典范。各位委员是我国农业科技界的知名专家，也是中国农业科学院的学术形象代表，无论是学术还是学风方面，都是科技界的楷模。希望各位委员能够以身作则模范遵守各类学术规范，弘扬优良学术品德，严把学术关、严把道德关，带头树立求真务实的学风，带头保持农业科研的纯洁性、纯朴性，为促进学术规范、提升学术质量、提高学术水平起到模范作用，对科研项目、科技成果、发展规划等进行公平、公正的评议和评审，对一些倾向性、苗头性问题提出监管意见，指导和帮助农业科技人员自觉维护学术道德，在学风建设、学术活动和科研工作中起楷模作用。

同志们，“十三五”时期是我国全面建成小康社会的决胜阶段，也是我院科技创新工程全面推进实施的重要时期。学术委员会一定要增强责任感、使命感和紧迫感，共同在补短板、强实力中发挥积极作用，为我院一流院所建设和我国农业科技发展贡献我们的力量。

最后，祝大家工作顺利，身体健康。谢谢大家。

中国农业科学院学术委员会章程（修订稿）

第一章　总　则

第一条　为了繁荣农业科学技术，促进学术民主，加强学术指导，充分发挥专家在重大决策中的作用，成立中国农业科学院学术委员会。

第二条　中国农业科学院学术委员会是院长实施学术领导的最高学术评议、评审和咨询机构。

第三条　学术委员会的工作职责是：

（1）对国家农业科技发展规划制定、农业科技计划设计及其组织实施、农业产业发展与结构调整等提出意见和建议。

（2）组织国内外大型学术交流活动，倡导和组织全国农业科研大协作。

（3）审议中国农业科学院的科技发展规划，论证重大科技项目，讨论学科建设、科研机构设置与调整等重大问题。

（4）对人才培养和创新团队建设等进行评价、建议与推荐。

（5）评审中国农业科学院科技成果奖。

（6）对涉及学术问题的重要事项进行论证和咨询，评议和裁定相关的学术道德问题。

（7）对研究所学术委员会工作进行指导和管理。

第二章　组　织

第四条　学术委员会设常务委员会，由主任委员、副主任委员、秘书长、副秘书长、学部主任、副主任，以及部分学科代表组成。常务委员会设主任委员 1 人，由院长或院长建议的院内知名专家担任；副主任委员 2~3 人，由主任委员提名，常委会表决通过；秘书长、副秘书长各 1 名，由主任委员指定，负责常委会日常事务管理。

第五条　常务委员会的职责是：

（1）主持学术委员会全体会议休会期间的日常工作。

（2）对学术委员会全体委员负责并报告工作。

（3）讨论审议年度工作计划、工作报告，组织学部开展活动，不定期编发工作简报。

（4）对中国农业科学院年度科技成果奖初评结果进行复审、评议和最终评定。

（5）研究和决定其他重要事项。

第六条 学术委员会根据工作需要，可以设名誉主任委员、名誉委员等。名誉主任委员由学术委员会原主任委员担任，名誉委员由历届学术委员会部分老委员、院内资深院士等担任。名誉委员可自愿选择参加学术委员会相关活动，不参加表决。

第七条 学术委员会下设粮食作物学部、经济与园艺作物学部、畜牧学部、兽医学部、资源环境与微生物学部、质量标准与农业工程学部、经济与信息学部等 7 个学部。学部是受学术委员会领导的学科咨询与工作机构。委员按其所从事研究的学科领域，只能参加 1 个学部。学部每年至少召开 1 次学部全体委员会议。

第八条 学部推选学部主任 1 人、副主任 2~3 人，主持学部工作和学部全体委员会议。学部设秘书 1 人，由学部主任指定，协助学部主任委员开展学部日常工作。

第九条 学部的职责是：

（1）对国家经济建设和社会发展中的重大农业科学技术问题、发展规划和重大决策提供咨询，对重要研究领域、研究计划、学科发展以及研究机构的学术问题等进行评议和论证，提出建议和意见。

（2）酝酿、筹备和组织学术活动，倡议组织农业科研协作。

（3）审议学部工作报告和工作计划的完成情况。

（4）受邀评审中国农业科学院科技成果奖。

第十条 学术委员会下设学术委员会办公室，作为专门的日常办事机构，挂靠院科技管理局。办公室设主任、副主任，并设处级干部职数 1 名、专职工作人员若干名，负责学术委员会的日常事务。

第十一条 学术委员会下设学术道德委员会，由学术委员会主任委员、副主任委员、秘书长及各学部主任或其推荐的 1 位学部代表组成。学术道德委员会设主任 1 人，由学术委员会主任委员或副主任委员兼任；副主任 1 人，由主任提名，常务委员会表决通过。

第三章 委 员

第十二条 学术委员会委员由中国农业科学院的院、所两级有关领导、两院院士、科学家代表等院内专家，以及聘请的地方农业科学院、中国科学院、有关高等院校及相关业务主管部门等院外专家组成。院外专家比例不低于委员总数的 1/3。

第十三条 院内委员产生办法：按遴选委员、推选委员分别进行。

（1）遴选委员：在职院领导、两院院士（资深院士除外）、研究所（含研究生院、出版社，下同）行政一把手、机关主要业务部门领导为遴选委员，由学术委员会办公室提出建议名单，提请院常务会审定。

（2）推选委员：院属各研究所按照委员候选人推选名额，由科技人员酝酿，提出差额选举委员候选人名单；召开科技人员大会，无记名投票选举产生委员建议名单（按得票多少排序）；所长办公会议或所务会议研究产生报院学术委员会的候选人建议名单（排序），填报《中国农业科学院学术委员会委员候选人信息表》（另发），正式行文报学术委员会；学术委员会办公室研究审查有关材料，拟定委员会组成人员名单，提请院常务会审定。

第十四条 院外委员产生办法：由学术委员会办公室在相关研究所推荐、建议的基础上，提出院外委员建议名单，提请院常务会审定。

第十五条 委员的基本条件是：

（1）热爱党、热爱社会主义祖国、热爱农业科研事业，认真践行“三个代表”重要思想，模范遵守、执行党和国家的路线、方针、政策以及法律、法规。

（2）在本学科领域有较高的学术地位和影响，道德品质高尚，大公无私，清廉正派，为人师表，拼搏进取，乐于奉献，顾全大局。

（3）对本学科的发展前沿和趋势具有较强的宏观把握能力、战略思维能力和文字、语言表达能力。

（4）具有高级技术职称。

（5）年龄原则上不超过 60 周岁（两院院士除外），身体健康。

第十六条 资深院士、退休人员一般不再担任委员。

第十七条 委员的权利和义务是：

（1）在学术委员会内部任职中，有选举权和被选举权；在决议学术委员会重大事项时，有表决权和建议权。

（2）免费获取中国农业科学院学术委员会编印的工作简报和有关书刊。

（3）参加学术委员会及有关学部活动，承担并完成交办的任务。

（4）为中国农业科学院及研究所的学科建设、人才与团队建设、科学技术创新与发展等工作提出具体建议和意见。

（5）维护中国农业科学院形象和声誉，在学风建设、学术活动和科研工作中起楷模作用。

（6）对学术委员会会议上讨论的问题及过程履行保密的义务和责任，由于泄密而造成不良后果的，承担相关责任。

第十八条 学术委员会委员每届任期 5 年，可以连任。原则上连任不超过 3 届，连任人数不超过上届委员总数的 2/3。学术委员会换届时院内、外委员产生程序同第十二条和第十三条。

第十九条 有下列情形之一的，不再担任学术委员会委员：

（1）本人书面申请辞去委员职务的。

（2）工作岗位发生变动且不方便继续担任工作的。

（3）违反科研道德或国家法律法规的。

（4）连续三年无故不出席委员会会议的。

（5）因其他原因不能担任委员职务的。

第四章　议事规程

第二十条　学术委员会一般每年召开一次全体会议，由主任委员主持，或由主任委员委托的副主任委员主持召开；全体会议休会期间，由常务委员会代行其职责，由主任委员根据需要召开常务委员会会议；学部会议由各学部根据需要不定期组织召开。学术委员会召开的各类表决性会议，应出席委员达2/3以上时方能举行。

第二十一条　学术委员会会议在决议重要事项时，均采取民主集中制的原则进行决议。需要学术委员会表决的议案，应以无记名投票方式作出决定，须达到投票人数的2/3通过方为有效。学术评议事宜可根据情况采用记名或无记名投票方式表决。在学术上，按照“百花齐放、百家争鸣”的方针，注意听取和保留少数委员的意见。

第二十二条　工作纪律

（1）因特殊原因不能出席学术委员会有关会议时，事先向学术委员会办公室请假。

（2）提交学术委员会讨论的议案，主任委员可指定1名或几名委员提出初审意见后再交全体会议审议。

（3）学术委员会作出的决定，在异议期内如有人提出复议，先由学术委员会办公室征得半数以上委员的同意，可召集全体委员进行复议。经复议通过的决定不得再行复议。

（4）在讨论、评定、审议与委员或其直系亲属有关的事项时，实行委员回避制度。

（5）院有关职能部门负责人可以列席学术委员会会议并参与讨论，但不参加表决。

第五章　研究所学术委员会

第二十三条　研究所学术委员会是由所内外具有较高学术造诣的专家代表组成的、所长实施学术管理的学术审议、评议和咨询机构。

第二十四条　研究所学术委员会设主任1名，副主任若干名。主任可由研究所行政一把手兼任，也可由研究所学术委员会选举产生，副主任由主任提名并经研究所学术委员会全体委员选举产生。

第二十五条　研究所学术委员会组成人员规模：在职科技人员总数200人以上的研究所学术委员会委员数原则上不超过29人，100~200人之间的原则上不超过19人，低于100人的原则上不超过13人。

第二十六条　研究所学术委员会换届程序和委员产生程序：研究所行政一把手、两院院士、科研处处长（兼学术委员会秘书）为当然委员；所外委员由研究所学术委员会主任提名，民主选举产生，一般不能少于1名；其他委员，以研究室为单位民主酝酿，提出差额选举候选人名单；在科技人员大会民主推选的基础上，所务会议形成报院审批的学术委员会组成人员建议名单。换届时应保留不少于 1/3 的上一届委员会委员进入到新一届学术委员会，并注意学科、专业、年龄等的平衡。

第二十七条 委员在任期间退休或离开工作岗位 1 年以上，即自行解聘其委员资格；对不能履行职责的委员，由研究所学术委员会提出解聘、调整和增补委员建议方案，报院学术委员会批复。

第二十八条 研究所学术委员会在业务上接受院学术委员会的归口管理和指导。

第二十九条 研究所学术委员会可依据本章程制定研究所学术委员会章程及管理细则，报院学术委员会备案。

第六章 附 则

第三十条 修改本章程须经学术委员会常务会议审议表决后由院长办公会审定发布实施。

第三十一条 本章程由院学术委员会办公室负责解释。

第三十二条 本章程经 2016 年 5 月 27 日第八届学术委员会第一次会议常务委员会议讨论通过，自通过之日生效。

中国农业科学院学术道德委员会章程

第一章 总 则

第一条 为弘扬优良学风，维护学术道德，规范学术行为，提高学术质量，促进学术进步，鼓励科研创新，根据《中国农业科学院学术委员会章程》及国家有关法律和相关规定，结合我院实际情况，制定本章程。本章程适用于在中国农业科学院工作、学习的所有人员。

第二条 中国农业科学院学术道德委员会是中国农业科学院学术委员会下的专门委员会，负责端正学风，监督、指导和督促研究所学风建设工作，仲裁学术纠纷，根据需要组织相关调查，评议和裁定跨研究所及研究所无法处理的学术道德问题。

第二章 组 成

第三条 学术道德委员会由主任、副主任及若干名委员组成。

第四条 学术道德委员会设主任 1 人，由学术委员会主任委员或副主任委员兼任；副主任 1 人，由主任提名，经学术委员会常务委员会表决通过；委员若干名，由学术委员会办公室征求学术委员会各学部主任意见后提出建议名单，提请学术委员会常务委员会审定。委员选任应考虑学科分布。

第五条 由学术委员会办公室代行学术道德委员会办公室的职责，负责受理对学术道德问题、学术纠纷问题的举报，协助开展各项工作。

第六条 每届学术道德委员会委员任期为 5 年，可以连任。委员因退休、离开岗位、不再担任学术道德委员会委员或其他原因需要更换时，由学术道德委员会主任提出替补人选建议，经 2/3 以上委员投票通过。

第七条 委员的权利与义务是：

（1）在学术道德委员会决议重大事项时，有表决权和建议权。

（2）参加学术道德委员会的相关活动，承担并完成交办的任务。

（3）在学风建设、学术活动和科研工作中起楷模作用。

（4）对学术道德委员会讨论的问题及过程履行保密的义务和责任，对由泄密而造成不良后果的，应承担相关责任。

第八条 有下列任何一种情况的，不得成为学术道德委员会委员，由学术道德委员会及时书面通知本人，终止其委员资格。

（1）科技信用 A 级以下。

（2）有学术不端行为的。

（3）违反学术研究伦理道德的。

（4）有违法犯罪行为或受到行政处分的。

第三章　运行机制

第九条　学术道德委员会实行工作会议制度。学术道德委员会主任根据需要召开工作会议，必要时可以邀请相关组织、个人及相关专家、学者列席，学术道德委员会工作会议出席委员超过 2/3 以上方可进行表决。

第十条　学术道德委员会在审议、裁定重要事项时，均采取民主集中制的原则进行。需要学术道德委员会表决的议案，应以无记名投票方式作出决定，须达到投票人数的 2/3 通过方为有效。对涉及学术问题的论证评议等事宜可根据情况采取记名或无记名投票方式表决。

第十一条　对学术纠纷、学术道德问题的举报一般应以书面方式提出，并符合下列条件：

（1）有明确的举报对象。

（2）有客观的证据材料或者查证线索。

（3）符合中国农业科学院学术道德委员会受理范围。

第十二条　学术道德委员会在接到学术纠纷、学术道德问题的举报或获得学术失范问题的线索后，判断相关材料符合条件的，应及时作出受理决定，并通知举报人；不予受理的，应书面说明理由。

第十三条　做出受理举报的决定后，应交由学术道德委员会按照相关程序组织调查。学术道德委员会可委托有关专家就举报内容的合理性、调查的可能性等进行初步审查，并作出是否进入正式调查的决定。决定不进入正式调查的，应告知被举报人，举报人如有新的证据，可以提出异议。异议成立的，应进入正式调查。

第十四条　学术道德委员会决定进入正式调查的，应通知被举报人，要求被举报人或单位提供有关资料，说明事实情况。

第十五条　学术道德委员会在根据双方提供的相关材料，听取多方相关人员的意见，组建相对独立的专案调查小组。调查小组成员不局限于学术道德委员会委员，但不能少于 3 人，可以邀请同行专家参与调查或者以咨询等方式提供学术判断。

第十六条　调查可通过查询资料、现场查看、实验检验、询问证人、询问举报人和被举报人等方式进行。调查组认为有必要的，可以委托无利害关系的专家或者第三方专业机构就有关事项进行独立调查或者验证。调查期限根据调查需要而定，一般不超过 60 日。调查小组应多方面了解情况，在查清事实的基础上形成初步的调查报告。

第十七条 调查报告形成后，调查小组应将证据、初查结论分别通知举报人和被举报人，请其作出书面反应，根据双方提供的书面反应完善调查报告后提交学术道德委员会。

第十八条 学术道德委员会在接到调查报告后，对报告进行审议，就有关事实和结论提出评议和裁定。如有必要进行听证会，可分别通知举报人、被举报人和证人进一步说明情况，审议决定须2/3以上委员投票通过。

第十九条 学术道德委员会办公室负责将学术道德委员会会议精神通知双方当事人。当事人对审议结果有异议的，应在7个工作日内提交书面材料。

第二十条 学术道德委员会办公室接到书面材料后，组织不少于5位学术道德委员会委员代表对做出认定结论、调查小组的调查报告以及当事人的书面异议进行复议，如有需要可以听取当事人的申辩，并做出维持或变更处理意见的决定。如果认为调查小组的调查结论证据不足，或认为当事人的异议有可能成立并且对调查结论的形成产生实质性影响的，应另行组成调查小组，按第十七条至第二十条的程序进行复核。复议决定须由2/3的委员代表投票通过。

第二十一条 学术道德委员会办公室将调查结果提交科研道德委员会或院长办公会审议。

第二十二条 学术道德委员会委员或调查小组成员与当事人有合作研究、近亲属或导师学生等直接利害关系的，应主动回避，退出调查。当事人有充分的理由证明上述人员与自己有特殊利益关系，不宜参加调查，经学术道德委员会主任批准，可以要求相关人士回避。

第二十三条 学术道德委员会办公室在受理举报过程中，在院长办公会作出决定之前，除非公开听证，一切程序和资料均在保密范围之内，学术道德委员会委员、调查小组成员和工作人员不得泄露调查情况。

第二十四条 学术道德委员会须按“一事一档”原则向学术委员会提交有关调查报告和总结材料。

第四章 研究所学风建设

第二十五条 研究所是学术道德问题与学术不端行为预防和处理的主体，为了支持和保障所级学术委员会根据章程履行职责，充分发挥学术委员会在学风建设方面的作用，可结合学科特点及研究所实际，设立由研究所行政一把手负责领导的学风建设机构和工作机制，报院学术道德委员会备案。

第二十六条 研究所学风建设机构负责端正学风，制定所内学术不端行为与学术道德问题监督、调查、认定、查处的制度，仲裁学术纠纷，根据需要组织相关调查工作，评议和裁定所内学术道德问题。

第二十七条 研究所学术道德委员会在业务上接受院学术道德委员会的归口管理和

指导。

第二十八条　研究所对直接受理的学术不端及学术道德问题的举报，可自行组织调查组或者委托有关机构组织调查、认定，调查结束后须按“一事一档”原则向院级学术道德委员会提交有关调查报告和总结材料。

第二十九条　研究所遇到跨研究所及研究所无法处理的学术道德问题时，可提交院级学术道德委员会，如符合受理范围，由院级学术道德委员会组织调查、认定。

第五章　附　则

第三十条　本章程经院学术委员会常务委员会审议批准后实施。修改本章程须由学术委员会主任委员提议，经相同程序审定后发布。

第三十一条　本章程由院学术委员会负责解释。

第三十二条　本章程经 2016 年 5 月 27 日的中国农业科学院学术委员会常务委员会讨论通过，自通过之日生效。

农业部党组书记、部长韩长赋
在全国农业科技创新联盟座谈会上的讲话

2016 年 11 月 26 日　济南

同志们：

今天，我们召开座谈会，目的是重温习近平总书记 3 年前在山东农科院视察时的重要讲话，进一步贯彻落实习近平总书记关于科技创新的一系列重要讲话精神，对近年来农业科技创新，特别是国家农业科技创新联盟工作做一个阶段性的总结和交流，对强化农业科技创新、加强联盟建设、深化基层农技推广体系改革进行再动员、再部署。刚才，山东省农业科学院介绍了习近平总书记视察 3 年来科技创新发展的新成绩，山东省农业厅汇报了“农业科技展翅行动”情况，吉林省农业科学院、湖南省农业科学院、中国农业科学院信息所、雷沃重工 4 个不同类型联盟的负责人分别介绍了做法和成效，西北农林科技大学孙其信校长介绍了教育单位牵头建设地区创新联盟和农业走出去的思路，中国农业科学院陈萌山同志介绍了 2014 年国家农业科技创新联盟启动以来的工作情况。大家谈得都很好，反映了工作成效，也交流了经验，提出了今后打算。我以为，今天的座谈会是习近平总书记农业科技重要论述的学习会，是农业科技创新联盟工作的交流会，也是农业技术推广体系改革的研讨会。借此机会，我代表农业部，对大家的辛勤工作表示感谢和问候。下面，我谈 3 点意见。

一、坚持以习近平总书记重要论述指导农业科技创新

习近平总书记高度重视农业科技工作，党的十八大以来，在许多会议和考察中就农业科技创新发表了一系列重要讲话，提出了许多新理念、新论断、新举措。特别是 2013 年 11 月 27 日在山东省农业科学院考察时，对农业科技创新的方向、目标和重点任务作出了重要指示。今天，我们再次重温习近平总书记的重要讲话，就是要进一步深刻领会总书记讲话的科学内涵，以此为指导，加快农业科技创新、推进农业现代化。我认为，学习贯彻习近平总书记关于科技创新、关于农业科技发展的论述和思想，必须牢牢把握以下 5 个方面。

第一，农业现代化的关键在于插上科技的翅膀。习近平总书记在山东农科院考察时强调，农业的出路在现代化，农业现代化关键在科技进步和创新；我们必须比以往任何时候都更加重视和依靠农业科技进步，走内涵式发展道路。习近平总书记的讲话，进一

步强调科技是驱动农业现代化的根本动力，指出农业农村经济发展已经到了必须更加依靠科技实现创新驱动、内生增长的阶段。虽然近年来我国农业科技创新取得明显进步，但与资源环境约束趋紧的形势相比，与现代农业发展的要求相比，与发达国家科技发展的水平相比都还有一定差距。“十三五”加快农业现代化、补齐“三农短板”，必须紧紧依靠科技这个动力，支撑和引领现代农业发展，真正给农业插上科技的翅膀。

第二，农业科技创新的导向是解决矛盾和问题。习近平总书记在山东考察时强调，矛盾和问题是科技创新导向，解决瓶颈制约始终是农业技术进步的主攻方向；要以解决好地怎么种为导向，加快构建新型农业经营体系；以解决好地少水缺的资源环境约束为导向，深入推进农业发展方式转变；以满足吃得好吃得安全为导向，大力发展优质安全农产品。这为我们抓好农业科技创新、找准发展路径提供了重要遵循。推进农业科技创新，必须把满足现代农业发展需求、解决关键问题作为立足点和出发点，着眼破解现代农业发展资源环境“两道箍”的约束，成本地板、价格天花板“两块板”的挤压，谁来种地、谁来养猪“两个人”的课题，切实提高农业质量效益竞争力。

第三，农业科技创新的重要法宝是充分发挥集中力量办大事的制度优势。习近平总书记在全国科技创新大会上突出强调，“我们最大的优势是我国社会主义制度能够集中力量办大事。这是我们成就事业的重要法宝。过去我们取得重大科技突破依靠这一法宝，今天我们推进科技创新跨越也要依靠这一法宝。”这为我们抓好农业科技创新提供了重要的方法论。全国有 30 多所农业大学，省市级农科院有 1 000多所，科研人员有10 万以上，还有不少企业性的研究中心和研究人员。这是宝贵的研究资源，只要发挥好我们制度强大的组织力、动员力和整合力优势，就一定能在农业科技创新上取得新突破，解决好一些重大瓶颈制约问题，如农业绿色发展、东北玉米秸秆处理、畜禽粪污秸秆农膜资源化利用、东北黑土地保护、南方重金属污染耕地治理、农作物和畜禽种业攻关，等等。

第四，发展农业科学技术事业要依靠科技创新和制度创新“双轮驱动”。在全国科技创新大会上，习近平总书记强调指出，“科技创新、制度创新要协同发挥作用，两个轮子一起转。”这体现了对科技创新规律的把握。科技创新离不开制度创新，制度创新又会推动科技创新，这两个轮子相互支撑、缺一不可。当前我国科技创新仍然面临科技经济“两张皮”，创新资源碎片化等问题，农业方面也不例外，还存在一些科研立项、研究任务没有根据产业需要、市场需求来组织，与企业脱离、与实践脱节；科研人才、经费、器材等分散，低水平重复研究较多；科研人员安心、潜心、专心开展科技创新的环境还有待继续优化等问题。解决这些问题，需要协同推进农业科技创新和制度创新，把各方面积极性调动起来，把科研搞上去，让成果活起来。

第五，夯实农业科技根基关键要强化人才队伍建设。习近平总书记在山东省农业科学院考察时强调，农业农村人才是强农兴农的根本，要加强农业科技人才队伍建设，重点是提升基层农技人员素质，加强新型职业农民培训，着力培育一大批种田能手、农机作业能手、科技带头人等新型职业农民。这一重要论述把人才作为农业科技创新的根本，为加强农业科技人才队伍建设提供了重要遵循。人才是农业科技创新的希望和真正实力所在，人才强科技才能强。实施科技强农战略必须把强化人才队伍建设摆在突出位置，培育一大批农业科研杰出人才、农技推广骨干人才、乡土专家、种养能手，为农业科技进步提供强有力的支撑。

“十三五”时期，是农业农村经济发展转型升级的关键时期。学习贯彻习近平总书记重要讲话精神，推进农业科技创新，要紧紧围绕落实新的发展理念、加快推进农业现代化、大力推进农业供给侧结构性改革来谋划和展开，以提高农业质量效益和竞争力为核心目标，努力在促进节本增效、优质安全、绿色发展方面下工夫，提升自主创新能力和转化应用水平，全面推动我国由农业大国向农业强国迈进。

在创新方向上，加快 3 个转变。一是从注重数量为主，向数量质量效益并重转变，统筹提升土地产出率、劳动生产率和资源利用率，大力促进农业绿色发展；二是从注重粮食生产为主，向粮经饲统筹和大农业转变，实现农林牧渔结合，促进第一、第二、第三产业融合发展；三是从注重农业种养为主，向种养加、资源环境等全过程全要素转变，协同促进粮食安全、质量安全和生态安全。

在创新重点上，实现 3 个跨越。一是在战略必争的农业基础科学和前沿技术领域实现率先跨越，增强国际竞争力。二是在受制于人的现代农业核心关键技术领域实现技术跨越，牢牢掌握发展主动权。三是在区域现代农业发展技术领域实现集成跨越，突破一批瓶颈制约。

在创新机制上，调动 3 个积极性。一是充分调动农业科技人员的积极性，建立科研成果权益收入分配和依法依规适度兼职兼酬股权制度。二是充分调动农业科研单位的积极性，扩大农业科研院所收入分配、人员聘用、岗位设置等自主权。三是充分调动社会力量投入农业科技创新与推广的积极性，鼓励金融、企业等社会资本投入农业科技创新。

二、持续推进国家农业科技创新联盟建设

建设国家农业科技创新联盟，是贯彻落实习近平总书记关于农业科技创新重要讲话精神和中央决策部署的一项重要举措，是推进农业创新驱动、深化农业科技体制改革的一件大事。2014 年，农业部主导、中国农业科学院牵头建立了国家农业科技创新联盟。3 年来，联盟以星火燎原之势迅速发展，逐步形成了中央与地方、院校所与企业齐抓共建的格局，参与联盟建设的单位上千家，企业上百家，搭建了一大批平台，涌现了一大批典型，创新了一系列机制。概括起来，至少有 3 点成效值得充分肯定。

一是建立了协同攻关新模式。建立了优质乳业、渔业装备等联盟，开展品种、技术和装备等联合攻关，重点解决产业发展瓶颈问题。建立了水稻商业化分子育种、航空植保机械等联盟，推动科企联合协作，着力做大做强一批龙头企业。建立了一些区域性联盟，重点瞄准东北黑土地保护、南方稻田重金属污染综合治理等区域突出问题，着力研

究提出一体化的综合解决方案。

二是形成了“三个一”的工作新格局。建立全国农产品质量安全协作网、全国种质资源共享联盟和农业大数据联盟，初步形成了资源共享的“一盘棋”格局。围绕东北、华北等区域以及种业等行业重大问题，构建多学科配合、上中下游结合的机制，初步形成了集成解决问题的“一体化”格局。围绕企业发展对科技的需要，通过构建企业出题、专家开方、协同创新、利益共享的运行机制，初步形成了科技与经济紧密结合的“一条龙”格局。

三是搭建了集中力量办大事的农业科技工作新平台。建立 37 个企业牵头的联盟，推动政产学研用紧密结合，搭建了科企合作的平台。突破单个课题组单兵作战的格局，引导不同学科交叉融合、集成创新，搭建了多学科协同的平台。围绕产业链部署创新链，推动实现从科学研究、试验开发到推广应用的三级跳，搭建了上中下游衔接的平台。

实践表明，通过机制创新，联盟凝聚了全国优势农业科技力量，发挥了机制灵活、纵向到底、横向到边的显著优势和独特作用。

下一步，要在抓好农业科技创新的格局中，持续推进国家农业科技创新联盟建设，瞄准产业、企业或区域发展中的重大关键科技问题，秉持大联合大协作的精神，合力打造目标聚焦、任务明确、团队协同、资源共享的农业科技创新平台，发挥集中力量办大事的制度优势，强化引领性、系统性、整体性和制度性创新，为加快农业科技进步注入创新活力，为推进农业现代化提供有力支撑。当前和今后一个时期，要在 3 个方面下工夫。

一是在解决重大问题上下工夫。着眼解决东北粮仓绿色增效、华北麦区控水提效与生态系统修复、长江中下游地区稻田绿色增效、特色热作山地绿色高效种植、三北地区典型盐碱地池塘养殖与生态修复等区域性重大问题，尽快形成一批“一体化”农业科技综合解决方案。着眼破解制约主导产业发展的“节本增效、质量安全、绿色环保”等关键技术瓶颈，以企业为主体，引导各种创新要素向企业集聚，推动科企实质性结合，实现产业“一条龙”全链条发展。着眼解决农业科技资源碎片化问题，尽快制定农作物种质资源公益性共享、合作共享和有偿共享制度，首先建立农产品质量安全领域资源共享信息平台，实现全国资源共享“一盘棋”。

二是在创新运行机制上下工夫。加强联盟政府主导、多方联合、任务牵引、成果落地的机制建设，加大资金、条件、人才培养等方面的支持力度。进一步完善联盟定期磋商、开放合作、联合推广、利益共享等机制，重点改革联盟考核方式，主要考核研究成果对产业、区域和企业发展需求的满足程度、问题解决程度和科技进步程度。加强工作督导和调度，针对联盟实施方案中明确的目标任务，开展督导，确保联盟创新任务落到实处。

三是在创造发展条件上下工夫。要多方筹措联盟建设经费，争取方方面面的大力支持。鼓励联盟申报并承担国家有关科技专项，把联盟攻关任务纳入国家重点研发计划。

对区域性联盟、地方联盟、企业联盟要给予支持，同时这些联盟要积极争取地方财政支持。要充分发挥企业投资主体作用，拓宽联盟资金渠道，并让企业等社会力量在联盟建设中受益。

今天，参加座谈会的很多都是联盟代表，有企业家、一线的科研人员、农科院和高校的负责人，联盟建设好、运行好，要靠大家群策群力，共同推动。联盟能不能更好地发挥作用，关键在于机制创新。希望参与联盟工作的科研单位、高校和企业，积极探索新机制、新模式，推动实现科技创新的新突破、转化应用的新成效、团队建设的新跨越。

三、持续推动基层农技推广体系改革

党中央、国务院高度重视基层农技推广体系，2012 年中央一号文件“一个衔接、两个覆盖”政策出台，2013 年《农业技术推广法》修订并正式实施，为农技推广事业发展提供了有力保障。农业部会同各地农业部门认真贯彻落实中央决策部署和有关政策，积极争取有关部门和地方党委政府的支持，大力推进基层农技推广体系改革与建设，扭转了以往“线断、网破、人散”的局面，实现了干事有队伍、工作有场所、推广有经费、服务有手段。广大农技推广人员大力开展先进实用技术示范推广，努力做好农业公共服务，为我国粮食生产“十二连增”、农民增收“十二连快”作出了重大贡献。但是，随着农业市场化、信息化、规模化的快速发展和深入推进，基层农技推广体系服务能力还不适应农业供给侧结构性改革的新任务，服务内容还不适应农业发展方式转变的新要求，服务方式还不适应新型农业经营主体的新期盼。

新形势下，加快构建适应现代农业发展要求的农技推广体系，已成为一项十分重要而紧迫任务。国务院领导同志多次在不同场合强调指出，要不断深化农技推广体系改革，建立健全公益性、综合性农业公共服务机构，探索公益性推广与经营性服务融合发展的新机制，探索农技人员通过推广科技增加收入的新模式。这为深化基层农技推广体系改革指明了方向。

下一步，要在巩固建设成果的基础上，进一步拓展基层农技推广机构服务职能，推动基层农技推广体系由“建机构、强队伍、补经费”向“强能力、建机制、提效能”转变，推进基层农技推广体系与新型农业经营体系紧密衔接，把工作的重点放在新型经营主体上，促进公益性推广机构与经营性服务机构相结合、公益性推广队伍与新型经营主体相结合、公益性推广与经营性服务相结合，调动农技人员开展服务的积极性、社会力量参与推广的积极性、农民接受先进技术的积极性，为农业供给侧结构性改革提供有效的科技服务，为加快农业现代化提供有力的科技支撑。要重点做好 3 方面工作。

一是提升素质，增强农技服务能力。广大农技人员要根据现代农业发展的新形势新任务，认真学习新技术，掌握新知识，提高新本领，农业结构在转型升级，我们的知识、推广也要不断地转型升级。要适应农业市场化发展要求，加强对生产经营、市场信息、金融保险等方面的学习，跟踪了解农资供求、农产品市场价格、支农惠农政策等新动态新进展，指导农民根据市场变化调整生产经营方向。要适应农业信息化发展要求，加强农业互联网、物联网、电子商务等方面的学习，指导农民发展智慧农业、开展网上营销，善于利用信息化手段为农民提供图文并茂、精准实时的技术指导和公共服务。要适应农业规模化发展要求，针对规模经营主体的技术需求，制定订单式、保姆式服务方案，开展全程化精准化服务，把规模经营主体打造为新品种、新技术、新模式试验示范和推广应用的平台载体、重要抓手。

二是创新机制，增强农技服务活力。强化基层农技推广机构的公益性服务职能，探索农技人员参与经营性服务的新机制、新措施，激励农技人员进村入户、深入田间地头。鼓励基层农技人员进入合作社。支持农技人员领办、创办、帮办合作社，把合作社作为技术指导示范的基点，在推动合作社发展壮大的过程中获取收益。鼓励基层农技人员进入龙头企业。探索农技人员为涉农企业提供技术服务、技术咨询的有效模式，开辟农技人员到涉农企业特别是龙头企业，技术入股、兼职兼薪的有效途径，取得合法报酬。鼓励基层农技人员进入专业服务组织。支持公益性推广机构和经营性服务组织，通过派驻人员、挂职帮扶、共建基地、联合办公等方式，为农民提供病虫害防治、农机作业与维修等专业服务，并按照约定获取收益。

三是改革体制，形成农技服务合力。发挥农业技术推广、科研教学和经营性服务组织等各方力量，开展多种形式的联盟与合作，提高农技服务的效能。要推动乡镇综合建站，鼓励县级农业技术推广机构设立区域站，支持乡镇成立综合性农业服务机构，有条件的地方实行管理在县、服务在乡。推动科研院校下乡，引导农业科研教学单位发挥人才、成果等优势，到农业主战场建设试验示范基地，建立农科教结合、产学研一体的科技服务平台，为农民开展教育培训和技术服务。推动社会化服务组织发展，加大对各类经营性农业服务组织的支持力度，通过承担项目、定向委托、购买服务等方式，引导其广泛参与农业产前、产中、产后服务。

同志们，推进农业科技创新任务艰巨、使命光荣、前景光明，让我们紧密团结在以习近平同志为核心的党中央周围，深入贯彻落实创新驱动发展战略，加快农业科技进步步伐，为农业插上科技的翅膀，为加快推进农业现代化做出新的更大贡献。

谢谢大家！

农业部党组书记、部长韩长赋在国家农业科技创新联盟工作会议上的讲话

2016年12月20日

同志们：

这是我们第三次在全国农业工作会议期间召开国家农业科技创新联盟工作会议。召开这个会议的主要目的，是坚持不懈加快推进国家农业科技创新联盟建设，促进联盟在农业供给侧结构性改革中发挥支撑作用。刚才，华俊同志代表国家联盟理事会做了年度工作报告，2个联盟代表做了典型发言，讲得都挺好，既有思路，又有行动。12家联盟单位，其实是12个联盟题目现场签约，我想这也是一个标志，它标志着联盟建设进入了以项目为牵引、推进实质性合作的新阶段。所以我今天参加这个会既是见证签约，更是个给大家加油鼓劲，我们要推动联盟向更实、更深、更好的方向发展。

一件事我年年讲，这好像还是头一次。2014年年底，农业部主导、中国农业科学院牵头建立了国家农业科技创新联盟。两年来，联盟一步一个脚印、一年一个变化，干了不少实事，在科技和机制创新上取得了积极成效。在科技创新方面，聚焦科技资源共享、区域重大问题、产业瓶颈问题，形成了“三个一”的创新格局。针对资源碎片化、共享不够等问题，建立全国农产品质量安全协作网、全国种质资源共享联盟和农业大数据联盟，初步形成了资源共享的“一盘棋”格局。针对东北秸秆综合利用，南方耕地重金属污染治理等区域重大问题，初步形成了集成解决问题的“一体化”格局。针对企业发展对科技的需要，构建企业出题、专家开方、协同创新、利益共享的运行机制，初步形成了科技与经济紧密结合的“一条龙”格局。在机制创新方面，聚焦创新资源整合、创新主体融合、创新环节结合，搭建了三大创新平台。为改变单个学科、单项技术、单兵作战的格局，搭建了多学科协同的平台，有效引导了不同学科交叉融合、集成创新。为解决科技创新和企业需求脱节的问题，搭建了科企合作的平台，建立了37个企业牵头的联盟，有效引导了优势科技资源向企业集聚。为解决科技创新中基础研究、应用研究和集成示范割裂的问题，搭建了上中下游衔接的平台，推动实现从科学研究、试验开发到推广应用的三级跳。

实践证明，联盟建设的路子是对的，势头是好的，成效也是比较明显的，有利于破解科技创新存在的资源配置碎片化、科研低水平重复、科技与经济“两张皮”等问题，是推动农业科技创新和体制机制创新的有效方式和解决途径。在此，我代表农业部对大家的成绩表示祝贺，对大家的工作表示感谢！

刚刚闭幕的中央经济工作会和中央农村工作会，明确了推进农业供给侧结构性改革的主线，全国农业工作会围绕这个主线提出了“四推进一稳定”的重点任务，这对农业科技创新提出了新的更高的要求。联盟作为创新驱动农业发展的重要力量，要在支撑农业供给侧结构性改革上发挥示范引领作用，紧紧围绕农业转方式调结构、绿色发展、节本增效、质量安全等重大需求，加快建设步伐，合力打造目标聚焦、任务明确、团队协同、资源共享的农业科技创新平台。我们要适应新形势，承担新任务。

在联盟的建设运行过程中，从这两年的实践看，要坚持 3 个原则。

一是坚持科技创新和制度创新“双轮驱动”。联盟的“联”主要是解决科技创新的机制问题，要把分散的资源连接到共同的使命上来，做到联心、联利；联盟的“盟”主要是解决产业的重大问题，形成共同的任务，开展联合攻关，推动资源共享。

二是坚持发挥行政领导和科技主导两个积极性。建设好联盟，关键要把行政资源和科技资源充分利用起来，把管理人员和科技人员的积极性都调动起来，促进两股力量在解决农业重大问题中拧成一股绳，形成创新驱动农业发展的强大合力。说到这个问题，我要提醒一点，我到一些省调研，总体来说省里的行政管理部门（农委、农业厅）和省农科院配合得是很好的，但是也有“两层皮”的问题。体制上，一般的省份，省农科院也是省政府直接管理的正厅级事业单位，但我想一定不能“两层皮”。咱们都姓农，是自家两兄弟，所以我们力量一定要整合，资源一定要配合。特别是在明确任务，调动资源上，一定要一体化。

三是坚持科技创新“顶天”和“立地”两个导向。任何一个重大的产业问题，既涉及科学问题，也涉及技术问题。联盟必须做好创新力量布局，既要在基础和前沿领域取得理论突破，抢占制高点，又要在新技术、新工艺、新产品上取得突破，为现代农业发展提供有效的科技供给。我想后一点尤其重要，今天签约的这 12 个都是题目，每个产业里有什么问题，有的问题会影响整个产业，比如说棉花，机收影响整个产业，不机收摘棉花成本太高，但是一机收杂质问题又影响产业，怎么解决，诸如此类一定要问题导向。

当前和今后一段时期，要坚持问题导向、创新驱动，从以下几个方面加强联盟建设。我想对下一段的联盟建设提几点要求。

一要明确主攻方向，着力发挥联盟解决行业性和区域性重大问题的重要作用。围绕节本增效，联盟需要重点解决高效低成本投入品创制、节水灌溉技术、农机装备研制、农产品精深加工等重大科技问题；围绕质量安全，联盟需要解决病虫综合防控、土壤重金属污染治理等重大科技问题；围绕绿色环保，联盟需要解决农业废弃物循环利用、化肥减量增效等重大科技问题。围绕区域发展，联盟需要解决东北黑土地退化、华北麦区地下水超采等问题。我举几个例子吧，问题导向，尤其是行业性问题和区域性问题导向。针对以上问题，要加强技术熟化配套和系统集成，按照先进性、经济性和可操作性相统一的要求，形成技术措施、工作措施、工程措施和政策措施“四位一体”的综合解决方案和可复制、可推广的应用模式。

二要加强组织协调，着力发挥联盟在开展农业基础性长期性科技工作中的协同优势。多年以来，我们在土壤生态环境、有害生物防治等领域开展了长期定位试验、观测监测，积累了一些基础数据，但缺乏系统性、连续性、规范性。今年7月，农业部决定在全国启动土壤质量、农业环境等10个学科领域的基础性长期性科技工作，下一步将委托联盟来组织协调和具体实施。联盟要切实抓好落实，要选好点、布好局，确保观测监测站点的系统性、代表性，充分反映我国农情；要建立观测规范和数据标准，采集的数据要科学规范、真实可靠；要做好数据的深入分析和深度挖掘，为科技创新、战略研究、国情分析、国际有关规则制定等提供服务和支撑。

三要创新管理机制，着力提高联盟整体运行效率。联盟建设的关键是突破体制机制障碍，进一步构建良好的创新氛围，激发创新活力。在国家联盟层面，要加快推进任务牵引、资源共享、行业协同、市场驱动等机制建设落到实处。在联盟内部，要建立目标一致、优势互补、平台一体、利益共赢等机制，激发联盟的发展活力和内生动力。要建立科技资源共享激励机制，联盟内部各方面要把好的资源拿出来共享，提高共享资源的质量，在推进共享的过程中，充分发挥资源的最大效用，实现互利共赢。

四要推进科企合作，着力提升联盟企业的核心竞争力。参与联盟建设的企业，都是各类农业产业的龙头，提升这些企业的科技实力，就是提升这些产业的核心竞争力。联盟要实质性推进科企合作，打通创新要素双向流动的通道，让优势科研单位与企业相互融合、深度介入。要推动联盟内的科研院校与企业共建研发中心、集成示范基地等，帮助企业建立完善创新平台；要建立企业与科研院校联合开发和转化技术成果的机制，帮助企业提高其营利能力和市场占有率；要鼓励企业加大研发投入，吸引创新要素向企业集聚，促进企业真正成为技术创新和研发投入的主体。要加强对联盟企业科技创新的政策支持，在有关工程及项目实施、基地建设和人才培养等方面向联盟企业倾斜。

五要强化齐抓共建，着力激发联盟各主体的创新活力。联盟各参与主体，应该形成一个整体，同搭一个台、同唱一出戏，让联盟成为整体作战的“集团军”。各级农业行政主管部门是牵头部门，要主动做好顶层设计、规划布局、政策争取、条件保障等工作，落实科研人员权益分享、持股兼职等激励政策。科研单位、高校和企业，要按照联盟章程尽快把组织架构完善起来，把攻关团队组建起来，把技术路线制定出来，把攻关任务分解下去，按照既定的时间表、路线图抓紧项目对接和任务落实。今天我们开这个会，项目对接更加抓实，联盟工作、联盟创新项目化，明年我们在这个方面要有实质性进展，要有一批成果，解决一批问题，我看下次再开会要检验一下成果，好好总结一下。

六要加大支持力度，着力促进联盟可持续发展。联盟才刚成立两年，还处于成长期，就像一棵小树，需要大家的悉心呵护，需要各方面的“阳光雨露”，要争取方方面面的大力支持。农业部有关司局要统筹资源，大力支持联盟建设。各地农业行政主管部门要结合本地实际，争取地方政府的支持，推动实现产业对接、政策对接和项目对接。要鼓励联盟申报并承担国家有关科技专项，争取把联盟攻关任务纳入国家重点研发计划。引入风险投资、众筹等多种方式，引导社会资本参与支持联盟建设。总之，联盟建设本身是更科学的配置农业科技资源的改革举措，是实现农业创新驱动的重要平台，本身就是一项重大创新，所以我们一定要把这个工作做好。

同志们，习近平总书记 2013 年 11 月 27 日视察山东省农业科学院时发出号召“给农业插上科技的翅膀”，并且提出了“三个一”创新攻关方向，推进农业供给侧结构性改革对农业科技战线和科技创新也提出了新的要求和新的期待，这些都为联盟创新攻关发展提供了更大的舞台和更广阔的用武之地，我们要大胆探索、务实创新、勇于实践，切实把联盟建成科技创新的突击队，为支撑农业供给侧结构性改革、加快农业现代化步伐做出新的更大贡献！

国家农业科技创新联盟2016年工作报告

国家农业科技创新联盟理事长、
农业部党组成员、中国农业科学院院长　唐华俊

2016年12月20日

尊敬的韩部长，各位代表，同志们：

大家好！按照本次会议安排，我代表理事会作联盟2016年工作报告，请大会审议。

一、开展的主要工作

一年来，国家农业科技创新联盟认真学习贯彻习近平总书记关于农业科技发展的新理念、新论断、新举措，按照农业部统一部署和韩部长在2015年联盟工作会上的重要指示，牢牢把握联盟“三个一”的目标定位，进一步强化创新的引领性、创新的系统性和创新的整体性，探索完善政府支持机制、任务引领机制、资源共享机制和评价激励机制，聚焦全局性、关键性重大科技问题，真抓实干，各项工作取得了实质性的进展。

一是推进和完善联盟体系建设。按照“三个一”目标定位，坚持需求导向和问题导向，积极推进有目标、有任务、有经费、有机制的区域和专业联盟建设。一年来，理事会围绕推进资源共享、形成科研“一盘棋”布局，推动建立了农作物种质资源、农业大数据和科技信息、农产品质量安全3个专业联盟；围绕解决产业发展技术瓶颈、推进创新“一条龙”的科研组织方式，先后推动成立了奶业、棉花、马铃薯和智慧农业等5个专业联盟，建立了水稻商业化分子育种、航空植保机械等14个企业牵头的科企合作产业联盟；围绕推进重点区域农业重大问题、提供“一体化”综合解决方案，先后指导成立了京津冀、西北五省、甘肃、江西等6个区域和省地级联盟。农业部批准中国农业科学院设立联盟办事机构，明确了职责任务，增加了领导职数，配备了专职人员，健全了联盟组织管理机制和工作规范。

二是凝练和实施重大科研选题。在推进联盟体系建设的同时，联盟坚持“三个面向”，凝练和组织实施了一批重大科研选题。重点编写了“区域农业绿色增效技术系统协同创新”国家重点研发计划重点专项建议书。专项以东北粮仓绿色增效、华北黄淮麦区控水提效、长江流域平原稻区高效多熟、西北旱区高效农牧业、华南及西南特色高效农作系统等为重点，通过模块化设计，重点创新区域农作系统优化基础理论，构建区域农业绿色增效农作系统，建立区域农业智能化决策服务系统和政策体系。专项建议书

已由农业部报科技部协商推动立项。一年来，联盟各单位围绕农业供给侧结构性改革和农业现代化重大科技问题，积极入位、主动作为，先后组织人力和资金，启动实施了东北黑土地保护、南方稻田重金属防治、主要农产品绿色增产增效技术集成模式示范、马铃薯主食产业化、收获机械和智能化装备、水稻商业化分子育种等协同创新项目，以及省级和区域性联盟协同创新项目。据不完全统计，各类协同创新项目近200项，有效地整合了全国优势农业科研团队，形成了各具特色的协同创新模式。

三是探索和强化联盟机制创新。国家农业科技创新联盟本身是一项重大的改革创新。一年来，围绕政府支持、任务牵引、资源共享、评价激励等机制创新，先后在南京、成都、北京等地组织召开联盟工作座谈会，深入省、地市农业科研机构及农业龙头企业开展调研，不断完善联盟工作机制。在政府支持方面，各联盟牵头单位坚持农业科技的基础性、公益性和社会性定位，积极争取资金支持。2016 年，农业部财政预算资金、中国农业科学院科技创新工程、基本科研业务费都给予联盟稳定支持，总资金量接近 1 亿。各地方政府通过多种形式支持区域联盟协同创新，累计资金 5. 5 亿元。科企联盟还调动了牵头企业研发投入 1 亿多元。在任务牵引方面，制订了“三个一”工作整体方案，突出全局性、战略性和区域性农业重大问题，引领联盟成员单位明确创新目标和重点方向。各省和区域联盟在省级农业科研机构的带领下，更加关注地方农业发展问题，引导了地方农业科研方向和工作重点，工作得到当地政府部门的认可和支持。各专业联盟按照需求导向，明确了联盟的主要任务，凝聚了共识和科技资源。在评价激励方面，主要通过项目的实施，围绕科技任务和目标，探索建立激励约束机制。特别是针对形成的知识产权，在成果报奖等方面予以支持。

二、取得的主要成效

一是以资源共享为抓手，推动形成了全国农业科技工作“一盘棋”新格局。在农作物种质资源共享方面，由国家种质资源库牵头，联合全国 67 家优势单位，制定农作物种质资源共享办法，统一信息采集数据标准和规范，建立联盟资源共享数据库，整合各类作物优异种质资源 2 000多份，为全国无偿提供优异资源达 3 000多份次。在农产品质量安全资源共享方面，由农业部农产品质量标准研究中心牵头，联合全国 70 多家相关单位，建立农产品质量安全领域资源共享信息平台，开展主要农产品质量安全风险监测、风险研判和风险预警，协助农业部开展农产品质量安全应急事件处置。在农业科技信息资源共建共享方面，由国家农业图书馆牵头，联合全国 120 余家单位，建立了农业科技信息资源共建共享平台，整合 1 300多万份期刊信息资源，为联盟成员单位提供科技资源在线下载和 1 小时快速原文传递服务。平台开通短短 3 个工作日内访问量已达 2. 5 万次，开通当天访问量突破 1. 1 万次。启动“国家农业走出去公共信息服务平台”建设，重点开展“一带一路”沿线国家农业数据调查、分析和挖掘利用，与 30 多家农业走出去企业签订合作意向。

二是以产业发展技术瓶颈为抓手，创建覆盖上中下游“一条龙”农业科研组织模式。在马铃薯主食产业化方面，已创制马铃薯关键设备20余台套，集成马铃薯面条、复配粉等生产线8条，开发马铃薯主食产品6大系列250余种，并成功上市销售，实现产业增值3倍以上。在推进棉花产业升级方面，已在新疆、黄河、长江三大棉区谋划建设一批优质棉科技示范园，生产达到或超过“澳棉”标准的优质棉，满足纺织企业中高端纺纱用棉需求。在推动奶业振兴方面，开展了奶源生产、乳品加工、监测、营养功能、质量安全风险评估等方面的技术创新，推进奶业规模化、组织化、标准化发展，努力提高奶业综合竞争力，振兴民族奶业。在推动科企联合方面，雷沃重工牵头的饲草料收获机械科技创新联盟，围绕谷物收获机械和智能化装备联合攻关，成功申请了3项国家重点研发计划课题。荃银高科牵头的水稻商业化分子育种技术创新联盟，构建以知识价值为导向的惠益分享机制，形成了增强企业创新活力与激发科研人员创业积极性双轮并进。高效低风险农药科技创新联盟，建立了技术成果产业化有限开放、成果分享与投入挂钩的合作与激励机制，降低了企业成本，增加了企业效益。企业“一条龙”联盟建设，已经初步构建起了“企业主导、科企融合，企业问诊、专家开方，协同创新、利益共享”的运行机制。

三是以区域发展重大问题为抓手，促进形成了区域“一体化”综合技术解决方案。在东北黑土地保护方面，构建了4个典型生态类型区综合性的示范样板基地，初步提出了遏制黑土地退化、地力逐步提升的技术体系。在华北地区节水保粮方面，研究提出了70%和90%产量水平的3个节水保粮的一体化综合解决方案。在南方稻田重金属防治方面，研发了“净源”“失活”“减量”“低吸”等关键技术，遴选了一批镉低积累水稻品种和配套技术体系，已在广西和湖南等地进行大面积示范推广。在农产品绿色增产增效技术集成模式研究与示范方面，建立了水稻、玉米等主要作物试验示范基地72个，示范面积5.48万亩，示范奶牛和羊30.3万头，覆盖各类农业主产区和典型生态区，共集成131项先进适用技术，构建了26套可复制可推广的综合技术生产模式，平均增产增效10%以上，节水节肥节药8%以上。在省级和区域联盟协同创新方面，东北三省秸秆循环利用、广东联盟农产品标准化计划、湖北联盟“五个一”工程、山东联盟农业科技创新工程、江苏联盟农业科技自主创新专项等，都是聚焦当地制约农业现代化发展的重大需求进行协同创新部署，呈现出良性发展势头和充沛的创新活力，形成了区域特色的“一体化”综合解决方案。

回顾联盟一年来的工作，联盟建立了协同攻关新模式，形成了“三个一”的工作新格局，搭建了集中力量办大事的农业科技新平台。国家农业科技创新联盟作为机制创新的一个成功探索，已在全国上下形成广泛共识，在推动农业科技创新、支撑现代农业发展中的重大作用日益显现。这些成绩的取得首先得益于农业部的高度重视和正确领导，得益于各地农业主管部门的关心指导和大力支持，更得益于联盟各成员单位的共同努力。在此，我代表联盟理事会，向大家表示衷心的感谢和崇高的敬意！

三、2017 年联盟工作重点

今年 11 月 26 日，在济南召开的全国农业科技创新联盟座谈会上，韩长赋部长充分肯定了联盟取得的成效，要求国家农业科技创新联盟在解决重大问题上下工夫，在创新运行机制上下工夫，在创造发展条件上下工夫。2017 年联盟工作，要深入贯彻中央农村工作会议和全国农业工作会议精神，认真落实农业部工作部署，以推动农业供给侧结构性改革为主线，以提高质量效益和竞争力为核心，坚持目标导向，狠抓任务落实，拓宽支持途径，规范运行管理，加快布局一批区域性农业技术创新中心，加快推进重大科研攻关和技术模式创新，稳步推动各项工作取得实效。

一是务实推进重大问题的协同创新。联盟要落实好全国农业工作会议精神，加快调整农业科技创新的方向和重点，从注重数量为主，向数量质量效益并重转变；从注重粮食生产为主，向粮经饲统筹和大农业转变；从注重种养为主，向种养加、资源环境等全过程全要素转变。聚焦区域重大问题、产业技术瓶颈和长期性基础性工作等重点工作，开展大联合大协作。在继续做好东北黑土和华北地下水保护、南方稻田重金属污染治理等区域重大问题和主要农产品绿色增产增效协同创新的基础上，聚焦农业供给侧结构性改革和绿色发展，在东北粮仓、华北麦区、长江中下游稻田、西北旱作农牧区、特色热作山地、三北地区典型盐碱地等区域，围绕绿色增效、优质安全和生态保护修复等区域性重大科技问题方面，尽快形成一批“一体化”技术综合解决方案。切实加强畜禽废弃物处理和循环利用、地膜残留回收与治理、秸秆循环利用、小麦赤霉病防治和柑橘黄龙病防治等领域的协同创新，形成一批可复制、可推广的治理技术模式。围绕产业发展重大问题，在棉花、马铃薯、蔬菜、奶业、智慧农业等方面大力推进科企协作，依托联盟优势科研力量突破产业发展的技术瓶颈，加强技术成果示范转化与推广。依托联盟有效整合农业部学科群实验室体系、现代农业产业技术体系综合试验站等平台资源，协同开展农业基础性长期性科技工作。

这次会上，共签订了 12 项协同创新协议书，这些项目是明年国家创新联盟协同创新的重点，要全力抓好落实。希望各区域和省级、行业联盟也要聚焦优势、特色产业重大科技问题和现代农业发展瓶颈问题，组织一批重点项目，开展协同攻关。

二是创新联盟多元化支持方式。根据联盟“三个一”目标定位和任务特点，加强政府支持和市场引导，创新联盟支持方式。其中，以资源共享为主的“一盘棋”科技工作，充分考虑其基础性、公益性特点，在努力争取财政经费稳定支持的基础上，鼓励通过市场作用来配置各类科技资源；科企协作的“一条龙”科技工作，考虑其竞争性、市场性特点，积极吸引社会资本的注入，并鼓励牵头企业联合科研院所共同申报国家技术创新引导专项（基金），积极发挥后补助、创投引导等财政资金的杠杆作用，促进联盟技术创新和产业发展；区域“一体化”科技工作，事关农业区域发展、转型升级和供给侧结构性改革，应进一步增强地方财政的稳定支持，并根据区域性农业科技工作特点积极争取国家重点研发计划的支持。

三是健全完善联盟协作机制。完善政府支持机制，强化农业行政主管部门在联盟建设中的主导作用，不断争取对联盟协同创新的稳定支持。强化任务牵引机制，各类联盟要突出需求和问题导向，凝练重大选题，组织协同创新，避免联盟工作目标不明确、任务不聚焦、经费不落实。进一步完善资源共享机制，制定资源共用、利益共赢、互利互惠的共享办法，探索建立面向国家、省、地三级农业科研机构制度化的共享模式，建设完善联盟科技资源数据库和资源共享信息管理平台，最大程度发挥好已有资源效益。强化评价激励机制创新，改革联盟考核方式，主要考核研究成果对产业、区域和企业发展需求的满足程度，重大问题解决的程度和科技进步贡献的程度，激发联盟成员的创新活力，提高创新效率。

四是加强联盟智库建设。发挥联盟智力优势，围绕农业产业发展、区域农业发展以及国际农业发展等重大问题，开展调查研究，向国家有关部门提出重大调研报告、政策建议和项目建议等。发挥联盟组织、咨询和服务的功能，构建联盟专家库，对联盟开展的调研选题、形成的调研报告和实施的重大项目等进行学术咨询评议和考核评价，凸显联盟在解决农业重大科技问题中的智库作用。

五是加强联盟规范管理。联盟理事会和秘书处要创新工作方法、丰富服务方式，充分发挥协调推动作用。制定管理规则，完善联盟备案制，进一步规范专业联盟、产业联盟、企业联盟和区域联盟等的运行管理。要建立退出机制，严格运行监管，防止联盟的泛化。

各位代表，让我们更加紧密地团结在以习近平同志为核心的党中央周围，深入贯彻落实全国科技创新大会、中央农村工作会议和全国农业工作会议精神，按照本次联盟工作会议精神和韩部长讲话要求，聚焦农业重大科技问题，创新联盟工作机制，开展项目对接，狠抓任务落实，不断推进全国农业科研布局“一盘棋”、科技创新“一条龙”、技术服务“一体化”发展，为现代农业发展插上科技的翅膀！

谢谢大家！

中国农业科学院
关于进一步加强学科建设工作的意见

农科院科〔2016〕221 号

院属各单位、院机关各部门：

2012 年，我院出台了《关于印发中国农业科学院学科设置简表的通知》（农科院科〔2012〕205 号），构建了以“学科集群—学科领域—研究方向”为基本框架的学科建设体系，在推动我院科技创新、保障创新工程实施等方面发挥了基础支撑作用。为深入贯彻全国科技创新大会精神，全面落实院“十三五”科学技术发展规划任务，进一步构建适应世界一流现代农业科研院所建设的学科体系，切实发挥学科引领作用，我院在全面总结和分析“十二五”学科建设工作成效及存在问题基础上，研究制定了《关于进一步加强学科建设工作的意见》。现印发给你们，请认真贯彻执行。

附件：关于进一步加强学科建设工作的意见

中国农业科学院

2016 年 8 月 26 日

附件

关于进一步加强学科建设工作的意见

为全面落实院“十三五”科学技术发展规划任务，进一步优化布局全院学科体系，有效支撑和推进科技创新工程，切实发挥学科在现代农业科研院所建设中的引领作用，推动提升农业科技自主创新能力，提出本意见。

一、充分认识学科建设工作的重要性

学科建设是现代农业科研院所建设的基础工程。“十二五”以来，中国农业科学院构建了以“学科集群—学科领域—研究方向”为基本框架的学科体系，有效促进了科技资源向优势学科集聚，全院科技创新能力和学科影响力得到显著提升。随着现代科学技术的飞速发展，各门学科、各分支学科相互交叉、相互渗透的趋势日趋增强，通过分化、综合和创新，各种新兴学科、边缘学科、交叉学科和高新技术学科不断涌现，原有学科布局与发展体系已经不能适应新的发展要求，亟须对现有学科体系做进一步优化，加强学科建设工作。

二、全面把握学科建设的原则要求

在保持“学科集群—学科领域—研究方向”基本框架不变的前提下，围绕现代农业产业需求和科技创新发展趋势，按照“优、特、精、新”原则对学科领域、研究方向实行优化布局。其中，“优”就是突出优势学科领域，服务优势产业发展；“特”就是突出特色学科领域，强化特异性的研究方向；“精”就是每个研究所突出 3~5 个学科领域，每个学科领域精选 1~3 个研究方向；“新”就是突出新兴学科领域，培育新的生长点。

三、进一步明确研究所学科建设重点

各研究所要积极组织开展相关产业发展、科技发展等战略研究，以及学科评价、技术预测等工作，把握学科和产业发展态势。根据学科建设的基本原则，积极发挥所学术委员会、所务会、所党委会等咨询决策作用，在保持原有学科领域、研究方向基本稳定的前提下，研究确定符合职能定位和学科发展的优势学科领域和重点研究方向，形成所级学科建设体系。

四、优化构建院“十三五”学科建设体系

院科技管理局要组织开展我国农业科技发展战略研究和学科评价等工作，分析全院学科优势与发展方向。在各研究所提出学科建设体系的基础上，重点梳理整合全院学科领域，强化研究所研究方向的特异性，构建形成我院“十三五”学科建设体系，经院学术委员会、院常务会审议和院党组会议审定后发布。建立院学科建设体系每五年优化一次的工作机制，以适应时代发展要求。

五、切实加强学科建设工作的稳定支持

院、所在科技创新工程科研团队建设、重点人才培养与引进、重点科技任务安排、重大科技成果培育、科技平台建设、绩效管理、制度与文化建设等方面，都要围绕学科建设体系进行系统布局，推进各类资源向优势学科领域和重点研究方向集聚。院科技创新工程、基本科研业务费等专项经费资源优先向优势学科领域及重点研究方向倾斜，加大对新兴学科的扶持力度。

六、加强学科团队和人才队伍建设

在科技创新工程科研团队建设与管理中，要按照院学科建设体系及时调整优化人员结构，保证团队质量。深入实施“青年英才计划”，按照院学科建设体系布局加快实施人才“引进”和“培育”两大工程，同步推进博士后培养工程、研究生教育工程和专业技术人员继续教育工程。院、所两级要积极创造条件，重点引进和培育一批新兴、交叉学科发展中急需紧缺的团队首席、科研骨干、研究助理以及具有较大发展潜力的青年科研英才。

七、加强学科平台及条件能力建设

进一步强化科技平台与学科体系的系统性和配套性，提升各学科平台的装备条件和水平。依托学科集群或具备良好基础的优势学科领域，前瞻部署一批国家重大科学工程、国家实验室、国家重点实验室、工程（技术）研究中心、工程实验室、部级重点实验室等重大科技平台；对优势不够突出、发展基础薄弱的新兴学科，要积极创造条件，强化学科支撑条件能力建设。加强野外科学观测研究网络和试验基地建设，提升科学观测、中试转化、南繁北繁、试验示范等水平。

八、推进学科机构和力量合理布局

按照院学科建设体系布局，立足服务“三农”、支撑区域发展需求，在各农业生态区及农产品主产区系统谋划全院机构设置，建设一批新的研究机构，进一步优化学科力量布局。优化机构和编制管理，支持研究所在相应区域建设一批综合研究基地，助推部分专业性研究所学科方向的调整和拓展，发挥我院对区域农业发展的引领与支撑作用。

九、积极推进协同创新与学科共建

鼓励和支持各研究所，积极与中国科学院、省级农业科研机构、涉农高校等开展学科共建，探索与企业共建研发中心。加强国家农业科技创新联盟建设，积极推动协同创新，促进学科发展。发挥全国农业科技成果转移服务中心、国家种业科技成果产权交易中心等平台作用，大力促进科研成果的转化与推广。

十、大力推进国际合作与交流

坚持“走出去”与“请进来”有机结合，加强中国农业科学院海外农业研究中心等国际交流合作平台建设，扩大对外开放的广度和深度。发挥学科优势作用，利用发达国家和国际组织的优越条件，推动建设一批海内外联合实验室，推动实施一批国际农业大科学计划，引进一批国外高水平科学家队伍，服务我院及我国发展。围绕“一带一路”国家战略，策划实施重点区域科技合作计划，在“一带一路”沿线国家联合共建一批培训中心、技术示范转化基地等平台，提升我院学科国际影响力。

十一、积极探索和建立学科评价新机制

建立一套符合我院学科特点及发展要求的学科评价体系和工作程序。建立以“学科高地—科学中心—卓越团队”为核心的现代农业科研院所学科评价体系。持续开展以学科集群为统领、学科领域及研究方向为基本单元的学科评价和创新团队遴选评价工作。组织开展农业科技发展态势与技术预见分析，监测跟踪农业科技发展演化新动态，分析我国农业的对外技术依存形式，研判技术前景，密切把握学科发展态势。组织开展主要学科和重点领域科研产出和竞争力分析，对比不同国家、科研机构、科研团队优势和差距、结构和特征，提出未来学科发展思路、重点选题方向等，指导学科体系的修订完善。

十二、建立健全学科建设责任落实与组织保障机制

各研究所要加强对学科建设工作的领导，进一步明确职能定位和学科建设任务。要建立完善体制机制，加强对优势学科及其重点研究方向的支持，推动各类资源向优势学科领域和重点研究方向集聚，快速提升学科优势和影响。要积极促进学科建设与产业发展的融合，提高农业科技自主创新能力，加快科研成果的转化应用，强力支撑和引领现代农业发展。

中国农业科学院关于印发《中国农业科学院关于推进重大科研基础设施和大型科研仪器向社会开放共享的实施意见》的通知

农科院科〔2016〕339号

院属各单位、院机关各部门：

为加快推进全院重大科研基础设施和大型科研仪器向社会开放，进一步优化科技资源配置、提高科技资源利用效率和开放共享水平，根据《国务院关于国家重大科研基础设施和大型科研仪器向社会开放的意见》（国发〔2014〕70号）和《科技部办公厅关于印发〈落实《国务院关于国家重大科研基础设施和大型科研仪器向社会开放的意见》试点工作方案〉的通知》（国科办基〔2015〕42号）要求，我院研究制定了《中国农业科学院关于推进重大科研基础设施和大型科研仪器向社会开放共享的实施意见》。

现将《中国农业科学院关于推进重大科研基础设施和大型科研仪器向社会开放共享的实施意见》印发全院，请遵照执行。

附件：中国农业科学院关于推进重大科研基础设施和大型科研仪器向社会开放共享的实施意见

中国农业科学院

2016年12月12日

附件

中国农业科学院关于推进重大科研基础设施和大型科研仪器向社会开放共享的实施意见

为全面贯彻落实《国务院关于国家重大科研基础设施和大型科研仪器向社会开放的意见》（国发〔2014〕70 号）和《科技部办公厅关于印发〈落实《国务院关于国家重大科研基础设施和大型科研仪器向社会开放的意见》试点工作方案〉的通知》（国科办基〔2015〕42 号）精神，加快推进我院重大科研基础设施和大型科研仪器（以下简称科研设施与仪器）向社会开放，进一步优化科技资源配置、提高科技资源利用效率和开放共享水平，结合我院实际，提出以下实施意见。

一、充分认识开放共享的重要性

科研设施与仪器是开展农业科学研究、探索农业科学规律、实现重大关键技术突破、服务农业产业发展的技术基础和重要手段。近年来，我院科研设施与仪器规模持续增长，技术水平明显提升，综合效益日益显现。同时，也存在利用率和共享水平不高、重复建设与购置、闲置浪费、专业化服务能力有待提高等问题，科研设施与仪器对农业科技创新的服务和支撑作用尚未得到充分发挥，亟须加快推进科研设施与仪器向社会开放，进一步提高科技资源利用效率。

二、全面把握开放共享的工作目标

通过构建全院统一规范的科研设施与仪器开放共享在线服务平台，实现重大科研设施与仪器的专业化和网络化管理。建立健全院所两级科研设施与仪器开放共享的管理制度和工作机制，探索建立促进开放共享的激励引导机制、评价体系和奖惩办法，推动全院所有符合条件的科研设施与仪器纳入网络平台管理，按照功能实现分类开放共享，整体提升我院科技资源利用效率和开放共享水平。

三、重点明确开放共享的适用范围

全院各类重点实验室、工程（技术）研究中心、分析测试中心、质检中心、野外科学台站、公共实验室以及研究团队自行购置的大型科学装置、科学仪器服务单元和单台套原值在 50 万元及以上的科学仪器设备，应纳入院科研设施与仪器开放服务平台管理；单台套原值在 50 万元以下的科研设施与仪器，采取研究所自愿申报、院择优加入的方式，纳入院科研设施与仪器开放服务平台管理。

四、统一建设在线服务平台

按照科技部科研设施与仪器管理单位在线服务平台的标准，院负责建设统一的科研设施与仪器开放服务平台，并与国家网络管理平台进行对接；研究所负责按照科技部科研设施与仪器信息报送规范的要求，将本单位符合开放服务条件的科研设施与仪器全部纳入平台管理，公开科研设施与仪器的基本信息、使用办法和开放制度，提供实时在线服务。

五、分级制定开放共享管理制度

结合国家科研设施与仪器开放共享的相关管理制度和办法，院负责制定统一的重大科研基础设施和大型科研仪器开放共享实施管理细则和评价制度；研究所负责制定符合本单位实际情况的科研设施与仪器开放共享的管理细则和办法。

六、适时建立开放共享评价体系和奖惩办法

院负责建立科研设施与大型仪器开放共享评价考核体系，定期对研究所科研设施与仪器的运行情况、管理能力、开放程度、服务质量、开放效果等情况进行评价考核，评价考核结果向全院公布。依托基本建设专项、修缮购置专项等资金渠道，建立评价考核结果与研究所科研设施和仪器更新相挂钩的机制；依托基本科研业务费等资金渠道，建立开放共享后补助机制。对科研设施与仪器开放效果好、用户评价高的研究所，以后补助形式进行奖励；对于投诉率高、开放服务效果差的研究所，予以通报批评；对于评价考核落后、利用率低的仪器设备，可以按规定在研究所内或跨研究所调剂使用。

七、积极探索开放共享激励引导机制

研究所提供开放共享服务，应建立公开透明的成本核算和服务收费标准，可以按照成本补偿和非营利性原则，适当收取材料消耗、水、电等运行费，也可根据人力成本收取一定的服务费。服务收入纳入单位预算，统一管理。鼓励研究所积极探索仪器设施开放共享的组织实施方式，组建专业化的科学仪器服务机构和队伍，促进科研仪器设备的开放共享和社会化服务。

八、规范管理开放共享形成的知识产权

用户独立开展科学实验形成的知识产权归用户所有，所完成的著作、论文等发表

时，应明确标注使用科研设施与仪器情况；用户与研究所共同开展科学试验形成的知识产权，由双方事先约定权利归属。加强网络防护和网络环境下数据安全管理，研究所应当保护用户身份信息以及在使用过程中形成的知识产权、科学数据和技术秘密。

九、大力加强实验技术人才队伍建设

研究所应落实实验技术人员岗位、培训、薪酬、评价、职称等政策，培养专业化实验技术人才；对科学仪器设备集中使用的研究所，应建立专业化技术保障服务团队，不断提高实验技术水平、仪器设备维修水平和开放共享服务水平。

十、积极推进开放共享合作交流

鼓励和支持研究所加强与中国科学院、省级农业科研机构、涉农高校等开展科研设施和仪器共享合作，交流科研设施与仪器开放共享的成熟经验和做法；依托国家农业科技创新联盟，推动我院科研设施和仪器向联盟成员各单位进行开放共享；鼓励研究所积极加入地方或区域的科研设施与仪器开放共享平台。

十一、持续强化组织领导和责任落实

科研设施和仪器开放共享工作涉及科技、财务、基建、人事等多个部门，院成立由主管院领导牵头、机关相关部门参加的领导小组，加强统筹安排和协调配合，聚焦目标、统一部署、整体推进。研究所是科研设施与仪器开放共享的责任主体，应强化法人责任，切实履行开放职责，自觉接受相关部门的考核评估和社会监督，保障科研设施与仪器的良好运行与开放共享。

十二、有序推进组织实施

我院作为科技部科研设施与仪器向社会开放共享的试点单位，拟在 2~3 年内，建立并完善全院统一开放的科研设施与仪器网络管理平台，使符合条件的科研设施与仪器均纳入该平台统一管理；基本建成覆盖各类科研设施与仪器、统一规范、功能完善的专业化、网络化管理服务体系；制定实施细则、评价体系和奖惩机制，建立开放共享后补助制度，开展科研设施与仪器向社会开放情况的考核评价，推进科研设施与仪器开放共享，提高科研设施与仪器使用效率，支撑我国农业科技创新和产业发展。

中国农业科学院 “十三五”科学技术发展规划实施方案（摘要）

前　言

2015年10月，我院印发《中国农业科学院“十三五”科学技术发展规划》（以下简称“科技规划”）。“科技规划”系统研判了世界科技发展大势，深入分析了全面建成小康社会和推进“四化同步”的国家发展新形势与新需求，牢牢把握了国家实施创新驱动发展战略及深化科技体制改革历史机遇，谋划和明确了我院“十三五”时期科学技术发展目标和重点任务，并提出了规划任务落实的重点举措。“科技规划”在国家及相关部委的“十三五”规划发布前制定落实，对国家“十三五”相关规划编制产生了积极的引导和支撑作用，充分发挥了我院作为改革排头兵、创新国家队、决策智囊团的作用。

2016年以来，《中华人民共和国国民经济和社会发展第十三个五年规划纲要》《国家创新驱动发展战略纲要》《“十三五”国家科技创新规划》等国家战略和规划先后发布，确立了“创新、协调、绿色、开放、共享”新的发展理念，明确提出了建设“综合性国家科学中心”“国家技术创新中心”“建设世界一流科研院所”“在若干优势领域形成一批具有鲜明特色的世界级科学研究中心”等战略任务。2016年5月，习近平总书记在全国科技创新大会上对科研院所发展提出了“要根据世界科技发展态势，优化自身科技布局，厚实学科基础，培育新兴交叉学科生长点，重点加强共性、公益、可持续发展相关研究，增加公共科技供给”的具体要求。

为更好地贯彻全国科技创新大会精神，做好与国家及各有关部委“十三五”相关发展规划的衔接，准确把握我院“十三五”科技发展规划总要求，推进规划内容高效实施，确保规划目标顺利实现，特制定中国农业科学院“十三五”科学技术发展规划实施方案（简称“实施方案”）。“实施方案”以全面建成小康社会、推进农业现代化和进入创新型国家为总引领，根据已发布的国家战略规划以及《全国农业现代化规划（2016—2020年）》，整合“科技规划”和《中国农业科学院创新工程“十三五”发展规划》重点内容，进一步明确和量化我院“十三五”科技发展的目标、任务及措施，更加突出“创新、协调、绿色、开放、共享”发展理念，更加凸显农业科研国家队的使命和责任，更加聚焦顶天立地和重点跨越，对全院科技创新工作进行了系统设计和全面部署。

一、编制思路

（一）总体思路

面向国际科技前沿，面向国家重大需求，面向经济建设主战场，坚持需求导向和问题导向，全面贯彻落实五大发展理念，按照“顶天立地，重点跨越，协同创新，科学评价”总体部署，紧紧围绕初步建成世界一流现代农业科研院所的发展目标，推进“优势学科—卓越团队—重点任务—重大平台”一体化布局，形成以两类科学中心建设为核心内容的规划实施布局，统筹优化配置创新工程、基本科研业务费专项、青年英才计划、国家主体科技计划、基本建设项目、修缮购置专项等各类项目资源，推动科研管理机制创新，全面落实科技管理“五大计划”举措，明确规划重点任务依托实施的主体，建立目标明确、点面结合、重点突出、结构清晰的规划实施机制。

（二）编制原则

1. 目标导向，顶层设计

按照制定的预期目标和相应的参照坐标，加强顶层设计，通过一体化布局，将规划目标和重点任务按院所现状落实到研究所和团队，将管理服务落实到业务局，做好规划布局与推进落实的有机衔接，处理好基础研究与技术开发、重点突破与协同攻关、上下左右联动配合等关系，形成全院资源配置统筹、组织管理统筹、速度与效率统筹的新格局。

2. 需求导向，突出重点

牢固树立科技创新服务产业重大科技需求、跃居世界农业科技高端的使命意识，坚持国家战略需求与我院建设发展相统一，原始创新与集成创新相统一、顶天研究与立地转化相统一，着力解决事关国家全局和长远发展的基础性、战略性、前瞻性的重大科技问题。强化“十三五”科技创新发展的优势战略、特色战略、蓄势战略和协同战略，以科学（技术）中心、一流院所建设为重点，谋划布局卓越团队、重大平台和重点任务，统筹资源优先支持优势领域率先取得突破，确保我院科技竞争实力得到大幅提升。

3. 双轮驱动，强化激励

把科技体制改革和农业科技创新作为推动建设世界一流现代农业科研院所重点任务的两大动力源，以机制创新推动体制改革，建立健全院所开放协同治理模式，推进资源共享、协同创新的科研组织模式，营造激励创新转化的公平竞争环境。完善科技评价机制，开展第三方评价，以创新效果、创新能力和创新效率为核心内容，建立科技规划重点任务实施成效的分类考核评价体系，有效利用评价结果，及时调整重点支持领域，提高资源配置的有效性。

4. 细化任务，明确责任

建立以创新团队为实施基础、研究所为责任主体、院级统筹协调的工作机制，明确科技规划各项重点任务的实施目标、工作举措、责任主体及时间节点，分步细化，整体推进。加强部门间的协调配合，强化督查督导，及时开展实施检查和实施评价，确保规划任务有效落实。

（三）技术路线

实施方案突出 4 条主线，对应规划中的学科布局、卓越团队、重大平台、协同创新、创新机制“4+1”重点任务，落实五大计划举措和实施重点措施。通过对每项重点任务进行细化分解，层层深入，做到每条实施路线均具有目标、有支撑、有依据、有要求，任务细化、责任具体，实现对“十三五”科技发展规划重点任务全面落实（图 1，图 2）。

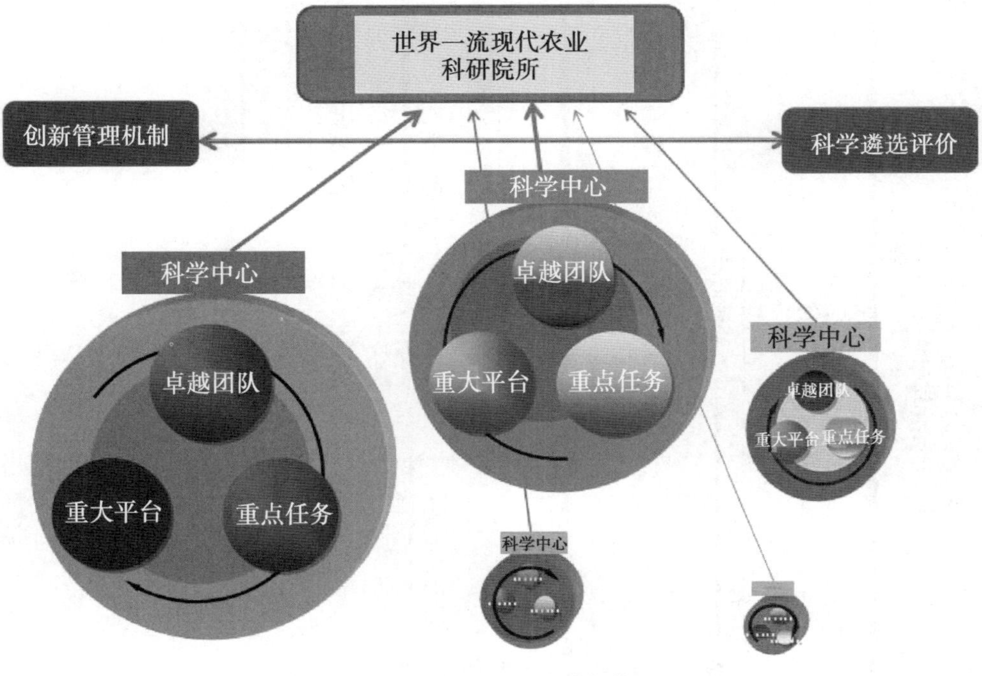

图 1 一体化组织实施架构

“学科主线”：以我院现有学科体系为出发点，依据学科发展基础、优势和需求，通过进一步优化学科力量布局，突出发展重点，提出重点优势学科领域，谋划和部署“世界级农业科学中心”及“国家级农业科学技术中心”，作为引领未来创新发展的“学科高地”和世界一流现代院所的核心支撑。

“团队主线”：立足于我院现有的 332 个科研团队，面向重点优势学科，引进和培

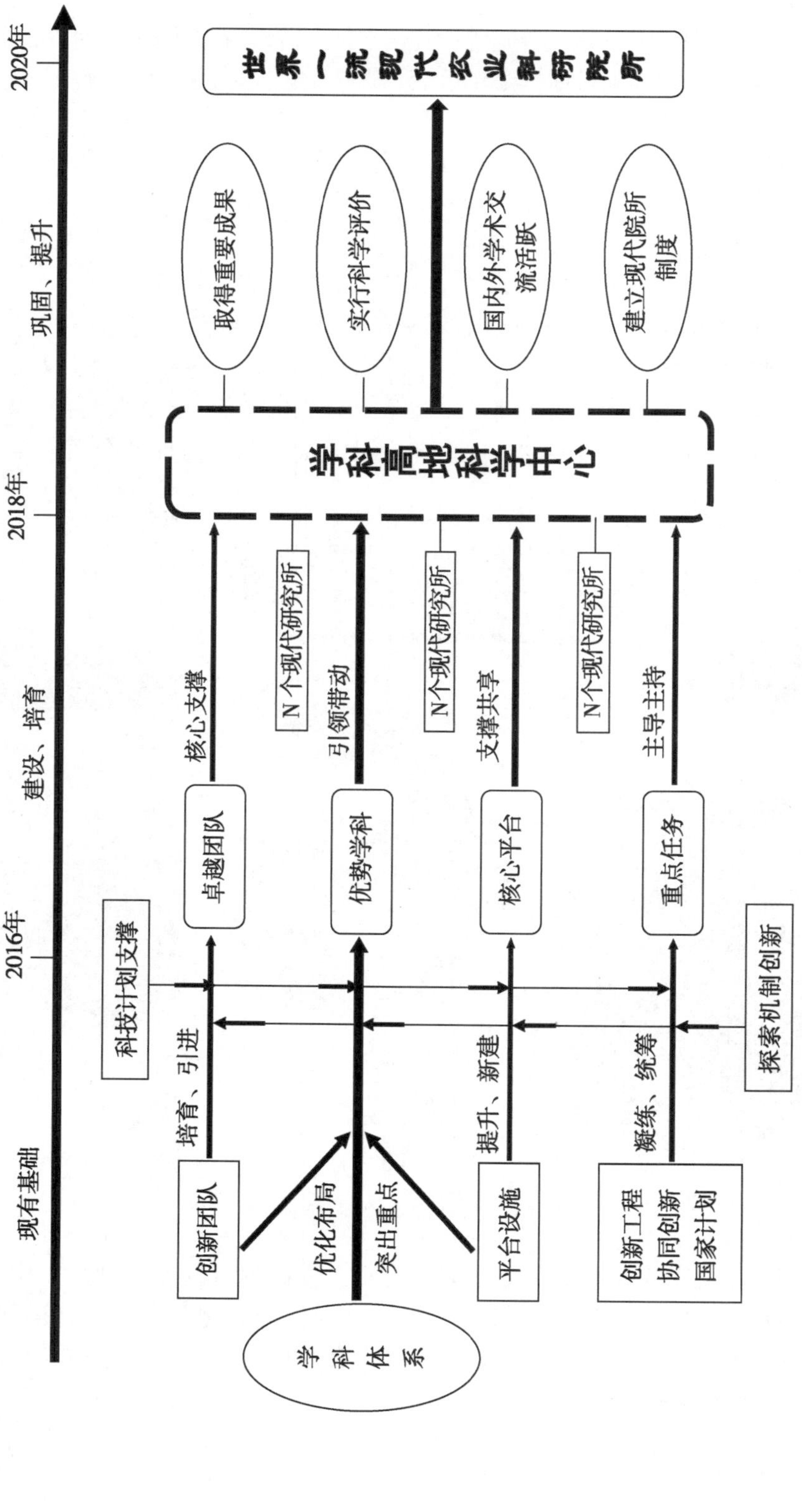

图2 规划组织实施技术路线

育并举，调动院所两级资源，加强科研立项、科研平台、重点成果培育等的倾斜性支持，创新管理机制，强化团队文化建设，培育一批符合科学中心建设需求的卓越团队。

“平台主线”：围绕重点优势学科，以我院现有国家重大科学工程，国家重点实验室、国家工程实验室、农业部学科群综合实验室等基础设施为出发点，通过提升现有平台，推动立项新建重大平台，形成支撑科学中心的核心平台，建成拥有装备先进、功能完善、运转高效的重点科技平台体系。

“任务主线”：从重点学科的方向任务部署与凝练出发，在战略必争的基础和前沿领域、产业核心关键技术、区域发展综合解决方案、农业科技基础性长期性工作等方面，有重点地谋划和部署重点任务，跨院、跨所协同作战，多渠道推动项目立项，在本领域多个方向主持国家科技计划项目，实现本学科重要研究领域的重点跨越。

二、实施目标

（一）总体目标

到2020年，全院自主创新能力、创新效率和创新活力明显提升，科技竞争力和国际影响力显著增强，引领和支撑现代农业发展的能力持续提高，符合农业科技发展规律的体制机制创新取得新突破。全院一半的研究所建成定位准确、布局合理、协同治理、运行高效的世界一流现代农业科研院所；一半的创新团队培育成为水平一流、充满活力的卓越团队；在重点优势学科领域建设农业科学（技术）中心。在农业重大基础科学和科技竞争前沿、农业核心关键技术、区域可持续农业综合解决方案和技术模式等方面取得重大突破，成为参与国际农业科技竞争的国家队，进入创新型国家的主力军，引领支撑现代农业发展的核心力量。促进科技创新由点的突破向整体提升转变，重大科技成果产出由数量增长向量质双升转变，科技评价方式由定量评价向分类评价转变，科研管理模式上积极推进“放管服”改革，加快由单向管理向分类施治、协同治理转变。

（二）具体目标

1. 建设34个农业科学（技术）中心

依据学科发展基础、优势与需求，谋划部署“世界级农业科学中心”和“国家级农业科学技术中心”，不断提升优势学科，打造引领全院跨越发展、支撑世界一流院所建设的学科高地。“十三五”期间，推动建设10个世界级农业科学中心和24个国家级农业科学技术中心。其中：重点建设作物种质资源与基因改良科学中心、农业生物安全科学中心、水稻生物学与遗传育种科学中心、预防兽医学科学中心、动物营养与饲料科学中心、棉花生物学与遗传育种科学中心等6个世界级农业科学中心；培育建设油料生物学与遗传育种科学中心、蔬菜生物学与遗传育种科学中心、农业基因大数据科学中心、食品与营养学科学中心4个世界级农业科学中心。

2. 建设16个世界一流现代农业科研院所

瞄准现代农业建设的需要，加快现代农业科研院所建设，高效引领和支撑现代农业发展。按照一流学科、一流人才、一流平台、一流成果、一流文化制度的标准，“十三五”期间，重点推进16个研究所建设世界一流现代农业科研院所，分别是作物科学研究所、植物保护研究所、蔬菜花卉研究所、农业环境与可持续发展研究所、北京畜牧兽医研究所、饲料研究所、农产品加工研究所、生物技术研究所、农业资源与农业区划研究所、中国水稻研究所、棉花研究所、油料作物研究所、茶叶研究所、哈尔滨兽医研究所、兰州兽医研究所、上海兽医研究所。

3. 培育173个卓越团队

立足现有创新人才和团队力量，引进和培养并举，加强创新人才和创新团队的培育，打造三类卓越团队。在科研立项、科研平台、重大成果培育等方面予以倾斜支持，加强岗位管理、分类评价和绩效激励，推动创新文化建设，大力营造良好工作氛围与团队凝聚力，重点培育173个卓越创新团队（占我院创新团队总数的52%），成为世界级农业科学中心和国家级农业科学技术中心的硬实力和核心支撑，其中，国际知名创新团队38个、国内领先创新团队104个、行业特色创新团队31个。

4. 推动重点平台提质升级

以增强院学科体系与平台建设的系统性和配套性为主线，围绕支撑优势学科高地和服务卓越团队，系统谋划、统筹布局，推动共享，在“十三五”期间，围绕农业科学（技术）中心建设50个左右开放的重大公共平台和联合实验室，成为国内外合作的重要支撑平台；建立100个左右综合性试验基地与专业性试验基地，成为成果试验示范的重要平台。

5. 促进科技产出量质双升

统筹培育资源，创新培育机制，不断提高创新效率和产出水平，攻克产业发展急需的重大技术难题，取得一批突破性的学术性成果与实用性成果。进一步培育形成一批高水平论文和重大品种、重大专利、重大产品、重大奖励成果，显著提升我院自主创新能力和国际影响力，引领支撑农业现代化发展。

三、实施重点

围绕我院重点学科领域和研究方向，优化配置学科力量，合理布局重点任务，落实具体实施单位。依据学科发展基础、优势与需求，部署建设“世界级农业科学中心”和“国家级农业科学技术中心”两类学科高地，提升优势学科整体水平，支撑世界一流院所建设。加强科研力量统筹布局，整合新建基础性公共研究平台和区域研究中心，开辟技术创新和新产品创制研发方向，培育新的学科增长点。创新科研管理机制，建成一批定位准确、布局合理、协同治理、运行高效的世界一流现代农业科研院所。

（一）建设农业科学（技术）中心

按照院所现有创新基础、学科优势和产业发展需求，明确任务方向，培育卓越团队，提升和新建重大平台，系统部署战略必争的重大基础与前沿技术、产业核心关键技术、区域发展综合解决方案、基础性长期性工作等协同创新任务，统筹各类科技资源推动世界级农业科学中心和国家级农业科学技术中心建设。

明确重点方向：聚焦学科发展优势和重点研究方向，明确科学中心的发展定位及目标。

落实科研任务：根据学科中心的定位及重点研究方向，主要从“十三五”期间国家主体科研计划和国家自然基金项目的重点选题、科技创新工程重点科技任务、我院基本科研业务费重点支持领域的科研选题、国家农业科技创新联盟协同创新任务中，落实各科学中心的科研任务。

培育卓越团队：立足于我院创新工程团队，从统筹科技资源的角度，对发展基础好、态势强、有优势或特色的创新团队进行重点支持，全力培育一批卓越团队。

建设重大平台：按照规划中两类学科高地的参照坐标，世界级农业科学中心的依托平台主要包括国家重大科学工程、国家重点实验室等重大科技设施、综合试验基地及国际联合实验室或研究中心；国家级农业科学技术中心的依托平台主要包括国家工程中心、国家工程实验室、农业部学科群重点实验室等开放共享的重大科学设施、平台或综合试验基地。

拓展新兴学科：主要包括需拓展的新兴交叉学科领域、需培育的重点技术研发方向以及需培强扶壮的传统特色学科领域。

明确依托单位：主要包括能够承担学科中心重点科研任务的研究所，以及支撑学科中心建设的卓越团队及科技平台的所属研究所。

引导重大产出：以推进学科发展和解决产业需求为导向，改进培育机制，培育形成一批高水平论文和重大品种、重大专利、重大产品、重大奖励成果，显著提升创新能力和影响力。

1. 世界级农业科学中心

世界级农业科学中心是在某一学科领域内具有重要国际影响的农业学术高地。由一个研究所或多个研究所同一领域的若干国际知名创新团队共同组成，并拥有一位以上具有国际影响的科学家；依托国家重大科学工程、国家重点实验室等重大科技设施及国际联合实验室或研究中心，在本领域取得国际同行公认的科研成就，发表了一批具有重要国际影响的学术论文，取得了一批标志性的重大成果，并具有拓展本学科重要研究领域，主导该方向科技创新的科研实力；国际学术交流活跃，主导或参与本领域国际合作重大项目，能够吸引一定数量的海内外知名同行专家前来开展合作研究（表 1）。

表 1　“十三五”拟建设的世界级农业科学中心

序号	类型	世界级农业科学中心
1	重点建设	作物种质资源与基因改良科学中心
2		农业生物安全科学中心
3		水稻生物学与遗传育种科学中心
4		预防兽医学科学中心
5		动物营养与饲料科学中心
6		棉花生物学与遗传育种科学中心
7	培育建设	油料生物学与遗传育种科学中心
8		蔬菜生物学与遗传育种科学中心
9		农业基因大数据科学中心
10		食品与营养学科学中心

说明：依据中国农业科学院学科发展基础、优势与需求，在满足世界级农业科学中心参照坐标中关于拥有国家重大科学工程、国家重点实验室、国际联合实验室或研究中心等重大科技设施，并吸引了一定数量的海内外知名同行专家前来开展科技合作等硬性条件的优势学科领域内，筛选出以上 10 个拟推动建设的世界级农业科学中心。

2. 国家级农业科学技术中心

国家级农业科学技术中心是在某一学科领域内居国内领先水平的农业科技创新高地。由一个研究所或多个研究所同一领域的若干国际知名创新团队和国内领先创新团队共同组成，并拥有多名国内领军科学家；依托国家工程中心、国家工程实验室、农业部学科群重点实验室等开放共享的重大科学设施、平台或综合试验基地，近年来在本领域多个方向上主持了一批国家科技计划项目，取得国内同行公认、国际先进或国内领先的科研成就，解决了领域内若干关键科学问题或突破了若干核心技术，引领本领域科技进步或推动产业升级；国内外学术交流活跃，科技创新的辐射带动作用强，组织开展跨区域、跨学科协同创新（表 2）。

表 2　“十三五”拟建设的国家级农业科学技术中心

序号	国家级农业科学技术中心
1	农作物分子育种科学技术中心
2	农作物转基因育种科学技术中心
3	作物耕作与栽培科学技术中心
4	果树育种与栽培科学技术中心
5	茶树育种与加工科学技术中心

（续表）

序号	国家级农业科学技术中心
6	畜禽实验动物科学技术中心
7	动物资源与育种科学技术中心
8	动物疫病诊断科学技术中心
9	中兽医与兽药研制科学技术中心
10	特种动植物资源与利用科学技术中心
11	蜜蜂遗传育种与授粉科学技术中心
12	节水农业科学技术中心
13	土壤肥料科学技术中心
14	农业气象与气候变化科学技术中心
15	农业环境与修复科学技术中心
16	设施环境工程科学技术中心
17	农业微生物资源与利用科学技术中心
18	智慧农业科学技术中心
19	草牧业科学技术中心
20	农业科技服务云平台科学技术中心
21	农产品质量安全科学技术中心
22	农业装备科学技术中心
23	沼气工程科学技术中心
24	农业政策分析与决策支持科学技术中心

说明：依据中国农业科学院学科发展基础、优势与需求，在满足国家级农业科学技术中心参照坐标中关于拥有国家工程中心、国家工程实验室、农业部学科群重点实验室等开放共享的重大科学设施、平台或综合试验基地，近年来在本领域多个方向上主持一批国家科技计划项目等硬性条件的优势学科领域内，筛选出以上24个拟推动建设的国家级农业科学技术中心。

（二）建设公共和区域研究中心

按照我国农业农村经济发展的实际需求和新兴、交叉学科发展态势，谋划全院学科力量的优化布局和机构设置，培育学科新增长点，加快全院学科布局体系建设。通过增设、撤销、更名、合并等方式，加快对果树、东北粮食作物、南方经济作物、经济昆虫资源、烟草、麻类、生物质能源等领域的学科及机构进行优化、整合。统筹共性需求与现有科技资源，建立种质资源、作物繁育、农业基因组、大数据服务等基础性公共研究平台。加强与不同区域内农业科研机构和高校的联合共建，开展西北、华东等区域性综合研究平台建设；从供给侧改革、农业产业结构调整角度，明确专业性研究所的发展定位，遵循需求导向，优化科研力量布局，推进科技资源共享，强化核心竞争力的提升。

重点建设农业生物资源中心、作物繁育研究中心、农业基因组研究中心、农业综合大数据集成服务中心、西部农业研究中心、黄河三角洲现代农业工程技术研究院（中心）等。

（三）建设世界一流现代科研院所

围绕“十三五”时期规划重点任务，统筹集聚各类资源，在实施世界级农业科学中心、国家级农业科学技术中心及公共和区域研究中心等主要任务的同时，重点推进作物科学研究所、植物保护研究所、蔬菜花卉研究所、农业环境与可持续发展研究所、北京畜牧兽医研究所、饲料研究所、农产品加工研究所、生物技术研究所、农业资源与农业区划研究所、中国水稻研究所、棉花研究所、油料作物研究所、茶叶研究所、哈尔滨兽医研究所、兰州兽医研究所、上海兽医研究所 16 个研究所的世界一流现代科研院所建设。

建设一流创新能力。配合学科高地建设，提升相关研究所优势学科发展水平，力争拥有一个以上有国际影响优势学科；依托基础研究引导计划等，重点打造卓越团队，围绕优势学科建设，布局和加强人才引进和培育，力争使相关研究所拥有至少一位有国际影响的科学家及至少一个国际知名团队；依托重大项目储备计划和重大成果培育计划等，使相关研究所主持承担多项国家重点科研任务，主导一批引领学科发展、符合产业重大需求的科研选题，取得一批一流的学术性或实用性成果；通过实施重大平台推进计划，使相关研究所拥有一定规模装备精良和开放共享的科研设施条件；通过实施农业智库建设计划，使相关研究所主导本学科领域的宏观研究能力显著提高，具备较高水平的科技竞争力和国际影响力。

建立现代院所制度。完善人才引进培养路径，健全岗位绩效工资制度，强化以业绩为导向的绩效评价与激励制度；完善因需设岗、因岗聘人、能进能出、能上能下、开放流动的新型人事制度；完善保障高效使用、具备监管机制的财务制度；通过完善科技战略顶层设计、强化科技项目和平台管理，建立运行规范、活力充沛的科技创新和成果转化与评价制度。

建设院所创新文化。积极营造先进的科研理念和创新环境。充分落实学术委员会制度，建立学术诚信管理体系；深入挖掘研究所特色核心价值，发扬优良传统，强化科研团队人才梯队建设，构建以研为先、以人为本、相互尊重、团结协作、积极向上的学术环境；实施分类评价，鼓励原始创新、集成创新和协同创新，形成不畏艰难、崇尚科学、讲求公正的创新文化氛围。

四、实施保障

（一）明确进度安排

2016 年，科技局负责制定完成《中国农业科学院“十三五”科技发展规划实施方案》，经院常务会审议通过后印发全院。面向全院和社会对“十三五”科技发展规划及实施方案进行重点宣传和解读。

2016—2017 年，加快规划任务的部署落实。各责任单位根据实施方案，立足各自职责，制订落实方案，推进任务到位。各相关研究所，在明确自身发展目标的基础上，对承担的科学（技术）中心、世界一流科研院所等建设任务进行细化分解，将责任分工落实到具体的团队及部门，制定阶段性目标及具体举措；列入培育计划的创新团队在人才引进和培养、科研成果产出、团队结构优化、团队创新文化建设等方面，明确具体的发展方向和计划。面向世界农业科技前沿，立足于保障国家粮食安全，解决国家农业重大需求，解决产业关键问题，发挥改革排头兵、创新国家队、决策智囊团作用，科技局委托第三方评价机构，按照参照坐标，分别制定世界一流科研院所、农业科学（技术）中心、卓越团队的遴选评价体系，开展评估工作。

2018—2019 年，全面推进规划任务实施。加快制度体系建设，围绕科技创新、卓越团队培育、科技平台和试验基地建设、国际合作等重点工作，制定落实科研管理、科技评价、协同创新、转化激励、平台共享等新型运管机制，构建符合世界一流科研院所需求的科技管理政策与制度体系。2018 年年底启动中期检查督导，院有关部门对一流院所、科学（技术）中心、卓越团队等建设情况开展中期检查，督查各项任务的进展情况，提出继续重点支持或调整的意见。

2020—2021 年，启动全面评价工作。科技局委托第三方机构，重点对农业科学（技术）中心、世界一流院所等建设情况，开展全面系统的综合评价，对照我院世界一流现代院所建设发展目标，提出重点任务完成情况的评价结论和咨询建议。2021 年，对全院“十三五”期间科技创新与建设发展中的做法、成效、经验和不足等进行全面总结，提出我院“十四五”科技发展战略构想，展望未来发展规划与方向。

（二）实施五大计划

围绕规划目标和重点任务，统筹现有经费渠道，统筹部署实施科技管理五大计划，有效支撑“十三五”科技发展规划各项任务顺利推进，确保实现既定目标。

1. 基础研究引导计划

围绕国家粮食安全、资源安全、生态安全、生物安全、食品安全等重大需求，引导我院基础研究杰出人才，围绕动植物品种改良与繁殖、农业资源安全与高效利用、农业生态功能与环境修复、农业生物灾害与防控、农产品质量安全与营养功能挖掘及农业信息与经济理论方法创新等领域的重大科学问题开展创新研究，组织实施一批基础研究引导计划项目，培育一批国家自然科学基金重点重大储备项目、优青、杰青后备人才和创新研究群体后备团队，推动一定规模的国家自然科学基金重点、重大、优青、杰青项目、创新研究群体项目立项，在重点领域突破一批亟待解决的农业重大科学问题，获得一系列具有重大影响的学术成果，着力培养一支具有较高学术水平和影响力的中青年领军人才队伍，培育若干具有较强自主创新能力和国际影响力的创新研究群体，推动我院基础研究水平加快提升。

责任单位：科技局、人事局

2. 重大项目储备计划

围绕我国农业产业发展需求，面向农业基础科学选题、农业前沿高新技术选题、农业产业发展核心技术选题、区域农业发展综合技术解决方案选题、农业基础性长期性科技工作任务选题、国际合作大科学计划和“一带一路”国际合作选题等进行重点储备，为国家自然科学基金重点重大项目、国家科技重大专项、国家重点研发计划基础研究专项、国家科技平台设施与人才重点专项、行业部门的重大项目以及院创新工程协同创新行动等提供项目储备支撑。从农业发展重大问题解决方案入手，凝练形成一批院科技创新工程协同创新行动专项任务选题，构建重大项目储备库，建立重大项目推荐机制，为国家科技计划提供任务建议储备。同时，利用储备项目积极争取中央财政专项及部委预算专项的稳定支持，创造重大科研成果，解决农业产业发展中的重大关键问题。

责任单位：科技局、转化局、国合局

3. 重大成果培育计划

通过统筹全院科技资源，改进重大成果形成与培养机制，建立具有我院特色的重大成果培育工作体系。培育形成一批高水平论文和重大品种、重大专利、重大产品、重大奖励成果，显著提升我院创新能力和影响力。力争在世界顶尖学术期刊上发表一批高水平学术论文；推进重点品种审定进程，扩大新品种的影响度、覆盖面，扩大品种推广应用面积；加强重大专利技术的转化应用，提升专利的经济价值，注重专利所有权维护；培育农药兽药等重大产品，获得一批具有重大应用前景和自主知识产权的农药兽药等技术产品，加大对技术产品的产业化开发力度；培育重大奖励成果，加大技术成果的推广应用和宣传力度，及时申报和力争获得国家级、省部级等科学技术奖励。通过实施重大成果培育计划，形成以推进学科发展和解决产业重大问题为导向的重大成果培育机制，重点支撑和引领农业产业发展。

责任单位：科技局、转化局、国合局

4. 重大平台推进计划

围绕农业科学（技术）中心建设，重点加强作物种质资源与基因改良、农业生物安全、水稻生物学与遗传育种、预防兽医学、动物营养与饲料等领域重大平台建设，结合国家农业科技重大需求和我院基础学科发展优势，重点开展国家（重点）实验室、国家重大科技基础设施等国家级科技平台前期预研，推动国家级重大平台立项。推动国家（重点）实验室、重大科技基础设施等国家级重大平台立项；推动建设国家级农业科学技术中心，完善现有重大平台的运行运转，推动新建一批部级重大科技平台；加快构建全院统一的开放共享网络系统、数据中心和国家农业科学实验站，大幅提升我院科技平台支撑能力。

责任单位：科技局、基建局、转化局

5. 农业智库建设计划

面向未来农业高端智囊团建设需要，统筹全院各层次、各专业领域的智力资源共同参与、协调发展，形成定位明晰、特色鲜明、规模适度、布局合理的农业智库体系。组建形成由我院农业知名专家、创新团队首席、团队青年骨干等共同组成的高层专家库；统筹院学术委员会，以及各学科专业学会为主体的专业学术力量，形成专业学术咨询系统；建立以我院科技发展战略研究团队为主体组成的战略研究库，培养和打造一支长期、稳定的战略研究队伍；依托中国农业科学院科技经济政策研究中心等平台，针对国家宏观政策、科技理论、科技资源等开展战略咨询和研究活动，开展学科评价和科技竞争力分析，为我院科技规划与未来研究重点提供支持。通过“十三五”时期的建设完善，形成满足我院顶天立地、跨越发展需求的新型智库体系，为服务我院现代院所建设提供智力支撑。

责任单位：院办、科技局

（三）创新运管机制

深化科研管理机制创新，从科研组织、科技评价、联盟协同、产权激励等角度全面落实中央科技体制改革战略部署，按照符合农业科研发展规律，符合现代农业科研院所建设的实际需求，推进研究所的设置与布局，改进科技评价、科技奖励的组织模式与激励方式，吸引和培育高水平优秀人才与创新团队，为创新活动积极营造崇尚科学、激励创造、自由探索、公正民主的学术氛围。

1. 健全科研管理体制

统筹全院资源，按照东北振兴、中部崛起、西部大开发、东部率先四大板块和“一带一路”建设、京津冀协同发展、长江流域经济带等国家区域发展总体战略布局，优化我院的科研力量布局和机构设置。加强科研组织协调、指导和监督服务，深化科研管理“放管服”改革，建立开放协同的治理模式。健全民主决策、学术咨询与评价激励制度，强化农业智库建设，充分发挥学术委员会决策、咨询、评价职能，形成规范、科学、高效的科研管理体制。

责任单位：科技局、转化局、院办

2. 完善科技评价机制

完善分类评价制度。基础和应用基础研究以代表性成果的同行评价为主，重视学术成果被引用和认可的情况，引入第三方的评价机构对学术成果进行先进性和前沿性评价。应用研究以国家目标和社会责任评价为主，更加突出代表性成果的技术创新性、先进性和成熟度评价；组织开展科研团队影响力评价方法研究，提出影响力评价指标体系，启动科研团队影响力评价工作。研究提出管理人员绩效考评指标体系、评价程序和评价方法，开展管理人员绩效考评。支撑人员绩效考评方法研究。研究提出支撑人员绩效考评指标体系、评价程序和评价方法，开展支撑人员绩效考评。完善绩效考评结果应用机制。出台相关政策文件，建立经费保障水平与绩效考评结果、预算执行进度等因素直接挂钩的结果应用机制。

责任单位：院办、人事局、科技局

3. 推进联盟协同机制

完善联盟成员间的定期磋商、资源共享、目标控制、评价激励、开放合作的协同机制。制定联盟各种规章和管理办法。整合联盟成员的科技优势资源，推动科研设施、仪器设备、生物资源等资源开放共享。实施协同创新行动，凝练联盟重大任务，联合攻克重大科技难题。完善创新转化激励机制，出台协同创新利益分享办法，明确各方在科研产出方面的分配方式、权益比例。通过全国农业科技成果转移服务中心建设联盟单位成果展示交易平台，加强科技成果的定向推荐，形成联盟内的科技成果转化便捷通道。

责任单位：科技局、转化局、国合局

4. 创新转化激励机制

以科技成果转化法、知识产权保护法等法律法规为基础，在院所两级建立适合院情、所情的创新创业激励机制。出台鼓励科研人员创新及促进科技成果转化的实施意见、知识产权管理办法、科研人员绩效管理办法，明确成果转化利益分享机制。出台协同创新的利益分享办法，明确各方在科研产出方面的分配方式、权益比例。加强国家种业科技成果产权交易中心和全国农业科技成果转移服务中心的建设，拓展转化平台的服务范围和功能，为用户提供更为便捷、高效、及时的成果转移转化服务。

责任单位：转化局、人事局、财务局

5. 强化平台共享机制

统筹我院科技平台资源，按照“整合、共享、完善、提高”的要求，强化资源共享机制，打破资源壁垒，优化资源布局，推进共享试点，促进科研设施、仪器设备、生物材料、科研成果等资源的开放共享。加快仪器设备、基础设施、科研材料等的共享平台建设，依托共享平台开展科研设施与仪器设备开放共享服务，根据科研设施与仪器开放共享的实际需要，制定开放共享评价标准和办法，建立可操作的评价制度和知识产权保护机制，根据开放共享需要，培养一支服务于平台共享管理和技术实操的骨干队伍。落实奖惩措施，形成重点扶持、主动参与的科技平台共享利用新局面。

责任单位：科技局、财务局、基建局

（四）优化配置资源

围绕规划目标和主要任务，努力争取各类科技资源，合理整合和配置现有科技资源，保障规划任务顺利实施。充分调动创新团队的积极性，挖掘资源潜力，发挥最大效益。根据规划明确的学科发展方向和布局需求，调整优化院科技创新工程、基本科研业务费等经费的支持重点，面向一流院所建设，我院自主支配的科技资源优先向学科高地、卓越团队、协同创新任务、重大科技平台倾斜，推动项目、经费、人才、平台、基地、制度、文化“一体化”同步发展，形成突出重点、扶优扶强的支持格局。“十三五”期间，院自主经费的80%以上将面向农业科学（技术）中心建设进行布局，其中支持卓越团队的经费按高于一般团队的50%予以配置，协同创新任务按照40%～50%的比例由创新工程经费单独设立重大任务进行配置。

责任单位：科技局、财务局、基建局、转化局、国合局

（五）开展第三方评价

以落实规划重点任务、科学决策资源配置为导向，建立健全规划实施评估制度。委托具有相应资质的科技社团或咨询公司第三方专业机构，对推进一流院所建设、建设学科高地及培育卓越团队等规划任务实施情况、目标完成情况、成果绩效、组织管理、条件保障等开展独立评估，出具咨询意见。

通过实地考察、座谈访谈、专家研讨等形式开展定性评估，对规划重点任务落实的基本情况、基本特征作出判断，提炼共性问题等；通过各类定量指标的数据收集与分析，对照规划目标，得出目标完成情况的定量评估结论。

按照世界一流现代农业科研院所的参照坐标，对培育建设的研究所的评价主要包括：学科优势发展情况、具有国际影响力的人才队伍建设情况、重大科技创新情况、科研设施条件建设情况、现代院所管理制度和文化建设情况等；按照世界级农业科学中心的参照坐标，对培育建设的科学中心的评价主要包括：重大科技设施及国际联合实验室或研究中心的建设情况、具有国际影响的科学家的培育情况、取得国际同行公认的科研成就的情况、国际学术交流情况等；按照国家级农业科学技术中心的参照坐标，对培育建设的科学中心的评价主要包括：重大科学设施、平台或综合试验基地的建设情况、国家科技计划项目的主持情况、国内领军科学家的培育情况、服务产业重大需求的情况、国内外学术交流情况等；按照卓越团队的参照坐标，对培育建设的创新团队的评价主要包括：首席专家学术能力、团队结构、科技创新情况、国内外学术交流情况、团队文化氛围等。

规划实施前期，做好工作任务统筹部署；规划实施中期，对重点任务建设情况开展中期评估，形成任务执行进度的评估咨询意见，依据评价结果及时调整资源配置，倾斜

对优先领域、重点研究所和重点团队的培育与支持，实现效率优先、兼顾公平、绩效激励，提高资源投入的有效性；规划实施末期，对重点任务的完成情况开展总结评估。

责任单位：科技局、院办公室、人事局

（六）加强组织领导

成立规划实施领导小组，院领导担任组长和副组长，各局负责人担任成员。领导小组主要职责为：组织审议院科技发展规划实施方案，推动规划重点任务落实，督促和检查各项任务完成情况，组织开展评估评价，统筹协调规划落实中的重点难点问题。领导小组办公室设在科技管理局，科技局规划处具体负责规划实施过程中的组织协调工作。

院“十三五”科技发展规划实施领导小组名单

组　长：唐华俊

副组长：吴孔明　王汉中　万建民

成　员：院办、科技局、人事局、财务局、基建局、国合局、转化局、监察局、后勤中心等部门领导

（七）加强宣传贯彻

通过培训、座谈、宣讲等多种方式，面向全院和社会各界深入、全面、系统地宣传“十三五”科技发展规划及实施方案，明确规划实施的主要思路、重点任务与保障措施，出台机制创新的制度办法，推动任务细化到研究所、到创新团队、到科研平台，确保社会各界、全院上下理解到位、重视到位，形成共识，形成合力，营造良好氛围，推进落实到位，达到预期目标。

责任单位：科技局、院办

（八）落实责任监督

规划实施过程中，全院各单位、各部门要树立“一盘棋”的思想，增强大局意识、责任意识、服务意识。建立以团队为实施基础、研究所为责任主体、院级统筹协调的工作机制，加强部门间的沟通配合，做到协调一致、形成合力，共同推进。各研究所和有关部门要按照规划落实的具体要求，建立任务实施计划和工作方案，明确责任部门、责任人，加强任务落实的跟进和督导。适时组织规划落实中期检查和任务完成情况总结，对规划中的每项任务和要求，都要有计划、有检查、有督办，确保任务落实到位（表3）。

表 3 “十三五”科技发展规划工作落实责任分工

主要工作内容	负责单位
对全院科技工作统筹、协调和指导	科技局
完善科技评价机制	院办
完善科研人员绩效评价机制	人事局
争取各类经费资源保障各项任务需求	财务局
推进科技资源共享	基建局
推进国际合作平台建设	国合局
创新转化激励机制，推进基地建设	转化局
监督各项科技工作、经费使用	监察局
发挥支撑保障作用	后勤中心
具体建设实施	相关研究所

三、科技兴农

中国农业科学院2016年科技兴农工作总结

2016年，中国农业科学院以党的十八大、十八届五中全会以及全国科技创新大会精神为指针，以加快农业科技成果转化为目标，以促进农业绿色增产增效为核心，以实现“藏粮于地，藏粮于技”和“一控二减三基本”战略为重点，以落实“创新、协调、绿色、开放、共享”的发展理念为基本要求，组织开展了绿色增产增效技术集成模式研究与示范，为高产创建提供了技术储备；不断加强与地方政府的务实合作，推动区域现代农业的发展；组织开展了一系列科技培训活动，有效提高了基层农业生产技术水平；不断加大援疆援藏和科技扶贫工作力度，提高了边疆和贫困地区的自我发展能力。通过形式多样的科技兴农活动，推广应用了一批新品种、新技术、新产品等科技成果，有效提高了服务“三农”的能力，为保障国家粮食安全和促进农民增收提供了强有力的科技支撑。

全院共组织科技下乡8.1万人次，举办现场展示观摩会、技术培训咨询等科技服务活动1.68万次，培训基层技术人员和农民130万人次，发放技术资料288万份，推广新品种210个、新产品326个、新技术281项，推广科技成果总面积3.2亿亩，推广畜禽2.7亿头（羽）。有33个品种和50项技术列入农业部主导品种和主推技术。

一、绿色增产增效技术集成研究取得新进展，为农业可持续发展提供技术支撑

针对我国区域现代农业发展重大技术需求和关键瓶颈问题，中国农业科学院组织院内外相关单位继续推进水稻、玉米、小麦、大豆、油菜、棉花、马铃薯、奶牛、羊9个产业的绿色增产增效技术集成模式研究与示范工作，组建了攻关团队，完善了覆盖全国主要产区的协同攻关网络；集成了一批先进实用新技术，构建了一系列绿色增产增效综合技术模式；巩固和新建了一批试验示范基地，辐射带动了区域现代农业的发展，进一步完善了“增产增效并重、良种良法配套、农机农艺融合、生产生态协调”新型农业技术体系，形成了农业产业发展上、中、下游“一条龙”协作模式和全国“一盘棋”联合攻关新格局，为我国农业可持续发展提供了技术储备。

9个项目共集成140项先进适用技术，构建了29套可复制可推广的综合技术生产模式；建立试验示范基地98个，示范面积13.6万亩，示范奶牛和羊33万头，覆盖各类农业主产区和典型生态区17个省（区）；院内有19个研究所、45个团队、214名科技人员参加，院外有210个单位、2 200多人加盟联合攻关。

研究取得了良好的增产增效和绿色生态效果。种植业 7 种作物平均增产 29.6%，节水 30%，节肥 26%，节省农药 23%，平均每亩增效 538 元；养殖业每头奶牛增效 1 100 元，每只母羊增效 150 元。

研究工作得到了上级领导的重视和国内外同行的广泛关注。汪洋副总理、韩长赋部长和余欣荣副部长等领导多次做出批示和肯定，部分技术模式已被农业部和有关地方政府作为主推技术采纳推广，被联合国粮农组织作为范例在发展中国家推广。

（一）玉米构建了具有国际先进水平的“864”模式

由作物科学研究所牵头，联合院内外 18 个单位联合攻关。在山东、河南等 5 省建立示范区 5 900亩，辐射带动 400 多万亩。分别集成了高产优质新品种、机械多层施肥等 13 项技术，构建和优化了农机农艺八配套、科学播种六融合、绿色防控四结合的“864”综合技术模式。在山东德州 100 亩核心示范区，平均亩产 850 千克，增产 150 千克；在 20 万亩大面积示范区，亩产 667 千克，接近国际先进水平。同时，每亩减施农药 20%，减施化肥 10%，减少用工 30%，综合增效 220 元，有效提升了我国玉米产业国际竞争力。

（二）水稻全产业链技术模式缓解了农民卖粮难问题

由水稻研究所牵头，联合院内外 32 家单位开展了早、中、晚稻技术集成模式研究与示范。在浙江、黑龙江等 8 省建立试验示范基地 14 000亩。集成了“中嘉早”系列新品种以及植物抗病毒免疫等 15 项技术，构建和完善了早稻低镉积累、双季稻全程机械化等 6 套综合技术模式。在湖北省钟祥示范点，增产 18%，每亩增收 274.5 元；在江西省上高县，生产的优质水稻每千克价格提高了 1.2 元，每亩增收 300 元，形成了生产、加工、收购全产业链模式，有效缓解了农民“卖粮难”问题，推动了农业供给侧结构性改革。

（三）小麦实现了增产增效和绿色环保的目标

由作物科学研究所牵头组织开展了协同攻关。在河南、安徽等 5 省建立 37 个示范基地。集成了测墒补灌节水、测土配方减量施肥等 7 项关键技术，构建了“整乡建制小麦万亩示范”“粮食企业联动建设优质小麦示范”等多套综合技术模式。在河南新乡示范基地，平均亩产 600 千克、节水 40 吨、减施农药 25%、减施化肥 7.5 千克。集成的“黄淮海冬小麦机械化生产技术”“稻茬小麦机械化生产技术”被农业部列为 2016 年全国主推技术。

（四）大豆综合技术模式促进了产业调整和供给侧结构性改革

由作物科学研究所牵头，联合院内外 18 家单位联合攻关，在东北和黄淮海大豆主产区建立示范基地 58 000亩，重点集成了大豆玉米轮作倒茬、减量增效施肥等 15 项技术。示范点平均亩产 166 千克，增产 37%，节本增效 197 元。在黑龙江建设农场，平均亩产 220 千克，增产 38%；在安徽宿州亩产 214.2 千克，增产 77%，节本增效 412 元。“麦茬大豆免耕覆秸精量播种技术”被农业部列为主推技术。

（五）油菜破解了全程机械化关键技术瓶颈

由油料作物研究所牵头，联合院内外 11 家单位联合攻关，在湖北、湖南、江西等地建立示范基地 4 000多亩，集成了轻简高效生产、新型化学干燥等 7 项核心技术。在湖北省黄梅县核心示范区，平均亩产 186 千克，增产 23%，节本 20%，每亩增收 218 元。无人机技术大幅提高了生产效率，节约用药 20%；集成的新型化学干燥技术，促进了油菜成熟的一致性，一次性完成割倒、脱粒、秸秆粉碎还田、喷施秸秆腐熟剂等作业，突破了直接联合机械化收获瓶颈技术，实现了全程机械化，每亩降低成本 100 元，提高效率 1 倍。

（六）棉花实现了节本增效

由棉花研究所牵头，在新疆、山东、江西等主产区建立示范基地 3 500亩，集成了卫星导航无人驾驶精量播种、测土配方施肥及叶面营养诊断等 16 项技术，建立了适宜不同区域棉花生产综合技术模式。核心区平均每亩增产籽棉 30.6 千克，节本增效 400 元；示范区增产 20.5 千克，增效 260 元。辐射带动 13.4 万亩，每亩节本增效 170 元，同时提高了纤维品质，每千克提质溢价 0.3 元。

（七）马铃薯探索了科企合作新机制

由蔬菜花卉研究所牵头，联合院内外 12 家单位，在河北、甘肃、广西、内蒙古、云南等地区建立示范基地 17 000亩，集成了测土配方施肥、主食化加工等 7 项核心技术。在内蒙古察北核心示范区，每亩增产 238 千克，增收近 600 元，示范带动区每亩增产 144 千克，增收 350 元，节水 30%，节肥 42.8%，节农药 27.6%，开创了“科企合作”全产业链绿色增产增效新模式。在湖北襄阳万亩示范片，平均亩产 4 121千克，增产 49%，纯收入 1 万多元。

（八）奶牛提质增效有效提升了产业竞争力

由北京畜牧兽医研究所牵头，联合院内外 18 家单位，在黑龙江、山东、宁夏、内蒙古等地示范奶牛 3 万头，集成了酸化奶饲喂、性控精液人工授精等 9 项关键技术。在黑龙江鑫海奶牛养殖合作社，示范奶牛平均单产提高了 0.83 吨，增幅 9.5%，生乳脂肪为 4.0%、乳蛋白 3.20%，每毫升体细胞低于 30 万个，细菌总数低于 5 万 CFU，兽药费用下降 18.6%，每生产 1 吨牛奶节约饲料成本 200 多元，奶牛健康水平显著提升。2016 年，在平均奶价下降 6.4%的情况下，平均每头奶牛仍增收 1 100元，有效提升了产业竞争力。

（九）羊项目提高了农牧民收入

由兰州畜牧兽药研究所牵头，联合院内外 11 家单位协同攻关，建立了“科研单位+地方政府+企业+专业合作社+牧户”的产、学、研、政相结合的技术研发和示范推广平台。在西北肉羊优势区、内蒙古黄灌区和江苏中原优势区示范 13 万只，辐射带动 40 多万只，集成了高山美利奴羊选育与杂交利用、绵羊双胎免疫等 20 多项技术，构建了适合不同区域肉羊生产综合技术模式。在甘肃省肃南裕固族自治县示范点，母羊产羔率提高了 34%，双羔率提高了 14.1%，1 月龄羔羊体重提高 2.5 千克，成活率提高 11%，每只母羊每年增加效益 150 元。

二、落实农业部等上级部门的工作部署，组织开展了一系列科技兴农活动

按照农业部的统一部署，组织开展了粮棉油绿色高产创建、园艺作物标准园创建、水稻“双增一百”和玉米“双增二百”、测土配方施肥、农业科技信息进农家等一系列科技兴农活动，取得了显著的社会经济效益。

（一）粮食绿色高产高效创建模式攻关取得新成效

水稻、小麦、玉米、大豆等作物绿色高产创建和模式攻关工作取得显著成效，创造了一批高产新纪录。

在黑龙江省方正县开展了寒地水稻绿色高产高效技术集成与示范，亩产 616.4 千克，增产 10.9%。在四川绵阳开展的国稻 6 号单季稻高效全程机械化技术集成，平均亩产 739.5 千克，增产 5.27%。甬优 12 在浙江省江山市百亩示范片平均亩产 970.7 千克，最高达 1 024.1千克，再创浙江省最高单产纪录。

中麦 175 连续 7 年作为小麦第一大品种在甘肃、陕西等北部冬麦区推广，占种植面积的 40%。2016 年种植 563 万亩，平均亩产 400 千克，增产 5%，创造经济效益 2.7 亿元。推广中麦 895 258 万亩，平均亩产 550 千克，创造经济效益 1.7 亿元。

在河南新乡小面积示范的大豆新品系中作 XA12938 和中黄 301，亩产分别达到 306.1 千克和 314.7 千克，再创新纪录。麦茬夏大豆已连续 5 年平均亩产超过 275 千克，其中有 3 年超过 300 千克。

芝麻新品系 11M3068 在湖北襄州实现亩产 83 千克，增产 25.7%。

（二）积极推进园艺作物标准园创建工作

在河南省南阳市建立“中农红”和“突尼斯”软籽石榴标准园 5 000亩。与企业合作，在浙江省浦江县建设山地猕猴桃标准园 120 亩，已陆续开始挂果。在河南浚县建设葡萄、苹果、桃、樱桃等示范园 1 500亩，大部分进入结果期。组织专家到河南省沁阳、宁陵和洛阳等地指导标准果园建设，显著提高了生产技术水平和经济效益。指导辽宁省有关地区创建了 4 个高效精品果园和 1 个国家级标准园，并进行全程技术服务。对浙江、陕西等地的标准茶园提供栽培及管理技术服务，指导生产企业开展越冬管理、修剪、老茶园改造、测土配方施肥、病虫害综合防治等实用生产技术，发放技术资料 20 000份。

（三）推进水稻“双增一百”和玉米“双增二百”活动

水稻：在浙江、江西、湖南、安徽、湖北、新疆、黑龙江、广西等地建立 15 个示范区，面积 16 000亩，示范中嘉早 17、株两优 39 等优质高产新品种、轻型无土基质育秧新技术、精确定量机械直播配套等先进适用技术，在黑龙江、江苏、浙江等 20 多个省推广钵形毯状育苗机插技术 3 800多万亩。通过公益行业专项“南方低产水稻土改良技术研究与示范”项目，构建了低产土改良与地力提升技术模式，大幅度提高了土壤肥力水平，近 3 年累计示范推广 1 012万亩，新增纯收入 22.1 亿元。

玉米：在新疆奇台农场和 71 团示范玉米机收籽粒技术，创造了亩产 1 412千克的全国年度最高单产和千亩平均亩产 1 200千克的高产高效协同提升典范，探索了生产方式的转型。自 2006 年通过国家审定以来，“中单 808”累计推广 2 000多万亩，成为我国西南主栽品种。

（四）积极推广测土配方施肥技术

组织专家分赴吉林、辽宁、内蒙古、新疆、四川、西藏、贵州、湖北、湖南、安徽、江苏、上海、河北、河南、天津、北京、山东、山西等省（区、市）的县乡村和大型农场开展测土配方施肥技术培训与指导，培训技术骨干和生产一线人员3万余人。在一些乡村建立了示范区，引导农民应用测土配方施肥技术，取得了显著成效。小麦、玉米平均每亩增产50千克、节肥20千克、增效150余元。指导海拉尔农垦局建立了基于地理信息系统的测土配方施肥技术体系，实时指导每一块地施肥，推广300万亩，增产粮食7.5万吨，节约化肥9 000吨。

（五）继续推进农业科技信息进农家活动

不断加强灾情预测预判研究，为防灾减灾决策提供支撑，通过分析海温、大气环流形势等资料，研究厄尔尼诺、拉尼拉发生发展趋势，研判下一年旱涝灾害发生趋势，为防灾减灾工作赢得主动。在天津、河北等11个省应用“农信采”，采集农产品市场信息79万条。“农情1号”在河南省鹤壁市及时准确监测农情信息，并在东北平原、黄淮海平原和长江中下游地区开展了示范。在黑龙江省示范应用“天空地一体化农田地块大数据平台”，实时获取每个地块土地类型、作物长势等生产大数据。在河南、山西、新疆等地应用GF-1卫星冬小麦遥感监测技术，监测效率提高30%。向农业部、新疆、山东、河北等省发布《中国棉花生产景气报告》25期，发挥了重要的信息决策支持功能。

三、加快科技成果转化，促进农业转型升级

积极转化推广新品种、新技术、新产品等科技成果，打通成果转化“最后一公里”，加快农业“转方式、调结构”，促进农业供给侧结构性改革。

（一）新品种的推广提升了产量和质量

粮食作物：推广中嘉优6号、万象优111等水稻优良品种34个，面积1.2亿亩，中早39等5个超级稻品种入选农业部主推品种，中嘉早17成为全国推广面积最大的早稻品种。推广中麦175、中麦895、中育9398、中育9302等小麦新品种960万亩，中麦175成为黄淮旱地主栽品种，连续6年成为京、津、冀第一主推品种；中麦895成为陕西省主推核心品种。推广中单808、中单909玉米品种960万亩。累计推广中黄13大豆9 000万亩，连续9年居全国种植面积之首；推广中黄30、中黄37、中黄39大豆178万亩，中黄30成为西北地区主栽品种，中黄37逐步成为黄淮海南部地区替代品种。

棉花油料：在黄河流域、长江流域和西北3大棉区示范推广“中植棉”“中棉所”“银棉”等系列新品种30多个，其中在新疆推广中棉所49、中棉所92棉花140万亩，直接经济效益1.3亿元。示范推广油料品种31个，面积830万亩，新增社会经济效益2.2亿元，其中中双11、阳光2009、中农油6和中花16被农业部列为主推品种。

蔬菜瓜果：示范推广黄瓜、甘蓝、马铃薯、番茄等蔬菜新品种25个，面积682万亩。为20多个省提供马铃薯种薯百余吨。中薯3号、中薯5号、中薯6号打破了荷兰费乌瑞它独家垄断的局面，逐步成为主栽品种。在辽宁、河南、山东等省示范推广华红、华月等苹果品种，黄金蜜1号、中桃8号等桃品种，早金香、香红蜜等梨新品种30多个，面积25万亩。在陕西、河南等地推广郑州早玉、夏至红、北冰红等葡萄新品种9千亩，增收2 400万元。在河南、湖北等10余省示范推广翠丽、中兴红1号等西甜瓜新品种15万余亩。

经济作物：示范推广中苜3号等优质苜蓿新品种860万亩，辐射带动10万余亩，增产苜蓿干草7.39亿千克，新增产值10亿元。在山东、安徽、四川等地示范推广中烟103、中烟204等烟草新品种50万亩，创经济效益5 000万元。在浙江、四川等地推广中茶108、中茶302、中黄1号、中黄2号4个茶叶新品种5万亩。示范推广中农洋参1号5万多亩。在吉林推广人参新开河2号及灵芝新品种18.3万亩。在安徽、河南、湖南等地示范推广中红麻16号、中杂红328、中杂红368红麻新品种20万亩，创造社会效益1.12亿元。

畜禽：在甘肃、青海等地示范推广羊新品种高山美利奴羊2 300只，示范推广牛新品种大通牦牛1 050只。在京冀地区推广京星103鸡400万只，推广栗园油蛋鸡配套系68万套。在全国19个省推广中蜜一号蜜蜂配套系17.3万余群。

（二）新技术示范推广优化了产业结构

粮棉油：在黑龙江、浙江等20多个省示范推广超级稻高产栽培、稻鸭共育生态种养等15项新技术8 500万亩。在北京昌平、河北衡水等地示范推广集施肥、旋耕、播种、镇压、覆土、再镇压6项功能为一体的小麦立体匀播技术，增产10%以上。推广油菜“一促四防”抗灾和新型化学干燥等10项新技术，以及油菜、玉米轮作一次性免耕直播和一次性化学除草技术，每亩增效800元以上。油菜、棉花周年轮作每亩纯收益1 027元，增效652元。在辽宁、山东等13个省示范推广玉米机收籽粒技术，每吨降低成本200元。在山东、河南、安徽等省的43个县示范推广麦茬大豆免耕覆秸精量播种技术2万多亩。在湖南、湖北、安徽、新疆等地示范推广棉花早衰综合防控、轻简化育苗移栽、无人机飞防与病虫害综合防治、轻型机采棉等20多项先进适用技术85万亩，创经济效益1亿多元。

蔬菜瓜果：在河北、内蒙古等地示范推广设施蔬菜肥水气一体化、粉尘法施药、冬作马铃薯高产高效栽培等新技术17项，新增社会经济效益5 100万元。在辽宁、河南、山东、新疆等地示范推广水肥一体化、富硒果品生产、果园机械化生产、化学疏花疏果等技术42项，面积45.5万亩，增收节支2.7亿元。推广无籽西瓜简易大棚高效栽培、甜瓜花果管理等技术6万亩，新增效益8 000万元。智能LED植物工厂技术受到党和国家领导人的高度关注并给予了充分肯定。

畜牧生态：在甘肃、内蒙古等 20 多个省（区、市）示范推广羔羊早期断奶、羊标准化舍饲养殖、奶牛乳房炎防治等 16 项新技术，示范奶牛和羊 8.5 万头。

在山东、河北等 10 余省（市）的生姜、草莓、设施蔬菜、马铃薯、花卉等作物上，示范推广环保型土传病害综合防治技术，经济、社会与生态效益超过 30 亿元；在四川示范推广烟草品质精准调控技术 30 万亩，新增产值 2.16 亿元，烟农增收 1.31 亿元。在北京顺义区 4 个生态农场示范应用沼气发酵功能微生物强化技术处理果蔬废弃物，取得了良好的节能减排效果。

农机灌溉：在江苏、新疆、山东等地示范应用茶园机械化、热泵冷冻联合分段干燥、油菜毯状育苗、机采棉智能精量播种等 20 多项技术 500 万亩，创经济效益 800 万元。

在河南、新疆、山东等地示范应用冬小麦墒情自动监测、基于 GIS 的区域作物灌溉预报系统、农田水分农艺集成等 4 项节水灌溉新技术 50 万亩，新增经济效益 800 万元。

（三）新产品的推广增加了农民的收入

在山东、河南等 20 多个省示范推广新型农药 11 个，新型肥料 15 个，面积 1.5 亿亩。其中推广生物农药“阿泰灵”800 万亩，创造经济社会效益 8 亿元。在江苏等地示范推广节水灌溉、无人驾驶自动导航低空施药等农机装备 6 万多套，应用面积 20 万亩，经济效益 5 千万元。在山东、四川等地推广烟青虫诱捕器 8 万亩，推广“中烟”有机肥、枯草芽孢杆菌等 1.2 万余吨，应用 205 万亩，减少化肥施用量 3 000多吨，烟农增收 8 000万元。推广“红提大宝”“赤霉酸”等多种果树生长调节剂 6.5 万亩，直接效益 6 600万元。

推广口蹄疫液相阻断 ELISA 抗体检测试剂盒等动物疫病系列诊断试剂盒 2.7 万盒，经济效益 3 700万元。推广禽流感疫苗 48 亿羽份。推广牛羊微量元素舔砖 8 万头。推广应用中兽药“射干地龙颗粒”300 万羽蛋鸡。

四、组织举办技术培训和服务，开展“为农民办实事”活动

积极落实农业部“为农民办实事”工作部署。按照“实际、实用、实效”的原则，针对“三农”和产业发展的实际需求，依托院培训中心和各专业研究所，组织专家开展了以提高基层农技人员科技水平为目标的科技培训与技术服务活动，培训基层技术人员和农民 130 万人次，发放技术资料 288 万份，将先进的科技成果送到了农民手中，培养了一批生产技术骨干和新型农民。

粮棉油：依托水稻、小麦、玉米、大豆、棉花、油菜等产业技术体系及有关科技项目，在全国主产区组织培训技术骨干和各类农技人员 8.9 万人次，现场指导种田大户、农民 18 万人次。举办专题病虫害综合防治技术讲座 830 多次，指导培训农民、技术人

员 8.2 万人次。在新疆阿克苏、奎屯等 13 个县市，组织举办棉花现场观摩会 60 余场，在田间地头为棉农进行技术指导。

蔬菜：在北京、山东、河南、河北、江苏、安徽、内蒙古、海南、浙江、广东等地开展蔬菜栽培、育苗、病虫害防治、土壤消毒等各类技术培训 86 次，培训 2.3 万人，现场指导农民 4.5 万人次。举办现场咨询观摩会 90 多次，参加 1 万多人，发放技术资料 55 000份。

果树：在北京、辽宁、河北、山东、山西、陕西、河南、新疆、黑龙江、吉林等地组织举办农民技术员和农民科技带头人培训活动 580 次，系统培训了果园建园、简化修剪、设施生产、功能果品生产、病虫害综合防治、果品贮藏保鲜、电子商务等技术，直接培训术人员与果农 1.8 万人次，发放技术资料 6.4 万份。

茶叶烟草：在浙江、四川、广西、湖南、海南等地举办茶叶生产、茶艺专业人才高级研修培训班以及讲座、咨询 50 多期，培训 5 千多人。在四川、山东、贵州、福建、云南等省市开展各类培训等技术服务 700 次，培训技术员、烟农 46 万人次，发放技术资料 3.8 万份，服务面积 1 000多万亩，覆盖全国种植面积 80%以上，烟农增加效益 10 亿多元。

五、不断深化与地方政府务实合作，促进区域现代农业发展

围绕区域现代农业发展的技术需求，与地方政府开展了一系列务实合作，重点扶持农业主产区、典型生态区、特殊功能区、老少边穷地区农业产业的发展。通过合作实施科技项目，共建科技平台，联合培养人才等，为“三农”发展服务，促进区域现代农业的发展。

（一）不断深化与地方政府的实质性合作

深化了与河南新乡、山东德州、北京大兴等地方政府的实质性合作。与河南新乡联合开展了小麦玉米连作系统、数字化玉米种植管理系统、基于物联网的田间环境生态数据采集应用等示范展示工作，以及小麦新品种培育与推广、温室大棚设施标准化设计、果蔬绿色种植技术集成研发、养殖场粪污处理等方面的合作。依托中国农业科学院新乡综合试验基地，开展了成果观摩与科技培训活动，集中展示郑州果树研究所的梨、桃、猕猴桃、苹果、葡萄、西甜瓜等良种良法配套高效栽培模式等科研成果，带动新乡产业转型升级。

与德州市联合开展了绿色高产创建，病虫害防控、农产品加工等方面的合作。开展了新型奶农技术培训班，培训技术人员 150 人。与北京市大兴区签订了第五期合作协议，在月季新品种定向选育、都市型特色西瓜示范生产、饲料投入品安全高效技术示范、共建国际合作基地等领域开展深入合作。建立了 10 个瓜类果斑病综合防控示范点，

取得了良好的成效。派出北京畜牧兽医研究所 1 名科技人员挂职大兴区科技副镇长。

（二）强化对国家现代农业示范区的科技支撑

不断加强与有关国家现代农业示范区的合作，为示范区的建设和发展提供技术支撑与服务。水稻研究所在黑龙江农垦建三江分局推广“水稻钵形毯状育秧机插技术”2 300万亩，占黑龙江农垦水稻种植面积 90%，平均增产 10%，促进了垦区稻作技术的升级。农业环境与可持续发展研究所为北京顺义、天津西青和武清等示范区提供设施农业高效栽培技术和温室节能环控技术，还联合荷兰 GreenQ 等国际知名设施园艺企业在寿光蔬菜高科技示范园内建立了试验示范基地，推广应用主动蓄放热、岩棉无土栽培、温室内部幕帘保温等技术。植保研究所在寿光建立了“土传病害防治研发中心”，示范和推广温室大棚土壤熏蒸技术和生物有机肥。农业机械化研究所与常熟国家农业园区合作，共同实施了基于信息化的草莓高架栽培生态安全技术模式与装备研发，成效显著。北京畜牧兽医研究所在宁夏贺兰示范区实施奶牛提质增效技术集成示范工作，建立了科学、规范、可复制的奶牛高效生产技术模式。兰州畜牧兽药研究所与青海大通示范区合作，开展了无角牦牛产毛性能及毛绒品质分析测定、屠宰性能测定、牦牛角性状的遗传解析等方面的研究示范工作，在甘肃张掖示范区示范推广了“中兰 1 号”“中兰 2 号”等牧草新品种。

六、积极开展援疆援藏和精准扶贫工作，提高边疆和贫困地区自我发展能力

按照中共中央、国务院战略部署，以及农业部援疆、援藏及扶贫开发工作要求，中国农业科学院充分利用人才、技术、成果、项目等方面的优势，积极开展科技援疆、援藏和扶贫开发工作，不断加大精准帮扶力度。

（一）加大援疆援藏工作力度

一是加强调研指导，为边疆地区发展建言献策。2016 年，先后有 6 名院领导带队赴新疆、西藏有关地区调研指导工作，为边疆地区脱贫致富建言献策。李家洋院长率领院属 16 个研究所领导赴拉萨出席了全国农业科技援藏会议，考察了西藏农牧业发展，提出在青稞、牛羊、果蔬、饲草等优势特色产业为西藏提供科技支持。资源区划研究所专家牵头完成的“西藏农牧业经营状况比较研究”课题，摸清了 10 年来西藏农牧业发展变化规律，为西藏农牧业发展、农牧民脱贫探索出了一条新路，其中《关于“十三五”西藏农牧业发展的建议》《西藏农牧民十年收入变化趋势分析》两份报告，成为中央第六次西藏工作座谈会重要参考资料，也是编写西藏自治区“十三五”发展规划的

重要依据。

二是以合作项目为抓手，带动科技实力不断提升。与新疆、西藏有关科研单位共同承担国家和地方科技项目，联合开展了新品种引进与示范、栽培、病虫害防治、生态环境等方面的合作研究，带动提升科研人员的研究能力和水平。2016 年，中国农业科学院与新疆、西藏有关单位联合承担科技项目 45 项，经费 1 950万元，共建和完善试验示范基地 45 个。

在新疆昌吉启动中国农业科学院西部农业研究中心建设。植保所与新疆农业科学院、新疆农垦科学院共同开展了“新疆绿洲农业有害生物绿色防控协同创新行动”，并针对新疆农业产业发展需求和瓶颈问题开展了绿色增产增效技术集成与示范。与新疆农业科学院共同承担的“小麦锈病和白粉病流行规律及可持续防控技术研究”，搞清了新疆小麦锈菌和白粉菌的毒性特点。水稻研究所与新疆农科院共同实施的援疆项目，在阿克苏示范水稻轻型无土基质育秧技术 9 000多亩，增产稻谷 25 万千克。环发所与新疆农垦科学院共同承担的“残膜污染农田综合治理技术”项目，在新疆建立试验示范点 4 个，开展了典型区域残膜污染现状及成因调查，试验和示范了残膜回收机及新型全生物降解地膜等新技术、新产品。与新疆农科院农业机械化研究所合作，建设了日光温室主动蓄放热技术示范点。与石河子农业科学院及新疆农业大学合作，在南北疆开展了降解地膜实验与示范推广工作，示范推广全生物降解地膜 1 000多亩，在新疆农五师推广氧化生物降解地膜 20 万亩。

与西藏农牧科学院联合开展了“天敌昆虫资源收集与评价、扩繁与保育、生物防治配套技术推广应用”，取得了一系列科技成果。兰州畜牧兽药研究所承担的“苜蓿引种繁育研究与示范”项目，在西藏山南建立了 200 亩苜蓿繁种田，完成了 160 份苜蓿种质资源的鉴定工作，在山南、日喀则、拉萨完成了 5 个新品系的区域试验。质量标准研究所与西藏农牧科学院合作实施了《传统藏兽药组方收集及优化应用研究》项目，开展了藏药药效成分分析与鉴定工作，确立了药效活性成分提取工艺。

三是加强技术服务，提升了生产科技水平。针对新疆、西藏农业生产技术需求，在有关地区开展了棉花、玉米、蔬菜、果树、农业信息等方面的科技培训等服务工作，培训农技人员和农牧民 4 万人，推广新品种 32 个 1 300万亩；推广新技术 52 项 450 万亩，有效提升了边疆农业生产科技水平。

棉花专家在新疆阿克苏、沙雅等 13 个市县召开现场观摩会 60 多场，2 万多人参加；技术培训 30 多场，培训 8 000多人，发放技术资料 100 多万份。专业技术服务队常年巡回在新疆各地生产一线，在田间地头指导棉农生产技术。玉米专家在新疆不同生态区设置了 5 个示范点，开展玉米高产潜力探索与示范，在南北疆举办玉米密植高产栽培技术培训 6 次，培训 700 多人，赠送了维文版和哈文版田间种植手册和挂图 22 000册；果树专家在新疆兵团八师开展了鲜食葡萄标准化生产、设施葡萄生产、酿酒葡萄标准化生产以及果园机械化生产等方面的技术培训和现场指导，受到了广泛的欢迎；在南疆建立了枣业资源信息共享平台，为枣业发展提供基础数据和信息服务。

在西藏林芝地区开展了针对农技人员及种植户的玉米生产技术指导和培训，赠送田间种植技术手册 2 000多册。开展了农业科技历史文献数字化抢救与开发利用工作，通过电话、邮件和现场指导等方式，对援建的西藏农业科技文献数字化与多媒体信息资源开发与应用管理平台提供稳定的管理和维护支持。

四是加强人才交流培养，加大智力援助力度。中国农业科学院一直高度重视人才援疆援藏工作，通过多种途径和形式选派优秀干部挂职支援边疆。选派的第八批 5 名援疆干部和第七批援藏的 3 名干部，继续在新疆、西藏任职，充分发挥了各自的专业特长和优势，为边疆发展奉献智慧和力量，作出了突出贡献，成为援疆援藏工作的桥梁和纽带，得到当地政府和农牧民的一致好评。先后为新疆和西藏培养培训“西部之光”访问学者等高级研究和管理人员、农技人员等 500 人，研究生 30 人。质量标准研究所承办了“2016 年援疆农产品质量安全检验检测技术人员培训班”，培训 14 个地（州、市）、80 个县，以及兵团 14 个师的农业、畜牧、水产部门的检验检测业务骨干 263 人。

举办了为期 3 天的西藏高中级农牧科技人才培训班，来自西藏大学、西藏农牧学院、西藏自治区农牧科学院，以及自治区科技厅生物研究所、新能源研究所、信息研究所等部门和单位的 185 名科技人员接受了培训，明显提升了学员的科技和管理水平。安排了西藏农牧科学院及有关地区 11 名专业技术人员来中国农业科学院做为期 3 个月的进修学习，拓宽了学员的视野，提升了战略高度，提高了专业水平。

（二）加快科技脱贫攻坚的步伐

组织在秦巴山区的十堰市、安康市、广元市，武陵山区的湘西土家族苗族自治州、恩施土家族苗族自治州，太行山区的阜平县等贫困地区开展科技服务 95 次，举办培训班 130 期，培训技术人员和农民 15 000人次，赴扶贫地区调研考察 186 人次。通过中组部团中央博士服务团，派出 4 名干部挂职贫困地区，帮助引进项目 50 项、技术 15 项、人才 40 人。陈萌山书记、王汉中副院长等领导带领有关专家赴秦巴山区的安康市进行调研，开展科技合作项目对接工作，共建富硒产业研究院，不断加大精准帮扶力度。富硒粮油、富硒猪肉、富硒茶等 5 个合作示范项目取得新成效，筛选出了适合当地种植的富硒玉米新品种并示范推广，研发出了富硒玉米汁饮料和富硒魔芋冲调粉等产品，制定了富硒猪肉和富硒茶标准。茶叶研究所在武陵山区的恩施土家族苗族自治州（以下简称恩施）建立长江中上游地区优质绿茶、有机茶出口基地，依靠科技创新促进茶产业的发展，并组织专家对茶产业进行战略分析把脉，对恩施州各个县近 600 多名茶叶产、学、管、研人员进行了技术培训。油料作物研究所组建了以所党委书记挂帅的恩施精准扶贫工作队，确立了“市场驱动、产业致富、合作帮扶”的工作思路，制订了切实可行的精准帮扶方案，投入扶贫资金 35 万余元，举办技术培训班 3 次，培训各类人员 150 人，培养致富带头人 3 人，资助贫困学生 26 人。中国农业科学院培训中心对大兴安岭南麓片区兴安盟 79 名农技人员、管理干部进行了为期 5 天的学习培训，系统培训了设施园艺生产和现代农业发展等内容。郑州果树所一名科技人员继续在国家级贫困县阜平县挂职副县长，协助主抓阜平农业工作，组织专家帮助阜平制定了全县林果产业5~15年的发展规划，开展技术培训4次，培训熟练技术人员和农民300多人，发放技术资料600多份。通过一系列精准帮扶措施，有效促进了阜平特色农业产业的发展，加快了脱贫致富的步伐。

中国农业科学院与西藏自治区农牧科学院深化合作协议书

为深入贯彻落实中央第六次西藏工作座谈会和十八届五中全会精神，贯彻落实“创新、协调、绿色、开放、共享”五大发展理念，进一步加强中国农业科学院（以下简称甲方）对西藏自治区农牧科学院（以下简称乙方）的科技援助与科技合作交流力度，依托国家重大科技项目和中国农业科学院的科技综合优势，加强西藏农牧科技人才培养，加大西藏农牧业关键技术协同创新和先进实用技术示范推广力度，加快提升西藏农牧业科技创新能力与水平，推进西藏农牧业科技、农牧区经济社会快速发展和全面建成小康社会进程。甲乙双方本着“平等自愿、优势互补、互惠互利、共同发展”的原则，就中国农业科学院与西藏自治区农牧科学院进一步深化合作达成如下协议。

一、合作目标

紧紧围绕西藏自治区农牧业实现“三个百万吨”和“八个百千万”的目标任务，实施“双轮驱动”措施，进一步明确双重目标。一是尽快集成示范现有成熟技术成果，有力促进西藏农牧业发展。二是着眼长远，加快提升西藏农牧科技创新能力和成果转化能力。

二、合作内容

一是建立协同创新机制。根据西藏农牧业特色资源禀赋，突出比较优势，强化创新定位和战略布局，集成创新农牧业关键核心技术，支撑服务西藏农牧业特色产业发展。瞄准珍稀资源，梳理产业链，部署创新链和人才链。依托共性资源和技术，长期开展项目合作。加强重大科技项目联合协作，共同组织申报和实施重大科技攻关项目。在加快现有成熟技术成果转化的基础上，进一步梳理合作项目，加快急需关键技术联合攻关。甲方设立科技专项，支持乙方科技创新。

二是建立组团式科技援藏与对口支援工作机制。甲方分批派遣农产品质检、农产品加工、农业资源与环境、草业科学等领域专家短期赴藏工作，解决西藏农牧科技发展的实际问题。根据西藏农牧科技事业发展需要和农牧科技创新需求，甲方按专业领域、学科方向，组织院属优势研究所对口支援乙方各研究所建设与发展。乙方以专业课题组、不同领域专家为单元，积极寻求相关领域的合作机会。

三是建立人才培养交流机制。从西藏农牧科技工作需求出发，采取挂职锻炼、参与项目、访问学者等多种方式，进一步推进“百名人才”培养计划，加快培养农牧科技急需人才。针对乙方科技人员数量少、业务素质整体不高的实际，结合科技项目实施，力争用3年时间，组织乙方科研骨干赴甲方优势研究所进行合作研究，每人在内地学习和研修的时间不少于3个月。

四是建立农牧科技工作主题论坛机制。加强农牧科技工作全面交流与合作，确定交流主题，开展主题讨论，共同研究解决西藏农牧业特色产业发展中的重大科技问题，促进西藏农牧科技服务能力与水平的大幅提高。

五是建立科技成果转化保障机制。加强全国范围内的农业科技成果在西藏的转化与应用，共同开展蔬菜、果树、饲草等优良品种和配套栽培技术的推广应用。选择一批农作物、畜禽优良品种在西藏进行试种试养，帮助选育适合西藏推广的农作物、畜禽新品种。

三、工作要求

一是建立组织领导机制。基于切实加大农业科技援藏力度的现实需求考虑，必须进一步加强对科技援藏工作的组织领导，建立相应的工作机构。甲乙双方分别成立专项工作领导小组，负责相关合作的组织领导、协调和检查指导工作，领导小组组长由双方主要领导担任。领导小组下设办公室，具体负责双方合作计划的编制、组织实施、协调服务及合作项目管理等工作。领导小组办公室每季度向领导小组汇报工作进展情况。由此产生的相关费用由双方各自协调解决。

二是建立共商机制。甲方将农业科技援藏作为重点工作长抓不懈，定期或不定期地开展互访活动，共同协商确定每个阶段的科技援藏事项。甲方相关部门和乙方每年举行一次专题会议，在总结前段工作成效、经验的基础上，安排部署下步工作，推动科技援藏工作高效运转。

四、双方责任

（1）积极落实科技合作项目与经费，共同努力争取在政策、资金上得到更大支持。

（2）加强双方经常性沟通与联系，为确保落实本协议提供便利条件，及时协调解决双方合作中存在的困难和问题。

（3）共同推进科技合作与交流，保障开展相关活动所需的工作与生活条件。

（4）认真落实双方研究确定的科技合作计划，为开展科技项目提供便利条件。

五、附 则

（1）本协议有效期为 5 年。

（2）执行本协议过程中涉及的其他有关事项，由双方共同协商解决。

（3）本协议一式 4 份，甲乙双方各执 2 份，双方签字盖章后生效。

甲方：中国农业科学院
负责人（签字）：

乙方：西藏自治区农牧科学院
负责人（签字）：

二〇一六年七月十日

中国农业科学院2016年产业发展工作总结

2016年，中国农业科学院全面落实党的十八大和十八届三中、四中、五中、六中全会精神，全面落实《中华人民共和国促进科技成果转化法》《实施〈中华人民共和国促进科技成果转化法〉若干规定》，制定印发了《中国农业科学院鼓励科研人员创新 促进科技成果转化的实施办法（试行）》，激发科技创新和成果转化的积极性；围绕院里中心工作和科技产业发展，规范中国农业科学院和院属单位对外投资，有效防范投资风险；指导所办企业改制，建立现代企业制度；进一步推进所办企业清理整顿，加强所办企业监管；扩大种业改革，提升种业科技创新能力。

一、加强顶层设计，出台实施办法

为深入贯彻习近平总书记在全国科技创新大会上的讲话精神，全面落实《中华人民共和国促进科技成果转化法》《实施〈中华人民共和国促进科技成果转化法〉若干规定》，以及中组部关于改进和完善高校、科研院所领导干部兼职管理有关问题的新政策，大力实施创新驱动发展战略，促进科技与经济结合，制定印发了《中国农业科学院鼓励科研人员创新 促进科技成果转化的实施办法（试行）》（以下简称《实施办法》）。《实施办法》旨在建立鼓励科研人员创新的机制，激发创新潜能，促进成果转化，规范领导干部持股兼职，强化公开监督，提升科技创新效率和成果转化效益。利用网络手段在全院范围内加强宣传，并深入细致的解读《实施办法》，便于院属单位和广大科研人员了解贯彻《实施办法》。

为规范中国农业科学院和院属单位对外投资及投资企业的股权转让、企业改制等行为，加强投资企业监管，有效防范投资风险，根据国家有关法规，以及农业部和中国农业科学院的相关规章制度，制定印发了《中国农业科学院国有资产对外投资管理办法（试行）》（以下简称《管理办法》），明确了对外投资审批权限和程序，提出了院属单位管理对外投资的职责，以及对外投资事项的具体要求。

二、规范管理所办企业，促进产业发展

（一）组建资产管理公司，搭建专业管理平台

根据院常务会议精神，成立了院经营性国有资产监督管理委员会，提出了关于监督

管理委员会组成成员和主要职责的建议。启动了北京中固生物新技术开发公司（以下简称中固公司）和北京中农世纪虫草科技发展中心（以下简称虫草中心）改制工作，将中固公司和虫草中心由全民所有制企业改制成为中国农业科学院全资的有限责任公司。中固公司作为院国有资产经营公司，打造成为科技成果转移转化和经营性资产管理的专业化平台，实施对全院经营性国有资产的专业化、市场化管理，虫草中心作为国家种业科技成果产权交易中心、全国农业科技成果转移服务中心 2 个中心企业化运作的实体，逐步构建成为国家级农业技术转移和成果转化综合性服务机构。

（二）加强所办企业监管，降低经营管理风险

根据巡视整改要求，在全院范围内，全级次、全口径开展了国有资产对外投资自查工作。按照分析整理的 9 个可能存在的投资风险点进行自查，提高了院属单位投资风险管控意识。

不断规范所办企业管理。组织召开了非公司企业改制工作交流座谈会，稳步推进所办企业清理整顿工作，截至 2016 年年底，已注销 15 家长期亏损企业，转让 6 家企业股权，全民所有制企业改制 7 家。

（三）指导所办企业改制，加快现代企业制度建设

根据《中国农业科学院关于推进科技产业发展的若干意见（试行）》的要求，加快所办企业改制，建立现代企业制度。

指导特产研究所完成吉林特研生物技术有限责任公司企业（以下简称特研生物）改制工作。特产研究所与山东德建集团达成合作协议，由山东德建集团下属企业西藏道合德创农业科技发展有限责任公司入资特研生物。

完成哈尔滨兽医所哈尔滨国生生物科技股份有限公司（以下简称国生生物）改制和增资，为公司未来上市做准备。按照国家有关规定，审核批复国生生物改制方案，国生生物改制为股份有限公司，并通过股东会决议对公司注册资本金进行增资。按程序完成国有资产项目评估备案工作。

三、扩大种业改革，提升种业科技创新能力

2014 年，农业部、科技部、财政部确定中国农业科学院作科所、蔬菜所、水稻所 3 家单位作为首批试点单位，开展种业科研成果权益改革试点。经过不断努力，改革试点取得显著成效，形成了一些具体做法，制定了一套制度措施，积累了一定的改革经验。改革试点成效得到中共中央、国务院的高度认可，相关改革内容已写入中央一号文件。2016 年上半年，中国农业科学院作为主要力量，参与了农业部等 5 部门关于扩大改革

试点的指导意见的起草工作，协调组织了余欣荣副部长主持召开的种业改革调研工作会。农业部等5部门于8月印发了《关于扩大种业人才发展和科研成果权益改革试点的指导意见》（以下简称指导意见），在全国种业领域扩大改革试点工作。农业部组织召开了全国种业人才发展和科研成果权益改革工作视频会议，中国农业科学院做了典型发言，并在全国种业改革工作培训班上做了经验介绍。组织全院16个种业改革单位参加了培训，为下一步扩大改革试点，深化种业人才发展，提升科技创新能力打下良好基础。根据《指导意见》，结合中国农业科学院实际，制定了种业改革工作方案印发执行，指导改革单位分别制订了实施方案，按照“一所一策、一所一例”的原则推进种业改革。

四、加速成果转化，激励科技创新

所办企业作为成果转化平台，担负着研究所科研成果的中试孵化、成果熟化、推广转化等任务。通过建立现代企业制度，所办企业对科技创新和成果转化发挥了重要作用，对研究所发展起到了支撑作用。经统计，中国农业科学院2016年产业开发总收入合计90 327.5万元，其中技术转让收入37 712.1万元，其他技术转让收入35 400万元。

植物保护研究所投资设立的北京中保绿农科技集团有限公司主打产品“阿泰灵”，是具有自主知识产权的生物农药。“阿泰灵”是我国首个植物免疫蛋白质生物农药，该项科研成果以独创性和优异的市场表现，获得广泛好评并通过了有机投入品认证，上市第二年就已在水稻、玉米、小麦、蔬菜等作物上取得良好的试验效果，销量突破200吨，推广应用面积达600多万亩，实现经济效益6 000余万元。2016年，“阿泰灵”在国内市场销售总额达7 000万，较2015年同期数据增长约10%。

中国水稻研究所全资公司浙江国稻高科技种业有限公司主要承担研究所科技成果的转化、推广应用以及高附加值、高科技含量的农产品市场开发。2016年公司在商业化育种、品种推广应用和精致稻米产业开发3个方面均取得一定成绩。公司先后选育出3个杂交水稻组合参加了国家和省级区试，3个组合参加了浙江省8812联品试验。加入了西南水稻联合体，组织实施了了70余个水稻新组合开展绿色通道试验。公司在省内外建立8个杂交水稻百亩示范基地，国稻1号、中优161等6个新老杂交水稻品种市场推广良好，公司全年种子销售、技术推广收入超40万元，联合推广面积逾100万亩。公司紧紧围绕中国水稻研究所优质水稻品种的优势，大力开展优质稻米精细加工和市场推广，建设了2 000余亩的精致稻米生态种植基地，实施订单农业，全年生产优质稻谷150余万斤，2016年公司精致稻米收入达到300万元，带动地方农民增收超过100万元。

中国农业科学院 2016 年知识产权工作总结

《中华人民共和国专利法》于 1984 年 3 月颁布，1985 年 4 月 1 日起实施。中国农业科学院专利申请工作自 1986 年始，至 1988 年首获发明专利授权。《中华人民共和国植物新品种保护条例》1997 年 3 月颁布，中国农业科学院 1999 年首获植物新品种权。至 2010 年，中国农业科学院年发明专利授权量首次突破百件。此后，年申请、授权数量逐步增多，进入快速发展时期。截至 2016 年 12 月 31 日，全院共申请专利 11 425件，获得发明专利授权 3 591件，获得植物新品种权授权 296 件，软件著作权 1 711件。其中 3 件专利获得中国专利金奖，36 件专利获得中国专利优秀奖。2016 年，中国农业科学院全年发明专利公布 1 523件，发明专利授权 665 件，实用新型专利为 864 件，与 2015 年全院专利的申请及授权情况相比，三项均呈现增长的趋势，分别增加了 0. 66%、8. 31%和 4. 60%。

目前，知识产权管理工作主要围绕知识产权的创造、运用、保护和管理等环节，建章立制、夯实基础、培训宣传、传播理念，开展了知识产权全程管理、专利价值分析、打造国家级成果转移转化平台等工作，提高知识产权服务农业创新驱动发展新能力。2016 年主要工作如下。

一、加强院内资源整合及转化服务，积极推动全国农业科技成果转移服务中心发挥作用

农业部委托中国农业科学院筹建全国农业科技成果转移服务中心、国家种业科技成果产权交易中心，这也是中央一号文件明确的重要政治任务，中国农业科学院必须全力以赴建设好、管理好、运营好。根据前期多方调研和中心试运行情况，一是理顺运营机制，将上述两个中心与院技术转移中心“合三为一”，统一使用科技部“国家技术转移示范机构”牌子。依托院农业信息研究所统一调配人财物等资源，实行目标责任制管理。改制全农科创技术转移（北京）有限责任公司负责中心商业化运营。二是扩大中心资源，整合院内院外、兄弟院所经费、数据、占位、网络、地域资源，打通使用 11 个农业信息数据库。与海外农业研究中心优势互补、相互借力。以商业化、专业化为目标改版中心网站，完善升级功能和数据库系统。三是直接服务一线，开展技术经纪业务 47 项，涉及加工、种业、生物技术、肥料、饲料等多个领域，全程参与价值评估、转让方式确定、商务谈判等环节。参加展会 14 场，推送 200 余项成果。截至 2016 年 12 月，全国中心网站征集全国“十二五”期间可转化成果 2 000多项。建立了品种权数据

库（33 万条）和农业专利数据库（30 万条）。促成科技成果产权交易 191 项，交易额 25 339.93万元。其中，种业 63 项，交易金额 7 821万元。

二、打通院内外工作渠道，提高中国农业科学院知识产权质量和管理水平

知识产权是创新的基础。中国农业科学院知识产权工作围绕“提高质量、促进转化”主题，一是摸清家底，提高专利质量。全面铺开专利价值分析试点工作，升级中国农业专利价值分析系统建设，增加积分、排名等功能。总结梳理 198 项专利分析经验，全院铺开专利价值分析工作，将分析结果纳入现代院所评价指标体系，并根据分析结果确定重点转化推介对象。二是策划培训宣传，争取人力资源与社会保障部的高级研修班项目，为全国 29 省（市）及中国农业科学院 25 个研究所的 75 位代表组织了针对性强、可复制操作的 10 讲课程。通过研究生院举办的科研骨干培训班，将知识产权管理知识和理念传送到一线。制作 4 期知识产权季报。策划筹备“中国农业科学院知识产权信息分析培训”，加强知识产权全程管理。三是争取政府资源支持，树立正面榜样，成为北京市海淀区“专利运营办公室”单位。把关演练中国专利奖答辩，2016 年获得 8 项中国专利优秀奖。四是调动发挥研究所能动性，帮助研究所争取资助、提高研究所知识产权规范管理和专利布局分析。推动研究所积极利用南京、长沙、兰州等当地知识产权知识信息和培训资源。

中国农业科学院 2016 年科研试验基地工作总结

2016 年，中国农业科学院科研试验基地建设管理工作坚持发展新理念，坚持服务“三农”方向，围绕“顶天立地”和“世界一流农业科研院所”建设目标，根据保供给、保安全、促增收、促可持续的重大产业需求，坚持改革创新、激发活力，系统谋划，以服务科学研究、服务成果转化和服务院地合作为主线，推进院属综合基地改革，强化全院科研试验基地建设管理，充分发挥了支撑保障作用。全年科研试验基地条件建设进展迅速，服务科研成效明显，开放共享和运行管理水平不断提升，辐射带动作用逐步增强，为加快形成健全完善开放共享的全院科研试验基地体系奠定了良好基础。

一、积极推动建设管理，试验基地体系持续完善

截至 2016 年年底，除农经所、信息所和兰州兽医所以外，全院 30 个直属研究所建立了 110 个科研试验基地，分布在除重庆、贵州、陕西、宁夏等之外的全国 27 个省、自治区直辖市，土地总面积 10.19 万亩，其中拥有产权的土地面积 4.35 万亩，建设用地面积 6 295亩。拥有基地数量最多研究所中，资划所试验基地 11 个，棉花所试验基地 10 个，作科所试验基地 8 个，植保所、草原所、麻类所等分别有试验基地 7 个。具体而言，资划 11 个试验基地共计面积 7 500亩，数量多、分布广、布局较为合理。棉花 10 个基地共计面积 8 100亩，整合成为 4 大研究中心进行统一管理。草原所 8 个试验基地共计面积为 3.2 万亩，根据生态、产业特点和学科布局进行了整合，初步形成了涵盖主要草原类型、支撑草牧业科技和产业发展的基地网络体系。特产所现有 1 个试验基地，位于特产所左家所区，占地 56.81 平方千米，其中林地面积 4 700公顷，可用于科研试验用地 1 500亩，建设用地面积 1 000亩。

2016 年中国农业科学院新建基地 4 个。水稻所按照“边筹建、边科研”的原则，建设改造了北方水稻创新中心宝清试验基地 150 亩旱地，初步形成了以海南南繁基地、北方水稻中心、富阳基地为核心的基地体系。加工所新建 2 处基地，分别是“中国农业科学院农产品加工所主食加工技术研究院（哈尔滨）”“中国农业科学院合肥食品科学与营养创新研究院”，土地面积 385 亩。麻类所配合人才引进和与地方合作工作，新建湖北利川功能蔬菜基地，面积 150 亩，加速了研究所学科领域拓展。

二、立足长远持续发展，推动设施条件不断改善

2016 年中国农业科学院科研试验基地获批基建、修购项目 39 个，经费 3. 32 亿元。16 个试验基地的 16 个基本建设项目批复立项，占全院批复项数的 53. 3%；获投资 2. 76 亿元，占全院批复投资的 59. 2%。17 个试验基地获得了 23 个修购项目立项，占全院批复项目的 57. 5%；资金 0. 56 亿元，占全院批复资金的 20. 7%。14 个基地还实施了 26 个自筹资金项目，经费 0. 2 亿元。全年全院基地新增建筑面积 4. 48 万平方米，改造试验田 835 亩，购置农机具 50 台件，仪器设备 287 台（套）。

棉花所试验基地新增建筑面积 7 900平方米，改造试验田 410 亩。长江科研中心望江基地 15 套公租房 2016 年正式投入使用，有效解决了职工住宿和办公问题；海南科研中心大茅基地修复蓄水池外坡 650 余平方米，为基地全年用水提供了关键保障。油料所江西基地建筑面积 2 678平方米，改造试验田 80 亩，购置农机具 4 台。烟草所西南试验基地新建综合实验楼、科研辅助楼 4 741平方米，智能温室 768 平方米，购置农机具、仪器设备共计 22 台。茶叶所实施基建、修购项目 3 个，完成了嵊州综合实验基地示范茶园建设。草原所苏尼特荒漠草原试验示范基地新增二层科研实验楼 1 座，建筑面积 1 260平方米。作科所试验基地通过修缮项目购置总价值约 500 万元的 3 台进口小麦机械，提升了基地装备水平。

三、提升科技支撑能力，支撑科技创新取得新成效

中国农业科学院试验基地共实施国家自然科学基金、“973”计划、支撑计划、公益性行业（农业）科研专项、院创新工程任务、基本科研业务费等科研项目 1 375项，涉及经费 5. 32 亿元，平均每个基地承担 12. 5 个科研项目，涉及经费 484 万元。以基地试验数据为重要支撑，全院共获得省部级以上科技奖励 38 项，发表高水平论文 1 883 篇，审定新品种 97 个，获得授权专利 367 项。

作科所基地总试验面积 3 130亩，服务课题 149 个，接待科技人员住宿 1. 87 万人次，就餐 4. 65 万人次，为研究所获得 11 项国家和省部级成果提供了强力支撑。植保所 8 个基地承担项目 90 个，经费 3 595万元，“盲蝽类重要害虫灾变规律与绿色防控技术”获 2016 年中国植物保护学会一等奖。兰州牧药所大洼山基地和张掖基地为“治疗犊牛腹泻病新兽药的创制与产业化”“益蒲灌注液的研制与推广应用”获得甘肃省农牧渔业丰收一等奖，“黄白双花口服液和苍朴口服液的研制与产业化”获得兰州市科技进步一等奖提供了核心试验场所和关键数据支撑。环发所“褐土质量演变规律与持续利用技术研究”获得山西省科学技术奖科技进步类二等奖。资划所“一种腐植酸复合缓释肥料及其生产方法”获得第十八届中国专利优秀奖。果树所“富硒果品生产技术研究与示范”和郑果所的“区域性专用优质早熟梨系列新品种选育与应用”分别获得中国园

艺学会 2016 年度“华耐园艺科技奖”。

四、强化技术示范推广，服务“三农”和地方发展

全院科研试验基地结合中心工作和自身特点，围绕新品种、新产品、新技术的示范推广，通过组织举办现场展示观摩会、技术培训咨询和建设科普示范基地等多种形式，服务地方“三农”工作，培训基层技术人员和农民，推广先进实用技术，增加农民收入。

深入开展实用技术培训工作。资划所在内蒙古呼伦贝尔、迁西等基地开展牧草、板栗、食用菌等技术讲座 23 场，培训农牧民 2 300余人次。灌溉所商丘基地开展了“作物安全用水”培训，服务农民 1 940人次。环发所岳阳基地举办了湖南省水稻镉积累特性鉴定试验技术培训会，国家水稻产业技术体系、试验站技术人员和湖南省各地级市农科所 100 余人参加。棉花所中亚试验基地筛选出适于当地生产的棉花品种 3 份，邀请国内棉花生产专家赴吉尔吉斯开展现场技术培训，指导农户生产。

持续加强技术展示示范工作。郑果所不断增加基地的展示示范功能，在郑州、新乡、新疆基地展示示范 100 余项新品种和新技术，促使本所品种年栽培面积超过 800 万亩，其中桃品种占我国桃栽培总面积的 20%（230 万亩）。棉花所新疆科研中心召开现场观摩会 22 场，参与人员 2 100人次；通过自治区、昌吉回族自治州电视台，亚心网宣传棉花新品种、新技术；加速了棉花新品种中 641、中长绒棉标准化生产技术的推广应用。

认真组织技术推广工作。资划所祁阳试验站在湖南、广西、江西、福建等省推广“红壤酸化改良与综合防治”技术 100 万亩，累计新增产值 1.2 亿元、纯收入 0.75 亿元。棉花所石河子试验基地以优质棉科技示范园区的创建为抓手，开展优质中长绒棉中 641 的中试和示范，推广面积 13 万亩，占到北疆棉花面积的 1%；推广中棉所 65 号、中杂 7 号 14 万亩；集成“一膜三行等行距植棉”“腐植酸介入出苗滴水”“综合施肥”等技术，形成体系化中长绒棉技术规程，应用面积 15 万亩，新增经济效益 750 万元。北京牧医所基地推广祖代种鸭 5 000只左右，父母代种鸭 20 000只，商品代肉鸭 20 万只。资划所在内蒙古呼伦贝尔推广苜蓿高产人工草地种植技术 2 万亩，年产量 350 千克/亩，每亩利润增加 100~150 元。灌溉所在商丘推广“农田水分农艺技术集成和示范模式”1.1 万亩，新增经济效益 650 万元。

推动建立科普和示范基地。天津环保所大理基地 2016 年被列为国家外专局“农业面源污染监测和防治技术”引智基地，支撑大理市人民政府申请获得国家发改委面源污染防治试点项目资金 8 580万元。蔬菜所与廊坊市长征农业开发有限公司合作建立蔬菜工厂化种苗生产技术物化基地，加速了新技术的推广应用。植保所廊坊基地是廊坊市农业科普示范基地，2016 年度共组织农业科普活动 12 次，培训学生、农民 297 人次。果树所获批“全国科普教育基地”，2016 年组织集中培训 6 期，接待来自全国各地相关

单位及果农2 000余人次参观、考察与学习。

积极谋划展览展示活动。信息所在“第十八届中国国际高新技术成果交易会”展出了“中国农业科学院新乡基地三维GIS展示系统”“基于物联网大田环境生态数据采集系统”等成果，助推“农信采”和“基层农技推广服务云平台”在全国14个省市的推广使用。草原所以试验基地为核心与内蒙古物通天下网络科技有限责任公司、内蒙古科技大学开展了“产学研”合作，联合推广“基于物联网智慧牧场的家畜管理追溯系统”，在国家“十二五”科技创新成就展上进行了展示。

五、加强开放共享，促进资源充分合理利用

中国农业科学院有植保所、环发所、棉花所和草原所等12个研究所的16个基地以“开放研究、数据共享、科技创新”为目标，采用“开放、流动、联合、竞争”的运行管理机制，与96家单位开展了试验场所、仪器设备等的共享工作，提供共享试验用地约1 617亩，促使基地资源的合理充分利用，提高了协同攻关与创新能力。

棉花所海南基地承担了30家全国棉花科研单位和国际友好合作机构的棉花南繁任务。兰州牧药所与20多家科研单位签定共享合作协议，对包括基地在内的所有试验设备实行开放共享。草原所锡林郭勒典型草原试验基地承担了内蒙古大学、北京师范大学、西南大学等10余家单位200人次的试验工作。天津环保所大理试验基地创新机制，与大理白族自治州农业科学院、武汉大学、北京理工大学等10余家单位进行了基地共享，共享面积65亩，开展了水稻、棉花、蔬菜、肥料和面源污染等方面的试验。

六、深化院属综合基地运行机制改革，推进管运分离

按照“统一协调、管运分离、权责一致”要求，开展了北京南口、河北廊坊、河南新乡3个院属综合基地运行机制改革，初步形成了院属综合基地具体运行和全院基地管理服务“双到位”格局。

完成南口、新乡基地管运分离工作。组建成立了专门的南口基地管理机构，制定了基地运行管理办法，建立了研究所共同参与的协商议事机制，理顺了权责关系。壮大了南口基地服务力量，提高了服务质量，维护了基地的正常科研办公秩序，保障了基地的安全。新乡基地配置独立机构和专职人员、设立专门控股公司，全面负责基地运行服务，有效履行运行服务职能。

改进运转经费筹措方式。建立了财政支持与收取费用相结合、院与所合理分摊的院属综合基地的运转经费筹措方式。积极争取，获得院基本支出专项、基本科研业务费等421万元。测算了3个基地运行经费需求，编制了收费方案，进行了基地收费听证，调整了收费标准，规范了收费程序。建立了土地使用的退出机制。

加强综合基地管理。加强廊坊园区内部管理，规范人员职责，强化安全生产检查，

完善应急预案，保证基地平稳运转。加强与地方合作，定点推广了生物肥料技术和青贮发酵实用技术；促成“农业部植物新品种测试（北京）分中心项目”在蔬菜所基地内实施；积极沟通协调，推动资划所新型肥料中试车间正常平稳运行。升级了网络系统，维修了监控系统、围栏和综合办公楼电路等基础设施。加强新乡基地管理，制定《中国农业科学院新乡综合试验基地管理办法》，调整新乡基地建设用地总体规划。新增建筑面积 2 561平方米，新建日光温室大棚 4 座，平整土地 500 余亩，修缮了专家公寓。积极在涉农企业、农民专业合作社和各院所之间牵线搭桥，达成院内外合作意向 20 多个，挂牌 2 个新型职业农民培训基地和大学生实习基地。

成果展示和示范推广工作取得新进展。组团参加了第 20 届中国（廊坊）农产品交易会，重点展示了 10 个研究所的 20 余项新品种新产品、新技术和实物。接待了包括河北省省长在内的 3 000余名领导、农技人员和农户的参观咨询。组织了中国农业科学院和新乡市人民政府共同主办的果树瓜类科技成果观摩暨院地科技对接会，通过科研观摩、果品赏鉴、技术培训、科技对接，集中展示了最新科研成果。新乡基地加强与绿色增产增效技术集成模式研究与示范工作的结合，建立小麦、玉米、大豆示范田 1 万亩，推广面积 40 万亩。

中国农业科学院新乡综合试验基地管理办法

第一章　总　则

第一条　新乡综合试验基地（简称新乡基地，下同）是中国农业科学院响应国家粮食安全战略和创新驱动发展战略、深入黄淮海农业主产区部署建设的大型科技基础设施，是中国农业科学院直属的科研类综合型重点试验基地。为促进新乡基地发展，发挥综合基地应有作用，特制定本办法。

第二条　新乡基地的发展目标是通过一流的农业科技创新园、一流的产学研一体化示范园和一流的农业技术集散中心“两园一中心”建设，建成“立足新乡、面向河南、辐射黄淮海”高水平、现代化的国家农业科研综合试验示范基地。

第三条　新乡基地的职责任务：一是将基地建成高质量的科研创新平台，承担原始创新、协同创新、集成创新研究任务和重大成果培育任务，推动中国农业科学院及有关单位农业科技创新；二是在基地周边以及新乡市县与地方共同布局建设一批有影响的科技展示平台，共同开展院地科技合作、科技成果展示示范、科技成果熟化转化应用、科技推广培训等工作，推动河南新乡乃至黄淮海农业农村发展。

第四条　新乡基地实行“统一协调、分工负责、管运分离”的管理体制。建立院领导牵头、院地配合、有关部门协同的统一协调机制。建立院负责统一规划和公共条件建设、入驻院属各单位负责专用条件建设、农田灌溉研究所（简称灌溉所，下同）负责运行管理、入驻各单位负责科研试验和示范推广的分工推进机制。

第二章　组织机构和职责分工

第五条　设立中国农业科学院新乡综合试验基地协调小组，负责新乡基地规划、建设、使用和管理等方面的重要事项组织协调和决策研究。组长由分管院领导担任，常务副组长由成果转化局负责人担任，副组长由灌溉所、中国农业科学院新乡试验基地领导小组办公室（管委会）（简称新乡基地办，下同）负责人担任，成员由院有关部门（院办公室、科技管理局、财务局、基本建设局等）和入驻各单位相关人员组成。

成果转化局、灌溉所、新乡基地办按照工作分工，负责起草协调小组材料、督查督办议定事项等。

第六条　成果转化局是新乡基地的主管部门，负责基地宏观协调、综合管理、考核评价等工作。院有关部门按照部门职责和协调小组工作分工分别负责基地规划、建设、使用和管理等方面的业务指导和监督管理。

第七条　灌溉所是新乡基地的运行管理单位，主要负责基地日常管理、安全生产等方面的组织协调与实施等工作。

第八条　新乡基地办是河南省新乡县人民政府举办的事业单位，是新乡基地的院地科技合作责任主体，主要负责与中国农业科学院共同组织实施科技合作、成果转化、示范推广等工作，以及协调新乡基地与地方之间的关系，为基地发展提供良好的外部环境。

第九条　入驻院属各单位是新乡基地的建设、使用和管理执行主体，主要负责基地本单位专用条件建设、使用管理、科技创新等具体工作，并积极主动与地方有关部门和单位沟通联系、共同负责院地科技合作的具体组织实施等工作，促进地方发展，争取地方支持。

第三章　规划建设

第十条　做好新乡基地规划。成果转化局具体组织编制基地总体规划、试验用地规划和建设用地规划，明确其发展方向、用地规模、建设内容等，经院审批后执行，其中建设用地规划经院审核、报地方主管部门审批。基地建设及后续扩建均应严格规划实施。

第十一条　加强基地条件建设。入驻院属各单位作为项目承担单位，负责依据基地规划和本单位科研需要统筹确定基地建设需求与资金来源，纳入本单位相关建设规划；负责本单位建设项目的具体申报和实施。灌溉所还要依据基地规划和日常运转需要，谋划公共建设需求、凝练具体项目，经成果转化局审核、报基本建设局列入院本级相关规划。院本级作为项目承担单位，负责基地公共建设项目的申报和实施，具体执行授权灌溉所负责。

院有关部门要把选址新乡基地的各类建设项目列为全院重点给予优先支持。

第十二条　强化基地平台谋划。科技管理局负责新乡基地内野外台站、工程（技术）研究中心、种质资源库（圃）等科技平台的立项、评定与管理，争取更多国家及部门科技平台落户新乡基地。

新乡基地办等单位（部门）负责落户基地或以基地为依托的国家、部门及河南省农业科技园区、农业科技示范区等产业（科技）平台的立项组织和管理。成果转化局和院属有关单位予以协助。

第四章　科学试验

第十三条　加强田间试验所级协调优化。入驻院属各单位要依据基地规划和科研条件建设情况，加强研究所层面协调，统筹做好科研实施计划和年度安排，协调更多稳定经费支持的科研资源（如科技创新工程、产业技术体系）、更多重点研发任务（如国家自然科学基金项目、国家重点研发计划项目）入驻新乡基地。

第十四条 重视长期性基础性科技工作。入驻院属各单位要在新乡基地安排部署一批体现学科需求、代表区域特点的长期定位试验研究和长期定点观测监测工作，注重系统、持久地积累科学数据、科研样品，着力解决长期重大科技问题，致力取得重大突破性科技成果。

第十五条 推进基地资源开放共享。入驻院属各单位在满足本单位科研需要的前提下，并按规定履行报批或报备手续后，可将暂时富余试验土地、闲置科研建筑用房（包括院调配的工作用房）、温室、网室、挂藏室、试验或实验仪器设备、专家公寓、临工宿舍等开放共享，提高基地资源利用效率。开放共享原则上仅限于科研用途，并可按照成本补偿和非营利原则适当收取材料消耗、水电、人工等费用。

鼓励院属各单位在基地组织实施跨单位跨部门的科技活动，与有关单位建立科研共同体，申报实施科技项目，共享知识产权和成果收益，探索多样化的农科教融合、产学研衔接的开放共享长效机制。院有关部门给予积极协助和重点扶持。

第五章　示范推广

第十六条 做好基地成果展示工作。入驻院属各单位在做好科研试验的同时，要利用新乡基地条件，做好成果展示工作，集中展示体现中国农业科学院特色和水平的科技成果，如种质资源与品种展示、农业昆虫饲养与标本展示等。

第十七条 加强集成展示区建设。鼓励院地共同布局、规划、推进以地方投资和管理为主的集成展示区建设，用于开展绿色增产增效技术集成生产模式研究与示范、区域农业可持续发展技术集成创新研究与示范等工作，探索针对性强、可复制推广的技术方案，解决区域产业重大科技需求。

第十八条 新乡基地办要及时全面系统地跟踪当地产业发展动态，开展科技需求调查、凝练技术需求，做好科技对接和项目前期谋划；组织协调有关资源，并在规划指导、用地落实、项目申报、培训推广等方面协助开展示范推广工作。

第十九条 入驻院属各单位要积极利用国家农业科技创新联盟以及各类科技平台，开展科技培训、技术推广、科技服务等工作，加快新品种、新技术、新产品等的集成组装配套和熟化示范推广。

鼓励院属各单位在新乡市、县组织开展跨单位跨部门的院地科技合作活动。院有关部门和新乡基地办给予积极协助和重点扶持。

第六章　运行管理

第二十条 建立院地合作和运行管理双重领导体制。新乡基地办与中国农业科学院共同组织的院地科技合作，接受河南省新乡市人民政府和中国农业科学院的双重领导。灌溉所负责的基地运行管理，接受成果转化局和灌溉所双重领导。

第二十一条 建立联席会议制度，研究协商新乡基地建设、使用和管理中遇到的有关问题。运行管理方面的联席会议由灌溉所召集主持；院地合作方面的联席会议由新乡基地办召集主持；其他方面的联席会议由成果转化局召集主持。召开时间、参加人员由会议召集单位根据工作需要确定。

第二十二条 建立重要事项报告制度。入驻各单位在新乡基地举办全国性会议、重要科研现场观摩会、大型科技服务活动、接待地市级及以上领导参观考察等重要事项，要事先向成果转化局和新乡基地办报告，事后及时撰写有关材料，在院、所网站及中央、地方有关媒体宣传报道。

在基地培育的品种、技术、产品等科技成果以及开展的成果转化和科技服务等活动，对外公开或宣传时应标注“中国农业科学院新乡综合试验基地”，无法标注的除外。

第二十三条 建立建设项目用地审核审批制度。院属各单位在新乡基地实施建设项目须事先向院行文申请用地，成果转化局具体办理。使用入驻院属各单位租赁试验用地的，重点审核项目建设位置和建设要求；使用院购置建设用地的，重点审核资金来源、建设内容、用地规模。

确保建设符合基地规划，禁止在院所产权土地上建设形成非中国农业科学院及院属单位产权的科研、中试或生产设施设备。

第二十四条 建立基地其他资源使用审核备案制度。新乡基地试验用地、温室、网室、实验室、农机具、仪器设备、建设用地、房屋建筑等资源纳入全院统一的试验基地信息管理系统（简称基地管理系统，下同）管理。入驻院属各单位使用本单位资源用于本单位科研的，如实上网填报备案；向外单位开放共享，用于科研的由本单位上网审核审批，用于生产经营或临时性用地的由本单位审核、成果转化局审批。院属各单位使用院建房屋建筑须行文报院审批调配，成果转化局具体办理。临时借用的，也可向成果转化局申请。避免土地、房屋等基地资源出现私自转租、转借情况，避免出现改变使用性质情况。

第二十五条 齐抓共管强化基地运行管理。成果转化局负责基地运行管理的监督、指导等工作。灌溉所明确一名所领导牵头、配备一定数量的专职干部负责新乡基地的运行管理，设立控股或全资公司（简称运营实体，下同）承担具体工作，主要包括基地日常管理，安全生产、物业管理的组织协调，公共设施、院资产的维修维护，公共区域的环境卫生、绿化养护，领导交办和院所委托的其他工作等。入驻院属各单位负责本单位设施设备等资产的使用、管理、维护，本单位辖区田间试验和室内实验等的安排管理、安全生产等工作；支持灌溉所和运营实体工作，鼓励有偿委托运营实体承担本单位相关业务。新乡基地办协调地方有关资源力量，为入驻各单位协助提供和创造良好的建设环境和社会秩序。

灌溉所要加强对运营实体的管理。选派一名懂业务、会管理、负责任的研究所在职职工担任运营实体法定代表人。支持运营实体根据工作需要，建立一支结构合理、精干高效的专业专门管理服务队伍。指导运营实体加强规章制度建设，加强财务管理，按月通过基地管理系统报送基地各项业务进展及财务使用情况。

第二十六条 建立基地运转经费“财政支持与收取费用相结合、院与所合理分摊”的筹措方式。灌溉所牵头测算新乡基地运转经费需求，提出筹措方案。成果转化局会同财务局争取财政经费支持，将有关经费列入院本级年度预算，确保经费渠道畅通，得到稳定支持并实现逐步增长。

按照“谁使用、谁出钱”原则，收取基地使用费和综合服务费并实现动态调整。成果转化局组织收费标准听证、提出收费意见，报院审批。

第二十七条 基地运转费用的收取和使用由灌溉所负责，具体工作由运营实体承担。日常管理和服务遵循公益性和公平性原则。代收代支的供水、供电、供气、供热、通信、有线电视等费用，禁止收取手续费等额外费用。按照全成本核算办法，确定食宿、交通、农机具使用等有偿服务价格，报成果转化局备案。

入驻各单位要及时足额缴纳土地租金、水电费（包括必要的分摊损耗）及其他有关费用，费用收取单位须开具正规带税发票，确保基地高效运转。

第二十八条 建立抽查与考核相结合的基地运行管理考评制度，成果转化局具体组织实施。抽查不定期进行，采取现场实地查看、无记名评分的方式。抽查内容为：基地公共条件建设和维护、后勤保障服务、运行经费管理情况等。

考核一年一次，采取点面结合的方式进行。听取灌溉所报告基地公共条件建设和维护、后勤保障等管理服务情况和运行经费使用情况；随机选取入驻单位科学家等用户，了解基地运行管理成效；入驻各单位从运行管理质量、运行费用支出合理性、费用和服务水平相称性等方面作出定量评价。

成果转化局根据定量评价和抽查结果，综合评定运行管理等级并将其作为调整年度收费标准的重要依据。评定等级为“优”“良”的，适当上调收费标准或减免抽查。评定等级为“中”“差”的，由成果转化局组织查找分析原因，属于客观原因的，协商提出整改措施，收费标准不作年度调整；属于主观原因的，适当下调收费标准或加大抽查力度。

第七章 附 则

第二十九条 本办法未尽事宜按照农业部、中国农业科学院有关规定执行。之前规定与本办法有冲突的，按本办法执行。

第三十条 入驻各单位可根据本办法制定实施细则或专项管理制度。

第三十一条 本办法由成果转化局负责解释。

第三十二条 本办法自公布之日起执行。

四、国际合作与海峡两岸交流

中国农业科学院 2016 年国际合作与交流工作概况

2016 年，中国农业科学院国际合作局以党的“十八大”和十八届三中、四中、五中、六中全会精神为指导，在院党组的正确领导下，全面落实 2016 年院工作会议精神，充分发挥国际合作在中国农业科学院科技创新和“世界一流科研院所”建设中的服务、支撑和纽带作用，结合中央巡视整改工作，大力推进农业科技多双边国际合作工作，深化合作层次，拓展发展空间，进一步提升了中国农业科学院国际合作工作的能力和水平，各项工作取得了良好成效。

一、服务国家整体外交大局，充分发挥国家队在国际合作中的牵头作用

一是代表国家参与中国与国际农业研究磋商组织（CGIAR）合作事务。受农业部委托，中国农业科学院负责协调我国与 CGIAR 合作的日常协调工作。2016 年，除协调我国向 CGIAR 捐款、利用定向捐款选派人员赴 CGIAR 下属中心进修等工作以外，还根据 CGIAR 最新改革进展，通过多种方式和渠道致力于我国担任 CGIAR 新体系理事会亚太区域永久席位的争取工作；并 3 次代表国家和亚太地区参加 CGIAR 体系理事会议，参与 CGIAR 的决策管理事务，在调研的基础上，形成了一系列关于我国捐款的方案建议和强化合作的行动计划。

二是充分发挥 APEC 农业技术合作工作组（ATCWG）牵头人作用。受外交部和农业部委托，中国农业科学院自 2009 年起一直担任 APEC 农业技术合作工作组牵头人。2016 年，国合局有序协调开展工作组牵头人办公室工作，积极协助、推荐 21 个 APEC 成员体和包括中国农业科学院在内的国内科研单位申报 APEC 专项资金，提升和深化中国农业科学院与 APEC 成员体农业技术交流与合作。2016 年 9 月，在秘鲁成功组织了“第 20 届 APEC 农业技术工作组年会”。同时，积极配合农业部，参与 2016 年 APEC 粮食安全周以及第四届粮食安全部长会议等系列活动的前期筹备工作、会议磋商、材料起草等，有力保障了活动的顺利进行，受到外交部、农业部的肯定与表扬。

三是充分发挥中国—欧盟农业、食品和生物技术工作组中方牵头单位作用。受科技部委托，中国农业科学院自 2011 年起担任中欧农业、食品和生物技术工作组中方牵头单位。国合局积极开展与欧盟的对话交流，定期与欧盟召开视频会议和年度工作会议，通报和沟通工作进展，推进中欧农业合作。2016 年，向国内 13 家单位征集 2018—2020 年度中欧农业技术领域合作建议，梳理选定 10 个重点领域上报科技部并获得采纳。于

10 月成功组织国内 8 家科研单位的近 20 名专家代表赴布鲁塞尔与欧方召开了“第六届工作组会议暨专家研讨会”，确定了在“中欧科研创新共同资助机制”框架下中欧双方 2018—2020 阶段农业科研合作意向。科技部对上述工作给予高度肯定，并批复专项资金对工作组的工作予以支持，为中国农业科学院与合作伙伴联合发起大科学合作计划，奠定了良好的基础。

四是代表国家参与 G20 首席科学家会议。受农业部委托，中国农业科学院一直负责参与 G20 农业首席科学家会议（MACS）。我国今年为 G20 轮值主席国，根据农业部工作部署，国合局于 5 月 29—31 日在西安成功举办了以“农业科技创新与知识共享”为主题的“第五届 G20 农业首席科学家会议”。参会代表数量和代表性都达到 MACS 的最高水平。会议通过了《第五届 G20 农业首席科学家会议公报》，会议成果纳入 G20 农业部长会议公报。会议的成功举办获得农业部领导的表扬，并被中央电视台第 7 套节目、新华网等国内媒体广泛报导。

五是牵头组织重大外事活动。由中国农业科学院发起、与联合国粮农组织（FAO）和国际农业研究磋商组织（CGIAR）共同主办的“国际农科院院长高层研讨会”自 2006 年功举办以来，已成为探讨全球性农业科技合作的品牌性会议。国合局于 12 月 13—15 日在海南举办了“第五届国际农科院院长高层研讨会”。来自 52 个国家农业研究机构或农业大学、涉农跨国公司负责人和相关国际组织专业人士，以及来自国内相关部委官员、各省（市、区）农科院院长和农业大学相关负责人与专家学者等 240 余名代表参加了会议。会议以“农业科技创新减少饥饿和贫困”为主题，并通过了《第五届国际农科院院长高层研讨会陵水宣言》。会议得到国内外参会代表的高度评价，为今后中国农业科学院海外农业中心建议，落实“一带一路”农业科技合作奠定了基础。

此外，国合局还牵头组织了“全国农科院系统外事协作网会议”，为促进全国农科院系统在外事工作领域的交流与合作搭建了良好平台，受到兄弟单位的肯定和赞赏。

二、强化顶层设计，助力“世界一流农业科研院所”建设

通过举办中国农业科学院国际顾问委员会会议、中国农业科学院外事工作培训班，强化顶层设计。2016 年，国合局精心设计“第四届国际顾问委员会会议”的日程安排，使顾问委员会委员通过听取报告、参观研究所以及与科学家、引进人才、研究生代表分组座谈，充分了解中国农业科学院发展战略和科技成就，特别是创新工程实施进展。会后，顾问委员会针对创新科研管理制度、吸引强化人才建设、创造优良科研氛围、确定优先与重点领域、加强与私营部门合作、更新升级评价体系、关注社会科学及其影响力、加强推动科学活动与宣传以及提升国际合作等提出了 15 项建议。国合局在此基础上撰写了翔实的会议报告，并下发至院属各单位，对于指导中国农业科学院尽快实现“世界一流农业科研院所”发展目标具有重要作用。

通过召开外事工作培训班，邀请外交部[①]、科技部、商务部[②]等部委的代表介绍外交政策、“一带一路”规划和“走出去”战略，解读中国农业科学院新时期国际合作管理办法，有力提升了全院研究所国际合作管理人员的理论政策水平和国际合作管理水平。

三、强化战略伙伴关系，务实推动多双边合作的开展

按照中国农业科学院“世界一流科研院所”建设目标，继续拓展与世界一流农业科研机构战略合作伙伴关系。2016 年中国农业科学院及院属各研究所签署、续签合作协议、联合实验室协议等共计 80 份。其中，以中国农业科学院名义新签协议 13 份，续签协议 2 份。

在国内合作伙伴拓展方面，积极推动与新疆生产建设兵团、中信建设有限公司、中工国际工程股份有限公司、中国包装和食品机械有限公司及中土联合投资控股集团等大型外向型企业的战略合作。

同时，务实推进中国农业科学院与多双边国际合作伙伴的科技合作：中国农业科学院创新工程与澳大利亚 CSIRO 旗舰项目的成功对接，中英农业可持续集约化中心顺利发布项目指南，举办中德农业科技合作平台框架下的“中德食物溯源和代谢组学研讨会”，与英国约翰英纳斯中心合作项目研讨会，中国—丹麦战略部门合作项目顺利推进，确立未来 3 年中国农业科学院中加农业科技创新行动优先项目，组织提出 2016—2017 年中国农业科学院中美农业科技合作优先领域。同时，有力地促进了 APEC 农业技术合作项目和欧盟地平线 2020 项目的申报和实施。

四、搭建国际合作平台，提升合作层次和水平

国际合作平台是提升国际合作效率的重要途径，也是中国农业科学院推进农业科技全球战略布局的重要方式。2016 年，中国农业科学院在全球战略布局的框架下稳步推进科技合作平台建设，取得了良好成效。

新建“中国农业科学院与荷兰瓦赫宁根大学畜禽废弃物资源化中心”“中国农业科学院与日本国际农林水产业研究中心农业发展研究联合实验室”“中国农业科学院—国际水稻研究所基因组辅助种质创新联合实验室”，积极推进整合中国农业科学院与 CIMMYT 已共同成立的 3 个联合实验室，并在此基础上成立“农业部—CIMMYT 联合实验室”；获批“农业面源污染监控及防控技术”及“设施园艺节能及栽培工程技术”引智基地 2 个。同时加大力度，通过联合召开国际研讨会、联合启动合作项目、申请基本科

① 中华人民共和国外交部，全书简称外交部

② 中华人民共和国商务部，全书简称商务部

研项目费等方式推动“中哈联合实验室”“中巴农业科学联合实验室”“中英农业可持续集约化发展联合中心”“中德农业科技合作平台”等已建国际合作平台的有效运行。推动“中国农业科学院基本科研业务费专项”院级统筹部分中的“农业科技国际合作平台建设项目”的立项并自主评审，2016 年度中国农业科学院共有 10 个研究所的 10 个农业科技国际合作平台获得资助，总金额为 200 万元。

五、狠抓国际合作项目建设，助推中国农业科学院科技创新能力的提升

2016 年，国合局积极组织申报科技部、农业部、自然基金委、外专局、商务部、教育部、留学基金委等部委以及欧盟、APEC 和国际原子能机构（IAEA）等多双边国际合作项目，开展重点领域合作研究。全年共申报各类项目 131 项、获批 66 项，项目经费共计约 6 144万元。

六、务实推进农业科技“走出去”战略，拓展自身发展空间

一是推进“中国农业科学院海外农业研究中心”建设。在不断完善管理机制的前提下，依托海外农业研究中心的 16 个研究室，梳理和分析了中国农业科学院现有农业科技“走出去”状况、问题及提出未来工作的重点计划和发展规划。目前，中国农业科学院“走出去”农业技术已经涉及亚、非、美、欧，共计 28 个国家，共有 10 个研究所分别在育种、植物保护、畜牧医药、农用机械等领域初步实现了“走出去”目标。还有作科所、植保所、棉花所等 19 个研究所，在水稻育种、生物防治等 80 项重大技术领域具备技术“走出去”基础。另外，海外农业研究中心自 2016 年 1 月 21 日正式挂牌成立以来积极与部级联席会议成员单位、省级科研院所以及国内外农业企业建立联系并开展合作，配合农业部积极推动全球农业数据调查分析系统的各项工作，完成了国家发改委大数据重大工程项目“全球农业数据调查分析系统”的申报；农业对外合作公共信息服务公众号开始试运行；农业对外合作公共信息服务平台正式启动；组建成立全球农业大数据与信息服务联盟；筹建农业技术共享平台（ATS）。国合局通过召开“农业科技‘走出去’研讨会”，进一步梳理了各研究所的成熟技术和产品，为中国农业科学院农业科技“走出去”提供基础支撑，进一步达到了加强中国农业科学院农业科技“走出去”整体性和系统性规划、探索并创新农业科技“走出去”运行机制和务实推动农业科技“走出去”的目的。依托研究生院，在扩大海外留学生队伍、为发展中国家举办使用技术培训班等方面务实开展工作，促进海外农业人才培养。

二是落实科技创新工程相关任务。组织完成中国农业科学院科技创新工程试点期自评估报告的国际合作部分工作，积极推动和探索中国农业科学院创新工程“海外农业技术集成协同创新”项目：组织编写“海外农业技术集成创新”行动建议书，形成农

业走出去集成协同创新项目实施方案；此外，还积极推进院属相关研究所与我国大型企业深化农业科技合作，包括由作科所牵头，依托中信建设在安哥拉和缅甸开展南部非洲及南亚地区主粮作物增产增效技术集成工作建议；由畜牧所、农经所牵头，依托中土联合投资控股集团、新疆皆美通农牧产业有限公司在哈萨克斯坦开展畜牧养殖相关技术集成工作建议。

三是牵头制订“中非农业科研机构‘10+10’合作机制实施方案”。积极配合商务部、农业部开展相关调研和研究，牵头撰写中非农业科研机构“10+10”合作机制实施方案，该方案已被两部委纳入“一带一路”和援非规划。这项工作也为中国农业科学院在“10+10”合作机制项目立项中实现有效占位打下了坚实基础。

四是务实推进成熟农业技术和产品“走出去”。加大禽流感疫苗、口蹄疫疫苗、优良作物种子、蔬菜种子、植保技术、沼气技术、棉花生产技术、畜牧兽医技术等向海外的辐射力度。包括哈尔滨兽医所在印度尼西亚建设动物疫苗生产工厂；郑果所参与哈萨克斯坦“中国（陕西）—哈萨克斯坦苹果友谊园”的建设（中哈两国元首项目）；蜜蜂所参与安哥拉“蜜蜂养殖及蜂蜜加工产业项目”的建设（国开行援外项目）；植保所与美国爱利思达生命科学公司成功签署植物免疫蛋白质生物农药——“阿泰灵”的海外代理战略合作协议，正式开启生物农药海外市场新航道；植保所利用欧盟项目，在缅甸和老挝建立以生物防治为主的水稻、玉米害虫综合治理技术体系。

五是积极承办相关部委农业技术培训班。2016 年度全院共承办商务部、科技部、农业部等部委资助的农业技术培训班共计 12 个，特别是沼气所首次在海外（毛里塔尼亚）举办沼气技术培训班，受到了商务部的高度肯定。

六是大力引进国外优异种质资源。2016 年，中国农业科学院 11 个研究所在农业种质资源引进方面开展了大量工作，全年共引进国外优异种质资源 12 650份。其中水稻、蔬菜等农作物 11 197份，牧草 1 400份，果树 35 株/（个），微生物 15 种/（株），基因材料 3 个。

七、举办高层国际会议，提升中国农业科学院的国际影响力

2016 年，中国农业科学院共举办、承办国际学术会议、科学家峰会、专题研讨会 43 个。与会代表总人数达 7 306人（其中外宾参会人数 2 076人）。通过举办这些会议，不仅了解了国际相关领域的研究前沿，深化了与国外科研机构的联系，拓展了合作领域，同时提升了中国农业科学院的国际影响力和参与组织国际活动的能力。

八、推进能力建设，提高国际化水平

2016 年（截至 11 月 30 日），中国农业科学院人员共计派出 613 个团、1 135人次出国（境）执行合作研究、国际会议、学术交流、项目合作以及培训等任务；邀请外宾

993 人次到访中国农业科学院。

2016 年全院共有 46 人通过留学基金委渠道、39 人通过外专局渠道、6 人通过国际组织捐款渠道及 21 人通过国际合作项目等渠道赴境外进行培训，大力提升了中国农业科学院科技与管理人员的国际化水平。

九、狠抓国际合作宣传，营造良好国际化氛围

2016 年，国合局积极拓展对外宣传渠道，加大宣传力度，为中国农业科学院国际合作工作的发展营造了良好氛围。一是高质量地完成了《中国农业科学院 2015 年年报》（*Annual Report*-2015）（中英文版）的编辑制作工作并上网发布；二是利用院英文网站，发布重要信息 76 条，宣传了中国农业科学院重大活动和科研动态；三是编制完成 4 期《中国农业科学院国际合作简讯》；四是与欧盟农业总司共同制作《中国—欧盟食品、农业和生物科技旗舰计划宣传单》（中英文），并在院网主页向中方各成员单位推介；六是正式出版发行《中国与国际农业研究磋商组织战略合作三十年》英文版。

十、以巡视整改为契机，加强全局党建工作

1. 结合中央巡视工作，狠抓党风廉政建设

认真学习领会院党组关于落实中央第八巡视组反馈意见的整改方案，结合本局工作实际，聚焦问题，制定《国际合作局落实中央第八巡视组巡视反馈意见整改方案》，深入细致地开展了理论学习和职工思想教育，制订年度党务工作计划，加强支部的思想建设和制度建设；总结提出了“以党务促业务，以问题促学习”的支部工作法；将支部工作与“两学一做”学习教育活动紧密结合，与蔬菜花卉研究所第六党支部开展支部共建、与外交部非洲司开展联学等特色支部活动，在“两学一做”活动中创新学习载体，丰富学习形式，增强学习教育效果。

2. 完善制度建设，保障国际合作各项工作的顺利开展

按照院党组要求，国合局修改和制定了《中国农业科学院因公临时出国（境）管理办法》《中国农业科学院出国（境）证照管理细则》《中国农业科学院在华举办国际会议管理细则》和《中国农业科学院因公临时出国（境）经费实施细则》，同时还对局内部财务管理工作进行了规范。组织完成了国合局内部控制梳理工作，明确了国合局各项工作的业务环节和流程，确立风险点，完善风险评估机制，制定风险政策。

十一、推动创新文化建设，营造和谐向上的工作氛围

紧密围绕中国农业科学院科技创新工程和“世界一流农业科研院所”建设目标，

结合巡视整改工作，大力开展创新文化建设，把国际合作事业的发展与激发职工创新活力相结合，从观念更新、制度建设、办公室文化建设、形象培养等方面，大力开展体现以人为本的创新文化建设活动，强调提高认识，重在内化于心、外化于形；开展了道德规范（爱岗敬业、诚实守信、办事公道、服务科研、奉献国家）教育，激发了广大职工的责任意识、公仆意识和创新意识，强调长效管理，重在常抓持恒。

2016 年中国农业科学院
合作谅解备忘录/协议签署清单

序号	研究所名称	外方签署单位名称	已签署双边、多边协议名称	协议类型
1	草原所	俄罗斯科学院西伯利亚分院普通与实验生物学研究所	羊草等优质草原草生物资源遗传多样性研究	联合实验室
2	茶叶所	斯里兰卡茶叶研究所	中国农业科学院茶叶研究所与斯里兰卡茶叶研究所合作谅解备忘录	一般性合作协议
3		新加坡国立大学	中国农业科学院研究生院与新加坡国立大学合作谅解备忘录	一般性合作协议
4		德国布伦瑞克大学	中国农业科学院茶叶研究所与德国布伦瑞克大学食品化学研究所成立中德茶叶加工化学联合实验室谅解备忘录	联合实验室
5	哈尔滨兽医所	埃及动物卫生健康研究所	Memorandum of Understanding for Preventive Veterinary Medicine Cooperation between Harbin Veterinary Research Institute of Chinese Academy of Agricultural Sciences of the People's Republic of China and Animal Health Research Institute of Agricultural Research Center of Egypt of the Arab Republic of Egypt	一般性合作协议
6		韩国动物卫生检疫局动物卫生研究所	Agreed Minutes Korea-China Working Level Meeting for Joint Response to Animal Diseases	一般性合作协议
7	环保所	新西兰梅西大学	农业环境科学技术合作做协议	联合实验室

（续表）

序号	研究所名称	外方签署单位名称	已签署双边、多边协议名称	协议类型
8	环发所	美国康奈尔大学农业和生命学院	环发所与美国康奈尔大学合作备忘录	一般性合作协议
9		荷兰瓦赫宁根大学	中荷畜禽废弃物资源化中心合作备忘录	联合实验室
10		荷兰瓦赫宁根大学	成立中荷设施园艺联合研究中心（北京）谅解备忘录	联合实验室
11		日本鸟取大学	环发所与鸟取大学学术交流协定书	一般性合作协议
12	兰州牧药所	匈牙利圣伊斯特万大学	合作意向书	一般性合作协议
13	兰州兽医所	日本农业与食品研究组织动物卫生研究所	中国农业科学院兰州兽医研究所与日本农业与食品研究组织动物卫生研究所谅解备忘录	一般性合作协议
14		韩国动植物检疫检疫局	中韩动物疫病联合防控工作会议协议记录	一般性合作协议
15	上海兽医所	美国堪萨斯州立大学	Memorandum of Understanding between Shanghai Veterinary Research Institute and Kansas State University	一般性合作协议
16		瑞典国家兽医研究所	中国农业科学院上海兽医研究所—瑞典国家兽医研究院动物传染病联合实验室谅解备忘录	联合实验室
17		蒙古国兽医研究所	Memorandum of Understanding between Shanghai Veterinary Research Institute and Institute of Veterinary Medicine, Mongolian University of Life Sciences Mongolia	一般性合作协议

（续表）

序号	研究所名称	外方签署单位名称	已签署双边、多边协议名称	协议类型
18	水稻所	印度尼西亚 PT. Biogene 研究公司	建立杂交水稻联合研究中心合作协议	联合研究中心
19		巴基斯坦卡拉奇大学化学和生物科学国际中心及巴基斯坦组织培养技术国际公司	建立中巴杂交水稻联合研究中心备忘录	联合研究中心
20		国际水稻研究所	关于加强农业合作研究与培训的协议	一般性合作协议
21		巴斯夫（中国）有限公司	农药药效评估试验协议书	一般性合作协议
22		国际水稻研究所	材料测试与评估协议	一般性合作协议
23		陶氏益农农业科技（中国）有限公司	农药试验协议书	一般性合作协议
24		巴斯夫（中国）有限公司	农药药效评估试验协议书	一般性合作协议
25		日本株式会社佐竹、佐竹机械（苏州）有限公司	合作研究协议书	一般性合作协议
26		英国剑桥大学、中国科学院遗传发育研究所	提高超级稻氮肥利用率合作研究协议	一般性合作协议
27		韩国高阳市农业技术中心	建立水稻科技合作关系协议书	一般性合作协议
28	饲料所	奥地利自然资源与生命大学农业生物系分析化学中心	合作协议	联合实验室
29		德国雷曼公司	合作意向书	一般性质合作协议

（续表）

序号	研究所名称	外方签署单位名称	已签署双边、多边协议名称	协议类型
30	信息所	汤森路透科技有限公司	作者连接服务	一般性合作协议
31		国际食物政策研究所	中国农业科学院农业信息研究所国际食物政策研究所北京办事处委托合作协议	一般性合作协议
32		国际应用生物科学中心	中国农业科学院农业信息研究所国际应用生物科学中心东亚中心合作协议	一般性合作协议
33		全球农业发展青年论坛	中国农业科学院农业信息研究所全球农业发展青年论坛亚太办公室合作协议	一般性合作协议
34		国际农业发展基金	国际农业发展基金与中国农业科学院农业信息研究所的长期协议（1103 号）	一般性合作协议
35	研究生院	泰国皇家大城府大学	中国农业科学院研究生院与泰国大城府皇家大学合作备忘录	一般性合作协议
36	沼科所	瑞典德隆大学	农业部沼气科学研究所与瑞典隆德大学合作项目协议	合作研究协议
37		美国能源部可再生能源实验室	中国农业部沼气科学研究所与美国能源部可再生能源实验室生物质转化技术合作研究协议	合作研究协议
38	郑果所	新西兰植物和食品研究所、国际果树创新公司	苹果砧木育种三方协议	一般性合作协议
39		神农品种管理有限公司	Nonexclusive Testing and Non-Propagation Agreement	品种测试合作协议

（续表）

序号	研究所名称	外方签署单位名称	已签署双边、多边协议名称	协议类型
40	植保所	美国爱利思达生命科学公司	植物免疫诱导剂“阿泰灵”海外独家代理合作协议	一般性合作协议
41		国际应用生物科学中心	关于支持“农业部—CABI 生物安全联合实验室”在瑞士建立“欧洲实验室”的意向书	联合实验室
42		加拿大农业与农业食品部有害生物防治中心	中国农业科学院植物保护研究所与加拿大农业与农业食品部科技副部合作行动计划	一般性合作协议
43	质标所	意大利意中基金会	中意食品安全对话合作协议	合作研究协议
44		荷兰瓦赫宁根大学及研究中心食品安全研究所	中国农业科学院农业质量标准与检测技术研究所与荷兰瓦赫宁根大学及研究中心食品安全研究所研究与合作协议	研究与合作协议
45	作科所	秘鲁拉莫利纳国立农业大学	中国农业科学院作物科学研究所与秘鲁拉莫利纳国立农业大学合作协议	联合实验室
46		乌拉圭农业科学院	中乌高附加值大豆品种培育科技合作研究	一般性合作协议
47		西班牙巴塞罗那大学	中国农业科学院作物科学研究所与西班牙巴塞罗那大学“地平线 2020 项目—NEURICE”联合申报协议	联合申报项目协议
48		韩国农村振兴厅食粮科学院	中国农业科学院作物科学研究所与韩国农村振兴厅食粮科学院间合作项目协议	国际合作项目协议
49	麻类所	波兰天然纤维及药用植物研究所，粮农组织欧洲亚麻及其他韧皮纤维植物合作研究组织	中波麻类科技合作框架协议	一般性合作协议
50		加拿大多伦多大学	中加科技创新行动计划	一般性合作协议

（续表）

序号	研究所名称	外方签署单位名称	已签署双边、多边协议名称	协议类型
51	牧医所	美国爱荷华大学农业生物系统工程系	养殖环境对畜禽健康影响评价关键技术培训合作意向书	一般性合作协议
52		哈佛医学院	奶产品中生物毒素对肠屏障损伤的风险评估技术培训合作意向书	一般性合作协议
53	生物所	美国唐纳德丹佛植物科学中心	中国农业科学院生物技术研究所—美国唐纳德·丹佛植物科学中心 C_4 光合作用合作协议	一般性合作协议
54	加工所	以色列农业研究组织 Volcani 中心	中国—以色列农产品减损与质量安全控制联合研究中心	联合实验室
55		巴基斯坦卡拉奇大学国际化学与生命科学中心	中国农业科学院农产品加工研究所—巴基斯坦卡拉奇大学国际化学与生命科学中心科技合作备忘录	联合实验室
56		中国—阿根廷食品科学技术中心（阿根廷）	中国—阿根廷食品科学技术中心	联合实验室
57		澳大利亚墨尔本大学	中国农业科学院农产品加工研究所—澳大利亚墨尔本大学科技合作协议	联合实验室
58		新西兰奥塔哥大学	中国农业科学院农产品加工研究所—新西兰奥塔哥大学科技合作协议	联合实验室
59		西班牙赫罗纳大学	中国农业科学院农产品加工研究所—西班牙赫罗纳大学科技合作协议	联合实验室
60		韩国 ParkSystems 公司	中国农业中国农业科学院农产品加工研究所—共建原子力显微成像联合实验室协议	联合实验室

（续表）

序号	研究所名称	外方签署单位名称	已签署双边、多边协议名称	协议类型
61	特产所	韩国忠北国立大学	中国农业科学院特产研究所与韩国忠北大学校农业生命环境大学学术交流协议书	一般性合作协议
62		新西兰鹿茸研究中心	Copperation into Research on the Role of Stem-Cell Mediated Healing following Removal from Deer	一般性合作协议
63	资划所	日本千叶大学园艺学部	中国农业科学院农业资源与农业区划研究所与日本千叶大学园艺学部合作框架协议	一般性合作协议
64		荷兰瓦赫宁根大学世界土壤信息研究中心	中国农业科学院农业资源与农业区划研究所—荷兰瓦赫宁根大学世界土壤信息研究中心合作框架协议	一般性合作协议
65	国合局国家处	澳大利亚昆士兰大学	中国农业科学院与澳大利亚昆士兰大学合作协议	一般性合作协议
66		荷兰瓦赫宁根大学及研究中心	中国农业科学院与荷兰瓦赫宁根大学畜禽废弃物资源化中心合作备忘录	联合研究中心（平台）
67		美国艾奥瓦州立大学	中国农业科学院与美国艾奥瓦州立大学合作协议	一般性合作协议
68		俄罗斯科学院	中国农业科学院与俄罗斯科学院农业科技合作谅解备忘录	一般性合作协议
69		德国联邦营养与食品研究所马克斯·鲁布纳研究所	中国农业科学院与德国联邦营养与食品研究所马克斯·鲁布纳研究所达成的谅解备忘录	一般性合作协议
70		塔吉克斯坦农业大学	中国农业科学院与塔吉克斯坦农业大学农业科技合作谅解备忘录	一般性合作协议
71		乌拉圭国家农牧研究院	中国农业科学院及乌拉圭国家农牧研究院科学技术合作协议备忘录	一般性合作协议

（续表）

序号	研究所名称	外方签署单位名称	已签署双边、多边协议名称	协议类型
72	国合局国家处	苏丹农业研究中心	苏丹农业研究中心与中国农业科学院关于农业研发合作的谅解备忘录	一般性合作协议
73		韩国农村振兴厅	中国农业科学院与韩国农村振兴厅2016年合作项目协议	一般性合作协议
74		日本国际农林水产业研究中心	中国农业科学院与日本国际农林水产业研究中心关于建立中日农业发展研究联合实验室的谅解备忘录	联合实验室
75		罗马尼亚布加勒斯特农业与兽医大学	中国农业科学院与罗马尼亚布加勒斯特农业与兽医大学农业科技园合作补充协议	科技园区补充协议
76		以色列农业及农村发展部农业研究组织Volcani中心	中国农业科学院与以色列农业及农村发展部农业研究组织Volcani中心农产品产后减损与质量安全控制合作谅解备忘录	落实领导人出访后续行动协议
77		老挝农业部农业司	中国农业科学院与老挝农业部农业司农业科技合作会议纪要	一般性合作协议
78		秘鲁拉莫利纳国立农业大学	中国农业科学院与秘鲁藜麦联合实验室框架合作协议	联合实验室
79		丹麦兽医食品局	中国农业科学院与丹麦兽医食品局农业战略部门技术合作协议	项目合作协议
80	国合局组织处	国际水稻研究所	中国农业科学院与国际水稻研究所水稻基因组学和种质提升领域协议备忘录	联合实验室

2016 年中国农业科学院新建国际合作平台清单

序号	研究所名称	外方合作单位名称	联合实验室名称	建立时间
1	茶叶所	德国布伦瑞克大学	中德茶叶加工化学联合实验室	2016 年 8 月 24 日
2	环发所	荷兰瓦赫宁根大学	中荷畜禽废弃物资源化中心	2016 年 6 月 1 日
3		荷兰瓦赫宁根大学	中荷设施园艺联合研究中心（北京）	2016 年 11 月 28 日
4	兰州兽医所	波兰国家兽医研究所	中国农业科学院兰州兽医研究所—波兰国家兽医研究所共建动物疫病防控联合实验室	2016 年 7 月 27 日
5	饲料所	奥地利自然资源与生命大学农业生物系分析化学中心	中国—欧盟饲料霉菌毒素脱毒技术联合实验室	2016 年 6 月 28 日
6	郑果所	新西兰植物和食品研究所、西班牙加泰罗尼亚农业与食品技术研究所	果树基因组学国际联合实验室	2016 年 1 月
7	作科所	泰国农业大学	中泰豆类作物研究与发展中心	2016 年 11 月
8	加工所	以色列农业及农村发展部农业技术研究组织 Volcani 中心	中国—以色列农产品产后减损与质量安全控制研究中心	2016 年 12 月
9		巴基斯坦卡拉奇大学国际化学与生命科学中心	中国农业科学院农产品加工研究所—巴基斯坦卡拉奇大学国际化学与生命科学中心营养健康联合研究中心	2016 年 4 月
10		中国—阿根廷食品科学技术中心（阿根廷委员会）	中国—阿根廷食品科学技术中心	2016 年 9 月

（续表）

序号	研究所名称	外方合作单位名称	联合实验室名称	建立时间
11	加工所	澳大利亚墨尔本大学	中国农业科学院农产品加工研究所—澳大利亚墨尔本大学肉品加工联合研究中心	2016 年 11 月
12		新西兰奥塔哥大学	中国农业科学院农产品加工研究所—新西兰奥塔哥肉品加工联合研究中心	2016 年 8 月
13		西班牙赫罗纳大学	中国农业科学院农产品加工研究所—西班牙赫罗纳大学肉品加工联合研究中心	2016 年 8 月
14		韩国 ParkSystems 公司	中国农业中国农业科学院农产品加工研究所—共建原子力显微成像联合实验室	2016 年 12 月
15	深圳基因组所	国际水稻研究所	中国农业科学院—国际水稻研究所基因组辅助种质创新联合实验室	2016 年 4 月 28 日
16	资划所	日本国际农林水产业研究中心	中国农业科学院与日本国际农林水产业研究中心关于建立中日农业发展研究联合实验室	2016 年 10 月 24 日
17		新西兰皇家科学院林业研究所	中国农业科学院与新西兰皇家科学院林业研究所土壤分子生态学联合实验室	2016 年 10 月 28 日
18		亚太经合组织	农业部亚太经合组织粮食安全与农业合作战略咨询中心	2016 年 12 月

2016年中国农业科学院国际合作项目清单

序号	研究所名称	项目名称	项目来源	承担单位	外方合作单位	执行年限	经费总额（万元）
1	茶叶所	Value evaluation and collection of tea germplasm amid global warming	韩国振兴厅	茶叶所	韩国农村振兴厅	2016—2018	47.6
2	果树所	亚洲发展中国家果树生产技术培训班	农业部	果树所	信德农业大学、巴哈丁扎卡利亚大学、孟加拉谢尔农业大学	1	25
3	果树所	中美农作物基因库采集技术与实践合作研究	科技部国家科技合作专项项目	果树所	美国植物遗传资源保存中心	3	16
4	果树所	苹果基因组研究与育种技术培训	国家外专局	果树所	新西兰植物与食品研究所	1	13.8
5	哈尔滨兽医所	高致病性PRRSV跨越宿主呼吸道屏障的分子机制	2016—2017年度中德农业科技合作项目计划	哈尔滨兽医所	德国汉诺威兽医大学病毒研究所	2016—2017	0
6	哈尔滨兽医所	对巨噬细胞HIV病毒储库的清除策略研究	国家自然基金	哈尔滨兽医所	美国密歇根州立大学	2016—2019	300
7	环保所	中欧农业环境技术国际合作创新平台建设	农业部	环保所	芬兰自然资源研究中心、瑞典农业大学、瑞典农业与环境工程研究所	2016	45
8	环保所	中英生态环保型农业生产技术研究与示范	农业部	环保所	伦敦大学东亚与非洲学院、东英吉利大学、英国地质研究中心、兰卡斯特大学	2016	25
9	环保所	中英氮循环虚拟联合中心	英国生物技术与生物科学研究理事会(BBSRC)	环保所	阿伯丁大学、东英吉利大学	2016—2019	2 630

（续表）

序号	研究所名称	项目名称	项目来源	承担单位	外方合作单位	执行年限	经费总额（万元）
10	环发所	亚非国家杰出青年科学家来华工作专项—Lamy Mamdub Mohamed HAMED	科技部国合司委托中国科学技术交流中心管理	环发所		2016—2017	15
11		亚非国家杰出青年科学家来华工作专项—Khavtgai Zoljargal	科技部国合司委托中国科学技术交流中心管理	环发所		2016—2017	15
12		IFAD 咨询报告	联合国农业发展基金	环发所	联合国农业发展基金	2016—2016	4.2
13		小麦、棉花产量的栅格图设计	世界资源研究所	环发所	世界资源研究所	2016—2017	12
14		旱地不同覆盖条件下作物根系吸水机制与数值模拟	国家自然科学基金委	环发所	国际干旱地地区农业研究中心	2017—2020	195
15		《气候变化框架公约》履约对策研究	农业部	环发所	联合国气候变化公约	2016	25
16		中日中国可持续农业技术研究发展计划二期项目成果示范推广	日本国际协力机构	环发所	日本国际协力机构	2016	53
17		中日中国可持续农业技术研究发展计划二期项目成果示范推广	农业部	环发所	日本国际协力机构	2016	30
18		"一带一路"国家农业发展政策与合作基础研究	中国工程院	环发所		2016	15
19		植物工厂 CO_2 高效利用技术示范推广	国家外国专家局	环发所	日本千叶大学	2016	20
20		植物工厂 CO_2 高效利用技术示范推广	农业部人力资源中心	环发所	日本千叶大学	2016	4.5

（续表）

序号	研究所名称	项目名称	项目来源	承担单位	外方合作单位	执行年限	经费总额（万元）
21	兰州兽医所	口蹄疫口服活载体疫苗制剂的研发	国家外国专家局	兰州兽医所	韩国原子能研究所	2016	21
22		OIE口蹄疫参考实验室对外交流与合作	农业国际交流与合作	兰州兽医所	世界动物卫生组织	2016	25
23		山羊痘病毒CTL表位筛选及其OLA-Ⅰ四聚体三维结构解析	甘肃省国际科技合作专项	兰州兽医所	美国纽约州立大学奥尔巴尼分校	2016—2018	20
24		口服疫苗递送至黏膜表面的疫苗技术交流（Exchange of Vaccine Technology for the Delivery of Ooral Vaccines to Mucosal Surface）	英国生物技术与生物科学研究理事会中英合作协议项目（BBSRC China Partner Award）	英国东英吉利亚大学、兰州兽医所；上海巴斯德研究所	英国东英吉利亚大学	2016—2019	30
25	麻类所	中德麻类多用途利用与加工技术合作研究	科技部	麻类所	德国莱布尼茨农业产后加工研究所	2016—2017	0
26	棉花所	开拓中亚棉花产业合作，助推"丝绸之路经济带建设"	河南省外国专家局	棉花所	塔吉克斯坦农业大学、吉尔吉斯共和国农业大学、巴基斯坦旁遮普省农业科学院棉花研究所	1	20
27		棉花育种及增产增效技术研究	河南省外国专家局	棉花所	澳大利亚墨尔本大学、美国德州理工大学、澳大利亚联邦科学与工业研究组织、新墨西哥州立大学、美国得克萨斯理工大学、英国东茂林研究所	1	20

（续表）

序号	研究所名称	项目名称	项目来源	承担单位	外方合作单位	执行年限	经费总额（万元）
28	牧医所	主要转基因动物和饲料安全性检测及安全控制关键技术引进	农业部“948”计划项目	牧医所	法国农业科学院、荷兰瓦赫宁根大学、德国波恩大学、加拿大圭尔夫大学、美国常青科学公司、美国Aqua Bounty公司、美国桑福德应用生物科学公司、西班牙Biodonostia健康研究所	2016—2017	360
29		生鲜乳蛋白质图谱技术的引进与开发	农业部“948”计划项目	牧医所	加利福尼亚大学伯克利分校、美国奶业科学学会、美国康奈尔大学生物技术研究所	2016—2017	300
30		肉牛西门塔尔牛新品种选育及奶牛提质增效云应用数据中心构建与示范推广	国家外专局引进境外技术、管理人才项目（示范项目）	牧医所	加利福尼亚大学滨河分校、丹麦奥胡斯大学、美国康奈尔大学、美国华盛顿州立大学	2016	35
31		中韩主要家畜繁殖与利用方面的畜牧推广技术评价	中韩RDA项目	牧医所	韩国国立畜产科学院	2016—2018	3
32		中爱奶牛提质增效云应用数据中心初步构建	中爱国际合作项目	牧医所	爱尔兰国立都柏林大学、爱尔兰科兰奶牛物理营养公司	2016	20
33		奶产品质量安全检测技术与能力验证	中新国际合作项目	Asure Quality有限公司	新西兰国有企业Asure Quality有限公司	2016	2.5万新西兰元

（续表）

序号	研究所名称	项目名称	项目来源	承担单位	外方合作单位	执行年限	经费总额（万元）
34	农经所	亚太地区城镇化与农业现代化发展研讨会	财政部中国亚太经合组织合作基金	农经所		2017	35
35		气候智慧型主要粮食作物生产项目（P144531）社会经济影响监测与评价	世界银行	农经所		2016—2020	29.8
36		国际先进技术引进、农业科技国际合作以及主要农产品国际竞争力研究	"948"计划项目	农经所		2016—2017	100
37		"一带一路"战略背景下我国粮食安全与重点农产品国际合作战略研究	中国工程院院士咨询重点项目	农经所		2016—2017	70
38		系统评价法在农业科学和决策支持中的应用	农业部中德农业科技合作项目	农经所	德国栽培作物研究中心生物安全与植物生物技术研究所	2017	—
39	水稻所	水稻高光效特性的遗传调控网络及育种利用	国家自然基金委员会	水稻所	国际水稻研究所	2017—2021	200
40		联合技术研发与示范推广项目	浙江省	水稻所	印度 SAVANNAH 种业公司、印度尼西亚公司 PT. Biogene 研究公司和巴基斯坦组织培养技术国际公司、国际水稻研究所	2016—2019	215
41		Super-Rice：a UK-China Collaboration to Improve Rice Nitrogen Use Efficiency	英国牛顿基金项目	水稻所	英国剑桥大学	2016—2020	0
42		水稻高效机械深施肥技术	浙江省外国专家局	水稻所	日本株式会社佐竹	2016	3

（续表）

序号	研究所名称	项目名称	项目来源	承担单位	外方合作单位	执行年限	经费总额（万元）
43	水稻所	水稻机插叠盘暗出苗育秧模式创新与示范	国家外国专家局	水稻所	日本社团法人农林水产·食品产业技术振兴协会	2016—2018	60
44	水稻所	农药药效评估试验	巴斯夫（中国）有限公司	水稻所	巴斯夫（中国）有限公司	2016	12
45	水稻所	农药药效评估试验	巴斯夫（中国）有限公司	水稻所	巴斯夫（中国）有限公司	2016	12
46	水稻所	农药试验	陶氏益农农业科技（中国）有限公司	水稻所	陶氏益农农业科技（中国）有限公司	2016	12
47	饲料所	幼龄反刍动物早期营养与健康关键技术引进	中华人民共和国外国专家局	饲料所	美国宾夕法尼亚州立大学动物科学系、英国农业食品与生物技术研究所	2016	20
48	饲料所	中国—欧盟饲料霉菌毒素生物脱毒关键技术合作研究	政府间科技合作	饲料所	奥地利自然资源与生命科学大学农业生物技术系	2016—2019	417
49	饲料所	EU Horizon 2020 Project	欧盟委员会	饲料所	University fuerboden-kulturwien、Cranfield university、Wageningen university 等 23 家单位	2016—2021	—
50	信息所	APEC 地区智慧农业发展与应用	财政部中国亚太经合组织合作基金	信息所	APEC 亚太经合组织	2016	75
51	信息所	基于下一代全球卫星导航系统（GNSS）和惯性测量单元（IMU）传感装置的动物行为监测技术培训（P163020020，2016）	国家外国专家局	信息所	澳大利亚新英格兰大学	2016—2017	5.4

（续表）

序号	研究所名称	项目名称	项目来源	承担单位	外方合作单位	执行年限	经费总额（万元）
52	信息所	农田生产力驱动因素大数据整合分析技术培训（P163020009，2016）	国家外国专家局	信息所	西澳大学	2016—2017	14.3
53		中国参与G20农业市场信息系统支撑能力建设及FAO农业信息问卷合作调研	农业部	信息所	二十国集团农业市场信息系统（G20-AMIS）	2016	40
54		东盟粮食安全信息系统（AFSIS）	农业部	信息所	东盟（ASEAN）	2016	28
55		Capacity building in improved integrated management of the rice virus disease "Southern rice black streaked dwarf virus" (SRBSDV) and development of its rapid detection technique in the southern mountainous areas of Guizhou Province, China	联合国粮农组织(FAO)	国际情报研究室	联合国粮农组织（FAO）	2016	2
56		Establishing primary and secondary reach of PW through social network analysis	国际应用生物科学中心（CABI）	国际情报研究室	荷兰皇家热带研究院	2016	1.5
57	信息所	全球农业发展青年论坛亚洲发展研究	联合国粮农组织（FAO）	国际情报研究室	全球农业发展青年论坛	2016	16
58		Evaluation on the Development of Plantwise Project in China	国际应用生物科学中心（CABI）	国际情报室	国际应用生物科学中心（CABI）	2016—2017	6.5

（续表）

序号	研究所名称	项目名称	项目来源	承担单位	外方合作单位	执行年限	经费总额（万元）
59	油料所	芸薹属作物油菜关键性状遗传改良中的基因组学研究	中国科技部和加拿大农业部	油料所、华中农大、安徽农科院、西南大学、扬州大学、西北农林大学	加拿大农业部 Saskatoon 研究中心	2016—2019	—
60		油菜关键性状功能基因研究	中国农业科学院	油料所	John Innes Centre	2017—2020	待定
61		油含量及代谢研究	中国农业科学院油料所	油料所	CSIRO	2016—2019	待定
62	沼科所	中欧生物质能源技术交流与合作	农业国际交流与合作项目	沼科所	法国农业科学研究院	2016—2018	120
63		摩尔多瓦沼气示范工程调研项目	农业国际交流与合作项目	沼科所	摩尔多瓦农业部	2016—2018	45
64		亚洲国家沼气与循环农业培训班	农业国际交流与合作项目	沼科所	亚洲国家	2016—2018	75
65	郑果所	猕猴桃产业安全技术集成研究	科技部	四川省自然资源研究院、四川华胜农业股份有限公司、郑果所	新西兰植物和食品研究所	2016—2019	300万/45万
66		中—新科学家交流项目	科技部	郑果所	新西兰植物和食品研究所	2016	4
67		果树瓜类关键育种技术引进	国家外专局	郑果所	新西兰植物和食品研究所、国际果树创新公司等	2016	20
68		甜瓜病虫害 IPM 技术示范推广	郑州市外专局	郑果所		2016	3

（续表）

序号	研究所名称	项目名称	项目来源	承担单位	外方合作单位	执行年限	经费总额（万元）
69	植保所	植物病虫害生物防治技术的引进与利用	“948”计划项目	植保所	CABI、缅甸农业与灌溉部植保处，老挝农林部植保中心	2016—2017	600
70		生物农药武夷菌素防治蔬菜白粉病的示范与推广	国家外专局引智成果示范推广	植保所	韩国农业振兴厅农业微生物研究所	2016	24.5
71		绿僵菌可湿性粉剂改进及草原蝗虫防治应用	国家外专局引智成果示范推广	植保所	英国 CABI-UK center	2016	35
72		MOA-CABI 生物安全联合实验室科技合作项目	农业国际合作与交流项目	植保所	CABI	2016	40
73		Development of Natural Enemy Searching and Using Technology for Exotic Outbreak Pest	韩国	植保所	韩国农村振兴厅	2016—2018	102
74		稻飞虱及其传播的水稻病毒机制研究	科技部亚非国家杰出青年科学家来华工作	植保所	巴基斯坦	2016—2017	15
75		链霉菌生物合成基因的研究	科技部亚非国家杰出青年科学家来华工作	植保所	巴基斯坦	2016—2017	15
76		气候变化与害虫为害	科技部亚非国家杰出青年科学家来华工作	植保所	巴基斯坦	2016—2017	15
77		烟粉虱的生物防治	科技部亚非国家杰出青年科学家来华工作	植保所	埃塞俄比亚	2016—2017	15
78		地下害虫化学生态学研究	科技部亚非国家杰出青年科学家来华工作	植保所	卢旺达	2016—2017	15

（续表）

序号	研究所名称	项目名称	项目来源	承担单位	外方合作单位	执行年限	经费总额（万元）
79	植保所	转基因抗虫玉米环境安全评价	美国先锋公司	植保所	美国先锋公司	2016—2017	369.8
80		2016年国家公派高级研究生、访问学者（含博士后研究）项目	国家留学基金委员会资助项目	植保所	美国宾夕法尼亚大学	2016	14.7
81		2016年国家公派高级研究生、访问学者（含博士后研究）项目	国家留学基金委员会资助项目	植保所	美国北卡罗来纳州立大学	2016	14.7
82		2016年国家公派高级研究生、访问学者（含博士后研究）项目	国家留学基金委员会资助项目	植保所	美国佛罗里达大学	2016	14.7
83		2016年国家公派高级研究生、访问学者（含博士后研究）项目	国家留学基金委员会资助项目	植保所	美国宾夕法尼亚大学	2016	14.7
84		2016年国家公派高级研究生、访问学者（含博士后研究）项目	国家留学基金委员会资助项目	植保所	美国加州大学戴维斯分校	2016	14.7
85		2016年国家公派高级研究生、访问学者（含博士后研究）项目	国家留学基金委员会资助项目	植保所	美国加州大学戴维斯分校	2016	14.7
86		赴CGIAR出国培训项目	中国农业科学院CGIAR	植保所	国际生物多样性中心	2016	3.4
87		主要作物病虫害遥感监测与预测方法研究	国家自然基金交流项目（牛顿基金）	中国科学院遥感与数字地球研究所	CABI英国中心	2016—2019	60
88		中乌例会议定书项目	科技部国际合作项目	植保所	乌克兰基辅大学	2016—2017	—

（续表）

序号	研究所名称	项目名称	项目来源	承担单位	外方合作单位	执行年限	经费总额（万元）
89	植保所	中俄例会议定书项目	科技部国际合作项目	植保所	俄罗斯全俄农科院	2016—2017	—
90		中俄例会议定书项目	科技部国际合作项目	植保所	俄罗斯全俄农科院	2016—2017	—
91		Green tea Project（绿茶项目）	美国 Arysta Life-science	植保所	美国 Arysta Lifescience	2016—2030	1 000
92		Chasing the high-fliers：Aerial sampling and flight capacity of high-flying migrant insect pests in China	CSIA seed-funding	植保所	英国洛桑研究所	2016—2018	22.4
93	质标所	促进稳定同位素技术在中国优质农产品真伪识别及产地溯源中的应用（CPR 5022）	国际原子能机构	质标所	国际原子能机构	2016—2017	123.8
94	作科所	小麦重要基因定位克隆与高通量基因型检测平台建立	科技部	作科所	美农部 USDA	2016—2019	400
95		欧盟、北美及大洋洲农业生物资源引进与农业技术需求和政策信息收集研究	农业部	作科所	美国、澳大利亚、欧洲等	2016—2017	1 200
96		东南亚作物种质资源收集	农业部	作科所	菲律宾国家水稻研究所等	2016	15
97		中拉农业国际交流与合作	农业部	作科所	阿根廷农科院、秘鲁农科院	2016	60
98		中泰豆类作物研究与发展中心	农业部	江苏省农业科学院	泰国农业大学	2016	14
99		合成小麦提高小麦产量的分子机制研究	国家自然基金委员会	作科所	国际玉米小麦改良中心	2017—2021	200
100		水稻抗白叶枯病种质资源筛选及其优异等位基因发掘	国家自然基金委员会	作科所	国际水稻研究所	2017—2021	200

（续表）

序号	研究所名称	项目名称	项目来源	承担单位	外方合作单位	执行年限	经费总额（万元）
101	作科所	玉米 SNAC 家族逆境适应性机理与育种应用研究	国家自然基金委员会	作科所	国际玉米小麦改良中心	2017—2021	200
102	作科所	国外重要农作物种质资源及保存技术引进	国家外国专家局	作科所	澳大利亚昆士兰大学、悉尼大学）、拉筹伯大学；缅甸农业研究院；韩国国立食粮科学院；国际生物多样性中心	2016	20
103	作科所	为亚洲和非洲资源贫瘠国家培育绿色超级稻-三期	比尔及梅琳达·盖茨基金会	作科所	国际水稻研究所、非洲水稻中心等	2016—2019	5 000
104	作科所	小麦产量基因的发掘及单元型分析	外方公司资助	作科所	拜耳公司	2016—2019	340
105	作科所	作物突变种质快速利用及新品种高效培育	国际原子能机构	作科所	国际原子能机构	2018—2019	255
106	作科所	应对气候变化水稻抗旱近等基因系及环境适应性种质创制	韩国农村振兴厅	作科所	韩国农村振兴厅食粮科学院	2016—2019	130
107	农机化所	亚太国家可持续农业机械化发展技术培训班	农业部国际合作司	农机化所	无	2016—2018	75
108	农机化所	“一带一路”背景下的中国农机“走出去”战略研究	农业部国际合作司	农机化所	无	2016—2018	30
109	食物营养所	种子商种子购买行为调查研究	韩国农村经济研究院	食物营养所	韩国农村经济研究院	2016	5.3
110	食物营养所	甜椒流通商购买行为调查研究	韩国农村经济研究院	食物营养所	韩国农村经济研究院	2016	5.7
111	食物营养所	中国居民大米消费需求与消费选择行为研究	日本国际农林水产业研究中心	食物营养所	日本国际农林水产业研究中心	2016—2020	—

（续表）

序号	研究所名称	项目名称	项目来源	承担单位	外方合作单位	执行年限	经费总额（万元）
112	加工所	农产品加工副产物高值化利用技术引进与应用	农业部“948”计划项目	加工所	美国普渡大学、加拿大阿尔伯特大学、日本鹿儿岛大学、加拿大农业部圭尔夫食品研究中心、麻省大学阿姆赫斯特分校	2016—2017	160
113	加工所	中拉青年科学家交流计划	科技部	加工所	古巴哈瓦那大学	2016	15
114	加工所	甘薯中功能成分的提取及应用研究	韩国农业振兴厅	加工所	韩国农业振兴厅生物能源作物研究所	2016	2
115	蜜蜂所	中蜂囊状幼虫病毒的控制和蜜蜂养殖技术（Technique of Sacbrood Virus Controlling and Breeding Technology）	中韩合作项目（CAAS和RDA）	蜜蜂所	韩国农村振兴厅	2016—2017	—
116	蜜蜂所	中国熊蜂资源挖掘与利用	外专局高端外国专家项目	蜜蜂所	英国自然历史博物馆	2016	20
117	蜜蜂所	德国蜜蜂育种技术体系的引进及中国特有蜜蜂资源的保护和利用（Introduction of Breeding Technology from Germany to Promote the Diversity, Conservation and Utilization of Native Honey Bees in China）	农业部	蜜蜂所	德国蜜蜂研究所	2016—2017	—

（续表）

序号	研究所名称	项目名称	项目来源	承担单位	外方合作单位	执行年限	经费总额(万元)
118	特产所	药用植物国际标准相关信息的收集与交换	韩国农村振兴厅	特产所	韩国农村振兴厅国立园艺特作科学院	2016—2020	102
119		特种动物生物学性状开发和疾病防控研究技术引进	国家外国专家局	特产所	新西兰奥塔哥大学、茵沃梅农业研究中心、芬兰赫尔辛基大学、达尔豪斯大学	2016	20
120		抗寒浆果种质资源的引进与利用	吉林省外国专家局	特产所	全俄波塔平科葡萄栽培酿酒研究所、俄罗斯科研机构东北区域农业科研所	2016	6
121	资划所	CAAS-IPNI 联合实验室能力建设	IPNI（国际植物营养研究所）	资划所	国际植物营养研究所	2016—2018	12
122		利用卫星和航空图像融合技术对作物状况进行评价研究	韩国农科院	资划所	韩国农科院	2016—2017	26
123		生物多样性模型作为管理中国西南部病虫害气候智能型工具的社会经济评价	国际生物多样性中心（意大利）	资划所	国际生物多样性中心	2016—2017	6.7
124		亚非国家杰出青年科学家来华工作计划	科技部国际科技合作	资划所	埃及亚历山大农业研究中心	2016—2017	15
125		农业资源高效利用关键技术引进	国家外专局项目	资划所	美国乔治梅森大学、加拿大女王大学、新西兰皇家林业研究所、西澳大利亚大学等	2016	20
126		中德农业科技合作平台	中德农业中心	资划所	德国国际合作机构	2016	17.5
127	国合局组织处	G20 系列活动	农业部	国合局		2016	65
128		CGIAR 活动	农业部	国合局		2016	30
129		APEC 农业牵头人	农业部	国合局		2016	35
130		中欧（欧盟）农业科技合作对话机制创新与落实 20 万元	农业部	国合局		2016	20

（续表）

序号	研究所名称	项目名称	项目来源	承担单位	外方合作单位	执行年限	经费总额（万元）
131	国合局国家处	Chinese-Danish Strategic Sector Cooperation on Modernization of the Agricultural Sector	丹麦兽医和食品局	环发所、环保所	丹麦兽医和食品管理局	2016—2018	260.8
132		Amelioration of Soil Acidification from Long-term Chemical Fertilizers Combined with Organic Materials	农业可持续发展中心（CSIA）	资划所	英国洛桑研究所	2016—2018	15.1
133		Manage Soil Nutrients for Improving Soil Quality and Reducing GHG Emission under Climate Change	农业可持续发展中心（CSIA）	资划所	英国洛桑研究所	2017—2018	5.7
134		AnIntegrative Study of Water Flow, Hormone Transport and the Associated Microbial Activities and Nutrient Cycling in Soil-root-shoot System under Different Soil Water Conditions	农业可持续发展中心（CSIA）	灌溉所	英国洛桑研究所	2016—2018	22.4
135		Chasing the High-fliers: Aerial Sampling and Flight Capacity of High-flying Migrant Insect Pests in China	农业可持续发展中心（CSIA）	植保所	英国洛桑研究所	2016—2018	22.4

2016 年中国农业科学院种质资源引进情况汇总表

序号	研究所名称	种质资源名称	类别	数量	引进国别/机构	备注
1	草原所	羊草	牧草	168 份	俄罗斯/俄罗斯科学院西伯利亚分院一般与实验生物研究所	
2		黄花苜蓿	牧草	132 份	蒙古/蒙古国科学院植物所	
3	果树所	新疆野苹果	农作物	20 份	乌兹别克斯坦	
4	兰州兽医所	定型用荧光定量PCR 引物及相关序列信息	基因	3 对	英国/Pirbright 研究所	
5	麻类所	亚麻	农作物	17 份	波兰/弗罗茨瓦夫大学	
6		大麻	农作物	6 份	德国/德国 nova-Istitue GmbH 研究所，波兰/天然纤维与药用植物研究所	
7		假单胞杆菌模式菌株	微生物	3 株	加拿大	
8		酵母菌	微生物	2 株	加拿大	
9		萝卜	农作物	16 份	意大利	
10	牧医所	牧草种质资源	牧草	1 100 份	联邦研究中心—俄罗斯植物遗传资源研究所（原“瓦维洛夫全俄植物栽培科学研究所”）	
11	蔬菜所	Melting Sugar	农作物	10 粒	美国	豌豆
12		Signal	农作物	10 粒	美国	豌豆
13		Mayflower	农作物	10 粒	美国	豌豆
14		Tirebeque	农作物	10 粒	美国	豌豆
15		Worlds Record	农作物	10 粒	美国	豌豆

（续表）

序号	研究所名称	种质资源名称	类别	数量	引进国别/机构	备注
16	蔬菜所	Early Abundant	农作物	10 粒	美国	豌豆
17		Potlatch/Stratagem	农作物	10 粒	美国	豌豆
18		Green Admiral	农作物	10 粒	美国	豌豆
19		Purple Blossom Sugar Peas	农作物	10 粒	美国	豌豆
20		Scotch	农作物	10 粒	美国	豌豆
21		Sweet Green	农作物	10 粒	美国	豌豆
22		NK 302	农作物	10 粒	美国	豌豆
23		Early Perfection No. 46	农作物	10 粒	美国	豌豆
24		Taurus	农作物	10 粒	美国	豌豆
25		Aspen	农作物	10 粒	美国	豌豆
26		Prospector	农作物	10 粒	美国	豌豆
27		Swinger	农作物	10 粒	美国	豌豆
28		Accord	农作物	10 粒	美国	豌豆
29		No. 8617 Early Perfection	农作物	10 粒	美国	豌豆
30		No. 8221 Early Perfection	农作物	10 粒	美国	豌豆
31		Spirit	农作物	10 粒	美国	豌豆
32		Sybo	农作物	10 粒	美国	豌豆
33		Frisky	农作物	10 粒	美国	豌豆
34		Sugar Snap	农作物	10 粒	美国	豌豆
35		Lehi	农作物	10 粒	美国	豌豆
36		Kriter	农作物	10 粒	美国	豌豆

（续表）

序号	研究所名称	种质资源名称	类别	数量	引进国别/机构	备注
37	蔬菜所	Banff	农作物	10 粒	美国	豌豆
38		Kodiak	农作物	10 粒	美国	豌豆
39		Reva	农作物	10 粒	美国	豌豆
40		Faro	农作物	10 粒	美国	豌豆
41		Trifect	农作物	10 粒	美国	豌豆
42		Bolero	农作物	10 粒	美国	豌豆
43		Rigo	农作物	10 粒	美国	豌豆
44		Mattar	农作物	10 粒	美国	豌豆
45		No. 3257	农作物	10 粒	美国	豌豆
46		Matar	农作物	10 粒	美国	豌豆
47		Bezelye	农作物	10 粒	美国	豌豆
48		Opal	农作物	10 粒	美国	豌豆
49		Sundance	农作物	10 粒	美国	豌豆
50		No. 68	农作物	10 粒	美国	豌豆
51		Ho Laan Tau (Round，Yellow)	农作物	10 粒	美国	豌豆
52		Canton China	农作物	10 粒	美国	豌豆
53		Delicate Earliest	农作物	10 粒	美国	豌豆
54		Moshong	农作物	10 粒	美国	豌豆
55		Lamprecht Line #375	农作物	10 粒	美国	豌豆
56		Conso	农作物	10 粒	美国	豌豆
57		Crescent	农作物	10 粒	美国	豌豆
58		Cupido	农作物	10 粒	美国	豌豆

（续表）

序号	研究所名称	种质资源名称	类别	数量	引进国别/机构	备注
59	蔬菜所	Degrace	农作物	10 粒	美国	豌豆
60		Demi Nain Debeve	农作物	10 粒	美国	豌豆
61		Fortuna	农作物	10 粒	美国	豌豆
62		Goudvaantje	农作物	10 粒	美国	豌豆
63		Grijze Reuzen	农作物	10 粒	美国	豌豆
64		Grote Slier	农作物	10 粒	美国	豌豆
65		Halfstam	农作物	10 粒	美国	豌豆
66		Insulinde	农作物	10 粒	美国	豌豆
67		Juni Sabel	农作物	10 粒	美国	豌豆
68		Konig Der Carouby	农作物	10 粒	美国	豌豆
69		Kristallglass	农作物	10 粒	美国	豌豆
70		Kungsart	农作物	10 粒	美国	豌豆
71		Lage Smeltpeul	农作物	10 粒	美国	豌豆
72		Moerheims Reuzen	农作物	10 粒	美国	豌豆
73		Nanum	农作物	10 粒	美国	豌豆
74		Overvloed	农作物	10 粒	美国	豌豆
75		Vincent	农作物	10 粒	美国	豌豆
76		Zwaani Orien	农作物	10 粒	美国	豌豆
77		Overload	农作物	10 粒	美国	豌豆
78		Crescent	农作物	10 粒	美国	豌豆
79		Vesta	农作物	10 粒	美国	豌豆
80		De Grace	农作物	10 粒	美国	豌豆

（续表）

序号	研究所名称	种质资源名称	类别	数量	引进国别/机构	备注
81	蔬菜所	Swiss Giants	农作物	10 粒	美国	豌豆
82		Slier of Krombek	农作物	10 粒	美国	豌豆
83		Line No. 110	农作物	10 粒	美国	豌豆
84		Fruhe Niederige	农作物	10 粒	美国	豌豆
85		De Haan 204. 1	农作物	10 粒	美国	豌豆
86		Aa91	农作物	10 粒	美国	豌豆
87		Aa95	农作物	10 粒	美国	豌豆
88		Aa106	农作物	10 粒	美国	豌豆
89		Harrisons Glory	农作物	10 粒	美国	豌豆
90		Chinese Snow Pea	农作物	10 粒	美国	豌豆
91		Amplissimo Neistoscimyj	农作物	10 粒	美国	豌豆
92		Cud Ameryki	农作物	10 粒	美国	豌豆
93		Foli	农作物	10 粒	美国	豌豆
94		Degrace Cukrowy Freege	农作物	10 粒	美国	豌豆
95		G 12661	农作物	10 粒	美国	豌豆
96		G 11792-s	农作物	10 粒	美国	豌豆
97		G 18466	农作物	10 粒	美国	豌豆
98		22634	农作物	10 粒	美国	豌豆
99		Biselia	农作物	10 粒	美国	豌豆
100		Beseliya（Local Name）	农作物	10 粒	美国	豌豆
101		22630	农作物	10 粒	美国	豌豆
102		22712	农作物	10 粒	美国	豌豆

（续表）

序号	研究所名称	种质资源名称	类别	数量	引进国别/机构	备注
103	蔬菜所	22713	农作物	10 粒	美国	豌豆
104		PLP 116	农作物	10 粒	美国	豌豆
105		PLP 251	农作物	10 粒	美国	豌豆
106		Ran	农作物	10 粒	美国	豌豆
107		22770A	农作物	10 粒	美国	豌豆
108		Wat	农作物	10 粒	美国	豌豆
109		22872	农作物	10 粒	美国	豌豆
110		Groch Konserwowy	农作物	10 粒	美国	豌豆
111		Juwel H. Z.	农作物	10 粒	美国	豌豆
112		Combia	农作物	10 粒	美国	豌豆
113		Rival	农作物	10 粒	美国	豌豆
114		Prosena	农作物	10 粒	美国	豌豆
115		Cobri	农作物	10 粒	美国	豌豆
116		Victoria Stambovaja 91	农作物	10 粒	美国	豌豆
117		Shirobana-Kinusaya	农作物	10 粒	美国	豌豆
118		Borec	农作物	10 粒	美国	豌豆
119		50-069-0057	农作物	10 粒	美国	豌豆
120		50-069-00085	农作物	10 粒	美国	豌豆
121		50-069-00091	农作物	10 粒	美国	豌豆
122		50-069-00096	农作物	10 粒	美国	豌豆
123		50-069-00097	农作物	10 粒	美国	豌豆
124		50-069-00113	农作物	10 粒	美国	豌豆

（续表）

序号	研究所名称	种质资源名称	类别	数量	引进国别/机构	备注
125	蔬菜所	50-069-00122	农作物	10 粒	美国	豌豆
126		50-069-00142	农作物	10 粒	美国	豌豆
127		50-069-00192	农作物	10 粒	美国	豌豆
128		50-069-00202	农作物	10 粒	美国	豌豆
129		Srinagar Local	农作物	10 粒	美国	豌豆
130		50-069-00211	农作物	10 粒	美国	豌豆
131		50-069-00217	农作物	10 粒	美国	豌豆
132		Chatri Matri-3	农作物	10 粒	美国	豌豆
133		50-069-00230	农作物	10 粒	美国	豌豆
134		50-069-00253	农作物	10 粒	美国	豌豆
135		50-069-00331	农作物	10 粒	美国	豌豆
136		WJK94-T11	农作物	10 粒	美国	豌豆
137		RIL 847_ 033	农作物	10 粒	美国	豌豆
138		Specter	农作物	10 粒	美国	豌豆
139		RIL 847-22	农作物	10 粒	美国	豌豆
140		RIL 847-53	农作物	10 粒	美国	豌豆
141		RIL 847-68	农作物	10 粒	美国	豌豆
142		甜瓜 1	农作物	20 粒	埃及	
143		甜瓜 2	农作物	20 粒	埃及	
144		甜瓜 3	农作物	20 粒	埃及	
145		辣椒 1	农作物	200 粒	埃及	
146		辣椒 2	农作物	200 粒	埃及	
147		辣椒 3	农作物	200 粒	埃及	
148		洋葱	农作物	200 粒	埃及	

（续表）

序号	研究所名称	种质资源名称	类别	数量	引进国别/机构	备注
149	蔬菜所	西瓜	农作物	20 粒	埃及	
150		南瓜	农作物	20 粒	埃及	
151		蚕豆	农作物	20 粒	埃及	
152		豇豆	农作物	10 粒	埃及	
153		芹菜	农作物	200 粒	埃及	
154		茴香 1	农作物	多	埃及	
155		茴香 2	农作物	多	埃及	
156		芫荽	农作物	200 粒	埃及	
157		荆芥	农作物	500 粒	埃及	
158		Roselle Seeds	农作物	多	埃及	
159		Black Seeds	农作物	多	埃及	黑种草
160		Henna leaves	农作物	多	埃及	
161		Corchorus	农作物	多	埃及	绿色种子
162		Fenugreek	农作物	多	埃及	棕色种子
163		高粱	农作物	多	埃及	
164		埃及大蒜	农作物	4 头	埃及	
165		Okra	农作物	100 粒	埃及	果树
166		Mam Cai Cu Malady	农作物	200 粒	越南	萝卜
167		Kho Gua Rung	农作物	10 粒	越南	野黄瓜
168		F1 Korean Chilli-Super PN-488	农作物	10 粒	越南	辣椒
169		大蒜	农作物	5 头	越南	
170		月季	农作物	25 份	新西兰	
171		兜兰	农作物	20 份	中国台湾	

（续表）

序号	研究所名称	种质资源名称	类别	数量	引进国别/机构	备注
172	水稻所	水稻	农作物	50 个	国际水稻研究所	
173	郑果所	桃	农作物	7 份	美国	枝条
174		梨	农作物	2 份	新西兰	花粉
175		葡萄	农作物	6 份	美国	枝条
176		甜瓜	农作物	30 份	美国	野生植物
177	植保所	镰刀菌标准菌株 Fusarium asiaticum 6101、Fusarium acaciae-mearnsii 26754 26752、Fusarium boothii 26916 29020、Fuasarium cortaderiae 29297、Fusarium brasilicum 31281、Fusarium austroamericanum 2903、Fusarium ussurianum 45785、Fusarium vorosii 38208	微生物	10 株	荷兰瓦赫宁根大学	
178	作科所	水稻	农作物	500 份	国际水稻研究所	
179		水稻	农作物	11 份	韩国	
180		小麦	农作物	1 262 份	墨西哥国际玉米小麦改良中心	
181		玉米	农作物	100 份	墨西哥国际玉米小麦改良中心	
182		玉米	农作物	260 份	美国	
183		玉米、黍稷	农作物	144 份	美国、保加利亚	
184		大麦	农作物	320 份	国际干旱地区农业研究中心	
185		羽扇豆	农作物	750 份	美国/USDA-ARS	
186		山黧豆	农作物	202 份	美国/USDA-ARS	

（续表）

序号	研究所名称	种质资源名称	类别	数量	引进国别/机构	备注
187	特产所	寒地果树	果树	10份	俄罗斯/全俄波塔平科葡萄栽培酿酒研究所	葡萄
188		寒地果树	果树	5份	俄罗斯/俄罗斯科研机构东北区域农业科研所	蓝靛果

中国农业科学院团组赴台湾省参加“第六届海峡两岸农业科研与教育研讨会”总结报告

为深入推动海峡两岸农业科技创新与教育交流，根据2011年由中国农业科学院研究生院、台湾大学生物资源暨农学院和中兴大学农业暨自然资源学院共同签署的“关于联合举办海峡两岸农业科研与教育研讨会备忘录”的约定，应中兴大学农业暨自然资源学院院长陈树群邀请，以中国农业科学院研究生院副院长刘荣乐为团长的中国农业科学院团组一行19人（包括学生5人）于9月11—15日赴中兴大学参加“第六届海峡两岸农业科研与教育研讨会”（人员名单见附件）。

一、赴台概况

海峡两岸农业科研与教育研讨会作为中国农业科学院对台交流的重要内容，得到了农业部台办、中国农业科学院办公室及相关研究所的大力支持。本次研讨会以大会主题发言为主，来自中国农业科学院、台湾大学、中兴大学的8位专家围绕生态复育、农村再生、植物医学、再现疾病4个主题为大会作了精彩发言，中国农业科学院环保所周其文、作科所张卫建、植保所徐学农和哈尔滨兽医所葛金英4位专家在大会上分别作了题为《农业生态补偿初探》《对我国大陆农业与农村可持续发展的思考》《大陆害虫天敌捕食螨研发及在草莓叶螨防控上的应用案例》和《狂犬病新型疫苗研究进展》的主题发言，得到了在场嘉宾的热烈反响和一致好评。在参观中兴大学农业暨自然资源学院期间，两岸同领域的专家进行了面对面的交流，详细了解了各自的研究进展，并表达出合作的意向。

本次研讨会与以往最大的一个不同之处就是有了青年学生的参与，来自植保所、资划所、哈尔滨兽医所、农经所、特产所的2位博士、3位硕士全程参与了此次研讨会。在中兴大学农业暨自然资源学院，两岸学生进行了首次面对面的交流，学生们从科研生活、兴趣爱好、历史文化多方面交流探讨，青年学生活泼开朗的性格使他们很快熟悉起来，面对面的交流结束后，中国农业科学院学生还参观了中兴大学学生的实验室、课程方案等，对台湾省学生的学习科研情况有了一个初步的印象。除了参观交流、两岸学生利用晚宴的机会还举行了小型的联谊活动，同学们各抒己长，表达了对彼此的印象和感受，更表达了对双方进一步沟通交流的向往，两岸学生在短暂的接触中建立起了良好的关系，为下一步学生间的交往奠定了基础。

与会代表们参观了中兴大学校园及农场、园艺场、学生实习商店，校园图书馆里自习区先进的设备、E 化教学平台、多媒体学习工具、读者讨论室等空间，为师生提供了毫无障碍的学习环境，给大陆专家学生留下了深刻的印象，通过实验基地的参访，代表团初步了解了我国台湾地区大学如何将自身科研条件与学生实践、社会服务等有效融合在一起。代表团还顺访了信义乡农会和中兴大学技术支持的百香果园，直观地感受到了“农会”这一民间组织在促进科技成果推广、提高农民收入、传承原著文化等方面发挥的重要作用。

二、赴台交流取得的主要成效

（一）首次实现了学生间的交流

自 2011 年举办至今，海峡两岸农业科研与教育研讨会已举办了 6 届，研讨会的初衷不仅是增进两岸的交流与理解，更是希望双方能在科研工作和人才教育方面开展实质性的合作。经过中国农业科学院、台湾大学、中兴大学 3 方的不懈努力，在本次研讨会期间，第一次出现了学生的身影，虽然人数不多，但对于两岸研讨会来讲无疑是一个重大突破，通过交流，能看出两岸学生热情的态度是相同的，台湾省的学生也对中国农业科学院农业科研领域学生的生活表现出极大的向往。有了两岸青年学生的共同参与，说明两岸交流正向着更深层次迈进，两岸本就同根同源，青年间的交流就如兄弟姐妹的重逢，研讨会向着初衷更近了一步。

（二）加深了两岸专家间的感情

近年来，随着两岸经贸往来的不断深入，双方的交流不断增加，大陆普通公民赴台条件逐渐放宽，但在科技、教育等专业领域的交流仍存在一定的限制，专家们因公赴台交流并没有成为常态，对于台湾省科技发展和人才培养的了解大部分还是停留在网站、报纸等媒介的宣传上，台湾省专家虽然来大陆比较自由，但台湾大学、中兴大学作为高校，更多的是与大陆高校进行交流，与大陆的科研单位的交流也属首例，对于大陆的科研机构也是知之甚少，因此，研讨会的形式对于促进两岸专家们的交流起到了积极的推动作用。

6 年间，研讨会的举办增加了专家们的见面频率和交流机会，通过参会专家的宣传与推广，未参会的专家们对于两岸科技与人才工作的进展情况也有了一些初步的了解和认识。在本次研讨会上就会发现，你来我往的持续沟通，使专家们的交流更加自由，也更加坦诚。两岸由于地理位置不同，在农业科研方面有各自的独特优势，很多研究成果都已经达到国际先进水平，通过大会交流和面对面的专业对口座谈，专家们相互借鉴、共同探讨，相同的工作与志趣切实加深了专家们的理解，也在专家间建立起了深厚友谊。

（三）增进了对台湾农业科研、技术推广的了解

通过研讨会交流和实地考察，发现台湾省同人开展科研工作的两个特点：一是瞄准世界前沿，二是指导农业生产，这两个特点与中国农业科学院提出的“顶天立地”的思想不谋而合。台湾省专家们大部分都有外国留学背景和国际交流的经历，对于把握国际科技前沿有一定的优势；台湾省自然资源匮乏，因此专家们的研究大部分是在跟踪国际前沿的基础上进行的立足实际的研究，且能够将研究直接应用到农业生产上，解决农业生产和发展的实际问题。台湾省专家报告的 PPT 中有很多到田间地头指导生产的照片，无论名气多大，他们都愿意让农民用上自己的技术，在实践中检验、提高，从而推动科技进展。

在台湾省农业发展中扮演重要角色的，除了高校、科研机构以外，最重要的就是“农会”。农会以保障农民权益为宗旨，是农民的团体，农民的代言人，属于公益性质的社团法人，即所谓的“非政府组织”，是台湾省最具规模、幅员分布最广，也是直接与农民面对面的农业组织。农会不仅承担着推广先进技术、增加农民收入、传承当地文化的职能，还要考虑本地区农村未来的发展，甚至当地农村的和谐发展都是农会工作的重要部分，可以说中国台湾地区的农会分担了政府在农业、农村发展方面的很大一部分职能，而且起到了积极作用。

（四）聚焦研讨会未来发展

在台期间，中国农业科学院与中兴大学、台湾大学共同探讨了两岸研讨会下一步的发展及未来两岸交流的重点。三方一致认为，研讨会为两岸农业科研与教育的交流作出了积极贡献，为了维持研讨会的长效机制，下一步研讨会交流的领域应进一步聚焦，实现“窄领域、深交流”，在现有基础上促进交流产生实质性成果。同时，要扩大学生交流，共同推进实现两岸学生短期学术交流互访，通过夏令营的方式拓展学生交流的广度，增进两岸青年学子的感情，加深互相理解。

三、启示和建议

（一）沟通与交流是推进两岸合作的基础

2012 年，首次在台湾省举办“第二届海峡两岸农业科研与教育研讨会”时，发现部分台湾省同人没来过大陆，缺乏与大陆专家直接面对面的沟通，对大陆的科研、教育

及人文社会的理解和认识不够全面，存在认识上的偏差。而随着交流的增加，很多台湾省同人对大陆的了解和认识更加深入和全面，改变了以前很多认识上的误区和偏差，同时，大陆专家们通过亲身到台湾交流，对台湾省的基本情况、科研教育也有了一个深入的了解。因此，利用学术交流、项目合作的机会，通过不断的交流与沟通，在彼此间建立起互信之后，才能进行更深层次的合作，沟通和交流是合作的基础。

（二）两岸农业科技合作前景广阔

台湾省拥有较先进的作物育种和生产栽培技术，创造了较高的土地产出率，同时在农产品加工技术、流通运销组织、经营管理及农业融资方式上优势明显。而大陆农业资源丰富、多样化突出，农业劳动力多、生产成本低，农业现代化水平在不断提升。通过本次研讨会，研讨的专业领域更加聚焦，在分组讨论和主题发言环节中，两岸专家通过交流对彼此的科研进展都表现出极大的兴趣。赴台之前，中国农业科学院调研了之前研讨会上达成合作意向的落实情况，北京畜牧兽医所、哈尔滨兽医研究所、特产研究所、蜜蜂研究所等单位都已进入了实质性的合作阶段，其他领域也建立起了联系，由此可见，两岸相同领域的科研合作具有广阔的空间。

（三）青年交流应作为两岸交流的重点内容之一

青年具有接受新鲜事物快、思维活跃、创新能力强等优点，是社会未来发展的主力军，是政治经济发展、文化传承的重要力量。通过这次学生交流可以深刻地感受到，两岸血脉相连、心如一家的关系在青年学生身上得到了充分体现，青年人用很多共同的兴趣点和爱好，能够在最短的时间内迅速开展感情交流，畅所欲言，没有隔阂，通过交流了解彼此的学习、生活情况，增进感情。因此，两岸农业科研与教育的交流在下一步应以青年交流为主要内容之一，创新交流形式，加强青年间的沟通，为未来两岸合作的长远发展奠定基础。

（四）建议上级教育部门与台湾省加强沟通，争取台湾省对大陆科研单位研究生教育学历的认可

台湾大学、中兴大学与大陆的很多高校都已经开展了不同类型的合作项目，台湾大学已经面向大陆招生，但台湾省教育部门对中国农业科学院研究生院这样的科研单位办的研究生教育学历并不承认，只认可大陆高校的学历资格证书，这给我们双方的教育合作造成了极大的障碍，建议我国教育主管部门加强与台湾省教育部门的沟通，争取台湾省教育部门对大陆科研机构研究生教育学历的认可，从而为双方联合办学消除障碍。

（五）设立对台交流专项科技与教育资金

两岸的农业科技合作与交流在过去取得了一定的成绩，也积累了一些经验和好的做法，应牢牢把握住当前在两岸关系逐步向好、农业交流日益频繁的机遇，将两岸农业科技、教育领域的交流与合作推向深入。建议在农业部、中国农业科学院院级层面设立对台交流专项，为两岸青年专家、学生的交流合作提供稳定的资金支持，并对大陆专家、教师、学生开放申请，从而提高两岸交流的积极性。

（六）放宽对台交流经费的使用限制

国务院台办、农业部台办都有对台交流的专门项目，但项目中对预算申报及使用控制比较严格，但在对台交流中，很多内容与大陆项目执行有差异，经费使用受限制。为了更好地开展对台交流，建议放宽对台交流经费的使用限制。

附件：赴台参会人员名单

中国农业科学院研究生院

2016 年 11 月 29 日

附件

赴台参会人员名单

序号	参会单位	人　员	职　称
1	中国农业科学院研究生院	刘荣乐	研究员
2	中国农业科学院上海兽医研究所	马志永	研究员
3	中国农业科学院草原研究所	李志勇	研究员
4	中国农业科学院环境保护科研监测研究所	周其文	研究员
5	中国农业科学院作物科学研究所	张卫健	研究员
6	中国农业科学院植物保护研究所	徐学农	研究员
7	中国农业科学院哈尔滨兽医研究所	葛金英	研究员
8	中国农业科学院北京畜牧兽医研究所	崔尚金	研究员
9	中国农业科学院农业资源与农业区划研究所	卢昌艾	研究员
10	中国农业科学院兰州兽医研究所	独军政	副研究员
11	中国农业科学院办公室	左　旭	副研究员
12	中国农业科学院办公室	胡铁华	助理研究员
13	中国农业科学院研究生院	佟继旭	助理研究员
14	中国农业科学院研究生院	王仕龙	助理研究员
15	中国农业科学院农业经济与发展研究所	李　婕	学生
16	中国农业科学院农业资源与农业区划研究所	周扬帆	学生
17	中国农业科学院特产研究所	于云飞	学生
18	中国农业科学院植物保护研究所	张　易	学生
19	中国农业科学院哈尔滨兽医研究所	张洪亮	学生

五、人事管理与人才建设

中国农业科学院2016年人事人才工作综述

2016年是“十三五”开局之年，在院党组的坚强领导下，全面落实党的十八大和十八届三中、四中、五中、六中全会精神，深入贯彻习近平总书记系列重要讲话精神，全面开展“两学一做”学习教育，围绕科技创新工程实施和现代院所建设，坚持以新的科学发展理念为指导，持续深化干部人事制度改革，坚持一张蓝图画到底，坚持整体推进和重点突破相结合，改进作风、狠抓落实，各项工作取得了新的进展。

一、认真配合做好巡视检查工作，圆满完成选人用人各项整改任务

2016年2月29日到4月29日，中央第八巡视组进驻中国农业科学院，对中国农业科学院党组工作进行专项巡视。人事局作为院党组的重要职能部门，全程参加了巡视联络、巡视检查和巡视整改等工作，干部队伍得到锻炼，业务能力得到提升。一是按照院党组部署，全力配合中组部检查组开展选人用人专项检查。上报《中国农业科学院选人用人工作情况专题汇报》等材料50余份、30余万字。从反馈情况看，中国农业科学院选人用人工作得到了中组部检查组的肯定。在中央第十一轮专项巡视中，中组部专门选调人事局1名同志参加专项检查工作。二是从严从实抓好选人用人问题整改，确保措施落实到位。根据中央巡视组、中组部检查组反馈意见，研究起草《院选人用人工作专题整改方案》，方案中12项整改措施已全部整改到位，持续推进措施按计划有序推进。三是认真落实全院巡视工作总体安排，对发现的问题做到即知即改。完成人事局党建工作、办公用房、公车使用、科研经费等专项检查，认真调查核实巡视组反馈信访情况，处理办结来电来信30余件。选派专人承担中央巡视驻地联络服务工作，得到有关领导表扬。作为院巡视整改第十督导组联系部门，完成院属5个所（部门）、3个轮次的巡视整改督导工作。人事局内进一步加强支部组织建设，规范“三会一课”、党费收缴，完成“四风”问题检查。

二、构建人才引育并举新格局，营造引才育才良好环境

1. 全面启动实施“科研英才培育工程”

组织召开中国农业科学院首批“科研英才培育工程”专家评审会，遴选出首批24名院级入选者，组织研究所与入选者签订《管理协议》；协调院机关相关部门，推动相

关培育政策的制定和落实，启动成长互助项目和导师引航项目调研，草拟实施细则初稿。

2. 进一步加大高层次人才引进力度

一是继续引进“青年英才”。新增 13 名院级入选者，完成各类候选人审核备案 18 名。截至目前，青年英才计划引进各类人才 172 人，其中择优支持 61 人。组织完成“千人计划”和“青千计划”申报推荐，共推荐 13 人，其中 2 人作为创新人才长期项目引进人选，11 人作为“青年千人计划”项目引进人选。二是落实人才经费保障。根据研究所未来 3 年引才育才目标，结合中国农业科学院人才引育配套资金的政策安排，就青年英才“引进”和“培育”，以及“千人计划”入选者 3 类人群，对 2017—2019 年“前期支持经费”“科研启动费”“仪器设备费”“岗位补助”“年薪补助”“安家费补助”6 个项目进行了预算编制，3 年累计预算 14.48 亿元，其中财政资金 9.48 亿元。三是提高配套政策落实力度。会同基建局、财务局落实 7 名青年英才安家费补助审批；协调安排 6 位引进人才周转住房；与后勤服务中心共同完成《广泰小区引进人才住房配售实施方案》，并提交院党组会讨论研究；就安家费补助发放中涉及个人所得税事宜提交院党组会讨论研究；完成引进人才配套政策落实情况调研，初步形成调研分析报告。

3. 积极推进继续教育基地建设

一是做好访问学者培养工作。首次组织召开“西部之光”访问学者和少数民族特培学员中期评估会，进一步完善了工作机制。积极筹办总结工作座谈会，邀请中组部、人社部①、农业部领导参加，进一步总结培养经验，扩大了社会影响。二是积极选派专家参与教育培训。组织中国农业科学院专家参加中组部、人社部、农业部、中央党校举办的各类研修班，共计 75 人次。组织创新团队首席和科研骨干，参加与中国科学院大学联合举办的科技团队管理者（课题组长）研讨班，共计 71 人，收效良好。三是支持地方人才队伍建设。承办人社部 2 个继续教育基地高研班（杭州、北京），来自全国 150 余名高级专业技术人员接受培训；贯彻落实全国科技援藏工作会议精神，连续第二年举办西藏农牧科技创新方法培训班，共有 185 名科技工作者参加培训。

4. 加强专家服务和管理

一是积极组织专家推荐工作。向中组部等上级部门推荐各类专家 100 余人次，密切跟踪进展情况，成功入选“青千计划”2 人，“万人计划”领军人才 13 人，青年千人规模翻番，万人计划入选者增幅达 87%。组织享受政府特殊津贴人员推荐评审，17 人通过农业部评审（其中工勤 1 人，“百千万”人选 6 人）。组织留学人员科技活动项目择优资助申报工作，推荐择优资助项目 20 项，获批重点类项目 1 项，启动类项目 6 项，命中率为 35%。二是做好专家服务管理工作。落实新增院士享受住院医疗照顾待遇；完成全院高级专家办理延退工作情况自查，进一步理顺专家延退标准和程序，对相关单

① 中华人民共和国人力资源和社会保障部，全书简称人社部

位执行退休政策进行了规范，完成10名高级专家延退手续办理；进一步做好政府特贴审核发放工作，完成2016年政府特贴核准发放，共计1 309人次，443.76万元。

5. 大力实施“博士后推进计划”

一是进一步拓宽招收规模和渠道。加大招收宣传力度，与中国科学院大学等10余家高校和科研院所接洽，吸引优秀博士毕业生，统分博士后比例连续4年在90%以上，全年进站博士后141人，在站博士后448人，实现“五连增”；新增2个计划内指标。二是不断提高培养质量。积极组织各类项目申报，55人获博士后基金资助，经费较2015年增长41%，获面上资助人数和经费再创历史新高。做好各类评审推荐工作，首次成功申请人社部国际交流计划引进项目2个，评选院级优秀博士后14人。三是丰富学术交流活动。成功举办“中国蔬菜科技与产业化”全国博管会博士后学术论坛，并建立博士后创新实践基地，拓展了院地科技合作的新模式。首次全额资助院属单位举办了7期博士后学术论坛，搭建院所共建共管的高水平学术交流平台。完成博士后联谊会理事增选，组织参加北京博士后运动会，蝉联团体总冠军及优秀组织奖。四是做好博士后生活保障工作。首次组织京区博士后统一体检，安排入住博士后公寓，切实关心博士后生活。

6. 扎实做好人才基础性工作

一是研究制定《中国农业科学院“十三五”科技人才发展规划》。明确未来5年科技人才队伍建设总体思路和任务目标，提出七大科技人才专项工程。二是组织完成2015年度专业技术职务评聘工作。82人晋升正高级职称，200人晋升副高级职称，副高职称增长10%，评审备案中级职称246人，2人取得高级会计师任职资格。三是下放京区单位专业技术职务初聘权限。进一步理顺专业技术职务初聘工作，确定了事后备案审核、监督检查、日常指导的基本流程，有效解决了京内外管理权限不一致、重复提交、重复审核等问题。四是成功举办第二届支撑人才岗位技能竞赛。竞赛聚焦图书期刊编校业务，重点面向全院图书期刊编校人才，共有26个院属单位的110名选手参加了比赛。竞赛期间，特邀书刊出版知名专家为参赛选手进行业务培训，提高编辑校对人员业务水平。五是协调做好工勤人员考评工作。组织院属京区单位参加技术工人考评和资格评审，中国农业科学院获得高级技师资格人员数量占农业部总量的80%。

三、规范干部选任、管理、培训和监督机制，建设一支高素质领导班子和干部队伍

1. 稳步推进干部人事制度改革

一是加强领导班子和干部队伍建设长远谋划。研究制定《中国农业科学院党组关于“十三五”时期进一步加强领导班子和干部队伍建设的意见》，提出未来5年领导班子建设路线图，明确主要任务和具体措施。二是继续扎实推进事业单位分类改革。加强

与院属单位沟通协调，完善分类方案，积极向农业部、科技部、财政部和中央编办①等上级有关部门汇报沟通。完成深圳基因组所事业法人登记，指导研究所完成事业单位分类改革初步方案以及内部机构设置等；积极推动大连都市农业研究所启动法人登记相关工作。三是研究完善干部交流制度。起草《中国农业科学院干部交流工作暂行规定》，建立科学规范的选派工作机制、沟通协调机制和培养使用机制，进一步加大院系统干部交流力度。

2. 加强领导班子和干部队伍建设

一是稳步推进领导班子和领导干部任期制。认真做好换届前期调研，分析各单位领导班子配备情况和运行状况，有针对性地制订全年领导班子调整工作计划，已完成作科所、草原所、蔬菜所、环发所换届考察，其中作科所、蔬菜所、环发所已完成换届。积极组织班子调整考察，及时增补配强领导班子，共任免部、院管理的干部 112 人次，其中提拔班子正职 8 人、副职 12 人。二是督促指导院属单位党委纪委换届工作。指导有关院属单位开展换届工作，修订党委纪委换届审批工作规定，进一步理顺院属单位换届批复程序。已完成烟草所、质标所、沼科所、郑果所、环保所、农机化所 6 个单位党委、纪委换届批复工作。三是做好机关岗位聘用收尾工作。完成全部处级及以下人员聘用合同签订等工作。

3. 开展干部教育培训

一是自主培训开拓新渠道。积极推动并组织实施中国农业科学院“现代农业科研院所建设与发展培训”（美国）项目，18 名同志参加培训，为中国农业科学院在境外自主举办干部培训班积累宝贵经验。承办部属“三院”处级干部能力建设培训班，共有 98 名处级干部参加，培训取得预期成效，得到部人事劳动司肯定。选派 10 名所级干部参加中央国家机关和农业部处级干部培训班。组织各单位做好 2016 年培训班计划调整，编制 2017 年度培训班计划。二是做好干部调训和自主选学。积极争取上级部门的干部调训名额，选派 21 名司局级、80 余名处级干部参加中组部、中央党校、农业部等上级部门培训班，人员安排重点向京外单位倾斜。三是多渠道推动干部实践锻炼。积极做好援藏干部选派工作，选派 4 名同志执行中组部第八批援藏任务，选派 4 名科研骨干分赴甘肃省、大兴区等地挂职锻炼，选派 3 名机关干部参加第五批年轻干部实践锻炼。

4. 加强干部监督管理

一是领导干部个人有关事项报告工作。坚持把严格执行领导干部报告个人有关事项制度作为从严监督干部的重要举措，组织开展全院处级以上干部个人重大事项报告，累计报告 984 人，对院党组和人事局管理干部报告材料进行核实，累计核实 250 人。开展领导干部个人有关事项抽查核实，累计抽查 186 人次，其中结合党委换届、干部选拔任用等工作重点抽查 94 人次，随机抽查 92 人次。注重核实结果的反馈和运用，切实增强领导干部的规矩意识。二是领导干部社团兼职审批管理工作。研究起草《中国农业科

① 中央机构编制委员会办公室，全书简称中央编办

学院领导人员在社会团体兼职审批管理暂行办法》，明确了各层级领导人员社团兼职审批流程，2016 年共有 23 名部、院党组管理的干部完成社团兼职审批备案手续。三是领导干部企业兼职管理工作。为确保中国农业科学院科技成果转化政策落地，明确中国农业科学院领导人员企业兼职管理有关问题，进一步规范审批流程，首次完成 1 名院党组管理干部企业兼职审批备案。四是选人用人专项检查。对蜜蜂所、果树所、郑果所、上兽医所、环保所、麻类所 6 家单位开展选人用人工作专项检查，通过检查，发现问题，督促整改，进一步提高院属单位选人用人规范化水平。五是组织开展干部人事档案专项审核。协助完成部管干部材料补充、外调工作，组织开展院管干部档案专项审核和外调工作，外调 26 人。在 36 个单位对 1 121名干部开展专项审核，组成 105 个调查组对 157 人开展档案信息核查，作出组织处理 2 人。六是加强出国（境）审查及因私证件管理。按照干部管理要求加强因私出国（境）管理，全年审批 68 人次，京区单位登记备案 121 人。加强因私出国（境）证件管理，指导院属单位按照权限集中管理因私证件；进一步完善借用手续，做到有据可查，人事局集中管理因私证件 191 本。完成所局级领导干部因公出国（境）备案 31 人次。

5. 切实抓好日常管理工作

一是认真做好任务目标、年度考核等工作。协助中组部、农业部完成 2015 年度院领导班子和院领导年度考核及测评，协助开展干部选拔任用“一报告两评议”。完成 2015 年度院属研究所评价和机关考核测评工作。完成 2015 年全院 177 名所级领导干部年度考核结果评定。经院党组研究并报请农业部批准，33 名所局级干部年度考核结果评定为优秀等次，对所级以上领导干部和院机关 2015 年度考核优秀人员进行了通报。二是加强机构编制管理工作。沟通落实科技局加挂“国家农业科技创新联盟办公室”牌子，积极沟通协调后勤服务中心加挂“行政管理局”牌子，完成科技局增设“协同创新处”。积极推动直属机关党委办公室加挂“统战工作处”牌子，审核批复油料所、哈尔滨兽医所、灌溉所、深圳基因组所等单位内设机构调整事宜。更新院属单位内设机构信息，全面掌握院属单位近年来内设机构变化情况。三是认真做好中层干部任免备案。完成机关中层干部任免及院属单位中层干部任免备案 100 人次。加强对院属单位中层干部竞聘上岗把关指导，对作科所、油料所、麻类所、信息所、深圳基因组所 5 个单位中层干部竞聘上岗工作进行方案审定和程序指导。

四、做好劳资社保日常管理，保障职工切身利益

1. 稳步推进养老保险制度改革

按照人社部、农业部部署，组织院属单位开展事业单位养老保险制度改革，各项工作进展顺利。一是加强政策学习宣传。跟踪养老保险改革新政策，多次组织院属京区单位参加培训，为落实养老保险改革夯实基础。在经办准备工作中，指导院属单位就群众关心问题解疑释惑，正确引导舆论，营造有利于改革的良好氛围。二是开展参保数据调

查摸底工作。组织院属单位梳理人员情况，准确界定参保范围，认真核定工资渠道和项目，填报缴费基数等相关数据，初步掌握中国农业科学院京区单位参保基础信息，为正式参保经办工作做好准备。三是加强与农业部的沟通协调。积极反映中国农业科学院养老保险改革中实际问题，努力争取上级部门支持。牵头落实农业部劳资协作组（第一组）各项工作，为成员单位开展劳资业务交流搭建平台。

2. 认真做好劳资社保管理

一是落实基本工资正常调整机制，不断优化工资结构。组织全院实施在职人员基本工资调整、离休人员增加离休费和退休人员增加基本养老金工作。调整后，京区单位在职职工人均月增 400 元，离休职工人均月增 560 元，退休职工人均月增 270 元；指导京外单位按照地方有关工作部署，陆续按照有关政策操作实施。二是开展绩效工资实施准备工作。组织院属单位对津贴补贴进行清理核查，摸清院属单位津贴补贴发放情况，学习领会人社部、农业部有关绩效工资政策，做好知识储备。三是强化服务科研意识，为研究所开展专项咨询。为 5 家院属单位进行劳资问题专项咨询，切实解决研究所发展中的现实问题。先后到 9 家院属单位开展收入分配专题调研，实地指导解答研究所存在的问题，为进一步加强对院属单位收入分配指导服务提供依据。

3. 扎实做好公开招聘和调配工作

一是做好高层次引进人才调配服务。为研究所人才引进做好调配服务，积极争取农业部指标倾斜及批复效率，指导并办理 8 家院属单位人才引进手续 21 人，其中，中国科学院“百人计划”1 名，创新团队首席 1 名，青年英才计划 6 名。积极解决人才夫妻分居，完成 25 人申报材料审核把关，并上报农业部。二是做好全院公开招聘工作。组织京区单位公开招聘，共有 714 人参加统一笔试，较 2015 年增长 43%；指导研究所面试考核，做好机关有关部门招聘，全院共招聘各类人员 249 人，其中京区单位招聘 114 人（应届毕业生 64 人，博士后、留学回国人员、社会在职 50 人），京外单位招聘 135 人。举办新入职人员岗前培训班，共有 230 余人参加了培训。三是完成全院 2017 年人员补充计划编制。按照优先保证创新工程、科研团队及重点岗位需求的原则，统筹做好人员调配计划编制工作。2017 年，全院共计划补充人员 624 人，其中计划接收应届高校毕业生 332 人（在京单位 124 人、京外单位 208 人），计划京外调干 3 人，接收军转干部 2 人，计划面向社会公开招聘 287 人（含博士后出站人员和留学回国人员，其中，在京单位 109 人、京外单位 178 人）。

五、提高离退休工作精细化水平，引导离退休职工为院所发展增添正能量

1. 贯彻落实中央和院党组精神，为老同志办实事办好事

一是学习贯彻中央关于进一步加强和改进离退休干部工作的文件精神。组织召开 4 个座谈会，指导院属单位抓好文件精神的贯彻落实；召开院离退休工作会议，深入学习

中央文件精神，推动全院离退休工作再上新台阶；起草《院党组关于进一步加强和改进离退休工作的意见》，征求意见后报院党组审议。二是强化服务意识，努力提高服务质量。加强对院属单位的工作指导，指导6家院属单位建立特困救助机制，指导14家院属单位安装“999”急救电话，提高研究所服务水平。推动落实院所两级工作通报制度，陈萌山书记向全院老同志通报工作，各研究所均建立工作通报制度。

2. 进一步加强党员管理，激发离退休党员内在活力

一是认真开展“两学一做”学习教育。研究制定学习教育方案，抓好党章党规和系列讲话学习，邀请院党组成员、纪检组长史志国同志为全体党员讲党课，开展重温入党誓词和签名活动。二是扎实做好巡视整改工作。完成261名党员组织关系清查和党费补缴工作，补缴党费近56万元。三是深入开展创先争优活动。评选表彰中国农业科学院离退休先进集体和个人，10家单位获先进集体称号，19名同志获先进个人称号。离退休党总支开展创先争优活动，评选表彰4个党支部为先进基层党组织，18名党员同志为优秀共产党员。四是积极开展特色主题活动。召开纪念建党95周年大会，举办“颂党恩、跟党走”纪念建党95周年和红军长征胜利80周年文艺演出，举办“忆长征、庆国庆”书画展。建立离退休党总支及各党支部微信群，搭建学习交流平台。

3. 服务工作重点突出，保障日常管理规范有序

一是做好日常医疗服务。院机关离退休职工体检费用标准提高10%，完成体检439人，重大节日走访慰问老同志600余人次，报销医药费3 000余人次、帮助老同志领取支票130余张，700余万元，代取药和代报销药费近300余人次，600余万元，变更就近医院100余人次。二是突出服务重点，解决特殊老同志生活保障问题。加强对患重病、特困老同志的关怀帮扶，看望生病住院老同志70余人次，为孤寡、独居、失能老人提供质优价廉的居家养老服务，为院机关离休干部增订报纸、开设体检VIP通道、坚持登门祝寿等特色服务，全年为39位老同志祝寿。三是做好工资和社保工作。完成院机关432名离退休职工的月工资编制和其他津补贴核定上报，完成机关377名退休职工入社保信息填报。四是活动场地保障服务周到细致。做好院老干部活动中心服务保障工作，全年来站活动老同志达8万余人次，较去年增长50%，全年提供场地保障服务1 800多场次。

4. 开展丰富文化活动，引导精神文化养老风尚

举办“庆国庆”文艺演出、“九九”重阳节棋牌赛、书画联谊等活动，在农业部离退休职工小型运动会中取得优异成绩。中国农业科学院15个文体活动组织参与中央国家机关工委、农业部、北京电视台、慰问养老院等演出60余次，获奖近20次。其中，舞蹈队和交谊舞队参加“首届全球五大洲体育国际舞蹈世界锦标赛总决赛（北京）”的比赛，均获第一名，舞蹈队还获得北京市健身舞大赛的一等奖和北京市第三届老年舞蹈大赛优秀表演、优秀创作双项大奖。

六、加强自身能力建设，切实发挥支部战斗堡垒作用

1. 认真开展“两学一做”学习教育，发挥党员的先锋模范作用

一是研究制订实施方案。通过向全体党员动员部署，强调结合人事局实际、突出特色、注重成效。二是学习贯彻党的十八届六中全会精神。局党支部召开全体党员学习会，传达学习党的十八届六中全会精神，并就贯彻落实全会精神进行部署。三是开展系列学习教育主题活动。开展了“学党章党规　学系列讲话”主题读书活动，要求全体党员撰写学习体会。组织全局党员参加中央国家机关党章党规知识测试，一次性通过率为100%。开展主题党日活动，组织参观纪念长征胜利80周年主题展。进一步加强文化建设，开展了摄影比赛、篮球比赛，制作了2期“两学一做”宣传展板。创新教育培训形式，全局党员下载安装“支部工作”APP（智能手机第三方应用程序），部分党员的积分在部系统排名中位于前列。四是营造创先争优良好氛围。离退办获农业部离退休工作先进集体、宣传信息工作先进单位、课题调研优秀组织奖，局党支部、离退休党总支分别获先进基层党组织称号，1名同志获农业部离退休干部工作先进工作者，1名同志获农业部离退休宣传工作先进个人，各有1名同志获院优秀共产党员、优秀党务工作者和院十佳青年荣誉称号，1名同志李卫获院工会优秀工会干部、1名同志获院机关离退休党总支优秀党务工作者。

2. 强化党支部建设，增强党支部的创造力、凝聚力和战斗力

一是加强组织建设。认真准备局党支部换届，已完成准备阶段工作，择时进行换届。按照程序要求，党支部增补一名支部委员，支部班子力量得到进一步加强。二是坚持落实民主集中制，强化党内监督。凡重大事项（机构调整、干部任免、人员调动、经费使用等）坚持定期召开局务会、局长办公会等集体研究，全年召开局务会10次，局长办公会3次。三是严格执行“三会一课”制度。全年召开支委会5次，并完善纪实制度，每期印发会议纪要；召开党员大会6次，召开中心组学习会4次，局领导为全局党员讲党课4次。通过学习，提高政治理论水平，进一步坚定理想信念，提高党性修养，培养组工干部品质。四是召开巡视整改专题民主生活会和组织生活会。通过深入学习、认真思考、诚恳发言，强化从讲政治纪律和政治规矩的高度认识巡视整改工作，达到进一步统一思想、凝聚共识、认真整改的学习教育目的。

3. 加强党员管理，全面提升党员素质

一是组织开展党员组织关系排查。经仔细排查，人事局党支部不存在党员组织关系与党组织长期分离、党员失联等情况。二是规范党费收缴工作。严格按照中组部文件要求，重新核算了党费标准，明确党费收缴由专人管理，严格使用党费手册，如实记录党费收缴情况。全局党员都已完成党费的足额补缴，补缴党费合计16.94万元。实行党费使用报告制度，每月在人事局微信群通报党费收缴情况，全年累计收缴党费3万余元。

七、加强组织协调，不断提高综合政务保障水平

1. 树立安全理念，落实安全责任

一是每个处室签署《人事局2016年安全生产责任书》。强化安全责任制，做好节假日值班和休假安排，全力维护局内安全稳定，加快形成从局领导到各处室职工齐抓共管的局面。二是做好安全保密工作。组织参加涉密人员考试、开展计算机保密检查，对机要保密文件，坚持全过程严格规范，确保做到不失密、不泄密。

2. 加强制度建设，确保政令畅通

一是梳理和完善现有相关管理制度。着手编写《人事局内部工作流程》，编校完成《人事人才工作2015》，牵头制定《科研项目劳务费开支管理办法》，进一步强化规矩意识，切实转变作风，提高工作效率。二是创新服务手段，提高工作效率。利用信息化手段，实现部分公文运转电子化、会议通知无纸化、信息宣传网络化，提高政务管理工作效率。三是加强执行检查，确保工作落实。及时跟踪反馈院党组会、局务会等工作安排和院领导、局领导批示件等落实情况，强化督察督办，提高工作执行力度。

3. 做好日常基础工作，争做干部人才之家

一是做好会议等后勤服务工作。组织做好局务会议、局长办公会议协调准备工作，坚持月工作计划和大事记制度，统筹做好局领导和各处主要负责人每周工作安排，做好局工作计划、总结、报告等综合文稿的组织起草，完成机关职工证件照片采集工作。二是做好经费执行和资产管理工作。结合局工作实际，做好局内财务预算、执行，资产清查、采购与管理工作。通过制定固定资产清查实施方案、成立固定资产清查工作小组，对局内384件固定资产完成了实物盘点、使用状况核实和条码粘贴工作。三是做好日常政务运转工作。按照把人事局建成“党员之家、干部之家、人才之家”要求，认真做好日常接待、文件核稿、公文运转、印章管理、档案整理、信息宣传等工作，人事局被评为2015—2016年度“公文运转优秀部门”。

中国农业科学院组织机构图

院　长、党组书记

副院长、党组成员

院机关

院办公室　科技管理局
人 事 局　财 务 局
基本建设局　国际合作局
成果转化局　直属机关党委
监 察 局

后勤服务中心（局）

中国农业科学院研究生院

在京研究所

作物科学研究所
植物保护研究所
蔬菜花卉研究所
农业环境与可持续发展研究所
北京畜牧兽医研究所（中国动物卫生与流行病学中心北京分中心）
蜜蜂研究所
饲料研究所
原子能利用研究所（农产品加工研究所）
生物技术研究所
农业经济与发展研究所
农业资源与农业区划研究所
农业信息研究所
农业质量标准与检测技术研究所（农业部农产品质量标准研究中心）
农业部食物与营养发展研究所

中国农业科学技术出版社（中国农业科学院农业传媒与传播研究中心）

京外研究所

农田灌溉研究所
中国水稻研究所
棉花研究所
油料作物研究所
麻类研究所
果树研究所
郑州果树研究所
茶叶研究所
哈尔滨兽医研究所（中国动物卫生与流行病学中心哈尔滨分中心）
兰州兽医研究所（中国动物卫生与流行病学中心兰州分中心）
兰州畜牧与兽药研究所
上海兽医研究所（中国动物卫生与流行病学中心上海分中心）
草原研究所
特产研究所
农业部环境保护科研监测所
农业部沼气科学研究所
农业部南京农业机械化研究所
烟草研究所
深圳农业基因组研究所

共建单位

柑桔研究所
甜菜研究所
蚕业研究所
农业遗产研究室
水牛研究所
草原生态研究所
家禽研究所
甘薯研究所
长春兽医研究所
深圳生物育种创新研究院（筹）

中国农业科学院及院直属单位（部门）领导人员名单

（截至2016年12月底）

院　长：唐华俊
党组书记：陈萌山
副院长：李金祥　吴孔明　王汉中　万建民
纪检组组长：李杰人
党组成员：陈萌山　唐华俊　李金祥　李杰人
　　　　　吴孔明　王汉中　刘大群　贾广东

农业部（中国农业科学院）巡视组

副组长：王志东（副局级）

院办公室

主　任：汪飞杰
副主任：姜梅林（女）　文　学

科技管理局

局　长：梅旭荣
副局长：王述民　熊明民

人事局

局　长：贾广东（兼）
副局长：李红康（女）　吴京凯　李巨光

财务局

局　长：刘瀛弢（女）
副局长：韩小玲（女）　张士安

基本建设局

局　长：刘现武
副局长：陈　璐　夏耀西

国际合作局

局　长：冯东昕（女）
副局长：张蕙杰（女）　金　轲

成果转化局

局　长：袁龙江
副局长：潘燕荣　王登山

直属机关党委

常务副书记：高士军（正所级）
副书记：赵红梅（女）

监察局

局　长：舒文华
副局长：姜维民（正所级）　李延青

后勤服务中心（局）

主任、党委副书记：卢玉明
党委书记：吴胜军
副主任：郭同军　高建民

研究生院

院长、党委书记：刘大群（兼）
副院长、纪委书记：刘荣乐
副院长：罗长富

作物科学研究所

所长、党委副书记：刘春明
党委书记、副所长：孙好勤
副所长、纪委书记：李新海
副所长、党委副书记：范　静（女）
副所长：刘录祥

植物保护研究所

所长、党委副书记：周雪平
党委书记、副所长：张步江
副所长：邱德文　张　杰　沈银书
副所长、纪委书记：郑永权

蔬菜花卉研究所

所长、党委副书记：孙日飞
党委书记、副所长：周　霞（女）
副所长：胡　鸿（女）
副所长、纪委书记：张友军

农业环境与可持续发展研究所

所长、党委副书记：张燕卿
党委书记、副所长：郝志强
副所长：董红敏（女）
副所长、纪委书记：朱昌雄

北京畜牧兽医研究所
（中国动物卫生与流行病学中心北京分中心）

所长（主任）、党委副书记：秦玉昌
党委书记、副所长（副主任）：袁学志
副所长（副主任）、党委副书记、纪委书记：文　杰
副所长（副主任）：韩雪松
副所长：张军民

蜜蜂研究所

所长、党委副书记：王加启
党委书记：谢双红（女）
副所长、纪委书记：彭文君
副所长：李锁平　杨永坤

饲料研究所

所长、党委副书记：齐广海
党委书记、副所长：康　威
党委副书记、纪委书记：项伯纯
副所长：姚　斌

原子能利用研究所（农产品加工研究所）

所长、党委副书记：戴小枫
党委书记、副所长：王长江
副所长：王　强　王凤忠（援藏）
党委副书记、纪委书记：赵俊辉

生物技术研究所

所　长：林　敏
党委书记、副所长：王晓举
副所长、党委副书记、纪委书记：路铁刚

副所长：张洪岭　张春义

农业经济与发展研究所

所长、党委副书记：王东阳
党委书记、副所长：李思经（女）
副所长：王济民
副所长、纪委书记：孙东升

农业资源与农业区划研究所

所长、党委副书记：王道龙
党委书记、副所长：陈金强
副所长：徐明岗　周清波　王秀芳（女）

农业信息研究所

所长、党委副书记：孙　坦
党委书记、副所长：刘继芳
副所长：王文生
副所长、纪委书记：周国民

农业质量标准与检测技术研究所（农业部农产品质量标准研究中心）

所长（主任）、党委副书记：钱永忠
党委书记、副所长（副主任）：贡锡锋（援疆）
副所长（副主任）：苏晓鸥
党委副书记、纪委书记：赖燕萍（女）

农业部食物与营养发展研究所

所　长：王小虎
副所长：孙君茂　王晓红

中国农业科学技术出版社

社长、直属党支部书记：骆建忠（副所级）
总编辑：张应禄（副所级）

农田灌溉研究所

所长、党委副书记：黄修桥
党委书记、副所长：陆建中
副所长、纪委书记：齐学斌

中国水稻研究所

所长、党委副书记：程式华
党委书记：方　军（女）
党委副书记、纪委书记：方　向
副所长：胡培松　钱　前

棉花研究所

所长、党委副书记：李付广
党委书记、副所长：吕春生
党委副书记、副所长：侯志勇
党委副书记、纪委书记：宋国立
副所长：张西岭

油料作物研究所

所　长：廖伯寿
党委书记、副所长：赵长军
副所长、党委副书记、纪委书记：廖　星
副所长：黄凤洪　张学昆

麻类研究所

所长、党委书记：陈万权
党委副书记、副所长、纪委书记：王朝云
副所长：李德芳　吕江南

果树研究所

所　长：刘凤之
党委书记、副所长：丛佩华
副所长：陆致成　程存刚
党委副书记、纪委书记：李建才

郑州果树研究所

所　长、党委副书记：曹永生
党委书记、副所长：赵玉林
副所长、纪委书记：方金豹
副所长：王力荣（女）　刘崇怀

茶叶研究所

所长、党委副书记：杨亚军
党委书记、副所长：姜仁华
副所长、纪委书记：江用文
副所长：鲁成银　阮建云

哈尔滨兽医研究所
（中国动物卫生与流行病学中心哈尔滨分中心）

所长（主任）、党委副书记：步志高
党委书记、副所长（副主任）：张逐陈
副所长（副主任）：王笑梅（女）　赵国辉
党委副书记、纪委书记：夏长友

兰州兽医研究所
（中国动物卫生与流行病学中心兰州分中心）

所长（主任）、党委副书记：殷　宏
党委书记、副所长（副主任）：张永光
副所长（副主任）：罗建勋　刘湘涛
党委副书记、纪委书记：赵海燕（女）

兰州畜牧与兽药研究所

所长、党委副书记：杨志强
党委书记、副所长：刘永明
副所长、纪委书记：张继瑜
副所长：阎　萍（女）

上海兽医研究所
（中国动物卫生与流行病学中心上海分中心）

所长（主任）：童光志
党委书记、副所长（副主任）：马志永
副所长（副主任）：丁　铲
党委副书记、纪委书记：王香平

草原研究所

所长、党委副书记：侯向阳
党委书记、副所长：王育青
副所长、纪委书记：李志勇

特产研究所

所长、党委副书记：杨福合
党委书记、副所长：程世鹏
副所长：孙长伟　王英平　李光玉
党委副书记、纪委书记：田　欣

农业部环境保护科研监测所

所长、党委副书记：任天志
党委书记、副所长：朱　岩
副所长：李玉浸（正所级）　周其文

农业部沼气科学研究所

党委书记、副所长：蔡　萍（女）
副所长：胡国全　邓　宇

农业部南京农业机械化研究所

所长、党委副书记：陈巧敏
党委书记、副所长：胡志超
副所长：曹光乔
党委副书记、纪委书记：肖体琼（女）

烟草研究所

所长、党委副书记：王元英
党委书记、副所长：许发辉
副所长、党委副书记：王树声
副所长、纪委书记：张忠锋
副所长：梁富昌

深圳农业基因组研究所

所　长：钱　前
副所长、党委副书记：骆建忠
副所长：饶敏杰

都市农业研究所

副所长：孙长伟

中国农业科学院2016年院属各单位人员情况统计表

（单位：人）

序号	单位	职工总数	专业技术人员						管理人员							工勤技能人员				
			小计	正高级	副高级	中级	初级及以下	小计	相当副部	正司局级	副司局级	正处级	副处级	科级及以下	小计	技工一级	技工二级	技工三级	技工四级及以下
	全院合计	7 066	5 294	1 037	1 617	2 089	551	688	3	29	32	150	123	351	1 084	14	198	758	114
	京内合计	2 856	2 266	592	758	764	152	387	3	14	20	84	68	198	203	12	80	93	18
	京外合计	4 210	3 028	445	859	1 325	399	301		15	12	66	55	153	881	2	118	665	96
1	院机关	193	45	24	21			148	3	8	9	36	26	66					
2	后勤中心	161	31		2	24	5	58			4	10	7	37	72	2	27	36	7
3	研究生院	75	54	17	15	20	2	11		1		2	2	6	10		4	6	
4	作科所	354	302	93	109	82	18	26				3	5	18	26	1	4	20	1
5	植保所	230	206	68	77	57	4	14		1		3	1	9	10	1	6	3	
6	蔬菜所	200	166	41	70	46	9	15				3	3	9	19	4	6	7	2
7	环发所	165	152	42	46	52	12	8		1		3	3	1	5		3		2
8	牧医所	182	160	42	54	60	4	10		1		1	1	7	12		7	5	
9	蜜蜂所	111	96	17	24	42	13	7			1	3	1	2	8	1	5	1	1

（续表）

序号	单位	职工总数	专业技术人员					管理人员							工勤技能人员				
			小计	正高级	副高级	中级	初级及以下	小计	相当副部	正司局级	副司局级	正处级	副处级	科级及以下	小计	技工一级	技工二级	技工三级	技工四级及以下
10	饲料所	116	104	27	39	33	5	9			2	1	3	3	3			2	1
11	加工所	168	142	19	34	69	20	18			1	3	4	10	8		3	4	1
12	生物所	137	122	40	43	36	3	13			2	2	2	7	2	1		1	
13	农经所	106	101	33	34	30	4	5						5					
14	资划所	261	235	72	87	69	7	22			1	6	3	12	4	1	1	1	1
15	信息所	273	236	35	67	97	37	16		1		4	6	5	21	1	11	7	2
16	质标所	80	73	14	23	32	4	4				3	1		3		3		
17	食物营养所	27	26	4	9	11	2	1		1									
18	出版社	17	15	4	4	4	3	2				1		1					
19	灌溉所	157	120	17	28	53	22	19			1	4	1	13	18		1	16	1
20	水稻所	411	214	43	67	80	24	35		2		6	7	20	162		13	147	2
21	棉花所	433	269	37	67	95	70	14			1	4	1	8	150		10	139	1
22	油料所	276	206	26	58	107	15	20		1		4	8	7	50	1	3	38	8
23	麻类所	167	97	19	32	39	7	14			1	1	4	8	56		2	51	3
24	果树所	208	110	16	24	53	17	21			1	2	8	10	77		4	70	3
25	郑果所	199	166	19	50	73	24	15		2		4	2	7	18		6	10	2
26	茶叶所	173	143	23	43	67	10	8		1		2	1	4	22		5	11	6
27	哈尔滨兽医所	409	310	43	78	178	11	21		1	2	5	5	8	78			76	2

（续表）

序号	单位	职工总数	专业技术人员					管理人员							工勤技能人员				
			小计	正高级	副高级	中级	初级及以下	小计	相当副部	正司局级	副司局级	正处级	副处级	科级及以下	小计	技工一级	技工二级	技工三级	技工四级及以下
28	兰州兽医所	201	161	41	62	56	2	12				3		9	28		14	7	7
29	兰州牧药所	187	145	19	47	71	8	12			1	4	1	6	30		28		2
30	上海兽医所	100	89	27	29	32	1	8		1		2	3	2	3				3
31	草原所	161	117	17	34	51	15	9		1	1	5	2		35	1	22	6	6
32	特产所	390	272	16	47	150	59	30		2	2	10	1	15	88		2	47	39
33	环保所	129	119	17	41	52	9	9		2		2	2	3	1			1	
34	沼科所	113	92	11	34	25	22	14		1		4	1	8	7		1	3	3
35	农机化所	265	227	20	61	80	66	12			1	1	4	6	26		5	18	3
36	烟草所	192	140	27	52	53	8	24		1	1	2	4	16	28		1	24	3
37	深圳基因组所	11	11	4	1		6												
38	祁阳站	13	11	2	2	5	2	1						1	1				1
39	德州站	12	9	1	2	5	1	1						1	2			1	1
40	廊坊基地	3						2				1		1	1		1		

注：本表数据以工资统计口径为准。即以本人实际执行的岗位工资类别进行分类统计。

中国农业科学院2016年院属各单位专业技术人员情况统计表

（单位：人）

序号	单位	科技人员总数	职称情况				学历情况			学位情况		年龄情况						专家情况				
			正高级	副高级	中级	初级及以下	研究生	大学	大专及以下	博士	硕士	35岁及以下	36~40岁	41~45岁	46~50岁	51~54岁	55岁及以上	两院院士	国家级专家	部级专家	政府特贴	百千万人才
	全院总计	5 838	1 074	1 714	2 393	657	3 916	1 470	452	2 571	1 712	2 067	1 029	736	669	890	447	12	21	71	133	60
	机关小计	188	34	57	76	21	117	66	5	46	80	59	33	20	21	30	25	5			9	4
	京内合计	2 394	575	767	854	198	1 795	471	128	1 387	543	750	410	331	300	424	179	5	13	33	83	36
	京外合计	3 256	465	890	1 463	438	2 004	933	319	1 138	1 089	1 258	586	385	348	436	243	2	8	38	41	20
1	院办	31	13	5	9	4	25	6		12	13	10	4	1	3	6	7	5			8	3
2	科技局	20	3	6	9	2	17	2	1	12	5	5	7	3	1	4					1	1
3	人事局	24	2	10	10	2	10	14		4	10	9	3	2	5	2	3					
4	财务局	26	2	9	11	4	13	13		4	12	11	3	3	2	4	3					
5	基建局	17	3	4	8	2	6	11		3	6	4	4	4	1	2	2					
6	国合局	23	4	5	13	1	17	6		6	9	6	6	1	6	1	3					

（续表）

序号	单位	科技人员总数	职称情况				学历情况			学位情况		年龄情况						专家情况				
			正高级	副高级	中级	初级及以下	研究生	大学	大专及以下	博士	硕士	35岁及以下	36~40岁	41~45岁	46~50岁	51~54岁	55岁及以上	两院院士	国家级专家	部级专家	政府特贴	百千万人才
7	转化局	20	4	7	5	4	10	7	3	4	5	3	2	6		6	3					
8	机关党委	13	1	5	5	2	10	2	1	1	10	5	3			3	2					
9	监察局	14	2	6	6		9	5			10	6	1		3	2	2					
10	后勤中心	60	1	8	40	11	6	31	23	3	7	6	2	11	19	16	6					
11	研究生院	63	18	15	24	6	38	23	2	17	34	17	10	8	7	14	7				2	
12	作科所	323	92	111	92	28	241	59	23	208	55	85	49	37	40	83	29	1	1	8	17	7
13	植保所	217	68	78	63	8	181	27	9	168	21	55	46	34	22	41	19	1	3	5	10	4
14	蔬菜所	177	41	71	52	13	108	61	8	81	42	41	34	34	25	24	19	1	3	2	13	4
15	环发所	160	43	48	56	13	135	19	6	102	33	54	31	14	19	28	14		2		5	3
16	牧医所	169	42	53	68	6	132	32	5	119	26	51	33	30	14	32	9	1	1	7	9	6
17	蜜蜂所	104	17	29	46	12	67	36	1	50	29	45	20	9	10	16	4			1	2	1
18	饲料所	109	27	42	35	5	91	12	6	66	25	21	18	28	21	13	8			4	5	2
19	加工所	160	20	35	80	25	137	17	6	86	51	98	18	11	6	14	13		1	1	4	1
20	生物所	132	41	43	41	7	103	20	9	92	19	29	31	22	17	28	5	1	1	2	6	5
21	农经所	103	33	34	32	4	87	15	1	76	14	37	13	12	14	20	7			1	1	

（续表）

序号	单位	科技人员总数	职称情况				学历情况			学位情况		年龄情况						专家情况				
			正高级	副高级	中级	初级及以下	研究生	大学	大专及以下	博士	硕士	35岁及以下	36~40岁	41~45岁	46~50岁	51~54岁	55岁及以上	两院院士	国家级专家	部级专家	政府特贴	百千万人才
22	资划所	247	72	88	76	11	203	37	7	164	43	33	59	40	47	49	19		1	1	5	3
23	信息所	247	36	72	101	38	175	55	17	94	105	125	27	22	28	31	14			1	4	
24	质标所	77	14	25	34	4	52	23	2	35	26	31	14	14	5	11	2					
25	食物营养所	30	6	9	11	4	27	3		20	7	16	5	2	3	3	1					
26	出版社	16	4	6	3	3	12	1	3	6	6	6		3	3	1	3					
27	灌溉所	129	17	30	58	24	76	37	16	33	55	53	20	9	10	24	13			1		
28	水稻所	235	43	70	91	31	145	63	27	104	56	72	39	30	25	45	24		2	3	4	3
29	棉花所	282	38	68	105	71	140	106	36	71	95	129	30	17	43	42	21	1	2	4	5	4
30	油料所	226	26	58	125	17	169	36	21	98	72	95	41	22	13	41	14			5	2	2
31	麻类所	98	20	32	39	7	59	30	9	37	28	35	22	9	7	21	4				1	
32	果树所	121	17	27	60	17	89	18	14	25	64	58	21	14	7	12	9					
33	郑果所	181	21	52	79	29	97	63	21	30	80	64	37	21	15	24	20		1		2	1
34	茶叶所	147	24	44	69	10	76	59	12	53	43	56	23	20	24	14	10	1		1	1	
35	哈尔滨兽医所	331	46	84	191	10	218	95	18	183	64	110	83	59	43	19	17		1	2	5	3
36	兰州兽医所	171	39	61	68	3	115	46	10	104	29	28	34	40	27	31	11			5	4	2

（续表）

序号	单位	科技人员总数	职称情况				学历情况			学位情况		年龄情况						专家情况				
			正高级	副高级	中级	初级及以下	研究生	大学	大专及以下	博士	硕士	35岁及以下	36~40岁	41~45岁	46~50岁	51~54岁	55岁及以上	两院院士	国家级专家	部级专家	政府特贴	百千万人才
37	兰州牧药所	156	20	49	74	13	98	39	19	40	58	45	27	25	13	30	16		2	1	4	2
38	上海兽医所	96	28	30	36	2	64	26	6	55	15	19	28	14	21	7	7			3	2	2
39	草原所	127	21	38	53	15	84	39	4	56	36	47	25	3	5	27	20			2	1	
40	特产所	302	19	57	154	72	177	85	40	80	120	139	49	32	41	26	15			6	4	
41	环保所	126	18	43	55	10	93	28	5	62	31	58	29	13	8	10	8			2	1	
42	沼科所	93	12	25	36	20	55	31	7	16	41	49	12	8	8	9	7			2		
43	农机化所	237	20	63	85	69	123	80	34	16	127	124	26	25	19	25	18				2	
44	烟草所	164	27	54	68	15	102	44	18	60	65	62	32	23	19	21	7			1	2	
45	深圳基因组所	13	6	1	6		12	1		11	2	3	7	1		1	1				1	1
46	祁阳站	11	2	2	5	2	7	3	1	1	6	6	1			4						
47	德州站	9	1	2	5	1	4	4	1	3	1	5				3	1					
48	廊坊站	1			1		1				1	1										

注：本表数据以人员统计口径为准，即具有专业技术职务的全部人员。

中国农业科学院2001—2016年全院离退休人员变化情况统计表

（单位：人）

类别/年份	离退休人员情况							中共党员	高级专业技术职务	
	小计	离休干部	退休干部	工人	退养	退职	街道代管		正高级	副高级
2001	5 576	436	3 062	1 878	84	53	63			
2002	5 653	416	3 123	1 907	85	62	60	2 021	823	1 230
2003	5 728	400	3 201	1 933	73	61	60	2 080	871	1 276
2004	5 866	389	3 299	1 980	72	73	53	2 079	873	1 285
2005	5 901	375	3 314	2 034	73	64	41	2 228	870	1 279
2006	5 363	331	3 054	1 810	71	56	41	2 028	771	1 164
2007	5 453	318	3 104	1 872	66	55	38	1 937	770	1 169
2008	5 486	300	3 141	1 879	65	64	37	1 875	821	1 221
2009	5 563	282	3 209	1 915	66	57	34	1 919	830	1 200
2010	5 647	268	3 281	1 955	56	56	31	2 084	829	1 225
2011	5 729	250	3 359	1 969	54	62	35	2 121	839	1 249
2012	5 813	232	3 437	1 989	60	61	34	2 159	834	1 263
2013	5 970	222	3 532	2 067	53	61	35	2 183	839	1 281
2014	6 036	198	3 608	2 080	51	58	41	2 242	830	1 296
2015	6 131	177	3 690	2 117	48	55	44	2 274	859	1 306
2016	6 189	162	3 723	2 186	42	35	41	2 202	882	1 336

中国农业科学院 2016 年院属各单位离退休人员情况统计表

（单位：人）

序号	单位	离退休人员情况							中共党员	高级专业技术职务	
		小计	离休干部	退休干部	工人	退养	退职	街道代管		正高级	副高级
	全院总计	6 189	162	3 723	2 186	42	35	41	2 202	882	1 336
	京内小计	2 238	85	1 713	385	34	3	18	1 048	488	651
	京外小计	3 951	77	2 010	1 801	8	32	23	1 154	394	685
1	院机关	436	28	274	107	18	2	7	265	50	85
2	研究生院	45	4	33	7	1	0	0	26	12	9
3	作科所	364	14	282	63	3	0	2	155	93	116
4	植保所	159	5	125	24	2	0	3	55	34	46
5	蔬菜所	173	9	122	41	0	0	1	77	40	46
6	环发所	82	1	80	1	0	0	0	39	21	32
7	牧医所	168	4	126	32	5	0	1	68	36	50
8	蜜蜂所	97	1	75	20	0	0	1	43	20	27
9	饲料所	18	0	18	0	0	0	0	10	6	2

（续表）

序号	单位	离退休人员情况							中共党员	高级专业技术职务	
		小计	离休干部	退休干部	工人	退养	退职	街道代管		正高级	副高级
10	加工所	135	2	104	28	0	1	0	66	23	48
11	生物所	27	0	21	6	0	0	0	11	8	2
12	农经所	63	1	59	3	0	0	0	34	23	24
13	资划所	207	11	178	12	4	0	2	75	49	86
14	信息所	216	5	169	40	1	0	1	98	51	68
15	质标所	27	0	27	0	0	0	0	16	11	8
16	食物营养所										
17	出版社	21	0	20	1	0	0	0	10	11	2
18	灌溉所	121	6	78	37	0	0	0	44	17	38
19	水稻所	694	2	145	529	0	18	0	126	28	63
20	棉花所	377	5	133	238	0	1	0	83	24	25
21	油料所	213	5	112	96	0	0	0	77	25	44
22	麻类所	123	1	51	67	4	0	0	49	22	15
23	果树所	211	4	111	96	0	0	0	68	11	27
24	郑果所	162	10	90	61	0	1	0	55	15	36
25	茶叶所	115	2	71	34	0	8	0	44	21	23

（续表）

序号	单位	离退休人员情况							中共党员	高级专业技术职务	
		小计	离休干部	退休干部	工人	退养	退职	街道代管		正高级	副高级
26	哈尔滨兽医所	341	8	179	154	0	0	0	80	35	54
27	兰州兽医所	162	1	113	47	0	1	0	45	34	39
28	兰州牧药所	176	7	139	28	0	2	0	70	28	48
29	上海兽医所	74	2	53	19	0	0	0	28	16	16
30	草原所	145	1	109	35	0	0	0	63	24	40
31	特产所	389	7	184	175	0	0	23	28	18	40
32	环保所	97	4	74	18	0	1	0	45	16	32
33	沼科所	106	1	95	10	0	0	0	56	11	38
34	农机化所	250	8	179	59	4	0	0	105	30	77
35	烟草所	152	3	73	76	0	0	0	74	17	25
36	祁阳站 德州站 廊坊基地	43	0	21	22	0	0	0	14	2	5

中国农业科学院专家2016年获得各类奖项、荣誉称号（省部级以上）

国家特支计划（“万人计划”）入选者（12人）

科技创新领军人才

作科所：李新海

植保所：王桂荣

环发所：董红敏

牧医所：卜登攀　储明星　唐中林

资划所：何　萍

水稻所：胡培松

棉花所：范术丽　宋国立

哈尔滨兽医所：王晓钧

人社部百千万工程领军人才（2人）

作科所：何中虎

牧医所：李　奎

国家自然科学基金创新研究群体获得者（1人）

棉花所：李付广

“全国杰出科技人才”获奖者（1人）

陈化兰

中国农业科学院 2015 年度晋升专业技术职务任职资格人员名单

作物科学研究所

研 究 员：关荣霞 徐兆师 孙 石 乔永利 杨建仓
副研究员：刘 军 郑成岩 任玉龙 李从锋 方 沩 王 轲 张德贵 曹双河 李永祥 王文生 张鲁燕
高级农艺师：李克民
助理研究员：刘 杰 张 俊 杨修仕 汤 沙 张慧杰
会 计 师：郭 睿 王栋一

植物保护研究所

研 究 员：杨秋颖 周焕斌 宋 英 农向群 张礼生 高 利
副研究员：丁 波 孔令安 刘文文 欧阳灿彬 谷少华 曹广春 张 博 张艳军 马 罡
副 编 审：张 莹
助理研究员：宁 云 崔 丽 吴圣勇 吴小虎 张 帅 杨 婷

蔬菜花卉研究所

研 究 员：张圣平
副研究员：张晓辉 柴阿丽 苗 晗 李占省 付秋实 杨学勇 郑 峥 孟玉芬
高级实验师：刘新艳
高级农艺师：王福建
助理研究员：高 炅 黄晓冬 吕红豪 张率斌

农业环境与可持续发展研究所

研 究 员：刘恩科 何文清 饶敏杰
副 研 究 员：张爱平 刘 园 王亚男 毛丽丽 张 义
高级农艺师：田云龙
助理研究员：刘中阳

北京畜牧兽医研究所

研 究 员：高会江 杨述林 浦 华
副 研 究 员：张铁军 秦 彤 刘秋月
高级农艺师：吕会刚
助理研究员：方 路 郭晓宇 刘 欣 胡文萍 王翔宇 仪登霞 仝宗永
高 杰

蜜蜂研究所

研 究 员：李 熠
副 研 究 员：丁桂玲 黄家兴 姚 军
助理研究员：褚艳娜

饲料研究所

研 究 员：武书庚 苏小运
副 研 究 员：石冬冬 徐 飞 王 晶 张 军
助理研究员：马 涛

农产品加工研究所

研 究 员：王 锋 郑金铠 郭 维
副 研 究 员：刘丽娅 易建勇 黄 峰 詹 斌
助理研究员：李紫陌 高 岩 包郁明 张影全 靳 婧 李 侠 聂 莹
孔志强 张 雪 刘治岐 高 远 万 静 胡 晖 李 欣
邓昭轩 张丹丹 来吉祥 王 艳 辛凤姣 赵金红

生物技术研究所

研　究　员：陆　伟　吴金霞　牛丽芳　普　莉　陈　涛　徐荣旗
副 研 究 员：孟志刚　谢钰容　李　亮　汪　海
助理研究员：梁成真　张　超

农业经济与发展研究所

研　究　员：刘合光　辛　岭
副 研 究 员：王国刚　宋莉莉　钱加荣　周　慧　魏　赛

农业资源与农业区划研究所

研　究　员：刘　佳　毛克彪　张文菊　王迎春　李文娟　王秀芳
副 研 究 员：王亚静　高　淼　高懋芳　闫瑞瑞　胡海燕　王　婧　王　旭
高级农艺师：李冬初
助理研究员：李玲玲　张桂山

农业信息研究所

研　究　员：董晓霞　李世娟　赵俊晔
研 究 馆 员：王　婷
副 研 究 员：刘海龙　王　克　张建华　樊景超　仲晓春
副研究馆员：朱　亮
副　编　审：王礞礞
助理研究员：刘家益　王东杰　杨　唯　王　晶　任育锋　吴　培　张　晶
李燕妮　田儒雅　张　晶　李　越
馆　　　员：叶　飒

农业质量标准与检测技术研究所

研　究　员：金　芬
副 研 究 员：陈　晨　李晓敏　陈天金
高级实验师：李丽蓓
助理研究员：王　石　张国友　杨梦瑞

农业部食物与营养发展研究所

研 究 员：程广燕
副 研 究 员：韩 娟 徐海泉
助理研究员：刘 鹏

研究生院

研 究 员：肖 阳
副 研 究 员：翟研宁
助理研究员：白 雪

中国农业科学技术出版社

副 编 审：邵世磊

院机关

研 究 员：方 放 谢惠娟 张 熠
副 研 究 员：左 旭 李 锋
助理研究员：谢志强 张 莉 张立滨 徐佳兴 王 军

农田灌溉研究所

副 研 究 员：邓 忠 刘小飞 刘战东 宋 妮
助理研究员：李东伟 刘春成 李 浩 宁东峰 李 迎

水稻研究所

研 究 员：沈希宏 方 军 郑有川
副 研 究 员：于 萍 申红芳 圣忠华 施勇烽 张卫星
副 编 审：林 海
助理研究员：万品俊 张华丽 李 冠 曹小闯 王彩红 陈婷婷 刘 庆
邵雅芳 陈国庆 曹珍珍
农 艺 师：程幼飞

棉花研究所

研　究　员：刘　方　严根土　于霁雯
副 研 究 员：李俊文　陆才瑞　刘敬然　匡　猛　魏恒玲　马　磊
高级实验师：孟俊婷
助理研究员：王　晔　王倩华　代　帅　刘爱忠　王　帅　张友平　翟红红
龚文芳　杨作仁　冯鸿杰　任相亮　周克海
农　艺　师：王立如

油料作物研究所

研　究　员：严兴初　雷　永　矫永庆
副 研 究 员：刘红艳　谭美莲　喻　理　魏　鑫　刘昌盛　邹锡玲
高级实验师：甘冬生
高级农艺师：李　均
助理研究员：沈欣杰　汤　虎　陈　畅　邱彩虹　彭　睿　金　莉　赵　为
唐晓倩
实　验　师：周　璐　吕　昕　郑　畅　陶章生　陈水莲　陈伟刚　康彦平
杨红丽　李　俊　刘　凡　张　亮
会　计　师：张文洲

麻类研究所

研　究　员：严　准
副 研 究 员：李智敏　陈基权　郭　媛　邓　欣
助理研究员：吴端钦　陈小军　刘佳杰　陈　佳

果树研究所

研　究　员：赵德英
副 研 究 员：高　源　张俊祥　田　义
助理研究员：董庆龙　杜艳民　史祥宾　冀志蕊　岳　英

郑州果树研究所

研　究　员：孙德玺
副 研 究 员：陈昌文　张瑞萍　田　鹏　曾文芳　涂洪涛
助理研究员：赵　倩　靳　哲　刘聪利　孙雷明　张　洋　王　超
馆　　　员：李艳萍

茶叶研究所

研　究　员：姚明哲
副 研 究 员：刘守安　周　利　马春雷　马桂岑　高　菁
助理研究员：刘美雅　李　鑫　朱　荫　孙　亮　王　晨　戴伟东　边　磊
实　验　师：周苏娟

哈尔滨兽医研究所

研　究　员：刘长军　葛金英
副 研 究 员：李　素　曾显营　张险峰　刘文兴　张　鑫　刘荻荻　杜　承
杨金雨　孙恩成　赵　妍　陈利苹
高级实验师：张交儿
助理研究员：陆涛峰　陈福广　华　欣　孙军峰　刘建波　梁立滨　那　雷
李　凯　高　立　吴春铃　张圆圆　刘任强　胡文红
会　计　师：王　华

兰州兽医研究所

研　究　员：孙世琪　李有全
副 研 究 员：何继军　田　宏　陈豪泰　冯　霞　王艳华　闫鸿斌
高级兽医师　周广青
助理研究员：刘永杰　李法财　李旭勇　郭　晶　秦晓东　刘保红　张念章

兰州畜牧与兽药研究所

研　究　员：梁春年　潘　虎　杨振刚
副 研 究 员：王东升　路　远　裴　杰　魏小娟

助理研究员：王　慧　王　磊　崔东安　袁　超　王娟娟
实　验　师：冯　锐

上海兽医研究所

研　究　员：韩先干　陈鸿军
副 研 究 员：王　米　蒋　蔚　刘迎春　高　飞
助理研究员：杨馥如　童　武

草原研究所

研　究　员：田青松　徐　冰
副 研 究 员：解继红　高　丽　德　英　塔　娜
助理研究员：纪　磊　焦　巍　刘洪林

特产研究所

研　究　员：刘继永
副 研 究 员：许保增　易　立　赵建军　张　巍　侯　微　孙伟丽
副　编　审：周淑荣
助理研究员：王春伟　王洪亮　任静强　刘　宁　刘　畅　刘喜东　吕　爽
宋明杰　宋　超　张迪迪　李美佳　周春元　雒伟伟　薛向红
李　红　赵　卉　陈　曦　徐　轶
实　验　师：赵　艳　徐淑娟　耿明生
农　艺　师：李丹丽

农业部环境保护科研监测所

副 研 究 员：王丽丽　郭军康　贺泽英　周　莉
高级工程师：杨　鹏　王　璐
助理研究员：翟中葳　高文萱　郑宏艳　李　洁　李佳佳　张艳伟

沼气科学研究所

研　究　员：何明雄　雷云辉　蔡　萍
副 研 究 员：代立春

高级工程师：孔垂雪　丁自立
助理研究员：谢棹骏　周　正　张　汶　张云红　李　江　郑　丹　王彦伟
实 验 师：代莉蓉
工 程 师：赵　宇

农业部南京农业机械化研究所

研 究 员：张　玲　曹光乔
副研究员：张　萌　陈有庆　余山山　张会娟
高级工程师：卢　晏　吴爱兵　于向涛　俞勇根
助理研究员：王　硕　孙勇飞　汤　庆　管春松　王伯凯　高学梅　崔思远
陈　聪　赵　映　张井超　江　帆　檀律科　王申莹

烟草研究所

研 究 员：任广伟　张洪博
副研究员：宁　扬　李　伟　高　林　任　杰　王爱华　许发辉
助理研究员：张　彦　文柳璎　李依婷　陈明丽　丁安明　张增林　尤祥伟
陶　健　张　晓　晁江涛　解敏敏　吕　婧　战徊旭　方　松
孟　鹤
实 验 师：丁文华
会 计 师：胡建旭

中国农业科学院“十三五”科技人才队伍发展规划

为进一步加强科技人才队伍建设，推动中国农业科学院建成世界一流农业科研院所，实现跨越式发展，根据《国家中长期人才发展规划纲要（2010—2020 年）》《国家中长期科技人才发展规划（2010—2020 年）》《专业技术人才队伍建设中长期规划（2010—2020 年）》《深化科技体制改革实施方案》《关于深化人才发展体制机制改革的意见》《农村实用人才和农业科技人才队伍建设中长期规划（2010—2020 年）》和《中国农业科学院“十三五”科学技术发展规划》的总体要求和部署，结合中国农业科学院科技人才队伍状况和科技创新工作需要，制定本规划。

一、发展基础与形势

农业发展的根本出路在于科技进步，农业科技人才是推动农业科技发展的第一资源。“十二五”期间，中国农业科学院大力实施人才引育“双轮驱动”战略，深化人事制度改革，创新人才工作机制，优化人才成长环境，人才队伍建设取得了显著成效，为“十三五”跨越发展奠定了良好基础。

人才队伍规模不断壮大。全院科技人才总量以年均 1.8%的速度增长，达到 5 743 人；新增高级专业技术人员 584 人；新增工程院院士 4 名；新入选“千人计划”“万人计划”“百千万人才工程”“农业科研杰出人才培养计划”等 200 余人次，创新研究群体 3 个、“创新人才推进计划”重点领域创新团队 7 个。

团队建设取得明显成效。面向国家农业科技创新和产业发展重大需求，突破传统科研组织模式，整合和优化科技资源配置，发挥人才整体效应，在全院范围内遴选组建 300 多个方向明确、特色鲜明、发展潜力较大的科研团队，创新运行机制，加大经费稳定支持力度，实现人才资源的初步整合，团队在重点学科领域内的引领作用不断凸显。

人才工作机制日益完善。把深化改革作为推动人才发展的根本动力，积极探索人才队伍发展新机制，启动实施“青年英才计划”科研英才引进工程，建立专业技术职务任职资格晋升“绿色通道”，下放副高级专业技术职务任职资格评审权限，开展不同系列专业技术职务任职资格分类评价，通过一系列机制创新，最大限度地激发了人才创新活力。

人才发展平台更加优化。构建了较为完善的国家级、省部级和院级，创新、支撑和服务“三级三类”科技创新平台体系，平台数量达到 488 个，其中国家级平台 41 个、部门级平台 283 个、院级平台 164 个，科研试验基地体系逐步完善，平台的创新、支撑、服务功能和运转效能得到进一步提升，形成了覆盖全国，面向世界的科技创新平台体系。

人才创新能力持续提升。以第一完成单位获国家奖占农业领域总数的 22%；主持“973”农业领域项目占总数的 27%，与中国科学院、农业高校呈三足鼎立之势；国际科技论文发表量、发明专利授权量等产出增长迅速；在农作物基因组学、禽流感病毒传播与致病机制、转基因抗虫棉区天敌昆虫演化机制等方面取得重大研究进展。

“十二五”期间，中国农业科学院科技人才工作虽然取得了一定成绩，但必须清醒地认识到，随着全球科技的迅猛发展，国内外科技竞争形势更加激烈，中国农业科学院科技人才队伍建设既存在诸多有利条件，又面临一系列问题和挑战，主要表现在：人才总量不足，自主创新能力有待进一步提高，尤其在一些重点领域和新兴学科研究力量还较薄弱；人才队伍结构不尽合理，高层次领军人才缺乏、年龄偏大，青年后备人才不足，单位间、学科间人才发展不平衡，管理、支撑、转化人才队伍发展滞后；人才工作机制有待进一步健全，促进人才创新创业的评价激励保障机制还不完善，支持创新团队联合攻关解决重大科技问题的协同创新机制还未完全形成，不能很好适应现代农业科研院所建设的要求等，需要在深入实施创新驱动发展战略和农业现代化建设中不断探索和持续完善。

“十三五”是全面建成小康社会的决胜阶段，要实现传统农业向现代农业的加快转变，进一步巩固和加强农业的基础地位，必须加快建设一支热爱农业、素质高、业务精的农业科技人才队伍。作为农业科技创新国家队，中国农业科学院应当切实增强抓好农业科技人才队伍建设工作的责任感和使命感，加快形成有利于人才健康成长和发挥作用的良好机制环境，把更多优秀人才聚集到“三农”事业中来，充分激发创新活力、释放创新潜能，使创新火花竞相迸发、创新思想不断涌流、创新成果有效转化，为建成世界一流农业科研院所，推进农业供给侧结构性改革，实现农业现代化提供强有力的人才支撑。

二、发展思路

高举中国特色社会主义伟大旗帜，全面贯彻党的十八大和十八届三中、四中、五中、六中全会精神，以邓小平理论、“三个代表”重要思想、科学发展观为指导，深入贯彻习近平总书记系列重要讲话精神，坚定科技人才服务“三农”的政治方向，落实人才优先发展战略和全国科技创新大会精神，践行“创新、协调、绿色、开放、共享”五大发展理念，构建“农科青年千人计划”体系，统筹推进科研、管理、支撑和转化四支队伍建设，深化人才发展机制改革，实现人才引进精准化、培养系统化、评价多元化、服务个性化，造就一支规模适宜、结构合理、素质优良、发展均衡、优势明显的科技人才队伍，带动中国农业科学院核心竞争力和整体科研实力的快速提升，为推动中国农业科学院“顶天立地、跨越发展”，建成国家高水平农业科技智库提供强有力的人才支撑。

需求导向，服务发展。把服务“世界级农业科学中心”“国家级农业科学技术中心”两个“中心”建设，打造国际知名、国内领先、行业特色三类卓越团队作为科技人才队伍建设的出发点和落脚点。促进科技人才引育同科技发展战略需求紧密结合，用聚力研发具有全国性、区域性和革命性的服务“三农”的科研创新成果检验人才工作成效。

高端引领，打造优势。坚持把高层次科技人才作为科技人才队伍建设的重点，着力培养聚集从事原创研究、交叉研究且能够引领国际发展趋势的战略科学家和推动国家关键核心技术实现重大突破的科技领军人才，充分发挥高层次科技人才在科技创新中的竞争优势，以人才竞争优势引领科技创新优势，促进中国农业科学院核心竞争力的巩固与快速提升。

引育并举，双轮驱动。拓展“青年英才计划”内涵，大力实施“引进”和“培育”两大工程，实行更积极、更开放、更有效的人才引进政策，不求所有、不拘一格，广开进贤之路、广纳天下英才；同时，始终把自有人才作为建设人才强院的主体，充分发挥项目、团队、基地等的综合效益，形成多层次、多渠道的人才培育新格局，加大培养工作力度。

统筹推进，协调发展。着力构建“农科青年千人计划”体系，全面推进科研、管理、支撑和转化四支队伍建设。统筹兼顾优势研究所与西部、偏远欠发达地区研究所，以及优势学科和新兴、特色学科人才的发展，鼓励优势研究所和科研团队利用自身平台、人才资源优势，通过多种形式，为西部、偏远欠发达地区研究所培育优秀科技人才。

机制创新，优化环境。着力破除制约人才发展的各种思想观念、政策藩篱和制度障碍，最大限度地解放和激发人才创造潜能和创新活力，实现人才引领创新、创新驱动发展。在岗位聘任和人才评价中赋予研究所更大的用人自主权；完善针对不同职称系列、不同岗位人员的分类评价标准；实行以增加知识价值为导向的分配政策，健全与岗位职责、工作业绩紧密关联的收入分配制度。

三、任务目标

（一）打造充满创新活力的科技人才队伍

1. 构建一支具有相当规模的人才队伍

构建“万人”规模具有“金字塔”结构的科技人才队伍，主要包括编内外科技人才、博士后和研究生。到2020年，编内科技人才增长10%以上，达到6 300人左右；在站博士后增长50%以上，达到600人左右；公开招聘人员结构进一步优化，博士比重增加50%左右，海外留学回国人员增加20%左右；在读研究生增长15%以上，达到5 600人左右。京内外科技人才布局更加合理，中西部地区研究所优秀科技人才总量大幅增加。全院拥有高级专业技术职务和具有博士学位的科技人才比例均超过50%，人才素质不断提高，自主创新能力明显增强。

2. 造就一批具有引领农业科技发展能力的领军人才

重点培养聚集从事原创研究、交叉研究且能够引领农业科技发展、推动国家关键核心技术实现重大突破的科技领军人才。加强“千人计划”“万人计划”“国家杰青”等高层次科技人才引育工作，在八大学科重点发展领域凝聚一批学术造诣精深、创新能力突出、具有重要影响的战略科学家、将帅人才和尖子人才。到2020年，实现“千人计划”和“青年千人计划”入选者、“万人计划”入选者、“国家杰青”和“国家优青”获得者等高层次科技人才20%以上的增长。同时，充分发挥高层次科技人才的引领和带动作用，促进科技人才队伍整体创新能力的大幅提升。

3. 打造一批具有国际竞争力的卓越团队

重点支持一批国家长期需要、研究方向明确、水平一流的科研团队，保持和提升中国农业科学院在若干重点领域的科技创新优势。适应前沿科技发展、学科布局调整和农业生产方式转变的需要，在农业生物组学创新与应用、都市现代农业技术集成创新等方面，组建拓展一批新兴交叉学科领域科研团队。加大团队首席专家及其后备人选、团队核心成员的选拔培养力度，推动首席专家助理制度更好地发挥作用，优化人才梯队结构。加强科研立项、科研平台、重大成果培育等方面的倾斜支持，健全“开放、流动、竞争、合作”的运行机制，加强团队创新文化建设。到2020年，打造30个左右的国际知名创新团队、100个左右的国内领先创新团队、30个左右的行业特色创新团队，约40个团队入选“农业科研杰出人才及其创新团队”，若干团队入选“推进计划”重点领域创新团队和国家自然科学基金创新研究群体，成为中国农业科学院两个“中心”建设的核心支撑。

4. 储备一批具有较大发展潜力的后备人才

大力实施“青年英才计划”，不断创新引育模式，充分发挥项目、团队、基地等的综合效益，加大扶持力度，在实践中大胆使用，注重学术道德和学风建设，形成一个关爱青年、鼓励青年成才、支持青年干事创业的良好环境，助推全面提升综合素质、早日脱颖而出。到2020年，院所两级有计划、有重点地引育一批有较大发展潜力的青年科研英才、支撑英才、转化英才和管理英才，给予重点支持；35岁以下副高级、40岁以下正高级专业技术人员以及45岁以下科研团队青年首席专家占更大比例，青年人才在中国农业科学院科技创新中的骨干作用进一步增强。加大国际化农业人才培养力度，建设一支了解国际规则，熟悉国际农业市场，掌握农业贸易政策的农业外事外经人才队伍。储备一批青年农业外交官，更好地支撑农业“走出去”战略的实施。

（二）优化有利于科技人才聚集和成长的机制环境

1. 创新科技人才精准化引进机制

充分发挥“海外高层次人才创新创业基地”的独特优势，围绕学科和产业发展需要，制定急需紧缺人才岗位目录，以更加开阔的眼界和胸襟，持续引进一批“高精尖缺”人才。建立海外优秀人才情报信息库，通过出国访问、合作研究等方式，及时向入库人才传递中国农业科学院科技进展、人才政策和人才需求等信息，保持密切联络，促进科技合作，为人才流动提供双向选择平台。健全人才引进多元投入保障机制，发挥院级投入的引导和撬动作用，综合研究所和社会资源，加大人才配套支持政策落实力度；对引进的优秀青年科技人才，根据发展阶段特点，给予职业发展、生活保障等方面的个性化支持，助推尽快成长为堪当重任的领军人才。实行更加开放、灵活、有效的柔性引才机制，通过创新工程流动岗位和导师引航项目，聘请一批活跃在海内外前沿领域的知名专家来中国农业科学院兼职。

2. 完善科技人才系统化培养机制

依托“国家级专业技术人员继续教育基地”和“创新人才培养示范基地”，以能力建设为核心，实施专业技术人员继续教育工程，有针对性地提高科技人才的理论水平、组织管理和宏观政策把握能力。尊重人才成长规律，准确把握不同年龄段、不同层次科技人才特点和需求差异，进行“全链条”分段培育。拓宽国际组织人才推送渠道，加大海外访学和向国际组织推送人才力度，推荐更多的青年科技人才到国外一流大学和科研机构研修、参与国际交流与项目合作研究，鼓励在国际学术组织任职，开阔国际视野，提升创新能力。以国家重大重点项目、国际合作项目等为载体，大胆使用人才，注重在创新实践中培养一流人才。通过选拔推荐参加援疆、援藏、扶贫或到地方挂职锻炼，选派参加博士服务团或到共建单位开展合作研究等方式，提高科技人才解决农业生产实际问题的能力。大力举荐优秀科技人才入选“万人计划”“创新人才推进计划”“青年英才开发计划”等国家重大人才工程；做好中华农业英才奖、杰出青年农业科学家、中国青年科技奖的选拔推荐工作；积极推荐高层次科技人才参与宏观战略决策、科技发展规划编制，培育一批善于把握科技发展前沿和产业需求的战略科学家。

3. 健全以品德、能力和业绩为导向的多元化评价机制

推进人才分类评价机制，改进人才评价考核方式，对基础研究人才、应用研究和技术开发人才实行有区别的评价办法，提高人才评价的针对性、科学性。适当延长基础研究人才评价考核周期，简化评价程序，鼓励科技人才持续研究和长期积累。进一步健全完善不同岗位、不同系列专业技术职务任职资格评审标准，不将论文作为评价应用型人才的限制性条件，对职称外语考试不做统一要求。不断扩大研究所在专业技术职务任职资格评审和专业技术岗位聘用中的自主权，争取分批下放正高级专业技术职务任职资格评审权限。拓宽优秀人才职业发展通道，继续实施高级专业技术职务任职资格晋升

“绿色通道”，对业绩突出且潜力较大的自有优秀青年科技人才和引进的高层次人才，可破格晋升。探索高层次人才、急需紧缺人才专业技术职务直聘办法。设置高级专业技术特设岗位，用于聘任急需紧缺的高层次人才。

4. 形成关爱人才的个性化服务机制

坚持以人才需求为导向，以人才服务为重心，保障科技人才的科研、办公和实验条件，在课题申请、项目资助、评审推荐、出国研修和研究生招收等方面对高层次科技人才给予倾斜。院属单位为院士等高层次科技人才配备专职助手，负责处理日常事务性工作，减轻他们的负担，使他们能够把更多的时间和精力投入科研工作中。积极协调解决高层次科技人才的住房安置、配偶工作、子女入学等问题，进一步做好福利保障、医疗保健、拜访慰问和专家休假等工作，帮助高层次科技人才消除生活中的后顾之忧，为他们提供舒适的生活环境。构建高层次科技人才服务联络机制，通过座谈、走访、慰问等形式，充分听取高层次科技人才的意见和建议，对高层次科技人才提出问题的解决措施进行跟踪督办，并及时反馈工作进度。健全鼓励创新创造的收入分配激励机制，确保优秀科技人才收入维持在较高水平。

表　科技人才队伍主要发展目标

项目	2015 年	2020 年
编制内科技人才总量	5 743 人	6 300 人
高级专业技术职务比例	46.6%	50%
博士学位人员比例	41.3%	50%
在站博士后	403 人	600 人
全日制在校研究生	4 400 人	5 600 人
农科青年千人计划体系	—	1 000 人
科研英才	—	700 人
管理英才	—	100 人
支撑英才	—	100 人
转化英才	—	100 人
高层次科技人才增长幅度	—	20%
卓越创新团队	—	160 人
国际知名	—	30 人
国内领先	—	100 人
行业特色	—	30 人

四、重点工程

以加强四支队伍建设、提升研究生教育为重点，组织实施七大科技人才专项工程，为全院各项事业发展提供坚实的人才保障。

（一）科研英才引育工程

在“青年英才计划”内设置科研英才引育工程。引进约300名在重点发展领域、新兴和交叉学科急需紧缺的科研团队青年首席专家和青年学术带头人，遴选约400名具有较大发展潜力的自有优秀青年人才，院、所两级共同投入，给予特殊支持，重点资助入选者开展前沿探索性和储备性研究，大力举荐担任国家重大重点项目负责人、入选国家或地方各类人才培养计划，积极选派参与国际合作研究，择优安排在国家重点实验室、工程技术中心、科研团队等担任重要职务，着力拓宽专业技术职务任职资格、博士生导师资格等职业晋升通道等，使优秀人才创新潜能得到持续、有效激发，同时发挥入选者的示范作用，引领建设一支具有自主创新能力的科研人才队伍。

（二）支撑英才培育工程

在“青年英才计划”内设置支撑英才培育工程。通过评优方式，遴选约100名优秀支撑人才，院、所两级共同投入，给予特殊支持，重点加大对技艺精湛、贡献突出、具有“工匠精神”支撑人才的表彰奖励力度，提供与其贡献和价值相匹配的薪酬福利待遇，建立符合支撑人才特点的、科学合理的考核评价机制，采取多种形式开展新理论、新技术、新方法的培训，不断提高试验技能、大型仪器操作技能等，在职业发展上与科研人才一视同仁，培养稳定关键支撑人才，同时发挥入选者的示范作用，引领建设一支技术精湛的实验技术、农业技术、工程技术、图书出版支撑人才队伍。

（三）转化英才培育工程

在“青年英才计划”内设置转化英才培育工程。通过评优方式，遴选约100名优秀转化人才，院、所两级共同投入，给予特殊支持，重点提高从事技术转移和服务推广人才的专业素养和经营能力，打造适合转化人才特点的职业发展通道，大力推动创新创业，鼓励拥有核心技术和自主知识产权的优秀人才创办科技型企业，探索建立人才离岗创业期间专业技术职务任职资格晋升、薪酬和社会保险等的配套政策。加大知识产权的保护力度，促进科技成果转移转化，完善科技成果处置、收益分配制度，对在科技成果转化中作出重要贡献的人才给予奖励，同时发挥入选者的示范作用，引领建设一支拥有核心技术和自主知识产权、富有市场经营经验的成果转化人才队伍。

（四）管理英才培育工程

在“青年英才计划”内设置管理英才培育工程。通过评优方式，遴选约 100 名德才兼备的管理人才，院、所两级共同投入，给予特殊支持，重点组织开展有针对性的境内外管理人才培训，进一步提高思想政治素质和领导科技创新的能力，加大精神和物质奖励力度，拓宽职业发展通道，加强优秀青年干部、后备干部选拔和培养，进一步加大管理人员的轮岗交流以及院、所两级管理人员双向挂职培养力度，同时发挥入选者的示范作用，引领建设一支由战略科学家、党政管理专家和优秀科技骨干组成的，具有较高思想政治素质和现代科学素养、具备现代院所治理能力的复合型管理人才队伍。

（五）博士后培养提升工程

完善博士后招收办法，积极拓宽渠道，吸引优秀博士毕业生进站，扩大博士后队伍规模。鼓励博士后参加国际学术交流、申报中国博士后科学基金；进一步完善进站遴选、中期考核、出站评定机制，制定科学、规范的评价标准，发挥导向作用，稳步提升博士后培养质量；对于业绩突出、品德优异的博士后，优先考虑留所工作。鼓励聘任博士后进入科技创新工程科研团队流动岗位，发挥博士后在支撑中国农业科学院科技事业发展中的重要作用。健全博士后工作机制，建立绩效评估制度，将评估结果纳入研究所评价体系，提高博士后管理工作效率和水平。

（六）研究生教育提升工程

坚持以全日制研究生教育为主，专业学位教育、留学生教育和国际合作培养共同发展的多元化发展战略，努力把研究生院建设成为高层次、研究型、国际化、有特色的国内一流、国际知名的培养和造就高层次农业科技人才的基地。整合农业部直属“四院一所”科技资源，依托中国农业科学院研究生院，共同打造高水平研究生教育大平台；积极争取国家计划指标，扩大计划内招生规模；坚持调整结构、服务需求，构建研究生教育质量保障体系，切实提高教育质量；扶植新兴、交叉、边缘学科，力争新增博士一级学科授权；加强专业化师资队伍建设，探索利于创新能力提高的人才培养模式改革。

（七）专业技术人员素质提升工程

保障专业技术人员参加继续教育的权利，在全院积极开展以补充更新知识、拓展知识结构、提高综合素质和创新能力，促进研究所发展为目的的教育和培训。健全继续教育管理制度，所需经费按照国家有关规定予以保障，将继续教育完成情况作为专业技术职务任职资格评审、岗位聘用的必备条件。进一步加强中国农业科学院培训中心和专业技术人员继续教育基地建设，组织协调院属单位有计划、有安排、分类型、分层次地开展各类培训活动；承办农业科技领域国家高级研修项目、急需紧缺人才培养培训项目和岗位培训项目；进一步集中和整合培训资源，开发基地培训班和精品课程，鼓励研究所创办特色培训项目；建立管理信息系统和远程教育培训系统，实现培训资源的在线共享。与农业科技领域知名科研院所、高校、企业建立长期合作关系，探索产学研相结合的人才培训机制；积极推动成立全国农业科研院所专业技术人员培训联盟，实现基地的共建共享。

五、保障措施

加强统筹谋划，充分落实院人才工作领导小组宏观指导责任、有关职能部门的组织协调责任以及院属各单位的培养、使用和服务责任，充分聚集和开发各类资源，形成相互支持、统分结合、上下联动、协调高效的科技人才工作合力，共同推动人才队伍稳步发展。

（一）加强组织领导

坚持党管人才原则。完善党组统一领导，人事部门牵头抓总，科技、财务、国合、转化、基建等职能部门各司其职、密切配合的人才工作格局。充分发挥院人才工作领导小组的核心作用，统筹全院人才和科技发展，切实履行好管宏观、管政策、管协调的职责，建立完善有利于发现人才、培养人才、团结人才、用好人才、服务人才的体制机制，努力营造人人渴望成才、人人努力成才、人人皆可成才、人人尽展其才的良好氛围。保障和落实院属各单位选人用人自主权，充分发挥研究所在人才培养、引进、使用中的主导作用，健全目标责任制，做到有计划、有落实、有效果、有评估，把人才工作成效作为领导班子评优、落实党建工作责任制情况考核的重要依据。加强与全国农业科研单位、高等院校和涉农企业的联系，建立紧密的交流、合作机制，联合有关单位，共享资源平台，提高中国农业科学院人才工作水平和影响力。

（二）加大资金投入

认真谋划落实人才优先发展战略和人才引育重点工程，努力建立健全以院投入为引导、用人单位投入为主体、社会和个人投入为补充的多元化人才资金投入机制，持续加大资金支持和保障力度。院机关和院属单位的财务、科技、人事等部门要加强经费争取工作，统筹协调科技创新工程经费、中央级公益性科研院所基本科研业务费、修购专项等渠道，稳步增大科技人才引育经费规模。同时，还要积极吸纳社会捐赠资金，探索建立人才发展专项基金，为人才创新创业提供更加充裕的经费保障。要进一步加强人才资金使用的管理和监督，确保人才资金专款专用，切实发挥人才资金的使用效益。

（三）提升服务水平

防止科技人才管理中的“行政化”倾向，避免简单套用党政领导干部管理办法管理科技人员的做法，鼓励支持正常的学术交流和科技成果转化。要进一步重视对科技人才成长和培养理论研究，不断深化规律性认识，努力提高指导全院人才工作的科学性、针对性和实效性。加快研究制定重点工程实施方案和配套政策，不断完善相关制度办法，进一步拓展人才工作的层次和覆盖面。院机关各部门、院属各单位要创新人才队伍建设方式方法，通过组织专题培训、挂职锻炼等方式，提高科技人才思想政治素质和领导科技创新的能力。完善人才管理服务机制，专门研究制定加强党组（党委）服务和联系专家工作意见，健全工作制度，院所分级联系、掌握科技人才的工作和生活情况，积极为他们排忧解难，以优良的服务调动各类人才的积极性和创造性。

（四）营造良好环境

进一步弘扬中国农业科学院老一辈科学家的光荣传统，坚定理想信念，倡导严谨求实、甘于奉献、追求真理的科学精神，营造百家争鸣、开放和谐、尊重人才、尊重创造、宽容失败的科研环境，充分发挥党组织对全院科技人才的政治引领作用。要充分调动用人单位的积极性和主动性，完善人才评价方式和手段，理解人才个性特点，允许学术上的不同见解，激发和保护科技人才的创新热情和活力。要以鼓励创新创造为目的，在收入分配、住房条件、成果转化收益分配等方面加大对人才的有效激励和保障，特别是加大高层次人才的薪酬激励。要加强优秀人才和工作典型宣传，注重事业感召和荣誉表彰，鼓励他们立足本职，开拓创新、奋发进取、建功立业，让他们体会到实现自身价值的自豪感、奉献农业科技的成就感、受到社会认可与尊重的光荣感。要加强科研诚信和学风建设，建立科研诚信档案制度，强化监督管理，严厉惩治学术不端行为。

中国农业科学院党组成员、人事局局长魏琦在农业部 2016 年“西部之光”访问学者新疆特培学员欢迎座谈会暨专题研修班开班式上的讲话

2016 年 10 月 10 日

各位领导、各位专家，同志们：

大家下午好！

这次农业部系统的欢迎会安排在中国农业科学院召开，对我们的工作既是肯定，也是鞭策。借此机会，受李家洋院长、陈萌山书记委托，我代表中国农业科学院对各位访问学者、特培学员表示热烈的欢迎！向中组部人才局许处长、人社部专技司董处长和农业部人事司陆司长多年来对我院的关心、支持和帮助，表示衷心的感谢！同时，也对长期以来支持我院“西部之光”、少数民族特培工作的专家和同志们致以崇高的敬意！

根据安排，下面我就我院的一些情况向大家做个介绍。

一、中国农业科学院的基本情况

中国农业科学院成立于 1957 年，是农业部直属的国家级农业科研机构。全院现有 34 个专业研究所和 9 个共建研究所、1 个研究生院、1 个出版社。经过 50 多年的发展，形成了 8 个学科集群、130 多个学科领域、300 多个研究方向的学科体系，建成了 49 个国家与部门重点实验室、27 个国家农作物畜禽改良中心与国家工程技术研究中心等科技创新平台，9 个国家重大科学工程与工程实验室、29 个国家与部门野外台站等科技支撑平台，以及 36 个国家与部门质检中心等科技服务平台。全院共有正式在编职工 7 101人，其中，科技人员 5 743人，高级专业技术职务人员 2 675人，两院院士 13 人，千人计划入选者 6 人，国家特支计划入选者 28 人，“百千万人才工程”国家级人选 61 人。

“十二五”期间，我院共承担国家级科研任务 2 026项，占我院竞争性科技任务的 95%左右，其中“973”（国家重点基础研究发展计划）15 项，占整个农业领域总数的 1/4；“863”（国家高新技术研究发展计划）47 项，农业部公益性行业专项 55 项；争取国家自然基金 1 400项、创新研究群体 3 项，充分展现出国家科研队的主体地位和职责

使命。5 年来，共获国家科技奖励成果 31 项，其中科技进步奖 23 项，发明奖 7 项，自然科学奖 1 项，实现了国家三大奖全覆盖；发表学术论文 24 000余篇，其中 SCI 论文超过 7 900篇，在《自然》《科学》等国际顶尖刊物上发表论文 30 篇，数量是“十一五”的 3 倍多；授权专利 3 700余项，审定农作物品种 470 余个，在国际上产生重大学术影响，充分体现了国家科研队的高端引领和科技支撑作用。

二、中国农业科学院承担培养任务的主要做法

2016 年是我院连续第 12 年承担“西部之光”访问学者和少数民族特培学员的培养任务。在上级部门的正确领导下，在院属相关单位通力配合下，在培养导师悉心指导下，我院不断改进管理方式，完善工作机制，截至目前已圆满完成了 259 名“西部之光”访问学者、19 名新疆特培学员、7 名西藏特培学员、1 名内蒙古特培学员的培养工作。今年，我院又承担了 18 位“西部之光”访问学者、4 位新疆特培学员的培养任务。在刚刚举办的第五批新疆特培工作启动大会上，我院作为培养单位代表作了典型发言。归纳起来，主要有 3 个特点。

（一）有一套完善的服务机制

一是管理集中化。根据“强化统一管理”的要求，从承担第一批“西部之光”访问学者培养任务开始，农业部系统的全体学员均统一由我院集中管理。中国农业科学院研究生院在住房资源有限的情况下，腾出博士生公寓，添置书桌，开通网络，为访问学者和特培学员提供良好的住宿条件；尊重少数民族学员生活习惯，安排独立宿舍和清真餐厅，尽最大努力营造良好的生活学习环境，保证学员全身心投入学习研究。二是服务班级化。研究生院充分利用学生管理的经验和模式，每批访问学者和特培学员均组建班级，由一名处长兼任班主任，进行统一管理并提供服务，进一步增强了访问学者和特培学员的集体意识和协作精神。同时，利用教学条件资源，为他们组织开展活动提供必要的场所和便利条件，丰富日常生活，提供交流互动的良好平台。三是分工协作化。专门制定《培养工作管理办法》和班委会、临时党支部组织制度等，建立院人事局、研究生院和相关研究所三级管理培养模式，突出访问学者和特培学员的自我组织、自我管理和自我教育。其中，院人事局负责落实培养任务，组织协调相关工作；研究生院负责经费管理和生活服务保障工作；研究所负责学员的具体培养。

（二）有一套高效的培养模式

一是培养计划系统性。学员报到之后第一个月内，我院要求培养导师结合双方学科背景和研修方向，尽快为他们制订切实可行的培养计划，明确培养目标、研究题目、研

究内容、技术路线等，并报院人事局备案。研修计划和培养目标作为研修工作任务完成时的考核依据。二是培养方式多样性。坚持“三会两班”制度，定期组织召开欢迎会，介绍全院情况、学科及专家团队；召开总结会，介绍学习及研究进展；举办2期专题培训班，帮助学员深入了解我国科技发展总体情况和农业科技创新的最新进展；2015年还开始组织进行中期考核，帮助大家查漏补缺，进一步提高培养质量。充分发挥资源条件优势，为学员提供相关专业的国内、国际学术交流的机会，搭建良好的信息资源平台；同时，面向学员开放研究生学历教育系统，方便大家旁听专业课程、借阅图书等。三是培养内容实效性。组织学员参与课题项目研究工作，在干中学、在学中干，切实帮助他们解决科技工作中的实际问题。培训班结束后，要求集合全班智慧形成专题研修报告，进一步加深大家对西部农业科技发展的认识和思考，并积极建言献策。1年访学结束时，我们会把每位学员访学期间的学术论文或调研报告汇编成册，作为研修成果；并为考核合格人员发放结业证书，确保访学质量。

（三）有一支高水平的导师队伍

一是高度重视培养导师学术水平。我院根据学员派出地区主导产业、重点行业和优势特色学科发展的需要，在充分尊重学员选择的基础上，确定知名专家作为培养导师，进行一对一的培养。选派的导师都是我院相关学科领域的带头人或优秀科技骨干，大多承担着“973”“863”、转基因重大专项和现代农业技术体系等重大科研任务，在国内外有着较强的学术影响力，2016年更有2位中国工程院院士、3位研究所所长担任培养导师。二是切实发挥好传、帮、带作用。研修期间，培养导师除了认真落实好研修计划，有针对性地培养学员，还要积极提供科学研究和学术交流机会，使学员在学习先进理论知识和实验技能的同时，也能够开阔思路、掌握学术前沿动态；同时，导师还会对学员在科研项目、自然基金的申请中提供意见建议，给予更有针对性的指导和帮助。三是以培养学员为契机，促进西部地区农业科技发展。在做好为西部培养科技人才的同时，我院还积极推进与学员派出单位、派出地的科技合作。在每年培养期结束前后，院里要求导师及其团队骨干亲自到学员的派出地进行科技考察，2015年首次启动了导师集体回访活动，通过建立良好的科研协作关系，促进了西部地区农业科技发展，帮助西部地区有效解决农业生产中的实际问题。

在多年承担“西部之光”访问学者、少数民族特培学员培养任务的基础上，我院总结并形成了一套培养模式和工作方法，有成绩也有不足。希望大家日后多给我们提出宝贵意见，我们将不断完善体制机制，改进工作方法，提高工作效率，更加圆满出色地完成这项光荣任务。

三、几点建议

今天的欢迎会后，各位学员将要开始在中国农业科学院1年的研修工作和生活了，利用这个机会，我想对在座的学员们提几点建议。

（一）利用好中国农业科学院学科体系优势，夯实专业理论基础

中国农业科学院拥有较为完备的学科体系，基本可以满足各位学员各个研修方向的需求，希望大家能够充分利用好这一条件，通过接受国内农业科技领域最好的专业技能训练，学习课题研究的基本方法和研究规律，掌握先进的科学实验技能，获得更多的专业知识。此外，我院研究生院的学历教育还具备涉及农学、理学、工学、管理学4大门类，17个一级学科的学科体系，大家可以根据自己的专业需要和兴趣，在我院研究生院选修相关专业课程，深入学习专业理论知识，为将来返回工作岗位承担更多、更重的科研任务奠定基础。

（二）利用好中国农业科学院平台资源优势，提升科学研究能力

一要利用好我院的科技平台。我院现已构建了较为完善的国家级，省部级和院级，创新、支撑和服务“三级三类”科技平台体系，平台数量达到488个，基本实现了每个学科方向科技平台支撑的全覆盖；国家重大科技工程、国家重点实验室、国家工程技术研究中心、农业部重点实验室等重大平台建设，为多学科发展和高新技术集成构建了专用的公共性重大基础平台。希望学员们能够结合研修方向，利用好我院各种科技平台，努力提高基础理论研究水平和前沿技术探索能力。二要利用好我院的项目平台。刚才我介绍，中国农业科学院承担的95%左右的竞争性科技任务都是国家级科研任务，各位学员所在的课题组或培养导师都承担着多项涉及国家农业科技发展方向的重要项目，希望大家能够借助这些的项目优势，真正参与到农业科技前沿研究中来，努力提高把握科研发展趋势的能力。三要利用好我院的学术平台。我院每年都组织和承办众多国际会议、学术研讨会以及科技咨询等大型科技活动，这给大家提供了难得的了解农业科技前沿和发展趋势的机会，希望各位学者能够把握机会，多与知名专家进行学术交流，讨论学术问题，提高学术见解。

（三）利用好中国农业科学院技术成果优势，发挥桥梁纽带作用

各位学员都是西部地各省区市重点培养的中青年科技人才，不仅要努力提升自己专业水平，也肩负着发展西部、建设家乡的重任。希望你们能够利用好我院的技术成果优

势，将先进的科技理念和技术成果与西部地区的农业、农村经济发展相对接，切实帮助西部地区解决农业农村生产中的实际问题。希望你们在完成好学习、研究工作的过程中能够积极牵线搭桥，加强我院与西部各省区市的沟通联系，并利用好导师回访的机会，建立长期的合作关系，为促进当地社会经济发展作出积极贡献。

最后，再次向各位访问学者、特培学员表示热烈欢迎！祝你们在一年的学习、工作和生活中，顺心、愉快，安全、健康！

谢谢大家。

中国农业科学院关于落实《深化人才发展体制机制改革的意见》情况汇报

——中国农业科学院党组成员、人事局局长贾广东在中组部人才工作局调研座谈会上的发言

2016年12月30日

近年来，中组部高度关注我院人才队伍建设和发展，在海外高层次人才创新创业基地建设、“千人计划”和“万人计划”遴选、博士服务团挂职锻炼、“西部之光”访问学者培养以及高级专家休假工作等方面都给予了大力支持。特别是2014年，我院“青年英才计划”与其他54项省部级人才计划一并入选首批全国重点海外高层次人才引进计划，推动我院海外高层次人才引进工作进入了一个崭新阶段。“十二五”以来，我院人才工作取得了较为显著的成效，全院科研实力和学术水平大幅提升，自主创新能力和对外竞争实力显著增强，在发展现代农业和建设社会主义新农村等工作中发挥了更加重要的作用，这些成绩的取得都离不开中组部的关心和帮助。在此，我代表中国农业科学院对中组部各位领导的到来表示热烈的欢迎，对中组部人才局长期以来对我院人才工作的大力支持表示衷心的感谢。

2016年2月底中共中央印发了《关于深化人才发展体制机制改革的意见》，这是继2003年出台《关于进一步加强人才工作的决定》、2010年制定《国家中长期人才发展规划纲要》之后，又一具有标志性的重大举措，是对新形势下人才发展体制机制改革的顶层设计，是分量很重、“含金量”很高的文件。农业部党组和农科院党组高度重视《意见》精神的学习贯彻落实。2016年7月，农业部专门召开学习贯彻《关于深化人才发展体制机制改革的意见》（以下简称《意见》）座谈会，韩长赋部长出席并做了重要讲话；之后，我院也相继召开党组会和院人才工作领导小组会专门学习传达《意见》精神，研究部署贯彻落实《意见》措施，要求院属各单位结合本单位人才队伍建设实际情况积极开展学习研讨；同时结合干部教育培训，邀请中组部人才局领导就《意见》精神对处级干部进行专门辅导。下一步，我们将结合中组部此次调研座谈的要求和精神，结合农业科技和我院人才发展实际需求，进一步把《意见》学习领会好，贯彻落实好。下面，受唐华俊院长和陈萌山书记的委托，根据调研安排，重点汇报3个方面的情况。

一、中国农业科学院的基本情况

（一）机构编制

中国农业科学院下设机关 9 个职能部门和 37 个直属单位（34 个研究所、1 个后勤中心、1 个研究生院、1 个出版社）。全院事业编制总数 10 700名，其中财政补助编制 10 635名，经费自理编制 65 名。

（二）人员情况

目前，中国农业科学院共有从业人员 10 390人。其中，编内人员 7 101人，合同聘用、劳务派遣等编外人员 3 289人。另有离退休人员 6 131人。在正式职工中，专业技术人员 5 743人，占 80. 9%；管理人员 1 598人（含双肩挑 1 447人），占 22. 5%；工勤人员 1 207人，占 17%。

在专业技术人员中，现有“两院”院士 13 名、“千人计划”（含青年千人）入选者 10 名、“国家特支计划”入选者 28 名、国家级有突出贡献的中青年专家 21 人，享受政府特贴在岗专家 117 人，“百千万人才工程”国家级人选 60 名、“创新人才推进计划”入选者 23 名、国家“杰青”“优青”获得者 31 名。博士后流动站 10 个，在站博士后 448 名。科技创新工程科研团队 332 个，创新科研人员 4 062人。专业技术人员中，具有高级职称 2 675人，占 46. 6%（正高 1 041人、占 18. 1%，副高 1 634人、占 28. 5%）；具有博士学位 2 373人，占 41. 3%；40 岁及以下 3 044人，占 53. 0%。

干部管理实行部党组统一领导下的分级负责制。院领导班子成员 9 人。下属单位共有所级领导班子成员 179 人，其中正局级 3 人，正所级（副局级）74 人，副所级 102 人；具有硕士以上学位 133 人；具有正高级职称 141 人（占 77. 9%），副高级职称 32 人（占 17. 7%）；45 岁以下 14 人（占 7. 7%），46～55 岁 135 人（占 74. 6%），56 岁以上 32 人（占 17. 7%）。

二、中国农业科学院贯彻落实《意见》的主要做法和成效

（一）始终坚持党管人才，不断加强组织领导

中国农业科学院党组高度重视人才工作，充分发挥总揽全局、协调各方的领导核心作用，专门研究并制定全院科技人才队伍 5 年发展规划和其他重大人才政策，切实履行好管宏观、管政策、管协调、管服务的职责。组建了由院长任组长的院人才工作领导小组，形成组织人事部门牵头抓总，科技、财务、国合、转化、基建、监察、后勤等职能

部门各司其职、密切配合的人才工作格局。定期召开领导小组会议，传达学习、贯彻部署中央及农业部关于人才工作的最新精神要求，统筹全院人才和科技发展，完善宏观指导、科学决策、统筹协调、督促落实的工作机制。健全人才工作目标责任制，把人才队伍建设情况纳入研究所评价体系，每年年终定期开展量化考核评估，考核结果作为领导班子评优、落实党建工作责任制情况评价的重要依据。加大对优秀人才举荐和宣传力度，营造尊重人才、见贤思齐的良好氛围。充分利用我院作为科技部“创新人才培养示范基地”、人社部首批“国家级专业技术人员继续教育基地”的平台优势，大规模举办各类人才教育培训，不断增强农业科技人才的认同感和向心力。

（二）完善人才引进方式，延揽海内外优秀青年人才

2013年我院启动实施“青年英才计划”，面向海内外重点引进一批具有国际视野和高水平的青年学科带头人和创新人才，努力构建与国际接轨、符合院情的引才用才新机制。一是突出“高精尖缺”的引才导向。围绕国家农业学科和产业发展战略需要，制订急需、紧缺岗位设置方案和年度招聘计划，在生物技术、遗传育种、能源环保、质量安全、疫病防控等领域持续引进一批能够引领学科发展、突破关键技术的青年创新领军人才。二是坚持“宁缺毋滥”的选才标准。坚持注重业绩贡献和发展潜力的选才标准，采取院所“两级资格审查、两级学术评审”评选机制以及“候选人—入选者”两段式方式严格选聘人才，邀请国内顶尖同行专家担任评委，对人选的科研学术水平、发展潜力、与院学科发展匹配度进行严格把关，要求入选者具备申报“国家杰青”或“国家优青”的潜力。三是营造“拴心留人”的机制环境。坚持为人才提供良好的工作和生活条件，实施高强度的配套扶持机制。及时落实引进人才科研启动费、仪器设备费、岗位补助、安家费补助、专技职务、博导资格等条件待遇，协调各方资源，在人才落户、出入境、子女上学、配偶就业等方面完善优惠政策，积极解决后顾之忧。3年多来，我院通过青年英才计划引进海内外各类人才172人（入选者61人），其中，海外回国人员100名，国家杰青、国家优青、青年千人、百千万人才工程等20余人次，到岗人才现已全部进入我院科技创新工程科研团队，20人被聘为科研创新团队首席专家，较好地改善和优化了我院科技人才队伍结构。

（三）创新人才培养政策，不断加大自有人才的培育力度

在做好人才引进工作的同时，我院不断探索自有人才培养的新途径新方法。一是加大优秀青年人才培养力度。2014年我院印发了《关于加强优秀青年科技人才培养工作的意见》，进一步加强顶层设计，提出了优秀青年科技人才培养工作的总体要求、目标任务和具体措施。二是完善自有人才培养方式。在“青年英才计划”下专门设置培育工程，出台《青年英才计划“科研英才培育工程”实施方案》，争取到2020年有计划、

有重点的遴选约 400 名有较大发展潜力的 40 岁以下的青年科研英才。在管理形式方面，培育工程入选者分为院级和所级两个层次，培育期限均为 5 年，分别制定相应的培养措施和支持政策。我院首批培育工程科研英才遴选 24 人成为院级入选者，60 人左右成为所级入选者。在培育对象方面，有重点的围绕 8 大学科集群各遴选 2~3 名具有较好发展潜力的优秀中青年科研人才；同时兼顾优势学科和新兴特色学科，兼顾基础研究、应用基础研究和应用研究。在条件保障方面，分别制定“海外访学”“成长互助”“导师引航”“青年首席”“前沿探索”等培育项目实施细则；围绕专技职务晋升、博导资格遴选、重大项目申报等成长绿色通道研究制定相关政策措施。三是创新自有人才培养渠道。充分利用“国家农业科技创新联盟”突出农业科技人才的联合培养。作为联盟的牵头单位，积极通过推进科教融合，在联盟的平台下培养人才；紧密围绕联盟确定的科研项目、任务，在联盟的实践中培养人才；充分利用联盟的专家资源和试验基地优势，在联盟的影响下培养人才。

（四）健全用人体制机制，充分发挥人才效能

贯彻落实《事业单位人事管理条例》，健全完善以聘用制度为核心、以合同管理为基础的人事管理制度，增强院所发展活力。在科技创新工程实施过程中，按照“按需设岗、按岗聘人、岗位固定、人员流动”原则，建立以优化人才队伍结构、凝聚优秀人才为目标的创新工程岗位总量控制、聘用管理和动态调整机制。研究所在凝练创新工程科研目标、调整学科结构的基础上，按在编在岗人数 60% 的比例设置创新岗位，其中，从院外引才岗位不低于 20%。实行科研团队和创新岗位人员绩效考评制度，创新岗位人员聘用和调整与绩效考评结果紧密挂钩，实现“能进能出、能上能下”的创新岗位人员动态调整。

（五）坚持择优导向，健全评价激励机制

一是深化职称评审制度改革，进一步落实法人治所自主权，下放 32 个研究所的副高级职称评审权限和全部单位的专技职务初次认定工作，进一步明晰专业技术职务评审与聘用权责关系。根据不同岗位工作任务特点，分类制定科学研究、农业技术等 7 个系列高级职称评审条件，取得了积极效果。开辟引进高层次人才和自有优秀青年科技人才晋升高级职称“绿色通道”，3 年来，近 60 余人通过此通道晋升高级职称，树立有利于优秀人才脱颖而出的用人导向。二是贯彻落实《关于实行以增加知识价值为导向分配政策的若干意见》，先后出台了鼓励科研人员创新促进科技成果转化的实施办法和横向科研经费使用管理办法等，充分调动科研人员创新创造热情；在种业改革试点工作中，先行先试《意见》相关内容，探索建立了通过作价入股方式进行股权激励的长期激励机制，破解了持股兼职难题，激发了科研人员创新活力。

三、落实《意见》存在的问题和建议

一是建议量化对科研人员“德”的考核。德才兼备、以德为先是选拔人才的重要标准。在科研人员评价中，由于缺乏具体可量化的指标，实际落地效果不好，人才评价仍主要以能力和业绩为主要标准。建议国家在出台人才评价指导性意见时，将“德”的要素进行细化量化，进一步加大“德”在人才评价中的比重。

二是建议完善人才评价方式方法。目前我国各类人才评价方式较为单一，建议进一步完善同行评价方式，尽量采取小同行评议，适当考虑引入国际同行评估机制。同时，建立可量化指标，尽量避免主观因素的影响。此外，建议借鉴现代人力资源管理的成熟做法，采用考试、评审、答辩、考评结合、考核认定等不同的评价方式，丰富人才评价的手段。

三是建议进一步深化人才分类评价。国家层面在出台制度性要求时，建议统筹考虑综合部门和业务部门需求，明确不同行业、不同研究类别、不同学科人才评价的指导意见；同时在进行顶层设计时，加强各部门协调配合，发挥好人才评价的导向作用，引导科研人员潜心科研。基于农业是国民经济基础行业，在某种程度又是弱势行业，可在各类人才评价中，明确提出向农业领域倾斜的要求。

四是建议进一步合理下放职称评审权限。我院副高级职称评审权限下放已有 2 年，对进一步落实法人治所和所长负责制、加快高层次人才队伍建设发挥了积极作用。建议在条件成熟时，可以有计划、有步骤地试点下放正高级职称评审权限，同时，严格职称评审程序，加强过程监督管理，积极稳妥推进职称制度改革。

五是建议进一步完善职称评审机制。建议除基础、前沿研究等与国际密切接轨的领域，其他岗位由用人主体根据工作需要明确外语条件要求。同时，对某些发展潜力大、业绩突出的优秀青年科技人才，在学历、资历等条件上，可考虑进一步放宽破格条件，促进他们早日脱颖而出。此外，为加大海外优秀青年科技人才的引进力度，建议尽快出台高层次人才、急需紧缺人才的职称直聘实施细则。

六是建议进一步健全专技岗位动态调整机制。我院专技岗位的设置从 2008 年至今从未调整，结构性失衡的情况越来越突出。目前我院科研团队首席专家和骨干专家均为高级职称人员，公开招聘绝大多数是博士研究生，处级专技岗位需求很少，作为农业科研国家队，我院高级岗位设置比例应当明显高于全国平均水平。建议下放专技岗位设置调整权限，进一步健全动态调整机制。

六、计划财务管理与条件建设

中国农业科学院 2016 年财务管理工作概况

2016 年，是“十三五”规划开局之年，也是中国农业科学院科技创新工程全面推进期的第一年。全院财务人员紧紧围绕院党组中心工作，不忘初心，奋发进取，财力保障水平显著提高，资源配置持续优化，财务管理能力全面提升，有力地保障了全院各项事业发展。

一、2016 年重点工作回顾

（一）积极配合巡视工作并完成巡视整改任务，建立完善长效机制，全面提升科研经费管理水平

一是牢固树立“四个意识”，始终与院党组保持高度一致，财务工作经受住了巡视检验。二是勇于担当，承担巡视期间相关工作。中央巡视组巡视期间，全院财务人员敢于担当、忍辱负重、加班加点，按巡视标准真实反映院所两级的财务管理状况并提供了大量相关资料。发挥了关键作用，起到了关键效果，得到院党组的高度肯定。三是开展科研经费检查，确保科研经费安全规范高效使用。组织全院开展 2013—2015 年科研经费全面自查和 20 个单位的抽查，完成自查阶段和抽查阶段的方案制订、培训辅导、报告汇总、问题分析等工作，协助完成了院领导带队对 10 个研究所科研经费使用管理情况的核查工作。四是立行立改与长效机制相结合，巡视整改取得良好效果。按照“对号入座、不拖不延、立行立改、真抓实改、彻底整改”的要求，将巡视期间发现的科研经费使用问题全部整改到位。注重建章立制，完善内部控制体系，确保资金安全、规范和高效，为中国农业科学院建设世界一流科研院所发挥强有力的支撑保障作用。

（二）贯彻全国科技创新大会精神，落实中办 50 号文件“放管服”要求

为全面贯彻落实全国科技创新大会精神和中央《关于进一步完善中央财政科研项目资金管理等政策的若干意见》，进一步推进中国农业科学院简政放权、放管结合、优化服务，改革和创新科研经费使用和管理方式，激发科研活力，在院党组的高度重视和大力支持下，紧紧围绕“放管服”，采取了如下措施，狠抓落实落地。

1. 做好顶层设计，建设制度体系

院党组高度重视，组织统一学习，吃透精神，统一思想。贯彻创新驱动发展战略，

结合科技创新工程，做好顶层设计，突出中国农业科学院特色和可操作性。加强配套制度建设，明确制定和修订差旅费管理办法、会议费管理办法、科研财务助理管理办法等22项制度，截至2016年年底已印发13项制度。

2. 增强院级统筹能力，优化资源配置

一是增强院级统筹调控能力。探索建立全院统筹协调的财务管理机制，通过创新工程和基本科研业务费，做大做实二级预算单位统筹能力，强化所级法人责任，扩大院所两级的自主权。基本科研业务费实现突破，支持单位从18个非营利单位扩大至全院35个预算单位，实现研究所全覆盖。二是遵循科研规律，增强事权和财权匹配，优化资源配置。坚持以问题为导向，坚持以农业科研规律为遵循，将资源配置同事权与支出责任相匹配，同绩效评价结果挂钩，进一步加强事权和支出责任。

3. 切实采取措施，确保政策落实

一是举办全院所局级干部、财务处长和科研骨干参加的培训班和会议，加强学习培训，做好政策宣讲。二是组织编写了《科研项目经费预算编制实务》，帮助科研人员做好预算编制工作，提高预算编制质量；编写了《财务制度精要》，让全体职工了解有关财经法规制度精髓，掌握报销要点，提高规范性和报销效率。三是开展政策落实调研督导，通过不断创新服务方式，提升服务能力，确保中央政策落实落地。四是研究所根据自身科研工作实际，加强配套制度建设，确保文件精神落到实处。五是首创财务助理制度。组织开展创新工程经费管理培训班和创新团队财务助理培训班，提高科研经费管理和辅助支撑能力。

（三）资金资产总量与结构

1. 资金规模

2016年财政拨款预算资金规模达历史最高水平，为全院事业发展提供资金保障。2016年部门预算批复全院总收入73.6亿元，与2015年持平。2016年财政拨款收入35.9亿元，为全院历史最高水平，同口径比2015年增加2.6亿元，增长7.8%，是2011年的1.65倍。其中，基本支出9.6亿元、财政专项24.3亿元（其中创新工程8亿元）、基建项目1.9亿元。财政拨款基本支出和财政专项，比2015年同口径增长比例分别为9.3%、18.2%。

2. 资产规模

根据2016年度部门决算数据，中国农业科学院全院2016年末资产总额147.44亿元，其中流动资产66.36亿元、固定资产（净值）43.26亿元、在建工程33.29亿元、长期投资2.93亿元、无形资产1.60亿元，分别占资产总额的45.01%、29.34%、22.58%、1.99%和1.09%。全院共有24个单位资产总量超过2亿元，其中8个单位国有资产总量超过5亿元，为中国农业科学院农业科技创新事业发展奠定了坚实的物质基础支撑。根据资产管理信息系统数据，2016年年底全院共有已入账土地6 105.32万平方米，账面价值 1.49 亿元；各类房屋 138.51 万平方米，账面价值 21.35 亿元；单台/套价值 50 万元以上大型仪器设备 1 332台/套，账面价值 15.13 亿元，分布在院属 33 个单位。

3. 财政账户设置和财政拨款经费结构持续优化

新增部门预算财政拨款账户 1 个，农业基因组研究所。财政资金预算安排进一步适应中国农业科学院学科调整规划，财政资金为农业科研事业发展提供了重大支撑。

财政专项经费中，科技创新工程、非营利性科研机构改革启动费、基本科研业务费等稳定性项目经费逐年增加。2016 年，稳定性项目经费总额达到 15.1 亿元，比 2015 年（13.0 亿元）增长 16.7%，是“十二五”初期（4.7 亿元）的 3.2 倍。总量增长的同时，稳定性项目经费占比稳定上升，2016 年占财政专项的比例为 62.3%，与 2015 年基本持平，比“十二五”初期提升 19.4 个百分点。

2016 年中国农业科学院科技创新工程专项经费 8 亿元，比 2015 年增长 1 亿元；基本科研业务费翻番，达到 2.28 亿元，支持单位范围从 18 个非营利单位扩大至全院 35 个预算单位，实现院内研究所全覆盖。创新工程和基本科研业务费两者合计 10.28 亿元，中国农业科学院能够统筹安排的财政拨款科研项目经费占财政专项的比例达到 42.3%。

中国农业科学院创新工程支持创新团队稳定科研经费、引进人才科研经费、协同创新经费等，基本科研业务费初步建立院所分级管理制度，院所两级统筹能力得到增强，建立了绩效预算支持模式，为中国农业科学院和院属研究所统筹各类资源、推进事业发展提供了坚实的财力保障。

（四）加强科研经费监管

1. 巩固巡视整改成果，开展专项治理活动

结合中央巡视专题整改，按照标本兼治、务求实效的原则，组织院属单位坚持问题导向和风险导向，认真分析巡视自查发现问题的原因，查找问题根源，全面梳理科研活动中的风险点，通过建机制、补短板，认真开展科研经费专项治理活动。一是健全运行机制。督促院属单位建立健全大额科研经费使用民主决策机制和经费使用核批机制，明确单位内部各级审核、审批人的直接责任、把关责任和领导责任，形成各岗位相互牵制、相互约束的经费监管机制。二是完善内部制度。从院级管理层面，制定了横向经费管理、专家咨询费和劳务费等报酬性费用发放和管理等管理办法；从所级层面，督促院属单位完善相应内部管理制度，不断巩固和扩大整改成果，形成相互衔接、相互配套的长效工作机制，真正使整改过程成为提高中国农业科学院科研经费管理水平的催化剂。三是大力推进科研团队财务助理制度。要求每个科研团队或研究室选配一个政治觉悟高、纪律意识强、既懂科研又懂财务、敢于担当的职工担任财务助理，确保科研经费监

管在末端落实，推动解决科研经费监管最后一公里的问题。

2. 继续集中力量，打好资金监管组合拳

建立“巡视牵头、审计先行、监察跟进”的联合监管模式，筑牢科研经费“防火墙”。建立院领导带队的巡视意见反馈机制、巡视整改监督机制，防范系统性风险和重大问题的发生。认真落实“三重一大”决策制度，高度重视决策前的酝酿和论证，从严规范会议程序和会议纪律，加强领导班子成员之间的沟通协调，确保创新工程经费等大额资金使用更加透明、规范、安全。

3. 借力外部审计检查，推动科研经费规范管理

2016 年，审计署①、财政部、科技部和农业部对中国农业科学院开展了预算执行情况审计、中央财政科研项目资金管理政策落实情况督查、严肃财经纪律严格部门预算管理情况重点抽查 3 次外部审计检查，均未发现重大违纪违规问题。尽管如此，中国农业科学院高度重视每一次审计检查，通过事前认真研究工作预案、事中加强沟通协调、事后强化问题整改，进一步推动院属单位增强自我约束和规范管理意识，提升单位内部管理水平。

4. 强化内部控制建设，夯实科研经费监管基础

为落实中办发〔2016〕50 号文“简政放权、放管结合”的精神，增强院属单位自我约束和自我规范能力，确保接得住、管得好。中国农业科学院以内部控制建设为抓手，组织制定《中国农业科学院内部控制基本制度》，指导院属单位开展内部控制规程的制定和修订工作；组织院属单位结合实际突出重点，认真梳理单位业务工作流程，特别是科研经费管理和使用的整个链条和各个环节，查找风险点和监管盲区，制定风险应对策略，按照决策、执行、监督相互分离和相互制衡的要求，制定权责一致、制衡有效、运行顺畅、执行有力、管理科学的内部控制规程；通过专题培训、检查督导，督促院属单位在制定内部控制规程的基础上，进一步完善科研经费管理使用制度，建立监督问责机制，强化全方位全过程监管，以流程化管理、程序化规定、信息化手段保障制度落实，确保科研经费规范安全高效使用。

（五）创新服务方式，日常管理不断科学化规范化

1. 预算执行管理

研究建立预算调整与执行挂钩机制，聚焦预算执行研讨提升财政资金运行效益；重点部署开展盘活存量资金实地督导、修购项目验收督导，全力推进加快预算执行。2016 年，全院预算执行进度 77.4%，扣除基本科研业务费细化较晚因素，与 2015 年基本持平。其中：基本支出 98.7%、财政专项 76.8%、基建项目 48.7%。财政专项中，创新工程经费全院平均执行进度 96.8%，与 2015 年基本持平。

---

① 中华人民共和国审计署，全书简称审计署

2. 财政专项管理

扎实做好修购专项申报与管理。组织院属研究所完成2017年科学事业单位修购项目申报工作，中国农业科学院共28个单位实际申报2017年修购项目69个，资金合计4.52亿元。经财政部评审，项目数未减少，资金共核减4 077万元，核减率为9.03%，与2015年基本持平。预算“一下”下达，新增支持项目42个，资金3.02亿元。组织院属3个农业事业单位完成2017—2019年部属修缮购置专项资金项目申报，实际共申报项目14个，资金3 118.93万元。经农业部评审反馈，纳入储备项目库9个，资金2 674.79万元，其中2017年2个项目，资金389.82万元。在日常管理中，根据修购专项管理流程，加强专项管理队伍建设和专项管理基础工作，有序组织开展2016年项目实施和预算执行管理，项目验收、绩效评价和年度总结。

3. 规范国有资产和政府采购管理

按照财政部和农业部统一部署，组织完成全院资产清查，克服了资产规模大、涉及单位多、面临问题复杂等困难以及巡视入驻等因素的影响，做到清查盘点深入、数据报送及时、材料质量较高，受到农业部表扬。通过资产清查，对全院资产现状进行了系统梳理盘点，达到了全面摸清家底、夯实管理基础的目的，为进一步增强中国农业科学院科技创新物质保障积累了宝贵的经验。截至资产清查基准日2015年12月31日，全院清查账面数为资产总额132.59亿元，资产盘盈共计0.45亿元、资产损失0.56亿元、资金挂账0.67亿元。

贯彻《政府采购法实施条例》，落实农业部政府采购管理有关要求，提前谋划加强指导、强化重点环节审核把关，进一步规范中国农业科学院政府采购行为，提高工作效率。2016年全院政府采购计划7.67亿元，实际执行政府采购金额5.76亿元，资金节约率为24.92%。

强化管理，做好政府采购进口产品审核工作。一是总结分析以往工作开展情况的基础上，提早谋划、明确要求，于4月份印发了《关于进一步加强政府采购进口产品审核管理工作的通知》（农科办财〔2016〕55号），推进院属各单位加快进口仪器设备申报材料报送。二是认真做好院属各单位进口设备申报材料审核上报工作。全年共有45个项目申报并获批复采购进口设备1081台（套）、金额2.19亿元。

（六）注重能力建设，全面提升财务服务科研的支撑能力

1. 加强参与决策能力

充分发挥创新工程和中国农业科学院作为示范单位的影响力，参加高端会议，为政策制定提供服务，提供决策参考，提升决策影响力。积极参与50号文件出台的前期调研和政策咨询，在充分调研的基础上，积极建言献策，并做好后期的示范与督查。积极推进并完成新设研究所工作。参与谋划基本科研业务费管理改革，专题调研提出政策建议，转化为管理办法修订内容，争取加大经费支持力度，扩大支持范围。

2. 坚持不懈地抓队伍建设

财务人员队伍学历不断优化，业务持续提升，通过资格考试比例显著增加。努力打造了一支团结进取、风清气正、好学上进、结构合理、专业敬业、敢打硬仗、能打硬仗的队伍。2016 年年底全院在岗财务人员（含聘用人员）250 人，比 2015 年年初增加 26 人。学历结构：研究生学历 58 人（比 2015 年增加 10 人），大学本科学历 153 人（比 2015 年增加 14 人），专科及以下学历 49 人。会计技术职称结构：高级会计师 21 人（比 2015 年增加 1 人），会计师 69 人（比 2015 年增加 2 人），助理会计师及其他 160 人（比 2015 年增加 23 人）。

3. 全面建立科研财务助理制度

在院党组的长期支持和大力倡导下，中国农业科学院首创了科研财务助理制度。经过试点完善，现已全面推广至全院范围，取得良好反响。建立实施科研财务助理制度现已写入中办发〔2016〕50 号文件。

4. 加强财权事权密切衔接

进一步明确事权与支出责任，将财权与事权紧密配合，促进机关形成协同管理、上下联动、左右互动的良好格局。

5. 信息化建设

一是顶层设计和示范推广。组织起草院属单位财务管理信息系统建设指导意见，于 2016 年 6—7 月集中开展调查研究和征求意见，规范管理、分步实施；于 2016 年 11 月组织院属单位财务管理信息系统建设经验交流，信息所、烟草所、植保所、环发所、水稻所等典型单位介绍经验，支持典型单位财务管理系统建设并在院内示范推广，促进全院财务管理信息化，进一步提高财务对科研经费管理和研究所管理的支撑能力。

二是推动实施科研经费信息公开“阳光工程”。推动建设科研经费信息公开平台和试剂耗材采购平台，全面推广科研财务助理制度，提早谋划、精心部署、稳步推进。进一步明确所领导、管理部门、科研团队和课题组的监管责任，为规范管理、深化应用、构建长效机制打下坚实基础。

（七）大局为先、默默奉献，有力地保证了各项重点难点工作保质保量完成

在院党组的领导下，在机关各部门和院属各单位的鼎力支持下，强调奉献精神、责任意识和担当勇气，形成了一支大局为先、勇于担当、乐于奉献的工作团队，出色地完成了各项工作任务，取得优异的成绩。在完成本职工作的同时，财务队伍协助上级部门开展工作，获得极大的认可。

总结 2016 年的工作，我们认为主要有如下经验：一是提高认识，统一思想，按院党组要求抓好顶层设计；二是早计划早部署，抓执行抓落实，精心组织实施；三是服务创新，服务科研，优化资源配置。

二、2017 年重点工作

第一，全面贯彻中办发〔2016〕50 号文件精神，进一步完善制度体系建设，力争接得住，管得好，好政策落实落地。

第二，继续推进“两个转变”，深入探索财务管理机制改革。理顺事权与支出责任，充分发挥财务部门资源再配置能力，逐步形成一套分配科学、使用规范、注重绩效、公开透明、监管严格的资金管理机制，提高资金使用效益。进一步将财务资源配置管理与财务业务规范执行紧密结合，全面提升全院统筹协调、科学规范的财务管理机制。

第三，加强能力建设，进一步提高财务支撑能力。全面落实财务人员队伍建设指导意见，努力提升财务人员队伍专业素质，加强财务人员教育培训，推动财务信息化建设水平。

中国农业科学院2016年公共预算财政拨款收入支出决算表

（金额单位：万元）

项目		年初结转和结余	本年收入		本年支出			年末结转和结余
支出功能分类科目编码	科目名称		合计	其中：基本建设资金收入	合计	基本支出小计	项目支出小计	
类 款 项	栏次	1	5	8	9	10	13	15
	合计	74 101.45	368 616.99	23 193.00	340 222.57	100 619.13	239 603.44	102 495.87
202	外交支出	110.10	110.00	0.00	124.98	0.00	124.98	95.13
20299	其他外交支出	110.10	110.00	0.00	124.98	0.00	124.98	95.13
2029901	其他外交支出	110.10	110.00	0.00	124.98	0.00	124.98	95.13
205	教育支出	49.33	100.70	0.00	107.84	0.00	107.84	42.19
20508	进修及培训	49.33	100.70	0.00	107.84	0.00	107.84	42.19
2050803	培训支出	49.33	100.70	0.00	107.84	0.00	107.84	42.19
206	科学技术支出	37 543.15	312 336.07	15 829.00	273 430.45	76 896.85	196 533.60	76 448.77
20602	基础研究	4 621.88	23 331.63	10 621.00	18 996.29	656.31	18 339.98	8 957.22
2060201	机构运行	0.00	683.72	0.00	656.31	656.31	0.00	27.41

（续表）

项目		年初结转和结余	本年收入		本年支出			年末结转和结余
支出功能分类科目编码	科目名称		合计	其中：基本建设资金收入	合计	基本支出小计	项目支出小计	
类 款 项	栏次	1	5	8	9	10	13	15
	合计	74 101.45	368 616.99	23 193.00	340 222.57	100 619.13	239 603.44	102 495.87
2060204	重点实验室及相关设施	4 612.88	14 573.75	10 621.00	10 265.82	0.00	10 265.82	8 920.81
2060206	专项基础科研	9.00	0.00	0.00	0.00	0.00	0.00	9.00
2060299	其他基础研究支出	0.00	8 074.16	0.00	8 074.16	0.00	8 074.16	0.00
20603	应用研究	9 632.91	249 941.44	0.00	216 353.60	76 240.54	140 113.06	43 220.75
2060301	机构运行	631.40	76 437.26	0.00	76 240.54	76 240.54	0.00	828.12
2060302	社会公益研究	9 001.51	173 504.18	0.00	140 113.06	0.00	140 113.06	42 392.63
20605	科技条件与服务	21 933.41	36 843.00	3 708.00	37 659.81	0.00	37 659.81	21 116.60
2060503	科技条件专项	21 933.41	36 843.00	3 708.00	37 659.81	0.00	37 659.81	21 116.60
20609	科技重大项目	1 304.63	105.00	0.00	69.99	0.00	69.99	1 339.64
2060901	科技重大专项	1 304.63	105.00	0.00	69.99	0.00	69.99	1 339.64
20699	其他科学技术支出	50.33	2 115.00	1 500.00	350.76	0.00	350.76	1 814.56
2069999	其他科学技术支出	50.33	2115.00	1 500.00	350.76	0.00	350.76	1 814.56
207	文化体育与传媒支出	1 814.20	512.60	0.00	165.82	112.60	53.22	2 160.98

（续表）

项目		年初结转和结余	本年收入		本年支出			年末结转和结余
支出功能分类科目编码	科目名称		合计	其中：基本建设资金收入	合计	基本支出小计	项目支出小计	
类 款 项	栏次	1	5	8	9	10	13	15
	合计	74 101.45	368 616.99	23 193.00	340 222.57	100 619.13	239 603.44	102 495.87
20701	文化	1 234.20	0.00	0.00	13.42	0.00	13.42	1 220.78
2070104	图书馆	1 234.20	0.00	0.00	13.42	0.00	13.42	1 220.78
20704	新闻出版广播影视	0.00	112.60	0.00	112.60	112.60	0.00	0.00
2070408	出版发行	0.00	112.60	0.00	112.60	112.60	0.00	0.00
20799	其他文化体育与传媒支出	580.00	400.00	0.00	39.80	0.00	39.80	940.20
2079903	文化产业发展专项支出	580.00	400.00	0.00	39.80	0.00	39.80	940.20
208	社会保障和就业支出	3.94	3 028.56	0.00	3 031.75	3 031.75	0.00	0.75
20805	行政事业单位离退休	3.94	3 028.56	0.00	3 031.75	3 031.75	0.00	0.75
2080502	事业单位离退休	3.94	3 028.56	0.00	3 031.75	3 031.75	0.00	0.75
211	节能环保支出	51.75	915.00	0.00	839.03	0.00	839.03	127.72
21104	自然生态保护	51.75	915.00	0.00	839.03	0.00	839.03	127.72
2110402	农村环境保护	51.75	915.00	0.00	839.03	0.00	839.03	127.72
213	农林水支出	34 385.78	36 574.83	7 364.00	47 481.83	5 537.04	41 944.78	23 478.79

（续表）

项目		年初结转和结余	本年收入		本年支出			年末结转和结余
支出功能分类科目编码	科目名称		合计	其中：基本建设资金收入	合计	基本支出小计	项目支出小计	
类 款 项	栏次	1	5	8	9	10	13	15
	合计	74 101.45	368 616.99	23 193.00	340 222.57	100 619.13	239 603.44	102 495.87
21301	农业	34 385.78	36 574.83	7 364.00	47 481.83	5 537.04	41 944.78	23 478.79
2130102	一般行政管理事务	0.00	135.00		135.00	0.00	135.00	0.00
2130104	事业运行	175.22	7 659.10		7 770.11	5 378.53	2 391.58	64.21
2130106	科技转化与推广服务	8 358.30	5 538.80	3 128.00	8 703.04	0.00	8 703.04	5 194.06
2130108	病虫害控制	11 226.71	1 204.00	0.00	4 361.52	0.00	4 361.52	8 069.19
2130109	农产品质量安全	1 287.96	10 132.80	1 430.00	8 142.41	0.00	8 142.41	3 278.35
2130110	执法监管	5 725.78	423.00	106.00	5 766.81	0.00	5 766.81	381.97
2130111	统计监测与信息服务	1 149.65	2 395.20	0.00	2 780.64	0.00	2 780.64	764.21
2130112	农业行业业务管理	301.02	1 048.25	0.00	814.44	0.00	814.44	534.84
2130114	对外交流与合作	470.07	1 038.00	0.00	1 125.88	0.00	1125.88	382.19
2130124	农业组织化与产业化经营	18.07	20.00	0.00	19.33	0.00	19.33	18.75
2130126	农村公益事业	41.01	260.00	0.00	251.65	0.00	251.65	49.35
2130135	农业资源保护修复与利用	2 697.67	5671.00	1 710.00	5 980.63	0.00	5 980.63	2 388.04

（续表）

项目		年初结转和结余	本年收入		本年支出			年末结转和结余
支出功能分类科目编码	科目名称		合计	其中：基本建设资金收入	合计	基本支出小计	项目支出小计	
类 款 项	栏次	1	5	8	9	10	13	15
	合计	74 101.45	368 616.99	23 193.00	340 222.57	100 619.13	239 603.44	102 495.87
2130199	其他农业支出	2 934.32	1 049.68	990.00	1 630.37	158.51	1471.86	2 353.63
221	住房保障支出	143.19	15 039.23	0.00	15 040.88	15 040.88	0.00	141.54
22102	住房改革支出	143.19	15 039.23	0.00	15 040.88	15 040.88	0.00	141.54
2210201	住房公积金	87.26	9 924.35	0.00	9 951.23	9 951.23	0.00	60.38
2210202	提租补贴	20.93	560.00	0.00	562.70	562.70	0.00	18.22
2210203	购房补贴	35.01	4 554.88	0.00	4 526.95	4 526.95	0.00	62.94

注：数据来源为部门决算初稿。

中国农业科学院2016年行政事业类项目收入支出决算表

（金额单位：万元）

项目		资金来源					支出数			年末结转和结余	
支出功能分类科目编码	科目名称（项目）	合计	年初结转和结余		财政拨款	其他资金	合计	财政拨款	其他资金	合计	其中：财政拨款结转和结余
			小计	其中：财政拨款结转和结余							
类 款 项	栏次	1	2	3	4	6	7	8	10	13	14
	合计	292 619.79	30 779.09	27 268.81	244 685.24	17 155.46	223 727.65	205 457.09	18 270.56	68 892.14	66 496.96
202	外交支出	220.10	110.10	110.10	110.00	0.00	124.98	124.98	0.00	95.13	95.13
20299	其他外交支出	220.10	110.10	110.10	110.00	0.00	124.98	124.98	0.00	95.13	95.13
2029901	其他外交支出	220.10	110.10	110.10	110.00	0.00	124.98	124.98	0.00	95.13	95.13
205	教育支出	150.03	49.33	49.33	100.70	0.00	107.84	107.84	0.00	42.19	42.19
20508	进修及培训	150.03	49.33	49.33	100.70	0.00	107.84	107.84	0.00	42.19	42.19
2050803	培训支出	150.03	49.33	49.33	100.70	0.00	107.84	107.84	0.00	42.19	42.19
206	科学技术支出	260 854.58	25 075.23	21 597.20	219 386.09	16 393.26	198 457.24	180 979.09	17 478.15	62 397.35	60 004.20
20602	基础研究	13 341.93	608.90	249.26	12 026.91	706.12	12 946.63	12 249.26	697.36	395.31	26.91

（续表）

项目		资金来源					支出数			年末结转和结余	
支出功能分类科目编码	科目名称（项目）	合计	年初结转和结余		财政拨款	其他资金	合计	财政拨款	其他资金	合计	其中：财政拨款结转和结余
			小计	其中：财政拨款结转和结余							
类 款 项	栏次	1	2	3	4	6	7	8	10	13	14
	合计	292 619.79	30 779.09	27 268.81	244 685.24	17 155.46	223 727.65	205 457.09	18 270.56	68 892.14	66 496.96
2060204	重点实验室及相关设施	4 202.01	249.26	249.26	3 952.75	0.00	4 175.10	4 175.10	0.00	26.91	26.91
2060299	其他基础研究支出	9 139.92	359.64	0.00	8 074.16	706.12	8 771.52	8 074.16	697.36	368.40	0.00
20603	应用研究	187 271.03	12 119.90	9 001.51	173 504.18	1 646.95	142 853.65	140 113.06	2 740.59	44 417.38	42 392.63
2060302	社会公益研究	187 271.03	12 119.90	9 001.51	173 504.18	1 646.95	142 853.65	140 113.06	2 740.59	44 417.38	42 392.63
20605	科技条件与服务	44 126.47	10 991.47	10 991.47	33 135.00	0.00	28 316.89	28 316.89	0.00	15 809.58	15 809.58
2060503	科技条件专项	44 126.47	10 991.47	10 991.47	33 135.00	0.00	28 316.89	28 316.89	0.00	15 809.58	15 809.58
20609	科技重大项目	15 449.82	1 304.63	1 304.63	105.00	14 040.20	14 110.18	69.99	14 040.20	1 339.64	1 339.64
2060901	科技重大专项	15 449.82	1 304.63	1 304.63	105.00	14 040.20	14 110.18	69.99	14 040.20	1 339.64	1 339.64
20699	其他科学技术支出	665.33	50.33	50.33	615.00	0.00	229.89	229.89	0.00	435.44	435.44
2069999	其他科学技术支出	665.33	50.33	50.33	615.00	0.00	229.89	229.89	0.00	435.44	435.44
207	文化体育与传媒支出	980.00	580.00	580.00	400.00	0.00	39.80	39.80	0.00	940.20	940.20
20799	其他文化体育与传媒支出	980.00	580.00	580.00	400.00	0.00	39.80	39.80	0.00	940.20	940.20
2079903	文化产业发展专项支出	980.00	580.00	580.00	400.00	0.00	39.80	39.80	0.00	940.20	940.20

（续表）

项目		资金来源					支出数			年末结转和结余	
支出功能分类科目编码	科目名称（项目）	合计	年初结转和结余		财政拨款	其他资金	合计	财政拨款	其他资金	合计	其中：财政拨款结转和结余
			小计	其中：财政拨款结转和结余							
类 款 项	栏次	1	2	3	4	6	7	8	10	13	14
	合计	292 619.79	30 779.09	27 268.81	244 685.24	17 155.46	223 727.65	205 457.09	18 270.56	68 892.14	66 496.96
211	节能环保支出	966.75	51.75	51.75	915.00	0.00	839.03	839.03	0.00	127.72	127.72
21104	自然生态保护	966.75	51.75	51.75	915.00	0.00	839.03	839.03	0.00	127.72	127.72
2110402	农村环境保护	966.75	51.75	51.75	915.00	0.00	839.03	839.03	0.00	127.72	127.72
213	农林水支出	29 448.32	4 912.67	4 880.43	23 773.45	762.20	24 158.77	23 366.36	792.41	5 289.56	5 287.52
21301	农业	29 448.32	4 912.67	4 880.43	23 773.45	762.20	24 158.77	23 366.36	792.41	5 289.56	5 287.52
2130102	一般行政管理事务	135.00	0.00	0.00	135.00	0.00	135.00	135.00	0.00	0.00	0.00
2130104	事业运行	2 455.79	174.39	174.39	2 281.40	0.00	2 391.58	2 391.58	0.00	64.21	64.21
2130106	科技转化与推广服务	2 785.58	374.78	361.64	2 410.80	0.00	2 485.78	2 472.64	13.14	299.80	299.80
2130108	病虫害控制	1 223.03	19.03	19.03	1 204.00	0.00	1 179.57	1 179.57	0.00	43.46	43.46
2130109	农产品质量安全	9 990.76	1 287.96	1 287.96	8 702.80	0.00	8 112.51	8 112.51	0.00	1 878.25	1 878.25
2130110	执法监管	361.86	44.86	44.86	317.00	0.00	223.99	223.99	0.00	137.87	137.87
2130111	统计监测与信息服务	3 544.85	1 149.65	1 149.65	2 395.20	0.00	2 780.64	2 780.64	0.00	764.21	764.21
2130112	农业行业业务管理	1 349.27	301.02	301.02	1 048.25	0.00	814.44	814.44	0.00	534.84	534.84

（续表）

项目		资金来源					支出数			年末结转和结余	
支出功能分类科目编码	科目名称（项目）	合计	年初结转和结余		财政拨款	其他资金	合计	财政拨款	其他资金	合计	其中：财政拨款结转和结余
			小计	其中：财政拨款结转和结余							
类 款 项	栏次	1	2	3	4	6	7	8	10	13	14
	合计	292 619.79	30 779.09	27 268.81	244 685.24	17 155.46	223 727.65	205 457.09	18 270.56	68 892.14	66 496.96
2130114	对外交流与合作	1 508.07	470.07	470.07	1 038.00	0.00	1 125.88	1 125.88	0.00	382.19	382.19
2130124	农业组织化与产业化经营	38.07	18.07	18.07	20.00	0.00	19.33	19.33	0.00	18.75	18.75
2130126	农村公益事业	285.97	25.97	25.97	260.00	0.00	250.10	250.10	0.00	35.87	35.87
2130135	农业资源保护修复与利用	4 988.75	1 027.75	1 027.75	3 961.00	0.00	3 860.68	3 860.68	0.00	1 128.07	1 128.07
2130199	其他农业支出	781.31	19.10	0.00	0.00	762.20	779.27	0.00	779.27	2.03	0.00

注：数据来源为部门决算初稿。

中国农业科学院2016年度修缮购置专项资金项目批复情况

序号	预算代码	单位名称	专项合计	
			数量（项）	金额（万元）
—	—	中国农业科学院合计	46	28 173
1	125161001	沼科所	1	605
2	125161002	环保所	0	0
3	125161003	中国农业科学院本级	0	0
4	125161004	研究生院	1	330
5	125161005	农经所	1	220
6	125161007	质标所	1	167
7	125161008	信息所	3	1 130
8	125161009	作科所	1	715
9	125161010	蔬菜所	1	845
10	125161012	环发所	2	1 450
11	125161013	资划所	2	525
12	125161014	植保所	2	1 585
13	125161015	加工所	2	2 970
14	125161016	棉花所	2	1 495
15	125161017	油料所	2	1 410
16	125161018	果树所	1	215
17	125161019	郑果所	1	660
18	125161021	茶叶所	2	980

（续表）

序号	预算代码	单位名称	专项合计	
			数量（项）	金额（万元）
19	125161023	烟草所	1	925
20	125161024	麻类所	1	360
21	125161026	灌溉所	2	394
22	125161028	牧医所	0	0
23	125161029	蜜蜂所	1	690
24	125161030	哈尔滨兽医所	2	3 105
25	125161031	兰州兽医所	1	295
26	125161032	兰州牧药所	2	1 125
27	125161033	草原所	0	0
28	125161034	特产所	2	1 685
29	125161035	上海兽医所	1	900
30	125161036	水稻所	2	1 080
31	125161037	农机化所	2	377
32	125161038	饲料所	2	1 060
33	125161039	生物所	2	875

中国农业科学院2016年基本科研业务费项目评审汇总情况

2016年，中国农业科学院共34个单位获中央级公益性科研院所基本科研业务费支持22 816万元，经费规模翻一番，共立项资助项目1 001个，其中院级统筹项目预算6 904万元，立项资助项目245个。

序号	预算编码	单位	2016年合计		其中：院级统筹项目	
			项目数（项）	预算数（万元）	项目数（项）	预算数（万元）
		合　计	1001	22 816	245	6 904
1	125161001	沼科所	27	316	2	40
2	125161002	环保所	23	447	4	105
3	125161003	院（本级）	19	401	19	401
4	125161004	研究生院	6	269	1	80
5	125161005	农经所	18	335	5	77
6	125161007	质标所	20	338	5	110
7	125161008	信息所	60	1 123	12	406
8	125161009	作科所	52	1 701	24	762
9	125161010	蔬菜所	38	823	12	280
10	125161012	环发所	41	756	10	285
11	125161013	资划所	88	1 508	17	665
12	125161014	植保所	40	1 213	21	595
13	125161015	加工所	34	699	12	270
14	125161016	棉花所	39	993	3	240
15	125161017	油料所	15	711	4	105

（续表）

序号	预算编码	单位	2016 年合计		其中：院级统筹项目	
			项目数（项）	预算数（万元）	项目数（项）	预算数（万元）
16	125161018	果树所	24	373	3	70
17	125161019	郑果所	42	600	4	75
18	125161021	茶叶所	27	458	2	50
19	125161023	烟草所	22	478	2	40
20	125161024	麻类所	17	350	2	50
21	125161026	灌溉所	33	501	5	150
22	125161028	牧医所	37	745	11	262
23	125161029	蜜蜂所	21	355	4	100
24	125161030	哈尔滨兽医所	24	1 207	8	262
25	125161031	兰州兽医所	30	598	4	100
26	125161032	兰州牧药所	21	563	4	80
27	125161033	草原所	21	402	2	30
28	125161034	特产所	39	1 030	4	100
29	125161035	上海兽医所	29	399	4	90
30	125161036	水稻所	15	998	8	320
31	125161037	农机化所	25	768	5	90
32	125161038	饲料所	17	349	2	40
33	125161039	生物所	31	905	18	539
34	125161042	食物营养所	6	104	2	35

中国农业科学院 2016 年度国有资产概况

根据 2016 年度部门决算数据，中国农业科学院全院 2016 年年末资产总额 147.44 亿元，其中流动资产 66.36 亿元、固定资产（净值）43.26 亿元、在建工程 33.29 亿元、长期投资 2.93 亿元、无形资产 1.60 亿元（图），分别占资产总额的 45.01%、29.34%、22.58%、1.99%和 1.09%。全院共有 24 个单位资产总量超过 2 亿元，其中 8 个单位国有资产总量超过 5 亿元（表），为中国农业科学院农业科技创新事业发展奠定了坚实的物质基础支撑。

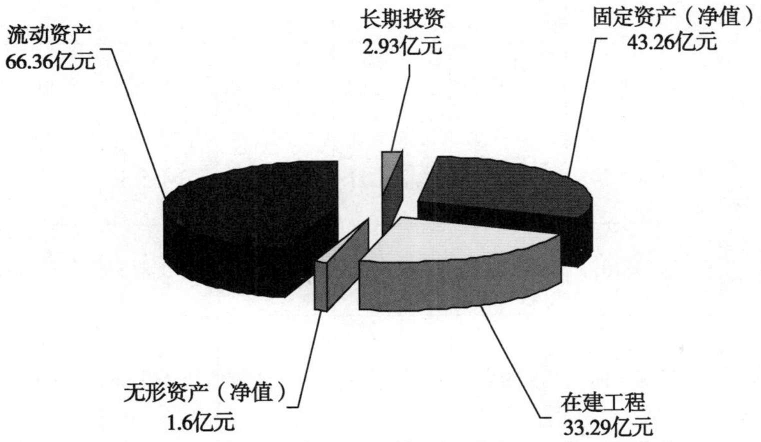

图　中国农业科学院 2016 年年底资产构成

数据来源：2016 度部门决算报表

表　中国农业科学院 2016 年年末资产状况　　（单位：万元）

序号	单位名称	资产总额	流动资产	长期投资	固定资产（净值）	在建工程	无形资产（净值）	净资产合计
1	合计	1 474 377.04	663 646.49	29 257.71	432 605.37	332 885.06	15 982.42	1 104 621.34
2	农业部沼气科学研究所	10 300.59	5 450.01	135.00	2 248.30	1 983.23	484.05	8 074.67
3	农业部环境保护科研监测所	20 987.71	13 348.84	25.00	2 817.35	4 727.36	69.15	9 877.63

（续表）

序号	单位名称	资产总额	流动资产	长期投资	固定资产（净值）	在建工程	无形资产（净值）	净资产合计
4	中国农业科学院（本级）	213 004.90	63 254.31	3 520.00	59 618.72	83 955.86	2 656.02	198 256.89
5	中国农业科学院研究生院	20 666.97	10 675.81	140.00	9 812.77	0.00	38.40	15 762.77
6	中国农业科学院农业经济与发展研究所	9 386.14	8 924.51	0.00	461.63	0.00	0.00	3 399.78
7	中国农业科学院农业质量标准与检测技术研究所	21 009.82	9 895.83	0.00	8 466.50	2 525.45	122.04	13 056.42
8	中国农业科学院农业信息研究所	49 171.54	11 657.65	71.00	34 391.16	843.00	2 208.74	43 366.37
9	中国农业科学院作物科学研究所	76 962.24	55 042.59	276.21	17 485.92	3 455.53	701.99	31 860.45
10	中国农业科学院蔬菜花卉研究所	32 278.01	20 568.25	530.00	9 171.76	2 008.00	0.00	15 435.96
11	中国农业科学院农业环境与可持续发展研究所	27 047.11	19 003.81	244.38	6 222.88	1 449.66	126.38	11 131.52
12	中国农业科学院农业资源与农业区划研究所	61 203.23	35 454.78	85.00	18 164.27	7 419.76	79.42	35 975.25
13	中国农业科学院植物保护研究所	58 398.67	30 794.88	960.00	11 033.41	15 079.06	531.32	41 572.38
14	中国农业科学院农产品加工研究所	40 187.26	22 057.46	0.00	5 505.43	12 624.37	0.00	23 451.81
15	中国农业科学院棉花研究所	34 520.97	13 689.29	1 070.50	14 867.33	3 092.69	1 801.16	26 149.12
16	中国农业科学院油料作物研究所	48 726.35	23 732.70	3 029.50	15 208.64	3 792.64	2 962.86	36 177.88

（续表）

序号	单位名称	资产总额	流动资产	长期投资	固定资产（净值）	在建工程	无形资产（净值）	净资产合计
17	中国农业科学院果树研究所	12 257.31	4 714.95	120.00	4 904.33	2 511.47	6.56	9 146.79
18	中国农业科学院郑州果树研究所	15 365.28	6 629.52	99.00	7 789.30	834.70	12.76	11 620.17
19	中国农业科学院茶叶研究所	29 063.56	16 060.71	866.29	11 153.52	79.85	903.19	15 795.10
20	中国农业科学院烟草研究所	28 357.77	17 619.72	203.00	8 217.31	1 623.81	693.93	20 871.07
21	中国农业科学院麻类研究所	15 084.52	6 375.83	42.06	7 484.25	563.33	619.05	10 347.95
22	中国农业科学院农田灌溉研究所	14 210.51	3 482.45	62.00	9 763.18	688.00	214.89	12 219.03
23	中国农业科学院北京畜牧兽医研究所	68 195.47	20 311.00	507.00	11 608.85	35 708.65	59.96	55 404.12
24	中国农业科学院蜜蜂研究所	12 499.92	6 334.48	238.00	4 401.06	1 526.37	0.00	9 617.85
25	中国农业科学院哈尔滨兽医研究所	187 714.28	41 210.27	5 680.00	37 914.50	102 909.51	0.00	172 726.34
26	中国农业科学院兰州兽医研究所	119 240.16	78 162.29	2 400.00	18 228.86	20 302.69	146.32	102 052.28
27	中国农业科学院兰州畜牧与兽药研究所	20 276.33	7 675.19	51.00	10 120.15	2 414.14	15.85	16 376.44
28	中国农业科学院草原研究所	12 934.21	4 385.70	489.00	6 740.06	1 246.34	73.11	9 696.70
29	中国农业科学院特产研究所	42 535.31	15 096.90	561.12	17 225.61	8 785.43	866.25	33 071.15

（续表）

序号	单位名称	资产总额	流动资产	长期投资	固定资产（净值）	在建工程	无形资产（净值）	净资产合计
30	中国农业科学院上海兽医研究所	32 749. 22	13 466. 77	750. 00	16 392. 22	1 766. 00	374. 23	21 191. 04
31	中国水稻研究所	56 582. 17	34 192. 36	3 517. 65	17 547. 53	1 279. 73	44. 91	39 062. 35
32	农业部南京农业机械化研究所	28 048. 60	10 827. 81	774. 00	12 301. 79	4 145. 00	0. 00	19 492. 80
33	中国农业科学院饲料研究所	17 710. 73	8 852. 10	736. 00	5 910. 62	2 212. 00	0. 00	12 188. 20
34	中国农业科学院生物技术研究所	26 125. 84	15 266. 66	2 075. 00	7 623. 85	1 024. 34	136. 00	12 301. 26
35	中国农业科学技术出版社	6 580. 94	6 202. 11	0. 00	69. 18	307. 09	2. 56	3 396. 54
36	农业部食物与营养发展研究所	4 993. 40	3 228. 94	0. 00	1 733. 14	0. 00	31. 32	4 495. 29

数据来源：2016 年度部门决算报表

中国农业科学院2016年度政府采购情况

根据中国农业科学院《2016年政府采购信息统计报表》，全院2016年政府采购预算金额76 753.93万元，实际采购金额57 620.30万元，全部使用财政性资金。实际采购相对预算节约资金总额19 133.63万元，总节约率为24.92%。具体分析如下。

第一，从政府采购构成情况来看，货物类采购金额37 374.26万元，工程类采购金额17 988.02万元，服务类采购金额2 258.02万元，分别占总采购金额的64.86%、31.22%和3.92%。

第二，从政府采购组织形式来看，集中采购金额4 009.87万元，分散采购金额53 610.43万元，分别占总采购金额的6.96%和93.04%。其中，货物类集中采购金额2 456.15万元，分散采购金额34 918.11万元，分别占货物类总采购金额的6.57%和93.43%；工程类集中采购金额331.10万元，分散采购金额17 656.92万元，分别占工程类总采购金额的1.84%和98.16%；服务类集中采购金额1 222.63万元，分散采购金额1 035.39万元，分别占服务类总采购金额的54.15%和45.85%。

第三，从政府采购方式来看，公开招标采购金额53 730.85万元，邀请招标采购金额149.93万元，竞争性磋商采购金额166.19万元，询价采购金额394.63万元，单一来源采购金额613万元，协议供货采购金额892.12万元，定点采购金额1 673.58万元，分别占采购总金额的93.25%、0.26%、0.29%、0.68%、1.06%、1.55%和2.91%。

第四，从政府采购合同授予情况来看，进口采购金额20 585.52万元，全部为货物类采购，进口设备1 081台（套），占总采购金额的35.73%；国内采购金额37 034.78万元，占总采购金额的64.27%。

第五，全院2016年实际采购节能节水产品1 416.64万元，占同类产品采购总金额（1 483.51万元）的95.49%；实际采购环保产品1 132.56万元，占同类产品采购总金额（1 565.20万元）的72.35%。

中国农业科学院 2016 年基本建设工作总结

2016 年是“十三五”开局之年，中国农业科学院坚持以五大发展理念为统领，以服务创新工程为主线，瞄准“世界一流农业科研院所”发展目标，按照“规划引领、计划调节、项目支撑”的工作思路，扎实推进全院基本建设工作。

一、2016 年重点工作情况

（一）以规划为引领，以项目建设为抓手，一流科研平台建设初显成效

认真贯彻习近平总书记“规划科学是最大的效益”的讲话精神，坚持以《中国农业科学院“十三五”基本建设规划》为抓手，统筹谋划全院能力条件建设，有力对接各类投资渠道，更好地服务建设世界一流院所发展目标。2016 年，全院共 108 个项目纳入《农业科技创新能力条件建设规划（2016—2020 年）》支持，36 个项目纳入《农业部直属单位“十三五”基本建设规划》（修订中），规划总投资约 50 亿元，为“十三五”系统推进世界一流院所条件建设奠定了坚实的基础。

同时，突出抓好通州科技创新中心、西部农业研究中心、深圳智慧农场、东北综合试验基地等一批事关全院科研布局、体现国家队使命、引领现代农业发展方向的院所区（基地）规划，为实现事业发展、空间利用和项目建设等协调发展奠定了制度保障。

2016 年，共落实规划内基本建设项目立项 30 个，立项投资规模 4.7 亿元，是“十二五”同期立项投资规模的 1.7 倍，有力保障了一批农业部重点实验室和科学试验基地的条件需求；共完成 21 个基建项目验收，新增固定资产 23 111万元，新建（改造）科研及辅助用房 24 684平方米，温室 9 842平方米，新购置仪器设备 655 台（套），科研条件支撑能力明显提高。同时，重大建设项目推进明显加快，国家畜禽改良中心全面投入使用，国家动物疫病防控生物安全高级别实验室进入整体调试，国家口蹄疫参考实验室全面完工，为畜牧、兽医等领域抢占科技创新制高点提供了有力支撑。

（二）多措并举，全力落实院党组重大决策部署

一是全力抓好通州科技创新中心建设、重大科研平台建设、院部专家住宅建设等重大任务落实。其中，创新中心用地规划调整先后通过了于家务乡政府、通州区政府和北京市政府 3 轮技术审查与论证会，现已基本落实，待北京市规划和国土资源委员会批复

中；获得了《农业部关于同意中国农业科学院征用试验用地的函》（农计函〔2016〕21号），创新中心试验用地规模获得主管部门正式确认，土地征用进入实质性程序；完成了《通州科技创新中心总体规划设计》，发展蓝图基本确定。

二是全面启动“十三五”国家重大建设项目前期工作。其中国家作物种质库项目初步设计方案获得北京市规划和国土委批复，生物技术研究中心项目建议书重新报送国家发改委审批；北方水稻研究中心、国家农业高等级实验动物创制、农业重大气象灾害模拟舱、耕地保育与新型肥料创制、作物表型鉴定设施、农业科研大数据研究中心6个项目的可研报告或建议书编制基本完成。

三是扎实推进院部专家住宅建设项目前期工作。受北京市“瘦身健体”大环境影响，严控城区新增人口、中心城区新增住宅和北京市规划与国土两部门合并等影响，北京市规划和国土资源管理委员会9月才正式受理中国农业科学院建设专家住宅的申请。通过1年多的努力，近期有所突破，北京市规划和国土资源管理委员会能够与中国农业科学院一起研究城市规划绿地调整和“瘦身健体”政策，寻找政策支持，以推动中国农业科学院专家住宅建设。下一步，将继续加大工作力度，力争尽快获得规划批复。

（三）突出问题导向，完善制度，保障院所条件建设的可持续发展

按照“科学化、制度化、规范化”的思路，以加强制度体系建设为抓手，通过建章立制、督导检查、培训教育等方式强化基本建设规范管理水平。进一步落实中央“放管服”精神和巡视整改要求，研究制定了《中国农业科学院自有资金基本建设项目管理办法（试行）》等基础性制度；坚持需求导向，精心编印了《基本建设项目检查、竣工验收标准化示范文本》《基本建设项目档案收集整理指南》等一批技术规范，进一步提高项目管理的规范性便捷性；坚持问题导向，集中开展了18个在建项目抽查督导和16个项目绩效评价，及时发现问题与整改，不断提高投资效益。同时，组织召开了基地建设与管理现场经验交流会，聚焦全过程审计、实验室布局与仪器设备采购等专题，强化经验共享与能力提升。

二、2017年重点工作部署

始终坚持以新理念为统领，以服务农业科技创新工程为主线，紧扣“建设世界一流农业科研院所”战略目标，突出抓好“十三五”基本建设规划落实等5项重点工作。

一是全面推进《中国农业科学院“十三五”基本建设规划》任务落实。率先启动支撑创新工程重点任务的配套建设项目，做好规划宣贯和项目申报分类指导，全力争取中央预算内投资支持，为世界一流院所建设提供高水平条件支撑。

二是全力推进通州科技创新中心和院部职工住宅两项重点工作。加强重点问题研究，依托《中国农业科学院京区土地利用总体概念规划》，统筹考虑京区土地利用方

案，为创新中心和住宅项目建设争取更多政策和经济支持，为中国农业科学院跨越式发展拓展空间。

三是千方百计推进重大科研基础设施建设。积极支持深圳农业基因组研究所、都市农业研究所、西部农业研究中心等重大科研布局规划与项目，完成国家作物种质库项目初步设计审批，完成基因组学研究中心项目立项，力争国家农业高等级实验动物创制、西部农业研究中心、北方水稻研究中心等一批重大项目获得国家发改委认可。

四是进一步增强服务能力与制度建设。深入贯彻落实中央“放管服”精神，以内部作风建设和能力建设为抓手，对重点工程提供一站式服务，更高效地对接科技创新需求；继续加强制度建设，努力提高管理工作的针对性、时效性和规范化、标准化、精细化水平，切实做到既扎紧制度的笼子，又破解制约发展的桎梏。

五是深入开展前瞻性全局性问题研究。针对院所基地建设需求旺、建设标准低，重大项目储备少、谋划进度慢，管理要求高、人员力量弱等问题，加强调研，梳理办法，进一步提高科学决策和科学服务能力。

中国农业科学院2016年基本建设项目立项情况

2016年批复立项的基本建设项目共30个，批复总投资46 707万元，全部为中央预算内投资。

序号	项目名称	建设年限	项目单位	总投资（万元）
1	中国农业科学院郑州果树研究所农业部果树育种技术重点实验室建设项目	2017—2018	郑州果树研究所	819
2	中国农业科学院北京畜牧兽医研究所农业部华北动物遗传资源与营养科学观测实验站建设项目	2017—2018	北京畜牧兽医研究所	386
3	中国农业科学院作物科学研究所农业部麦类生物学与遗传育种综合性重点实验室建设项目	2017—2019	作物科学研究所	1 195
4	中国农业科学院农业质量标准与检测技术研究所农业部农产品质量安全重点实验室建设项目	2017—2018	农业质量标准与检测技术研究所	1 221
5	中国农业科学院郑州果树研究所农业部作物基因资源与种质创制河南观测实验站建设项目	2017—2018	郑州果树研究所	391
6	中国农业科学院果树研究所农业部园艺作物种质资源利用重点实验室建设项目	2017—2018	果树研究所	823
7	中国农业科学院油料作物研究所农业部油料作物生物学与遗传育种重点实验室建设项目	2017—2018	油料作物研究所	1 165
8	中国农业科学院烟草研究所农业部烟草生物学与加工重点实验室建设项目	2017—2018	烟草研究所	710

（续表）

序号	项目名称	建设年限	项目单位	总投资（万元）
9	中国农业科学院蔬菜花卉研究所农业部薯类作物生物学与遗传育种重点实验室建设项目	2017—2019	蔬菜花卉研究所	1 880
10	中国农业科学院北京畜牧兽医研究所农业部兽用药物与兽医生物技术学科群北京科学观测实验站建设项目	2017—2018	北京畜牧兽医研究所	396
11	中国农业科学院油料作物研究所农业部生物毒素检测重点实验室建设项目	2017—2018	油料作物研究所	814
12	中国农业科学院作物科学研究所农业部北京大豆生物学重点实验室建设项目	2017—2018	作物科学研究所	799
13	中国农业科学院茶树一级采穗圃建设项目	2016—2017	茶叶研究所	725
14	农业部植物新品种测试杭州分中心建设项目	2016—2017	中国水稻研究所	262
15	农业部植物新品种测试北京分中心建设项目	2016—2017	蔬菜花卉研究所	555
16	国家食用菌育种创新基地建设项目	2016—2017	农业资源与农业区划研究所	723
17	国家种质麻类资源圃建设项目	2016—2017	麻类研究所	769
18	国家牧草科研育种创新基地建设项目	2016—2017	北京畜牧兽医研究所	494
19	国家蜜蜂基因库建设项目	2016—2018	蜜蜂研究所	2 940
20	中国农业科学院农业环境与可持续研究所顺义试验基地建设项目	2017—2019	农业环境与可持续发展研究所	2 413
21	中国农业科学院植物保护研究所库尔勒试验基地建设项目	2017—2019	植物保护研究所	2 857

（续表）

序号	项目名称	建设年限	项目单位	总投资（万元）
22	中国农业科学院农产品加工研究所中式肉类菜肴制品加工技术集成实验室建设项目	2017—2019	农产品加工研究所	2 900
23	中国农业科学院生物技术研究所新疆试验基地建设项目	2017—2019	生物技术研究所	2 445
24	中国农业科学院农业资源与农业区划研究所祁阳试验基地建设项目	2017—2019	农业资源与农业区划研究所	2 818
25	中国农业科学院农田灌溉研究所新乡试验基地建设项目	2017—2019	农田灌溉研究所	2 989
26	中国农业科学院棉花研究所新疆阿拉尔试验基地建设项目	2017—2019	棉花研究所	2 806
27	中国农业科学院麻类研究所沅江试验基地建设项目	2017—2019	麻类研究所	2 526
28	中国农业科学院环境保护科研监测所湘潭试验基地建设项目	2017—2019	环境保护科研监测所	2 259
29	中国农业科学院沼气科学研究所双流试验基地建设项目	2017—2019	沼气科学研究所	2 635
30	中国农业科学院中国水稻研究所综合实验室建设项目	2017—2019	中国水稻研究所	2 992

中国农业科学院 2016 年基本建设投资计划概况

2016 年基本建设项目共下达 3 批计划，下达投资 23 093万元，其中中央预算内投资 23 093万元。

第一批计划文件《农业部关于下达 2016 年部门自身建设项目中央预算内投资计划的通知》（农计发〔2016〕58 号）下达投资 16 719万元。

第二批计划文件《农业部关于下达 2016 年农产品质量安全检验检测体系建设项目中央预算内投资计划的通知》（农计发〔2016〕61 号）下达投资 1 536万元。

第三批计划文件《农业部关于下达 2016 年种子工程等 3 类建设项目中央预算内投资计划的通知》（农计发〔2016〕93 号）下达投资 4 838万元。

中国农业科学院2016年基本建设投资计划情况表

序号	项目名称	建设性质	建设地点	主要建设内容	建设年限	投资来源	下达投资（万元）
	2016年合计					合计	6 374
						中央投资	6 374
						自有资金	0
1	中国农业科学院农业质量标准和检测技术研究所全国农产品质量安全风险监测与预警能力提升建设项目	新建	北京市海淀区中关村南大街12号	改造实验室336.21平方米、会商分析室98平方米，购置仪器设备22台（套）	2015—2016	合计	106
						中央投资	106
						自有资金	0
2	农业部农业生物质能源产品质量安全监督检验测试中心	单纯购置	四川省成都市	购置仪器设备42台（套）	2016—2017	合计	1 430
						中央投资	1 430
						自有资金	0
3	国家作物种质库建设项目	新建	北京市海淀区中关村南大街12号	建设低温种子库、试管苗库、超低温库、DNA库以及技术研发、质量控制、资源标本、信息网络服务等设施20 943平方米，购置仪器设备117台（套）、工艺设备90台（套）	2017—2020	合计	480
						中央投资	480
						自有资金	0
4	国家种质资源小麦野生近缘植物圃改扩建项目	改扩建	河北省廊坊市广阳区	改造隔离池460个，新建围栏700米，改造田间道路、排水沟、机井房等设施，购置种质资源保护用仪器设备34台（套）	2015—2016	合计	175
						中央投资	175
						自有资金	0

（续表）

序号	项目名称	建设性质	建设地点	主要建设内容	建设年限	投资来源	下达投资（万元）
5	农业部植物新品种测试北京分中心建设项目	改扩建	河北省廊坊市广阳区万庄镇伊指挥营村	改造测试用房486平方米、农机具库棚248.64平方米、晒场300平方米和化粪池15平方米；建设智能温室806.4平方米、日光温室2 880平方米、试验地封闭隔离防护栏720米、田间排灌系统65亩；购置仪器设备和农机具26台（套/辆）	2016—2017	合计	555
						中央投资	555
						自有资金	0
6	国家牧草科研育种创新基地建设项目	改建	内蒙古自治区鄂尔多斯市鄂托克旗赛乌素草籽场	改建检验室300平方米，机井房1座、库房、晒棚等；新建围栏3 600米，地下滴灌200亩；购置高分辨率溶球曲线分析系统等仪器设备以及小区牧草收获机等农机具共19台（套）	2016—2017	合计	494
						中央投资	494
						自有资金	0
7	国家蜜蜂基因库建设项目	新建	北京市海淀区圆明园西路2号	建蜜蜂基因库6 008平方米，液氮储槽间50平方米，配套场区附属工程，购置仪器设备6台（套）	2016—2017	合计	782
						中央投资	782
						自有资金	0
8	国家食用菌育种创新基地建设项目	改建	河北省承德市平泉县卧龙镇八家村	改造试验车间3 360平方米，土方工程2 726立方米；购置安装净化系统、环控系统、智能中控系统、培养架及培养筐各1台（套），购置大型灭菌器2台，购置叉车、冷藏车各1台（辆）	2016—2017	合计	400
						中央投资	400
						自有资金	0

（续表）

序号	项目名称	建设性质	建设地点	主要建设内容	建设年限	投资来源	下达投资（万元）
9	农业部植物新品种测试杭州分中心建设项目	改扩建	浙江省杭州市富阳市水稻所路28号	新建封闭式防护围栏800米、防鸟网设施20亩，改造旱地喷滴灌系统5亩；购置农机具及仪器设备36台（套）	2016—2017	合计	262
						中央投资	262
						自有资金	0
10	河南省安阳市国家区域试验抗性鉴定站建设项目	新建	河南省安阳市安阳县	建设棉花病害鉴定病圃10 688平方米，旱棚400平方米，简易储藏间104平方米；完善田间道路、供水管线、围墙等；购置仪器设备25台/套	2015—2016	合计	155
						中央投资	155
						自有资金	0
11	国家种质麻类资源圃建设项目	改扩建	湖南省益阳市沅江市琼湖办事处石矶湖	改造工作用房550平方米，建设大棚12 288平方米、日光温室600平方米、遮阴系统6 256平方米等；资源圃土地整理与改良132.8亩，改造田间道路8 460平方米，建设给水管道等田间工程；购置仪器设备及农机具30台（套/批）	2016—2017	合计	400
						中央投资	400
						自有资金	0
12	国家种质资源辽宁兴城梨苹果圃改扩建工程建设项目	改扩建	辽宁省葫芦岛市兴城市	新建水泥路4 719平方米，砂石路490平方米，涵洞桥2座，围栏5 245米，土地平整70亩，土壤改良150亩，灌溉用机井1座，输水管线3 000米，田间看护房54平方米，装配式低温冷库1座，购置农机具及配套仪器设备36台（套）	2015—2016	合计	405
						中央投资	405
						自有资金	0

（续表）

序号	项目名称	建设性质	建设地点	主要建设内容	建设年限	投资来源	下达投资（万元）
13	中国农业科学院茶树一级采穗圃建设项目	改扩建	浙江省绍兴市嵊州市三界镇	改造温棚 9 198平方米，建设块石挡墙1 100立方米、隔离保护带 3 217米等田间工程；购置仪器设备及农机具 40 台(套/批)	2016—2017	合计	400
						中央投资	400
						自有资金	0
14	国家种质资源呼和浩特多年生牧草圃改扩建项目	改扩建	内蒙古自治区呼和浩特市土默特左旗	改扩建种质资源圃64亩。新建温室 410平方米，机井房10.5 平方米，围栏750 米，建设与完善田间道路、灌溉系统等配套基础设施；购置仪器设备及农机具45台（套）	2015—2016	合计	330
						中央投资	330
						自有资金	0

注：部门自身建设项目投资计划共计 18 个项目由于涉密未在此表列出。

中国农业科学院2016年建成项目一览表

序号	项目名称	项目单位	完成建设内容	完成国拨投资（万元）
1	中国农业科学院农业资源与农业区划研究所国家食用菌改良中心建设项目	资划所	新建食用菌实验用房及配料灭菌间2 382.89平方米、机具库及原料库300平方米、门卫室及大门41.65平方米，场区道路2 423.24平方米，临时砂石路271.60平方米、围墙535.3米、场地回填24 230.48立方米，完善场区配电、管线、大门和机井等设施；新建日光温室312平方米、野生种植圃500平方米，购置仪器设备22台（套）	1 275
2	中国农业科学院柑桔研究所国家柑桔品种改良中心二期工程建设项目	柑桔所	新建转基因柑橘田间隔离评价网室3 985平方米，田间管理房384.48平方米，改造育种材料繁育保存温网室5 045.39平方米；育种和资源材料鉴定评价园的土壤改良7.38平方米，育种圃原有道路的改造和硬化1 333.90平方米，育种圃主排水沟改造438.20米，新建护坡28.47立方米，施肥灌溉系统改造94.59亩。购置仪器设备28台（套）	510
3	中国农业科学院农业资源与农业区划研究所农业部面源污染控制重点实验室建设项目	资划所	购置仪器设备18台（套）	807

（续表）

序号	项目名称	项目单位	完成建设内容	完成国拨投资（万元）
4	中国农业科学院天津环境保护科研监测所产地环境质量重点实验室建设项目	环保所	购置仪器设备 15 台（套）	715
5	中国农业科学院草原研究所温带荒漠草原监测站建设项目	草原所	新建科研实验楼 1 264.04平方米、农机具库房 91.35 平方米；场区配套工程完成了场区硬化 1 187.72平方米，铁艺大门 1 座，围栏工程 335.33 米，采暖锅炉 1 套，供水设施及设备安装 1 套，供配电系统 1 套；购置仪器设备 14 台（套）、实验台 1 组	616
6	中国农业科学院作物科学研究所作物基因资源与种质创制重点实验室建设项目	作科所	采购仪器设备 5 台/套，完成作物基因资源与种质创制学科物联网数据中心 1 项。利用节约资金增购了制冰机、梯度 PCR 仪等 8 台小型仪器	1 285
7	中国农业科学院麻类研究所国家麻类作物育种中心二期建设项目	麻类所	改造科研温室 616 平方米，晒场 1023 平方米，购置育种科研仪器设备 44 台（套）	440
8	中国水稻研究所粮油产品质量安全风险监测能力建设项目（华东）	水稻所	购置气相色谱—四极杆飞行时间质谱联用仪、二维液相色谱串联质谱仪系统、液相色谱三重四极杆串联质谱仪、顶空进样系统、风险预警信息系统各 1 台（套），增购小型辅助仪器设备人工气候箱、恒温混匀仪和氢气发生器共 3 台	641
9	中国农业科学院茶叶研究所茶叶质量安全风险监测能力建设项目	茶叶所	购置液相色谱三重四极杆串联质谱仪、液相色谱四极杆高分辨串联质谱仪、快速微波灰化系统共 3 台（套），购置配套代谢组学软件、200G 大有机样品组件、不间断电源和供气管道各 1 台（套）	627

（续表）

序号	项目名称	项目单位	完成建设内容	完成国拨投资（万元）
10	粮油产品质量安全风险监测能力建设项目（华中）	油料所	改造设备专用实验室天棚 180 平方米，洁净室 76 平方米；购置仪器设备 3 台（套）	662
11	中国农业科学院蔬菜花卉研究所果蔬产品质量安全风险监测能力建设项目（华北）	蔬菜所	购置高效液相色谱—四级杆飞行时间质谱仪、高效液相色谱三重四级串联质谱仪、气相色谱三重四级串联质谱仪、台式高速冷冻离心机、配套小型台式高速冷冻离心机各 1 台（套）	700
12	中国农业科学院环境保护科研监测所农业产地环境风险监测能力建设项目	环保所	购置风险预警信息系统硬件设备、四极杆飞行时间串联质谱仪、液相色谱三重四极杆串联离子阱质谱仪和气相色谱—四极杆飞行时间质谱联用仪等进口仪器各 1 台（套）	647
13	中国农业科学院农业信息研究所农业信息服务技术重点实验室建设项目	信息所	完成实验室改造 102.7 平方米，购置仪器设备 18 台（套），其中进口仪器设 13 台（套），国产仪器设备 5 台（套），并完善与仪器设备配套的供电、给排水、空调和通风系统	748
14	中国农业科学院上海兽医研究所动物寄生虫学重点实验室建设项目	上海兽医所	购置蛋白纯化分析系统、遗传分析系统、多用电泳仪、流式细胞仪、荧光定量 PCR 仪、活细胞工作站、动物活体取样系统（2 台）、激光共聚焦显微镜、生化自动工作站、多功能酶标仪、高速冷冻离心机、液相色谱仪、超净工作台、实验动物笼具等 1 套（25 件），共计 17 台（套）	831

（续表）

序号	项目名称	项目单位	完成建设内容	完成国拨投资（万元）
15	中国农业科学院哈尔滨兽医研究所 SPF 鸡胚生产设施建设项目	哈尔滨兽医所	建设 SPF 鸡胚生产厂房及辅助用房 8 855.71平方米，其中 SPF 鸡保种区 2 500平方米，生产区 2 500平方米，辅助用房 3 065.15平方米，低压电气、空调冷水机房、热力站 452 平方米，倒班宿舍 338.56 平方米，购置仪器设备 201 台（套）。完成饲料加工车间 441.09 平方米，购置备用电源系统（柴油发电机）1 套，除粪保温房 2 处，饲料加工生产线 1 套	4 500
16	中国农业科学院甜菜研究所国家糖料改良中心二期建设项目	甜菜所	新建人工气候室 20 平方米，改造温室 848.6 平方米、种子库库房 487.9 平方米、甜菜母根窖 767.16 平方米，更换种子库门 7 个。修建道路 7 721 平方米，维修灌溉管线 1 894.4 米，购置喷头等 100 套，购置仪器设备 55 台（套）	569.2
17	农业部特种经济动物遗传育种与繁殖重点实验室建设项目	特产所	购置仪器设备 13 台（套），其中进口仪器设备 11 台（套），国产实验室小型仪器设备 2 台	782
18	中国农业科学院饲料工艺标准参考实验室建设项目	饲料所	新建原料品质控制实验室 295.06 平方米、成品质量控制实验室 238.18 平方米、综合实验楼 1 456.08 平方米，配套道路和地面硬化 1 306平方米，并完成场区排水、热力管道等场区工程；购置饲料加工试验设备 135 台（套）	717
19	中国农业科学院蜜蜂研究所蜂产品质量安全监测能力建设项目	蜜蜂所	购置液相色谱—四级杆—高分辨串联质谱、液相色谱三重四极杆串联质谱仪和原子吸收分光光度计各 1 台（套）	627

（续表）

序号	项目名称	项目单位	完成建设内容	完成国拨投资（万元）
20	农业部奶业技术研究实验室建设项目	牧医所	新建实验室 5 673. 03平方米、微生物及免疫学检测区 182. 9 平方米，铺设室外水暖管线及电缆管线，购置实验台、柜 15. 3 米，储藏柜 0. 9 延米，视频投影及音响系统 1 组	2 688
21	农业部动物营养与饲料学重点实验室建设项目	牧医所	完成购置仪器设备 24 台（套），其中四级杆—超高分辨飞行时间质谱和三重四级杆—线性离子阱复合质谱仪 1 套，离子色谱—电感耦合等离子体质谱联用仪 1 套，动物营养与饲料学科物联网数据中心设备 22 台（套）	1 276

七、研究生教育与管理

中国农业科学院2016年度研究生教育概况

2016年，研究生院深入贯彻落实党的十八届三中、四中、五中、六中全会精神和习近平总书记系列重要讲话精神，认真贯彻落实“两学一做”学习教育和全国高校思想政治工作会议精神，严格按照中央巡视整改要求，在部、院党组的坚强领导下，围绕中国农业科学院“世界一流科研院所”建设和农业科技创新工程，服务“顶天立地”，坚持扩大规模与提高质量并举，深入推进研究生教育综合改革，做到“十三五”开好局，起好步。教育部与农业部共同签署了《关于合作共建 深化产教融合 推进现代农业发展的协议》，在招生规模、教育质量、内部管理、党建和精神文明建设、党风廉政建设等方面取得了较好的成绩。

一、拓宽招生渠道，招生规模再创新高

研究生院积极拓宽招生渠道，通过向教育部争取普通全日制研究生和“少数民族骨干计划”招生指标、扩大国内联合培养博士生规模、增加留学生春季招生、拓展中外合作办学范围等多种渠道，实现了研究生招生规模尤其是博士生招生规模的快速增长。

2016年，博士生总计招生441人，同比增加115人，增长35%，为历年之最。全年累计招收供各类研究生1 440人，同比增加137人，增长10%。普通全日制招生首次突破千人大关，招生1 011人，其中，硕士生招生720人，博士生招生291人；非全日制专业学位招生261人；留学生招生132人，同比增长180%；中外合作培养博士生36人，同比增长89%。现有在校生4 515人。

（一）招生情况

2016年，通过组织研究所参加教育部主办的全国招生现场咨询会、举办大学生夏令营、招生专场宣讲会等途径加大宣传力度，吸引优秀生源。接收2017级优秀推免生117名，占招生总数的15.5%。2016年，与东北农业大学和华南农业大学两所高校签署联合培养博士生协议。录取情况分析如下。

1. 博士生录取情况

2016年，中国农业科学院34个培养单位、42个专业的279名导师共招收了291名博士研究生，其中包含硕博连读的学生30人，与中国农业大学联合培养博士生25人，与华中农业大学联合培养博士生26人，与西北农林科技大学联合培养博士生10人，与

内蒙古大学联合培养博士生 6 人，少数民族高层次骨干人才计划博士生 5 人。

从录取类别看，非定向学生 246 人，占 84.54%；定向委培学生 45 人，占 15.46%。

从录取新生来源看，应届毕业生 179 人，占 61.51%；往届毕业生 112 人，占 38.49%。

从录取新生学位情况看，全部具有硕士学位。

从录取新生自然情况看，男生 165 人，占 56.70%；党员（含预备党员）170 人，占 58.42%；共青团员 89 人，占 30.58%；汉族 279 人，占 95.88%；25 岁以下 54 人，占 18.56%，26~35 岁 232 人，占 79.73%，36~49 岁 5 人，占 1.72%。

从录取学科门类情况看，农学门类占 72.85%，理学门类占 18.21%，工学门类占 1.03%，管理学门类占 7.90%。

2. 硕士生录取情况

2016 年中国农业科学院 36 个培养单位、60 个专业（或领域）的 710 名导师共招收了 720 名硕士研究生，其中包含推荐免试生 152 人，少数民族骨干计划硕士生 24 人。

从录取类型来看，学术学位型 494 人，占 68.61%，专业学位型 226 人，占 31.39%。

从录取类别看，非定向生 695 人，占 96.53%；定向生 25 人，占 3.47%。

从录取新生来源看，应届毕业生 629 人，占 87.36%；往届毕业生 91 人，占 12.64%。

从录取新生学历情况看，720 人全部都具有本科学历。

从录取新生自然情况看，男生 261 人，占 36.25%；女生 459 人，占 63.75%；党员（含预备党员）216 人，占 30.0%，共青团员 489 人，占 67.92%；汉族 678 人，占 94.17%；25 岁以下 683 人，占 94.86%，26 岁以上 37 人，占 5.14%。

从录取学科门类情况看，农学门类 312 人，占 43.33%；理学门类 86 人，占 11.94%；工学门类 67 人，占 9.31%；管理学门类 29 人，占 4.03%；专业学位农业硕士 164 人，占 22.78%；兽医硕士 62 人，占 8.61%。

2016 年，研究生院积极向教育部、农业部、北京市教委、农科院汇报，多渠道争取增加招生指标，落实农业部与教育部共建协议、增加联合培养高校数量、推动中外合作办学、扩大留学生规模等工作思路，为进一步做好招生工作、扩大招生规模奠定坚实基础。

（二）就业情况

2016 年总计应届毕业生 853 名（含定向委培生 61 人），其中，博士生 209 人，硕士生 644 人，就业率为 95.78%，相对于去年同期 95.54%有所提高，在京区科研单位中位居前列。通过举办就业指导讲座、毕业生校园双选会、专场招聘会等多种形式，为毕业生提供就业指导帮扶，拓宽就业渠道，提高就业质量，针对困难就业群体开展个性化服务和指导工作，推动其顺利就业。

二、完善保障体系，教育质量稳步提升

根据教育部要求，研究制订了《中国农业科学院研究生教育质量保障体系建设实施方案》，建立健全从招生到学位授予全过程的研究生教育质量保障体系，实现了教育质量的稳步提升。

（一）加强招生宣传，提高生源质量

组织相关研究所参加“2017 年全国研究生招生现场咨询会”，并赴湖南农业大学、新疆农业大学等进行招生专场宣讲，收到了良好效果。举办第五届大学生暑期夏令营，来自全国 35 所高校的 110 余名优秀大学生近距离了解中国农业科学院，并有部分学生与相关研究所进行了初步面试。2016 年招收的硕士生中来自“985”“211”高校的占 25%，生源质量不断提高。

同时，加强了对留学生报名材料审核力度，增加论文审核环节，优先选择英语作为其官方语言国家的留学生，密切留学生与报考导师间的沟通，多管齐下提高留学生生源质量。

（二）优化教学管理，提高培养质量

组织开展课程体系优化与建设调研，提出了实验类、统计类、外语类及专业课程等四类课程的优化建议，将人文社科类课程纳入课程建设计划，使课程设置服务科研、贴近需求。新开设“害虫综合治理”“实验设计理论与生物统计应用”两门全英文课程，拓宽学生视野，提升语言交流能力。依托研究所优质科教资源，规范回所课程管理，从教学计划的拟订，到选课教学等方面做到与集中教学一致，开设回所课程 32 门。

充分利用研究所及地方政府资源，在四川西昌、河北邢台建立了 3 个研究生培养实践基地，为促进教学与实践结合搭建平台。

（三）加强师资培训，提高教学指导质量

举办首期教师教学培训班，围绕课堂教学方法、师生课堂互动、翻转课堂教学、学生心理等内容，邀请清华大学、北师大等高校教学名师做专题讲座，提高中国农业科学院专兼职教师课堂教学能力和水平。定期举办新上岗导师培训，培训导师 118 人。严格按程序面向全院在岗科研人员遴选博导 53 人，认定博导资格 3 人，专门针对“青年英才”等人才计划遴选博导 15 人。

通过网上教学评估、严格博导遴选、导师资格年审等措施，加强师资队伍建设，提升课堂教学和指导水平。

（四）加强思政教育，提高学生工作质量

积极落实全国高校思想政治工作会议精神，研究制定了《关于加强和改进中国农业科学院研究生思想政治工作的意见》，将思想政治教育、学术道德教育和学风建设宣讲教育纳入研究生教育培养体系。完成全院研究所的科研原始记录检查工作。组织学生到通州关爱中心开展志愿服务，培养学生的社会责任感。积极推进奖助体系改革，取消了一年级学业奖学金分级评选，将学业奖学金由 3 个等次压缩为 2 个等次，缩小等次差距，扩大受奖面；统筹考虑各研究所研究生教育情况，制定并提出“集中评审”的奖学金分配方案，首次将各类企业奖学金名额下拨到研究所，做到研究所之间奖助相对均衡。

重视研究生心理健康，组织开展心理教育专题讲座，并定期为研究生开展心理疏导。定期组织召开研究生“两代会”、成立学生食堂监督小组，耐心听取学生的意见，监督食堂管理，提高饭菜质量，提升为研究生服务的水平。

（五）整合全院资源，提高学科建设质量

整合全院优质科研资源，完成农业工程、环境科学与工程、食品科学与工程 3 个学科博士学位授权一级学科点申报的前期准备工作。组织各研究所参加全国第四轮学科评估，以评促建。充分发挥兽医学科的科研优势，积极做好兽医学院首届 178 名新生的入学及培养管理工作。

（六）严格控制“出口”，提高学位授予及就业质量

制定并实施《中国农业科学院学位授予标准》，严把“出口”关，全年共授予各类学位 1 085人，其中博士学位 211 人（含留学生 29 人）、硕士学位 874 人（学术型硕士 453 人、留学生硕士 11 人、全日制专业学位硕士 185 人、同等学力硕士 3 人、非全日制专业学位硕士 222 人）。评选表彰 2016 年院级优秀博士学位论文 10 篇、优秀硕士学位论文 20 篇、2015—2016 学年高水平论文 14 篇。国务院教育督导委员会办公室抽检中国农业科学院 10%的博士论文，以及北京市政府教育督导办公室抽检中国农业科学院 5%的硕士论文全部合格。严肃处理了一篇存在抄袭的非全日制专业学位论文，撤销了其农业推广硕士学位，注销了其学位证书，取消了其导师的招生资格。

组织开展就业指导咨询和毕业生双选会，加强与用人单位联系，充分发挥研究所、导师在就业方面的帮扶作用，建立毕业生动态跟踪机制，提高就业质量。今年毕业生

853 名（博士生 209 人、硕士生 644 人），就业率为 95.78%，在京区科研单位中位居前列。

三、发挥资源优势，服务“三农”发展

围绕“三农”事业发展做好非全日制专业学位研究生教育工作。顺利组织完成 3 期 358 人次北京集中学习，指导京外 6 个教学点 366 人次集中授课。研究制定专业学位授予标准，严把学位授予质量关，为农技推广一线培养高素质人才。研究非全日制与全日制并轨后的专业学位发展思路，为长远发展奠定基础。

服务中国农业科学院“立地”战略，充分利用“一个中心、两个基地”平台，开展继续教育培训。在湖北荆门建立首个教学培训基地——湖北彭墩新型职业农民培训基地，启动新型职业农民教育培训体系建设。全年组织完成“西部之光”“青年课题组长培训班”等 26 个班次的培训工作，累计培训 1 495人次，取得了良好的社会效益。

四、立足国家战略，推动国际教育快速发展

根据国家“一带一路”和农业“走出去”战略，结合实际需求，首次实施留学生“全年接受申请，春秋两季入学”，报到人数和中国政府奖学金生人数分别比 2015 年增加了 180.8%和 123.3%，来自“一带一路”国家的留学生占新生总数的 74.2%，在校生达 245 人。大幅提高研究生院奖学金的助研津贴，吸引优秀生源。成立“国际教育学院”，为国际教育长远发展奠定基础。

积极推进中外合作办学项目。中—荷合作博士培养项目首批录取 19 人，与列日大学、瓦赫宁根大学就管理机制、课程引进及招生等内容进行了深入探讨，首次引进国外课程 4 门，与加拿大圭尔夫大学、澳大利亚默多克大学初步达成了合作办学的意向，中外合作办学项目不断深化。积极开展对外交流，接待泰国、英国等 12 个团组 54 人次来访，组织 4 个团组 12 人次赴美国、加拿大、比利时等国访问，扩大了中国农业科学院的国际知名度。

五、服务教育大局，内部管理不断规范

（一）开展教育调研，做到立行立改

完成对全院各研究所的研究生教育调研工作，对调研中的问题及时整理并分解到各业务处室，针对问题及时反馈，能解决的立刻解决，研究生院独自解决不了的，协调相关部门及时解决，因政策原因解决不了的说明原因，提高调研的实际效果。学业奖学金评选、奖学金名额分配、学生出国报销、回所研究生党员发展等在调研中发现的问题都

已经及时解决。通过教育调研，不断提高为研究所、导师、学生服务的能力和水平。

（二）落实部部共建，谋划“十三五”发展

积极落实部部共建协议，在调研的基础上形成落实部部共建协议的需求，上报中国农业科学院、农业部，跟进协议的具体落实。在总结“十二五”的基础上，结合国家研究生教育政策，起草《中国农业科学院研究生教育“十三五”发展规划（2016—2020）》并经中国农业科学院常务会通过，为中国农业科学院研究生教育发展指明了方向。

（三）规范内部管理，提升服务水平

加强制度建设，提高执行力。完成《研究生院规章制度汇编》，制（修）订各类规章制度 70 余项，规范办事程序，理顺工作流程，各项工作有据可依。重点任务加强督办，有效推进落实，提高执行力。充分利用中国农业科学院和研究生院中英文网站、宣传栏等渠道加强宣传工作，扩大社会影响力。组织部分研究所 19 名专家学生赴中兴大学参加“第六届海峡两岸农业科研与教育研讨会”，加快推进两岸科研与教育交流，在 2017 年研究生入学考试报名中首次出现台湾地区生源。公文管理工作荣获 2015—2016 年度中国农业科学院“好公文”奖。

强化队伍建设，提高管理水平。根据工作需要，完成 8 名处级干部的选拔任用工作，强化中层干部队伍建设。成高级会计师评审推荐和技师聘用工作，提升人才队伍水平。根据工作需要，调入职工 3 人，聘用编外管理人员 6 人，充实管理队伍。按照“三龄两历一身份”要求，圆满完成正处正研人事档案审核工作。

服务事业发展，规范财务管理。严格按要求做好财务预决算工作，大额支出严格按照“三重一大”执行，确保经费使用合理合规。制订《中国农业科学院研究生院内部控制规程》，规范了内部财务和业务活动，有效防控廉政风险和财务风险。完成全院固定资产清查工作，做到资产管理科学、规范。

六、加强信息化建设，改善办学条件

“研究生教育一体化数字校园平台建设项目”二期进展顺利，研究生管理信息系统和办公自动化系统上线试运行，校园“一卡通”项目稳步推进，教育信息化水平进一步提高。

完善基础设施建设，投资完成学生浴室改造、食堂维修、办公区路面硬化等项目。加大投入力度，做好安全生产，定期开展安全生产大检查，排查隐患、及时整改，隐患整改率达 100%。建立安全巡查制度，确保校园安全。加强安全行车教育，获“海淀区交通安全先进单位”。安全生产工作做到全年无事故。

中国农业科学院
2016年研究所研究生教育评价结果

为进一步贯彻落实《国务院学位委员会 教育部关于加强学位与研究生教育质量保证和监督体系建设的意见（学位〔2014〕3号）》文件精神，走内涵式发展道路，提高研究生教育质量，为中国农业科学院建设“世界一流农业科研院所”和实施农业科技创新工程提供强有力的人才支撑，2016年研究生院继续组织实施研究所研究生教育评价工作，并在充分考虑近几年研究所对指标体系提出的意见和建议的基础上对评价指标体系进行了修订。研究所研究生教育评价采取百分制分级量化打分，客观反映研究生教育管理水平，体现导向性、合理性、实用性，旨在强化和规范研究所的研究生教育管理工作，为探索建立研究生教育保障体系、开展自我诊断式评估、提高研究生教育质量提供依据。2016年研究所研究生教育评价结果如下。

排名	研究所	得分	排名变化	排名	研究所	得分	排名变化
1	哈尔滨兽医所	94.94	1	9	水稻所	81.40	3
2	植保所	92.54	-1	10	烟草所	80.45	10
3	作科所	91.23	1	11	油料所	79.42	3
4	加工所	86.51	5	12	生物所	78.67	-2
5	蔬菜所	86.06	0	13	环保所	77.58	10
6	饲料所	84.72	0	14	上海兽医所	77.45	7
7	质标所	84.56	1	15	特产所	76.60	9
8	资划所	82.64	-5	16	兰州兽医所	75.90	0

（续表）

排名	研究所	得分	排名变化	排名	研究所	得分	排名变化
17	茶叶所	75.80	1	25	棉花所	67.61	-10
18	环发所	73.83	1	26	草原所	67.52	5
19	牧医所	73.46	-12	27	兰州牧药所	67.19	-16
20	果树所	72.58	9	28	农机化所	66.80	0
21	郑果所	72.58	1	29	信息所	66.19	-3
22	麻类所	71.83	8	30	农经所	65.49	-5
23	沼科所	71.57	-10	31	蜜蜂所	57.89	-14
24	灌溉所	69.52	3	32	食物营养所	54.69	0

关于表彰中国农业科学院2015年度研究生管理工作先进集体和先进个人的决定

农科研生〔2016〕53号

院属各研究生培养单位：

按照《关于评选中国农业科学院2015年度研究生管理工作先进集体和先进个人的通知》（农科研生〔2015〕160号）文件精神，在各研究生培养单位申报的基础上，根据《中国农业科学院研究生院研究生管理工作先进集体和先进个人评选办法》（农科研生〔2012〕3号），并结合2015年度中国农业科学院各研究所研究生教育考核指标体系考核评价结果，经研究生院2016年5月9日院务会研究决定，表彰植物保护研究所等12个研究所为我院2015年度研究生管理工作先进集体，宁云等27位同志为我院2015年度研究生管理工作先进个人。

附件：中国农业科学院2015年度研究生管理工作先进集体和先进个人名单

中国农业科学院研究生院

2016年5月11日

附件

中国农业科学院 2015 年度
研究生管理工作先进集体和先进个人名单

一、研究生管理工作先进集体

植物保护研究所
哈尔滨兽医研究所
农业资源与农业区划研究所
作物科学研究所
蔬菜花卉研究所
饲料研究所
北京畜牧兽医研究所
农业质量标准与检测技术研究所
农产品加工研究所
生物技术研究所
兰州畜牧与兽药研究所
中国水稻研究所

二、研究生管理工作先进个人

宁　云　植物保护研究所
高友兰　哈尔滨兽医研究所
邢丽丽　作物科学研究所
张婷婷　蔬菜花卉研究所
赵利华　饲料研究所
王皓宇　北京畜牧兽医研究所
吴　伟　农业质量标准与检测技术研究所
王友华　生物技术研究所
周　磊　兰州畜牧与兽药研究所
孙佳音　中国水稻研究所
张　敏　沼气科学研究所
夏　婧　油料作物研究所
彭　军　棉花研究所

李潇萍　兰州兽医研究所
杨　磊　蜜蜂研究所
孙逸钊　茶叶研究所
姬军红　农业环境与可持续发展研究所
孟　鹤　烟草研究所
顾惠明　上海兽医研究所
徐倩倩　郑州果树研究所
陈　曦　特产研究所
毛世平　农业经济与发展研究所
黄　敏　农业信息研究所
沈菊艳　农田灌溉研究所
张　萌　南京农业机械化研究所
程少丽　果树研究所
吕　拓　麻类研究所

中国农业科学院研究生院教学委员会三届四次会议纪要

12 月 2 日，研究生院教学委员会三届四次会议在北京召开。中国农业科学院副院长、教学委员会主任委员吴孔明院士出席会议并讲话。院党组成员、研究生院院长、教学委员会副主任委员刘大群作总结发言。会议由研究生院副院长、教学委员会副主任委员刘荣乐主持。会议分作物科学，动物科学，管理、工程、资源与环境 3 个学科组审议与讨论相关议题，会议纪要如下。

一、关于研究生科研记录检查

会议讨论了 2014—2016 年研究生科研记录检查工作的总结报告，肯定了科研记录工作的重要性以及科研记录检查工作取得的成效，认为研究生科研记录质量高低主要在于导师，建议强化导师责任。

二、关于研究生课程优化

会议讨论了 2016 年研究生课程优化调查情况，建议新设分析化学、仪器分析（回所课程）、SPSS、生物统计学等实验类与统计类课程以及人文社科素质类课程，加强回所课程建设，推进课程信息化。

三、关于课程教学大纲

会议原则审议通过了高级蔬菜栽培生理学专题、环境微生物学、环境学概论、信息经济学 4 门新开课程教学大纲与高级蔬菜育种学、高级蔬菜栽培生理学、食品营养组学与生物制造 3 门修订后的课程教学大纲，并提出了具体改进建议。

四、关于全日制和非全日制专业学位教育工作

会议讨论了全日制和非全日制专业学位教育工作思路，建议出台有关管理办法和细则。

五、关于3个规章制度

会议审议了研究生培养及教学档案管理、研究生培养实践基地建设、教研室设置和管理3个管理办法，提出了部分修改建议。

六、关于教师教学培训

会议讨论了2016年首届教师教学培训总结，肯定了培训取得的成效，建议继续通过开展培训，加强教师队伍建设，提高教学能力与水平。

会议还讨论了2015—2016年研究生教育调研中反映的主要问题，并建议研究生院尽快研究解决。

中国农业科学院启用新版博士、硕士学位证书

2015年，国务院学位委员会、教育部印发《学位证书和学位授予信息管理办法》，决定从2016年1月1日起，学位证书由各学位授予单位自行设计印制，国务院学位委员会办公室印制的学位证书不再使用，各学位授予单位自主设计的学位证书不得使用国徽图案。

按照国家有关要求，研究生院高度重视、认真研究，先后经过调研、设计、学位评定委员会审议、征求全院师生意见、学位评定委员会主席审定等程序，顺利完成了中国农业科学院新版博士、硕士学位证书的设计和制作，首批用于2016年春季毕业生。

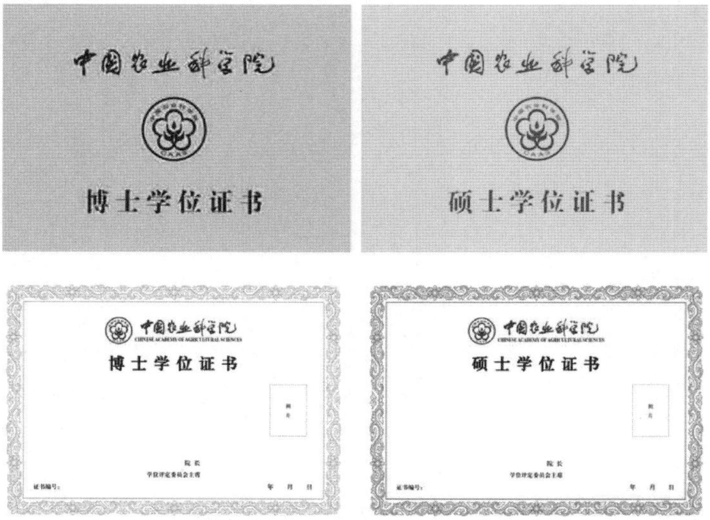

图 中国农业科学院新版博士、硕士学位证书

说明：

中国农业科学院学位证书包括证书（内芯）和封皮两部分，证书（内芯）采用横版国际标准A4尺寸，上方为中国农业科学院Logo与中英文院名的标准字组合，并标注博士、硕士学位证书字样；中部为学位获得者的个人信息、学位信息、照片以及院长、院学位评定委员会主席签章；下方为学位证书编号和学位授予日期。

博士学位证书（内芯）边框为淡粉色，硕士学位证书（内芯）边框为淡蓝色，边框样式与原国家印制的学位证书边框保持一致；证书（内芯）均带有中国农业科学院Logo为水印的防伪标志。

证书封皮上部为“中国农业科学院”郭沫若体，中部为中国农业科学院Logo，下部标注博士、硕士学位证书字样；内封为中国农业科学院研究生院院训“明德格物，博学笃行”；博士学位证书封皮颜色为深红色，硕士学位证书封皮颜色为深绿色。

关于授予王加亭等34人博士学位、赵效杨等87人硕士学位的决定

农科学位〔2016〕4号

中国农业科学院第八届学位评定委员会第六次会议于2016年1月17日在北京召开，根据《中华人民共和国学位条例》和《中国农业科学院学位授予工作实施细则》的规定，决定授予王加亭等34人博士学位；授予赵效杨等87人硕士学位，其中全日制学术型硕士3人，非全日制专业学位硕士84人。授予学位日期为2016年1月17日，具体名单见附件。

附件：中国农业科学院2016年冬季授予学位人员名单

中国农业科学院学位评定委员会

2016年1月27日

附件

中国农业科学院 2016 年冬季授予学位人员名单

1. 授予博士学位人员名单（34 人）

王加亭　马立锋　阿地力江　褚　敏　黄华云　丁　宁　靳淑平　刘丽红　刘志彬
信丽媛　张　成　徐秀秀　布尔金　任　静　左　旭　张俊鹏　武　强　孙　豹
麦合木提江·米吉提　王跃星　鲍加荣　曹　俊　冯肖肖　刘　飞　武专昌
张仲凯　胡标林　谭龙涛　符冠富　达瓦顿珠　高桂珍　刘章雄　Ri Kwang Il
Ri Yong Je

2. 授予全日制学术型硕士学位人员名单（3 人）

赵效杨　朱文文　杨海龙

3. 授予非全日制专业学位硕士学位人员名单（84 人）

陈冬梅　陈　锋　陈　炜　杜兴海　郭　芳　江青玲　蒋群茂　李　娟　廖　辉
刘峥宇　陆金阳　陆永旭　米　强　彭　瑶　谭高顺　王爱辰　王海明　王　路
王　妍　袁　媛　曾凡英　曾珊珊　詹思远　张凌鹭　张志富　单建军　米　刚
武春艳　朱文龙　单　宏　王　贺　王小鹤　杨晓伟　周　野　常先苗　康少辉
李庆全　马　静　邱春英　王　萌　王明霞　王　维　闫凤岐　张丽娟　张　毓
柏　超　杜霖春　胡立豪　李志勇　刘洪录　刘新宇　罗宝君　佟　南　王翔宇
赵仁杰　周　雷　周　颖　董雪梅　房郁妍　郭　利　郭宗谱　郝智勇　何长安
胡　润　黄益国　江满霞　李长辉　刘佰卿　刘晓婕　牛志敏　苏德峰　童中全
武尔娜　徐鑫丽　杨兴勇　张明爽　张朋伟　张起昌　张　宇　周　军　祝海锋
车仓盛　谢　越　扎西罗布

关于授予侯海鹏等 177 人博士学位、蒲妍君等 787 人硕士学位的决定

农科学位〔2016〕9 号

中国农业科学院第八届学位评定委员会第七次会议于 2016 年 7 月 5 日在北京召开，根据《中华人民共和国学位条例》和《中国农业科学院学位授予工作实施细则》的规定，决定授予侯海鹏等 177 人博士学位；授予蒲妍君等 787 人硕士学位，其中全日制学术型硕士 461 人，同等学力硕士 3 人，全日制专业学位硕士 185 人，非全日制专业学位硕士 138 人，授予学位日期为 2016 年 7 月 5 日。具体名单见附件。

附件：中国农业科学院 2016 年夏季授予学位人员名单

中国农业科学院学位评定委员会

2016 年 7 月 5 日

附件

中国农业科学院 2016 年夏季授予学位人员名单

1. 授予博士学位人员名单（177 人）

侯海鹏	马 进	李文林	龚振平	张俊峰	李淑华	王 慧	黄仲冬	王晓乐
黎波涛	刘群恩	杜克明	刘俊霞	鲁振华	王深浩	任 毅	唐继洪	张伶燕
赵洪喜	赵立军	张东辉	张春雨	侯 健	甘 露	李 波	秦正睿	秦腾飞
刘 飞	张少军	于寒青	卞中华	王红彦	刘海清	项 超	王俊娟	王后苗
杨玉花	徐 群	刘晓彤	郑巨云	白龙强	张旭博	展晓莹	温延臣	崔培媛
郭兆将	魏纪珍	王 娟	贺 敏	王建起	高理想	宋兴超	范素素	张礼洲
贺君君	曲自刚	连凯琪	张巧凤	马江涛	姜霁珊	高 婷	李子涵	李璐伊
孔 立	刘敏娟	刘文文	祝秀亮	翟亦倩	涂 涛	刘孟洁	周 颖	王 君
鞠光伟	牛敏杰	王 悦	郭 魏	李景海	杨永杰	王若焱	陈俊宇	向小华
李欢欢	宋利强	鲁 清	吴立文	吴 丽	李腾飞	程永友	郎玉苗	杨宝路
郑斯文	马梦梅	龚魁杰	肖 龙	刘同金	舒金帅	邱正坤	曹红利	刘健伟
李燕青	宋 茜	李 贺	王 刚	郭利桃	张万娜	李凯龙	马 龙	刘晓漫
蒲 蕾	高 倩	潘章源	韩吉龙	刘 志	何 涛	廖瑞波	王 薇	荆常亮
崔小燕	崔艳军	杨童奥	赵 航	王建科	赵建军	王玢瑸	于新茂	曹晓丹
郑旭晨	孔晖晖	王金良	吕 爽	王一平	贠炳岭	李连峰	张晓战	秦 燕
李西良	刘志英	邵麟惠	卫 荣	孔维升	崔 凯	王 禹	赵继春	陈云鹏
郭雷风	韩 枫	顾亮亮	陈亚东	钟 鑫	徐 克			

Kawser-E-Jahan
Afsana Ansari
Jamshed Muhammad
Hussain Javed
Gbete Wasseh Emefa Germaine
Jha Shiva Kumar
Isameldin Suliman Mohamed Karam
Omar Abdallah Mirza
Hanif Mamoona
Khan Najeeb Ullah
Gamal Mohamed Ali Fadul
Manzoor Muhammad Qasim
Amy Thein
Palanga Koffi Kibalou
Houssou Assa Albert
Tong Van Giang
Matolo Luyolo
Tsakama Madalitso Wilfred
Khanzada Shagufta Rani
Lyatuu Eliamoni Titus
Pourbeyrami Hir Younes
Mzimbiri Rehema Idriss

Yaseen Muhammad

Ali Akhtar

Hussain Khalid

Win Than

AL-Rubaye Adil Jabbar Atiyah

2. 授予全日制学术型硕士学位人员名单（461 人）

蒲妍君	胡 博	亓 振	董 振	尹 力	苏一峰	佟金鹤	张卫红	郭玉杰
郭倩楠	李 耘	陆 超	张 陈	王 靖	郭 翔	王春芳	何冠华	黄 锁
李 聪	龙海馨	明 鸣	闫 婷	于春生	翟华伟	李志敏	王培立	陈茂然
陈忠良	高丽华	李战朋	连 通	马晓娇	师双锋	王华青	王 姣	王 晶
王文乐	王亚云	杨江涛	战 园	张 昊	考桂伟	李鹏飞	吕 顺	田 林
王宁波	董志雪	王 祯	王景丽	贾 阳	袁会兰	张家禹	张闪闪	冯 磊
常乃杰	程婉莹	梁 艳	王娜娜	王小蒙	柴康杰	常飞龙	陈 晓	陈昭阳
丁天航	倪有亮	王培雨	王苏飞	张 最	周晴晴	李 楠	李 勇	肖亚涛
杨晓慧	周浩勇	周 媛	李路路	李志鹏	周 波	周 升	唐 治	冯 瑶
李 宁	高 雪	王朋超	于 泳	刘 杨	冯 洁	黄 成	杨红男	石振兴
杲 龙	姚怡莎	白文荟	徐娜娜	张 英	朱 丹	韩晓燕	贺 凡	商 博
魏秀丽	徐 飞	于宏威	张彩霞	赵福利	胡丽娜	曹伟伟	王 湘	张 逸
李 敬	崔文慧	关云静	沈 月	武 亮	徐 芬	张 晶	张鹏飞	张 玮
郑立友	张 鑫	周培禄	白志刚	刘 潜	林育炯	张晓果	董维杰	管恩娜
苏玉龙	邢 瑶	蔡宇鹏	董 艳	范开建	郝 巍	黄雅敏	康 丹	李楚曦
刘 慧	卢家玲	罗 胜	孟令志	苗永杰	王翠红	向小娇	张守伟	冯晓旭
葛 勇	宋威武	吴春珲	吴焕焕	黄 倩	叶 姜	赵 胜	郭 丹	杨正福
周 全	陈 蕾	程亚增	李晓旭	王国平	闫杏杏	白 娜	陈红新	从春生
方 俐	刘春良	吕明杰	唐婵娟	徐伟娜	周福来	郭新磊	王晓歌	徐志军
朱晓冬	章孟臣	向德虎	杨 娟	贺 冰	王素君	卞英芳	于莎莎	刘翠翠
孙阳阳	王春凯	陈银彬	欧阳艳飞	王 晗	李 志	孙 磊	宋成秀	叶孟亮
张克坤	崔金莹	付丽霞	韩风庆	韩 伶	李国亮	李佳蔚	李 帅	李兴翠
刘 静	刘希艳	卢 萍	齐东霞	宋丽华	王兴兴	杨卫杰	张丽媛	张小翠
张 雪	李 可	高明珠	葛超美	胡玉荣	黄丹娟	黄玉婷	景 进	刘 圆
祁丹丹	王 博	俞露婷	张明露	张英娜	李雅男	周妍慧	蔡岸冬	崔 超
和君强	梁国鹏	贾武霞	张恒恒	张肖林	赵艳玲	曹祥会	迟克宇	丁文成
贺 美	沈 欣	王雪翠	袁 梅	周丽平	陈国军	李元桥	张祖光	赵叶萌
刘 冰	吴晓磊	东朝霞	郭 剑	何文斯	胡文君	刘 斌	赵立萍	曹月霞
晋知文	钱 坤	郭焕强	李建宇	李 晶	廉志成	刘贝贝	刘 艳	罗亚婷

石彦龙　吴青松　闫征远　张宏波　张华崇　张　蔚　刘　伟　刘　旭　田　华
王海波　谷彦冰　何秉青　曹　松　陈缨缨　崔欢欢　刘凯强　王富鑫　魏　宇
薛文鑫　杨　龙　袁向东　张璐璐　张晓林　郑　瑜　陈茜茜　董梦雅　方文生
何　玲　胡明锋　胡小梅　鞠　超　王国宾　赵　鹏　刘小龙　王　旭　王玉生
杨　阳　王新玲　李娇娇　刘静雨　秦兴虎　任小云　张保贺　化朝举　纪　猛
李　丽　李云雷　刘雪雪　刘　洋　马德尊　马晓萌　王　巧　魏如雪　袁泽湖
张姣姣　赵明礼　赵　谦　甄二东　常银莲　龙　城　祁敏丽　孙庆艳　田　佳
万春孟　王　波　杨　连　于晓彤　赵　祯　宗丽芬　胡义信　梁争文　刘　松
刘　振　栾素军　庞　敏　王　坤　辛海瑞　杨　霞　张　凯　张少帅　亓玉萍
薛　菲　周志勇　路　晓　宋姗姗　王权威　周盼伊　林　杰　文　豪　董瑞凯
赵玲娜　林　鹏　刘　杏　石　坤　王西西　王　洋　冯金涛　高建鹏　宫晓倩
顾　峰　胡　盼　马改妮　马丽贞　曲泽慧　田　青　王　涛　王　鑫　王自文
赵少若　左佳坤　常亚飞　陈小微　程　楠　崔艳芳　杜文娟　段雨路　管晓璐
姜水涛　蒋艳玉　李　鑫　李长尧　刘海燕　刘松艳　卢　珍　吕红超　马树杰
邵　钰　史冰田　隋金钰　孙　楠　王金光　王胜男　王　晓　王玉杰　吴少莲
徐广军　杨立新　张洪亮　张继凯　张　翔　张晓彩　陈鹏飞　崔建敏　范许许
李伟伟　刘聪暖　齐琳琳　王春燕　王立燕　王玲玲　吴　娜　邢闪闪　于培发
袁　红　张　柳　雷　娜　刘利利　樊燕燕　刘　娜　郭丰辉　岳方正　贾聪俊
张俏燕　孙清洋　闫亚飞　陈　涛　冯　阳　刘　丹　谢方立　韩亚恒　高　奇
吉星星　李春肖　王　雪　张雁明　熊　靓　熊　露　龚　立　王静怡　杨玉苹
林青宁　汪武静　胡玮薇　苏念思　郑文倩　陈　露　盛丹丹　王　亮　杨洪磊

Mkulama Mtawa Andrew Prosper
Nyamwasa Innocent
Rasolofoman Ana Tovoherinome Njanahary Jacques
Mzirai Nimwindael Abubakari
Ondati Evans
Nahurira Ruth
Manik S M Nuruzzaman
Hossain Muhammad Shakil
Shifiona Kaulinawa Theresia
Oluoch George
Ashenafi Getachew Megersa

3. 授予同等学力硕士学位人员名单（3 人）

刘　佳　朱猛蒙　张　越

4. 授予全日制专业学位硕士学位人员名单（185 人）

单天雷　付路平　李光彦　李　静　李艳妃　梁前进　王　辉　于莉莉　张　宁

牛　静　王　刚　吴　洁　张　蒙　赵树琪　代碌碌　韩配配　郝国存　李可琪
白　杰　刘显波　王亚梁　杨雪芹　初晓鹏　樊文强　李志刚　梁　盟　刘善民
王传吉　杨明磊　乔永在　徐成路　苏在兴　曹　宁　顾晓振　胡　阳　刘莉洁
刘盼娜　伦尧尧　任秀霞　魏明明　杨　哲　郭　健　孙晓文　薛　辉　桂安辉
李治鑫　王　洁　杨刘艳　张修德　倪　露　戚瑞敏　王倩倩　温云杰　武红亮
张　敏　赵凯丽　范靖尉　韩瑞芸　黄一帆　李慧燕　臧怀敏　郑　波　李政伟
曾　凤　王　玲　陈秀洁　崔仕春　高　蕊　弓少龙　郭扬振　贾　伟　李　婷
李　微　梁作盼　刘丹丹　刘艳敏　马　涛　石　洁　宋菁菁　王　健　王丽荣
张丹丹　张珊珊　张　桃　楚　博　赵丽红　王　伟　韩　腾　唐仕浩　周杨全
周　俊　李　阳　刘茂林　马友彪　杨春涛　张　丽　常　玉　高胜涛　胡师金
李晓菲　牛　红　任小霞　辛小青　张　恬　张秀秀　孙皓然　张　伟　佘平昌
张玲玲　张　珊　周　恒　关　鑫　姬　悦　王　磊　吴思齐　郑钊光　高忠敏
葛　磊　朱殿霄　谢景丽　穆朋倩　陶　瑞　乌日娜　赵璐瑶　蔺艳君　刘倩男
刘　肖　路媛媛　吕海洋　王　瑶　张　婉　朱　珍　曹葳蕤　高丽苗　彭云峰
吴　娆　朱建国　马凡舒　崔宏锐　郭慧敏　贾秉光　姜　盼　李　聪　任亭亭
王民燕　许　瑞　赵　娟　朱雪龙　陈利红　高利萍　黄　冬　孔苗苗　李翠翠
李大鹏　李　忍　骆晓蕾　马秀英　马　勇　王翠辉　王林柏　王潇博　肖　丽
张青山　赵　款　祝　瑶　祖述龙　白伟杰　陈秋语　冯胜勇　康文娟　刘　娟
刘亚丽　栾志舫　秦明明　宋一鸣　王　琛　王俊勇　卫巧林　魏艳玲　杨　强
殷　静　赵　荣　曹明泽　黄美州　彭文静

5. 授予非全日制专业学位硕士学位人员名单（138 人）

查　静　陈文刚　初丹荫　丛克强　丁为国　丁远远　范　磊　范晓哲　付　博
付潇潇　胡　雪　黄凤玲　黄绪堂　霍鹏飞　姜　珍　金建鑫　李　丹　李　婧
李蓝默　刘　倍　刘翠君　刘　影　马　彪　马玉辉　孟一耕　缪国玺　钱健荣
伞靖宇　田　超　田　宇　王　强　王　跃　王志新　辛显伟　徐　枫　杨雅淇
姚辉斌　殷　俊　张炳丽　张　弛　张利翔　张　鑫　赵梦雷　赵　青　赵玙璠
诸德胜　邹　珊　沈红霞　宋振海　王玉婷　徐铁男　尹　亮　陈小俊　胡成志
庞凤玲　孙　刚　孙亚东　杨永前　周文蕾　郭　佳　孔德龙　任龙梅　王峭然
赵清国　程　新　戴　婧　邓　欣　兰　蕾　林　洋　林祖松　路程睿　秦淑杰
邢立霞　翟　旭　张贵海　白　慧　毕景义　杜海玲　金　超　李明路　刘克明
王红波　王　菁　王　娜　王　莹　杨　华　陈宝刚　陈加友　李　波　刘　楠
刘岩岩　申领艳　王　昕　辛金萍　杨俊杰　杨伟国　易旭红　张　蒙　张婷婷
陈博聪　达爱斯　李　辰　李海霞　李华卫　梁丽莎　刘新华　罗　婵　尚　沫

谢宝林　许雅慧　杨　勇　张竞戈　崔杰印　董学瑞　郭　娜　韩德志　解国庆
刘　晴　刘　荣　刘显元　刘鑫磊　牛若超　逄淑英　石运强　宋继玲　周　超
曹佳坤　曹　磊　董　青　何　俊　焦贺勋　静　争　李长丽　李　俊　李　毅
宋玉婷　王　娇　赵碧波

中国农业科学院2016年度优秀学位论文名单

中国农业科学院2016年优秀博士学位论文名单

序号	姓名	专业	研究所	导师	学位论文题目
1	黄华云	动物营养与饲料科学	畜牧所	文　杰	鸡腹脂沉积相关基因和miRNA筛选及BNP基因的功能鉴定
2	马梦梅	农产品加工利用	加工所	木泰华	孜然膳食纤维改性及降血糖活性研究
3	李腾飞	农产品质量与食物安全	质标所	王　静	新型分子印迹材料制备及其在化学污染物检测中的应用研究
4	郭兆将	农业昆虫与害虫防治	蔬菜所	张友军	小菜蛾对Bt Cry1Ac毒素抗性的分子机制研究
5	王跃星	生物化学与分子生物学	水稻所	钱　前	水稻粒形基因GL7的克隆、功能研究及育种利用
6	王深浩	蔬菜学	蔬菜所	黄三文	稀有变异揭示TCP基因调控黄瓜卷须发育
7	张旭博	土壤学	资划所	徐明岗	中国农田土壤有机碳演变及其增产协同效应
8	贠炳岭	预防兽医学	哈尔滨兽医所	王笑梅	禽偏肺病毒F蛋白介导膜融合及抑制β-干扰素机制研究
9	曹晓丹	预防兽医学	上海兽医所	林矫矫	日本血吸虫排泄分泌蛋白的研究
10	吴立文	作物种质资源学	水稻所	郭龙彪	水稻OsNaPRT1基因的突变抑制NAD补偿途径和导致叶尖枯萎的分子机理研究

中国农业科学院 2016 年优秀硕士学位论文名单

序号	姓名	专业	研究所	导师	学位论文题目
1	王　巧	动物遗传育种与繁殖	畜牧所	赵桂苹	利用蛋白互作组技术鉴定鸡细胞中 H5N1 禽流感病毒宿主互作因子
2	赵　谦	动物遗传育种与繁殖	畜牧所	赵倩君	MiR-192 在绵羊骨骼肌卫星细胞增殖和成肌分化中的功能研究
3	杨红男	环境工程	沼科所	邓良伟	猪场粪污沼气发酵产气动力学研究
4	冯　瑶	环境科学	资划所	李兆君	鸡粪堆肥过程中诺氟沙星削减规律及微生物分子生态学机制
5	鞠　超	农药学	植保所	徐　军	腈菌唑对土壤微生物活性、种群数量及氮转化的影响
6	张闪闪	生物化学与分子生物学	研究生院	赵百锁	嗜盐细菌的分离鉴定与 Natranaerobius thermophiles 盐适应机制的蛋白质组学分析
7	李鹏飞	生物化学与分子生物学	植保所	郭立华	禾谷镰刀菌病毒 FgHV2/JS16 和 FgMTV1/SX64 的功能鉴定
8	朱　珍	食品加工与安全	加工所	唐选明	赤霉素调控采后番茄果实抗冷机制研究
9	赵璐瑶	食品加工与安全	质标所	杨曙明	基于转录水平生物标志物监测肉羊肌肉中 β2 受体激动剂的研究
10	王　湘	食品科学	油料所	陈　洪	基于衍生化技术的磷脂高效分析新方法及其应用研究
11	赵　款	兽医	哈尔滨兽医所	安同庆	PRRSV HuN4 株和 CH-1a 株感染性克隆及其嵌合病毒的构建及其初步应用
12	崔金莹	蔬菜学	蔬菜所	顾兴芳	黄瓜商品瓜果实生长速率 QTL 定位

（续表）

序号	姓名	专业	研究所	导师	学位论文题目
13	韩风庆	蔬菜学	蔬菜所	方智远	甘蓝花瓣黄色基因 BolC. cpc-1 的定位及克隆
14	亓玉萍	特种经济动物饲养	蜜蜂所	李建科	蜂王浆高产蜜蜂和意大利蜜蜂血淋巴蛋白质组和磷酸化蛋白质组分析
15	蔡岸冬	土壤学	资划所	张文菊	我国典型农田土壤固碳效率特征及影响因素
16	王　晓	预防兽医学	哈尔滨兽医所	仇华吉	猪瘟病毒强弱毒株 NS5A 蛋白对病毒复制效率影响的差异分析
17	刘聪暖	预防兽医学	兰州兽医所	贾万忠	白细胞介素-17A 对多房棘球蚴侵染小鼠的免疫调节作用研究
18	刘贝贝	植物病理学	植保所	王锡锋	RSV 对灰飞虱卵细胞蛋白组和若虫生长发育基因转录的影响
19	单天雷	作物	作科所	张增艳	小麦 MYB 转录因子 TaMYB86 和 TaRIM1 的分子特征与防御功能分析
20	董　艳	作物遗传育种	作科所	张　艳	小麦茎秆水溶性碳水化合物合成基因 TaSST 的克隆、功能标记开发和关联分析

中国农业科学院2015—2016学年度高水平论文奖名单

序号	学号	姓名	学生类型	研究所	专业	导师	发表论文名称	刊物名称	影响因子	JCR大类分区	发表时间
1	82101141141	汤超华	博士	牧医所	动物营养与饲料科学	张军民	Effects of Dietary Genistein on Plasma and Liver Lipids, Hepatic Gene Expression, and Plasma Metabolic Profiles of Hamsters with Diet-induced Hyperlipidemia	*Journal of Agricultural and Food Chemistry*	2.912	农林科学一区	2015年8月
2	82101132364	杨　连	硕士	饲料所	动物营养与饲料科学	黄火清	Construction of a Rapid Feather-Degrading Bacterium by Overexpression of a Highly Efficient Alkaline Keratinase in its Parent Strain Bacillus amyloliquefaciens K11	*Journal of Agricultural and Food Chemistry*	2.912	农林科学一区	2015年12月
3	82101131078	杨青青	博士	油料所	农产品质量与食物安全	李培武	Quantitative determination of major capsaicinoids in serum by ELISA and time-resolved fluorescent immunoassay based on monoclonal antibodies	*Biosensors & Bioelectronics*	6.409	工程技术一区	2016年7月
4	82101141125	陈增龙	博士	植保所	农药学	郑永权	Influence of Uptake Pathways on the Stereoselective Dissipation of Chiral Neonicotinoid Sulfoxaflor in Greenhouse Vegetables	*Journal of Agricultural and Food Chemistry*	2.912	农林科学一区	2016年3月

（续表）

序号	学号	姓名	学生类型	研究所	专业	导师	发表论文名称	刊物名称	影响因子	JCR 大类分区	发表时间
5	82101151127	潘兴鲁	博士	植保所	农药学	郑永权	Stereoselective analysis of novel chiral fungicide pyrisoxazole in cucumber tomato and soil under different application methods with supercritical fluid chromatography tandem mass spectrometry	*Journal of Hazardous Materials*	4.529	工程技术一区	2016 年 7 月
6	82101142322	田春燕	硕士	植保所	农药学	徐　军	Determination of Sulfoxaflor in Animal Origin Foods Using Dispersive Solid-Phase Extraction and Multiplug Filtration Cleanup Method Based on Multiwalled Carbon Nanotubes by Ultraperformance Liquid Chromatography/Tandem Mass Spectrometry	*Journal of Agricultural and Food Chemistry*	2.912	农林科学一区	2016 年 3 月
7	82101141030	干珠扎布	博士	环发所	农业气象与气候变化	林而达	Differential response of alpine steppe and alpine meadow to climate warming in the central Qinghai-Tibetan Plateau	*Agricultural and Forest Meteorology*	3.762	农林科学一区	2016 年 6 月
8	82101121023	王跃星	博士	水稻所	生物化学与分子生物学	钱　前	Copy number variation at the GL7 locus contributes to grain size diversity in rice	*Nature Genetics*	29.352	生物一区	2015 年 8 月
9	82101135140	朱　珍	硕士	加工所	食品加工与安全	唐选明	Effects of Postharvest Gibberellic Acid Treatment on Chilling Tolerance in Cold-Stored Tomato (Solanum lycopersicum L.) Fruit	*Food and Bioprocess Technology*	2.691	农林科学一区	2016 年 7 月
10	82101135132	赵璐瑶	硕士	质标所	食品加工与安全	杨曙明	New Analytical Tool for the Detection of Ractopamine Abuse in Goat Skeletal Muscle by Potential Gene Expression Biomarkers	*Journal of Agricultural and Food Chemistry*	2.912	农林科学一区	2016 年 2 月

（续表）

序号	学号	姓名	学生类型	研究所	专业	导师	发表论文名称	刊物名称	影响因子	JCR 大类分区	发表时间
11	82101131901	周　晶	博士	资划所	微生物学	李　俊	Thirty four years of nitrogen fertilization decreases fungal diversity and alters fungal community composition in black soil in northeast China	*Soil Biology & Biochemistry*	3. 932	农林科学一区	2016 年 4 月
12	82101131901	周　晶	博士	资划所	微生物学	李　俊	Influence of 34-years of fertilization on bacterial communities in an intensively cultivated black soil in northeast China	*Soil Biology & Biochemistry*	3. 932	农林科学一区	2015 年 11 月
13	82101121108	崔培媛	博士	资划所	植物营养学	梁永超	Long-term organic and inorganic fertilization alters temperature sensitivity of potential N_2O emissions and associated microbes	*Soil Biology & Biochemistry*	3. 932	农林科学一区	2016 年 2 月
14	82101131803	薛惠云	博士	棉花所	作物栽培学与耕作学	毛树春	Spatial distribution of light interception by different plant population densities and its relationship with yield	*Field Crops Research*	2. 976	农林科学一区	2015 年 12 月

中国农业科学院
2016年新增博士研究生指导教师名单

序号	姓名	性别	出生年月	所在单位	专业	获批时间
1	唐中林	男	1974年6月	牧医所	动物遗传育种与繁殖	2016年1月
2	卜登攀	男	1975年9月	牧医所	动物营养与饲料科学	2016年1月
3	屠 焰	女	1969年5月	饲料所	动物营养与饲料科学	2016年1月
4	曹尚银	男	1961年6月	郑果所	果树学	2016年1月
5	李建喜	男	1971年10月	兰州牧药所	临床兽医学	2016年1月
6	陈 洪	男	1964年6月	油料所	农产品质量与食物安全	2016年1月
7	张 奇	男	1975年2月	油料所	农产品质量与食物安全	2016年1月
8	陈 刚	男	1972年11月	质标所	农产品质量与食物安全	2016年1月
9	邱 静	男	1979年2月	质标所	农产品质量与食物安全	2016年1月
10	董丰收	男	1974年5月	植保所	农药学	2016年1月
11	刘新刚	男	1978年3月	植保所	农药学	2016年1月
12	陈世宝	男	1971年6月	资划所	农业环境学	2016年1月
13	李菊梅	女	1963年10月	资划所	农业环境学	2016年1月
14	李兆君	男	1974年4月	资划所	农业环境学	2016年1月

（续表）

序号	姓名	性别	出生年月	所在单位	专业	获批时间
15	黄德林	男	1963 年 9 月	农经所	农业经济管理	2016 年 1 月
16	刘　静	女	1974 年 11 月	农经所	农业经济管理	2016 年 1 月
17	吕开宇	男	1975 年 7 月	农经所	农业经济管理	2016 年 1 月
18	吕新业	男	1973 年 5 月	农经所	农业经济管理	2016 年 1 月
19	刘冬梅	女	1972 年 11 月	资划所	农业经济管理	2016 年 1 月
20	郭李萍	女	1969 年 10 月	环发所	农业气象与气候变化	2016 年 1 月
21	刘布春	女	1968 年 11 月	环发所	农业气象与气候变化	2016 年 1 月
22	游松财	男	1963 年 10 月	环发所	农业气象与气候变化	2016 年 1 月
23	张晴雯	女	1975 年 4 月	环发所	农业生态学	2016 年 1 月
24	吕谋超	男	1968 年 2 月	灌溉所	农业水土工程	2016 年 1 月
25	刘晓英	女	1964 年 9 月	环发所	农业水资源与环境	2016 年 1 月
26	杨　鹏	男	1975 年 9 月	资划所	农业遥感	2016 年 1 月
27	陶秀萍	女	1969 年 5 月	环发所	设施农业与生态工程	2016 年 1 月
28	张克诚	男	1962 年 11 月	植保所	生物防治学	2016 年 1 月
29	郎志宏	女	1970 年 10 月	生物所	生物化学与分子生物学	2016 年 1 月
30	李为民	男	1975 年 6 月	生物所	生物化学与分子生物学	2016 年 1 月
31	华　玮	女	1977 年 9 月	油料所	生物化学与分子生物学	2016 年 1 月
32	李爱丽	女	1970 年 6 月	作科所	生物化学与分子生物学	2016 年 1 月
33	安建东	男	1975 年 11 月	蜜蜂所	特种经济动物饲养	2016 年 1 月

（续表）

序号	姓名	性别	出生年月	所在单位	专业	获批时间
34	刁青云	女	1971年7月	蜜蜂所	特种经济动物饲养	2016年1月
35	徐书法	男	1970年10月	蜜蜂所	特种经济动物饲养	2016年1月
36	张　伟	女	1973年11月	生物所	微生物学	2016年1月
37	胡清秀	女	1963年3月	资划所	微生物学	2016年1月
38	田志军	男	1971年5月	哈尔滨兽医所	预防兽医学	2016年1月
39	王玉娥	女	1974年10月	哈尔滨兽医所	预防兽医学	2016年1月
40	关贵全	男	1974年11月	兰州兽医所	预防兽医学	2016年1月
41	胡青海	男	1971年12月	上海兽医所	预防兽医学	2016年1月
42	李国新	男	1973年12月	上海兽医所	预防兽医学	2016年1月
43	周宗山	男	1969年2月	果树所	植物病理学	2016年1月
44	朱荷琴	女	1966年4月	棉花所	植物病理学	2016年1月
45	齐放军	男	1968年6月	植保所	植物病理学	2016年1月
46	宋正国	男	1975年12月	环保所	植物营养学	2016年1月
47	金诚谦	男	1973年10月	农机化所	作物土壤机械工程学	2016年1月
48	高振宇	男	1975年6月	水稻所	作物遗传育种	2016年1月
49	郭永峰	男	1970年10月	烟草所	作物遗传育种	2016年1月
50	孙君明	男	1972年2月	作科所	作物遗传育种	2016年1月
51	王春连	女	1962年12月	作科所	作物遗传育种	2016年1月
52	宋美珍	女	1965年9月	棉花所	作物栽培学与耕作学	2016年1月
53	刘好宝	男	1964年9月	烟草所	作物栽培学与耕作学	2016年1月
54	刘大群	男	1958年8月	研究生院	植物病理学	2016年1月

（续表）

序号	姓名	性别	出生年月	所在单位	专业	获批时间
55	崔敏龙	男	1965 年 6 月	棉花所	生物化学与分子生物学	2016 年 1 月
56	翁莉萍	女	1965 年 1 月	环保所	农业环境学	2016 年 1 月
57	李习龙	男	1981 年 7 月	饲料所	动物营养与饲料科学	2016 年 7 月
58	贺　勇	男	1980 年 12 月	环发所	农业气象与气候变化	2016 年 7 月
59	王耀生	男	198 年 12 月	环发所	农业水资源与环境	2016 年 7 月
60	常玉晓	男	1979 年 7 月	深圳基因组所	生物化学与分子生物学	2016 年 7 月
61	陈　涛	男	1980 年 11 月	生物所	生物化学与分子生物学	2016 年 7 月
62	梅子青	女	1977 年 7 月	生物所	生物化学与分子生物学	2016 年 7 月
63	乔永利	男	1978 年 9 月	作科所	生物化学与分子生物学	2016 年 7 月
64	周文彬	男	1977 年 12 月	作科所	生物化学与分子生物学	2016 年 7 月
65	曾章华	男	1979 年 1 月	环发所	生物物理学	2016 年 7 月
66	刘　君	男	1980 年 3 月	作科所	生物信息学	2016 年 7 月
67	郝　悦	女	1983 年 3 月	蜜蜂所	特种经济动物饲养	2016 年 7 月
68	孙　成	男	1979 年 4 月	蜜蜂所	特种经济动物饲养	2016 年 7 月
69	孙跃峰	男	1979 年 1 月	兰州兽医所	预防兽医学	2016 年 7 月
70	杨秋颖	女	1979 年 9 月	植保所	植物病理学	2016 年 7 月
71	贾冠清	男	1982 年 6 月	作科所	作物种质资源学	2016 年 7 月

中国农业科学院 2016 年增聘专业学位导师名单

序号	姓名	性别	出生年月	工作单位	职称	研究方向	证书编号
1	宋书宏	男	1964 年 1 月	辽宁省农业科学院作物研究所	研究员	大豆育种	16001
2	安景文	男	1964 年 3 月	辽宁省农业科学院科研管理处	研究员	高效施肥	16002
3	孙文涛	男	1969 年 2 月	辽宁省农业科学院植物营养与环境资源研究所	研究员	土壤与植物营养	16003
4	郑文静	女	1974 年 2 月	辽宁省农业科学院创新中心	研究员	作物抗病基因发掘与遗传改良	16004
5	冯良山	男	1980 年 6 月	辽宁省农业科学院耕作栽培研究所	副研究员	旱地水肥资源高效利用	16005
6	安颖蔚	女	1974 年 4 月	辽宁省农业科学院科技成果转化中心	研究员	农作物高效复种技术	16006
7	王振英	女	1965 年 12 月	天津师范大学生命科学学院	教授	农业生物技术	16007
8	赵树兰	女	1968 年 7 月	天津师范大学生命科学学院	研究员	生态学	16008
9	宋 洋	女	1983 年 10 月	天津师范大学生命科学学院	讲师	食品营养与安全	16009
10	贾凤伶	女	1974 年 5 月	天津市农村经济与区划研究所	副研究员	农村经济和区域发展	16010
11	李晓丹	女	1977 年 10 月	天津农学院	副教授	食品安全	16011
12	万素梅	女	1968 年 5 月	塔里木大学植物科学学院	教授	农业可持续发展理论与技术	16012

（续表）

序号	姓名	性别	出生年月	工作单位	职称	研究方向	证书编号
13	王冀川	男	1968 年 10 月	塔里木大学植物科学学院	教授	作物高效栽培生理生态与调控	16013
14	胡守林	女	1968 年 5 月	塔里木大学植物科学学院	教授	作物种质资源研究与创新	16014
15	吕双庆	男	1968 年 9 月	塔里木大学植物科学学院	副教授	作物养分资源高效利用	16015
16	罗新宁	男	1971 年 8 月	塔里木大学植物科学学院	副教授	作物高产优质高效栽培理论	16016
17	支金虎	男	1978 年 2 月	塔里木大学植物科学学院	副教授	作物水肥高效利用	16017
18	姚江河	男	1968 年 5 月	塔里木大学信息工程学院	教授	农业信息化	16018
19	陈立平	男	1974 年 3 月	塔里木大学信息工程学院	副教授	人工智能机器视觉	16019
20	齐立美	女	1980 年 12 月	塔里木大学信息工程学院	副教授	农业信息智能预警理论研究	16020

中国农业科学院2016年研究生奖助学金评选情况统计及国家奖学金获奖名单

2016年研究生奖助学金评选情况统计

根据奖学金的有关规定和评选办法，今年评选出“三仪最佳论文奖”获得者15名、“三仪优秀学生干部标兵奖”获得者15名；“先正达”奖学金获得者5名；“陶氏益农农业可持续奖”获得者7名，“陶氏益农最佳论文奖”获得者7名；“陶氏益农勤学奖”12名；“大北农励志奖学金”获得者40名；“默克生命科学奖学金”获得者5名；“金龙鱼优博奖学金”获奖者8名。评选出优秀学生干部195名、社会活动优秀奖182名、优秀毕业生45名及先进班集体10个。

完成了2014级研究生第三学年学业奖学金的评审工作，其中博士研究生学业奖学金一等奖47名，奖学金标准为11 000元/（人·年），二等奖149名，奖学金标准为10 000元/（人·年）；硕士研究生学业奖学金一等奖134名，奖学金标准为9 000元/（人·年），二等奖532名，奖学金标准为8 000元/（人·年），奖励金额共计746.9万元。完成了2015级研究生第二学年学业奖学金的评审工作，其中博士研究生学业奖学金一等奖45名，奖学金标准为11 000元/（人·年），二等奖162名，奖学金标准为10 000元/（人·年）；硕士研究生学业奖学金一等奖147名，奖学金标准为9 000元/（人·年），二等奖541名，奖学金标准为8 000元/（人·年），奖励金额共计776.6万元。完成了研究生国家奖学金评选的工作，最终按照规定评选出了博士生28名，奖金标准为30 000元/人，硕士生47名，奖金标准为20 000元/人，奖励金额共计178万元。全年发放国家助学金涉及2 713人次，集中教学阶段，博士生标准为2 500元/（人·月），硕士生标准为1 500元/（人·月），回所科研阶段，博士生标准为1 500元/（人·月），硕士生标准为800元/（人·月），全年发放国家助学金总额共计3 214.52万元。

2016年博士研究生国家奖学金获奖名单

序号	学号	姓名	性别	基层单位	专业	培养单位	入学年月
1	82101151021	白　净	女	生物所	生物化学与分子生物学	中国农业科学院研究生院	2015年9月
2	82101141130	杨亚岚	男	牧医所	动物遗传育种与繁殖	中国农业科学院研究生院	2014年9月
3	82101141141	汤超华	男	牧医所	动物营养与饲料科学	中国农业科学院研究生院	2014年9月
4	82101151162	王竟晗	女	哈尔滨兽医所	预防兽医学	中国农业科学院研究生院	2015年9月
5	82101141157	党光辉	男	哈尔滨兽医所	预防兽医学	中国农业科学院研究生院	2014年9月
6	82101141175	王金磊	男	兰州兽医所	预防兽医学	中国农业科学院研究生院	2014年9月
7	82101141070	刘宏艳	女	加工所	农产品质量与食物安全	中国农业科学院研究生院	2014年9月
8	82101141030	干珠扎布	男	环发所	农业气象与气候变化	中国农业科学院研究生院	2014年9月
9	82101141065	杜鹏飞	女	质标所	农产品质量与食物安全	中国农业科学院研究生院	2014年9月
10	82101141094	张　倩	女	资划所	植物营养学	中国农业科学院研究生院	2014年9月
11	82101141099	李振旺	男	资划所	农业遥感	中国农业科学院研究生院	2014年9月
12	82101141102	胡　琼	女	资划所	农业遥感	中国农业科学院研究生院	2014年9月
13	82101141155	韩　倩	女	上海兽医所	预防兽医学	中国农业科学院研究生院	2014年9月
14	82101151140	孔思远	男	深圳基因组所	生物化学与分子生物学	中国农业科学院研究生院	2015年9月

（续表）

序号	学号	姓名	性别	基层单位	专业	培养单位	入学年月
15	82101141082	李佩荣	男	蔬菜所	蔬菜学	中国农业科学院研究生院	2014年9月
16	82101141083	张慧敏	女	蔬菜所	蔬菜学	中国农业科学院研究生院	2014年9月
17	82101141020	邱结华	男	水稻所	生物化学与分子生物学	中国农业科学院研究生院	2014年9月
18	82101141008	薛鲜丽	女	饲料所	生物化学与分子生物学	中国农业科学院研究生院	2014年9月
19	82101141137	张　震	男	饲料所	动物营养与饲料科学	中国农业科学院研究生院	2014年9月
20	82101151153	仝明薇	女	特产所	预防兽医学	中国农业科学院研究生院	2015年9月
21	82101131023	任　磊	男	研究生院	生物化学与分子生物学	中国农业科学院研究生院	2013年9月
22	82101141070	武琳霞	女	油料所	农产品质量与食物安全	中国农业科学院研究生院	2014年9月
23	82101141126	刘清松	男	植保所	转基因生物安全学	中国农业科学院研究生院	2014年9月
24	82101151132	黄训兵	男	植保所	生物防治学	中国农业科学院研究生院	2015年9月
25	82101151127	潘兴鲁	男	植保所	农药学	中国农业科学院研究生院	2015年9月
26	82101141909	刘金栋	男	作科所	作物遗传育种	中国农业科学院研究生院	2014年9月
27	82101141040	周志强	男	作科所	作物遗传育种	中国农业科学院研究生院	2014年9月
28	82101121070	陈　林	男	作科所	作物种质资源学	中国农业科学院研究生院	2012年9月

2016 年硕士研究生国家奖学金获奖名单

序号	学号	姓名	性别	基层单位	专业（领域）	培养单位	入学年月
1	82101142363	陈美霞	女	牧医所	动物营养与饲料科学	中国农业科学院研究生院	2014 年 9 月
2	82101142368	刘正群	男	牧医所	动物营养与饲料科学	中国农业科学院研究生院	2014 年 9 月
3	82101142243	刘平香	女	茶叶所	茶学	中国农业科学院研究生院	2014 年 9 月
4	82101145099	吴建圆	男	果树所	植物保护	中国农业科学院研究生院	2014 年 9 月
5	82101142412	李晨曦	男	哈尔滨兽医所	预防兽医学	中国农业科学院研究生院	2014 年 9 月
6	82101145191	于佳慧	女	哈尔滨兽医所	兽医	中国农业科学院研究生院	2014 年 9 月
7	82101142435	钟　丽	女	哈尔滨兽医所	预防兽医学	中国农业科学院研究生院	2014 年 9 月
8	82101145174	房琼琼	女	哈尔滨兽医所	兽医	中国农业科学院研究生院	2014 年 9 月
9	82101145066	宋香育	女	环保所	农业资源利用	中国农业科学院研究生院	2014 年 9 月
10	82101142385	张吉丽	女	兰州兽医所	基础兽医学	中国农业科学院研究生院	2014 年 9 月
11	82101145210	吴耀东	男	兰州兽医所	兽医	中国农业科学院研究生院	2014 年 9 月
12	82101142442	刘泽众	男	兰州兽医所	预防兽医学	中国农业科学院研究生院	2014 年 9 月
13	82101142194	卢瑞克	女	麻类所	作物种质资源学	中国农业科学院研究生院	2014 年 9 月
14	82101142076	周　杨	男	农机化所	农业机械化工程	中国农业科学院研究生院	2014 年 9 月
15	82101142108	邓　磊	男	加工所	食品科学	中国农业科学院研究生院	2014 年 9 月

（续表）

序号	学号	姓名	性别	基层单位	专业（领域）	培养单位	入学年月
16	82101142115	孙　圳	男	加工所	食品科学	中国农业科学院研究生院	2014年9月
17	82101142206	杨玉娟	女	食物营养所	农产品质量与食物安全	中国农业科学院研究生院	2014年9月
18	82101152104	冯　禹	男	环发所	农业水土工程	中国农业科学院研究生院	2015年9月
19	82101142002	李翔翔	男	环发所	气象学	中国农业科学院研究生院	2014年9月
20	82101142480	赵长和	男	农经所	国际农产品贸易	中国农业科学院研究生院	2014年9月
21	82101145139	尹志强	男	质标所	食品加工与安全	中国农业科学院研究生院	2014年9月
22	82101142092	刘元望	男	资划所	环境科学	中国农业科学院研究生院	2014年9月
23	82101142267	申　格	男	资划所	农业遥感	中国农业科学院研究生院	2014年9月
24	82101142091	刘　彬	女	资划所	环境科学	中国农业科学院研究生院	2014年9月
25	82101142255	华玲玲	女	资划所	植物营养学	中国农业科学院研究生院	2014年9月
26	82101142011	常美会	女	生物所	微生物学	中国农业科学院研究生院	2014年9月
27	82101142295	刘　馨	女	蔬菜所	农业昆虫与害虫防治	中国农业科学院研究生院	2014年9月
28	82101142230	徐　萌	女	蔬菜所	蔬菜学	中国农业科学院研究生院	2014年9月
29	82101142054	李志永	男	水稻所	生物化学与分子生物学	中国农业科学院研究生院	2014年9月
30	82101142355	齐　博	男	饲料所	动物营养与饲料科学	中国农业科学院研究生院	2014年9月
31	82101142360	张　帆	男	饲料所	动物营养与饲料科学	中国农业科学院研究生院	2014年9月
32	82101145112	刘　帅	男	特产所	养殖	中国农业科学院研究生院	2014年9月

（续表）

序号	学号	姓名	性别	基层单位	专业（领域）	培养单位	入学年月
33	82101142205	岳　珩	女	烟草所	农产品质量与食物安全	中国农业科学院研究生院	2014年9月
34	82101142134	毛静静	女	烟草所	作物栽培学与耕作学	中国农业科学院研究生院	2014年9月
35	82101142056	乔　铖	男	研究生院	生物化学与分子生物学	中国农业科学院研究生院	2014年9月
36	82101142197	戴显红	女	油料所	农产品质量与食物安全	中国农业科学院研究生院	2014年9月
37	82101142017	刘　松	男	沼科所	微生物学	中国农业科学院研究生院	2013年9月
38	82101142046	陈晓光	男	植保所	生物化学与分子生物学	中国农业科学院研究生院	2013年9月
39	82101142330	焦耀宇	男	植保所	转基因生物安全学	中国农业科学院研究生院	2013年9月
40	82101142314	程志鹏	男	植保所	农药学	中国农业科学院研究生院	2014年9月
41	82101142316	黄　斌	男	植保所	农药学	中国农业科学院研究生院	2013年9月
42	82101142322	田春燕	女	植保所	农药学	中国农业科学院研究生院	2013年9月
43	82101142323	王平平	女	植保所	农药学	中国农业科学院研究生院	2013年9月
44	82101142315	韩大为	男	植保所	农药学	中国农业科学院研究生院	2013年9月
45	82101142022	杜庆国	男	作科所	生物化学与分子生物学	中国农业科学院研究生院	2013年9月
46	82101142182	李巧茹	女	作科所	作物种质资源学	中国农业科学院研究生院	2013年9月
47	82101142139	化金阁	女	作科所	作物遗传育种	中国农业科学院研究生院	2013年9月

李家洋在2016届研究生毕业典礼暨学位授予仪式上的讲话

2016年7月6日

亲爱的同学们：

你们好！

蝉鸣仲夏，别情依依，今天，在这个特别的日子，我们相聚在这里，共同见证属于所有2016届毕业生的幸福时刻。我代表中国农业科学院，向圆满完成学业，即将开启新的人生篇章、踏上崭新人生旅程的206名博士毕业生、794名硕士毕业生同学表示热烈的祝贺！向其中的38名毕业留学生表示格外的祝福！在这个满载收获与荣耀的时刻，请大家用最热烈的掌声，向养育你们的父母，关心和帮助你们的亲友；向培育和见证你们成长的导师、教师和研究生院全体教职员工，表示最诚挚的感谢！同时，也向支持中国农业科学院发展的社会各界朋友们致以崇高的敬意！

同学们，是否还记得，几年前，你们第一次走进实验室时，看到的一张张热情的面孔；是否还记得第一次下试验田，你全副武装，自嘲像个农民？节假日，别人在朋友圈晒游玩的照片，你依然在实验室里忙碌。过去的几年里，你们在科研道路上研精钩深，经历了研读文献时的晨兴夜寐，论文发表时的跌跌撞撞，更体验了柳暗花明后的欢畅惬意，你们越来越成熟、越来越自信。几年来，你们不仅在学业和思想上取得了长足进步，而且也在我院跨越式发展的历史画卷中留下了辉煌的一页。我由衷为你们的成长和进步而感到欣慰，更为你们即将走向社会、承担起崇高的社会责任而感到骄傲！

同学们，5月31日，习近平主席在全国科技创新大会、两院院士大会上强调："科技是国之利器，国家赖之以强，企业赖之以赢，人民生活赖之以好。中国要强，中国人民生活要好，必须有强大科技。"你们正处于转型与发展的大时代，正处于历史与未来的交汇点。作为农业科研国家队的研究生，你们舞台宽广，大有可为。同学们，时代成就梦想，在这个崇尚创新、充满无限可能的年代，希望你们明确使命，抓住机遇，努力拼搏，为实现"两个一百年"奋斗目标，实现中华民族伟大复兴的中国梦，贡献自己的青春智慧与力量。

看到你们准备背起行囊，即将扬帆远航，我对你们充满信心。未来路途遥远，无论将来你在什么样的岗位，从事什么样的工作，面对什么样的诱惑和挑战，无论是面临低谷还是挫折，我期待你们能够坚守梦想，做一个顶天立地的农科人。临别在即，几分留恋，几分牵挂，在这里我提3点期望，与同学们共勉。

一、希望你们牢记使命，勇担重任

说到这里，我想提一位校友，我校 1997 届博士毕业生，哈尔滨兽医研究所陈化兰研究员。她获得了 2016 年度“世界杰出女科学家成就奖”，还曾被《自然》杂志评为 2013 年全球十大科学人物。陈化兰在禽流感病毒生物学研究及在禽流感疫苗研发和应用研究长达 20 多年中，取得了一系列重大进展和研究成果，并产生了巨大的社会经济效益。她在接受采访时说：“自己的成功归因于国家赋予的使命，国家使命是我最大的驱动力。作为科研人员，我们的最终职责就是保护人类的生存和安全！掌握疫情，准确诊断，帮助国家做出正确的决策，研究出更好的防治方法和疫苗，才是我最重要的任务。”农科学子们，你们当以陈化兰等一代代杰出农科人为榜样，传承农科精神，坚守强农兴邦的梦想，牢记国家使命，锐意创新，顶天立地，勇担中国农业发展的重任，攻克农业发展的一个个难题。

二、希望你们持之以恒，厚积薄发

最近，新华网等媒体报道了我校 2000 届硕士毕业生、河北科技大学副教授韩春雨的事迹。有人评价他“一夜成名”，其研究成果“基因编辑”超越麻省理工、哈佛等顶尖实验室的科学发现，他受到了中央统战部、中国科协领导的接见。在科研环境极其艰苦的条件下，正是靠着对梦想的坚持、10 余年实验基本功的磨砺和积累，韩春雨才能在科学界一鸣惊人，迅速成为科研界闪亮的新星。正像“一万小时定律”揭示的那样，众多重要科学发现和技术突破，是要平均花费 1 万个小时的努力才能成功。只有长期的坚持，才能产生对事物的深刻理解和认识，获得与众不同的感悟和洞察，才能等到灵光一闪的时刻，才能获得突破性的创新。同学们，行百里者半九十，在略显浮躁的社会里，希望你们既能有“耐得住寂寞”的决心，又能有“坐得了冷板凳”的恒心，不急功近利，在无声的奋斗中等待梦想开花结果。

三、希望你们取舍有道，淡定从容

越王勾践舍弃了王者的傲气，卧薪尝胆，赢得了“三千越甲可吞吴”的美誉；诗仙李白舍弃了世俗的荣耀，获得了“安能摧眉折腰事权贵，使我不得开心颜”的豪放飘逸。懂得取舍，才是生活中的智者。同学们，你们即将开启新的人生旅途，面临种种的机遇和挑战，应该抹去过去的挫折和失意，憧憬未来的精彩和希冀；放弃在安逸环境时的碌碌无为，坚持在追求卓越时的艰难跋涉；忘记从成功中获得的恭维和掌声，记住从失败中汲取的经验和教训；同学们，希望今后你们每一次抉择，都是为了更快地到达理想的彼岸。懂取舍，知进退，方能成就人生。

李克强总理在今年的政府工作报告中倡导大力培育精益求精的“工匠精神”。“一个人一辈子做一件事不难，难的是把一件事做到极致。”同学们，正是因为有了你们对农科梦的坚守，对农业科技创新工程的辛勤付出，才让母校熠熠生辉，硕果累累。我院正向“建设世界一流农业科研院所”的宏伟目标稳步迈进，母校的发展和你们息息相关，希望你们继续秉承“明德格物，博学笃行”的院训精神，在中华民族伟大复兴的征程中，为国家，为民族，为人类做出建树与贡献，不负此生、不负祖国。

聚散苦匆匆，此恨无穷。确实，天下没有不散的筵席，但就母校之情、师生之谊而言，既然曾经拥有，必将天长地久！同学们，请允许我在这个离别的时刻，为你们送上内心真挚的祝福！祝各位同学一帆风顺，前程似锦！

谢谢大家！

中国农业科学院副院长吴孔明在中国农业科学院研究生院第三届教学委员会第四次会议上的讲话

2016 年 12 月 2 日

同志们：

大家上午好！

今天，我们在此召开中国农业科学院研究生院第三届教学委员会第四次会议。来自全院 33 个研究生培养单位的 55 名教学委员、京内研究所教研室的特邀代表们齐聚一堂，共同探讨研究生教学与培养改革在“十三五”期间的新趋势、新发展。值此机会，我谨代表院党组、代表家洋院长、萌山书记对于本次会议的召开表示衷心的祝贺！向出席本次会议的各位代表表示热烈的欢迎！向大家长期以来对全院研究生教育事业，特别是研究生教学与培养工作的高度热情和大力支持表示诚挚的感谢！

本次会议的主要任务是集中研讨我院研究生教育中关于研究生教学与培养改革面临的重要问题，包括讨论研究生科研记录检查情况，研究生课程优化调查情况，研究生教育调研中反映的主要问题，全日制和非全日制专业学位教育工作思路，以及教师教学培训情况；审定部分课程教学大纲；审议研究生教学与培养有关的 3 个规章制度。通过大会交流经验、凝聚共识，把中央关于研究生教育发展的新理念、新要求落实到全面提高我院研究生教育质量的具体任务中。

下面我讲 3 点意见。

一、求真务实，群策群力，我院研究生教育实现新进展

2016 年是我院全面推进研究生培养与教学改革的关键年，是“十三五”的开局之年。这一年，中国农业科学院研究生教育紧跟国家研究生教育改革形势，在农业部党组、农科院党组的科学领导和关怀下，在各研究生培养单位的共同努力下，紧紧围绕“规模、质量、管理”3 个研究生教育关键工作，砥砺奋进、锐意创新，深入推进研究生教育各项改革，招生、培养、学位、学工、国际合作、后勤保障等各方面均取得了突破和进步，为顺利落实和实现我院研究生教育“十三五”规划开了良好的篇章。我们教育委员会上次会议的各种工作思路、建议和决策都得到很好的落实和推进。

1. 签订“部部共建”，招生规模实现较大突破

2016 年 5 月，教育部和农业部签订协议，共建中国农业科学院研究生院。《共建协

议》明确指出教育部支持中国农业科学院研究生院增设相关学位授权点，稳步扩大研究生培养规模。为我们研究生教育的发展带来新的契机，尤其是扩大招生规模。我院研究生招生指标不足是我们老生常谈的话题，但中国农业科学院党组、研究生院党委高度重视，从不放弃任何扩大研究生招生规模的机会。2015—2016 年，研究生院党委积极落实招生名额，尤其是博士研究生名额，大群院长多次带队到教育部、农业部汇报工作，沟通交流，多种渠道积极争取扩大研究生招生名额，2016 年我院招生人数首次突破 1 000人，其中计划内全日制博士生招收 291 人，比去年净增加 22 人。全日制硕士研究生合计 720 人；非全日制专业学位硕士招生 261 人；来华国际留学生招生 132 人，比 2015 年增加 200%，其中博士研究生 114 人，占新生总数 86.3%；同时，我们积极推动中外合作办学项目，已成功与比利时列日大学、荷兰瓦赫宁根大学签订合作协议，今年招生 36 人，比 2015 年增加了 17 人。这些研究生都是我院科学研究的生力军和后备力量，将为我院农业科技创新工作做出积极贡献。

2. 狠抓研究生教育质量，稳步推进研究生教育改革

研究生教育质量既是一个学校人才培养质量的标志，也是学校科学研究水平和创新能力的标志。研究生院党委从 2015 年 10 月开始切实将研究生教育发展重点引导到提高质量、内涵发展上来，增强质量意识，经过一年的反复讨论、修订，初步建立了与我们院办学目标和定位相一致的质量保障体系，包括质量保障组织、制度、程序和内部管理措施，以确保我院研究生教育各个环节的质量进行持续性改进和提高。

这一年，教学委员会也紧紧围绕提高研究生教育质量展开工作。我们从提高研究生创新能力和职业能力两个方向，继续深化我院研究生培养模式的改革。对于学术型研究生，我们按照具有我院特色的一套科学、规范的纲领性指导文件——硕士研究生和博士研究生培养方案进行分层培养，并科学地安排好了硕士和博士阶段的衔接，确保课程学习和科研训练有机结合起来，鼓励多学科交叉培养，加强学风建设，持续推进科研记录检查工作。同时，我们也不断优化课程体系，让我们的课程设置与培养目标、学位需求、学生需要高度契合，突出基础性、前沿性和系统性。

例如，进一步加强课程建设改革，包括课程设置、课程安排、课程标准、教学模式等。第二次、第三次会议上我们通过了研究生院课程建设实施办法与研究生回所课程管理办法，以及 26 门课程建设项目申报计划，验收通过了 2 门课程建设成果，通过了 149 门课程的教学大纲的修订意见。这次会议还将请各位委员讨论研究生课程优化的意见建议，以及部分新开课程教学大纲。关于加强回所课程的管理也是课程建设的主要内容之一，也是最符合我院院所结合“两段式”培养模式最好的课程安排方式。回所课程是对集中教学课程的有益补充，是充分发挥研究所的教学资源和科技资源优势，促进科教融合、协同育人的重要途径，有利于研究生夯实专业基础、熟悉研究前沿、增强科研能力，更好更快地着手课题研究。截至目前，有 9 个研究所开设了 31 门回所课程。虽然也有部分研究所对回所课程的开设及其效果提出疑问，相信通过一段时间的探索和经验积累，每个研究所都会将回所课程建设成为最具有自己研究所特色的课程。

在全院各研究所建设教研室。2014 年 1 月，研究生院出台了《教研室设置和管理暂行办法》，同时成立了第一批 10 个教研室，承担集中教学任务。到 2015 年 7 月教研室规模扩展到 32 个，教研室除承担集中教学的课程建设外，还承担了部分回所课程的建设。可以说，教研室的全面成立，使研究生院课程管理工作有了抓手，研究所的兼职教师有了归属，也为推行和建设“学院制”打下了坚实基础。今天，研究生院将《教研室设置和管理暂行办法》提交大会审议，希望能更大程度地发挥教研室在研究生教学和培养中的作用。

持续推进科研记录检查工作。科研记录检查是加强研究生学风建设的重要手段，不仅有利于带动整个研究所崇尚科学、求真务实的科研风气，还有利于培养研究生良好的科研习惯和过硬的科研素质。从 2014 年开始研究生院组织专家组到各研究所开展科研记录抽查工作，3 年来基本覆盖了全院各个研究所。今天研究生院将向大会提交 3 年科研记录检查工作的总结供大家讨论。

改革硕博连读研究生的选拔机制。第三次会议上我们审议并通过了硕博连读研究生选拔管理办法。新旧办法的最大区别就是，硕博连读考核评审的组织工作由研究生院转为研究所，赋予了研究所与导师更大的自主权，在制度上为选拔优秀博士生源提供了保障。

深化专业学位研究生分类培养。按照国家对学术型研究生和专业型研究生制定的培养目标。去年 11 月的第三次会议上，在研究生院大量的前期调研基础上，按照国家对专业学位研究生的要求，我们以提高专业学位研究生职业能力为教育目标，对我院专业学位研究生教育提出了改革意见。2016 年研究生院已经在课程设置、实践教学等方面制定了发展思路和相关的规章制度，比如启动组织专家收集编写专业学位教育案例、已经建设了 3 个研究生培养实践基地，探索构建互利共赢的应用型人才产学研合作培养新机制。这次会上，我们还要对两个涉及专业学位的议题——《全日制和非全日制专业学位教育工作思路》和《研究生培养实践基地管理办法》进行讨论。

3. 紧随国家研究生教育综合改革的总体部署，遵循教育规律，结合自身实际，为提高研究生教育质量，研究生院实施了一系列含金量很高的管理改革举措

首先解放思想，创新管理体制。2015 年成立兽医学院，2016 年 9 月开始运行，目前兽医学院研究生教育活动进展顺利。兽医学院的成立和运行，为全院探索实行“学院制”改革奠定了良好基础。“十三五”期间，研究生院要坚持“试点先行、分批实施、扎实推进”的原则，把兽医学院办好，及时总结有益经验，逐步在全院范围内实施“学院制”改革。通过设置专业学院，推动各相关单位间的交流与联合，促进研究生教育成果的推广应用，形成全院联动的研究生教育新格局。

其次是从严治党，讲纪律、讲规矩，加强制度建设。制度建设工作是研究生教育各项工作得以顺利开展的前提和基础。研究生院结合中央巡视组提出的整改意见，根据我院研究生教育和管理的实际情况，建设研究生院内控制度；规范办事程序；制定和完善一系列与研究生教育相关的制度，包括今天会议将讨论的 3 个有关研究生教育与培养的

制度；在加强各项管理制度建设的同时，谋划事业发展，加大干部队伍建设力度，保持研究生教育管理队伍的活力和战斗力。

最后是适应新时代，加快信息化建设步伐。2016 年顺利完成“研究生教育一体化数字校园平台建设项目”，建成 4 个数据中心、研究生信息管理系统和办公自动化系统开始正式上线运行，研究生院带宽增至 1G，并自主引进 500M 教育带宽，极大提升了研究生教育信息化水平。并充分利用已建成的“数字校园—地面教室”系统，通过远程视频同步教学的方式，实现了京内外研究生教育资源共享和研究生异地同步学习；同时还为“实景课程”和网络课程的开放也做大量前期准备工作，包括大量调研、同步录制课程视频等。

同志们，我们第三届教学委员上一年工作成效显著、“十三五”开局顺利。研究生院坚持以质量为核心，将规矩挺在前面，加强内部管理，主动作为，研究生教学与培养的各项工作顺利推进，总体效果良好。改革措施的有效落实和成绩的取得，是院党组高度重视和亲切关怀的结果，是各部门、各单位协同推进的结果，是研究生院各职能部门全力落实的结果，凝聚着在座各位和广大师生员工的智慧和汗水。在此，我再次表示衷心地感谢！

二、把握新形势，抓住新机遇，争取我院研究生教育新突破

今年是“十三五”的开局之年，也是推进结构性改革的攻坚之年，只有科学分析新形势，准确把握新要求，立足大局、科学谋划，才能把我院研究生教育工作做实做好。

服务需求、提高质量，始终是研究生教育坚持的发展主线。提高教育质量，是十八届五中全会提出的明确要求和发展目标。牢固树立以提高质量为核心的教育发展观是教育部“十三五”规划的核心。研究生教育发展方式从要素驱动转向创新驱动、从依赖规模扩张转向提高质量、效益。现在，国家提出要更加注重发展质量和效益，把发展速度保持在合理的增长区间内，把发展质量和效益放在更加突出位置，要求各研究生培养单位切实将发展重点引导到提高质量、内涵发展上来，增强质量意识，建立与本单位办学目标和定位相一致的质量标准。加强质量评价和监督是提高质量的重要措施之一。未来我们要坚持把提高质量作为全院教育改革发展的核心任务，一方面，我们要根据我院实际建设内部质量保证体系，完善科学的评价机制，开展质量评价工作，另一方面重视发挥学术组织、行业部门和社会机构的质量监督作用。

新科技革命对研究生教育提出了新的挑战。当前世界范围内新一轮科技革命和产业变革蓄势待发，信息技术、生物技术、新材料技术、新能源技术等广泛渗透。特别是世界范围内教育信息化的飞速发展，对教育领域的冲击日益加大，慕课（MOOC）风行全球，新的教学模式蓬勃发展，正在重塑人们的学习行为和对教育的理解。刘延东副总理在 2016 年 1 月国务院学位委员会第三十二次会议上的讲话指出“研究生教育具有创新

要素高度汇聚的天然优势，如何发挥好这种优势，抢抓新科技革命机遇，把握‘互联网+’潮流，形成更好的科教协同、交叉融合发展机制，更好地发挥研究生教育对知识发现和科技创新的重要作用，大有文章可做。”那么，我们如何挖掘和利用好我院丰富的信息化教育资源和手段，加强优质数字教育资源开发与共享，构建数字化学习与教学环境，丰富研究生教育满足个性化学习的手段，推动最新科研成果转化为优质教育教学资源，探索在线开放等形式的教学方式，尽快实现我院教育现代化也是我们面临的紧急任务和重大挑战。

如何实现教育现代化，对我院研究生教育提出了新任务。十八届五中全会提出到2020年教育现代化取得重要进展，达到这一目标，时间紧迫，任务艰巨。研究生教育具有高端人才和智力密集的优势，对各级各类教育具有引领示范作用，在教育现代化中应当走在前列。研究生教育的现代化，关键是要看发展理念、质量观念、体制机制等是否符合现代化的要求。这项工作涉及方方面面，需要我们抓好顶层设计、前瞻布局，改革创新、加快推进。

同志们，面对新形势、新要求，我院研究生教育机遇与挑战并存，任务更加艰巨繁重。涉及研究生教学与培养的工作还有很多，比如教师队伍建设、评价机制的研究、基础学科教学的加强、课程的进一步优化、网上课堂的实现等，每一件事都不是三言两语就能讲清楚的，需要我们所有研究生教育战线的同志们扑下身子、耐着性子、甩开膀子去研究、去探索、去实践。我在这里特别要强调的是研究所和教研室，必须积极入位、主动作为，在科教融合方面有所创造，力争在研究生课程体系优化、师资队伍建设和教学组织方面多做贡献。

三、深化改革，科学规划，谱写我院研究生教育新篇章

我院研究生教育招生规模稳步扩大，以学生为第一作者发表学术论文从数量和质量上都有较大提升，导师队伍稳定、国际交流合作日益深入。“十三五”是我院农业科技创新发展的关键时期，中国农业科学院“建成世界一流农业科研院所”的战略目标的实现、农业科技创新工程深入实施以及“青年英才”计划的实施，对我院高层次创新人才的需求更加迫切，所以我们要居安思危，不可盲目乐观，不可有丝毫松懈，有的时候我们把困难和问题考虑得更充分一些，把工作做得更细致一些，才能够把解决问题的措施落实得更扎实、更彻底。

科学规划，提高研究生教育质量。我院“十三五”时期，研究生教育工作必须坚持以提高质量为中心，以服务需求为导向，更加突出培养模式转变，突出体制机制创新，突出结构调整、分类培养，突出调动各方资源参与，突出走向国际、开放发展，统筹推进世界一流科研院所建设，为我国农业农村经济发展和农业科技创新提供重要的人才保障和智力支撑，为全院农业科技创新工程提供强大的人才支持。

扩大招生规模，提高生源质量。招生指标不足是我们老生常谈的话题，根据国家研

究生教育发展“十三五”规划，研究生教育调整结构，可能对博士生培养规模适当扩大又有新的提法，所以，我们必须抓住机会，多种渠道扩大招生规模，要以农业科技创新联盟行动为契机，在“部部共建”协议框架内建立农业科研机构研究生教育联盟，争取在计划内招生指标方面有所突破；要继续强化与高校间的科教融合，共同招收联合培养研究生，作为农业科研机构研究生教育体系的有益补充；要进一步扩大推免生、专业学位研究生、来华留学生以及中外合作办学项目研究生的招生规模；要加大招生宣传力度，创新招生考试办法，严格规范招生复试环节，多措并举，既解决目前招生规模过小的限制，又突破招生质量偏低的瓶颈，基本满足农业科技创新对高层次人才的需求。

创新管理机制，继续推进“学院制”改革。我院各研究所以研究对象或者某一研究领域建所，导致研究所之间学科交叉、重复、碎片化的问题较为突出，科学研究的学科结构与研究生教育的学科结构也不完全匹配。兽医学院的成立为我们树立了一个很好的样板，所有兽医学科相关研究所打破行政划分，实现学术力量和科研资源的交叉融合，既有利于凝聚全院兽医学科的研究平台和智力资源，共谋创新人才培养，提高人才培养质量，又能够加强兽医学科相关研究所之间的协同创新，增强自主创新能力，提高整体创新效率。“十三五”期间，研究生院要坚持“试点先行、分批实施、扎实推进”的原则，把兽医学院办好，及时总结有益经验，逐步在全院范围内实施“学院制”改革。今后，我们还要建作物学院、植保学院、园艺学院、食品学院等，通过设置专业学院，推动各相关单位间的交流与联合，促进研究生教育成果的推广应用，形成全院联动的研究生教育新格局。

突出结构优化，加强博士研究生创新能力培养。当前我国研究生教育规模增长的方式已由粗放增长转向调整存量、做优增量，更加突出结构调整优化，使不同层次、不同类型的研究生比例更加协调。根据国家政策，“十三五”期间，针对学术学位博士生，要求健全完善博士生培养与科研任务相结合的培养机制，强化问题导向的学术训练，围绕国际学术前沿、国家重大需求和基础研究，着力提高博士生原始创新能力。我院必须明确博士研究生的培养环节要求，加强博士生的开题、博士生资格考试、学术活动、中期考核等培养过程管理。加强基础理论学习，拓宽跨学科知识和国际视野、提升创新能力。根据实际情况，不断优化硕博连读研究生的考核与选拔。鼓励富有创新潜力的博士生进行具有跨学科、交叉创新色彩的选题，或面向学术前沿开展原创性研究，并提供一定的学术资源支持。

按照国家分类培养要求，抓好专业学位教育。研究生结构调整了，根据不同层次、不同类型研究生培养要求，就需要分类改革培养模式。根据国家对人才的需要，专业学位教育要更加面向市场，面向现代农业产业和农村发展。2017 年将继续在选拔机制分类改革、统筹管理、教学方式、教材建设、课程设置等方面进一步深化研究生教育分类培养，充分发挥行业企业和专业组织的作用，加大行业企业及相关协会等社会力量参与我院专业学位研究生培养过程的力度，让我们的学生走出课堂，走出校园，走进实践部门。尽快统筹全日制和非全日制专业学位研究生的培养，进一步构建以职业胜任力为导向的分类评价体系，制定适应培养目标的专业学位论文形式和学位授予标准，以产学结合为途径，促进专业学位与相关职业资格的有机衔接。

加强课程建设，全面提高教学质量。充分利用研究所和教研室的师资和优势，积极推进课程优化，加大特色课程建设力度。依据各学科学位授予标准，进一步规划课程体系，明确各类型课程的教学目标，更新教学内容，改进教学和考核方法，强化对研究生的实践能力和学术能力训练。实施核心课程建设计划，支持开展混合式教学课程、案例课程、全英文课程等多种形式的课程建设。全面推进网络教学平台课程建设，实现课程的信息化、网络化。进一步完善“研究生院—学院—研究所教研室”教学组织管理模式，合理分配集中教学课程和回所课程，并着重抓好课程教学的评估和督导。

加强教师队伍建设，提高教师教学能力和水平。继续开展教师教学培训，帮助教师特别是青年教师不断提升教学能力。加强教师之间的交流和研讨，提供丰富多样的教学资源，促进优秀课程教学案例的分享和研究。结合网络共享和其他信息技术开展“翻转课堂”与“混合式学习”的教学改革试验，推进信息化技术革命背景下的教学方法改革。加大对优秀教师的奖励力度，加强对优秀教师的宣传力度，鼓励教师热爱教育、热爱教学、热爱学生，在教育教学中追求卓越，吸引更多青年科学家投身到教育教学中来。聘请农业领域实践经验丰富的行、企业专家担任专业学位研究生任课教师，提高实践教学效果。

同志们，我们已经迈入“十三五”，站在了新的起点上。在机遇和挑战面前，我们必须充分、准确地把握国内外研究生教育改革的发展方向，认真遵循研究生教育发展的基本规律，居安思危，增强忧患意识，以高度的事业心和强烈的使命感，立足新起点，谋求新发展，开创新局面，坚定不移地加快我院研究生教育改革发展步伐，持之以恒地为建设“世界一流农业科研院所”和实施农业科技创新工程做出新的更大贡献。

近 4 年来，我们教学委员 55 名教学委员、研究所教研室工作人员、研究生院培养处等相关部门的人员，同心同德、开拓进取，积极奉献。感谢大家对我院研究生教育事业的热爱和支持！也感谢研究生院同志们辛苦的工作！

最后，预祝今天的会议圆满成功。谢谢大家！

中国农业科学院党组成员、研究生院院长刘大群在2016级研究生开学典礼上的讲话

2016年9月1日

各位来宾、老师、同学们：

金秋九月，丹桂飘香。今天我们怀着喜悦的心情在这里隆重举行2016级研究生开学典礼。我非常高兴地看到，又有一批意气风发的优秀青年走进了中国农业科学院这个大家庭。今天是你们的重要日子，人生已然翻开了新的一页，你们即将迎接新的挑战，奔向新的成功！

首先，我谨代表中国农业科学院党组和研究生院，向在百忙之中应邀光临典礼的各位领导、来宾表示热烈的欢迎和诚挚的谢意！向刚刚迈进中国农业科学院的2016级292名博士研究生、721名硕士研究生以及来自31个国家的132名留学生同学表示衷心的祝贺和热烈的欢迎！并在教师节即将来临之际，向辛勤工作在教学、科研第一线的教师和导师们致以诚挚的问候和崇高的敬意！

同学们，中国农业科学院成立于1957年，是全国规模最大、学科最全、综合研究实力最强的国家级综合性农业科研机构。经过59年的建设和发展，我院在我国农业科技攻关、宏观决策服务、支撑国家农产品有效供给、推动农业发展方式转变、加快建设现代农业进程中做出了不可替代的重要贡献。在刚刚过去的“十二五”期间，我院以“服务产业重大科技需求、跃居世界农业科技高端”为使命，突出体制机制创新，调整优化科研力量，全面提升农业科技创新能力和效率，重大科技成果不断涌现，各项工作取得重要进展。

“十二五”期间，我院主持各类国家科技计划项目2 026项，主持项目数占农业领域项目的1/3左右，充分体现了农业科研国家队的主体地位和引领作用。5年间以第一完成单位，共获得国家科技奖励成果31项，实现了国家三大奖全覆盖。发表SCI论文超过7 900篇，在《自然》《科学》系列刊物上发表论文30篇；获授权专利3 700余项；审定农作物品种470余个。2013年我院科技创新工程与中国科学院知识创新工程、中国社科院哲学社会科学创新工程一道，正式列入国家三大创新工程。目前创新工程实施顺利，已为32个研究所的315个创新团队提供了强有力的支持。一批研究所已经或正在跨入世界一流现代院所的行列，我院已经进入全面推进科技创新工程、建设世界一流科研院所的决胜阶段，这也必将为同学们提供更加广阔的舞台！

同学们，中国农业科学院研究生院成立于1979年，是我国第一批具有博士学位与

硕士学位授予单位之一。建院 38 多年来，坚持“立足科研，质量为本，科教兴农”的办学理念，以“院所结合，两段式培养”为特色，不断更新教育理念，深化教育改革，创新管理机制，建立了适合科研单位的科学、严谨、完善的研究生培养体系。2002 年以来，我院连续多年以农学门类第一名荣膺“中国一流研究生院”，在全国最新一轮学科评估中，作物学、兽医学排名第一，植物保护等 6 个学科名列前茅。

同学们，中央一号文件已经连续 13 年聚焦“三农问题”，凸显农业在我们国家的重要地位。从 2014 年至今，则连续 3 年将“农业现代化”写入文件标题，可见“农业现代化”含义深远。当前，我国农业面临千年未有之变局，迫切需要通过落实新理念，加快推进农业现代化，从根本上提升竞争力，破解农业农村发展面临的各种难题。作为农业科研国家队的学子，你们任重道远，舞台宽广，大有可为。希望你们能够把握科学前沿，引领创新方向，在农业科研领域率先取得突破和跨越，为祖国农业现代化提供强有力支撑。今天，在你们人生新的征程即将开启之际，作为校长、作为你们的校友，回忆到自己当年的求学之路，我想与你们谈谈，作为从事农业科研的研究生该如何做人、做事、做学问，分享我的 3 点感悟。

一、做人要有“家国情怀、自立自强”

几千年来，家国情怀始终扎根在每一个中国人心里，古有岳母刺字“精忠报国”，今有奥运女排精神，中国人用行动深刻地诠释了家国情怀。这让我想起了我们农科院也有很多这样的榜样，被誉为“中国抗虫棉之父”的生物技术研究所研究员——郭三堆就是其中一个。1986 年郭三堆赴法深造，在“杀虫基因的结构与功能研究”中取得重要进展后，国外许多大公司年薪出价到数万英镑，都遭到他的婉拒。但是当国家通知他回国主持“863”项目时，郭三堆义无反顾积极响应。临行前他说：“我是个科研工作者，虽然科技无国界，但是哪个国家先研究出一项先进技术和高科技成果，肯定哪个国家最有利和最受益。我是从中国的农村出来的，我深知农民的辛苦和负担，我的祖国需要我，我应该回去。”在优厚待遇与回国的取舍之间，深藏着一份他对家国诚挚的情怀。农科学子们更要树立浓郁的家国情怀和高尚的道德节操，自立自强搞科研，全身心奉献农业、改造农业、发展农业，肩负起国家、时代赋予我们的使命。

二、做事情要“不忘初心，脚踏实地”

“天下难事，必作于易；天下大事，必作于细。”道不可坐论，梦不能空谈，关键要付诸行动，扎扎实实做事。我院已故中科院院士、著名遗传育种专家戴松恩，为了坚守“用全部知识和才华为祖国千万大众服务”的信念，在抗战时期的艰苦条件下，忍辱负重，辛勤操劳，依然忘我地坚持科研工作。新中国成立后，周恩来总理接见他时说道：“希望你用科学技术让人人都能吃上白面。”为了这个虽然质朴但在当时却极难实现的愿望，戴松恩马不停蹄地继续着自己的科学研究之旅，他的足迹踏遍了大半个中国。为了这个“初心”，他勤勤恳恳地奋斗了一生，先后参与育成、推广了金大 2905、金大 26 等小麦品种。戴老在农业领域取得的成绩都离不开脚踏实地的钻研和对初心的坚持。此刻，历史的接力棒已经传递到你们手中，希望同学们牢记并践行“明德格物，博学笃行”的院训精神，承载着你们的初心，做到勤奋刻苦、勇于坚持，以全新的姿态去迎接未来的挑战，为实现梦想打下基础，为贡献社会做好准备。

三、做学问要“求是创新，主动探索”

“君子之学，唯求其是”“不登高山不知天之大，不临深谷不知地之厚”。我院哈尔滨兽医研究所的陈化兰研究员从事禽流感病毒生物学研究、禽流感疫苗研发及应用研究长达 20 多年，取得了一系列突破性的创新成果，产生了巨大的社会经济效益。

今年 3 月她获得了素有“女性诺贝尔”美誉的“世界杰出女科学家成就奖”。她所有的努力和成果诠释了求是创新、主动探索的科学精神，也践行了我院顶天立地的农科精神。研究生阶段的学习是制造知识的阶段，提高科研创新能力是这一阶段的主要任务，你们必将成为推动知识创新和技术进步的生力军。你们要树立学术理想，勇于担当责任，百折不挠地追求探索；要敢于挑战权威，善于分析质疑，力争能够超越前人；要端正治学态度，恪守学术规范，将学术研究建立在坚实的基础之上；要注重文理兼修，不断提升学术境界、提升人生境界。

同学们，中国要强农业必须强，中国要美农村必须美，中国要富农民必须富。在这个伟大的时代，希望你们以强农兴邦为己任，开拓创新，传承宝贵的农科精神，做一个顶天立地的农科人。我坚信你们一定能够担当起党和人民赋予的历史重任，能够在实现中国梦、强农梦的伟大实践中书写出无愧于时代的壮丽篇章！

谢谢大家！

八、综合政务管理

中国农业科学院关于加强公文管理的规定

第一条 为了贯彻落实中央八项规定精神，进一步精简公文数量，提高办事效率，切实加强公文处理的规范化，根据中共中央办公厅国务院办公厅《党政机关公文处理工作条例》（中办发〔2012〕14号）、《党政机关公文格式》（GB/T 9704—2012），以及《中国农业科学院公文处理办法》，制定本规定。

第二条 本规定适用于中国农业科学院及院属各单位、院机关各部门各类公文处理工作。中国农业科学院及院属各单位、院机关各部门常用公文共9种，包括决定、意见、通知、通报、报告、请示、批复、函、纪要。

第三条 高度重视公文处理工作。院属各单位、院机关各部门要提高认识，加强组织领导，建立健全制度和措施，强化人员素质，切实提高公文处理工作质量和水平。

第四条 认真做好行文前的准备工作。公文拟制单位（部门）应做好行文前的沟通、协商和征求意见工作，增强行文的必要性、可行性、实用性，防止以文传文，以文代替具体工作。

第五条 强化公文格式规范。公文主办单位（部门）应切实提高行文的质量，印发公文应符合以下规范。

（一）公文用纸采用GB/T 148中规定的A4型纸，其成品幅面尺寸为：210毫米×297毫米。

（二）一般每面排22行，每行排28个字，并撑满版心。特定情况可以作适当调整。

（三）字体和字号格式。如无特殊说明，公文格式各要素一般用3号仿宋体字。

文件标题一般用2号小标宋体字。

文中结构层次序数依次用“一、”“（一）”“1.”“（1）”标注；一般第一层用黑体字，第二层用楷体字（加粗），第三层仿宋字体（加粗），第四层用仿宋体字。

（四）上行文应有签发人，姓名用3号楷体字。示例：“签发人：李　明”

（五）正文中的附件说明，使用阿拉伯数字标注附件顺序号，附件名称需回行时，应当与上一行附件名称的首字对齐。示例如下：

附件：1. ××
　　　××
　　2. ××

（六）附件格式。附件排版格式同正文，附件标题居中编排在版心第三行。“附件”二字及附件顺序号在附件版心左上角第一行用3号黑体字顶格编排；如附件单独装订，应当在“附件”二字前编排发文字号，示例如下：

“农科办办〔2016〕××号附件 1”

（七）页码格式。一般用 4 号半角宋体阿拉伯数字，数字左右各放一条一字线，如“—2—”。公文的版记前有空白页的，空白页和版记页均不编排页码。

（八）横排格式。页码位置与公文其他页码保持一致，单页码表头在订口一边，双页码表头在切口一边。

第六条　严把公文质量关。有下列情形的公文，院办公室将作退回处理。

（一）内容明显与党的理论路线方针政策和国家法律法规相抵触，不符合中央八项规定精神。

（二）文字语言有明显错误，逻辑不清，空洞无味，所提建议和办法不可行。

（三）公文文种不规范。多个文种混用、叠用（如“关于某某事项的请示报告”），超出文种范围，等等。

（四）公文格式不正确。发文机关标志、签发人、标题、主送机关、正文、附件说明、发文机关署名、成文日期、印章、附注、附件、抄送机关、印发机关、印发日期和页码等，有遗漏，不符合规定字体、字号、格式要求。

（五）公文使用的汉字、数字、外文字符、计量单位和标点符号等，不符合国家有关标准和规定。

（六）上行文不规范。一个请示涉及多个请示事项，或在报告等非请示性公文中夹带请示事项，或以单位名义向上级单位负责人报送公文，或以单位负责人名义向上级单位报送公文。

（七）公文拟制不符合程序。

第七条　加强发文管理。遵从以下原则：

（一）精简原则。对于常规性工作，或者发文内容不具备保留价值的，一般不采取院及院办公室发文。院常务会、院党组会、院长办公会、院党组理论中心组会议，全院一般性研讨会、咨询会、论证会、座谈会，其他一般性会议，采用黑头《会议通知》格式发文。

（二）高效原则。为减少不必要的环节，提高工作效率，院属各单位、院机关各部门的业务性工作，上级征求意见稿、上级一般性会议通知，一般不采取院及院办公室发文，可以采用单位或部门函纸形式编号（或不编号）发文，或直接复印转发。院属各单位如遇紧急情况需要报请院里，可先将正式发文原件的扫描图片发送到院办公室或院机关其他部门，并及时寄送纸质原件。

（三）保密原则。凡涉密文件要按涉密文件管理规定执行。非涉密且不涉及我院核心利益的文件，可以通过传真、网上传送的形式进行运转。

第八条　加快推进公文电子化。除报请、批复及确需原件留存的公文外，院内发文一般印文数量不得超过 10 份。需要有关单位或人员获知的事项，应以电子文件方式发送。

第九条 院后勤服务中心负责院及院办公室发文的纸质文件印发、电子文件制作，并对电子文档妥善保存、每年向院办公室进行归档。

第十条 加强公文处理人员的管理。院属各单位、院机关各部门应指定专人负责公文处理工作，配备公文核稿员。核稿员应由综合处长（办公室主任）担任，并报院办公室备案。院办公室定期组织对公文处理人员的业务培训。公文处理人员离岗、离职时，所在单位（部门）应当与其进行工作交接，清退文件。

第十一条 建立奖惩措施。加强对各单位公文管理情况跟踪考核，每两年评选一次公文管理优秀单位、优秀核稿员。对公文管理优秀单位、优秀核稿员进行表彰奖励；对公文把关不严、出现重大失误或造成不良社会影响的给予严肃处理。

第十二条 本规定自发布之日起执行。

第十三条 院办公室负责对规定的解释和修订。

中国农业科学院办公室

2016 年 7 月 29 日印发

中国农业科学院关于印发会议管理办法（试行）的通知

院属各单位、院机关各部门：

《中国农业科学院会议管理办法（试行）》已经院领导审定，现印发给你们，请遵照执行。各单位要深刻领会办法精神，实事求是，结合自身科研、教学、管理特点，尽快制定本单位的实施细则。要严格会议计划管理，坚持厉行节约，合理确定会议次数、天数、人数，切实提高会议效率，改进会风，促进工作。

中国农业科学院

2016 年 8 月 31 日

中国农业科学院会议管理办法（试行）

第一章　总　则

第一条　为贯彻落实中央八项规定精神，进一步加强我院会议管理，改进会风，反对铺张浪费，提高会议效率和质量，根据《中央和国家机关会议费管理办法》和《关于进一步完善中央财政科研项目资金管理等政策的若干意见》（中办发〔2016〕50号），结合我院实际，制定本办法。

第二条　院属各单位和院机关各部门（以下简称各单位）召开的政务、业务会议适用本办法。

政务会议是指中国农业科学院及各单位因管理需要召开的会议，包括院工作会议、各部门组织召开的全院性工作会议、各单位年度工作会议等。

业务会议是指中国农业科学院及各单位因科研、教学需要召开的会议，包括学术会、研讨会、评审会、座谈会、答辩会以及论证、咨询、检查、示范、推广、验收、业务交流等会议。

第三条　各单位召开会议应实行分类管理、分级审批，严格控制会议数量、会议规模、会议定额。内容相似的会议，应当联合或合并召开。严禁召开无实质内容、可开可不开的会议。不得邀请与会议内容无关的单位和人员参会。

第二章　管理职责

第四条　院机关有关部门职责

（一）院办公室的主要职责是归口管理以中国农业科学院名义举办的政务会议和业务会议。

（二）财务局的主要职责是负责全院会议费预决算管理。

第五条　各单位的主要职责

（一）负责归口管理本单位会议计划。

（二）负责制定本单位会议管理的实施细则。

（三）负责编报本单位年度会议计划、会议费预算、年度会议计划执行情况。

（四）编报并管理、使用会议费，做好相应的财务管理和会计核算工作。

（五）负责会议费报销的审核把关，确保各类凭证来源合法，内容真实、完整、合规。

第三章　会议审批及要求

第六条　会议计划审批

（一）每年 10 月底前，各单位对本年度会议执行情况总结，制订下一年度会议计划。以中国农业科学院名义召开的会议，各单位应报院办公室汇总、初审，经院常务会议审批后执行；其他会议由所务会、局务会审定后执行，并编入年度预算。

（二）审批事项包括会议数量、会议名称、会议召开理由、主要内容、时间地点、代表人数、工作人员数、所需经费及列支渠道等。

（三）确需召开暂未列入年度会议计划的会议，除应急、救灾外，须经各单位按审批程序批准，达到或超过 150 人的会议，须报请院批准。不发生会议费的，不执行上述会议审批程序，不列入会议计划管理。

第七条　会期和会议规模

（一）政务会议。各单位要严格控制政务会议数量、会期、参会人员规模。会期原则上不得超过 2 天，传达、布置类会议会期不得超过 1 天，会议报到、离开时间合计不得超过 2 天。参会人员规模不超过 150 人，其中工作人员控制在会议代表人数的 10%以内。

50 人以下的小型政务会议会议报到、离开时间合计不得超过 1 天。

（二）业务会议要按照实事求是、精简高效、厉行节约的原则，合理确定会议次数、天数、人数。

第八条　会议地点

会议应优先安排单位内部会议室、培训中心、宾馆等场所。因工作需要在单位外召开的，应到会议定点场所召开，按照协议价格结算。不得到与会议内容无关的地点召开会议。不得到党中央、国务院明令禁止开会的风景名胜区召开会议。

无外地代表且会议规模能够在单位内部会议室安排的会议，原则上在单位内部会议室召开，不安排住宿。

第九条　会议通知

召开会议应当办理会议通知，明确会议时间、地点、场所、内容、会议代表范围、人数、有关要求等。

第十条　各单位应充分运用电视电话、网络视频等现代信息技术手段，控制规模，降低会议成本，提高会议效率。

第十一条　会议召开地的代表原则上不安排住宿，但住址与会议地点距离较远、往返时间较长，影响参会质量的可以安排住宿。

第四章　会议费开支范围、标准和报销支付

第十二条　会议费开支范围包括会议住宿费、伙食费、会议室租金、交通费、文件印刷费、医药费等。

交通费是指用于会议代表接送站，以及会议统一组织的代表考察等发生的交通支出。会议代表参加会议发生的城市间交通费，按照差旅费管理办法的规定回所在单位报销。

对确因工作需要，邀请国内外专家、学者和有关人员参加会议所发生的城市间交通费、国际旅费、咨询费、讲课费、评审费，可由主办单位在会议费等费用中报销，相关费用不在会议费综合定额内，但须遵照报销标准。

第十三条　会议费开支实行综合定额控制，各项费用之间可以调剂使用。综合定额标准是会议费开支的上限，应在综合定额标准以内结算报销。

会议费综合定额标准为每人每天：住宿费340元、伙食费130元、其他费用80元，合计550元。

参加会议的院士及国内外知名专家（二级或相当二级以上研究员技术职务专家）达到参会人数1/3及以上的业务会议，综合定额标准可提高20%。

第十四条　各单位应当严格会议费预算管理，控制会议费预算规模。会议费预算要细化到具体会议项目，执行中不得突破。会议费原则上在部门预算公用经费或项目经费中列支，并单独列示。

第十五条　会议结束后，经办人员应持实际发生的会议相关票据及时办理报销手续。原则上会议费报销应提供会议审批文件、会议通知、会议日程、实际参会人员签到表、会议服务单位提供的费用原始明细单据、电子结算单等凭证。

财务部门要严格审核会议费开支，对未列入年度会议计划或未经批准召开的，以及超范围、超标准开支的经费不予报销。

第十六条　会议费支付，应当严格按照国库集中支付制度和公务卡管理制度的有关规定执行，以银行转账或公务卡方式结算，禁止以现金方式结算。具备条件的，会议费应由财务部门（机构）直接结算。

第五章　会议费公示制度

第十七条　各单位应当将非涉密会议的名称、主要内容、参会人数、经费开支等情况在单位内部公示或提供查询，具备条件时向社会公开。

第十八条　每年年初，各单位应向会议批准单位或部门报送上年度会议计划执行情况（包括会议名称、主要内容、时间地点、代表人数、工作人员数、经费开支及列支渠道等）。

第六章　监督检查和责任追究

第十九条　院办公室、财务局会同有关部门对各单位会议计划执行和会议费管理使用情况进行监督检查。主要内容包括：

（一）召开会议是否严格执行年度会议计划。

（二）会议会期、规模、地点、场所等是否符合规定。

（三）会议费开支范围和开支标准是否符合规定。

（四）会议费报销和支付是否符合规定。

（五）是否向下属机构、企事业单位或地方转嫁、摊派会议费。

（六）会议费管理和使用的其他情况。

第二十条　进一步改进会风，严格遵从以下规定：

（一）严禁借会议名义组织会餐或安排宴请；严禁套取会议费设立“小金库”；严禁在会议费中列支公务接待费。

（二）严格执行会议用房标准，不得安排高档套房，会议用房以标准间为主；会议用餐严格控制菜品种类、数量和分量，有条件的须安排自助餐，严禁提供高档菜肴，不安排宴请，不上烟酒；会议会场一律不摆花草，不制作背景板，不提供水果。

（三）不得使用会议费购置电脑、复印机、打印机、传真机等固定资产以及开支与本次会议无关的其他费用；不得组织会议代表旅游和与会议无关的参观；严禁组织高消费娱乐、健身活动；严禁以任何名义发放纪念品；不得额外配发洗漱用品。

（四）委托下级或地方接待单位协助安排会议的，应当事先通知接待单位，明确会议的有关要求及开支标准。接待单位不得超标准接待。

第二十一条　违反本办法规定，有下列情形之一的，依法依规追究会议举办单位和相关人员的责任。涉嫌违法的，移交司法机关处理。

（一）计划外或未按程序批准召开会议的。

（二）以虚报、冒领手段骗取会议费的。

（三）虚报会议人数、天数等进行报销的。

（四）违规扩大会议费开支范围，擅自提高会议费开支标准的。

（五）违规报销与会议无关费用的。

（六）其他违反本办法行为的。

第七章　附　则

第二十二条　各单位应当按照本办法，结合本单位业务特点和工作需要，制定会议费管理的实施细则，加强会议费使用的内控管理，并报院财务局备案。

第二十三条　财务预算决算等集中审核汇总工作，不作为会议管理，其工作经费应纳入年度预算，按照厉行节约的原则从严控制支出。其中场地租用费、交通费、劳务费据实报销，从相关科目中列支；住宿费和伙食费合计每人每天不超过会议费相应标准的合计，从其他科目中列支。集中审核汇总工作应选择内部会议室、内部宾馆饭店或定点宾馆饭店进行。

各单位举办庆典、论坛、展会、赛会等活动，执行相应的管理规定，不执行本办法。

第二十四条 院所属控股企业、挂靠学会使用中央财政经费召开的会议适用本办法有关规定。

第二十五条 在华国际会议、在华双边会议按照《中国农业科学院在华举办国际会议管理细则》执行。

第二十六条 本办法由院办公室和财务局负责解释。

第二十七条 本办法自 2016 年 9 月 1 日起实施，中国农业科学院关于印发《中国农业科学院会议费管理办法》的通知（农科院办〔2014〕39 号）同时废止。此前所发文件与本办法不一致的，以本办法为准。

中国农业科学院机关档案查询借阅规定

第一条　为加强院机关档案管理，确保室藏档案的安全完整，更好地为全院工作服务，根据中共中央办公厅、国务院办公厅颁布的《机关档案工作条例》制定本办法。

第二条　借阅档案必须由利用人办理借阅手续。密级档案原则上不外借，确需外借原件者，须填写“密级档案调阅单”报院保密办批准，并严格限制借阅范围及借出时间。

第三条　借阅权限

（1）院属各单位借阅院机关档案，须填写“档案借阅申请单”报院办公室审核后，持由院办公室综合处开具的“档案借阅通知单”，经立档部门综合处负责人审批签字，方可借阅。

（2）院机关各部门跨部门借阅档案，须持有由院办公室综合处开具的“档案借阅通知单”，经立档部门综合处负责人审批签字，方可借阅。

（3）借调及聘用人员原则上不得借阅档案。确需借阅，须出示由所在单位（部门）处室领导签字及综合处签章的“借调及聘用人员档案借阅单”。

（4）院属单位（部门）以外借阅者须持本人所在单位开具的介绍信和本人身份证，填写“档案借阅申请单”报院办公室审核后，持由院办公室综合处开具的“档案借阅通知单”，经立档部门综合处负责人审批签字，方可借阅。

第四条　查阅会计档案，原则上须由立档部门财务人员陪同查阅。会计档案原件原则上不得借出，如有特殊需要，须报经院财务局批准，但不得拆散原卷册，并应按期归还。

第五条　借阅档案必须遵守以下要求

（1）利用者应对档案的保密、安全和完整负责，不得泄露档案内容。

（2）利用者未经院办公室综合处同意，不得转借、涂改、圈画、批注、增删、抽页、剪裁、拆卷、摘抄、拍照等。

（3）严禁出售档案资料。

（4）不得擅自将档案带出院机关档案阅览室。

（5）因公长期出差、休假应及时归还所借档案，不得积压。

第六条　外借档案如发现有违反第五条规定的，院办公室综合处应写出书面报告，上报分管院领导并对当事人和所在单位（部门）进行通报批评。

第七条　非密级档案借阅时间不超过 20 天，如需续借，须借阅者本人携带档案原件到院办公室综合处办理续借手续。密级档案借阅时间不得超过 3 天，不办理续借手续，确需继续使用，应重新填写“密级档案借阅单”，履行归还及借阅手续。

第八条 超时未还档案的催还

(1) 借阅时间到档案借阅登记中所填写的借阅截止期限，院办公室综合处负责电话通知本人。

(2) 借阅时限满20天，院办公室综合处负责电话通知借阅人即刻归还。

(3) 经以上口头通知仍未归还档案的，院办公室综合处开具档案催还单送达借阅人所在单位（部门）综合处，书面催还。

(4) 经以上口头及书面催还仍未归还档案的，院办公室综合处上报分管院领导并对当事人和所在单位（部门）进行通报，限期归还。

第九条 涂改、公布、遗失档案的，依《中华人民共和国档案法》及相关细则对直接责任人和主管领导给予通报批评和行政处分；构成犯罪的，依法追究刑事责任。

第十条 归还档案时，档案管理员要当面检查清点，确认无误后，注销外借手续，按年度、机构、期限、档号入库上架。

第十一条 立档部门同意摘录或复制的档案、资料、经院办公室综合处核对、盖章以后方可认定生效。

第十二条 凡向院办公室综合处移交、捐赠、寄存档案的单位（部门），对其档案有优先利用权，并对档案中不宜公开的部分提出限制利用的意见，院办公室将维护其合法权益。

第十三条 院机关各部门人员离职前，须归还所借档案，由院办公室综合处签字确认后，方可办理调动、退休手续。

第十四条 本规定自印发之日起执行，由院办公室负责解释。

附件：1. 中国农业科学院机关档案借阅申请单
2. 中国农业科学院机关档案借阅通知单
3. 借调及聘用人员档案调阅单
4. 密级档案调阅单
5. 中国农业科学院机关档案借阅催还单

附件 1

中国农业科学院机关档案借阅申请单

中国农业科学院办公室：

现有＿＿＿＿＿＿＿＿单位（部门）＿＿＿＿＿处（室）在编人员＿＿＿＿＿，因＿＿＿＿＿需要，申请调阅＿＿＿＿＿年关于＿＿＿＿＿＿＿＿＿＿事项的档案。

请准予调阅。

综合处（办公室）负责人：

＿＿＿＿年＿＿月＿＿日（盖章）

附件 2

中国农业科学院机关档案借阅通知单

____________：

现有__________________单位（部门）__________处（在编、借调、聘用）人员__________，因____________________需要，申请调阅你单位（部门）____________年关于__________________事项的档案。

请准予调阅。

立档部门综合处负责人：

________年____月____日

附件 3

借调及聘用人员档案调阅单

中国农业科学院办公室：

现有________________________单位（部门）__________处（借调、聘用）人员__________，前往你处代为调阅单位（部门）__________年关于__________________事项的档案。

请准予调阅。

单位（部门）处室负责人：

综合处负责人：

________年____月____日（盖章）

附件 4

密级档案调阅单

中国农业科学院办公室：

因___________________需要，现有_________单位（部门）人员__________，前往你处借阅_________年密级档案，档案名称______________。

我单位（部门）将严格保守国家秘密，不复制、不传播，时限 3 天。

请准予调阅。

单位（部门）综合处负责人：

年　月　日（盖章）

院保密办负责人签章：

附件 5

中国农业科学院机关档案借阅催还单

__________（单位、部门）：

__________同志于________年____月____日借阅档案，共计__________件。

因已超过借阅期限，请于________年____月____日前归还院办公室综合处。

中国农业科学院办公室

________年____月____日（盖章）

档案名称	年度	保管期限	件号	密级	档案所属单位	借阅日期	借阅单位	借阅人
*归还日期：　年　月　日前								

中国农业科学院办公室

年　月　日

中国农业科学院2016年度科技传播工作要点

2015年，中国农业科学院属各单位、院机关各部门紧紧围绕院党组中心工作，切实贯彻团结稳定鼓劲、正面宣传为主的方针，加大落实力度，增进合作配合，推动全院新闻宣传、院媒传播、信息报送、舆情监测应对等各项工作取得明显进展。全年中央媒体对院所报道量近600篇次，比上年增加20.6%；院网发布新闻信息1 700多条，比上年增加12.5%；编发《院报》《院简报》《院信息专报》等130多期，为院所改革创新发展作出了积极贡献。2016年是“十三五”开局之年，也是科技创新工程全面推进期的启动之年，统筹做好全院科技传播工作具有重要意义。

2016年中国农业科学院科技传播工作的总体要求是：学习贯彻习近平总书记在党的新闻舆论工作座谈会上的重要讲话精神，严格落实科技传播工作主体责任，牢牢把握正确的舆论导向，聚焦中共中央、农业部和院党组对“三农”工作的部署要求，以促进农业转方式调结构、加快发展现代农业为主题，以科技创新工程的实施动态为主线，以重大活动的开展、重点工作的推进和重要事项的落实为抓手，坚持日常工作与重点活动相结合、系统谋划与专题策划相配套、新闻媒体与院属媒介相呼应，着力加强主题宣传策划与集成，着力强化科普宣传与热点问题回应，着力培育和引领科研创新文化，着力提升科技传播能力，唱响科技创新主旋律，讲好中国农业科学院故事，充分展现中国农业科学院作为改革排头兵、创新国家队、决策智囊团的实力、地位与作用，为深入实施科技创新工程、加快建设世界一流农业科研院所提供有力的舆论支持和精神动力。

一、以国家农业科技创新联盟建设为重点，深入宣传中国农业科学院体制机制改革成效，大力促进现代科研院所建设

跟踪国家农业科技创新联盟建设的新进展，突出重大科技任务协同创新、科技资源共建共享。围绕种业领域权益改革和新修订《促进科技成果转化法》及其实施若干规定的出台，宣传中国农业科学院鼓励科研创新、促进成果转化的新机制。宣传介绍“科研英才培育工程”启动实施的重大意义、主要举措与预期目标。以深圳农业基因组研究所与都市农业研究所的组建为切入点，宣传中国农业科学院学科布局及其调整的思考与成效。

二、以重大科技突破与精准扶贫为重点，深入宣传中国农业科学院“顶天立地”的科研成果，加快推进农业发展方式转变

大力宣传并深度解读中国农业科学院重大科研进展，尤其是发表在院选顶尖核心期刊上的高水平论文，在生物育种、农机装备、智能农业、生态环保等领域关键技术的新突破，以及在高产优质多抗新品种选育、农业投入品创制、机械化轻简化生产、农业信息化应用、农产品精深加工、种养结合循环农业等领域研发的重大成果。总结宣传推广中国农业科学院近年来利用科技、人才、平台等优势资源指导帮助贫困地区脱贫致富的成功做法与成效，以及面向“十三五”精准扶贫的思路与举措。深化宣传推广农产品绿色增产增效技术集成模式，及时报道区域农业可持续发展技术集成创新与示范活动，突出节水、节肥、节药、节地、废弃物资源化利用、“互联网+”等资源节约型与环境友好型新技术的应用与集成效果。

三、以推进农业供给侧结构性改革为重点，深入宣传中国农业科学院有关农业热点问题的研究成果，提升中国农业科学院在农业政策与战略咨询上的话语权

充分利用《中国农业科学院简报》《中国农业科学院信息专报》等内部信息载体，及时向上级部门报送中国农业科学院专家围绕加快农业供给侧结构性改革、促进第一、第二、第三产业融合发展、拓展农民增收渠道、推动农业绿色发展、加大农业支持保护力度、发展多种形式适度规模经营、推进农业对外开放、加快城乡发展一体化、推进特色产业精准扶（脱）贫等今年中央一号文件关注议题而开展的战略思考与调研报告，以及针对农业生产形势与突发灾害、国内外农业科技发展趋势、农业科研体制机制改革创新等问题提出的分析研判与政策建议。

四、以农业科技“走出去”为重点，深入宣传中国农业科学院主导国际农业科技合作与交流的成效，助推国家“一带一路”倡议实施

及时宣传中国农业科学院全球合作布局与农业科技“走出去”的重要举措，跟踪“海外农业研究中心”的重大活动与重大成果、海外农业科学联合实验室与农业技术示范中心的建设成效，以及推动中非“10+10”农业科研机构合作的实施进展，集中展示中国农业科学院畜禽疫苗、优良品种以及植保、沼气、棉花生产等一批成熟技术与产品“走出去”取得的明显成效，组织开展好重要国际会议的宣传。继续大力开展中国农业科学院重大科研进展、青年英才计划、科技创新工程的国际传播，不断提高对海外优秀

科技人才的吸引力。

五、以促进农业面源污染防治与转基因生物产业发展为重点，深入宣传农业科普知识，提高全民科技素质

围绕“一控两减三基本”目标，系统介绍农业面源污染的来源、本质和危害，展示推广化害为利、变废为宝的清洁生产技术，引导公众理解和支持农业面源污染治理，促进农业可持续发展和美丽中国建设。继续强化转基因科普知识的宣介，以“转植酸酶基因玉米”为例详细剖析转基因技术的来龙去脉以及转基因产品的研发过程，突出转基因产品的安全评价，引导公众科学理性看待转基因技术和产品。继续强化马铃薯营养与健康消费知识的宣介，围绕中国农业科学院研发上市的马铃薯主食产品展示马铃薯的独特营养价值，引导公众接受和增加马铃薯主食产品消费。针对农产品质量安全事件、涉农虚假谣言及不实报道等涉农热点问题，及时组织科技人员进行科学解读，有效回应社会关切，正确引导社会舆论。

六、以科技典型人物为重点，深入宣传心系“三农”乐于奉献的精神品格，塑造与弘扬农科创新文化

深入跟踪“青年英才计划”“千人计划”“万人计划”等人才计划优秀入选者的科研进展，讲述他们科研实践中的精彩故事，大力营造敢为人先、潜心科研、严谨治学、勇攀高峰的创新氛围。及时宣传中国农业科学院在农业科技战线以及党政工青妇等工作中涌现出的先进人物与团队的典型事迹，深入挖掘勇于担当、甘于寂寞、乐于奉献、团结协作的典型事迹与精神风貌。继续跟踪“农科讲坛”等专题学习活动，展现科学大家的创新精神与哲学智慧，营造浓厚学术氛围，打造知名学习品牌，推动书香农科建设。

七、以策划主题集成宣传为重点，加强科技传播能力建设，不断提高全院科技传播水平

加强专题集成宣传力度，选取若干研究领域或重点工作，集成全院各单位最新相关成果进行系列宣传报道，不断掀起阶段性宣传高潮。深入了解不同新闻媒体的传播特点与内容需求，加强重点专家或重点项目的跟踪宣传服务，提高精准传播的水平。加强《中国农业科学院科技传播工作管理办法》执行情况的督查，重点抽查科技传播条件保障的落实情况。修订《中国农业科学院科技传播工作考核奖励办法》，更加凸显科研特色和传播影响力。摸底查清全院科技传播基地建设与科普活动情况，组织制定《加强全院农业科普工作的指导意见》，引领带动各单位全面加强科普工作。推动院中文门户

网站改版升级，制定《院媒新闻信息报送细则》，突出科研特色，提高信息质量，进一步提升网站吸引力。继续组织开展新闻记者“走访研究所”活动，搭建研究所与新闻记者紧密联系的桥梁，深化与新闻媒体的合作。

附件：中国农业科学院 2016 年度重点传播活动计划（2016 年 4 月—2017 年 3 月）

附件

中国农业科学院 2016 年度重点传播活动计划
（2016 年 4 月—2017 年 3 月）

主　题	传播内容	实施时间	责任单位
一、以国家农业科技创新联盟建设为重点，深入宣传我院体制机制改革成效，大力促进现代科研院所建设			
1. 国家创新联盟建设	跟踪国家农业科技创新联盟建设的新进展，突出重大命题协同创新、科技资源共建共享。围绕种业领域权益分配改革和《中华人民共和国促进科技成果转化法》以及相关政策举措，宣传鼓励科研创新、促进科技成果转化的新机制	2016 年 4—12 月	科技局、成果转化局
2. 创新工程机制	继续跟踪宣传科技创新工程与现代院所管理机制的新探索，多侧面挖掘推广研究所的典型做法	2016 年 4—11 月	院办、相关研究所
3. “科研英才培育工程”启动	结合青年英才计划“科研英才培育工程”启动首批遴选，系统介绍青年英才计划“科研英才培育工程”启动实施背景、入选者首批遴选工作、配套培育政策等情况，努力营造识才、爱才、敬才、育才之风	2016 年 4 月	人事局
4. 学科布局	以深圳农业基因组研究所与都市农业研究所的正式组建为切入点，全面系统宣传我院学科布局及其调整的思考与明显成效	适时	科技局、新建所、人事局

（续表）

主　题	传播内容	实施时间	责任单位
二、以重大科技突破与精准扶贫为重点，深入宣传中国农业科学院“顶天立地”的科研成果，加快推进农业发展方式转变			
5. 重大科研进展	大力宣传并深度解读发表的高水平论文，在生物育种、农机装备、智能农业、生态环保等领域关键技术的新突破，以及在高产优质多抗新品种选育、农业投入品创制、机械化轻简化生产、农业信息化应用、农产品精深加工、种养结合循环农业等领域研发的重大成果	2016 年全年	相关研究所
	（1）发现基因重复及基因内部片段重复导致基因功能分化	2016 年 10 月	植保所
	（2）白菜和甘蓝基因组重测序分析研究进展	2016 年 6—7 月	蔬菜所
	（3）北京油鸡配套系选育	2016 年 7—12 月	牧医所
	（4）节粮优质抗病黄羽肉鸡新品种培育与应用	2016 年 12 月	牧医所
	（5）蜂王浆产量和质量调控机理	2016 年 7 月	蜜蜂所
	（6）传粉昆虫多样性与农作物产量密切相关的研究	2016 年 9 月	蜜蜂所
	（7）水稻耐盐新品系	2016 年 10 月	生物所
	（8）新型抗草甘膦基因的发掘和转基因玉米新品种培育	2016 年 10 月	生物所
	（9）抗虫/耐草甘膦转基因玉米	2016 年 7—8 月	生物所
	（10）新型调控因子—非编码 RNA 参与固氮基因表达调控的分子机制研究获得理论突破	2016 年 8 月	生物所
	（11）双价抗除草剂棉花新种质展示及协同创新进展	2016 年 6 月	生物所
	（12）“农技云” V2.0 版	2016 年 9 月	信息所

（续表）

主　题	传播内容	实施时间	责任单位
5. 重大科研进展	（13）数字果园技术取得突破	2016 年 9 月	信息所
	（14）中国农业经济电子地图建成	2016 年 5 月	信息所
	（15）饲料质量安全关键因子监控新技术研发及应用取得突破	2016 年 4 月	质标所
	（16）农产品质量安全领域国家一级标准物质研制成功	2016 年 9 月	质标所
	（17）国产新型采棉机获重大突破	2016 年 9—10 月	棉花所
	（18）国家新品种“高山美利奴羊”	待定	兰州牧药所
	（19）国家二类新兽药“赛拉菌素”	待定	兰州牧药所
	（20）揭示纳米佐剂免疫增强效果的新机制	2016 年 4 月	上海兽医所
	（21）揭示欧亚温带草原在区域尺度上的变化规律	2016 年 8 月	草原所
	（22）“水貂出血性肺炎二价灭活疫苗”获国家新兽药证书	2016 年 5 月	特产所
	（23）绘制世界首个鹿科动物基因组草图	2016 年 12 月	特产所
	（24）特大型生物天然气工程建成	待定	沼科所
	（25）园艺机械化技术装备研发取得阶段性成果	2016 年 5 月	农机化所
	（26）果蔬茶机械化收获技术装备取得新突破	2016 年 10 月	农机化所
	（27）全秸秆覆盖地免耕播种技术装备	待定	农机化所
	（28）烟草有害生物调查与绿色防控	2016 年 6 月	烟草所

（续表）

主　题	传播内容	实施时间	责任单位
6. 获奖专利	配合 2016 年全国知识产权宣传周活动，对我院获得第 17 届中国专利优秀奖的专利开展系列报道	2016 年 4 月	成果转化局
7. 科技精准扶贫	总结宣传推广我院近年来利用科技、人才、平台等优势资源指导帮助贫困地区脱贫致富的成功做法与成效，以及面向“十三五”精准扶贫的思路与举措	适时	成果转化局、相关研究所
	烟草精准扶贫：以贵州省晴隆县精准扶贫项目为依托，通过烟草产业生产和烟用香料作物的种植及加工利用，积极落实技术扶贫工作	适时	烟草所
8. 绿色增产增效技术模式研究示范	结合启动会和现场观摩会，及时跟踪宣传水稻、玉米、小麦、大豆、油菜、马铃薯、棉花、奶牛、羊等生产技术，以及区域农业可持续发展技术的集成创新与示范活动，突出节水、节肥、节药、节地、废弃物资源化利用、“互联网+”等资源节约型与环境友好型新技术的应用与集成效果	2016 年全年	成果转化局、相关研究所
	（1）油菜全程机械化技术集成示范现场会	2016 年 5 月	油料所
	（2）小麦绿色增产增效技术集成模式现场观摩会	2016 年 5 月	作科所
	（3）马铃薯绿色增产增效技术集成示范现场会	2016 年 8 月	蔬菜所
	（4）玉米绿色增产增效技术模式研究示范现场观摩会	2016 年 9 月	作科所
	（5）大豆绿色增产增效技术模式研究示范现场会	2016 年 9 月	作科所
	（6）水稻绿色增产增效技术集成示范现场会	2016 年 7—10 月	水稻所
	（7）棉花绿色增产增效技术集成模式研究示范现场会	2016 年 8—10 月	棉花所
	（8）奶牛绿色提质增效技术集成示范现场会	2016 年 8 月	牧医所

（续表）

主　题	传播内容	实施时间	责任单位
8. 绿色增产增效技术模式研究示范	（9）羊绿色增产增效技术集成示范现场会	2016 年 7—10 月	兰州牧药所
	（10）德州区域农业可持续发展技术集成现场观摩会	2016 年 8 月	作科所
	（11）永州区域农业可持续发展技术集成现场会	2016 年 4 月或 7 月	资划所
	（12）东北黑土地可持续发展技术集成观摩会	2016 年 8—9 月	资划所
	（13）绿色增产增效技术与区域可持续技术集成示范工作会	2016 年 11 月	成果转化局
9. 协同创新行动	跟踪南方稻米重金属污染综合防控、东北黑土地保护、华北地区节水保粮 3 个协同创新行动的最新重大研究成果	适时	相关研究所
10. 国家科技奖	在 2016 年度国家科技奖励大会召开前后，深入报道获奖成果的科学价值及其科研历程	2017 年 1—2 月	科技局、相关研究所
三、以推进农业供给侧结构性改革为重点，深入宣传我院有关农业热点问题的研究成果，提升我院在农业政策与战略咨询上的话语权			
11. 农业热点问题分析	围绕加快农业供给侧结构性改革、促进第一、第二、第三产业融合发展、拓展农民增收渠道、推动农业绿色发展、加大农业支持保护力度、发展多种形式适度规模经营、推进农业对外开放、加快城乡发展一体化、推进特色产业精准扶（脱）贫等今年中央一号文件关注议题，提出加快现代农业发展的战略思考与政策建议	2016 年全年	各研究所
	（1）中国农业展望报告 2016：在中国农业展望大会上发布	2016 年 4 月	信息所
	（2）粮食进口风险防控研究	2016 年 8 月	农经所
	（3）西北旱区农牧业可持续发展规划（2016—2020）	2016 年 10 月	农经所

（续表）

主　题	传播内容	实施时间	责任单位
11. 农业热点问题分析	（4）基于“一带一路”背景下的农业合作战略及合作机制	2016年10月	农经所
	（5）在粮食供求关系变化新形势下转变农业发展方式研究	2016年11月	农经所
	（6）研究论证中国海外农业投资受到国际社会误解	2016年11月	农经所
	（7）“粮改饲”政策试点的效果跟踪评价	2016年11月	农经所
	（8）中国特色现代农业产业体系研究	2016年12月	农经所
12. 科技发展建议	结合中国农业科学院农业智库建设、“跨越2030”农业科技发展战略发布、“十三五”规划编制等，围绕制约农业科技发展的突出问题及世界农业科技发展趋势，提出促进我国农业科技发展的决策参考	2016年全年	科技局、各研究所
四、以农业科技“走出去”为重点，深入宣传我院主导国际农业科技合作与交流的成效，助推国家“一带一路”倡议实施			
13. 农业科技“走出去”	跟踪“海外农业研究中心”的重大活动与重大成果以及中非“10+10”农业科研机构合作的实施进展，展示我院禽流感与口蹄疫疫苗、优良作物种子以及植保、沼气、棉花生产等一批成熟技术与产品“走出去”取得的明显成效	2016年全年	国合局、相关研究所
	国际先进技术培训班：加强能力建设，在农业机械化、农业资源（沼气、设施农业）、畜牧学科（蜜蜂）、作物学科（油料）等领域进行技术培训	2016年全年	相关研究所
14. 全球合作布局	结合“中—美生物防治联合实验室”等海外农业科学联合实验室与农业技术示范中心的建设，及时宣传中国农业科学院农业科技合作全球布局的最近进展	2016年全年	国合局、相关研究所

（续表）

主　题	传播内容	实施时间	责任单位
15. 重大国际交流活动	结合中国农业科学院牵头组织的国际科技合作研究、国际会议等活动，及时宣传报道我院国际科技合作的最新重大进展	2016 年全年	国合局、相关研究所
	（1）第五届 G20 农业首席科学家会议	2016 年 5 月	国合局
	（2）农业生态学与可持续食物体系国际研讨会	2016 年 9 月	国合局
	（3）第 5 届国际农科院院长高层研讨会	2016 年 11 月	国合局
	（4）第七届国际作物科学大会	2016 年 10 月	作科所
	（5）全球土地科学大会	2016 年 10 月	资划所
	（6）第二届亚洲园艺大会	2016 年 9 月	蔬菜所
16. 国际传播	大力开展我院重大科研进展、青年英才计划、科技创新工程的国际传播，定期推送新闻简讯（*Newsletter*），及时发布外文年报（*Annual Report*），不断扩大我院国际影响力和知名度，提高对海外优秀科技人才的吸引力	2016 年全年	国合局、相关研究所
五、以促进农业面源污染防治与转基因生物产业发展为重点，深入宣传农业科普知识，提高全民科技素质			
17. 农业面源污染防治科普知识	围绕“一控两减三基本”目标，系统介绍农业面源污染的来源、本质和危害，展示推广化害为利、变废为宝的清洁生产技术，引导公众理解和支持农业面源污染治理，促进农业可持续发展和美丽中国建设	2016 年全年	资划所、环保所等相关研究所
18. 转基因科普知识	以“转植酸酶基因玉米”为例详细剖析转基因技术的来龙去脉以及转基因产品的研发过程，突出转基因产品的安全评价，引导公众科学理性看待转基因技术和产品	2016 年全年	生物所

（续表）

主　题	传播内容	实施时间	责任单位
19. 马铃薯营养与健康消费知识	围绕我院研发上市的马铃薯主食产品展示马铃薯的独特营养价值，引导公众接受和增加马铃薯主食产品消费	2016 年全年	加工所、食物营养所、蔬菜所
	马铃薯面条、第二代马铃薯馒头上市	2016 年 4—5 月	加工所
20. 涉农突发事件科学解读	针对农产品质量安全事件、涉农虚假谣言及不实报道等涉农热点问题，及时组织科技人员进行科学解读，有效回应社会关切，正确引导社会舆论	2016 年全年	相关研究所
六、以科技典型人物为重点，深入宣传心系“三农”乐于奉献的精神品格，塑造与弘扬农科创新文化			
21. “走进科研一线，讲述精彩故事”	以“青年英才计划”“千人计划”“万人计划”等优秀入选者为重点，推介一批奋战在科研一线的专家和团队，讲述他们科研实践中的精彩故事与感人事迹，反映他们敢为人先、潜心科研、严谨治学、勇攀高峰的科研情怀与时代精神，营造崇尚创新的文化环境	2016 年全年	人事局、院办、相关研究所
22. 先进人物与团队典型	对我院在农业科技战线以及党政工青妇等工作中涌现的先进人物与团队的典型事迹进行跟进宣传，弘扬他们勇于担当、甘于寂寞、乐于奉献、团结协作、乐于奉献的精神风貌	适时	机关党委、院办、相关单位
23. “农科讲坛”	结合“农科讲坛”等专题学习活动，及时宣传科学大家展现科学大家的创新精神与哲学智慧，营造浓厚学术氛围，推动书香农科建设	2016 年全年	机关党委、院办

（续表）

主　题	传播内容	实施时间	责任单位
七、以策划主题集成宣传为重点，加强科技传播能力建设，不断提高全院科技传播水平			
24. 专题集成宣传	围绕生物育种、农机装备、科技精准扶贫、农业科技“走出去”、科技英才、院工作会议等主题，通过集中征集与采访，集成各单位最新相关成果进行系列主题集中宣传报道，不断掀起阶段性的宣传高潮	2016 年全年	院办、相关研究所
	2017 年院工作会议	2017 年 1—2 月	院办
25.《院科技传播工作管理办法》执行情况督查	重点抽查科技传播条件保障的落实情况	适时	院办
26.《中国农业科学院科技传播工作考核奖励办法》修订	重点修改考核计分办法，体现科研特色和传播影响力	2016 年全年	院办
27. 全院科普情况调研	摸底查清全院科技传播基地建设与科普活动情况，争取完成《加强全院农业科普工作的指导意见》起草框架	2016 年全年	院办
28. 制定《院媒新闻信息报送细则》	重点规范党务政务稿件的投稿	2016 年全年	院办
29. 组织举办新闻策划培训	重点讲解新闻策划的方法与案例	2016 年 9 月	院办
30. 开展“走进研究所·记者行”活动	选择 3 个左右研究所，带领新闻记者深入采访，全方面解读研究所的科技创新情况（拟定特产所、蜜蜂所、深圳基因组所、牧药所）	2016 年适时	院办、相关研究所

中国农业科学院增强期刊支撑服务能力“十三五”工作要点

科技期刊是学术思想、研究成果集中记录、交流和传播的主要载体。中国农业科学院作为全国农业科研、教学单位中，期刊数量最多、涵盖领域最广、综合实力最强的单位，近年来，不断提升办刊水平和质量，为推动农业科技进步和农业农村经济发展发挥了重要作用。

根据国家《关于深化非时政类报刊出版单位体制改革的意见》《关于报刊编辑部体制改革的实施办法》等文件的精神和要求，结合我院科技创新工程实施和“世界一流农业科研院所”建设进程，为在“十三五”期间全面提高期刊的综合实力，根据院属期刊发展实际，特提出以下工作要点。

一、工作思路

树立科学发展理念，以社会主义文化价值观统领我院期刊工作，以改革增活力、强实力、促发展。充分依托我院学科、人才整体优势，立足国内国际，提升期刊工作的位势与影响；围绕“顶天”“立地”，发挥期刊的功能与作用；创新体制机制，激发编辑出版人员的活力与动力，全面增强院属期刊支撑服务农业科研和“三农”发展的能力。

二、职能定位

（1）记录科学历程，传承农业科技文明。

（2）推动学术交流，引领科研创新方向。

（3）展示研究成果，抢占国际前沿阵地。

（4）推广先进技术，支撑农业持续发展。

（5）发掘优秀人才，促进科技人员成长。

（6）加强科普宣传，提升公众科学素养。

三、发展目标

顶层规划，统筹推进，整合资源，凝聚优势，到“十三五”末，推动院属期刊成为支撑服务科学研究、“三农”工作的重要平台和渠道，成为“世界一流农业科研院所”的重要标志，把中国农业科学院打造成有重要国际影响力的农业科技传播基地。

（1）建成国内一流的科技期刊群。发挥中国农业科学院学科、专业和人才优势，围绕8大学科集群建设，布局期刊资源，打造一批在专业学科领域具有较强影响力的一流中文期刊和具有较强国际竞争力的英文期刊，引领我国农业科技期刊的发展方向。到“十三五”末，每个学科集群至少有1种中文或英文期刊进入国际农业科技期刊一流行列、1~2种期刊达到并保持国内一流水准。

（2）建成国内一流的科技出版平台。紧跟期刊出版领域发展和变革趋势，积极推动传统出版和新兴出版融合发展。充分利用信息技术研发成果，建成独具农业科研单位特色和国内领先的自主化期刊数字出版平台。完成期刊出版的数字化转型升级，全面实现期刊的数字化出版和网络化传播。

（3）开发独具特色的信息服务产品。顺应信息传播和知识获取方式的革新，建成优势突出、特点鲜明的农业信息产品研发、服务、传播基地。组建信息产品创新团队，构建农业信息知识数据库，提升数据分析、加工、利用能力，开发丰富、实用的农业科技信息产品，并提高传播质量和传播效率，推动期刊从编辑出版向知识服务转变。

四、重点任务

（一）科学制定战略规划

（1）开展战略分析。组织专家对全院期刊进行顶层设计，整体布局，分领域、分类型提出我院期刊的发展目标、原则、重点和考核指标，使全院期刊工作统筹推进、协调有序。

（2）开展定位诊断。坚持科学化引导、差异化经营，推动各期刊制定发展规划，明确各期刊的办刊方向和工作任务，形成各个期刊独具特色的发展局面。

（二）积极推动资源优化配置

（1）探索多模式合作。根据优势互补、互惠互利、自觉自愿的原则，鼓励期刊间、期刊与出版社间加强多模式合作，组建出版联盟或合作共同体，推动期刊集团化发展、市场化运作，实现规模化效益。支持信息所等单位依托内部资源优势，抓住技术变革和发展模式转变的机遇，开展期刊规模化运作试点。

（2）优化编辑部职能。鼓励编辑部和出版社充分发挥各自在审稿、校对、排版、印制、发行、广告等方面的优势，开展分工合作。鼓励期刊进行业务优化，聚集优势资源，重点提升编辑策划、组稿约稿、科学性审核和学术交流研讨等能力。

（三）加快实现数字化转型

（1）搭建期刊数字出版平台。围绕数字资源建设、产品研发、平台运营、出版流程等环节，开展农业科技期刊数字出版技术标准体系和运营规范体系研制，开发全流程线上出版平台。

（2）搭建农业科学传播集成服务平台。加快实现农业科技期刊资源数字化，开发建设适合科学研究、技术推广、农业生产、科学普及等不同需要的数据信息资源平台和农业大数据存储中心，提升数据资源的获取、存储、分析能力。

（四）努力提升国际影响

（1）支持创办英文期刊。组织引导有实力的院属研究所申办英文期刊，到“十三五”末，每个学科集群至少有 1 种英文期刊。支持出版社充分利用出版企业资质积极参与英文期刊的创办工作。

（2）组建国际化编委会。鼓励学术期刊特别是英文学术期刊逐步增加国外知名科学家在编委会的比例，确保英文期刊外籍编委人数不低于 50%。努力引进、吸收一批既精通学科领域知识，又熟悉期刊发展规律的科学家进入编委会和审稿专家队伍，参与办刊方向的确定、选题策划、内容审议等重大办刊活动。

（3）推动中文期刊走向国际。增加中文学术期刊的英文摘要比重，到“十三五”末，英文摘要占比达到 100%，长英文摘要（超过 1 000字）占比达到 50%。鼓励学术期刊加强与国际知名期刊数据库等开展多形式合作。

（五）积极创新服务形式

（1）做好信息产品精深加工。紧跟知识获取方式转变的发展趋势，利用新媒体和现代信息分析手段，把握用户阅读习惯和信息偏好。针对不同用户的需求，加快开发“精细化”知识产品，提升主动、精准推送能力，提升用户的信息获取效率，扩大期刊的社会知名度和知识影响力。

（2）搭建多样的学术交流平台。充分利用期刊在编委、作者和读者方面的人脉优势，开展国内外学术研讨、成果展示、业务交流、产品推广、技术培训等活动，拓展期刊的综合服务能力。

（3）开展论文双语传播。英文期刊在走向国际的同时，也要突出服务国内的功能。院属英文期刊可根据国内用户需要，适当增加中文摘要的篇幅；也可以将优秀文章推荐至适合的中文期刊以中文简报、文摘等形式再发表，或者进行同类研究的综合报道，方便国内读者阅读和使用。

五、保障措施

（一）加强组织领导

成立中国农业科学院期刊工作领导小组，全面领导院属期刊的各项工作，负责制定期刊发展规划，推进期刊改革，筹集和管理期刊发展专项基金。组建专家委员会，制订办刊辅导计划，指导期刊发展。充分发挥期刊学会的作用，积极开展工作研讨，提供咨询并提出建议。

（二）确保资金支持

统筹期刊发展所需各项经费，建立院期刊发展专项基金。用于支持期刊加强宣传推广、参与学术活动、加强队伍建设、开展重要项目和评价奖励、创办英文期刊等。

（三）培育专业团队

制定期刊编辑与出版人才引进培育的办法，努力建设一支学术视野广阔、办刊理念先进、专业基础扎实、管理运营能力强的期刊编辑出版人才队伍。支持和鼓励期刊及出版部门引进编辑和出版经营管理的高端人才，加强数字出版和信息产品研发队伍建设。建立期刊编辑与出版创新团队，优秀人才引进和培养列入院“青年英才”计划。进一步强化编辑人员的教育培训，建立体现编辑出版职业特点的晋升晋级和职业发展通道。建立不同层次和类型的期刊编辑与出版奖励制度。

（四）开展分类评价

科学设置期刊分类体系和评价标准，对期刊开展内部审读、量化考核和定级评价。定期开展期刊优秀论文评选活动。突出院属期刊总体地位，鼓励高水平论文优先在院属期刊发表，在院选核心期刊遴选中增加院属期刊比重和分值，使之成为评价科研工作水平的依据，成为研究所评价、团队评价、个人晋升的重要参考指标。

九、党的建设、思想政治和党风廉政工作

中国农业科学院直属机关党委 2016年工作综述

2016年，直属机关党委按照院党组和部直属机关党委的工作部署，主动配合中央巡视工作和完成巡视整改任务。根据年初工作安排，以深入学习贯彻党的十八大、十八届五中、六中全会和习近平总书记系列重要讲话精神为主线，围绕实现跨越式发展和建设世界一流院所战略目标，牢固树立“四个意识”，坚持围绕创新、服务创新、促进创新，较好地完成了全年各项工作任务。

一、以高度的政治责任感，积极主动完成党组交办的巡视相关任务

2016年的中央巡视工作不仅是对中国农业科学院工作的一次集中“排查”，更是对全院各项工作的一次全面“体检”。机关党委积极完成院党组交办的各项巡视任务，并在党建专项巡视整改工作中主动认领问题，分析原因，提出方案，将巡视整改工作分工意见贯彻落实到位，确保整改取得实质效果。

一是参与重大材料撰写工作。起草了院党组工作汇报、党建工作专题汇报、科研单位院所长负责制下党建工作情况及建议、院党组关于巡视整改情况的报告等14份重要材料。二是摸清中国农业科学院党建工作基本情况。按照中央巡视组要求，积极开展全院党的建设情况调研。梳理了院党组成员参加组织生活情况、院属各单位各部门党组织换届情况。开展了“三重一大”决策情况、党支部基本情况和“三会一课一费”等情况、党的建设综合、失联党员、党群组织开展主题教育实践活动等5次全面摸底调查工作。三是组织召开巡视专题民主生活会和组织生活会。院党组率先垂范，召开了民主生活会，机关党委迅速印发通知，提出明确要求。院属各单位各部门领导班子按要求全部召开了巡视专题民主生活会。全院各个支部召开了专题组织生活会，院党组成员和全院各级党员领导干部都以普通党员身份参加了所在支部的组织生活会。四是抓好整改落实。唐华俊同志在院“两研会”上进行巡视整改通报，督促院属各单位、院机关各部门抓好有关巡视整改任务的落实。充分发挥院党的建设工作领导小组作用，机关党委落实好办公室职责，年初制定工作要点并统筹京内外研究所的党建工作，全年召开4次领导小组会议审议有关党建工作事项；严格规范党组织换届工作，把巡视组指出的10个党委未及时换届问题作为整改重点，重点整改的郑果所和沼科所党委已完成换届，另8个党委相继启动换届工作，其中3个已完成；抓好支部“三会一课”制度，根据上半

年专项检查，全院 385 个支部均不存在超过半年没有开展活动的问题，“三会一课”组织管理趋于规范，效果明显提高；加强党员组织关系管理，妥善开展与党组织失去联系党员的处理工作，针对失联党员和分离党员主要存在于研究生党员群体中的问题，制定印发了《关于进一步加强和改进研究生党员教育和管理工作的意见》；加强党费的收缴使用和管理，印发《关于进一步规范党费收缴使用和管理有关工作的通知》，及时组织开展了党费专项检查整治，全院在职和离退休党员均做到了按月、主动、足额交纳党费。制定印发《中国农业科学院院属单位党委工作规则》，编辑出版了《党建工作制度选编》《党支部工作手册》，为各级党组织和党务干部开展工作提供规范准则和参考。

二、组织开展“两学一做”学习教育，筑牢广大党员思想防线

根据党中央关于在全体党员中开展“学党章党规、学系列讲话，做合格党员”学习教育的工作部署，机关党委牵头认真组织开展学习教育工作。经过半年的学习教育，中国农业科学院广大党员都能自觉做到在思想、行动上始终与党保持高度一致，补足了精神之钙、强化了自律之基，中国农业科学院的学习教育工作也受到了农业部“两学一做”学习教育督导组的高度认可和肯定。

一是启动学习教育有关工作。组织召开中国农业科学院“两学一做”学习教育动员部署会（视频会议），院属各单位、院机关各部门领导班子成员、党办主任（综合处处长）、党支部书记等 500 余人参加会议。印发了《中国农业科学院“两学一做”学习教育实施方案》和《关于认真组织学习〈习近平总书记系列重要讲话读本（2016 年版）〉的通知》等文件，对党员学习提出明确要求。二是牵头开展窗口服务岗位“亮明党员身份 彰显榜样力量”主题实践活动。组织召开主题座谈会，院党组书记陈萌山、农业部“两学一做”学习教育协调小组办公室有关领导出席活动并讲话，两位党支部书记汇报了“两学一做”学习教育开展情况和“党员服务岗”工作情况，两名党员代表宣读了服务承诺书，陈萌山书记等为服务窗口党员代表授予“党员服务岗”标牌。会前，陈萌山一行考察了两个党员服务岗。三是加强督促指导。院党组成员带队到部分研究所调研“两学一做”学习教育情况。机关党委组织了 5 个研究所“两学一做”学习教育座谈会，交流党建工作经验和体会。制作“两学一做”学习教育开展情况表，要求各单位将“两学一做”进展情况及时报送，以便掌握各单位活动实施进度，有针对性地开展督导工作。四是强化教育培训。举办全院两委书记、京区单位党支部书记和党办主任等 2 个培训班。围绕学习贯彻党章，学习习近平总书记关于全面从严治党的重要论述等内容进行辅导，就落实“两个责任”提出明确要求，教育引导各级党务干部切实担负起全面从严治党主体责任和监督责任。五是组织京区党组织参加“党章党规在我心中——中央国家机关党章党规知识测试”网络答题活动。根据农业部机关党委要求，全院 1 800多名党员参加答题活动，达到参与率与及格率两个 100%，进一步巩固了党员学党章党规学习效果。

三、坚持不懈抓好理论武装，确保中央精神落到实处

通过有计划、多途径地开展政治理论学习，中国农业科学院广大党员干部进一步增强了“四个意识”，迅速把思想和行动统一到中央的要求上来，落实到农业科研工作中去，结合工作思考谋划院所各项工作，为农业科技创新提供了思想保证。

一是认真组织学习贯彻党的十八届六中全会精神。印发《关于组织学习党的十八届六中全会公报的紧急通知》要求各级党组织要迅速行动起来，通过举办六中全会精神辅导报告会、购买发放辅导读本，营造全会精神人人皆知，深入人心的学习氛围。11月23—24日，在长沙组织召开学习贯彻党的十八届六中全会精神暨院“两研会”第六届理事会第四次会议，深入学习贯彻党的十八届六中全会精神。二是深入开展学习习近平总书记系列重要讲话精神的学习活动。第一时间为京区党员干部购买发放了《习近平谈治国理政》《习近平总书记系列重要讲话读本（2016年版）》《习近平关于科技创新摘编》《习近平总书记重要讲话文章选编》《在庆祝中国共产党成立95周年大会上的讲话》《中国共产党90年》等各类书籍8 500余册，为中国农业科学院党员干部深入学习系列重要讲话提供便利。印发《关于“学习贯彻习近平总书记重要批示精神和〈党委会的工作方法〉的通知》，要求院属各单位、各部门党组织领导班子成员认真学习习近平总书记重要批示精神，切实加强和改善党的领导，为院所跨越式发展和建设世界一流农业科研院所提供坚强保证。三是切实抓好理论中心组学习。印发《关于做好2016年各部门各单位中心组学习工作的通知》，对全院党组织2016年需要重点学习的7个方面内容和中心组学习工作提出了严格要求。印发了《2016年上半年各单位中心组学习情况通报》，对各单位各部门党组织中心组学习情况进行了督促检查。全院各单位、机关各部门理论中心组学习均达到4次及以上，年度学习时间均不少于12天。四是严格抓好所局级领导干部论文撰写和评选工作。所局级领导干部2015年撰写的理论学习论文187篇，实现在职所局级干部的全覆盖。推荐上报农业部司局级干部论文78篇，其中获得农业部三等奖2篇，优秀奖9篇。继续开展中国农业科学院所局级领导干部论文评选工作，在长沙“两研会”上，表彰了2015年度领导干部优秀论文和2016年度“两研会”优秀论文。五是加强党建信息宣传。全年共发布全院党建信息700余条，向农业部上报信息100余条。在京区各单位党组织中推广使用“支部工作”APP，共有近2 000名在职党员登录使用，在最短时间内实现了“全贯通、全覆盖、全使用”，得到了部领导和部直属机关党委的高度赞扬和认可。“支部工作”APP已经成为党组织和党员学习全面从严治党、推进党建科学化的重要平台。

四、加强基层党的组织建设，党建工作基础不断夯实

通过不断加强党的组织建设，进一步夯实全院党建工作的基础，基层党组织更加坚

强有力，党委的政治核心作用、党支部的战斗堡垒作用和党员的先锋模范作用得以更好发挥。

一是落实党建工作责任。制定印发了《关于院党组成员落实“一岗双责”的若干规定》，明确要求院党组成员业务工作与党建工作“两手抓”，做到同步谋划、同步部署、同步推进，列出院党组成员抓党建工作的任务清单，纳入年度述职和考核，并要求院属各单位参照执行。制作院党组成员抓党建工作登记本，提醒协助抓好分管领域的党建工作。二是做好发展党员工作。编制了 2016 年党员发展计划，重点在业务骨干中发展党员。建立了全院的科研骨干花名册，每半年进行一次调整，要求院属各单位及时掌握单位科研骨干基本情况，确定重点发展对象，指定党委委员作为科研骨干入党积极分子的培养联系人，做好培养工作。摸清了全院党员基本情况，健全完善党员档案资料，建立了全院党员信息库。组织有关人员参加农业部入党积极分子培训班和新党员培训班。三是组织开展纪念中国共产党成立 95 周年系列活动。开展了 2014—2015 年度“两优一先”评选活动，评选产生了优秀共产党员 40 名，优秀党务工作者 30 名，先进基层党组织 20 个，举办中国农业科学院庆祝中国共产党成立 95 周年大会进行宣传表彰。积极推优、成果显著，作科所第二党支部、王天宇，植保所万方浩获评中央国家机关先进基层党组织和优秀党员，7 名党员、3 个组织获评农业部直属机关“两优一先”。在“七一”前夕，院党组、院属各单位党组织分别走访慰问 36 名老党员和 94 名生活困难党员。部直属机关党委补助慰问金 14. 5 万元，院直属机关党委补助慰问金 28 万元，院属各单位党委也都从党费中安排专门经费，慰问老党员和生活困难党员。

五、惩防并举，党的纪律建设和反腐倡廉建设不断强化

加强党的纪律建设和反腐倡廉建设，以完善制度为抓手，以强化监督为保证，努力营造了廉洁高效，干净干事的良好氛围，有力地提升了广大党员干部廉洁从政的思想境界和行为自觉。

一是深入学习贯彻《中国共产党廉洁自律准则》《中国共产党纪律处分条例》（以下分别简称为《准则》《条例》）。通过购买发放《准则》和《条例》单行本，开展党组织中心组专题学习，举办专题辅导报告，把两部法规纳入“两委书记”培训班重要培训内容等方式，使广大党员深刻领会、准确把握《准则》和《条例》的背景意义和科学内涵，引领党员干部树立高线、守住底线，做到内化于心、外化于行。二是认真组织传达习近平、王岐山同志在十八届中央纪委第六次全会上的讲话和报告。印发了有关通知，要求认真落实中央纪委《关于纪检系统认真学习贯彻习近平总书记在十八届中央纪委第六次全会上重要讲话精神的通知》精神，把思想统一到中央的分析判断上来，推动管党治党从宽松软走向严紧硬。三是开展“四风”问题集中检查。按照部党组统一部署和院党组整体安排，对党的十八大和群众路线教育实践活动以来落实中央八项规定精神、整治“四风”工作开展一次回头看，发现问题，提出改进措施，形成总结报

告。农业部专项督查组对中国农业科学院落实中央八项规定精神、整治“四风”情况以及全院执行有关党内生活制度情况、2015 年“两个责任”专项督查反馈意见整改落实情况进行了专项检查，反馈良好。四是按程序对 5 名党员进行了纪律处分。分别给予 3 名同志警告处分，给予 1 名同志严重警告处分，给予 1 名同志撤销党内职务处分，并正在履行对 5 名同志的纪律处分程序。

六、切实做好群团和统战工作，精神文明建设不断加强

切实加强精神文明建设，并进一步发挥工青妇组织的桥梁纽带作用和民主党派、党外人士的建言献策、参政议政作用，积极团结一切可以团结的力量，不断巩固和发展最广泛的爱国统一战线，为跨越式发展和科技创新工程汇聚更加强大的力量。

一是部署全院精神文明建设。2016 年年初印发了《中国农业科学院 2016 年精神文明建设工作要点》，紧紧围绕院党组中心工作，以培育和践行社会主义核心价值观为主线，对加强党员干部理想信念教育做出部署、提出要求。二是注重职工思想政治工作。坚持定期分析干部职工思想状况制度，采用电子问卷调查取代了传统的纸质问卷调查，在“农科先锋”微信公众号上设计推出了“说说心里话”栏目，共完成 1 663份职工思想状况问卷调查。在调研和问卷分析基础上，形成了《2016 年中国农业科学院职工思想状况报告》，为全面了解掌握职工思想动态，做好人文怀和心理疏导工作奠定基础。三是坚持继续办好农科讲坛。突出高端、前沿、权威的讲坛定位，全年共邀请 2 名国外知名专家、1 名国内知名专家和 4 名院内专家莅临讲坛作了 6 期报告，讲述科研进展、最新成就以及成长成才的经历和感悟，激发广大职工开展科技创新，勇攀科研高峰的热情。在第二届中央国家机关十大学习品牌案例征集展示活动中，农科讲坛从 63 个部门的 239 个学习品牌中脱颖而出，荣获“优秀学习品牌”称号。四是加强群团工作。年初印发《中国农业科学院 2016 年群团工作要点》，要求院属各单位、院机关各部门积极贯彻落实。院团委组织召开青年党员座谈会，号召全院广大青年要坚定理想信念，勇于承担农业科研国家队的使命，胸怀大局，以一丝不苟的工匠精神，扎实做好科研工作；举办全院青工委负责人暨共青团干部、妇女工作和工会干部等 3 个培训班，全院共 180 余名工青妇群团干部参加各自培训，唐华俊同志还出席了共青团干部培训班开幕式并讲话。五是开展农科特色的主题活动。为进一步丰富职工业余文化生活，院工会继续开展“一带一路”主题健走活动，主办了中国农业科学院 2016 年迎新春团拜会，组织参加上级工会举办的公文写作技能大赛、摄影比赛、书画摄影邀请展等活动，充分展示中国农业科学院干部职工良好的精神风貌。院团委在北京“一二九”纪念碑前组织开展了“强党性　铸信仰　农科青年重温入党誓词”活动。院妇工委主办了“美丽家庭”故事会。在“三八节”前夕，通过语言类节目的形式宣传演绎了全院 12 户“美丽家庭”候选者的感人至深的家风故事，经 100 位大众评委投票产生 5 户“美丽家庭”，会后制作了“美丽家庭”故事会光盘供院属各单位、院机关各部门妇女组织学习、交流、借鉴，

圆满完成寻找“美丽家庭”主题实践活动。六是积极支持文体俱乐部开展活动。支持羽毛球俱乐部组织第三届会员赛、足球俱乐部组织第二届青年足球赛和瑜伽俱乐部在北京香山植物园举办的“亲近自然”户外瑜伽主题日活动，共计 700 余名干部职工参与上述活动。七是深入开展创先争优活动。院工会承办了由直属机关党委和人事局联合主办的 2014—2015 年度先进集体和先进工作者评选活动，评选产生初步名单，现已公示；院团委组织开展 2012—2015 年度院“十佳青年”“青年文明号”评选表彰活动，评选产生 10 名“十佳青年”、5 个“青年文明号”；院妇工委组织开展 2015—2016 年度“巾帼建功标兵”和“巾帼文明岗”等 5 项评优活动。经积极推荐，作科所作物遗传育种系获评“全国工人先锋号”，环发所李玉娥研究员荣获“全国三八红旗手”称号，2 位同志分获农业部“十佳青年”和“优秀青年”。八是做好“送温暖”和“办实事”活动。2016 年年初，继续为职工办理了 2016 年公园年票。春节前，对各单位统计报送的 34 户生活困难职工给予补助，总计补助 23.1 万元。对中国农业科学院职工残疾子女情况进行了统计，并将残疾子女补助共计 1.2 万元发给 3 个困难家庭。对京区单位职工休假情况进行了统计分析并上报部工会，督促各单位工会切实维护职工合法权益，关心职工身心健康，积极做好协调工作，推动休假制度落实。九是积极做好统战工作。在加强党外干部队伍建设、典型党外人士的宣传以及支持民主党派基层组织建设方面做了大量卓有成效的工作。推荐了 3 位同志分别参加中共中央统战部主办的党外干部培训和团体理事人选，协助海淀区政协做好 3 位政协委员候选人的考察工作。组织参加中央国家机关工委“智库论坛”活动，1 位党外干部提交的建言论文获三等奖。做好优秀党外人士的宣传，推荐万建民、林而达、董红敏、辛晓平、曹卫东 5 位同志作为中央国家机关典型宣传的党外人士。组织筹备中央统战工作领导小组第十调研检查组来中国农业科学院调研工作，并做好后续整改反馈工作，中国农业科学院的统战工作得到第十调研检查组的认可和好评。

七、打造务实效能团队，自身建设坚强有力

院直属机关党委扎实推进作风建设，努力打造一支作风正、能力强、敢担当的党务干部队伍。中央巡视期间，克服人手少、任务重的困难，不推诿、不扯皮，勇于承担领导交办的各项任务，2 位同志派出驻地和京外达数月，在家同志加班加点参与起草材料、牵头摸底调研等各项临时任务，按时高效地完成院党组交办的各项工作，为确保中央巡视工作顺利完成提供强有力的支撑。抓住自身建设不放松，党支部积极组织“两学一做”学习教育，确保“三会一课”制度落实，召开党员大会 6 次，支委会 12 次，党课 4 次，不断提高党支部的凝聚力、创造力和战斗力。发挥中心组学习的带动作用，建立经常性的学习制度，全年开展 6 次中心组学习会，不断提升领导班子和每位干部研究问题、解决问题的能力。做好党委干部队伍建设，与人事局一起开展好党委干部的考察、管理等工作，全年提职 5 人，调入 1 人，退休 1 人。以群团工作为纽带，组织动员

职工参加院所工青妇组织的各项活动，先后有60余人（次）参加讲座、座谈、培训班、健步走等活动，活跃了职工业余文化生活。有2人分获农业部优秀共产党员、优秀党务工作者荣誉称号。

以上成绩的取得，是院党组和农业部直属机关党委高度重视、正确领导的结果，是院属各级党组织扎实工作、共同努力的结果，也是广大党员干部关心支持、积极参与的结果。在肯定成绩的同时，也应当清醒地认识到，院直属机关党的工作与中央全面从严治党的新要求新部署、与中国农业科学院跨越发展的新目标、与广大党员成长进步的新期待相比，还存在差距，党建工作科学化水平还有待进一步提高，这些都需要在今后的工作中不断加以改进。2017年，机关党委将以党的十八大、十八届四中、五中、六中全会和习近平总书记系列重要讲话精神为指导，按照全面从严治党要求，用“两学一做”学习教育的成果打造服务科研的过硬作风，以改革创新精神坚定不移推进全面从严治党，为建设世界一流农业科研院所战略目标和实现跨越式发展提供坚强的政治思想组织保证，以优异成绩迎接党的十九大召开。

中国农业科学院 2016 年党建工作要点

2016 年中国农业科学院党建工作总体要求是：深入学习贯彻十八届五中全会和习近平总书记系列重要讲话精神，坚持围绕中心、服务大局，以贯彻全面从严治党要求为主线，以中心组学习为龙头，以服务型党组织建设为重点，严明党的纪律和规矩，持续改进作风，不断加强党风廉政建设，进一步增强党组织的创造力、凝聚力和战斗力，为科技创新工程的顺利实施和加快世界一流农业科研院所建设提供坚强政治、思想和组织保证。

一、加强政治理论学习，把思想建党放在首位

（一）深入学习贯彻习近平总书记系列重要讲话精神

以处级以上干部为重点，深入学习习近平总书记重要论述摘编和党员干部学习读本，坚持用中国特色社会主义理论体系的最新成果武装头脑、指导实践、推动工作，自觉在思想上政治上行动上同以习近平同志为总书记的党中央保持高度一致。

牵头单位：机关党委，各级党组织负责落实。

（二）深入学习贯彻党的十八届五中全会精神

结合实际制订切实可行的学习贯彻方案，把集中学习和个人自学结合起来，把通读文件和专题学习研讨结合起来。把十八届五中全会精神的大政方针、目标任务、发展理念和工作措施等悟深悟透，指导院所“十三五”发展规划的编制和实施，确保全院在“十三五”期间实现跨越式发展、更强有力地服务好“三农”。

牵头单位：机关党委，各级党组织负责落实。

（三）深入学习贯彻《中国共产党廉洁自律准则》《中国共产党纪律处分条例》

引导党员干部逐条学习，牢记各项廉洁自律要求和党的纪律底线，营造守纪律讲规矩的良好氛围。在民主生活会和组织生活会中，党员干部要对照《中国共产党廉洁自律准则》和《中国共产党纪律处分条例》的规定，查找党性党风党纪方面的突出问题，

开展批评和自我批评。监察局、直属机关纪委要加强日常监督和专项检查，重点检查是否认真学习、自觉遵守，是否有贯彻落实的具体要求和措施，是否按照两部党内法规的原则、标准和程序开展监督执纪问责工作，是否体现了把纪律挺在前面的要求。对于贯彻执行不力的，要批评教育、坚决纠正、督促整改、严肃问责。

牵头单位：监察局、机关党委，各级党组织负责落实。

（四）加强党性修养和道德教育

学习贯彻《中国共产党章程》，深入开展党性党风党纪教育，引导党员干部加强党性修养，进一步坚定理想信念，不断解决好世界观、人生观、价值观这个“总开关”问题。加强科研道德建设，大力弘扬“祁阳站”精神、棉花所精神和农业系统“三种精神”，引导党员干部从自己做起、从岗位做起、从家庭做起、从点滴做起，成为自觉践行社会主义核心价值观的模范。加强院情、所情教育和“十二五”科技发展成就、“十三五”科技创新形势和目标任务教育，进一步坚定全体党员干部“建设世界一流农业科研院所”的信心和决心。开展系列主题教育活动，隆重纪念建党95周年。

牵头单位：机关党委，各级党组织负责落实。

（五）深化学习型党组织建设

把理论中心组学习纳入党建责任制，创新学习方式，打造学习品牌，强化学习成果转化运用，努力提高党员干部法治思维、依法办事能力和服务科技创新水平。党员领导干部要带头学习，并通过采取中心组学习、研读相关文件、书记讲党课、专家报告会、开设专栏、适时组织开展知识答题活动等多种形式，带领全院干部职工和科研人员对五中全会和党内两部法规进行集中学习。利用院网、机关党建网、闭路电视、院报、宣传展板等媒介，及时宣传我院各级党组织学习贯彻的好做法好经验。继续开展好所局级领导理论干部论文征集和评选活动，并将获奖论文结集出版。

牵头单位：机关党委，各级党组织负责落实。

二、加强党的纪律建设，把纪律和规矩挺在前面

（一）坚持和完善民主集中制原则

不断改进领导方式和工作方式，健全议事规则和决策程序，坚持重大问题集体讨论决定，不断提高科学决策、民主决策、依法决策水平。坚持和完善院党组会、所党委会，院务会、所务会，党政联席会等各类会议制度，严格规范权力的使用和运行。召开以贯彻落实民主集中制为主题的研究所领导班子建设专题会议，引导研究所领导班子发

扬民主、坚持原则，严格按制度和规定办事，严格规范权力使用。

牵头单位：人事局、院办、机关党委，各级党组织负责落实。

（二）严明党的政治纪律和政治规矩

把严守政治纪律和政治规矩放在首位，教育党员干部牢固树立政治纪律、组织纪律的“高压线”意识，自觉遵循党在长期实践中形成的优良传统和工作惯例，以更强的党性意识、政治觉悟和组织观念要求自己，坚决抵制和防止“七个有之”，切实做到“五个必须”，在全院上下绝不允许出现与中央精神不一致的声音，绝不允许出现违背院党组决定另搞一套的现象，坚决纠正“上有政策、下有对策”，有令不行、有禁不止行为。

牵头单位：监察局、机关党委，各级党组织负责落实。

（三）加强对纪律执行情况的监督检查

加大对违反纪律行为的查处力度，坚决维护党的纪律的完整性、严肃性和权威性。紧紧围绕对党忠诚、履行管党治党政治责任、遵守党的纪律，加强对党员领导干部的监督，严肃查处各行其是、阳奉阴违，坚决维护党的团结统一。加强对典型违纪案件通报曝光力度，形成有力震慑。加强对中央“三农”决策和部、院党组工作部署贯彻落实情况的监督检查，确保各项政策规范廉洁高效实施。

牵头单位：监察局、院办、机关纪委，各级党组织负责落实。

三、持续深入改进作风，健全作风建设长效机制

（一）践行“三严三实”要求

巩固和扩大“三严三实”专题教育成果，强化整改落实和立规执纪，推动践行“三严三实”要求制度化、规范化、长效化。结合院科研经费专项整治活动、科研道德建设、院所机关干部队伍作风建设等，在守纪律讲规矩、营造良好政治生态上见实效，在真抓实干、推动改革发展稳定上见实效，真正做到服务群众、服务科研、服务“三农”。

牵头单位：人事局、监察局、财务局、院办、机关党委，各级党组织负责落实。

（二）坚决防止“四风”反弹

始终把作风建设作为全院党建的重要着力点，继续抓好中央八项规定精神和有关配

套措施落实，紧盯年节假期，管住科研经费使用等重要环节。密切注意“四风”新动向新表现，对隐形变异的“四风”问题从重处理，越往后执纪越严。把贯彻《廉洁自律准则》作为改进作风的重要抓手，加强创新团队和科研一线团队的学风建设，引导党员干部和科研人员自觉培养高尚科研和职业道德情操，抵制学术不端行为。

牵头单位：监察局、机关党委、科技局，各级党组织负责落实。

（三）健全和落实改进作风常态化机制

认真贯彻执行中央关于作风建设的各项制度，推动形成我院作风建设制度体系。继续推进领导干部基层联系点调研、青年干部到基层一线挂职锻炼等，引导党员干部在服务科研、服务群众中增强党性、提高能力、改进作风。

牵头单位：人事局、机关党委，各级党组织负责落实。

四、加强党的组织建设，强化基层党组织整体功能

（一）严格党内政治生活

坚持把党内政治生活作为教育管理党员和党性锻炼的主要平台，深入贯彻院党组《关于进一步加强党内生活制度建设的实施细则》和《中国共产党中国农业科学院研究所委员会工作条例》等，以使用《党费手册》为契机，做好党费收缴管理、党员组织关系接转等日常管理工作，坚持和完善“三会一课”、民主评议党员、党员党性分析等制度，重点完善民主生活会办法，开展领导干部参加双重组织生活会情况检查，着力增强党内生活的政治性、原则性、战斗性、实效性。

牵头单位：机关党委，各级党组织负责落实。

（二）建立健全党的组织建设

加强对各级党组织的换届指导，督促做好换届工作，严格要求纪检组织与党组织同时完成换届，完善各级党组织换届信息库。科学设置基层党支部，鼓励支部建在团队、建在科研一线，确保科研党支部适应创新工程需要。为保障支部工作有效开展，进一步明确支部工作责任制，推动落实支部书记由本部门党员行政主要负责人担任的要求，鼓励支部委员由年轻同志担任。研究试行支部工作量化考核，科学确定考核指标，合理界定评估主体，综合运用考核结果，真正发挥激励作用和惩戒作用。

牵头单位：机关党委、人事局，各级党组织负责落实。

（三）深入推进基层服务型党组织建设

深入贯彻落实院党组《关于加强基层服务型党组织建设的实施意见》，坚持以服务型党组织建设引领基层党建工作。拓宽服务渠道，突出服务重点，创新服务载体，打造服务品牌，构建服务机制，着力提高服务能力和作风。开展 2014—2015 年度“两优一先”评选表彰工作，突出基层服务型党组织建设要求，加大培养、选树力度，挖掘一批叫得响、立得住、群众公认的优秀团队。通过院网、院报、宣传栏等各种方式宣传报道先进典型的经验做法，充分发挥先进典型的引领带动作用。组织开展创建基层服务型党组织研讨交流，推广运用优秀支部工作法，引导基层党组织学习借鉴。

牵头单位：机关党委，各级党组织负责落实。

（四）从严管理党员

以增强党性、提高素质为重点，加强和改进党员队伍教育管理，严格党员日常管理，从严规范党员日常行为。强化落实发展党员工作细则，坚持把政治标准放在首位，高度重视将科研骨干、学术带头人、留学归国人员中的优秀分子培养成党员，确保发展党员的质量和数量。健全党员能进能出机制，及时处置不合格党员，优化党员队伍结构。健全完善发挥作用机制，推动有条件的单位试行党员设岗定责和承诺践诺制度，试行在窗口单位建立党员挂牌上岗、亮明身份制度。健全完善教育培训机制，把党内集中教育与党员经常性教育密切结合，把党员主题教育、典型教育、集体学习、集中轮训，以及各种业务培训密切结合。建立健全党员动态管理机制，加强对学生党员、流动党员的教育、管理、监督、服务。健全完善民主参与机制，激发党员主体意识，切实落实党员知情权、参与权、监督权和选举权，推动党员在党内事务中充分发挥作用。健全完善党员激励关怀机制，切实做好党内关怀工作，帮助生活困难党员和老党员解决实际问题，做好走访慰问工作。

牵头单位：机关党委，各级党组织负责落实。

（五）加强离退休党组织建设

优化组织设置，按照有利于教育管理、有利于开展活动、有利于发挥作用的原则，合理设置离退休干部党组织。加强对离退休党员的教育管理，结合新形势新任务开展形式多样、主题鲜明的实践活动，增添正能量，使离退休干部党员加强党性锻炼，牢记党的宗旨，永葆共产党员的本色，不断增强他们对国家经济发展和院所改革发展的信心。

牵头单位：人事局，各级党组织负责落实。

五、深化“两个责任”落实，推进党风廉政建设和反腐败斗争

（一）深化责任落实

各级党组织要认真履行好主体责任，各级纪检组织认真履行好监督责任，各级领导干部要切实履行“一岗双责”。落实管党治党的主体责任，严格遵守党的政治纪律和政治规矩。用科学的工作机制来保证责任落实，健全狠抓落实的领导机制，通过“两个责任”落实考核工作建立有效的检查考核机制，将考核成果作为总体评价领导班子和领导干部业绩评定、奖励惩处、选拔任用的重要依据，并不断完善严格的责任追究机制。

牵头单位：机关党委、监察局，各级党组织负责落实。

（二）加强党风廉政建设

认真贯彻落实中央纪委六次全会精神和我院党风廉政建设工作会议各项部署，以党性党风党纪教育、法制教育、诚信教育和科研道德教育为重点，创新反腐倡廉教育方式方法，利用反面教材和发生在本单位的违纪案例开展警示教育、集体约谈，用身边的事教育身边的人，开展所局级、处级干部廉政谈话、廉政承诺活动，参观廉政教育基地，推进廉政文化建设。深入推进“两项工程”，坚持力度不减、节奏不变、尺度不松，把科研经费专项整治引向深入。健全完善反腐倡廉制度体系，规范权力行使，建立健全权力清单制度，抓好制度贯彻执行，加强廉政风险防控动态管理，努力形成不敢腐、不能腐、不想腐的有效机制。

牵头单位：监察局、机关党委，各级党组织负责落实。

（三）严格监督执纪问责

坚持有信必查，有案必办，落实“一案双查”问责，加大对侵害群众利益问题的查处力度。对执行党的路线方针政策不力、严重违反政治纪律和政治规矩，管党治党主体责任缺失、监督责任缺位、给党的事业造成严重损害，“四风”和科研腐败问题多发频发，巡视整改不落实的，都要严肃追究责任。综合运用批评教育、诫勉谈话、通报批评、组织处理、纪律处分等多种方式，既追究主体责任、监督责任，又追究领导责任、党组织责任。

牵头单位：监察局、机关党委，各级党组织负责落实。

（四）继续加强和改进巡视工作

创新巡视干部选配机制，依据每一批巡视工作任务，临时抽调一些党委或纪委书记参加巡视。进一步强化巡视成果运用，把巡视成果运用到日常监督管理、干部选拔任用和健全体制机制等方面，为各级党委做决策、抓部署、促整改提供重要的参考依据。

牵头单位：院巡视组，相关单位党组织配合落实。

六、坚持齐抓共管，进一步深化精神文明建设

（一）深化文明单位创建活动

以文明单位创建为抓手，加强日常管理和督促，推动业务工作，不断深化我院精神文明建设。充分发挥典型示范引领作用，展现我院党员干部献身科研，执著奋斗的精神风貌。我院全国文明单位、首都文明单位和农业部文明单位要再接再厉，保持荣誉，巩固成果。各级党组织在全院范围内要广泛宣传这些文明单位的创建经验做法，开展争创"全国文明单位"活动，不断提升我院精神文明创建水平。结合学雷锋活动，推动党员干部志愿服务活动常态化、规范化、制度化。

牵头单位：机关党委，各级党组织负责落实。

（二）加强职工思想政治工作

围绕协调推进"四个全面"战略布局，加强党的路线方针政策宣传教育，结合我院全面实施科技创新工程等重大任务，组织落实好职工思想状况研究分析工作，全面掌握干部职工的思想动态，及时发现和解决苗头性、倾向性问题。改进群众工作方法，注重人文关怀、心理疏导和正面激励疏导，在解决实际问题上下工夫，做到事业留人、感情留人、激励成长。加强研究所网站建设，占领宣传主阵地，注重运用微博、微信、手机客户端等现代手段拓宽思想政治工作渠道，弘扬主旋律，传播正能量。

牵头单位：机关党委，各级党组织负责落实。

（三）不断推进群团工作

深入贯彻落实院党组《关于加强和改进党的群团工作的意见》，发挥工青妇组织桥梁纽带作用，协助做好化解矛盾、困难帮扶、人文关怀等工作。加强工会工作，大力开展群众性文体活动，举办迎新春职工团拜会，继续组织好职工健走活动，举办单项体育赛事，依托职工文体俱乐部开展经常性的文体活动，丰富职工业余生活；加大困难职工

帮扶和办实事力度，开展好重大节日“送温暖”走访慰问活动，重视日常帮困工作，重点关注大病特困职工、失独家庭、残疾子女家庭等特殊群体，及时送去组织的温暖。加强青年工作，院青工委、院团委要以建设书香农科院为目标打造学习品牌，继续提升“农科讲坛”的品牌效应，组织开展2012—2015年度中国农业科学院“十佳青年”和“青年文明号”评选活动。加强妇女工作，院妇工委持续开展寻找“美丽家庭”主题实践活动，在“三八”妇女节前夕举办“美丽家庭”故事会。不断加强工青妇组织建设，完成院工会换届工作，举办工青妇工作干部培训班，搭建学习交流平台，提高群团组织服务职工群众的能力和水平。

牵头单位：机关党委，各级党组织负责落实。

（四）进一步加强统战工作

深入贯彻落实院党组《关于进一步加强新时期统一战线工作的意见》，检查督促各单位贯彻落实情况。不定期召开民主协商会议，听取党外人士对院所改革发展大政方针、战略规划等事项的意见建议。发挥好各民主党派和无党派人士的各方面作用。筹划成立全院留学归国人员联谊会，落实院党组成员联系重点党外人士等制度，做好党外人士的联系和服务工作，发挥党外人士民主监督、建言献策、参政议政作用。

牵头单位：机关党委，各级党组织负责落实。

七、切实强化责任，不断提升党建科学化水平

（一）认真履行党建领导小组办公室职责

统筹做好京内外单位党建工作，指导院属各单位、机关各部门按照部、院党组的要求，切实将全年党建工作各项任务落到实处。按照述职述党建、评议评党建、考核考党建、选拔任用干部看落实党建的要求，深入开展党建述职评议考核工作，增强各级党组织书记的责任感、使命感，推动党建述职评议考核工作长效化、常态化。

牵头单位：机关党委，各级党组织负责落实。

（二）加强党务干部队伍建设

党委书记、纪委书记、支部书记等党员领导干部要切实履行职责，做到胸中有理想、肩上有担当，手上有作为，敢于担当，抓好工作。各级党组织要以建设学习型党组织为目标，持续开展党办主任、支部书记等党务干部培训班，不仅要加强党务知识学习，更要加强科研业务知识学习，努力打造一支具备坚强党性、具有务实作风、能够扎实工作的党务干部队伍。对各单位党务纪检干部配备情况进行一次检查。

牵头单位：机关党委、人事局、监察局，各级党组织负责落实。

（三）深入开展党建研究

充分发挥全国党建研究会科研院所专委会、中央国家机关党建研究会和院“两研会”的平台作用，围绕农业科研体制机制改革、事业单位分类改革等热点难点问题以及在京外研究所党组织属地化管理前提下如何统筹形成全院党建工作“一盘棋”局面等问题开展研究，探索科研单位党建工作规律，创新工作方式方法，为中国农业科学院党的建设和思想政治工作提出可行性对策建议。组织召开院“两研会”第六届理事会第四次会议，开展优秀论文评选活动，并将优秀研究论文结集出版，扩大研究成果的运用。

牵头单位：机关党委，各级党组织负责落实。

农业科研院所全面从严治党的实践与思考

——陈萌山同志在中国农业科学院学习贯彻十八届六中全会精神暨院“两研会”六届理事会四次会议上的讲话

2016年11月23日

同志们：

党的十八届六中全会是在我国全面建成小康社会决胜阶段召开的一次非常重要的会议。全会闭幕后，院党组第一时间组织召开党组专题学习会和全院党员干部大会，传达学习全会精神，制订工作方案，下发学习宣传贯彻通知。今天，我们在长沙召开院党的建设和思想政治工作研究会第六届理事会第四次会议，是我院学习贯彻党的十八届六中全会精神的进一步深化。这次会议的主要任务概括说就是“一个贯彻、两个验收、一个部署”，即深入学习贯彻党的十八届六中全会精神，深刻领会《关于新形势下党内政治生活的若干准则》和《中国共产党党内监督条例》两部党内法规要求；验收巡视整改任务和年度党建重点工作；在全面总结近年来我院党建工作的基础上，系统部署我院全面从严治党各项工作。

今天上午，华俊同志作了工作报告，我们表彰了优秀论文获奖者，增补了副会长，邀请中国社科院戴立兴研究员作了关于十八届六中全会精神的辅导报告。近年来，“两研会”坚持正确政治方向，发挥党建高端智库作用，深入研究党建理论和实践问题，在推动研究所党建工作创新方面发挥了重要作用，成为我院学习贯彻党中央决策部署、交流研讨党的工作、推动党建创新的阵地和平台。今天在座的都是各单位的党组织、纪检组织主要负责同志，是本单位党的工作的第一责任人。下面，结合近几年我院党的工作实践，我讲4点意见。

一、党的政治核心作用在我院的实践

在科研系统实行院所长负责制是20世纪80年代我国科技体制改革的重要内容，同时，中央明确规定科研院所党组织发挥政治核心作用，并在新修订的《中国共产党党章》中明确为：“实行行政领导人负责制的事业单位中党的基层组织，发挥政治核心作

用。”在院所长负责制下如何发挥党的政治核心作用，是科研院所党建工作的重大课题，是推进科研事业发展的内在要求。

近年来，特别是党的十八大以来，中国农业科学院党组以及院属各级党组织认真学习贯彻习近平总书记系列重要讲话精神，坚决贯彻落实党中央决策部署和农业部党组各项要求，切实加强党的领导和党的建设，坚定不移推进全面从严治党，积极支持院所长履行职责，在推动科技创新、促进跨越式发展中，努力探索农业科研机构加强党建工作的经验，有效促进了全院各项事业的快速发展，充分发挥了党组织的政治核心作用。

一是认真落实政治建党。政治工作永远是党的工作的生命线。院党组及全院各级党组织认真贯彻落实党的路线方针政策，积极响应中央号召，自觉维护中央权威，与党中央保持高度一致，严格落实中共中央决策部署，做到令行禁止。首先，要确保中国农业科学院姓党。十八大以及历次中央全会召开后，院党组织都是第一时间学习贯彻，迅速把思想和行动统一到中央要求上来，牢固树立“四个意识”，全面贯彻落实党的路线方针政策和各项决策部署。其次，要保证重大决策部署符合党的宗旨、党的制度要求。院党组及全院党组织切实加强党对农业科技工作的领导，认真贯彻落实中共中央关于加强“三农”和科技创新工作的一系列指示要求，严格执行“三重一大”集体决策制度，把“科技兴农、服务三农”作为中国农业科学院的神圣使命和重大责任，把落实党的方针政策与推进中国农业科学院的改革发展紧密结合起来，保证中国农业科学院科研服务“三农”的业务发展方向。最后，要保证有一支忠诚于党的事业的干部队伍。院党组以及全院党组织坚持党管干部原则，不断强化党组织作用，切实加强领导班子和干部队伍建设，5 年先后完成 28 个单位班子换届，培养选拔了一批既符合中共中央要求，又符合农业系统标准的农科院好干部。院党组坚持从严管理干部，认真贯彻中共中央从严管理干部的新部署，先后集中开展了超职数配备干部、个人有关事项抽查、干部档案等专项检查，不断强化全院领导干部的政治觉悟、纪律观念和规矩意识。

二是认真落实思想建党。思想建设是党的建设的灵魂，共产主义远大理想和中国特色社会主义共同理想，始终是中国共产党人的精神支柱和政治灵魂。抓思想建党的一条重要经验就是定期开展专题性学习教育，持续开展经常性学习。

为什么要持续开展党内思想政治教育。因为我们是有 8 800多万党员、440 多万个党组织的大党，维护党的团结统一，保持党的先进性和纯洁性，增强党的凝聚力和战斗力至关重要。当前，党内还存在着与完成艰巨历史任务不相适应的问题，如何应对四大考验，克服四大危险，要求我们必须通过党内教育有的放矢地解决这些问题。思想建党要实现 3 个确保：确保党的理想信念的坚定，这是中国共产党有别于别的党的根本性区别。确保党的宗旨，为人民服务不动摇。确保党员思想的纯洁、队伍的纯洁。因此，必须把党内思想教育活动组织好，确保不走过场，发挥效益。开展专题学习教育要谱好“三部曲”：一是学习，二是查找问题，三是推动整改。要从严做好规定动作，从实做好自选动作，就是严格落实中共中央统一要求，又要结合农业科研单位特点和本单位实际，进行大胆创新，将中共中央部署要求落地。

院党组始终把思想建党摆在首要位置，严格按照中央的部署要求，紧密联系科研单位实际，突出农业院所特色，精心组织开展党的群众路线、“三严三实”和“两学一做”等专题学习教育活动。认真学习领会习近平总书记系列重要讲话精神，不断坚定对马克思主义的信仰、对共产主义和社会主义的信念、对党和人民的忠诚。院领导和所局级领导干部自觉抓好理论学习，不断强化党性修养。3 年来，院级和所局级领导干部共撰写理论文章 284 篇，获得农业部表彰 20 余篇。加强党员干部党性教育和党的观念教育，引领带动全院科研人员以国家重大需求为导向，以保障国家粮食安全和农业可持续发展为己任，立足科研，服务产业，做一名合格的人民科学家，推动我院影响力与科研实力不断提升。“十二五”以来，我院主持的国家项目和获得国家奖的数量占全国农业领域的 1/3，凸显了国家队的主体地位。

三是认真落实制度建党。制度建党是党建之本。习近平总书记强调：“从严治党靠教育，也靠制度，二者一柔一刚，要同向发力、同时发力。”十八大以来，中央高度重视党内法规建设，制定了《党内法规制定条例》，编制了党内法规制定的第一个五年规划，提升党的建设规范化、科学化水平。四年来，中共中央陆续颁布实施了《廉洁自律准则》《纪律处分条例》《问责条例》《党内政治生活准则》和《党内监督条例》等 50 多部重要的党内法规，超过现行 150 多部中共中央党内法规的 1/3。我院推进制度建党，一要严格落实中央从严治党各项制度；二要盯住作风建设、科研经费监管、重大项目实施、选人用人等重点工作，细化我院制度体系，体现出中共中央管党治党的新理念新思想新实践；三要狠抓制度执行，坚持用制度管权管事管人。

院党组认真贯彻落实中央制度建党要求，充分认识“制度是最可靠、最有效、最持久的管党治党方式”，高度重视把思想建党、组织建党、作风建党的成果制度化。在历次重大政治活动中，院党组都认真抓好建章立制工作，着力构建依法治理的长效机制。教育实践活动期间，根据调研中发现的一些党组织党内生活开展得不好等问题，及时印发了《关于进一步加强党内生活制度建设的实施细则》，对坚持民主集中制等 10 项党内制度作出明确规定。“三严三实”专题教育期间，成立了党建工作领导小组，加强全院党建工作的统一领导。2016 年 10 月，根据中央巡视反馈的意见，及时印发《院属单位党委工作规则》，对实行所长负责制下的党委功能定位、基本职责、议事决策等内容提出新的要求。要使制度成为硬约束，还要狠抓制度执行。特别是党员领导干部要带头执行制度、维护制度，做示范、做表率。同时加大对违反制度行为的监督问责力度，绝不允许有令不行、有禁不止，坚决维护制度的权威性和严肃性。

四是认真落实组织建党。组织建设是全面从严治党的基础性工作。党的基层组织是党的全部工作和战斗力的基础。近年来，习近平总书记对加强党的基层组织建设做了大量论述，几乎在每一次关于党的建设的重要会议上，都要突出强调这一问题。院党组以及全院党组织认真学习贯彻习近平总书记重要讲话精神，严格落实党要管党、从严治党的要求，全面提高基层党组织建设水平。落实组织建党，首先要建好基层党支部。我们党的一条成功经验就是支部建在连上，不仅在革命年代，在当前推进全面从严治党形势下更能切实感受到基层党组织建设的重要性。就我院而言，判断基层党组织设置是否合理，最重要的一条就是要看基层党组织的设置是否有利于党组织围绕科技创新这项中心工作发挥政治核心作用和战斗堡垒作用，是否有利于促进科技创新。院党组明确要求研究所党委要积极适应创新工程实施要求，按照支部建在业务考核单元上的原则，科研党支部要建在创新团队上，党员人数多的单独成立党支部，党员人数少的联合成立党支部，这是一条基本原则。落实组织建党，还要严格按规定做好党组织换届选举工作。换届选举工作是落实民主集中制的要求，是维护党员权利的重要体现，是监督党组织充分发挥作用的重要形式。院党组高度重视基层党组织换届选举工作，经常听取各单位党组织换届情况的报告，及时督促到届党组织按规定完成换届选举，认真研究换届党组织的“两委”候选人，着力推动到期未换届党组织尽快完成换届。2013—2015 年，全院有 21 个直属党组织完成换届工作，在 2016 年巡视整改期间，解决了 7 个单位党组织长期不换届的问题。落实组织建党，要坚持抓在日常、融入经常，最重要的一条就是积极抓好“三会一课一费”等党内生活制度的落实。“三会一课一费”是党内政治生活的重要内容和载体，是党组织对党员进行教育管理监督的重要形式，是党员锻炼党性的熔炉阵地。院党组坚持把落实“三会一课一费”作为一项重要工作严格规范、从严监督、常抓不懈。编印了《党支部工作手册》和《党费手册》，推动各直属党组织不断改进内容和形式，注重实效，提高质量。2016 年 7 月，对院属党组织“三会一课”执行情况进行了检查通报。总体来看，执行情况还是不错的。但是，由于科研工作繁重、离退休党员行动不便、支部会议记录不规范以及个别党支部重视不够、组织不力等原因，仍有一些党支部执行“三会一课”制度不到位，下一步各级党组织还要严格抓好落实，2016 年年底前我们还要检查通报下半年“三会一课”制度执行情况。

五是认真落实作风建党。党的十八大以来，以习近平总书记为核心的党中央把加强作风建设作为重要切入点，大力促进党风转变，提高党在人民群众中的威信。院党组以及全院党组织牢固树立作风建设永远在路上的思想，把改进作风作为全面从严治党的重要任务，重点抓好领导作风、机关作风和科研学风建设。领导作风方面，院党组紧紧抓住领导干部这个关键少数，着力推动全面从严治党“两个责任”和党员领导干部“一岗双责”落实到位。领导干部作风如何，对全院党员干部的作风乃至全院的精神风貌都有重要影响。只有领导干部带头做到了，要求别人做到的自己先做到，要求别人不做的自己坚决不做，才能真正赢得职工的信任和拥护，才能团结带领广大职工谋发展、搞创新。机关作风方面，院党组倾力打造服务科研的一流作风。世界一流科研院所的建设目标宏伟、工程浩大，需要做的事很多，需要克服的困难很多，我们以一般的作风去抓不行，必须要以踏石有印、抓铁有痕的过硬的作风，公而忘私的精神去抓、去推动。院所机关就是要考虑围绕科技创新如何做好服务，这是前提和保障。科研学风方面，院党组大力加强学术道德和学风建设，抵制学术腐败和不良学术风气，着力营造鼓励创新、宽容失败的文化氛围，建立起不唯上、不唯权威、只唯实、科学严谨的学风。近年来，院属党组织也都严格按照党组要求，以更高的要求、更严的纪律、更实的作风，把作风建设落到实处，为农业科技创新提供了坚强有力的作风保证。

党的工作为全院各项事业发展营造了氛围、提供了强有力保障。11 月 11 日韩部长在我院调研时指出，近年来，中国农业科学院在重点领域科技成果丰硕，科技创新工程试点成效明显，成果转化机制探索取得新进展，为农业部全局工作出了力、加了分。特别是启动实施科技创新工程，带动五个创新进一步优化，即创新意识、创新团队、创新投入、创新机制、创新成果，对中国农业科学院创新产生整体和长远影响；带头组建科技创新联盟，初步构建起全国农业科研布局“一盘棋”、科企合作“一条龙”、技术方案“一体化”的协同创新与应用格局，在国际国内的影响力进一步提升。

二、体现党的工作适应科研活动规律的探索

科研单位党的工作必须围绕科技创新这项中心工作。我到中国农业科学院不久就提出，中国农业科学院党的工作就是要为跨越式发展保驾护航，具体的讲，就是要为科技创新工作创造条件、优化环境、营造氛围。几年来，院党组主动适应农业科研活动规律，积极探索创新党建活动形式，确保党的工作符合院所发展实际和科技创新需要，形成了一些操作性强、成效显著的经验做法。这里，我重点讲几项主要措施。

第一，突出抓好党组中心组学习，充分发挥中心组学习的引领带动作用。中心组学习是领导班子和领导干部思想学习的重要组织形式，是确保党的方针政策以及上级党组织的工作部署及时落实的重要思想保证。院党组专门印发了《进一步加强和改进党组织中心组学习的实施意见》，完善学习制度，明确学习内容，丰富学习形式，加强组织领导。每年年初研究制订院党组中心组年度学习计划，安排全年学习任务。搞好中心组学习，首先要凝练好会议主题，突出学习习近平总书记系列重要讲话精神，中共中央重大决策部署和部党组要求，中共中央新制定或修订党内法规制度，中央一号文件、中央农村工作会议和全国农业工作会议精神，集中研讨如何把中央精神转化为全院的工作重点和科技创新的重点方向，努力把中心组学习成果转化为推动科技创新的生动实践。要加强调查研究，坚持理论学习与推动工作相结合，围绕我院改革发展的重大问题深入调研，切实把理论学习同解决党的工作面临的紧迫问题结合起来，同解决我院改革、发展重大问题结合起来，把学习成果转化为从严管党治党以及推动跨越式发展的实际成效。会前要做充分准备，制订详细的学习方案，汇编学习材料，提前进行自学，做好发言准备。要坚持领导带头，院党组成员带头自学，带头讲党课，一级做给一级看，带动全院党员领导干部提高理论素养，增强科学思维能力和推动发展的能力。

第二，着力创建服务型院所机关。创建服务型院所机关，打造服务科研的一流作风，是我们优化科研环境的重要举措。2012 年年底，中央出台八项规定，院党组结合农科院实际和科技创新需要，提出了建设服务型院所机关的要求。首先从院机关做起，修订了《院机关工作秩序管理规定》，严格规范院机关职工工作状态和行为。在群众路线教育实践活动中，把“服务型机关建设”列为专项整治内容，进行重点整治。2014

年，中央印发了《关于加强基层服务型党组织建设的意见》，院党组坚决贯彻落实，以服务科技创新、服务科研人员、服务职工群众为导向，努力建设国家社会满意、科研人员满意、职工群众满意的基层服务型党组织。此后，在“三严三实”专题教育和“两学一做”学习教育中，院党组始终把创建服务型院所机关列为重点内容，常抓不懈，不断提升机关工作人员的服务意识、服务能力、服务效率和服务水平。

第三，着力创新基层党支部建设。院党组始终要求基层党组织围绕科研单位实际、科研活动特点和职工多样化需求开展工作，并运用多种形式和手段创新活动形式。鼓励科研党支部联系业务相关的村党支部，把科研工作与党的建设结合起来，开展结对帮扶，互促互补、齐抓共建。比如资划所一支部与山东青州后史村党支部合作共建解决“毒生姜”问题。这种共建既可以帮助农民解决生产实际问题，又有助于科研人员将农业生产问题转化成科研命题，促进了农业科研与生产的紧密结合。我们在全院开展“亮明党员身份、彰显榜样力量”主题活动，促进党员模范履行岗位职责。后勤物业管理中心在重点岗位设立党员先锋岗、重点区域设立党员责任区、重点部门设立党员服务窗口，信息所文献服务部开展了“亮身份、树形象、显作用”为主题的“党员服务岗”创建活动，哈尔滨兽医所为全体党员设立先锋岗桌牌，亮出党员身份和服务承诺。在院党组的广泛号召下，在试点党支部的引领带动下，全院普遍开展了党员示范岗、党员责任区、党员承诺践诺等活动，为服务科研、服务职工创造了条件、提供了动力。

第四，着力加强科研经费监管。始终把科研经费监管作为党风廉政建设的重要内容，作为落实全面从严治党主体责任的“牛鼻子”，进行系统部署，采取了一系列措施，持续开展科研经费专项整治行动，不断强化“四个责任”，充分发挥“六个作用”，用好国家财政每一分钱。

“四个责任”：即所长书记的主体责任、纪检监察部门的监督责任、财会人员的把关责任、课题组长和团队首席的直接责任。四个责任落实好了，四管齐下，就能保证不出大的问题。

六个作用：一是内控机制建设的制约作用。不仅要控制好科研经费使用当中的关键节点，更重要的是加强每个关键节点的风险分析和防范，完善各项管理使用制度，形成相互制约、相互监督的机制设计。二是发挥财务部门和科研部门的协同配合作用，确保预算编制的科学性、合理性。三是发挥内部审计的预警作用，坚持逢提必审、逢调必审、逢换必审，实现内部审计常态化。四是发挥科研经费信息化软件的保障作用。普遍推行科研经费监管软件，实行自动预警、流程监控，充分发挥信息化刚性公开的作用，让经费在阳光下支出。五是发挥廉政教育的警示作用。重点加强对科研人员的廉政教育，宣讲发生在身边的典型违纪违规案例，以案明纪、以案促廉。六是发挥体制改革的治本作用。总的指导思想是放权、松绑，积极推进中央新政落地。重点是落实中央 50 号文件精神，陆续出台差旅费、劳务费咨询费、会议费、横向课题经费等一系列制度。特别是在推进简政放权的同时，加强财政科研资金的监管，督促研究所履行好法人责任，加强财务管理服务能力建设，强化自我约束和自我规范，确保接得住、管得好。

第五，注重发挥正反两方面典型的作用。院党组高度重视发挥好先进典型的示范带动作用和反面典型的案例警示作用，特别注重用身边事迹教育身边人，用身边案例警示身边人。努力挖掘推出一批在社会、在全院叫得响、立得住的先进典型，树标杆、作样板。举办了“科技创新　服务三农”先进事迹报告会，请我院获得全国先进工作者、中央国家机关优秀共产党员以及援藏干部、援非专家和祁阳站党支部书记讲述工作事迹。大力宣扬“中棉所精神”，号召各研究所学习中棉所勇于担当的使命意识，登高望远的超前思维，合作包容的开放胸怀，敢闯敢试的改革锐气和潜心科研的精神追求。号召各单位党组织向资划所、兰州牧药所学习，争创全国文明单位。在 2016 年纪念建党 95 周年大会上，我们树立了合格党员的“八面红旗”，作为全院党员干部学习的标杆，营造了争当先进、争做模范的良好氛围。另外，院党组着力抓好违纪违规案例的总结运用。收集社会上科研经费违法案例，以及我院审计和检查中发现的违规违纪问题，编写宣讲材料，在全院范围内进行案例宣讲，特别是对领导干部及课题组长进行案例培训，帮助克服科研单位是清水衙门的麻痹思想。对油料所个别科研人员违法使用科研经费的典型案例进行深刻剖析，制作《贪腐警示录》警示教育片，组织全院党员干部和科技人员观看和讨论。通过反面典型教育，增强纪律观念，筑牢不敢腐的思想防线。

第六，强化党的工作平台建设。院党组积极创新工作载体，搭建服务平台，促进党的工作取得实效。立足创造舒适宜人的科研条件，我们大力开展院区环境改造，努力建设舒适、美丽、安全、文明的文化大院。2013 年成立了院区综合管理委员会，统一负责院区的环境规划和综合管理。在教育实践活动中，对院区环境进行专项整治，办好职工群众关心的 10 件实事，着力解决群众反映强烈的突出问题，初见成效。2014 年起，在继续办好职工实事的同时，做好整体规划，统筹房产出租经营，优化升级基础设施，推进文化设施建设，打造“书香农科院”。经过持续努力，院区综合管理水平不断提升，科研保障能力显著增强，实现了“一年一变样、三年大变样”的目标。立足优化积极健康、风清气正的科研环境，我们建立了科研经费信息公开平台和试剂耗材采购平台，实现了科研经费使用信息全过程公开和试剂耗材采购使用动态监控，确保科研经费在阳光下运行。立足营造崇尚学习、热爱学习、相互学习的科研氛围，我们开办了“农科讲坛”，邀请院内外一流专家就国内外最新农业科技进展、我院最新科技成果以及农业科技和农业发展领域热点问题作报告。3 年来，成功举办 23 期报告会，每期既有主讲嘉宾又有点评嘉宾，既有现场互动又有微信互动，既有开讲前进行广泛预告、人物专访等预热造势，又有报告后各大媒体的跟进报道，讲坛的内容越来越有亮点有特色，形式越来越有创新有新意，影响力越来越大，知名度越来越高，达到了弘扬科学精神，启迪创新思维的效果。

第七，坚持以人为本做好思想政治工作。院党组坚持把思想政治工作作为一项硬任务来落实，对可能发展为热点难点问题的，努力做到早发现、早应对，及时化解。坚持把思想政治工作作为一门专业来研究，每年组织开展职工思想状况调查，专题研究职工思想动态，以关心人、教育人、启发人、激励人为出发点，研讨形成有分量、有深度、对工作有指导借鉴作用的成果和方法，切实增强工作的科学性。加强思想政治工作，根本任务还是服务科研工作。我们坚持把回应科技人员的合理需求作为抓好思想政治工作的着力点，认真倾听职工群众意见，掌握实际需求，解决实际困难，切实做到合理的需求要千方百计研究解决，一时解决不了或无法满足的，要做好解释疏导工作。坚持创新思想政治工作的方法载体，充分发挥工青妇等群众组织的桥梁纽带作用，每年“七一”前夕慰问老党员和生活困难党员，每年春节前慰问生活困难职工和离退休党员职工。

第八，强化考核的指挥棒作用。院党组突出加强对院重大工作部署的考核评估，对每一项重要工作部署，都事先设计好配套的考核体系，切实做到事前有要求，事中有督查，事后有考评。我们着力健全完善干部考核评价机制，院领导带头每年在院工作会议期间进行述职述廉，全院党员领导干部每年都进行述职述廉，并接受评议，既评价领导干部业务工作的绩效和能力，又评价其推进党风廉政建设的绩效和能力，做到有功有绩、必褒必奖，用考核结果选人用人，失职渎职、必罚必究，用考核结果问责追责，树立了良好的责任导向，调动了各方面积极性，有效地推动了各项工作顺利开展。我们高度重视对研究所党建工作的考核，建立了研究所党委工作评价体系，每年根据党的工作重点任务动态调整指标和分值，明确导向和重点，同时纳入现代院所评价指标体系，做到党建工作和中心工作一起考核。实施了党建述职评议考核，实行联述联评联考，各级党组织书记每年分别向上级党组织和本单位本部门本支部党员述职并接受考评，同时，组织部分京区单位党委书记现场述职，院党建述职评议考核领导小组成员逐个进行分析研判，提出点评意见，并进行民主测评。把评议考核情况作为评优评先的重要依据，作为干部选拔任用的重要依据。对评议考核结果较差的进行约谈、责成限期整改或进行诫勉谈话。

第九，大力加强人才队伍建设。院党组牢固树立“科技兴院、人才强院”理念，坚持“引育并举”方针，着力构建“农科青年千人计划”体系，全面推进科研、管理、支撑和转化四支队伍建设。大力实施青年英才计划，在人才引进和培养上出重拳、出实招，在前沿交叉学科、产业发展重点领域，持续引进和培养了一大批创新团队首席专家和骨干人才，有效缓解了领军人才和青年后备人才不足的问题。同时，高度重视自有人才培养，整合优势资源，充分发挥项目、团队、基地等的综合效益，加快塑造有利于优秀人才成长成才、充分发挥才能的机制环境，形成多层次、多渠道的人才培育新格局。

第十，强化院党组自身建设。院党组率先垂范，带头开展中心组学习，围绕事关院所改革发展稳定大局的重要问题进行集体学习研讨，带头开展党的群众路线教育实践活动、“三严三实”和“两学一做”学习教育活动，带头讲党课。党组成员每年坚持参加双重组织生活，坚持每年开展理论学习，撰写学习体会。坚决落实管党治党主体责任，抓住关键少数，注重选好配强院属单位领导班子。坚持和完善重大决策事项、重点工作任务和院领导重要批示的督查督办制度。按照中共中央部署和部党组要求，部署推动创新工程、现代院所、创新联盟、通州基地、人才引进等一系列重点工作。

在党的工作的具体实践中，还有很多做法值得我们总结发扬。总的来说，最重要的一条经验就是党的工作要坚持“围绕中心、服务大局”。我院跨越式发展战略的核心就是落实中央创新驱动发展战略，大力推动科技创新。建设世界一流科研院所的核心就是落实全国科技创新大会提出的建设世界科技强国的要求。因此，我院党的工作就必须为促进跨越式发展、建设世界一流科研院所保驾护航，唯其如此，我们才能落实好确保科研单位姓党、科研工作姓党、科研人员姓党的根本要求。几年来，在大家的共同努力下，“后勤部长”“园丁”“灵魂工程师”已经成为了党委书记们共同的价值追求，全院的科研条件越来越优越，科研环境越来越优化、科研氛围越来越浓厚，可以说我们党的工作为科技创新工作提供了坚实的思想和组织保证。

三、当前存在的主要问题

当前和今后一个时期，是我们党带领全国各族人民，推进“四个全面”战略布局，奋力实现“两个一百年”奋斗目标、实现中华民族伟大复兴中国梦的重要历史时期，也是我院基本实现“世界一流农业科研院所”发展目标，爬坡过坎、滚石上山的攻坚克难期，需要充分发挥党组织和党员作用，深刻领会党在新时期新阶段的执政理念和执政方略，坚决将十八届六中全会要求落到实处，以“不忘初心、继续前进”的情怀，持续加强和改善党的领导、加强党组织建设，做好科技创新和改革发展的各项工作。

党的十八大以来，特别是今年中央专项巡视我院以来，院党组及院属各单位各部门对科研单位坚持党的领导、加强党的建设、全面从严治党重大意义的认识更加深入，全院党组织和党员、干部对肩负的管党治党责任更加明确，全面从严治党在科研单位没有特殊、没有例外的共识更加广泛，抓党建、强党建的氛围更加浓厚。

从调研和巡视整改任务落实的情况来看，对中央巡视组提出的专项巡视意见，院党组以及全院党组织第一时间制订了整改方案，落实了整改措施，做到了条条有整改、件件有着落，确保中央巡视整改取得实质性效果。但是面对新形势下全面从严治党的新要求，我院不少党组织在如何更好地发挥政治核心作用方面还存在不适应。

表现之一：对如何处理好加强党的领导、加强党的建设和院所长负责制的关系上，思想认识还不完全统一。习近平总书记多次强调，办好中国的事情，关键在党。中国特色社会主义最本质的特征是中国共产党领导，中国特色社会主义制度的最大优势是中国共产党领导。党政军民学，东西南北中，党是领导一切的，是最高的政治领导力量，是做好党和国家各项工作的根本保证，绝对不能有丝毫动摇。在农业科研院所加强党的领导、加强党的建设，也是中国特色社会主义制度的重要内容。

目前，中国农业科学院共有各级党组织 424 个，包含党委 36 个，党总支 4 个，党支部 384 个，党员 7 678名。现有的几类主要人才中，党员占比均在 50%以上，其中，两院院士中党员占 69.23%，创新团队首席中党员占 63.49%，正高级科研人员中党员占 62.44%，副高级科研人员中党员占 60.95%。这些党组织和党员是我们党在中国农业科学院执政最坚实最可靠的力量，也是我院科技创新、改革发展的骨干和中坚力量。

可以讲，在农业科研院所加强党的领导和党的建设不仅十分重要和必要，而且一定要建设好。院党组根据《中国共产党党章》等党内法规明确提出，实行所长（行政领导人）负责制的院属各单位，党委要在推进院所改革发展中坚持党的领导、加强党的建设、全面从严治党，充分发挥政治核心作用。在上级党组织领导下，按照参与决策、推动发展、监督保障的要求，坚持民主集中制原则，围绕院所中心任务，会同行政领导班子共同做好本单位工作。

但是在调研中我们发现，在思想观念上，一些单位和部门虽然在口头上将加强的领导、党的建设提高到了极其重要的位置，但在实际操作上，对院所长负责制下党组织与法人治理结构关系的认识还不够清晰。有的班子成员抓党的工作、监督工作不够主动、不够有力，“一岗双责”没有很好落实。有的党组织“三重一大”事项决策不符合要求。有的研究所行政负责人党的意识不够强，忘记了自己是党组织成员，认为党务工作只是书记的事情，与自己无关。

表现之二：在全面从严治党和中央专项巡视背景下，全院党组织对加强党的建设认识到位了，规定动作也做了，但在方式方法和党建工作质量上还有进一步提高的空间。科研单位实行所长负责制、课题组长负责制和科研团队首席负责制，人员流动性大，业务活动形式多样，而支部没有真正建立在研究室或创新团队上，跨研究室、跨团队现象比较普遍，支部书记要么是首席科学家，平时工作忙，没有时间精力过问党的工作；要么是年轻同志，没有资源支配权，党组织的战斗堡垒作用不能在实际工作层面体现，党建工作压力与责任难以传递到基层党组织和科研创新单元。“三会一课”与科研服务国家、服务“三农”的主题结合不太紧密，在一些支部落实的不够坚强有力。党员教育、严肃党内政治生活等上级党组织规定的内容，虽然列入了年度工作重点，纳入了年度考核，但考核比较笼统，检查督促也还不够有力。

表现之三：在党组织力量配备上，党务机构还不健全，党务工作人员还不能很好适应工作要求，兼职化现象较为普遍。在上一轮国家科技体制改革中，按照当时研究所管理人员不超过 8%～10%的规定要求，管理人员大幅削减，党务干部普遍兼职。在党务干部配备上，缺乏既善于党务工作，又熟悉科技工作的复合型党务干部，有的专家型党委书记忙于业务，党务工作无形当中被弱化了。同时，由于科研院所普遍实行绩效考核，从事党务工作的专、兼职人员评级低、晋升慢、待遇低，致使党务干部岗位缺乏吸引力。

从科技创新的角度看，党对科研院所的领导是政治领导、思想领导、组织领导的有机统一，放弃或忽视其中任何一点，都不可能实现党的领导。科研院所党组织发挥政治核心作用，归结到一点，就是把方向、管大局、保落实。但在实际工作中，科研工作还有不少欠缺。

表现之一：学科布局不适应。有的研究所学科调整不到位，未能与时俱进体现农业产业发展要求、体现农业供给侧改革的需要。一些研究所和研究领域，与国家需求存在错位脱节，科研管理调整的自觉性也不够，国家队意识不强，人才匮乏，难以产生革命性、颠覆性的科研成果。2016 年“两研会”选择在长沙市召开，是对麻类所近几年发展成绩的充分肯定，同时，也是想让全院的领导干部深入了解麻类所、进一步支持麻类所。长期以来，麻类所都是我院的“弱所”“小所”，大家瞩目不多。2014 年，院党组选派陈万权同志到所任职以来，新一届所领导班子团结一心，抓住实施创新工程的良机，不断深化内部改革，大力优化学科布局，研究所各项事业步入了良性发展轨道。特别是研究所从围绕单一经济作物麻积极拓展到南方蔬菜、饲料和病虫害防控等学科，形成了“三三制”的学科布局（1/3力量从事传统麻类学科，1/3力量从事新兴学科，1/3力量从事基础理论研究），促进了新兴学科和特色学科的快速发展。麻类所充分发挥科技创新工程的撬动引领作用，开展体制机制创新，深挖发展潜力，调动积极性，集中优势资源，取得了试点期绩效考评第 13 名的好成绩，对麻类所这样的所来说是非常难能可贵的。同时，麻类所党的建设富有成效。首先是班子自身建设富有成效，形成了一个团结奋进的领导集体。近 2 年民主测评满意率都为 100%，说明全所职工对班子是充分认可的；其次是从严从实抓党建，基层党组织建设逐步规范，先进模范不断涌现，文明和谐程度不断提升；再一个就是落实党管人才要求，克服困难引进院青年英才计划 4 名，培养中华农业英才 1 名、全国农业科研杰出人才 2 名、院级科研英才 1 名和所级科研英才 2 名，建设了一支创新人才队伍，为研究所发展奠定了基础。麻类所发展的经验值得学习、借鉴。

表现之二：人才队伍建设还不适应。人才问题是解决诸多问题的核心。有的研究所在人才培养、引进两方面措施都不够坚强有力。人才总量不足，自主创新能力有待进一步提高，尤其在一些重点领域和新兴学科研究力量比较薄弱。人才队伍结构不合理，高层次领军人才缺乏、年龄偏大，青年后备人才不足，单位间、学科间人才发展不平衡，管理、支撑、转化人才队伍发展滞后。人才工作机制有待进一步健全，支持创新团队联合攻关解决重大科技问题的协同创新机制还未完全形成，不能很好适应现代农业科研院所建设的要求等，需要在深入实施创新驱动发展战略和农业现代化建设中不断探索和持续完善。

表现之三：管理工作不适应。主要表现在科研经费使用、学术道德、青年思想政治工作等方面，还存在不少问题。科研经费使用、管理还存在一些问题和隐患。还有学术道德、学风建设问题，这与社会大背景有关。目前，国家、部委以及科研单位设立了很多奖项，大都与职称等实际待遇挂钩，使得科研人员争先恐后角逐这些奖项，很容易分散科研精力。我们还要高度重视做好青年思想政治工作。2016 年 9 月发生的北京畜牧兽医所退学博士生举报事件，给我们的工作造成了非常大的被动，严重影响了院所声誉。全院各级党组织要高度重视青年思想动态，特别重视做好学生的思想教育工作。在研究生院学习期间，研究生院党委要切实履行好职责，加强教育引导。回所后，所党委要密切关注，持续跟踪教育，不能有断档和空白。立德树人是教育的根本任务，加强和改进研究生思想政治教育，也是党的工作的重要内容。

我们要按照中共中央要求，不断加强和改进新形势下我院党的工作，通过贯彻党的理论路线方针政策明确发展的方向和目标，通过党管干部、党管人才加强班子、党员队伍和职工队伍建设，通过发挥基层党组织的战斗堡垒作用和党员的先锋模范作用来凝聚职工群众、推动各项工作落实，通过加强党风廉政建设来正风肃纪，防范风险。

四、深入贯彻落实党的十八届六中全会精神，进一步加强中国农业科学院党的工作

党的十八届六中全会专题研究全面从严治党重大问题，这是党中央着眼于“四个全面”战略布局作出的整体设计，是党中央治国理政方略的渐次展开、深度推进。全会明确了习近平同志的核心地位，正式提出“以习近平同志为核心的党中央”，对于维护党中央的权威，维护党的团结和集中统一领导，保证党和国家兴旺发达、长治久安，具有十分重大而深远的意义。当前，我们要把学习贯彻六中全会精神作为重要政治任务，把思想和行动统一到全会精神上来，把力量凝聚到实现全会确定的各项任务上来，全面加强我院党的建设，大力推进农业科技创新、成果转化和产业服务，巩固加快发展的好势头。

（一）准确把握从严治党新要求

全会强调，办好中国的事情，关键在党，关键在党要管党、从严治党。党要管党必须从党内政治生活管起，从严治党必须从党内政治生活严起。新形势下加强和规范党内政治生活，要重点把握好 13 个方面的内容。

一要准确把握新形势下加强和规范党内政治生活的总遵循、总任务。新形势下加强规范党内政治生活，基本遵循或者根本遵循就是党章，这是我们党的政治路线、思想路线、组织路线和群众路线。总的任务，我概括为“四个着力、六个又有”。着力增强党内政治生活的政治性、时代性、原则性和战斗性，着力增强党自我进化、自我完善、自我革新、自我提高能力，着力提高党的领导水平和执政水平，着力维护党中央的权威，保证党的团结统一、保持党的先进性和纯洁性。“六有”就是毛主席讲的，努力在全党形成既有集中又有民主、既有纪律又有自由、既有统一意志又有个人心情舒畅这样一个生动活泼的政治局面。

二要准确把握新形势下加强和规范党内政治生活的重点。这个重点就是各级领导机关和领导干部。领导干部必须以身作则，模范遵守党章党规，严守党的政治纪律和政治规矩，坚持不忘初心、继续前进，坚持率先垂范、以上率下。

三要准确把握新形势下加强规范党内政治生活的首要任务。首要任务就是坚定理想信念，坚定对中国特色社会主义的道路自信、理论自信、制度自信、文化自信。这是中国共产党的精神支柱和政治灵魂。

四要深刻把握新形势下加强和规范党内政治生活的根本保证。就是全面贯彻落实党

的基本路线。党在社会主义初级阶段的基本路线是党和国家的生命线、人民的幸福线，必须把以经济建设为中心同坚持四项基本原则、坚持改革开放这两个基本点统一于中国特色社会主义伟大实践。

五要准确把握加强和规范党内政治生活的重要目的。就是维护党中央的权威，向党中央看齐，向党的理论和路线方针政策看齐，向党中央决策部署看齐，做到党中央提倡的坚决响应、党中央决定的坚决执行、党中央禁止的坚决不做。

六要准确把握党内政治生活的重要内容。就是严明纪律，严守政治纪律和政治规矩，这是我们全党统一行动统一步调的重要保证。

七要深刻把握加强规划党内政治生活的根本要求。就是坚持全心全意为民服务，贯彻党的群众路线，反“四风”，千方百计为群众排忧解难，保证党和人民群众的血肉联系。

八要准确把握党内政治生活的重要制度保障。就是民主集中制。班子成员必须增强全局观念和责任意识，主要负责同志必须发扬民主、善于集中、敢于担责，班子成员必须坚决执行党组织决定。

九要深刻把握党内政治生活的组织保障。就是坚持正确的选人用人导向，坚持20字好干部标准。禁止向党伸手要职务，禁止向党组织讨价还价。

十要准确把握加强党内政治生活的内容和载体。就是党的组织生活，这是党组织对党员进行教育管理监督的重要形式。包括“三会一课”制度、民主生活会和组织生活会制度、谈心谈话制度、党员民主评议制度。必须坚持党的组织生活各项制度，创新方式方法，增强党的组织生活活力。

十一要准确把握规范党内政治生活的重要手段。就是批评和自我批评。必须坚持实事求是，讲党性不讲私情、讲真理不讲面子。

十二要准确把握加强党内政治生活的重要举措。就是必须加强对领导干部的监督，完善权力运行制约和监督机制，形成有权必有责、用权必担责、滥权必追责的制度安排。

十三要准确把握加强和规范党内政治生活的重要任务。就是建设廉洁政治，坚决反对腐败。筑牢拒腐防变的思想防线和制度防线，着力构建不敢腐、不能腐、不想腐的体制机制。

这13个方面，既是我们把握党内政治生活的要求，同时也是重要的内容。

（二）进一步加强和规范全院党内政治生活

加强和规范我院党内政治生活，要抓好5个关键词。

第一个关键词，增强看齐意识。全党向中央看齐是我们党的优良传统，是严肃党内政治生活的基本原则，在新的历史条件下，应该说人们思想的自主性、独立性、多样性不断增强，思想认识的不整齐，现在看来在全党、全社会是存在的，我们要着力强化向中央看齐意识。如何做到向中央看齐？我觉得有两个很重要。一是党内政治生活的内容要向中央看齐，二是党内政治生活的标准要按照中央的标准自觉对标。

第二个关键词，增强敢于担当意识。严肃党内政治生活，既要行为严肃，不违纪违法，也要严明责任，敢于担当。我们要强化党员干部人人有责任意识，要紧紧抓住领导干部这个关键少数，从领导干部抓起、严起、做起，坚持以上率下，层层抓落实，不断的强化示范带动力和推动力，形成严肃党内政治生活的最大活力。

第三个关键词，严明纪律。强化党内政治生活的制度约束。严肃党内政治生活的根本保障是法规制度，用法规制度严肃党内政治生活，全面从严治党。对党内政治生活，现在有党章、准则、有条例，推进制度建党、严明党的纪律有了依据、有了遵循。

第四个关键词，要把守底线。增强领导干部严守党内政治生活的政治定力，这对领导干部非常重要。强化廉洁自律准则和纪律处分条例的学习贯彻，我们每个党组织、每个党员，特别是在座的领导干部，党内政治生活是必须要坚守的原则，是不可触动的红线。有 3 个底线：一是严格做到四个服从，个人服从党员组织，少数服从多数，下级服从上级，全党服从党中央，这是我们党的根本的组织原则，根本的组织制度，根本的领导制度。二是要严格做到党性原则基础上团结。实现党的使命，必须要搞好团结。从院党组到各个单位、到机关各个部门，领导班子都要团结共事，这是底线。讲团结是有原则的，严守党的纪律，规范我们的行为，这是我们团结的一个很重要的原则。三是严格做到讲真话、讲实话，对党忠诚老实，心怀坦荡，实事求是，讲真话不讲假话。

第五个关键词，要大力创新。着力提高党内政治生活建设的科学化水平。各级党组织党内政治生活在治理形式上要创新，创新党内政治生活的方式方法，增强我们的感召力、影响力、凝聚力。从路径上来讲，应该把顶层设计和基层的实践有机结合，机关党委在这方面做好顶层设计。对基层党组织，基层实践上要大胆创新。从技术手段来讲，要把握信息革命的重大机遇，在“互联网+”与党内政治生活融合上实现新的突破，创造与时代发展相适应的崭新的方式方法。

（三）进一步做好党建重点工作

为落实好十八届六中全会关于全面从严治党的新要求，结合我院当前的实际情况和科技创新工作需要，2017 年和今后一个时期，我觉得重点要抓好 5 项工作。

一是要把加强思想教育工作，特别是六中全会精神的学习宣传贯彻工作作为首要任务。要以中心组学习示范引领全体党员干部加强学习，固本培元、补钙壮骨。要突出学习习近平总书记系列重要讲话，加强党中央治国理政新理念新思想新战略学习，加强党章党规、党史国史学习。要创新学习教育形式，综合运用集体研讨、个人自学、辅导培训、专题调研等方式，确保新制定的《党内政治生活准则》和新修订的《党内监督条例》的学习教育质量和效果。要加强督促检查，把六中全会精神学习宣传贯彻情况作为领导班子和领导干部考核的重要内容。要把理论学习同贯彻落实中央以及部、院党组重大决策部署结合起来，同解决院所发展以及科技创新中的实际问题结合起来，真正做到学以致用。要充分运用全媒体多样化的传播形式，运用分众化互动化的方式，增强宣传教育的针对性和实效性。

二是要坚持执行好党的组织生活各项制度。严格落实好换届制度，按时按规定程序进行换届，未经批准不得提前或延期换届。要选优配强科研党支部书记，团队首席或研究室主任是党员的，原则上要担任支部书记承担起“一岗双责”。要坚持落实好“三会一课”制度，不但要做到次数有保证，更要做到内容有质量、形式有创新、党员有考核，切实增强“三会一课”的吸引力和实效性。要坚持民主生活会和组织生活会制度，会前广泛征求意见、深入谈心交心，会上认真查摆问题、深刻剖析根源、明确整改方向，会后逐一整改落实。院所党组织领导班子成员要定期或随机参加基层党组织领导班子民主生活会和组织生活会，加强指导、督促和检查，发现问题及时纠正。要认真落实谈心谈话制度，领导班子成员之间、班子成员和党员之间、党员和党员之间要开展经常性谈心谈话活动，坦诚相见、交流思想、交换意见。要认真落实民主评议党员制度，每年对党员进行民主评议。

三是要持之以恒反“四风”，严格落实八项规定精神。作风问题具有顽固性、反复性。客观地讲，当前形式主义、官僚主义、享乐主义和奢靡之风还没有完全根除，有些问题树倒根存，顶风违规违纪现象时有发生，或改头换面以更隐蔽的形式出现，特别是庸政懒政问题值得我们警醒，这表明反“四风”和作风建设仍处在关键节点，防止“四风”反弹任务依然艰巨。我们必须在思想上拧紧螺丝、上紧发条，把中央八项规定内化为个人的自觉要求，把“有所为有所不为”、既清廉又担当作为个人的价值追求，确保作风建设“不歇脚”“不断线”，以作风建设新成效汇聚起推动跨越式发展的正能量。

四是要强化党内监督，特别是进一步加强对权力运行的制约和监督。各级党组织和纪检组织要严格落实《党内监督条例》，加强对履行监督责任和问题整改落实情况的监督检查，对不履行或者不正确履行党内监督职责，以及纠错整改不力的，要严肃处理。党员领导干部每年述责述廉的报告要载入廉洁档案，并在一定范围内公开。科研单位制约和监督权力运行，最重要的就是要加强科研经费监管。要站在全面从严治党的高度对待科研经费监管，持续开展科研经费使用管理专项治理行动，保持监管高压态势。要认真研究国家对科研经费管理的新政策新办法，全面梳理科研经费监管薄弱环节和风险点，以内控制度建设为抓手，上下联动，形成合力，完善科研经费监管制度体系。要引导科研人员正确对待监管，主动接受监管，习惯在监管下开展研究，绝不能拒绝监管、逃避监管。

五是要按照管长远、求实效的要求继续做好制度废改立和执行落实工作。要坚持和完善已有制度，对《中国共产党廉洁自律准则》提出的党内学习制度、重大问题请示报告制度、党内选举制度、党员权利保障制度、党的组织生活制度等，要一以贯之、不折不扣地落实，该制定落实细则的要尽快研究制定。要认真抓好《中国共产党廉洁自律准则》提出的制度创新任务，研究探索建立职工群众意见征求反馈、容错纠错、权力清单等制度。要加大制度执行力度，对于违反党内政治生活制度的行为，要严肃查处，发现一起查处一起，决不姑息、决不手软，坚决防止制度成为“稻草人”。

（四）切实发挥好两委书记关键作用

今天在座的都是各单位的党委书记和纪委书记，对于如何当好党务干部，我谈几点认识。

第一，要准确把握三大原则，就是保证、融入、创新。保证，就是要确保科研院所的发展和科研工作的方向是贯彻落实中央决策部署的，是服务“三农”工作和满足重大产业需求的，还要保证院所机关风清气正。融入，就是要融入“主战场”，科研单位的主战场就是科技创新工作，因此，科研单位党的工作就一定要围绕科技创新这项中心工作，党委书记要善于把党的工作与科研工作密切结合起来，要融入科学家这个集体，勤于与科学家沟通，善于做科学家的思想工作。创新，就是要坚持从实际需要出发，解放思想、实事求是，不断创新党建工作形式，增强党建工作的时代性，提升党组织的凝聚力战斗力创造力。

第二，要深入领会三大特性，就是指令性、即时性和经常性。指令性，就是党的工作要坚决维护中央权威，坚决贯彻落实好中央的决策部署，党务干部要牢固树立政治意识、大局意识、核心意识和看齐意识，自觉遵守党章党规。即时性，就是党的工作要第一时间学习宣传贯彻中央的精神指示要求，要紧跟中央步伐，按时组织完成好中央的重大活动安排。经常性，就是要有“永远在路上”的觉悟和认识，对于党的工作要一抓到底、常抓不懈，确保取得实效、取得长效。

第三，要始终秉持三种态度，就是甘心、热心和恒心。甘心，就是要甘于奉献，要有“捧着一颗心来，不带半根草去”的奉献精神，有“功成不必在我”的历史责任感，有“甘为人梯、助人向上”高尚品德。热心，就是对待党务工作要有热情，勇于担当、敢于作为，用热情创造非凡业绩，对待职工群众要关心，真诚亲切，信守承诺，用生命温暖生命，用真情传递真情。恒心，就要有“衣带渐宽终不悔，为伊消得人憔悴”的决心。佛家有人生三重境界之说，即“看山是山，看水是水；看山不是山，看水不是水；看山还是山，看水还是水”，许多人到了人生的第二重境界就到了人生的终点。追求一生，劳碌一生，心高气傲一生，最后发现自己并没有达到自己的理想，于是抱憾终生。一个真正有恒心的人就是要通过自己的修炼反省，提升到人生第三重境界，坚定信仰，坚持理想，专心致志做好该做的事情。

第四，要综合运用三种方法，就是学习、研究和实践。学习，就是要有“活到老、学到老”的自觉要求，特别是要坚持不懈地学习马克思主义基本理论和与时俱进的中国特色社会主义理论，坚持深入地学习理解党的路线、方针和政策，做一名素质过硬的党务工作者，做到讲有新话、干有新招、每年有新变化。研究，就是要通过大量的学习积累、认真细致地调查、广泛地征求意见、深入地讨论分析，发现新情况，分析新问题，提出解决方案，做一名研究型的党务工作者。实践，就是要理论联系实际，勇于把掌握的理论知识和研究制定的政策应用到解决实际问题的工作中去，做一名接地气、干实事的党务工作者，做一名群众信得过的党务工作者。

同志们，我院党的工作面临新的形势、新的任务和新的要求，使命光荣、责任重大。让我们紧密团结在以习近平同志为核心的党中央周围，全面深入贯彻六中全会精神，牢固树立“四个意识”，不忘初心、勇担重任，以改革创新精神全面推动我院党的工作，以良好的精神风貌和出色的工作业绩向建院60周年献礼、向党的十九大献礼！

陈萌山同志在中国农业科学院“两学一做”学习教育动员部署大会上的讲话

2016 年 4 月 28 日

同志们：

今天，我们召开中国农业科学院“两学一做”学习教育动员部署大会，主要任务是深入学习贯彻习近平总书记关于“两学一做”学习教育重要指示和中央“两学一做”学习教育工作座谈会精神，贯彻落实韩长赋部长在农业部“两学一做”学习教育动员部署大会上的讲话要求，全面部署、正式启动我院学习教育工作。下面，我讲 3 点意见。

一、开展“两学一做”学习教育的重要性和必要性

党中央决定，今年在全体党员中开展“学党章党规、学系列讲话，做合格党员”学习教育。这是继党的群众路线教育实践活动、“三严三实”专题教育之后，深化党内教育的又一次重要实践，是推动学习教育从“关键少数”向全体党员拓展，从集中教育活动向经常性教育延伸的重要举措，意义重大、非常必要。

第一，开展“两学一做”学习教育是推进思想政治建设常态化、制度化的重要实践。思想政治建设是党的根本性建设。十八大以来，党的思想政治建设适应新常态要求扎实推进，党员干部的思想政治素质有了新的提高。我院按照中央的要求以及农业部党组的统一部署，始终坚持加强思想政治建设，取得了显著的成效。但是，我们要看到，在一些党员干部中依然存在这样那样的问题。个别党员干部政治敏感性不强，落实中央决策部署不够及时有力；有的党员领导干部事业心不够强，对履行国家队使命认识不到位，对实现跨越发展、建成世界一流农业科研院所信心不足，缺乏干事创业的紧迫感责任感；个别党员干部还存在纪律规矩意识淡薄、原则性不强的问题。对照中央的要求，院党组抓党员干部思想政治教育不够经常有力，教育内容针对性不强，教育形式不够鲜活，教育安排不够紧密。实践表明，解决党员干部的思想问题需要坚强有力的韧劲和持之以恒的决心，要在经常性教育上下工夫。如果有松口气的念头、有差不多的想法，思想上的问题就难以根治。开展“两学一做”学习教育，就是要落实党章关于加强党员教育管理要求，推动党内教育从集中性教育向经常性教育延伸，把思想政治建设融入日常的党内政治生活之中。

第二，开展“两学一做”学习教育是推动全面从严治党向基层延伸的有力抓手。党的十八大以来，以习近平同志为总书记的党中央围绕全面从严治党，制定实施八项规定，组织开展群众路线教育实践活动、“三严三实”专题教育，严格落实全面从严治党和党风廉政建设“两个责任”，严肃查办违纪违法案件，开展巡视工作，修订完善《中国共产党廉洁自律准则》和《中国共产党纪律处分条例》等党内规章制度，打出了一整套指向明、要求严、力度大、效果好的从严治党“组合拳”，在解决管党治党失之于宽、失之于软的问题上取得了明显成效，得到了广大党员的衷心拥护和社会各界的高度肯定。在十八届中央纪委六次全会上，习近平总书记强调，要推动全面从严治党向基层延伸。基层是党的执政之基、力量之源。基层党组织和党员队伍状况如何，直接关系党的创造力、凝聚力、战斗力。近年来，我院基层党组织的建设取得了一定的成绩，呈现出新的气象。但是，全院京内京外各单位党组织发展还不平衡，基层党组织建设工作还存在一些薄弱环节。在这次接受中央巡视过程中，我们发现有22%的直属党组织换届不及时，有的委员缺额没有及时增补，党务工作机构和党务干部配备不够强；有的党支部“三会一课”制度落实不到位，特别是研究所科研支部讲党课做不到规定的每季度一次，有的党小组开会次数达不到规定的每月1次，个别党支部长期不讲党课，有的党员干部一年只参加一两次组织生活；党费收缴不合规，没有及时准确核定党费计算基数和数额，收缴党费偏少，有的没有做到按月收缴党费。这些都不同程度影响了党的凝聚力、战斗力的发挥，影响了党员意识的增强和先锋模范作用的发挥。“基础不牢，地动山摇”，只有基层党组织坚强有力，党员发挥应有作用，党的根基才能牢固，党才有战斗力。今天参加会议的同志都是各单位各级党组织的书记，特别是基层党支部书记，是组织开展好这次学习教育的关键。开展“两学一做”学习教育，就是要把党内教育从“关键少数”向广大党员拓展，把全面从严治党落实到每一个支部、落实到每一名党员，在我院营造良好的政治生态，让党的每一个细胞都健康起来、每一个组织都坚强起来。

第三，开展“两学一做”学习教育是推进我院各项事业持续快速发展的迫切需要。党的十八大以来，院党组团结带领全院各级党组织和全体党员干部，认真学习贯彻习近平总书记系列重要讲话精神，落实党中央、国务院关于农业科技创新和“三农”工作的各项重大决策部署，围绕服务“三农”，坚定正确的政治方向，加强思想引领，强化责任担当，实施“顶天立地”发展战略，努力发挥创新国家队、改革排头兵、决策智囊团的作用，为现代农业发展提供了有力的科技支撑和雄厚的技术储备。但是，与中央的期待和国家的要求相比，我院在落实中央“三农”政策、服务“三农”发展方面，还存在一定的差距。主动服务“三农”的意识还不够强，引领全国农业科研的作用还不够凸显，有重大影响的突破性成果还不够多，成果转化力度和服务“三农”效益还不够大，科技培训和指导农民应用的力度也还不够大。开展“两学一做”学习教育，就是要教育引导广大党员干部，牢固树立国家队使命责任意识，自觉贯彻落实好党中央关于农业科技创新和“三农”工作的各项决策部署，牢固树立全面贯彻五大发展理念，围绕农业供给侧改革重大需求，加快农业科技创新和成果转化，突破重大关键技术瓶颈，培育革命性创新成果，努力提升支撑现代农业发展的能力和水平，为推动农业农村经济取得新发展、再上新台阶作出应有的贡献。

总之，全院广大党员要充分认识开展“两学一做”学习教育的重大意义，深入学习领会习近平总书记的重要指示精神，不断增强政治意识、大局意识、核心意识、看齐意识，切实把“两学一做”学习教育抓紧、抓好、抓实。

二、开展“两学一做”学习教育，要突出重点、把握关键

中共中央明确指出，“两学一做”基础在学，关键在做。我们要严格落实中央要求，始终把党的思想建设放在首位，以尊崇党章、遵守党规为基本要求，以用习近平总书记系列重要讲话精神武装头脑为根本任务，自觉按照合格党员的标准规范言行，进一步坚定理想信念，提高党性觉悟；进一步增强“四个意识”，坚定正确政治方向；进一步树立清风正气，严守政治纪律和规矩；进一步强化宗旨观念，勇于担当作为，发挥党员先锋模范作用，为协调推进“四个全面”战略布局、贯彻落实五大发展理念、推动“十三五”农业科技事业发展提供坚强的思想、组织和作风保证。

第一，要抓好“学”这个基础。党章党规和系列讲话紧密联系、内在一致，要把党章党规与系列讲话贯通起来学习、统一起来领会，在学系列讲话中加深对党章党规的理解，在学党章党规中深刻领悟系列讲话的基本精神和实践要求。在这次学习教育中，中央特别区分了层次和对象，分别就全体党员和党员领导干部学习的内容、要求做出了具体安排，增强了针对性和实效性。

对全体党员来说，学党章党规，就是要通读熟读党章，通读熟读廉洁自律准则、纪律处分条例和党员权利保障条例，深入领会党的性质、宗旨、指导思想、奋斗目标、组织原则、优良作风，领会党员的条件和义务、权利、行为规范。通过重温党章党规，进一步明确做合格党员的标准，搞清楚能做什么、不能做什么，提升尊崇党章党规、敬畏党章党规、遵守党章党规的思想自觉。学系列讲话，主要是学习领会习近平总书记系列重要讲话的基本精神，学习领会党中央治国理政新理念新思想新战略的基本内容，理解掌握增强党性修养、践行宗旨观念、涵养道德品格等基本要求。要坚持学而信、学而用、学而行，切实用讲话精神统一思想、提高认识，深刻把握新形势下党员的职责使命。

对处级以上党员领导干部来说，要学得更多更深一些，要求更严更高一些。学党章党规，领导干部除了要熟知尽知全体党员应学习掌握的内容，还要掌握好与履职尽责紧密相关的规定和要求，包括党章规定的党的组织制度、党的各级组织的职责和任务、党员领导干部必须具备的六项基本条件、党的纪律等，包括党和国家机关基层组织工作条例、党政领导干部选拔任用工作条例等党内法规，着力提高做好领导工作所必备的政治素养和政策水平。学系列讲话，要在全面、系统、深入上下工夫，坚持读原著、学原

文、悟原理，带着信念学、带着感情学、带着使命学、带着问题学，领会好讲话的丰富内涵和核心要义，掌握贯穿其中的马克思主义立场观点方法，领悟好讲话彰显的坚定信仰追求、历史担当精神、真挚为民情怀和务实思想作风。领导干部作为党执政的骨干力量，尤其要把领会系列讲话蕴含的治国理政新理念新思想新战略作为学习的重中之重。关于这方面的学习内容，党中央从 7 个方面作了梳理和概括。总的就是围绕坚持和发展中国特色社会主义这个主题，联系十八大以来党的理论和实践创新进程，联系改革发展稳定、内政外交国防、治党治国治军的新要求，深入学习以习近平同志为总书记的党中央治国理政新思想新战略，既领悟好重大思想理论观点，又领悟好科学的思想方法和工作方法，做到知其然更知其所以然，更好地用以指导和推动各项事业发展。对我院党员领导干部来说，要深入系统学习习近平总书记关于“三农”发展、科技创新的重要论述，努力提高做好农业科技工作的能力和水平。

要注意学好用好 3 本书。《习近平总书记重要讲话文章选编》《习近平谈治国理政》《习近平总书记系列重要讲话读本（2016 年版）》是这次学习教育中央指定的教材。要认真学习、仔细研读，深入领会贯穿其中的马克思主义立场观点方法。学习习近平总书记系列重要讲话，要同学习马克思列宁主义、毛泽东思想、邓小平理论、“三个代表”重要思想、科学发展观结合起来，同学习党的历史结合起来，深刻理解党的科学理论既一脉相承又与时俱进的内在联系，坚定中国特色社会主义道路自信、理论自信、制度自信。院党组和各单位党政领导班子还要按照习近平总书记重要批示精神，把毛泽东同志《党委会的工作方法》纳入学习内容。

第二，要抓牢“做”这个关键。以学促做，知行合一，争做合格的共产党员，是这次学习教育的着眼点和落脚点。要通过学习教育，把合格党员的标准立起来，把合格党员的形象树起来。

做合格共产党员，最根本的就是要增强政治意识、大局意识、核心意识、看齐意识。这“四个意识”，集中体现了根本的政治方向、政治立场和政治要求，是检验党员政治素养的试金石。党章党规遵守得好不好，系列讲话学得好不好，重要的也是看这“四个意识”有没有牢固树立起来。要把增强“四个意识”作为学习教育的一个根本要求来贯彻，引导广大党员主动自觉地向党中央看齐，向党的理论和路线方针政策看齐，坚决维护党中央权威，维护党的领导核心，在思想上政治上行动上同以习近平同志为总书记的党中央保持高度一致，做政治上的明白人。保持一致，不是一句空口号，每名党员都要把向党中央看齐落实在实际行动上，做到党中央提倡什么就认真践行什么，党中央禁止什么就坚决反对什么，有令必行、有禁必止，切实解决好“不看齐”“看不齐”的问题。

合格党员的标准是什么？从党的历史发展来看，合格党员标准不是一成不变的。在 90 余年的历程中，党始终根据自身地位和任务的变化，解放思想、实事求是、与时俱进，不断严格党员标准，切实提高党员质量，增强党的阶级基础，扩大党的群众基础。早在 1939 年 5 月，陈云在《怎样做一个共产党员》的文章中，就提出了“良好的共产党员”的“六条标准”；新中国成立后，党的地位发生根本变化，党员标准更加严格，八大党章提出党员必须遵守的十项义务，党员标准更加科学和完整；改革开放之初，邓小平同志概括了合格党员应该具备的“五种精神”。十八大以来，新常态下对党员提出了新的更高的要求，党章对新时期的党员标准作了明确规定，概括起来主要是，信念坚定、对党忠诚，牢记宗旨、心系群众，坚持原则、严守纪律，品德高尚、作用突出。2013 年 1 月，习近平总书记提出，共产党员特别是党员领导干部要做共产主义远大理想和中国特色社会主义共同理想的坚定信仰者和忠实践行者。衡量一名共产党员、一名领导干部是否具有共产主义远大理想，就要看他能否坚持全心全意为人民服务的根本宗旨，能否吃苦在前、享受在后，能否勤奋工作、廉洁奉公，能否为理想而奋不顾身去拼搏、去奋斗、去献出自己的全部精力乃至生命。这是习近平总书记第一次提出合格党员的“四条标准”。此后，习总书记又进一步提出了好干部二十字标准、“三严三实”、“四个铁一般”、忠诚干净担当等一系列对党员干部的要求。在此基础上，中央印发的“两学一做”学习教育方案中，明确提出了要做“讲政治、有信念，讲规矩、有纪律，讲道德、有品行，讲奉献、有作为”的合格党员。这“四讲四有”的标准就是新形势下合格党员的标准。在学习教育中，每一名党员都要以此来衡量自己、检视自己，规范言行，树立党员先锋形象。

第三，要抓紧“改”这个目标。强化问题导向，是党的十八大以来全面从严治党的一个鲜明特点，一条成功经验。开展学习教育就是为了解决问题，要把解决问题贯穿全过程，学要带着问题学，做要针对问题改，边学边改、即知即改、立行立改，改好一个个具体问题，做好一件件具体事情。

对于“两学一做”要重点解决的问题，中央用“五个着力”进行了归纳，即着力解决一些党员理想信念模糊动摇的问题，主要是对共产主义缺乏信仰，对中国特色社会主义缺乏信心，精神空虚，推崇西方价值观念，热衷于组织、参加封建迷信活动等；着力解决一些党员党的意识淡化的问题，主要是看齐意识不强，不守政治纪律政治规矩，在党不言党、不爱党、不护党、不为党，组织纪律散漫，不按规定参加党的组织生活，不按时交纳党费，不完成党组织分配的任务，不按党的组织原则办事等；着力解决一些党员宗旨观念淡薄的问题，主要是利己主义严重，漠视群众疾苦、与民争利、执法不公、吃拿卡要、假公济私、损害群众利益，在人民群众生命财产安全受到威胁时临危退缩等；着力解决一些党员精神不振的问题，主要是工作消极懈怠，不作为、不会为、不善为，逃避责任，不起先锋模范作用等；着力解决一些党员道德行为不端的问题，主要是违反社会公德、职业道德、家庭美德，不注意个人品德，贪图享受、奢侈浪费等。在此基础上，中央的具体方案又作了进一步分析，对全体党员和县处级以上党员领导干部分别提出了具体的要求。

根据中央以及部党组的要求，结合我院实际，院党组制定的实施方案中明确要求，全体党员要坚定共产党人理想信念、牢固树立党的意识和党员意识、强化党的宗旨意识、积极践行社会主义核心价值观、在推动农业科技事业发展实践中建功立业；处级以上党员领导干部要带头坚定理想信念、带头严守政治纪律和政治规矩、带头树立和落实新发展理念、带头攻坚克难敢于担当、带头落实全面从严治党责任。我们每一名党员干部都要按照“四讲四有”的标准躬身自省，都要结合各自实际深查细找存在的问题，对查找出来的问题及时整改，以解决问题的实效来检验学习教育的成果。

各级党组织要以解决问题为牵引来开展学习教育，把解决问题同落实中央巡视组整改要求结合起来，紧盯巡视中发现的党的组织生活、党员干部教育管理，特别是在履行职责、发挥作用方面存在的问题，主动查找差距和不足，认真分析、剖析根源，制订切实可行的整改方案，坚决严格按照党章党规进行整改，切实解决在党的领导、党的建设和全面从严治党方面存在的突出问题，把从严管党治党要求落实到每个支部、每名党员。要把解决问题同抓好党的群众路线教育实践活动和“三严三实”专题教育的问题整改结合起来，持之以恒纠正“四风”，抓好“不严不实”突出问题的整改，切实解决职工群众反映的突出问题，使解决问题前后呼应、有始有终，这点特别的重要。要拿出勇气，甩开膀子，切实做到真抓实改，让职工群众看到解决问题的决心和诚意、看到实效，使我院学习教育取得职工群众满意的效果。

第四，要抓住“干”这个核心。开展学习教育，为实现我院“十三五”奋斗目标，建成世界一流农业科研院所凝心聚力。要通过边学边做边改，引导党员干部牢固树立和自觉践行五大发展理念，坚决贯彻落实好中央以及农业部党组关于农业科技创新工作的各项决策部署，切实解决好新常态下“怎么干”的问题，从而更好地促进农业科技创新，更好地服务“三农”发展。

《论语》中讲，“欲得其中，必求其上；欲得其上，必求上上。”在学习教育中，我们要引导广大党员干部争做优秀共产党员，提振精气神、展示新作为，走在前列、干在实处，立足岗位、创先争优。各单位党组织要深入开展岗位建功活动，促进党员模范履行岗位职责，保持“忠诚、规矩、担当、务实、干净”的良好风气。要设立党员先锋岗、党员责任区、党员服务窗口，提出党员发挥作用的具体要求，教育引导党员时刻铭记党员身份，积极为党工作。为科研提供服务的窗口岗位、为农民提供服务的科研基地，要尽量安排共产党员和青年团员，提倡佩戴党徽团徽、挂牌上岗，亮出党团员身份和服务承诺，提高服务质量，展现良好形象。要全面推行机关联系基层、干部联系群众“双联系”制度，扎实组织院领导、机关局办领导到基层调研，引导党员干部在服务职工群众中增强党性、改进作风、提高能力。要结合纪念建党95周年，评选一批全院优秀共产党员、优秀党务工作者和先进基层党组织，表彰先锋模范，树立党员高标准。

三、开展“两学一做”学习教育，要精心组织、确保实效

全院各级党组织要把抓好学习教育作为一项重要政治任务，加强组织领导，周密安排部署。特别是党组织书记要高度重视，切实扛起主体责任，确保学习教育扎实推进、取得实效。

一要履行好主体责任。我院“两学一做”学习教育在院党组领导下，由院党建工作领导小组组织实施。成立院“两学一做”学习教育协调小组，由直属机关党委牵头，院办公室、人事局、监察局、研究生院、院机关离退休党总支有关负责同志参加，抽调精干力量组成综合组和督导组，负责对全院学习教育工作的协调督导。院党组“两学一做”学习教育工作由院办公室负责具体落实。各级党组织要切实履行好主体责任，立即行动起来，成立工作机构，结合自身实际，抓紧制订具体实施方案和学习计划，明确学习内容和方法步骤，认真谋划安排、及时动员部署、精心组织落实，确保学习教育全覆盖。京外单位党组织有的已经参加了地方党委组织的“两学一做”学习教育活动的，具体环节和过程不要重复安排，但对部、院党组的有关要求和地方党委的有关要求要统筹落实，从高、从严推动学习教育活动开展。各单位党组织书记要扛起第一责任人的责任，对工作方案亲自审定，对重要任务亲自部署，管好干部、带好班子，管好党员、带好队伍，层层传导压力，从严从实抓好学习教育，坚决防止走过场，杜绝形式主义。今年的党建工作述职评议考核，要把组织开展学习教育情况作为考评的首要内容。

二要坚持以上率下。习近平总书记强调，县处级以上党员领导干部要在学习教育中做出表率，紧密联系领导工作实际，学得更多一些、更深一些，要求更严一些、更高一些。在学习教育中，院党组成员和各单位党政领导班子成员要躬身先行、当好表率、立好标杆，切实做到先学一步、学深一层，切实履行好“一岗双责”，做到尽好责、抓到位、见实效。无论什么职级、什么岗位上的党员领导干部都要认真落实学习教育的各项要求，严格执行双重组织生活等基本制度，带头参加学习研讨，带头谈体会、讲党课、作报告，带头参加组织生活会、民主评议，带头立足岗位做贡献。院党组成员除参加所在支部的组织生活外，还要分别联系研究所一个科研支部，深入了解基层党组织情况，掌握党员的思想状态和学习教育工作的开展情况。每位党员干部都要抓好自我学习、自我教育，立足岗位，创先争优。要通过层层示范、层层带动，上级带下级、班长带队伍，形成上行下效、整体联动的良好效应，确保学习教育扎实有效开展。

三要突出经常性教育特点。“抓在日常、严在经常”是这次“两学一做”学习教育的基本定位。要以党支部为基本单位，以“三会一课”等党的组织生活为基本形式，以落实民主评议等党员日常教育管理制度为基本依托，用好日常的教育途径、教育方式，推动党的思想政治建设常态化、制度化。

要把党支部的作用充分发挥出来。这次学习教育，中央明确要求以党支部为基本单位。每个支部都要结合实际，对“两学一做”学习教育作出具体安排，明确支部开展学习教育的具体任务、工作措施、方法载体，确保组织到位、措施到位、落实到位。我院现有 385 个党支部，应该说绝大多数党支部都在工作中发挥了战斗堡垒作用。但也有一些党支部的正常作用没有发挥好，对党员的思想动态和日常言行不了解、不过问，对党员的教育管理不经常、不严格，有的甚至长期不开展活动。导致支部主体责任缺失，政治功能弱化。各单位党委要以这次学习教育为契机，切实加强支部建设，健全组织、配强班子，理顺组织关系，畅通党组织同党员的联系，加强党员日常教育管理。党支部要履行好规定的各项职责任务，切实担负起从严教育管理党员的主体责任。各直属单位领导班子、党委委员，要分别联系1~2个党支部，力争做到全覆盖，加强对支部开展学习教育工作的指导和保障。

要切实贯彻落实好“三会一课”、组织生活会、民主评议党员等组织生活制度。党章第八条规定：每个党员，不论职务高低，都必须编入党的一个支部、小组或其他特定组织，参加党的组织生活，接受党内外群众的监督。这次学习教育提出的许多措施，像开展专题学习讨论、创新方式讲党课、召开专题组织生活会、开展民主评议党员等，都是对基本教育形式的运用。要根据支部、党员分布的特点，落实好党内组织生活，调动党员参与的积极性主动性，在规范开展学习、提高学习实效上下工夫。要用好批评和自我批评这个“利器”，提高组织生活的质量和水平，解决好庸俗化、随意化、平淡化、娱乐化的问题。要结合民主评议党员工作，把处置不合格党员工作稳妥有序地做好，健全党员能进能出机制。

四要紧密结合科研中心工作。“学”得怎么样、“做”得是否合格，最终要体现在推动中心工作、促进农业科技创新上。要坚持围绕中心，服务大局，把推动“两学一做”学习教育与贯彻落实中央“三农”决策部署，完成“十三五”农业科技创新任务结合起来，与履行农业科研国家队使命、深入实施农业科技创新工程结合起来，与建设世界一流农业科研院所，探索构建现代院所治理体系结合起来，不断激发基层党组织活力，充分发挥党员干部先锋模范作用，凝聚广大党员干部的工作热情、改革激情和进取精神，以农业科技事业发展的良好成效来检验学习教育工作的丰硕成果。

同志们，从今天开始，我院“两学一做”学习教育就全面启动了。全院各级党组织和广大党员干部要坚决贯彻落实习近平总书记重要指示精神和中央部署要求，以高度的政治责任感、良好的精神状态和扎实的工作作风，把学习教育组织好、开展好，有力推动农业科技创新，为我院“十三五”起好步、开好局，为实现跨越式发展提供坚强有力的政治保证。

陈萌山同志在中国农业科学院“两学一做”学习教育工作座谈会上的讲话（节选）

2016 年 10 月 9 日

今天我们召开“两学一做”学习教育工作座谈会，主要是学习贯彻习近平总书记关于“两学一做”重要指示精神，贯彻落实中央和农业部党组的有关要求，交流总结前一段我院学习教育工作情况，推动“两学一做”学习教育深入开展。

刚才，10 位党组织书记从党委、支部两个层面，总结了开展“两学一做”学习教育的做法经验，指出了存在的问题，提出了下一步工作打算，讲得都很好。总体来看，我院开展“两学一做”学习教育以来，初见成效，也很有特色，值得总结和发扬。对于存在的问题，要进行认真研究，扎扎实实地深入推进“两学一做”学习教育，确保实现中共中央提出的“两学一做”的目标和要求。

下面，我讲两点意见。

一、我院“两学一做”进展顺利初见成效

5 个多月来，全院各级党组织认真贯彻落实中央以及部党组要求，坚持领导带头示范，注重加强学习，坚持学做结合，立足岗位，真抓实干，呈现良好发展态势，取得了明显的阶段性成效。

一是领导干部率先垂范。院党组专门制订了《院党组成员参加“两学一做”学习教育工作方案》，明确 4 个学习专题，强调院党组成员“两学一做”学习教育要与院党组中心组学习和巡视问题整改工作结合起来，确保学习教育工作取得实效。对于中央精神以及部党组要求，院党组坚持第一时间学习讨论、第一时间贯彻落实，多次召开党组会、中心组学习会，围绕党章党规，习近平总书记关于巡视工作、“三农”工作、科技创新工作的系列讲话、“七一”重要讲话以及中央涉农政策文件、事业单位改革新要求、科研管理新规定进行专题学习研讨，深化认识、谋划发展。在院党组示范带动下，院属各单位领导班子结合中心组学习认真抓好专题学习，全部完成了前两个专题（“学党章、坚定理想信念”“学党规、严守纪律规矩”）的集中学习讨论，正在进行第三个专题（“学讲话、增强‘四个意识’”）的集中学习讨论。各级党组织负责人都在所在支部讲过党课，发挥了很好的示范带头作用。

二是加强组织领导。院里第一时间成立了“两学一做”学习教育协调小组，先后

召开两次学习教育调度会，交流做法，总结成效，发现问题，部署工作。针对不同党组织和党员特点，制订了一系列工作方案，包括全院总的实施方案，院党组的学习教育安排方案，离退休党员和学生党员的实施方案，各个单位也分别制定了学习教育安排方案。京外研究所还结合落实地方上级党组织的要求，统筹安排，从高从严推动学习教育活动开展。院党组强调督导保证，由院领导亲自带队，结合巡视整改工作，分别到2~3个研究所督导“两学一做”学习教育。我还到河南三所、油料所、上海兽医所、哈尔滨兽医所调研了学习教育的开展情况，其他院领导也结合业务工作到研究所调研了解“两学一做”的进展。为推动部院党组的要求在基层党支部落实到位，院党组成员直接联系9个基层党支部，亲自进行指导，努力把联系点建成学习教育示范点。各单位领导也都分别联系1~2个党支部，加强对支部开展学习教育工作的指导和保障。此外，机关党委在杭州组织了5个京外研究所的座谈会，交流开展“两学一做”学习教育、做好党建工作的经验和体会；专门制作了“两学一做”学习教育开展情况表，全面掌握“两学一做”进展情况，及时提醒相关党组织按照工作方案组织开展好“两学一做”学习教育。

三是强化支部书记的教育培训。为了提升支部书记开展“两学一做”的党务工作能力，我们把京区的基层党支部书记列入“两委”书记专题培训班参训人员，围绕学习党章，学习习近平总书记关于全面从严治党的重要论述，学习正确把握和运用监督执纪四种形态等内容进行辅导，就落实“两个责任”提出明确要求，教育引导各级党组织和党员领导干部强化“四个意识”，切实担负起全面从严治党主体责任和监督责任。同时，京外研究所党委也都采取自己办班或者参加上级党组织培训班等方式，加强对支部书记的培训，增强支部书记的管党治党责任意识，提升支部书记的党务工作能力。

四是充分发挥基层党支部的主体作用。党支部是开展“两学一做”学习教育的主体。在学习教育中，针对中央巡视组指出的不经常开展“三会一课”的问题，各个党支部认真抓好整改落实，从严从实组织好“三会一课”。相比第一季度，第二季度“三会一课”制度执行情况明显好转，绝大部分都做到了次数有保证、内容有质量，记录完备，生活严肃。在做好规定动作的同时，各个党支部开展了一系列主题突出、特色鲜明的活动。如全院统一策划，开展了窗口服务岗位“亮明党员身份 彰显榜样力量”活动，后勤中心综合服务大厅，资划所肥料评审处、土肥测试中心、菌肥测试中心等对外服务部门，信息所文献信息服务部等设立党员示范岗，党员佩戴党徽、挂牌上岗，亮出党员身份和服务承诺；作科所第一党支部设立“每日一学”，通过微信群每日群发学习内容，第六党支部开展党员手抄党章活动；蔬菜所第四党支部与国合局党支部开展联合讲党课活动；麻类所各党支部开展手抄入党誓词活动；油料所每月固定一天为“支部主题党日”；出版社党支部面向基层开展图书捐赠、农技科普等活动；茶叶所各党支部组建博士党员志愿服务团等。

五是切实采取有效措施。组织京区党组织参加了中央国家机关党章党规知识答题，我院京区1 826名党员全部完成答题并通过测试。组织开展了纪念中国共产党成立95周年系列活动。作科所第二党支部以及王天宇、万方浩同志获评中央国家机关先进基层党组织和优秀党员，7 名党员、3 个组织获评部“两优一先”。“七一”前夕，院党组、院属各单位党组织走访慰问 36 名老党员和 94 名生活困难党员。部机关党委补助慰问金 14.5 万元，院机关党委补助慰问金 28 万元，院属各单位党委也都从党费中安排专门经费，慰问老党员和生活困难党员。目前，正在开展“两学一做”学习教育征文活动，组织全院党员结合自身思想和工作实际，交流在学习教育中的思想认识和实践感悟。

六是营造良好舆论氛围。发放各种学习资料近 5 000本，供全院党员学习。在院网和院党建网开设“两学一做”专栏，促进基层党组织学习和交流。编辑出版“两学一做”学习教育简报十余期，及时传达有关精神，大力宣传好的做法和经验。积极探索“互联网+党建”，建立“农科先锋”微信公众号，推广使用支部工作 APP，提升了学习教育的广泛性和参与性。

通过开展“两学一做”学习教育，我院党员干部的理想信念进一步坚定，“四个意识”进一步增强；全面从严治党进一步加强，风清气正的良好政治生态进一步彰显；干事创业、争创一流的精气神进一步提振，科技创新进一步深化。5 月 26 日，农业部专项检查组到我院调研指导“两学一做”工作情况，对我院学习教育工作予以充分肯定。中共中央“两学一做”学习教育网专门报道了我院后勤物业管理中心党支部开展学习教育的经验做法。但是，通过前一段时间的督导调研和今天的座谈交流，我们也要清醒地看到，我院学习教育工作与中央以及部党组的要求还有一定的差距，还存在一些不容忽视的问题：一是有的单位学习效果还不够好，在领会党章党规和系列讲话的实质上还没有下足工夫，讲党课还有流于形式的，党课质量也还不够高；二是有的党员科研骨干学习任务还有欠账，集中学习时请假的还比较多，有的科研骨干还多次请假；三是在推动做合格党员方面，有的单位一般号召多，提出要求不够明确，创新做法形式少，有的单位开展“两学一做”和不开展差不多，对党员的要求和一般职工差不多；四是有的单位开展“两学一做”没有突出巡视整改任务，没有与落实巡视整改要求同步推进；五是有的单位与科研中心工作、业务工作结合得还不够紧密，有的单位开展“两学一做”学习教育成了书记的工程，所长没有及时行动或着力推进，学习教育和中心工作不能有效结合。我们必须高度重视存在的问题和隐患，各个单位都要对学习教育开展“回头看”，今天参加座谈的单位要带头开展“回头看”。

二、扎实推进“两学一做”学习教育深入开展

7 月 24 日和 30 日，中共中央先后召开了部分省区“两学一做”学习教育工作座谈会和部分地区和部门“两学一做”学习教育工作座谈会，刘云山同志出席并作重要讲话，强调要认真贯彻习近平总书记重要指示精神，落实全面从严治党要求，筑牢思想根基、聚焦突出问题，确保取得实效。9 月 2—3 日，刘云山在黑龙江调研时进一步强调，要深入学习贯彻习近平总书记系列重要讲话精神，深入推进“两学一做”学习教育，

落实管党治党责任，加强基层基础工作。9月19日，韩长赋部长主持召开农业部党建工作领导小组会议，明确要求认真学习贯彻习近平总书记“七一”重要讲话精神，结合自身实际，突出问题导向，采取切实措施，把“两学一做”学习教育不断引向深入。我们要不折不扣地落实好中央以及部党组的新精神新要求。下面，我提6点要求。

第一，要把“两学”贯穿始终。学党章党规、学系列讲话既是中央的基本要求，也是加强党的建设、全面从严治党的迫切需要。目前，各单位全部在前两个专题集中学习讨论的基础上，正在进行第三个专题的集中学习讨论，之后将开展第四个专题的集中学习讨论。这4个专题不是割裂的，要结合起来组织开展。

学党章党规、学系列讲话关键还是要按照习近平总书记“七一”重要讲话提出的“不忘初心、继续前进”的要求，真正通过学习提升修养，形成推动实际工作的强大动力。在这个过程中，还要深入学习国史党史、“三农”政策、科技政策，与做好科技创新工作密切结合起来，拓展学习的广度深度。要按照贯彻落实全国科技创新大会精神的要求，深入学习近期出台的包括加强科研经费使用管理的一系列政策，教育引导党员干部把各方面的标准、要求理解透彻，真正做到放开手脚，大胆工作，抓住发展机遇。党委中心组要发挥引领学习的作用，基层党支部要发挥组织学习的基础作用，领导干部要发挥带头学习的作用，抓好“两学”落实。

第二，要坚持问题导向，重点解决好巡视反映的问题和新的突出问题，把整改贯穿始终。关于巡视整改工作，各个单位都要对照巡视整改方案，进行逐项清理。对于整改还不够扎实、落实还不够到位的要一一列出清单。党的领导方面，要采取切实措施落实院党组新修订的《研究所党委工作规则》，形成工作机制，从严从实落实好“三重一大”决策制度、服务“三农”的责任使命以及上级党组织的决议要求。党的建设方面，首先要解决好组织换届问题。目前，相关党委的换届工作均已启动，2016年年底前基本上都能完成。党委下属的基层党组织要确保按时换届，配强支部书记、配齐支部委员，提倡鼓励基层支部书记和研究室主任、团队首席“一肩挑”，增强党的工作权威性。要确保党员主动按时足额交纳党费，用好《党费手册》，做好党费收缴记录。要坚持执行好“三会一课”制度，确保有记录、有档案、有考勤、有创新。要加强党务工作部门力量，岗位人员设置要进一步明确，党务工作者能力素质要进一步提升。全面从严治党方面，领导班子成员要切实履行“一岗双责”，院党组制定了《院党组成员落实“一岗双责”的若干规定》，各个单位要参照执行，落实到位。要健全完善各单位纪检机构，明确力量配备和工作人员。要持续开展科研经费使用管理专项治理行动，财务部门要发挥牵头作用，落实好中共中央新政策新要求。对于巡视反馈的信访件要按照时间要求，保质保量做好核实工作。同时，要把群众反映突出的、社会高度关注的、影响发展的新问题作为解决的重点。比如畜牧所的问题，要反思质检机构的管理问题和研究生的思想教育问题。中央巡视虽然结束了，但离打造“永久的巡视组”的要求还有差距，我们加强管理的弦不能松，全面从严治党的弦不能松。巡视对于我们是一次教育，是一个起步。巡视过后，各个单位有了新的发展，出现了一些新的问题，我们要主动聚焦。

党的工作没有季节性，要始终绷紧营造良好政治生态这根弦。我们一定要有危机意识，确保事关院所发展稳定和职工群众自身利益的问题及时得到有效解决，提振干事创业精气神，为跨越式发展提供思想和组织保证。

第三，要对照党章要求，把做合格党员作为长期目标贯穿始终，为建立长效机制打牢基础。中央明确指出，“两学一做”关键在做。我们要严格落实中央要求，始终把党的思想建设放在首位，以尊崇党章、遵守党规为基本要求，以用习近平总书记系列重要讲话精神武装头脑为根本任务，自觉按照合格党员的标准规范言行，进一步坚定理想信念、牢固树立党的意识和党员意识、强化宗旨意识，为推动“十三五”农业科技事业发展提供坚强的思想、组织和作风保证。

要引导全院党员振奋精神、昂扬斗志，为实现“两个一百年”奋斗目标多做贡献，特别是为实现我院 2020 年基本建成世界一流科研院所的目标多做贡献。要引导全院党员对标需求、找准方向，把个人的岗位工作与落实本单位本部门的中心工作结合起来，在科技创新实践中做“四讲四有”合格党员。

合格党员的标准是统一的，但是对于不同岗位的党员，做合格党员的具体要求是不同的。后勤物业管理中心在重点岗位设立党员先锋岗、重点区域设立党员责任区、重点部门设立党员服务窗口，哈尔滨兽医所为全体党员设立先锋岗桌牌，亮出党员身份和服务承诺，深入开展“结对子”活动，这些经验都值得推广和借鉴。各单位一定要努力创新形式，采取切实有效的措施，引导、推动、约束党员争做合格党员。

第四，要密切结合中国农业科学院的实际，创新活动形式和方法。要围绕“两学一做”学习教育总的要求，在推动解决党内生活、党员教育管理等工作的重点难点问题上探索创新符合科技创新工作需要和院所发展实际的途径载体，找准对策、丰富内容、提升效果。

要以严格党内生活为切入点，把“抓在日常、严在经常”的要求落到实处。要建立支部党建工作台账，用好支部工作手册和党员党费手册。要针对支部党员干部的需求和支部建设发展的需要，创新活动形式，比如可以鼓励科研支部与科研协作单位或部门共建，丰富生活内容，调动党员参加党内生活的积极性。党内生活如果总是老生常谈，不够喜闻乐见，那就很难保持生机活力，就没有吸引力。要充分运用信息网络平台，大力探索“互联网+党建”，体现党建工作的时代性，提升党内生活的实际效果。总之，就是要让每一名党员积极主动地参加党内生活，认真学起来、扎实做起来。

第五，要坚持领导干部带头，所长书记率先垂范。不管是“学”，还是“做”，党员领导干部一定要把自己摆进去，以身作则、以上率下。所长书记要切实发挥示范带头作用，扛起组织领导的主体责任，带头坚定理想信念，带头严守政治纪律和政治规矩，带头参加研讨，谈体会、讲党课，带头参加组织生活会，开展批评和自我批评，民主评议党员，带头立足岗位作贡献，履好职、尽好责。要坚持做到既能扎实组织好“两学一做”学习教育的每一项工作，确保上级部署落实到位；更能大胆创新、勇于探索，攻坚克难、敢于担当，出思路、想办法，确保取得实效。要层层示范带动，通过上级带下级、班长带队伍，形成上行下效、整体联动的局面。

第六，要严格按照“两学一做”方案，扎实抓好落实，防止前紧后松、上紧下松。这次“两学一做”学习教育，重点是普通党员这个“最大多数”，发挥党支部的主体作用是重中之重。要充分发挥基层党组织的阵地作用，充分发挥领导干部的示范带头作用，充分发挥先进党支部的带动引领作用，强化党支部在学习教育中的主体作用。

要按照“两学一做”方案要求，把各项学习教育工作抓实、抓好。组织好第四专题集中学习研讨。以“两学一做”为主题开好领导班子专题民主生活会和党支部专题组织生活会，做好民主评议党员工作。党员领导干部要严格执行双重组织生活等党内生活各项制度，带头参加组织生活会和民主评议。要进一步加强对学习教育工作的督促指导，要与党的其他工作结合起来，在 2016 年年底前开展一次督导。要把学习教育同中心工作结合起来，同落实年度重点任务结合起来，确保取得实实在在的成效。

同志们，当前是我院深入推进实施科技创新工程、建设世界一流科研院所的重要时期，我们要把“两学一做”学习教育引向深入，进一步营造良好的政治生态，充分调动全院党员的积极性。各级党组织要始终坚持围绕中心、服务大局的根本要求，以高度的政治责任心、良好的精神状态扎扎实实地组织开展好“两学一做”学习教育，牢固树立“创新科技、服务‘三农’”的发展理念，聚焦全局性、战略性和区域性农业重大科技问题，为促进我国农业科技创新和支撑“三农”发展做出新的更大的贡献。

陈萌山同志在中国农业科学院“亮明党员身份 彰显榜样力量”主题座谈会上的讲话

2016 年 6 月 13 日

同志们：

在全院窗口服务岗位开展“亮明党员身份　彰显榜样力量”活动，是深化“两学一做”学习教育的一个举措，也是检验“两学一做”学习教育成效的具体形式。刚才，后勤服务中心和农业信息研究所的两个窗口党员服务岗所在的党支部书记作了发言，2位党员代表宣读了服务承诺书，他们都讲得很好，值得肯定和借鉴。会前，我们参观了这两个窗口党员服务岗的工作情况，看了以后很受感动，也很受教育。后勤服务中心的综合服务大厅，每天平均接待职工群众约 300 人（次），面对每位职工群众，岗位职工们都微笑接待，认真办理，有的党员服务岗还上门服务，事情很小，但对老百姓来说都是大事，这些工作都凝聚着工作人员的辛勤汗水。农业信息研究所文献信息服务部是国家农业图书馆的服务窗口，面向全院乃至全国农业科技、教育、管理及相关领域的广大用户，提供多层次的高效便捷的农业科技文献信息服务，工作人员热情接待，以高度负责的态度办理好每项服务工作，得到广大用户的认可。

全院窗口服务岗的单位还有很多，比如接待职工处理财务报销业务的院所机关会计处，接待群众来信来访的秘书处、综合处，为政府及社会各界提供服务的各所检验检测中心，为学生提供服务的研究生院学生工作处，为老干部、老同志提供服务的离退休办公室，为农民群众提供服务的科研基地，等等，都是直接面向不同服务对象的窗口岗位。窗口行业与老百姓的利益关联密切，是中国农业科学院的“脸面”，其形象和水平直接体现了农科院的文明程度，反映了农科院的发展状况。很多时候、很多情况下，外来人员对农科院的第一印象，基层群众对农科院的认同拥护，都是从窗口行业开始的。每一个窗口服务人员都是文明使者，都是农科院的缩影，一言一行代表着院里的形象，传递着院里的信息。大家都有这样的体会，一个灿烂的笑容、一句真诚的问候、一次热情的帮助、一次称心的服务、一个坚定的承诺，都能给人带来幸福感、满足感，带来信任和信心。如果我们每一个窗口行业都能用心服务、优质服务，无疑就能成为全院面向科技人员和干部职工、面向社会的最美的表情、最有力量的行动。

长期以来，院属各单位、院机关各部门的窗口服务岗积极改进作风、提高服务质量，广大职工群众总的评价是好的，但通过“两学一做”学习教育，我们的工作离职工群众满意还存在着较大的差距和不足，有的窗口服务岗目前仍是职工群众期待比较集中的地方，意见较多。因此，我院的“两学一做”学习教育与加强服务窗口建设、推进服务能力提升相结合，把学习成效与党员先锋模范作用落实到服务中，塑造为民、务实、清廉、高效的窗口形象，这是一件非常有意义的事情。这也是为什么在全院“两学一做”学习教育中开展窗口服务岗党员亮身份活动的目的。

习近平总书记强调，“两学一做”学习教育，基础在学，关键在做。要突出问题导向，学要带着问题学，做要针对问题改，把合格的标尺立起来，把做人做事的底线画出来，把党员的先锋形象树起来，用行动体现信仰信念的力量。窗口服务岗联系群众最紧密，服务群众最直接，每位党员的态度、作风、服务质量好坏，直接影响职工群众对全院各级党组织的评价与信任。在窗口服务岗位亮明党员身份，做一名合格党员至关重要。亮明党员身份，就是用为民服务的行动来诠释党的形象，把爱党、为党、兴党体现在日常工作的方方面面。亮明党员身份，就是在严以修身上作表率，敢于叫响“向我看齐”，为职工群众树立坚持原则、锤炼品格、干净担当的形象。亮明党员身份，就是用行动来证明、用实绩来说话、用素质来保证，践行合格党员，于细微深处见精神。

对全院服务窗口有何要求，有 4 点要求。一是服务意识要明显增强。开展主题活动，要让“为民服务”成为窗口服务岗位基层党组织和党员的核心价值观。要充分认识为民服务、提供优质服务是窗口服务岗的主要职责和义务，真正做到在思想上尊重服务对象，在感情上贴近服务对象，切实改变重管理轻服务的倾向，使为民服务成为自觉的行动。二是服务作风要明显改进。要在改进服务作风上下工夫，具体就是要阳光服务、微笑服务、规范服务、廉洁服务，不能门难进、脸难看、事难办。三是服务效能要明显提高。窗口服务岗要按照便民利民惠民的要求，公开服务标准，创新服务方式，优化服务流程，健全服务体系，为服务对象提供优质便捷高效的服务。四是服务能力要明显提升。要主动适应职工群众对提高服务水平的新要求，对党员加强党性教育和职业道德教育，加大政策法规、业务知识和岗位技能培训力度，提高职业道德水平和业务服务能力，通过窗口服务岗带动本单位服务能力、水平的全面提升。

这项活动搞得好不好，关键看群众有没有得实惠，关键看群众满意不满意。院属各单位、院机关各部门要出实招、办实事、求实效，让职工群众切身感受到窗口服务岗位“亮明党员身份”带来的新变化。一要深入听取职工群众意见。首先要知道职工群众想什么，盼什么，希望我们做什么。要建立健全听取意见的机制，为科研提供服务的窗口岗位要组织党员到基层单位、到科技工作者中去，为农民提供服务的窗口岗位要组织党员到田间地头、到农民兄弟家中，面对面听取意见，了解服务对象最需要的是什么、最不满意的是什么，增强服务的针对性、实效性。院机关和党员领导干部要带头下基层，联系基层、联系群众，听取意见建议，引导党员干部在服务职工群众中增强党性、改进作风、提高能力。二要切实解决职工群众反映强烈的突出问题。各个窗口服务岗要根据职工群众提出的意见，找准着力点，从职工群众最需要的地方做起，从职工群众最不满意的地方改起，切实解决他们最关心最直接最现实的问题。三要请职工群众评议。党员合不合格，服务好不好，要让职工群众说了算。每个窗口服务岗要坚持以职工群众满意为第一标准，建立健全服务对象与职工群众满意度测评机制，主动接受职工群众的评价和监督，不断改进服务的态度，提高服务质量。

“两学一做”学习教育要经常化、普及化、基层化，也要有好的载体和抓手。各个研究所、直属单位都要有创新，抓好落实。我院不少研究所长期以来设立党员责任区、党员服务窗口、党员先锋岗等，开展“亮标准、亮身份、亮承诺”“比技能、比作风、比业绩”，有的党支部与服务对象开展支部共建等做法，实践证明是行之有效的。院属各单位、院机关各部门要提高思想认识，增强主动意识，切实加强领导和指导，采取有效可行的措施，努力提升窗口服务岗位在职工群众中的满意度和认可度。要加大宣传力度，营造良好舆论氛围，及时发现和推广活动的好经验好做法和先进典型，使“亮明党员身份 彰显榜样力量”活动在全院窗口服务岗位蔚然成风气。

同志们，我们要扎实推进“两学一做”学习教育，以高度的责任感、良好的精神状态和扎实的工作作风、推进农业科技创新，为实现院所战略目标和跨越式发展提供坚强有力的政治保证。

谢谢大家！

陈萌山同志在中央统战工作领导小组第十调研检查组座谈会上的讲话

2016年8月29日

今天，中央统战工作领导小组第十调研检查组来我院指导工作。首先，我代表中国农业科学院党组对各位领导和同志们的莅临指导表示热烈的欢迎！下面，我就全院基本情况以及统战工作情况向调研检查组作汇报。

一、我院基本情况

中国农业科学院成立于1957年，是农业部直属综合性农业科研机构，担负着全国农业科技重大基础与应用基础研究、应用研究和高新技术研究任务，致力于解决全国农业及农村经济发展中基础性、方向性、全局性、关键性的重大科技问题。

机构设置。全院现有10个职能部门、1个研究生院、1个出版社和34个直属研究所，其中14个所设在北京市，20个所分布在全国16个省（区、市）。

学科体系。全院依据学科领域及其研究方向，形成作物、园艺、畜牧、兽医、资源与环境、工程与机械、质量安全与加工、信息与经济8个学科集群、130多个学科领域、300多个研究方向。研究范围涵盖种质资源创新、新品种培育、病虫害防控、种养殖技术、农业机械、产后加工到农业质量安全、资源环境、产业经济政策、信息管理等。

人才队伍。全院现有从业人员10 401人。其中，编内人员7 117人，合同聘用、劳务派遣等编外人员3 284人，另有离退休人员6 076人。我院坚持“以人为本、人才兴院”的方针，大力加强人才队伍建设，会聚和培养造就了一批国内外一流的农业科学家，现有“两院”院士13人，享受政府特贴专家125人，国家级有突出贡献的中青年专家21人，“千人计划”“国家特支计划”“百千万人才工程”“创新人才推进计划”等国家级专家300余人。专业技术人员中，具有高级职称2 696人，占47%（正高级职称1 061人、占18.5%，副高级职称1 635人、占28.5%）；具有博士学位人员2 052人，占37.3%；40岁及以下人员2 770人，占50.4%。博士后流动站10个，在站博士后400名。中国农业科学院研究生院是我国首批博士学位与硕士学位授予单位之一。现有10个博士一级学科、53个二级学科；13个硕士一级学科，65个二级学科，有导师队伍1 691人，其中博导592人，在校研究生4 400余人，其中全日制研究生3 000余人，

2002 年以来（除 2013 年外）连续以农学门类第一名荣膺“全国一流研究生院”。

科研条件。全院拥有国家生物安全科学中心、畜禽改良中心、农业图书馆等一批重大科技基础设施，其中国家农作物种质资源长期库保存作物品种资源 47 万份，居世界第二位，国家农业图书馆，馆藏亚洲第一、世界第三。拥有多个国家、省部级重点实验室和野外台站，各类科研及辅助用房 24.3 万平方米，改造各类科研用房 4.5 万平方米。全院试验基地总数 103 个、总规模 9.46 万亩，覆盖 27 个省（市、区），涵盖 29 个院属研究所，6 个研究所基地进入国家农业科技创新与集成示范基地建设序列。在新疆、海南、新乡、张掖等地拥有一批综合基地，近年来其设施条件得到大幅提升。

“十二五”主要成绩。“十二五”期间，我院的科技创新工作得到了中央领导和上级主管部门的高度重视和关注，国务院副总理刘延东、汪洋亲临我院考察工作，农业部韩长赋部长每年都要到我院视察指导工作，这充分体现了党和国家对农业与农业科技的高度重视。“十二五”是我院创新突破、跨越发展的 5 年，中国农业科学院提出“建设世界一流农业科研院所”的战略目标，启动实施科技创新工程，突出体制机制创新，调整优化科研力量，全面提升农业科技创新能力和效率，重大科研成果不断涌现，体现了国家队的主体地位和引领作用。5 年共获国家科技奖励成果 31 项，实现了国家三大奖全覆盖；发表 SCI 论文接近 8 000篇，是“十一五”时期的 3 倍多；在《自然》《科学》等国际顶尖学术刊物上发表论文 30 篇，是“十一五”的 3 倍多；授权专利 3 700 余项，是“十一五”的 5.4 倍；审定农作物品种 470 余个，比“十一五”增加了 31%。原始创新能力加快提升，揭示了禽流感等重大动物疫病感染传播机制，牵头完成了棉花、黄瓜、油菜等 6 种重要农作物全基因组测序与遗传图谱构建，解析了水稻产量与抗病性、小麦多倍化形成、猪产肉性状等相关机理，取得了多项领跑国际的原创性科学发现，产生了重大国际学术影响。支撑产业升级成果丰硕，育成中嘉早 17 水稻、中黄 13 大豆、中双 9 号油菜、中棉所 49 棉花、中甘 21 甘蓝、中油桃 4 号油桃等新品种，推广面积多年稳居全国前 5 位；培育出具有国际领先水平的高山美利奴细毛羊新品种、北京鸭配套系、中蜜 1 号配套系和试验用小型猪近交系种群，打破国外畜禽品种垄断格局，取得了令人瞩目的成绩和发展。这些成绩来之不易，全院广大干部职工付出了艰辛努力，其中也包含了我院广大党外知识分子，各民主党派基层组织、侨联组织的辛勤劳动和努力付出。

二、我院统战对象基本情况

我院会聚了一批具有科技专业优势、德才兼备的民主党派和无党派专家学者，党外知识分子占全院职工总数近 50.7%，其中重点统战对象 610 人，具有对象集中、基层组织多、层次高等特点。

（一）民主党派

我院除无台盟盟员，其他 7 个（民革、民盟、民建、民进、农工、致公、九三）民主党派成员共 514 人（京区 221 人、京外 293 人）。全院民主党派成员中具有大学以上学历 486 人（94%），具有高级职称 470 人（91.4%），担任处级以上领导职务 113 人（22%），担任各级人大代表的 4 人，担任各级政协委员的 22 人，院士 2 人（庄巧生、万建民）。

（二）无党派人士

全院在职无党派人士 96 人（京区 40 人、京外 56 人）。100%具有大学以上学历，具有高级职称 95 人（99%），担任处级以上领导职务 26 人（27%），其中担任各级人大代表的 1 人，各级政协委员 4 人，院士 2 人（张子仪、郭予元）。

（三）侨联和归国留学人员

我院侨联组织隶属于农业部侨联，现有归侨和侨眷近 90 人，以老侨居多，新侨较少，90%多的侨联成员都是离退休人员。

按照中国留学人员联谊会（欧美留学会）对归国留学人员的认定标准，全院在职归国留学人员共计 678 人（京区 443 人，京外 235 人），100%具有大学以上学历，具有高级职称 457 人（67%），担任处级以上领导职务 139 人（20.5%）。

我院各民主党派、侨联和党外人士们积极发挥自身优势，“十二五”期间在本职岗位上为农业科技创新和农业农村经济发展作出了积极贡献，取得累累硕果。无党派代表人士林而达先生现任北京市政府参事，曾任第十一届全国政协常委，他不仅在科研岗位取得很优秀成绩，还积极主动为国家经济、社会发展建言献策、参政议政，得到全国政协、中央统战部、北京市政府的积极采纳和高度认可（全国政协办公厅有关领导和中央统战部陈喜庆副部长还多次来我院看望慰问林而达先生）；民革中国农业科学院支部主委贺超兴同志多年来致力于用农业科技支持指导有关部队农业基地建设，荣获“全国爱国拥军模范”；民盟盟员彭于发同志是国家“973”首席，并连续三届当选为全国政协委员；九三学社的万建民同志当选为中国工程院院士，他和王强两位同志分别获国家技术发明奖二等奖，辛晓平同志荣获“全国三八红旗手”荣誉称号；农工党党员曹卫东同志的家庭被评为中央国家机关干部职工家庭建设好经验“最佳经验奖”和首都“最美家庭”称号，侯水生同志荣获国家科技进步二等奖；致公党党员崔海信同志成为国家在纳米农业领域部署项目第一个“973”项目首席；侨联的张瑞霞同志被评为全国侨联先进工作者等。我院各民主党派基层组织充分发挥建言献策、参政议政、民主监督作用，受到上级组织表彰，其中民盟中国农业科学院委员会获得民盟中央“基层组织建设先进集体”等 3 项荣誉称号；九三学社农科院委员会被九三学社北京市委授予“先进集体”荣誉称号等。

三、加强党对统战工作的领导，确保党的各项统战政策落到实处

十八大以来，以习近平同志为总书记的党中央把统一战线摆到人心向背、力量对比的政治高度进行全面谋划，作出一系列重大决策部署，特别是召开中央统战工作会议、颁布《中国共产党统一战线工作条例（试行）》，成为统一战线历史上的重要里程碑。中国农业科学院党组深入贯彻落实党中央关于统一战线的一系列重大决策部署，吃透中央精神，把握核心要义，紧紧围绕协调推进“四个全面”战略布局、树立和贯彻五大发展理念，紧紧围绕科技创新、服务“三农”，不断开创统一战线发展新局面，为农业科技创新和“三农”事业发展提供最广泛的力量支持。

一是切实加强对统战工作的领导。院党组高度重视统一战线工作，建立了以院党组统一领导，院直属机关党委牵头协调，有关部门和研究所党委各负其责、共同配合、相互参与的大统战格局。把统战工作纳入全院党的建设工作要点，同安排、同部署。为贯彻落实中央统战工作会议和《中国共产党统一战线工作条例（试行）》文件精神，院党组迅速组织召开了专题学习会，并对贯彻落实工作做了全面部署。要求院直属各级党组织原原本本、扎扎实实学习，真正领会精神实质，通过举办座谈会、培训班等方式，组织本单位党务干部和党外人士认真学习会议和《中国共产党统一战线工作条例（试行）》精神，把思想认识统一到中央精神上来。研究制定了《中共中国农业科学院党组关于进一步加强新时期统一战线工作的意见》，对全院各级党组织加强和规范统一战线工作、建立健全各项制度提出了明确要求。

二是加强调查研究，坚持工作通报和征求意见制度。院党组在全院范围内组织开展了统一战线情况摸底调研，形成《中国农业科学院统一战线对象和留学人员情况调研报告》，为全面掌握我院统一战线基本情况奠定扎实基础。院党组长期坚持、定期召开同民主党派基层组织负责人和无党派代表人士座谈会，向他们通报全院改革发展情况，听取他们的意见建议。在开展学习实践科学发展观、党的群众路线教育实践活动、“三严三实”专题教育、“两学一做”学习教育等重大政治活动期间，分别召开我院全国政协委员、各民主党派负责人和无党派人士代表座谈会；在每年党员领导干部民主生活会前和新年伊始，院党组都专门召开各民主党派负责同志和党外代表人士参加的座谈会，通报情况，听取意见，会后认真研究，积极吸纳，做好相关意见的反馈工作。

三是建立健全院党组成员联系统战对象制度。每位党组成员分别联系 2 名党外代表人士，党组主要负责同志带头真心实意与他们交朋友，不定期邀请党外人士进行谈心，遇党内开展重大活动及春节等重大节日时，及时上门走访听取他们的意见和建议。我院已将联系统战对象制度作为院党组成员落实“一岗双责”的重要内容；同时要求院属

各单位党组织也要建立党员领导班子成员联系统战对象制度，这项工作也已列入党建工作年度要点，成为研究所党建工作年度考核的“必须项”。

四、注重围绕中心，支持民主党派基层组织和党外人士加强组织、思想建设

院党组坚定不移贯彻“长期共存、互相监督、肝胆相照、荣辱与共”的方针，加强同民主党派合作共事，支持民主党派更好履行参政议政、民主监督职能，引导党外人士自觉学习中国特色社会主义理论，树立中国特色社会主义共同理想。

一是支持民主党派、侨联加强组织建设。定期听取民主党派、侨联组织主要负责同志的工作汇报，帮助民主党派和侨联组织搞好领导班子建设，支持各民主党派基层组织做好成立、换届工作，支持各民主党派按照各自章程做好发展工作，不断补充新鲜血液，保持各民主党派的活力。2015 年，协助民盟中国农业科学院委员会，依托新乡国家矮败小麦育种技术创新中心和农业部新乡矮败小麦野外重点科学观测站，建立民盟中国农业科学院委员会新乡工作站；协助成立了民建中国农业科学院支部，邀请民建中央常委李世杰出席成立大会并讲话。

二是注重党外人士的思想建设。积极推荐党外人士参加有关研讨班，帮助他们不断提高政治素质。近年来，推荐 3 名同志参加中央统战部党外知识分子信息联络员培训班，推荐无党派人士张春义、姚斌 2 名同志参加全国无党派人士理论研讨班，有计划有组织地通过各种途径对党外人士进行培训。

三是主动服务、提供支持。我院每年都有统战专项经费支持民主党派、侨联组织开展各种活动，并在场地设施、交通工具等各方面做好服务工作。今年海淀区政协来我院开展关于农业科技转化的调研活动，民盟北京市委在我院召开中央在京单位组织发展工作座谈会，我们都主动配合做好各项服务工作，确保会议和活动的顺利进行；积极推荐各民主党派成员和党外人士参加全国侨联、中央国家机关和农业部组织的科技扶贫、科技咨询等工作，前不久，为响应中央“精准扶贫”战略，配合中央统战部六局积极组织我院有关专家赴贵州开展农技指导；协助民盟中国农业科学院委员会与平谷区农业局对接，搭建科技惠农的平台。

五、重视党外代表人士的培养和选拔，努力造就一支政治过硬、业务精通、作风优良的党外干部队伍

习近平总书记强调，培养使用党外代表人士，是我们党的一贯政策。党外代表人士工作的重点是科学使用、发挥作用，关键是加强培养、提高素质。院党组对党外干部与党员干部一视同仁地教育和培养，一样给任务、一样压担子、一样严格要求、一样提供进步机会，为大家发挥聪明才智创造条件。

一是不断完善党外人士信息库。开展了我院无党派人士身份界定工作，对院属京区40名无党派人士进行界定和备案，并建立健全无党派人士信息库，实行动态管理；定期开展民主党派、侨联基层组织的情况备案，为进一步加强党外干部培养提供基本保证。

二是不拘一格选拔任用党外干部。院党组既遵循干部工作的一般规律，又充分考虑党外干部的特殊性，拓宽选拔渠道，改进和完善选拔作用机制。通过学习培训、挂职锻炼，加强教育等措施方式，使更多的党外干部提高综合素质，脱颖而出。截至2015年年底，全院17个研究所领导班子中有党外所局级领导干部21人，2015年院领导班子中也充实了1位党外领导干部，在院所发展中发挥了积极作用。

三是协助做好党外干部的考察和推荐工作。近年来，协助中央、北京市和海淀区做好多名党外干部的考察和推荐，有全国、北京市、海淀区的人大代表、政协委员，有民主党派各级委员，这些考察和推荐工作也进一步拓宽了我院党外干部参政议政的渠道，为他们更好地发挥作用搭建更广阔的平台。其中，1名党外人士曾担任十一届全国政协常委（林而达）；4名党外人士担任十二届全国政协委员（万建民、彭于发、陈化兰、刘凤之）；1名党外人士担任北京市第十二届政协常委（万建民）；1名党外人士担任十二届北京市政协委员（诸叶平）；3名党外人士担任海淀区政协委员（于贤昌、曹卫东、王文生）。

六、充分发挥党外知识分子在我院科技创新工程和现代院所建设中的作用

党外知识分子工作，是统一战线的基础性、战略性工作。我院的党外知识分子人才荟萃、智力密集，可以说是农业科研领域的一个大智库。为了发挥好这个智库作用，院党组注重从政治上、工作上、生活上关注党外知识分子的全面发展，努力地把他们培养成农业科技创新的中坚力量，推动院所的科学发展。

一是搭建平台、大力培养。院党组积极探索人才工作新机制，在全院大力实施的顶天立地“双轮驱动”战略中，注重加强党外知识分子和留学归国人员的工作，2013启动的“青年英才计划”，旨在吸引一批40岁以下具有国际视野和高水平的青年学科带头人，进一步提高中国农业科学院科技创新工程科研团队的创新能力、国际竞争能力和学术引领能力。通过网上发布公告、利用国际合作、访问交流等多种渠道和机会，广泛宣传“青年英才计划”和我院人才需求，认真物色海内外优秀青年人才。目前在22个研究所的158位“青年英才计划”人才中，党外知识分子47人，占总数的30%。今年又启动实施了“科研英才培育工程”，加大自有优秀青年人才培养力度，目前在全院首批遴选产生的24名院级入选者中，党外知识分子6人，占总数的25%。

二是创造条件、营造环境。为促进引进人才，特别是留学归国人员尽快融入新的工作环境，院所两级密切配合，积极创造有利条件，配套制定了一系列专门支持引进人才

的扶持政策，及时落实科研启动费、岗位补助、职称、博导资格等条件待遇，协调解决落户、出入境、子女入托上学、配偶就业等问题，帮助海外人才尽快熟悉适应国内科研环境，解决他们工作和生活中的后顾之忧，营造有利于人才科研创新的工作环境。在院、所两级强有力的支持下，绝大部分引进人才中的留学归国人员在较短时间内明确了研究方向，初步组建起科研团队，表现出较大的发展潜力，各方面工作呈现出较好的发展势头。

三是同心集智、同向同行。院党组注重选拔任用党外知识分子中的科研骨干和中坚力量，做到思想上关心，工作上帮助，政治上培养，充分发挥他们在农业科技领域的模范领军作用。在我院的科技创新工程中，创新团队的党外首席103人，占32.7%。在他们当中，涌现出一批优秀的党外代表人士，他们胸怀报国为民的理想追求，发扬不懈创新的科学精神，秉持淡泊名利的品德风范，聚焦国家战略需求，勇攀科技高峰，创造了光辉瞩目的成就，为提高我国农业科技自主创新能力、推动“三农”问题的解决做出了重要贡献。比如，无党派人士、生物技术研究所的首席专家郭三堆研究员多年来，在所从事的分子生物学研究和基因工程技术研究领域，在抗虫棉研究中取得重大成果。首次在国内合成杀虫蛋白基因，培育成功双价基因抗虫棉、三系杂交抗虫棉，为国产抗虫棉占领90%以上国内市场奠定了基础。郭三堆研究员先后被评为全国优秀科技工作者、全国五一劳动奖章、全国先进工作者和“中国种业十大功勋人物”等多项荣誉称号。又如，九三学社社员、哈尔滨兽医研究所的首席专家陈化兰研究员带领团队在禽流感病毒进化、跨种感染、致病力及哺乳动物间传播的分子机制方面取得重要发现，深化了对动物流感病毒的认知，研制的系列禽流感疫苗在国内外累计推广应用1 000多亿份，为制服肆虐全国的禽流感恶魔，做出了突出成绩，她先后获得获中国青年五四奖章、全国五一劳动奖章、新中国成立60周年“三农”模范人物荣誉称号和2016年度世界杰出女科学家奖等多个奖项。我院各民主党派、侨联组织带领和团结各自的成员，优秀党外代表人士影响和带动一批批中青年科学家，用坚持不懈迎难而上的工作态度，勇于创新精益求精的工作精神，建功立业，为推动现代院所建设提供不竭精神动力和智力支撑，作出了积极贡献。

七、鼓励支持党外人士在建言献策、参政议政、民主监督中发挥作用

院党组坚持和完善中国共产党领导的多党合作和政治协商制度，其着力点在发挥好民主党派和无党派人士的积极作用。

一是进一步拓展建言献策渠道。为了充分调动和发挥党外知识分子优势，使参政议政工作上新台阶，我院积极组织全院各民主党派、侨联和党外人士参加上级统战部门、政协机关组织的建言献策活动。九三学社蒋卫杰研究员在“我为应对国际金融危机影响献一策”活动中撰写的《建议采取积极措施，防止奶农“杀牛”》得到时任全国政

协主席贾庆林、时任国务院副总理李克强、时任全国政协副主席王刚同志的批示；九三学社逄焕成研究员撰写的《应对我国北方冬小麦特大旱灾的技术对策》得到时任国务院副总理回良玉同志的批示。2015 年，农工党农科院支部的 3 份建言文稿被全国政协和农工党中央采纳。今年，我院广泛动员党外人士参加中央国家机关工委主办的“智库论坛”活动，推荐报送了民盟盟员、质标所王静研究员和无党派人士、信息所李哲敏研究员的建言文章。

二是积极搭建参政议政的平台。认真协助农业部党组和上级统战部门推荐优秀的党外人士参加政协会议和人民代表大会，并为党外人士参政议政提供各种便利条件。认真做好中央统战部党外知识分子信息联络员推荐工作，两年一届，连续 6 年，共有 24 人（次）党外干部以信息联络员身份直接向中央统战部建言献策。每次续聘和增聘工作，直属机关党委拟定建议名单，院党组都要认真审定后再报送中央统战部。我们还不时组织召开信息联络员座谈会，总结好经验，提出新要求。各位信息联络员都能认真履职，积极提交建言信息，这项工作也得到中央统战部六局的认可和肯定，我院连续 3 年被评为“党外知识分子建言献策工作先进单位”。

三是建立完善民主监督机制。支持民主党派基层组织和无党派人士对农业科研经费使用、党员领导干部履行职责、党风廉政建设、院所改革发展以及涉及群众切身利益等方面的工作进行监督，不断完善监督机制、畅通监督渠道、提高监督质量，保证民主监督健康运行。

八、充分发挥自身优势，促进民族地区发展，认真做好对台交流与合作

按照中央有关援疆、援藏工作的有关部署，在农业部党组领导下，我院充分利用自身的优势科技资源、创新平台和科技人才以及民族地区的区位优势和独特的农牧业自然资源，按照优势互补、互惠互利、共同发展的原则，组织专家开展战略研究和协作攻关，实现科技创新、成果孵化等的协同发展，在构建民族地区农牧业特色产业科技创新平台，加强民族地区的农业科技创新，引领区域农业发展中发挥了重要的智力支撑作用。

一是选派优秀干部到西部挂职，推进民族地区科技发展。我院高度重视科技支持新疆、西藏等民族地区的农业发展工作，李家洋院长、陈萌山书记以及有关院领导多次带领专家赴新疆、西藏等地区调研，部署和推进援疆、援藏工作。2010 年至今我院先后选派 10 名干部参加第六批、第七批、第八批援藏工作，选派 11 名干部参加第六批、第七批、第八批援疆工作，选派 2 名干部分赴湖南湘西土家族苗族自治州、宁夏回族自治区挂职。挂职干部在挂职期间，严于律己，勤奋工作，积极搭建桥梁纽带，对促进援疆援藏挂职工作、推进农业科研合作、推动受援单位农业科技工作发挥了重要作用，得到当地政府和群众的高度评价和认可。

为贯彻落实国家“西部大开发”和“一路一带”战略部署，促进民族团结，推动我国西部和中亚现代农业发展，2015 年，我院部署了在新疆建设中国农业科学院西部农业研究中心的重大举措。“十二五”以来，全院与新疆有关研究机构联合承担 60 多项科技项目，经费 6 600多万元；联合建立和完善试验示范基地 36 个；组织科技下乡 3 100多人次；培训基层技术人员和农民 4. 5 万人次，培养“西部之光”访问学者等高级研究和管理人员 600 余人，推广新品种新技术 100 余个，面积 2 000多万亩，创造社会经济效益 15 亿元以上。2010 年与西藏农科院建立了战略合作关系。有 12 个研究所与西藏农科院签署了合作协议，在协同创新、人才培养、成果转化等方面开展了一系列卓有成效的工作，通过实施跨越计划项目，为西藏制定了无公害蔬菜生产技术规程，建立了西藏高原保护地 18 种蔬菜的无公害生产技术规范。与那曲地区共同实施了科技支撑计划“藏北生态屏障区适应气候变化技术示范”专题，为藏北地区生态保护提供了科学依据。

二是联合培养科技人才，增强西部农牧业发展后劲。2013 年，我院与西藏自治区农牧科学院签署《中国农业科学院与西藏自治区农牧科学院共同培养西藏农牧科技人才百人计划（2015—2020 年）》，每年为西藏培养 20 名以上的专业技术人员、科研管理人员和科技支撑人员，同时每年在拉萨市举办一期 50 人的高中级专业技术人员和区县级科技管理人员培训班。2015 年我们依托我院国家级专业技术人员继续教育基地，首次举办西藏农牧科技发展规划能力提升培训班，来自西藏自治区农业科研、推广一线的科技、管理人员 60 余人参加了培训，为西藏农牧业的跨越发展做出了积极贡献。

认真落实好“西部之光”访问学者和少数民族特培任务。2011 年至今，我院承担培养了中组部“西部之光”访问学者 114 人次，人社部少数民族专业技术人才特殊培养 16 人次。积极选派博士服务团，为西部地区提供人才支持和智力服务。我院根据中组部、团中央的统一部署，坚持“按需选派、人岗相宜、重在服务、加强锻炼”原则，近 5 年连续选派 11 名优秀年轻博士分别赴新疆、西藏、甘肃、青海、宁夏、广西等地挂职锻炼。博士服务团为西部带去先进理念、知识和技术，他们在工作中，严格遵守纪律和规矩，以人格的力量，赢得基层干部群众认可和信任，为西部地区和革命老区经济社会发展做出了积极贡献。

三是多渠道、多形式开展两岸农业交流与合作。我院对台农业科技交流工作起步于 20 世纪 90 年代初。20 多年来，我院充分发挥学科多、综合实力强的资源优势，与台湾省农业科技与教育界开展了较为广泛的接触和交流，建立了良好的合作基础。2012 年至今，组团或参与组团的赴台交流团组共计 30 多个，175 人次；接待台湾省来访团组近 20 多个。涉及的专业领域有种质资源、蔬菜种苗、土壤肥料、微生物、农业环境、农产品贸易、农业投资、家畜家禽品种、饲料、农田灌溉、蜜蜂养殖、果树栽培、生物技术等方面。

2011 年，由我院研究生院、台湾中兴大学农业暨自然资源学院、台湾大学生物资源暨农学院三方签署了《联合举办“海峡两岸农业科研与教育研讨会”备忘录》，通过两岸专家的沟通和交流，就农业科技研究领域的前沿学术问题和高等农业人才培养问题进行探讨，互通有无，相互借鉴。“海峡两岸农业科研与教育研讨会”由三方轮流主办，自 2011 年至今已成功举办了 5 届，为两岸专家间的课题研讨、科研交流及教育合作搭建了沟通的桥梁，有效促进了两岸三方科技与教育工作的开展。

“十三五”是我院建成世界一流农业科研院所的关键时期，科技创新、科技支撑任务十分艰巨，统战工作也面临着新的形势和任务。当前及今后一段时期，我院的统战工作要继续全面贯彻落实中央统战工作方针、路线、政策，全面落实《中国共产党统一战线工作条例（试行）》，加强调研，突出重点，开展督查，扎实做好各项工作。紧紧围绕建成世界一流农业科研院所的目标，响应中央统战部的“凝心聚力‘十三五’行动”，凝聚共识、凝聚智慧、凝聚力量，重点做好以下几方面工作。

一是进一步加强和改善各级党组织对统战工作的领导。院党组在抓好院层面的统战工作同时，还要进一步加强对院属各单位党组织统战工作的督促指导。要求他们在认真学习统一战线理论、政策和《中国共产党统一战线工作条例（试行）》精神基础上，对落实统战工作要有部署、有督促、有检查。各级党委领导班子成员要带头学习宣传和贯彻落实党的统一战线理论、方针、政策和法律法规，带头参加统一战线重要活动，带头广交深交党外朋友，紧紧结合农业科研实际，分层次、多渠道、有针对性地做好各类党外人士的工作。要把统一战线工作纳入对党委领导班子和领导干部考核的内容，纳入年底的党建述职评议考核，进一步宣传好经验好做法，通报不作为、慢作为、乱作为的情况，不折不扣地把中央的规定和院党组的要求落到实处。

二是在围绕中心、服务大局中继续发挥统一战线的重要法宝作用。我院统一战线要深入学习贯彻全国“两会”、全国科技创新大会精神，切实把思想和行动统一到党中央对形势的分析判断上来，凝聚到落实党中央决策部署上来。要把坚持和发展中国特色社会主义作为巩固共同思想政治基础的主轴，把组织开展中央统战部“凝心聚力‘十三五’行动”作为统一战线围绕中心、服务大局的品牌抓手，引导统一战线成员紧紧围绕实施“十三五”规划和农业科技创新献计出力，坚定发展信心，履行社会责任，在促进科学民主决策、投身农业农村经济发展、服务“三农”、参与脱贫攻坚等方面发挥积极作用，最大限度地为实现建设世界一流农业科研院所和跨越式发展的战略目标提供支持。

三是加大对各民主党派成员发展的支持力度。根据当前个别民主党派出现成员老龄化的状况，我院各级党组织要根据各民主党派中央商定的发展原则和比例，协助各民主党派加强组织建设，协助把好发展对象的政治关、素质关和业务关，认真负责地配合完成组织发展程序。注重与民主党派后备干部队伍建设相结合，帮助各民主党派吸收政治素质好、层次高、代表性强、有发展潜力的党外知识分子，促进民主党派的自身建设和多党合作事业的健康发展。

四是进一步加强留学归国人员工作。我院是留学归国人员集中的科研院所，根据《中国共产党统一战线工作条例（试行）》，和中央统战会议精神要求，留学人员是人才队伍的重要组成部分，也是统战工作新的着力点。要坚持支持留学、鼓励回国、来去自由、发挥作用的方针，鼓励留学人员回国工作或以多种形式为我国农业科研服务。前不久，我院推荐植保所周雪平所为中央国家机关留学人员联谊会理事，我们也将以此为契机，筹备成立中国农业科学院留学人员联谊会，进一步强化对留学归国人员的组织、思想建设。

五是切实加强统战工作力度。院党组根据前不久中央巡视组的反馈意见，要进一步加强党的建设，增强统战工作力量，拟成立“统战群工处”，作为开展统战工作的专门机构。院属各单位党组织既要有党委委员分工负责统战工作，还要指定专人具体抓统战工作。要进一步加强统战干部培训，通过学术交流会、理论研讨会等形式督促统战干部加强理论研究，或是举办统战干部培训班，专题讲解统战业务知识，不断提升统战干部的业务能力和全院统一战线工作水平。

2017 年，我院将迎来建院 60 周年，近 60 年的实践证明，中国农业科学院改革发展的各个时期、各个阶段，都需要各民主党派、侨联组织和党外人士齐心协力、共谋发展。越是处于改革攻坚期，越需要汇集众智、增强合力；越是处于发展关键期，越需要凝聚人心、众志成城。我院的发展航船要抵达世界一流农业科研院所的彼岸，既需要全院各级党组织为这艘巨轮掌好舵，也需要广大统一战线成员一起划好桨。我们将借这次中央统战工作调研检查的东风，进一步提高认识，改进工作，加大措施，扎扎实实做好统一战线各方面工作，为加快我院世界一流科研院所建设，服务支撑国家发展，提供广泛力量支持，作出新的更大贡献。

谢谢大家！

陈萌山同志在中国农业科学院2016年党外人士迎新春座谈会上的讲话

2016年1月29日

同志们：

刚才，华俊同志全面介绍了我院“十二五”期间及2015年改革发展情况、取得的成绩和2016年工作部署。与会的各位党外人士都作了很好的发言，提出了很多有针对性的意见建议，听了很受启发，对进一步加强和改进全院各项工作很有帮助，我们将认真研究、积极吸纳。会后，直属机关党委要认真梳理，会同相关部门积极办理并做好反馈工作。

“十二五”期间，我院的科技创新工作得到了中央领导和上级主管部门的高度重视和关注，国务院副总理刘延东、汪洋亲临我院考察工作，农业部韩长赋部长多次到我院视察指导工作，这充分体现了党和国家对农业与农业科技的高度重视，对我院广大干部职工是莫大的鼓舞与极大的鞭策，进一步增强大家做好农业科技创新的信心和决心。“十二五”是我院创新突破、跨越发展的5年。我们认真贯彻落实中央和农业部党组决策部署，坚持“顶天立地”的发展战略和“引领创新、支撑产业、开放合作、和谐有序”的发展思路，启动实施了科技创新工程，围绕三级学科体系，建立以创新团队为主体的科研组织模式，研究方向和目标更加聚焦；五年共获国家科技奖励成果31项，其中科技进步奖23项，发明奖7项，自然科学奖1项，实现了国家三大奖全覆盖。发表学术论文24 000余篇，其中SCI论文超过7 900篇，是“十一五”时期的3倍多，在《自然》《科学》系列刊物上发表论文30篇，也是“十一五”的3倍多；授权专利3 700余项，是“十一五”的5.4倍；审定农作物品种470余个，比“十一五”增加了31%。成绩来之不易，全院广大干部职工付出了艰辛努力。对此，中央领导、农业部党组充分肯定，社会各方面高度评价。在这来之不易的成绩之中，包含了我院各民主党派基层组织、侨联和无党派人士的辛勤劳动、努力付出，积极建言献策、参政议政作出的重要贡献。在此，我代表院党组向大家表示真挚的感谢！

我院是中央国家机关和农业部的统战工作重点单位，也是中央统战部的直接联系点，是党外知识分子高度集中的单位，党外知识分子占全院职工总数近50%，其中重点统战对象610人，出国与归国留学人员678人，共有6个民主党派基层组织，具有对象集中、基层组织多、层次高等特点。院党组始终高度重视统战工作，按照中央和农业部、北京市委有关统一战线工作文件和会议的精神要求，切实把统一战线工作摆上重要议程，认真落实党的各项统一战线政策，定期听取统一战线工作汇报。多年来一直坚持向党外人士通报情况、党组成员联系统战对象、走访慰问等制度。重视选拔任用优秀党外人士担任所局级领导干部和创新团队首席，目前全院有17个研究所领导班子中有党外所局级领导干部共21人，2015年院领导班子中也充实了1位党外领导干部。全院创新团队的党外首席103人，占32.7%。2015年以来，为进一步贯彻落实《中国共产党统一战线条例（试行）》和中央统战工作会议精神，院党组迅速组织专题学习会，党组成员们认真学习，领会精神实质。开展了全院党外知识分子和留学归国人员的摸底调研工作，在此基础上院党组研究制定了《关于进一步加强新时期统一战线工作的意见》，进一步加强和规范统一战线工作，建立健全制度，对加强和改善党对统一战线工作的领导提出明确要求。院直属机关党委加强与党外人士沟通联系，热情服务，帮助党外人士解决实际问题。多次选派党外人士参加中央统战部、中央国家机关统战部门各类培训，受到党外人士普遍欢迎和认可。院属各单位党组织重视统一战线工作，能够按照院党组的工作部署开展统一战线工作，采取多种形式，就单位工作中的重大问题与党外人士听取意见、沟通情况。

我院各民主党派、侨联和党外人士们积极发挥自身优势，“十二五”期间在本职岗位上为农业科技创新和农业农村经济发展作出了贡献，取得累累硕果。无党派代表人士彭于发和诸叶平两位同志连任两届全国和北京市政协委员，不仅在科研岗位作出很优秀成绩，还积极为国家经济、社会发展建言献策，得到全国和北京市政协的积极采纳和高度认可，郭三堆同志荣获“中国种业十大功勋人物”称号；民革中国农业科学院支部主委贺超兴同志荣获“全国爱国拥军模范”；民盟中国农业科学院委员会获得民盟中央“基层组织建设先进集体”等三项荣誉称号；九三学社的万建民同志当选为中国工程院院士，他和王强两位同志分别获国家技术发明奖二等奖，辛晓平同志荣获“全国三八红旗手”荣誉称号；农工党曹卫东同志的家庭被评为中央国家机关干部职工家庭建设好经验“最佳经验奖”和首都“最美家庭”称号，侯水生同志荣获国家科技进步二等奖；致公党的崔海信同志成为国家在纳米农业领域部署项目第一个973项目首席；侨联的张瑞霞同志被评为全国侨联先进工作者，等等。这些成绩可喜可贺，借此机会向取得各项荣誉和成绩的各民主党派、各位党外人士表示祝贺。

习近平总书记指出，人心向背、力量对比是决定党和人民事业成败的关键，是最大的政治。统战工作的本质要求是大团结大联合，解决的就是人心和力量问题。十八大以来，以习近平同志为总书记的党中央把统一战线摆在治国理政的重要位置，对统战工作进行了全面谋划、密集部署，特别是召开中央统战工作会议、颁布《中国共产党统一战线工作条例（试行）》，成为统一战线历史上的重要里程碑。不久，又出台了中共中央《关于加强社会主义协商民主建设的意见》，是一部纲领性文件。我们要深入贯彻落实党中央关于统一战线等一系列重大决策部署，吃透中央精神，把握核心要义，加强督促检查，确保各项政策规定落到实处。

“十三五”是我院建成世界一流农业科研院所的关键时期，科技创新、科技支撑任务十分艰巨，统战工作也面临着新的形势和任务。当前及今后一段时期，我院的统战工作要加强调研，突出重点，勇于创新，开展督查，扎实做好各项工作。紧紧围绕建成世界一流农业科研院所的目标，响应中央统战部的“凝心聚力‘十三五’行动”，凝聚共识、凝聚智慧、凝聚力量，充分发挥民主党派、侨联和党外人士建言献策、参政议政作用。进一步健全统战工作制度，加大对党外干部的培养和使用，服务好民主党派基层组织、无党派人士和归侨侨眷工作，切实提高统一战线工作科学化水平，为提升农业科技自主创新贡献力量。为此，我谈 5 点意见。

一要深刻认识做好新形势下党外知识分子统战工作的重要意义。我院统战工作特别是党外知识分子工作一定要放在全院改革发展的大局中来认识和把握。从我们党的历史经验来看，什么时候知识分子问题处理得好，党和人民事业就蓬勃发展，什么时候处理得不好，党和人民事业就容易遭受挫折。党外知识分子是生产力的开拓者，是我院农业科技创新、建设世界一流农业科研院所的重要力量。我院的党外人士全部是从党外知识分子中培养选拔出来的，从这个意义上来说，党外知识分子是我院统战各方面代表人物的源头，特别是留学人员是统战工作新的着力点。做好统战工作对于发挥党外知识分子的作用、凝聚各方力量促进农业科技创新，实现创新驱动发展战略有着特殊重要的作用，各级党组织特别是党员领导干部对此必须认识到位，从政治高度来认识这个问题，加强和改进这方面的工作。

二要充分调动党外人士投身农业科技创新工作的积极性。我院的党外人士汇集了众多的高级知识分子和农业科研领域专业人才，是高层次的智囊团和人才库，具有独特优势。我们要采取切实措施，帮助解决党外人士们在工作中遇到的困难和问题，充分调动工作的积极性。支持民主党派基层组织和党外人士围绕院党组中心工作，深入开展调查研究、积极建言献策，并推动有关部门吸收采纳，形成调查有研究、研究有成果、成果有转化、转化有落实的格局。支持民主党派基层组织和无党派人士对农业科研经费使用、党员领导干部履行职责、党风廉政建设、院所改革发展以及涉及群众切身利益等方面的工作进行监督，不断完善监督机制、畅通监督渠道、提高监督质量。

三要抓好党外干部队伍建设。对党外干部要与党员干部一视同仁地教育和培养，一样给任务、一样压担子、一样严格要求、一样提供进步机会，为大家发挥聪明才智创造条件。各级党组织要认真贯彻落实院党组《关于进一步加强新时期统一战线工作的意见》，既遵循干部工作的一般规律，又充分考虑党外干部的特殊性，拓宽选拔渠道，改进和完善选拔作用机制。通过学习培训、挂职锻炼，严格要求、加强教育等措施方式，使更多的党外干部提高综合素质，脱颖而出。加大优秀党外农业科技人才的重大成果和先进事迹的宣传力度，努力营造良好氛围。

四要支持各民主党派、侨联和无党派人士加强自身建设。对于民主党派、侨联组织，既要坚持党的领导，又要搞好团结合作，既要做好思想引导，又要真诚接受民主监督。要主动配合民主党派、侨联上级机关，支持基层组织以思想建设为核心、组织建设为基础、制度建设为保障，全面加强自身建设。对于各基层组织开展活动和工作，要在经费、场地、设施等方面给予支持；对于基层组织负责人从事党派、侨联工作和党外人士参与社会工作，要给予支持。重视无党派人士的工作，注重发现和培养无党派人士中的代表人士。维护好归侨侨眷的合法权益，支持侨联组织根据自身特点开展活动，在农业科技创新和促进祖国统一的各项工作中发挥重要作用。

五要切实把统战工作纳入重要议事日程。院党组将继续贯彻落实好各项统战政策，认真执行通报情况、征求意见和联系统战对象制度，与党外人士进一步加强联系，接受监督，并通过直属机关党委做好日常管理与服务工作。各级党组织特别是一些统战工作重点研究所的党组织，要把统战工作纳入议事日程，切实加强领导。选派政治素质高、工作能力强、具有民主作风的干部负责统战工作。党员领导干部要广交深交党外朋友，特别是要善于了解他们的真实情况，真正交到一批挚友、诤友。要适当增加统战工作专项经费，为开展活动提供必要支持和条件。

在此，也诚挚希望我院各民主党派、侨联、无党派人士能不断加强政治理论学习，提升政治素养，把思想和行动统一到中共中央决策部署上来，正确认识我国经济发展和我院改革发展的阶段性特征，进一步增强信心，适应新常态，共同推动经济持续健康发展和现代农业发展。紧紧围绕院所改革发展、科技创新工程等重大问题，深入开展调查研究，讲真话、献良策、出实招，提出前瞻性、战略性、可操作性的意见建议，为农业科技创新建言献策。开展富有成效的教育引导工作，把理解改革、投身改革、支持改革、参与改革的人搞得多多的，为深化院所改革凝聚广泛共识、汇聚强大力量。把一切可以团结的力量广泛团结起来，把一切可以调动的积极因素充分调动起来，为早日实现建设世界一流农业科研院所的战略目标和跨越式发展贡献更大力量。

2016 年的春节快到了，借此机会我谨代表家洋院长和院党组，向同志们并通过你们向我院各民主党派同志、党外人士和党外知识分子，向各级统战工作干部们致以良好的祝愿。祝大家新春愉快、身体安康、阖家欢乐、万事如意！

陈萌山同志在“美丽家庭”故事会上的讲话

2016 年 3 月 7 日

同志们：

首先，祝贺今天的“美丽家庭”故事会圆满成功。在第 106 年“三八”国际劳动妇女节即将到来之际，我代表院党组向在座各位妇女同志、向全院广大妇女同胞们致以节日的祝福和诚挚的问候。刚刚获悉，我院环发所的李玉娥研究员荣获“全国三八红旗”称号，值得祝贺，值得点赞。在此也对以她为代表的农科巾帼们表示由衷的感谢，感谢你们为农业科研事业和院所和谐发展的辛勤付出和无私奉献！

家是国之本。中华民族自古以来就重视家庭，许多家训家规、家风故事，影响至今。良好的家风是个人向善的开始，是社会和谐稳定的基点，是培育和践行社会主义核心价值观的重要环节。以习近平同志为总书记的党中央非常重视家庭文明建设，多次做出重要指示和重要论述，总书记同全国妇联新一届领导班子集体谈话时就强调要注重发挥妇女在弘扬中华民族家庭美德、树立良好家风方面的独特作用，这关系到家庭和睦，关系到社会和谐，关系到下一代健康成长。总书记在 2015 年春节团拜会上深刻指出，我们都要重视家庭建设，注重家庭、注重家教、注重家风，紧密结合培育和弘扬社会主义核心价值观，发扬光大中华民族传统家庭美德。

做好家庭工作是党组织交给妇女组织的光荣使命和重要职责。今天，院妇工委以“美丽家庭”故事会来宣传全院优秀家庭典型，讲故事、树典型，唱响主旋律，弘扬正能量，既传播了优秀家庭事迹又庆祝了“三八”国际劳动妇女节，很有特点，很有意义。这些故事中有“百善孝为先”的好儿女，有“养德崇善　教子有方”的好父母，有“热心公益　服务社会”的好家庭，有“把日子过得有滋有味”的和睦家庭，这些“美丽家庭”是我院广大普普通通职工传播时代正能量的代表，充分展示了中华民族的传统美德、积极向上的良好风貌和奋发有为、奉献社会的高尚情怀，是我们学习的榜样！

希望“美丽家庭”倍加珍惜群众的认可和赞誉，发扬光大中华民族家庭美德，用你们感人至深的美丽家庭故事，用你们脚踏实地的一言一行，生动诠释社会主义核心价值观的时代内涵，示范引领全院千万户家庭崇德守法、向善向美，集聚起广大家庭同心共圆幸福梦、携手共筑农科梦的强大正能量。

希望全院广大家庭踊跃参与妇女组织开展的寻找“美丽家庭”活动，注重家庭建设，主动营造夫妻平等和睦、亲人相亲相爱、孩子健康成长、老人老有所养的家庭环境。党员领导干部的家风是作风的重要体现。党员领导干部更应当在家风建设方面带好头、作表率，树立“工作上清正廉洁，家庭上幸福美满”的理念，不断提高文明意识和廉政意识，以家庭建设促进廉政建设；全院广大职工要注重家庭教育，建设好“人生第一所学校”，身体力行培养好下一代，强化对子女思想道德、行为习惯的养成教育，帮助孩子扣好人生第一粒纽扣；注重传承良好家风，把好家风好家训作为传家宝代代相传，倡导诚实守信，自觉遵纪守法，把社会主义核心价值观的精髓要义和农科院的传统美德融化到每一个家庭的日常生活之中，用千万家庭的好家风支撑起好的院所风气，以好的院所风气促进事业的蓬勃发展。

希望各级妇女组织深刻领会习近平总书记关于“三个注重”重要论述的时代意义，立足于我院建设世界一流农业科研院所战略目标，以发挥妇女在社会生活和家庭生活中的独特作用、在弘扬中华民族家庭美德和树立良好家风中的独特作用为着力点，常态化推进寻找“美丽家庭”活动，立足基层、面向群众、扩大覆盖、增强活力，深化家庭文明建设工作，着力推进家庭教育工作，大力传播好家风好家训，激发广大妇女和家庭培育和践行社会主义核心价值观的内生动力，把习近平总书记“三个注重”的要求扎扎实实落到基层、落到每一个家庭。

同志们！家是最小国，国是千万家。我们今天的农科院，正是由 1 万多个家庭凝结而成。家庭的和睦幸福，是全院和谐稳定的重要基石。让我们携起手来，汇聚起千万家庭的强大力量，为实现中国农业科学院跨越式发展和建设世界一流农业科研院所做出新的更大的贡献！

中国农业科学院院属单位党委工作规则

第一章　总　则

第一条　按照“党要管党、从严治党”要求，为进一步加强中国农业科学院党的建设，充分发挥院属各单位党委作用，根据《中国共产党章程》《中国共产党党和国家机关基层组织工作条例》（中发〔2010〕8 号）、《关于在推进事业单位改革中加强和改进党的建设工作的意见》（中发〔2012〕12 号）、《中共农业部党组关于进一步规范直属单位党委（党组）会议议事规则的通知》（农党组发〔2016〕83 号）等党内有关规定，结合我院实际，特制定本规则。

第二条　实行所长（行政领导人）负责制的院属各单位，党委要在推进院所改革发展中坚持党的领导、加强党的建设、全面从严治党，充分发挥政治核心作用。在上级党组织的领导下，按照参与决策、推动发展、监督保障的要求，坚持民主集中制原则，围绕院所中心任务，会同行政领导班子共同做好本单位工作。

第二章　基本职责

第三条　党委的基本职责如下。

（一）宣传和执行党的路线、方针、政策，宣传和执行党中央、上级组织以及本组织的决议，充分发挥党员的先锋模范作用，积极创先争优，团结、组织党内外的干部和群众，努力完成本单位所担负的任务。

（二）组织党员深入学习马克思列宁主义、毛泽东思想、邓小平理论、“三个代表”重要思想、科学发展观和习近平总书记系列重要讲话精神，学习党的路线、方针、政策和决议，学习社会主义核心价值观，学习党的基本知识，学习科学、文化、法律和业务知识，努力建设学习型党组织。

（三）加强基层服务型党组织建设，以服务科技创新、服务科研人员、服务职工群众为导向，坚持把党的工作与农业科研工作紧密结合起来，以促进科技创新和职工群众满意为根本标准，大力推进基层党组织强化服务功能、改进服务作风、提高服务能力、完善服务保障，不断增强基层党组织的创造力、凝聚力、战斗力。

（四）坚持党管干部、党管人才原则，在选人用人中发挥党委的主导作用，按照干部管理权限切实履行把握用人条件、提出推荐人选、做好组织考察、加强管理监督、培养后备人才等职责，切实建立一支信念坚定、为民服务、勤政务实、敢于担当、清正廉洁的高素质干部队伍。

（五）按照有利于开展工作、发挥作用原则，合理设置党支部；按照“一岗双责”的原则，选配党支部书记。认真组织开展好学习型、服务型、创新型党支部建设，发挥好党支部的战斗堡垒作用。

（六）对党员进行教育、管理、监督和服务，提高党员素质，认真开展党中央部署的党内集中教育活动，切实增强广大党员的政治意识、大局意识、核心意识、看齐意识，强化道路自信、理论自信、制度自信、文化自信，做到讲政治、有信念，讲规矩、有纪律，讲道德、有品行，讲奉献、有作为。严肃党内政治生活，开展批评与自我批评，维护和执行党的纪律，监督党员切实履行义务，保障党员的权利不受侵犯。

（七）密切联系职工群众，经常了解职工群众对党员、党的工作的意见建议，维护职工群众的正当权利和利益，做好思想政治工作。

（八）充分发挥党员和职工的积极性、创造性，发现、培养和推荐他们中间的优秀人才，鼓励支持他们在农业科技创新和院所改革发展中贡献自己的聪明才智。

（九）对要求入党的积极分子进行教育和培养，做好经常性的发展党员工作。

（十）监督党员干部和其他工作人员严格遵守国法政纪，严格遵守国家、院所的财政经济法规和人事制度，不得侵占国家、单位和职工群众的利益。

（十一）教育党员和职工群众自觉抵制不良倾向，坚决同各种违法犯罪、违纪违规行为作斗争。

（十二）领导工会、共青团、妇委会等群团组织，支持这些组织依照各自的章程独立负责地开展工作。

（十三）认真贯彻执行党的统战政策，做好党外人士的联系和服务工作，充分发挥党外人士建言献策、民主监督作用。

第四条 纪委在党委和上级纪委双重领导下，在党内监督方面履行下列职责。

（一）维护党的章程和其他党内法规，经常对党员进行遵纪守法教育，作出关于维护党纪的决定。

（二）检查党组织和党员贯彻执行党的路线、方针、政策、决议的情况，对党员领导干部履行职责和行使权力情况进行监督。

（三）协助党委加强党风廉政建设和组织协调反腐败工作。

（四）检查、处理党组织和党员违反党的章程与其他党内法规的案件，按照有关规定，决定或取消对这些案件中的党员的处分。

（五）受理对党组织和党员违犯党纪行为的检举以及党员的控告、申诉，保障党员的权利。

第三章　议事决策

第五条　属于党委决策的事项，按照集体领导、民主集中、个别酝酿、会议决定的原则，实行科学决策、民主决策、依法决策。

第六条　党委议事内容

（一）认真传达贯彻执行党中央、农业部和院党组的各项方针、政策和决议。

（二）需要向上级党组织请示报告的重要事项，下级党组织请示报告需研究决定的重要事项。

（三）涉及本单位改革发展稳定和事关职工群众切身利益的重大决策、重要人事任免、重大项目安排、大额度资金使用事项，党委必须参与决策。决策前，党政主要领导对决策议题要充分酝酿、沟通协调，党委要及时召开会议研究讨论，形成集体意见；决策时，参加所务会议的党委领导成员要认真履行职责，保证党委的意见得到充分表达和体现；决策后，党委要发动党员团结带领职工保证决策顺利实施。

各单位要将党委参与重大问题决策的内容和程序具体化、制度化。对不符合党的路线方针政策、国家法律法规或不按程序进行决策的做法，党委要及时提出意见或向上级党组织报告。

（四）决定干部任免事项，应当严格按照《党政领导干部选拔任用工作条例》和《事业单位领导人员管理暂行规定》执行。

（五）基层党组织建设和党员队伍建设等方面的重要事项。

（六）思想政治工作、精神文明建设、统战工作和群团工作等方面的重要事项。

（七）党风廉政建设和反腐败工作方面的重要事项。

（八）其他应当由党委讨论和决定的重大问题。

第七条　党委议事决策一般采取党委会形式。党委会原则上每月 1 次，遇有重要情况可以随时召开。党委会议题由党委书记提出，或者由其他党委委员提出建议、党委书记综合考虑后确定。

第八条　党委会由党委书记主持，或由主持党委工作的副书记主持，亦可由受党委书记委托的副书记主持。

党委会应当有半数以上党委委员到会方可召开，讨论决定干部任免事项必须有 2/3 以上党委委员到会。党委委员因故不能参加会议的应当在会前请假，对会议议题的重要意见可以用书面形式表达。党委会议题涉及本人或者其亲属以及存在其他需要回避情形的，有关党委委员应当回避。

根据工作需要，召开党委会可以请不是党委委员的本单位领导班子成员列席，并可以根据议题指定有关人员列席会议。

第九条　党委会议题提交表决前，应当进行充分讨论。

表决可以采用口头、举手、无记名投票或者记名投票等方式进行，赞成票超过应到会党委委员半数为通过。未到会党委委员的书面意见不得计入票数。表决实行主持人末位表态制。会议研究决定多个事项的，应当逐项进行表决。

党委会由专门人员如实记录，会议纪要由书记或主持会议的副书记签发，纪要不能代替原始记录，并按照规定存档备查。

第十条 党委决策的事项一经作出，应当坚决执行。党委委员对党委决策有不同意见的，可以保留或者向上级党组织反映，但在党委决策改变前应当坚决执行。党委应当建立有效的督查和反馈机制，确保本单位各项决策落实。

第四章 党员的教育、管理、服务和发展

第十一条 以增强党性、提高素质为目标，建立和完善党员轮训制度，拓宽党员培训渠道，加强对党员的党性教育和业务培训。党员每年参加各种形式的教育和培训时间一般不少于 24 学时，其中党委领导班子成员一般不得少于 40 学时。完善党员领导干部讲党课制度，对党员参加学习教育情况进行严格考核。

严格落实理论学习中心组制度，充分发挥理论中心组学习的示范作用，坚持每季度不少于 1 次，全年集中学习研讨时间不少于 12 天。

第十二条 深入开展创先争优活动。结合农业科研院所实际找准为民服务的着力点，围绕服务创新、服务“三农”，精心设计贴近实际、特色鲜明的主题和形式多样、务实管用的载体，充分发挥党支部的战斗堡垒作用和党员的先锋模范作用，带动全体职工在推动科学发展、促进院所和谐、服务“三农”事业、加强基层组织建设的实践中建功立业。

第十三条 严肃党内政治生活，落实“三会一课一费”制度，增强党内生活的原则性和实效性，健全党内生活制度。按期召开民主生活会，认真开展批评和自我批评，定期开展党员党性分析评议活动。经常分析党员思想状况，加强党员思想教育。做好民主评议党员工作，严肃处置不合格党员，保持党员队伍纯洁性。

第十四条 做好党员服务工作，健全党内激励、关怀、帮扶机制，关心党员思想、学习、工作和生活，了解党员需求，及时反映涉及党员切身利益的重要情况，认真做好离退休党员、学生党员和流动党员的服务工作。

第十五条 严格按照控制总量、优化结构、提高质量、发挥作用的总要求和有关规定发展党员。加大在优秀青年知识分子中发展党员力度，重视在学术带头人、科研骨干、留学归国人员中发展党员工作。

第五章 党内民主与监督

第十六条 坚持民主基础上的集中和集中指导下的民主相结合，保障党员民主权利，加强党内基层民主建设，切实推进党内民主，充分发挥基层党组织和广大党员的积

极性、主动性、创造性，坚决维护党的集中统一。

第十七条　落实党员对党组织事务的知情权、参与权、选举权、监督权，保障党员主体地位和民主权利。推进党务公开，健全党内情况通报制度，及时公布党内信息，畅通信息沟通渠道。

第十八条　建立健全充分反映党员意愿的党内民主制度和党员定期评议基层党组织领导班子成员等制度，营造党内民主讨论、民主监督环境。党委讨论决定重要事项前，应当充分听取党员的意见。

第六章　党务干部队伍建设

第十九条　院属各单位要加强对党务工作部门力量配备，确保党务工作正常开展。专职党务工作人员的配备，一般占在岗在编职工总数的1%~2%。

第二十条　加强对党务干部特别是新任党支部书记进行培训，全面提高他们的政治素质和业务素质。

第二十一条　本着有利于优化结构、增强活力、相对稳定、合理流动的原则，有组织、有计划地安排党务干部交流任职。

第二十二条　关心爱护党务干部，充分调动和发挥他们的积极作用，及时发现、表彰和宣传他们中的先进典型。从事党务工作的经历应作为干部选拔任用的依据。

第七章　党风廉政建设

第二十三条　加强党对党风廉政建设和反腐败工作统一领导，推进改革创新，加强反腐败制度保障。

第二十四条　落实党风廉政建设责任制，党委负主体责任，纪委负监督责任，严格执行中共中国农业科学院党组《关于落实党风廉政建设主体责任、监督责任的意见》《关于落实党风廉政建设主体责任和监督责任的实施细则（试行）》。

第八章　加强对党建工作的领导

第二十五条　全面落实院属单位党建工作责任制。党委书记要切实履行党建工作第一责任人职责，担任党内职务的行政领导人要落实“一岗双责”要求，积极做好党建工作。

第二十六条　党员人数200人（含200人）以下的单位，一般设5~7名党委委员、3~5名纪委委员；党员人数在200人以上的单位，一般设7~9名党委委员、5~7名纪委委员。院属京外单位党委、纪委的委员职数根据属地管理原则，按上级党组织要求设置。

第二十七条 凡设立党委的单位，应设置党委办公室，职工人数在200人以上的单位，原则上应专署办公。每年的党建工作经费要列入单位年度经费预算（从事业费中列支），以保障工作需要。

第九章 附 则

第二十八条 本规则适用于实行所长（行政领导人）负责制的院属各单位党委。

第二十九条 本规则自印发之日起生效，由中国农业科学院直属机关党委负责解释。

第三十条 本规则生效后，原《中国共产党中国农业科学院研究所委员会工作条例》（农科院党组发〔2014〕18号）即行废止。

中共中国农业科学院党组
关于进一步加强和改进新形势下思想政治
工作的意见

加强和改进新形势下思想政治工作，是加强党的领导、党的建设和全面从严治党的重要内容。为深入贯彻落实党中央和习近平总书记系列重要讲话精神，进一步加强和改进新形势下中国农业科学院思想政治工作，充分调动广大干部职工的积极性、主动性和创造性，确保全院新时期各项工作目标任务的实现和完成，现结合中国农业科学院实际，提出如下意见。

一、充分认识加强和改进新形势下思想政治工作的重要性和紧迫性

（一）加强和改进思想政治工作是贯彻落实党中央和习近平总书记系列重要讲话精神的重要举措

思想政治工作是我们党和社会主义国家的重要政治优势。十八大以来，以习近平同志为总书记的党中央坚定不移地推进思想政治建设，结合国内外新形势、新变化、新动向做出了一系列关涉思想政治工作的重要部署，开启了全面从严治党、重塑政治生态的历史新时期。全院党组织要按照党中央和习近平总书记对思想政治工作的新要求，切实加强和改进新形势下思想政治工作，更好地用讲话精神丰富广大干部职工精神世界，统一思想、凝聚力量，为实现“两个一百年”奋斗目标和推动全院“十三五”农业科技事业发展提供有力思想保证。

（二）加强和改进思想政治工作是推动农业科技创新事业的有力保障

当前，随着中国农业科学院科技创新工程的全面实施，农业科技事业发展面临许多新情况、新问题。要解决制约我国现代农业发展的重大科技问题，组织开展具有全国性、区域性和革命性的科研项目，强化农业科学技术普及，依靠科技进步扎实推进“三农”工作，必须通过深入细致的思想政治工作，把广大干部职工的思想认识统一到中央决策部署上来，把智慧和力量凝聚到院党组中心任务上来，深入贯彻“五位一体”

的总体布局、“四个全面”的战略部署和创新、协调、绿色、开放、共享的发展理念，以更加奋发昂扬的精神状态、扎实进取的工作作风、只争朝夕的拼搏劲头，创造性地开展工作，为实现农业现代化提供强有力的科技支撑。

（三）加强和改进思想政治工作是推进和谐院所建设的客观需要

近年来，随着物质文化需求的日益增长和多元化思潮影响，中国农业科学院干部职工群众思想状况更加复杂化、多样化。与此同时，职工队伍结构也发生了很大变化，中青年科技人员和留学归国人员逐渐成为科研主力，这部分人员眼界宽、知识新、思想活跃，但缺乏基层艰苦环境的历练，缺乏对国情、社情、民情、院情、所情的深刻了解。这就要求我们必须坚持以人为本，及时掌握干部职工思想动态，加强教育引导，切实解决实际问题，化解矛盾，凝聚人心，促进和谐。

二、总体要求和基本原则

（一）总体要求

全面贯彻党的十八大和十八届三中、四中、五中全会和习近平总书记系列重要讲话精神，高举中国特色社会主义伟大旗帜，坚持以人为本，贴近实际、贴近生活、贴近职工，创新方式方法，加强分类指导，以提高干部职工的思想素质和业务能力为根本，以解决干部职工的实际问题为重点，不断增强思想政治工作的针对性和实效性，为推动农业科技创新事业发展提供精神动力和思想保证。

（二）基本原则

坚持围绕中心、服务大局，大力营造聚精会神抓科研、一心一意促发展的良好氛围，推动农业科技创新事业又好又快发展；坚持以人为本，强化服务意识，既解决共性问题，又满足个性化需求；坚持正面引导，加强典型宣传，努力做好统一思想、凝聚力量的工作；坚持求真务实，既讲道理又办实事，把解决思想问题同解决实际问题结合起来；坚持改革创新，适应形势的新变化和实践的新发展，不断创新内容形式、方法手段、机制制度；坚持齐抓共管，在党组织的领导下，发挥党政、群团、统战等各方作用，形成思想政治工作合力。

三、强化思想政治引领，凝聚改革发展共识

（一）牢固树立马克思主义在意识形态领域的指导地位，巩固全院党员干部干事创业的思想基础

中国农业科学院党员干部要始终坚定马克思主义、共产主义信仰，脚踏实地为实现党在现阶段的基本纲领而不懈努力，扎扎实实做好每一项工作。领导干部特别是所局级干部要把系统掌握马克思主义基本理论作为看家本领，老老实实、原原本本地学。各级党组织要深入学习中央关于意识形态工作的重大部署和基本要求，重点了解当前意识形态领域需要注意的倾向性问题，把握做好工作的具体要求，切实担负起意识形态工作主体责任。深入学习贯彻《党委（党组）意识形态工作责任制实施办法》，切实把思想和行动统一到中央决策部署上来，牢固树立守土有责的主体责任意识，建立完善相关制度，明确具体责任，建立完善责任追究机制。

（二）认真开展职工经常性理论学习教育

当前重点开展好“两学一做”学习教育，始终把党的思想建设放在首位，以尊崇党章、遵守党规为基本要求，以用习近平总书记系列重要讲话精神武装头脑为根本任务，自觉按照合格党员标准规范言行，抓好“学”这个基础，抓牢“做”这个关键，抓紧“改”这个目标，抓住“干”这个核心，进一步坚定理想信念，不断增强道路自信、理论自信、制度自信、文化自信。

（三）深入开展中国特色社会主义理论体系宣传普及活动

按照武装头脑、指导实践、推动工作的要求，把中国特色社会主义理论体系的学习教育不断向广度拓展、向深度推进。创新工作方式，针对干部职工普遍关心的热点难点问题，运用人们喜闻乐见的手段和形式，宣传阐释中国特色，要讲清楚每个国家和民族的历史传统、文化积淀、基本国情不同，其发展道路必然有着自己的特色；讲清楚中华文化积淀着中华民族最深沉的精神追求，是中华民族生生不息、发展壮大的丰厚滋养；讲清楚中华优秀传统文化是中华民族的突出优势，是我们最深厚的文化软实力；讲清楚中国特色社会主义植根于中华文化沃土、反映中国人民意愿、适应中国和时代发展进步要求，有着深厚历史渊源和广泛现实基础。

（四）深入开展社会主义核心价值体系学习教育

深入开展中国特色社会主义和中国梦宣传教育，用社会主义核心价值观引领思潮、

凝聚共识，不断增强全院干部职工坚定全面深化改革的意志和决心，积极推进中国农业科学院事业单位分类改革稳妥扎实有序开展。要把成功应对国内国际重大事件的实践，作为开展社会主义核心价值体系学习教育最直接、最生动、最有力的教材，增强爱国主义、集体主义、社会主义观念。广泛开展社会公德、职业道德、家庭美德和个人品德教育，形成知荣辱、讲正气、作奉献、促和谐的良好风尚。

（五）深入开展形势政策、民主法制、廉洁从政学习教育

采取请进来、走出去方式，结合国际国内形势的发展变化、党和国家重大政策措施特别是“三农”政策措施的出台，组织举办形势报告会，帮助干部职工认清形势，明确任务。深入进行社会主义民主法制教育，宣传人民代表大会制度、共产党领导的多党合作和政治协商制度、民族区域和村民自治制度的优越性，普及法律知识，增强法制观念和法律意识。加强廉洁从政教育，认真贯彻《中国共产党纪律处分条例》《中国共产党廉洁自律准则》和《中国共产党问责条例》，有针对性地开展示范教育、警示教育、岗位廉政教育，改进教育方式，提高教育实效。

四、坚持以人为本，切实解决干部职工的实际问题

（一）维护干部职工合法权益

保障干部职工的民主政治权利，做到政治上关心、思想上关注、生活上关怀。及时发现他们在工作和生活上面临的困难，力所能及地帮助解决子女入托入学等实际问题，在关心关爱中增强教育效果。院所都要建立情况通报、征求意见制度，保障干部职工的知情权、参与权、选举权和监督权。落实好干部职工的休息权、健康权、劳动权。

（二）关心干部职工的成长进步

充分关注每个干部职工成长与发展的需要，切实做好学习培训、评先评优、晋职升迁、挂职锻炼等方面工作，特别要有计划地选派干部到科研基地、艰苦地区、复杂环境、关键岗位砥砺品质、锤炼作风、增长才干。积极营造重视学习、勤于学习、善于学习的浓厚氛围，激发个人自学的内在动力。进一步深化干部人事制度改革，加大机关、研究所轮岗交流力度，不断优化干部队伍年龄结构、知识结构，让干部职工在公平、合理的竞争环境中充分施展自己的才华。加强对青年科技人员业务发展上的指导，为他们的工作、成长创造良好条件。

（三）强化人文关怀和心理疏导

坚持把教育人、引导人、鼓舞人，与尊重人、理解人、关心人结合起来，努力改善干部职工的工作生活条件。关心老党员和生活困难的职工，开展经常性的“送温暖”活动，切实帮助解决实际困难。通过加强干部职工心理素质的培训和心理健康教育，帮助干部职工提高心理素质和抗压抗挫能力，引导保持良好的心态及健康心理，把心理健康服务融入思想政治工作过程，达到春风拂柳、夜雨润花的效果。

（四）大力丰富干部职工文化体育生活

发挥工青妇组织作用，积极开展丰富多彩的群众性文化、娱乐、体育活动，倡导先进文明健康向上的生活方式，丰富干部职工的精神文化生活。坚持每年举办文体活动，充分激发舞蹈、歌唱、足球、羽毛球、篮球等文体俱乐部活力，扩大参与面，注重满足不同爱好人员的需求。院机关和各单位要切实保障职工思想政治工作经费投入，建设和开辟健身活动场所，为职工经常性的健身活动创造条件。

五、加强制度建设，确保思想政治工作落到实处

（一）坚持谈心制度

结合领导干部民主生活会、组织生活会和民主评议党员工作，领导班子成员之间、领导干部与干部职工之间要广泛开展谈心活动。领导干部与分管部门同志的谈心，每年不少于 2 次。主要负责同志要主动找有思想困惑的同志谈心，热情欢迎本单位同志上门谈心，高度重视解决大家反映的问题。

（二）完善思想动态收集反馈、定期分析和情况报告制度

建立健全党员干部的思想动态制度，及时把握党员干部对中心工作、重大改革措施出台和涉及切身利益的思想反映以及对工作、学习、生活方面的思想反应。坚持及时了解和定期调研相结合，采取座谈会、个别谈心、问卷调查以及网络咨询、设立信箱等方式，全面掌握干部职工的思想动态和心理情绪。院机关和各单位要在调查了解基础上，每年对干部职工思想状况进行一次研究分析，对干部职工中存在的普遍性、苗头性、敏感性问题和情况，向院直属机关党委报告，上报时间为每年的 12 月 15 日。

（三）坚持督促检查制度

把思想政治工作纳入党建工作、领导班子考核范围，作为文明单位、先进基层党组

织等评选的重要内容，加强督促检查，推动各项措施落实。加强对解决干部职工重要思想问题的督查，确保干部职工集中反映的问题事事有回音、件件有行动。要加强敏感期各项防范监控工作的督促检查，切实维护全院稳定。

六、坚持继承与创新相结合，积极探索新形势下思想政治工作的实践路径

（一）不断创新思想政治工作理念

思想政治工作不能“空对空”，一方面要教育引导干部职工树立正确的世界观、人生观、价值观和正确的事业观、工作观、业绩观，强化全局、纪律和服务意识；另一方面要从实际出发，把解决实际问题作为工作的落脚点，贴近实际、贴近生活、贴近群众开展工作，探寻思想问题根源，善于从物质关系中去探寻思想政治工作的切入点，不能把一切归因于“觉悟”。要把思想政治工作的着力点，从注重道义上说教，转到注重人文关怀上来，从关注干部职工的心理、精神、物质等多方面个性需求入手，不断提高思想政治工作的有效性。

（二）建立健全“纵向到底、横向到边”、党政群团齐抓共管的思想政治工作机制

要充分发挥基层党支部的战斗堡垒作用和广大党员的先锋模范作用，把思想政治工作任务分解到基层、落实到每个党员身上，把思想政治工作做深、做细、做实，把问题解决在基层，把矛盾化解在基层，把工作落实在基层。要在党组织领导下，充分发挥工青妇组织联系群众的桥梁纽带作用，通过开展各种生动活泼、行之有效的活动，做好干部职工的思想政治工作。

（三）不断创新思想政治工作的形式和手段

积极探索和把握思想政治工作的特点和规律，运用网络传播规律，创新网上宣传，弘扬主旋律、激发正能量，做好“互联网+思想政治工作”。继续坚持行之有效的工作方法，在进一步组织好座谈会、报告会、问卷调查、走访慰问、谈心交心、志愿服务、寻找最美家庭等活动的基础上，充分运用网络、手机等新兴媒体，打造思想政治工作新平台，利用移动客户端、“农科先锋”微信公众号、微信朋友圈、QQ 群等渠道，围绕院所发展热点问题和个人思想动态，将思想政治工作转化为文字、声音、色彩、图像、动画、影视等表现手段，与科研人员、党务、纪检、工青妇等不同群体展开积极互动，壮大主流思想舆论增强思想政治工作的针对性和实效性。

（四）把开展精神文明创建活动作为思想政治工作的重要载体

努力实现思想政治工作与文明创建、核心价值观建设的深度融合，紧密结合自身特点，全面贯彻落实《公民道德建设实施纲要》，深入开展“文明单位、先进工作者”创建评比活动，强化干部职工的自我教育、自我管理，引导和教育党员干部讲党性、重品行、做表率，进一步增强大局意识和责任意识。

（五）切实加强创新文化建设

深入推进创新文化建设，建设优美的院所园区环境，大力宣传农科院精神，推进有利于科技创新和人才辈出的制度建设，营造风清气正、公道正派、轻松向上的工作环境和氛围。推进书香农科院建设，不断提升农科讲坛的品质，引领全院科研人员树立创新观念、强化创新意识、增强创新能力，激发全院职工爱院、爱所、爱农业科技事业的热情。

（六）发挥先进典型带动作用

充分发挥院属媒体、刊物、网络等的作用，大力宣传先进集体和先进个人的崇高精神和先进事迹，深入开展“两优一先”“十佳青年”“青年文明号”“巾帼文明岗”等评选表彰活动，充分发挥先进典型对全院干部职工的引导带动作用，积极营造崇尚典型、学习典型、争当典型的浓厚氛围，增强干部职工的精神力量，满足干部职工的精神需求。

七、切实加强领导，努力提高思想政治工作科学化水平

（一）建立和完善思想政治工作责任制

各单位领导班子要深刻认识思想政治工作的极端重要性，精心研究部署，切实抓好落实。建立健全思想政治工作领导责任制，党委一把手要切实提高对做好新时期思想政治工作重要性必要性的认识，负起第一责任人职责，当好干部职工的“后勤部长”“园丁”“灵魂工程师”。各级领导干部既要抓好业务工作，又要做好思想政治工作。班子成员要明确分工，落实责任，一级抓一级，层层抓落实。要把思想政治工作的成效，作为考核领导班子、领导干部的一个重要依据。

（二）加强思想政治工作队伍建设

按照提高素质、优化结构、相对稳定的要求，着力建设一支政治强、业务精、作风正的思想政治工作队伍。提高首席专家、创新团队负责人做好思想政治工作的责任意识、担当意识，善于整合资源、形成合力。加强党务干部培训，不断提高做好思想政治工作的能力和水平。关心党务干部的成长进步，加大实践锻炼和轮岗交流力度，充分调动他们工作积极性，对做出突出成绩的要给予表彰和奖励。

（三）注重加强分类指导

思想政治工作要根据科研、转化、支撑、管理不同岗位，在职职工、离退休职工、学生等不同群体以及学历、职称、职级等不同层次人员的思想特点和规律，分别采用适当的内容和方法加强分类指导。要注重在青年中开展广泛的思想状况调查，倾听青年心声。特别是当下在青年职工中普遍面临科研工作、家庭生活双重压力的情况下，要针对青年职工思想状况中的苗头性和倾向性问题主动化解，防患于未然；要善于站在青年人的角度思考问题，注重以情动人、事业留人，做好个性化的思想工作，采取“一对一”方式，做到“一把钥匙开一把锁”。依托青年科技人员和研究生院学生，发挥科技优势，开展广泛的青年志愿者服务活动。

（四）切实抓好工作落实

加强调查研究，深入认识新时期思想政治工作的特点和规律，积极推进思想政治工作实践创新、理论创新、方法创新和制度创新，确保思想政治工作各项要求和部署落到实处。各单位要根据本意见精神，针对自身思想政治工作存在的薄弱环节，制定具体贯彻落实意见，并切实抓好各项工作任务的落实。

关于院党组成员落实“一岗双责”的若干规定

农科院党组发〔2016〕32 号

为进一步推进全面从严治党“两个责任”落实到位，切实做到党建工作指导“横向到边、纵向到底”，推动我院加强党的领导、加强党的建设、全面从严治党工作水平不断提高，根据有关党内规章及中央指示精神，按照农业部党组的要求，现就院党组成员落实全面从严治党主体责任、履行“一岗双责”职责，做出以下规定。

1. 完善党建工作责任制

建立完善院党组书记负总责，分管领导分工负责，院党组成员、院机关各部门和院属各单位主要负责人“一岗双责”，直属机关党委推进落实，各级党组织层层负责的党建工作责任体系，健全完善党建工作考核制度。党组书记带头履行管党治党责任，切实履行抓党建第一责任人的职责；党组副书记是党建工作的直接责任人，具体负责抓好党的建设各项工作；其他党组成员根据分工切实抓好职责范围内的党建工作。

2. 坚持抓党建促业务

院党组成员分管部门，同时对业务工作和党的建设负分管责任，做到党建工作与业务工作同部署、同督促、同总结。把个人履行“一岗双责”职责情况作为年终述职、专题民主生活会的重要内容。

3. 定期听取汇报

院党组每年听取直属机关党委工作汇报，审定年度党建工作计划，定期研究机关党建工作。院党组成员每年至少 1 次听取分管部门党建工作汇报，提出指导意见。把分管部门党建工作情况作为绩效考核、工作评价的重要内容。

4. 严格组织生活

院党组成员带头参加双重组织生活，认真参加院党组专题民主生活会和所在党支部的组织生活会，严肃开展批评和自我批评，积极参加所在党支部有关活动。院党组书记每年为机关党员上 1 次党课。院党组成员每年至少为分管部门党员讲 1 次党课。党课内容要紧密结合党的建设，不能以业务探讨、部署工作代替党课。以多种方式指导、带领分管部门党员干部加强政治理论学习，坚定理想信念和宗旨意识。

5. 开展谈心谈话

院党组成员每年至少与分管部门党组织主要负责同志进行 1 次专题谈心谈话。谈心谈话着重了解党建工作动态、干部职工思想状况和党风廉政建设等情况，交流沟通思想。坚持谈话提醒制度，抓住出国出差、项目审批、干部选拔、年节假期等重要节点，对分管部门领导班子成员及时提醒谈话。

6. 抓好基层联系点

院党组成员每人在院属单位建立 1 个党建工作联系点，每年到联系点调研指导不少于 1 次。坚持直接联系群众制度，院党组成员和院领导同志每年至少开 1 次基层党员群众座谈会听取意见。坚持领导干部联系统战对象制度。

7. 加强指导监督

全面及时了解分管部门、联系点所在单位党建情况，特别是民主集中制、“三重一大”、民主生活会、“三会一课一费”、民主评议党员、党风廉政建设“两个责任”“一岗双责”等制度规定的落实情况，对于存在问题、薄弱环节及时指出，指导落实到位。

8. 严格督促执纪

督促分管部门、联系点所在单位党组织和党员领导干部抓好全面从严治党“两个责任”落实，对不认真履行“一岗双责”职责，造成分管单位党的领导弱化、党的建设缺失、全面从严治党不力的党组织和党组织书记批评教育；对分管单位党组织和党员违反“六项纪律”问题督促严肃查处，需要报院党组研究解决的问题及时报告，用纪律管住管好党员干部。

9. 发挥表率作用

带头深入学习习近平总书记系列重要讲话精神，切实增强“三个自信”，牢固树立“四个意识”，严守政治纪律和政治规矩，自觉在思想上政治上行动上同以习近平同志为总书记的党中央保持高度一致，做政治上的明白人。带头贯彻执行党内政治生活各项规定，坚持和发扬党的优良传统和作风，自觉接受党员群众监督，努力营造良好政治生态。

院属各单位、院机关各部门党政领导班子成员参照执行本规定。本规定自印发之日起施行。

中共中国农业科学院党组

2016 年 6 月 7 日

中共中国农业科学院党组关于进一步规范党费收缴使用和管理有关工作的通知

农科院党组发〔2016〕19 号

院属各单位、机关各部门党组织：

按照《中国共产党党章》、中组部《关于中国共产党党费收缴、使用和管理的规定》（中组发〔2008〕3 号）和中央专项巡视的要求，现就进一步规范我院党费收缴、使用和管理的有关工作，通知如下。

一、充分认识党费收缴、使用和管理工作的严肃性

按照《中国共产党党章》规定向党组织交纳党费，是共产党员必须具备的起码条件，是党员对党组织应尽的义务，也是党员增强党员意识的基本体现。做好党费收缴、使用和管理工作，是基层党组织的一项经常性任务，也是加强党员教育管理的一项重要内容。

各级党组织和广大党员一定要从增强党员意识、发挥先锋模范作用，从加强党的领导和党的建设，落实全面从严治党的高度，认识加强党费收缴、使用和管理工作的重要性和严肃性，切实落实好各项制度，对存在未按规定及时、足额交纳党费的问题立行立改，不断提高党费收缴、使用和管理水平。

二、严格落实党费收缴、使用和管理的有关规定

党员应当主动按月按规定标准交纳党费，遇到特殊情况，经党支部同意，可以每季度缴纳一次党费，也可以委托其亲属或者其他党员代为交纳或者补交党费。补交党费的时间一般不得超过 6 个月。

各级党组织要组织全体党员认真学习中组部《关于中国共产党党费收缴、使用和管理的规定》，基层党组织的组织委员或党小组组长要切实负起责任，坚持及时根据党员工资变动情况，认真区分每一名党员的收入构成，准确核定党员应交纳党费的计算基数和数额，不能图省事、嫌麻烦，笼而统之。

党费的收缴必须公开、透明，收缴党员个人党费必须认真登记《党费手册》，作为党员个人交纳党费的凭证。党费收缴手续要完备。收缴党费要按规定由收缴人、缴纳人

签字，做到账账相符、账款相符，党费收缴往来凭证要留存，以备查询。

下级党组织要按照没有留存之前的党员实际交纳党费的总额以一定比例每半年向上级党组织上缴党员交纳的党费，其中，各直属党委按党费总额的60%、直属党总支和支部按100%上缴院直属机关党委。京外单位党委按照组织关系所属的上级党组织规定上缴。

使用党费应当坚持统筹安排、量入为出、收支平衡、略有结余的原则。党费必须存入工商银行、农业银行、中国银行、建设银行、交通银行或邮政储蓄银行，不得存入其他银行或者非银行金融机构。

党费必须用于党的活动，主要作为党员教育经费的补充，具体使用范围包括：培训党员；订阅或购买用于开展党员教育的报刊、资料、音像制品和设备；表彰先进基层党组织、优秀共产党员和优秀党务工作者；补助生活困难的党员；补助遭受严重自然灾害的党员和修缮因灾受损的基层党员教育设施。

党费收缴、上缴和使用的情况要作为党务公开的一项重要内容，各级党组织应于每年年底将党费收缴、使用和管理情况向全体党员进行公示，接受党员的监督。

三、严肃党费收缴、使用和管理工作纪律

各单位、各部门党组织在 4 月 20 日前开展一次党费收缴、使用和管理工作核查，全面规范党费收缴工作，督促未按规定足额交纳党费的党员及时补缴所欠党费，时间要上溯至中组部《关于中国共产党党费收缴、使用和管理的规定》文件的实行日期 2008 年 4 月 1 日。对无正当理由，连续 6 个月不交纳党费的党员，按自行脱党处理，并报上级党组织批准。自查报告（应包括补缴党费总额和补缴党费的党员人数）于 4 月 25 日前报院党建工作领导小组办公室（直属机关党委）。

院党组将适时组织开展党费收缴、使用和管理工作抽查，对不按规定执行的，严肃进行通报批评。

中共中国农业科学院党组

2016 年 4 月 12 日

关于进一步规范党费工作的通知

各直属党委、总支、支部：

根据《中国共产党章程》、中央组织部《关于中国共产党党费收缴、使用和管理的规定》（中组发〔2008〕3 号，以下简称《规定》）和中央关于党费工作的新要求，为切实解决不按规定交纳党费和党费使用管理不规范问题，按照农业部直属机关党委《关于进一步规范党费工作的通知》（农党委〔2016〕41 号）的要求，经院直属机关党委常委会研究决定，就进一步规范我院直属机关党费工作要求如下。

一、切实提高对党费工作重要性的认识

党费问题不是小事，关乎从严治党、遵守党章。院直属机关党委高度重视做好党费工作，不断对党费收缴、使用和管理工作进行规范，但在今年中央对我院专项巡视中，党费工作仍然暴露出党费交纳不规范的问题。做好党费收缴、使用和管理工作，是基层党组织的一项经常性任务，也是加强党员教育管理的一项重要内容。各单位党组织要教育引导广大党员深刻认识到，按照党章规定向党组织缴纳党费，是共产党员必须具备的起码条件，是党员对党组织应尽的义务，也是党员忠诚于党的具体体现。各级党组织和广大党员务必从增强党组织创造力凝聚力战斗力，增强党员党的意识、党性观念，发挥战斗堡垒作用和先锋模范作用的高度，来认识加强党费收缴、使用和管理工作的重要性和严肃性，切实落实好各项制度，对存在的问题立行立改，不断提高党费收缴、使用和管理工作水平。

二、认真落实党费计算基数有关规定

党支部要以《规定》为依据，以中央组织部组织局编著、党建读物出版社出版的《党费工作手册》中就党费工作有关政策性问题作出的规范性解答（以下简称“解答”）为参考，结合机关、事业、企业、离退休干部职工党员和学生、流动人员等不同群体党员的收入构成实际情况，组织党员本人主动准确计算、党组织核准其党费基数。

根据工资制度和社会保障制度改革有关精神，按照农业部直属机关党委要求，就党员党费计算基数的有关问题明确如下：一是实行养老保险制度改革后，机关事业单位在职党员缴纳党费，工资中扣缴的养老保险费、职业年金不列入党员缴纳党费的计算基

数。二是事业单位和企业发放的绩效工资和奖金均应纳入党员党费计算基数，年终绩效工资和年终奖金计入发放当月党费计算基数。三是住房公积金中单位缴纳部分不纳入党员党费计算基数，个人缴纳部分应纳入党费计算基数。四是应及时根据党员收入变动情况调整党费计算基数，党员工资收入发生变化后，当月按新的工资收入确定党费计算基数。五是可采取小数点后“四舍五入”方法，以整数计算党员每月实交党费数额。以上规定从2016年8月起执行，有关党员交纳党费计算参考模板附后。

三、严格施行《农业部直属机关党费手册》制度

党员应每月持《党费手册》主动向所在党支部（或党小组）交纳党费。党组织不能安排非中共党员人员向党员收取党费。设党小组的支部，应由党小组长负责签收；设支委会的支部，应由支部组织委员负责签收；不设支委会的支部，应由支部书记负责签收。党员应妥善保管《党费手册》，不慎遗失《党费手册》应及时向党支部作出书面说明并申领；各单位党组织新申领《党费手册》须向院直属机关党委提交书面说明，按实需数领取。党支部书记、组织委员和党小组长要切实担负起党费工作职责，经常提醒党员认真遵守、严格执行党费工作规定，及时督促党员按月足额交纳党费。党员要严格执行交纳党费“自觉、按时、足额”三项要求，主动参与党费计算、按时足额交纳党费。各有关单位党组织要加强流动党员党费收缴工作，把党员交纳党费的相关规定向流动党员本人讲清楚，把能否自觉、主动交纳党费作为衡量流动党员党的意识和党性强弱的一个重要标志，严格按照《规定》和“解答”中关于流动党员交纳党费的规定收缴党费。

四、严肃党费使用和管理工作

各直属党委应当按照中组部办公厅、人民银行办公厅《关于党费账户继续单独设立的通知》（组电明字〔2006〕26号）要求，以党委名义单独设立党费专用存款账户，不得同其他费用混在一起，不得按其他款项存入银行。党费必须存入中国工商银行、中国农业银行、中国银行、中国建设银行、交通银行、中国邮政储蓄银行，不得存入其他银行或者非银行金融机构。党费利息是党费收入的一部分，不得挪作他用。各直属单位党组织留存党员实交党费的60%，存入党费专用存款账户；党员实交党费的另外40%每半年上缴院直属机关党委一次。院机关各部门党支部和院机关离退休党总支按党员实交党费的100%每月或每季度上缴院直属机关党委一次。各直属党组织全年党费要在每年年底前结清，完成向院直属机关党委上缴党费工作。留存党费的党组织要加强党费使用和管理，党费使用范围、项目及额度支出等方面的管理工作由单位党组织负责，要严格执行财务管理有关规定，切实消除安全隐患。党费的具体财务工作由单位财务机构代办，必须指定专人负责，严格实行会计、出纳分设。

使用党费要经各级党的基层委员会讨论决定，不得个人或者少数人说了算。各级党组织要严格按照《规定》明确的“五项使用范围”使用党费。党费必须用于党的活动，主要作为党员教育经费的补充，可适当补助开展主题教育实践活动所发生的费用。院机关各部门党支部和院机关离退休党总支采取到院直属机关党委报销相关票据的方式使用党费，每年党费使用额度不超过上年度上缴总额的60%，应先提出党费使用申请报告，经机关党委批准后方可使用。

五、严明党费工作纪律

党支部要全面落实党费工作主体责任，严格执行党费工作纪律。对不按照规定交纳党费的党员，党支部应当及时进行教育，要求限期改正；党员如果没有正当理由，连续6个月不交纳党费，支部大会应当决定按自行脱党予以除名，并按程序报上级党委批准。党费收缴、使用和管理的情况要作为党务公开的一项重要内容，接受党员的监督。各级党的基层委员会应当在党员大会或者党的代表大会上报告党费收缴、使用和管理情况。各直属党组织要在次年1月底前向院直属机关党委报告党费收缴、使用和管理情况，并提交《年度党费收支结存情况表》和《年度党费使用情况统计表》，同时在本单位党组织范围内进行通报。党支部应当每年向党员公布一次党费收缴情况。各单位党组织每年开展一次党费工作自查，及时纠正不符合规定问题。院直属机关党委适时组织开展党费工作督查，总结推广经验，查处违规问题，通报工作情况，不断提高我院直属机关党费工作水平。

院直属机关党委原有党费工作有关规定与本通知不一致的，以本通知为准。

附件：1. 事业单位党员缴纳党费计算参考模板
2. 企业单位党员缴纳党费计算参考模板
3. 离退休党员缴纳党费计算参考模板

中国农业科学院直属机关党委

2016年8月3日

附件 1

事业单位党员缴纳党费计算参考模板

姓名	岗位工资（元）	薪级工资（元）	绩效工资（元）	有关津贴之和（元）	扣税（元）	扣养老保险（元）	扣职业年金（元）	缴纳基数（元）	比例	月缴党费（元）	备注
***	1 567	2 345	2 000	4 567	567	789	666	8 457	1.50%	127	

说明：1. 计入党费缴纳基数的工资项目有：岗位工资、薪级工资、绩效工资、有关津贴补贴等；扣除的项目有：税、养老保险、职业年金等。年终绩效工资计入发放当月的党费基数。

2. 缴纳基数在 3 000元以下（含），比例为 0.5%；3 000~5 000元（含）比例为 1%；5 000~10 000元（含），比例为 1.5%；10 000元以上，比例为 2%。

3. 采取小数点后“四舍五入”方法，以整数计算党员每月实交党费数额。

附件 2

企业单位党员缴纳党费计算参考模板

姓名	基本工资（元）	岗位工资（元）	技能工资（元）	有关津贴补贴之和（元）	奖金和绩效工资（元）	扣税（元）	扣各类社会保险（元）	缴纳基数（元）	比例	月缴党费（元）	备注
***	2 500	1 852	1 000	3 000	100 000	774. 61	299. 64	107 277. 75	2. 00%	2 146	

说明：1. 企业党员党费计算基数，按“相对固定的、经常性的工资收入”原则来确定。根据多数企业的做法，“固定部分”是指在企业内职工普遍发放的基本工资、岗位（职务）工资、技能工资、岗位（职务）津贴补贴。“活的部分”是指在企业内职工定期普遍发放的奖金和绩效工资。年终绩效工资和奖金计入发放当月的党费基数。

2. 缴纳基数在 3 000元以下（含），比例为 0. 5%；3 000~5 000元（含）比例为 1%；5 000~10 000元（含），比例为 1. 5%；10 000元以上，比例为 2%。

3. 采取小数点后“四舍五入”方法，以整数计算党员每月实缴党费数额。

附件 3

离退休党员缴纳党费计算参考模板

姓名	领取离退休费的党员		领取养老金的党员			缴纳基数（元）	比例	月缴党费（元）	备注
	①基本离退休费（元）	②离退休补贴（元）	③基本养老金（元）	④企业年金（元）	⑤统筹外养老金（元）				
领取离退休费的党员 ***	3 500	1 501				5 001	1%	50	
领取养老金的党员 ***			2 060	2 400	540	5 000	0.50%	25	

说明：1. 领取离退休费的党员，填报①②两项；领取养老金的党员，填报③④⑤三项。

2. 缴纳基数在 5 000 元以下（含），比例为 0.5%；5 000 以上，比例为 1%。

3. 采取小数点后“四舍五入”方法，以整数计算党员每月实缴党费数额。

关于转发《关于规范部直属机关离退休干部、职工党员交纳党费计算基数工作的通知》的通知

院各直属党委、总支、支部：

现将农业部直属机关党委《关于规范部直属机关离退休干部、职工党员交纳党费计算基数工作的通知》（农党委〔2016〕71 号）转发给你们，请遵照执行。

附件：关于规范部直属机关离退休干部、职工党员交纳党费计算基数工作的通知

中国农业科学院直属机关党委

2016 年 12 月 28 日

附件

关于规范部直属机关离退休干部、职工党员交纳党费计算基数工作的通知

农党委〔2016〕71号

各直属党组织：

2016年11月26日，中共中央组织部办公厅印发了《关于在规范党费收缴管理工作中对离退休干部、职工党员交纳党费问题的答复》（组电明字〔2016〕29号，以下简称《答复》），对离退休干部、职工党员交纳党费有关问题进一步规范。

《答复》明确：《关于中国共产党党费收缴、使用和管理的规定》（中组发〔2008〕3号）第五条规定："离退休干部、职工中的党员，每月以实际领取的离退休费总额或养老金总额为计算基数。"这里所指的"实际领取的离退休费总额或养老金总额"应为每月实际领取的基本离退休费总额或基本养老金总额，可不包括其他津补贴。国家给离退休干部、职工发放的津补贴，是用于他们养老、就医的经费，且各地标准不一，这些津补贴应不纳入党费交纳基数。同时，对离退休干部、职工中的党员补交党费，要充分考虑他们的实际，确有困难的，经党支部研究并报上一级党委批准，可少补交或不补交。

根据中组部《答复》的新规定以及2016年12月7日中央国家机关党费工作会议精神，经研究，决定将我部直属机关离退休干部、职工中的党员交纳党费计算基数明确为每月实际领取的基本离退休费总额或基本养老金总额（不包括其他津补贴），从2016年12月起执行。

农业部直属机关党委

2016年12月15日

关于进一步规范和加强党支部主题党日活动的通知

院各直属党委、总支、支部：

为严格党的基层组织生活，加强党支部主题党日活动管理，进一步提高党支部开展组织生活的能力和水平，不断增强党的组织生活的政治性、思想性、时代性、原则性和实效性，现就进一步规范和加强院直属机关党支部主题党日活动通知如下。

一、明确活动目的

主题党日活动是党的基层组织生活的一种有效形式，是加强党员教育管理的重要抓手，是指以党支部为基本单位，按照党内生活的有关规定，围绕特定的主题，以加强党员教育管理、增强党员党性观念，丰富党内组织生活、增强党支部生机活力、破解支部工作“两张皮”难题为目的，从党支部自身实际出发，突出各自特色特点，利用一定时间集中开展的党的组织生活活动。各单位党组织要引导党支部通过开展形式多样的主题党日活动，使党建工作和中心业务工作融为一体，使思想教育更直观、更生动、更有效，有效解决基层组织生活活动创新不够、吸引力不强、流于形式、效果不明显等突出问题，更好地发挥党支部的战斗堡垒作用和党员先锋模范作用。

二、把握基本要求

各单位党组织要坚持主题突出、特色鲜明、管理规范、注重实效的原则，推动党支部主题党日活动规范有序开展。

（一）精选主题

要认真贯彻落实新形势下全面从严治党对加强党员教育管理的要求，紧扣业务和党建工作中心任务，紧密结合党员队伍建设实际，以增强党员理想信念和党性修养为着力点，突出农业科研单位的特点和行业特色，确定特色鲜明的活动主题，切实提高主题党日活动的思想性教育性。要积极探索创新主题党日活动的有效载体，可与“三会一课”、警示教育、工青妇活动紧密结合，采取深入农业农村基层一线教育实践、赴红色教育基地参观考察学习、开展志愿和帮扶等公益活动、邀请先进党员模范人物作报告等各种形式，丰富活动内容，改进活动方式，注重贴近基层、简便易行、寓教于乐，切实增强主题党日活动的吸引力和实效性。

（二）制订计划

党支部年初应根据上级党组织的要求，将主题党日活动纳入支部年度工作计划，在充分征求广大党员意见建议的基础上，制订活动计划方案，明确活动主题、时间地点、主持（带队）人、参加人员、详细经费预算，做到准备充分、组织有力、严格规范、落实到位，确保活动的实际效果。党费可适当补助开展主题党日活动所产生的费用，各单位党组织要按照《中国共产党党和国家机关基层组织工作条例》、农业部党组《关于贯彻落实〈中国共产党党和国家机关基层组织工作条例〉的实施意见》要求，把党的活动经费列入单位经费预算，保障工作需要。

（三）严格管理

党支部开展主题党日活动计划要报上级党组织审批，活动计划一经批准，不得随意变更。党支部开展主题党日活动每年应不少于 1 次，每次开展活动时间不少于半天，参加的党员人数原则上要达到党员总数的 80%以上。党员无特殊情况都要积极参加，原则上每年不得少于 1 次主题党日活动。活动中，要严格执行中央八项规定及有关财务规定，严禁借开展主题党日活动之名组织党员干部游山玩水、变相旅游、大吃大喝等，切实防止组织生活娱乐化现象。要及时记录、宣传活动开展情况，并向上级党组织报送活动总结。

三、加强组织领导

各单位党组织要高度重视，强化组织领导，把规范和加强党支部主题党日活动作为党的建设的一项重要工作，制定管理办法，规范活动程序，创新活动机制，推动主题党日活动务实有效开展。党支部书记是开展主题党日活动的第一责任人，要对活动的全过程切实负起组织落实责任，确保活动按计划顺利组织实施，取得实效。要认真总结近年来开展“基层服务型党组织”建设的好做法好经验，把开展主题党日活动作为服务型党支部建设的一个重要抓手和载体，努力实现一个支部一个品牌，进一步规范和严格支部建设。各单位党组织要加强对党支部开展主题党日活动的监督检查，在对督查过程中发现的不按计划执行、主题不明确、参与率不高的党支部，应责成其及时整改；对不按要求组织开展主题党日活动的党支部，应对其党支部书记进行谈话提醒。各直属党组织要将组织开展主题党日活动的情况报告连同《党支部开展主题党日活动情况统计表》于次年 1 月底前报送院直属机关党委。

院属京外单位党委下属党支部开展主题党日活动要求以上级地方党组织规定为准，如地方上级党组织没有此方面规定，可参照本通知执行。

附件：党支部开展主题党日活动情况统计表

中国农业科学院直属机关党委

2016 年 8 月 1 日

附件

党支部开展主题党日活动情况统计表

直属党组织名称（盖章）： 填报日期：

序号	党支部	活动主题	时间地点	主持（带队）人及职务	参加人员范围及人数	活动主要内容（行程）	经费支出情况及来源	备注

补充资料：下属党支部总数　个，本年度开展主题党日活动的党支部　个，占比　%。

审核人： 填报人： 联系电话：

中共中国农业科学院党组印发《关于在全院党员中开展“学党章党规、学系列讲话，做合格党员”学习教育实施方案》的通知

农科院党组发〔2016〕24 号

院属各单位、院机关各部门：

《关于在全院党员中开展“学党章党规、学系列讲话，做合格党员”学习教育实施方案》已经院党组 2016 年第 17 次会议审定，现印发给你们，请认真贯彻执行。

中共中国农业科学院党组

2016 年 4 月 25 日

关于在全院党员中开展“学党章党规、学系列讲话，做合格党员”学习教育实施方案

党中央决定，2016年在全体党员中开展“学党章党规、学系列讲话，做合格党员”学习教育（以下简称“两学一做”学习教育）。根据中共中央办公厅《关于在全体党员中开展“学党章党规、学系列讲话，做合格党员”学习教育方案》（中办发〔2016〕14号）、《中共中央组织部印发〈关于“两学一做”学习安排的具体方案〉的通知》（中组发〔2016〕10号）和《关于在部系统全体党员中开展“学党章党规、学系列讲话，做合格党员”学习教育实施方案》（农党组发〔2016〕49号）的要求，结合我院实际，现就在全体党员中开展“两学一做”学习教育，制订如下实施方案。

一、总体要求

开展“两学一做”学习教育，是落实党章关于加强党员教育管理要求、面向全体党员深化党内教育的重要实践，是推动党内教育从“关键少数”向广大党员拓展、从集中性教育向经常性教育延伸的重要举措，是贯彻全面从严治党要求、加强党的思想政治建设的一项重大部署，是协调推进“四个全面”战略布局特别是全面从严治党向基层延伸的有力抓手。各级党组织和广大党员要切实用习近平总书记重要指示精神和党中央部署要求统一思想和行动，增强做好“两学一做”学习教育的责任感，把各项工作抓好、抓实、抓到位，切实把全面从严治党落实到每个支部、落实到每名党员。

开展“两学一做”学习教育，基础在学，关键在做。要把党的思想建设放在首位，以尊崇党章、遵守党规为基本要求，以用习近平总书记系列重要讲话精神武装全党为根本任务，教育引导党员自觉按照党员标准规范言行，进一步坚定理想信念，提高党性觉悟；进一步增强政治意识、大局意识、核心意识、看齐意识，坚定正确政治方向；进一步树立清风正气，严守政治纪律政治规矩；进一步强化宗旨观念，勇于担当作为，在生产、工作、学习和社会生活中起先锋模范作用，为党在思想上政治上行动上的团结统一夯实基础，为协调推进“四个全面”战略布局、贯彻落实五大发展理念、推动“十三五”农业科技事业发展提供强大的思想、组织和作风保障。

开展“两学一做”学习教育，要坚持正面教育为主，用科学理论武装头脑；坚持学用结合，知行合一；坚持问题导向，注重实效；坚持领导带头，以上率下；坚持从实际出发，分类指导。要给基层党组织结合实际开展学习教育留出空间，充分发挥党支部自我净化、自我提高的主动性，做到“一把钥匙开一把锁”，切实解决几个关键问题，防止大而化之，力戒形式主义。要把“两学一做”学习教育与中央对我院的巡视工作

紧密结合起来，严肃认真抓好巡视组反馈问题和意见的整改落实，切实解决我院在加强党的领导、加强党的建设、全面从严治党方面存在的突出问题。

二、学习内容和要求

开展“两学一做”学习教育，要按照区分层次、有针对性解决问题的要求，坚持以学促做，知行合一，引导和促进全体党员自觉尊崇党章、遵守党规，用习近平总书记系列重要讲话精神武装头脑、指导实践、推动工作，做讲政治、有信念，讲规矩、有纪律，讲道德、有品行，讲奉献、有作为的合格共产党员。

（一）关于全体党员学习内容和要求

要把学习党章党规与学习习近平总书记系列重要讲话统一起来，在学系列讲话中加深对党章党规的理解，在学党章党规中深刻领悟系列讲话的基本精神和实践要求。

1. 学习党章党规

学习《中国共产党章程》，深入领会党的性质、宗旨、指导思想、奋斗目标、组织原则、优良作风，深入领会党员条件和义务、权利，牢记入党誓词，明确做合格党员的标准和条件。学习《中国共产党廉洁自律准则》《中国共产党纪律处分条例》《中国共产党党员权利保障条例》等，掌握廉洁自律准则规定的“四个必须”“四个坚持”，掌握各类违纪行为的情形和处分规定。

2. 学习系列讲话

学习领会习近平总书记系列重要讲话的基本精神，学习领会党中央治国理政新理念新思想新战略的基本内容，掌握与增强党性修养、践行宗旨观念、涵养道德品格等相关的基本要求。学习《习近平总书记系列重要讲话读本（2016 年版）》。学习系列讲话，主要领会掌握以下方面内容：①理想信念是共产党人精神上的“钙”，树立正确的世界观、人生观、价值观；②中国梦是国家的梦、民族的梦、人民的梦，是中华民族近代以来最伟大的梦想，核心要义就是国家富强、民族振兴、人民幸福；③中国特色社会主义是实现中华民族伟大复兴的必由之路，增强道路自信、理论自信、制度自信；④“四个全面”战略布局是新的历史条件下党治国理政总方略，自觉用“四个全面”引领各项工作；⑤坚持创新、协调、绿色、开放、共享发展是关系我国发展全局的一场深刻变革，按照新发展理念做好本职工作；⑥践行社会主义核心价值观，弘扬社会主义思想道德和中华传统美德；⑦全面从严治党是全体党员共同责任，必须落实到每个支部和每个党员。⑧我院全体党员还要深入系统学习习近平总书记关于“三农”问题，关于实施创新驱动发展战略、加快推进以科技创新为核心的全面创新的重要论述。

3. 重点解决的问题

（1）坚定共产党人理想信念。重点解决一些党员理想信念模糊动摇，精神空虚迷茫，有的甚至参加封建迷信活动、信仰宗教等问题。坚守党的信仰信念，牢记党的历史使命，把正确的理想追求转化为行动的力量，在生产工作学习和社会生活中起先锋模范作用。坚持正确政治方向，增强政治敏锐性和政治鉴别力，敢于同各种错误思想、错误言行作斗争。

（2）牢固树立党的意识、党员意识。重点解决一些党员组织观念淡薄、组织纪律散漫，长期不参加“三会一课”等组织生活、不按规定交纳党费，违规使用科研经费，不起先锋模范作用，有的甚至不愿提党员身份，不辨是非，不守政治纪律和政治规矩等问题。始终牢记自己是一名共产党员，加强党性锻炼，听党话、跟党走，在党言党、在党爱党、在党护党、在党为党。

（3）强化党的宗旨意识。重点解决一些党员群众观念淡漠、服务意识欠缺，为群众办事不上心不主动，有的甚至损害群众利益，假公济私、优亲厚友、吃拿卡要等问题。牢记全心全意为人民服务的根本宗旨，把人民放在心中最高位置，密切联系群众，真心对群众负责，热心为群众服务，在扶贫济困中发挥作用，用实际行动赢得群众信任和拥护。

（4）积极践行社会主义核心价值观。重点解决一些党员律己不严、知行脱节，讲奉献、讲公德、讲诚信不够，有的甚至价值取向扭曲、道德行为失范，情趣低俗、贪图享乐等问题。切实加强道德修养，崇德向善、注重自律，把社会主义核心价值观内化为精神追求、外化为自觉行动，用模范行为影响和带动群众。

（5）在推动农业科技事业发展实践中建功立业。重点解决一些党员安于现状、进取心不强，精神不振、作风懈怠，只求过得去不求过得硬，有的甚至敷衍应付、逃避责任等问题。积极适应经济发展新常态，认真践行新发展理念，立足本职岗位做好工作，在科技创新工程、推进农业科技自主创新、支撑“三农”事业发展、加快农业现代化进程中奋发有为、干事创业、建功立业。

（二）关于处级以上党员领导干部学习内容和要求

处级以上党员领导干部要在学习教育中作出表率，紧密联系领导工作实际，学得更多一些、更深一些，要求更严一些、更高一些，努力提高思想政治素养和理论水平。

1. 学习党章党规

系统学习领悟《中国共产党章程》，在全面把握基本内容的基础上，重点掌握党章总纲和党员、党的组织制度、党的中央组织、党的地方组织、党的基层组织、党的干部、党的纪律等章内容，深刻把握“两个先锋队”的本质和使命，进一步明确“四个服从”的要求，掌握党的领导干部必须具备的六项基本条件。

深入学习《中国共产党廉洁自律准则》《中国共产党纪律处分条例》《中国共产党党和国家机关基层组织工作条例》《中国共产党党组工作条例（试行）》《党政领导干部选拔任用工作条例》等党内重要法规制度。重点掌握廉洁自律准则规定的“四个廉洁”“四个自觉”，掌握党纪处分工作原则以及各类违纪行为的情形和处分规定，掌握机关基层党组织和党组的职责、组织原则、运行机制，掌握党政领导干部选拔任用原则、条件、要求。

2. 学习系列讲话

以《习近平谈治国理政》和《习近平总书记重要讲话文章选编（领导干部读本）》为基本教材，学习《习近平总书记系列重要讲话读本（2016 年版）》。深入学习领会习近平总书记系列重要讲话精神，领会关于改革发展稳定、内政外交国防、治党治国治军的重要论述，领会贯穿其中的马克思主义立场观点方法，领会贯穿其中的坚定信仰追求、历史担当意识、真挚为民情怀、务实思想作风。要注重整体把握、掌握内在联系，防止碎片化学习。

学习系列讲话，要注意围绕坚持和发展中国特色社会主义这个主题，着重领会以习近平同志为总书记的党中央治国理政新理念新思想新战略。①深入领会我们正在进行具有许多新的历史特点的伟大斗争，我国发展重要战略机遇期变与不变的深刻内涵。②深入领会坚定中国特色社会主义道路自信、理论自信、制度自信，决胜全面建成小康社会，实现“两个一百年”奋斗目标和中华民族伟大复兴的中国梦。③深入领会统筹国内国际两个大局，协调推进“五位一体”总体布局和“四个全面”战略布局。④深入领会创新、协调、绿色、开放、共享的发展理念，主动适应、把握、引领经济发展新常态，更加注重推进供给侧结构性改革，以新发展理念引领发展实践。着力实施创新驱动发展战略，着力增强发展整体性协调性，着力推进人与自然和谐共生，着力形成对外开放新体制，着力践行以人民为中心的发展思想。⑤深入领会全面深化改革，推进国家治理体系和治理能力现代化；使市场在资源配置中起决定性作用和更好发挥政府作用；毫不动摇坚持我国基本经济制度，推动各种所有制经济健康发展；推进“一带一路”建设、京津冀协同发展、长江经济带发展；全面依法治国，建设中国特色社会主义法治体系；发展社会主义民主政治，坚持中国特色社会主义政治发展道路；培育和践行社会主义核心价值观，增强文化自信、价值观自信，建设社会主义文化强国；树立总体国家安全观，尊重网络主权，构建全球互联网治理体系；把握党在新形势下的强军目标，全面实施改革强军战略等；不断推进“一国两制”事业、依法保障“一国两制”实践；构建新型大国关系、建设互利共赢的新型国际关系；坚持正确义利观、建设人类命运共同体。⑥深入领会全面从严治党要求，严守党的政治纪律和政治规矩，忠诚、干净、担当，强化正风反腐，坚持“老虎”“苍蝇”一起打等。⑦深入领会科学的思想方法和工作方法，观大势、定大局、谋大事；强化战略思维、辩证思维、系统思维、创新思维、底线思维；树立问题导向，注重防风险、补短板；牢记空谈误国、实干兴邦，一分部署、九分落实等。⑧院党组和各单位党政领导班子还要按照习近平总书记重要批示精神，把毛泽东同志《党委会的工作方法》纳入学习内容，全面加强领导班子思想政治建设、作风建设、能力建设。要深入系统学习习近平总书记关于“三农”问题、科技创新的重要论述，努力提高做好农业科技工作的能力和水平。

3. 重点解决的问题

认真贯彻习近平总书记关于培养造就具有铁一般信仰、铁一般信念、铁一般纪律、铁一般担当的干部队伍要求，对照习近平总书记关于“七个有之”“五个必须”等重要论述，增强政治意识、大局意识、核心意识、看齐意识，在思想上政治上行动上同以习近平同志为总书记的党中央保持高度一致，坚持把纪律和规矩挺在前面，严格执行“六项纪律”，用纪律管住管好“关键少数”，认真践行“三严三实”要求和好干部标准，做心中有党、心中有民、心中有责、心中有戒的表率。

（1）带头坚定理想信念。针对在“举什么旗、走什么路”上的模糊认识，针对信仰缺乏、信念缺失、精神缺“钙”等问题，正本清源、固本培元，着力提升马克思主义理论素养，提升运用党的理论创新成果观察和分析问题的能力，保持对马克思主义和共产主义的坚定信仰、对中国特色社会主义的坚定信念，强化宗旨意识、践行群众路线，把理想信念体现到修身律己、为政用权、干事创业的方方面面，做远大理想和共同理想模范践行者。旗帜鲜明反对和抵制西方宪政民主、“普世价值”、新自由主义、历史虚无主义以及质疑改革开放和中国特色社会主义等错误思潮。

（2）带头严守政治纪律和政治规矩。针对政治上的自由主义，不认真贯彻落实党中央决策部署，不认真结合实际贯彻落实党的路线方针政策，重大问题重要事项不请示不报告，针对当面一套背后一套、当“两面人”，针对顶风违纪搞“四风”，针对拉帮结派、搞团团伙伙等问题，认真汲取周永康、薄熙来、徐才厚、郭伯雄、令计划等违纪违法案件的深刻教训，认真吸取部院党员干部警示教育视频会议上通报的违纪违规案例教训，知敬畏、明底线、守规矩，合法合规使用科研经费，保持对党绝对忠诚的政治品格，做政治上的明白人，坚决维护党中央权威，维护党的团结统一。

（3）带头树立和落实新发展理念。针对那些不适应、不适合甚至违背新发展理念的认识、行为、做法，针对那些一味拼资源拼投入、先污染后治理、重城市轻农村、重效率轻公平等片面发展、畸形发展的问题，坚持解放思想、与时俱进，树立对新发展理念的自觉自信，做到崇尚创新、注重协调、倡导绿色、厚植开放、推进共享。针对在经济发展新常态上的认识误区，深刻认识经济发展新常态的客观必然性，防止片面性、简单化，不能以是否对自己有利来判断新常态好坏；不能把新常态当作一个筐，什么都往里装；不能把新常态当作避风港，把工作不好做、没干好的原因都归结于新常态，为不干事、不发展找借口。积极推进供给侧结构性改革，落实好党中央确定的“五大政策支柱”和“五项重点任务”，切实做好农业供给侧结构性改革等重点工作。

（4）带头攻坚克难、敢于担当。针对大是大非面前不敢亮剑、矛盾问题面前不敢迎难而上、危机面前不敢挺身而出、失误面前不敢承担责任、歪风邪气面前不敢坚决斗争等问题，强化责任意识，敢于担当负责。针对新形势下不想为、不会为、不善为等问题，提升精气神、增长新本领、展现新作为，做到想干愿干积极干、能干会干善于干，以踏石留印、抓铁有痕的劲头抓落实，做改革发展的促进派和实干家。要坚持求真务实、按规律办事，树立正确政绩观，努力创造经得起实践、人民、历史检验的实绩。

（5）带头落实全面从严治党责任。针对管党治党不力、党建意识淡漠、党建工作缺失，针对主体责任、“一岗双责”落实不到位，把业务工作和党建工作割裂开来的问题，针对那些认为正风反腐影响经济发展等错误观点，树立全面从严治党永远在路上的思想，树立抓好党建是最大政绩、抓不好党建是不称职、不抓党建是失职的意识，坚持思想建党和制度治党紧密结合，强化依规治党意识，切实担负起管党治党责任。要自觉接受党内政治生活锻炼，坚持民主集中制原则，认真开展批评和自我批评，严格党员、干部日常管理监督，保持反腐败高压态势。要持续深入改进作风，培育良好家风，管好子女家属和身边工作人员，按“亲、清”原则正确处理政商关系，营造风清气正的政治生态和从政环境。

在把握好以上学习内容、学习要求的同时，无论是党员还是领导干部，还要注重联系本职工作实际，学习好习近平总书记关于指导本领域工作的重要讲话和指示精神，进一步统一思想和行动，明确工作思路和努力方向。要对照讲话提出的各项要求，总结分析贯彻落实情况，找出差距和不足，有针对性提出加强和改进工作的具体措施，确保讲话精神落地落实。

三、学习教育方式方法

要突出经常性教育的特点，坚持以党支部为基本单位，以“三会一课”等党的组织生活为基本形式，以落实民主评议等党员日常教育管理制度为基本依托，在融入经常、融入日常上下工夫，更好改造主观世界和客观世界。要与学习党的历史结合起来，用好红色教育资源、祁阳站精神和中棉所精神等自身资源，弘扬党的优良传统和作风，使之成为党员干部奉献农业科技事业的精神动力。要注重联系党员干部思想和工作实际，坚持正面教育与反面警示相结合，以先进典型为镜，以反面典型为戒。要因地制宜、因人施策，防止一锅煮、一刀切、大水漫灌，防止形式主义、走过场，防止撇开日常工作搞学习，防止简单以开了多少会、做了多少笔记来评判学习教育的成效。要把学习教育同做好中心工作结合起来，同落实本单位本部门各项任务结合起来，做到两手抓、两促进。

1. 个人自学

全体党员要加强个人自学，树立重视学习、热爱学习、终身学习的观念。要读原著、学原文、悟原理，带着信念学、带着感情学、带着使命学、带着问题学。各单位党组织要针对不同类型党员的实际情况，对党员提出自学要求，提供适合的学习资料，创造必要的学习条件，引导党员充分利用中组部共产党员网、“两学一做”学习教育网、微信易信、部院网站专栏和全国党员干部远程教育平台开展自主学习、互动交流。

2. 集中学习讨论

院党组和各单位中心组定期组织集中学习，围绕学党章、坚定理想信念；学党规、严守纪律规矩；学讲话、增强“四个意识”；学宗旨、坚持创新为民 4 个专题开展交流研讨。认真落实“三会一课”制度，党支部每季度召开一次全体党员会议，每次围绕1个专题组织讨论，每名党员学习会前都要认真撰写发言提纲；党小组要定期组织党员集中学习（不设党小组的，以党支部为单位集中学习）。鼓励基层党组织之间开展主题联学活动。学习讨论要紧密结合现实，联系个人思想工作生活实际，看自己在新任务新考验面前，能否坚守共产党人信仰信念宗旨，能否正确处理公与私、义与利、个人与组织、个人与群众的关系，能否努力追求高尚道德、带头践行社会主义核心价值观、保持积极健康生活方式，能否自觉做到党规党纪面前知敬畏守规矩，能否保持良好精神状态、积极为党的农业科技事业担当作为。通过学习讨论，真正提高认识，找到差距，明确努力方向。

3. 创新方式讲党课

讲党课一般在党支部范围内进行，也可在单位党组织范围内讲大课，鼓励不同党支部联合讲党课、旁听其他党支部讲党课。党支部要结合专题学习讨论，对党课内容、时间和方式等作出安排。各单位党员领导干部要在所在党支部至少讲1次党课。积极开展“请进来”“走出去”，各单位党组织要积极联系党校教师、有关专家、先进模范等讲党课，可邀请本单位优秀专家、先进典型讲党课，鼓励基层党组织书记、普通党员联系实际讲党课，与结对基层党支部“互讲”。注重运用身边事例、现身说法，注重互动交流、思想碰撞、答疑释惑，增强党课的吸引力、感染力和实效性。今年“七一”前后，各党支部要结合开展纪念建党95周年活动，集中安排1次党课。

4. 召开专题组织生活会

2016年年底前，以党支部（党小组）为单位召开专题组织生活会。支部班子及其成员对照职能职责，进行党性分析，查摆在思想、组织、作风、纪律等方面存在的问题。要面向党员和群众广泛征求意见，严肃认真开展批评和自我批评，针对突出问题和薄弱环节提出整改措施。组织全体党员对支部班子的工作、作风等进行评议。

5. 开展民主评议党员

2016年年底前，以党支部为单位召开全体党员会议，组织党员开展民主评议。对照党员标准，按照个人自评、党员互评、民主测评、组织评定的程序，对党员进行评议。党员本人要撰写党员个人党性分析材料，填报《民主评议党员登记表》。党员人数较多的党支部，个人自评和党员互评可分党小组进行。结合民主评议，支部班子成员要与每名党员谈心谈话，党员和党员之间也要开展谈心交心。党支部综合民主评议情况和党员日常表现，确定评议等次，对优秀党员予以表扬；对有不合格表现的党员，按照党章和党内有关规定，区别不同情况，稳妥慎重给予组织处置。

6. 立足岗位作贡献

各单位要深入开展岗位建功活动，促进党员模范履行岗位职责，保持“忠诚、规矩、担当、务实、干净”的良好风气，推动农业科技事业发展再上新台阶。要通过设立党员先锋岗、党员责任区、党员服务窗口，提出党员发挥作用的具体要求，教育引导党员时刻铭记党员身份，积极为党工作。为公众提供服务的窗口岗位、为农民提供服务的科研基地，要尽量安排共产党员和青年团员，坚持佩戴党徽团徽、挂牌上岗，亮出党团员身份和服务承诺，提高服务质量，展现良好形象。全面推行机关联系基层、干部联系群众“双联系”制度，扎实组织院领导、机关局领导到基层联系点调研，引导党员干部在服务职工群众中增强党性、改进作风、提高能力。结合纪念建党95周年，评选表彰一批中国农业科学院优秀共产党员、优秀党务工作者、先进基层党组织，弘扬正气、树立标杆。

7. 党员领导干部作表率

院党组和各级领导干部要以身作则、率先垂范，层层示范、层层带动，形成上行下效、整体联动的总体效应。党员领导干部要学在前、做在前，要求别人做到的，自己首先做到；要求别人不做的，自己坚决不做，不能搞“灯下黑”，不能“手电筒照人不照己”。要严格执行双重组织生活等党内生活各项制度，带头参加学习讨论，带头谈体会、讲党课、作报告，带头参加组织生活会、民主评议，带头履职尽责、立足岗位作贡献，发挥带学促学作用，推动整个学习教育扎实有效开展。院党组成员除参加所在支部的组织生活外，还要联系研究所一个科研支部，深入了解基层党组织情况，掌握党员的思想状态。2016年度院党组和各单位党员领导干部专题民主生活会要以“两学一做”为主题，领导班子和领导干部要把自己摆进去，查找存在的问题。

四、组织领导

1. 层层落实责任

我院“两学一做”学习教育在院党组领导下，由院党建工作领导小组组织实施，把开展“两学一做”学习教育作为一项重大政治任务，尽好责、抓到位、见实效。设立院“两学一做”学习教育协调小组，直属机关党委牵头，院办公室、人事局、监察局、研究生院、院机关离退休党总支有关负责同志参加，抽调精干力量组成综合组和督导组，负责对院系统学习教育工作的协调督导。院党组“两学一做”学习教育工作由院办公室负责具体落实。各单位党组织要成立相应的工作机构，具体负责学习教育的组织实施，在抓好领导班子自身学习教育的同时，要对所属党支部（党小组）进行全覆盖、全过程的现场指导，落实学习教育各项要求。各级党组织书记要切实承担起主体责任，不仅要管好干部、带好班子，还要管好党员、带好队伍，层层传导压力，从严从实抓好学习教育。

2. 强化组织和督导

院党组和各单位中心组要制订学习计划，充分发挥示范带头作用。各单位党委要指导党支部（党小组）结合实际制订学习计划，引导帮助全体党员制订个人自学计划，督促执行“三会一课”制度，落实学习要求。要对软弱涣散基层党支部进行整顿，配齐配强支委会，健全完善制度，推动转化提升，确保学习教育有人抓、有人管。开展党员组织关系集中排查，摸清“口袋”党员、长期与党组织失去联系党员情况，理顺党员组织关系，努力使每名党员都纳入党组织有效管理，参加学习教育。对确实严重违背党章党规的党员，该处置的处置，该清理的清理。组织对基层党组织书记等党务骨干进行培训，掌握工作方法，明确工作要求。各单位党政领导班子成员要深入党支部指导，及时了解掌握党员干部的学习情况，及时发现和解决苗头性、倾向性问题。

3. 坚持分类指导

要针对管理、科研、离退休、学生等不同类型党支部实际情况，对学习教育的内容安排、组织方式等提出具体要求。研究生院党委、离退休党总支要分别制订学生党员、离退休党员“两学一做”学习教育专项实施方案，加强对学生党员、离退休党员学习教育工作的指导。对离退休干部职工党员及年老体弱党员，原则上既要体现从严要求，又要考虑实际情况，以适当方式组织他们参加学习教育。机关党委党建网开辟“两学一做”学习教育专栏，院网、院报、院简报、院闭路电视等媒体要积极主动宣传“两学一做”学习教育的做法和成效，加强舆论引导，营造良好氛围。

4. 务求取得实效

各单位要把学习教育同做好巡视整改落实结合起来，同做好院党组中心工作结合起来，同落实本单位本部门各项任务结合起来，突出实践特色、行业特色和单位特色，紧密结合科研中心工作，统筹安排好各项工作。要把理想信念宗旨时时处处体现为行动的力量，筑牢拒腐防变的思想道德防线，始终保持干事创业、开拓进取的精气神，以农业科技事业发展的良好成效来体现学习教育工作的丰硕成果。

中共中国农业科学院党组

2016 年 4 月 25 日

关于转发《关于在院机关离退休干部职工党员中开展“学党章党规、学系列讲话，做合格党员”学习教育实施方案》的通知

直党字〔2016〕39 号

院属各单位、院机关各部门党组织：

现将我院机关离退休党总支印发的《关于在院机关离退休干部职工党员中开展“学党章党规、学系列讲话，做合格党员”学习教育实施方案》转发给你们，请结合实际作出具体安排，认真抓好本单位离退休干部职工党员“两学一做”学习教育。

中国农业科学院直属机关党委

2016 年 6 月 7 日

关于在院机关离退休干部职工党员中开展“学党章党规、学系列讲话，做合格党员”学习教育实施方案

党中央决定，2016年在全体党员中开展“学党章党规、学系列讲话，做合格党员”学习教育（以下简称“两学一做”学习教育）。根据中共中央组织部印发《关于“两学一做”学习安排的具体方案》的通知（中组发〔2016〕10号）和中国农业科学院党组印发《关于在全院党员中开展“学党章党规、学系列讲话，做合格党员”学习教育实施方案》的通知（农科院党组发〔2016〕24号）的要求，结合院机关离退休干部职工党员的实际情况，现就在院机关离退休干部职工党员中开展“两学一做”学习教育，制订如下实施方案。

一、总体要求

开展“两学一做”学习教育，是落实党章关于加强党员教育管理要求、面向全体党员深化党内教育的重要实践，是推动党内教育从“关键少数”向广大党员拓展、从集中性教育向经常性教育延伸的重要举措，是贯彻全面从严治党要求、加强党的思想政治建设的一项重大部署，是协调推进“四个全面”战略布局，特别是全面从严治党向基层延伸的有力抓手。院机关离退休党组织和广大离退休干部职工党员要切实用习近平总书记重要指示精神和党中央部署要求统一思想和行动，增强做好“两学一做”学习教育的责任感，把各项工作抓好、抓实、抓到位，切实把全面从严治党落实到每个支部、落实到每名党员。

开展“两学一做”学习教育，基础在学，关键在做。要把党的思想建设放在首位，以尊崇党章、遵守党规为基本要求，以用习近平总书记系列重要讲话精神武装全党为根本任务，教育引导党员自觉按照党员标准规范言行，进一步坚定理想信念，提高党性觉悟；进一步增强政治意识、大局意识、核心意识、看齐意识，坚定正确政治方向；进一步树立清风正气，严守政治纪律政治规矩；进一步强化宗旨观念，在学习和社会生活中起先锋模范作用，为党在思想上政治上行动上的团结统一夯实基础。

开展“两学一做”学习教育，要坚持正面教育为主，用科学理论武装头脑；坚持学用结合，知行合一；坚持问题导向，注重实效；坚持从实际出发，分类指导。要给离退休党支部结合实际开展学习教育留出空间，充分发挥党支部自我净化、自我提高的主动性，做到“一把钥匙开一把锁”，切实解决离退休党组织在加强党的领导、加强党的建设和从严治党等方面存在的突出问题，防止大而化之，力戒形式主义。

二、学习内容和要求

要按照区分层次、有针对性解决问题的要求，坚持以学促做，知行合一，引导和促进机关离退休干部职工党员自觉尊崇党章、遵守党规，用习近平总书记系列重要讲话精神武装头脑，做讲政治、有信念，讲规矩、有纪律，讲道德、有品行，讲奉献、有作为的合格共产党员。

（一）学习党章党规

学习《中国共产党章程》，深入领会党的性质、宗旨、指导思想、奋斗目标、组织原则、优良作风，深入领会党员条件和义务、权利，牢记入党誓词，明确做合格党员的标准和条件。学习《中国共产党廉洁自律准则》《中国共产党纪律处分条例》《中国共产党党员权利保障条例》等，掌握廉洁自律准则规定的“四个必须”“四个坚持”，掌握各类违纪行为的情形和处分规定。

（二）学习系列讲话

学习《习近平总书记系列重要讲话读本（2016 年版）》。学习系列讲话，主要领会掌握以下方面内容：①理想信念是共产党人精神上的“钙”，树立正确的世界观、人生观、价值观；②中国梦是国家的梦、民族的梦、人民的梦，是中华民族近代以来最伟大的梦想，核心要义就是国家富强、民族振兴、人民幸福；③中国特色社会主义是实现中华民族伟大复兴的必由之路，增强道路自信、理论自信、制度自信；④“四个全面”战略布局是新的历史条件下党治国理政总方略，自觉用“四个全面”引领各项工作；⑤坚持创新、协调、绿色、开放、共享发展是关系我国发展全局的一场深刻变革，按照新发展理念积极发挥作用；⑥践行社会主义核心价值观，弘扬社会主义思想道德和中华传统美德；⑦全面从严治党是全体党员共同责任，必须落实到每个支部和每个党员。机关离退休职工党员还要注重学习习近平总书记关于“三农”工作的重要论述。

（三）重点解决的问题

1. 坚定共产党人理想信念

重点解决少数党员理想信念模糊动摇，精神空虚迷茫，对网络谣言，辨别能力较差，误信误传，缺乏科学精神，有的甚至参加封建迷信活动、信仰宗教等问题。坚守党的信仰信念，坚持正确政治方向，增强政治敏锐性和政治鉴别力，敢于同各种错误思想、错误言行作斗争。

2. 牢固树立党的意识、党员意识

重点解决一些党员组织观念淡薄、应参加而长期不参加组织生活、不按规定交纳党费，不起先锋模范作用，有的甚至不愿提党员身份，不辨是非等问题。始终牢记自己是一名共产党员，加强党性锻炼，听党话、跟党走，在党言党、在党爱党、在党护党、在党为党。

3. 强化守纪律、讲规矩的意识

重点解决少数党员纪律观念淡漠、讲规矩意识欠缺，乱评乱议，口无遮拦，对在社团企业兼职、因私出国境等事项不执行有关规定等问题。深刻领会严明政治纪律和严守政治规矩的极端重要性，自觉做到不发表违背中央决定的言论，不泄露党和国家的秘密，不参与各种非法组织和活动，不制造、不传播政治谣言及丑化党和国家的言论、不妄议中央的大政方针。

4. 积极践行社会主义核心价值观

重点解决少数党员律己不严，讲奉献、讲公德、讲诚信不够等问题。切实加强道德修养，崇德向善，把社会主义核心价值观内化为精神追求，充分发挥离退休老同志是党执政兴国的重要政治资源和全面建成小康社会重要力量的优势作用，带头传承党的优良传统和作风，为党和人民的事业增添正能量。

三、学习教育方式方法

结合离退休工作实际、突出老同志特点，坚持以党支部为基本单位，以“三会一课”等党的组织生活为基本形式，以开展批评和自我批评等党员日常教育管理制度为基本依托，把开展学习教育与学习党的历史结合起来，以先进典型为镜，以反面典型为戒，坚持分类施教、因人施策，防止形式主义、走过场。要根据院机关离退休干部职工党组织的实际情况和党员队伍存在的突出问题，提出有针对性的解决办法，加大对老同志的人文关怀和精神慰藉，切实改进作风，确保取得实效。党总支书记和各党支部书记要率先垂范，带头参加学习讨论，带头谈体会，带头开展批评和自我批评，从自己做起，增强党性观念，推动院机关离退休干部职工党员的学习教育扎实有效开展。

（一）个人进行自学

全体党员要树立重视学习、热爱学习、终身学习的观念，采取不同形式加强个人自学。要读原著、学原文、悟原理，带着信念学、带着感情学、带着使命学、带着问题学，领会丰富内涵和核心要义。各党支部要积极引导党员充分利用中组部共产党员网、“两学一做”学习教育网、微信易信、部院网站专栏和已建立的支部微信群开展自主学习和互动交流。

（二）集中学习讨论

要根据“两学一做”学习教育总体要求，在党员自学基础上，围绕学党章，坚定理想信念；学党规，严守纪律规矩；学讲话，增强“四个意识”；学宗旨，为院所发展增添正能量 4 个专题，采取总支、支部相结合的方式抓好集中学习交流。总支每 2 个月召开一次总支委员（扩大）会进行学习、每季度集中组织一次全体党员理论学习辅导，采取聘请党建专家或其他方式每半年集中讲一次党课。各支部要认真落实“三会一课”和政治理论学习制度，每次确定一个主题组织支部党员进行学习讨论。学习讨论要紧密联系个人思想生活实际，看自己能否坚守共产党人信仰信念宗旨，能否正确处理公与私、义与利、个人与组织、个人与群众的关系，能否努力追求高尚道德、带头践行社会主义核心价值观、保持积极健康生活方式，能否自觉做到党规党纪面前知敬畏守规矩，能否保持良好精神状态、积极为党和人民的事业增添正能量。通过学习讨论，真正提高认识，找到差距，明确努力方向。

（三）创新方式开展活动

一是定期播放“红色小电影”，党总支借助院老干部活动站每周五下午播放小电影的平台，6—7 月集中开展“红色电影播放月”活动，以后每月最后一周周五下午固定为播放“红色小电影”时间。二是创建院机关离退休党总支和各支部党建微信群，及时传达学习资料、交流学习体会，传递正能量。三是选树表彰“两优一先”典型，“七一”前后，组织召开院机关离退休党总支“两优一先”表彰会。举办“颂党恩、跟党走”庆祝建党 95 周年文艺演出。四是组织“争做合格党员”重温入党誓词宣誓、签名活动。五是开展“忆三农、忆传统”宣讲活动，各党支部请本支部或其他支部党员结合个人在党的教育培养下成长和献身三农事业的亲身经历，传承党的优良传统和作风，坚定老同志永远跟党走的信念。

（四）召开组织生活会开展批评和自我批评

以党支部为单位召开组织生活会，围绕“两学一做”学习教育主题汇报思想、进行党性分析、进行自我批评，查摆在思想、组织、作风、纪律等方面存在的问题，针对问题和薄弱环节，立行立改。

四、组织领导

（一）层层落实责任

院机关离退休干部职工党员“两学一做”学习教育在院直属机关党委领导下，由离退休党总支、各支部具体负责学习教育的组织实施。在抓好总支委员会和自身学习教育的同时，要对所属党支部进行全覆盖、全过程的现场指导，落实学习教育各项要求。离退休党总支、各支部书记要切实承担起主体责任，不仅要管好自己、带好班子，还要管好党员、带好队伍，层层传导，从严从实抓好学习教育。

（二）坚持分类指导

从实际出发，分类提出不同要求。对身体条件允许的党员，要积极参加各种集中学习教育活动；对年老体弱、行动不便等确实无法参加集中学习教育的，经党支部研究，可组织他们采取其他灵活方法进行学习，党支部要及时将集中学习教育情况向他们进行通报。

（三）加强宣传引导

在院离退休专刊将开辟“两学一做”学习教育专栏，加强对学习教育情况的交流宣传。各离退休党支部要及时反映本支部开展学习教育的情况，积极总结活动中的好做法好经验，并及时上报党总支。

中国农业科学院直属机关党委

2016 年 6 月 7 日

关于印发《关于进一步加强和改进研究生党员教育和管理工作的意见》的通知

院属各单位党组织：

《关于进一步加强和改进研究生党员教育和管理工作的意见》已经院党的建设工作领导小组同意，现印发给你们，请认真贯彻落实。

目前在校的2014级和2015级部分京内单位研究生党员的组织关系于此文件发布之日后由研究生院转至各单位。自2016级研究生开始，每年新生报到后，各单位需将博士研究生党员组织关系接转情况向研究生院研究生党总支报备。

中国农业科学院直属机关党委

2016年7月18日

关于进一步加强和改进研究生党员教育和管理工作的意见

研究生是中国农业科学院科技创新的一支重要力量，在我院的科技创新中具有独特的作用。近年来，随着我院研究生招生规模不断扩大，研究生党员数量也快速增长，发挥好研究生党员的先锋模范作用，对于实现我院“世界一流农业科研院所”的战略目标具有重要意义。为进一步加强研究生党员的教育和管理工作，根据《中国共产党章程》和党内有关规定，提出如下意见。

一、指导思想和工作原则

（一）指导思想

贯彻落实党的十八大和十八届三中、四中、五中全会精神，高举中国特色社会主义伟大旗帜，以邓小平理论、“三个代表”重要思想、科学发展观为指导，深入贯彻习近平总书记系列重要讲话精神和关于党建工作重要指示精神，贯彻党要管党、从严治党的方针，从发挥研究生党员作用、规范研究生党员管理出发，创新教育方式，落实管理责任，进一步加强和改进我院研究生党员教育和管理工作，始终保持研究生党员先进性。

（二）工作原则

1. 坚持突出思想教育

对研究生党员开展有针对性、有实效的思想政治教育，把研究生党员培养成为中国特色社会主义伟大事业的合格建设者和可靠接班人。重视理论教育和形势政策宣传，使研究生党员教育管理与农科院的发展、研究生的成长成才相互促进、协调发展，增强研究生党员的党性观念、组织观念和光荣感、归属感和责任感。

2. 坚持与科研创新相结合

要坚持“围绕中心抓党建，抓好党建促科研”的理念，将研究生党员教育管理与科研创新结合起来，发挥导师的传帮带作用，积极引导研究生党员将自身的学术科研方向与国家的经济社会发展相结合，将报效祖国的壮志情怀与刻苦钻研的科学精神相结合，切实增强研究生党员的政治意识、大局意识、核心意识和看齐意识。

3. 坚持区别情况、动态管理

根据研究生党员的学习阶段、研究工作特点、分布状况等情况，采取研究生院管理、培养单位管理和试验基地管理等多种方式，努力做到研究生党员转到哪里，党组织的管理就覆盖到哪里。

二、工作任务

（一）完善研究生党员教育和管理工作机制

中国农业科学院党建工作领导小组是研究生党建工作的领导机构，负责对全院研究生党建工作的指导、协调和监督。直属机关党委、研究生院党委和各培养单位党组织负责研究生党员教育和管理工作的具体推进和督促。各单位要明确责任，加强沟通协调，确保研究生党员教育和管理取得实效。

（二）做好党组织关系接转工作

博士研究生党员的组织关系在新生开学时直接转到各培养单位进行管理。硕士研究生党员在北京校区集中学习时，组织关系在新生入学时转入研究生院，在兽医学院集中学习的，在入学时转入哈尔滨兽医研究所；完成课程学习回所时，研究生院或哈尔滨兽医研究所将硕士研究生党员的组织关系转到各单位。毕业研究生党员的党组织关系由各单位直接转至学生毕业去向单位。

（三）合理设置党支部

各单位要根据研究生党员的特点，按照有利于发挥战斗堡垒作用，有利于党员教育、管理的原则，合理设置党支部。鼓励将研究生党员编入导师所在业务部门的党支部，若单独组建研究生党员党支部，需要与在职职工党支部一样进行严格管理。

（四）做好发展党员工作

各单位要将研究生党员发展计划纳入本单位党员发展计划，并根据上级组织下达的发展计划指标积极做好研究生发展党员工作。要坚持“坚持标准、保证质量、改善结构、慎重发展”原则，做到成熟一个发展一个。各单位要及时将发展党员材料归入研究生院管理的研究生个人档案中。

（五）严肃党内政治生活

各单位要进一步完善和落实“三会一课一费”、组织生活会制度，以思想政治理论教育、党性党风党纪教育、科研能力与综合素质教育为内容，开展不同层次的研究生专题学习教育，建立健全研究生党员“长期受教育、永葆先进性”的长效机制。依据《关于中国共产党党费收缴、使用和管理的规定》第二条规定，以研究生党员每月实际领取的普通奖学金为计算基数，按月收缴党费。加强对党员的日常监督，依据《中国共产党廉洁自律准则》和《中国共产党纪律处分条例》，强化组织观念，严格责任追究，克服组织涣散、纪律松弛现象，增强研究生党员的组织纪律性。组织开展好研究生党员的民主评议，并适时给予表彰。

（六）积极开展党支部活动

各单位要根据不同时期工作任务的要求，结合研究生党员的特点，群策群力，设计开展形式多样、内容丰富的组织活动，在活动效果上下工夫，提高组织生活和支部活动的质量。将组织生活内化到研究生日常学习、科研生活中，促进研究生学术科研交流和自主创新能力。各单位可借助院所文化、网络文化、宿舍文化等载体加大组织生活力度，增强活动效果。

三、保障措施

（一）加强组织领导

各单位要充分认识研究生党员教育管理工作的重要性，将研究生党员教育管理工作纳入党委的整体工作计划中，常抓不懈。党委书记作为首要责任人要亲自抓研究生党员教育管理工作，党委办公室作为具体负责部门要指定专人负责该项工作，研究生主管部门作为负责研究生工作的具体部门，要做好配合协调工作。

（二）提供经费保障

各单位要结合自身实际，为研究生党员开展活动提供有效的经费保障，激发研究生党员的积极性和创造性，推动研究生党建工作更好开展。

（三）创新工作方式

要鼓励创新并及时总结推广好的经验和做法，不断探索加强和改进研究生党员教育和管理的有效途径。

中国农业科学院2016年精神文明建设工作要点

院属各单位、院机关各部门：

2016年中国农业科学院精神文明建设的总体要求是：全面贯彻党的十八大和十八届三中、四中、五中全会精神，深入学习贯彻习近平总书记系列重要讲话精神，紧紧围绕院党组中心工作，以培育和践行社会主义核心价值观为主线，加强党员干部的理想信念教育，着力提升干部职工思想道德水平和文明素养，广泛开展群众性精神文明创建活动和志愿服务活动，扎实推进文明和谐院所建设，为“十三五”科技创新中心工作开好局、起好步提供坚强的思想保证和强大的精神力量。

一、深入学习贯彻十八届五中全会精神和习近平总书记系列重要讲话精神，强化理论武装

把学习贯彻习近平总书记系列重要讲话精神作为精神文明建设工作的重中之重，切实组织好讲话精神的学习宣传。联系单位实际，抓好习近平总书记重要论述摘编的深入学习，开展好中心组学习交流，更好地用讲话精神武装头脑、指导实践、推动工作。深入学习宣传贯彻党的十八届五中全会精神，为全面建设小康社会凝聚力量。深入宣传以习近平同志为总书记的党中央治国理政的新理念、新思想、新战略，持续深入宣传阐释“四个全面”战略布局和创新、协调、绿色、开放、共享的五大发展理念，深入解读五中全会精神的重大意义、丰富内涵、目标任务和实践要求，切实把思想和行动统一到中央决策部署和要求上来，统一到今后5年经济社会发展的总体思路特别是农业农村经济发展和我院全面实施科技创新工程的重大举措上来，打牢思想基础，不断增强贯彻落实的自觉性坚定性。

二、加强思想道德建设，持续推进社会主义核心价值观教育实践

紧密结合今年开展的“学党章党规、学系列讲话、做合格党员”学习教育活动，引导党员干部用党员标准严格要求自己，牢固树立宗旨意识，强化政治意识、大局意识、核心意识、看齐意识，严守政治纪律和政治规矩。深入开展党性党风党纪教育，引导党员干部加强党性修养，进一步坚定理想信念，不断解决好世界观、人生观、价值观这个“总开关”问题。进一步加强思想道德建设，引导党员干部自觉做社会主义道德的示范者、诚信风尚的引领者、公平正义的维护者。加强社会公德、职业道德、家庭美

德、个人品德等教育，引导党员干部明大德、守公德、严私德、始终保持健康生活情趣和高尚道德情操。结合我院实际，大力弘扬“祁阳站”精神、“棉花所”精神和农业系统“三种精神”，积极培育、选树和宣传身边的先进集体和模范人物，发挥先进典型的示范引领作用，营造崇德向善、见贤思齐的浓厚氛围。

结合院所实际，广泛开展社会主义核心价值观宣传教育，创新学习载体，充分利用院网、宣传橱窗等设施深入阐释核心价值观的基本内涵、重大意义，把践行社会主义核心价值观融入全院党的建设、精神文明建设、书香农科建设的全过程，贯穿于科研工作和干部职工行为的各个方面，用先进的文化占领思想阵地；大力培育传承本单位的优良传统和文化，努力打造具有农业科技创新特色的核心价值观，增强干部职工队伍的凝聚力、战斗力。今年按照中央和农业部的统一要求和部署，结合纪念建党95周年、红军长征胜利80周年等活动，开展系列主题活动，深化革命传统和爱国主义教育，唱响爱国主义主旋律，把广大干部职工的爱国热情凝聚到全面建设小康社会的伟大事业上来，凝聚到胸怀全局、认真做好本职工作上来。

三、深化群众性精神文明创建活动，积极推进志愿服务常态化

以文明单位创建为抓手，进一步完善文明单位创建工作制度，加强日常管理和督促，把创建活动与业务工作结合起来，结合实际，继续开展文明单位、文明处室、文明窗口等创建，充分调动干部职工参与创建的积极性、自觉性，不断深化我院精神文明建设，按照《中国农业科学院文明单位创建活动实施办法》的规定，组织好院文明单位复核工作；认真总结、宣传先进集体和个人的好经验、好做法，发挥典型示范引领作用，充分展示我院党员干部的创新拼搏、无私奉献、服务“三农”的奋斗故事和精神风貌。按照中央国家机关文明单位和“首都文明单位”创建工作的要求，开展好科技支农等志愿服务活动，积极搭建拓宽志愿服务平台，支持和发展各类志愿服务组织，充分发挥工青妇组织作用，发挥院属各单位行业优势，丰富志愿服务的内涵，着力开发特色项目的志愿服务；深入推进学雷锋活动，把学雷锋活动与志愿服务结合起来，促进学雷锋志愿服务常态化。鼓励和支持研究所各党组织结合自身实际，与有关村党组织开展结对共建或帮扶活动。

四、丰富院所文化，进一步加强和谐院所建设

加强和改进思想政治工作，继续开展党员干部动态定期分析制度，创新思想政治工作理念和方法，坚持定期调研分析干部职工思想状况制度，认真研究和把握党员干部思想状态，及时发现和解决苗头性、倾向性问题，关心干部职工利益诉求，注重人文关怀、心理疏导，坚持解决思想问题与实际问题相结合，注重运用微博、微信、手机客户端等新媒体拓宽思想政治工作渠道，弘扬主旋律，传播正能量。充分发挥文化的教育引

领功能，继续举办农科讲坛和读书学习交流活动，增加干部职工知识储备，陶冶道德情操，提升文化品位。充分发挥工青妇组织的桥梁和纽带作用，在服务干部职工上下工夫，加强对职工俱乐部的指导和管理，支持各俱乐部自主开展工作。积极开展丰富多彩的群众性文体活动，不断丰富干部职工精神文化生活，举办职工健走活动和羽毛球、足球等体育赛事。通过活动的开展，进一步提高干部职工的健身意识，增强团队精神和单位凝聚力，为我院全面推进科技创新工程、加快世界一流农业科研院所建设提供动力支持。

中国农业科学院精神文明建设协调领导小组

2016 年 3 月 15 日

中国农业科学院2015年落实党风廉政建设“两个责任”工作总结

中国农业科学院党组坚决贯彻中央决策部署和部党组的具体安排，将落实党风廉政建设“两个责任”作为全面从严治党的重要抓手，自觉把党风廉政建设主体责任牢牢抓在手上、扛在肩上，以上率下，转变观念，更新思维，主动作为，确保“两个责任”落地生根。

一、推进“两个责任”落实的主要做法

院党组以细化责任、宣传教育、督促检查、执纪问责为重点，把纪律和规矩挺在前面，推动落实好党风廉政建设“两个责任”。

一是抓好责任落实。坚持每年召开院党风廉政建设工作会议，将党风廉政建设工作作为全年重点工作谋划推进。组织签订2015年党风廉政建设责任书，院党组与院属各单位党组织签订了责任书，各单位党组织同所属部门、研究课题或科研团队也都签订了责任书，把落实“两个责任”尤其是主体责任的压力传导给每一名党员领导干部。抓好《院党组关于落实党风廉政建设主体责任监督责任的意见》的落实工作，院长和党组书记带头履行好全院党风廉政建设第一责任人的职责，一级抓一级，明确目标、落实责任，从严管理，做到横向到边、纵向到底，不留空白。每位班子成员承担起“一岗双责”，既抓业务、促发展，又抓队伍、强作风。印发了《院党组关于落实党风廉政建设主体责任和监督责任的实施细则（试行）》，进一步细化了责任措施，完善检查考核，突出责任追究。开展了基层党组织书记落实主体责任暨纪检干部专题轮训工作，陈萌山书记作主旨报告，驻部纪检组监察局局长应邀作专题辅导报告，全院412个党组织共计461名党务干部参加了轮训。

二是开展落实“两个责任”的督查。根据部党组的部署安排，切实做好中国农业科学院落实党风廉政建设“两个责任”的自查工作，既总结经验做法，保持业已取得的成效，更深入查找存在的问题，提出进一步整改的具体措施。主动谋划、精心组织院属各单位、机关各部门开展自查。中国农业科学院各级党组织和纪检组织切实担负起党风廉政建设的政治责任，认真开展全面自查，推动本单位本部门“两个责任”落实到位。中国农业科学院落实“两个责任”的做法和经验得到了农业部落实“两个责任”督查组的高度评价以及部党组的充分肯定。

三是组织召开落实“两个责任”工作推进会。会上，院党组集体约谈院属各单位、

机关各部门党组织书记和纪检组织负责人。院党组结合对农业部典型案例以及中国农业科学院落实“两个责任”存在主要问题的通报，带着问题、有的放矢、针对性强地进行约谈，点名道姓曝光，板起脸来批评，语重心长告诫，将落实“两个责任”的“紧箍咒”套到各单位领导头上，让问题单位领导红脸出汗，让在座单位领导深受震动。由院领导和人事局、机关党委、监察局领导组成的点评组，分别听取各单位各部门落实“两个责任”的情况汇报并进行现场点评。点评直面问题，指出不足，特别是对落实“两个责任”不力、科研经费信息公开和科研经费专项整治活动不到位、政治思想工作薄弱、纪检监察工作力量不够、政治敏锐性不强、制度建设不健全等问题一针见血、切中要害，帮助与会单位认清了工作中的差距和不足，看清了存在问题的实质和危害，找准了努力的方向和目标，使得“两个责任”的落实更具针对性、实效性。院属各单位、院机关各部门党组织、纪检组织主要负责人 120 余人参加。

四是进一步加强科研经费监管。将实施科研经费监管“两项工程”作为落实“两个责任”的“牛鼻子”，牢牢抓住，一牵到底，坚决遏制重点领域存在的违纪违规行为，为农业科技创新营造良好氛围。筑牢“防火墙工程”，建立“巡视牵头、审计先行、监察跟进”的联合监管模式，开展科研经费专项整治活动。5 月中旬开始，在全院 32 个研究所进行自查的基础上，组成 5 个巡视检查组，分 3 批先后对水稻所、特产所、棉花所、兰州兽医所、灌溉所进行了专项巡视。科研经费整治的系列活动得到了驻部纪检组监察局的肯定，中纪委监察部网站对中国农业科学院的做法作了专题报道。构筑“阳光工程”，推进科研经费信息公开。结合创新工程综合调研、科研经费专项整治活动，对全院 32 个研究所科研经费信息公开情况进行了专题调研和专项检查。在深入调研、充分研讨的基础上，积极探索运用“互联网+”条件下的科研经费监管新模式，研究提出在全院建立科研经费信息公开平台、试剂耗材采购平台，实现科研经费管理权责清晰、公开透明、线上留痕、全程监控，确保科研经费安全、合理、高效使用。

五是强化监督执纪问责。完善信访举报工作制度。研究制定了《信访举报办理细则》，进一步规范工作流程，明确职责要求，提高信访举报工作质量和水平。2015 年，共接收信访举报 69 件（重复件 10 件），同比增长 23%。建立案情沟通机制、重要信访件备案机制以及党风廉政建设情况季度报告制度，主动加强与驻部纪检组监察局的沟通联系，重要事项随时报告。突出执纪问责重点，准确把握运用监督执纪“四种形态”，切实保持惩治腐败高压态势。2015 年，立案 4 人次，2 名科研人员因在科研经费使用中违法犯罪被判处有期徒刑，1 名处级干部因违规使用科研经费受党内警告处分，1 名党员因违犯政治纪律类错误受党内警告处分，1 名正所局级干部给予诫勉谈话。3 个研究所领导班子、7 名所局级领导被责成做出深刻书面检查。

六是大力开展反腐倡廉教育。在党建网上开辟了“党委（书记）谈落实党风廉政建设主体责任”专栏，为落实“两个责任”营造良好氛围。以开展“三严三实”主题教育为契机，围绕深入学习习近平总书记系列重要讲话精神，学习党章和党的纪律规定，研读《习近平关于党风廉政建设和反腐败斗争论述摘编》，采取多种形式搞好学习研讨。及时制定印发《院党组关于学习贯彻〈中国共产党廉洁自律准则〉和〈中国共产党纪律处分条例〉的意见》以及工作方案，为党员干部发放两部党内法规读本，制作展出宣传展板，营造浓厚的学习氛围。及时对查处的案例和问题分析归纳，加大通报和宣传教育力度，将典型案例警示教育纳入新入职职工培训、财务人员培训等，以案为镜、引以为鉴，不断强化党风廉政和纪律规矩意识。院属各单位、院机关各部门积极组织观看警示教育片、参观廉政教育基地等廉政教育活动，引导党员干部坚持高标准，坚守底线。

二、取得的主要成效

院党组坚定不移地加强党的建设，全面从严治党，坚定不移地推进党风廉政建设和反腐败斗争，紧紧抓住科研经费监管这个重点，严肃查处违纪违法案件，坚决消弭隐忧、杜绝隐患、建章立制，党风廉政建设各项工作进展顺利，赢得了科技工作者的信心信任，凝聚了党心民心。

一是政治意识和使命意识进一步增强。通过“三严三实”专题教育，落实全面从严治党各项要求，特别是推动落实好党风廉政建设“两个责任”，中国农业科学院各级党组织和全体科技人员严格遵守各项政治纪律和政治规矩，认真履行农业科研国家队的职责和使命，确保了党中央以及部党组的决策部署得到不折不扣的落实，各项科技创新进展喜人，支撑农业农村经济发展、引领现代农业发展有了新的突破。

二是科研经费监管取得新突破。院党组紧紧围绕科研经费监管，持续发力，不断地加大措施力度，把反腐倡廉各项要求抓实抓细，以确保不发生科研经费使用管理系统性问题、确保不发生科研经费使用管理重大案件，确保科研经费管理使用中的小问题、小隐患、小违规得到迅速遏制和及时查处，有效保障创新工程和各项科研工作的顺利开展。

三是厉行节约取得新成效。院党组认真贯彻中央出台的《党政机关厉行节约反对浪费条例》，进一步完善经费管理、国内差旅、因公临时出国（境）、公务接待、公务用车、会议活动、办公用房、资源节约等各项管理规定，初步形成厉行节约反对浪费的制度体系和长效机制，中央八项规定的各项要求得到全面落实，厉行节约的风气正在形成，坚持不懈、持之以恒的工作机制逐步构建。

四是作风建设取得新进展。院党组全面推进服务型院所机关建设，聚焦科技人员反映的突出问题，抓住领导干部这个“关键少数”，解决了许多职工群众关切的院区环境整治、便民服务设施、子女入托上学、离退休干部服务管理等方面的问题。全院干部职工的改革创新意识进一步增强，院所机关服务管理能力进一步提升，各级党组织密切联系群众的观念进一步强化，作风建设取得了实实在在的成效。

三、存在的问题和工作建议

梳理近几年的违纪违规情况不难发现，中国农业科学院党风廉政建设还存在隐患，工作还有疏漏的地方。一是纪律和规矩意识还没有完全树起来。落实“两个责任”，把纪律和规矩挺在前面，是新形势下，加强党风廉政建设和反腐败斗争的新要求、新常态。我们每一名党员都要准确把握“全面”和“从严”两个治党概念的深刻含义，切实提高思想认识，只要是党员就要接受监督，只要违反纪律就会受到处分，如果还抱定旧观念就会犯错误。二是“两个责任”还没有全面落下去。从中纪委和农业部通报的案例看，一案双查、追究“两个责任”落实不到位是纪律审查与责任追究的必选项。一个单位问题多，跟党委、纪委不作为或弱作为有很大关系。中国农业科学院是科研单位，一些研究所党委书记或纪委书记是专家，承担科研任务无可厚非，但有的工作重心分配极不合理，抓党建和党风廉政建设投入的时间和精力还不够。三是职能部门还不能很好地适应执纪问责新常态。有的研究所对职能部门重视不够，队伍建设和知识结构不合理，职能部门人员精力不够，政策把握能力欠缺，适应不了精细化管理的要求。有的单位职能部门责任担当精神不强，没有履行好监管职责。有的单位纪检机构不健全，人员不整，执纪难以到位。

2016 年是“十三五”的开局之年，做好 2016 年的党风廉政建设工作意义重大、任务艰巨。在中纪委十八届六次全会上，习近平总书记部署了今年党风廉政建设重点工作，我们要认真学习领会，全面贯彻执行，坚决同以习近平同志为总书记的党中央保持高度一致。要着力加强对维护党章、执行党的纪律和规矩情况的监督检查，确保党中央的路线方针政策和农业部党组各项工作部署在中国农业科学院得到不折不扣的落实。要加大力度持续推进作风建设，以一流作风推动一流院所建设。要带领各级党组织切实担负起全面从严治党主体责任，不断完善领导决策机制，聚焦科研经费使用重点领域，加强巡视和专项检查力度，进一步推动建立起不敢腐、不能腐、不想腐的长效机制。

2015 年度落实“两个责任”民主测评汇总表之一

被测评单位（盖章）：

测评结果 / 测评内容		测评等次		
		好	一般	差
主体责任履行情况	单位党组织主要负责同志履行第一责任人职责、班子成员落实“一岗双责”的情况	80	0	0
	严格遵守政治纪律和政治规矩、组织纪律、廉政纪律情况，治理“庸懒散木推”的情况	80	0	0
	按规定定期报告本单位及承担的部系统党风廉政建设专项任务进展和完成的情况	80	0	0
	加强干部队伍建设，从严管理监督干部的情况	80	0	0
	强化权力运行全过程监督，实行对廉政风险防控动态管理的情况	80	0	0

（续表）

测评结果 / 测评内容			测评等次		
			好	一般	差
主体责任履行情况	贯彻落实中央八项规定精神，防止“四风”反弹，着力解决群众反映强烈的突出问题的情况		80	0	0
	配合和支持上级纪检组织查处违纪违规问题；加强纪检监察机构和队伍建设的情况		80	0	0
	对上述7项测评内容的总体评价情况	总计	80	0	0
		所占比重	100%	0	0

2015年度落实“两个责任”民主测评汇总表之二

测评结果 / 测评内容		测评等次		
		好	一般	差
监督责任履行情况	加强与本单位党组织的沟通协调，对加强本单位党风廉政建设工作及其他重大问题提出意见和建议的情况	80	0	0
	定期向驻部纪检组和直属机关纪委报告本单位党风廉政建设情况及自身履行监督责任的情况	80	0	0
	违纪问题查办情况向部党组、本单位领导班子和驻部纪检组、直属机关纪委报告的情况	80	0	0
	加强对本单位党员干部贯彻落实中央八项规定精神、厉行节约、转变工作作风、廉洁自律监督的情况	80	0	0
	加强对本单位干部选拔任用、绩效分配等工作的监督，把好廉政关的情况	80	0	0
	严肃查处本单位党员干部违规违纪问题的情况	80	0	0
	纪检组织主要负责人列席本单位党政领导班子有关重要会议，监督决策过程的情况	80	0	0
	开展廉政教育，推进单位廉政文化建设的情况	79	1	0

（续表）

<table>
<tr><td colspan="3" rowspan="2">测评结果
测评内容</td><td colspan="3">测评等次</td></tr>
<tr><td>好</td><td>一般</td><td>差</td></tr>
<tr><td rowspan="2">监督责任履行情况</td><td rowspan="2">对上述 8 项测评内容的总体评价</td><td>总计</td><td>80</td><td>0</td><td>0</td></tr>
<tr><td>所占比重</td><td>100%</td><td>0</td><td>0</td></tr>
<tr><td rowspan="5">民主生活会整改情况</td><td colspan="2">制订领导班子民主生活会整改落实方案及通报情况</td><td>80</td><td>0</td><td>0</td></tr>
<tr><td colspan="2">明确整改责任，层层落实任务，明确时限进度和工作要求的情况</td><td>80</td><td>0</td><td>0</td></tr>
<tr><td colspan="2">按工作进度完成相关整改任务的情况</td><td>80</td><td>0</td><td>0</td></tr>
<tr><td rowspan="2">对上述 3 项测评内容的总体评价</td><td>总计</td><td>80</td><td>0</td><td>0</td></tr>
<tr><td>所占比重</td><td>100%</td><td>0</td><td>0</td></tr>
</table>

关于评选中国农业科学院 2014—2015年度优秀共产党员、优秀党务工作者和先进基层党组织的通知

院属各单位、院机关各部门党组织：

2014年以来，我院各级党组织和广大党员坚持以邓小平理论、“三个代表”重要思想、科学发展观为指导，贯彻落实党的十八届四中、五中全会和习近平总书记系列重要讲话精神，围绕推进我院跨越式发展和建设世界一流农业科研院所的战略目标，认真开展“三严三实”专题教育，不断深化作风建设，积极构建创先争优长效机制，深入推进基层服务型党组织建设，党组织的创造力、凝聚力和战斗力明显增强，党员的先锋模范作用进一步发挥，涌现出一批优秀共产党员、优秀党务工作者和先进基层党组织。

为充分发挥先进典型在促进农业科技创新中的引领、示范和带动作用，根据院党组《关于在全院党员中开展“学党章党规、学系列讲话，做合格党员”学习教育实施方案》的要求，结合纪念建党95周年，决定评选表彰一批中国农业科学院2014—2015年度优秀共产党员、优秀党务工作者和先进基层党组织。现将有关事项通知如下。

一、评选对象及名额

（一）评选对象

全院共产党员、从事党务工作的专兼职干部和各级基层党组织。

（二）评选名额

优秀共产党员40名、优秀党务工作者30名、先进基层党组织20个。

二、评选条件

（一）优秀共产党员

理想信念坚定，对党绝对忠诚，认真学习习近平总书记系列重要讲话精神，牢固树立“四个意识”，在思想上政治上行动上同以习近平同志为总书记的党中央保持高度一致。自觉遵守党章，严格遵守党的各项纪律特别是政治纪律和组织纪律，认真履行党员义务，正确行使党员权利。认真学习，勤于钻研，具有较高的政策理论水平和优秀的业务素质。带头执行党的路线方针政策，密切联系群众，积极投身和奉献农业科技事业，敢于担当、积极作为，在本职岗位上做出了显著成绩，充分发挥了先锋模范作用。自觉践行社会主义核心价值观，清正廉洁，品德高尚，受到党员群众广泛赞誉。

（二）优秀党务工作者

理想信念坚定，对党绝对忠诚，认真学习习近平总书记系列重要讲话精神，牢固树立“四个意识”，在思想上政治上行动上同以习近平同志为总书记的党中央保持高度一致。自觉遵守党章，严格遵守党的各项纪律特别是政治纪律和组织纪律。热爱党务工作，目前在党务工作岗位上已工作 1 年以上，具有较高的党务工作专业水平，认真履行工作职责。坚持服务中心、建设队伍，积极探索、研究解决党建工作中出现的新情况、新问题，思路新，方法好，表现突出，成效明显。带头践行“三严三实”要求，坚持党的群众路线，善于做群众工作，克己奉公，廉洁自律，在党员群众中有较高威信。

（三）先进基层党组织

坚决贯彻执行党的路线方针政策，主动向党中央看齐，自觉维护党的团结和集中统一。认真贯彻执行党章，认真落实《中国共产党党和国家机关基层组织工作条例》，牢牢把握服务中心、建设队伍两大核心任务，切实履行党建责任，严格落实党的组织生活制度和党员教育管理制度，深入开展党的群众路线教育实践活动和“三严三实”专题教育，有效实现基层党组织政治功能和服务功能，团结带领党员群众出色完成各项任务，在服务中心、建设队伍方面始终走在前、作表率；在推动发展、深化改革、服务群众方面取得显著成绩。认真执行民主集中制，真抓实干，作风优良，团结协作，勤政廉政，充分发挥战斗堡垒作用，赢得党员群众的信任和拥护。

三、有关要求

（一）加强组织领导

开展院“两优一先”评选表彰工作，是加强全院基层党组织建设的重要举措。各级党组织要高度重视，加强对评选工作的领导，精心组织，周密安排，深入挖掘各基层党组织、共产党员和党务工作者中的先进典型，真正把战斗力强、表率作用好、事迹突出、群众威信高、立足岗位建功立业的党组织和个人评选出来，激励和引导基层党组织和广大党员在实现推进我院跨越式发展和建设世界一流农业科研院所目标任务中创先进、争优秀。

（二）严格评选程序

各级党组织要坚持民主和公开的原则，可在2014年、2015年民主评议党员推优的基础上，提出推荐候选对象，广泛征求基层党组织和党员群众的意见，经各单位纪检监察部门审查，党组织集体研究并公示后，形成推荐评选情况的简要报告和推荐评选对象的事迹材料，以院各直属党组织和院属京外研究所党委为单位报院直属机关党委。各类型凡推荐名额2个以上（含2个）的，要分别进行排序。

（三）营造氛围，服务大局

各级党组织要把评选工作与落实从严治党责任、服务中心工作结合起来，把学习全国典型和学习身边典型结合起来，引导广大党员结合“两学一做”学习教育，学习身边人，干好当前事，进一步营造学习先进、争当先进的浓厚氛围；引导基层党组织和广大党员围绕全面深化改革做好党建工作，全面落实从严治党要求，切实完成好院所中心任务。

（四）材料要求及报送时间

“两优一先”事迹材料要求通讯体裁，内容真实，事迹突出，文字精练，字数控制在1 500字以内。请各党组织于5月12日（周四）下班前，将推荐评选情况报告、事迹材料、各类先进《推荐审批表》（附后，可在农科党建QQ群文件栏下载）等纸质文本（推荐评选情况报告1份；其他材料一式20份，双面打印）和电子文本报送院党建工作领导小组办公室（直属机关党委）。

附件：1. 中国农业科学院优秀共产党员推荐审批表
2. 中国农业科学院优秀党务工作者推荐审批表
3. 中国农业科学院先进基层党组织推荐审批表

中国农业科学院直属机关党委

2016 年 4 月 27 日

附件 1

中国农业科学院优秀共产党员推荐审批表

填报单位：

<table>
<tr><td>姓名</td><td></td><td>性别</td><td></td><td>出生年月
（ 岁）</td><td></td><td>民族</td><td></td></tr>
<tr><td>入党时间</td><td></td><td colspan="2">工作时间</td><td></td><td>学历</td><td colspan="2"></td></tr>
<tr><td>学位或
专业技术
职务</td><td></td><td>毕业院校
及专业</td><td colspan="5"></td></tr>
<tr><td colspan="2">工作单位及职务</td><td colspan="6"></td></tr>
<tr><td colspan="2">主要
事迹</td><td colspan="6"></td></tr>
</table>

（续表）

主要 事迹	
奖　　惩 情　　况	
单位纪检监 察部门意见	（盖章） （负责人签字）　　年　　月　　日
单位党组织 意见	（盖 章） （负责人签字）　　年　　月　　日
院党建工作 领导小组意见	（盖 章） 年　　月　　日
备　　注	

附件2

中国农业科学院优秀党务工作者推荐审批表

填报单位：

<table>
<tr><td>姓名</td><td></td><td>性别</td><td></td><td>出生年月
（ 岁）</td><td></td><td>民族</td><td></td></tr>
<tr><td>入党时间</td><td></td><td colspan="2">工作时间</td><td></td><td>从事专兼
职党务工
作时间</td><td colspan="2"></td></tr>
<tr><td>学位或
专业技术
职务</td><td></td><td>毕业院校
及专业</td><td colspan="5"></td></tr>
<tr><td colspan="2">工作单位及党内职务</td><td colspan="6"></td></tr>
<tr><td>主
要
事
迹</td><td colspan="7"></td></tr>
</table>

（续表）

主要事迹	
奖惩情况	
单位纪检监察部门意见	（盖章） （负责人签字） 年 月 日
单位党组织意见	（盖章） （负责人签字） 年 月 日
院党建工作领导小组意见	（盖章） 年 月 日
备注	

附件 3

中国农业科学院先进基层党组织推荐审批表

填报单位：

<table>
<tr><td>基层党
组织名称</td><td colspan="4"></td><td>党员
人数</td><td colspan="3"></td></tr>
<tr><td rowspan="3">基层党组织
主要负责人
情况</td><td>姓名</td><td></td><td>性别</td><td></td><td>出生年月</td><td></td><td>任职时间</td><td></td></tr>
<tr><td>民族</td><td></td><td colspan="2">行政职务</td><td colspan="4"></td></tr>
<tr><td>入党时间</td><td></td><td>学历</td><td></td><td colspan="2">学位或专业技术职务</td><td colspan="2"></td></tr>
<tr><td>主
要
事
迹</td><td colspan="8"></td></tr>
</table>

（续表）

主 要 事 迹	
单位党组织意见	（盖 章） （负责人签字）　年　月　日
单位纪检监察部门意见	（盖 章） （负责人签字）　年　月　日
院党建工作领导小组意见	（盖 章） 年　月　日
备　注	

关于表彰中国农业科学院 2014—2015 年度优秀共产党员、优秀党务工作者和先进基层党组织的决定

院属各单位、院机关各部门党组织：

2014 年以来，我院各级党组织和广大党员坚持以邓小平理论、“三个代表”重要思想、科学发展观为指导，贯彻落实党的十八届四中、五中全会和习近平总书记系列重要讲话精神，围绕推进我院中心工作，认真开展“三严三实”专题教育，不断深化作风建设，积极构建创先争优长效机制，深入推进基层服务型党组织建设，党组织的创造力、凝聚力和战斗力明显增强，党员的先锋模范作用进一步发挥，涌现出一批优秀共产党员、优秀党务工作者和先进基层党组织。

经各单位党组织申报，无记名投票评选，院直属机关党委常委会拟定建议名单，报请院党建工作领导小组审议、院党组同意，决定授予王仕龙等 40 名同志“中国农业科学院 2014—2015 年度优秀共产党员”称号；授予王丹莉等 30 名同志“中国农业科学院 2014—2015 年度优秀党务工作者”称号；授予农业环境与可持续发展研究所党委等 20 个党组织“中国农业科学院 2014—2015 年度先进基层党组织”称号。

全院各级党组织、共产党员和党务工作者要向受到表彰的先进典型学习。学习优秀共产党员坚定理想信念，牢记党的宗旨，认真学习习近平总书记系列重要讲话精神，牢固树立“四个意识”，在思想上政治上行动上同以习近平同志为总书记的党中央保持高度一致；自觉遵守党章，严格遵守党的各项纪律；认真履行党员义务，正确行使党员权利；立足本职岗位，争创一流业绩。学习优秀党务工作者忠诚党的事业，热爱党务工作，钻研党建业务，切实做到爱岗敬业、勤奋工作、开拓创新、乐于奉献；坚持服务中心、建设队伍，积极探索、研究党建工作新思路、新方法，成效突出；带头践行“三严三实”要求，坚持党的群众路线，克己奉公，廉洁自律，赢得党员群众的信赖。学习先进基层党组织坚决贯彻执行党中央的方针政策，坚持党的群众路线，围绕中心、服务大局，积极促进形成学习先进、赶超先进、争当先进的良好氛围，以改革创新的精神、“三严三实”的作风扎实推进党的建设，不断增强党组织的创造力、凝聚力和战斗力。

希望受到表彰的优秀共产党员、优秀党务工作者和先进基层党组织把荣誉作为新的起点，再接再厉、永不自满，为农业科技创新做出新的更大贡献。我院各级党组织要以

本次表彰为契机，认真贯彻落实院党组关于在全院党员中开展“两学一做”学习教育的总体要求，切实用习近平总书记重要指示精神和党中央部署要求统一思想和行动，增强做好“两学一做”学习教育的责任感，把各项工作抓好、抓实、抓到位，切实把全面从严治党落实到每个支部、落实到每名党员，确保我院“两学一做”学习教育取得实实在在的成果，为我院建设世界一流农业科研院所和实现跨越式发展提供坚强的政治、思想和组织保障。

附件：中国农业科学院 2014—2015 年度优秀共产党员、优秀党务工作者和先进基层党组织名单

中国农业科学院直属机关党委

2016 年 6 月 22 日

附件

中国农业科学院 2014—2015 年度优秀共产党员、优秀党务工作者和先进基层党组织名单

一、优秀共产党员

（40 名，以姓氏笔画为序）

姓名	岗 位
王仕龙	研究生院办公室干部，助理研究员
王跃星	水稻研究所水稻生物学国家重点实验室助理研究员
王新发	油料研究所副研究员
付朝阳	哈尔滨兽医研究所维科生物技术开发公司董事长、总经理，研究员
白春雨（女）	草原研究所党委办公室工作人员、技师
吕海鹏	茶叶研究所副研究员
朱四元（女）	麻类研究所副研究员
刘召阳	后勤服务中心经营开发处副处长，助理研究员
刘战东	农田灌溉研究所副研究员
刘 斌	作物科学研究所研究员
刘蓉蓉（女）	院科技管理局项目与成果管理处处长，副研究员
刘赟青	院国际合作局国家合作处七级职员，助理研究员
齐秀娟（女）	郑州果树研究所副研究员
杜宝善	院机关离退休党总支副所级退休干部
李 昕（女）	院监察局综合处处长，副研究员
李泽君	上海兽医研究所副主任，研究员
李 颖（女）	农业质量标准与检测技术研究所综合管理处干部，助理研究员
杨其长	农业环境与可持续发展研究所环境工程研究室主任，研究员
吴黎明	蜜蜂研究所农业部蜂产品质量监督检验测试中心副主任，研究员

（续表）

姓名	岗　位
张云德	兰州兽医研究所中农威特生物科技股份有限公司董事长、总经理，研究员
张圣平	蔬菜花卉研究所葫芦科育种室副主任，研究员
张克强	环境保护监测所农业部大理农业环境科学观测实验站站长，研究员
陈茹梅（女）	生物技术研究所研究员
罗会颖（女）	饲料研究所研究员
周国民	农业信息研究所副所长、纪委书记，研究员
周雪平	植物保护研究所所长、植物病虫害生物学国家重点实验室主任，教授
赵建军	特产研究所副研究员
赵锡海	院人事局干部处七级职员，助理研究员
姜淑苓（女）	果树研究所农业部园艺作物种质资源利用重点实验室副主任，党委委员，研究员
徐雷鸣	院直属机关党委组织处七级职员，助理研究员
徐　毅	中国农业科学技术出版社科普编辑室主任，副编审
高雅琴（女）	兰州畜牧与兽药研究所畜牧研究室主任，研究员
黄晨阳	农业资源与农业区划研究所副研究员
梅自力	沼气科学研究所沼气工程研究中心主任，研究员
曹曙明	南京农业机械化研究所党委委员，研究员
彭　军	棉花研究所人事处、科技处处长，副研究员
彭　卓	院成果转化局综合处（院区基地管理处）处长，副研究员
韩　冰（女）	院财务局预算处七级职员，助理研究员
董照辉	院办公室战略规划办公室、创新工程管理中心办公室副主任（副处级）
储明星	北京畜牧兽医研究所研究员

二、优秀党务工作者

（30 名，以姓氏笔画为序）

姓名	岗　位
王丹莉（女）	北京畜牧兽医研究所办公室（党办）副主任、副研究员
王玉娣（女）	后勤服务中心综合三支部宣传委员、经营开发处负责人
王育青	草原研究所党委书记
王香平（女）	上海兽医研究所综合办公室（党办）主任、第九党支部书记
邓　祥	院监察局支部组织委员、监察二处处长、副研究员
左　旭（女）	院办公室支部组织委员、综合处副处长、助理研究员
申拥军	院机关离退休党总支副书记、院人事局离退休职工工作办公室副主任
礼　源（女）	哈尔滨兽医研究所党委办公室干部、助理研究员
吕春生	院直属机关党委副书记、直属机关纪委书记、支部副书记、副研究员
刘永明	兰州畜牧与兽药研究所党委书记、研究员
刘荣乐	研究生院党委委员、纪委书记，二级研究员
刘继芳	农业信息研究所党委书记、研究员
许发辉	烟草研究所党委书记、副研究员
李冠男（女）	院基本建设局支部宣传委员、助理研究员
李桂芬（女）	蜜蜂研究所人事处（党办）处长（主任）、副研究员
李海芬（女）	蔬菜花卉研究所人事处（党办、所办）副处长（副主任）、支部委员
杨克理	作物科学研究所纪委委员、人事处（党办）副处长（副主任）（正处级）、副研究员
杨　敏	兰州兽医研究所综合处处长、副研究员
宋国立	棉花研究所党委副书记、纪委书记
张岐蜀	生物技术研究所人事处（党办）副处长（副主任）、副研究员

（续表）

姓名	岗　位
陈万权	麻类研究所党委书记、所长、研究员
陈金强	农业资源与农业区划研究所党委书记，副研究员
岳洪源	饲料研究所党办副主任、第四党支部组织委员
赵俊辉	农产品加工研究所党委副书记、研究员
胡　梅（女）	环境保护科研监测所纪委委员、党办主任、第四党支部书记、研究员
俞其明	水稻研究所人事处（党办）副处长（副主任）
骆建忠	中国农业科学技术出版社支部书记、社长、研究员
夏春华	南京农业机械化研究所党办主任、副研究员
姬军红（女）	农业环境与可持续发展研究所纪委委员、党办副主任、正处级监察员、副研究员
赖燕萍（女）	农业质量标准与检测技术研究所党委副书记、纪委书记，研究员

三、先进基层党组织

（20 个）

农业环境与可持续发展研究所党委
农业质量标准与检测技术研究所党委
哈尔滨兽医研究所党委
兰州畜牧与兽药研究所党委
烟草研究所党委
院办公室党支部
院科技局党支部
院人事局党支部
院监察局党支部
院机关离退休党总支
后勤服务中心京区物业管理中心党支部
作物科学研究所第五党支部
植物保护研究所农业昆虫党支部
蔬菜花卉研究所第一党支部

农产品加工研究所科研第一党支部
农业资源与农业区划研究所第一党支部
中国水稻研究所国家水稻改良中心党支部
棉花研究所科研一支部
茶叶研究所改良认证中心党支部
南京农业机械化研究所第三党支部

关于评选 2014—2015 年度中国农业科学院先进集体和先进工作者的通知

院属各单位、机关各部门：

为表彰先进，树立典型，进一步调动广大职工的积极性和创造性，以饱满的热情投身科技创新实践，为我院跨越式发展做出更大贡献，经研究，决定评选表彰 2014—2015 年度在科研、管理、转化、支撑等方面做出突出贡献的先进集体和先进工作者。现将有关事项通知如下。

一、评选范围和表彰名额

（一）评选范围

中国农业科学院先进集体评选范围：院属各单位、院机关各部门的内设处室或创新团队。

中国农业科学院先进工作者评选范围：院属各单位、院机关各部门的正式在职职工。

（二）表彰名额

此次拟评选表彰“中国农业科学院先进集体”10 个，“中国农业科学院先进工作者”10 名。

二、评选条件

（一）中国农业科学院先进集体评选条件

（1）坚持以邓小平理论、“三个代表”重要思想和科学发展观为指导，贯彻落实习近平总书记系列重要讲话精神，认真执行党的路线方针政策，在政治上与党中央保持一致。

（2）工作业绩突出，在促进我院发展，服务“三农”等方面成效显著。

（3）规章制度健全，管理规范，运转协调，纪律严明，执行力强。

（4）单位领导团结协作、作风民主，思想解放、勇于进取，廉政勤政、公道正派，执行力强。

（5）单位风气正，凝聚力、战斗力和创造力较强，干部队伍素质好，干部职工有良好的职业道德和行为规范。近3年内没有发生重大违法违纪事件。

（二）中国农业科学院先进工作者评选条件

认真学习邓小平理论、“三个代表”重要思想、科学发展观和习近平总书记系列重要讲话精神，有高尚的思想品质和科学文化素质，模范遵守国家法律法规、社会公德、职业道德，并具备下列条件之一。

（1）在科研工作中做出重大创新成果，或为经济发展、社会进步做出较大贡献的。

（2）在技术发明、实验设备与方法等方面有突出成果，或在提高工作效率、工作质量和经济效益等方面做出显著成绩的。

（3）在推动科技产业化、国际化或发展高新技术等方面做出较大贡献，取得显著经济效益或社会效益的。

（4）在农业科技人才培养和农村实用人才培训方面做出较大贡献的。

（5）勤政廉政，政策水平高，工作能力强，在管理岗位上勇于创新并做出突出成绩，对所在单位或部门的事业发展有较大贡献，在群众中有较高威信的。

（6）爱岗敬业，默默奉献，扎实苦干，在本职岗位上做出突出成绩，在群众中获得较高赞誉的。

（7）在精准扶贫等服务国家和人民的重大任务中具有突出表现的。

三、评选程序和要求

（一）坚持群众路线，充分发扬民主

在推荐评选中，要坚持自下而上和公开、公平、公正的原则进行民主推荐，推荐人选由领导班子集体研究决定。院里组织评委会进行评选，评选结果报院党组审批。

（二）坚持评选条件，确保评选质量

坚持重业绩、比贡献，好中选优，推荐的先进集体和先进个人要有突出的事迹，确保先进性、典型性和代表性。

（三）坚持面向工作一线

推荐工作坚持既要面向科研一线，又要兼顾管理、转化、支撑等各个方面。已获得国家、省（部）级先进工作者（劳动模范）荣誉称号的，不再提名推荐。

（四）按时报送评选材料

推荐的先进集体和先进工作者要认真填写《中国农业科学院先进集体推荐审批表》《中国农业科学院先进工作者推荐审批表》（附件 1、附件 2）。同时撰写先进事迹材料，事迹材料要内容真实、重点突出，字数控制在 2 000字以内。审批表、先进事迹材料一式 5 份请于 2016 年 11 月 30 日前报院直属机关党委。

附件：1. 中国农业科学院先进集体推荐审批表
2. 中国农业科学院先进工作者推荐审批表

中国农业科学院直属机关党委
中国农业科学院人事局
2016 年 11 月 3 日

附件 1

中国农业科学院先进集体推荐审批表

单位名称______________

推荐单位______________

填报时间：二〇一六年　月　日

填 表 说 明

一、本表是推荐中国农业科学院先进集体用表。

二、本表用计算机打印填写，打印填写使用仿宋小四号字，数字统一使用阿拉伯数字。

三、填写内容必须准确，单位名称填写全称，数据必须如实填写。

四、何时何地受过何种奖惩是指曾获得的省部级（包含院级）以上奖惩。

五、主要业绩要求重点突出，要采用写实的方法，全面、客观、公正地反映主要事迹。一般应包括：推荐集体的人员构成情况（年龄、职称、学历等方面）、主要业绩、成就和贡献等。

六、此表上报一式 5 份，规格为 A4 纸，双面打印。

单位名称			负责人姓名	
联系人			联系电话	
职工人数	人	类别	处室（　）、创新团队（　）	
类　型	科研（　）、管理（　）、转化（　）、支撑（　）、其他（　）			
何时受过何种奖励				
2014—2015 年度主要业绩				

（续表）

单位党委意见	（盖章） 年　月　日	
审批意见	（盖章） 年　月　日	（盖章） 年　月　日

附件2

中国农业科学院先进工作者推荐审批表

姓　　名＿＿＿＿＿＿＿＿＿＿

单位名称＿＿＿＿＿＿＿＿＿＿

填报时间：二〇一六年　月　日

填 表 说 明

一、本表是推荐中国农业科学院先进工作者用表。

二、本表用计算机打印填写，打印填写使用仿宋小四号字，数字统一使用阿拉伯数字。

三、填写内容必须准确，单位名称填写全称，职务和专业技术职务等要按照国家有关规定详细填写，籍贯填写格式为××省（自治区、直辖市）××市（县）。

四、何时何地受过何种奖惩是指曾获得的省部级（包含院级）以上奖惩。

五、主要先进事迹要求重点突出，要采用写实的方法，全面、客观、公正地反映主要事迹。一般应包括：推荐人选的主要工作情况（包括主要社会兼职）、主要事迹、成就和贡献（包括推荐人选的社会影响）等。

六、此表上报一式 5 份，规格为 A4 纸，双面打印。

<table>
<tr><td>姓　名</td><td></td><td>性别</td><td></td><td>民　族</td><td></td><td rowspan="5">照片
(近期正面免冠彩色照片)</td></tr>
<tr><td>出生年月</td><td></td><td>籍贯</td><td></td><td>政治面貌</td><td></td></tr>
<tr><td>身份证号</td><td colspan="5"></td></tr>
<tr><td>学　历</td><td></td><td>学位</td><td></td><td>参加工作时间</td><td></td></tr>
<tr><td>职　务</td><td></td><td>专业技术职务</td><td></td><td></td><td></td></tr>
<tr><td>何时何地受过何种奖惩</td><td colspan="6"></td></tr>
<tr><td>个人简历</td><td colspan="6"></td></tr>
</table>

（续表）

2014—2015 年度主要先进事迹

（续表）

<table>
<tr><td colspan="3"></td></tr>
<tr><td>单位党委意见</td><td colspan="2">（盖章）
年 月 日</td></tr>
<tr><td>审批意见</td><td>（盖章）
年 月 日</td><td>（盖章）
年 月 日</td></tr>
</table>

关于表彰 2012—2015 年度中国农业科学院“十佳青年”和“青年文明号”的决定

2012 年以来，我院各级团组织、青年组织和广大青年在党组织的领导、关心和支持下，认真学习贯彻党的十八大、十大届三中、四中、五中全会精神，深入学习贯彻习近平总书记系列重要讲话精神，拥护党的路线、方针、政策，自觉践行社会主义核心价值观，积极开展青年文明号创建和青年成长成才活动，有力地在我院青年中推进了创先争优活动深入开展，涌现了一批立足本职岗位、弘扬农科精神、创造一流业绩的优秀个人和优秀青年集体。为表彰先进、学习典型、推广经验，激励各级团组织、青年组织和广大青年更加奋发进取，为我院跨越式发展多做贡献，经逐级推荐、考核、公示、评选，并报院党建工作领导小组同意，院直属机关党委、院人事局决定授予王海波等 10 名同志 2012—2015 年度中国农业科学院“十佳青年”荣誉称号，授予院办公室综合处（秘书处）等 5 个青年集体 2012—2015 年度中国农业科学院“青年文明号”荣誉称号。

希望受表彰的同志珍惜荣誉、谦虚谨慎、再接再厉、再创佳绩，希望受表彰的青年集体继续带领广大青年开拓创新、锐意进取，为全院各项事业科学发展和青年成长成才做出贡献。各级党团组织要采取座谈会、交流会等多种形式，组织广大团员青年向先进个人和先进集体学习，立足岗位创先争优，在建设“世界一流农业科研院所”中创造新的更大的业绩。

附件：1. 2012—2015 年度中国农业科学院“十佳青年”名单
　　　2. 2012—2015 年度中国农业科学院“青年文明号”名单

中国农业科学院直属机关党委

2016 年 6 月 28 日

附件 1

2012—2015 年度
中国农业科学院“十佳青年”名单

（按姓氏笔画排序）

王海波　果树所果树应用技术研究中心副主任、副研究员
王海峰　院人事局综合（劳资）处副处长、副研究员
刘　斌　作科所研究员、大豆分子生物学创新小组负责人
刘红芝　加工所粮油加工创新团队副研究员
刘新刚　植保所农药化学与应用创新团队研究员
李呈军　哈尔滨兽医所动物流感基础与防控研究创新团队研究员，首席科学家助理
吴文斌　资划所农业遥感研究室研究员、副主任
邱　静　质标所风险监测与评估研究室研究员、副主任
陈鸿军　上海兽医所动物流感病毒原生态创新团队研究员
秦　艳　草原所党办人事处处长（主任）、副研究员

附件 2

2012—2015 年度
中国农业科学院“青年文明号”名单

（按单位序列排序）

院办公室综合处（秘书处）

加工所肉品加工创新团队

棉花所棉花虫害防控创新团队

油料所油料质量安全与风险评估创新团队

兰州牧药所高山美利奴羊新品种培育及应用课题组

关于表彰中国农业科学院寻找“美丽家庭”主题实践活动获奖家庭和优秀组织奖的通报

院属各单位、院机关妇女组织：

为了贯彻落实习近平总书记关于“妇联要注重发挥妇女在社会生活和家庭生活中的独特作用，发挥妇女在弘扬中华民族家庭美德、树立良好家风方面的独特作用”要求，积极响应全国妇联和农业部妇工委开展的寻找“最美家庭”和家庭助廉活动，弘扬家庭美德，促进院所和谐，院妇工委于2015年5月启动了寻找“美丽家庭”主题实践活动。

全院各级党组织高度重视、大力支持，院属各单位、院机关妇女组织精心组织、扎实推进，许多干部职工以高度的社会责任感投身到活动中来，晒家庭幸福、议家风家训、讲最美故事、秀未来梦想，接受了生动鲜活的社会主义核心价值观教育和中华民族家庭美德的洗礼。全院各妇女组织共推荐“美丽家庭”候选户23户，征集报送家风故事、家训格言37篇。通过网络投票和各妇女组织评选两种方式从院属各单位推荐的23个候选户中评选出12户“美丽家庭”提名奖，报院直属机关党委批准，公示无异议后，其先进事迹在“美丽家庭”故事会上进行集中展示。来自基层的100位女职工代表投票产生了5户“美丽家庭”（获奖名单详见附件）。

希望“美丽家庭”的获奖者倍加珍惜职工群众的认可和赞誉，发扬光大中华民族家庭美德，示范引领全院千万户家庭崇德守法、向善向美；希望各级妇女组织深刻领会习近平总书记关于“三个注重”重要论述的时代意义，立足于我院建设世界一流农业科研院所战略目标，以发挥妇女在社会生活和家庭生活中的独特作用、在弘扬中华民族家庭美德和树立良好家风中的独特作用为着力点，常态化推进寻找“美丽家庭”活动，激发广大妇女及其家庭培育和践行社会主义核心价值观的内生动力，集聚起广大家庭同心共圆幸福梦、携手共筑农科梦的强大正能量，为全院改革发展和实现跨越式发展创造和谐稳定的良好环境。

附件：1. 中国农业科学院“美丽家庭”获奖名单

2. 中国农业科学院寻找“美丽家庭”主题实践活动优秀组织奖名单

中国农业科学院妇女工作委员会

2016年3月18日

附件 1

中国农业科学院“美丽家庭”获奖名单

（按姓氏笔画排序）

一、“美丽家庭”

牛丽芳家庭 生物技术研究所
刘继忠家庭 特产研究所
居 辉家庭 农业环境与可持续发展研究所
景蕊莲家庭 作物科学研究所
翟 良家庭 上海兽医研究所

二、“美丽家庭”提名奖

万丽云家庭 油料作物研究所
王凤忠家庭 农产品加工研究所
闫晓静家庭 植物保护研究所
尚建立家庭 郑州果树研究所
耿锐梅家庭 烟草研究所
徐 琴家庭 作物科学研究所
高玉龙家庭 哈尔滨兽医研究所

三、“美丽家庭”纪念奖

王凤雪家庭 特产研究所
李世娟家庭 农业信息研究所
宋 斌家庭 上海兽医研究所
张文毅家庭 南京农业机械化研究所
张 兰家庭 生物技术研究所
罗婷婷家庭 农业信息研究所
周淑荣家庭 特产研究所
姚克恒家庭 南京农业机械化研究所
高国印家庭 烟草研究所
黄长玲家庭 作物科学研究所
鲜国建家庭 农业信息研究所

附件 2

中国农业科学院寻找农科“美丽家庭”主题实践活动优秀组织奖名单

后勤服务中心妇委会
作物科学研究所妇委会
植物保护研究所妇委会
蔬菜花卉研究所妇委会
农业环境与可持续发展研究所妇委会
北京畜牧兽医研究所妇委会
农产品加工研究所妇委会
生物技术研究所妇委会
农业信息研究所妇委会
农业质量标准与检测技术研究所妇委会
油料作物研究所工会女工委
郑州果树研究所工会委员会女工委
哈尔滨兽医研究所女工委
上海兽医研究所女工委
农业部南京农业机械化研究所女工委
特产研究所妇委会
烟草研究所妇委会

中央纪委驻农业部纪检组组长、农业部党组成员宋建朝在中国农业科学院 2016 年党风廉政建设工作会议上的讲话

2016 年 1 月 15 日

十八届中央纪委六次全会刚刚结束，中国农业科学院党组就召开了每年一次的院党风廉政建设工作会议，这充分说明了中国农业科学院党组对党的建设，对全面从严治党，对党风廉政建设和反腐败斗争工作的重视。

新一届党中央领导核心是从真正共产党人的胸怀和境界，站在国家和民族的高度，为一个大国大党分忧操心、尽一份责任；是对我们党如何加强党的管理，真正担负起大国执政，为使人民满意尽一份担当；是对全体党员，尤其是党员领导干部，发自内心的关爱、希望和要求。听了之后，增强了责任感、使命感，既有动力，也有压力。

从中国农业科学院纪检工作报告和各单位经验交流来看，一年来，中国农业科学院的工作在院党组的领导下，在科技创新、队伍建设、行政管理等方面，都取得了很大成绩，也总结了一些好的经验。在纪检监察工作方面，搭建了科研经费管理的公开平台，采购平台，建立了财务助理制度，这在科研经费管理方面是很具体的改革和创新。

中国农业科学院作为科研单位，党风廉政建设的风险点就是在科研经费管理方面，院党组抓到风险点，有针对性地采取创新机制来防止问题的出现，并打出“组合拳”，巡视牵头、审计先行、监察跟进，历时几年，对中国农业科学院各个所进行巡视，做出了很多成绩，希望下一步中国农业科学院能够加强对科研经费管理经验的宣传力度。

接下来，结合十八届中央纪委六次全会精神，谈一谈我对党风廉政建设工作的几个思考。

一、坚定从严治党的决心

在新的一年，我们全体党员干部对加强党的建设、全面从严治党、加强党风廉政建设和反腐败斗争的形势、任务和要求要有一个清醒的认识。总书记在报告中明确提出：党中央坚定不移反对腐败的决心没有变，坚决遏制腐败现象蔓延势头的目标没有变，“两个没有变”就是党中央坚持全面从严治党的决心。我们要对党中央在反腐败斗争上的决心要有足够的自信；对反腐败斗争取得的成绩要有足够自信；对反腐败斗争带来的

正能量要有足够自信；对反腐败斗争的光明前景要有足够的自信。

二、树立党章意识，加强党规学习

总书记和岐山同志在六次会议上都谈到尊崇党章问题，把尊崇党章作为我们搞好党风廉政建设和反腐败斗争的重要体会，体现了在党内开展党章学习的重要性。

树立党章意识，加强党章学习。我认为，各级党组织要把学习、遵守、贯彻、维护党章作为一项重要任务常抓不懈，持之以恒。党章是规范制约全党行为的总章程，是立党、治党、管党的总规矩，是把握党的政治方向的根本原则，也是坚持从严治党的根本依据。中共中央强调党员干部遵守政治纪律，强调党要管党，就是要求广大党员要树立党章意识，尊崇党章。依法治国必须树立宪法意识，从严治党必须树立党章意识。党员没有党章意识，不学习、遵守、贯彻、维护党章，就会目标不明确、行动不统一、纪律不严格，从严治党就无从谈起。因此，我们绝对不能轻视、忽略、放松党章的学习，淡化甚至丧失党章意识。

加强党内法规的学习。依据党章的总体要求，党中央又制定出各类党内法规，规范约束党员的言行举止。因此作为一个合格的党员，必须学习好党内法规。重点学习好《中国共产党廉洁自律准则》《中国共产党纪律处分条例》，同时熟悉《中国共产党巡视工作条例》（以下分别简称《准则》《条例》《巡视》）。3 个法规体现了以德治党与以规治党相统一，坚持高标准与守底线相结合。新出台的党内的 3 个法规是我们管党治党的制度利器，我们必须认真学习，坚决贯彻执行。

我认为，3 个法规相互配合，形成不敢腐、不能腐、不想腐的体制机制。《准则》是执政党的道德宣言，是党员行动的高标准，是正面倡导；《条例》是管党治党的尺子，是不可逾越的底线，是负面清单；《巡视》是利剑高悬，是强化监督，是发现问题。巡视与纪律结合，形成不敢腐的震慑；纪律与各项制度结合形成不能腐的笼子；准则与教育结合筑牢不想腐的基础。各级党组织一定要专门组织广大党员认真学习 3 个法规，尤其是廉政准则和纪律条例，使每个党员干部知道自己该做什么、不该做什么，要早学，不要糊糊涂涂犯错误，到时只能反省悔过了。如果因为组织宣传不到位、学习不认真，导致党员干部违纪犯错误，组织也要承担责任。

十八大以来，我们党在加强党的建设，全面从严治党，尤其是党风廉政建设和反腐败斗争中，探索尝试了一些新的做法，提炼升华了一批新的认识，固化总结了一些实践成果，完善修改了一批规章制度。这些认识上升为理论，为政党建设，尤其是执政党的内部管理、监督、自我净化，创造了一批行之有效的新经验，新做法，是政党建设的思路创新、理论创新和制度创新，值得很好总结。

三、加强政治纪律，坚定政治方向

重点强调遵守政治纪律，增强党员领导干部政治警觉性和政治鉴别力，做政治上的明白人。政治问题是根本性大问题，从严治党必须注重政治上的要求，必须严明政治纪律。总书记在六次会议讲话中提出“四个始终”：始终忠诚于党、始终对组织坦诚、始终正确对待权力、始终牢记政治责任，我们一定要内化于心，外化于行，自觉维护党的形象，维护党的统一。要在党员干部中提高和树立政治意识、大局意识、核心意识、看齐意识，向党中央看齐，向总书记看齐。看齐意识要体现在工作中，向党的理论看齐；向党的路线方针政策看齐；向党的重大部署举措看齐。一是在信念与信心上与党中央看齐。牢牢把握“两个没有变”“四个足够自信”，坚定反腐必胜的信念；二是在思想认识上与党中央看齐。深刻理解中央对形势的判断和分析，跟上中央的要求；三是在履职尽责上与党中央看齐。把工作重心聚焦到中央确定的重点任务上；四是在工作作风上向党中央看齐。敢于担当，勇于执纪问责，做遵纪守法的表率。要经常看、主动看，时时与党中央对表，确保坚定正确的政治方向。要自觉拥护和维护中央的权威，拥护和维护总书记的权威，努力做到政治上坚定。作为领导干部要心中有党，在党言党，在党忧党，在党为党，确保在核心问题上坚定、自觉、不糊涂。同时，不仅自己做到、做好，还要把队伍带好，使本部门的全体党员干部都做政治上的明白人。

四、落实民主集中制，加强党内监督

强调组织纪律，核心问题是贯彻落实民主集中制。民主集中制是我们党多年实践经验的总结，也是一个行之有效的对权力监督的好方法，但是，如何加强民主集中制，解决执政党内部监督，解决对“一把手”的监督是一个重要的课题，需要大家认真研究，更要积极探索。六大纪律各有内涵，组织纪律的一个重点就是规范各级领导的权力使用，规范各部门“一把手”在决策过程中的议事程序，就是要将权力放在制度的笼子里。我们工作中很多问题的出现，都与执行民主集中制不到位有关系。所以各级领导干部一定要时刻提醒自己，在工作中遵守组织纪律，凡事一定要按程序办理，重大事项、政策制度、人事安排、招标采购、项目合作、巨额经费支出等，要出于公心，放弃私欲，坦荡处事，否则就可能出问题。

五、把握好践行好“四种形态”

“四种形态”既是纪检监察部门监督执纪问责的方式，也是加强从严治党、把纪律挺在前面、抓早抓小、落实主体责任的举措。各级纪委的职责定位、方式创新、作风转变都必须充分体现“惩前毖后、治病救人”的方针，因为这是我们党从丰富的实践经验和深刻的历史教训中总结出来的。就是说，我们对待同志的错误，应该带着爱护同志、帮助同志、保护同志的心态；要用治病救人的心态对待党风廉政工作，处理各类违纪问题。这样才能对工作中、队伍中的同志身上出现的问题早发现、早提醒，常咬耳朵、扯袖子、红红脸、出出汗，我们的目的是救人，不是整人，要体现组织对党员的关心、负责。严管就是厚爱。只有这样，才能达到轻处分、组织调整成为大多数；重处分、重大职务调整是少数；涉嫌违法立案审查只能是极极少数。实践“四种形态”，主体和监督两方面的责任不是轻了，而是重了。

“四种形态”不是说出来就完成任务了，绝非口头讲讲，更重要的是要做出来。比如：今后接到举报不能暂存了，不能等问题大了再办，那就不是治病救人了。现在有举报就要核实，有线索，核实清楚，该澄清的予以澄清，要保护同志；确有问题的，该帮助教育、执行纪律的，也要严格纪律，给群众一个交代。很多情况下要找本人谈，扯袖子、红红脸是常态，约谈见面是常态。但是，执行“四种形态”也不是那么容易的，被约谈的干部也不理解，纪委的同志也怕出现安全问题。因为党内管理多少年松软散现象严重，不批评了，现在一批评就受不了了，有的同志对抗、抵制，有的同志想不开。因此，对组织而言，从严治党、执行“四种形态”既要勇于担当，也要善于担当，既要有勇气，还要有水平，治病救人医术很重要。要求执纪者必须提高思想政治水准，提高把握政策的能力。广大党员干部要适应“四种形态”，忠诚面对组织，相信组织，端正态度，积极配合。希望各级党组织，尤其是纪检监察部门的同志，适应好、践行好“四种形态”，也希望广大党员干部了解、适应、配合。两方面做工作，才能彻底扭转软松散的局面，真正执行好、落实好“四种形态”。

每年借中国农业科学院党风廉政建设会议的机会，同大家见个面，问个好，尤其是会议都安排在春节前，也创造了一个给大家提前拜年的机会。在此，希望大家在新的一年里，思想理论水平有提高，科研创新有成果，本职工作能够上一个新台阶，家庭和睦、身体健康。提前祝大家春节愉快，猴年大吉。

陈萌山同志在中国农业科学院2016年党风廉政建设工作会议上的讲话

2016年1月15日

家洋院长在院工作会上对我院党风廉政建设工作作了重点部署，我们这次会议要认真理解落实。刚才，建朝组长作了重要讲话。宋组长对我院的一些做法给予肯定，这是对我们的鞭策。宋组长深刻地解读和传达了中纪委六次全会的精神，并结合我院实际，提出了很有针对性的要求。这些要求，既体现了党中央的部署，更体现出宋组长对我院科研人员的关爱和无比的期待，有很强的针对性，听了以后很亲切，也感到任务很重，使命艰巨。5个典型发言很有特色，真正地发挥典型的引导和典型的警示作用，听了以后感受深刻。志国同志代表院党组总结了2015年的党风廉政建设和反腐败工作，对2016年工作作了安排，讲得很全面、很具体，我完全同意。下面我再强调3点。

一、我院党风廉政建设成效显著

2015年，我院认真贯彻中央决策部署和部党组的具体安排，坚定不移地加强党的建设，全面从严治党，坚定不移推进党风廉政建设和反腐败斗争，紧紧抓住科研经费监管这个重点，严肃查处违纪违法案件，坚决消弭隐忧、杜绝隐患、建章立制，让“两个责任”落地有声，党风廉政建设各项工作进展顺利，凝聚了党心民心，赢得了科技工作者的信心信任，为创新工程实施和现代院所建设保了驾护了航。

一是政治意识和使命意识增强。一年来，通过“三严三实”专题教育，落实全面从严治党各项要求，我院各级党组织和全体科技人员严格遵守各项政治纪律和政治规矩，认真履行农业科研国家队的职责和使命，确保了党中央以及部党组的决策在农科院得到不折不扣的落实，各项科技创新进展喜人，支撑农业农村经济发展、引领现代农业发展有了新的突破。

二是科研经费监管取得新突破。我们紧紧围绕科研经费使用监管，持续发力，不断地加大措施力度，把反腐倡廉各项要求抓实抓细，以确保不发生科研经费使用管理系统性问题、确保不发生科研经费使用管理重大案件，确保科研经费管理使用中的小问题、小隐患、小违规得到迅速遏制，受到及时查处，有效保障创新工程和各项科研工作的顺利开展。

三是厉行节约取得新成效。我们认真贯彻中央出台的《党政机关厉行节约反对浪费条例》，进一步完善经费管理、国内差旅、因公临时出国（境）、公务接待、公务用车、会议活动、办公用房、资源节约等各项管理规定，初步形成厉行节约反对浪费的制度体系和长效机制，中央八项规定的各项要求得到全面落实，厉行节约的风气正在形成，坚持不懈、持之以恒的工作机制逐步构建。

四是作风建设取得新进展。2015 年，我们全面推进服务型院所机关建设，聚焦科技人员反映的突出问题，抓住领导干部这个“关键少数”，出台了院党组《关于加强基层服务型党组织建设的实施意见》，各部门、各研究所也制定了具体的办法和措施。干部职工的改革创新意识进一步增强，院所机关服务管理能力进一步提升，各级党组织密切联系群众的观念进一步强化，解决了许多职工群众关切的院区环境整治、便民服务设施、子女入托上学、离退休干部服务管理等方面的问题，作风建设取得实实在在的成效。

取得以上成绩，是大家共同努力、真抓实干的结果，我体会有 3 点经验。一是领导责任到位。院党组及各位党组成员和全院各级党组织，深刻认识党风廉政建设工作的极端重要性，思想上高度重视，行动上高度自觉，主体责任、监督责任和“一岗双责”落实到位，全院做到了知责必躬、履责必实、担责必为、追责必严，确保我院思想行动与中央的要求保持高度一致，确保党风廉政建设工作的落实有坚强的组织保障。这方面，院党组对党风廉政建设“两个责任”职责任务进行了分解，院和所、所和支部签订了责任书，2015 年 11 月中旬，院党组与全院党委书记和纪委书记就“两个责任”落实进行集体谈话。二是措施办法有效。根据我院实际，制定了一系列有针对性的措施办法，疏堵并举，综合施策，操作性、实效性强。这方面，组织了全院十大案例宣讲；制定了科研经费使用 16 个不准禁止性办法；制作了科研不端行为宣传挂图；选编了违法违规案例；提出了科研经费监管的控制流程，即所长书记领导责任、纪检部门监督责任、财务部门把关责任和团队首席直接责任，开展巡视牵头、审计先行、监察跟进科研经费专项检查“组合拳”工作模式。三是监督落实有力。院属各级党组织及其纪检机构，坚持学习教育领先，严格监督跟进，执纪问责不懈怠，坚持发现一起、查处一起，确保各项廉洁自律规定落实到位。这方面，利用农业部和我院发生的违规违法案例，开展警示教育；将党风廉政建设纳入研究所的考核评价；通过诫勉谈话、案件通报、法纪并用等方式，严肃对待违规违纪问题。以上经验做法，值得充分肯定，更需要保持发扬。

二、充分认识全面加强纪律建设的重要性必要性

在刚刚结束的中纪委六次全会上，习近平总书记强调，“坚持全面从严治党依规治党，聚焦监督执纪问责，深化标本兼治，创新体制机制，健全法规制度，强化党内监督，把纪律挺在前面，持之以恒落实中央八项规定精神，着力解决群众身边的不正之风和腐败问题，坚决遏制腐败蔓延势头，不断取得党风廉政建设和反腐败斗争新成效”。

强调“要把纪律建设摆在更加突出位置，坚持纪严于法、纪在法前，健全完善制度，深入开展纪律教育，狠抓执纪监督，养成纪律自觉，用纪律管住全体党员”。我们要按照中央的部署，提高认识、全面落实，坚定不移地把党风廉政建设和反腐败斗争引向深入。这里我想重点讲一讲尊崇党章，严格执行《中国共产党廉洁自律准则》和《中国共产党纪律处分条例》（以下分别简称《准则》《条例》），切实加强党的纪律建设的重要性和必要性。

（一）关于重要性

纪律是党的“生命线”。加强纪律性，革命无不胜。我们党是靠革命理想和铁的纪律组织起来的马克思主义政党，纪律严明是党的光荣传统和独特优势。我们党从一个只有50余名党员的小党，发展成拥有8 700多万名党员的大党，团结带领全国人民克服种种艰难险阻，从胜利走向胜利，靠的就是铁的纪律。《中国共产党党章》和《准则》既对党的理想信念宗旨、优良传统作风作了明确规定，又对党的纪律提出具体要求，《条例》更是细化了纪律的内容，是全党必须共同遵循的行为规则。

十八大以来，党中央提出以“四个全面”为引领，实现“两个一百年”和中华民族伟大复兴中国梦的奋斗目标，其中，全面从严治党是根本保证。推进全面从严治党，关键是加强党的纪律建设。习近平总书记强调：“纪律不严，从严治党就无从谈起。”人不以规矩则废，党不以规矩则乱。党的纪律问题，关乎党的存亡、人心向背和国家民族命运。中央纪委书记王岐山要求：纪律是管党治党的尺子，纪律建设就是治本之策，纪律是不可触碰的底线，要把党的纪律挺在前面，让纪律立起来、严起来、执行到位，保证党在各项事业中的领导核心作用。

近日，中央纪委、中央文献研究室编辑的《习近平关于严明党的纪律和规矩论述摘编》正式发行。该书收录了党的十八大以来，习近平总书记站在党和国家全局的高度，围绕全面从严治党，严明党的纪律和规矩，发表的一系列重要论述，为加强纪律建设，深入推进党风廉政建设和反腐败斗争提供了思想指导和行动指南。我们要从战略高度认识和领会党中央加强纪律建设的重大意义，从实践层面落实好中央的精神和要求，切实增强遵规守纪的自觉性与坚定性。

纪律是党员言行的“警戒线”。任何一个组织的内部章程和规则都比国家法律要严格。中国共产党的先锋队性质和执政地位决定了党纪必然严于国法，党员的言行举止要求必然高于普通民众的道德基线，党纪是永葆党先进性和纯洁性的刚性保障。党的各级组织和广大党员不仅要模范遵守国家法律，更要按照党规党纪以更高标准严格要求，做遵纪守法的楷模。大量事实表明，领导干部腐化堕落往往都是从搞不正之风和不守纪律开始的。知其所止，止于至善。党纪是在法律底线之前设置的一道警戒线，为党员列明负面清单、划清行为禁区。把纪律挺在法律前面，就是要用党章党规党纪从严管党治党，一发现苗头问题就及时“拉警报”，一碰纪律红线就马上“亮红灯”，真正做到执纪先于执法，以更高标准、更高要求约束每名党员。

把纪律和规矩挺在前面，进行执纪监督，将成为党风廉政建设一个新常态。让纪律规矩通上高压电，进行纪律责任追究，将是从严治党的新标志。我认为，这既体现了中央反腐败的决心，从严治党的决心，体现了我们党坚强的政治定力，治党管党更高的要求，更高的标准。同时，也体现了我们党的人本观念，就是在法律法规前面，设立一个屏障，使其在“破纪”之初，付出较低的代价，挽救其滑向深渊。把纪律和规矩挺在法律前面的做法，既是雷霆手段，也是菩萨心肠。同志们，我们要深刻理解，“破法”必然“破纪”，“破法”首先“破纪”。党员干部从违纪到违法，是量变到质变的发展过程。在党员干部触犯法律之初，如果我们能够及时地查处、警戒，对有违法苗头的及时提醒教育，扯扯袖子、咬咬耳朵、红红脸、出出汗，不仅是监督、阻止破“纪”问题进一步恶化，也充分体现出党组织对党员干部的关爱和保护。我们许多同志在走向歧途之前也曾经是好干部、好的科技人才。通过抓早抓小，严格执纪，使我们广大党员干部远离违法犯罪的深渊，不但保护了我们的力量，避免了损失，也保护了千千万万个家庭的平安和幸福。

我院大力加强纪律建设，目的就是为科技创新保驾护航。“十三五”是我院创新工程全面推进期，也是全面建设世界一流院所的关键期，体制机制改革的任务很重，科技攻关、创新突破的任务很重，现代院所建设的任务很重，加强党风廉政建设，尽最大努力保证不出问题，特别是不出重大问题，对于营造风清气正的科研创新环境至关重要，对于保障我院科研事业持续稳定发展至关重要。希望大家思想上引起重视，情感上形成共识，行动上达成自觉。

（二）关于必要性

近几年，我院采取多部门协同配合、全覆盖整体推进方式，加大巡视、审计、检查和调研力度，查出的问题绝大多数是违规违纪问题，涉及违法的是极少数。深挖原因，主要是规矩意识和纪律意识不强。

在政治纪律方面。我院在遵守政治纪律方面总体是好的，各级党组织、绝大多数党员同党中央保持高度一致，对党忠诚，勤奋工作，刻苦攻关。但也有个别党员违反政治纪律，从香港购买有害政治读物入境，被全国“扫黄打非”领导小组通报批评，造成不良影响；个别党员干部被举报有妄议中央的言论，教训深刻。

在组织纪律方面。我院大多数单位领导班子能够认真贯彻民主集中制、认真执行“三重一大”决策制度，但 2015 年巡视发现，一些研究所仍然存在贯彻民主集中制不力的问题。主要表现在，不按规矩和程序开会，随意决定出席会议人员、将缺席人员列为出席人员或者备注“已征求意见”；有的“一把手”开会先定调子、先亮观点，其他领导成员没有发表意见的空间；有的研究所在执行人事纪律方面不严格，不经班子研究、不按制度办事，职能部门擅自为调入职工开出不符合事实的人事证明；有的研究所不如实上报领导班子收入情况，未经批准自行调整收入分配办法；有的单位保密纪律教育不够，科研人员违规私下接受境外组织资助，研究内容不向研究所报告，外泄重要涉密科研数据，造成恶劣影响；有的党员领导干部不按规定报告个人重大事项。

在廉洁纪律方面。我院坚决贯彻中央精神，密切结合农业科研实际，制定了落实八项规定的规章制度，全院严格执行，成效显著。但从近 3 年查处的情况看，违反廉洁纪律的问题值得我们警醒和重视，比如有的单位在组织党员干部外出活动的过程中接受地方酒宴，超标准住宿；有的单位领导班子不经职代会讨论，违反规定自定薪酬或擅自制定领导班子奖励制度；有的党员干部以会议费名义多次公款宴请；有的党员以购买试剂耗材的名义套取现金；有的领导干部廉洁自律意识薄弱，违规购买经济适用房。这里特别要指出的是，在清理办公用房工作中，仍有整改不彻底，存在超标或变相超标的问题。今天，所长、书记、纪委书记都在场，你们是清理办公用房的第一责任人，这次会议结束后，请大家搞一次"回头看"，拿起尺子亲自量一量，人人过关，凡是超标的，哪怕是 1 平方米，都要立行立改，院办和监察局要负责监督落实。

在群众纪律方面。我院有的单位党务、政务和科研经费信息等事项没有按照规定公开，党员、群众知情权没有落实到位。有单位反映领导干部工作方式简单，尊重群众意见不够。有的单位管理层收入过高，与群众收入差距过大。这些都必须引起高度重视，要巩固党的群众路线教育实践活动成果，按照"三严三实"标准，强化整改措施落实。

在工作纪律方面。有的研究所主要负责人没有切实履行财务管理法人负责制，工作大撒把，疏于管理，存在多人在科研经费中报销个人消费，财务部门没有落实审核把关责任，没有领导签字的发票也报销，造成极大廉政风险。有的单位出了问题不报告，遮遮掩掩，等到上级处分决定下来了，院里才知道。有的单位出国团体擅自改变出国时间或出国路线。有的单位对下属质检机构疏于管理，群众举报有收受礼品礼金现象。有的研究所一年资金流水几个亿，财务部门力量十分薄弱，人少事多疲于应付，检查发现问题隐患不少。

在生活纪律方面。有的单位领导干部办公室高标准装修，还有个别党员干部对家庭廉政教育不够，其子女办理高考移民，被举报后取消了录取资格，物质上、精神上、名誉上都受到损失，教训惨痛。

2015 年 11 月，在党委书记、纪委书记集体约谈会上，上述问题有的已经通报过，今天各单位法人代表、所长都在，同样承担着加强纪律建设和党风廉政建设的主体责任，将这些问题再次拿出来，不拒揭伤疤，就是要不厌其烦扭住问题，引起大家的高度重视，引以为鉴，警示整改，警示不为。

上述问题，究其原因：一是纪律和规矩意识没有完全树起来。落实"两个责任"，把纪律和规矩挺在前面，是新形势下，加强党风廉政建设和反腐败斗争的新要求、新常态。我们每一名党员都要准确把握"全面"和"从严"两个治党概念的深刻含义，切实提高思想认识，只要是党员就要接受监督，只要违反纪律就会受到处分，如果还抱定旧观念就会犯错误。二是"两个责任"没有全面落下去。从中纪委和农业部通报的案例看，一案双查、追究“两个责任”落实不到位是纪律审查与责任追究的必选项。一个单位问题多，跟党委、纪委不作为或弱作为有很大关系。我院是科研单位，一些研究所党委书记是专家，承担科研任务无可厚非，但有的党委书记工作重心分配极不合理，抓党建和党风廉政建设投入的时间和精力很不够，没有在其位谋其政，该开的会都不来，该负的责任都不负。既然组织信任你担任党委书记，就要兢兢业业、全力以赴，不能把党务工作交给下边干，自己大部分精力放在科研上。有的单位出了问题，党委书记、纪委书记拉不下脸，挺不起腰，搞下不为例，失之于宽。有的面对违纪，冷眼旁观，当老好人，搞情有可原，失之于软。大家要清楚，职位和职责是挂钩的，不能只戴帽子，不履职。三是职能部门不能很好适应执纪问责新常态。有的研究所对职能部门重视不够，队伍建设和知识结构不合理，职能部门人员精力不够，政策把握能力差，适应不了精细化管理要求。有的单位职能部门责任担当精神不强，人浮于事，没有履行监管职责。有的单位纪检机构不健全，人员不整，执纪难以到位。有的纪委书记业务不熟，不会执纪等。

梳理近几年的违纪违规情况不难发现，六大纪律问题或轻或重在我院都有所表现，这表明我院党风廉政建设还有不少隐患，需要引起高度重视。各级党组织一定要按照中央的要求，全面加强纪律建设，找准问题症结、瞄准靶心，有的放矢地推进全院党风廉政建设和反腐败斗争。

三、做好加强党风廉政建设几项重点工作

习近平总书记部署了今年党风廉政建设重点工作，我们要认真学习领会，全面贯彻执行。2016 年我院党风廉政建设，要加强对维护党章、执行党的纪律和规矩情况的监督检查，确保党中央的路线方针政策和农业部党组各项工作部署在我院得到不折不扣的落实；要持续推进作风建设，以一流作风推动一流院所建设；各级党组织要全面担负起从严治党主体责任，坚持标本兼治，完善领导决策机制，聚焦科研经费使用重点领域，加强巡视和专项检查力度，建立起不敢腐、不能腐、不想腐的有效机制。

（一）强化主体责任

加强纪律建设，关键是落实“主体责任”。王岐山书记强调：“落实主体责任不需要再发文件，关键是敢不敢、愿不愿意把这个责任真正担起来！”所长、书记一定要高度重视，进一步担负起党风廉政建设主体责任，把纪律建设作为党风廉政建设的重要内容，抓实抓好。要带头尊重纪律、学习纪律、遵守纪律、执行纪律，进而带动影响本单位、本部门共同遵规守纪。要敢于负责，敢于较真，敢于执纪，维护纪律的严肃性和权威性。今年签订廉政责任书要突出主体责任落实、加强纪律建设。各所和下面签订责任书要结合实际，突出不同岗位和不同部门特点，不要搞千篇一律、众口一词，要有针对

性、可操作性，层层传导压力，把责任真正落实下去。要强化干部日常管理，用纪律和规矩约束党员干部的行为，树立严管是厚爱的理念，发现苗头及时提醒，多红脸出汗扯袖子，多拍肩提醒咬耳朵，让更多的党员领导干部少“破纪”、慎“破法”。所长书记要支持纪委开展工作，对违纪问题要敢于揭短亮丑，发现一起、查处一起、通报一起，做到无禁区、全覆盖、零容忍。

（二）切实加强纪律教育

院属各级党组织要认真组织学习习近平总书记关于严明党的纪律和规矩的重要论述，认真学习中纪委六次全会精神，抓好《准则》和《条例》的学习教育和贯彻执行，通过中心组学习会、组织知识竞赛、开办培训班等多种形式，教育党员干部树立高尚精神追求，保持共产党人本色，筑牢思想道德防线，准确把握纪律建设的基本要求，清楚行为的禁区，时刻绷紧纪律这根弦。

要创新教育形式，发挥案例警示作用，拍摄反面警示片，用身边事教育身边人。同时，加强正面典型宣传，用优秀党员干部、科学家的光辉事迹，教育感召广大干部职工，坚定理想信念、加强道德修养、增强纪律观念、提升创新能力，打牢不想腐的思想防线。

（三）深入开展科研经费专项整治

科研经费合理使用是社会和舆论高度关注的问题，也是我院党风廉政建设的重点领域。近年来，我院科研经费增长很快，对科研经费规范使用的要求也在不断提高、不断加强。在这点上，院领导的认识非常一致，就是科研经费监管任何时候都不能放松，不能掉以轻心，必须常抓不懈。今年要重点抓好一个行动、两个工程、两个办法共 5 件事。

一是继续开展组合拳专项检查行动。2015 年先后分 3 批对 5 个研究所进行了专项巡视，也是一次深度的、全方位的科研经费专项检查，克服了以往检查不深不透的问题。检查中真正发现了问题，提出整改措施和建议，降低了廉政责任风险。2016 年，要继续开展组合拳专项检查行动，坚持“巡视牵头、审计先行、监察跟进”，保持巡视检查的力度不减，在重点对科研经费专项检查的基础上，突出领导班子尽职履责情况，特别是落实“两个责任”情况、纪律建设情况。初步确定对 6~8 个研究所进行专项巡视检查。

二是构筑科研经费阳光工程。2015 年科研经费阳光工程取得了初步成效，绝大部分研究所高度重视，在硬件软件上大力支持，但也有部分研究所认识不到位，执行不够坚决，进展不大，有的研究所没有实质性推动。2016 年，要继续大力推进科研经费使用信息公开和试剂耗材集中采购，确保科研经费在阳光下运行。要以水稻所为标准，加快硬件升级和软件开发力度，确保 6 月底前完成科研经费过程信息实时公开，实现全年公开、全面公开，接受职工查询、查问、监督，确保科研人员知情权。要学习上海兽医所的经验，加快试剂耗材线上采购平台建设，实现在线采购，有痕管理。

三是构筑科研经费防火墙工程。科研经费使用中的问题，原因很大程度上是权力没有监督，决策没有程序，工作机制不健全。构筑科研经费规范使用的防火墙，落实民主集中制，建立起有效的监督机制，是标本兼治的重要措施。有3层含义：一是各单位领导，尤其是党政一把手要有强烈的制度意识和接受监督的意识，不要搞大包大揽，不要搞一言堂，不能凌驾于组织与制度之上。要规范党委会、所务会、职代会、学术委员会制度，重大事项必须集体研究决定。二是要完善规章制度。如试剂耗材集中采购制度、经费使用公开制度、公务卡制度等，可借鉴负面清单模式修订管理办法，关键是要精简归并、少而管用。三要健全工作程序。每一个事项都要有严格的决策程序，包括议题征集、调查研究、征求意见、会议讨论、会议记录、会议纪要等，哪一个环节都不能少，都要严格规范、有据可循。要坚决执行党的民主集中制，重大事项决策要广泛听取不同意见，确保决策科学有效。只有这样，才有可能构建起一道科研经费规范使用的防火墙，杜绝各种有意的无意的违规违纪行为的发生，以最大限度保护项目安全、人才安全、经费安全。

四是普遍实行财务助理办法。2015年财务局举办了财务助理培训班，有几个研究所已经在试行，水稻所搞得比较好。2016年，财务局、监察局要出台意见，指导各研究所普遍推行财务助理制度，培养一批懂科研、会财务、守纪律的财务助理队伍，在科研人员和财务人员之间建立一条纽带，让他们成为科研人员的好帮手，做到把钱花好，把钱用得安全，提高科研团队预算编制和经费使用的规范性，提升科研工作效率。

五是普遍实行财务监管软件办法。2015年，财务局对院属各单位进行了培训，推广科研经费监管软件，通过对“三公”经费、敏感问题的监督，提升了财务监管水平和风险预警能力。但有的研究所认识不足、重视不够，财务人员力量不足，进展缓慢。2016年要加大财务监管软件的推行力度，实现4个到位：加强经费监管的认识必须到位，硬件软件配套必须到位，财务力量必须到位，监管效果必须到位。

这5个重点都是有形的，既明确了党风廉政建设的重点，也给了我们监管部门以监管的手段。要提醒的是，财务报账软件、财务监管软件、试剂耗材集中采购平台等有关科研经费规范使用的软件平台，要相互兼容，留有接口，不能各搞一套，既浪费人力物力，又人为增添了障碍。

（四）进一步加强巡视工作

去年和前年，院巡视组对8个单位开展了常规巡视和专项巡视，发现了问题，强化了监督，在一定程度上形成了震慑，推动了“两个责任”落实，强化了纪律规矩意识，取得了良好效果。2016年，要进一步加强和改进巡视工作，推动巡视向纵深发展，充分发挥好巡视的尖兵和利剑作用。首先，突出政治纪律。通过巡视，深挖“两个责任”落实不力问题，严肃纪律要求，倒逼整改提高，确保中央和部院党组方针政策的落实。

要加强巡视工作领导。强化巡视工作的权威性，院党组将及时听取巡视组的工作汇报，落实好巡视工作计划。要加强巡视力量配备。将考虑选拔刚退休的党委书记、纪委书记以及财务审计骨干和纪检监察干部参加院巡视工作。要完善巡视工作制度。巡视期间发现重要情况要及时向院里报告。同时，加强巡视意见的反馈和整改，从 2016 年开始，由院领导带队，在一定范围内向研究所反馈意见，促使大家对巡视工作的重视。要强化巡视问题的整改。“对巡视发现的问题和线索，要分类处理，注重统筹，在件件有着落上集中发力。”涉及违法问题的要向有关机关移送线索，涉及违规违纪问题的，研究所要坚决整改到位，不留尾巴。

（五）进一步加强纪检监察干部队伍建设

习近平总书记指出，“纪委是党内监督的专门机关，是管党治党的重要力量。”我院各级党组织要高度重视，切实支持纪委开展工作。院纪检监察干部队伍建设要适应从严治党的新常态要求。人事、纪检监察等相关部门要加强调研，拿出明确可行的操作方案，研究制定新的加强纪检监察队伍建设的意见，为加强纪律建设打好干部基础。

要选好配强纪检监察干部。古人讲要选“清谨介直”人士担任监督职责的官员。“清则无私，谨则无忽，介直则敢言”。要选好配强纪检监察干部，在工作上支持、培养上重视、纪律上严格，使他们的作用得到有效发挥、工作得到充分尊重、队伍保持稳定。每一名纪检监察干部都要牢牢树立打铁还需自身硬的意识，以更加严格的标准要求自己，不断提高个人修为，加强自我监督，做遵守纪律履职的楷模。

要深化纪委监督机制改革。把纪律挺在前面，纪委的责任不是轻了、而是更重了，对监督自己的要求不是低了、而是更高了，纪委必须提高思想政治水准和把握政策能力，创新工作理念和方式方法，敢担当、善作为。要加强对党组织和党员的纪律监管，强化执纪问责，确保队伍纯洁、政策落实和目标实现。研究所纪委书记的任免要征求党组纪检组的意见，研究所纪检监察干部的任免要征求监察局的意见；研究所要明确纪委书记参与“三重一大”事项决策，纪检监察干部列席研究所“三重一大”事项决策会议；研究所选拔任用中层干部要向所纪委征求廉政意见，没有问题的干部才能提拔任用；研究所纪检监察干部原则上不能从事财务、基建、经营管理业务，不能既当裁判员又当运动员。

要从严审查纪律。动员千遍，不如问责一次。管党治党要层层传导压力。纪委要牢牢守住职业定位，强化监督执纪问责，从线索处置、纪律审查到执纪审理各个环节都要以纪律为准绳，勇于亮剑，敢于执纪，用问责倒逼“两个责任”落实。

前不久，中办（中共中央办公厅）国办（国务院办公厅）、中纪委（中共中央纪律检查委员会）专门就做好 2016 年元旦春节期间有关工作发出通知，要求坚持节俭文明过节，倡导良好社会风尚。各单位要深入落实中央八项规定精神，坚决杜绝“节日腐败”。要严肃财经纪律，严禁年底突击花钱和滥发津贴、补贴、奖金和实物。要严禁违规用公款吃喝、旅游和参与高消费娱乐健身活动，严禁用公款购买赠送贺年卡及烟花爆竹等年货节礼，严禁用公款接待走亲访友、外出旅游等非公务活动，严禁公车私用或“私车公养”，严禁违规收受礼品、礼金、消费卡等，严禁违规出入私人会所，严禁违规操办婚丧喜庆事宜并借机敛财，严禁违规参加老乡会、校友会、战友会。

同志们，党风廉政建设工作关系到我们事业的兴衰成败。我们要认真学习贯彻习近平总书记系列重要讲话和中纪委六次全会精神，按照农业部党组的部署，按照建朝组长的要求，准确把握党风廉政建设的新任务、新要求，紧密结合我院实际，充分发挥各方面的积极性、创造性，以高度的政治责任感和使命感，全面加强纪律建设和党风廉政建设，为科技创新和现代院所建设保驾护航。

中国农业科学院党组成员、纪检组组长史志国在中国农业科学院2016年党风廉政建设工作会议上的工作报告

2016年1月15日

十八届中央纪委六次全会刚刚结束，我院就召开2016年党风廉政建设工作会议，主要任务就是认真学习贯彻中纪委六次全会精神，总结2015年主要工作，部署2016年重点任务。驻部纪检组监察局、院党组对这次会议给予高度重视，宋建朝组长亲临会议现场并将作重要讲话，萌山书记还要对2016年的党风廉政建设工作作重要指示。我们要认真学习领会，抓好贯彻落实。下面，我受院党组委托，对2015年党风廉政建设工作进行全面总结，对2016年主要工作任务进行安排部署。

一、2015年工作回顾

2015年，在驻部纪检组、监察局的坚强领导和有力指导下，我院党风廉政建设工作以贯彻落实十八届中央纪委四次、五次全会精神为统领，把从严治党要求融入党风廉政建设各方面，把严明纪律贯穿监督执纪问责全过程，全面落实党风廉政建设“两个责任”，扎实推进科研经费监管“两项工程”，坚持将纪律挺在前面，不断加大纪律审查工作力度，创新巡视工作方式，多项工作形成了亮点，做出了特色，取得了实效，得到了上级领导和有关部门的高度肯定。

（一）理清责任清单，落实“两个责任”，主动适应全面从严治党新常态

院党组将落实党风廉政建设“两个责任”作为全面从严治党的重要抓手，自觉把党风廉政建设主体责任牢牢抓在手上、扛在肩上，以上率下，转变观念，更新思维，主动作为，确保“两个责任”落地生根。

以示范带动促责任担当。坚持每年召开院工作会议和党风廉政建设工作会议，将党风廉政建设工作作为全年重点工作谋划推进。举办落实“两个责任”的专题培训班，强化院属各单位党委书记、纪委书记的责任意识。结合“三严三实”专题民主生活会的召开，对一年来履职尽责情况进行认真梳理，总结经验，查找不足，落实整改。督促

各单位对“两个责任”的落实情况进行自查自纠，立行立改。

以责任清单促压力传导。印发《中共中国农业科学院党组关于落实党风廉政建设主体责任和监督责任的实施细则（试行）》。在主体责任方面，从院党组、各级党组织、各单位党政一把手及班子成员、内设机构部门负责人4个层面，明确了33项责任；在监督责任方面，从院党组纪检组、各级纪检组织、各单位纪委书记3个层面，明确了26项责任。既坚持与中央、中央纪委的精神精准对表，落实中央规定动作，又结合我院实际，配套自选动作，为我院各级党组织履行“两个责任”提供了有力指导和重要遵循。在此基础上，院党风廉政建设工作领导小组对2015年反腐倡廉工作任务进行明确分工，将“两个责任”进一步细化为一项项具体工作，确保履责有依、问责有据。组织签订2015年党风廉政建设责任书，把落实“两个责任”尤其是主体责任的压力传导给每一名党员领导干部。

以集体约谈促责任落实。院党组集体约谈院属各单位党委书记、纪委书记，在我院历史上尚属首次，也是我院落实“两个责任”的创新之举。院党组结合对农业部典型案例以及我院落实“两个责任”存在主要问题的通报，带着问题、有的放矢、针对性强地进行约谈，点名道姓曝光，板起脸来批评，语重心长告诫，将落实责任的“紧箍咒”套到各单位领导头上，让问题单位领导红脸出汗，让在座单位深受震动。会后，分别听取各单位党委、纪委主要负责人的述职汇报并现场点评。点评只讲问题，不谈成绩，特别是对落实主体责任和监督责任不力、科研经费信息公开和科研经费专项整治活动不到位、政治思想工作薄弱、纪检监察工作力量不够、政治敏锐性不强、制度建设不健全等问题一针见血、切中要害，帮助与会单位认清了工作中的差距和不足，看清了存在问题的实质和危害，找准了努力的方向和目标，使得“两个责任”的落实更具针对性、实效性。我院落实“两个责任”的创新性做法获得了驻部纪检组的高度肯定，《农业纪检监察信息》2015年第39期以“集体约谈传压力　考核点评促整改——中国农业科学院强力推进两个责任落实”为题作了专题报道。在农业部落实“两个责任”工作会上，我院还作了典型发言。

在院党组的示范带动下，越来越多单位的党组织负责人增强了“主体意识”，切实做到了将党风廉政建设责任承担起来，把自己“该管的”管好，把自己“该做的”做到位。哈尔滨兽医所、兰州牧药所借鉴院党组集体约谈这一形式，相继召开研究所的集体约谈会议，直接将压力层层传导到最后一公里。资划所、蜜蜂所、饲料所针对本单位人事制度不健全、主体责任落实不力，内控机制不完善、监督责任不到位，落实八项规定不彻底、办公用房面积超标等问题，在民主生活会上开展批评与自我批评，不等不靠，立行立改，深化“两个责任”落实。

（二）紧盯重点领域，实施“两项工程”，积极构建山清水秀的科研生态

将实施科研经费监管“两项工程”作为落实“两个责任”的“牛鼻子”，牢牢抓

住，一牵到底，努力扭转我院长期以来审计监察工作的被动局面，坚决遏制重点领域存在的违纪违规行为，为农业科技创新营造良好氛围。

打好“组合拳”，筑牢“防火墙”。以“巡视牵头，审计先行，监察跟进”的联合监管模式开展科研经费专项整治活动，是我院继科研经费专项检查、专题宣讲工作之后，强化科研经费监管的又一次创新举措。院党组对专项整治活动高度重视，周密部署。先后出台《深入开展科研经费专项整治活动的意见》《科研经费专项整治活动 2015 年工作方案》和《科研经费专项巡视工作手册》，完善工作机制，明确了“谁来抓、抓什么、怎么抓”。专门召开科研经费专项整治活动启动会议，进行动员部署。采取以会代训的形式对新组建的巡视检查组全体成员进行辅导培训，确保高标准、高质量地完成各项工作任务。

2015 年 5 月中旬开始，在全院 32 个研究所进行自查的基础上，院巡视组、科技局、人事局、财务局、直属机关党委、监察局组成 5 个巡视检查组，抽调 6 个单位的财务审计骨干，分 3 批先后对水稻所、特产所、棉花所、兰州兽医所、灌溉所进行了专项巡视。巡视组强化“重大问题未发现是失职，发现问题未如实报告是渎职”的观念，对科研经费违纪违规问题发现一起、上报一起，及时向被巡视单位反馈意见，统筹推进查、处、改各项工作，筑牢确保经费安全、人才安全、创新工程安全的“防火墙”。科研经费专项整治活动得到了上级单位和部门的高度关注，中纪委网站、驻部纪检组监察局网站以“中国农业科学院打出科研经费整治组合拳”为题相继进行了专题报道。

搭建“两个平台”，助推“阳光工程”。2015 年是我院科研经费信息公开的执行年、推进年。随着《中国农业科学院科研经费信息公开管理办法》（以下简称《办法》）的正式实施，各单位以《办法》为根本遵循，纷纷研究制定了符合自身实际的科研经费信息公开实施细则，信息公开工作在全院范围有序推进，全面铺开。为确保这项工作取得实效，院党组纪检组结合创新工程综合调研、科研经费专项整治活动，对全院 32 个研究所科研经费信息公开情况进行了专题调研和专项检查。一方面，总结推广有益经验，广泛听取意见建议，共同商讨解决方案；另一方面，加强对制度执行情况的监督检查，对一些思想认识不到位、推动工作落实有惰性、公开措施不得力的研究所，在集体约谈会上给予通报批评，督促整改。

在深入调研、充分研讨的基础上，院党组纪检组积极探索运用“互联网+”条件下的科研经费监管新模式，研究提出在全院建立科研经费信息公开平台、试剂耗材采购平台，实现科研经费管理权责清晰、公开透明、线上留痕、全程监控，确保科研经费安全、合理、高效使用。先后组织 23 个研究所分赴上海兽医所、水稻所进行“两个平台”现场观摩学习和集体调研。委托上海兽医所按照“保证质量、降低成本、规范程序、优质服务、实时监控”的原则，构建我院自己的试剂耗材采购平台，探索从“禁止科研人员做什么”到“告诉科研人员怎么做”的有效途径。在对水稻所信息公开平台软件调研基础上，纪检组监察局同财务局密切配合，对所有研究所现有财务软件进行摸底，为实现与科研经费信息公开系统间的顺利对接奠定基础。目前，“两个平台”的建设仍在有条不紊地推进当中。

随着“两项工程”的扎实推进，院属各单位、各有关部门科研经费监管意识不断增强，监管方式不断创新，如，上海兽医所、作科所、烟草所、蔬菜所等已基本实现试剂耗材网上集中采购；水稻所、信息所、环发所、油料所已构建了方便快捷的科研经费信息查询系统；财务局在全院推行了财务助理制度，哈尔滨兽医所、植保所、水稻所、作科所在这方面已先行一步，推动科研经费使用管理的科学化、规范化、制度化水平不断提高。

（三）坚持挺纪在前，强化纪律审查，始终保持惩治腐败高压态势

坚持把纪在法前、纪严于法贯穿到纪律审查工作中，突出执纪重点，准确把握运用监督执纪“四种形态”，加大纪律审查工作力度，切实保持惩治腐败高压态势。

完善信访举报工作制度。为规范信访举报处置权、加强问题线索管理，院纪检组监察局研究制定了《信访举报办理细则》，进一步规范工作流程，明确职责要求，提高信访举报工作质量和水平。建立案情沟通机制、重要信访件备案机制以及党风廉政建设情况季度报告制度，主动加强与驻部纪检组监察局的沟通联系，重要事项随时报告。

加大纪律审查工作力度。2015 年全年，院纪检组监察局共接收信访举报 69 件（重复件 10 件），同比增长 23%。其中，驻部纪检组监察局转办 20 件。从反映对象分类，举报所局级领导 21 人，处级干部 10 人。从反映问题分类，涉及违反中央八项规定精神的 7 件，涉及廉洁自律问题的 23 件，涉及人事管理问题的 12 件；涉及科研管理问题的 2 件；涉及基建招投标问题的 5 件，其他问题 10 件。

坚持把纪律和规矩挺在前面，对照党章和党规党纪的要求，把是否违反政治纪律和政治规矩、是否违背中央八项规定精神和存在“四风”问题，是否违规使用管理科研经费作为纪律审查的重点，贯穿线索摸排、立案审查、纪律处分的全过程。2015 年，院纪检组监察局立案 4 人次，2 名科研人员因在科研经费使用中违法犯罪被判处有期徒刑，1 名处级干部因违规使用科研经费受党内警告处分，1 名党员因违犯政治纪律类错误受党内警告处分，1 名正所局级干部免予处分、给予诫勉谈话。3 个研究所领导班子、7 名所局级领导被责成做出深刻书面检查。

（四）加强纪律教育，创新巡视工作，加强对党员干部的日常监督管理

结合“三严三实”专题教育活动的开展，坚持教育、制度、监督并举，着力实现干部监督管理常态化，努力构建“不敢腐、不能腐、不想腐”的长效机制。

加强学习引导。以开展“三严三实”主题教育活动为契机，围绕深入学习习近平总书记系列重要讲话精神，学习党章和党的纪律规定，重点研读《习近平谈治国理政》《习近平关于党风廉政建设和反腐败斗争论述摘编》，学习贯彻中央纪委网站“学思践

悟”专栏文章，采取多种形式分层分类搞好学习研讨。及时宣传中央新修订的《中国共产党廉洁自律准则》《中国共产党纪律处分条例》（以下分别简称《准则》《条例》），发放两项法规专题读本，制作展出宣传展板，营造学习党规党纪、敬畏党规党纪、严守党规党纪的浓厚舆论氛围。蔬菜所及时将两项法规的宣传展板张贴在研究所醒目位置，切实让广大党员干部明白哪些事能做、哪些事不能做，增强党员干部贯彻执行两项法规的自觉性。

强化日常监督。下发《关于紧盯节点严防“四风”反弹的通知》《关于严禁中国农业科学院工作人员收受礼金礼品的实施细则》《关于进一步严明纪律确保务实勤俭廉洁过节的通知》等文件，充分利用电话、短信、QQ 群、网络等信息手段，紧盯重要时间节点，重申纪律要求，强化纪律约束。在全院开展中介服务情况摸底调查，推进我院廉政风险防控机制建设系统化、全覆盖。清理整改超标办公用房。开展基建和政府采购项目招投标廉政监督。加强对拟提任干部个人有关事项的全面审核，做到“逢提必审”，多角度审核干部党风廉政情况。

开展警示教育。及时对查处的案例和问题分析归纳，加大通报和宣传教育力度，分别以会议、文件等形式，对我院查处的有关案例和有关问题进行通报，还将典型案例警示教育纳入新入职职工培训、财务人员培训的重要内容，运用信访举报和问题线索核实的成果，以案为镜、引以为鉴，不断强化党风廉政和纪律规矩意识。油料所结合发生在职工身边的典型案例通报，积极采取观看警示教育片、参观警示教育基地和廉政专题展览、听“廉政讲堂”专题讲座等形式，增强警示教育的说服力。

创新巡视工作。2015 年的巡视工作，主要以专项巡视为主，围绕“三个一”展开，即用一个月的时间，针对一个研究所领导班子，对近一年来班子在“四个着力”以及科研经费使用管理方面的情况进行巡视。巡视组以“不放过任何问题、不讲任何情面，着眼于纠正问题、督促好建章立制”为原则开展工作，认真履行职责，强化责任担当，敢于动真碰硬，通过“把脉问病”“健康体检”“综合会诊”，为被巡视单位开出了一剂剂良方。一年来，巡视组与 5 个研究所领导班子成员、中层干部、团队首席和职工群众 267 人个别谈话，发现研究所需要整改的问题 90 个，处理信访举报 30 件，给研究所提出建议 28 条，向院党组提出建议 14 条。反馈的问题和提出的建议都不再是隔靴搔痒、不痒不痛，而是切中要害，直指班子及成员在谋事、用人、用权、用钱方面存在的主要问题，内容具体，言辞犀利，“含金量”高，真正发挥了从严治党的利剑作用。

（五）深化“三转”要求，打造一支忠诚、干净、担当的纪检监察干部队伍

一年来，我院纪检监察部门密切结合“三严三实”专题教育活动，认真落实“信任不能代替监督”的要求，进一步修订完善班子议事决策、干部学习调研、公文办理、印章管理、请销假制度，严明工作纪律，强化管理监督，用铁的纪律打造过硬队伍。以

提升干部队伍整体素质为己任，举办全院纪检监察干部培训班，编发《纪检监察工作文件汇编》工具用书，对院属各单位纪委组织和纪检监察干部配备情况进行调查摸底，提出加强队伍建设的对策建议。以深化“三转”要求为动力，调整内设机构职能和人员配置，集中优势兵力查办案件，保证一线办案人员比例提高，切实聚焦到监督执纪问责主业上来，用扎实有效的工作、敢抓敢管的担当、踏实辛劳的付出，推动党风廉政建设和反腐败斗争取得了新成效。

同志们，2015 年我院党风廉政建设和反腐败工作取得的新成效、呈现的新局面，得益于上级部门的有力指导，得益于院党组的坚强领导，得益于各单位党委的勇于担责，得益于纪检监察部门的敢抓敢管。在此，我代表院党组，向驻部组局领导、各单位领导和全体纪检监察干部表示衷心感谢！

一年来的工作成绩来之不易，我们要坚定信心、倍加珍惜。在看到成绩的同时，也要清醒地认识到当前我院党风廉政建设工作仍然存在着一些不容忽视的问题和薄弱环节。主要表现在，“两个责任”“两项工程”的落实在院属单位中进展不平衡。有的单位主要领导对“一岗双责”“一案双查”认识不到位，执行标准不高，执行力层层递减；有的单位对“两项工程”重视程度不够，投入精力不足，工作推进缓慢，甚至敷衍了事；有的单位政治敏锐性还不够强，在落实中央八项规定精神方面还不够严格；有的单位纪委和监察机构还不健全、监督作用没有充分发挥、监督责任履行还不到位，对纪委书记不分管财务基建工作的要求还没有完全理解，既当运动员又当裁判员，种了别人的地，荒了自己的田，等等。这些问题，都要在今后工作中采取措施努力改进。

二、2016 年主要任务

2016 年，我院党风廉政建设工作要全面贯彻落实党的十八大、十八届三中、四中、五中全会以及习近平总书记系列重要讲话精神，深入学习贯彻十八届中央纪委六次全会精神，坚持全面从严治党、依规治党，忠诚履行党章赋予的职责，聚焦监督执纪问责，深化标本兼治，创新体制机制，加强党的纪律建设，努力构建“22234”党风廉政建设工作新格局，即以学习贯彻《准则》《条例》两项法规为统领，贯穿全面从严治党全过程；以落实“两个责任”为主线，强化“一岗双责”“一案双查”；以开展“两项工程”为抓手，全面推动财务助理制度、试剂耗材采购平台、科研经费信息公开平台 3 项举措落实；以运用“四种形态”为指引，加大纪律审查力度，改进和加强巡视工作，以强有力的措施落实八项规定、防止“四风”反弹，巩固群众路线教育实践活动和“三严三实”专题教育成果，为全面实施科技创新工程，建设世界一流科研院所提供坚强的政治保证。

（一）学好用好两项法规，把党规党纪刻印在全体党员心上

中央新修订的《中国共产党廉洁自律准则》和《中国共产党纪律处分条例》，是以习近平同志为总书记的党中央加强党内法规制度建设的重要成果，是新形势下推进全面从严治党的重大举措。学习贯彻两项法规，是各级党组织的政治责任，也是全体党员的终身课题。

各级党组织要把学习贯彻两项法规作为当前党风廉政建设工作的重中之重，纳入各级党委中心组学习的重要内容，纳入领导班子民主生活会、党支部组织生活会、“三会一课”以及党员干部教育培训内容，学思践悟“四个必须”“八条规范”“六大纪律”的精神内涵，进一步提高思想认识，强化责任担当。要坚持集中学习与经常性教育相结合。今年开始，院党组将分层次举办专题培训班，把两项法规精神迅速传达到全体党员，采取多种形式增强广大党员尊崇党章，履行党章赋予的职责的意识。要坚持“高线”引领，“底线”约束，既要注重规范惩戒，严明纪律底线，更要引导人向上向善，坚守共产党人的精神追求，筑牢拒腐防变思想道德防线。要结合我院实际，充分发挥正面典型倡导和反面案例警示作用，在利用院报、院网、宣传栏等传统媒介加大宣传力度的基础上，善于运用微信等新媒体，将两项法规中的关键词、关键句“定点投放”全院党员干部，形成廉政文化氛围，使广大党员干部切实把各项要求内化于心、外化于行。各级纪委、纪检监察部门要组织纪检监察干部先学一步，深学一层，做到知行合一，将两项法规中包含的精神要求、标准尺度和方式方法等，融会贯通到监督执纪问责的各项工作中去。要加强对学习贯彻两项法规情况的监督检查，督促各单位党委切实承担起全面从严治党的主体责任，确保《准则》和《条例》不折不扣执行，要以眼里不揉沙子的认真劲儿，敢于担当、敢于较真、敢于斗争，让铁规发力、禁令生威。

（二）压紧压实“两个责任”，用严肃问责倒逼责任落实

《中国共产党纪律处分条例》第一百一十四条对“党组织不履行全面从严治党主体责任或者履行全面从严治党主体责任不力”情形作出处分规定。这意味着各级党组织特别是各级党委肩负全面从严治党主体责任，既是中央的明确要求，也是正式写入党内法规的刚性规定。

各级党委要按照《中共中国农业科学院党组关于落实党风廉政建设主体责任和监督责任的实施细则（试行）》要求，结合单位实际，细化责任区域和责任范围，明确责任单位和责任人，防止出现责任虚置、责任不清的现象。制度的生命在于执行，执行制度最终靠人。各责任主体不能光领了责任，停留在嘴上说说、纸上写写、墙上挂挂，就是不落实在具体行动上。各级党委、纪委要对照责任清单，切实把该负的责任担起来，把该建的队伍建起来，把该做的工作做到位，增强“一岗双责”和“一案双查”

的刚性，把责任和压力一级级传导下去，让每个责任主体感到肩上有担子、背后有监督，坚决防止责任落实逐级递减的问题。党委书记和纪委书记要腾出更多的时间和精力投入到全面从严治党各项工作中去，真想办法、出真措施、在抓落实上下真功夫，以实际行动为全面从严治党履好职、尽好责。

2015 年对“两个责任”落实情况的集体约谈只是第一步。接下来，院党组将对各单位“两个责任”的落实进行跟踪回访和监督检查。这里明确一个时间节点，各单位在集体约谈会上自查出来的问题，在 2016 年 3 月 1 日以前还未整改以及敷衍塞责、整改不到位的，要对单位领导班子严肃追责问责，点名道姓通报曝光，绝不让集体约谈流于形式，不了了之。今后，院党组仍将把集体约谈作为落实“两个责任”的重要形式，坚持问题导向、见人见事，增强针对性和实效性。纪检监察部门要敢抓敢管，监督到位，履行好监督责任，抓好责任追究，强化“一案双查”，以严格的问责倒逼各项任务落实。近年来，管党治党责任重担越压越实，问责之弦亦越绷越紧，如果有的单位领导还将责任“喊在嘴上、挂在墙上、浮在面上”，那么问责的板子就可能随时落在身上。

（三）深入推进“两项工程”，形成科研经费监管新常态

启动实施科研经费监管“两项工程”，是院党组对我院党风廉政建设新形势进行深刻分析研判后，作出的一项重要决策部署，是我院党风廉政建设工作的创新之举，也是护航农业科技创新，建设世界一流科研院所的“品牌工程”。近年来，通过大量卓有成效的工作，我院职权清晰、制度完善、支撑有力、约束有效的科研经费监管体系已初具雏形，但从这一轮巡视检查暴露的问题来看，减少存量、遏制增量的任务依然十分艰巨。特别是在国家审计署、上级审计监察部门三令五申，院纪检监察部门严查严纠的高压态势下，一些违规违纪行为在个别单位仍然明目张胆地存在，甚至覆盖全体领导班子、处级干部。对此，我们一定要有清醒的认识。在全面从严治党新常态下，党和国家对科研单位的要求只能是标准更高、标尺更严，任何单位、个人不能心存侥幸和有“例外”思想。各级领导一定要坚持原则，敢抓敢管，立“明规矩”，破“潜规则”，通过制度机制创新促进政治生态不断改善。

2016 年，我们要坚持“两项工程”力度不减、节奏不变、尺度不松，把科研经费专项整治一步步引向深入。深入推进“防火墙”工程，打好巡视、审计、纪检监察部门联合监管“组合拳”，围绕“三个一”，有针对性地选择 6~8 个研究所开展专项巡视。即将被巡视的单位要支持配合巡视工作，认真做好相关准备。巡视过的单位要跟踪整改情况，看看问题是不是整改好了，党委、纪委是不是真正把主体责任、监督责任担起来了。对责任不落实、整改不彻底、效果不明显的单位和领导，要抓住典型、严肃问责，决不放过。院属各单位要把落实财务助理制度、试剂耗材采购平台建设、科研经费信息公开平台建设作为“两项工程”的 3 个重要抓手，抓紧抓实，抓出成效，确保到 2016 年上半年，每个研究所都能实现试剂耗材线上采购，每个创新团队都有 1 名财务

助理，每个课题组、每位科研人员都能够实时查询科研经费信息。财务部门要加强对全院财务助理在预算申报、经费报销、项目验收和决算方面的培训指导，提高专业化水平。有关研究所要加快试剂耗材采购平台建设，尽快实现试剂耗材采购网络实施和推广，保证科研物资以规范高效便捷的机制和方式进入实验室。科研经费信息公开平台的建设要严格符合规定标准，有条件的单位立即实行，还不具备条件的个别单位尽快同财务部门联系，院所合力，共同分担，及早到位。要严肃认真、不折不扣执行好院党组制定的科研经费信息公开办法，对于没按照要求和标准实施信息公开的单位和有关领导，院党组纪检组将根据《中国共产党纪律处分条例》第 111 条予以问责。

（四）把握运用“四种形态”，加大纪律审查力度

把握运用监督执纪“四种形态”，既是对纪委监督责任的要求，更是对党委落实主体责任的具体化。各级党委要用好用足“四种形态”的第一种形态，经常扯袖咬耳，习惯红脸出汗，把严明纪律体现在对干部的日常批评教育和监督管理中，使党员干部未触线先反省，始终远离纪律底线。这里再强调一下，各单位党委书记作为党风廉政建设的“第一责任人”，仅仅“独善其身”是不够的。管好自己是前提，管好班子和队伍是责任。要牢固树立严管就是厚爱的思想，同有问题反映的干部咬一次耳朵，谈一次心，是提醒更是爱护，要强化党内监督，坚持民主集中制，从程序到内容都要落到实处，不允许搞变通，不允许个人凌驾于组织之上。各级纪委、纪检监察部门要切实转变执纪观念，围绕“四种形态”创新工作方式方法，把监督执纪问责做深做细做实。要坚持抓早抓小、动辄则咎，细化“四种形态”要求，明确监督执纪标准，灵活运用警示教育、诫勉谈话、组织处理、纪律处分等多种方式开展执纪工作，实现监督执纪常态化、长效化。要突出纪律审查重点，持之以恒落实中央八项规定精神，死死盯住“三个时间节点”，扭住“四风”不放，一寸不让，把十八大以后不收敛、不收手，问题严重、群众反映强烈，现在重要岗位可能还要提拔使用这 3 类情况同时具备的人作为重中之重。把强占掠夺、吃拿卡要、贪污挪用、虚报冒领、截留私分、挥霍浪费 6 种现象作为查处重点，加大纪律审查力度，及时分类处置，力度不减，节奏不变，持续保持遏制腐败的高压态势。要实行“一案双查”，加大责任追究力度，坚持有责必问，问责必严，持续释放严肃执纪的强烈信号。加大典型案例通报曝光力度，坚持以案为鉴，编发案例汇编，拍摄警示教育片，召开警示教育大会，切实增强党员干部的纪律敬畏感、规矩存在感。

（五）继续加强和改进巡视工作

新修订的《中国共产党巡视工作条例》是党的十八大以来中央修订的第一部关于党内监督的规则，是党内法规制度创新的重要成果。院巡视工作领导小组要以《中国共产党巡视工作条例》为准绳，坚强有力地领导好巡视工作。要健全完善定期研究巡

视工作制度，及时听取巡视组工作汇报和意见建议，深入研究做好巡视工作的对策措施，安排部署下一步工作。要创新巡视干部选配机制，确保巡视队伍年龄上老中青搭配，业务上各有所长，涵盖巡视、人事、审计、党务、科研管理、纪检监察等方面。依据每一批巡视工作任务，临时抽调一些党委或纪委书记参加巡视。要进一步强化巡视成果运用，把巡视成果运用到日常监督管理、干部选拔任用和健全体制机制等方面，为各级党委做决策、抓部署、促整改提供重要的参考依据。院巡视组要按照《中国共产党巡视工作条例》赋予巡视机构的工作范围、内容、方式、权限，把巡视工作在用纪律和规矩严管党员干部方面的优势用足用好，要继续紧盯“关键少数”，尤其是重点人、重点事和重点问题，还要积极向纵深发展，向基层延伸。要认真贯彻落实全覆盖的要求，积极开展专项巡视，改进方式方法，不断提高发现问题的能力和水平。

（六）进一步加强纪检监察干部队伍建设

落实全面从严治党责任，强化监督执纪问责，在当前形势下对全院纪检监察干部的思想作风、能力素质、纪律约束提出了新的更高要求。要进一步加大纪检监察干部培训力度，本着“干什么、练什么，缺什么、补什么”的原则，扎实开展业务培训，适时举办纪检监察干部培训班，弥补能力短板。要提高管理的有效性和针对性，从组织创新和制度建设上加大管理力度。院纪检监察部门要会同组织人事部门，研究修订 1989 版的《关于建立中国农业科学院院属监察机构的通知》，对院系统纪检监察机构设置和人员配备原则作出明确规定，做到有据可依、有章可循。院属各单位要尽快建立健全纪检组织，配齐配强纪委书记，严把纪检监察干部准入关，坚持高标准选人用人，不断优化年龄和专业结构，配齐配强纪检监察干部队伍。各单位对纪检监察干部的配备、调整、任免，必须征求院纪检监察部门的意见。纪检监察干部原则上不能承担财务、基建工作，要保证主要精力用于开展纪检工作，切实履行好监督职责，改变长期以来“既当运动员又作裁判员”的越位、缺位现象。要完善自我监督机制，健全内控措施，做遵规守纪的模范，严格工作程序和业务流程，完善重大事项报告、回避、保密制度，用铁的纪律打造一支忠诚、干净、担当的纪检监察干部队伍。

同志们，2016 年是“十三五”的开局之年，也是我院科技创新工程从试点期转入全面实施期的启动之年，做好 2016 年的党风廉政建设工作意义重大、任务艰巨。我们要坚决同以习近平同志为总书记的党中央保持高度一致，坚决贯彻中央、中央纪委和习近平总书记系列重要讲话精神，保持坚定不移反对腐败的决心不变，坚决遏制腐败现象蔓延势头的目标不变，保持“四个足够自信”，以高度的政治责任感和紧迫感，将纪律挺起来，将责任压下去，密切结合农业科研实际，全面推进党风廉政建设和反腐败工作，为我院“十三五”科技创新各项事业开好局、完成好中央和农业部党组赋予的重任做出新的贡献。

中共中国农业科学院党组关于印发《中国农业科学院贯彻落实 2016 年反腐倡廉工作任务的分工意见》的通知

农科院党组发〔2016〕8 号

院属各单位、院机关各部门：

现将《中国农业科学院贯彻落实 2016 年反腐倡廉工作任务的分工意见》印发给你们，请结合实际，认真贯彻执行。

院党风廉政建设领导小组成员单位要按照职责分工，切实抓好各项任务的落实，于 2016 年 3 月 15 日前将“分工任务落实方案”报院党风廉政建设工作领导小组办公室；12 月 20 日前，将“年度任务完成情况”报院党风廉政建设工作领导小组办公室。

中国农业科学院党组

2016 年 2 月 15 日

中国农业科学院贯彻落实2016年反腐倡廉工作任务的分工意见

2016年2月15日

为贯彻落实十八届中央纪委第六次全会精神，按照农业部和中国农业科学院2016年党风廉政建设工作会议部署和要求，根据党风廉政建设责任制的规定，结合我院实际，现对落实2016年反腐倡廉工作任务提出以下分工意见（列在首位的为牵头单位，其他按各自职责承担相应的任务）。

一、尊崇党章，全面加强党的纪律建设

1. 加强党章党规学习，深化纪律教育。在院系统全体党员中开展“学党章党规、学系列讲话，做合格党员”学习教育。把学习贯彻《习近平关于严明党的纪律和规矩论述摘编》《中国共产党党章》《中国共产党廉洁自律准则》《中国共产党纪处分条例》等纳入各单位中心组学习、领导班子民主生活会、党支部组织生活会、“三会一课”以及党员干部教育培训内容，坚持集中学习与经常性教育相结合。通过举办专题培训班、组织知识竞赛等，丰富教育形式，提升学习效果。（机关党委、人事局，各单位党组织、纪检组织）

2. 强化纪律意识和组织观念，着力解决党员意识弱化、宗旨意识淡薄、规矩意识不强，不在组织、不像党员、不守规矩、不起作用、不作为、乱作为等问题，引导党员干部严格用党员标准要求自己，充分发挥先锋模范作用。各级领导干部要带头严守政治纪律和政治规矩，坚决抵制“七个有之”，坚决做到“五个必须”。要把政治纪律体现到各项工作中，向党中央看齐、向习近平总书记看齐，做政治上的明白人。要不折不扣贯彻落实部、院党组的工作部署，决不允许各自为政、自行其是、另搞一套，也不得听而不闻、视而不见。（机关党委、监察局、人事局，各单位党组织、纪检组织）

3. 加强正面典型宣传，用优秀党员干部、科学家的光辉事迹，教育感召广大干部职工，坚定理想信念、增强纪律观念、加强道德修养、提升创新能力，打牢不想腐的思想防线。（机关党委、各单位党组织）

4. 坚持以案为鉴，拍摄警示教育片，用身边案教育身边人；加大典型案例通报曝光力度，编发案例汇编，召开警示教育大会，切实增强党员干部职工的纪律敬畏感、规矩存在感。（监察局、油料所党委纪委）

5. 正风肃纪，加强对维护党章、执行党的纪律和规矩情况的监督检查，确保党中

央的路线方针政策和农业部党组各项工作部署在我院得到不折不扣的落实。（监察局、机关党委、机关纪委、人事局，各单位党组织、纪检组织）

二、强化监督，深入落实“两个责任”

1. 认真落实《中共中国农业科学院党组关于落实党风廉政建设主体责任、监督责任的意见》和《中共中国农业科学院党组关于落实党风廉政建设主体责任和监督责任的实施细则（试行）》，结合单位实际，细化责任区域和责任范围，明确责任部门和责任人，防止出现责任虚置、责任不清的现象。各级党委、纪委要对照责任清单，切实担负起从严治党主体责任和监督责任，建立完善责任落实、检查考核、倒查追责制度。(机关党委、监察局、机关纪委，各单位党组织、纪检组织)

2. 紧紧抓住党风廉政建设主体责任这个“牛鼻子”，领导班子主要负责同志要管好班子，带好队伍，当好廉洁从政的表率，对党风廉政建设常研究、常部署，抓具体、具体抓。党委书记和纪委书记要强化“一岗双责”的意识和能力，真下工夫、真想办法、真抓落实，以实际行动为全面从严治党履职尽责。班子成员要抓好分管范围内的党风廉政建设。(机关党委，各单位党组织、纪检组织)

3. 加大督促检查力度，坚持各单位按季度向院纪检组监察局报送党风廉政建设情况制度；把集体约谈作为落实“两个责任”的重要形式，坚持问题导向、见人见事，增强针对性和实效性。对各单位“两个责任”落实进行跟踪回访和监督检查。（监察局、机关党委、机关纪委，各单位党组织、纪检组织）

4. 强化“一岗双责”和“一案双查”，以严格问责倒逼各项任务落实。坚持有责必问，问责必严，持续释放严肃执纪的强烈信号。对不履行第一责任人监管职责，导致系统性问题集中、频繁出现或发生严重违纪违法问题的；单位长期纪律涣散、风气不正，败坏了单位形象的，要严肃追究党政主要负责人的责任。(监察局、机关党委、机关纪委，各单位党组织、纪检组织)

三、全面开展“两项工程”，加大科研经费专项治理力度

1. 坚持“巡视牵头、审计先行、监察跟进”的组合拳模式，持续深入开展好科研经费专项整治行动。在大力加强科研经费违规违纪行为监督查处的同时，加强监管机制研究，改进制度措施。(巡视组、监察局、财务局、科技局、转化局、人事局、机关党委，各单位党组织、纪检组织)

2. 全面推进科研经费信息公开“阳光工程”。严肃认真、不折不扣执行《中国农业科学院科研经费信息公开管理办法》。对未按照要求和标准实施信息公开的单位和有关领导予以问责。加快科研经费信息公开平台建设，有条件的单位立即实行，还不具备条件的个别单位尽快同财务部门联系，院所合力，共同分担，及早到位，确保6月底前

完成科研经费过程信息实时公开，实现全年公开、全面公开，接受职工查询、查问、监督，确保科研人员知情权。（监察局、财务局，各单位党组织、纪检组织）

加快试剂耗材采购平台建设，确保6月底前实现试剂耗材采购网络实施和推广，保证科研物资规范、高效、便捷、安全采购。（监察局、上海兽医所，各单位党组织、纪检组织）

3. 全面推行财务助理制度。加强对全院财务助理在预算申报、经费报销、项目验收和决算方面的培训指导，提高专业化水平。普遍实行财务监管软件办法，提升财务监管水平和风险预警能力。（财务局、监察局，各单位党组织、纪检组织）

4. 构筑科研经费“防火墙工程”。落实民主集中制，健全民主议事决策机制和工作程序，加强对“一把手”权力的监督制约。规范党委会、所务会、职代会、学术委员会制度，重大事项必须集体研究决定，广泛听取意见，确保决策科学有效，杜绝科研经费管理使用方面违规违纪行为。（机关党委、院办、科技局、监察局、人事局，各单位党组织、纪检组织）

四、持之以恒推进作风建设，巩固三严三实专题教育成果

1. 巩固拓展“三严三实”专题教育成果，坚持不懈抓好中央八项规定精神和有关配套措施落实，继续整治“四风”问题和“不严不实”问题。继续开展“庸懒散木推”专项整治行动，强化工作纪律，防止消极不作为。（机关党委、院办、人事局、监察局，各单位党组织、纪检组织）

2. 弘扬中华优秀传统文化，发扬农业系统“三种精神”，大兴敢于担当之风，求真务实之风，狠抓落实之风，清正廉洁之风。（机关党委、院办、人事局、监察局，各单位党组织、纪检组织）

3. 强化对违反中央八项规定精神问题的执纪监督，加大公开曝光力度。密切注意不正之风新动向、新表现，从重处理隐形变异“四风”问题。（监察局、机关纪委，各单位党组织、纪检组织）

4. 加强公务用车管理，禁止公车私用，防范廉政风险。根据《中央事业单位公务用车制度改革实施意见》，按照中央厉行节约反对浪费的总要求和党风廉政建设的有关规定，研究制定院公务用车改革和管理办法，强化公务用车管理，杜绝公车私用、私车公养问题发生。（后勤中心、院办、财务局、监察局，各单位党组织、纪检组织）

5. 开展办公用房整改“回头看”，确保每个单位、每位领导干部严格按照中央规定的标准整改到位。（院办、监察局，各单位党组织、纪检组织）

6. 全面推行机关联系基层、干部联系群众“双联系”制度，落实党员干部直接联系群众制度。坚持机关干部常态化下基层调研、领导干部基层联系点、青年干部基层实践锻炼等制度。（人事局、院办、机关党委，各单位党组织）

7. 深入推进基层服务型党组织建设，以服务群众、做群众工作为主要任务，广泛

开展基层服务型党组织创建活动，选树服务品牌。（直属机关党委、各单位党组织）

五、运用“四种形态”，加大纪律审查力度

1. 围绕“四种形态”，创新工作方式方法，把监督执纪问责做深做细做实。细化“四种形态”要求，明确监督执纪标准，坚持抓早抓小、动辄则咎，灵活和综合运用警示教育、诫勉谈话、通报批评、组织处理和纪律处分等多种方式开展执纪工作，对违规问题早发现、早处置，及时进行党纪处分或组织处理，防止小问题演变成大问题，实现监督执纪常态化、长效化。（监察局、机关纪委，各单位纪检组织）

2. 突出纪律审查重点，紧盯“三个时间节点”，把十八大以后不收敛、不收手，问题严重、群众反映强烈，现在重要岗位可能还要提拔使用这三类情况同时具备的人作为重中之重。把强占掠夺、吃拿卡要、贪污挪用、虚报冒领、截留私分、挥霍浪费等六种现象作为查处重点，加大纪律审查力度，及时分类处置，力度不减，节奏不变，持续保持遏制腐败的高压态势。（监察局、机关纪委，各单位纪检组织）

3. 健全查办案件组织协调机制，各级党组织对纪律检查工作要积极支持、主动配合，纪检监察、组织人事、财务审计、科研管理等部门要加强协调配合，形成反腐败的强大合力。（监察局、机关纪委、人事局、财务局、科技局、转化局，各单位党组织、纪检组织）

六、标本兼治，不断加强制度建设

1. 认真落实《中国农业科学院党组贯彻落实〈建立健全惩治和预防腐败体系2013—2017年工作规划〉实施办法》，扎实推进院系统惩治和预防腐败体系建设。（监察局、各有关部门）

2. 认真落实党风廉政建设责任制，自上而下签订责任书。责任书要结合各单位实际，结合责任人所在部门和岗位特点，突出主体责任落实，突出纪律建设，抓好责任分解、责任考核、责任追究。（监察局，各单位党组织、纪检组织）

3. 针对新形势新特点，重点围绕科研经费支出、干部选拔任用、重大项目投资、招标采购、院所办公司管理、开展中介服务、检测检验收费、研究生招生、外事活动、经营服务等容易出现问题的领域和环节，全面排查廉政风险点，提高预防措施的针对性，加强监督检查，进一步完善廉政风险防控制度。（监察局、机关纪委、财务局、科技局、人事局、基建局、转化局、国合局、监察局、研究生院、后勤中心，各单位党组织、纪检组织）

4. 强化上级纪委对下级纪委的领导，健全完善报告工作、定期述职、约谈汇报等制度，线索处置和案件查办在向同级党委（党组）报告的同时，需向驻农业部纪检组和农业部直属机关纪委报告。（监察局、机关纪委，各单位纪检组织）

5. 深化纪委监督机制改革。纪委要创新工作理念和方式方法，敢担当、善作为。研究所纪委书记的任免要征求院党组纪检组的意见，研究所纪检监察干部的任免要征求院监察局的意见；研究所要明确纪委书记参与“三重一大”事项决策，纪检监察干部列席“三重一大”事项决策会议；研究所选拔任用中层干部要向所纪委征求廉政意见，没有廉洁方面的问题才能提拔任用。(人事局、监察局、机关纪委，各单位党组织、纪检组织)

七、加强教育，强化干部监督管理

1. 加强和改进对领导干部特别是主要领导干部的监督。严格执行领导干部述职述廉、诫勉谈话、函询等制度，认真开展领导干部报告个人事项抽查核实，加强组织监督。督促各单位认真落实“三重一大”决策制度，探索“三重一大”决策监督机制。(人事局、机关党委、监察局，各单位党组织、纪检组织)

2. 严肃党内政治生活，结合学习贯彻《中国共产党党章》《中国共产党廉洁自律准则》《中国共产党纪律处分条例》和“三严三实”活动，开好领导班子民主生活会和基层党组织生活会，认真开展批评和自我批评，使咬耳扯袖、红脸出汗成为常态。(机关党委、人事局、监察局，各单位党组织、纪检组织)

3. 加大巡视工作力度。在科研经费专项巡视基础上，突出领导班子遵守政治纪律、“两个责任”履职尽责、纪律建设情况的监督检查。加强巡视工作领导和巡视力量配备，完善巡视工作制度，加强巡视意见的反馈和整改。对巡视发现的问题和线索，分类处理，注重统筹，在件件有着落上集中发力。涉及违法问题的要向有关机关移送线索，涉及违规违纪问题的，要坚决整改到位。(巡视组、监察局、人事局、机关党委)

4. 对重点岗位加强经常性教育。坚持谈话提醒机制，抓住出国（境）、出差、项目审批、资金安排、干部选拔、招投标、年节假期等节点，及时对党员干部进行提醒教育。(机关党委、国合局、科技局、转化局、财务局、人事局、基建局、院办，各单位党组织、纪检组织)

5. 强化审计监督，加强领导干部任期经济责任审计、基建项目竣工决算审计，特别要加强科研经费使用的审计，抓好审计发现问题的整改追踪。(财务局、人事局、基建局、监察局)

6. 加强反腐倡廉教育，开展良好家风建设活动，参观廉政文化教育基地，推进廉政文化创建活动。(机关党委，各单位党组织、纪检组织)

八、严明纪律，切实加强纪检监察干部队伍建设

1. 研究修订1989版的《关于建立中国农业科学院院属监察机构的通知》，对院系统纪检监察机构设置和人员配备原则作出明确规定，做到有据可依、有章可循。(监察

局、人事局）

2. 院属各单位要尽快建立健全纪检组织，配齐配强纪委书记，严把纪检监察干部准入关，坚持高标准选人用人，不断优化年龄和专业结构，配齐配强纪检监察干部队伍。研究所纪检监察干部原则上不能从事财务、基建、经营管理业务，要保证主要精力用于开展纪检工作，切实履行好监督职责。各单位对纪检监察干部的配备、调整、任免，必须征求院纪检监察部门的意见。（人事局、监察局，各单位党组织、纪检组织）

3. 完善自我监督机制，做遵规守纪的模范，健全内控措施，严格工作程序和业务流程，完善重大事项报告、回避、保密制度，坚决防止“灯下黑”，用铁的纪律打造一支忠诚、干净、担当的纪检监察干部队伍。（监察局、机关纪委，各单位纪检组织）

4. 开展业务培训，举办纪检监察干部培训班，不断提升履职能力，强化责任意识。（监察局、机关纪委，各单位纪检组织）

根据以上任务分工，请各牵头单位会同有关责任单位，纳入 2016 年年度考核任务，制定贯彻落实措施，明确分管领导、责任部门、时限进度和任务要求，于 2016 年 3 月 15 日前报院党风廉政建设工作领导小组办公室。牵头单位要加强组织协调，有关责任单位要主动配合，形成工作合力，共同努力抓好落实，并于 2016 年 12 月 20 日前，将年度任务完成情况报院党风廉政建设工作领导小组办公室。

中国农业科学院
2016年度党风廉政建设责任书

2016年2月2日

为贯彻落实中共中央《关于实行党风廉政建设责任制的规定》、十八届中央纪委六次全会精神和《中共中国农业科学院党组关于落实党风廉政建设主体责任和监督责任的实施细则（试行）》，明确领导班子、领导干部在党风廉政建设中的责任，为我院科技创新事业的健康发展提供保证，特签订本责任书。

一、责任主体

各单位、各部门党组织对党风廉政建设负主体责任，纪委负监督责任。单位党政主要负责人是本单位和本部门党风廉政建设第一责任人，应当做到重要工作亲自部署、重大问题亲自过问、重点环节亲自协调、重要案件亲自督办。单位领导班子其他成员实行“一岗双责”，根据工作分工，对职责范围内的党风廉政建设负直接领导责任。领导班子中纪委负责人要履行监督责任。

二、责任内容

（一）认真贯彻落实十八届中央纪委六次全会精神，按照农业部、中国农业科学院党组关于2016年党风廉政建设和反腐败工作的部署和要求，结合本单位和本部门实际做好党风廉政建设工作。

（二）按照《中共中国农业科学院党组关于落实党风廉政建设主体责任和监督责任的实施细则（试行）》要求，结合单位实际，细化责任，明确责任人；定期向上级党委和纪委报告责任落实情况，重要情况、重大问题及时报告。

（三）严格遵守党的政治纪律、政治规矩，维护党中央权威和党的团结统一，遵循组织程序，服从组织决定，确保在思想上政治上行动上同党中央保持高度一致。

（四）认真组织学习《中国共产党党章》《中国共产党廉洁自律准则》《中国共产党纪律处分条例》和《中国共产党巡视工作条例》，营造尊崇党章、严明纪律的浓厚氛围，全面加强纪律建设。

（五）巩固“三严三实”专题教育成果，锲而不舍落实中央八项规定精神，持之以恒抓作风建设，严防“四风”反弹，着力解决群众反映的突出问题。

（六）认真贯彻执行民主集中制，落实“三重一大”事项集体决策制度，增强组织观念、程序观念和依法依制度办事的观念。

（七）加强科研经费管理，落实好院党组提出的“两项工程”，即，建立健全民主决策机制，构筑科研经费防火墙工程；确保财务助理、试剂耗材采购平台、科研经费信息公开平台“三项举措”落实到位，构筑科研经费阳光工程。充分利用信息化手段，用好科研经费监管软件，形成科研经费监管的长效机制。

（八）加强政务、党务公开工作，主动接受群众监督，畅通监督渠道，保证群众知情权、表达权、参与权和监督权。

（九）营造良好学风，教育引导广大干部和科技人员信守科研道德，崇尚科学精神，自觉抵制和杜绝科研不端行为。

（十）及时处理信访问题，积极化解各种矛盾，防止小问题演变成大问题，构建和谐单位。

（十一）把握运用好监督执纪“四种形态”，把纪律挺在前面，抓早抓小，动辄则咎；坚持违纪必究、有案必查，对违规、违纪行为不遮掩、不庇护；定期向上级纪委报告问题线索处置和执纪审查工作。

（十二）加大问责力度，强化责任追究，对“两个责任”“两项工程”“三项举措”落实不力，对集体约谈或巡视指出问题整改不到位的，要对有关人员严肃问责。

（十三）重视和加强纪检监察队伍建设，确保纪检监察干部主要精力投入党风廉政建设。支持纪检监察部门严格监督、执纪问责。

三、责任考核

（一）各单位、各部门要将执行党风廉政建设责任制的情况，作为党员领导干部民主生活会、领导班子和领导干部述职述廉、年终考核评估的重要内容。

（二）院党风廉政建设领导小组采用多种方式对各单位、各部门党风廉政建设情况不定期地组织监督检查，检查情况作为领导干部业绩评定、奖励惩处、选拔任用的重要依据。

四、责任追究

（一）根据中共中央《关于实行党风廉政建设责任制的规定》，领导班子违反或不正确履行党风廉政建设职责的，情节较轻的，责令作出书面检查；情节较重的，给予通报批评；情节严重的，进行调整处理。

领导干部违反或不正确履行党风廉政建设职责，情节较轻的，给予批评教育、诫勉谈话、责令作出书面检查；情节较重的，给予通报批评；情节严重的，给予党纪政纪处分，或者给予调整职务、责令辞职、免职和降职等组织处理。涉嫌犯罪的，移送司法机关依法处理。

（二）依据《中国共产党纪律处分条例》第114条的规定，党组织不履行全面从严治党主体责任或者履行主体责任不力，造成严重损害或者不良影响的，对直接责任者和领导责任者给予警告或者严重警告处分，情节严重的，给予撤销党内职务或者留党察看处分。

本责任书一式3份，单位党政主要负责人和院党风廉政建设领导小组办公室各存1份，签字后生效。

中国农业科学院
负责人：

年 月 日

研究所（单位、部门）
所 长（主要负责人）：
党委书记（支部书记）：

年 月 日

中共中国农业科学院
党组党风廉政约谈暂行规定

2016 年 9 月 12 日

为了加强对中国农业科学院各级党组织和党员领导干部的教育、管理和监督，把纪律挺在前面，注重抓早抓小，践行“四种形态”，压实“两个责任”，推进全面从严治党，根据《中国共产党党内监督条例（试行）》《关于落实党风廉政建设责任制的规定》《中国共产党问责条例》《中共中国农业科学院党组关于落实党风廉政建设主体责任、监督责任的意见》《中共中国农业科学院党组关于落实党风廉政建设主体责任、监督责任的实施细则》等文件精神，结合我院实际，制定本规定。

第一条　本规定所称的党风廉政约谈，是指约谈人针对约谈对象所在单位在落实全面从严治党“两个责任”方面存在薄弱环节，或者其本人在政治思想、履职尽责、工作作风、道德品质、廉政勤政等方面出现苗头性、倾向性问题，但尚未达到组织处理或立案审查程度，进行的教育、提醒、诫勉等组织谈话。

第二条　约谈人包括院党组书记、副书记及纪检组组长，或受院党组、纪检组委托的其他有关领导或纪检监察部门。约谈对象包括院属各单位、机关各部门领导班子及其成员，以及其他有必要进行约谈的党员干部。

第三条　约谈工作在院党组领导下进行。对院属各单位党政主要领导的约谈，一般由院党组书记、党组副书记、纪检组组长负责，也可委托其他有关领导或纪检监察部门实施。对各单位领导班子其他成员的约谈，一般由纪检组组长负责，或委托监察局领导负责。

第四条　约谈必须坚持实事求是、民主集中、合规依纪的原则。

第五条　约谈形式分为警示约谈和诫勉约谈。

警示约谈。约谈对象所在单位或本人在一定时期、一定范围内出现了或信访举报反应可能存在党风党纪方面的苗头性、倾向性问题，需要约谈对象引起重视、改进工作、改善作风的谈话。

诫勉约谈。信访举报以及案件检查等反映出约谈对象所在单位或本人存在轻微违规违纪问题，约谈人需对约谈对象进行诫勉，帮助其分析原因，并要求约谈对象认真加以整改的谈话。

第六条　以下情形，应该启动约谈。

1. 党的领导有所弱化，对上级党组织部署的全面从严治党政策措施传达、部署、落实不够及时、不够到位的。

2. 党的建设有所缺失，党内政治生活不够正常、党组织存在软弱涣散现象，党性教育较为薄弱，中央八项规定精神落实不得力，作风建设流于形式的。

3. 全面从严治党不够有力，落实“两个责任”不够到位，管党治党失之于宽松软，好人主义盛行、搞一团和气，不负责、不担当，党内监督乏力，该发现的问题没有发现，发现问题报告处置不及时、整改问责不到位的。

4. 执行党的“六项纪律”不够严格，导致所在单位或部门违规违纪苗头性、倾向性问题多发的。

5. 领导班子及其成员信访反映比较集中，但线索不清，或民主测评满意度较低的。

6. 其他应当约谈的情形。

第七条 对领导干部实施约谈，应按以下程序进行。

1. 确定主题和对象。由约谈人根据工作需要确定，或由院监察局提出建议，报约谈人审批确定。

2. 制订方案。院监察局收集有关情况，制订约谈方案，拟定约谈提纲，报约谈人审批。

3. 通知约谈对象。院监察局应提前 3 天将约谈主题、对象、时间、地点等事项通知约谈对象所在单位或约谈对象本人。

4. 组织实施约谈。约谈人向约谈对象说明约谈主题及原因，指出约谈对象或其单位存在的问题，提出整改要求；约谈对象对约谈人指出的问题和提出的要求作出明确表态；院监察局做好约谈记录，经约谈双方签字确认后，分别由约谈对象和院纪检组监察局留存。

第八条 约谈一般采取个别谈话的方式进行。对于一些共性问题，也可采用会议或集体谈话的方式进行。约谈人不少于 2 人，约谈内容由专人记录并报院纪检组监察局留存归档。

第九条 约谈对象接受组织约谈时，要如实回答问题，不得隐瞒、编造、歪曲事实和回避问题，不得借故推诿、拖延、拒不参加约谈。对违反者，应当进行批评教育，情节严重的给予组织处理或者纪律处分。

第十条 约谈结束后，约谈对象应当将约谈问题的整改措施书面材料于 15 个工作日内报院纪检组监察局。院纪检组监察局对约谈对象整改落实情况进行跟踪督查，对措施不实、整改不力的，按照有关规定予以责任追究。

第十一条 约谈情况记入领导干部廉政档案，并作为干部提拔任用、评先评优的重要参考依据。约谈不替代其他组织处理、纪律处分措施。

第十二条 约谈相关人员要严格遵守保密纪律，不得议论、扩散、泄露约谈内容，否则按相关规定严肃处理。

第十三条 本规定由中国农业科学院纪检组监察局负责解释。

第十四条 本规定自印发之日起施行。

中国农业科学院院属单位执行“三重一大”决策制度监督办法

2016 年 9 月 13 日

为落实全面从严治党要求，加大对院属单位领导班子和主要领导干部的监督，督促院属单位认真执行重大决策、重要干部任免、重大项目安排和大额度资金的使用（以下简称“三重一大”）事项集体决策制度，根据《中国共产党党内监督条例（试行）》和《中国农业科学院“三重一大”决策制度实施办法》精神和要求，制定本办法。

一、监督主体和职责

各单位党政一把手对本单位贯彻落实“三重一大”决策制度负总责，党委或党政联席会负主体责任，纪检监察部门负监督责任，有关部门协调配合。

院党组纪检组监察局对院属各单位执行“三重一大”决策制度情况开展监督检查。

二、监督依据和内容

院党组纪检组监察局及院属各单位依据《中国农业科学院“三重一大”决策制度实施办法》及各单位“三重一大”事项决策制度实施细则，以落实“三重一大”事项集体决策程序为重点，对各单位执行“三重一大”决策制度实施监督。

三、监督方式

（一）党组织监督。各单位“三重一大”事项，党委必须参与决策。属于党政领导班子集体决策的事项，决策前，党政主要领导应对决策议题充分酝酿、沟通协调，党委要及时召开会议研究讨论，形成集体意见；决策时，参加会议的党委领导成员要认真履行职责，保证党组织的意见得到充分表达和体现；决策后，党委要发动党员团结带领职工保证决策顺利实施。

（二）纪检监察部门监督。各单位领导班子讨论决定“三重一大”事项，应有纪检监察部门负责人列席会议并填写《“三重一大”事项集体决策监督备案表》（以下简称

《备案表》）。纪检监察部门负责保管《备案表》并建立本单位“三重一大”决策监督台账。

会议组织部门负责通知纪检监察部门负责人列席会议。

（三）会议材料归档标识。各单位涉及“三重一大”事项决策的会议，必须以会议通知、会议议程、会议记录、会议纪要等书面形式完整详细记录决策时间、决策参与人、决策事项、决策过程及决策参与人发表的意见、理由、表决结果、决策结果等内容。涉及“三重一大”事项决策的会议记录要做出明确标识。以投票形式进行表决的，表决票应与会议相关材料一并归档备查。

（四）信息公开。“三重一大”决策事项（涉密或暂不宜公开事项除外）纳入本单位政务公开目录，按照政务公开要求，通过网站、简报、公告栏、召开会议等方式，及时、准确公开。凡涉及职工群众切身利益，需要职工群众广泛知晓的决策事项，应当公开具体内容，接受职工群众监督。

（五）定期自查。各单位应对执行“三重一大”决策制度情况定期自查，查找问题和不足，不断健全完善“三重一大”决策监督机制。

（六）专项检查。院党组纪检组监察局利用巡视、抽查、督导、调研等多种方式，对各单位建立健全和贯彻落实“三重一大”决策制度情况开展专项检查。检查方法包括调阅“三重一大”决策监督台账和会议材料档案、基层走访、个别谈话、个案分析等。

除按规定需要保密的以外，院党组纪检组监察局可以适时将专项检查情况在一定范围通报。

（七）监督整改。对于专项检查中发现的问题，院党组纪检组监察局以书面形式向被检查单位领导班子反馈。被检查单位应及时进行整改，并将整改情况以书面形式报院党组纪检组监察局。

（八）责任追究。院属各单位领导班子及成员执行“三重一大”决策制度的情况，纳入“两个责任”落实、民主生活会、述职述廉、巡视、党风廉政建设责任制考核重要内容。加大对“三重一大”决策制度落实情况监督检查，对不接受监督或规避监督，不履行或不正确履行“三重一大”决策程序的行为，严肃问责。

四、其　他

（一）本办法由院党组纪检组监察局负责解释。

（二）本办法自印发之日起施行。

附件：“三重一大”事项集体决策监督备案表

附件

“三重一大”事项集体决策监督备案表

单位名称：　　　　　　　　　　　　　　填表人：

<table>
<tr><td>会议名称</td><td colspan="6"></td></tr>
<tr><td>会议时间</td><td></td><td colspan="2">会议地点</td><td colspan="3"></td></tr>
<tr><td>主 持 人</td><td></td><td>应到人数</td><td colspan="2"></td><td>实到人数</td><td></td></tr>
<tr><td>出席人员</td><td colspan="6"></td></tr>
<tr><td>缺席人员</td><td colspan="6"></td></tr>
<tr><td>列席人员</td><td colspan="6"></td></tr>
<tr><td>“三重一大”
决策事项
（或议题）</td><td colspan="6"></td></tr>
<tr><td>监督意见</td><td colspan="6">（对“三重一大”事项决策程序是否规范进行评价，或提出建议）</td></tr>
</table>

会议主持人签字：

监督人签字：

年　月　日

中国农业科学院
政府采购项目招投标廉政监督办法

2016年9月20日

第一章　总　则

第一条　为加强对中国农业科学院政府采购项目招投标活动的廉政监督，提高政府采购资金的使用效益，保护政府采购招投标活动当事人的合法权益，根据《中华人民共和国招标投标法》《中华人民共和国政府采购法》《中央单位政府采购管理实施办法》等法律、法规，结合我院实际，制定本办法。

第二条　本办法所称政府采购项目，是指由中国农业科学院及院属各单位按照《中华人民共和国政府采购法》及相关法律、法规必须进行招投标的政府采购项目。

第三条　本办法所称政府采购项目招投标廉政监督，是指对招标采购人在实施招投标过程中，遵守国家法律、法规和廉政纪律情况的监督检查。

第四条　政府采购项目招投标廉政监督工作，应坚持依法办事、实事求是、客观公正、突出重点的原则，起到保障政府采购项目质量，提高资金使用效益的作用。

第二章　廉政监督实施主体和权限

第五条　中国农业科学院对政府采购项目招投标廉政监督采取分级负责的原则。院监察局负责对院本级组织实施的政府采购项目招投标的廉政监督，院属各单位纪检监察部门负责对本单位政府采购项目的招投标进行廉政监督。院属单位视情况需要，邀请院监察局对特别重大的政府采购项目招投标进行督导。

第六条　各招标采购人应严格遵守国家法律、法规和农业部相关规定，自觉接受纪检监察部门的廉政监督。对有举报反映的招投标项目，应及时提供相关材料，配合纪检监察部门开展核查工作。

第七条　中国农业科学院及院属各单位纪检监察部门在政府采购项目招投标廉政监督过程中，行使下列权限：

（一）对招标、投标、开标、评标、定标等重点环节和关键程序进行监督；

（二）对监督检查中发现的严重违反政府采购、招投标法律法规的行为，向招标单位提出监察建议；

（三）受理投诉和举报，严肃查处招投标活动中发生的违规违纪行为。

第三章 监督方式和内容

第八条 纪检监察部门主要对政府采购项目招投标工作程序的合法性进行监督检查，同时对是否存在违纪违规问题进行监督检查。

第九条 政府采购项目招投标的廉政监督可以采取现场监督、检查监督和受理投诉监督的方式。

现场监督，是指纪检监察部门对资格审查、开标、评标、定标、订立中标合同等程序关键环节进行直接的监督。

检查监督，是指纪检监察部门通过调阅有关文件、记录、资料以及谈话了解、听取意见等方式，对招投标工作进行监督。

受理投诉监督，是指纪检监察部门通过受理、核查有关投诉、举报，严肃追究相关人员的纪律责任，对招投标工作进行监督。

第十条 院属各单位纪检监察部门一般应对本单位政府采购项目招投标进行现场监督。

第十一条 政府采购项目招投标廉政监督主要内容是：

（一）对招标的监督

1. 是否依照有关规定具备了招标的基本条件。

2. 是否依照有关规定采取了合法的招标方式。

3. 招标组织形式、招标计划安排、对投标人资质要求、评标方法、评标委员会组建方案以及开标、评标工作具体安排是否符合有关规定。

4. 招标公告、资格预审公告的内容、发布方式及期限是否符合有关规定。

5. 招标文件（含资格审查文件）的内容是否符合有关规定，是否要求或者标明特定的投标人或者产品，是否含有倾向性或者排斥潜在投标人的内容，是否依法明确了评标标准和方法。

（二）对资格审查的监督

1. 招标采购人是否严格按照有关规定及招标文件、招标公告的要求对潜在投标人（或者投标人）进行资质审查。

2. 招标采购人是否对潜在投标人（或者投标人）仍在处罚期限内或在工程质量、安全生产和信用等方面存在不良记录进行审查。

3. 招标采购人是否严格按照有关规定及招标文件的要求进行资格评审。

4. 是否存在歧视、限制或者排斥潜在投标人（或者投标人）的行为。

（三）对投标的监督

1. 招标采购人是否当场检查每个投标人的投标文件密封情况。

2. 是否按照规定的投标截止时间终止投标文件的接收。

3. 招标采购人在开标前组织潜在投标人现场考察的，是否单独或者分别组织只有一个投标人参加的现场考察。

（四）对开标的监督

1. 拟定的开标程序是否符合相关规定。

2. 开标时间与提交投标文件的截止时间是否一致，开标地点是否为招标文件中预先确定的地点，投标人是否达到3家以上（含3家）。

3. 开标时是否按照法定程序检查投标文件的密封情况。

4. 是否按照程序进行公开唱标，每个投标人提交的投标文件是否全部当场拆封、宣读、记录。

5. 是否允许投标人当场提出质疑。

（五）对评标的监督

1. 专家抽取和评标委员会组成及成员资格是否符合相关规定。

2. 是否按照招标文件中确定的评标方法评标，评标专家是否认真、公正、诚实、廉洁地履行职责。

3. 是否实行封闭式评标，确保评标过程的保密性和公正性；评标专家及工作人员是否严格遵守评标纪律，是否采取暗示、授意、引导等方式干预评标。

4. 评标结束后，评标委员会是否出具评标报告。

（六）对定标及签订中标合同的监督

1. 是否在评标委员会推荐的中标候选人名单中确定中标人。

2. 是否按评标委员会推荐的中标候选人顺序确定中标人。

3. 在确定中标人、发出中标通知书后，招标采购人是否在法定时间内，按照招标文件和中标人的投标文件签订采购合同。

第四章　监督程序

第十二条　现场监督，按照事前报告、事中监督、事后备案三个环节进行。

招标人在发布招标信息、资格预审、抽取专家、开标评标等关键环节，须提前7天通知本级纪检监察部门。

招标人在中标结果公示结束后7日内将投标记录、资格审查表、评标报告（包括开标一览表、评标专家签到表、总分及排序表、授标建议表）等材料报本级纪检监察部门备案。

第十三条　检查监督，按以下程序进行：

（一）根据资金数额、重点项目情况、群众反映或举报，确定需要检查监督的招投标项目。

（二）组成检查组，制定检查方案。

（三）送达招投标廉政检查监督通知书。

（四）被检查单位或部门按要求做好准备，提供相关材料。

（五）检查组实施招投标廉政检查监督。

（六）检查组形成检查监督情况报告，做出相关决定或提出意见建议。

第十四条 受理投诉监督，按照信访举报核实调查的规定程序进行。

第十五条 各单位纪检监察部门于每年 12 月 15 日前将开展政府采购项目招投标廉政监督情况报送院监察局。

第五章 责任追究

第十六条 招标采购人在实施政府采购项目招投标过程中，违反有关规定，有下列行为之一的，纪检监察部门应视情节轻重，对有关责任人员进行批评教育、诫勉谈话、组织处理、纪律处分。

（一）应当采用公开招标方式而擅自采用其他方式采购的；限额以上不按照规定的招标方式进行采购的；将必须进行招标的项目化整为零或者以其他任何方式规避招标的。

（二）以不合理的要求限制或者排斥潜在投标供应商，对潜在投标供应商实行差别待遇或者歧视待遇，或者招标文件指定特定的供应商、含有倾向性或者排斥潜在投标供应商的其他内容的，强制要求投标人组成联合体共同投标的，或者限制投标人之间竞争的。

（三）开标前泄露已获取招标文件的潜在投标人的名称、数量或者可能影响公平竞争的有关招标投标的其他情况。

（四）违反规定程序确定评标委员会及其成员的。

（五）无正当理由不按照依法推荐的中标候选供应商顺序确定中标供应商，或者在评标委员会依法推荐的中标候选供应商以外确定中标供应商的。

（六）在招标采购过程中与投标人进行协商谈判的，或者不按照招标文件和中标供应商的投标文件确定的事项签订采购合同，或者与中标供应商另行订立背离合同实质性内容的协议的。

（七）中标通知书发出后，无正当理由不与中标供应商签订采购合同的。

（八）与供应商或者采购代理机构恶意串通的。

（九）在采购过程中接受贿赂或者获取其他不正当利益的。

（十）在评标过程中组织及监管不力，致使评标委员会成员或者参与评标的有关工作人员私下接触投标人，或者收受投标人财物或者其他好处，造成评标过程泄密或者有失客观公正的。

第十七条 招标采购人及相关工作人员违反本办法，有下列行为之一的，由纪检监察部门视情节轻重追究相关责任。

（一）隐瞒事实真相，提供虚假材料的。

（二）拖延或者拒绝提供与廉政监督事项有关的文件、资料和其他有关材料和情况的。

（三）拒绝就廉政监督过程中所提问题做出解释和说明的。

（四）无正当理由，拒不采纳廉政监督监察建议的。

第六章　监督人员廉政纪律

第十八条　不准接受招标采购人、投标人及采购代理机构赠送的礼金、礼品、有价证券。

第十九条　不准接受招标采购人、投标人及采购代理机构提供的任何消费性支出。

第二十条　不准在招标采购人、投标人及采购代理机构处报销任何费用。

第二十一条　不准对监督过程中发现的问题隐瞒不报。

发现监督人员有违反本章规定的行为，要依据有关规定从严追究责任。

第七章　附　则

第二十二条　本办法由中国农业科学院监察局负责解释。

第二十三条　本办法自发布之日起施行。2010 年 3 月 15 日发布的《中国农业科学院政府采购项目招投标廉政监督办法》同时废止。

中国农业科学院
基本建设项目招投标廉政监督办法

2016年9月20日

第一章 总 则

第一条 为加强中国农业科学院基本建设项目招投标的廉政监督工作，维护招投标活动当事人的合法权益，保证招投标活动公开、公平、公正进行，规范、细化监督行为，根据《中华人民共和国招标投标法》、农业部《农业投资项目廉政监督检查办法》《农业重大招标投标项目廉政监督规定（试行）》和《中国农业科学院对重大项目实行廉政监督检查的若干规定》，结合我院实际，制定本办法。

第二条 本办法所称基本建设项目，是指由中国农业科学院及院属各单位管理的，使用财政性资金、与财政性资金相配套的其他资金以及自筹资金，按照有关规定必须进行招投标的基本建设项目。

第三条 本办法所称基本建设项目招投标廉政监督，是指对招标人在实施招投标过程中，遵守国家法律、法规和廉政纪律情况的监督检查。

第四条 基本建设项目招投标廉政监督工作，应坚持依法办事、实事求是、客观公正、突出重点的原则，起到保障基本建设项目质量、提高资金使用效益的作用。

第二章 廉政监督实施主体和权限

第五条 中国农业科学院对基本建设项目招投标廉政监督采取分级负责的原则。院监察局负责对院本级基本建设项目招投标的廉政监督，院属各单位纪检监察部门负责对本单位基本建设项目的招投标进行廉政监督。院属单位视情况需要，邀请院监察局对特别重大的基本建设项目招投标进行督导。

第六条 各基本建设项目的招标人应严格遵守国家法律、法规和农业部相关规定，自觉接受纪检监察部门的廉政监督。对有举报反映的招投标项目，应及时提供相关材料，配合纪检监察部门开展核查工作。

第七条 院监察局及院属各单位纪检监察部门在基本建设项目招投标廉政监督过程中，行使下列权限：

（一）对招标、投标、开标、评标、定标等重点环节和关键程序进行监督。

（二）对监督检查中发现的严重违反招投标法律法规的行为，向招标单位提出监察建议。

（三）受理投诉和举报，严肃查处招投标活动中发生的违规违纪行为。

第三章　监督方式和内容

第八条　纪检监察部门主要对基本建设项目招投标工作程序的合法性进行监督检查，同时对是否存在违纪违规问题进行监督检查。

第九条　基本建设项目招投标的廉政监督可以采取现场监督、检查监督和受理投诉监督的方式。

现场监督，是指纪检监察部门对资格审查、开标、评标、定标、订立中标合同等程序关键环节进行直接的监督。

检查监督，是指纪检监察部门通过调阅有关文件、记录、资料以及谈话了解、听取意见等方式，对招投标工作进行监督。

受理投诉监督，是指纪检监察部门通过受理、核查有关投诉、举报，严肃追究相关人员的纪律责任，对招投标工作进行监督。

第十条　院属各单位纪检监察部门一般应对本单位基本建设项目招投标进行现场监督。

第十一条　基本建设项目招投标廉政监督主要内容是：

（一）对招标的监督

1. 是否依照有关规定具备了招标的基本条件。

2. 是否依照有关规定采取了合法的招标方式。

3. 招标组织形式、招标计划安排、对投标人资质要求、评标方法、评标委员会组建方案以及开标、评标工作具体安排是否符合有关规定。

4. 招标公告的内容、发布方式及媒介是否符合有关规定。

5. 招标文件（含资格审查文件）的内容是否符合有关规定，是否含有不合理的条件限制或者排斥潜在投标人的内容，是否依法明确了评标标准和方法。

（二）对资格审查的监督

1. 招标人参与资格审查的，是否严格按照有关规定及资格预审文件、招标文件的要求对潜在投标人（或者投标人）资质、业绩、企业财务状况等内容进行审查。

2. 招标人参与资格审查的，是否对潜在投标人（或者投标人）仍在处罚期限内或在工程质量、安全生产和信用等方面存在不良记录进行审查。

3. 招标人参与资格审查的，是否严格按照有关规定及资格预审文件或招标文件的要求进行评审。

4. 是否存在歧视、限制或者排斥潜在投标人（或者投标人）等行为。

（三）对投标的监督

1. 招标人是否当场检查每个投标人的投标文件密封情况。

2. 是否按照规定的投标截止时间终止投标文件的接收。

3. 招标人在开标前组织潜在投标人踏勘项目现场的，是否单独或者分别组织只有一个投标人参加的现场踏勘。

（四）对开标的监督

1. 拟定的开标程序是否符合相关规定。

2. 开标时间与提交投标文件的截止时间是否一致，开标地点是否为招标文件中预先确定的地点，投标人是否达到 3 家以上（含 3 家）。

3. 开标时是否按照法定程序检查投标文件的密封情况。

4. 是否按照程序进行公开唱标，每个投标人提交的投标文件是否全部当场拆封、宣读、记录。

5. 是否允许投标人当场提出异议。

（五）对评标的监督

1. 专家抽取和评标委员会组成及成员资格是否符合相关规定。重点检查评标专家是否从专家库中随机抽取，并符合回避的有关规定；评标委员会是否为 5 人以上单数，其中技术、经济方面的专家是否占总人数的 2/3以上。

2. 是否按照招标文件中确定的评标办法评标，评标专家是否认真、公正、诚实、廉洁地履行职责。

3. 是否实行封闭式评标，确保评标过程的保密性和公正性；评标专家及工作人员是否严格遵守评标纪律，是否采取暗示、授意、引导等方式干预评标。

4. 评标结束后，评标委员会是否出具评标报告。

（六）对定标及签订中标合同的监督

1. 是否在评标委员会推荐的中标候选人名单中确定中标人。

2. 是否按评标委员会推荐的中标候选人顺序确定中标人。

3. 在确定中标人、发出中标通知书后，招标人是否按照招标文件和中标人的投标文件签订书面合同。

第四章　监督程序

第十二条　现场监督，按照事前报告、事中监督、事后备案 3 个环节进行。

招标人在发布招标信息、资格预审、抽取专家、开标评标等关键环节，须提前 7 天通知本级纪检监察部门。

招标人在中标结果公示结束后 7 日内将投标记录、资格审查表、评标报告（包括开标一览表、评标专家签到表、总分及排序表、授标建议表）等材料报本级纪检监察部门备案。

第十三条 检查监督，按以下程序进行：

（一）根据资金数额、重点项目情况、群众反映或举报，确定需要检查监督的招投标项目。

（二）组成检查组，制定检查方案。

（三）送达招投标廉政检查监督通知书。

（四）被检查单位或部门按要求做好准备，提供相关材料。

（五）检查组实施招投标廉政检查监督。

（六）检查组形成检查监督情况报告，做出相关决定或提出意见建议。

第十四条 受理投诉监督，按照信访举报核实调查的规定程序进行。

第十五条 院属各单位纪检监察部门于每年 12 月 15 日前将开展招投标廉政监督情况报送院监察局。

第五章 责任追究

第十六条 招标人在实施基本建设项目招投标过程中，违反有关规定，有下列行为之一的，纪检监察部门应视情节轻重，对有关责任人员进行批评教育、诫勉谈话、组织处理、纪律处分。

（一）必须进行招标的项目而不招标的，将必须进行招标的项目化整为零或者以其他任何方式规避招标的。

（二）设定非法的投标许可、资质验证、注册登记等手续，以不合理限制性条件阻碍或者排斥潜在投标人的，对潜在投标人实行歧视待遇的，强制要求投标人组成联合体共同投标的，或者限制投标人之间竞争的。

（三）向他人透露已获取招标文件的潜在投标人的名称、数量或者可能影响公平竞争的有关招标投标的其他情况。

（四）与投标人就投标价格、投标方案等实质性内容进行谈判的。

（五）违反规定程序确定评标委员会及其成员的。

（六）在评标过程中组织及监管不力，致使评标委员会成员或者参与评标的有关工作人员私下接触投标人，或者收受投标人财物或者其他好处，造成评标过程泄密或者有失客观公正的。

（七）与投标人串通的。

（八）收受投标人或者与投标人有利益关系的单位和个人的礼金礼品或者接受宴请、娱乐安排等消费性支出的。

（九）违反有关规定，干预和插手招投标活动，影响招投标工作正常进行的。

第十七条 招标人及相关工作人员违反本办法，有下列行为之一的，由纪检监察部门视情节轻重追究相关责任。

（一）隐瞒事实真相，提供虚假材料的。

（二）拖延或者拒绝提供与廉政监督事项有关的文件、资料和其他有关材料和情况的。

（三）拒绝就廉政监督过程中所提问题做出解释和说明的。

（四）无正当理由，拒不采纳廉政监督监察建议的。

第六章　监督人员廉政纪律

第十八条　不准接受招标人、投标人及招标代理机构赠送的礼金、礼品、有价证券。

第十九条　不准接受招标人、投标人及招标代理机构提供的任何消费性支出。

第二十条　不准在招标人、投标人及招标代理机构处报销任何费用。

第二十一条　不准对监督过程中发现的问题隐瞒不报。

发现监督人员有违反本章规定的行为，要依据有关规定从严追究责任。

第七章　附　则

第二十二条　本办法由中国农业科学院监察局负责解释。

第二十三条　本办法自发布之日起施行。2010 年 3 月 15 日发布的《中国农业科学院基本建设项目招投标廉政监督办法》同时废止。

中共中国农业科学院党组关于加强纪检监察机构和干部队伍建设的暂行规定

2016年11月23日

为深入贯彻落实习近平总书记系列重要讲话精神和十八届六中全会、十八届中央纪委历次全会精神，实现转职能、转方式、转作风的工作要求，聚焦监督执纪问责中心任务，履行好全面从严治党监督责任，为我院科技创新提供坚强纪律保证，结合我院实际，就加强我院纪检监察机构和干部队伍建设做如下规定。

一、加强组织机构和队伍建设

院属单位要高度重视和支持纪检监察工作，加强纪检监察力量，健全和完善纪检监察组织机构，配齐配强纪委书记和纪检监察干部，加大纪检监察干部的交流培养和选拔任用力度，建设一支思想、纪律和业务能力过硬，忠诚、干净、担当的纪检监察干部队伍，为全面从严治党提供坚强的组织保证。

1. 院属单位要依据党章和有关党内法规规定，按照《中国农业科学院院属单位党委工作规则》（农科院党组发〔2016〕51号）要求，健全纪委组织。院属单位党的基层委员会应设立由3~7人组成的纪律检查委员会，只有党的总支部委员会和支部委员会的应设纪律检查委员。院属京外单位纪委委员职数依据属地管理原则，按照当地上级党组织要求设置。

2. 纪委书记一般由所级领导或者相应职级的党员干部担任或兼任。纪委书记不能分管基建、财务等工作。

在选任纪委书记的动议环节，院人事局要事先征求院党组纪检组组长意见；考察环节由院人事局会同纪检组监察局进行。

3. 院属单位职工人数在300人以上的应配备专职纪检监察干部1人以上，有条件的可以设立专门的纪检监察机构；人数在200~300人的，应配备专职纪检监察干部1人；人数在200人以下的，应配备兼职纪检监察干部1人。配备的专、兼职纪检监察干部一般应由处级干部担任。对于兼职纪检监察干部，各单位应保证其主要精力从事纪检监察工作。

4. 院属单位纪检监察机构的设立、调整以及纪检监察干部的配备、调整、任免，事先需征求纪检组监察局意见，并在配备、调整、任免后报纪检组监察局备案。

二、院属单位纪检监察机构主要职责

院属单位纪检监察机构和纪检监察干部接受所在单位党组织和上级纪检监察机构的双重领导，依据党章和有关法规规定，聚焦全面从严治党要求，履行监督执纪问责职责。

1. 维护党的章程和其他党内法规，检查党的路线、方针、政策和决议的执行情况，协助本单位党组织加强党风建设和组织协调反腐败工作。

2. 依据《中国共产党党内监督条例》，围绕坚持党的领导、加强党的建设、全面从严治党强化党内监督。

3. 负责受理反映管理权限范围内人员、组织的问题线索和申诉，并依据相关程序和权限开展调查、处理。

4. 向本单位党组织和纪检组监察局及时报告问题线索处置、纪律审查和党风廉政建设等方面的业务工作情况。

5. 依据《中国共产党问责条例》，对违反党章和其他党内法规、不履行或者不正确履行职责的党组织和党员干部予以问责。

6. 承办上级纪检监察机构及本单位党组织交办的其他任务。

三、加强纪检监察干部培养交流

1. 院属单位要加强纪检监察干部的培养锻炼，为纪检监察干部履职尽责创造条件、提供保障，把政治强、作风硬、德才兼备、敢于担当的干部充实进纪检监察队伍。

2. 组织人事部门要有计划遴选政治觉悟高、业务能力强的年轻骨干充实加强纪检监察干部队伍。同时，积极选派有纪检监察工作经历的干部到研究所或其他业务单位任职，保持纪检监察干部队伍的生机和活力。

3. 院纪检组监察局要加强对纪检监察干部的培训，通过开展培训交流、协作办案，不断提高纪检监察干部业务能力和执纪水平。院属单位要积极创造条件，为纪检监察干部提供业务培训和工作锻炼的机会，使他们不断增强工作本领。

4. 纪检监察机构要健全内部监督制度，确保正确行使纪检监察职能。纪检监察干部要以更高标准、更严要求强化自我约束，模范遵守各项纪律规定，特别要严守“六项纪律”，自觉接受监督。对不适合在纪检监察部门工作的人员要坚决调离，违纪违规的要从严处理。

本规定由中国农业科学院纪检组监察局负责解释，自公布之日起生效。

1989 年 2 月生效实施的《关于确立中国农业科学院院属监察机构的通知》（89）农科院（人）字第 89 号文自动废止。

十、人物介绍

坚守科研一线 服务广大棉农

——记国家科技进步奖二等奖获得者严根土研究员

严根土，男，1967年生于浙江衢州，研究员。现任中国农业科学院棉花研究所抗逆育种课题组组长和河南省棉花产业技术体系遗传育种岗位专家，兼任中国农村专业技术协会专家委员会委员。

1992年参加工作至今，一直从事棉花遗传育种工作，作为第一完成人先后培育了10个棉花新品种，累计推广应用面积8 000万亩，新增经济社会效益150亿元。其中，主持完成的“多抗稳产棉花新品种中棉所49的选育技术及应用”荣获2016年度国家科学技术进步奖二等奖。此外，还连续两次被评为中国农业科学院先进工作者（2008—2013年度和2014—2015年度）。

扎根基层一线 沃土深根做科研

严根土在浙江农业大学学习期间就做过两年的勤工俭学，师从季道潘先生实习棉花遗传育种田间工作。他吃苦耐劳的精神深深打动了季道潘先生。1992年大学毕业后，季先生推荐严根土来到了我国棉花的最高研究机构，当时地处安阳白璧镇的中国农业科学院棉花研究所。当他看到棉花所老专家黄祯茂老师每天戴着草帽，挎着白布包，穿着像个普通农民，早出晚归的在试验田忙碌；喻树迅院士，当时已是科研处处长，为了省5元钱，从白璧镇步行回老所部，而他们培育的棉花品种中棉所16刚荣获国家科技进步一等奖时，他在想，棉花所的成就是这些朴实、勤劳的开拓者们一步一个脚印蹚出来的，这种“艰苦奋斗、甘于奉献、勤于实践、勇于创新”的“中棉所精神”需要有人传承下去。

20世纪90年代初的科研、生活条件比较艰苦，他所在的课题组一年的经费只有8 000元，各项开支是能省就省。刚到所里那几年，严根土住的是集体宿舍，晚上老鼠在床上乱窜让人彻夜难眠，一个月193元的工资，仅能解决自己的温饱。当年通信也不发达，想和远在浙江老家的父母联系却没有电话。常言道“选择你爱的事业，爱你选择的事业”，面对比较艰苦的生活条件、微薄的工资收入，他选择了坚守。

刚参加工作时，没有育种经验，可严根土明白“勤奋”二字的重要意义。常年在试验田驻点，与同事、村民同吃同住。天一亮，他就拿上记载本下地，晚上披着星光回家，在地里获取第一手数据。夏日的棉田像个大蒸笼，他一个人钻在齐腰深的棉花地里一待就是几个小时，任凭汗水湿透衣衫，经常是蹲得腿麻木到站不起来。白天劳累了一天十分疲惫，晚上还要带着各种问题请教老专家。课题组组长张裕繁老师对他毫无保留地传授，至今还让他铭记在心。记得有一次到新疆出差，严根土刚吃过晚饭就缠着新疆农业大学的一位老教授，探讨新的育种方法，一直讨论到半夜2点，凌晨又把老教授叫醒接着讨论。凭着这股韧劲，20多年来，严根土研究了8 000多份国内外育种材料，分析了从田间地头得来的上千万组数据，终于发明了“一种提高棉花产量和品质的育种方法”。并通过这一技术途径，育成了中棉所44、中棉所46、中棉所49、中棉所59、中棉所61、中棉所72、中棉所75、中棉所79、中棉所80、中棉所94等系列棉花新品种，至今，累计推广应用面积达到8 000万亩，新增经济社会效益达150亿元。

搞棉花抗逆育种研究需要到偏远的盐碱、干旱地区去做实验。严根土团队在全国各典型生态区域布置了18个试验点，他一年的行程将近10万千米。3月海南省收获种子，4月各试验点播种，5月调查出苗期，6月调查枯萎病，7月调查开花期，8月调查黄萎病。特别是9—10月到各个试验点去选种，严根土经常是白天下地选种，夜里赶路。去新疆选种更是艰苦，从安阳市坐火车到乌鲁木齐市，然后再转车到南疆，在南疆3个选种点之间奔波，来回需要将近半个月的时间，他在车上更是不敢睡觉，因为好不容易大包小包扛上车的棉花材料是一年的试验成果，不能有丝毫闪失。

好马配好鞍，好的种子同样需要配套的好的良种繁育及种植技术，才能最终真正实现高产稳产。在棉花新品种培育之后，严根土团队成员并没有放慢研究的脚步，在国家“863”计划等项目的资助下，经过多年的研制构建了中棉所49等品种保真繁育的DNA指纹检测监控技术，研发了品种种性纯化和全程精控技术体系，保障了这些品种在主产棉区的长期大面积应用。其中，培育的中棉所49更是首批进入农业部主导品种，连续10年，在棉花主导品种中年限最长；同时该品种作为国家和省（区）两级区域试验的对照品种，至今已连续10年和11年，时间最长。近两年，中棉所49推广应用面积占当年全国总棉花种植面积的15.5%，推动了我国主产棉区品种的更新换代。

生活是把“双刃剑”，有得必有失。严根土一年有2/3的时间是在田间和实验室度过的，与家人聚少离多。有一年中秋节，他和妻子都在外地出差，家里没有人，就叮嘱当时只有10岁的儿子安心住校，但小孩子嘴馋，见别的家长给同学送月饼，他就跑回了家。家里没水，没饭，也没有月饼，当天晚上8点半，孩子又突然发烧了，又冷又饿，才给他妈妈打电话，妻子当时就崩溃了，娘儿俩一个在电话的这头哭，一个在那头哭，当他得知后，也流下了难过的泪水。

响应国家政策　争做行业先锋

在国家“一带一路”政策指引下，严根土带领团队成员积极参加吉尔吉斯斯坦等国家的棉花区试试验，主持选育的棉花品种中棉所44于2014年通过吉尔吉斯共和国审定，比当地品种增产50%以上，已成为当地的主栽品种。中棉所59也于2017年通过了吉尔吉斯共和国审定，这些成果对推进我国农业“走出去”、构建中亚国际棉花产业聚集带具有一定的战略意义。

科技成果必须要与产业发展融合才能“落地”，建设国家科技成果转移转化示范区，有助于完善区域科技成果转化政策环境，提升区域创新能力，起到以点带面的示范作用，也是落实习近平总书记科技创新思想、实施创新驱动发展战略的重大具体举措。2014 年，严根土开始承担国家标准化管理委员会立项的“国家棉花种植综合标准化示范区”项目。作为主要起草人，他制定了品种、栽培、采收和加工等 8 项地方标准，为我国主产棉区（新疆）精准棉业的发展提供了载体和关键核心技术，并且在阿克苏地区新疆中棉种业农场、兵团第一师八团、第二师三十四团、第三师五十团等建立棉花种植综合标准化核心示范区，示范效果显著，与非示范区相比，示范区每亩增产 30 千克籽棉，增收 180 元/亩，增效 20%，辐射带动周边超过 500 万亩。此外，严根土还积极参与全省各级农业部门组织的农业科技服务活动，培训基层技术人员 1 000人次，发放《棉花简化种植技术要点》《棉油间作棉花种植技术要点》资料 1 500份。

心系三农　与棉农打成一片

最让严根土感到欣慰的是自己的研究成果能得到老百姓的肯定。有一年冬天，安阳市内黄县的乡亲们选出 60 多名代表，合租了一辆公交车来到中国农业科学院棉花研究所，门卫不让进，他们对门卫说：“我们没有别的事，今年我们种植了中棉所 44，获得了大丰收，只想看一眼这个品种的育种者，并对他说声谢谢”。从此，严根土和内黄县的棉农结下了深厚的友谊，一直到现在，仍在帮助他们提高棉花种植技术。

严根土同志没有什么惊天动地的事迹，但他脚踏实地、持之以恒，不断创新育种科研的新方法、新途径，以服务科研、奉献科研的工作理念，默默无闻的奉献自己的青春，坚守着自己热爱的棉花育种事业。他在平凡的岗位上默默无闻、任劳任怨，用心血和汗水、执着和无悔，谱写出一曲曲感人的乐章，诠释了人生的价值，传递了社会正能量，彰显了社会主义核心价值观。

推进自主品种培育　引领肉鸡产业发展

——记国家科技进步奖二等奖得者文杰研究员

文杰，男，1963 年 7 月生，中共党员，研究员、博士生导师，中国农业科学院北京畜牧兽医研究所副所长。国务院政府特殊津贴获得者，中组部直接联系专家，人社部“百千万人才工程”国家级人选，农业部有突出贡献中青年专家，农业部神农计划人才，中国农业科学院跨世纪学科带头人、一级杰出人才，国家肉鸡产业技术体系首席科学家，国家肉鸡遗传改良计划专家组组长，国家遗传资源委员会家禽专业委员会委员，中国畜牧兽医学会家禽分会副理事长，《畜牧兽医学报》主编。

文杰研究员已从事家禽遗传育种和营养领域研究近 30 年，先后主持国家科技支撑计划等多个项目，在肉质与抗病基础理论研究、肉鸡生产关键技术创新和新品种培育等方面取得了一系列突破性成果。获国家科技进步二等奖 2 项，分别是“0～2 周龄肉仔鸡营养参数及饲料配制技术研究”（1998 年，排名第一），以及“饲料配制技术研究”（2016 年，排名第一）；主持或参与培育优质肉鸡新品种（配套系）5 个，均获得国家畜禽新品种证书；获得肉鸡遗传资源保护和育种技术授权发明专利 4 项，制定《黄羽肉鸡产品质量分级》《鸡饲养标准》等国家和行业标准 4 项。发表研究论文 100 余篇，其中第一作者及通讯作者 SCI 论文 40 余篇。主编《畜禽健康养殖》等著作 2 部，培养博士、硕士研究生 30 余名。

创建节粮优质抗病肉鸡品种选育技术体系，培育出适应市场需求的新品种，引领我国黄羽肉鸡产业的发展

我国黄羽肉鸡年出栏近 50 亿只，是以地方品种为素材的特色产业，在畜牧业中占有举足轻重的地位，保障了居民对鸡肉食品的需求。但我国黄羽肉鸡育种中存在种鸡生产效率低、品质参差不齐、抗病力差等问题。文杰研究员带领研究团队自“九五”开始，通过不懈努力，取得了重要突破性进展。

培育出通过国家审定的新品种（配套系）5 个，突破了黄羽肉鸡生产在效率、肉品质、抗病性方面的主要技术瓶颈。通过遗传机理研究，获得与肌内脂肪含量、淋巴细胞比率等性状相关的重要基因 25 个；在国内率先将肉质和抗病性状列入选育指标，建立了同胞测定、家系选择和分子标记辅助相结合选育技术，并获得专利，实现了肉质和抗病等不易度量性状的遗传选择；研究定制出我国第一款鸡 55K SNP 芯片，优化基因组育种值评估方法，构建肉鸡全基因组选择技术平台。培育的节粮优质抗病的新品种，父

母代种鸡节约饲料12%~15%、肉质评分提高2.7分、成活率提高2.8~2.9个百分点；新品种在推广地区的同类型产品中市场占有率达30%~36%，京星黄鸡100和京星黄鸡102被农业部作为肉鸡主导品种向全国推介。

制定与育种、生产配套的国家和行业标准5项，推动了黄羽肉鸡的标准化生产。国家标准《黄羽肉鸡产品质量分级》（GB/T 19676—2005）选择与肉质相关的典型技术指标，形成了系统、科学的分级体系，对不同品质的黄羽肉鸡产品质量进行等级区分，填补了黄羽肉鸡行业产品质量评定的空白。《鸡饲养标准》（NY/T 33—2004）综合我国黄羽肉鸡营养研究进展，第一次较全面地制定了“黄羽肉鸡饲养标准”，确定了适用于不同类型、不同阶段黄羽肉鸡的营养需要量。《黄羽肉鸡饲养管理技术规程》（NY/T 1871—2010），提出了系统的种鸡和商品鸡饲养管理技术参数。

通过多年持续地科技攻关研究，从遗传机理、选育技术、新品种培育到配套行业标准制定，建立了我国黄羽肉鸡节粮优质抗病的选育技术体系，确定了我国在本领域的国际地位，引领了行业的发展。

担任国家肉鸡产业技术体系首席科学家，推进肉鸡产业整体的技术发展，提升科技创新能力，促进科技成果转化

在农业部的统一部署下，组建了以行业杰出科学家、国家级重点龙头企业为核心的“国家肉鸡产业技术体系”，体系成员44人，年度国拨经费2 710万元。5年来，带领体系岗位专家和综合试验站站长共培育通过国家审定肉鸡新品种8个，获新兽药证书5项，制定国家和行业标准27项，获得国家科技进步二等奖3项，授权专利90项（国际专利2项），发表论文1 064篇（SCI 422篇，*Science*期刊1篇），出版著作33部。在全国肉鸡核心种群构建、全国肉鸡标准化规模养殖示范创建、全国集中连片特困地区科技扶贫开发、全国肉鸡生产信息监测，以及应对禽流感等行业应急突发事件等方面为我国肉鸡产业的稳定可持续发展提供了全方位的技术支持。

担任全国肉鸡遗传改良计划专家组组长，推进我国自主肉鸡品种的培育，提升种业的核心竞争力

针对我国肉鸡种业存在的黄羽肉鸡育种企业多和低水平重复现象严重、白羽肉鸡育种滞后、肉种鸡利用效率较低、疫病因素制约肉鸡种业的发展、以企业为主体的育种机制有待加强等问题，在农业部的统一领导下，带领遗传改良计划专家组成员，经过3年多调研和讨论，起草制定了《全国肉鸡遗传改良计划（2014—2025）》，于2014年由农业部正式颁布。改良计划执行以来，制定了改良计划配套管理办法及技术规范，由全国畜牧总站向全国发布［牧站（牧）〔2015〕49号］；完成第一批15

个全国肉鸡核心育种场和 15 个全国肉鸡扩繁场的审核和遴选，由农业部办公厅向全国发布（农办牧〔2015〕27 号）。积极推进快速型白羽肉鸡的品种培育，保障种业安全。定期开展育种技术培训，提高核心育种场的整体技术水平，提升我国肉鸡种业的整体竞争力。

狙击动物疫病灾害　三十年拼搏不辱使命

——记国家科技进步奖二等奖获得者才学鹏研究员

每当有重大动物疫病灾害发生时，他们都会冲在第一线，与时间赛跑、和疫情较量，坚守在捍卫动物和人类健康的前沿阵地。现中国兽医药品监察所所长、原中国农业科学院兰州兽医研究所所长才学鹏，就是其中的一员。

成功突破国外技术垄断，打造自主的口蹄疫疫苗产业化技术体系，促使我国口蹄疫疫苗质量达到国际领先水平……十多年磨一剑，才学鹏和他的同事们也交出了傲人的成绩单，“针对传入我国口蹄疫流行毒株的高效疫苗的研制及应用”项目，荣获 2016 年国家科技进步奖二等奖。

以国家需求为己任

国家科技攻关课题“O 型口蹄疫灭活疫苗免疫效力和安全性的改进提高”，国家科技攻关课题“口蹄疫分子流行病学研究与监测”，国家科技支撑计划“口蹄疫综合防控技术集成与示范”，才学鹏和同事们在三十年如一日的科研攻关中，紧盯国家重大需求，研究工作环环相扣，口蹄疫疫苗制造关键技术研究成果居国际领先水平，“针对新传入我国口蹄疫流行毒株的高效疫苗的研制及应用”项目，获国家科技进步奖可谓实至名归。

2000 年以来，亚洲Ⅰ型等 5 种新流行毒株先后传入我国，引起 24 省区 118 次疫情暴发，每年近 18 亿头猪、牛、羊处于高危状态，而原有的疫苗难以满足需求，急需高效疫苗。

面对国家强制免疫的重大需求，在国家重大科技计划的支持下，中国农业科学院兰州兽医研究所才学鹏研究员，组建团队着手改进和提高口蹄疫灭活疫苗的生产工艺。

“我们研究发现，家畜注射口蹄疫疫苗后副作用强烈、免疫效果不佳，是因为旧工艺生产的疫苗抗原纯度和含量不够，一头份疫苗中仅含有 1~2 微克抗原（灭活病毒），同时含有 3 000~4 000微克杂蛋白，只有当一头份疫苗含有 5 微克抗原、杂蛋白被去除后，疫苗的免疫效果才会大幅提高。”才学鹏说，此后使用连续流离心机、切相流膜过滤等技术去除细胞碎片和 90% 以上的杂蛋白，通过抗原浓缩使我国口蹄疫疫苗质量达到国际领先水平。

不仅如此，才学鹏和同事们还找到了口蹄疫灭活疫苗生产工艺的另一个突破口：“传统生产采用转瓶工艺培养病毒，生产工艺落后，我们研发出大规模管道化悬浮培养口蹄疫病毒的方法，从传统的劳动密集型向技术密集型生产工艺跃升，形成了具有自主知识产权的口蹄疫疫苗产业化技术体系。”

制备优良种毒，优化生产工艺，有的放矢的研发自然水到渠成。2012 年，口蹄疫灭活疫苗生产工艺终获突破，在大幅提升我国口蹄疫疫苗质量的同时，也催生了新的国家标准。

狙击疫情还需借力科技

不论是技术创新着力攻关的难题，还是产生的经济和社会效益，证明了口蹄疫疫苗研发成果处于国际领先地位，疫苗生产工艺达到国际同类先进水平，这成为“针对新传入我国口蹄疫流行毒株的高效疫苗的研制及应用”项目喜获 2016 国家科技进步二等奖的创新亮点之一。

谈及彼时研发，才学鹏的思绪倒回至 8 年前。2009 年临近春节，武汉发现一起 A 型口蹄疫疫情，当时捕杀了 1 万多头奶牛，农户损失高达四五亿元；不久，上海又发生一起 A 型口蹄疫，人们的神经再次紧绷。

“我们本着问题导向攻关，用流行毒株研发 A 型口蹄疫疫苗，但用传统的方式选育的病毒生长缓慢，无法获得理想的制苗种毒，解析病毒基因组后发现问题，我们用反向遗传操作技术查证该突变是导致这个 A 型流行毒在传代细胞（BHK-21）上复制水平低的原因。” A 型口蹄疫大兵压境，一旦蔓延开来，损失十分惨重。

怎样快速打掉拦路虎并研发出疫苗？几经思考，才学鹏和他的同事郑海学决定借助反向遗传操作技术破题。所谓反向遗传操作，是以脆弱且不易体外操作的 RNA 病毒基因组为模板，通过反转技术获得坚韧且便于操作的全长感染性 cDNA，然后在 cDAN 水平进行科研需要的基因编辑操作（突变、缺失、插入等），实现多种性能的提升和改良，最后拯救出需要的疫苗种毒，类似“育种”，有了好“种子”才能产出好疫苗。

“如果把 RNA 比作粉丝，DNA 就是抗折腾的麻绳。用基因替换的方法将突变的茎环‘变’正常后，病毒得以快速繁殖。”才学鹏说，此后仅用两三个月的时间就制备出了针对 A 型口蹄疫流行毒株的疫苗种毒，后来研制出 A 型、O 型和亚洲 Ⅰ 型三价灭活疫苗，大规模推广应用后有效控制了口蹄疫疫情，特别是在狙击 A 型口蹄疫中发挥了不可替代的作用。

用反向遗传技术定向设计构建制苗种毒，是国际首例反向遗传构建的口蹄疫制苗种毒应用与生产，不仅提高了种毒抗原产能、稳定性和免疫效力，一举破解该谱系毒株没有高效疫苗的世界性难题，使我国口蹄疫疫苗质量达到国际领先水平，跃升为国际领跑者。

在我国，亚洲 Ⅰ 型口蹄疫，自 2009 年 6 月至今一直没有发生过；O 型口蹄疫逐年减少，2010 年发生 18 起，2014 年发生 2 起，2015 年无报道疫情；A 型口蹄疫 2013 年发生 17 起，2015 年发生 3 起……

正是该成果研制的6种高效疫苗，在全国31个省市的推广应用，共免疫猪、牛和羊50.89亿头，总计收入56.01亿元，新增利润22.87亿元，实现利税6.88亿元。此外，疫苗还出口越南、朝鲜、蒙古等国，创汇196.5万美元，成果应用产生间接经济效益1 145.94亿元。

10余年的沉淀与累积，该成果产生的社会经济效益颇丰，学术上的产出同样令人瞩目：发表论文218篇，出版专著4部；获国家授权发明专利10项、授权其他知识产权18项，制定制造检验规程（国家标准）7项；荣获省级科技进步一等奖2项，摘得2016年国家科技进步二等奖。

提携青年人才不遗余力

与接踵而至的荣誉相比，让才学鹏更高兴的是，自己一手培养的学生，成为独当一面的杰出青年人才。在中国农业科学院兰州兽医研究所任所长期间，才学鹏就意识到兽医人才急缺的尴尬。2010年前，偌大的兰州兽医所没有一个杰出青年基金获得者，当时去国外留学的二三十号人中，只有一个人选择回到大西北。

让才学鹏所长触动更大的是，兰兽研申报家畜疫病病原国家重点实验室时，有位评估专家私下跟他说："你们的优秀领军人才尤其是青年人才太少了，国外发文章的数量少且水平不高，敢申报重点实验室胆子真大啊。"

才学鹏坦言，当时兰州兽医所发表的SCI论文确实不多，是因为科研人员的英文水平普遍不高。事实上，兰州兽医所在口蹄疫领域的科研水平和技术成果，多次赢得国家级奖项的垂青，也为国家口蹄疫防控立下汗马功劳。后来，兰州兽医所还是凭借硬实力通过了国家重点实验室评估。

目前，兰州兽医所10个创新团队的首席科学家，6个是才学鹏当所长期间引进的。2010年，他排除万难引进了朱兴全，对提出的三个条件皆以上限予以满足。正是这种当机立断的魄力和爱才惜才的宽大胸怀，为研究所的发展聚集了一批优秀人才。

事实证明，才学鹏识人用人的眼光是超前和独到的，如今，他引进的青年人才郑海学作为第二完成人和他一起收获国家科技进步二等奖；2015年，郑海学研究员还获得第十九届中国科协求是杰出青年成果转化奖、入选科技部中青年科技领军人才和院"科技英才"。

说到郑海学，才学鹏的欣赏毫不掩饰。"当时一个电话就把他从广州召回兰州兽医所，他看中的是郑海学博士厚积薄发的潜力。"才学鹏笑言，"郑海学的绝技是反向遗传操作，加上后期的一系列的基础研究平台的建立，实现了对口蹄疫理论创新和技术突破，现已成为该领域的知名专家。"

"每到春节，才所长都会给所里去国外留学的人亲手写张明信片。"郑海学说，这样的温情和暖意自心而生。老领导是一位有情怀有思想的长者，是一位慧眼识珠、知人善任、能让年轻人放手一搏的伯乐；他也是一位可亲可近的管理者。

科研之路并无止境

对才学鹏来说，2016 年以来他的收获蜂拥而至，荣获国家科技进步奖二等奖，在国际期刊《自然通讯》上发表文章。

但他更在意的是，主持的“牛羊重要疫病诊断与检测新技术研究”得到国家重点研发计划 5 850万元的项目支持。“我们想搞清楚，动物重大疫病和人畜共患病的感染和致病机理，然后研发出相应的疫苗。接下来 5 年内，争取把国内牛羊等动物疫病诊断和检测技术提升到国际先进乃至领先水平。”

谈及与国外的差距，才学鹏直言，我国在动物疫病的诊断技术，以及诊断试剂盒生产工艺上尚待直追。“国内的免疫胶体金检测技术，能做到如国外般 3~5 分钟得到检测结果，但国外的检测卡能保存两年，我们的产品只能保存半年。”他说，这些生产工艺被国外封锁，必须依靠自己攻关。他希望研究了近 10 年的小反刍兽疫诊断技术能有突破，更希望研发出小反刍兽疫的基因工程疫苗；未来 5 年，通过联合攻关能为国家提供一系列具有国际先进乃至领先水平的牛羊重要疫病的诊断检测技术。

勇创农药科学应用新纪录
彰显植物保护安全新水平

——记国家科技进步奖二等奖获得者郑永权研究员

众所周知，农药是保障农产品安全不可或缺的生产资料，但因其特有的生态毒性，不科学合理使用会带来诸多负面影响。针对我国农药成分隐性风险高、药液流失严重、农药残留超标和生态环境污染等突出问题。中国农业科学院植物保护研究所郑永权研究员带领研究团队联合攻关，指出“高效、低毒、低残留”农药概念已不能满足现代社会发展需求，率先提出农药高效低风险理念，创建了以有效成分、剂型设计、施用技术及风险管理为核心的农药高效低风险技术体系，取得了系列成果和创新，为我国农药科学应用、保证农产品质量和产地环境安全作出了贡献，实现着自我人生价值。

郑永权，男，1962 年出生，广东高州人，农药学博士，二级研究员，博士生导师，国务院政府特殊津贴专家，全国农业科研杰出人才。现任中国农业科学院植物保护研究所副所长、中国农业科学院科技创新工程的“农药化学与应用技术”创新团队首席科学家、农业部作物有害生物综合治理重点实验室主任、农业部农产品质量安全生物性危害因子风险评估实验室主任、农业部农药应用评价监督检验测试中心主任、农业部转基因环境安全及植物抗性监督检验测试中心主任。长期从事农药科学使用、农药残留与环境安全性评价、农产品质量安全、农药污染生物修复等研究。获国家科技进步二等奖 3 项（其中第一完成人 1 项）和省部级科技进步奖 10 项。出版科技著作 10 部，在国内外学术期刊上发表研究论文 270 篇，其中第一作者和通讯作者 SCI 论文 120 篇。制定并已被颁布国家农药残留限量标准 113 项。

20 世纪 80 年代初，郑永权以优异的成绩考取了南京农业大学土壤农化专业。由于化学成绩优异，他担任了化学课代表，扎实的化学基础也为他今后从事农药研究工作奠定了基础。1985 大学毕业以后，郑永权被分配到中国农业科学院植物保护研究所工作。从此开启了其从事农药科学应用及农药残留研究长达 30 多年的不解之缘。选择了农药科学应用研究，也就意味着选择了与辛苦和责任为伴。随着科研工作的深入，郑永权日益感到肩负的责任重大。他发现，尽管农药可以有效地控制有害生物，然而，农药本身的副作用也如影相随，如抗药性产生、农产品和环境中农药残留的污染等问题。如何在有效利用农药的同时规避或缩小其负面影响呢？这一直是困扰农药安全应用中的难题。为了更好地解决这些难题，他开展关注国际动态，加强国际合作研究，1993 年郑永权就应邀赴德国吉森大学进行农药残留新技术合作研究；1995—1997 年又在美国密歇根州立大学农药研究中心进行客座研究；2002—2003 年，他还担任了德国霍因海姆大学植物保护研究所客座研究员。同时，为了进一步系统加强基础理论知识的储备，他在生活条件并不富裕的条件下毅然选择了继续学业深造。1998 年在中国农业科学院研究生院获得硕士学位，2004 年在华中师范大学获得理学博士学位。

经过这 10 年的学习和实践，2003 年郑永权担负起了研究所农药残留和环境行为研究组负责人的重任。成立于 1974 年的农药残留与环境行为研究课题组，是我国开展农药残留和环境行为研究最早的团队之一，也是第一批农业部农药残留登记试验资质认证单位，在业内享有盛名。要继承又要发扬，这副担子很沉。因为深知这份事业的重要性多年来，他经常加班加点，将一腔心血都倾倒给了这里。多年来，他先后主持公益性行业科研专项、国家自然科学基金、国家支撑计划、国家“973”项目、农业部财政专项及国际合作等课题 20 余项。

在农药应用基础研究方面，他带领团队成功开发了 100 多种农药的多残留气质、液质联用分析方法，多数方法发表在国际顶级分析类学术刊物上。先后完成了 100 多种农药在 20 余种农作物和环境中的安全评价研究，制定了 113 项“食品中农药最大残留限量”国家标准并颁布实施，为保障农产品质量安全和生态环境安全发挥了积极作用；针对三唑类农药手性对映体隐性风险高的问题，创建了农药有效成分风险识别技术，揭示了我国大量应用的三唑类农药高效对映体和高风险对映体的代谢转移特性及其影响安全的关键控制因子，成功识别了苯醚甲环唑等 7 种农药对映体隐性风险，为高效低风险手性农药的研发、应用及风险控制提供了理论指导和技术指导；针对长残留除草剂对土壤微生物影响的环境安全问题，首次从群落结构、基因组、功能基因等层次系统解析了氟磺胺草醚等二苯醚类除草剂显著影响土壤微生物的群落结构与功能规律，结合高效降解菌株对乙氧氟草醚等除草剂的代谢途径研究，构建了外源物质对土壤生态系统的风险评估体系，为我国农药安全合理使用及确保农田土壤环境安全提供了重要科学依据；针对传统农药环境评价方法基于环境中农药残留总浓度过度评估危害的评价方法问题，建立了基于环境介质中自由溶解态浓度的农药生物有效性准确评价方法，探究了生物炭、腐植酸和富勒烯以及联合作用对氟虫腈等农药生物有效性的影响，为评价生物炭对农药污染物的修复效果提供了理论基础。

在解决产业技术问题方面，针对我国农药应用中的“盲目选药、配药粗放、过量喷药”的突出问题，带领团队研发了“科学选药、合理配药、精准喷药”高效低风险施药技术。攻克了诊断剂量和时间控制、货架寿命及田间适应性等技术难题，发明了瓜蚜等精准选药试剂盒 26 套，1～3 小时即可完成药剂选择，准确率达到 80%以上；建立了可视化液滴形态标准，发明了药液沾着展布比对卡，实时指导田间适宜剂型与桶混助剂的使用，可减少农药用量 20%～30%；研究了不同施药条件下药液浓度、雾滴大小、覆盖密度等与防治效果的关系，发明了 12 套药剂喷雾雾滴密度指导卡，实现了用“雾滴个数”指导农民用药，减少药液喷施量 30%～70%。为实现我国农药减施增效国家战略计划的实施提供了重要技术支持。相关技术成果在河北、山东等 28 个省区市的水稻、小麦、玉米、蔬菜、果树上进行了推广应用，累计推广应用达 1.8 亿亩次，新增产值 149.9 亿元，新增效益 107.0 亿元，社会、经济、生态效益显著。

郑永权作为中国植物保护学会植保产品推广委员会负责人，多次组织开展我国植保产品的质量评比、技术培训、推广和应用活动，有效促进了植保产品生产应用领域的健康发展，提高了农民的用药水平。

2015 年农业部已经提出了“农药、化肥零增长”的战略目标，2016 年国家启动了“农药化肥减施重点专项研究计划”。“要实现‘中国梦’，实现可持续发展，降低环境污染，必须减少农药和化肥用量。”为实现这些目标，郑永权团队的研究成果《农药高效低风险技术体系创建与应用》不仅创新了当代农药发展理念，多项技术和产品填补国内空白，在理论探索、风险识别、剂型设计、应用技术及管理政策等方面取得突破，多项技术处于国际领先水平，获农业部中华农业科技奖一等奖，获得了 2016 年国家科技进步二等奖。

研究工作得到同行认可，郑永权现任北京农药学会理事长、中国植物保护学会常务理事、中国化工学会常务理事、中国农药工业协会理事、中国毒理学会理事；国际食品法典委员会（CAC）农业工作组专家、食品安全国家标准审评委员会委员、国家农药残留标准审评委员会委员、农业部农产品质量安全专家组专家、绿色食品专家咨询委员会委员、无公害农产品评审委员会委员、全国农药正式登记评审委员会委员、农业部农药临时登记评审委员会委员等职。兼任中国农业科学院学术委员会委员、*Journal of Integrative Agriculture* 编委、《农药学学报》《植物保护》等期刊编委。

宁静致远，无欲则刚。多年来，郑永权带领科研团队一直默默无闻地坚持奋战在农药科学研究的天地里。为了农药的合理使用、减少农药残留，为了我国农业生产的健康可持续发展，无私地奋斗着、耕耘着，用汗水和智慧书写着希望和未来。

创新养分资源高效利用之路

——记国家科技进步奖二等奖获得者周卫研究员

周卫，植物营养学专家，中国农业科学院农业资源与农业区划研究所二级研究员，博士生导师；“973”计划首席科学家，中国植物营养与肥料学会副理事长，国务院学位委员会学科评议组成员，国家自然科学基金委员会学科专家评审组成员，“新世纪百千万人才工程”国家级人选，全国农业科研杰出人才，国务院政府特殊津贴专家，农业部有突出贡献的中青年专家，科技部养分资源高效利用重点领域创新团队负责人。长期以来，他以养分资源高效利用为核心，以土壤培肥—平衡施肥—养分管理为研究主线，在养分资源高效利用的理论、方法与技术研究等方面取得了重要成就，作出了突出贡献。先后发表论文 100 余篇，出版著作 3 部；以第一完成人获国家科学技术进步奖二等奖 2 项，北京市科学技术奖一等奖 1 项。

勤耕读，立志向于农业

周卫 1966 年 8 月出生在江西省湖口县的一个农民家庭，耕读传家是他的儿时梦想，高考时他毫不犹豫地选择了江西农业大学。他大学阶段学习农学专业，硕士阶段学习土壤学专业，博士阶段学习植物营养学专业，1995 年博士毕业之后分配至中国农业科学院土壤肥料研究所（现更名为农业资源与农业区划研究所）工作。2002 年，英国洛桑实验站（Rothemsted）出资邀请周卫前往英国从事博士后研究。他克服专业背景给他带来的巨大压力，选择了一个自己背景薄弱但很有前景的方向——分子生理开展研究，这是植物营养学科前沿，是自己必须掌握的知识。在英国，节假日是不上班的，可周卫的心却被这一有前景的方向所激荡，经常在节假日加班加点，阅读大量文献，进行实验研究，终于掌握了相关研究方法。2003 年中国农业科学院面向海内外招聘杰出人才，他听从祖国的召唤，毅然应聘回国。他现作为中国农业科学院创新工程植物营养团队首席科学家，一直在思考如何让地力“肥”起来，如何让养分更高效，解决我国的粮食安全、生态安全、养分高效等重大难题。

穷思索，向土壤要高产

土壤肥力是水稻高产的基石。我国南方常年植稻面积 3.76 亿亩，其中低产田占 1/3。南方低产水稻土主要包括黄泥田、白土、潜育化水稻土、反酸田/酸性田、冷泥田等五大低产类型，其特点分别为“瘦”“板”“烂”“酸”“冷”。长期以来低产水稻土障碍因素不明、改良技术缺乏已成为制约稻田地力提升的瓶颈。为此，在国家科技支撑计划、农业部公益性行业科研专项支持下，周卫领导的研究团队通过10余年系统研究，取得了重要突破：在理论上，阐明了低产水稻土的质量特征与低产成因，发现西南稻区大面积缺磷，东南稻区土壤酸化明显，速效钾和有效硅含量低；创建了涵盖土壤酶、微生物等生物肥力指标的质量评价指标体系，揭示了黄泥田有机质低、团聚体稳定性低，白土耕层浅薄、表土层黏粒含量低，潜育化水稻土氧化还原电位低，反酸田/酸性田元素硫、H^{+}和Al^{3+}含量高、微生物活性低，以及冷泥田Fe^{2+}、Mn^{2+}毒害是低产的主要原因。在技术上，针对5类低产田的障碍因素，研发出黄泥田有机熟化、白土厚沃耕层、潜育化水稻土排水氧化、反酸田/酸性田酸性消减、冷泥田厢垄除障等低产水稻土改良关键技术。应用该项技术，农田地力3年至少提升了1个等级，水稻平均增产超过100千克/亩，比改良前节约氮、磷和钾肥10%~15%，养分更加高效。研究成果已在南方11省规模化应用，近3年累计示范推广5 730万亩，新增纯收入131.9亿元；相关研究在*Bioloy and Fertility of Soils*、*Gerderma*、*Soil & Tillage Research*等主流国际期刊发表系列论文，“一种黄泥田有机熟化的改良方法”获发明专利，出版著作《低产水稻土改良理论、方法与技术》，主持完成的该项研究获2016年国家科技进步奖二等奖（排名第一）。

勇创新，促资源最高效

长期以来我国施肥实践中重大量和微量元素，轻中量元素，土壤严重缺硫且呈急剧增长态势，酸性和沙质土壤缺钙，以及果树和蔬菜生理缺钙普遍发生。为此，在国家自然科学基金、国际合作等项目支持下，周卫领导的研究团队对作物硫和钙营养进行了系统和深入研究。主要创新包括：在理论上，揭示土壤硫素转化与植物有效性机理，创造性提出作物钙素非维管束吸收与果面营养理论。利用放射性同位素^{35}S示踪，发现酯键硫、碳键硫和惰性硫均可矿化供作物吸收利用，且新施入土壤的有机硫具有较高植物有效性；发现水稻根系能显著促进硫黄的氧化；采用^{45}Ca示踪和放射自显影等方法，发现Ca^{2+}是通过共质体途径在花生荚果组织运输；施于苹果叶片的钙极少向果实转移，钙直接施至幼果上才能被有效吸收，苹果果肉质膜微囊Ca^{2+}-ATP酶推动Ca^{2+}主动运输。在技术上，建立了硫肥和钙肥高效施用技术。提出了区分旱地和水稻土有效硫临界值，分别为20.0毫克S/千克和25.0毫克S/千克，修正了国际上土壤缺硫的临界值（12毫克S/千克），并已用于国家测土施肥行动；提出钙肥高效施用技术，即在结果（荚、球）期施至果面，或配合施用钙吸收促进剂。研究成果推动了硫肥和钙肥在我国14省大面积应用，共示范推广9 477万亩，新增纯收入43.9亿元。相关研究在*Bioloy and Fertility of Soils*、*Gerderma*、《中国农业科学》等期刊发表系列论文，主持完成的该项研究获2005年国家科学技术进步奖二等奖（排名第一）和2004年度北京市科学技术奖一等奖

(排名第一)，并入选《国家自然科学基金资助项目优秀成果选编（2001—2005）》。

敢担当，让事业更高远

针对当前我国化肥过量施用严重，肥料利用率低下、有机肥资源未能充分利用及测土施肥实现困难等养分管理难题，在“973”计划、现代农业产业体系等项目支持下，周卫领导的研究团队聚焦养分资源高效利用的理论、方法与技术。主要创新包括：一方面，阐明了有机肥资源替代化肥养分的作用机理。利用长期试验结合分子生态学方法，发现单施化肥促进了石灰性潮土氨氧化细菌（AOB）生长，而施用有机肥增加氨氧化古菌（AOA）数量；AOA 和 AOB 相对丰度较高的 OTUs 分别属于 Nitrososphaera 和 Nitrosospira；长期配施有机肥细菌多样性增加，能够修复施用化肥所改变的细菌群落结构；研究提出有机肥施用和秸秆还田对化肥养分的替代率为 20%以上。另一方面，建立了基于产量反应和农学效率的推荐施肥新方法。利用大量田间试验及 QUEFTS 模型，获取水稻、小麦和玉米氮磷钾养分需求特征参数，采用土壤基础养分供应和产量反应表征土壤肥力，建立土壤基础养分供应、肥料农学效率与作物产量反应的量化关系，研发了水稻、小麦和玉米推荐施肥专家系统，指导施肥实践。该方法有效解决了测土施肥中氮素难以推荐的重大难题，可以在没有土壤测试条件下使用，是推荐施肥方法的重大革新。以上有机替代与推荐施肥技术已在 14 省推广应用，在保证产量前提下减少水稻、小麦和玉米化学氮肥用量 10%~30%，提高氮素利用率 10 个百分点以上。相关研究在 *Soil Biology & Biochemistry*、*Applied Soil Ecology*、*Field Crops Research* 等期刊发表系列论文，出版专著《养分资源高效利用机理与途径》和《基于产量反应与农学效率的推荐施肥方法》，研究成果为我国农田养分管理和化肥减施增效提供新途径。

周卫具有宏观战略思维，紧紧围绕关乎我国粮食安全的土壤培肥和化肥减施两大技术难题，他牵头“十一五”国家科技支撑计划项目“沃土工程关键支撑技术”总体设计，担任行业专项“南方低产水稻土改良技术研究与示范”首席专家，“973”计划项目“肥料养分持续高效利用机理与途径”首席科学家，国家重点研发计划重点专项“化学肥料和农药减施增效综合技术研发”实施方案肥料部分的主要撰写人。这些研究为我国沃土工程、有机质提升、测土配方施肥及化肥零增长等重大行动计划提供了有力支撑。

“路漫漫其修远兮，吾将上下而求索。”周卫研究员始终秉持这样的信念，在他的养分资源高效之路上开拓创新，披荆斩棘，勇往直前。

引领油料加工科技创新　服务油料产业发展

——记国家科技进步奖二等奖获得者黄凤洪研究员

黄凤洪，男，1965年生人，湖北荆州人，中国农业科学院油料作物研究所二级研究员，博士生导师，油料品质化学与营养创新团队首席专家；农业部有突出贡献中青年专家，享受国务院特殊津贴，“新世纪百千万人才工程”国家级人选，全国农业科研杰出人才，国家创新人才推进计划人选，获中国青年科技奖和湖北省劳动模范称号，湖北省高端人才第一层次人选。现任中国农业科学院油料作物研究所副所长、国家油菜工程技术研究中心副主任、农业部油料加工重点实验室主任、油料油脂加工技术国家地方联合工程实验室主任、国家油菜现代产业技术体系产品加工与品质检测室主任、中国—美国油料绿色加工与高值化利用国际联合实验室主任，兼任农业部农产品加工标准化委员会油料加工分会主任委员、中国农业科学院学术委员会委员等职。

锐意创新，潜心研新创佳绩

1988年研究生毕业后一直从事油料加工领域研究，怀着强烈的事业心、责任心和使命感，严谨求实，敢为人先，勇于开拓，业绩突出。针对油料加工产业存在的产品单一、同质化严重、附加值低、成本高和资源环境等关键技术瓶颈，以草本油料、木本油料、微生物/海藻三大油源为研究对象，瞄准油料营养安全、清洁低耗、提质高效加工与资源化利用以及创制具有安全、营养、色、香、味、形、效等功能的产品，主持国际合作、“948”计划、“863”计划、国家科技支撑计划、国家自然科学基金、公益性行业科研专项等项目30余项，围绕油料品质特性与功能因子挖掘、脂质高效制备与分离纯化、脂质营养代谢与功能产品创制、油料生物转化与高值化利用开展创新性研究工作，先后以第一完成人荣获国家科技进步奖二等奖2项、湖北省技术发明奖一等奖1项、省部级成果奖一等奖7项，获国家发明专利42件，中国专利奖优秀奖2项，保健食品和国家重点新产品4件，发表论文190多篇，主（参）编著作6部。

立足产业不忘初心攀高峰

油脂是人类三大营养素之一，与人体营养健康密切相关。黄凤洪研究员一直致力于油料出好油、出营养健康油的加工新技术、新方法、新产品的研究与应用。在油料出好油方面，系统研究了油料品质与加工特性，建立了油料靶向高效加工与多元化利用基础数据库；联用剪切、挤压、搓碾等物料脱皮技术和流化悬浮分层、旋风分离、筛分、振动等技术原理，首创了原理新颖独特、快速高效的菜籽脱皮与皮仁分离系统和油茶籽等油料脱皮（壳）分离装置，创制出我国首台油料脱皮（壳）籽仁低温榨油机，开创了我国油料低温制油与蛋白深加工的新局面，2007 年获国家科技进步奖二等奖。

在油料出营养健康油方面，随着健康中国战略的实施，食物尤其是油脂的营养健康作用受到高度重视，黄凤洪研究员带领团队基于脂质组学新技术、新方法，构建了功能脂质构效、量效、组效系统评价体系；首创了油料功能脂质微波调质压榨物理精炼制备技术与装备，实现了油料从制取色拉油甘油三酯向制备高品质功能脂质的跨越；提出了酶微反应阵列与微环境调控新思想，发明了广适高效的脂质分子修饰技术，创制了 α-亚麻酸甾醇酯和降血脂、缓解视疲劳保健食品等功能脂质系列产品，促进慢性疾病的积极营养干预与人民健康水平的提高，2016 年获国家科技进步奖二等奖。

油料资源化利用长期以来也是困扰油料加工产业的瓶颈难题，黄凤洪率领团队以小桐子和光皮树等非食用油料、低价值棕榈油、成分复杂的废弃油脂为原料，发明了原料广适高效的生物柴油转化技术，突破了非食用油脂高效制取和回收关键技术瓶颈，发明了生物柴油多功能品质改良剂，实现了成分复杂的废弃油脂、高含饱和脂肪酸的棕榈油、小桐子和光皮树等非食用油脂资源的生物柴油产业转化，为边际土地和废弃油脂能源资源化开发提供了新途径，2015 年获湖北省技术发明奖一等奖。

以上技术突破了油料低温制油与蛋白深加工、功能脂质绿色高效制备、油料资源高值化利用技术瓶颈，成果在全国转化应用，部分技术成果跨国转化，实现了我国油料加工从高温制油到低温制油、从普通食用油到营养健康油的提升跨越，为油料产业供给侧结构改革与提质增效、农民增收和营养健康水平提供了有力的科技支撑。

协同创新搭建平台育英才

黄凤洪研究员来所之初，油料加工研究条件差、基础弱，他自觉以顶天立地为目标，积极主动开展协同创新，搭平台引人才，1999 年领衔创建了油料加工学科研究机构，目前油料油脂化学与营养实验研究和中试车间近 5 000平方米、仪器设备 4 000多万元；与加拿大、美国、澳大利亚、新西兰、西班牙、英国、芬兰等国建立了密切合作关系，牵头成立了脂质科学与健康国际合作联盟，举办脂质科学与健康国际研讨会，建有国家油菜工程技术研究中心、油料油脂加工技术国家地方联合工程实验室、农业部油料加工重点实验室、农业部油料产地加工技术集成基地、中国—美国油料绿色加工与高值化利用国际联合实验室，为发展我国油料加工产业、提升油料加工水平提供了关键科技与平台条件支撑。

黄凤洪同志注重学科建设和人才培养，组建了年龄、职称、专业搭配合理具有竞争力、创造力的创新团队，现有成员 60 余人，其中在编固定人员 24 人，研究员、副研究员 14 人，团队相继入选了全国农业科研杰出人才和创新团队、国家重点领域创新团队、首批中国农业科学院科技创新工程团队，并荣获中华农业科技奖优秀创新团队奖，团队成员有 10 余人次分别入选了中组部青年拔尖人才支持计划、农业部农产品加工业十佳青年科技人才、湖北省新世纪高层次人才工程人选、湖北省首届青年英才开发计划、油料所优秀人才培养计划，有 4 人次获得国家留学基金委资助，并派驻 6 名科技特派员深入企业开展技术指导和成果转化工作，被评为博士服务团派出先进单位；培养博士后、博士、硕士研究生 28 名，为油料加工行业输送了一批优秀科技人才。

十一、大事记

中国农业科学院2016年大事记

1月

1月5日 农业部发展计划司张合成司长一行到中国农业科学院农业资源与农业区划研究所调研科研能力建设情况，副院长李金祥参加调研座谈。调研组还实地考察了“国家农业微生物菌种保藏中心”“农业部农业信息技术重点实验室”，了解了农业微生物菌种样品保藏情况、遥感技术在农业领域的应用研究情况。

1月6日 中国农业科学院举行2015年度“金龙鱼农业科学青年英才奖”颁奖典礼。4名青年科技人员荣获“金龙鱼杰出青年奖”、8名博士研究生荣获“金龙鱼优博奖学金”。副院长吴孔明、丰益全球研发中心高级科学家牛其文等出席典礼并为获奖人员颁奖。

1月7日 为提高全院干部对十八届五中全会精神的认识，把思想和行动统一到今后五年经济社会发展的总体思路特别是实现全院跨越式发展的重大举措上来，中国农业科学院在京举办了专题辅导报告会，特邀中央党校韩保江教授作专题报告，副院长李金祥主持报告会。

1月8日 2015年度国家科学技术奖励大会在人民大会堂举行。以中国农业科学院及所属单位为第一完成单位的6项成果荣获国家科学技术奖励，其中国家技术发明奖二等奖2项，国家科技进步奖二等奖4项。油料作物研究所李培武研究员主持完成的“农产品黄曲霉毒素靶向抗体创制与高灵敏检测技术”，南京农业机械化研究所胡志超研究员主持完成的“花生收获机械化关键技术与装备”等2项成果分别荣获国家技术发明二等奖。作物科学研究所何中虎研究员主持完成的“CIMMYT小麦引进、研究与创新利用”、赵明研究员主持完成的“玉米冠层耕层优化高产技术体系研究与应用”、李少昆研究员主持完成的“玉米田间种植手册与挂图”（科普类）和农业资源与农业区划研究所徐明岗研究员主持完成的“主要粮食产区农田土壤有机质演变与提升综合技术及应用”4项成果分别荣获国家科技进步奖二等奖。

1月13日 农业部部长韩长赋对中国农业科学院工作作出专门批示。他强调，“十三五”是我国传统农业向现代农业加快转变的关键时期，更加需要强大的科技支撑，中国农业科学院要为农业现代化取得明显进展作出新的更大贡献。

1月13日 中国农业科学院召开媒体座谈会，总结交流创新工程实施3周年取得的阶段性成效，介绍创新工程全面推进期规划安排。院党组书记陈萌山、副院长万建民出席会议。人民日报、新华社等16家媒体20名记者参加会议。会议由副院长吴孔明主持。

1月14日 中国农业科学院2016年工作会议在京开幕。会议全面贯彻落实党的十八届三中、四中、五中全会，中央农村工作会议和全国农业工作会议精神，总结“十二五”及2015年工作，明确“十三五”发展思路，部署2016年重点工作。农业部副部长、中国农业科学院院长李家洋作工作报告。农业部副部长张桃林宣读了韩长赋部长对中国农业科学院工作的批示并讲话，国家自然基金委员会主任杨卫，财政部教科文卫司司长赵路出席会议并讲话。会上通报了2015年研究所评价结果，对重大科技产出及2015年度科学技术成果奖进行了表彰。农业部计划司司长张合成、财务司司长陶怀颖、科教司司长廖西元、人事司副司长崔鹏伟，以及院领导班子成员、院级老领导、院内两院院士，院属各单位和共建研究所党政主要负责同志和院属京区各单位、院机关各部门领导班子其他成员及院机关处级干部等参加会议。会议还布置了32个视频分会场，院属各单位处级以上干部、创新工程团队首席专家、科研人员也通过视频同步收看了大会实况。

1月15日 为期一天半的中国农业科学院2016年工作会议在顺利完成各项议程后闭幕。院党组书记陈萌山作总结讲话。院党组副书记、副院长唐华俊主持会议。会上，作科所、植保所、加工所、兰州牧药所、哈尔滨兽医所、水稻所6个研究所从不同侧面就创新工程实施以来取得的重要进展作了交流发言。院领导班子成员，院属各单位和共建研究所党政主要负责同志和院属京区各单位、院机关各部门领导班子其他成员及院机关处级干部等参加会议。

1月15日 中国农业科学院召开2016年党风廉政建设工作会议，深入贯彻落实十八届中央纪委六次全会精神，总结2015年反腐倡廉工作，部署2016年重要任务。农业部副部长、中国农业科学院院长李家洋出席会议，中央纪委驻农业部纪检组组长宋建朝，院党组书记陈萌山出席会议并讲话。院党组成员、纪检组组长史志国代表院党组作工作报告。院党组副书记、副院长唐华俊主持会议。

1月19—20日 院党组成员、纪检组组长史志国带队到棉花所、灌溉所反馈巡视意见，提出具体整改建议。农业部（中国农业科学院）巡视组组长高淑君，棉花所、灌溉所班子成员分别参加了反馈意见通报会。

1月21日 为发挥中国农业科学院科技优势和国家农业智囊团作用，推动农业“走出去”。中国农业科学院海外农业研究中心正式揭牌。农业部副部长屈冬玉、院党组书记陈萌山、商务部合作司司长周柳军、国家发改委农经司巡视员胡恒洋出席海外中心揭牌仪式并讲话。

1月22日 中国农业科学院副院长王汉中赴河南新乡基地调研，主持召开基地运行管理交接会，并与新乡市委常委王晓然就新乡综合试验基地管理和院地科技合作交换了意见。

1月23日 中国农业科学院区域农业可持续发展技术集成创新与示范（西北区）

工作研讨会在河南省安阳市召开，会议审议讨论了西北（新疆）区域农业可持续发展技术集成创新与示范工作方案，提出了一系列建设性意见建议，研究部署了下一步工作，会议由王汉中副院长主持。

1月25日 经农业部党组会议研究决定：王志东同志任农业部（中国农业科学院）巡视组副组长（副局级）。

1月25日 经农业部党组会议研究，并征得中共深圳市委同意，决定：钱前同志任中国农业科学院农业基因组研究所所长。

1月26日 中国农业科学院党组书记陈萌山带队赴兰州兽医研究所，对巡视和科研经费专项检查工作进行意见反馈。院党组成员、人事局局长魏琦等陪同。

1月29日 中国农业科学院召开党外人士迎新春座谈会。院党组书记陈萌山，副院长雷茂良、李金祥，院党组成员、人事局局长魏琦出席座谈会。会议由院党组副书记、副院长、直属机关党委书记唐华俊主持。

1月29日 中国农业科学院召开2016年安全生产委员会第一次（扩大）会议，传达党中央、农业部相关会议精神，总结全院2015年安全生产工作，部署2016年及春节、“两会”期间安全生产工作安排。院纪检组组长、院安委会主任史志国出席会议并讲话。

2月

2月2日 中国农业科学院党组书记陈萌山接待了来访的北下关街道工委副书记、办事处主任毕淑琴一行，并就加强院地合作，共建平安和谐环境开展座谈。

2月3日 中国农业科学院党组成员、纪检组组长、院安委会主任史志国带队到作科所、蔬菜所、饲料所、资划所、后勤中心等单位，深入实验室、生产车间、宿舍、试验农场、出租房、施工工地进行节前检查。

2月5日 中国农业科学院党组书记陈萌山主持召开院党组扩大会议，贯彻落实农业部2016年党风廉政建设工作会议精神和韩长赋部长重要讲话精神，研究部署全院党建和党风廉政建设重点工作及任务分工。院领导班子成员、巡视组组长、院机关各部门主要负责同志参加会议。

2月5日 猴年新春来临之际，农业部副部长、中国农业科学院院长李家洋，院党组书记陈萌山，副院长李金祥一行来到院后勤中心一线基层部门，亲切看望慰问春节期间坚守岗位的干部职工，给大家拜年，送上新春祝福。

2月17日 中粮集团总裁于旭波携控股公司尼德拉监事会一行来中国农业科学院调研，并就种业发展现状与发展趋势进行座谈交流。院党组书记陈萌山出席并致辞，副院长唐华俊主持座谈会。

2月22日 由中国农业科学院主办，农业资源与农业区划研究所承办的“中国—澳大利亚农业环境与食品安全研讨会”在京召开，会议就中澳双方开展合作研究的重点议题，特别是筹备成立“中—澳食品与环境研究中心”进行深入讨论。农业部副部长、中国农业科学院院长李家洋，中国农业大学副校长李召虎，澳大利亚墨尔本大学副校长迪克·斯特拉格内尔出席会议。

2月23日　经农业部党组会议研究决定：孙好勤同志任中国农业科学院作物科学研究所党委书记。

2月23日　经农业部党组会议研究决定：调刘春明任中国农业科学院作物科学研究所所长，自任职之日起上岗试用，试用期1年。

2月23日　经农业部党组会议研究，并征得中共葫芦岛市委同意，决定：免去郝志强同志的中国农业科学院果树研究所党委书记职务，保留正所级待遇。

2月23—24日　中国农业科学院副院长唐华俊先后到北京畜牧兽医研究所、兰州兽医研究所调研国家重点实验室评估准备工作。调研期间，唐华俊听取了动物营养学、家畜疫病病原生物学两个国家重点实验室主任的工作汇报，并就进一步加强研究所对评估工作的组织领导、修改完善评估材料、强化实验室能力建设进行了座谈交流。

2月24日　由中国农业科学院棉花研究所主办的“国家棉花产业联盟组建研讨会”在河南省安阳市召开。会议讨论通过了《组建国家棉花产业联盟方案》，共同签署了《国家棉花产业联盟倡议书》。中国农业科学院副院长万建民出席并讲话。

2月25日　中国农业科学院主办的马铃薯产业开发高层研讨暨成果发布会在京召开。农业部副部长余欣荣出席，并作主旨发言。院党组书记陈萌山主持会议。宁夏回族自治区副主席曾一春，农业部种植业司司长曾衍德，副院长吴孔明出席会议。

2月29日　根据中央统一部署，中央第八巡视组专项巡视中国农业科学院党组工作动员会召开。会前，中央巡视工作领导小组办公室负责同志向农业部副部长、党组成员、中国农业科学院院长李家洋，中国农业科学院党组书记陈萌山同志传达了习近平总书记关于巡视工作的重要指示。会上，中央第八巡视组组长宁延令就即将开展的专项巡视工作作了讲话，中央巡视工作领导小组办公室负责同志就配合做好巡视工作提出要求，陈萌山同志作了表态发言，李家洋同志主持会议。

2月29日　中国农业科学院资产清查工作动员部署暨业务培训会议在京召开。副院长吴孔明出席会议并讲话。院属各单位、院机关各部门主要负责人和从事财务、资产管理工作的处级干部以及财务局相关人员共100余人参加了会议。

2月29日　纪念“三八”国际妇女节暨全国三八红旗手表彰大会在北京人民大会堂隆重举行。中国农业科学院农业环境与可持续发展研究所气候变化研究室主任、“农业温室气体与固碳减排”创新团队首席李玉娥荣获2015年度“全国三八红旗手”称号，作为先进代表受到了中共中央政治局委员、国务院副总理刘延东，中共中央政治局委员、国家副主席李源潮的亲切接见。

3月

3月7日 中国农业科学院举办“美丽家庭”故事会暨纪念“三八”国际劳动妇女节主题活动。院党组书记陈萌山，院党组副书记、副院长唐华俊，农业部妇工委领导出席故事会。院属京区各单位、院机关各部门所局级领导代表，院妇工委委员，直属妇委会负责人，京内外“美丽家庭”提名奖家庭代表和演职人员，女职工代表近300人参加活动。

3月9日 农业部财务司司长陶怀颖、副巡视员何斌等一行4人到中国农业科学院调研资产清查工作进展情况，副院长吴孔明出席调研座谈会。

3月15日 中国农业科学院副院长吴孔明会见了来访的法国农业科学研究院（INRA）副院长欧阳立国（Olivier Le Gall）一行，双方就进一步深化农业科技合作交换了意见。会后，欧阳立国一行参观了作科所和植保所。

3月16日 经农业部党组会议研究，并征得中共河南省科技厅党组同意，决定：免去刘君璞同志的中国农业科学院郑州果树研究所所长职务。

3月16日 经农业部党组会议研究，并征得中共河南省科技厅党组同意，决定：免去王志强同志的中国农业科学院郑州果树研究所党委书记职务。

3月17—18日 中国农业科学院第四届国际顾问委员会会议在北京召开。农业部副部长、中国农业科学院院长李家洋，副院长唐华俊、吴孔明，研究生院院长刘大群参加了会议。

3月18日 中国农业科学院2016年第一期“农科讲坛”（中国农业科技报告会）在国家农业图书馆报告厅举行。本次“农科讲坛”借“中国农业科学院国际顾问委员会会议”召开的契机，邀请巴西农业研究院院长毛里西奥·洛佩斯（Mauricio Lopes）博士介绍了巴西热带农业可持续集约化发展的经验、国际食物政策研究所所长樊胜根博士针对供给侧改革对中国农业发展提出了建议。农业部副部长、中国农业科学院院长李家洋，副院长唐华俊、吴孔明出席报告会。

3月21日 中国农业科学院召开党组中心组2016年第一次（扩大）学习会，传达学习贯彻十二届全国人大四次会议和全国政协十二届四次会议精神，以及韩长赋部长在农业部干部大会上的讲话精神，研究部署院“十三五”规划编制，交流推动2016年重点工作的落实。农业部副部长、中国农业科学院院长李家洋出席会议。会议由院党组书记陈萌山主持。

4月

4月6日 中国农业科学院党组书记陈萌山会见了来访的老挝人革党中央委员顺通·赛雅佳率领的代表团一行。会后，代表团一行还参观了国家农业科技展示园，副院长吴孔明陪同会见。

4 月 6 日 经农业部党组会议研究决定：免去韩惠鹏同志的中国农业科学院研究生院党委书记职务。

4 月 6 日 经研究决定：免去韩惠鹏的中国农业科学院研究生院常务副院长职务，按规定办理退休手续。

4 月 8 日 农业部副部长、中国农业科学院院长李家洋主持召开 2016 年第四次常务会。会议审议了中国农业科学院 2016 年科技传播工作要点、中国农业科学院第八届学术委员会委员名单及第一次会议工作方案，听取了“青年英才计划”引进人才首次安家费补助申请审批情况的汇报。

4 月 8 日 中国农业科学院副院长李金祥会见了韩国农林畜产食品部部长李桐弼一行，双方就进一步深化农业科技合作交换了意见。

4 月 15 日 中国农业科学院 2016 年第二期“农科讲坛”（中国农业科技报告会）在国家农业图书馆报告厅举行。该期“农科讲坛”邀请中国农业科学院质量标准与检测技术研究所二级研究员、博士生导师王静介绍了我国农产品质量安全现状及检测技术发展。中国农业科学院党组书记陈萌山出席报告会。

4 月 18 日 农业部副部长、中国农业科学院院长李家洋会见了来访的芬兰议会农林委员会主席亚力 · 勒帕（Jari Leppä），双方就进一步深化中芬农业科技合作交换了意见。副院长吴孔明出席了会谈。

4 月 19 日 农业部副部长、中国农业科学院院长李家洋会见了来访的联合国粮农组织（FAO）副总干事古斯塔夫森（Daniel Gustafson）一行。双方就“南南合作”和“一带一路”倡议框架下继续加强合作交换了意见。副院长吴孔明出席了会谈。

4 月 19 日 农业部副部长、中国农业科学院院长李家洋会见了来访的欧盟委员会农业和农村发展委员菲尔 · 霍根（Phil Hogan）一行，双方就进一步加强中欧农业科技领域合作交换了意见。副院长吴孔明出席了会谈。

4 月 22—23 日 由农业部市场预警专家委员会主办，中国农业科学院农业信息研究所承办的 2016 中国农业展望大会在京举行。农业部部长韩长赋在开幕式作书面讲话，农业部副部长屈冬玉作主旨演讲，院党组书记陈萌山致辞。大会开幕式由农业部市场预警专家委员会副主任、中国农业科学院副院长唐华俊主持。

4 月 28 日 中国农业科学院召开“两学一做”学习教育动员部署会，传达学习贯彻习近平总书记关于“两学一做”学习教育重要指示精神，全面部署、正式启动中国农业科学院学习教育工作。农业部副部长、中国农业科学院院长李家洋出席会议，院党组书记陈萌山作动员部署讲话，院党组副书记、副院长、直属机关党委书记唐华俊主持会议。院党组全体成员参加会议。

4 月 29 日 由农业部和科技部联合组织的农业领域国家实验室发展战略研讨会在中国农业科学院召开。科技部农村科技司副司长蒋丹平，中国工程院副院长刘旭，中国农业科学院副院长唐华俊、万建民出席会议，会议由农业部科技教育司副司长刘艳主持，来自中国科学院、中国农业大学、中国林业科学院、中国水产科学院、中国热带农业科学院的20余位专家参加会议。

5月

5月3日 经农业部党组会议研究，并征得中共河南省科技厅党组同意，决定：曹永生任中国农业科学院郑州果树研究所所长，自任职之日起上岗试用，试用期1年。

5月3日 经农业部党组会议研究，并征得中共河南省科技厅党组同意，决定：赵玉林同志任中国农业科学院郑州果树研究所党委书记，自任职之日起上岗试用，试用期1年。

5月9日 科技部副部长徐南平到中国农业科学院调研科技创新工作，考察了国家农作物种质资源库、国家作物基因资源与基因改良重大科学工程、现代农业科技展示园，并就做好“十三五”农业科技创新工作进行座谈。农业部副部长、中国农业科学院院长李家洋，院党组书记陈萌山，副院长吴孔明、王汉中、万建民出席座谈会。

5月11日 中国农业科学院党组副书记、副院长唐华俊到中国农业科学院郑州果树研究所调研，召开科技人员座谈会，了解研究所科技发展现状和“十三五”重点目标任务，以及实施科技创新工程和科技创新团队运转情况。

5月12日 农业部副部长、中国农业科学院院长李家洋会见了来访的澳大利亚联邦科工组织（CSIRO）农业部门主管约翰·曼纳斯（John Manners），双方就进一步深化中国农业科学院与CSIRO农业科技合作交换了意见。

5月12日 中国农业科学院党组书记陈萌山一行赴油料所调研“两学一做”开展情况和巡视问题初步整改情况。副院长王汉中，院党组成员、人事局局长魏琦等陪同调研。

5月13日 中国农业科学院在湖北省黄梅县举办了“旱地油菜周年绿色增产增效新技术集成”现场观摩会，集中展示了技术集成应用的效果和成效。中国农业科学院党组书记陈萌山，湖北省政协副主席肖旭明，中国工程院院士傅廷栋、官春云，全国农业技术推广服务中心主任陈生斗等出席。会议由副院长王汉中主持。

5月16日 经研究，决定：免去孟祥云的中国农业科学院监察局正所级纪检监察专员职务。

5月19日 中国农业科学院副院长吴孔明会见了来访的国际生物防治组织主席芭芭拉·巴勒特（Barbara Barratt）博士一行，双方就加强在生物防治领域的合作交换了意见。

5月19日 中国农业科学院蔬菜花卉研究所在湖北省襄阳市集中展示了“中薯”系列早熟高产抗病马铃薯新品种新品系，并对襄阳市襄州区张集镇万亩中薯5号高产创建示范片进行了实地测产验收。农业部种植业司、科教司、全国农技推广中心、湖北省农业厅和湖北省农业科学院等单位的有关领导，万建民和方智远院士出席会议。

5 月 20 日　中国农业科学院党组书记陈萌山主持召开院区综合管理委员会 2016 年第一次全体会议。会议审议通过了李金祥副院长所作的院区综合管理工作报告，研究提出 2016 年重点工作安排。

5 月 20 日　中国农业科学院党组成员、研究生院院长刘大群带队分别到中国科学院大学、中国农业大学研究生院开展研究生教育综合调研，双方围绕教育质量保障体系建设、研究生教育管理等内容展开深入探讨。

5 月 23 日　中国农业科学院在河南省新乡市举办了小麦绿色增产增效技术集成示范观摩，集中展示 7 项核心技术。院党组书记陈萌山，中国工程院院士赵振东、张新友，农业部种植业司副司长潘文博等领导专家出席会议。会议由副院长王汉中主持。

5 月 24 日　中国农业科学院副院长吴孔明会见了来访的比利时瓦隆大区农业部部长勒内 · 科林（René Collin），双方就深化中国农业科学院与比利时瓦隆大区的农业科技合作进行了会谈。

5 月 24 日　中国农业科学院党组书记陈萌山在河南新乡主持召开灌溉所、棉花所和郑州果树所三所座谈会，调研了解“两学一做”学习教育开展情况。

5 月 25 日　中国农业科学院党组书记陈萌山与来访的陕西省安康市委书记郭青一行举行了座谈，就进一步加强合作等事宜交换了意见。双方商定，下一步将重点推进富硒等特色新产品研发，加快安康市现代生态循环农业建设，为特色经济发展提供技术支撑，促进科技成果的转化。副院长王汉中等参加了座谈。

5 月 26—27 日　中国农业科学院第八届学术委员会第一次会议在京召开。来自全国有关省（区、市）农业科学院、高等院校、中国科学院以及中国农业科学院的 118 位委员出席会议。农业部副部长、中国农业科学院院长李家洋作了题为《凝聚智慧，不负使命，加快推进一流现代农业科研院所建设》的工作报告。会议由中国农业科学院副院长、院学术委员会主任委员唐华俊主持。

5 月 28 日　中国农业科学院党组书记陈萌山接待了来访的泰国国家立法议会主席蓬佩一行。全国政协外事委员会副主任王胜洪、政协办公厅外事局副局长李晓燕陪同来访。

5 月 30—31 日　由农业部主办、中国农业科学院和陕西省农业厅共同承办的第五届 G20 农业首席科学家会议在陕西省西安市召开，农业部副部长、中国农业科学院院长李家洋、陕西省副省长冯新柱出席开幕式并致辞。副院长吴孔明主持会议。来自 18 个 G20 成员、4 个嘉宾国、9 个国际组织的 100 余名代表出席了会议。

6 月

6 月 1 日　由中国农业科学院和荷兰瓦赫宁根大学共同建立的中荷畜禽废弃物资源化中心在中国农业科学院成立，标志着双方将在优势互补、强强联合的基础上全面升级畜禽废弃物资源化利用方面的合作，推动中荷两国农业科技合作将更上一层楼。副院长李金祥和荷兰瓦赫宁根大学校董事会成员、动物科学学院院长马丁·思高腾（Martin Scholten）教授分别代表中荷双方签署了合作备忘录。

6月1日 中国农业科学院党组成员、纪检组组长史志国赴上海兽医研究所就“两学一做”开展和农科物资采购平台建设情况进行调研，听取了关于“两学一做”学习教育进展情况和农科物资采购平台建设情况的汇报，并观看了物资采购平台网上采购流程演示。

6月2日 根据中央巡视工作领导小组的部署，中央第八巡视组向中国农业科学院党组反馈专项巡视情况。中央巡视工作领导小组办公室负责同志向农业部党组成员、副部长、中国农业科学院院长李家洋，院党组书记陈萌山传达了习近平总书记关于巡视工作的重要讲话精神；中央第八巡视组组长宁延令，副组长李雪勤、刘安成、李元成反馈了专项巡视情况。之后，宁延令代表巡视组向农科院党组进行了反馈，巡视办负责同志对巡视整改工作提出要求。李家洋主持会议，陈萌山作表态发言。中央第八巡视组有关成员、中央纪委驻农业部纪检组有关负责同志出席反馈会；院党组及院领导班子成员出席会议；直属单位负责人等列席会议。

6月2日 中国农业科学院副院长王汉中会见了来访的英国生物技术与生物科学研究理事会（BBSRC）副总裁兼首席运营官斯蒂夫·威希尔（Steve Visscher），双方就深化农业科技合作交换了意见。

6月2日 中国科协第九次全国代表大会闭幕式在人民大会堂举行，会上对评选出的首届中国优秀青年科技人才奖获得者进行了表彰，中国农业科学院植物保护研究所陆宴辉研究员获此奖项。

6月3日 习近平总书记参观“十二五”科技成就展，了解由中国农业科学院自主研发的“智能LED植物工厂”蔬菜种植情况。

6月3日 中国农业科学院召开党组专题（扩大）学习会，传达贯彻落实习近平总书记、李克强总理、刘延东副总理在全国科技创新大会上的重要讲话精神，研究推进全院科技创新工作。农业部副部长、中国农业科学院院长李家洋出席会议并讲话。会议由院党组书记陈萌山主持。

6月3—4日 中国农业科学院2016年研究生招生与管理工作会议在哈尔滨市召开。会议以“立足‘十三五’，全面规范管理，促进研究生教育规模与质量协调发展”为主题，全面总结中国农业科学院2015年研究生教育工作，安排部署近期研究生教育改革重点工作。中国农业科学院党组成员、研究生院院长刘大群出席会议并做主题报告。

6月12日 中国农业科学院召开专项巡视整改工作部署会，深入学习贯彻习近平总书记系列重要讲话精神和关于巡视工作的重要讲话精神，认真落实中央第八巡视组反馈意见和要求，全面部署专项巡视整改工作。会议由农业部副部长、中国农业科学院院长李家洋主持。院党组副书记、副院长唐华俊通报了院党组整改方案，院党组书记陈萌山作了部署讲话。

6 月 13 日 中国农业科学院举行“亮明党员身份 彰显榜样力量”主题活动。院党组书记陈萌山、农业部“两学一做”学习教育协调小组办公室副主任杨劲松出席活动并讲话。院党组副书记、副院长唐华俊，副院长李金祥，院党组成员、人事局局长魏琦出席会议。

6 月 14—16 日 中国农业科学院党组书记陈萌山一行赴陕西省安康市调研现代农业发展情况，开展科技合作项目对接和精准扶贫工作，并出席中国富硒产业科技协同创新启动暨富硒产业研究院科研创新工作会议。副院长王汉中等陪同调研。

6 月 15 日 中国农业科学院党组副书记、直属机关党委书记唐华俊到特产研究所进行“两学一做”学习教育调研，听取了关于开展“两学一做”学习教育的进展报告，对党员干部关心关注的问题给予了回应。

6 月 15 日 中国农业科学院召开财务制度建设专题研讨会，讨论推进“横向经费指导意见”“落实审计整改意见办法”等 9 项财务管理制度建设工作。会议由副院长吴孔明主持。

6 月 15—16 日 为深入贯彻落实中央以及院党组《关于加强和改进党的群团工作意见》精神，紧密结合中国农业科学院青年特点，在团员青年和青年党员中深入推进“两学一做”学习教育，中国农业科学院在吉林省长春市召开青工委负责人暨团干部培训班。院党组副书记、副院长唐华俊出席开幕式并讲话。

6 月 20—21 日 中国农业科学院举行“两委书记”、京区单位党支部书记培训班暨“两学一做”学习教育调度会。院党组副书记、副院长唐华俊出席会议并讲话，院党组纪检组组长史志国传达了韩长赋部长在农业部“两委书记”培训班暨落实“两个责任”汇报会上的讲话精神。会议由院党组成员刘大群主持。

6 月 23 日 中国农业科学院党组书记陈萌山赴生物技术研究所督导“两学一做”学习教育和巡视整改工作，听取了生物所关于“两学一做”学习教育和巡视整改工作的情况汇报，深入第一党支部了解“三会一课”和“两学一做”学习教育开展情况，并与第一党支部全体党员进行座谈。

6 月 23 日 国际植物保护公约（International Plant Protection Convention，IPPC）秘书处秘书长夏敬源率 IPPC 管理机构高层代表团来中国农业科学院植物保护研究所访问交流。中国农业科学院副院长吴孔明会见了代表团并出席座谈会。

6 月 27 日 农业部副部长、中国农业科学院院长李家洋到中国水稻研究所督导巡视整改工作和“两学一做”学习教育，听取了情况汇报，实地考察了水稻田间试验情况，看望“青年英才”团队，深入水稻生物学国家重点实验室党支部了解“两学一做”学习教育开展情况，并与重点实验室党支部全体党员进行座谈。

6 月 27 日 中国农业科学院副院长吴孔明会见了来访的密西西比州立大学副校长格雷戈里·博哈赤（Gregory Bohach），双方就深化中国农业科学院与密西西比州立大学的农业科技合作进行了会谈。

6 月 28 日 中国农业科学院与黄河三角洲农业高新技术产业示范区共建黄河三角

洲现代农业工程技术研究院（中心）签约活动在山东东营举行。院党组书记陈萌山、山东省副省长王书坚出席会议。

6月29日 中国农业科学院隆重召开纪念中国共产党成立95周年大会。大会表彰了中国农业科学院2014—2015年度先进基层党组织、优秀共产党员、优秀党务工作者和2012—2015年度中国农业科学院“十佳青年”“青年文明号”。院党组书记陈萌山就“如何做一名合格的共产党员”作了“两学一做”专题教育党课报告。与会全体党员一起重温了入党誓词。农业部副部长、中国农业科学院院长李家洋等院领导出席会议。院党组副书记、副院长唐华俊主持会议。

6月29日 经农业部党组会议研究决定：孙日飞任中国农业科学院蔬菜花卉研究所所长。

6月29日 经农业部党组会议研究决定：周霞同志任中国农业科学院蔬菜花卉研究所党委书记。

6月29日 经农业部党组会议研究，并征得中共江苏省委同意，决定：胡志超同志任农业部南京农业机械化研究所党委书记，自任职之日起上岗试用，试用期1年。

6月30日 在中国共产党成立95周年之际，农业部副部长、中国农业科学院院长李家洋，院党组书记陈萌山，院党组副书记、副院长唐华俊，院党组成员、纪检组组长史志国分别看望慰问了部分老党员，为他们送去党组织的关怀和温暖。

6月30日 中国农业科学院副院长李金祥赴深圳农业基因组研究所调研基建工作，听取研究所土地征用、所区规划、重大项目等工作汇报，部署下一步工作重点。

7月

7月1日 中国农业科学院党组书记陈萌山主持召开院信息化工作领导小组会议，总结全院去年以来信息化建设进展情况，部署当前的重点工作。

7月1日 中国农业科学院召开党组中心组2016年第4次（扩大）学习会，按照“两学一做”第一专题要求，深入学习《中国共产党党章》和习近平总书记关于坚持中国特色社会主义“三个自信”、实现中华民族伟大复兴的中国梦等有关重要讲话精神，就如何在新任务新考验面前，坚守共产党人的信仰、信念和宗旨，全面落实从严治党要求，加强领导班子建设开展学习讨论。农业部副部长、中国农业科学院院长李家洋出席会议。会议由院党组书记陈萌山主持。

7月5日 中国农业科学院在湖南召开“南方稻区重金属污染综合防控”协同创新行动现场观摩会，总结交流该项目启动实施一年来的主要研究进展与技术示范区建设情况，部署下一阶段推进工作。院党组书记陈萌山出席并讲话。副院长吴孔明主持交流座谈会。

7月6日 中国农业科学院2016届研究生毕业典礼暨学位授予仪式在北京举行。农业部副部长、中国农业科学院院长、院学位评定委员会主席李家洋，院党组副书记、副院长唐华俊，院机关各部门、京区各研究所、研究生院领导、研究生导师代表以及2016届全体毕业生和教工代表共900余人参加了典礼。大会由中国农业科学院党组成员、研究生院院长刘大群主持。

7月6—7日　中国农业科学院在甘肃省永昌县举办羊绿色增产增效技术集成研究与示范现场观摩会，总结交流该项目实施以来的进展，部署下一步推进工作。副院长李金祥出席并讲话。

7月7日　中国农业科学院召开财务制度建设工作推进会，讨论推进5月6日院常务会审议通过的“横向经费指导意见”“落实审计整改意见办法”等9项财务管理制度建设工作，以及院差旅费、会议费管理办法起草工作。会议由副院长吴孔明主持。

7月9—11日　全国农业科技援藏会议在拉萨召开。会议贯彻落实中央第六次西藏工作座谈会精神，总结交流“十二五”以来的科技援藏工作成效，研讨下一阶段工作重点。农业部副部长、中国农业科学院院长李家洋，西藏自治区政府副主席坚参出席。会议由农业部科教司副司长刘艳主持。

7月12—16日　为帮助高校优秀青年学子进一步了解中国农业科学院的科研实力和办学特色，吸引更多优秀生源报考，中国农业科学院2016年（第五届）大学生暑期夏令营在北京举办，来自中国农业大学、华中农业大学、南京农业大学等30余所高校的100余名优秀大学生参加了活动。中国农业科学院副院长吴孔明、万建民出席并作专题学术报告。院党组成员、研究生院院长刘大群出席开营仪式并讲话。

7月18日　由中国农业科学院、国家油菜产业技术体系联合呼伦贝尔市政府共同主办的春油菜全产业链绿色高产高效模式现场观摩会暨专家论坛在呼伦贝尔市举行。中国农业科学院副院长、国家油菜产业技术体系首席科学家王汉中，中国工程院院士傅廷栋，呼伦贝尔市政府副市长李阔，呼伦贝尔农垦集团董事长张福礼等领导专家出席了会议。

7月19—20日　北京遭遇2016年入汛以来的最强一轮降雨过程。暴雨预警发布后，中国农业科学院领导和后勤服务中心高度重视，及时启动防汛应急响应。副院长李金祥亲临现场，冒雨指导防汛工作，后勤中心全员上岗，严阵以待，全力应对暴雨来袭，确保院区及试验基地安全平稳运行。

7月20—21日　由中国农业科学院主办、云南省农业科学院承办的第二十一届全国农科院系统外事协作网会议在云南省昆明市召开。中国农业科学院副院长吴孔明，云南省农科院党委书记李勇、院长李学林出席会议并讲话。吴孔明希望各地农科院要加强联动，相互支持配合，努力营造一种团结、创新、向上的合作氛围，形成推进我国农业科技国际合作的整体合力，提升合作效率，为我国农业科技创新和农业农村经济发展做出更大的贡献。

7月21日　中国农业科学院党组书记陈萌山、副院长吴孔明一行到海外农业研究中心（简称海外中心）检查指导工作。中国农业科学院农业信息研究所所长、海外中心主任孙坦，信息所党委书记刘继芳，海外中心副主任聂凤英研究员等参加了海外中心工作进展汇报座谈会。

7月22日 农业部副部长、中国农业科学院院长李家洋主持召开2016年第七次常务会。会议听取了全院部署落实防洪救灾工作、院2017年部门预算情况、国家作物种质库建设项目设计方案的汇报，原则通过了院科技创新工程“十三五”新增科研团队审核结果、2016年度科技成果奖拟授奖成果、资产清查结果以及推进重大科技任务形成、加强公文管理、落实审计整改意见、报销差旅费、发放专家咨询费等相关管理办法。

7月27日 中国农业科学院副院长吴孔明会见了来访的国际原子能机构（IAEA）副总干事兼技术合作司司长杨大助，双方就进一步加强合作交换了意见。院国际合作局局长冯东昕陪同参加了会见。

7月29日 中国农业科学院副院长吴孔明主持召开全院2016年财务工作会议，传达贯彻农业部财务工作会议精神，总结全院上半年财务工作进展，研讨拟出台的院财务管理制度，部署下一阶段财务重点工作。

8月

8月2日 由中国农业科学院草原研究所与植物保护研究所共同主办的“中国草地植保学术论坛暨中国农业科学院草地植保学科创新团队学术研讨会”在中国农业科学院农牧交错区试验示范基地召开。中国农业科学院副院长李金祥出席会议并讲话。草原所所长侯向阳、党委书记王育青，植保所党委书记张步江，中国草学会秘书长王堃出席会议。

8月2—4日 中国农业科学院在内蒙古乌兰察布市举办“甘蓝绿色增产增效技术集成现场展示会”，集中展示冷凉地区夏季甘蓝种植技术集成应用的成效。中国农业科学院党组书记陈萌山出席并讲话。中国工程院院士方智远，中国农业科学院副院长王汉中，农业部种植业管理司副司长杨礼胜，中国工程院农业学部办公室主任张文韬，内蒙古自治区科技厅副厅长额尔敦、农业厅副厅长赵永华，乌兰察布市副市长王心宇等领导出席。会议由中国农业科学院蔬菜花卉所所长孙日飞主持。

8月5日 中国农业科学院作物科学研究所在顺义试验站召开了小麦立体匀播技术示范现场观摩会。中国农业科学院党组书记陈萌山、副院长万建民参加了观摩会，作科所所长刘春明主持会议。

8月5日 兽医生物技术国家重点实验室第四届学术委员会第六次会议在哈尔滨市召开。农业部副部长于康震，中国农业科学院副院长唐华俊，学术委员会主任陈焕春院士，委员夏咸柱院士和刘秀梵院士等出席了会议。

8月6日 中国工程院院士欧阳平凯到中国农业科学院生物技术研究所访问并作学术报告。报告会由中国农业科学院副院长万建民主持。

8月7—9日 中国农业科学院郑州果树研究所召开全国梨联合育种协作组第四次

会议暨梨新品种、新技术、新模式展示观摩会，集中展示了全国梨联合育种协作组成立7年来梨新品种、新技术、新模式集成应用的成效。中国农业科学院副院长王汉中、河南省科技厅党组书记赵建军出席会议。

8月11日 海淀区区长于军、副区长龚宗元一行来中国农业科学院调研，并就核心城区建设、中关村大街升级改造、中国农业科学院院部土地利用和规划等问题进行座谈交流。中国农业科学院党组书记陈萌山、副院长李金祥出席座谈会。

8月15日 受国际作物学会委托，由中国农业科学院和中国作物学会联合主办，中国农业科学院作物科学研究所承办的第七届国际作物科学大会在北京国际会议中心开幕。农业部副部长、中国农业科学院院长李家洋，中国工程院副院长刘旭，中国科学技术协会党组成员束为，中国作物学会荣誉理事长、原农业部副部长路明，中国作物学会理事长、第七届国际作物科学大会组委会主席翟虎渠，中国工程院院士盖钧镒，中国农业科学院副院长吴孔明、万建民等领导和嘉宾出席了开幕式。国际作物学会副主席肖恩·开普勒（Shawn Kaeppler）和李家洋副部长，分别代表国际作物学会委员会和第七届国际作物大会主办国政府在大会开幕式上致辞。

8月15—16日 农业部副部长、中国农业科学院院长李家洋分别会见了来华参加第七届国际作物科学大会的国际玉米小麦改良中心（CIMMTY）主任马丁·克罗波夫（Martin Kropff）一行和国际水稻研究所（IRRI）所长马修·莫雷尔（Matthew Morell）一行，就继续推进双方今后在相关领域的合作进行了深入交流。期间，同IRRI签署了“中国农业科学院与国际水稻研究所水稻基因组学和种质改良领域合作谅解备忘录”。副院长吴孔明参加了会见。

8月17日 中国农业科学院在黑龙江省齐齐哈尔市举办了奶牛提质增效技术集成研究与示范现场观摩活动暨奶业发展研讨会，现场观摩了奶牛全混合日粮、犊牛早期培育、奶牛高效繁殖、奶牛生产性能测定、乳房炎防治、奶牛布鲁氏菌病防控、智慧牧场、农牧结合奶牛绿色高效生产8项核心技术的集成应用成效，研讨了依靠科技进步促进我国奶业发展、提升国际竞争力的途径。中国农业科学院党组书记陈萌山出席并讲话。会议由副院长李金祥主持。

8月18日 中国农业科学院党组书记陈萌山、副院长李金祥一行到哈尔滨兽医研究所调研，考察了新所区建设进展，就科技创新工程实施与“两学一做”专题教育进行了座谈交流。在听取了哈尔滨兽医研究所所长步志高、党委书记张逐陈相关情况汇报后，陈萌山对哈尔滨兽医研究所各项工作取得的成绩给予了充分肯定。他说，新班子上任以后工作迅速开拓新局面，科技创新呈现新的快速的好势头，科技开发保持继续快速发展，今年上半年实现产值增加16%、利润增长8%，难能可贵。

8月18日 中国农业科学院党组书记陈萌山、副院长李金祥一行视察了位于哈尔滨市木兰县的中国农业科学院农产品加工研究所主食加工技术研究院，并与黑龙江省副省长吕维峰，哈尔滨市委副书记王铁强、副市长张万平，就进一步拓展和深化现代农业合作进行了交谈。

8月22—31日 农业部副部长、中国农业科学院院长李家洋率团赴吉尔吉斯共和国、塔吉克斯坦和俄罗斯联邦访问，与访问国政府农业主管领导及相关研究、教学机构负责人进行了全面、深入地交流，达成了多项共识，新签2项合作协议，为全面推动中国农业科学院与三国农业科技合作奠定了坚实的基础。

8月24日 在上海浦东孙桥现代农业科技创新中心正式成立之际，中国农业科学院与上海市浦东新区共同签订了《上海浦东孙桥现代农业科技创新中心战略合作框架协议》。中国农业科学院党组书记陈萌山出席会议并讲话。

8月27日 国家天敌昆虫科技创新联盟在山东省济南市召开启动大会，中国农业科学院植物保护研究所任常务副理事长单位。中国农业科学院副院长吴孔明、农业部种植业管理司副司长陈友权出席成立大会。

8月28日 中国农业科学院蔬菜花卉研究所在北京召开园艺作物分子育种研讨会，集中研讨我国园艺作物分子育种研究进展和未来发展趋势。中国农业科学院副院长万建民、科技部农村司副司长蒋丹平、中国农业科学院科技局局长梅旭荣、中国农业科学院蔬菜所方智远院士、沈阳农业大学李天来院士、蔬菜所所长孙日飞出席会议。

8月30日 后勤服务中心党委京区物业管理中心党支部和综合二党支部联合开展“以军魂强化作风建设”为主题的党日活动，赴全国先进基层党组织单位武警北京总队特种作战大队“雪豹突击队”训练基地参观学习。中国农业科学院副院长李金祥，后勤中心党委书记吴胜军、副主任高建民参加活动。

9月

9月1日 中国农业科学院研究生院2016级新生开学典礼在京隆重举行。中国农业科学院副院长王汉中、万建民，中国农业科学院党组成员、研究生院院长刘大群出席了开学典礼并讲话。研究生院副院长刘荣乐主持典礼。

9月2日 农业部副部长、中国农业科学院院长李家洋主持召开2016年第八次常务会。会议听取了院机关各部门上半年工作进展的汇报，研究部署下半年重点工作，审议通过了《中国农业科学院会议管理办法》，讨论了《全国农业科技成果转移服务中心建设运营方案》。

9月2日 农业部副部长、中国农业科学院院长李家洋主持召开2016年第九次常务会。会议审议并原则通过了《完善中央财政科研项目资金管理制度体系建设工作方案》及其科研财务助理、财务队伍建设、科研经费管理使用抽查、出国（境）管理等相关制度，基本科研业务费专项管理实施细则，以及政府采购项目与基本建设项目招投标廉政监督、执行“三重一大”决策制度监督等办法。

9月3日 国家农产品质量安全科技创新协作网（以下简称协作网）在京召开启动大会，国家农业科技创新联盟领导小组副组长、中国农业科学院党组书记陈萌山，农业部科技教育司司长廖西元，农业部农产品质量安全监管局副局长金发忠等领导出席启动大会并讲话。会议由国家农业科技创新联盟副秘书长、中国农业科学院科技管理局局长梅旭荣主持。

9 月 5—9 日　中国农业科学院 2016 年新入职人员岗前培训班在京举行。院党组书记陈萌山出席开班仪式并讲话。开班仪式由院党组成员、人事局局长魏琦主持。院属各单位、院机关各部门新入职人员 230 余人参加培训。

9 月 6 日　中国农业科学院副院长吴孔明会见了来访的新西兰皇家植物与食品研究院（PFR）首席执行官彼得 · 李伦德（Peter Landon-Lane）一行，双方就进一步加强农业科技合作及科学家交流互访进行了探讨。

9 月 6—9 日　中国农业科学院党办主任培训班在黑龙江省哈尔滨市举办。开幕式上，哈尔滨兽医研究所党委书记张逐陈代表研究所致辞，机关党委常务副书记高士军作动员讲话。农业环境与可持续发展研究所党委书记栗金池，直属机关党委副书记赵红梅，哈尔滨兽医研究所副书记夏长友出席开幕式。开幕式由机关党委副书记、纪委书记吕春生主持。

9 月 9 日　中国农业科学院组织召开科技计划工作推进会，总结 2016 年工作，研判“十三五”形势，部署 2017 年工作。院党组副书记、副院长唐华俊出席会议并讲话。会议由院科技管理局局长梅旭荣主持。

9 月 10 日　中国农业科学院举行李保国同志先进事迹报告会。中国农业科学院党组书记陈萌山出席报告会。中国农业科学院党组成员、研究生院院长刘大群主持报告。

9 月 12 日　中国农业科学院副院长万建民到深圳农业基因组研究所调研，听取研究所工作汇报、考察所区建设，并与深圳市大鹏新区区委接洽。

9 月 12—13 日　中国农业科学院在黑龙江省北安市举办“全国大豆绿色增产增效技术模式示范现场会”，现场观摩了优质食用大豆新品种、大豆玉米轮作倒茬技术、深松浅翻蓄水保墒技术、信息化精准生产技术、减量增效施肥技术、病虫害绿色防控技术、除草剂安全施用技术、全程机械化生产技术、品质评价与食品加工技术 9 项核心技术的集成示范成效，研讨了当前我国大豆产业的发展途径。中国农业科学院党组书记陈萌山、农业部种植业司副司长潘文博、全国农业技术推广服务中心主任陈生斗、黑龙江省农业委员会副主任李世润、黑龙江省农业科学院院长李文华、黑河市委书记秦恩亭、黑河市人民政府副市长陈洪生等领导出席会议。会议由中国农业科学院副院长王汉中主持。

9 月 12—13 日　举办了中国农业科学院京区单位首届“创新杯”乒乓球团体赛。院党组的老书记薛亮和院党组成员、人事局长、院乒乓球俱乐部会长魏琦出席了开球仪式。

9 月 14 日　中国农业科学院党组书记陈萌山到农业信息研究所调研《中国农业科学》《农业科学学报》（*Journal of Integrative Agriculture*，JIA）两刊办刊情况，考察了两刊编辑部，并出席两刊影响力座谈会。中国农业科学院副院长、两刊主编万建民院士陪同调研。信息所所长孙坦主持会议。

9月18日 中国农业科学院组织召开了农业科技“走出去”研讨会。会议旨在通过进一步梳理各研究所的成熟技术和产品，为中国农业科学院农业科技“走出去”提供基础支撑，达到加强全院农业科技“走出去”整体性和系统性规划、探索并创新农业科技“走出去”运行机制和务实推动农业科技“走出去”的目的。中国农业科学院副院长吴孔明出席。研讨会由国际合作局局长冯东昕主持。

9月18—19日 中国农业科学院在河北省张家口市举办“马铃薯绿色增产增效技术集成生产模式研究与示范现场会”，现场听取了项目专家对马铃薯高产优质品种筛选、脱毒种薯快繁、水肥药一体化、水分高效利用、化学农药减施、机械化种植、主食化产品加工7项核心技术集成示范效果的介绍，参观了项目合作单位雪川农业发展股份有限公司示范生产基地和薯条、全粉等加工生产线。中国农业科学院党组书记陈萌山、中国工程院院士方智远、张家口市委副书记王景武等领导出席会议。会议由副院长王汉中主持。

9月19—23日 2016年农业部职工羽毛球赛在中国农业大学东区体育馆隆重举行。全院选派了32名运动员队伍，参加了农业部直属事业单位甲、乙组男子单打、女子单打、男子双打、女子双打、混合双打全部10个项目的比赛，获得7项冠军、5项亚军、5项并列第三名、2项并列第五名的佳绩，以总分126分荣获农业部直属事业单位团体冠军。中纪委驻部纪检组组长宋建朝等领导为我院颁发了奖杯和获奖证书，并与全体运动员及代表合影留念。

9月20日 全国人大常委会委员、农业与农村委员会主任委员陈建国带队到中国农业科学院，就加强农业科技创新、促进农业成果转化等方面开展调研。中国农业科学院党组书记陈萌山陪同调研并主持座谈会。

9月22日 中国农业科学院2016年第五期“农科讲坛”（中国农业科技报告会）在国家农业图书馆报告厅举行。该期“农科讲坛”邀请中国农业科学院农业环境与可持续发展研究所设施植物环境工程创新团队首席科学家、二级研究员、博士生导师杨其长讲述农作方式革新——智能LED植物工厂。中国农业科学院党组书记陈萌山出席报告会。报告会由院科技局副局长王述民主持。

9月26—29日 由农业部、中华全国供销合作总社、河北省人民政府共同主办的第二十届中国（廊坊）农产品交易会在河北省廊坊市召开。作为主要协办单位，中国农业科学院副院长王汉中率团参加农交会并出席开幕式，河北省人民政府省长张庆伟等领导参观中国农业科学院展区并饶有兴趣地听取了有关展品介绍。

9月26日—10月7日 为进一步深化中国农业科学院与国际玉米小麦改良中心（CIMMYT）和美国北卡罗来纳州立大学（以下简称北卡州大）在农业科技领域的合作，中国农业科学院副院长吴孔明于率团赴墨西哥CIMMYT总部和美国北卡州大进行了访问。此次访问正值CIMMYT举办成立50周年学术研讨活动。期间，中国农业科学院代表团回顾了我国与CIMMYT在小麦和玉米育种及人才培养等领域的合作成就，指出中国农业发展面临资源短缺和气候变化等严峻挑战，建议在作物育种、作物栽培管理、新技术应用和人才培养等领域继续加强并扩大与 CIMMYT 的合作，受到与会者的好评。

9 月 27—28 日　中国农业科学院在兰州召开离退休工作会议。会议深入学习贯彻《关于进一步加强和改进离退休干部工作的意见》（中办发〔2016〕3 号）文件精神，总结工作、表彰先进、交流经验，努力推动院所离退休工作科学发展、转型发展。院党组成员、纪检组组长、院离退休工作领导小组副组长史志国出席会议并讲话，农业部离退休干部局局长陶永平到会指导并作学习辅导报告。会议由院党组成员、人事局局长、院离退休工作领导小组副组长魏琦主持，院离退休工作领导小组部分成员、院属各单位分管离退休工作领导参加会议。

9 月 30 日　中国农业科学院副院长王汉中到农业信息研究所围绕农业信息化平台建设与发展进行调研。会议由信息所所长孙坦主持。

10 月

10 月 9 日　中国农业科学院召开“两学一做”学习教育工作座谈会，深入学习贯彻习近平总书记重要指示精神和中央“两学一做”学习教育工作座谈会精神，认真落实农业部党组有关要求，交流总结前一段全院学习教育工作情况，推动“两学一做”学习教育深入开展。院党组书记陈萌山主持会议并讲话。

10 月 9 日　2016 年国家自然科学基金创新研究群体“棉花种质创新和高产分子育种”项目启动会在中国农业科学院召开。中国农业科学院副院长唐华俊出席会议并讲话。院科技管理局副局长王述民主持会议。

10 月 11 日　中国农业科学院党组书记陈萌山主持召开院信息化工作领导小组 2016 年第二次会议，听取 2016 年重点工作进展和科研管理信息化工作方案汇报，讨论信息化工作年度运维经费问题，部署下一阶段全院信息化工作。

10 月 14 日　由中国农业科学院北京畜牧兽医研究所牵头主持的“十三五”国家重点研发计划“养殖环境对畜禽健康的影响机制研究”正式启动。中国农村技术开发中心主任贾敬敦、全国畜牧兽医总站站长杨振海、中国农业科学院副院长李金祥、牧医所所长秦玉昌等出席会议。来自全国 36 个参加单位的 130 余名专家参加了会议。

10 月 14 日　为了进一步深化“两学一做”学习教育工作，丰富活动形式，提升活动效果，中国农业科学技术出版社邀请国家新闻出版广电总局规划发展司党支部来社开展“两学一做”联学共建活动。中国农业科学院党组书记陈萌山出席座谈会 。

10 月 18—20 日　中国农业科学院在京举办 2016 年新增研究生指导教师培训会。副院长吴孔明出席会议并作报告。吴孔明以“对科学道德和学风建设的理解与体会”为题，从科学道德和学风建设角度出发，系统阐述了科技工作者的原则、思维、技能、职业规律、发展特征以及治学方略，通过案例对学风问题进行了深入分析，并结合个人切身经历，就科学问题的凝练、科研工作的积累以及研究生的培养向导师们传授了经验和心得。

10月20日 由中国农业科学院植物保护研究所陈万权研究员和浙江省农业科学院陈剑平院士担任主编的《中国植物保护百科全书·植物病理卷》编委会会议在北京召开。《中国植物保护百科全书》副总主编、中国农业科学院副院长吴孔明院士出席会议。

10月24日 中国农业科学院国际合作局党支部与外交部非洲司支部共同开展了“联学”交流座谈。中国农业科学院副院长吴孔明及国际合作局支部中心组成员，外交部非洲司司长林松添及非洲司相关负责同志共计68人出席活动。活动由院国合局局长冯东昕主持。

10月24—31日 中国农业科学院副院长李金祥率团分别访问了埃塞俄比亚畜牧和渔业部、农科院（EIAR）、亚的斯亚贝巴大学（AAU），以及位于罗马的联合国粮农组织（FAO）总部，就加强与埃塞俄比亚相关单位的农业科技合作，推介中国农业科学院科技创新工程协同创新任务成功经验，拓展农业科技“走出去”渠道开展深入交流。

10月25日 乌拉圭东岸共和国农牧渔业部部长塔瓦雷·阿格雷（Tabaré Aguerre）一行访问中国农业科学院，商谈深化农业科技及相关领域合作等相关事项。院党组书记陈萌山接待了代表团一行。

10月25—28日 为进一步加强农业科技研发机构知识产权管理人才队伍建设，人力资源与社会保障部2016年农业科研机构知识产权保护高级研修班在北京举行，此次培训班由中国农业科学院承办。中国农业科学院副院长王汉中出席开班仪式并讲话。开班仪式由成果转化局副局长王登山主持。人事局副局长李巨光、研究生院副院长罗长富出席。

10月26日 中国农业科学院2016年第六期“农科讲坛”（中国农业科技报告会）在国家农业图书馆报告厅举行。本次“农科讲坛”邀请加工所中式食品加工与装备创新团队首席科学家张泓研究员作了题为“马铃薯主食加工技术与装备研究”的报告。院党组书记陈萌山、院机关各部门领导同志出席报告会。报告会由院科技局局长梅旭荣主持。

10月28日 经农业部党组会议研究决定，李杰人同志任中国农业科学院党组成员、纪检组组长；贾广东同志任中国农业科学院党组成员；免去史志国同志的中国农业科学院党组成员、纪检组组长职务，按规定办理退休手续；免去魏琦同志的中国农业科学院党组成员职务。

10月28日 经农业部党组会议研究决定：贾广东任中国农业科学院人事局局长；免去魏琦的中国农业科学院人事局局长职务。

10月28日 经农业部党组会议研究决定，张燕卿任中国农业科学院农业环境与可持续发展研究所所长。

10月28日 经农业部党组会议研究决定，郝志强同志任中国农业科学院农业环境与可持续发展研究所党委书记；免去栗金池同志的中国农业科学院农业环境与可持续发展研究所党委书记职务，按规定办理退休手续。

10月28日　经农业部党组会议研究，并征得中共新乡市委同意，决定：黄修桥任中国农业科学院农田灌溉研究所所长；免去段爱旺的中国农业科学院农田灌溉研究所所长职务，保留正所级待遇。

10月28日　经农业部党组会议研究，并征得中共新乡市委同意，决定：陆建中同志任中国农业科学院农田灌溉研究所党委书记，自任职之日起上岗试用，试用期1年；免去黄修桥同志的中国农业科学院农田灌溉研究所党委书记职务。

10月28日　经农业部党组会议研究，并征得中共安阳市委同意，决定：吕春生同志任中国农业科学院棉花研究所党委书记，自任职之日起上岗试用，试用期1年；免去李付广同志的中国农业科学院棉花研究所党委书记职务。

10月28日　经农业部党组会议研究，并征得中共葫芦岛市委同意，决定：丛佩华同志任中国农业科学院果树研究所党委书记，自任职之日起上岗试用，试用期1年。

10月28日　经农业部党组会议研究，并征得中共上海市委同意，决定：马志永同志任中国农业科学院上海兽医研究所党委书记，自任职之日起上岗试用，试用期1年；免去杨瑾同志的中国农业科学院上海兽医研究所党委书记职务，按规定办理退休手续。

10月28日　由农业部人事劳动司主办、中国农业科学院承办的部属"三院"处级干部能力建设培训班圆满完成各项培训任务。中国农业科学院党组成员、人事局局长魏琦出席培训班结业仪式并讲话。

10月30日　中国农业科学院党组书记陈萌山主持召开院党组中心组2016年第五次（扩大）学习会，传达学习贯彻党的十八届六中全会精神，研究中国农业科学院贯彻落实工作。陈萌山强调，要推进全院广大党员干部进一步增强政治意识、大局意识、核心意识、看齐意识，更加紧密地团结在以习近平同志为核心的党中央周围；推进全院加强和规范党内政治生活、全面落实党内监督责任，进一步提升全面从严治党水平，巩固和发展农业科技创新事业良好态势和新局面。

10月30日　农业部副部长、中国农业科学院院长李家洋主持召开2016年第十次常务会。会议审议并原则通过了院内部控制基本制度、横向经费使用和国有资产对外投资管理办法，讨论并原则通过了院"十三五"科学技术发展规划实施方案、农业部APEC粮食安全与农业合作战略咨询中心筹建方案，听取了推进西部农业研究中心建设有关事项的汇报。

10月31日　中国农业科学院召开党员干部大会，传达学习党的十八届六中全会精神，院党组书记陈萌山出席会议并讲话。院党组副书记、副院长唐华俊主持会议。

11月

11月1日　中国农业科学院党组书记陈萌山在特产研究所调研工作。他强调，要坚持"建成世界一流科研院所"目标不动摇，坚持改革不动摇，坚持党的工作和业务工作两手抓不动摇，用长征精神来克服当前面临的困难，促进特产所深化改革加快发展。

11月1日 中国农业科学院副院长吴孔明会见了来访的法国国家食品环境及劳动卫生署（ANSES）新任署长罗杰·热内（Roger Genet）一行，双方就进一步拓展农业科技合作进行了深入探讨。

11月4日 中国农业科学院院长李家洋会见了来访的英国皇家学会主席拉马克里希南（Venki Ramakrishnan）教授一行。双方就加强人员交流和项目支持等方面的合作交换了意见。

11月7—17日 中国农业科学院副院长万建民应邀率团出访巴西、阿根廷和秘鲁，对巴西农牧业研究院（Embrapa），阿根廷农牧业技术科学院（INTA）和秘鲁拉莫利纳国立农业大学（UNALM）进行了访问。代表团就生物技术、作物种质资源交换、畜牧兽医、农机合作等与外方进行了深入交流，进一步推进了中国农业科学院与拉美地区在相关领域的合作。

11月9—11日 由中国农业科学院科技管理局主办、中国水稻研究所协办的2016年科研管理工作会议在浙江杭州召开。中国农业科学院副院长唐华俊出席会议。会议由科技局局长梅旭荣主持。

11月11日 农业部党组书记、部长韩长赋到中国农业科学院调研。韩长赋首先来到中国农业科学院农业纳米研究中心，详细了解了农业纳米学科发展态势和纳米技术在农药化肥领域的应用等情况。在中国农业科学院海外农业研究中心，韩长赋听取了中心成立一年来的工作汇报，勉励科研人员再接再厉，突出重点，为“一带一路”国家战略服好务。

11月12—13日 由中国农业经济学会主办，中国农业科学院农业经济与发展研究所承办的中国农业经济学会2016年年会在苏州市召开。此次会议研讨主题为“促进产业融合，推进农业供给侧结构性改革，大力发展现代农业”。农业部党组成员、副部长陈晓华，全国政协常委、全国政协经济委员会副主任陈锡文，中国农业经济学会会长尹成杰，中国农业科学院党组书记陈萌山等领导出席会议。

11月14日 中国农业科学院党组书记陈萌山主持召开党组中心组2016年第六次（扩大）学习会，进一步深入学习十八届六中全会精神和习近平总书记关于“三农”工作、科技工作的重要讲话精神，落实农业部韩长赋部长在中国农业科学院考察调研时提出的要求，研究推进农业科技创新工作。

11月14日 中国农业科学院副院长吴孔明会见了来访的陶氏益农全球总裁兼首席执行官蒂姆·汉森（Tim Hassinger）一行，双方就进一步加强合作交换了意见。

11月14日 中国农业科学院在京举办2016年预算执行管理培训班，副院长吴孔明出席开班式并讲话。

11月15日 农业部副部长、中国农业科学院院长李家洋会见了来访的联合国粮农组织（FAO）新任驻中国代表马文森（Vincent Martin），双方就继续深化合作交流交换了意见。

11 月 15—16 日 中国农业科学院在上海召开科研经费信息公开平台和物资采购平台（“两个平台”）建设推进会暨采购平台培训班。院党组成员、纪检组组长史志国出席会议并讲话。院监察局局长舒文华主持会议。

11 月 16 日 中国农业科学院海外农业研究中心 2016 进展发布暨全球农业大数据与信息服务联盟成立大会在北京召开。农业部党组成员杨绍品、中国农业科学院党组书记陈萌山出席大会并讲话，共同启动信息服务联盟系统服务平台。会议由中国农业科学院党组副书记、副院长唐华俊主持。

11 月 17—18 日 由中国农业科学院主办，中国农业科学院农业环境与可持续发展研究所承办，美国农业部国家食品与农业研究所及美国化学会《农业与食品化学》杂志社协办的“纳米科技与农业可持续发展国际会议”在北京召开。中国农业科学院党组书记陈萌山出席开幕式并致辞，农业部科教司副司长汪学军、美国工程院院士诺曼·斯科特（Norman Scott）、浙江大学副校长应义斌等嘉宾发表讲话，科技部农村司副司长蒋丹平、农业部农药检定所所长周普国、中国科学院院士解思深出席。开幕式由环发所所长张燕卿主持。

11 月 18 日 “农业物联网学科发展研讨会”在中国农业科学院农业信息研究所举办。中国农业科学院副院长李金祥出席会议。信息所所长孙坦主持会议。

11 月 19 日 国家奶业科技创新联盟在中国农业科学院召开成立大会，国家农业科技创新联盟领导小组副组长、中国农业科学院党组书记陈萌山，农业部科技教育司副司长汪学军，农业部畜牧业司副司长王俊勋，农业部农产品质量安全监管局副局长金发忠等出席会议并讲话。会议由国家农业科技创新联盟副秘书长、中国农业科学院科技局局长梅旭荣主持。

11 月 22 日 经农业部党组会议研究决定：免去王道龙的中国农业科学院农业资源与农业区划研究所所长职务，按规定办理退休手续。

11 月 23—24 日 中国农业科学院在长沙召开学习贯彻党的十八届六中全会精神暨院“两研会”第六届理事会第四次会议，深入学习贯彻党的十八届六中全会精神，进一步落实全面从严治党重大问题。院党组书记陈萌山出席会议并讲话，院党组副书记、副院长唐华俊作工作报告，通报了中央巡视整改任务完成情况，并对会议进行了总结。

11 月 24—25 日 中国农业科学院第二届支撑人才岗位技能竞赛在北京举行。本次技能竞赛聚焦图书期刊编校业务，重点面向全院图书期刊编校人才，共吸引了来自 26 个院属单位的 110 名选手报名参与。院党组书记陈萌山出席开幕式并致辞，农业部人事劳动司、院办公室、人事局、监察局与中国农业科学技术出版社的相关领导参加了开幕式。

11 月 28 日 中荷设施园艺联合研究中心在中国农业科学院农业环境与可持续发展研究所揭牌成立。中国农业科学院副院长李金祥和荷兰驻华大使馆农业参赞郝马丁（Martin Olde Monnikhof）出席成立仪式并致辞。环发所副所长董红敏和瓦赫宁根荷兰大学植物科学院院长万恩斯特（Ernst van den Ende）分别代表双方签署了合作备忘录。

11月28日 由中国农业科学院棉花研究所牵头组建的国家棉花产业联盟在北京召开成立大会，并举行揭牌仪式。农业部总农艺师孙中华、中国农业科学院党组书记陈萌山出席会议并致辞。中国农业科学院副院长万建民院士主持大会。

11月28日—12月16日 中国农业科学院副院长王汉中率代表团赴美国执行国家外专局“现代农业科研院所建设与发展培训”。

11月30日—12月9日 中国农业科学院党组书记陈萌山应邀率团赴罗马尼亚、以色列和老挝访问，与上述国家的农业政府部门、科研机构、农业生产者等农业相关主体进行了广泛、深入的交流，取得丰硕成果，增进了对三国农业农村经济基本状况、农业科技最新进展与未来发展重点、农业科研管理体系等的了解，并就进一步加强双方农业科技合作达成多项共识，签署3项合作协议，为推进双边农业科技合作，助推国家“一带一路”战略实施奠定了基础。

12月

12月1日 由中国农业科学院主办、中国农业科学院农业资源与农业区划研究所承办的“国家农业科技创新联盟发展论坛暨国家智慧农业科技创新联盟成立大会”在成都召开。中国农业科学院副院长唐华俊，国家农业科技创新联盟秘书长、中国农业科学院副院长万建民，国家发展和改革委员会农村经济司副司长邱天朝，农业部市场与经济信息司副司长王小兵，成都市委常委谢瑞武等出席会议。会议由国家农业科技创新联盟副秘书长、中国农业科学院科技局局长梅旭荣主持。

12月2日 中国农业科学院举办学习宣传贯彻党的十八届六中全会精神辅导报告会，邀请中央党校思想政治教研部主任李俊伟教授作辅导报告。中国农业科学院副院长李金祥主持会议并讲话。

12月2日 中国农业科学院研究生院教学委员会三届四次会议在北京召开。中国农业科学院副院长、教学委员会主任委员吴孔明院士，院党组成员、研究生院院长、教学委员会副主任委员刘大群出席会议。会议由研究生院副院长、教学委员会副主任委员刘荣乐主持。

12月8日 中国农业科学院组织召开2017年度国家自然科学基金项目申报动员暨技能培训视频会议。中国农业科学院党组副书记、副院长唐华俊出席会议并作动员讲话。科技管理局副局长王述民主持会议。

12月9日 中国农业科学院副院长吴孔明会见了来访的先正达新任中国区总裁顾思锐（Andrew Guthrie）一行，双方就进一步加强合作交换了意见。

12月11日 由中国农业科学院主办、中国农业科学院农业环境与可持续发展研究所承办的“国家农业废弃物循环利用创新联盟成立大会”在北京召开。国家农业科技创新联盟领导小组副组长、中国农业科学院党组书记陈萌山，农业部科教司司长廖西元，中国农业科学院副院长李金祥，国家农业科技创新联盟秘书长、中国农业科学院副院长万建民院士等出席会议。会议由国家农业科技创新联盟副秘书长、中国农业科学院科技局局长梅旭荣主持。

12 月 12 日 由中国农业科学院主办，中国农业科学院蔬菜花卉研究所承办的国家马铃薯产业科技创新联盟成立大会在京召开。中国农业科学院党组书记、国家农业科技创新联盟领导小组副组长陈萌山，中国农业科学院副院长、国家农业科技创新联盟秘书长万建民，中国工程院院士方智远，中国农业科学院成果转化局局长袁龙江，农业部科教司政体处处长李少华等出席会议。会议由中国农业科学院科技管理局副局长熊明民主持。

12 月 12 日 中国农业科学院召开干部大会。中组部干部四局局长李春良宣布了中央关于唐华俊任农业部党组成员、中国农业科学院院长（副部长级），免去李家洋农业部副部长、党组成员、中国农业科学院院长职务的决定。农业部党组书记、部长韩长赋出席会议并讲话。农业部党组成员、人事劳动司司长毕美家，科技教育司司长廖西元出席会议。中国农业科学院党组书记陈萌山主持会议。

12 月 13—14 日 由海南省人民政府、中国农业科学院、联合国粮农组织（FAO）和国际农业研究磋商组织（CGIAR）共同主办的“第五届国际农科院院长高层研讨会”在海南陵水黎族自治县召开。农业部副部长屈冬玉，海南省副省长何西庆，农业部党组成员、中国农业科学院院长唐华俊，FAO 助理总干事昆德哈维 · 卡迪瑞桑（Kundhavi Kadiresan）和国际农业研究磋商组织（CGIAR）国际食物政策研究所所长樊胜根出席会议。会议开幕式由中国农业科学院副院长吴孔明主持。

12 月 14—15 日 中国农业科学院信息化工作领导小组办公室在京举办全院首次信息化工作培训班。中国农业科学院党组书记、院信息化工作领导小组组长陈萌山出席培训班开幕式并讲话。院办公室主任、院信息化工作领导小组副组长汪飞杰主持。

12 月 15 日 马铃薯主食开发成果展示交流会在武汉召开。会议就 2016 年度马铃薯主食开发进展及存在问题进行总结，就下一阶段工作目标与方向进行部署展望。中国农业科学院党组书记陈萌山出席会议并讲话。

12 月 19 日 国务院决定：任命唐华俊为中国农业科学院院长（副部长级）；免去李家洋的中国农业科学院院长职务。

12 月 19 日 国务院决定：免去李家洋的农业部副部长职务。

12 月 21 日 中国农业科学院与宁夏农林科学院加强科技合作备忘录签约仪式在北京举行。农业部党组成员、中国农业科学院院长唐华俊，中国农业科学院党组书记陈萌山，副院长吴孔明、王汉中、万建民，宁夏回族自治区党委常委、副主席李锐，自治区政府副秘书长王凌，自治区党委农办主任白华，自治区农牧厅党组书记、厅长王文宇，宁夏农业科学院党委书记、院长周东宁，副院长张富国等出席签约仪式。万建民、周东宁分别代表中国农业科学院和宁夏农业科学院在备忘录上签字。签约仪式由陈萌山主持。

12 月 21 日 中国农业科学院召开干部大会，宣布干部任免事宜。农业部党组成员、人事劳动司司长毕美家宣布了农业部党组决定，李杰人同志任中国农业科学院纪检组组长、党组成员，免去史志国同志的中国农业科学院纪检组组长、党组成员职务；贾广东同志任中国农业科学院党组成员、人事局局长，免去魏琦同志的中国农业科学院党组成员、人事局局长职务。农业部党组成员、中国农业科学院院长唐华俊出席会议并讲话。会议由院党组书记陈萌山主持。

12月26日 经农业部党组会议研究决定：刘大群同志任中国农业科学院研究生院党委书记。

12月26日 中国农业科学院副院长、《中国农业科学》《农业科学学报（JIA）》（以下简称“两刊”）主编万建民主持召开两刊编委会建设工作会议。两刊承办单位农业信息研究所所长、副主编孙坦，栏目主编陈化兰等10余人，以及编辑部全体成员参加了会议。

12月27日 中国农业科学院副院长、中国工程院院士吴孔明到深圳农业基因组研究所调研研究所建设。财务局副局长张士安、深圳基因组所所长钱前及班子成员陪同调研。

12月28日 中国农业科学院召开绿色增产增效技术集成模式研究与示范工作会议，总结2016年工作进展，研究部署2017年的工作。院党组书记陈萌山，副院长李金祥、王汉中，农业部种植业司副司长潘文博、畜牧业司调研员黄庆生等领导出席会议。

十二、附　　录

中国农业科学院科技期刊及报纸一览表

序号	刊物名称	主办单位	主管单位	创刊年份	类别	学科	主编	编辑部主任	电话	刊号	联系人	联系人电话	电子邮件	网址	刊期
1	中国农业科学	中国农业科学院（信息所承办）	农业部	1960	学术类	综合	万建民	李云霞	010-82106281	CN 11-1328/S ISSN 0578-1752	孙雷心	010-82109808	zgnykx@ caas.cn	www.ChinaAgriSci.com	半月
2	*Journal of Integrative Agriculture*	中国农业科学院（信息所承办）	农业部	2002	学术类	综合	万建民	李云霞 张以民	010-82106281	CN 10-1039/S ISSN 2095-3119	张以民	010-82105098	jia_ journal@ caas.cn	www.ChinaAgriSci.com	月
3	农产品质量与安全	中国农业科学院（质标所承办）	农业部	2003	学术类	质量安全与加工	翟虎渠	钱永忠	010-82106522	CN 11-5896/S ISSN 1674-8255	李 艳	010-82106522	aqs@ caas.cn	www. iqstap. com/sites/iqt/	双月
4	农业科技通讯	中国农业科学院（信息所承办）	农业部	1972	技术类	综合	侯连德	刘 东	010-82109664	CN 11-2395/S ISSN 1000-6400	刘 东	010-82109664	tongxun@ caas.cn tongxuna@ 126.com	aii.caas.net.cn	月
5	中国食物与营养	中国农业科学院/国家食物与营养咨询委员会（信息所承办）	农业部	1995	技术类	质量安全与加工	许世卫	刘 宏	010-82109761	CN 11-3716/TS ISSN 1006-9577	刘 宏	010-82109761	foodandn@ 263.net	aii.caas.cn	月
6	作物学报	中国作物学会/作科所	中国科协	1950	学术类	作物	万建民	程维红	010-82108548	CN 11-1809/S	程维红	010-82108548	chengweihong@ caas.cn	zwxb.chinacrops.org/	月
7	The Crop Journal	中国作物学会/作科所/中国科技出版传媒股份有限公司	中国科协	2013	学术类	作物	万建民	程维红	010-82108548	CN 10-1112/S	程维红	010-82108548	chengweihong@ caas.cn	www.journals.elsevier.com/the-crop-journal/	双月

（续表）

序号	刊物名称	主办单位	主管单位	创刊年份	类别	学科	主编	编辑部主任	电话	刊号	联系人	联系人电话	电子邮件	网址	刊期
8	作物杂志	中国作物学会/作科所	中国科协	1985	技术类	作物	赵 明	姚 杰	010-82108790	CN 11-1808/S	姚 杰	13681491781	yaojie@ caas.cn	zwzz.cbpt.cnki.net zwzz.chinacrops.org/magas.asp?menuid=22	双月
9	中国种业	作科所/中国种子协会	农业部	1982	技术类	作物	王述民	陈丽娟	010-82109494	CN 11-4413/S ISSN 1671-895X	陈丽娟	13683272938	chenlijuan@ caas.cn	www.chinaseedqks.cn	月
10	植物遗传资源学报	作科所/中国农学会	农业部	2000	学术类	作物	刘 旭	陈丽娟	010-82109494	CN 11-4996/S ISSN 1672-1810	陈丽娟	13683272938	chenlijuan@ caas.cn	www.zwyczyxb.cn	双月
11	植物保护	中国植物保护学会/中国农业科学院植保所	中国科协	1963	学术类	植物保护	陈万金	王 音	010-62819059	CN 11-1982/S ISSN 0529-1542	王 音	13581952263	zwbh1963@ 263.net	www.plantprotection.ac.cn	双月
12	中国蔬菜	蔬菜所	农业部	1981	技术类	园艺	孙日飞	龚一帆	010-82109550	CN 11-2326/S ISSN 1000-6346	龚一帆	13718787897	zgsc@ caas.cn	www.cnveg.org	月
13	园艺学报	中国园艺学会/蔬菜所	中国科协	1962	学术类	园艺	杜永臣	赵 华	010-62192388	CN 11-1924/S ISSN 0513-353X	陈 洁	010-62192388	yuanyixuebao@ 126.com	www.ahs.ac.cn	月
14	*Horticultural Plant Journal*	中国园艺学会/蔬菜所/中国农业科技出版社	中国科协	2015	学术类	园艺	王晓武	赵 华	010-62192388	CN 10-1305/S ISSN 2095-9885	陈 洁	010-82109523	ivfyyxb@ caas.cn	网站正在建设中	双月
15	中国生物防治学报	植保所/中国植物保护学会	农业部	1985	学术类	植物保护	张 杰	张 莹	010-62815625	CN 11-5973/S ISSN 2095-039X	张 莹	010-62815625	bj_zhangying@ 163.com	www.zgswfz.com.cn	双月
16	中国农业气象	环发所	农业部	1979	学术类	资源与环境	梅旭荣	雷水玲	010-82109774	CN 11-1999/S ISSN 1000-6362	雷水玲 高志平	010-82109774 010-82109772	leishl@ ieda.org.cn gaozhiping@ ieda.org.cn	zgnyqx.ieda.org.cn	双月
17	畜牧兽医学报	中国畜牧兽医学会	中国科协	1956	学术类	畜牧、兽医	文 杰	任 鹏	010-62815987	CN 11-1985/S ISSN 0366-6964	任 鹏	010-62815987	xmsyxb@ 263.net	www.xmsyxb.com	月
18	中国畜牧兽医	畜牧所	农业部	1974	技术类	畜牧、兽医	李 琍	晋大鹏	010-62816020	CN 11-4843/S ISSN 1671-7236	李 琍	010-62811226	zgxmsy@ caas.cn	www.chvm.net	月

（续表）

序号	刊物名称	主办单位	主管单位	创刊年份	类别	学科	主编	编辑部主任	电话	刊号	联系人	联系人电话	电子邮件	网址	刊期
19	中国蜂业	蜜蜂所/中国养蜂学会	农业部	1934	综合类	畜牧	方兵兵		010-62598244	CN 11-5358/S ISSN 0412-4367	刘世丽	010-62595931	zgyf2008@ 126. com	www.bee1934.org	月
20	中国农业科技导报	中国农村技术开发中心（生物所承办）	科技部	1999	学术类	综合	范云六	蔡晶晶	010-82109845	CN 11-3900/S ISSN 1008-0864	温小杰	010-82109848	nykjdb@ 163.com nkdb@ caas.cn	www.nkdb.net	月
21	核农学报	中国原子能学会/原子能所	农业部	1987	学术类	作物	刘录祥	杨　洋	010-62811654	CN 11-2265/S	杨　洋	010-62811654	hnxb5109@ 126. com	www.hnxb.org	月
22	农业经济问题	中国农业经济学会/农经所	农业部	1980	学术类	信息与经济	王东阳	李玉勤	010-82108705	CN 11-1323/F	张宁宁	010-82109789	zhangningning@ caas.cn	www.iaecn.cn	月
23	农业技术经济	中国农业技术经济研究会/农经所	农业部	1982	学术类	信息与经济	王济民	李玉勤	010-82108705	CN 11-1883/S	张宁宁	010-82109789	zhangningning@ caas.cn	www.iaecn.cn	月
24	中国土壤与肥料	资划所/中国植物营养与肥料学会	农业部	1964	学术类	资源与环境	徐明岗	张　华	010-82109637	CN 11-5498/S ISSN 1673-6257	单秀枝	010-82108656	trfl@ caas.cn	chinatrfl.alljournal. net.cn	双月
25	植物营养与肥料学报	中国植物营养与肥料学会	农业部	1994	学术类	资源与环境	白由路	张　华	010-82109637	CN 11-3996/S ISSN 1008-505X	徐晓芹	010-82108653	zwyf@ caas.ac.cn zwyf@ chinajournal. net.cn	www.plantnutrifert. org	双月
26	中国农业资源与区划	资划所/全国农业资源区划办公室	农业部	1980	学术类	资源与环境	唐华俊	张　华	010-82109637	CN 11-3513/S ISSN 1005-9121	李　刚	010-82109628	quhuabjb@ caas.cn	www.cjarrp.com	月
27	中国农业信息	资划所	农业部	1989	技术类	信息与经济	王道龙	张　华	010-82109637	CN 11-4922/S ISSN 1672-0423	李　刚	010-82109628	zgnyxx001@ 126. com nyxxbjb@ caas.cn	www.cjarrp.com	半月
28	农业图书情报学刊	信息所	农业部	1984	学术类	信息与经济	贾善刚	刘　东	010-82109667	CN 11-2711/G2	孔晔晗	010-82109667	xuekan@ caas.cn	nytsqb.caas.cn	月
29	中国乳业	信息所	农业部	2002	技术类	畜牧	冯艳秋	赵京颐	010-82109890	CN 11-4768/S ISSN 1671-4393	聂迎利	010-82109890	zhgry@ caas.cn	www.ryzxw.com	月

（续表）

序号	刊物名称	主办单位	主管单位	创刊年份	类别	学科	主编	编辑部主任	电话	刊号	联系人	联系人电话	电子邮件	网址	刊期
30	生物技术通报	信息所	农业部	1985	学术类	综合	路铁刚	李　楠	010-82109903	CN 11-2396/Q ISSN 1002-5464	李　楠	010-82109903	biotech@ caas.cn linan@ caas.cn	biotech.caas.cn	月
31	农业网络信息	信息所	农业部	1986	技术类	信息与经济	刘世洪	赵京颐	010-82109657	CN 11-5065/TP ISSN 1672-6251	陈晓明	010-82109657	nywlxx@ caas.cn	aii.caas.net.cn	月
32	农业展望	信息所	农业部	2005	技术类	信息与经济	许世卫	潘月红	010-82109913	CN 11-5343/S ISSN 1673-3908	潘月红	010-82109913	nyzy@ caas.cn	aii.caas.net.cn	月
33	中国园艺文摘	信息所	农业部	1985	技术类	园艺	赵瑞雪	李文炬	010-82109897	CN 11-4921/S	李文炬	010-82109897	zgyywz@ caas.cn	aii.caas.net.cn	月
34	中国猪业	信息所	农业部	2006	技术类	畜牧	冯艳秋	赵京颐 彭　华	010-82106275	CN 11-5435/S	彭　华	010-82106275	zhuye@ caas.cn	aii.caas.net.cn	月
35	中国畜牧兽医文摘	信息所	农业部	1985	技术类	畜牧、兽医	刘继芳	刘　斌	010-82109897	CN 11-4919/S ISSN 1672-0857	刘　斌	010-82109924	zgxmsywz@ 126.com	zxwa. cbpt. cnki.net/WKD/Web-Publication/index.aspx? mid=zxwa	月
36	中国畜禽种业	信息所	农业部	2005	技术类	畜牧	孟宪学	杨　碚	010-82106255	CN 11-5342/S	张跃武	010-82106255	zgxq010@ 126.com	aii.caas.cn	月
37	农业科研经济管理	中国农学会	中国科协	1993	学术类	信息与经济	史志国	张　华	010-82109637	CN 11-3801/S ISSN 2095-3577	李　刚	010-82109628	nykygl@ 126.com	www.cjarrp.com	季
38	灌溉排水学报	灌溉所	水利部/农业部	1982	学术类	工程与机械	段爱旺	乔冬梅	0373-3393346	CN 41-1337/S ISSN 1672-3317	刘春成	0373-3393346	gfid@ sina.com	ggps.cbpt.cnki.net	双月
39	中国水稻科学	水稻所	农业部	1986	学术类	作物	程式华	阮刘青	0571-63370480	CN 33-1146/S ISSN 1001-7216	夏小东	0571-63370278	cjrs@ 263.net ruanlq@ 163.com	www.ricesci.cn	双月
40	*Rice Science*（水稻科学英文版）	水稻所	农业部	1990	学术类	作物	程式华	阮刘青	0571-63370480	CN 33-1317/S ISSN 1672-6308	李　冠	0571-63371017	li@ ricescience.org	www.ricescience.org	双月
41	中国稻米	水稻所	农业部	1995	技术类	作物	钱　前	庞乾林	0571-63370368	CN 33-1201/S	庞乾林	13388608073	zgdm@ 163.com	www.zgdm.net	双月
42	中国棉花	棉花所	农业部	1958	技术类	作物	李付广	刘全义	0372-2525362/9	CN 41-1140/S ISSN 1000-632X	曾志平	0372-2525369	journal @ cricaas.com.cn cottonsci@ gmail.com	journal.cricaas.com.cn	月

（续表）

序号	刊物名称	主办单位	主管单位	创刊年份	类别	学科	主编	编辑部主任	电话	刊号	联系人	联系人电话	电子邮件	网址	刊期
43	棉花学报	中国农学会	中国科协	1989	学术类	作物	李付广	刘全义	0372-2525362/9	CN 41-1163/S ISSN 1002-7807	曾志平	0372-2525369	journal@cricaas.com.cn cottonsci@gmail.com	journal.cricaas.com.cn	双月
44	中国油料作物学报	油料所	油料所	1979	学术类	作物	廖伯寿	肖唐华	027-86813823	CN 42-1429/S ISSN 1007-9084	吴克力	13147160655	ylxb@oilcrops.cn	www.jouroilcrops.cn	双月
45	中国油料作物学报（英文）	油料所	油料所	2014	学术类	作物	廖伯寿	肖唐华	027-86813823	CN 42-1861/S	董彩华	18907148250	ocs@oilcrops.cn		季
46	中国麻业科学	麻类所	农业部	1979	学术类	作物	熊和平		0731-88998521	CN 43-1467/S ISSN 1671-3532	黎　宇	18900710623	csibfc@sina.com	www.chinaibfc.com/zyzz/&i=46&comContentId=46.html	双月
47	中国果树	果树所	农业部	1959	技术类	果树	赵进春		0429-3598131	CN 21-1165/S ISSN 1000-8047	郝红梅	0429-3598131	zggsbjb@vip.163.com	www.zggskj.com	双月
48	果树实用技术与信息	果树所	农业部	1994	科普类	果树	赵进春		0429-3598131	CN 21-1342/S	郝红梅	0429-3598131	gsjsxx@126.com	www.zggskj.com	月
49	果树学报	郑州果树所	农业部	1984	学术类	园艺	王志强	陈新平	0371-65330928	CN 41-1308/S ISSN 1009-9980	王　珂	0371-65330927	chinagsxb@163.com	gskk.cbpt.cnki.net/WKA/Web-Publication/index.aspx? mid=gskk	双月
50	中国瓜菜	郑州果树所	农业部	1988	技术类	园艺	刘君璞	陈新平	0371-65330928	CN 41-1374/S	代　军	0371-65330927	zggc@163.com	www.zzgss.cn/Qk/QkDefault.aspx?tid=3	双月
51	果农之友	郑州果树所	农业部	2000	技术类	园艺	陈新平	陈新平	0371-65330928	CN 41-1343/S	李艳萍	0371-65330949	gnzy@163.com	www.zzgss.cn/Qk/QkDefault.aspx?tid=1	月
52	中国茶叶	茶叶所	农业部	1979	学术类	园艺	黄　飞		0571-86650375	CN 33-1117/S	黄　飞	0571-86650375	zjf@mail.tricaas.com	www.caayee.com/	月

（续表）

序号	刊物名称	主办单位	主管单位	创刊年份	类别	学科	主编	编辑部主任	电话	刊号	联系人	联系人电话	电子邮件	网址	刊期
53	茶叶科学	中国茶叶学会	中国科协	1964	学术类	园艺	朱永兴	朱永兴	0571-86651902	CN 33-1115/S	朱永兴	0571-86651902	cykx@ vip.163.com	www.tea-science.com	双月
54	生物技术进展	茶叶所/生物所	农业部	2011	学术类	生物	林　敏	蔡晶晶	010-82109845	CN 33-1375/Q ISSN 2095-2341	刘　莹	010-82106118-802	curr_biotech@163.com prog_biotech@caas.cn	www.swjsjz.cn	双月
55	中国预防兽医学报	哈尔滨兽医所	农业部	1979	学术类	兽医	步志高	赵晓岩	18946066140	CN 23-1417/S ISSN 1008-0589	赵晓岩	18946066140	zhaoxiaoyan2080@ aliyun.com	www.zgyfsyxb.com	月
56	畜牧兽医科技信息	哈尔滨兽医所	农业部	2002	技术类	畜牧、兽医	王笑梅	秦红丽	0451-51997179	CN 23-1501/S ISSN 1671-6027	秦红丽	0451-51997179	Xmsykjxx2004@sohu.com		月
57	中国兽医科学	兰州兽医所	农业部	1971	学术类	兽医	殷　宏	张文举	0931-8342195	CN 62-1192/S ISSN 1673-4696	张文举	13919450537	zgsykx@ zgsykx.com	www.zgsykx.com	月
58	中国草食动物科学	兰州牧药所	农业部	1981	学术类	畜牧	阎　萍	魏云霞	0931-2115279	CN 62-1206/Q ISSN 2095-3887	肖玉萍	0931-2115279	xumuchj@ 163.com	zgcsdw.periodicals.net.cn/	双月
59	中兽医医药杂志	中兽医所	农业部	1982	学术类	兽医	杨志强	赵四喜	0931-2115280	CN 62-1063/R ISSN 1000-6354	王华东	0931-2115280	zsyyyzz@ periodicals.net.cn zhaosixi@ sina.com		双月
60	中国动物传染病学报	上海兽医所	农业部	1993	学术类	兽医	童光志		021-34293142	CN 31-2031/S ISSN 1674-6422	郑海红	021-34293142	bianjibu@ shvri.ac.cn	www. shvri. ac. cn/zazhi/	双月
61	中国草地学报	草原所	农业部	1979	学术类	作物	侯向阳	刘天明	0471-4926880	CN 15-1344/S ISSN 1673-5021	刘天明	0471-4926880	zgcdxb@ 126.com	www. gricaas. net/web/news.asp? nc=13.80	双月
62	特产研究	特产所/中国农学会特产学会	农业部	1962	技术类	综合	杨福合	刘艳环	0431-81919588	CN 22-1154/S ISSN 1001-4721		13804326623	tcyjbjb@ 126.com		季
63	特种经济动植物	特产所	农业部	1982	技术类	综合	杨福合	周淑荣	0431-81919599	CN 22-1155/S ISSN 1001-4713		15943088623	tzjjdzw@ 126.com		月

（续表）

序号	刊物名称	主办单位	主管单位	创刊年份	类别	学科	主编	编辑部主任	电话	刊号	联系人	联系人电话	电子邮件	网址	刊期
64	农业资源与环境学报	环保所/中国农业生态环境保护协会	农业部	1984	学术类	资源与环境	任天志	李无双	022-23611149	CN 12-1437/S ISSN 2095-6819	肖　洁	022-23611102	caed@ vip.163.com	www.aed.org.cn	双月
65	农业环境科学学报	环保所/中国农业生态环境保护协会	农业部	1982	学术类	资源与环境	李文华	李无双	022-23674336	CN 12-1347/S ISSN 1672-2043	潘淑君	022-23674336	caep@ vip.163.com	www.aes.org.cn	月
66	中国沼气	中国沼气学会/沼科所	农业部	1983	技术类	工程与机械	王锡吾		028-85230681	CN 51-1206/S ISSN 1000-1166			zhongguozhaoqi1983@ vip.163.com		双月
67	中国农机化学报	农机化所	农业部	1957	学术类	工程与机械	陈巧敏		025-84346296	CN 32-1123/S ISSN 1006-7205	凌小燕	025-84346270	jcam@ vip.163.com		双月
68	农业开发与装备	农机化所	农业部	1995	学术类	工程与机械	陈巧敏	胡进鑫	025-84346221	CN 32-1779/TH ISSN 1673-9205	胡进鑫	025-84346221	njjzy2189@ sina.com	www.nriam.com/njjzy	月
69	中国烟草科学	烟草所	农业部	1979	学术类	作物	王树声	梁晓芳	0532-88703238	CN 37-1277/S ISSN 1007-5119	梁晓芳	13515327122	liangxiaofang@ caas.cn	www.zgyckx.com.cn	双月
70	中国南方果树	柑桔所	农业部	1972	技术	果树	陈善春	吴　涛	023-68349199	CN 50-1112/S ISSN 1007-1431	吴　涛	13983604306	wutao@ cric.cn	www.zhggy.com	双月
71	中国果业信息	柑桔所	农业部	1985	综合	果树	赵晓春	张　放	023-68349199	CN 50-1173/S ISN 1673-1514	吴　涛	13983604306	wutao@ cric.cn	www.zhggy.com	月
72	中国蚕业	蚕业所	农业部	1980	技术	畜牧兽医	张国政	窦永群	0511-85616593	CN 32-1421/S ISSN 1007-0982	窦永群	18015991810	yongqundou@ 163.com	www/zgcy.journal.com	季

中国农业科学院通讯录

单位名称	通讯地址	邮编	区号	电话	传真
院办公室	北京市海淀区中关村南大街 12 号	100081	010	82109398	82103005
科技管理局	北京市海淀区中关村南大街 12 号	100081	010	82109427	82105534
人事局	北京市海淀区中关村南大街 12 号	100081	010	82105562	82109431
财务局	北京市海淀区中关村南大街 12 号	100081	010	82105658	82105668
基本建设局	北京市海淀区中关村南大街 12 号	100081	010	82105575	82105581
国际合作局	北京市海淀区中关村南大街 12 号	100081	010	82106756	62174060
成果转化局	北京市海淀区中关村南大街 12 号	100081	010	82105192	82105192
直属机关党委	北京市海淀区中关村南大街 12 号	100081	010	82105707	82105707
监察局	北京市海淀区中关村南大街 12 号	100081	010	82109502	82109502
后勤服务中心	北京市海淀区中关村南大街 12 号	100081	010	82109668	82109668
院巡视组	北京市海淀区中关村南大街 12 号	100081	010	82105519	82105519
研究生院	北京市海淀区中关村南大街 12 号	100081	010	82109689	82106609
作物科学研究所	北京市海淀区中关村南大街 12 号	100081	010	82109715	82105819

（续表）

单位名称	通讯地址	邮编	区号	电话	传真
植物保护研究所	北京市海淀区圆明园西路2号	100193	010	62815905	62895365
蔬菜花卉研究所	北京市海淀区中关村南大街12号	100081	010	82109526	62146160
农业环境与可持续发展研究所	北京市海淀区中关村南大街12号	100081	010	82109567	82106025
北京畜牧兽医研究所	北京海淀区圆明园西路2号	100193	010	62815851	62895372
蜜蜂研究所	北京市海淀区香山北沟1号	100093	010	62596028	62596122
饲料研究所	北京市海淀区中关村南大街12号	100081	010	82109812	82106054
农产品加工研究所	北京市海淀区圆明园西路2号	100193	010	62815836	62895382
生物技术研究所	北京市海淀区中关村南大街12号	100081	010	82106405	82106405
农业经济与发展研究所	北京市海淀区中关村南大街12号	100081	010	82109801	62187545
农业资源与农业区划研究所	北京市海淀区中关村南大街12号	100081	010	82109640	82106225
农业信息研究所	北京市海淀区中关村南大街12号	100081	010	82109915	82103127
农业质量标准与检测技术研究所	北京市海淀区中关村南大街12号	100081	010	82106515	82106500
农业部食物与营养发展研究所	北京市海淀区中关村南大街12号	100081	010	82105179	82105184
中国农业科学技术出版社	北京市海淀区中关村南大街12号	100081	010	82109700	82109700
农田灌溉研究所	河南省新乡市牧野区宏力大道（东）380号	453002	0373	3393354	3393344

（续表）

单位名称	通讯地址	邮编	区号	电话	传真
中国水稻研究所	杭州市体育场路 359 号	310006	0571	63370235	63370989
棉花研究所	河南省安阳市黄河大道西段 38 号	455000	0372	2562200	2562256
油料作物研究所	湖北省武汉市武昌区徐东二路 2 号	430062	027	86811837	86816451
麻类研究所	湖南省长沙市岳麓区咸嘉湖西路 348 号	410205	0731	88998505	88998528
果树研究所	辽宁省兴城市兴海南街 98 号	125100	0429	3598108	3598288
郑州果树研究所	河南省郑州市航海东路金色港湾南	450009	0371	65330901	65330987
茶叶研究所	浙江省杭州市梅灵南路 9 号	310008	0571	86650115	86650056
哈尔滨兽医研究所	黑龙江省哈尔滨市南岗区马端街 427 号	150001	0451	51997177	51997166
兰州兽医研究所	甘肃省兰州市城关区盐场堡徐家坪 1 号	730046	0931	8342489	8340977
兰州畜牧与兽药研究所	甘肃省兰州市七里河区硷沟沿 335 号	730050	0931	2164180	2115191
上海兽医研究所	上海市闵行区紫月路 518 号	200241	021	54082828	54081818
草原研究所	内蒙古呼和浩特市新城区乌兰察布东街 120 号	010010	0471	4961330	4961330
特产研究所	吉林省长春市净月经济开发区聚业大街 4899 号	130112	0431	81919856	81919800
环境保护科研监测所	天津市南开区复康路 31 号	300191	022	23613820	23613820
沼气科学研究所	四川省成都市人民南路四段 13 号	610041	028	85230691	85230691

（续表）

单位名称	通讯地址	邮编	区号	电话	传真
南京农业机械化研究所	江苏省南京市玄武区中山门外柳营 100 号	210014	025	84346267	84432672
烟草研究所	山东省青岛市崂山区科苑经四路 11 号	266101	0532	88703809	88702056
深圳农业基因研究所	广东省深圳市大鹏新区鹏飞路 7 号	518120	0755	23250160	23251430
都市农业研究所	四川省成都市双流县兴隆湖天府菁荣中心 D 区 B1 栋 2 楼 202 室	690200	022		
柑桔研究所	重庆市北碚区歇马镇柑桔村 15 号	400712	023	68349709	68349712
甜菜研究所	黑龙江省哈尔滨市南岗区学府路 74 号	150080	0451	86609312	86609312
蚕业研究所	江苏省镇江市四摆渡	212018	0511	85616572	85628183
农业遗产研究室	江苏省南京市卫岗 1 号南京农业大学院内	210095	025	84396771	84396771
水牛研究所	广西南宁市邕武路 24-1 号	530001	0771	3338589	3338814
草原生态研究所	甘肃省兰州市嘉峪关西路 768 号	730020	0931	8910979	8910979
家禽研究所	江苏省扬州市邗江区仓颉路 58 号	225125	0514	85599000	85599010
甘薯研究所	江苏省徐州市经济技术开发区徐海路高铁站北	221131	0516	82189208	82189209
长春兽医研究所	吉林省长春市净月经济开发区柳莺西路 666 号	130122	0431	86985807	86985828

各省、自治区、直辖市农（牧、林）业科学院通讯录

单位名称	通讯地址	邮编	区号	电话	传真
北京市农林科学院	北京市海淀区曙光中路 9 号	100097	010	51503241	51503300
天津市农业科学院	天津市南开区白堤路 268 号	300192	022	23678666	23678667
河北省农林科学院	石家庄市探谈固南大街 45 号	050031	0311	87652019	87066140
山西省农业科学院	太原市小店区长风街 2 号	030006	0351	7073032	7040092
内蒙古自治区农牧业科学院	呼和浩特市玉泉区昭君路 22 号	010031	0471	5295455	5295644
辽宁省农业科学院	沈阳市沈河区东陵路 84 号	110161	024	31027396 31023112	31027397
吉林省农业科学院	长春市净月旅游开发区彩宇大街 1363 号	130124	0431	87063015	87063028
黑龙江省农业科学院	哈尔滨市南岗区学府路 368 号	150080	0451	86662295	86662295
黑龙江省农垦科学院	佳木斯市安庆街 382 号	154007	0451	55399306	55399306
上海市农业科学院	上海市奉贤区金齐路 1000 号	201403	021	62200183	62201221
江苏省农业科学院	南京市孝陵卫钟灵街 50 号	210014	025	84390012	84392233
浙江省农业科学院	杭州市石桥路 198 号	310021	0571	86404011	86400481

（续表）

单位名称	通讯地址	邮编	区号	电话	传真
安徽省农业科学院	合肥市庐阳区农科南路40号	230031	0551	65160537	62160337
福建省农业科学院	福州市五四路247号	350003	0591	87884606	87884262
江西省农业科学院	南昌市南昌县莲塘北大道1738号	330200	0791	87090310	87090001
山东省农业科学院	济南市工业北路202号	250100	0531	83179224	88604644
河南省农业科学院	郑州市花园路116号	450002	0371	65729140	65711374
湖北省农业科学院	武汉市洪山区南湖瑶苑特1号	430064	027	87389499	87389499
湖南省农业科学院	长沙市芙蓉区远大二路892号	410125	0731	84691212	84691624
广东省农业科学院	广州市天河区金颖路20号	510640	020	85516501	87503358
广西壮族自治区农业科学院	南宁市大学东路174号	530007	0771	3243866	3244521
海南省农业科学院	海口市琼山区流芳路9号	571100	0898	65369365	65314539
四川省农业科学院	成都市锦江区静居寺路20号	610066	028	84504011	84504198
重庆市农业科学院	重庆市九龙坡区白市驿镇	401329	023	65705208	65703532
贵州省农业科学院	贵阳市小河区金竹镇	550006	0851	83761026	83761504
云南省农业科学院	昆明市北京路2238号	650200	0871	65136637	65136633

（续表）

单位名称	通讯地址	邮编	区号	电话	传真
西藏自治区农牧科学院	拉萨市金珠西路 130 号	850000	0891	6862174	6862174
西北农林科技大学（陕西省农业科学院）	陕西省杨陵示范区	712100	029	87082809 87080678	87082810
甘肃省农业科学院	兰州市安宁区农科院新村 1 号	730070	0931	7616187	7616187
青海省农林科学院	西宁市城北区宁大路 253 号	810016	0971	5311151	5311192
宁夏农林科学院	银川市黄河东路 590 号	750002	0951	6886710	6886712
新疆农业科学院	乌鲁木齐市南昌路 403 号	830091	0991	4502057	4516057
新疆畜牧科学院	乌鲁木齐市克拉玛依东街 151 号	830000	0991	3075180	3075183
中国热带农业科学院（华南热带农业大学）	海南省海口市城西学院路 4 号	571101	0898	66962965	66962904

农业部有关司局及直属单位电话号码

单位	电话	单位	电话	单位	电话
办公厅	010-59193127	乡镇企业局	010-59192718	人力资源开发中心、中国农学会	010-59194204
部值班室	010-59192316	渔业局	010-59192936	农村经济研究中心	010-66115901
人事劳动司	010-59192510	农产品质量安全监管局	010-59193168	农村合作经济经营管理总站	010-59193126
产业政策与法规司	010-59192730	直属机关党委	010-59192416	信息中心	010-59192709
农村经济体制与经营管理司	010-59193197	驻部纪检组监察局	010-59192419	农产品质量安全中心	010-62191443
市场与经济信息司	010-59193146	离退休干部局	010-59192411	中国绿色食品发展中心	010-62191402
发展计划司	010-59192532	机关服务中心	010-59192259	规划设计研究院	010-65002616
财务司	010-59192514	中国水产科学研究院	010-68673938	工程建设服务中心	010-62126228
国际合作司	010-59192440	中国热带农业科学院	0898-66962965	财会服务中心、中华农业科教基金会	010-59194361
科技教育司	010-59193024	全国农业展览馆	010-65919095	对外经济合作中心	010-59194805
种植业管理司	010-59192806	中国农业电影电视中心	010-82101700	农业贸易促进中心	010-59194627
种子管理局	010-59192813	农民日报社	010-85834842	国际交流服务中心	010-59192672

（续表）

单位	电话	单位	电话	单位	电话
农业机械化管理司	010-59192822	中国农业出版社	010-59195133	中央农业广播电视学校	010-59196013
畜牧业司	010-59191873	中国农村杂志社	010-68131899	科技发展中心	010-59199373
兽医局	010-59193307	中国农民体育协会	010-59194391	农业生态与资源保护总站	010-59196398
农垦局	010-59192648	管理干部学院	010-81706299	全国农业技术推广服务中心	010-59194544
农药检定所	010-59194067	中国动物疫病预防控制中心	010-59194658	东海区渔政局	021-52755808
优质农产品开发服务中心	010-65521802	中国兽医药品监察所	010-62160625	南海区渔政局	020-87300715
农业机械试验鉴定总站	010-59199012	中国动物卫生与流行病学中心	0532-85610280	渔业船舶检验局	010-59199257
农业机械化技术开发推广总站	010-67634176	中国农垦经济发展中心	010-59199509	全国水产技术推广总站	010-59195075
中国农机安全报社	010-59199211	农村社会事业发展中心	010-59199673	中国水产学会	010-59199605
草原监理中心	010-59193013	渔政指挥中心	010-59192919	华龙实业发展有限责任公司	010-59194436
全国畜牧总站、中国饲料工业协会	010-59194608	黄渤海区渔政局	0535-6223752		

有关单位通讯录

单位	通讯地址	邮编	区号	电话	电子邮件
科学技术部	北京市复兴路乙15号	100862	010	58881800	
国家发展和改革委员会	北京市西城区月坛南街38号	100824	010	68502000	bgt@ ndrc.gov.cn
国家机关事务管理局	北京市西城区西安门大街22号	100017	010	66036447	webmaster@ ggj.gov.cn
中国农业大学	北京市海淀区圆明园西路2号	100094	010	62736518	xbglq@ cau.edu.cn
中国农学会	北京市朝阳区麦子店街22号	100125	010	59194203	
中国科学技术协会	北京市海淀区复兴路3号	100863	010	68571878	